John Argyris, F. R. S.
Hans-Peter Mlejnek

COMPUTERDYNAMIK DER TRAGWERKE

Die Methode der Finiten Elemente, Band III

Studienbuch für Naturwissenschaftler und Ingenieure

"Non multa, sed multum"
Plinius, Epistolae

John Argyris, F. R. S.
Hans-Peter Mlejnek

Computerdynamik der Tragwerke

Die Methode der Finiten Elemente, Band III

Studienbuch
für Ingenieure und Naturwissenschaftler

Mit 391 Abbildungen

vieweg

Prof. em. Dr. Dr. h. c. mult. John Argyris, F. Eng., F.R.S. Institut für Computer-Anwendungen der Universität Stuttgart.

Dr. Ing. Hans-Peter Mlejnek, Gruppenleiter am Institut für Computer-Anwendungen der Universität Stuttgart.

Dieser Band endet mit einem Kapitel über die Aeroelastik, die einen signifikanten modernen Aspekt der Dynamik bildet, verfaßt von John Argyris, Joachim Bühlmeier mit Unterstützung von Kurt Braun.

Dieses Studienbuch ist eine überarbeitete Neufassung des unter dem Titel „Die Methode der Finiten Elemente", Band III, Einführung in die Dynamik, im selben Verlag erschienenen Werkes derselben Verfasser von 1988.

Ursprünglich erschienen bei Friedr. Vieweg & Sohn Verlagsgesellschaft mbH, Braunschweig/Wiesbaden, 1997

Satz: Vieweg, Wiesbaden
Gedruckt auf säurefreiem Papier

ISBN 978-3-528-06916-2 ISBN 978-3-322-89564-6 (eBook)
DOI 10.1007/978-3-322-89564-6

Zum Umfeld dieses Buches

Dem aufmerksanen Leser wird nicht entgangen sein, daß die Titelblätter den Zusatz „Band III" tragen. Dementsprechend beginnt das Inhaltsverzeichnis dieses Werkes mit Kapitel 14. Dieser Band ist also Teil eines größeren Gesamtwerkes und hebt sich dennoch hinsichtlich Ausstattung und primärer Zielgruppe von den bisherigen Bänden des dreibändigen Werkes „Die Methode der finiten Elemente" ab.

Bei der Herausgabe des letztgenannten Werkes war von vornherein auch die Edition einer Studienausgabe geplant. Aus der Erstausgabe war dann der Band III „Einführung in die Dynamik" als erster vergriffen. Diese Gelegenheit wurde genutzt, um auf der einen Seite die Kontinuität herzustellen und auf der anderen den Anfang für die Realisierung des alten Planes zu wagen.

Vieles von dem, was in dieser Neuausgabe diskutiert wird, ist von dem Stoff der Bände I und II unabhängig. Es gibt aber gemeinsame Wurzeln der Statik und Dynamik und dieses Wissen, das in den Bänden I und II ausführlich besprochen wird, wird in der vorliegenden Studienausgabe als bekannt vorausgesetzt.

Aus der neuen oder fraktalen Welt

Vorwort

Τῆς δ'ἀρετῆς ἱδρῶτα θεοὶ προπάροιθεν ἔθηκαν
'Αθάνατοι, μακρὸς δὲ καὶ ὄρθιος οἶμος ἐς αὐτὴν.

Vor Verdienst aber setzen den Schweiß die
unsterblichen Götter;
Lang und steil jedoch erhebt sich zu diesen der Fußpfad.

Hesiod, Ἔργα καὶ ἡμέραι

Prolog

Wir haben in den ersten beiden Bänden des Werkes 'Die Methode der finiten Elemente', deren überarbeitetete Neufassung als Studienbücher in Vorbereitung ist, den Versuch unternommen, die Statik der elementaren Strukturmechanik, so wie sie sich in der modernen computerorientierten, diskretisierten Form präsentiert, den Studenten der Ingenieurwissenschaften und den interessierten Praktikern systematisch darzulegen. Wie wir schon in Band I dieses Werkes vorgetragen haben, war eine luftfahrtspezifische Ausrichtungder Theorie aus vielen Gründen unvermeidbar. Die höchsten Forderungen an eine rationale Strukturmechanik waren - und sind immer noch - durch die scharfen Sicherheitsbestimmungen und die damit zusammenhängende notwendige Präzision der Berechnungen in der Luft- und Raumfahrt gegeben. Der Hintergrund beider Autoren erklärt das weitere. Tatsache ist, daß über viele Jahre der Luft- und Raumfahrtspezialist intellektuell intensiver als der in anderen konstruktiven Bereichen tätige Ingenieur gefordert war. Dies führte zu einer ganz spezifischen philosophischen Ausrichtung eines Mechanikers in der Luftfahrttechnik. Aus dieser Einstellung heraus ist er aber in der Lage, auch mechanische Probleme der anderen Ingenieurwissenschaften zu begreifen und zu lösen. Das Umgekehrte aber gilt, wie von Kàrmàn wiederholt feststellte, nicht unbedingt. Dies bedeutet selbstverständlich nicht, daß man notwendigerweise Luft- und Raumfahrt studiert haben muß, um auf diesem Gebiet zu brillieren. Einen alternativen Hintergrund bietet z.B. das Studium der technischen Physik oder der *engineering sciences,* wie sie in den angelsächsischen Ländern gelehrt werden. Wichtig ist nur ein scharfer analytischer sowie schöpferischer Verstand und eine ausgesprochene Fähigkeit zum Umdenken, die uns allen in jungen Jahren eigen ist. Dieser Drang nach Allgemeinheit, der für die Luft- und Raumfahrer innerhalb der Domäne des konstruktiven Ingenieurbaus charakteristisch ist, prägt auch die Darstellung dieses Buches. Generalist kann im allgemeinen nur ein Luft- und Raumfahrer, der die physikalischen Grundlagen beherrscht, sein. Generalist zu sein ist aber notwendig, damit die Flut der auf dem Computer heute gelösten und lösbaren Probleme in einem für unsere Denkprozesse notwendigen ökonomischen Rahmen eingeordnet werden kann. Dies wiederum erlaubt es, weitere Ausflüge in unerforschte Gebiete zu unternehmen.

Dieses Buch soll selbstverständlich auch Bau- und Maschinenbauingenieuren dienen. Das Vorwärtsstrebende der Luft- und Raumfahrt spiegelt sich aber unweigerlich in dem breiten Horizont der Darstellung und insbesondere durch die Aufnahme zweier Kapitel über Chaos und Aeroelastizität wieder. Über diese werden wir in diesem Vorwort noch ausführlich berichten.

Unser Ziel in diesem Band ist, aus einer modernen Ingenieurphilosophie heraus eine systematische Darstellung der Analyse dynamischer Vorgänge von komplexen Tragwerken auf Grund unserer computerorientierten Forschung und Erfahrung in der Lösung von Ingenieur-Problemen zu geben. Wir beschränken uns aber nicht auf Tragwerke, sondern greifen auch gelegentlich zu den Bewegungsvorgängen von Sternen und Satelliten, wenn wir die Anwendungsmöglichkeiten der direkten numerischen Integration nach dem Verfahren der Zeitdiskretisierung darlegen. Hier bewahrheitet sich wieder, wie wir schon im ersten Band ausgeführt haben, daß der Siegeszug des Computers uns, parallel zum Erfolg einer computerausgerichteten Numerik, gezwungen hat, nicht nur das fundamentale Wissen profunder zu beherrschen, sondern auch die theoretischen Grundlagen computergerecht zu formulieren und sie damit neuen Anwendungen zuzuführen. Diese Revolution hat auch die Dynamik erfaßt, und über diese wollen wir hier zur Belehrung der vielen begabten Studenten und zugunsten einer Wissensverbreiterung der Praktiker berichten. Es ist unser Anliegen, die theoretischen und algorithmischen Werkzeuge zu entwickeln und dem Ingenieur in praxisgerechter Form zu übergeben, damit eine Katastrophe wie Chernobyl in Zukunft verhütet wird und nach menschlichem Ermessen die Sicherheit von Atomkraftwerken auch in bedrohlichen Ausnahmesituationen (wie Rohrbruch, Kühlmittelverlust, falsche menschliche Eingriffe, Flugzeugabstürze und Erdbeben) so weit gewährleistet wird, daß ein Versagen nicht zu einer ernsthaften Gefährdung der Umwelt führt. Diese und ähnliche Fragen bedeuten für den schöpferisch tätigen Ingenieur bei der Beurteilung der Sicherheit von Brücken, Hochhäusern, Fahrzeugen sowie Luft- und Raumfahrtvehikeln eine gewaltige geistige Herausforderung.

Parallel zu diesen Herausforderungen hat aber der mathematische Ausbau und physikalische Fortschritt einer computergerechten Dynamik eindrucksvolle Fortschritte erzielt. Gerade dieser Bereich der Mechanik ist, insbesondere in der wichtigen nichtlinearen Sphäre, durch den entscheidensten technischen Fortschritt dieses Jahrhunderts, den elektronischen Computer, entscheidend umgeformt, verallgemeinert und neu geprägt worden. Die faszinierende Geschwindigkeit, mit der die erste in Europa installierte Cray 2 komplizierte Rechenprozesse meistert, ermöglicht erst die Bewältigung schwieriger nichtlinearer Probleme mit vielen Freiheitsgraden, an die noch vor wenigen Jahren niemand zu denken wagte. Zur Beruhigung des schöpferischen Nachwuchses sei aber folgendes festgestellt. Eines vermag der Computer (noch) nicht: Er ist weder in der Lage, neue Theorien und Algorithmen zu entwickeln, noch den Sinn und die absolute Richtigkeit der Ergebnisse kritisch zu beurteilen. Als Verstärker und Anreger unserer Intelligenz ist er aber schon seit mehr als 30 Jahren erfolgreich im Einsatz und weiterhin im Vormarsch.

Der Computer verlangt aber noch immer für seine Arbeit geeignete und kompakte Anweisungen. Gerade diese Notwendigkeit zum Design geeigneter Computerprogramme erzwingt eine Umschichtung unserer Denkprozesse in Richtung der theoretischen und physikalischen Grundlagen hin. Als besonders computergerechte Formulierung hat sich der konsequente Ausbau der Matrizentheorie schon lange in der Dynamik, insbesondere im Luftfahrtbereich, etabliert. Zugleich ist aber eine Analyse komplexer Tragwerke und anderer Systeme in Matrizenformulierung wiederum ohne die geistige Revolution durch die Methode der Finiten Elemente undenkbar. Obwohl diese Methodik, die ein geistiges Kind der Erfindung des Computers ist, in diesem Band nur einen bescheidenen Raum einnimmt, muß doch festgestellt werden, daß die hier gebotene umfangreiche Algorithmenentwicklung in Matrizendarstellung ohne diese Basis weitgehend ihre Berechtigung verlieren würde.

Das Feld der Dynamik ist eines der interessantesten Arbeitsgebiete des Ingenieurs, des angewandten Mathematikers und des technischen Physikers. Es erschließt ihnen den Umgang mit und die praktische Realisierbarkeit von modernen Theorien der Kontinua. Aber aus der Wandlung unseres Arbeitsgebietes durch diesen alles beherrschenden Umstellungsprozeß sind unmittelbar Konsequenzen zu ziehen, die auch einen Abschied von der traditionellen, sich immer mehr aufsplitternden Lehre an den meisten technischen Universitäten bedeuten. Wichtig ist in erster Linie die Rückbesinnung auf die Grundlagen, die gerade durch die Entwicklung neuer Computermodelle immer mehr an Bedeutung gewinnt. Ein möglichst profundes Verständnis physikalisch-technischer Grundlagen und deren computergerechte Neuformulierung bilden eine unabdingbare Voraussetzung für die Lösung komplexer Probleme. Es ist unsere Aufgabe, dem Studenten und dem Praktiker die Arbeit zu erleichtern, wenn nicht erst zu ermöglichen, und getrennte sowie scheinbar unzusammenhängende und immer umfangreicher werdende Eintragungen im „Lexikon der Technik“ radikal zusammenzufassen. Die Vielzahl spezieller Wissensgebiete, die wiederum oft rasch an Bedeutung verlieren, muß an den Universitäten (selbstverständlich nicht an den Fachhochschulen) durch umfassende Modelle des Wissens in ihrer vollen Allgemeinheit dem enthusiastischen Studenten vermittelt werden, zum Wohle des technologischen Fortschritts.

Wir hoffen, daß der dritte Band dieser Zielsetzung gerecht wird. Er richtet sich an aufgeschlossene Studenten und Praktiker, die an einem breiten Wissensgebiet interessiert sind. Er setzt nur Kenntnisse der Mechanik und Mathematik voraus, wie sie an englischen und deutschen Universitäten als Voraussetzung eines erfolgreichen Studiums schon seit vielen Jahren gelten oder gelten sollten. Insofern bietet das Buch dem reiferen und erfolgreichen Studenten auch die Möglichkeit des Einstiegs in neuere Entwicklungen der Mechanik.

Kein Lehrbuch kann ein vollständiges Bild eines Wissenszweiges wiedergeben, und das vorliegende Werk bildet keine Ausnahme. So konnten aus Zeitgründen einige moderne Aspekte der Dynamik nicht aufgenommen werden. Wir können nur hoffen, sie in einer zukünftigen Ausgabe berücksichtigen zu können. Besonders bedauernswert ist, daß die sogenannte modale Synthese-Technik, die eine große Bedeutung erlangt hat, nicht diskutiert werden konnte. Diese Methode, die, grob gesagt, ein dynamisches Analogon zur statischen Substruktur-Technik bildet, beruht essentiell auf der Verwendung der Eigenschwingungscharakteristiken von Substrukturen, in Verbindung mit geeigneten Verknüpfungspunkten, zur Ermittlung des dynamischen Verhaltens der Gesamtstruktur. Selbstverständlich betrifft dies in erster Linie lineare Systeme. Dabei kommen auch Begriffe wie effektive Massen und Steifigkeiten zur Anwendung, die ein Kriterium dafür bieten, ob genügend Eigenvektoren der Substrukturen für die Analyse der Gesamtstruktur zur Verfügung stehen. Ebenso ist der punktuelle Modell-Abgleich mit experimentell ermittelten Struktureigenschaften ein wichtiger Schritt in der praktischen Anwendung von theoretischen Strukturanalysen (Parameter- oder Systemidentifikation, Sensitivitätsanalyse), zur Absicherung von weiterreichenden Voraussagen über dynamische Systemeigenheiten. Weiterhin ist das weite Feld der Wechselwirkungen von flüssigen bzw. gasförmigen Medien mit Strukturen, wie dies zum Beispiel bei Raketenantrieben der Fall ist, von größter Bedeutung. Ein Teilgebiet dieser extensiven Phänomene bildet letzten Endes die Aeroelastik, die von der strukturdynamischen Seite her im letzten Kapitel eingehend besprochen wird. Interessant ist in diesem Zusammenhang auch die Kopplung zwischen akustischen Einflüssen und der Fahrzeugdynamik bzw. der Zelle eines Flugkörpers. Eine weitere sehr wichtige Prozedur ist durch die sogenannte Spektralantwort-Methode, die insbesondere bei der Erdbeben-Response zur Anwendung kommt, gegeben. Alle diese Aspekte müssen in unserem beschränkten Lehrbuch leider unberücksichtigt bleiben, und wir können uns bei unseren Lesern für diese *lacunae* nur entschuldigen.

In den folgenden 13 Kapiteln wird eine Vielzahl moderner theoretischer Betrachtungen und Rechenverfahren dargelegt, die vielleicht neue Bedürfnisse der Praxis befriedigen können. Die folgende Besprechung des Inhalts spiegelt unter anderem Teile der insgesamt 35-jährigen Forschung am Imperial College London bis zum Jahre 1978, dem Institut für Statik und Dynamik der Luft- und Raumfahrtkonstruktionen der Universität Stuttgart bis zum Jahre 1984 und dem Institut für Computeranwendungen der Universität Stuttgart bis zum Jahre 1994 wieder.

Exposition

Insbesondere als „Einstieg" für Studenten der unteren Semester, aber auch als Vorarbeit für die späteren Kapitel 17 und 18, ist eine elementare Einführung in die Elastodynamik vorangestellt, die sich auf einen Freiheitsgrad beschränkt (Kapitel 14). Wesentliche Teile dieser Ausführungen gehen auf eine Vorlesung zurück, die der Zweit-Autor im Rahmen der Luft- und Raumfahrttechnik bis zur Gründung des Instituts für Computer-Anwendungen gehalten hat. Trotz der Beschränkung auf einen Freiheitsgrad sind dabei bereits alle Formulierungen auf die spätere FEM-Darstellung zugeschnitten, so daß der Leser relativ mühelos auf Mehrfreiheitsgrad-Systeme umsteigen kann.

In Anbetracht der neuen Dimension „Zeit" erschien es uns wesentlich, auf einige wichtige Grundgleichungen der Mechanik und die Arbeitsprinzipien nochmals einzugehen (Kapitel 15). In diesem kurzen Kapitel bauen wir auf der Dynamik des Massenpunktes auf und erinnern an die klare Philosophie und Logik der Newtonschen Mechanik. Ferner erweitern wir das Prinzip der virtuellen Verschiebungen (P.V.V.) auf die Dynamik und besprechen auf dessen Grundlage die Diskretisierung kontinuierlicher Systeme. Die Beschränkung auf das P.V.V. spiegelt zugleich unsere Entscheidung wieder, die Dynamik ganz auf dem Feld der Verschiebungsmethode aufzubauen. Daneben existiert natürlich noch der Bereich der Kraftmethode, der gemischten Verfahren und der Randwertmethoden. Wir sehen jedoch zur Zeit eine allgemeine Anwendbarkeit dieser Vorgehensweisen auf dem Gebiet der Dynamik nur in beschränktem Maße und haben deshalb auf eine entsprechende Darstellung, die den Umfang dieses Bandes sprengen würde, verzichtet.

Mit Kapitel 16 vollziehen wir dann den tieferen Einstieg in die lineare Dynamik mit Hilfe finiter Elemente und entwickeln exemplarisch für einige Elementtypen Massenmatrizen. Zusammen mit den bereits in der Statik (Band I, 'Die Methode der finiten Elemente') aufgestellten Elementsteifigkeiten sind wir somit in der Lage, die Dynamik ungedämpfter linearer Systeme numerisch für den Praktiker zu erschließen.

Dem letzteren Feld wenden wir uns dann in Kapitel 17 zu. Im Zentrum dieses Kapitels steht die Berechnung der Eigenwerte und Eigenvektoren symmetrischer Matrizenpaare (wie die der Steifigkeit und Masse), wobei auch Sonderfälle, wie eine singuläre Steifigkeit eines frei-frei-Systems (Flugzeug, Rakete, Satellit) sowie eine singuläre Massenmatrix, eingeschlossen sind. Es wird dabei eine Reihe von Eigenwertverfahren für die verschiedensten Anwendungsziele, die alle im ISD/ICA intensiv angewendet wurden und werden, besprochen. Wichtig sind in unserer Darstellung die klassische Vektoriteration, die simultane Vektoriteration, das Jacobi-Verfahren, die Methoden von Givens und Householder und das Verfahren von Eberlein, das jedoch erst in Kapitel 22 besprochen wird. In der modernen Spektralanalyse gewinnt aber die Methode von Lanczos immer mehr an Bedeutung. Für sie hat Karl Straub in Unterabschnitt 17.3.5 eine kurzgefaßte Darstellung beigesteuert. Ein wesentlicher Aspekt des Kapitels 17 gilt der Wirtschaftlichkeit der Berechnungsvorgänge. Dynamische Berechnungen sind, bedingt durch die neue Dimension Zeit, wesentlich aufwendiger als statische. Man muß also alle Möglichkeiten zur Verkleinerung der Problemgröße ausnützen.

Die Eigenwerte und Eigenvektoren sind die Grundlage für viele Berechnungen des Zeitverhaltens linearer ungedämpfter Systeme. In Kapitel 18 diskutieren wir die Bewegung frei schwingender Tragwerke, die keiner äußeren Einwirkung ausgesetzt sind. Die Möglichkeiten zur Erhöhung der Wirtschaftlichkeit werden um die sogenannte Reduktion erweitert.

Vom praktischen Standpunkt her aktueller sind aber Systeme, die einer äußeren Entwicklung, sei es durch Kraft- oder Wegerregung, unterliegen. Diese werden in Kapitel 19 diskutiert und durch Verwendung der Eigenwerte und Eigenvektoren des frei schwingenden Systems auf den elementaren Fall des Ein-Freiheitsgrad-Systems zurückgeführt. Diese Methodik stellt einen elementaren Grenzfall von sogenannten modalen Reduktionsverfahren dar.

Kein Bewegungsvorgang der Natur läuft aber ab, ohne daß mechanische Energie in Wärme umgewandelt wird und damit aus dem Bewegungsablauf ausscheidet. Dieser Tatsache tragen die Dämpfungskräfte Rechnung, auf die in Kapitel 20 eingegangen wird. In der Anwendung wichtig sind vor allem die modale und nichtmodale viskose sowie die hysteretische Dämpfung, während Trockenreibung praktisch nicht allgemein zu erfassen ist. Dabei ist das weit verbreitete modale Dämpfungsmodell besonders einfach zu handhaben, da mit ihm wieder die Entkopplung auf Einfreiheitsgrad-Systeme gelingt, wie im ungedämpften Falle.

Alle in den vorangegangenen Kapiteln besprochenen Einwirkungen auf das System waren deterministischer Art, d.h. funktional oder zumindest funktionsmäßig eindeutig vorgeschrieben in Raum und Zeit. Denken wir aber an einen Flug von London nach Washington, so wäre es ziemlich utopisch und zwecklos, die durch die Turbulenzen der Atmosphäre auftretende dynamische Belastung der Flugzeugzelle in jedem einzelnen Fall des atmosphärischen Verhaltens in eine dynamische Berechnung als Erregerfunktion eingeben zu wollen. Denkt man an die erratischen Launen des Wetters, so müßte man ohnehin Flugrouten unter verschiedensten, nie genau wiederkehrenden Umständen durchrechnen. Der Aufwand wäre enorm, der Nutzen fragwürdig. Hier bedienen wir uns der Mittel der Statistik und Wahrscheinlichkeit (Kapitel 21). Wir können dann zwar nicht mehr garantieren, daß das Flugzeug für die gegebene Last nicht versagt, wissen aber dafür beispielsweise, daß mit einer Wahrscheinlichkeit von 99.99 % eine kritische Spannung nicht überschritten wird. Das unbequeme Restrisiko von 0.01 % müssen wir leider den Gefährdungen des Lebens zurechnen.

Zu den schwierigen und aufwendigeren Aufgaben der linearen Dynamik zählt die Behandlung allgemein viskos gedämpfter Tragwerke, die in Kapitel 22 diskutiert wird (siehe auch Kapitel 20 als Ausgangspunkt). Der Aufwand liegt um rund eine Potenz der Freiheitsgrade höher als bei modaler Dämpfung, und die Charakteristik des Eigenwertproblems wechselt gegenüber dem ungedämpften oder modal gedämpften Falle völlig. Aus diesem Grunde besprechen wir in diesem Kapitel auch Eigenwertverfahren, die für die spezielle Aufgabe in Frage kommen. Eine Anwendung dieser Methodik auf große Probleme ist allerdings auch heute noch nicht erfolgt.

Hinter den bisher besprochenen Methoden zur dynamischen Analyse und dem Wort Eigenwertanalyse steckt ein nicht unerheblicher mathematischer Apparat. Dynamische Probleme lassen sich computergerecht aber auch viel einfacher lösen, nämlich durch direkte Integration (Kapitel 23). Der Leser, der unseren ersten Band durchgearbeitet hat, wird bereits wissen, daß die moderne Statik auf einer räumlichen Diskretisierung beruht. In diesem Kapitel wird nun (vom Raum entkoppelt) auch über die Zeit diskretisiert. Ohne diese Methodik wäre eine erfolgreiche praktische Anwendung der Dynamik auf Probleme mit allgemeiner viskoser Dämpfung – und noch mehr bei nichtlinearen Aufgaben – völlig undenkbar. Wir beschreiben eine Reihe von Algorithmen, beginnend mit den bekannten Newmark-Variationen bis hin zu den Hermiteschen Algorithmen dritter oder höherer Ordnung, die einerseits bedingt stabil und andererseits unbedingt stabil (zumindest bei linearen Systemen) sein können und vor mehr als 15 Jahren am ISD/ICA entwickelt wurden.

Im anschließenden Kapitel 24 versuchen wir, das komplexe Feld der nichtlinearen Dynamik dem Ingenieur näherzubringen. Eine recht umfangreich gewordene Einführung in semianalytische Verfahren zur Lösung der Differentialgleichung von Duffing (also eines Systems mit einem Freiheitsgrad und einer nichtlinearen Feder) illustriert die ungewohnten und seltsamen Phänomene, die in diesem Gebiet auftreten und bis zum Chaos führen können. Wir haben uns bemüht, diese Vorgänge ingenieurgerecht aufzuarbeiten.

Das Kapitel 24 umfaßt auch die Anwendung einer breiten Palette von numerischen Zeitintegrationsverfahren für die Analyse nichtlinearer Schwingungsvorgänge und der Wellenausbreitung in festen Körpern. Dabei kommt uns die Entwicklung der Zeitalgorithmen in Kapitel 23 zugute, deren Stabilität und Konvergenz im nichtlinearen Bereich eingehend diskutiert wird. Eine große Anzahl von teilweise komplexen Problemen illustriert die Effizienz der vorgeschlagenen Methodik. Ferner besprechen wir in diesem Kapitel verschiebungs- und geschwindigkeitsabhängige Lasten, die nichtkonservativ sein können, und bauen damit eine Brücke zum letzten Kapitel des Werkes. Von besonderem Interesse für den kritischen Leser dürfte der letzte Unterabschnitt über die rechnerische Untersuchung des Crash-Vorgangs eines Automobil-Vorderwagens sein. Diese Betrachtung bedingt sehr große Deformationen im plastischen Bereich. Wichtig ist dabei, auch aus ökonomischen Gründen, die Modellierung des Werkstoff-Verhaltens. Es muß hier die Verfestigung des Materials mit zunehmender Dehnung sowie die Abhängigkeit des Werkstoffverhaltens von der Dehnungsgeschwindigkeit des Vorgangs berücksichtigt werden. Das adaptierte Modell basiert auf einer starr-viskoplastischen Idealisierung des Werkstoffs. Damit müssen Bewegungs-, und nicht Verschiebungsgleichungen aufgestellt werden. Beachtenswert ist die gute Übereinstimmung der Rechnung mit dem aufwendigen Versuch.

In einer relativ späten Phase bei der ersten Auflage des Werkes - Kapitel 14 bis 23 waren schon gesetzt und nur wenige Monate verblieben bis zur vorgesehenen Fertigstellung des Buches - entschloß sich der Seniorautor, den computerorientierten Charakter der Darstellung durch Hinzunahme von zwei speziellen Kapiteln über Chaos und Aeroelastizität zu unterstreichen. Dies geschah nicht ohne gewisse Bedenken des etwas konservativeren Koautors. Auch ein neuartiges Fachbuch braucht ein Ringen um die Festlegung des konzeptionell richtigen Pfades. Auf der einen Seite stand der impulsive und zwingende Drang zu dieser Erweiterung und insbesondere beim Chaos der Reiz, sich mit einem ganz neuen und aktuellen Gebiet zu beschäftigen. Auf der anderen Seite war die Gefahr nicht von der Hand zu weisen, daß der Charakter und der Rahmen des Werkes gesprengt werden könnte. Thematisch war Chaos sehr weit von der Methode der finiten Elemente entfernt und es lag keinerlei Forschungserfahrung vor. Die Darstellung dieses Themas war nicht ohne weiteres mit einfachen mathematischen Werkzeugen möglich. Auch in der Aeroelastizität waren Expertise und Erfahrung in der Forschung nicht so ausgeprägt vorhanden, wie bei den anderen dargestellten Themen. Auch würde sich eine ausführliche Betrachtung der Luftkräfte und der Aerodynamik in diesem Werk nicht glatt in unsere Darstellung der Strukturmechanik einfügen und zugleich den möglichen Umfang des Buches bei weitem überschreiten.

Um die Entscheidung des Seniorautors für eine solche Erweiterung ohne Zeitverlust zu realisieren, mußten ungewöhnliche Wege eingeschlagen werden. So wurden besondere Autorenteams für jedes der beiden neuen Kapitel gebildet. Diese umfaßten für das Kapitel 25 über Chaos in der ersten Auflage *John Argyris, Gunter Faust, Maria Haase,* und für das Kapitel 26 über Aeroelastizität *John Argyris, Joachim Bühlmeier* mit Unterstützung von *Kurt Braun.*

Der Enthusiasmus und die Einsatzbereitschaft der Mitstreiter des Senior-Autors waren überwältigend und übertrafen alle seine Erwartungen. Maria Haase und Gunter Faust haben die auf ihnen ruhende schwere Last mit Hingabe und extremem geistigen Einsatz unter Zurückstellung aller privaten Interessen und Verpflichtungen bewältigt und gemeinsam mit dem Erstautor das Kapitel 25 in den zur Verfügung stehenden drei Monaten bis zur Druckreife vollendet. Eine derartige Unbeirrbarkeit ist ein Charakteristikum wahrer Forscher, die sich berufen fühlen, wie Künstler gestalten zu *müssen.* Ähnlich verhielt es sich beim intensiven und motivierten Einsatz von Joachim Bühlmeier und der wertvollen Unterstützung von Kurt Braun. Beide Kapitel waren zur Überraschung mancher Zweifler in der vorgesehenen Zeitspanne abgeschlossen.

Bei der Realisierung der zweiten Auflage des dritten Bandes war aus dem Kapitel Chaos inzwischen ein eigenständiges Werk in einer deutschen und einer englischen Fassung geworden (*„Die Erforschung des Chaos", Vieweg 1994, „An Exploration of Chaos", North Holland 1994).* Es erschien deshalb auch aus Kostengründen nicht sehr sinnvoll, das bisherige Kapitel beizubehalten, das sich in der Darstellung doch recht deutlich vom Rest des Werkes abhebt. Wir haben es durch eine kleine Abhandlung ersetzt, die für Interessenten dieses Feldes eine Anleitung zum Einstieg bieten und Appetit auf mehr machen soll.

Wir wenden uns jetzt dem Kapitel 26, dem letzten dieses Werkes, zu. Es ist jedem Luftfahrtingenieur bekannt, daß ein entscheidender Gesichtspunkt in der Beurteilung eines Flugobjektes in dessen aeroelastischen Eigenschaften liegt. Was ist nun Aeroelastik? Dieser Wissenszweig betrachtet die merkwürdige Symbiose von Struktur und umströmendem Medium. Dabei kann durch eine Schwingung des Flugkörpers ein Energieaustausch zwischen Struktur und Medium stattfinden. Wird hierbei der Zelle kontinuierlich Energie zugeführt, werden die Schwingungen angefacht, was zu einer Katastrophe des Flugkörpers fuhren kann. Wir behandeln dieses faszinierende Fachgebiet in Kapitel 26 hauptsächlich aus der Sicht des Ingenieurs, der sich mit Tragwerksberechnungen befaßt. In dieser Betrachtungsweise bildet die Aeroelastizität einen wichtigen Bestandteil der Dynamik. Wir wollen ausdrücklich feststellen, daß wir uns nur gelegentlich mit der Beschreibung und Analyse der instationären Luftkräfte in diesem Werk beschäftigen können. Einerseits gibt es hervorragende Lehrbücher, die den entscheidenden Einfluß der Luftkräfte glänzend darlegen, wie z. B. das Buch von Earl H. Dowell *„A modern course in aerolasticity".* Andererseits würde eine ausführliche Betrachtung der Aerodynamik in diesem Werk den möglichen Umfang des Buches bei weitem überschreiten.

Wir versuchen im ersten Abschnitt 26.2, dem Studenten eine beschreibende Einführung in die merkwürdigen aeroelastischen Phänomene zu bieten. Damit kann hoffentlich ein Anfänger einen Überblick über die physikalischen Zusammenhänge gewinnen. Der nächste Abschnitt enthält Vorbemerkungen zu den strukturdynamischen und einfachen aerodynamischen Betrachtungen.

Im folgenden Abschnitt 26.4 behandeln wir zuerst aufgrund der gewonnenen Vorkenntnisse einfache statische und dynamische aeroelastische Probleme, ohne auf die Finite Element-Methode einzugehen. Wir präsentieren dabei eine kurze Übersicht der klassischen zweidimensionalen Theodorsen-Theorie der instationären Luftkräfte und betrachten weiterhin die stationären und instationären aerodynamischen Lasten im Überschallbereich nach der Piston-Theorie von Lighthill-Landahl. Letztere bietet ein einfaches und bei hohen Machzahlen effektives Werkzeug, um instationäre Luftkräfte zuverlässig genug zu berechnen. Leider müssen wir aus Platzgründen auf die dreidimensionale instationäre Theorie im Unterschall-transsonischen und frühen Überschall-Bereich verzichten. Andererseits bieten wir eine Einführung über das Panel-Flattern im Überschallbereich. Insbesondere verweisen wir in Verbindung mit der Methode der Finiten Elemente auf die besondere Eignung der TUBA- und SHEBA-Elemente (siehe Kapitel 8 in Band I), die wohl das einzige zuverlässige Werkzeug für nicht rechteckförmige Panele bieten. Wir berichten auch über eine semi-analytische Flatteranalyse eines Panele in einem Überschallstrom, die auf Dowell im Jahre 1982 zurückgeht und eine erste uns bekannte Veröffentlichung darstellt, die den Nachweis des Übergangs der nichtlinearen Schwingungen in einen chaotischen Bewegungsverlauf liefert. Aufgrund der Abhängigkeit der Luftkräfte von der reduzierten Frequenz ist das Flatterproblem auch bei kleinen Schwingungen nichtlinear.

Die prinzipielle Aufstellung der Flattergleichung für kleine Schwingungen in Verbindung mit einer computergerechten Berechnung vermittelt Abschnitt 26.5. Wir gehen auch auf die besonderen Verhältnisse des Panel-Flatterns ein. Es zeigt sich hier, daß die komplizierten und unübersichtlichen Spektralverfahren in ihrer Benutzerfreundlichkeit weit hinter der modernen direkten numerischen Integration der Bewegungsgleichungen liegen. (Einen schönen Beweis dieser Behauptung liefert übrigens ein Beispiel in Abschnitt 26.9.3)

Die angenäherte semi-analytische Lösung des Spektralproblems für klassisches Flattern wird in Abschnitt 26.6 weitergeführt, wobei wir insbesondere auf das wohl genaueste Verfahren von Helmut Wittmeyer eingehen. Im folgenden Abschnitt wird der Versuch unternommen, dem Studenten der Strukturmechanik das schwierige Problem der Aufstellung der Flattergleichungen in der Präsenz von Servosteuerungen der Ruder sowie eines Flugreglers zu geben. Die Gedankengänge sind notwendigerweise subtil und erfordern ein tieferes Verständnis der Strukturdynamik. Unsere Darstellung, die zum Teil auf Wittmeyer zurückgeht, beginnt mit der Spektralanalyse des Flugkörpers *in vacuo* mit losen Rudern. Auf diesen Ergebnissen aufbauend, werden dann die entsprechenden Resultate für die Zelle mit fest eingerasteten Rudern gewonnen. Diese Vorgehensweise und ihre sorgfältige Koordinierung liefert anschließend die Voraussetzung dafür, daß die Flattergleichungen des Flugkörpers in operativer Anwesenheit der Servosteuerungen und des Flugreglers aufgestellt werden können. Dieser Abschnitt ist sicherlich nicht elementar, sollte aber für den angehenden Luftfahrtingenieur von besonderem Interesse sein. Wir behandeln auch die Frage der aktiven Flattervorbeugung durch konstruktive und aerodynamische Maßnahmen.

Die Frage des Einbaus des Flatterverhaltens in ein Programmsystem zur Optimierung einer Struktur wird anschließend kurz diskutiert und mit einem Concorde-ähnlichen Beispiel abgeschlossen. Dies bringt uns zum letzten Abschnitt 26.9. Dieser beschreibt einige am ISD/ICA durchgeführte aeroelastische Untersuchungen. Zum ersten wird aufgrund einer bemerkenswerten Dissertation von Bertold Kirchgäßner aus dem Jahre 1986 eine aeroelastische Untersuchung einer Windturbine entwickelt, wobei sich trotz der notwendigen Vereinfachungen eine komplizierte Analyse ergibt. Als zweites Beispiel haben wir eine interessante Sonderentwicklung aus dem Jahre 1983 gewählt, die die Flatteranalyse einer unter Innendruck stehenden Membranhalle unter Einfluß einer Windströmung entwickelt. Die Zusammenstellung dieses Beispiels verdanken wir Ioannis St. Doltsinis. Wichtig ist dabei, festzustellen, daß in dieser Analyse durchgehend nur moderne numerische Verfahren benutzt und die Struktur sowie das umströmende Medium durch Finite Elemente approximiert wurden. Die Lösung der gekoppelten Gleichungen für Tragwerk und Medium wird eingehend beschrieben, wobei große nichtlineare Schwingungen zugelassen wurden und das Medium durch die vollen Navier-Stokesschen Gleichungen im inkompressiblen Bereich erfaßt wurde. Alle Integrationen wurden entsprechend der in Kapitel 94 entwickelten Theorie ohne eine Spektralanalyse numerisch durchgeführt. Extensive Ergebnisse bestätigen den ausgesprochenen Vorteil der modernen Methoden. Dies wird nochmals durch das folgende einfache Beispiel eines Delta-Flügels im Überschall-Bereich unterstrichen. Die Methodik ist im Vergleich zur klassischen Spektralanalyse so einfach, daß sich diese Betrachtungsweise in Zukunft weitgehend durchsetzen sollte. Als letztes Beispiel werden eingehende lineare und nichtlineare Panel-Flatter-Untersuchungen aufgrund der Methode der Finiten Elemente geboten, wobei auch ein möglicher statischer Innendruck sowie die Präsenz von Membran-Druckkräften angenommen wird. Andererseits verläuft die Spektralanalyse leider nach mehr klassischen Vorbildern.

Der Leser möge beachten, daß Aeroelastizität auf keinen Fall eine ausschließliche Domäne der Luftfahrt ist. Es gibt viele Beispiele aus dem Bauingenieurwesen und dem Maschinenbau, die die Wichtigkeit dieses Fachgebiets belegen. Sie reichen von den angefachten Schwingungen eines Unterseeboot-Periskops bis zur Katastrophe der Tacoma-Brücke, zu deren Aufklärung wieder einmal von Kàrmàn die entscheidenden Betrachtungen geliefert hat.

Epilog

Der historische Ursprung der 1949 einsetzenden intensiven Forschung und Entwicklung am Departement of Aeronautics des Imperial College in London (bis 1978) und des ISD (Institut für Statik und Dynamik der Luft- und Raumfahrtkonstruktionen der Universität Stuttgart) von 1959 bis 1984 sowie des neu entstandenen ICA (Institut für Computeranwendungen der Universität Stuttgart) von 1984 bis 1994 ergab sich aus den hohen Anforderungen der Luft- und Raumfahrt, in der gerade die Dynamik eine entscheidende Rolle spielt. Wie wir in diesem Vorwort schon erwähnt haben, beruht diese lange und konsequente historische Entwicklung auf der grundsätzlichen philosophischen Einstellung des Erstautors, der den Fortschritt nicht in einer verwirrenden Zersplitterung des Wissens, sondern in der Vereinheitlichung und Zusammenfassung vieler scheinbar beziehungslosen Wissensgebiete in ein übergeordnetes theoretisches Konzept sieht. Die computerorientierte Mechanik in ihren vielen Manifestationen fester und gasförmiger Stoffe ist nur einer der geistigen Pfeiler dieses Gerüstes. Beispielhaft seien auch Strahlungs- und Wärmeübertragungsprobleme sowie die elektromagnetische Feldtheorie hier erwähnt. Die technische Physik, die Grundlagen der Ingenieurwissenschaften sowie neue Softwareentwicklungen sollen in Verbindung mit einem Ausbau der Methode der Finiten Elemente sowie der Verfügbarkeit von Vektorrechnern zu neu konzipierten numerischen Verfahren für die Lösung schwieriger physikalischer und technischer Probleme führen. Das Gebiet des Chaos kann dem Ingenieur geistige Anstöße zum berechenbaren Verständnis der technisch so wichtigen chaotischen Vorgänge, wie denen der noch offenen physikalischen und mathematischen Hintergründe der Turbulenz, vermitteln. So ungewöhnlich, wie diese Ausführungen manchem Leser anfänglich klingen mögen, sind sie wieder nicht, wenn man bedenkt, daß schon das ISD unter der seinerzeitigen Leitung des Seniorautors aus dem Bereich der Luft- und Raumfahrt langsam hinauswuchs und immer neue Arbeitsgebiete erschloß.

Ein ausgedehntes und vielschichtiges Werk wie das hier vorliegende kann weder von einer einzelnen noch von zwei Personen vom Stadium der ersten Konzeption über den langen Prozeß vieler Entwürfe bis hin zur druckreifen Vorlage für den Verlag in einer so erstaunlich kurzen Zeit geschaffen werden. Nur Wissenschaftler, die diesen langen Gestaltungsprozeß selbst an einem eigenen größeren Werk erlebt haben, können erfassen, welch verschiedene, aber gebündelte Talente in diesem mühevollen Werdegang einer ausgedehnten Veröffentlichung den Autor oder die Autoren enthusiastisch, aber auch kritisch unterstützen müssen, damit eine endgültige Druckvorlage für den Verlag entsteht. Eine kleine Einzelheit möge diesen Aspekt beleuchten. Des öfteren begegnet man der irrigen Meinung, daß ein Manuskript, das dem Autor selbst vertraut ist, genügt, um damit dem Drucker eine Unterlage zu überreichen, die ohne weiteres als ein fertiges Buch wiedergegeben werden kann. Weit gefehlt! Wer glaubt, daß bei dieser Einstellung ein facettenreicher mathematischer Text wissenschaftlich korrekt und ästhetisch befriedigend produziert werden kann, täuscht sich gewaltig. Jede Gleichung muß vorher abgewogen werden, um Länge, Dichte, Abstände und Verständlichkeit optimal für den abschließenden Druck vorzubereiten. Der Senior-Autor, der auf einen schriftstellerischen Hintergrund von 50 Jahren zurückblicken kann, war bei der ersten Auflage privilegiert, für dieses dreibändige Werk ab Januar 1985 durch ein überragendes Team glänzend unterstützt worden zu sein. Insbesondere haben Karl Straub und Gerhard Frik mit unendlicher Geduld und Pflichtbewußtsein, kritischem Sachverstand und seltenem sprachlichen Können den Unterzeichneten auf dem beschwerlichen Weg von Band I bis zum Abschluß von Band III großzügig und meisterhaft beigestanden. Ohne ihre Hilfe wären drei Manuskripte mit über 2300 Seiten und 1100 Abbildungen nicht in der kurzen Zeit vollendet und über wiederholte Korrekturprozesse zu drei fertigen Büchern geführt worden. Die geringe Anzahl von Druckfehlern einer schwierigen Erstausgabe sind der beste Beweis ihrer beispielhaften Tätigkeit. Die Unterzeichneten danken ihnen auch hier herzlich für diesen überragenden Beistand, der für die Betroffenen unweigerlich eine Zurückstellung ihrer eigenen wissenschaftlichen Interessen bedeutete. An dieser Stelle sei ihnen noch einmal eine tiefempfundene Anerkennung und Verbundenheit ausgesprochen. Eine wichtige Voraussetzung zur Lesbarkeit und zum Verständnis des Werkes bilden die Abbildungen. Das Gros der Illustrationen für die erste deutsche Auflage wurde noch im historisch klassischen Verfahren mit Papier und Tusche erstellt. Frau Gertraude Grimm und später Frau Claudia Thaler arbeiteten mit großer Geduld, Hingabe und lebendigem Interesses an dieser Aufgabe. In der Folge wurde die Aufstellung der Zeichnungen mehr und mehr auf den Computer verlagert. Das betrifft beispielsweise die Abbildungen des Kapitels 26 und fast die gesamte englische Ausgabe. Hier haben wir Steffen Kernstock für sein künstlerisches Einfühlungsvermögen und graphisches Können zu danken.

Um die Abbildungen des letzten Kapitels (26) der ersten Auflage kurzfristig vollenden zu können, mußte ein neues Team aufgestellt werden. Dieses hat unter der zeichnerischen Anleitung von Steffen Kernstock und der fachlichen Aufsicht vor Gerhard Frik und Karl Straub hervorragende Resultate erzielt. In dieser enthusiastisch arbeitenden Gemeinschaft haben Patrick Liebich, Martin Scheu, Gerhard Wocher und Werner Wiesniewski zusammen mit Christiane und Steffen Kernstock große persönliche Opfer gebracht, damit innerhalb von knapp drei Wochen aus groben Entwürfen 118 druckfertige Abbildungen in professioneller Qualität entwickelt werden konnten. Für diesen

Einsatz sprechen wir der gesamten Mannschaft besondere Anerkennung und unseren herzlichen Dank aus.

Eine besondere Anerkennung müssen wir auch Ioannis St. Doltsinis aussprechen, der alle Unterlagen für die Besprechung des Crash-Vorgangs in Abschnitt 24.8 und für die Beschreibung des nichtlinearen Flatterverlaufs einer Membran-Halle in Abschnitt 26.9.2 beigesteuert hat. Weiterhin hat Heinz Friz den Seniorautor mit hoher Effizienz bei der Aufstellung und Kontrolle der TUBA-spezifischen Matrizen für die instationären Überschall-Luftkräfte sowie für die geometrische Steifigkeit unterstützt.

In dieser langen Reihe wertvoller Mitstreiter steht auch Christa Hübler, ein der besten Bibliothekarinnen, welcher der Erstautor in seiner langen Laufbahn begegnet ist. Sie hat in kürzester Zeit und mit großem Geschick alle für das Werk notwendige wissenschaftliche Literatur beschafft und konnte damit die legendäre Ungeduld des Erstautors ausschalten. Sie hat inzwischen mit Frau Marion Hackenberg eine ebenso engagierte Nachfolgerin gefunden.

Es braucht nicht betont zu werden, welch hohe Fähigkeiten die gewissenhafte Erstellung der vielen Entwürfe, Einschübe, Korrekturen voraussetzt, Aufgaben, die Marlies Parsons und Vlasta Reber-Hangi bei der ersten Auflage glänzend bewältigt haben. Marlies Parsons hat, damals die gesamte Korrespondenz mit dem Verlag reibungslos geführt. Wir danken ihren frohmütigen und gekonnten Einsatz und freuen uns daß beide uns als Kolleginnen im ICA zur Seite stehen.

Aber aller gekonnte Einsatz des Instituts hätte ohne die aktive Mitwirkung des Vieweg-Verlags nicht genügt, dieses Werk vollendet zu reproduzieren. Für das Eingehen auf unsere Wünsche und die mustergültige Realisation unserer Vorstellungen bei der alten Fassung dieses Bandes danken wir insbesondere Frau Brigitte Gödecke, Frau Ute Hummert und Herrn Wolfgang Nieger, die, wie bei den beiden ersten Bänden des Werkes 'Die Methode der finiten Elemente', einen hingebungsvollen Einsatz und ein hohes technische Können demonstriert haben. Ein beträchtlicher Teil ihrer wertvollen Arbeit ist in die überarbeitete Neufassung übernommen worden. Herr Wolfgang Nieger hat uns auch mit großem Verständnis bei dieser Neuauflage begleitet. Er wurde dabei von Herrn Kühn von Burgsdorff unterstützt, der mit großem Interesse und Sorgfalt die Montage neuer Passagen auf der Basis von Postscriptfiles geleitet hat.

Dieses Werk enthält, bei all seinem Umfang, nur einen Bruchteil der in den letzten 45 Jahren entfalteten Forschungsaktivität, die sich über die Royal Aeronautical Society, dem Imperial College bis zu den Instituten des ISD und ICA erstreckt. Diese Tätigkeit umfaßt die ersten systematischen Analysen von Luftfahrtkonstruktionen im Zweiten Weltkrieg, die aber schlagartig durch das zaghafte Aufkommen der ersten elektromechanischen Computer im Jahre 1943 zu der Erkenntnis einer neuen Ära führten. Dies wiederum bewirkte eine Neuformulierung der Strukturmechanik auf der Grundlage einer hochentwickelten Matrizentheorie, die ihrerseits die erste Konzeption der Methode der Finiten Elemente und erste Veröffentlichungen in den Jahren 1954/55 initierte. Im Zentrum der Weiterentwicklung stand damals das statische und dynamische Tragwerksverhalten. Die heutigen Anwendungen gehen jedoch weit über dieses ursprüngliche Gebiet hinaus. Eine computerorientierte numerische Philosophie erschließt neue Anwendungen in Gebieten wie der Aerodynamik, Nichtgleichgewichts-Thermodynamik, der technischen Physik und vielen anderen Feldern.

Zum Abschluß ist es uns ein Bedürfnis, dem Land Baden-Württemberg zu danken. Ohne die großzügige Förderung des Landes wäre die Forschung, die die Grundlage dieses Werkes bildet, nicht denkbar gewesen. Unser Dank gilt aber auch der Universität Stuttgart, die dem Zweitautor die Fertigstellung dieser Studienausgabe im Rahmen einer Nebentätigkeit ermöglicht hat.

Last but not least danken wir unserer jetzigen Heimstatt, dem ICA. Die hier vorliegende zweite Auflage ist vor dem Hintergrund eines völlig neu strukturierten Institutes entstanden, das in seiner gegewärtigen Entwicklung neue Schwerpunkte wie Computersimulation und Visualisierung, Numerik für Höchstleistungsrechner und Modellierung naturwissenschaftlicher und technischer Grundprobleme - Physik mit Hochleistungsrechnern - gesetzt hat. Wir danken für das Verständnis und die Unterstützung, die wir bei allen Mitgliedern unseres Hauses gefunden haben.

Stuttgart, im Oktober 1996

John Argyris
Hans-Peter Mlejnek

Inhaltsverzeichnis

Vorbemerkung

Dieser Band versucht, die elementare Konzeption des Gesamtwerks einzuhalten. In diesem Sinne waren wir bestrebt, eine physikalisch einleuchtende Darstellung technologisch oft komplizierter Vorgänge zu geben. Mathematische Entwicklungen sind dabei unerläßlich, aber wir haben den Versuch unternommen, dem lebendigen und flüssigen Stil großer Lehrmeister wie Lord Kelvin und Peter Guthrie Tait nach Möglichkeit zu entsprechen:

"Neither seeking nor avoiding mathematical exercitations we enter into problems solely with a view to possible usefulness for physical Science".

Lord Kelvin and Peter Guthrie Tait
Treatise on Natural Philosophy, Part II

14 Einführung in die Elastodynamik: einfache Schwinger

"One picture is worth a thousand words."
Emperor Sung

In diesem einführenden Kapitel zu einer computergerechten Darstellung der Dynamik elastischer Strukturen besprechen wir einfache lineare Schwinger. Wir beschränken uns auf Systeme mit nur einem zugelassenen Freiheitsgrad. Exakte Lösungen sind dann möglich und dienen als Maßstäbe der später zu besprechenden angenäherten Methoden.

14.1 Der Begriff des Freiheitsgrades und einfache Systembeispiele

In der Statik haben wir das Verhalten von Tragwerken unter der Einwirkung äußerer Lasten oder aufgeprägter Verformungen und Dehnungen, die sehr langsam auf die Struktur einwirken, diskutiert. Dort war Freiheitsgrad identisch mit der Verformungsmöglichkeit des Tragwerks. Jedes Tragwerk hat im Prinzip unendlich viele Verformungsmöglichkeiten in Gestalt des Verschiebungsvektors $\boldsymbol{u} = \{u \quad v \quad w\}$ an beliebig vielen Orten mit den Koordinaten $\boldsymbol{x} = \{x \quad y \quad z\}$. Nach den klassischen Regeln der Elastizitätstheorie führt die Erfassung des statischen Problems allein schon auf schwierig zu lösende partielle Differentialgleichungen.

In der Dynamik gehen wir nun von der realistischeren Tatsache aus, daß die Beanspruchung eines Tragwerks in vielen Fällen sehr deutlich von der Zeit abhängt. Dies wird uns einprägsam am Flugzeug, das ein turbulentes Gebiet durchfliegt, demonstriert. Wir stoßen damit das Tor zu einer neuen Dimension, der Zeit, auf. Die Verformungsmöglichkeit eines natürlichen Tragwerks wird nun durch den von Ort $\boldsymbol{x}$ und Zeit t abhängigen Verschiebungsvektor $\boldsymbol{u}(\boldsymbol{x}, t)$ beschrieben. Die Erfassung des dynamischen Problems in klassischer Weise führt auf partielle Differentialgleichungen in Ort und Zeit. Die Zahl der Verformungsmöglichkeiten oder Freiheitsgrade ist damit erneut unendlich.

Nun ist jedem Ingenieur wohlbekannt, daß die klassischen Lösungskonzepte der Differentialgleichungen wohl alle Probleme erfassen, aber nur für ganz wenige technische Probleme zu wirklich praktischen Lösungen führen, falls nicht vertretbare Vereinfachungen in die Berechnungsmodelle eingeführt werden. Die wichtigste Grundidee ist dabei die, daß die unendlich vielen Verformungsmöglichkeiten eines Tragwerks so eingeschränkt werden, daß das technisch interessierende Tragwerksverhalten noch ausreichend gut zu beschreiben ist und nur exotische und in der praktischen Bewertung unbedeutende Lösungsmöglichkeiten verlorengehen. Durch die Einschränkung der Verformungsmöglichkeiten (oder Freiheitsgrade) auf eine endliche Anzahl werden die partiellen Differentialgleichungen der Statik in algebraische Gleichungssysteme umgewandelt, die eine Domäne des modernen Sklaven der Wissenschaft, des Computers, sind. In der Dynamik sind die Verhältnisse nicht ganz so einfach: die partiellen Differentialgleichungen in Ort und Zeit gehen bei Einführung einer endlichen Anzahl von Freiheitsgraden lediglich in ein System gewöhn-

<table>
<tr><th></th><th>Statik</th><th>Dynamik</th></tr>
<tr><td rowspan="2">Problem</td><td colspan="2">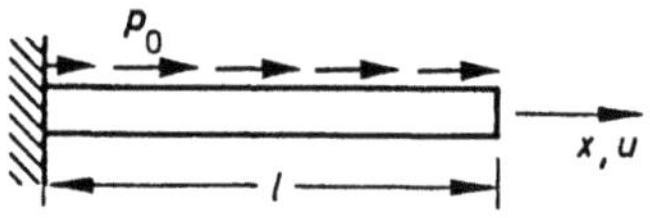

Massendichte $\rho = \text{const}$
Elastizitätsmodul $E = \text{const}$
Querschnittsfläche $A = \text{const}$</td></tr>
<tr><td>Linienlast $p(x) = p_0 = \text{const}$

Randbedingungen $u(x=0) = 0$
$N(x=l) = 0$ (Normalkraft)</td><td>Linienlast $p(x,t) = p_0(t) = \text{const in } x$

Randbedingungen $u(x=0,t) = 0$
$N(x=l,t) = 0$ (Normalkraft)

Anfangsbedingungen
$u(x,t=0) = 0$
$\dot{u}(x,t=0) = 0$</td></tr>
<tr><td rowspan="2">Klassische Problemerfassung</td><td colspan="2">Elastisches Verhalten
$N = EA\dfrac{\partial u}{\partial x}$</td></tr>
<tr><td>Gleichgewicht
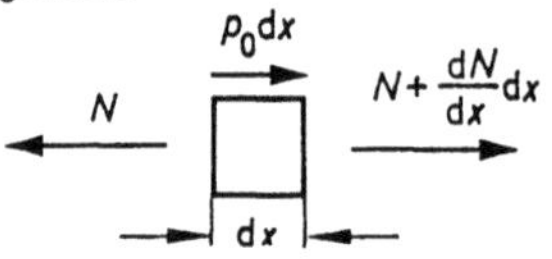

$\dfrac{dN}{dx} = -p$

Gewöhnliche Differentialgleichung
(eindimensional)
$EA\dfrac{d^2u}{dx^2} = -p_0$</td><td>Gleichgewicht (d' Alembert)
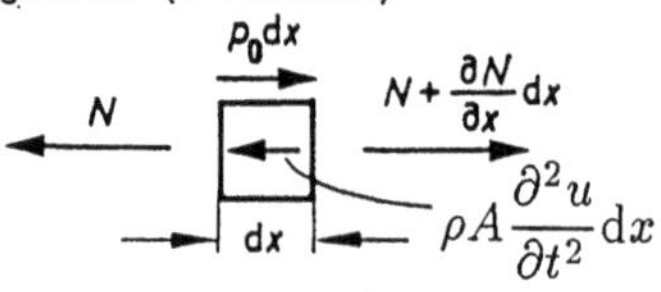

$\dfrac{\partial N}{\partial x} - \rho A\dfrac{\partial^2 u}{\partial t^2} = -p$

Partielle Differentialgleichung
$EA\dfrac{\partial^2 u}{\partial x^2} - \rho A\dfrac{\partial^2 u}{\partial t^2} = -p_0$</td></tr>
</table>

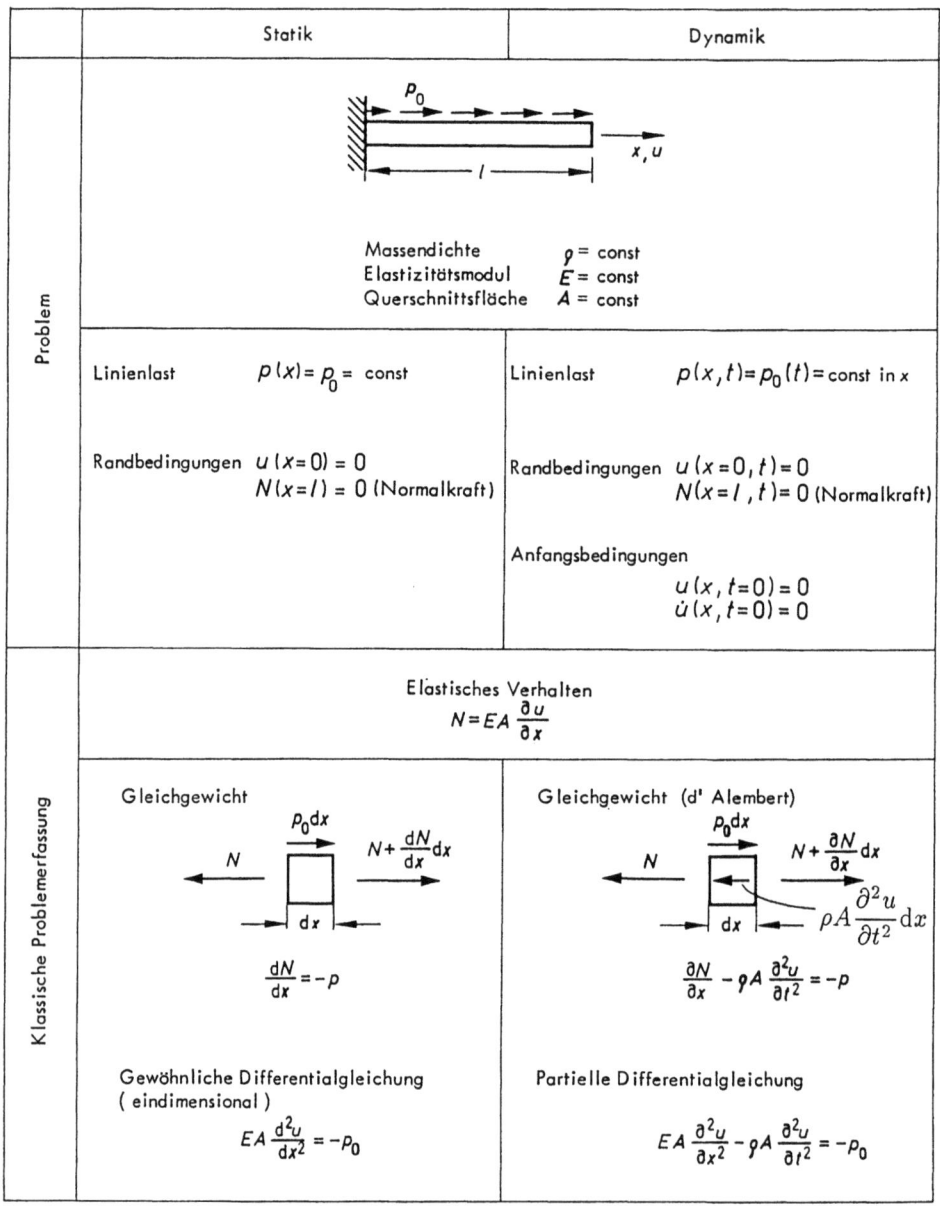

Abb. 14.1.1 Ein einfaches Problem in der Statik und Dynamik, klassische Formulierung, *Teil* 1

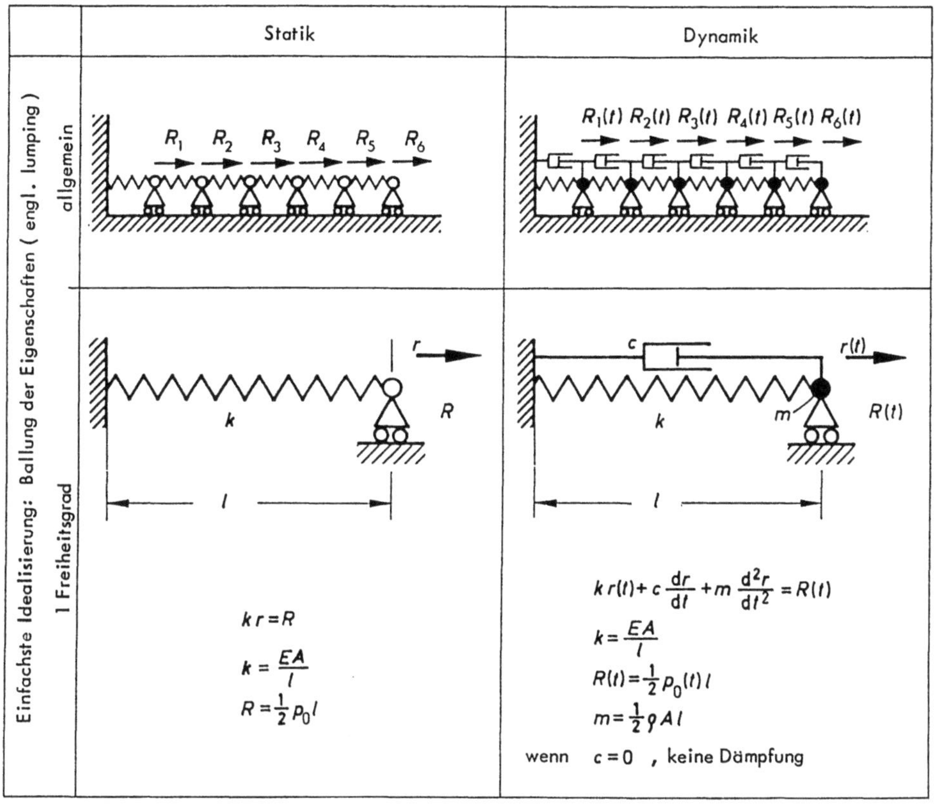

Abb. 14.1.1 Ein einfaches Problem in der Statik und Dynamik, Reduzierung auf einen Freiheitsgrad, *Teil* 2

licher Differentialgleichungen in der Zeit über. Es ist die Bürde der Dynamik, daß sie nicht nur von der Dimension, sondern auch vom Aufwand her gesehen eine Größenordnung über der Statik liegt.

Im Rahmen dieses einleitenden Kapitels führen wir die extremste überhaupt denkbare Vereinfachung durch: wir reduzieren die unendlichen Bewegungsmöglichkeiten des Systems auf eine einzige. Es ist einleuchtend, daß Systeme mit einem Freiheitsgrad nur für Abschätzungen praktisch sinnvoll sein können. Auf der anderen Seite erlauben uns die einfachen Verhältnisse ein ballastfreies und konzentriertes Studium der Dynamik, das später, wenn wir sinnvollerweise mit mehr Freiheitsgraden arbeiten, voll nutzbar sein wird.

Wir wollen das Gesagte an einem kleinen Beispiel verdeutlichen (Abb. 14.1.1, Teil 1). Es handelt sich um einen Stab unter linienartiger Längsbelastung. Bei der Problemformulierung wird die besondere Natur der Dynamik einmal durch die zeitabhängige Last, zum anderen durch die bisher, d.h. in der Statik, nicht notwendigen Anfangsbedingungen hervorgehoben. In unserem Fall wird die zeitabhängige Last auf das ruhende Tragwerk aufgebracht. Die klassische Problemerfassung weist in der Dynamik auch ein Novum aus, wobei wir der Diskussion in Abschnitt 14.2 ganz kurz vorgreifen müssen: bei bewegten und mit Masse behafteten Tragwerksteilen sind die Trägheitskräfte mit zu berücksichtigen. Sie ergeben sich aus dem Newtonschen Gesetz

Kraft = Masse × Beschleunigung

Mit dieser relativ kleinen Modifikation ist die Differentialdarstellung der Statik auf die Dynamik übertragbar; von Dämpfung soll hier nicht gesprochen werden. Weil zufällig ein eindimensionales Problem gewählt wurde, erhalten wir in der Statik eine gewöhnliche Differentialgleichung in x (allgemein: partiell in x, y, z). Auf der Seite der Dynamik entsteht auf jeden Fall eine partielle Differentialgleichung in x und t. Die Zahl der Freiheitsgrade ist unendlich. Wenn wir uns auf einen Freiheitsgrad beschränken, erhebt sich die Frage nach dem Modell. Wir könnten z.B. eine lineare Variation der Längsverschiebung u annehmen, die mit $u(x = 0, t)$ noch einen freien Parameter aufweist. Dies ist eine bereits sehr allgemeine Anwendung des Freiheitsgradbegriffes, die wir erst später in Abschnitt 14.7 besprechen wollen. Eine noch einfachere Möglichkeit, eine beschränkte Anzahl von Freiheitsgraden zu gewinnen, besteht darin, die homogen verteilten Eigenschaften des Tragwerks – wie Elastizität, Trägheit und Dissipation – zu „ballen" (engl. *lumping*). So sind in historischer Sicht die einfachsten Schwingungsmodelle entstanden. Wir betrachten also die Materie als einen Verbund von Punktmassen, die elastisch und dämpfungsmäßig miteinander verknüpft sind (Abb. 14.1.1, Teil 2). Der extremste Fall des Ein-Freiheitsgrad-Modells umfaßt dabei nur einen Massenpunkt in einer Bewegungsrichtung. Mit dieser Annahme erhalten wir auf der Seite der Statik eine algebraische Gleichung, auf der Seite der Dynamik eine gewöhnliche Differentialgleichung in der Zeit. Dies ist eine wesentliche

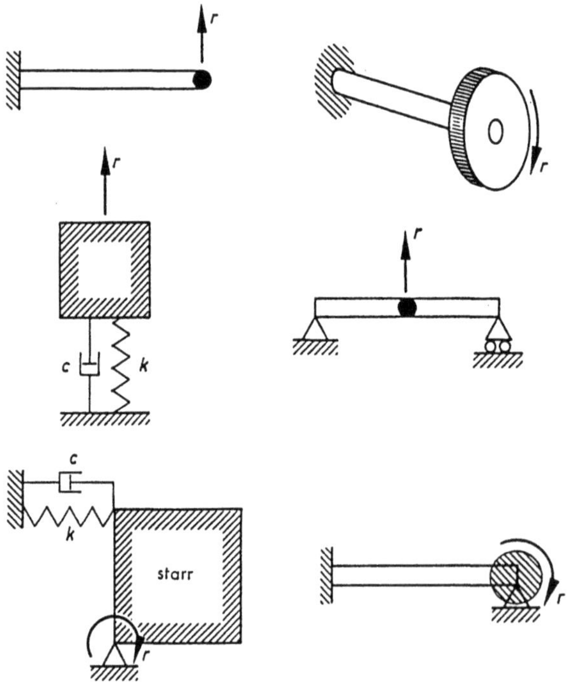

Abb. 14.1.2
Einige einfache Einfreiheitsgradmodelle mit „geballten" Eigenschaften

Vereinfachung. Der Preis dafür ist allerdings auch nicht gering. Mit Sicherheit kann unser einfaches Modell viele Bewegungsmöglichkeiten des Kontinuums, wie z.B. kurzwellige Vorgänge, nicht wiedergeben.

Bei vielen technischen Problemen liegt bereits eine Ballung der Eigenschaften, insbesondere von Masse und Steifigkeit, vor, so daß der Eingriff nicht ganz so radikal wie in Abb. 14.1.1 ist. So hat z.B. der Tragflügel eines Flugzeugs mit Außentanks bereits eine natürliche Massenkonzentration. Das gleiche trifft für Wellen-Schwungrad-Systeme, Fahrzeugfederungen, Maschinen auf elastischen Decken und andere Probleme zu (Abb. 14.1.2). Allen diesen einfachen Problemen ist gemeinsam, daß r als Freiheitsgrad die Bewegung des Systems und seiner trägen Teile eindeutig festlegt. Ob r dabei eine translatorische Verschiebung oder eine Drehung ist, ist belanglos.

14.2 Die Kräfte im dynamischen Gleichgewicht (Steifigkeit, Masse, Dämpfung)

Dynamik ist mit der Bewegung von Tragwerken eng verknüpft. Damit erhebt sich sofort die Frage, in welchem Bezugssystem die Bewegung beschrieben wird. Wir wissen aus eigener Beobachtung, daß ein Feder-Masse-System in unterschiedlichen Bezugssystemen ein unterschiedliches Verhalten aufweist. So stellt ein Beobachter auf der Ladefläche eines LKWs, der steht oder mit konstanter Geschwindigkeit geradeaus rollt, fest, daß ein Feder-Masse-System ohne äußere Lasten in keiner Richtung deformiert wird (Abb. 14.2.1(a)). Beschleunigt aber der LKW, so wird in Wagenlängsrichtung die Feder gespannt (Abb. 14.2.1(b)). Fährt der LKW mit konstanter Geschwindigkeit, aber in einer Kurve, so gilt das gleiche in der Querrichtung (Abb. 14.2.1(c)). Ist die Beschleunigung im Fall (b) unregelmäßig bzw. der Kurvenradius im Falle (c) nicht konstant, so stellt sich auch bei ruhendem Ausgangszustand des Feder-Masse-Systems eine Schwingung ein, ohne daß ein Beobachter Kräfte auf das System wirken läßt. Nur im Fall (a) gibt es ohne äußere Kräfte auf der Ladefläche keine Bewegung des Feder-Masse-Systems. Es handelt sich offensichtlich um ein besonderes Bezugssystem, das wir nach seinem Entdecker als Galileisches Bezugssystem oder auch Inertialsystem bezeichnen. In einem derartigen System sind Beschleunigung und Winkelgeschwindigkeit absolute Größen. Ein Körper weicht darin von einer gleichmäßigen Bewegung nur unter der Einwirkung von äußeren Kräften ab. Es ist klar, daß die übliche Annahme von „Inertialsystemen" nur bis auf eine bestimmte Genauigkeit gültig ist. So steht oder fährt der Lastwagen im Falle (a) auf der Erde, die sich wiederum um sich selbst dreht, ein Effekt, der bei einer Pendelschwingung direkt merkbar ist (man erinnere sich an den Physikunterricht).

Im Rahmen dieser Einführung werden wir uns fast ausschließlich eines Inertialsystems bedienen. In manchen Fällen ist es vorteilhafter, davon abzugehen, z.B. bei der Schwingung von rotierenden Turbinenschaufeln. In diesem Fall sind besondere Kräfte – wie die Zentrifugalkraft oder die Corioliskraft – zu berücksichtigen, deren Auswirkung ein Beobachter im nichtgalileischen System deutlich feststellt.

In der Statik bildet sich zwischen äußeren Kräften R und elastischen Rückstellkräften R_e ein Gleichgewicht aus (Abb. 14.2.2, links). Auch in der Dynamik gibt es zu jedem Zeitpunkt t einen solchen Gleichgewichtszustand (Prinzip von D'Alembert). Bei der Betrachtung dieses Gleichgewichts sind jedoch zusätzliche Kräfte zu berücksichtigen. Dies sind zumindest die Trägheitskräfte $R_I(t)$; jeder Kraftfahrer weiß, daß Beschleunigung Motorkraft kostet. In aller Regel müssen zusätzlich noch Reibungskräfte $R_D(t)$ über-

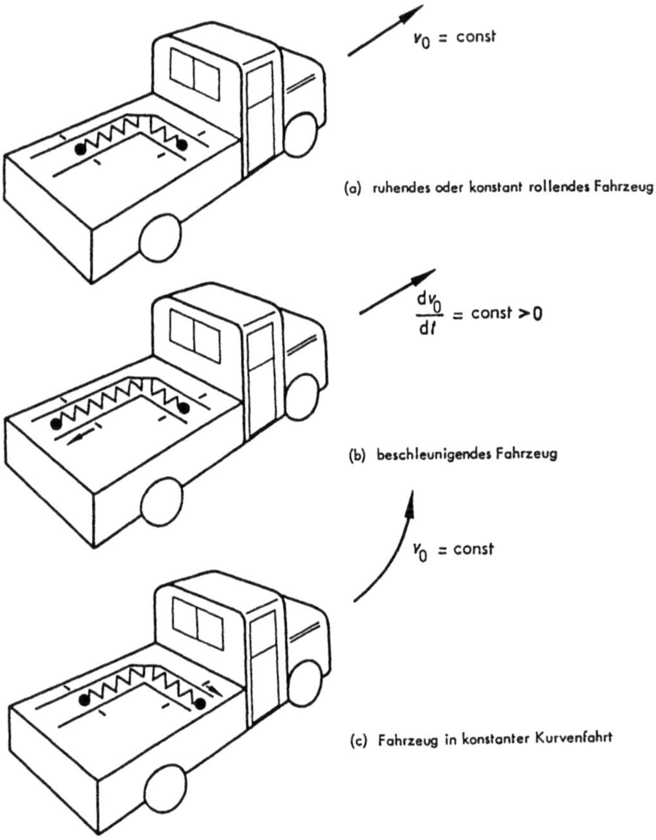

Abb. 14.2.1
Bezugssystem Ladefläche eines LKW und statisches Verhalten eines Feder-Masse-Modells

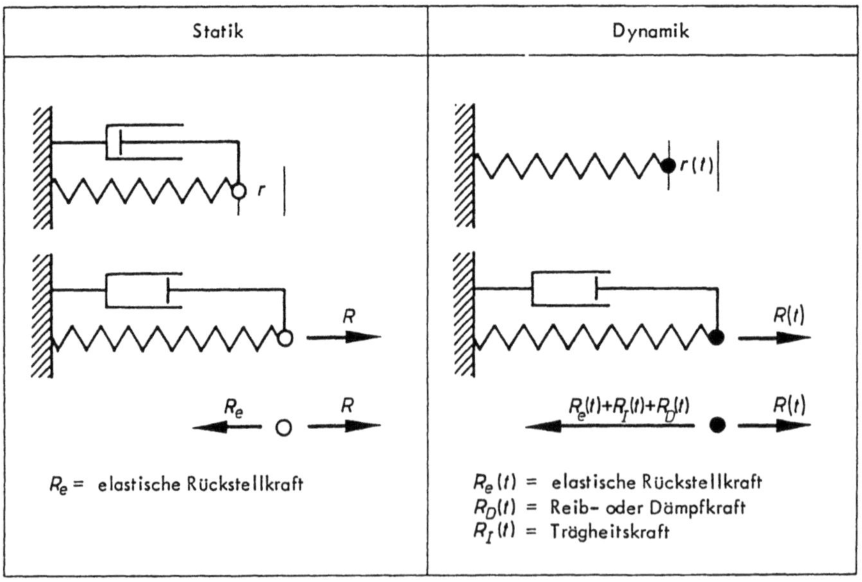

Abb. 14.2.2 Gleichgewicht in Statik und Dynamik

wunden werden. Bei der beliebig langsamen Bewegung der Statik fehlt die Trägheitskraft, weil die Beschleunigung Null ist, und die Reibungskraft (zumindest bei flüssiger Reibung), weil die Geschwindigkeit Null ist. In einem Inertialsystem gilt also für ein Modell mit einem Freiheitsgrad stets die Gleichgewichtsbeziehung (Abb. 14.2.2)

$$R_e(t) + R_I(t) + R_D(t) = R(t) \qquad (14.2.1)$$

die das Fundament der Dynamik in diesem einführenden Kapitel ist und deren einzelne Terme im folgenden näher erläutert werden. Legt man der Betrachtung kein Inertialsystem zugrunde, so sind in die Gleichgewichtsbetrachtung zusätzliche Kräfte aufzunehmen (Basisträgheitskräfte, Zentrifugalkräfte, Corioliskräfte).

Wird ein System elastisch deformiert, dann treten auch elastische Kräfte auf, die versuchen, die Verformung rückgängig zu machen – ein uns aus der Statik wohlbekanntes Verhalten. Bei linear-elastischem Material hängt die elastische Rückstellkraft nur von der Deformation ab, läßt sich also auf rein statische Weise bestimmen. Über dieses Wissen verfügen wir bereits: wir beschreiben das linear-elastische Verhalten des Tragwerks mit

$$R_e = kr \qquad (14.2.2)$$

wobei k die Steifigkeit angibt; sie ist zugleich die Kraft, die für die Erzeugung von $r = 1$ notwendig ist (Einheitsverschiebungsgesetz!). Alternativ zu (14.2.2) können wir auch schreiben

$$r = fR_e \qquad (14.2.3)$$

wobei f die Nachgiebigkeit des Tragwerks darstellt. Dabei ist f zugleich die Verschiebung, die sich bei $R_e = 1$ einstellt (Einheitslastgesetz!).

Wir schließen aus (14.2.2) und (14.2.3) sofort auf

$$\begin{aligned} k &= f^{-1} \\ f &= k^{-1} \end{aligned} \qquad (14.2.4)$$

Wie man k oder f aufstellt, wissen wir mehr als ausreichend aus den vorangehenden Kapiteln der Bände I und II. Zusätzlich zeigt Abb. 14.2.3 einige Beispiele.

Nach den elastischen Kräften wenden wir uns nun den Trägheitskräften zu. Wird ein Feder-Masse-System unter dem Einfluß einer äußeren Kraft in Bewegung gesetzt, so sind dabei nicht nur die langsam mit der Auslenkung zunehmenden elastischen Kräfte, sondern auch Trägheitskräfte zu überwinden (Abb. 14.2.4). Selbst wenn gar keine Federsteifigkeit vorhanden ist, kostet die Beschleunigung der Masse Kraft. Daraus kann umgekehrt geschlossen werden, daß in der Anfangsphase der Bewegung die Federkraft $R_e < R(t)$ sein muß, da ein Teil der äußeren Kraft $R(t)$ für die Beschleunigung der Masse aufgewendet wird. Die Trägheitskräfte wirken also zunächst entlastend. In späteren Phasen der Bewegung muß das natürlich nicht gelten. Trägheitskräfte können die Beanspruchung gegenüber der Statik durchaus erhöhen.

Die Trägheitskraft $R_I(t)$ läßt sich für unsere einfachen, geballten Massenmodelle rasch nach dem Newtonschen Gesetz angeben

$$R_I(t) = m\ddot{r}(t) \qquad (14.2.5)$$

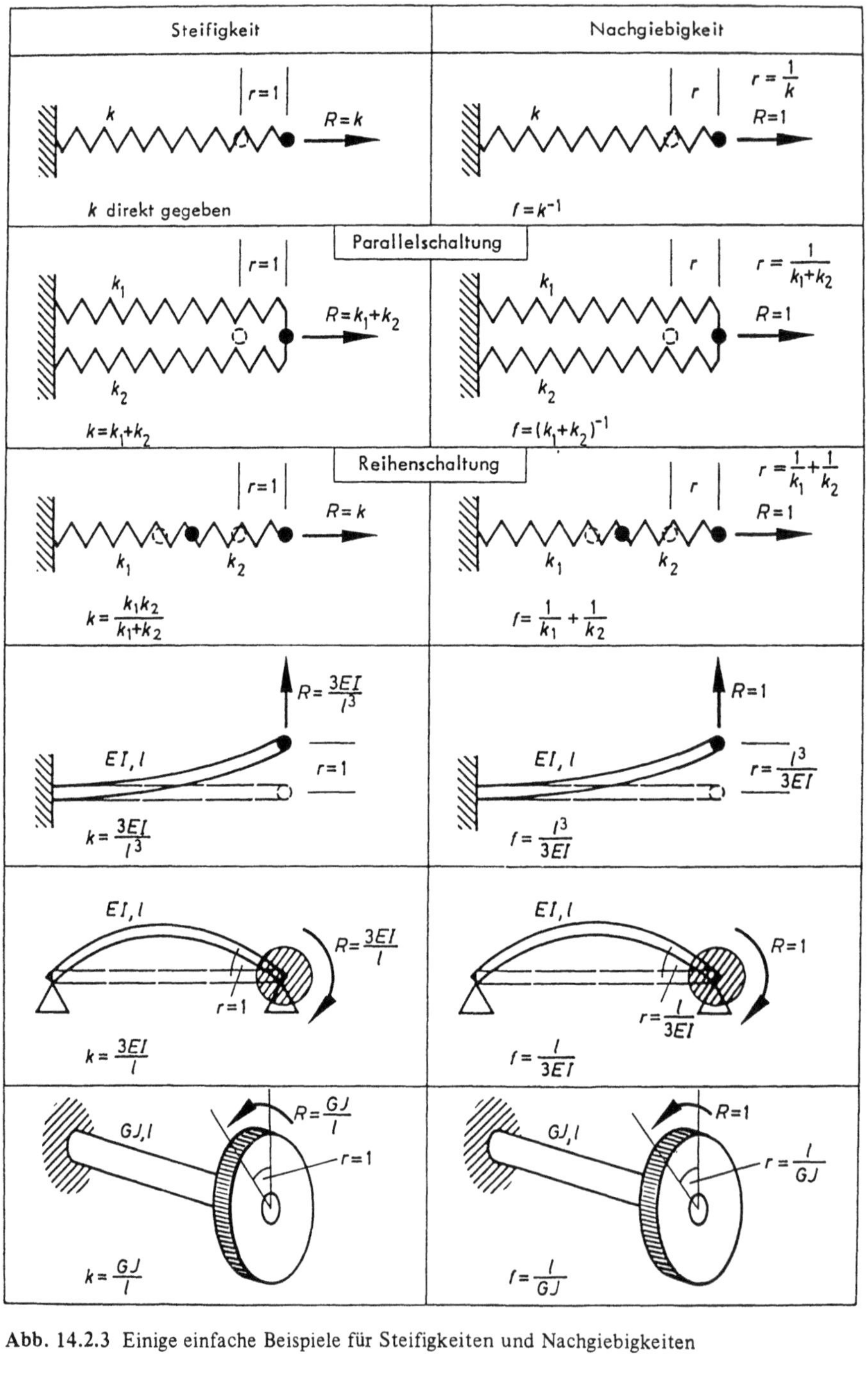

Abb. 14.2.3 Einige einfache Beispiele für Steifigkeiten und Nachgiebigkeiten

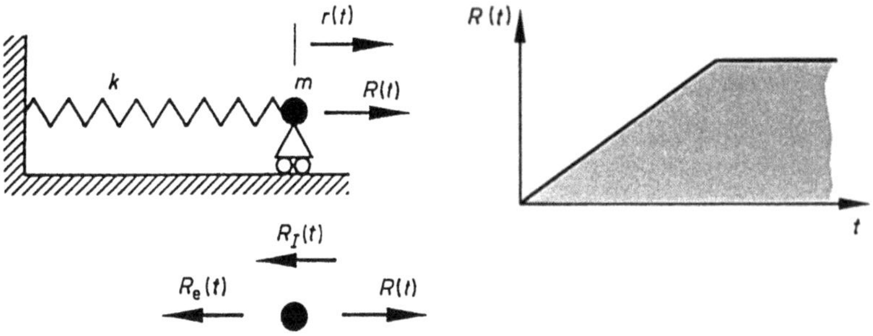

Abb. 14.2.4 Wird durch eine äußere Kraft $R(t)$ eine Masse in Bewegung gesetzt, so sind neben den Federkräften die Trägheitskräfte zu überwinden

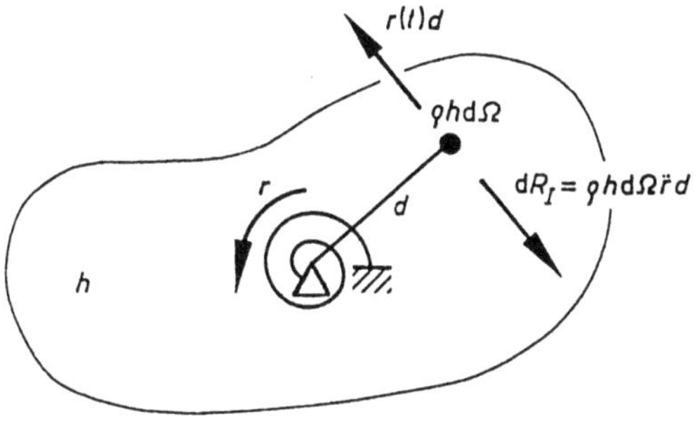

Abb. 14.2.5
Zur Bedeutung der „Masse“ m bei Drehfreiheitsgraden; Beispiel einer Scheibe mit Dicke h

Im einfachsten Fall einer Linienverschiebung r stellt m eine Masse der Dimension [$\mathrm{kg} = \mathrm{Ns^2/m}$] dar. Ist r dagegen eine Drehung, ist R_I das zugehörige Drehträgheitsmoment und m beinhaltet die Drehträgheit. Für die beliebige Scheibe der Dicke h in Abb. 14.2.5 hätten wir dementsprechend eine lokale Masse in kg von $\rho h \mathrm{d}\Omega$, wobei ρ die Massendichte und $\mathrm{d}\Omega$ ein infinitesimales Flächenstück beschreibt. Bei einer Winkelbeschleunigung $\ddot{r}(t)$ tritt an diesem lokalen Massenpunkt eine Beschleunigung von $d\ddot{r}(t)$ auf, wobei d die Distanz Drehpunkt-Massenpunkt ist. Dies führt am Massenpunkt zur Trägheitskraft $\rho hd\mathrm{d}\Omega\ddot{r}(t)$, welche am Hebelarm d wirkt. Die Drehträgheit ergibt sich durch Aufsummieren bzw. Integrieren

$$m = \rho h \int_{\Omega} d^2 \mathrm{d}\Omega = \rho h I_p \tag{14.2.6}$$

und hat dann die Dimension [$\mathrm{kgm^2} = \mathrm{Ns^2m}$]. Dabei ist I_p das polare Flächenträgheitsmoment. Für einen vollen Kreisquerschnitt mit Radius a ergibt sich beispielsweise

$$I_p = \int_0^{2\pi} \int_0^a \bar{r}^3 \mathrm{d}\bar{r}\, \mathrm{d}\varphi = \tfrac{1}{2}\pi a^4$$

und für ein Vollquadrat der Kantenlänge a

$$I_p = \int_{-a/2}^{a/2} \int_{-a/2}^{a/2} (x^2 + y^2) \mathrm{d}x \mathrm{d}y = I_x + I_y = 2I_x$$
$$= \frac{1}{12} a^4$$

Über den dritten Typ von Kräften in der Grundgleichung (14.2.1), die Dämpfungskräfte, wird später (Kapitel 20) ausführlicher berichtet. Hier werden die wichtigsten Dämpfungsmodelle nur kurz vorgestellt, in der Formulierung für einfache Schwinger. Wir beobachten in der Natur, daß jede einmal angeregte freie Schwingung mit der Zeit abklingt. Neben dem Wechselspiel von elastischen Kräften und Trägheitskräften bzw. Deformationsenergie und kinetischer Energie muß also ein Mechanismus am Werke sein, der mechanische Energie aufbraucht. Würden wir z.B. an einem Feder-Masse-Schwinger die Federtemperatur messen, so wäre ein Temperaturanstieg zu verzeichnen. Es wird also mechanische Energie in Wärme umgewandelt, die dann für den Bewegungsvorgang verloren ist. Diese Dissipation gilt es zu erfassen. Alle bisher üblichen Modelle für die Dämpfung approximieren die natürlichen Vorgänge nur mehr oder weniger gut. Das liegt u.a. an den verschiedenartigen Quellen für die Dissipation, die bei einem realen Tragwerk simultan wirken. Gewöhnlich teilt man die Dämpfungsvorgänge in folgende Gruppen ein:

- viskose Dämpfung
  Dieses Modell ist am weitesten verbreitet. Wir beobachten es mit guter Näherung bei der Reibung eines Schwingers in Öl oder Luft.
- Strukturdämpfung
  Sie resultiert aus der Reibung im Material oder an den Verbindungsstellen der Tragwerkselemente. Gerade der letzte Fall ist sehr schwierig zu erfassen, da z.B. die Reibung eines Lagers von Lagerspiel, Schmierung u.a. abhängt.
- Trockenreibung oder Coulombdämpfung
  Dieses Modell beschreibt die Bewegung eines Körpers auf trockener Oberfläche einigermaßen gut. Eine allgemeine Anwendung erfolgt bis heute nicht.

Beim viskosen Dämpfungsmodell ist die Reibungskraft $R_D(t)$ proportional zur Geschwindigkeit $\dot{r}(t)$, als Proportionalitätsfaktor wird ein systembedingter Dämpfungsbeiwert c eingeführt. Ein Teil der äußeren Kraft R muß aufgewendet werden, um $R_D(t)$ zu überwinden. Beim Ein-Freiheitsgrad-Schwinger stellt man sich den Mechanismus als Dämpfertopf (siehe Automobilaufhängung) vor (Abb. 14.2.6)

$$R_D(t) = c\dot{r}(t) \tag{14.2.7}$$

Dabei ist c nicht einfach auf Grund natürlicher Eigenschaften berechenbar wie Masse und Steifigkeit, es muß im allgemeinen direkt gemessen oder geschätzt werden.

Der Ansatz für die Dämpfungskraft bei Strukturdämpfung, oft auch hysteretische Dämpfung genannt, wird später diskutiert (siehe Abschnitt 14.4.1), da er in engem Zusammenhang mit stationären erregten Schwingungen steht. Beim Ein-Freiheitsgrad-System kann die Erfassung formal auf (14.2.7) zurückgeführt werden.

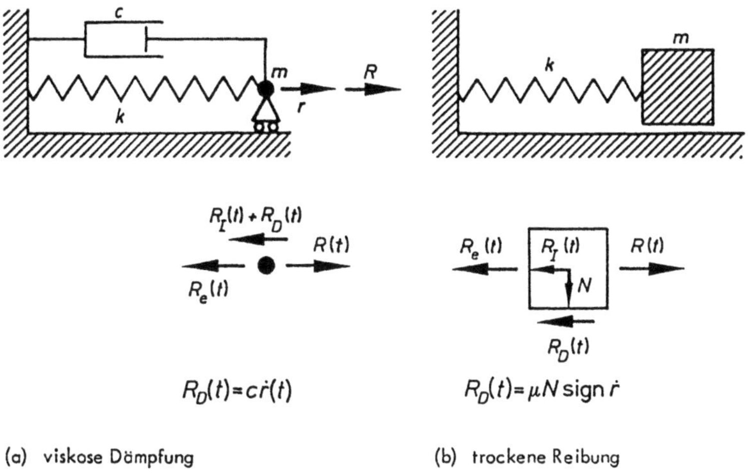

Abb. 14.2.6 Zwei Modelle für die Reibung bei bewegten Vorgängen

Bei trockener Reibung ist die Reibungskraft proportional zur Anpreßkraft N. Für unser einfaches Modell in Abb. 14.2.6(b) ist das einfach das Gewicht der Masse. Der Reibungskoeffizient ist μ:

$$R_D(t) = \mu N \mathrm{sign} \dot{r} \tag{14.2.8}$$

Den Koeffizienten μ finden wir für viele Materialkombinationen in den üblichen Handbüchern; er ist für Gleiten und Haften verschieden. So ist etwa für die Kombination Stahl auf Stahl die Haftreibung μ_0 0.1 bis 0.15 (gefettet bis trocken) und die Gleitreibung μ 0.01 bis 0.15 (gefettet bis trocken).

14.3 Freie Schwingungen

Mit der Grundgleichung für das Kräftegleichgewicht (14.2.1) und den Ansätzen für die Kräfte in Abschnitt 14.2 sind wir nun in der Lage, die allgemeine Bewegungsgleichung z.B. des viskos gedämpften Schwingers anzuschreiben

$$m\ddot{r} + c\dot{r} + kr = R(t) \tag{14.3.1}$$

(14.3.1) ist eine inhomogene lineare Differentialgleichung in der Zeit t, deren Lösung $r(t)$ den zeitlichen Bewegungsablauf bei einwirkender äußerer Last $R(t)$ wiedergibt. Im Gegensatz zur Statik, wo bei fehlender äußerer Belastung ($R = 0$) nur die triviale Lösung $r = 0$ existiert (keine Verformung), kann die dynamische homogene Differentialgleichung ($R(t) = 0$) durchaus nichttriviale Lösungen haben. Wir sprechen bei $R(t) = 0$ von sogenannten freien Schwingungen, und die zugehörige lineare Bewegungsgleichung lautet in unserem Fall (viskose Dämpfung)

$$m\ddot{r} + c\dot{r} + kr = 0 \tag{14.3.2}$$

Wir dividieren diese Gleichung durch die Masse m und führen die Abkürzungen

$$\omega^2 = \frac{k}{m} = \frac{1}{fm} \tag{14.3.3}$$

$$2\zeta\omega = \frac{c}{m} = \frac{c}{k}\omega^2 \tag{14.3.4}$$

ein, deren Bedeutung und Zweckmäßigkeit uns in Kürze klar werden wird. Aus (14.3.2) geht damit die Beziehung

$$\ddot{r} + 2\zeta\omega\dot{r} + \omega^2 r = 0 \tag{14.3.5}$$

hervor. Als Lösungsansatz verwenden wir wie üblich

$$r = e^{pt} \tag{14.3.6}$$

und überführen damit die Differentialgleichung 2. Grades (14.3.5) in eine algebraische quadratische Gleichung

$$p^2 + 2\zeta\omega p + \omega^2 = 0 \tag{14.3.7}$$

mit den beiden Lösungen

$$p_{1,2} = \omega(-\zeta \pm \sqrt{\zeta^2 - 1}) \tag{14.3.8}$$

wobei ω eine positive Zahl sei

$$\omega = {}_{+}\sqrt{\omega^2} = {}_{+}\sqrt{k/m} \tag{14.3.9}$$

Die allgemeine Lösung der Differentialgleichung (14.3.5) hat also die Form

$$r = A_1 e^{p_1 t} + A_2 e^{p_2 t} \tag{14.3.10}$$

wobei die Integrationskonstanten A_1 und A_2 aus den Anfangsbedingungen $r(t_0)$ und $\dot{r}(t_0)$ zu bestimmen sind. Im Falle gleicher Wurzeln $(p_1 = p_2)$ lautet die allgemeine Lösung bekanntlich

$$r = (A_1 + A_2 t)e^{p_1 t} \tag{14.3.11}$$

Offensichtlich spielt es für die Art der Lösung eine ganz entscheidende Rolle, welchen Wert ζ, das wir auch als Dämpfungsverhältnis bezeichnen, hat. Der Wert $\zeta = 1$ bildet dabei eine kritische Grenze. Wir unterscheiden deshalb:

- $\zeta < 1$ unterkritische Dämpfung (Metalltragwerke haben in der Regel Werte der Größenordnung $\zeta = 0.02$ bis 0.05)
- $\zeta = 1$ kritische Dämpfung
- $\zeta > 1$ überkritische Dämpfung
  ($\zeta \gg 1$ kommt üblicherweise nur im Meßgerätebau vor)

Unterkritische Dämpfung

Für $\zeta < 1$ ist es zweckmäßig, durch die komplexe Darstellung

$$p_{1,2} = \omega(-\zeta \pm i\sqrt{1-\zeta^2})$$

hervorzuheben, daß die Exponenten der Lösung komplex sind:

$$r = e^{-\zeta\omega t}(A_1 e^{i\sqrt{1-\zeta^2}\omega t} + A_2 e^{-i\sqrt{1-\zeta^2}\omega t}) \tag{14.3.12}$$

Die Anwendung der Eulerschen Formel

$$e^{\pm i\alpha} = \cos\alpha \pm i\sin\alpha \tag{14.3.13}$$

liefert uns

$$r(t) = e^{-\zeta\omega t}[(A_1 + A_2)\cos\sqrt{1-\zeta^2}\omega t + i(A_1 - A_2)\sin\sqrt{1-\zeta^2}\omega t] \tag{14.3.14}$$

Zu berücksichtigen ist, daß in der allgemeinen Lösung (14.3.10) die Integrationskonstanten A_1 und A_2 im allgemeinen komplex sein können. Da $r(t)$ eine reell-wertige Funktion ist, folgt aus der Darstellung (14.3.14), daß die Konstanten A_1 und A_2 konjugiert komplexe Größen sind. Die Lösung hat also auch die allgemeine Form

$$r(t) = e^{-\zeta\omega t}(a\cos\sqrt{1-\zeta^2}\omega t + b\sin\sqrt{1-\zeta^2}\omega t) \tag{14.3.15}$$

mit reellen Konstanten a und b. Es handelt sich bei dieser allgemeinen Lösung um eine abklingende, schwingende Bewegung. Der Takt der schwingenden Bewegung wird für $\zeta = 0$, also ohne Dämpfung, durch ω, für $\zeta \neq 0$ durch

$$\omega_D = \sqrt{1-\zeta^2}\,\omega \tag{14.3.16}$$

festgelegt. Wir bezeichnen ω_D als gedämpfte, ω als ungedämpfte Kreiseigenfrequenz des Problems. Für schwache Dämpfung, also beispielsweise $\zeta = 0.05$, ist zwischen beiden Größen kein großer Unterschied ($\omega_D = 0.9987\,\omega$). Die Kreiseigenfrequenz ω bzw. ω_D gibt die Zahl gleichgerichteter Nulldurchgänge in 2π Sekunden an. Die technische Eigenfrequenz ν bzw. ν_D beschreibt die Zahl gleichgerichteter Nulldurchgänge in 1 sec

$$\nu = \frac{\omega}{2\pi}, \qquad \nu_D = \frac{\omega_D}{2\pi} \tag{14.3.17}$$

Der Kehrwert von ν bzw. ν_D gibt die Schwingungsdauer T bzw. T_D an

$$T = \frac{1}{\nu} = \frac{2\pi}{\omega}, \qquad T_D = \frac{1}{\nu_D} = \frac{2\pi}{\omega_D} \tag{14.3.18}$$

Dies ist gerade die Zeitdauer von einem Nulldurchgang bis zum nächsten gleichgerichteten Nulldurchgang. Mit diesen Definitionen ergeben sich aus (14.3.15) auch die Darstellungen

$$\begin{aligned} r(t) &= e^{-\zeta\omega t}(a\cos\omega_D t + b\sin\omega_D t) \\ &= e^{-2\pi\zeta t/T}\Big(a\cos(2\pi t/T_D) + b\sin(2\pi t/T_D)\Big) \\ &= \bar{a}\,e^{-2\pi\zeta t/T}\cos(2\pi t/T_D - \varphi) \end{aligned} \tag{14.3.19}$$

Statt einer Kombination aus cos- und sin-Funktionen kann nach dem Additionstheorem für Kreisfunktionen eine verschobene cos- bzw. sin-Funktion eingeführt werden. An die

Stelle der Konstanten a und b treten dann alternativ $\overline{a}$, die Amplitude, und φ, die Phasenverschiebung. Durch Rückwärtsrechnung finden wir die Umrechnung

$$\begin{aligned} a &= \overline{a}\cos\varphi \\ b &= \overline{a}\sin\varphi \\ \varphi &= \arctan\frac{b}{a} \\ \overline{a} &= \sqrt{a^2 + b^2} \end{aligned} \tag{14.3.20}$$

Die Festlegung der noch offenen Konstanten a, b, bzw. $\overline{a}$, φ erfolgt, wie bereits erwähnt, über die sogenannten Anfangsbedingungen. Unsere Lösung behauptet ja nicht, daß ein Schwingungszustand ohne Anregung zustande gekommen ist, sondern lediglich, daß die in (14.3.19) angegebene Bewegung existieren kann, wenn keine äußeren Kräfte $R(t)$ wirken. Daneben gibt es immer die Triviallösung $r(t) = 0$ (Ruhezustand). Die Frage der Anregung einer freien Schwingung wird quasi über die Anfangsbedingungen geklärt. Es könnte z.B. $r(0)$ und $\dot{r}(0)$ gegeben sein. Dann wird

$$\begin{aligned} a &= r(0) \\ b &= \frac{\dot{r}(0)}{\omega_D} + \frac{\omega}{\omega_D}\zeta r(0) \\ \overline{a} &= \left[r(0)^2 + \left(\frac{\dot{r}(0) + \zeta\omega r(0)}{\omega_D} \right)^2 \right]^{1/2} \\ \varphi &= \arctan\left(\frac{\omega}{\omega_D}\zeta + \frac{\dot{r}(0)}{\omega_D r(0)} \right) \end{aligned} \tag{14.3.21}$$

Die anschauliche Bedeutung dieser Größen ist in Abb. 14.3.1 skizziert. Dabei ist links die Bewegung in einem Zeigerdiagramm dargestellt, wobei die Horizontalprojektion des Zeigers $r(t)$ angibt. Wir müssen uns vorstellen, daß der Zeiger dabei mit der Winkelgeschwindigkeit ω_D umläuft. Der Zeiger wird durch die Dämpfung laufend kürzer und die Zeigerspitze durchläuft eine Spirale.

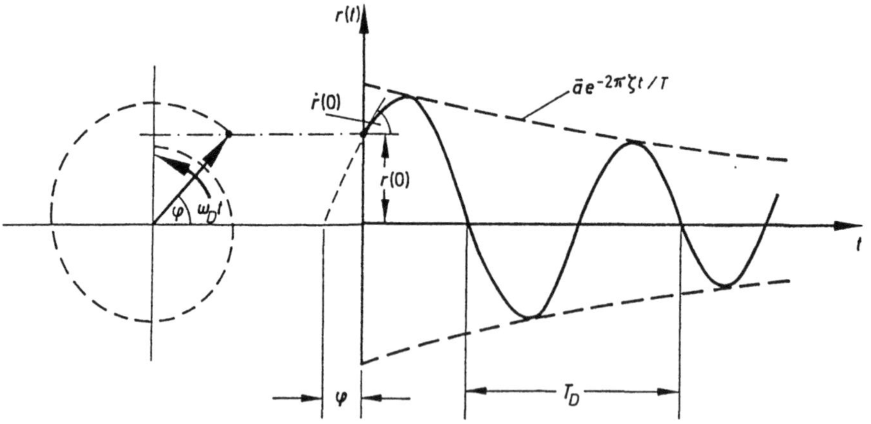

Abb. 14.3.1 Bewegungsablauf für die freie, viskos gedämpfte Schwingung; links Zeiger-, rechts r-t-Diagramm

Als letzten Punkt wollen wir noch das Abklingen der freien Bewegung diskutieren. Wir betrachten dazu zwei Auslenkungen im Abstand mehrerer Perioden $\mathrm{n}T_D$

$$r(t) = \bar{a}\mathrm{e}^{-\zeta\omega t}\cos(\omega_D t - \varphi)$$

$$r(t + \mathrm{n}T_D) = \bar{a}\mathrm{e}^{-\zeta\omega(t+\mathrm{n}T_D)}\cos(\omega_D t - \varphi + 2\mathrm{n}\pi) \tag{14.3.22}$$

Da die Funktion cos periodisch mit 2π ist, entfällt der cos-Term bei der Division ($\cos \neq 0$ wird vorausgesetzt):

$$\frac{r(t)}{r(t + \mathrm{n}T_D)} = \mathrm{e}^{\zeta\omega\mathrm{n}T_D} \tag{14.3.23}$$

oder auch

$$\ln\frac{r(t)}{r(t + \mathrm{n}T_D)} = \zeta\omega\mathrm{n}T_D = \mathrm{n}2\pi\zeta(1 - \zeta^2)^{-1/2} \tag{14.3.24}$$

Für $\mathrm{n} = 1$ stellt (14.3.24) das sogenannte logarithmische Dekrement δ dar

$$\delta = \ln\frac{r(t)}{r(t + T_D)} = 2\pi\zeta(1 - \zeta^2)^{-1/2} \tag{14.3.25}$$

Für schwache Dämpfung gilt

$$\delta \approx 2\pi\zeta\,, \qquad \text{da} \quad (1 - \zeta^2)^{1/2} \approx 1 \tag{14.3.26}$$

Dieses logarithmische Dekrement, und damit der Dämpfungsbeiwert, kann also durch die Beobachtung des Amplitudenabfalls über eine oder mehrere Perioden hinweg gemessen werden:

$$\delta = \frac{1}{\mathrm{n}}\ln\frac{r(t)}{r(t + \mathrm{n}T_D)} \tag{14.3.27}$$

Wird etwa die Amplitude in einer Periode auf die Hälfte reduziert, so liegt $\zeta \approx 0.1$ vor, während beim gleichen Abfall innerhalb von zwei Perioden der Wert $\zeta \approx 0.05$ beträgt.

Kritische Dämpfung

Für $\zeta = 1$ hat (14.3.7) die reelle Doppelwurzel

$$p_1 = p_2 = -\zeta\omega = -\omega \tag{14.3.28}$$

und dementsprechend lautet die allgemeine Lösung (s. auch (14.3.11))

$$r(t) = (a + bt)\mathrm{e}^{-\omega t} \tag{14.3.29}$$

Es handelt sich offensichtlich um keine Schwingung im eigentlichen Sinn des Wortes, sondern um eine kriechende, abklingende Bewegung (Abb. 14.3.2). Aus gegebenen Anfangsbedingungen, etwa $r_0 = r(0)$ und $v_0 = \dot{r}(0)$, lassen sich die Integrationskonstanten a und b bestimmen; man erhält z.B. dann als Systemantwort

$$r(t) = \big(r_0 + (v_0 + \omega r_0)t\big)\mathrm{e}^{-\omega t} \tag{14.3.30}$$

Überkritische Dämpfung

Für $\zeta > 1$ sind die beiden Wurzeln (14.3.8) reell, und da

$$\sqrt{\zeta^2 - 1} < \zeta$$

ist, sind beide negativ:

$$p_{1,2} = -\omega(\zeta \pm \sqrt{\zeta^2 - 1}) < 0$$

Die Systemantwort lautet

$$r(t) = a e^{p_1 t} + b e^{p_2 t} \tag{14.3.31}$$

und sie stellt ebenfalls keine eigentliche Schwingung dar, sondern eine abklingende Bewegung, zusammengesetzt aus zwei exponentiellen Funktionen mit negativen Exponenten.

Abb. 14.3.2 gibt einen Überblick über den Einfluß der Dämpfung auf den Bewegungsverlauf viskos gedämpfter Schwinger, von ungedämpft bis zu sehr starker überkritischer Dämpfung. Der gleichmäßige Übergang vom unterkritisch gedämpften Bereich zum kritischen Grenzfall bzw. von „überkritisch" zu „kritisch" ist deutlich zu erkennen, er läßt sich natürlich auch leicht aus (14.3.19) und (14.3.21) bzw. (14.3.31) analytisch ableiten (Grenzübergang $\zeta \to 1$). Die schnellste Zurückführung zur Ruhelage wird mit kritischer Dämpfung erreicht, eine weitere Erhöhung des Dämpfungsverhältnisses verzögert das Abklingen der Auslenkung.

Coulombsche Dämpfung oder Trockenreibung

Da hier die Dämpfungskraft bis auf das Vorzeichen unabhängig von der Geschwindigkeit ist (s. (14.2.8)), spalten wir die Bewegungsgleichung in zwei Gültigkeitsbereiche auf

$$\begin{aligned} m\ddot{r} + kr &= -\mu m g\,, \qquad \text{falls } \dot{r} > 0 \\ m\ddot{r} + kr &= +\mu m g\,, \qquad \text{falls } \dot{r} < 0 \end{aligned} \tag{14.3.32}$$

Dabei wird stillschweigend unterstellt, daß die Anpreßkraft aus dem Gewicht der Masse m resultiert (Abb. 14.2.6, rechts). Ferner ist anzumerken, daß die Bewegung schlagartig aufhört, wenn im Totpunkt der Bewegung die statische Reibungskraft $\mu_0 mg$ nicht überwunden werden kann (μ_0 = Haftreibung).

Die homogene Lösung der beiden Differentialgleichungen in (14.3.32) ist identisch. Aus

$$\ddot{r} + \omega^2 r = 0 \tag{14.3.33}$$

folgt die allgemeine Lösung des homogenen Teils

$$r_h = a\cos\omega t + b\sin\omega t \tag{14.3.34}$$

als Sonderfall $\zeta = 0$ aus (14.3.15). Die partikulären Lösungen sind fast trivial. Aus

$$\ddot{r} + \omega^2 r = \mp \mu g \tag{14.3.35}$$

folgt sofort

$$r_p = \mp \mu \frac{g}{\omega^2} \tag{14.3.36}$$

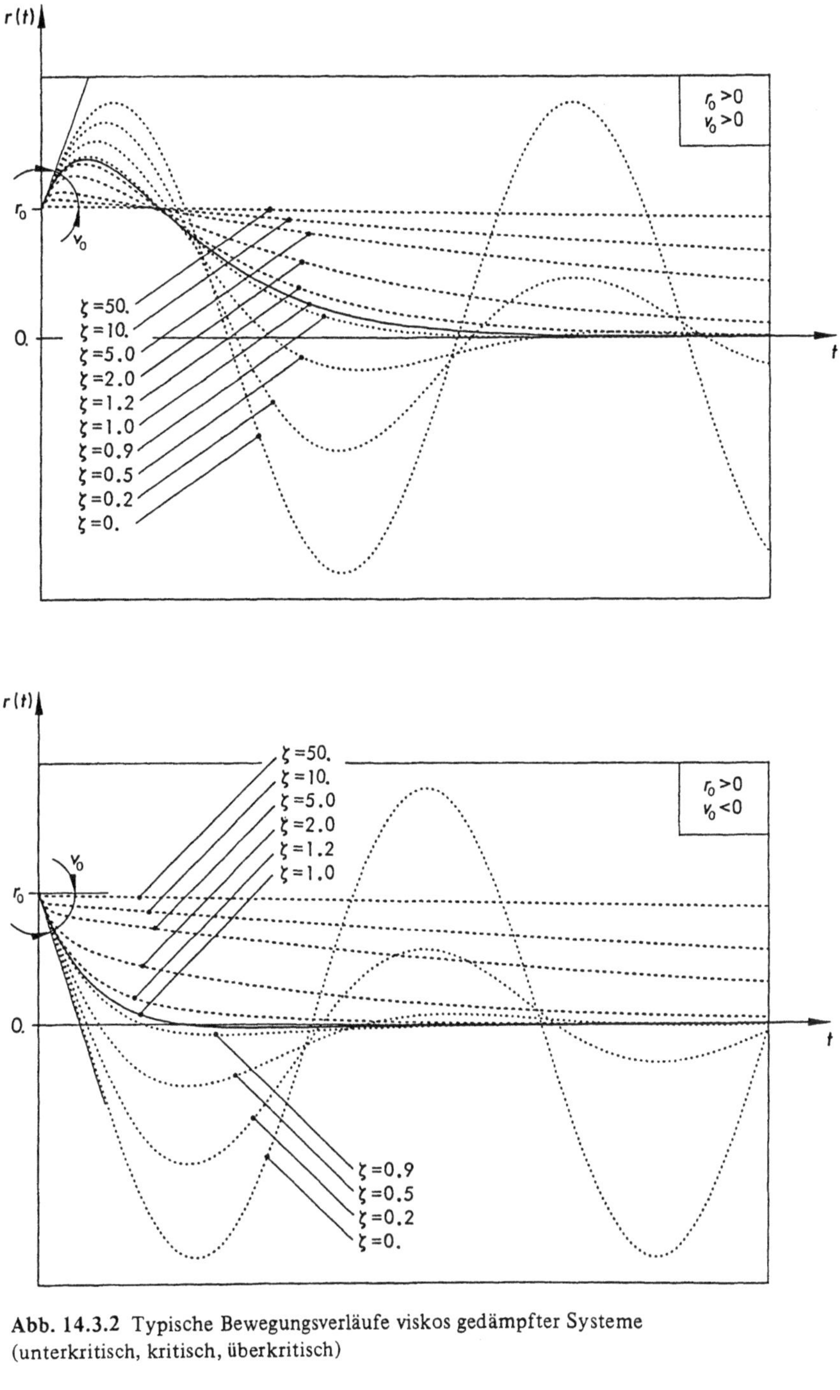

Abb. 14.3.2 Typische Bewegungsverläufe viskos gedämpfter Systeme (unterkritisch, kritisch, überkritisch)

Um weiterzukommen, müssen wir jetzt Anfangsbedingungen nennen, die die Konstanten a und b fixieren. Wir stellen uns vor, daß die Masse m statisch ausgelenkt wird, und lassen dann los. Die Anfangsbedingungen sind also

$$\begin{aligned} r(0) &= r_0 \\ \dot{r}(0) &= 0 \end{aligned} \tag{14.3.37}$$

Damit die Bewegung überhaupt beginnen kann, muß die statische Auslenkung ausreichend groß sein, d.h. die rücklenkende elastische Kraft muß die statische Reibung überwinden

$$k r_0 > \mu_0 m g$$

bzw.

$$r_0 > \mu_0 \frac{g}{\omega^2} \tag{14.3.38}$$

Dies vorausgesetzt, bewegt sich m dann nach links ($\dot{r} < 0$), und es gilt das untere Vorzeichen in (14.3.36)

$$r(t) = a \cos \omega t + b \sin \omega t + \mu \frac{g}{\omega^2} \tag{14.3.39}$$

Mit (14.3.37) erhalten wir die spezielle Lösung

$$r(t) = \left(r_0 - \mu \frac{g}{\omega^2}\right) \cos \omega t + \mu \frac{g}{\omega^2} \tag{14.3.40}$$

die eine cos-Schwingung, versetzt um $\mu g/\omega^2$, darstellt (Abb. 14.3.3). Wir berechnen aus (14.3.40) die Geschwindigkeit

$$\dot{r}(t) = -\omega \left(r_0 - \mu \frac{g}{\omega^2}\right) \sin \omega t \tag{14.3.41}$$

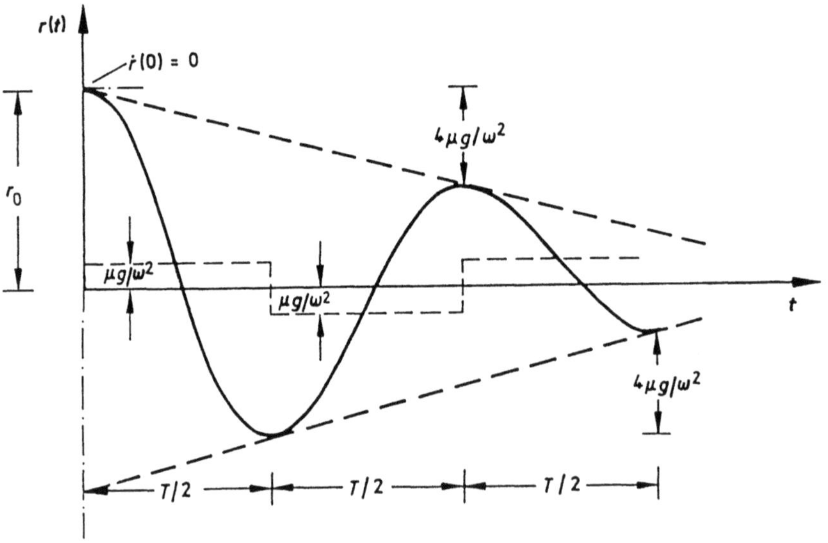

Abb. 14.3.3 Bewegungsverlauf bei Coulombscher Dämpfung oder Trockenreibung

und stellen fest, daß der Umkehrpunkt $\dot{r}(t_1) = 0$ bei

$$t_1 = T/2 \tag{14.3.42}$$

auftritt. Die dort vorhandene Amplitude erfülle noch

$$|r(t_1)| = \left| -r_0 + 2\mu\frac{g}{\omega^2} \right| > \mu_0\frac{g}{\omega^2} \tag{14.3.43}$$

d.h. die statische Reibung im Totpunkt werde überwunden. Nun gilt für die Bewegung das obere Vorzeichen in (14.3.35), und mit den Anfangsbedingungen bei t_1 ergibt sich als spezielle Lösung

$$r(t) = \left(r_0 - 3\mu\frac{g}{\omega^2}\right)\cos\omega t - \mu\frac{g}{\omega^2} \tag{14.3.44}$$

Die Amplitude der cos-Schwingung hat also im Vergleich zur Lösung (14.3.40) um $2\mu g/\omega^2$ abgenommen. Die Versetzung beträgt diesmal $\mu g/\omega^2$ nach unten (Abb. 14.3.3). Der nächste Umkehrpunkt liegt bei

$$t_2 = T \tag{14.3.45}$$

mit der Auslenkung

$$r(t_2) = r_0 - 4\mu\frac{g}{\omega^2} \tag{14.3.46}$$

Das Verfahren kann nun beliebig fortgesetzt werden, bis der Stillstand erreicht ist. Man kann sich aber bereits jetzt die Weiterrechnung sparen, denn es ist klar, daß die Lösung immer aus versetzten cos-Schwingungen mit der Frequenz des ungedämpften Systems besteht. Die Gesamtamplitude nimmt linear ab (viskos: exponentiell). Die Abnahmerate beträgt dabei $4\mu g/\omega^2$ pro Periode T.

14.4 Erzwungene Schwingungen

Nachdem wir im vorigen Abschnitt die Möglichkeit dynamischer Vorgänge ohne eine äußere Kraft $R(t)$ diskutiert haben, lassen wir nun eine solche Kraft zu. Für viskose Dämpfung tritt dann an die Stelle von (14.3.5)

$$\ddot{r} + 2\zeta\omega\dot{r} + \omega^2 r = \omega^2\frac{R(t)}{k} \tag{14.4.1}$$

Wenn wir uns auf unterkritische Dämpfung ($\zeta < 1$) als den technisch häufigsten Fall beschränken, so liegt uns die homogene Lösung des Systems bereits mit (14.3.19) vor

$$r_h = \mathrm{e}^{-\zeta\omega t}(a\cos\omega_D t + b\sin\omega_D t) \tag{14.4.2}$$

Die partikuläre Lösung des Systems (14.4.1) hängt vom Kraftverlauf $R(t)$ ab. In der Folge diskutieren wir die wichtigsten Typen.

14.4.1 Harmonische Erregung

Es sei

$$R(t) = R_0 \sin \omega_E t \tag{14.4.3}$$

wobei ω_E die Erregungsfrequenz ist (Abb. 14.4.1). Dabei gibt

$$r_0 = \frac{R_0}{k} \tag{14.4.4}$$

offensichtlich die statische Auslenkung an, welche unter der Amplitudenkraft R_0 auftreten würde. Bei einem extrem langsamen Bewegungsablauf hätten wir also $\pm r_0$ als Auslenkungsmaxima. Wir suchen nun eine partikuläre Lösung für

$$\ddot{r} + 2\zeta\omega\dot{r} + \omega^2 r = \omega^2 r_0 \sin \omega_E t \tag{14.4.5}$$

und machen dafür den üblichen Ansatz

$$r_p = a_p \sin \omega_E t + b_p \cos \omega_E t \tag{14.4.6}$$

Dies wird in (14.4.5) eingesetzt und ein Koeffizientenvergleich ausgeführt. Er liefert uns mit dem Frequenzverhältnis

$$\beta = \frac{\omega_E}{\omega} \tag{14.4.7}$$

die Bestimmungsgleichungen für a_p und b_p

$$\begin{bmatrix} 1-\beta^2 & -2\zeta\beta \\ 2\zeta\beta & 1-\beta^2 \end{bmatrix} \begin{bmatrix} a_p \\ b_p \end{bmatrix} = \begin{bmatrix} r_0 \\ 0 \end{bmatrix} \tag{14.4.8}$$

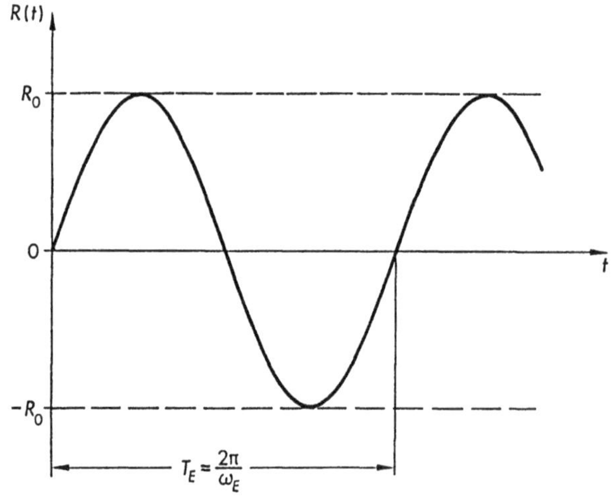

Abb. 14.4.1
Harmonische Krafterregung

mit den Lösungen

$$a_p = \frac{1-\beta^2}{(2\zeta\beta)^2+(1-\beta^2)^2} r_0$$
$$b_p = \frac{-2\zeta\beta}{(2\zeta\beta)^2+(1-\beta^2)^2} r_0 \tag{14.4.9}$$

und damit die allgemeine Lösung

$$\begin{aligned} r(t) &= r_h(t) + r_p(t) \\ &= e^{-\zeta\omega t}(a\cos\omega_D t + b\sin\omega_D t) + \frac{r_0}{(2\zeta\beta)^2+(1-\beta^2)^2}[(1-\beta^2)\sin\omega_E t - 2\zeta\beta\cos\omega_E t] \end{aligned} \tag{14.4.10}$$

Die verbleibenden Konstanten a und b sind aus den Anfangsbedingungen zu bestimmen. Die Lösung (14.4.10) besteht aus einem Teil, der gedämpft ist und im Takt der gedämpften Eigenfrequenz ω_D schwingt; der zweite Anteil ist ungedämpft und beinhaltet eine Schwingung im Takt der Erregungsfrequenz ω_E. Beide Lösungsanteile sind wichtig, wenn Einschwingvorgänge berechnet werden. Ist man jedoch nur an dem stationären, eingeschwungenen Zustand interessiert – und das ist oft der Fall –, so ist offensichtlich nur der zweite Lösungsanteil, also die partikuläre Lösung, von Bedeutung, denn nach einiger Zeit wird der erste Anteil weggedämpft sein. Wir stellen diese Lösung kompakter dar

$$r_p(t) = r_0 V(\beta, \zeta)\sin(\omega_E t - \varphi) \tag{14.4.11}$$

und finden durch Anwendung der Additionstheoreme im Vergleich mit (14.4.10)

$$r_0 V\cos\varphi = \frac{(1-\beta^2)}{(2\zeta\beta)^2+(1-\beta^2)^2} r_0$$
$$r_0 V\sin\varphi = \frac{2\zeta\beta}{(2\zeta\beta)^2+(1-\beta^2)^2} r_0 \tag{14.4.12}$$

und damit weiter die Vergrößerungsfunktion V

$$V = [(2\zeta\beta)^2 + (1-\beta^2)^2]^{-1/2} \tag{14.4.13}$$

und den Phasenwinkel

$$\varphi = \arctan\frac{2\zeta\beta}{1-\beta^2} \tag{14.4.14}$$

Die stationäre Antwort auf eine harmonische sin-Erregung ist also eine sin-Schwingung im Takt der Erregungsfrequenz ω_E, die um φ phasenverschoben ist. Die Amplitude dieser Schwingung ist gegenüber der statischen Amplitude r_0 um den Faktor V, die Vergrößerungsfunktion, überhöht. Wichtige Grenzfälle sind:

(a) $\beta \to 0$, woraus folgt

$$V \to 1$$
$$\varphi \to 0$$

d.h. ist unsere Erregungsfrequenz sehr niedrig, so folgt der Schwinger der Erregung ohne Phasenverschiebung und ohne Überhöhung rein statisch. Der Dämpfungswert spielt keine Rolle.

(b) $\beta = 1$ (Resonanz),

$$V = (2\zeta)^{-1}$$

$$\varphi = \frac{\pi}{2} = 90^\circ$$

d.h. erfolgt die Erregung im Takte der natürlichen (ungedämpften) Eigenfrequenz des Schwingers, so beträgt die Phasenverschiebung 90°, unabhängig vom Dämpfungsverhältnis. Die Vergrößerungsfunktion V hängt aber sehr stark von der Dämpfung ab. Insbesondere erhalten wir bei schwacher Dämpfung sehr hohe Werte für V ($\zeta = 0.05 \rightarrow V = 10$, $\zeta = 0 \rightarrow V \rightarrow \infty$).

(c) $\beta \rightarrow \infty$, dann wird

$$V \rightarrow 0$$

$$\varphi \rightarrow \pi = 180^\circ \qquad (\cos\varphi = -1, \ \sin\varphi = 0)$$

d.h. die Erregung erfolgt sehr hochfrequent und unser Schwinger kann ihr praktisch nicht folgen und verharrt in Ruhe. Die schwache Antwort des Schwingers verläuft gegenphasig zur Erregung. Hier spielt die Dämpfung wiederum keine Rolle.

Wir haben in Abb. 14.4.2 die Funktionen V und φ für verschiedene Frequenz- und Dämpfungsverhältnisse aufgetragen. Wir beobachten generell, daß das Dämpfungsverhältnis bei der Vergrößerungsfunktion V in Resonanznähe $\beta = 1$ eine entscheidende Rolle spielt. Genaue Informationen über die Beanspruchung eines Tragwerks erhalten wir nur bei genauen Daten über die Dämpfung. Übrigens stellt sich nun auch heraus, daß das Maximum der Vergrößerungsfunktion links vom Resonanzpunkt, also bei $\beta < 1$, liegt, und zwar um so stärker, je größer ζ ist. Bei schwacher Dämpfung spielt dies jedoch keine große Rolle. Einen sehr markanten Einfluß hat das Dämpfungsverhältnis ζ auf die Phasenlage φ. Auch hier ist der Resonanzbereich ein besonders empfindliches Gebiet.

Da ζ außerhalb des Resonanzbereichs nur einen beschränkten Einfluß auf die stationäre Antwort hat, wird für Abschätzungen oft ohne Dämpfung gerechnet. In diesem Falle wird

$$r_p(t) = \frac{r_0}{1-\beta^2} \sin\omega_E t \qquad (\text{bei } \zeta = 0) \qquad (14.4.15)$$

und man liegt bei der Amplitude auf der sicheren Seite. In Abb. 14.4.3 sind typische Schwingungsbilder für unterkritische, kritische und überkritische Erregung wiedergegeben. Sie verdeutlichen sowohl im Zeigerdiagramm als auch bei den Auslenkungen die Bedeutung aller diskutierten Größen.

Um den Resonanzpunkt $\beta = 1$ in Schwingungsversuchen zu finden, ist die maximale Amplitude nur beschränkt tauglich, da sie – abhängig vom Dämpfungsverhältnis – bei $\beta < 1$ liegt.

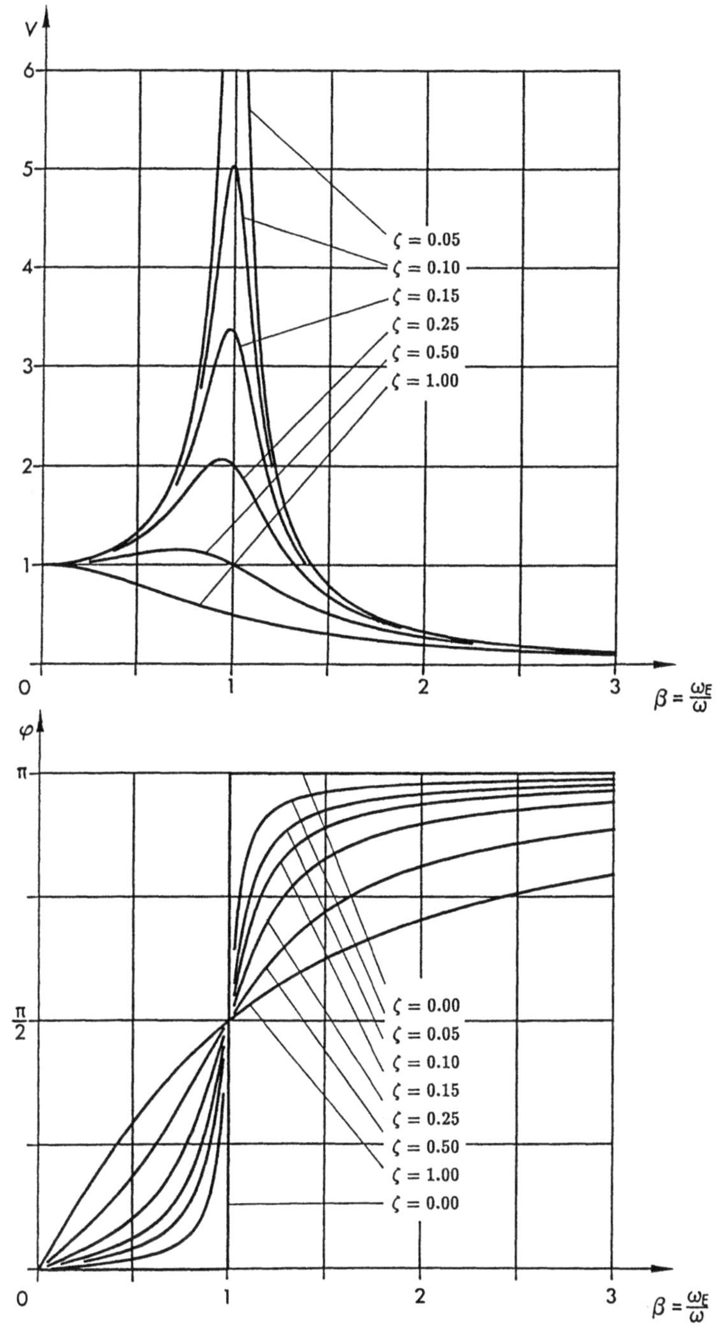

Abb. 14.4.2 Vergrößerungsfunktion und Phasenlage bei der stationären Antwort auf eine harmonische Erregung

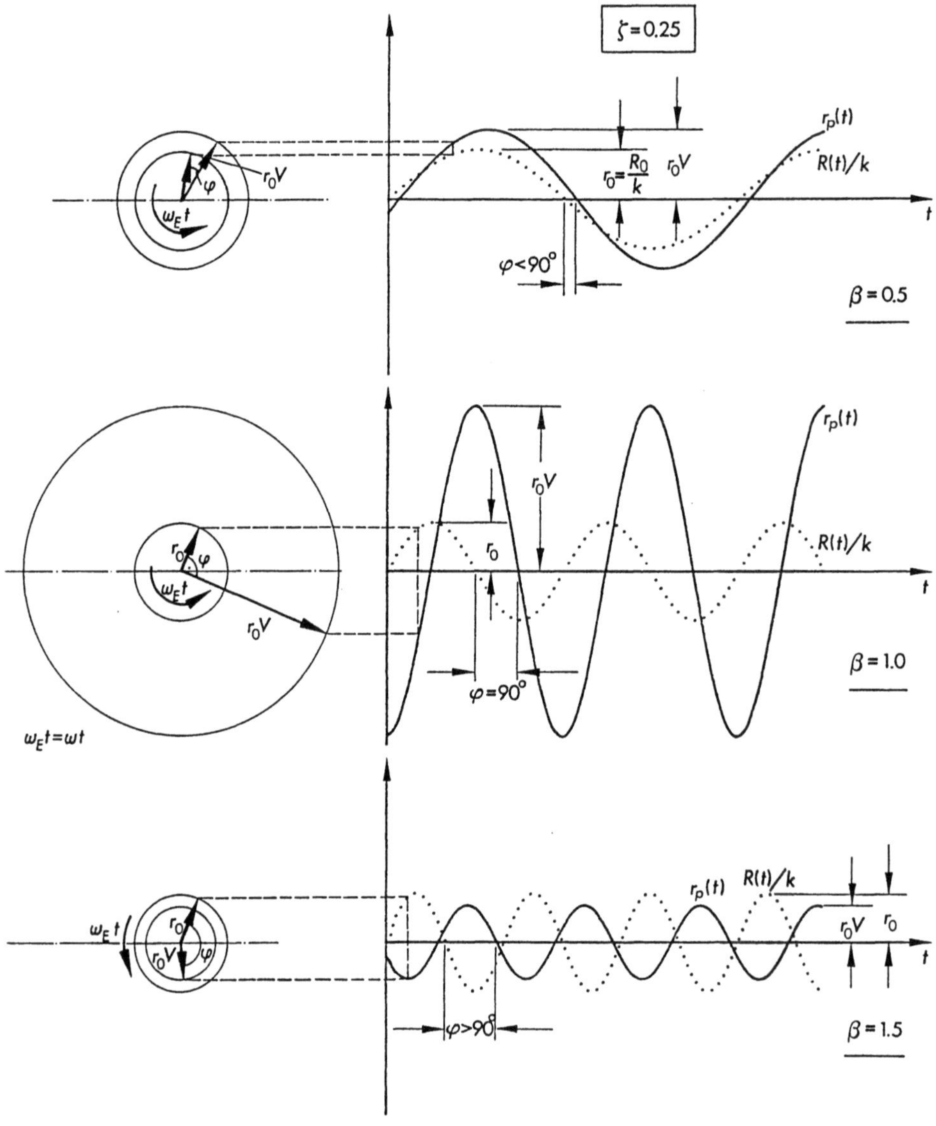

Abb. 14.4.3 Stationäre Antwort auf harmonische Erregungen (unterkritisch, kritisch, überkritisch)

Das einzige markante Maß ist $\varphi = 90°$. Dazu kann man die Erregung auf die horizontale Ablenkung (x) eines Oszillographen, die Antwort auf die vertikale Ablenkung (y) legen

$$x = R_0 \sin \omega_E t$$

$$y = \frac{R_0}{k} V \sin(\omega_E t - \varphi) \tag{14.4.16}$$

Auf dem Bildschirm entstehen dann im eingeschwungenen Zustand sogenannte Lissajous-Figuren (Abb. 14.4.4). Eine vertikal stehende Ellipse zeigt den Resonanzfall an.

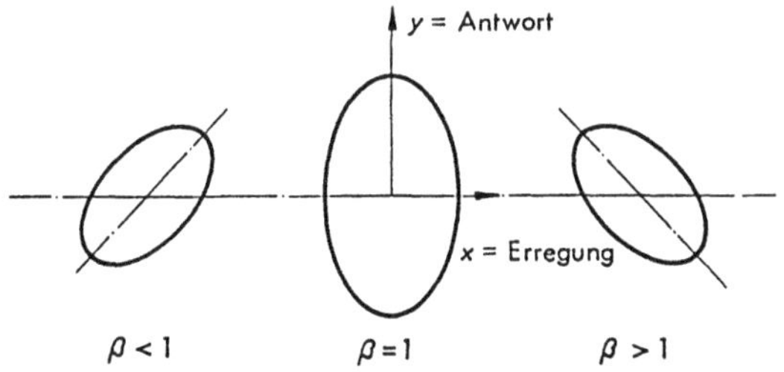

Abb. 14.4.4
Lissajous-Figuren zur Bestimmung des Resonanzpunktes

Zum Abschluß der Diskussionen bei harmonischer Erregung wenden wir uns nochmals dem Einschwingverhalten zu und beschränken uns dabei auf den Resonanzfall $\beta = 1$ und gehen vom Ruhezustand $r(0) = 0$, $\dot{r}(0) = 0$ aus. Nach (14.4.10) finden wir dann leicht für die transiente Antwort

$$r(t) = \frac{r_0}{2\zeta}\left[e^{-\zeta\omega t}\left(\frac{\zeta}{\sqrt{1-\zeta^2}} \sin \omega_D t + \cos \omega_D t\right) - \cos \omega t\right] \tag{14.4.17}$$

Bei schwacher Dämpfung trägt der sin-Term nur sehr wenig zur Lösung bei, und es ist $\omega_D \approx \omega$. Wir erhalten näherungsweise

$$\frac{r(t)}{r_0} = \frac{1}{2\zeta}(e^{-\zeta\omega t} - 1)\cos \omega t \tag{14.4.18}$$

Wir ersehen aus dieser Lösung, daß der Aufbau der Amplitude um so länger dauert, je kleiner ζ ist. Die exakte Lösung (14.4.17) und die näherungsweise Lösung (14.4.18) sind in Abb. 14.4.5 dargestellt.

Hysteretische oder Strukturdämpfung

Wir haben bisher einen Dämpfungstyp ausgeklammert, der in engem Zusammenhang mit der stationären Antwort bei harmonischer Erregung steht. Nun verfügen wir über den notwendigen Hintergrund für die Diskussion und können uns der Strukturdämpfung zuwenden.

Bei harmonischer Erregung wird dem System ständig mechanische Energie zugeführt. Andererseits sorgen Dämpfungseffekte für die Umwandlung mechanischer Energie in Wärme. Hat sich eine stationäre Antwort eingestellt, besteht zwischen Energiezufuhr und Energiedissipation ein Gleichgewicht. Die durch Dämpfung verlorengegangene Arbeit

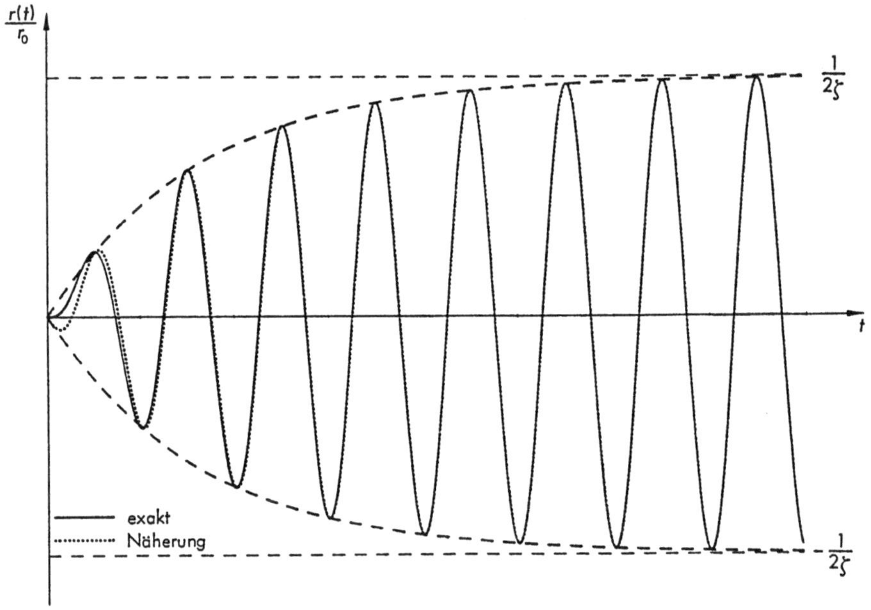

Abb. 14.4.5 Aufbau der stationären Amplitude im Resonanzfall und bei schwacher Dämpfung

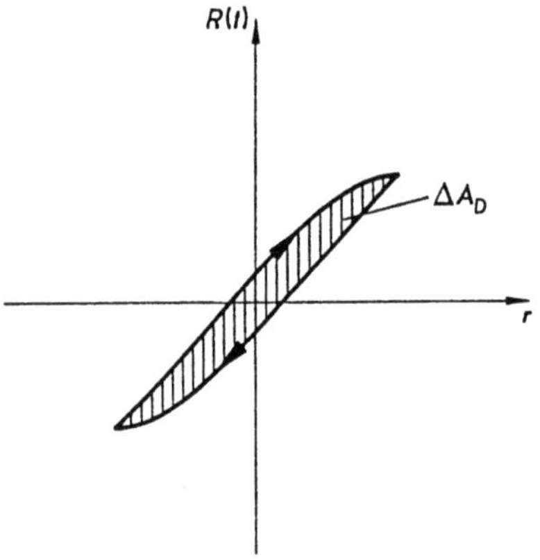

Abb. 14.4.6
Verlustarbeit durch Dämpfung im Kraft-Weg-Diagramm

pro Zyklus kann somit leicht aus der Arbeit der Erregungskraft $R(t)$ an dem entsprechenden Weg $r(t)$ berechnet werden. Der infinitesimale Beitrag ergibt sich zu

$$\mathrm{d}A_D = R(t)\,\mathrm{d}r = R(t)\,\dot{r}\,\mathrm{d}t \tag{14.4.19}$$

und für einen Zyklus der Periode T_E erhalten wir

$$\Delta A_D = \int_0^{T_E} R(t)\,\dot{r}\,\mathrm{d}t \tag{14.4.20}$$

Diese Verlustarbeit wird in einem R-r-Diagramm als Hystereseschleife direkt sichtbar (Abb. 14.4.6).

Bei viskoser Dämpfung ergibt sich mit

$$R(t) = R_0 \sin\omega_E t$$

$$r(t) = \frac{R_0}{k} V \sin(\omega_E t - \varphi) \tag{14.4.21}$$

aus (14.4.20) sofort

$$\Delta A_D = \frac{R_0^2}{k} V\omega_E \int_0^{T_E} \sin(\omega_E t)\cos(\omega_E t - \varphi)\mathrm{d}t = \frac{R_0^2}{k} V\pi \sin\varphi \tag{14.4.22}$$

Wir weisen auf (14.4.12) und (14.4.13) sowie (14.3.4) hin und erhalten weiter

$$\begin{aligned} \Delta A_D &= \frac{R_0^2}{k} V\pi 2\zeta \left(\frac{\omega_E}{\omega}\right) V \\ &= c\pi\omega_E r_{\max}^2 \end{aligned} \tag{14.4.22a}$$

mit

$$r_{\max} = r_0 V = \frac{R_0}{k} V \tag{14.4.23}$$

als Amplitude der stationären Antwort. Demnach müßte die Verlustarbeit pro Zyklus von der Frequenz abhängen. Experimente mit einer ganzen Reihe von Materialien zeigen aber gerade, daß dies nicht der Fall ist, wenn innere Reibung oder Strukturdämpfung für die Dissipation maßgebend ist. Man stellt also lediglich einen Zusammenhang

$$\Delta A_D = c_H r_{\max}^2 \tag{14.4.24}$$

mit der Konstanten c_H auf und bestätigt, daß die Verlustarbeit vom Quadrat der Amplitude abhängt. Aus dem Vergleich von (14.4.22a) und (14.4.24) ergibt sich sogleich, daß die Strukturdämpfung in eine äquivalente viskose Dämpfung umgesetzt werden kann

$$c_{eq} = \frac{c_H}{\pi\omega_E} \tag{14.4.25}$$

Voraussetzung dafür ist jedoch eine harmonische Erregung. Mit (14.4.25) ergibt sich die Bewegungsgleichung für hysteretisch gedämpfte Systeme als

$$\ddot{r} + \gamma\frac{\omega}{\omega_E}\omega\dot{r} + \omega^2 r = \omega^2 r_0 \sin\omega_E t \tag{14.4.26}$$

wobei

$$\gamma = \frac{c_H}{\pi k} \tag{14.4.27}$$

der Strukturdämpfungsfaktor ist (Anhaltspunkt: $\gamma \approx 0.05$ für Metalltragwerke). Die Beziehung (14.4.26) gibt noch klar den Zuständigkeitsbereich an: dieser ist beschränkt auf harmonische Erregung. Durch die in der Dynamik gern verwendete komplexe Darstellung kann dies leicht vergessen werden, wie im folgenden gezeigt wird. Zum Beispiel schreibt man für eine harmonische Erregung

$$\begin{aligned} R(t) &= R_0 \mathrm{e}^{i\omega_E t} \\ &= R_0(\cos\omega_E t + i\sin\omega_E t) \end{aligned} \tag{14.4.28}$$

Der Realteil der komplexen Erregung erfaßt somit die cos-Anregung, der Imaginärteil die sin-Anregung. Die entsprechende Differentialgleichung lautet bei hysteretischer Dämpfung

$$\ddot{r} + \gamma \frac{\omega}{\omega_E} \omega \dot{r} + \omega^2 r = \omega^2 r_0 \mathrm{e}^{i\omega_E t} \tag{14.4.29}$$

und hat die partikuläre (bzw. stationäre) Lösung der Form

$$r_p(t) = a_p \mathrm{e}^{i\omega_E t} \tag{14.4.30}$$

Das Einsetzen in (14.4.29) liefert uns sogleich

$$a_p = \frac{r_0}{1 + i\gamma - (\omega_E/\omega)^2} \tag{14.4.31}$$

wobei der Realteil in (14.4.30) die Lösung für die cos-Anregung und der Imaginärteil die Lösung für die sin-Anregung darstellt. Aus (14.4.30) folgt weiter

$$\begin{aligned} \dot{r}_p(t) &= i\omega_E a_p \mathrm{e}^{i\omega_E t} \\ &= i\omega_E r_p(t) \end{aligned} \tag{14.4.32}$$

An Stelle von (14.4.29) könnte man also auch

$$\ddot{r}_p + \omega^2(1 + i\gamma) r_p = \omega^2 r_0 \mathrm{e}^{i\omega_E t} \tag{14.4.33}$$

schreiben. Hier ist nun auf der linken Seite jeder Hinweis auf die harmonische Erregung verschwunden. Man beachte also, daß bei Strukturdämpfung im allgemeinen *nicht* gilt

$$\ddot{r} + \omega^2(1 + i\gamma) r = R(t)$$

14.4.2 Periodische Erregung

Wir gehen nun einen Schritt in Richtung allgemeiner Lastbilder und behandeln periodische Krafterregungen. Periodische Kraftverläufe wiederholen sich in einem bestimmten Zeitabstand, der Erregungsperiode T_E, sind im übrigen aber im Kraft-Zeit-Verlauf beliebig. Ein typisches Beispiel zeigt Abb. 14.4.7. Der wichtigste Schritt in der Behandlung solcher Probleme besteht darin, die gegebene Belastung mit der Periode $T_E = 2\pi/\omega_E$ in eine Fourier-Darstellung $R_F(t)$ umzuwandeln. Den formelhaften Zusammenhang für diese Umwandlung finden wir in allen gängigen Handbüchern für Ingenieure

$$R_F(t) = \frac{1}{2} A_0 + \sum_{\mathrm{n}=1}^{\infty} \left(A_\mathrm{n} \cos(\mathrm{n}\omega_E t) + B_\mathrm{n} \sin(\mathrm{n}\omega_E t) \right) \tag{14.4.34}$$

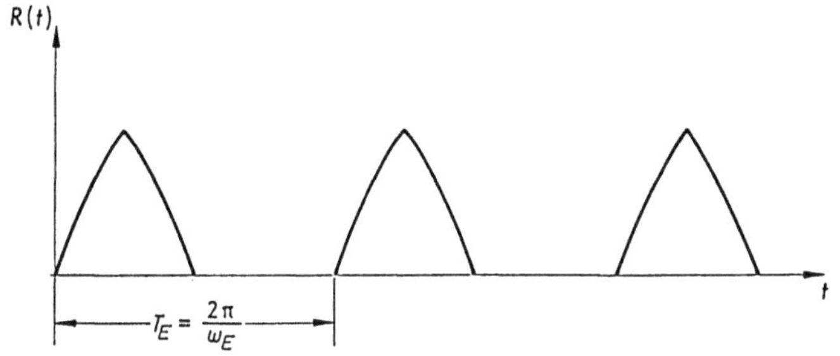

Abb. 14.4.7 Beispiel für eine periodische Erregung

wobei

$$A_n = \frac{2}{T_E}\int_0^{T_E} R(t)\cos(n\omega_E t)\,dt \; ; \qquad n = 0, 1, 2, \ldots$$

$$B_n = \frac{2}{T_E}\int_0^{T_E} R(t)\sin(n\omega_E t)\,dt \; ; \qquad n = 1, 2, \ldots \tag{14.4.35}$$

Nun müssen wir uns noch eine wichtige Eigenschaft unserer Differentialgleichung klarmachen. Es sei $r_1(t)$ eine Lösung für $R_1(t)$ und $r_2(t)$ eine Lösung für $R_2(t)$, d.h. es gilt

$$\ddot{r}_1 + 2\zeta\omega\dot{r}_1 + \omega^2 r_1 = R_1(t)$$
$$\ddot{r}_2 + 2\zeta\omega\dot{r}_2 + \omega^2 r_2 = R_2(t) \tag{14.4.36}$$

und c_1, c_2 seien beliebige Konstanten. Dann ist $c_1 r_1 + c_2 r_2$ eine Lösung für die Belastung $c_1 R_1(t) + c_2 R_2(t)$, wie sich sehr leicht direkt zeigen läßt

$$c_1\ddot{r}_1 + c_2\ddot{r}_2 + 2\zeta\omega(c_1\dot{r}_1 + c_2\dot{r}_2) + \omega^2(c_1 r_1 + c_2 r_2)$$
$$= c_1(\ddot{r}_1 + 2\zeta\omega\dot{r}_1 + \omega^2 r_1) + c_2(\ddot{r}_2 + 2\zeta\omega\dot{r}_2 + \omega^2 r_2)$$
$$= c_1 R_1(t) + c_2 R_2(t) \tag{14.4.37}$$

Unsere Differentialgleichung ist linear, und deshalb ist das Superpositionsprinzip anwendbar. Bei der allgemeinen periodischen Erregungsdarstellung (14.4.34) genügt es also, die Antwort für sin- und cos-Einzelerregung zu kennen, d.h. für rein harmonische Erregung. Die sin-förmige Erregung wurde schon behandelt (s. Abschnitt 14.4.1). Für die cosförmige Erregung ist es nicht notwendig, daß eine neue Berechnung durchgeführt wird, denn hier kann die Zeitachse einfach als (gegenüber der sin-Erregung) verschoben angesehen werden. Wir notieren also mit Hinblick auf (14.4.11), (14.4.13) und (14.4.14) die stationäre Lösung zur Erregung (14.4.34)

$$r_p(t) = \frac{1}{k}\left\{\frac{1}{2}A_0 + \sum_{n=1}^{\infty}\left[A_n V_n \cos(n\omega_E t - \varphi_n) + B_n V_n \sin(n\omega_E t - \varphi_n)\right]\right\} \tag{14.4.38}$$

mit

$$V_n = \left[(2n\zeta\beta)^2 + (1 - n^2\beta^2)^2\right]^{-1/2} \tag{14.4.39}$$

und

$$\varphi_n = \arctan\frac{2n\zeta\beta}{1 - n^2\beta^2} \tag{14.4.40}$$

Offensichtlich geht $V_n \to 0$ für $n \to \infty$, d.h. in den Vergrößerungsfunktionen werden die hochfrequenten Antwortteile immer schwächer. Auch wenn die Entwicklung für $R(t)$ schlecht konvergiert, so kann doch die Antwort sehr gut konvergent sein. Dies ist essentiell für die praktische Anwendung, denn dort wird man ja immer mit einer beschränkten, möglichst geringen Anzahl von Reihengliedern arbeiten.

Ein einfaches Beispiel möge diesen Sachverhalt etwas erhellen. Die in Abb. 14.4.8, Teil a), skizzierte periodische Rechteck-Funktion als Erregung hat im Periodenintervall $0 \leqslant t \leqslant T_E$ die Darstellung

$$R(t) = R_0 \qquad \text{für} \quad 0 \leqslant t \leqslant T_E/2$$

$$R(t) = -R_0 \qquad \text{für} \quad T_E/2 < t \leqslant T_E$$

Da $R(t)$ bezüglich der Mitte des Integrationsbereichs $(0, T_E)$ antisymmetrisch ist, folgt, daß die Koeffizienten A_n der cos-Terme in der Fourier-Entwicklung verschwinden

$$A_n = 0\,; \qquad n = 0, 1, 2, \ldots$$

Für die sin-Glieder erhält man aus (14.4.35)

$$B_n = \frac{2R_0}{n\pi}(1 - \cos n\pi)$$

d.h. also

$$B_n = 0 \qquad \text{für} \quad n = 2, 4, 6, \ldots$$

$$B_n = \frac{1}{n}\frac{4R_0}{\pi} \qquad \text{für} \quad n = 1, 3, 5, \ldots$$

Die Fourier-Entwicklung der Lastfunktion $R(t)$ bis zur Ordnung n_{max} lautet somit

$$R_F(t) = \frac{4R_0}{\pi} \sum_{n=1,3,5}^{n_{max}} \frac{1}{n}\sin(n\omega_E t)$$

eine Funktion mit einer nicht besonders guten Konvergenz, wie der Darstellung Abb. 14.4.8, Teil b), zu entnehmen ist: die Abweichungen von der angestrebten Rechteckform sind bei der Berücksichtigung von 10 Termen ($n_{max} = 19$) ganz erheblich, selbst bei 50 Reihengliedern ($n_{max} = 99$) sind sie noch deutlich zu erkennen. Die Approximationen der stationären Antwort sind nach (14.4.38)

$$r_p(t) = \frac{4r_0}{\pi} \sum_{n=1,3,5}^{n_{max}} \frac{V_n}{n}\sin(n\omega_E t - \varphi_n)$$

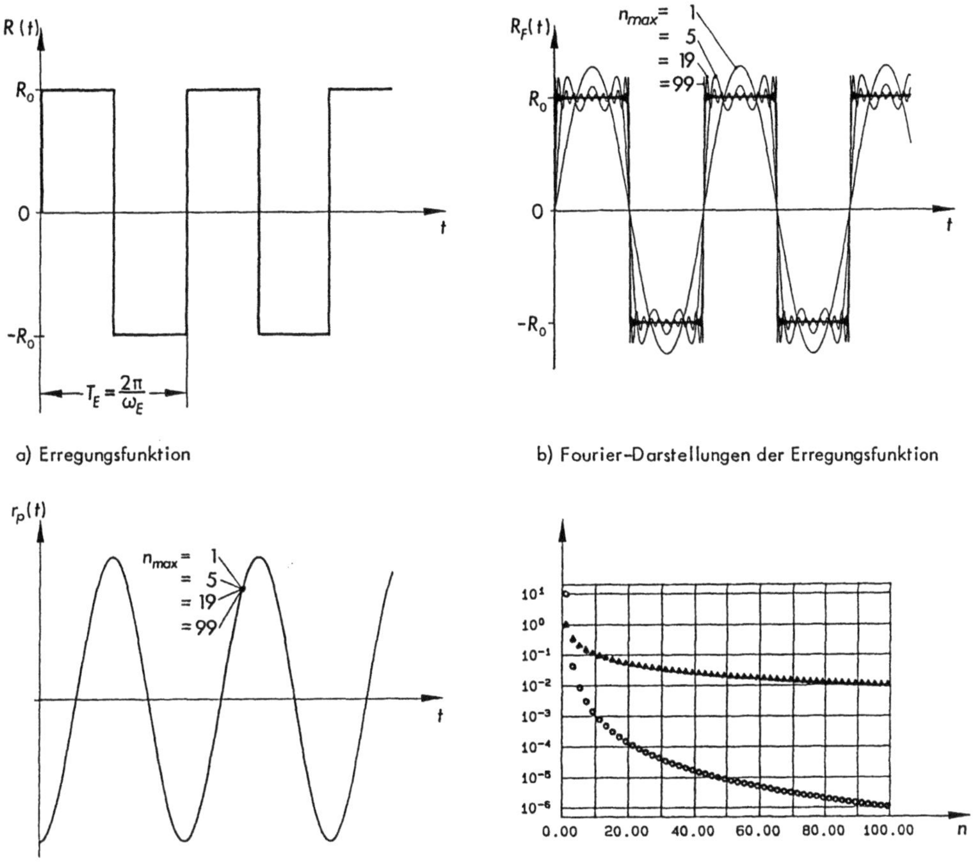

a) Erregungsfunktion

b) Fourier-Darstellungen der Erregungsfunktion

c) Stationäre Antwortfunktionen

d) Fourier-Koeffizienten von Erregung (▲) und Antwort (o)

Abb. 14.4.8 Periodische Rechteck-Erregung und stationäre Antwort ($\beta = 1$, $\zeta = 0.05$)

wobei V_n und φ_n in (14.4.39) und (14.4.40) gegeben sind und abkürzend die „statische“ Auslenkung

$$r_0 = \frac{R_0}{k}$$

eingeführt wurde.

Für den Fall $\beta = \omega_E/\omega = 1$ und $\zeta = 0.05$ sind diese Näherungen der gleichen Ordnungen, wie sie für die Erregungsfunktionen verwendet wurden, skizziert, und man erkennt, daß bereits im ersten Glied der Reihe die Antwort praktisch enthalten ist (Abb. 14.4.8 (c)). Zur weiteren Verdeutlichung sind in Abb. 14.4.8, Teil d), die Koeffizienten der Fourier-Entwicklung der Erregung (1/n) und der Antwort (V_n/n) dargestellt.

14.4.3 Allgemeine Erregung und Fourier-Integral

Wir wissen, daß der Kraftverlauf innerhalb der Periode T_E einer periodischen Erregung beliebig sein kann. Nun stellen wir uns einfach vor, daß die Zeitdauer T_E immer mehr ausgedehnt wird. Wir nähern uns so der allgemeinen Erregung (Abb. 14.4.9). Gleichzeitig mit der Ausdehnung von T_E wird $\omega_E = 2\pi/T_E$ immer kleiner und die diskreten Beiträge $n\omega_E$ rücken immer näher zueinander. An die Stelle der Summen in (14.4.34) treten dann Integrale. Wir haben also

$$\begin{aligned} T_E &\to \infty \\ \omega_E &\to \mathrm{d}\Omega \\ n\omega_E &\to \Omega \end{aligned} \tag{14.4.41}$$

Bei der Bildung des Grenzübergangs ist zuvor der Faktor $2/T_E = \omega_E/\pi$ aus (14.4.35) in (14.4.34) zu übernehmen. Es ergibt sich so

$$R_{FI} = \int_0^\infty \Big(A(\Omega)\cos\Omega t + B(\Omega)\sin\Omega t\Big)\mathrm{d}\Omega \tag{14.4.42}$$

mit

$$\begin{aligned} A(\Omega) &= \frac{1}{\pi}\int_0^\infty R(t)\cos\Omega t\,\mathrm{d}t \\ B(\Omega) &= \frac{1}{\pi}\int_0^\infty R(t)\sin\Omega t\,\mathrm{d}t \end{aligned} \tag{14.4.43}$$

Voraussetzung für dieses Vorgehen ist, daß $R(t)$ stückweise stetig ist und

$$\int_0^\infty |R(t)|\mathrm{d}t$$

finit bleibt. Die Darstellung der Erregung in (14.4.42) kann wiederum als Summe über

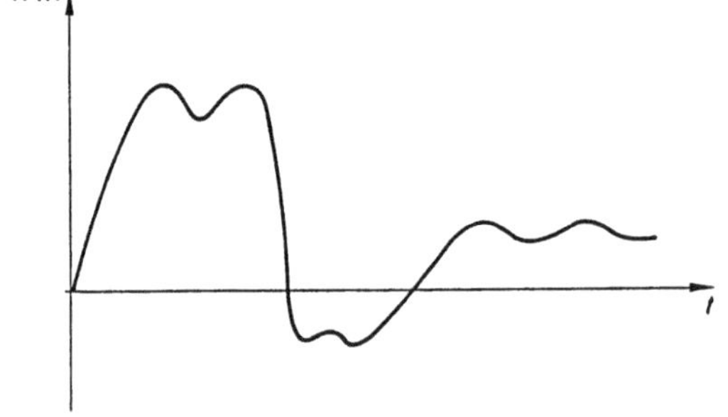

Abb. 14.4.9
Allgemeine Krafterregung

harmonische Grundkomponenten in Ω, $A(\Omega)\cos\Omega t$ und $B(\Omega)\sin\Omega t$, angesehen werden, und dementsprechend lautet die Antwort (siehe auch (14.4.38))

$$r_p(t) = \frac{1}{k}\int_0^\infty V(\Omega)\left[A(\Omega)\cos\{\Omega t - \varphi(\Omega)\} + B(\Omega)\sin\{\Omega t - \varphi(\Omega)\}\right]\mathrm{d}\Omega \qquad (14.4.44)$$

wobei

$$V(\Omega) = \left[\left\{2\zeta\frac{\Omega}{\omega}\right\}^2 + \left\{1 - \left(\frac{\Omega}{\omega}\right)^2\right\}^2\right]^{-1/2} \qquad (14.4.45)$$

und

$$\varphi(\Omega) = \arctan\frac{2\zeta\frac{\Omega}{\omega}}{1-(\frac{\Omega}{\omega})^2} \qquad (14.4.46)$$

Die analytische Anwendung der Formeln (14.4.42) bis (14.4.46) ist mühsam und von der Existenz der Integrale abhängig. Praktischen Nutzen zieht man nur aus einer numerischen Behandlung. Hier sind zwei Verfahren von aktueller Bedeutung zu nennen: die diskrete Fourier-Transformation (DFT) und speziell die schnelle („fast") Fourier-Transformation (FFT). Die weitere Diskussion geht jedoch über den Rahmen einer Einführung hinaus.

14.4.4 Impulsartige Erregung (Dirac-Impuls)

Unter einer impulsartigen Erregung wollen wir eine kurzzeitige Krafteinwirkung auf das Tragwerk verstehen. In Abb. 14.4.10 ist ein allgemeines Beispiel dargestellt. Die Dauer der Krafteinwirkung bezeichnen wir als Impulsdauer t_I, die Fläche unter der Kraft-Zeit-Kurve als Impulsstärke I

$$I = \int_0^{t_I} R(t)\,\mathrm{d}t \qquad (14.4.47)$$

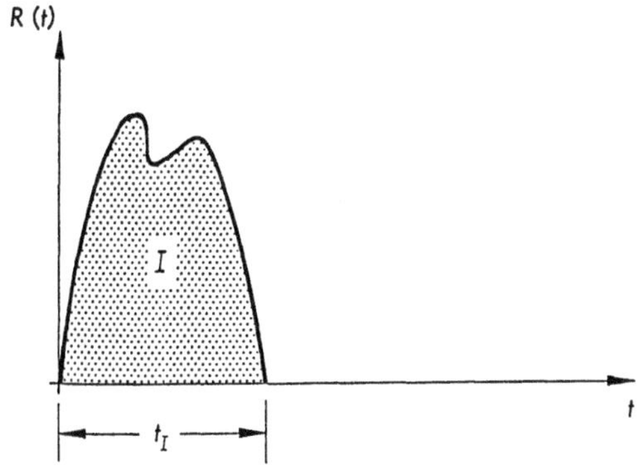

Abb. 14.4.10
Allgemeine impulsartige Erregung, Impulsdauer t_I und Impulsstärke I

Ausgehend von der allgemeinen Differentialgleichung des krafterregten, viskos gedämpften Schwingers (14.4.1), erhalten wir für die Geschwindigkeit am Ende der Impulswirkung bei ruhendem Ausgangszustand $r(0) = 0$, $\dot{r}(0) = 0$

$$\dot{r}(t_I) = \frac{\omega^2}{k}\int_0^{t_I} R(t)\,\mathrm{d}t - 2\zeta\omega\int_0^{t_I}\dot{r}(t)\,\mathrm{d}t - \omega^2\int_0^{t_I} r(t)\,\mathrm{d}t$$

$$= \frac{\omega^2 I}{k} - 2\zeta\omega\int_0^{t_I}\dot{r}(t)\,\mathrm{d}t - \omega^2\int_0^{t_I} r(t)\,\mathrm{d}t \qquad (14.4.48)$$

Geht man nun davon aus, daß die Impulsdauer t_I nur kurz ist, so kann sich bis zum Ende des Impulses keine nennenswerte Verschiebung aufgebaut haben, und die Integralterme in (14.4.48) sind vernachlässigbar. Es gilt dann

$$r(t_I) \approx 0$$

$$\dot{r}(t_I) \approx \frac{\omega^2 I}{k} = \frac{I}{m} \qquad (14.4.49)$$

und dies sind zugleich die Anfangsbedingungen der dann folgenden freien Schwingung.

Was für den Impuls endlicher Dauer – unabhängig vom Kraftverlauf – näherungsweise zutrifft, gilt für den Dirac-Impuls exakt. Darunter verstehen wir einen Impuls beliebig kurzer Dauer, aber endlicher Impulsstärke

$$I = \lim_{t_I \to 0}\left(\int_0^{t_I} R(t)\,\mathrm{d}t\right) \qquad (14.4.50)$$

Die Antwort auf einen Dirac-Impuls bei $t = 0$ ist eine freie gedämpfte Schwingung, die auch bei $t = 0$ einsetzt und die Anfangsbedingungen (14.4.49) erfüllt. Wir erhalten in Anlehnung an (14.3.19) sofort

$$r(t) = \frac{I}{m\omega_D}\mathrm{e}^{-\zeta\omega t}\sin\omega_D t \qquad (14.4.51)$$

Die maximale Auslenkung ist näherungsweise

$$r_{\max} \approx \frac{I}{m\omega_D} \qquad (14.4.52)$$

bei nicht zu großer Dämpfung. Bei Impulsen endlicher Dauer läßt man ersatzweise einen Dirac-Impuls im Schwerpunkt t_S des Kraft-Zeit-Verlaufs wirken und erhält als Näherung der Antwort

$$r(t) \approx \frac{I}{m\omega_D}\mathrm{e}^{-\zeta\omega(t-t_S)}\sin\omega_D(t-t_S) \qquad (14.4.53)$$

Die Formeln (14.4.52) und (14.4.53) sollten allerdings nur für

$$t_I/T < \frac{1}{4}$$

verwendet werden, da bei längeren Impulslaufzeiten die Form des Kraftverlaufs eine Rolle spielt. Außerdem braucht dann das Maximum der Auslenkung auch nicht in der Freischwingungsphase zu liegen, sondern kann schon vorher auftreten. Für diesen Bereich liefert unsere Näherung aber keine Informationen.

14.4.5 Allgemeine Erregung und Duhamel-Integral

Wir können einen beliebigen Kraftverlauf auch als Folge vieler infinitesimaler Impulse ansehen (Abb. 14.4.11). Ein solcher Impuls zum Zeitpunkt $t = \bar{t}$ weist die Impulsstärke

$$\mathrm{d}I = R(\bar{t})\,\mathrm{d}\bar{t} \tag{14.4.54}$$

auf und führt zur Antwort für $t > \bar{t}$

$$\mathrm{d}r(t) = \frac{1}{m\omega_D} R(\bar{t})\,\mathrm{e}^{-\zeta\omega(t-\bar{t})} \sin \omega_D(t-\bar{t})\,\mathrm{d}\bar{t} \tag{14.4.55}$$

Wir gehen vom Ruhezustand aus und summieren (integrieren) die Beiträge aller Impulse bis zum Zeitpunkt t

$$r(t) = \frac{1}{m\omega_D} \int_0^t R(\bar{t})\,\mathrm{e}^{-\zeta\omega(t-\bar{t})} \sin \omega_D(t-\bar{t})\,\mathrm{d}\bar{t} \tag{14.4.56}$$

Damit ist das sogenannte Duhamel-Integral im Prinzip bereits gefunden. Wir wenden lediglich noch das Additionstheorem für Winkelfunktionen an, ehe (14.4.56) integriert wird, und erhalten so

$$r(t) = A(t) \sin \omega_D t - B(t) \cos \omega_D t \tag{14.4.57}$$

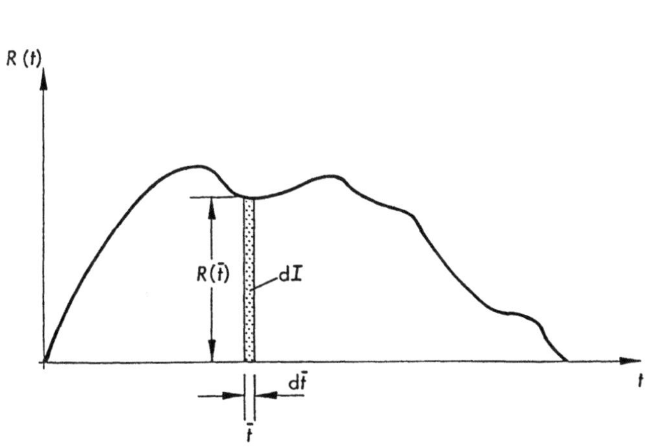

Abb. 14.4.11 Allgemeiner Kraftverlauf als Folge infinitesimaler Impulse

wobei

$$A(t) = \frac{1}{m\omega_D}\int_0^t R(\bar{t})e^{-\zeta\omega(t-\bar{t})}\cos(\omega_D\bar{t})d\bar{t}$$
$$B(t) = \frac{1}{m\omega_D}\int_0^t R(\bar{t})e^{-\zeta\omega(t-\bar{t})}\sin(\omega_D\bar{t})d\bar{t} \qquad (14.4.58)$$

Diese Integrale lassen sich leicht numerisch auswerten. Wir teilen die Zeitachse $\bar{t}$ in gleichmäßige Intervalle ein und berechnen uns an den Intervallpunkten $n\Delta\bar{t}$ (n = 0, 1, 2, ...) die Integrandenwerte zu (14.4.58)

$$a_n = R(n\Delta\bar{t})e^{-\zeta\omega(m-n)\Delta\bar{t}}\cos(\omega_D n\Delta\bar{t})$$
$$b_n = R(n\Delta\bar{t})e^{-\zeta\omega(m-n)\Delta\bar{t}}\sin(\omega_D n\Delta\bar{t}) \qquad (14.4.59)$$

wobei $t = m\Delta\bar{t}$ den Endzeitpunkt der Integration anzeigt (Abb. 14.4.12). Nach der allgemein bekannten Trapezregel erhalten wir dann

$$A(t) \approx \frac{\Delta\bar{t}}{2m\omega_D}(a_0 + 2a_1 + 2a_2 + \ldots + 2a_{m-1} + a_m)$$
$$B(t) \approx \frac{\Delta\bar{t}}{2m\omega_D}(b_0 + 2b_1 + 2b_2 + \ldots + 2b_{m-1} + b_m) \qquad (14.4.60)$$

Diese Formel läßt sich sehr einfach mit wachsendem t verwenden, so daß der Zeitverlauf im Raster $\Delta\bar{t}$ problemlos mit (14.4.57) aufgestellt werden kann.

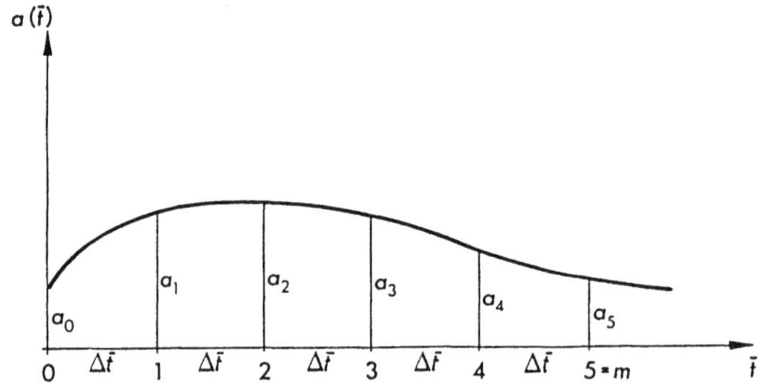

Abb. 14.4.12
Zur numerischen Behandlung des Duhamelintegrals

14.4.6 Fundamenterregte Schwingungen

Eine wichtige Teilklasse von Schwingungsproblemen ist bei Schwingungsmeßgeräten und bewegten Fahrzeugen anzutreffen. Dort ist der Schwinger auf einem Fundament aufgebaut; die Erregung erfolgt durch die Fundamentbewegung (Abb. 14.4.13). Sowohl die Fundamenterregung $r_B(t)$ als auch die Bewegung $r(t)$ der Masse m beziehen sich auf ein Inertialsystem. Somit ergibt sich als elastische Kraft

$$R_e = k(r - r_B) \qquad (14.4.61)$$

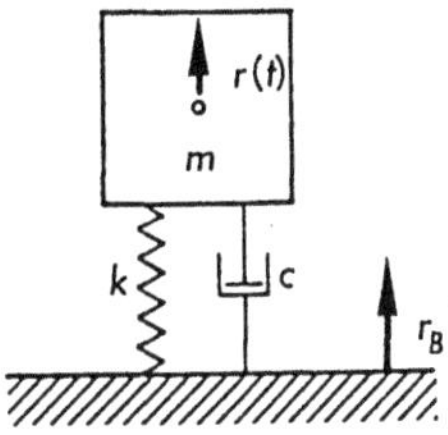

Abb. 14.4.13
Modell des fundamenterregten Schwingers

und für die viskose Dämpfungskraft

$$R_D = c(\dot{r} - \dot{r}_B) \tag{14.4.62}$$

d.h. hier ist die Relativbewegung maßgebend für die Rückstellkräfte. Für die Trägheitskraft gilt aber wie bisher

$$R_I = m\ddot{r} \tag{14.4.63}$$

Hieraus ergibt sich beim Fehlen äußerer Kräfte $R(t)$ die Bewegungsgleichung

$$m\ddot{r} + c\dot{r} + kr = kr_B + c\dot{r}_B \tag{14.4.64}$$

bzw. nach Division mit m

$$\ddot{r} + 2\zeta\omega\dot{r} + \omega^2 r = \omega^2 r_B + 2\zeta\omega\dot{r}_B \tag{14.4.65}$$

Dabei wird $r_B(t)$ als bekannt vorausgesetzt, und die weitere Behandlung erfolgt nach den Regeln für Krafterregung. Ein praktisch bedeutsamer Fall ist die harmonische Fundamenterregung

$$r_B(t) = r_0 \sin\omega_E t \tag{14.4.66}$$

welche zur äquivalenten Kraft

$$\begin{aligned} R_B(t) &= k\left(r_B + \frac{2\zeta}{\omega}\dot{r}_B\right) \\ &= kr_0(\sin\omega_E t + 2\zeta\beta\cos\omega_E t) \end{aligned} \tag{14.4.67}$$

führt. Nach dem Superpositionsprinzip erhalten wir die stationäre Antwort

$$r_p(t) = r_0 V\left[\sin(\omega_E t - \varphi) + 2\zeta\beta\cos(\omega_E t - \varphi)\right] \tag{14.4.68}$$

wobei die Vergrößerungsfunktion V und die Phasenverschiebung φ bereits aus der harmonischen Krafterregung bekannt sind, siehe (14.4.13) und (14.4.14). Nach dem Additionstheorem für Kreisfunktionen gewinnen wir hieraus leicht

$$r_p(t) = r_0 V_B \sin(\omega_E t - \varphi_B) \tag{14.4.69}$$

wobei

$$V_B = V[1 + (2\zeta\beta)^2]^{1/2} \tag{14.4.70}$$

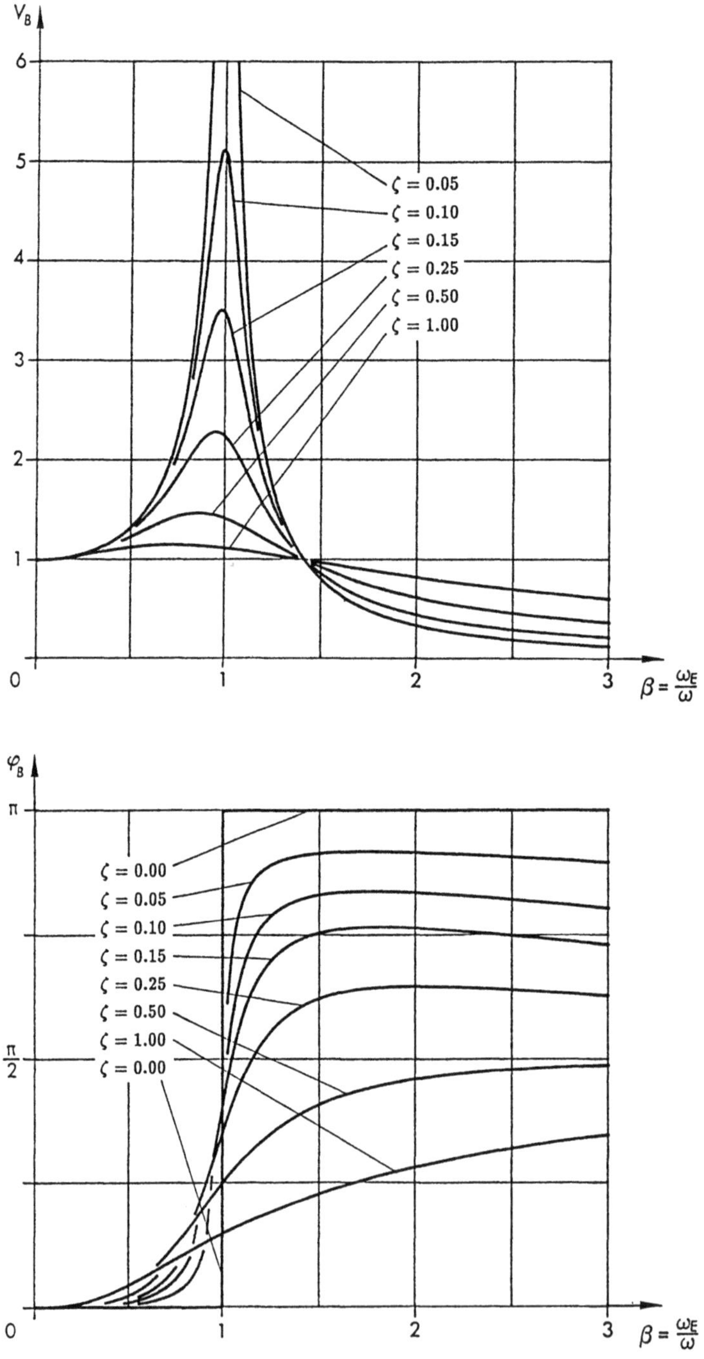

Abb. 14.4.14 Übertragungsfunktion und Phasenverlauf bei Fundamenterregung

wiederum als Übertragungsfunktion bezeichnet wird, und für den Phasenwinkel erhalten wir nun

$$\varphi_B = \varphi + \arctan(-2\zeta\beta) \tag{14.4.71}$$

Die Funktionen V_B und φ_B sind in Abb. 14.4.14 dargestellt. Erwartungsgemäß stellt sich bei Resonanz $\beta = 1$ eine besonders hohe Amplitude ein. Dagegen liegt für $\beta > \sqrt{2}$ die dynamische Amplitude unter der statischen.

14.5 Schwinger mit starren Bewegungsmöglichkeiten

Das in Abb. 14.5.1 vorgestellte System hat zwei Massen und damit zwei Bewegungsmöglichkeiten. Da das Modell jedoch frei rollen kann, muß die Summe der äußeren Kräfte beim Fehlen einer Erregung Null sein. Dies ist sicher nicht der Fall, wenn die Bewegung der beiden Massen völlig beliebig ist. Obwohl also zunächst zwei Freiheitsgrade vorliegen, wird die Bewegung durch einen Zwang eingeschränkt, und es gibt nur einen unabhängigen Freiheitsgrad. Wir bewegen uns damit effektiv immer noch im Rahmen der Einfreiheitsgradsysteme. Die an den Massen angreifenden Kräfte sind

$$\begin{aligned} R_{1I} &= m\ddot{r}_1 \\ R_{1D} &= c(\dot{r}_1 - \dot{r}_2) \\ R_{1e} &= k(r_1 - r_2) \end{aligned} \tag{14.5.1}$$

bzw.

$$\begin{aligned} R_{2I} &= m\ddot{r}_2 \\ R_{2D} &= c(\dot{r}_2 - \dot{r}_1) \\ R_{2e} &= k(r_2 - r_1) \end{aligned} \tag{14.5.2}$$

und jede dieser Kraftgruppen muß im Gleichgewicht sein

$$\begin{aligned} m\ddot{r}_1 + c(\dot{r}_1 - \dot{r}_2) + k(r_1 - r_2) &= 0 \\ m\ddot{r}_2 + c(\dot{r}_2 - \dot{r}_1) + k(r_2 - r_1) &= 0 \end{aligned} \tag{14.5.3}$$

Zugleich muß aber die Summe aller dieser Kräfte Null sein, wenn keine äußere Kraft vorhanden ist. Dabei heben sich Dämpfungskräfte und elastische Kräfte als innere Kraftgruppen heraus

$$m\ddot{r}_1 + m\ddot{r}_2 = 0 \tag{14.5.4}$$

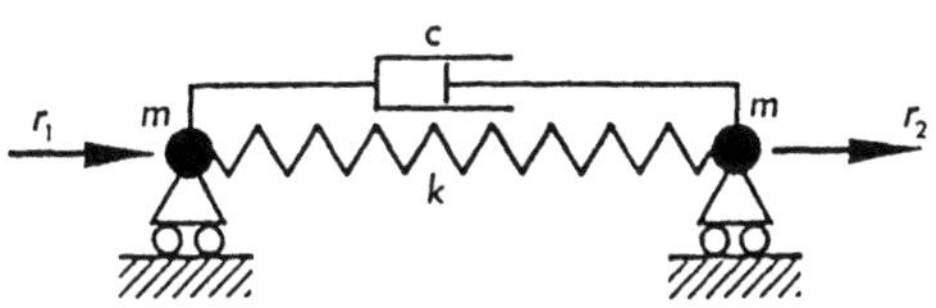

Abb. 14.5.1
Modell eines Schwingers mit starrer Bewegungsmöglichkeit

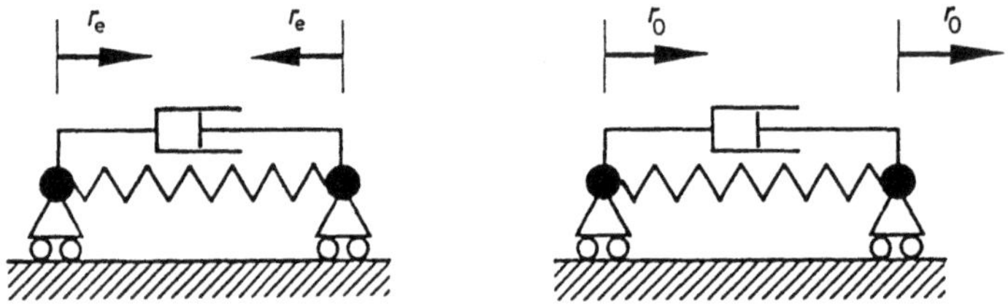

Abb. 14.5.2 Einführung elastischer und starrer Bewegungskomponenten beim Schwinger mit starren Bewegungsmöglichkeiten

Dies ist zugleich die Nebenbedingung, die die Freiheit des Systems auf effektiv einen unabhängigen Freiheitsgrad einschränkt. Statt nun das mit (14.5.3) und (14.5.4) beschriebene gekoppelte System mühsam zu lösen, führen wir eine neue Beschreibung der Systembewegung ein, die in starre und elastische Bewegungskomponenten gegliedert ist (Abb. 14.5.2). Wir haben damit eine erste, noch sehr einfache Form generalisierter Freiheitsgrade. Wir erhalten als Beziehung zwischen den ursprünglichen r_1-,r_2-Freiheitsgraden und den neuen r_e- und r_0-Komponenten hier

$$\begin{aligned} r_1 &= r_e + r_0 \\ r_2 &= -r_e + r_0 \end{aligned} \qquad (14.5.5)$$

Setzt man dies in (14.5.3) bzw. (14.5.4) ein, so geht die Nebenbedingung in

$$\ddot{r}_0 = 0 \qquad (14.5.6)$$

und die beiden Gleichungen in die identische Aussage

$$m\ddot{r}_e + 2c\dot{r}_e + 2kr_e = 0 \qquad (14.5.7)$$

über. Wir haben also eine Entkoppelung erreicht. Dabei hat (14.5.6) die Lösung

$$r_0 = a_0 + b_0 t \qquad (14.5.8)$$

Dies bedeutet einfach, daß der Schwinger eine gleichmäßige starre Bewegung ausführen kann. Dem überlagert ist die Lösung von (14.5.7), welche uns schon hinreichend bekannt ist (siehe z.B. (14.3.19))

$$r_e(t) = \mathrm{e}^{-2\zeta\omega t}(a_e \cos\omega_D t + b_e \sin\omega_D t) \qquad (14.5.9)$$

mit

$$\omega_D = \sqrt{1-(2\zeta)^2}\sqrt{\frac{2k}{m}} \qquad (14.5.10)$$

Es handelt sich um eine gedämpfte Schwingung. Die vier Konstanten a_0, b_0, a_e, b_e lassen sich aus den vier Anfangsbedingungen $r_1(0)$, $\dot{r}_1(0)$, $r_2(0)$, $\dot{r}_2(0)$ eindeutig bestimmen. Abb. 14.5.3 zeigt eine ungedämpfte Schwingung, bei der nur der elastische Bewegungsanteil angeregt ist. Der Schwerpunkt des Systems bleibt dann ständig in Ruhe.

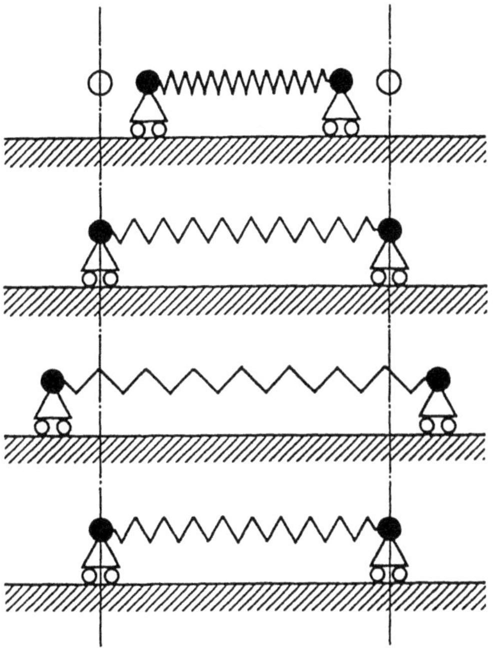

Abb. 14.5.3
Ablauf einer ungedämpften Frei-Frei-Schwingung

14.6 Verallgemeinerung des Freiheitsgradbegriffs und Einführung generalisierter Steifigkeiten, Massen und Dämpfungen (Rayleigh-Ritz)

Das Konzentrieren (engl. *lumping*) von Struktureigenschaften – wie Steifigkeit, Trägheit und Dissipation – ist die einfachste Möglichkeit, eine Beschränkung der mannigfaltigen natürlichen Bewegungsmöglichkeiten zu erreichen. Ohne Zweifel spielt dabei die Intuition des Ingenieurs eine dominante Rolle und dies durchaus mit Erfolg.

Eine alternative und mathematisch klar abgestützte Methodik zur Beschränkung der Freiheitsgrade wurde von Rayleigh und Ritz entwickelt. Demnach machen wir für die Verschiebungen $\boldsymbol{u}$ an einem beliebigen Punkt des Tragwerks mit Koordinaten $\boldsymbol{x}$ einen Funktionsansatz. Der Freiheitsgrad r hat hier dann die Bedeutung einer Amplitude

$$\underset{(3\times 1)}{\boldsymbol{u}(\boldsymbol{x}, t)} = \begin{bmatrix} u(x, y, z; t) \\ v(x, y, z; t) \\ w(x, y, z; t) \end{bmatrix} = \underset{(3\times 1)}{\boldsymbol{\omega}(\boldsymbol{x})} \cdot r(t) \tag{14.6.1}$$

Dabei hat der Verschiebungsansatz nur die primären oder essentiellen Randbedingungen zu erfüllen, nicht aber die sekundären oder natürlichen. Darunter verstehen wir in unserem Falle ganz schlicht, daß der Verschiebungsansatz nur die kinematischen Randbedingungen zu erfüllen hat und nicht die statischen. Diese Aussage trifft hier zu, weil wir unser Problem mit Hilfe der Verschiebungen beschreiben.

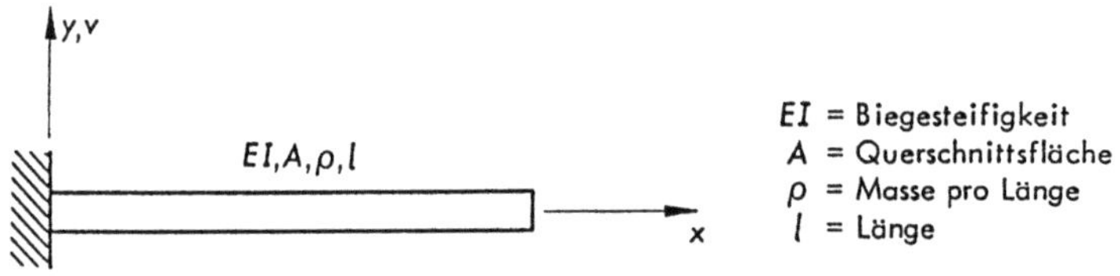

Abb. 14.6.1 Kontinuierlicher Kragbalken als Schwingungsmodell

Hier ist es an der Zeit, ein kleines Beispiel aufzugreifen (Abb. 14.6.1). Wir wollen näherungsweise die Eigenschwingung eines Kragbalkens berechnen. Die kinematischen Randbedingungen sind dann

$$\begin{aligned} v(0) &= 0 \\ v'(0) &= 0 \end{aligned} \tag{14.6.2}$$

während die statischen Randbedingungen besagen, daß Moment ($\sim v''$) und Schubkraft ($\sim v'''$) am freien Ende Null sein müssen. Der Ansatz

$$v(x) = \left(\frac{x}{l}\right)^2 r \tag{14.6.3}$$

ist also im Sinne des Rayleigh-Ritz-Verfahrens zulässig, obwohl dann das Moment am freien Ende keineswegs Null ist. Wir gehen nun wieder zu (14.6.1) und bestimmen aus den Verschiebungen nach den Regeln der Elastizitätstheorie die Dehnungen, wie in Bd. I ausführlich beschrieben

$$\begin{aligned} \boldsymbol{\gamma} &= \boldsymbol{D}^{\mathrm{t}}\boldsymbol{u} = \boldsymbol{D}^{\mathrm{t}}\boldsymbol{\omega} r \\ &= \boldsymbol{e}_1 r \end{aligned} \tag{14.6.4}$$

Mit dem Materialgesetz

$$\boldsymbol{\sigma} = \boldsymbol{\kappa}\boldsymbol{\epsilon} = \boldsymbol{\kappa}[\boldsymbol{\gamma} - \boldsymbol{\eta}] \tag{14.6.5}$$

stellen wir dann leicht mit Hilfe des Einheitsverschiebungsgesetzes die Steifigkeit (allgemein: die Steifigkeitsmatrix) auf

$$k = \int_V \boldsymbol{e}_1^{\mathrm{t}} \boldsymbol{\kappa} \boldsymbol{e}_1 \, \mathrm{d}V \tag{14.6.6}$$

Als nächstes wenden wir uns den Trägheits- und Dämpfungskräften zu. An einem Element $\mathrm{d}V$ des kontinuierlichen Tragwerks mit der Masse $\rho \mathrm{d}V$ (ρ = Massendichte) greifen nach dem Newtonschen Gesetz die Trägheitskräfte

$$\mathrm{d}\boldsymbol{R}_I = \rho \mathrm{d}V \ddot{\boldsymbol{u}} = \rho \boldsymbol{\omega}(\boldsymbol{x}) \mathrm{d}V \ddot{r} \tag{14.6.7}$$

an. Geht man ferner davon aus, daß die Energiedissipation verteilt erfolgt, dann gilt für die viskose Dämpfung

$$\mathrm{d}\boldsymbol{R}_D = \mu \mathrm{d}V \dot{\boldsymbol{u}} = \mu \boldsymbol{\omega}(\boldsymbol{x}) \mathrm{d}V \dot{r} \tag{14.6.8}$$

wobei $\mu(\boldsymbol{x})$ die lokale Dämpfungskonstante ist. Trägheitskräfte und Dämpfungskräfte sind über das ganze Tragwerk verteilt. Wir müssen sie in diskrete Kräfte umsetzen, also in unserem Fall in je eine äquivalente Kraft (R_I bzw. R_D). Dazu fordern wir, daß R_I bzw. R_D die gleiche Arbeit an r leistet wie $\boldsymbol{R}_I$ bzw. $\boldsymbol{R}_D$ am lokalen $\boldsymbol{u}$ im Integral über das Tragwerk (Arbeitsäquivalenz)

$$rR_I = \int_V \boldsymbol{u}^{\mathrm{t}} \mathrm{d}\boldsymbol{R}_I = r\int_V \rho \boldsymbol{\omega}^{\mathrm{t}} \boldsymbol{\omega} \mathrm{d}V \ddot{r}$$

$$rR_D = \int_V \boldsymbol{u}^{\mathrm{t}} \mathrm{d}\boldsymbol{R}_D = r\int_V \mu \boldsymbol{\omega}^{\mathrm{t}} \boldsymbol{\omega} \mathrm{d}V \dot{r} \tag{14.6.9}$$

Demnach ergibt sich als Masse (allgemein: Massenmatrix)

$$m = \int_V \rho \boldsymbol{\omega}^{\mathrm{t}} \boldsymbol{\omega} \mathrm{d}V \tag{14.6.10}$$

und als Dämpfungskonstante (allgemein: Dämpfungsmatrix)

$$c = \int_V \mu \boldsymbol{\omega}^{\mathrm{t}} \boldsymbol{\omega} \mathrm{d}V \tag{14.6.11}$$

Wenn unser kontinuierlicher Schwinger einer kontinuierlich verteilten Anregung unterliegt, z.B. den Volumenlasten $\boldsymbol{p}_V(\boldsymbol{x}, t)$ oder den Oberflächenlasten $\boldsymbol{p}_S(\boldsymbol{x}, t)$, so erfolgt die Umrechnung nach den gleichen Regeln

$$rR(t) = \int_V \boldsymbol{u}^{\mathrm{t}} \boldsymbol{p}_V \mathrm{d}V + \int_S \boldsymbol{u}^{\mathrm{t}} \boldsymbol{p}_S \mathrm{d}S = r\left(\int_V \boldsymbol{\omega}^{\mathrm{t}} \boldsymbol{p}_V \mathrm{d}V + \int_S \boldsymbol{\omega}^{\mathrm{t}} \boldsymbol{p}_S \mathrm{d}S\right) \tag{14.6.12}$$

und wir erhalten so eine arbeitsäquivalente Ersatzkraft

$$R(t) = \int_V \boldsymbol{\omega}^{\mathrm{t}} \boldsymbol{p}_V \mathrm{d}V + \int_S \boldsymbol{\omega}^{\mathrm{t}} \boldsymbol{p}_S \mathrm{d}S \tag{14.6.13}$$

Bei konsequenter Einhaltung dieser Arbeitstechnik wird die berechnete Eigenfrequenz stets über der wahren liegen (Schrankenregel). Wir sehen, daß wir nun in der Lage sind, auch ohne die elementare Methode des „lumping“ die Technik der vorangegangenen Kapitel zu nutzen.

Einige Anmerkungen zu dem in Abb. 14.6.1 skizzierten Beispiel sollen die allgemeinen Ausführungen abrunden. Für die ungedämpfte erste Eigenfrequenz kann den Handbüchern als analytisches Resultat entnommen werden (ohne Berücksichtigung von Drehträgheitseffekten und Schubdeformationen)

$$\omega_{an} = \frac{3.5160}{l^2}\sqrt{\frac{EI}{\rho A}}$$

Wir versuchen zunächst den einfachsten Ansatz (14.6.3)

$$v = \left(\frac{x}{l}\right)^2 r$$

und berechnen daraus mit der elementaren Biegetheorie die Längsdehnung

$$\epsilon_{xx} = -\frac{\mathrm{d}^2 v}{\mathrm{d}x^2} y = -\frac{2}{l^2} y r$$

Folglich wird die Steifigkeit

$$k = \int_V \left(-\frac{2y}{l^2}\right) E \left(-\frac{2y}{l^2}\right) \mathrm{d}V = \frac{4E}{l^4} \int_0^l \left(\int_A y^2 \mathrm{d}A\right) \mathrm{d}x$$

$$= 4\frac{EI}{l^3}$$

Für die Masse ergibt sich

$$m = \int_V \rho \left(\frac{x}{l}\right)^4 \mathrm{d}V = \frac{\rho A}{l^4} \int_0^l x^4 \mathrm{d}x$$

$$= \frac{1}{5} \rho A l$$

und daraus folgt für die Eigenfrequenz

$$\omega = \sqrt{\frac{k}{m}} = \frac{4.472}{l^2} \sqrt{\frac{EI}{\rho A}} \qquad (+\,27.2\,\%)$$

Wer über dieses Resultat enttäuscht ist, sollte nicht vergessen, daß eben ein Freiheitsgrad als Repräsentant für unendlich viele Bewegungsmöglichkeiten etwas wenig ist.
Wenn wir eine einfache Ballung durchführen, verteilen wir die Hälfte der Balkenmasse in den Kragpunkt $x = l$, die andere Hälfte in das Auflager. Es wird also

$$m = \frac{1}{2} \rho A l$$

und die Steifigkeit für eine Einzellast am freien Ende ist

$$k = 3\frac{EI}{l^3}$$

Daraus folgt

$$\omega = \frac{\sqrt{6}}{l^2} \sqrt{\frac{EI}{\rho A}} = \frac{2.4495}{l^2} \sqrt{\frac{EI}{\rho A}} \qquad (-\,30.3\,\%)$$

Wir sehen, daß dieses Resultat noch schlechter ist. Es verletzt offensichtlich auch die Schrankenregel, die beim Rayleigh-Ritz-Verfahren eingehalten wird.

Zum Abschluß versuchen wir noch den Ansatz

$$v = \left[\left(\frac{x}{l}\right)^2 - \frac{1}{3}\left(\frac{x}{l}\right)^3\right]r$$

der insofern realistischer ist, als er auch die Bedingung $M = 0$ am freien Ende erfüllt. Wir erhalten dann

$$\epsilon_{xx} = \left[-\frac{2}{l^2} + \frac{2}{l^2}\left(\frac{x}{l}\right)\right]yr$$

und damit die Steifigkeit

$$k = \int_V \left(-\frac{2}{l^2} + \frac{2}{l^2}\frac{x}{l}\right)E\left(-\frac{2}{l^2} + \frac{2}{l^2}\frac{x}{l}\right)\mathrm{d}V$$

$$= 4\frac{E}{l^4}\int_0^l \left(1 - \frac{x}{l}\right)^2\left(\int_A y^2\mathrm{d}A\right)\mathrm{d}x$$

$$= \frac{4}{3}\frac{EI}{l^3}$$

Ferner ergibt sich für die Masse

$$m = \int_V \rho\left[\left(\frac{x}{l}\right)^2 - \frac{1}{3}\left(\frac{x}{l}\right)^3\right]^2\mathrm{d}V$$

$$= \rho A l\int_0^1 (\xi^2 - \tfrac{1}{3}\xi^3)^2\mathrm{d}\xi$$

$$= \frac{11}{105}\rho A l$$

Die Eigenfrequenz wird also

$$\omega = \sqrt{\frac{4}{3}\frac{105}{11}}\sqrt{\frac{EI}{\rho A l^4}} = \frac{3.5675}{l^2}\sqrt{\frac{EI}{\rho A}} \qquad (+\,1.5\,\%)$$

Mit diesem Ergebnis können wir nun wohl zufrieden sein; es hält die Schrankenregel immer noch ein.

Wir haben uns in diesem und den folgenden Kapiteln auf positive ζ-Werte (die eine Dämpfung des dynamischen Vorgangs implizieren) beschränkt. Nun kann es aber vorkommen, daß ein schwingendes System einem umgebenden Medium (wie Luft) Energie entziehen kann, die nicht nur die innere und äußere Dämpfung überwindet, sondern auch die Schwingung kritisch oder sogar überkritisch anfacht. Dies kann wiederum durch ein negatives Dämpfungsverhältnis ζ ausgedrückt werden. Ein derartiges Verhalten ist charakteristisch für den Luftfahrtbereich bei aeroelastischen Schwingungen eines Flügels. Der Leser wird einen ersten Einblick in diese Phänomene in den Kapiteln 24 bis 26 gewinnen können.

Literatur zu Kapitel 14

Die Literatur zu diesem elementaren Themenkreis ist sehr umfangreich, Darstellungen des 1-Massen-Schwingers sind – mehr oder weniger ausführlich – in allen Lehrbüchern der Technischen Mechanik und der Physik zu finden. Eine bescheidene Auswahl einiger leicht zugänglicher Monographien soll den Leser zu ergänzenden Studien anregen.

[14.1] *K. Magnus;* Schwingungen (Teubner, Stuttgart, 3. Aufl. 1976).
[14.2] *K. Klotter;* Technische Schwingungslehre, Band 1 (Springer, Berlin, 1980).
[14.3] *P. C. Müller, W. O. Schiehlen;* Lineare Schwingungen (Akademische Verlagsgesellschaft, Wiesbaden, 1976).
[14.4] *S. Timoshenko;* Vibration problems in engineering (van Nostrand, Princeton, 1955).
[14.5] *J. P. den Hartog;* Mechanical vibrations (McGraw-Hill, New York, 1956).
[14.6] *R. W. Clough, J. Penzien;* Dynamics of structures (McGraw-Hill, New York, 1975).
[14.7] *W. C. Hurty, M. F. Rubinstein;* Dynamics of structures (Prentice-Hall, Englewood Cliffs., 1964).

15 Grundgleichungen und Arbeitsprinzipien in der Dynamik

Das Ziel dieses Kapitels ist die Aufstellung der allgemeinen Bewegungsgleichungen in einem beliebig bewegten Bezugssystem. Dazu wird, vom Newtonschen Bewegungsgesetz ausgehend, das Prinzip der virtuellen Verschiebungen auf die Dynamik erweitert und daraus durch Halbdiskretisierung im Raum für kontinuierliche Tragwerke ein System gewöhnlicher Differentialgleichungen gewonnen, das die allgemeine Bewegung der Struktur in Zeit und Raum beschreibt. Konservative Lasten und Approximationen der allgemeinen Dämpfung führen auf verschiedene Vereinfachungen, die unter gewissen Voraussetzungen die Lösung der Bewegungsgleichungen erleichtern.

15.1 Eine kurze Erinnerung an die Dynamik des Massenpunktes

Schon in der Statik haben wir Punkte eines Tragwerks betrachtet und beispielsweise mit dem Ortsvektor $\boldsymbol{x}$ (2.2.1) die Lage und mit dem Verschiebungsvektor $\boldsymbol{u}(\boldsymbol{x})$ (2.2.2) die Auslenkung eines Tragwerkspunktes P beschrieben. Die Auslenkung erfolgt aber in der Statik beliebig langsam. Wie bereits das einführende Kapitel 14 demonstriert, geht die Dynamik von einer endlichen Auslenkungsgeschwindigkeit aus, und die Auslenkungen $\boldsymbol{u}(\boldsymbol{x}, t)$ sind nicht nur eine Funktion des Ortes $\boldsymbol{x}$, sondern auch der Zeit t. Die Erfassung dieser neuen Dimension kann in bequemster Weise mit den Mitteln der Punktdynamik begonnen werden, da wir uns im Grenzfall das Kontinuum als eine Anhäufung infinitesimaler Massenpunkte vorstellen können.

Wir gehen bei unserer Betrachtung davon aus, daß ein Basiskoordinatensystem existiert, in dem die Bewegung gemessen werden kann. Unabhängig davon soll auch ein Ereignis vorhanden sein, ab dem die Zeit gemessen wird. Die Newtonschen Ideen der Unabhängigkeit von Zeit und Raum und der Existenz einer absoluten Zeit und eines absoluten euklidischen Raumes sind eine durch viele Beobachtungen im technisch-praktischen Bereich begründete Annahme, die allerdings bereits zu Beginn dieses Jahrhunderts korrigiert werden mußte, um beispielsweise einige Phänomene der elektromagnetischen Theorie zu erklären. Für die Zwecke der Tragwerksdynamik wird sie aber in aller Regel ausreichen. Wir folgen den Newtonschen Ideen weiter und greifen mit seinem ersten Bewegungsgesetz die Frage nach der natürlichen Bewegung eines Massenpunktes auf. Unter allen möglichen Bezugssystemen gibt es demnach solche, in denen ein gleichförmig bewegter Massenpunkt ohne den Einfluß äußerer Kräfte seine Bewegung unverändert beibehält. Ein solches ausgezeichnetes Bezugssystem wird Inertialsystem genannt, und es geht auf Galilei zurück. Auch hier muß gesagt werden, daß es prinzipiell unmöglich ist, ein derartiges System aufzufinden, das die geschilderte Eigenschaft streng erfüllt. Für viele Probleme gibt es aber ein solches System wiederum mit sehr guter Näherung.

Nicht immer wird es zweckmäßig sein, in einem Inertialsystem zu arbeiten. Falls uns die Schwingung einer Turbinenschaufel, eines Hubschrauberblattes oder einer Windturbine interessiert, wird man ein mitrotierendes Bezugssystem vorziehen. Das gleiche trifft für bewegte Vorgänge in Flug- oder Raumfahrzeugen zu, bei denen ein mitgehendes Koordinatensystem sehr praktisch sein wird.

Wir unterscheiden deshalb in einer allgemeineren Betrachtungsweise das für die praktische Darstellung dynamischer Vorgänge verwendete Koordinatensystem $O(x, y, z)$, das mitgehend sein kann, von dem Absolut- oder Inertialsystem $O_A(x_A, y_A, z_A)$. Arbeiten wir *a priori* im Inertialsystem, dann fallen O und O_A zusammen. Ein beliebiger Vektor kann nun einmal mit seinen Komponenten in Richtung x, y, z beschrieben werden, zum anderen auch mit Komponenten in Richtung x_A, y_A, z_A. Um deutlich zu unterscheiden, was gemeint ist, schreiben wir im ersten Falle beispielsweise $\boldsymbol{a}$ (Bezug O, keine besondere Kennzeichnung), im zweiten Fall ${}_A\boldsymbol{a}$ (Bezug A, Kennzeichnung linker unterer Index A).

Ausgehend vom Inertialsystem O_A, sei die Lage des Ursprungs O des mitgehenden Systems zur Zeit $t = 0$ mit ${}_A\boldsymbol{x}_O$, zur Zeit t mit ${}_A(\boldsymbol{x} + \boldsymbol{u}(t))_O$ festgelegt (Abb. 25.1.1). Die momentane Lage der Achsen des mitgehenden Systems O mit Bezug auf O_A wird durch das Tripel der Einheitsvektoren ${}_A[\boldsymbol{e}_x \;\; \boldsymbol{e}_y \;\; \boldsymbol{e}_z]$ beschrieben. Mit Hilfe dieser drei Einheitsvektoren kann ein beliebiger Vektor $\boldsymbol{a}$ (Bezug O) in ${}_A\boldsymbol{a}$ (Bezug A) umgewandelt werden, und umgekehrt. Es sei

$$\boldsymbol{T} = {}_A[\boldsymbol{e}_x \;\; \boldsymbol{e}_y \;\; \boldsymbol{e}_z] \tag{15.1.1}$$

und damit gilt

$${}_A\boldsymbol{a} = \boldsymbol{T}\boldsymbol{a} \tag{15.1.2}$$

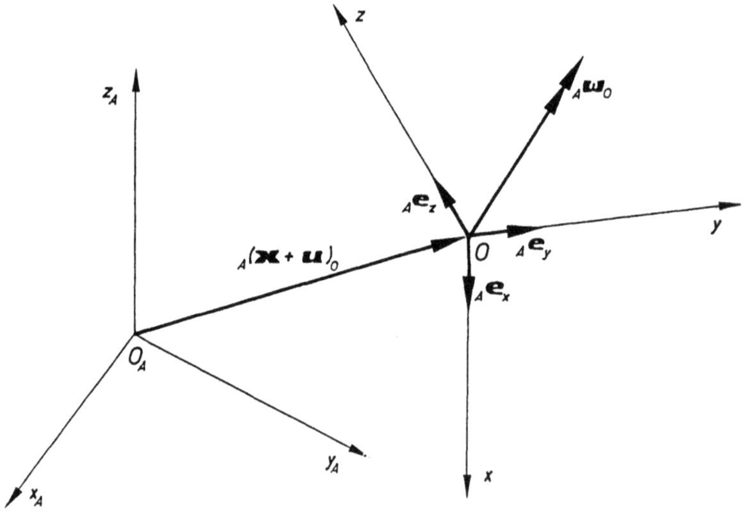

Abb. 15.1.1 Lage des mitgehenden Systems $O(x, y, z)$ im Inertialsystem $O_A(x_A, y_A, z_A)$

oder auch

$$\boldsymbol{a} = \boldsymbol{T}^{\mathrm{t}}({}_A\boldsymbol{a}) \tag{15.1.3}$$

da selbstverständlich

$$\boldsymbol{T}^{\mathrm{t}}\boldsymbol{T} = \boldsymbol{I} \tag{15.1.4}$$

durch die Orthogonalität der Einheitsvektoren gewährleistet ist. Das mitgehende System soll sich ferner um eine momentane Achse ${}_A\boldsymbol{e}_\omega$ mit der Winkelgeschwindigkeit ω_O drehen

$${}_A\boldsymbol{\omega}_O = \omega_O({}_A\boldsymbol{e}_\omega) \tag{15.1.5}$$

wobei ${}_A\boldsymbol{e}_\omega$ ein Einheitsvektor in Richtung der Drehachse ist (Rechtsschraube positiv). Ein Punkt P im mitgehenden System (Bezug O!) hat die Position

$$\boldsymbol{x} + \boldsymbol{u} = \{(x+u) \quad (y+v) \quad (z+w)\} \tag{15.1.6}$$

und ein Beobachter in O registriert die Relativgeschwindigkeit

$$\frac{\partial \boldsymbol{u}}{\partial t} = \dot{\boldsymbol{u}} = \{\dot{u} \quad \dot{v} \quad \dot{w}\} \tag{15.1.7}$$

sowie die Relativbeschleunigung

$$\frac{\partial^2 \boldsymbol{u}}{\partial t^2} = \ddot{\boldsymbol{u}} = \{\ddot{u} \quad \ddot{v} \quad \ddot{w}\} \tag{15.1.8}$$

für diesen Punkt P.

Ein Beobachter im Absolut- oder Inertialsystem ordnet zum gleichen Zeitpunkt dem Punkt P die Koordinaten

$${}_A[\boldsymbol{x}+\boldsymbol{u}]_P = {}_A[\boldsymbol{x}+\boldsymbol{u}]_O + {}_A[\boldsymbol{x}+\boldsymbol{u}] = {}_A[\boldsymbol{x}+\boldsymbol{u}]_O + \boldsymbol{T}[\boldsymbol{x}+\boldsymbol{u}] \tag{15.1.9}$$

zu (Abb. 15.1.2). Die zeitliche Änderung dieser Lage ergibt sich wieder durch Differenzieren nach der Zeit t. Hierbei ist zu berücksichtigen, daß auch die Einheitsvektoren $\boldsymbol{e}_x$, $\boldsymbol{e}_y$ und $\boldsymbol{e}_z$ in $\boldsymbol{T}$ von der Zeit abhängen

$${}_A\dot{\boldsymbol{u}}_P = {}_A\dot{\boldsymbol{u}}_O + \dot{u}_A\boldsymbol{e}_x + \dot{v}_A\boldsymbol{e}_y + \dot{w}_A\boldsymbol{e}_z + (x+u)_A\dot{\boldsymbol{e}}_x + (y+v)_A\dot{\boldsymbol{e}}_y + (z+w)_A\dot{\boldsymbol{e}}_z \tag{15.1.10}$$

Die zeitliche Änderung der Einheitsvektoren ${}_A\boldsymbol{e}_i$ $(i = x, y, z)$ läßt sich einfach ermitteln (Abb. 15.1.3). Wir sehen, daß $\dot{\boldsymbol{e}}_i$ einerseits senkrecht auf der durch ${}_A\boldsymbol{\omega}_O$ und $\boldsymbol{e}_i$ aufgespannten Ebene stehen muß, d.h. ${}_A\boldsymbol{e}_i$ muß also in Richtung des Vektorproduktes ${}_A\boldsymbol{\omega}_O \times {}_A\boldsymbol{e}_i$ zeigen.

Andererseits ergibt sich der Betrag von ${}_A\dot{\boldsymbol{e}}_i$ sofort aus dem pro dt anfallenden Zuwachs auf der Kreisbahn

$$|{}_A\dot{\boldsymbol{e}}_i| = \omega_O r_i \tag{15.1.11}$$

wobei das Maß r_i sich als

$$r_i = |\boldsymbol{e}_i| \sin\alpha_i = \sin\alpha_i \tag{15.1.12}$$

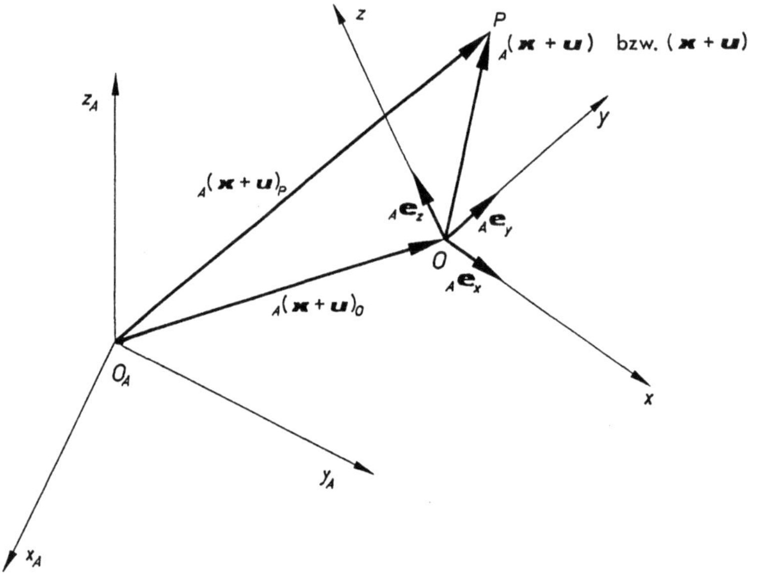

Abb. 15.1.2 Lage eines Punktes *P*, vom Absolutsystem O_A aus betrachtet

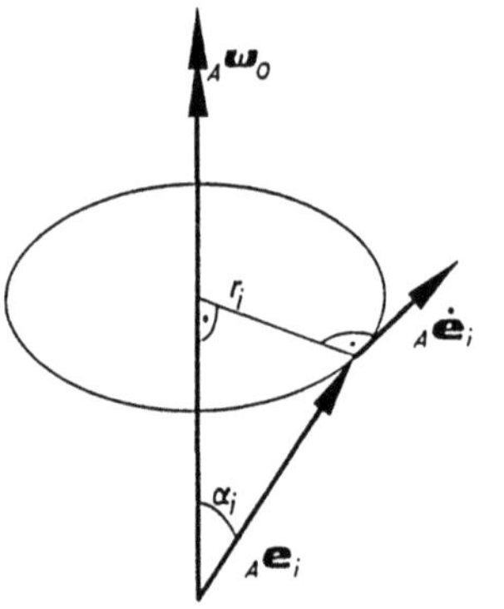

Abb. 15.1.3
Zur zeitlichen Änderung des Einheitsvektors $_Ae_i$ bei einem rotierenden System *O*

schreiben läßt und α_i der Winkel zwischen $_Ae_i$ und $_A\omega_O$ ist. Daraus folgt mit der bekannten Definition des Vektorproduktes

$$_A\dot{e}_i = {_A\omega_O} \times {_Ae_i}\,, \qquad i = x, y, z \tag{15.1.13}$$

Für die zeitliche Ableitung der in (15.1.1) definierten Matrix T kann damit formal

$$\dot{T} = {_A\omega_O} \times T \tag{15.1.13a}$$

geschrieben werden, wenn unter dem Kreuzprodukt (Vektor)×(Matrix) die Produkte (Vektor)×(Spaltenvektoren der Matrix) verstanden werden, wiederum zusammengefaßt in einer Matrix.

Somit läßt sich an Stelle von (15.1.10) auch

$$\begin{aligned} {}_A\dot{u}_P &= {}_A\dot{u}_O + T\dot{u} + \dot{T}[x+u] \\ &= {}_A\dot{u}_O + T\dot{u} + {}_A\omega_O \times \left[T[x+u]\right] \\ &= {}_A\dot{u}_O + {}_A[e_x \quad e_y \quad e_z]\dot{u} + {}_A\omega_O \times \left[{}_A[e_x \quad e_y \quad e_z][x+u]\right] \end{aligned} \tag{15.1.14}$$

angeben.

Stellt man den Bezug auf das mitgehende System O um, d.h. beschreibt man die Vektoren mit Komponenten in Richtung $x, y, z,$ dann erhalten wir noch einfacher

$$\dot{u}_P = \dot{u} + \dot{u}_O + \omega_O \times [x+u] \tag{15.1.15}$$

wobei sowohl ${}_A\dot{u}_O$ als auch ${}_A\omega_O$ nach (15.1.3) in Komponenten von O umgerechnet wurden.

In (15.1.15) ist $\dot{u}$ die bereits in (15.1.7) eingeführte Relativgeschwindigkeit, und

$$\dot{u}_O + \omega_O \times [x+u]$$

wird als Führungsgeschwindigkeit bezeichnet. Absolutgeschwindigkeit ist also Relativgeschwindigkeit plus Führungsgeschwindigkeit.

Zur Berechnung der Absolutbeschleunigung differenzieren wir (15.1.14) nochmals nach der Zeit

$${}_A\ddot{u}_P = {}_A\ddot{u}_O + \dot{T}\dot{u} + T\ddot{u} + {}_A\dot{\omega}_O \times (T[x+u]) + {}_A\omega_O \times (\dot{T}[x+u]) + {}_A\omega_O \times (T\dot{u})$$

oder, unter Verwendung von (15.1.13a),

$${}_A\ddot{u}_P = T\ddot{u} + {}_A\ddot{u}_O + {}_A\dot{\omega}_O \times (T[x+u]) + {}_A\omega_O \times \left({}_A\omega_O \times (T[x+u])\right) + 2\,{}_A\omega_O \times (T\dot{u}) \tag{15.1.16}$$

Wieder liefert uns die Umstellung des Bezugs auf das mitgehende System, die durch eine einfache Vormultiplikation mit T^t zu erreichen ist, das optisch viel einfachere Resultat

$$\ddot{u}_P = \ddot{u} + \ddot{u}_O + \dot{\omega}_O \times [x+u] + \omega_O \times \left[\omega_O \times [x+u]\right] + 2\omega_O \times \dot{u} \tag{15.1.17}$$

Hierin ist $\ddot{u}$ die schon bekannte Relativbeschleunigung, und

$$\ddot{u}_O + \dot{\omega}_O \times [x+u] + \omega_O \times \left[\omega_O \times [x+u]\right]$$

wird als Führungsbeschleunigung bezeichnet; schließlich ist

$$2\omega_O \times \dot{u}$$

die sogenannte Coriolis-Beschleunigung. Die Absolutbeschleunigung ist also gleich der Summe aus Relativbeschleunigung, Führungsbeschleunigung und Coriolisbeschleunigung.

Wir gehen damit von der Kinematik der Bewegung zur Dynamik im engeren Sinne über, bei der auch die Kräfte in Betracht gezogen werden. Wir hatten bereits das 1. Newtonsche Bewegungsgesetz erwähnt, demzufolge ein gleichförmig bewegter Massenpunkt im Inertialsystem ohne den Einfluß äußerer Kräfte seine Bewegung unverändert beibehält. Wir wenden uns nun dem 2. Newtonschen Bewegungsgesetz zu, das eine Aussage darüber liefert, welche Veränderung bei der Einwirkung von Kräften eintritt. Die bekannte Kurz-

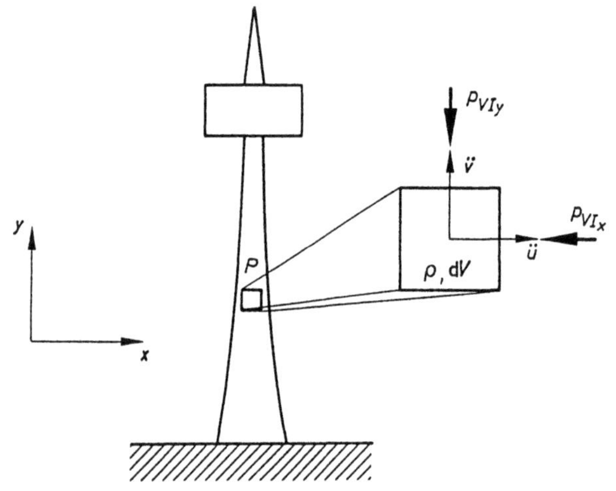

Abb. 15.1.4
Trägheitskräfte an einem Punkt P des Tragwerks

formel lautet: „Kraft ist gleich Masse mal Beschleunigung". Am Punkt P eines Tragwerks sei die infinitesimale Masse

$$dm = \rho dV \tag{15.1.18}$$

vorhanden (Abb. 15.1.4), wobei ρ die Massendichte und dV das zugeordnete infinitesimale Volumen darstellt. Die Kraft, die an diesem Volumen angreift, ist eine Volumenkraft, verknüpft mit Trägheitseffekten. Wir bezeichnen sie deshalb als $\boldsymbol{p}_{VI} dV$ (I = inertia). Sie weist die Komponenten p_{VIx}, p_{VIy}, p_{VIz} in den Achsenrichtungen auf

$$\boldsymbol{p}_{VI} = \{p_x \quad p_y \quad p_z\}_{VI} \tag{15.1.19}$$

Wir arbeiten zunächst in einem Inertialsystem. Nach Newtons 2. Gesetz gilt dann

$$\boldsymbol{p}_{VI} dV = \rho dV \ddot{\boldsymbol{u}}$$

bzw.

$$\boldsymbol{p}_{VI} = \rho \ddot{\boldsymbol{u}} \tag{15.1.20}$$

In einem mitgehenden System haben wir lediglich an Stelle von $\ddot{\boldsymbol{u}}$ die Absolutbeschleunigung zu verwenden

$$\boldsymbol{p}_{VI} = \rho \ddot{\boldsymbol{u}}_P \tag{15.1.20a}$$

wobei $\ddot{\boldsymbol{u}}_P$ in (15.1.17) angegeben wurde.

15.2 Das Prinzip der virtuellen Verschiebungen (P.V.V.) in der Dynamik

Wir knüpfen bei unseren Betrachtungen an das Prinzip der virtuellen Verschiebungen (P.V.V.) in der Statik an (3.1.1)

$$\int_V \underline{\boldsymbol{\gamma}}^{\mathrm{t}} \boldsymbol{\sigma} \, \mathrm{d}V = \int_V \underline{\boldsymbol{u}}^{\mathrm{t}} \boldsymbol{p}_V \, \mathrm{d}V + \int_{S_\sigma} \underline{\boldsymbol{u}}^{\mathrm{t}} \boldsymbol{p}_S \, \mathrm{d}S \tag{15.2.1}$$

$$\underline{\boldsymbol{u}} = \boldsymbol{o} \qquad \text{auf } S_u$$

Dieses Prinzip betrachtet einen Gleichgewichtszustand zwischen den äußeren Lasten $\boldsymbol{p}_V$ (Volumenkräfte) und $\boldsymbol{p}_S$ (Oberflächenkräfte auf der Teiloberfläche S_σ) und den inneren Spannungen $\boldsymbol{\sigma}$. Dieser Gleichgewichtszustand wird verknüpft mit einem beliebigen, virtuellen Verschiebungszustand $\underline{\boldsymbol{u}}$, der kinematisch verträglich ist. Die Dehnungen $\underline{\boldsymbol{\gamma}}$ werden also nach den bekannten Regeln der inneren kinematischen Verträglichkeit bestimmt

$$\underline{\boldsymbol{\gamma}} = \boldsymbol{D}^{\mathrm{t}} \underline{\boldsymbol{u}} \tag{15.2.2}$$

wobei der Matrixoperator $\boldsymbol{D}$ z.B. in (2.2.23) angegeben ist. Ferner weisen die Verschiebungen $\underline{\boldsymbol{u}}$ weder Risse noch Überlappungen auf und sind im Bereich vorgeschriebener Verschiebungen (Teiloberfläche S_u, Gesamtoberfläche $S = S_u + S_\sigma$) gleich Null

$$\underline{\boldsymbol{u}} = \boldsymbol{o}\,, \qquad \text{auf } S_u \tag{15.2.3}$$

Wir haben in Kapitel 3 auch darauf hingewiesen, daß das P.V.V. in der Form (15.2.1) leicht mit Hilfe des Gaußschen Integralsatzes auf die Form

$$\int_V \underline{\boldsymbol{u}}^{\mathrm{t}} [\boldsymbol{D}\boldsymbol{\sigma} + \boldsymbol{p}_V] \, \mathrm{d}V - \int_{S_\sigma} \underline{\boldsymbol{u}}^{\mathrm{t}} [\boldsymbol{D}_S \boldsymbol{\sigma} - \boldsymbol{p}_S] \, \mathrm{d}S = 0 \tag{15.2.4}$$

gebracht werden kann. Ist (15.2.4) für beliebige, virtuelle Verschiebungen $\underline{\boldsymbol{u}}$ erfüllt, dann muß auch

$$\boldsymbol{D}\boldsymbol{\sigma} + \boldsymbol{p}_V = \boldsymbol{o} \tag{15.2.5}$$

$$\boldsymbol{D}_S \boldsymbol{\sigma} - \boldsymbol{p}_S = \boldsymbol{o}\,, \qquad \text{auf } S_\sigma \tag{15.2.6}$$

gelten. Dies sind aber die bekannten Differentialgleichungen des inneren (2.3.9) und des äußeren Gleichgewichts (2.3.16). Somit ist das P.V.V. lediglich eine integrale Formulierung der Gleichgewichtsbedingungen in der Elastizitätstheorie, und zwar eine völlig exakte Alternative und keine Näherung.

In der Literatur werden bei der Formulierung der Bewegungsgleichungen in der Dynamik drei Methoden eingesetzt, von denen jede bei einer bestimmten Klasse von Problemen ihre Vorteile haben mag. Dies sind

- die direkte Formulierung des Gleichgewichts,
- der Einsatz des P.V.V.,
- die Verwendung des Hamiltonschen Prinzips.

Grundsätzlich kann jedes dynamische Problem mit jeder der drei Varianten erfaßt werden, und es ist letztendlich der Geschmack und das Training, die für die Auswahl maßgebend sind. Im Hinblick auf die spätere näherungsweise Berechnung komplexer Tragwerke sind jedoch skalare Formulierungen, wie das P.V.V. und das Hamiltonsche Prinzip, von Vorteil. Dabei macht das P.V.V. direkten Gebrauch von den in dem System wirkenden Kräften und das Hamiltonsche Prinzip nicht. Der Effekt dieser Kräfte ist in der kinematischen und potentiellen Energie des Systems versteckt. Beide Methoden sind vollständig äquivalent und liefern identische Bewegungsgleichungen. Somit besteht auch kein Grund, unsere Präferenz länger zu verschweigen: wie schon in der einleitenden Diskussion ausgedrückt, bevorzugen wir das P.V.V. als die uns für den Problemkreis dieses Buches am einfachsten erscheinende Methodologie. Die Argumentation ist analog zur Statik: warum soll z.B. erst eine Funktion der potentiellen Energie aufgestellt werden, deren Differentiation nach Verschiebungen dann Kräfte liefert (*2.2.9), wenn die gleichen Kräfte auch direkt berechnet werden können? Wir wollen diesen Umweg vermeiden und die einfache Denkart weiterpflegen.

Nach diesem Exkurs wollen wir den Übergang von der Statik zur Dynamik vollziehen. Auch in der Dynamik muß das Tragwerk zu einem bestimmten Zeitpunkt t im Gleichgewicht sein. Es müssen allerdings alle in der Dynamik vorkommenden Kräfte berücksichtigt werden. Diese Erkenntnis verdanken wir D'Alembert. Welche Kräfte sind nun in der Dynamik zu berücksichtigen? Neben den gegebenen Volumenlasten $\boldsymbol{p}_V(t)$ sind dies die in (15.1.19) bzw. (15.1.20) bereits eingeführten Trägheitskräfte $\boldsymbol{p}_{VI}$. Ein Teil der äußeren Lasten muß diese Trägheitskräfte überwinden, wird also zur Beschleunigung verwendet. Wir wollen darüber hinaus davon ausgehen, daß im Innern des Tragwerks auch Reibungsvorgänge ablaufen, und deshalb explizit Reibungsvolumenlasten $\boldsymbol{p}_{VD}$ (D = Dämpfung) berücksichtigen. Ein weiterer Teil der äußeren Last muß also dazu verwendet werden, die Reibung zu überwinden. Zusammenfassend gilt so für die Volumenlasten

$$\boldsymbol{p}_V \rightarrow \boldsymbol{p}_V(t) - \boldsymbol{p}_{VI}(t) - \boldsymbol{p}_{VD}(t) \tag{15.2.7}$$

Neben Volumenkräften haben wir auch Oberflächenkräfte. Wir gehen davon aus, daß in der Dynamik neben gegebenen Oberflächenkräften $\boldsymbol{p}_S(t)$ auch noch Reibungskräfte an der Oberfläche $\boldsymbol{p}_{SD}(t)$ auftreten

$$\boldsymbol{p}_S \rightarrow \boldsymbol{p}_S(t) - \boldsymbol{p}_{SD}(t) \tag{15.2.8}$$

Das innere Gleichgewicht ist für den ebenen Fall in Abb. 15.2.1 dargestellt. Unter Berücksichtigung von (15.1.20) erhalten wir mit (15.2.7) und (15.2.8) das dynamische P.V.V.

$$\int_V \rho \underline{\boldsymbol{u}}^{\mathrm{t}} \ddot{\boldsymbol{u}}_A(t)\,\mathrm{d}V + \int_V \underline{\boldsymbol{u}}^{\mathrm{t}} \boldsymbol{p}_{VD}(t)\,\mathrm{d}V + \int_S \underline{\boldsymbol{u}}^{\mathrm{t}} \boldsymbol{p}_{SD}(t)\,\mathrm{d}S + \int_V \underline{\boldsymbol{\gamma}}^{\mathrm{t}} \boldsymbol{\sigma}(t)\,\mathrm{d}V$$

$$= \int_V \underline{\boldsymbol{u}}^{\mathrm{t}} \boldsymbol{p}_V(t)\,\mathrm{d}V + \int_S \underline{\boldsymbol{u}}^{\mathrm{t}} \boldsymbol{p}_S(t)\,\mathrm{d}S \tag{15.2.9}$$

Dieses Prinzip gilt in beliebig bewegten Bezugssystemen, da wir mit der Absolutbeschleunigung $\ddot{\boldsymbol{u}}_A(t)$ arbeiten. Die virtuelle Verschiebung $\underline{\boldsymbol{u}}$ (Dehnung $\underline{\boldsymbol{\gamma}}$) ist nicht von der Zeit

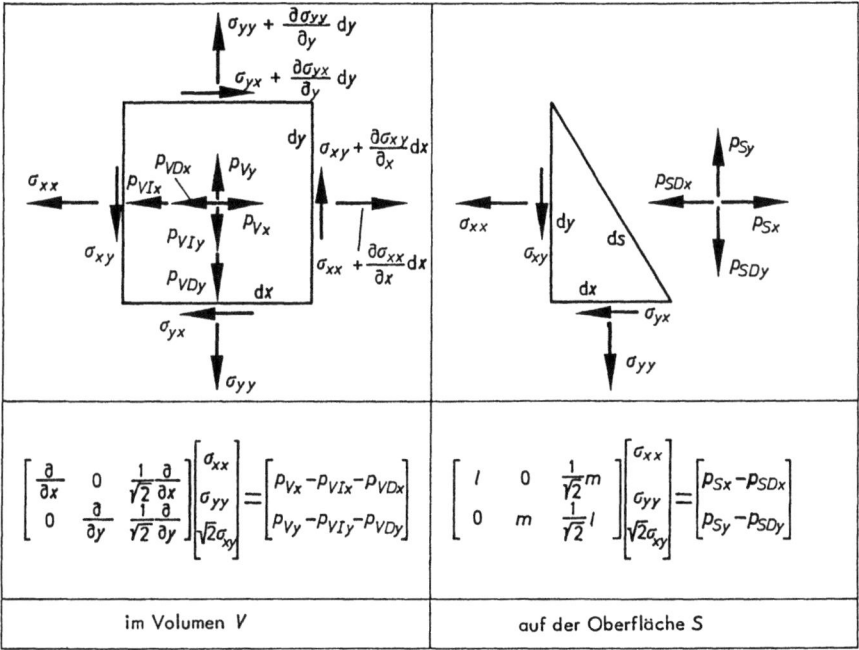

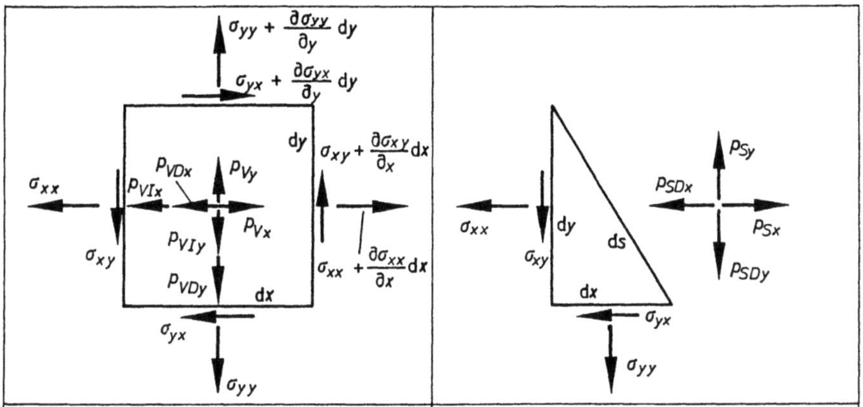

$$\begin{bmatrix} \frac{\partial}{\partial x} & 0 & \frac{1}{\sqrt{2}}\frac{\partial}{\partial y} \\ 0 & \frac{\partial}{\partial y} & \frac{1}{\sqrt{2}}\frac{\partial}{\partial x} \end{bmatrix} \begin{bmatrix} \sigma_{xx} \\ \sigma_{yy} \\ \sqrt{2}\sigma_{xy} \end{bmatrix} = \begin{bmatrix} p_{Vx} - p_{VIx} - p_{VDx} \\ p_{Vy} - p_{VIy} - p_{VDy} \end{bmatrix}$$

$$\begin{bmatrix} l & 0 & \frac{1}{\sqrt{2}}m \\ 0 & m & \frac{1}{\sqrt{2}}l \end{bmatrix} \begin{bmatrix} \sigma_{xx} \\ \sigma_{yy} \\ \sqrt{2}\sigma_{xy} \end{bmatrix} = \begin{bmatrix} p_{Sx} - p_{SDx} \\ p_{Sy} - p_{SDy} \end{bmatrix}$$

im Volumen V	auf der Oberfläche S

Abb. 15.2.1 Gleichgewicht in der Dynamik (für den ebenen Sonderfall)

abhängig. Wir prägen ja diesen Verschiebungszustand einem sozusagen „eingefrorenen" Gleichgewichtszustand zur Zeit t auf, was die gleiche Arbeitsweise wie in der Statik ist. Die Beziehung (15.2.9) ist die Grundlage für die Bewegungsgleichung in der Dynamik. Sie stellt keine Näherung dar, sondern ist im analytischen Sinne exakt.

15.3 Die Diskretisierung kontinuierlicher Tragwerke

Wie der Leser bereits feststellen konnte, ist es relativ leicht, das P.V.V. in die Dynamik zu übertragen. Dem entspricht auch, daß es relativ einfach ist, Differentialgleichungen aufzustellen, die die Bewegung beschreiben. Es ist aber keineswegs problemlos, bei allgemeinen Tragwerken das P.V.V. für beliebige virtuelle Verschiebungen $\underline{u}$ zu erfüllen, respektive die sich ergebenden Differentialgleichungen zu lösen. Nur in wenigen Fällen erreichen wir geschlossene Lösungen, und diese zeichnen sich fast ausschließlich durch einfache Geometrie, Steifigkeits- und Massenverteilung aus. So wünschenswert geschlossene Lösungen auch sind, da sie wertvolle Einblicke in das dynamische Verhalten liefern, so wenig aussichtsreich ist es, sich eine solche Lösung für ein Flugzeug oder Automobil zu erhoffen.

Die Schwierigkeiten bei der Erarbeitung geschlossener Lösungen sind allgemein durch die Problematik bedingt, partielle Differentialgleichungen zu lösen und Randbedingungen, insbesondere im zwei- oder dreidimensionalen Raum, zu befriedigen. Dieser Sachverhalt trifft auch in der Statik zu und ist hier durch die zusätzliche Variable Zeit verschärft. Der Zauberschlüssel der Statik lag in der Diskretisierung des Raumes. Eine einfache Möglichkeit dazu besteht in der Konzentration von Systemeigenschaften. Die andere allgemeinere und konsequentere Vorgehensweise, die wir extensiv genutzt haben, besteht in der Darstellung der Lösung mit Hilfe einer begrenzten Anzahl von Ansatzfunktionen. Diese Diskretisierung überführt den Satz partieller Differentialgleichungen der Statik in einen Satz von algebraischen Gleichungen, der mit Hilfe moderner Computer mühelos zu meistern ist.

Genau die gleiche Arbeitsweise wenden wir in der Dynamik an. Da hier die Dimension Zeit t zum Raum $\boldsymbol{x}$ hinzukommt, könnte man $\boldsymbol{u}(\boldsymbol{x}, t)$ einfach durch Ansatzfunktionen in Zeit und Raum approximieren [15.1], [15.2]. Nun ist uns der gewaltige Mehraufwand beim Übergang von einer zu zwei oder gar drei Dimensionen bekannt. Zudem setzt diese Technik voraus, daß die Zeitdimension finit ist. Man wird also nach Möglichkeiten suchen, die einfacher zum Ziel führen. Hier ist es weit verbreitet, zeitabhängige Probleme mit einer Halbdiskretisierung im Raum zu beschreiben, die Lösung also als Produkt zweier Funktionen, nämlich des Ortes allein ($\boldsymbol{\omega}_i(\boldsymbol{x})$) und der Zeit allein ($r_i(t)$), anzusetzen

$$\boldsymbol{u}(\boldsymbol{x}, t) = \sum_{i=1}^{n} \boldsymbol{\omega}_i(\boldsymbol{x}) r_i(t) = \underset{(3 \times n)(n \times 1)}{\boldsymbol{\omega}(\boldsymbol{x}) \boldsymbol{r}(t)} \tag{15.3.1}$$

Dieser Lösungsansatz geht auf Kantorovich [15.3] zurück und bildet die Basis der meisten FEM-Lösungen für zeitabhängige Probleme. Er hat für uns den enormen Vorteil, daß die gesamte in der Statik geleistete Arbeit praktisch unverändert in die Dynamik übernommen werden kann. Wir werden uns deshalb ausschließlich mit Problemen beschäftigen, bei denen der Ansatz (15.3.1) zulässig ist. Die Halbdiskretisierung im Raum überführt unsere partiellen Differentialgleichungen in Raum und Zeit in gewöhnliche Differentialgleichungen der Zeit allein. Besonders einfache Verhältnisse treten dann auf, wenn der Bereich V des Tragwerks nicht von der Zeit abhängt. In diesem Falle hängen auch die Koeffizienten der gewöhnlichen Differentialgleichungen nicht von der Zeit ab. Sind dann auch noch elastisches Verhalten und Dämpfung linear und die Masse konstant, so kommen wir auf einen Satz von gewöhnlichen linearen Differentialgleichungen mit konstanten Koeffizienten, der mit analytischen Standardmethoden wirtschaftlich behandelt werden kann. Ist dies nicht der Fall, so sind die gewöhnlichen Differentialgleichungen mit Zeitschrittverfahren zu lösen.

Die teilweise Diskretisierung eines Problems ist übrigens kein Neuland für uns. Sie wurde bereits in der Statik bei rotationssymmetrischen Tragwerken unter periodischen oder allgemeinen Lasten erfolgreich angewendet, wobei in der r,z-Ebene diskretisiert und über den Umfang analytisch mit Fourierreihen gearbeitet wird.

Für den Ansatz (15.3.1) erfüllen wir die Rand- und Anfangsbedingungen des Problems nicht *a priori,* sondern erst nach der Formulierung des Problems. Wir gehen aber davon aus, daß der Ansatz die kinematischen Randbedingungen

$$\boldsymbol{u}(\boldsymbol{x}, t) = \boldsymbol{\omega}(\boldsymbol{x}) \boldsymbol{r}(t) = \boldsymbol{u}_p(\boldsymbol{x}, t) \,, \qquad \text{auf } S_u \tag{15.3.2}$$

durch Wahl einiger Funktionen $r_i(t)$ erfüllen kann und daß er auch in der Lage ist, die Anfangsbedingungen, wie z.B.

$$\boldsymbol{u}(\boldsymbol{x},0)=\boldsymbol{\omega}(\boldsymbol{x})\boldsymbol{r}(0)=\boldsymbol{u}_0(\boldsymbol{x}) \tag{15.3.3}$$

$$\dot{\boldsymbol{u}}(\boldsymbol{x},0)=\boldsymbol{\omega}(\boldsymbol{x})\dot{\boldsymbol{r}}(0)=\dot{\boldsymbol{u}}_0(\boldsymbol{x}) \tag{15.3.4}$$

zu befriedigen.

Mit dieser Arbeitstechnik klammern wir analog zur Statik das nicht gerade einfache Problem aus, kinematisch zulässige Ansatzfunktionen zu finden. Mit dem Ansatz (15.3.2) kann das P.V.V. in der Dynamik (15.2.9) im allgemeinen nicht exakt erfüllt sein. Dies wäre ja nur für die wahre Lösung der Fall. „Exakt erfüllt" heißt aber, daß (15.2.9) für beliebige virtuelle Verschiebungen $\underline{\boldsymbol{u}}$ stets befriedigt wird. Dies bedeutet also nicht, daß man mit dem Ansatz (15.3.1) das P.V.V. nicht doch für einige virtuelle Ansatzfunktionen erfüllen könnte. Es bietet sich an, dafür die bereits aufgestellten $\boldsymbol{\omega}_i(\boldsymbol{x})$ zu verwenden. Dann haben wir nämlich für die n unbekannten Zeitfunktionen des Ansatzes (15.3.1) auch n Bedingungen zu ihrer Festlegung. Zugleich muß man sich im klaren darüber sein, daß wir die Gleichgewichtsbedingungen exakt, d.h. punktweise, nicht befriedigen, da ja das P.V.V. nur für n spezifische virtuelle Verschiebungen erfüllt ist und andererseits eine Näherung das Gleichgewicht exakt gar nicht erfüllen kann. Wir haben aber wenigstens das Gleichgewicht im integralen Mittel erfüllt. Steigert man die Zahl der Ansatzglieder n, so steigert man zugleich auch die Zahl der virtuellen Ansätze und die Anpassungsfähigkeit und erfüllt somit im Limit das Gleichgewicht exakt. Wir notieren nun die n-malige Anwendung des P.V.V. (15.2.9) simultan für alle n virtuellen Verschiebungssätze $\boldsymbol{\omega}_i(\boldsymbol{x})$ und erhalten so

$$\int_V \rho\boldsymbol{\omega}^t\ddot{\boldsymbol{u}}_A(t)\,\mathrm{d}V+\int_V \boldsymbol{\omega}^t\boldsymbol{p}_{VD}(t)\,\mathrm{d}V+\int_S \boldsymbol{\omega}^t\boldsymbol{p}_{SD}(t)\,\mathrm{d}S+\int_V \boldsymbol{\alpha}^t\boldsymbol{\sigma}(t)\,\mathrm{d}V$$
$$=\int_V \boldsymbol{\omega}^t\boldsymbol{p}_V(t)\,\mathrm{d}V+\int_S \boldsymbol{\omega}^t\boldsymbol{p}_S(t)\,\mathrm{d}S \tag{15.3.5}$$

wobei (siehe auch (5.1.18), Band I)

$$\boldsymbol{\alpha}=\boldsymbol{D}^t\boldsymbol{\omega} \tag{15.3.6}$$

als Dehnungsansatz bereits in der Statik eingeführt wurde. Das System (15.3.5) ist noch eine sehr allgemeine Aussage über das diskrete Kräftegleichgewicht in der Dynamik, das auch Nichtlinearitäten einschließt, ja selbst eine zeitabhängige Berandung (dann ist V der zur Zeit t gerade aktuelle Bereich). Es sind

$$\boldsymbol{R}_I(t)=\int_V \rho\boldsymbol{\omega}^t\ddot{\boldsymbol{u}}_A(t)\,\mathrm{d}V \tag{15.3.7}$$

die Trägheitskräfte in einem beliebigen System,

$$\boldsymbol{R}_D(t)=\int_V \boldsymbol{\omega}^t\boldsymbol{p}_{VD}(t)\,\mathrm{d}V+\int_S \boldsymbol{\omega}^t\boldsymbol{p}_{SD}(t)\,\mathrm{d}S \tag{15.3.8}$$

die Dämpfungskräfte, wobei wir noch nichts über den Dämpfungstyp ausgesagt haben,

$$R_e(t) = \int_V \boldsymbol{\alpha}^{\mathrm{t}} \boldsymbol{\sigma}(t)\,\mathrm{d}V \tag{15.3.9}$$

sind die elastischen Kräfte, die bereits aus der Statik wohlbekannt sind, und

$$\boldsymbol{R}(t) = \int_V \boldsymbol{\omega}^{\mathrm{t}} \boldsymbol{p}_V(t)\,\mathrm{d}V + \int_S \boldsymbol{\omega}^{\mathrm{t}} \boldsymbol{p}_S(t)\,\mathrm{d}S \tag{15.3.10}$$

sind die äußeren Kräfte, die wir ebenfalls aus der Statik kennen. Das diskrete Kräftegleichgewicht läßt sich also für die Dynamik ganz allgemein und zugleich einfach mit

$$\boldsymbol{R}_I(t) + \boldsymbol{R}_D(t) + \boldsymbol{R}_e(t) = \boldsymbol{R}(t) \tag{15.3.11}$$

angeben und entspricht damit der elementaren Kraftbeziehung am Ein-Freiheitsgrad-System. Ferner zeigt (15.3.11) in Verbindung mit (15.3.9) die Formulierung des Einheitsverschiebungsgesetzes in der Dynamik. Es gilt – wie in der Statik – auch für nichtlineares Verhalten und bildet die Grundlage der Bewegungsgleichungen.

Wir wollen nun der Reihe nach die einzelnen Kraftgruppen weiter untersuchen. Befinden wir uns in einem Inertialsystem, dann ist

$$\ddot{\boldsymbol{u}}_P = \ddot{\boldsymbol{u}} = \boldsymbol{\omega}\ddot{\boldsymbol{r}} \tag{15.3.12}$$

und wir erhalten sofort aus (15.3.7)

$$\boldsymbol{R}_I(t) = \left(\int_V \rho\, \boldsymbol{\omega}^{\mathrm{t}} \boldsymbol{\omega}\,\mathrm{d}V\right)\ddot{\boldsymbol{r}} = \underset{(\mathrm{n}\times\mathrm{n})(\mathrm{n}\times 1)}{\boldsymbol{M}\ddot{\boldsymbol{r}}} \tag{15.3.13}$$

Darin ist $\boldsymbol{M}$ die symmetrische Massenmatrix des Tragwerks, die wir später noch ausführlich diskutieren. Nun gehen wir auf ein allgemein bewegtes Bezugssystem über und schreiben zunächst (15.1.17) mit dem Lösungsansatz (15.3.1) erneut an

$$\begin{aligned}\ddot{\boldsymbol{u}}_P = \ddot{\boldsymbol{u}}_O + \dot{\boldsymbol{\omega}}_O \times \boldsymbol{x} + \boldsymbol{\omega}_O \times (\boldsymbol{\omega}_O \times \boldsymbol{x}) + \left[(\dot{\boldsymbol{\omega}}_O \times \boldsymbol{\omega}) + \boldsymbol{\omega}_O \times (\boldsymbol{\omega}_O \times \boldsymbol{\omega})\right]\boldsymbol{r} + \\ + [2\boldsymbol{\omega}_O \times \boldsymbol{\omega}]\dot{\boldsymbol{r}} + \boldsymbol{\omega}\ddot{\boldsymbol{r}}\end{aligned} \tag{15.3.14}$$

Man verwechsle hier nicht $\boldsymbol{\omega}_O$ als momentanen Winkelgeschwindigkeitsvektor des Bezugssystems O mit der Ansatzfunktion $\boldsymbol{\omega}(\boldsymbol{x})$ im Tragwerk. Wir stellen fest, daß die Absolutbeschleunigung Ableitungen des Amplitudenvektors nach der Zeit bis zur zweiten Ordnung enthält. Dementsprechend ergeben sich die Trägheitskräfte aus (15.3.7) hier zu

$$\begin{aligned}\boldsymbol{R}_I(t) &= \int_V \rho\, \boldsymbol{\omega}^{\mathrm{t}}\left[\ddot{\boldsymbol{u}}_O + \dot{\boldsymbol{\omega}}_O \times \boldsymbol{x} + \boldsymbol{\omega}_O \times (\boldsymbol{\omega}_O \times \boldsymbol{x})\right]\mathrm{d}V \\ &\quad + \int_V \rho\, \boldsymbol{\omega}^{\mathrm{t}}\left[\dot{\boldsymbol{\omega}}_O \times \boldsymbol{\omega} + \boldsymbol{\omega}_O \times (\boldsymbol{\omega}_O \times \boldsymbol{\omega})\right]\mathrm{d}V\boldsymbol{r} + \int_V 2\rho\, \boldsymbol{\omega}^{\mathrm{t}}(\boldsymbol{\omega}_O \times \boldsymbol{\omega})\,\mathrm{d}V\dot{\boldsymbol{r}} + \int_V \rho\, \boldsymbol{\omega}^{\mathrm{t}}\boldsymbol{\omega}\,\mathrm{d}V\ddot{\boldsymbol{r}} \\ &= \boldsymbol{R}_{IO}(t) + [\boldsymbol{H} + \boldsymbol{Z}]\boldsymbol{r} + \boldsymbol{G}\dot{\boldsymbol{r}} + \boldsymbol{M}\ddot{\boldsymbol{r}}\end{aligned} \tag{15.3.15}$$

Hierin ist $\boldsymbol{R}_{IO}(t)$ ein Kraftvektor, der aus einer Bewegung des Systems O resultiert

$$\boldsymbol{R}_{IO}(t) = \int_V \rho \boldsymbol{\omega}^{\mathrm{t}} \left[\ddot{\boldsymbol{u}}_O + (\dot{\boldsymbol{\omega}}_O \times \boldsymbol{x}) + \boldsymbol{\omega}_O \times (\boldsymbol{\omega}_O \times \boldsymbol{x}) \right] \mathrm{d}V \tag{15.3.16}$$

Auch ohne eine direkte Kraftanregung $\boldsymbol{R}(t)$ im System O ist mit (15.3.16) eine Anregung aus der Bewegung des Systems allein vorhanden.

Die Matrix $[\boldsymbol{H}+\boldsymbol{Z}]$ ist – da zur Auslenkung $\boldsymbol{r}$ proportional – eine Pseudosteifigkeit, die mit der Drehung des Systems verknüpft ist. Ihr erster Teilbeitrag ist

$$\boldsymbol{H} = \int_V \rho \boldsymbol{\omega}^{\mathrm{t}} [\dot{\boldsymbol{\omega}}_O \times \boldsymbol{\omega}] \mathrm{d}V \tag{15.3.17}$$

Wir berechnen einen beliebigen Koeffizienten h_{ij} dieser Matrix

$$h_{\mathrm{ij}} = \int_V \rho \boldsymbol{\omega}_{\mathrm{i}}^{\mathrm{t}} [\dot{\boldsymbol{\omega}}_O \times \boldsymbol{\omega}_{\mathrm{j}}] \mathrm{d}V = \int_V - \rho \boldsymbol{\omega}_{\mathrm{j}}^{\mathrm{t}} [\dot{\boldsymbol{\omega}}_O \times \boldsymbol{\omega}_{\mathrm{i}}] \mathrm{d}V \tag{15.3.18}$$

dabei wird mit $\boldsymbol{\omega}_{\mathrm{i}}$ (bzw. $\boldsymbol{\omega}_{\mathrm{j}}$) die i-te (bzw. j-te) Spalte der Ansatzfunktionsmatrix $\boldsymbol{\omega}$ bezeichnet.

Eine Vertauschung der Indices i und j führt somit zu einem Wechsel des Vorzeichens, sonst aber zum gleichen Resultat. Somit ist die Matrix $\boldsymbol{H}$ schiefsymmetrisch. Sie existiert bei beschleunigt drehenden Systemen.

Die zweite Teilkomponente $\boldsymbol{Z}$ der Pseudosteifigkeit

$$\boldsymbol{Z} = \int_V \rho \boldsymbol{\omega}^{\mathrm{t}} \left[\boldsymbol{\omega}_O \times (\boldsymbol{\omega}_O \times \boldsymbol{\omega}) \right] \mathrm{d}V \tag{15.3.19}$$

existiert auch dann, wenn keine Drehbeschleunigung, sondern nur eine gleichförmige Drehung des Systems vorhanden ist. Wir berechnen wieder einen Koeffizienten z_{ij} dieser Matrix

$$z_{\mathrm{ij}} = \int_V \rho \boldsymbol{\omega}_{\mathrm{i}}^{\mathrm{t}} \left[\boldsymbol{\omega}_O \times (\boldsymbol{\omega}_O \times \boldsymbol{\omega}_{\mathrm{j}}) \right] \mathrm{d}V$$

$$= \int_V \rho \left[(\boldsymbol{\omega}_O^{\mathrm{t}} \boldsymbol{\omega}_{\mathrm{j}}) \boldsymbol{\omega}_{\mathrm{i}}^{\mathrm{t}} \boldsymbol{\omega}_O - (\boldsymbol{\omega}_O^{\mathrm{t}} \boldsymbol{\omega}_O) \boldsymbol{\omega}_{\mathrm{i}}^{\mathrm{t}} \boldsymbol{\omega}_{\mathrm{j}} \right] \mathrm{d}V \tag{15.3.20}$$

Eine Vertauschung der Indices i und j ändert das Resultat nicht. Folglich ist die Matrix $\boldsymbol{Z}$ symmetrisch.

Wir wenden uns damit der Matrix $\boldsymbol{G}$ zu

$$\boldsymbol{G} = \int_V 2 \rho \boldsymbol{\omega}^{\mathrm{t}} (\boldsymbol{\omega}_O \times \boldsymbol{\omega}) \mathrm{d}V \tag{15.3.21}$$

Die Matrix $\boldsymbol{G}$ ist offensichtlich allein mit den Corioliskräften verknüpft und entspricht – da geschwindigkeitsproportional – einer pseudoviskosen Dämpfung. Sie kann jedoch keinen Energieverzehr beinhalten, da ein entsprechender physikalischer Mechanismus fehlt. Dies kommt auch in ihrer Struktur zum Ausdruck

$$g_{ij} = \int_V 2\rho \boldsymbol{\omega}_i^t (\boldsymbol{\omega}_O \times \boldsymbol{\omega}_j) \mathrm{d}V$$

$$= \int_V -2\rho \boldsymbol{\omega}_j^t (\boldsymbol{\omega}_O \times \boldsymbol{\omega}_i) \mathrm{d}V \qquad (15.3.22)$$

Eine Vertauschung der Indices führt zu einem Wechsel des Vorzeichens. Die Matrix $\boldsymbol{G}$ ist also schiefsymmetrisch.

Die Massenmatrix $\boldsymbol{M}$ ist schließlich ein alter Bekannter, der bereits in (15.3.13) behandelt wurde.

Damit ist die umfangreiche Liste der Trägheitskräfte im bewegten System abgehandelt, und wir wenden uns den Dämpfungskräften (15.3.8) zu. Hier ist es unvermeidlich, etwas über die Natur der Dämpfungskräfte $\boldsymbol{p}_{VD}$ und $\boldsymbol{p}_{SD}$ zu sagen, um eine explizite Formulierung zu erhalten. Gerade das aber bereitet enorme Schwierigkeiten und ist immer noch Gegenstand intensiver Forschung. Dämpfung entsteht sowohl durch Reibung im Innern des Tragwerks, also im Material und an Verbindungsstellen, aber auch an der Oberfläche. Einige Dämpfungsmodelle haben wir bereits beim Ein-Freiheitsgrad-Schwinger kennengelernt. Die Dämpfungskräfte eines dynamisch bewegten Systems müssen aber keineswegs, wie dort postuliert, Funktionen der Geschwindigkeit oder der Auslenkung des bewegten Körpers sein. Für die meisten realen physikalischen Systeme ist es sehr schwierig, die entsprechenden Beziehungen zu konzipieren. Ihre Komplexität erschwert dann auch noch die Lösung der Bewegungsgleichungen. Vom Standpunkt der einfachen Lösbarkeit ist ein viskoses Dämpfungsmodell zu bevorzugen. Es ist deshalb üblich und vom praktischen Standpunkt aus gerechtfertigt, die realen Dämpfungskräfte durch viskose zu approximieren und sich somit auf das einfach zu handhabende viskose Dämpfungsmodell zu stützen. So soll es auch an dieser Stelle durchgeführt werden, auch wenn wir später noch einige alternative Möglichkeiten diskutieren werden.

Wir gehen davon aus, daß ein Volumen $\mathrm{d}V$ im Innern des Tragwerks, das die Geschwindigkeit $\dot{\boldsymbol{u}}$ hat, durch Reibungseffekte abgebremst wird. Die einfachste Annahme der Dämpfungskraft ist die der isotropen Reibungswirkung

$$\boldsymbol{p}_{VD} = \mu \dot{\boldsymbol{u}} \qquad (15.3.23)$$

Hier ist also der Dämpfungskraftvektor – unabhängig von der Richtung der Geschwindigkeit – stets gegen die Geschwindigkeit selbst gerichtet. Eine ähnlich einfache Annahme kann man auch für ein Stück der Oberfläche $\mathrm{d}S$ mit der Geschwindigkeit $\dot{\boldsymbol{u}}$ treffen

$$\boldsymbol{p}_{SD} = \mu_S \dot{\boldsymbol{u}} \qquad (15.3.24)$$

Auch gerichtete Dämpfungswirkungen zwischen zwei Punkten der Oberfläche oder der Oberfläche und einem Fixpunkt lassen sich in dieses Schema einbeziehen.

Aus (15.3.8), (15.3.23) und (15.3.24) ergibt sich sogleich mit dem Ansatz (15.3.1)

$$\boldsymbol{R}_D = \left(\int_V \mu \boldsymbol{\omega}^t \boldsymbol{\omega} \mathrm{d}V + \int_S \mu_S \boldsymbol{\omega}^t \boldsymbol{\omega} \mathrm{d}S \right) \dot{\boldsymbol{r}} = \underset{(n \times n)}{\boldsymbol{C}} \dot{\boldsymbol{r}} \qquad (15.3.25)$$

Offensichtlich ist die Dämpfungsmatrix $\boldsymbol{C}$ symmetrisch. Vom praktischen Standpunkt aus muß hinzugefügt werden, daß die Dämpfungsmatrix selten so aufgestellt wird, wie dies hier demonstriert worden ist. Meist werden pauschale Dämpfungseigenschaften direkt in die Berechnung eingebracht und, falls notwendig, aus ihnen die Matrix $\boldsymbol{C}$ rückerrechnet. Wir werden später im Rahmen des modalen Dämpfungsmodells hierauf zurückkommen. Dies ändert allerdings nichts an der Formel (15.3.25) und der Symmetrie von $\boldsymbol{C}$.

Damit wollen wir den unsicheren Boden der Dämpfungsmodelle verlassen und uns der schon aus der Statik bekannten elastischen Kraft $\boldsymbol{R}_e(t)$ zuwenden. Um die Spannungen aus (15.3.9) zu eliminieren, benötigen wir ein Materialgesetz. Das einfachste ist das lineare, und die darin vorkommenden Anfangsdehnungen dürften bei zeitabhängigen linearen Problemen nur selten eine Rolle spielen, so daß wir sie ignorieren können

$$\boldsymbol{\sigma}(t) = \boldsymbol{\kappa}\boldsymbol{\epsilon}(t) \tag{15.3.26}$$

$$\boldsymbol{\eta}(t) = \boldsymbol{o} \tag{15.3.27}$$

Die elastischen Dehnungen $\boldsymbol{\epsilon}(t)$ folgen aber aus dem Ansatz (15.3.1), siehe auch (15.3.6),

$$\begin{aligned} \boldsymbol{\epsilon}(t) &= \boldsymbol{D}^{\mathrm{t}}\boldsymbol{u}(\boldsymbol{x},t) = \left[\boldsymbol{D}^{\mathrm{t}}\boldsymbol{\omega}(\boldsymbol{x})\right]\boldsymbol{r}(t) \\ &= \boldsymbol{\alpha}(\boldsymbol{x})\boldsymbol{r}(t) \end{aligned} \tag{15.3.28}$$

Insgesamt erhalten wir also

$$\begin{aligned} \boldsymbol{R}_e(t) &= \left[\int_V \boldsymbol{\alpha}^{\mathrm{t}}\boldsymbol{\kappa}\boldsymbol{\alpha}\,\mathrm{d}V\right]\boldsymbol{r}(t) \\ &= \boldsymbol{K}\boldsymbol{r}(t) \end{aligned} \tag{15.3.29}$$

wie in der Statik auch. Natürlich ist die elastische Steifigkeitsmatrix $\boldsymbol{K}$ symmetrisch.

Wir kommen damit zur letzten Kraftgruppe, den in (15.3.10) dargestellten, zu verteilten Lasten $\boldsymbol{p}_V(t)$ und $\boldsymbol{p}_S(t)$ kinematisch äquivalenten Kräften $\boldsymbol{R}(t)$. Im einfachsten Falle sind diese Kräfte von konservativer Natur. Kräfte, die in Betrag und Richtung unabhängig von den Verschiebungen und deren zeitlichen Ableitungen sind, haben diesen Charakter. Wir können uns aber auch andere Krafttypen als Belastung vorstellen. Zum Beispiel wirkt ein zeitlich variabler Druck $p(t)$ stets normal zur Oberfläche des Tragwerks. Die sich aus ihm ergebende Last $\boldsymbol{p}_S(t)$ hängt also von der Lage der Oberfläche S und damit von den Verschiebungen $\boldsymbol{u}$ ab. Bei einem horizontal angeströmten Tragflügel bewirkt eine Abwärtsbewegung der Fläche eine effektive Aufwärtskomponente der Strömung bzw. eine Vergrößerung des Anstellwinkels. Hier werden also die Kräfte von der Geschwindigkeit des Tragwerks abhängen. In beiden genannten Fällen ergeben sich aus (15.3.10) Kraftkorrekturmatrizen: im ersten Falle eine Quasisteifigkeit, im zweiten eine Quasidämpfung. Diese Kraftkorrekturmatrizen müssen leider nicht unbedingt symmetrisch sein. Der Leser sei auf Kapitel 24 und 26, in denen eine gewisse Einsicht in diese interessante Problematik eröffnet wird, verwiesen. Wir wollen jedoch die Verhältnisse hier nicht noch weiter komplizieren und beschränken uns im folgenden auf konservative Lasten. In diesem Falle ist (15.3.10) einfach ein bekannter zeitabhängiger Vektor.

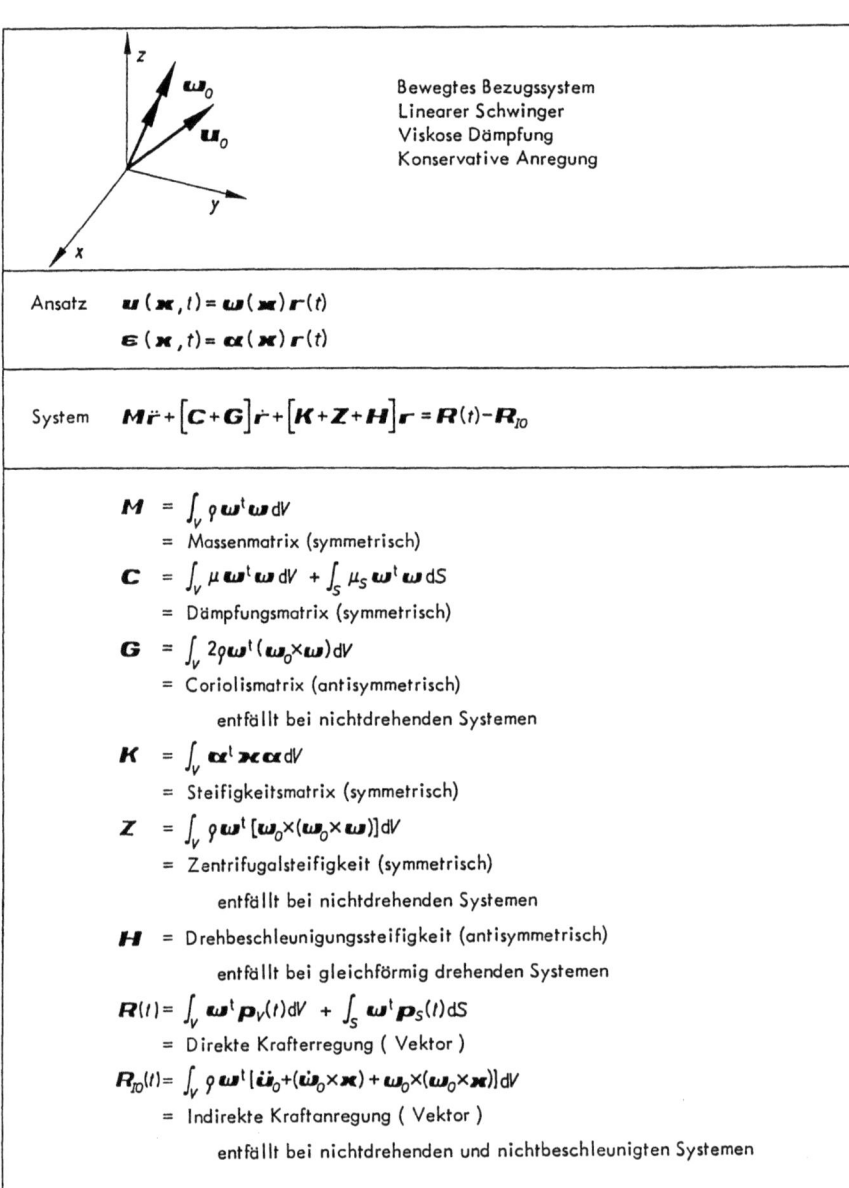

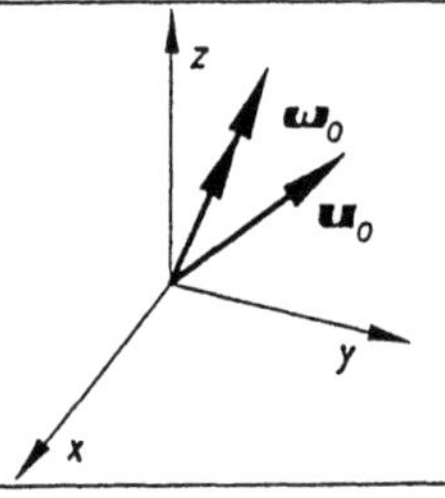

Bewegtes Bezugssystem
Linearer Schwinger
Viskose Dämpfung
Konservative Anregung

Ansatz $\boldsymbol{u}(\boldsymbol{x},t) = \boldsymbol{w}(\boldsymbol{x})\,\boldsymbol{r}(t)$

$\boldsymbol{\varepsilon}(\boldsymbol{x},t) = \boldsymbol{\alpha}(\boldsymbol{x})\,\boldsymbol{r}(t)$

System $\boldsymbol{M}\ddot{\boldsymbol{r}} + \left[\boldsymbol{C}+\boldsymbol{G}\right]\dot{\boldsymbol{r}} + \left[\boldsymbol{K}+\boldsymbol{Z}+\boldsymbol{H}\right]\boldsymbol{r} = \boldsymbol{R}(t) - \boldsymbol{R}_{I0}$

$\boldsymbol{M} = \int_V \rho\, \boldsymbol{w}^t \boldsymbol{w}\, dV$

= Massenmatrix (symmetrisch)

$\boldsymbol{C} = \int_V \mu\, \boldsymbol{w}^t \boldsymbol{w}\, dV + \int_S \mu_S\, \boldsymbol{w}^t \boldsymbol{w}\, dS$

= Dämpfungsmatrix (symmetrisch)

$\boldsymbol{G} = \int_V 2\rho\, \boldsymbol{w}^t (\boldsymbol{\omega}_0 \times \boldsymbol{w})\, dV$

= Coriolismatrix (antisymmetrisch)

entfällt bei nichtdrehenden Systemen

$\boldsymbol{K} = \int_V \boldsymbol{\alpha}^t \boldsymbol{\varkappa}\, \boldsymbol{\alpha}\, dV$

= Steifigkeitsmatrix (symmetrisch)

$\boldsymbol{Z} = \int_V \rho\, \boldsymbol{w}^t [\boldsymbol{\omega}_0 \times (\boldsymbol{\omega}_0 \times \boldsymbol{w})]\, dV$

= Zentrifugalsteifigkeit (symmetrisch)

entfällt bei nichtdrehenden Systemen

$\boldsymbol{H}$ = Drehbeschleunigungssteifigkeit (antisymmetrisch)

entfällt bei gleichförmig drehenden Systemen

$\boldsymbol{R}(t) = \int_V \boldsymbol{w}^t \boldsymbol{p}_V(t)\, dV + \int_S \boldsymbol{w}^t \boldsymbol{p}_S(t)\, dS$

= Direkte Krafterregung (Vektor)

$\boldsymbol{R}_{I0}(t) = \int_V \rho\, \boldsymbol{w}^t [\ddot{\boldsymbol{u}}_0 + (\dot{\boldsymbol{\omega}}_0 \times \boldsymbol{x}) + \boldsymbol{\omega}_0 \times (\boldsymbol{\omega}_0 \times \boldsymbol{x})]\, dV$

= Indirekte Kraftanregung (Vektor)

entfällt bei nichtdrehenden und nichtbeschleunigten Systemen

Abb. 15.3.1 Allgemeine Bewegungsgleichung des linearen, viskos gedämpften Schwingers unter konservativer Anregung

Wir sind nun in der Lage, die allgemeine Bewegungsgleichung in einem beliebig bewegten Bezugssystem anzuschreiben

$$\boldsymbol{M}\ddot{\boldsymbol{r}} + [\boldsymbol{C}+\boldsymbol{G}]\dot{\boldsymbol{r}} + [\boldsymbol{K}+\boldsymbol{H}+\boldsymbol{Z}]\boldsymbol{r} = \boldsymbol{R}(t) - \boldsymbol{R}_{IO}(t) \qquad (15.3.30)$$

Wir finden diese Beziehung in Abb. 15.3.1 nochmals erläutert. Da die zu $\dot{\boldsymbol{r}}$ bzw. zu $\boldsymbol{r}$ gehörigen Koeffizientenfelder unsymmetrische Matrizen darstellen, ist die Lösung dieses Systems mit großem Aufwand verbunden.

Eine erste Vereinfachung ergibt sich bei konstant drehenden Systemen. Hier entfällt die Matrix $\boldsymbol{H}$, und wir erhalten die Bewegungsgleichung eines sogenannten gedämpften gyroskopischen Systems

$$\boldsymbol{M}\ddot{\boldsymbol{r}} + [\boldsymbol{C}+\boldsymbol{G}]\dot{\boldsymbol{r}} + [\boldsymbol{K}+\boldsymbol{Z}]\boldsymbol{r} = \boldsymbol{R}(t) - \boldsymbol{R}_{IO}(t) \qquad (15.3.31)$$

Hier ist die Quasisteifigkeit $[\boldsymbol{K}+\boldsymbol{Z}]$ nun symmetrisch, die Quasidämpfung $[\boldsymbol{C}+\boldsymbol{G}]$ aber noch nicht.

Eine weitere Vereinfachungsstufe ergibt sich entweder durch den Verzicht auf die Dämpfung $\boldsymbol{C}$ oder auf die Drehung des Systems. Im ersten Fall haben wir ein ungedämpftes gyroskopisches System

$$\boldsymbol{M}\ddot{\boldsymbol{r}} + \boldsymbol{G}\dot{\boldsymbol{r}} + [\boldsymbol{K}+\boldsymbol{Z}]\boldsymbol{r} = \boldsymbol{R}(t) - \boldsymbol{R}_{IO}(t) \qquad (15.3.31a)$$

Alle drei Koeffizientenmatrizen haben nun spezielle Eigenschaften ($\boldsymbol{M}$, $[\boldsymbol{K}+\boldsymbol{Z}]$ symmetrisch, $\boldsymbol{G}$ schiefsymmetrisch). Bei einem nichtrotierenden System ergibt sich als Bewegungsgleichung

$$\boldsymbol{M}\ddot{\boldsymbol{r}} + \boldsymbol{C}\dot{\boldsymbol{r}} + \boldsymbol{K}\boldsymbol{r} = \boldsymbol{R}(t) - \boldsymbol{R}_{IO}(t) \qquad (15.3.32)$$

Auch hier haben die Matrizen $\boldsymbol{M}$, $\boldsymbol{C}$ und $\boldsymbol{K}$ eine spezielle Eigenschaft, die die Lösung erleichtert: sie sind symmetrisch.

Als Grenzfall des dynamischen Verhaltens untersucht man gern – weil dies besonders einfach ist – den ungedämpften Fall. Verzichtet man auch auf die Beschleunigung des Systems, so ergibt sich die einfachste Bewegungsgleichung, mit der gerade noch Dynamik untersucht werden kann

$$\boldsymbol{M}\ddot{\boldsymbol{r}} + \boldsymbol{K}\boldsymbol{r} = \boldsymbol{R}(t) \qquad (15.3.33)$$

In der Hauptsache werden wir uns in diesem Band mit Systemen des Typs (15.3.32) und (15.3.33) beschäftigen.

Literatur zu Kapitel 15

[15.1] *J. T. Oden;* A general theory of finite elements, Part 2, Applications, Int. J. Num. Meth. Eng., 1, no. 3 (1969) 254–264.

[15.2] *J. Argyris, D. W. Scharpf;* Finite elements in space and time, Aeron. J. Roy. Aeron. Soc., 73, no. 708 (1969) 1041–1044.

[15.3] *L. V. Kantorovich;* Bull. Accad. Sci. USSR, 5 (1933) 647.

[15.4] *J. Wittenburg;* Dynamics of systems of rigid bodies (Teubner, Stuttgart, 1977).

[15.5] *B. A. Finlayson;* The method of weighted residuals and variational principles (Academic Press, New York and London, 1972).

[15.6] *R. Wait, A. R. Mitchell;* Finite element analysis and applications (Wiley, New York, 1985).

[15.7] *T. Belytschko, T. J. R. Hughes* (Eds.); Computational methods for transient analysis (Volume 1 in: Mechanics and mathematical methods, North-Holland, Amsterdam, 1983).

16 Die Natur der Trägheitskräfte und die Massenmatrix

In der Analyse dynamischer Vorgänge mit Hilfe der Finiten Element Methode wurde in den Gründerjahren die Trägheit einer Struktur mit Massen beschrieben, die an den Knotenpunkten konzentriert angenommen werden (engl. *lumping*). Diese „Ballung" der Strukturmasse führt zu Punktmassen bzw. diagonalen Element- und Strukturmassenmatrizen. Es liegt auf der Hand, daß Matrizenoperationen mit ihnen besonders kostengünstig ausgeführt werden können. Leider gehen durch diese pauschale Erfassung der Strukturmasse gewisse Schrankeneigenschaften der Lösung verloren. Dies ist dann nicht der Fall, wenn die Trägheit der Struktur mit Hilfe von konsistenten Massenmatrizen erfaßt wird, die unter Verwendung der kinematischen Verschiebungsansätze der finiten Elemente aufgestellt werden und so voll in das Konzept der virtuellen Verschiebungen passen.

Im vorliegenden Kapitel leiten wir diese kinematisch äquivalente Massenmatrix allgemein ab und wenden sie speziell auf einige Elemente der Simplexfamilie an. Auf dieser Grundlage können dann unter Heranziehung des Subelementkonzepts die äquivalenten Massenmatrizen für gekrümmte Membranvierecke und Hexaeder leicht numerisch bestimmt werden. Auch das einfache Konzept der Punktmassenmatrix wird vorgestellt und für ein Element präzisiert.

16.1 Allgemeine Überlegungen

Wir betrachten eine beliebige Struktur, die bereits diskretisiert sein soll (Abb. 16.1.1), und schneiden einen infinitesimalen Würfel der Größe $dx\,dy\,dz$ heraus, welcher die Massendichte ρ aufweise. Beschleunigt man diesen Würfel in die Richtungen x, y, z mit den Beschleunigungen $\ddot{u}, \ddot{v}, \ddot{w}$, dann sind hierfür Trägheitskräfte in den Koordinatenrichtungen aufzuwenden, die sich aus dem Newtonschen Gesetz ergeben.

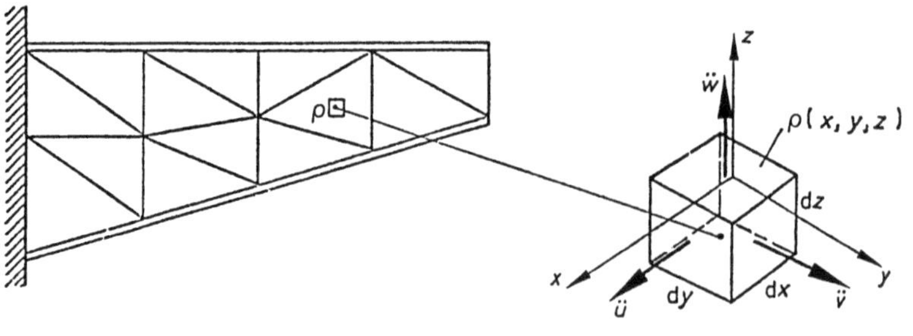

Abb. 16.1.1 Infinitesimales Element einer (diskretisierten) dynamisch bewegten Struktur

Diese Trägheitskräfte werden von der das infinitesimale Element umgebenden Struktur aufgebracht. Die Struktur selbst erfährt also Kräfte im Sinne einer verteilten Belastung, die entgegengesetzt zur Beschleunigung des Würfels wirken. Die Kraft pro Volumen ist dabei

$$\boldsymbol{p}_{VI} = -\rho(x,y,z)\begin{bmatrix}\ddot{u}\\ \ddot{v}\\ \ddot{w}\end{bmatrix} = -\rho\ddot{\boldsymbol{u}} \tag{16.1.1}$$

Diese verteilte Belastung wird nun, wie in der Statik üblich (siehe (5.1.87) in Band I), in kinematisch äquivalente Knotenlasten umgerechnet

$$\boldsymbol{R}_I = \sum_{g=1}^{m} a_g^t \int_{V_g} \boldsymbol{\omega}^t \boldsymbol{p}_{VI} \, dV \tag{16.1.2}$$

Man summiert also über die Beiträge aller Elemente $g = 1, m$ und gewinnt den Beitrag eines Elements g durch Integration über das Elementvolumen V_g. Die Matrix $\boldsymbol{\omega}$ entspricht dabei der kartesischen Ansatzfunktion des Elements

$$\boldsymbol{u} = \boldsymbol{\omega}\boldsymbol{\rho}_g = \boldsymbol{\omega} a_g \boldsymbol{r} \tag{16.1.3}$$

wobei $\boldsymbol{u}$ die Verschiebungen an einem beliebigen Punkt des Elements darstellt und $\boldsymbol{\rho}$ die Knotenverschiebungen sind. Differenziert man (16.1.3) zweimal nach der Zeit, so erhält man – eine zeitunabhängige Interpolation vorausgesetzt – sogleich

$$\ddot{\boldsymbol{u}} = \boldsymbol{\omega}\ddot{\boldsymbol{\rho}}_g \tag{16.1.4}$$

und damit aus (16.1.2)

$$\boldsymbol{R}_I = -\sum_{g=1}^{m} a_g^t \left[\int_{V_g} \rho \boldsymbol{\omega}^t \boldsymbol{\omega} \, dV\right] \ddot{\boldsymbol{\rho}}_g \tag{16.1.5}$$

Führt man nun noch die schon in (16.1.3) benützte Beziehung zwischen den Elementverschiebungen $\boldsymbol{\rho}$ und den Strukturverschiebungen $\boldsymbol{r}$ ein, also in differenzierter Form

$$\ddot{\boldsymbol{\rho}}_g = a_g \ddot{\boldsymbol{r}} \tag{16.1.6}$$

dann ergibt sich für die Trägheitskräfte schließlich

$$\boldsymbol{R}_I = -\left[\sum_{g=1}^{m} a_g^t \left[\int_{V_g} \rho \boldsymbol{\omega}^t \boldsymbol{\omega} \, dV\right] a_g\right] \ddot{\boldsymbol{r}} \tag{16.1.7}$$

Wir bezeichnen dabei als kinematisch äquivalente Elementmassenmatrix des Elementes g

$$\boldsymbol{m}_g = \int_{V_g} \rho \boldsymbol{\omega}^t \boldsymbol{\omega} \, dV \tag{16.1.8}$$

und als Strukturmassenmatrix

$$M = \sum_{g=1}^{m} a_g^t m_g a_g \tag{16.1.9}$$

Die Strukturmassenmatrix wird also in der gleichen Weise aufgebaut wie die Struktursteifigkeitsmatrix. Auch ist für die Elementmassenmatrix kaum zusätzliche Arbeit zu leisten, da die Ansatzfunktionen $\boldsymbol{\omega}$ ja ohnehin schon für die Steifigkeitsmatrix benötigt wurden. Mit den hier abgeleiteten Formeln wären wir nun in der Lage, ein dynamisch bewegtes System zu beschreiben, das nur vernachlässigbare Dämpfungskräfte aufweist. Diese Annahme ist allerdings in der Umgebung von Resonanzstellen nicht mehr zulässig. Wir erhalten aus (15.3.11)

$$\boldsymbol{M}\ddot{\boldsymbol{r}} + \boldsymbol{K}\boldsymbol{r} = \boldsymbol{R}(t) \tag{16.1.10}$$

16.2 Massenmatrix eines Stabelementes (FLA2)

Wir betrachten einen Stab mit zwei Knoten, der nur Zug/Druck tragen kann (Abb. 16.2.1). Der Verschiebungsansatz ist linear und wird im Globalsystem durch

$$\underset{(3\times 6)}{\boldsymbol{\omega}} = \tfrac{1}{2}\left[(1-\zeta)\boldsymbol{I}_3 \quad (1+\zeta)\boldsymbol{I}_3\right] \tag{16.2.1}$$

wiedergegeben (s. etwa (5.3.11), Band I) und ist dem Verschiebungsvektor

$$\boldsymbol{\rho} = \{u_1 \quad v_1 \quad w_1 \quad u_2 \quad v_2 \quad w_2\} \tag{16.2.2}$$

zugeordnet. Bei konstanter Massendichte ρ und konstanter Querschnittsfläche A wird die Massenmatrix des Elementes

$$\underset{(6\times 6)}{\boldsymbol{m}} = \tfrac{1}{8}\rho A l \int_{-1}^{+1} \begin{bmatrix} (1-\zeta)^2\boldsymbol{I}_3 & (1-\zeta)(1+\zeta)\boldsymbol{I}_3 \\ (1-\zeta)(1+\zeta)\boldsymbol{I}_3 & (1+\zeta)^2\boldsymbol{I}_3 \end{bmatrix} d\zeta$$

$$= \tfrac{1}{6}\rho A l \begin{bmatrix} 2\boldsymbol{I}_3 & \boldsymbol{I}_3 \\ \boldsymbol{I}_3 & 2\boldsymbol{I}_3 \end{bmatrix} \tag{16.2.3}$$

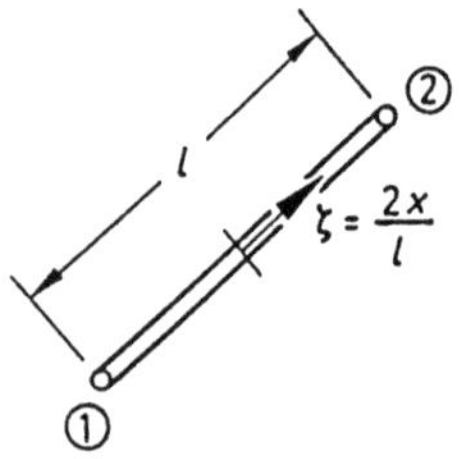

Abb. 16.2.1
Stabelement FLA2 mit linearer Verschiebungsverteilung

16.3 Massenmatrix eines Membranelementes (TRIM3) und eines Volumenelementes (TET4)

Das in der Folge besprochene Element TRIM3 gehört zur gleichen Familie (Simplexfamilie) wie FLA2. Es ist ein Membranelement mit linearer Verschiebungsverteilung. Zur Beschreibung der Verschiebungsverteilung bedienen wir uns am bequemsten der homogenen Dreieckskoordinaten ζ_i, die schon öfter benützt wurden (Abb. 16.3.1). Der Verschiebungsansatz lautet dann im Globalsystem (s. etwa (5.3.60), Band I)

$$\underset{(3\times 9)}{\boldsymbol{\omega}} = [\zeta_1 \boldsymbol{I}_3 \quad \zeta_2 \boldsymbol{I}_3 \quad \zeta_3 \boldsymbol{I}_3] \tag{16.3.1}$$

und gehört zu dem Verschiebungsvektor

$$\boldsymbol{\rho} = \{u_1 \quad v_1 \quad w_1 \quad u_2 \quad v_2 \quad w_2 \quad u_3 \quad v_3 \quad w_3\} \tag{16.3.2}$$

Die allgemeine Integrationsformel für homogene Dreieckskoordinaten lautet (s. etwa (5.3.62), Band I)

$$\frac{1}{\Omega}\int \zeta_1^p \zeta_2^q \zeta_3^r \, d\Omega = \frac{2!\, p!\, q!\, r!}{(2+p+q+r)!} \tag{16.3.3}$$

wobei Ω die Dreiecksfläche ist.

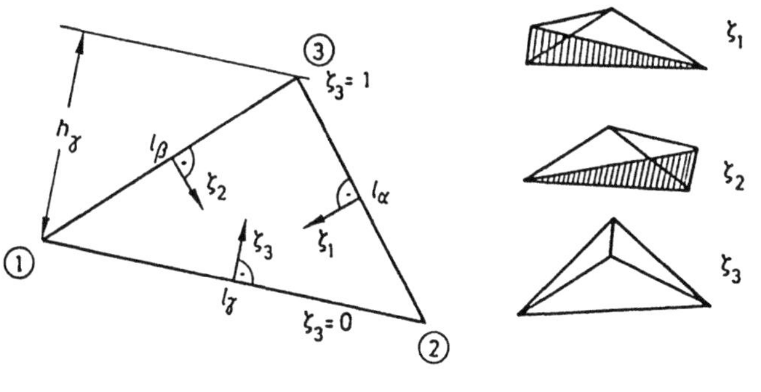

Abb. 16.3.1
Membranelement TRIM3 mit linearer Verschiebungsverteilung und homogenen Dreieckskoordinaten

Wir erhalten dann für die Massenmatrix bei konstanter Elementdicke t und konstanter Massendichte ρ sehr einfach

$$\underset{(9\times 9)}{\boldsymbol{m}} = \rho\Omega t \frac{1}{\Omega}\int_\Omega \begin{bmatrix} \zeta_1^2 \boldsymbol{I}_3 & \zeta_1\zeta_2 \boldsymbol{I}_3 & \zeta_1\zeta_3 \boldsymbol{I}_3 \\ & \zeta_2^2 \boldsymbol{I}_3 & \zeta_2\zeta_3 \boldsymbol{I}_3 \\ \text{sym.} & & \zeta_3^2 \boldsymbol{I}_3 \end{bmatrix} d\Omega$$

$$= \frac{1}{12}\rho\Omega t \begin{bmatrix} 2\boldsymbol{I}_3 & \boldsymbol{I}_3 & \boldsymbol{I}_3 \\ & 2\boldsymbol{I}_3 & \boldsymbol{I}_3 \\ \text{sym.} & & 2\boldsymbol{I}_3 \end{bmatrix} \tag{16.3.4}$$

Auch ohne Kenntnis der Integrationsformel (16.3.3) hätte man dieses Resultat ohne weiteres erhalten, allerdings weniger elegant. Es ist lediglich zu beachten, daß zwischen den Dreieckskoordinaten die schon besprochene lineare Abhängigkeit (s. (5.4.51), Band I)

$$\zeta_1 + \zeta_2 + \zeta_3 = 1 \tag{16.3.5}$$

besteht. Damit ist es möglich, eine der drei Koordinaten zu eliminieren und dann die Integration in den zwei verbleibenden (schiefwinkligen) Koordinaten auszuführen.

Eine entsprechende Rechnung im dreidimensionalen Bereich führt auf folgenden Ausdruck für die kinematisch äquivalente Massenmatrix eines TET4 Elementes

$$\underset{(12\times 12)}{\boldsymbol{m}} = \frac{\rho V}{20} \begin{bmatrix} 2I_3 & I_3 & I_3 & I_3 \\ I_3 & 2I_3 & I_3 & I_3 \\ I_3 & I_3 & 2I_3 & I_3 \\ I_3 & I_3 & I_3 & 2I_3 \end{bmatrix} \tag{16.3.6}$$

Mit diesem analytischen Hintergrund und mit Hilfe des Subelementprinzips (siehe Band I) wird nun der Leser ohne Schwierigkeiten die äquivalente Massenmatrix für jedes zwei- und drei-dimensionale Element, z.B. Membranviereck oder Hexaeder, ableiten können.

16.4 Massenmatrix eines ebenen Balkenelementes

Zur Vereinfachung der Verhältnisse entwickeln wir die Massenmatrix in einem Lokalsystem, das sich an der Längsachse des Balkens orientiert (Abb. 16.4.1). Sie kann, wie die Steifigkeitsmatrix, ohne Schwierigkeiten in eine allgemeine Lage transformiert werden. Ferner gehen wir davon aus, daß der Kinematik des Balkens die elementare Biegetheorie ohne Berücksichtigung von Schubdeformationen zugrunde liegt. Die Berücksichtigung der Schubverformung ist zwar möglich, aber in einer Einführung nicht am Platze.

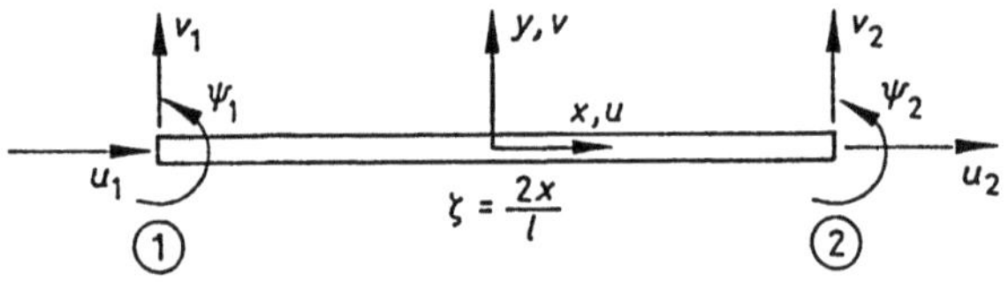

Abb. 16.4.1
Der ebene Balken im Lokalsystem

Beim Verschiebungsansatz ist zu beachten, daß sich die Längsverschiebung additiv aus der Verschiebung der Balkenmittelachse und der Querschnittsneigung durch Biegung zusammensetzt. Wir erhalten also mit den Annahmen der elementaren Biegetheorie

$$\begin{aligned} u &= u_m(x) - y\frac{\partial v(x)}{\partial x} \\ &= u_m(\zeta) - \frac{2y}{l}\frac{\partial v(\zeta)}{\partial \zeta} \end{aligned} \tag{16.4.1}$$

Damit wird der Verschiebungsansatz für u, v

$$\underset{(2\times 6)}{\boldsymbol{\omega}} = \frac{1}{8}\begin{bmatrix} 4(1-\zeta) & 12\frac{y}{l}(1-\zeta^2) & 2y(1+2\zeta-3\zeta^2) & 4(1+\zeta) & 12\frac{y}{l}(-1+\zeta^2) & 2y(1-2\zeta-3\zeta^2) \\ 0 & 2(2-3\zeta+\zeta^3) & l(1-\zeta-\zeta^2+\zeta^3) & 0 & 2(2+3\zeta-\zeta^3) & l(-1-\zeta+\zeta^2+\zeta^3) \end{bmatrix} \tag{16.4.2}$$

Zum bequemen Integrieren spalten wir diesen Ansatz in einen Grundteil und in einen Zusatzanteil auf, der linear in y ist und die Berücksichtigung der Drehträgheit des Balkenquerschnittes enthält,

$$\boldsymbol{\omega} = \frac{1}{8}\begin{bmatrix} 4(1-\zeta) & 0 & 0 & 4(1+\zeta) & 0 & 0 \\ 0 & 2(2-3\zeta+\zeta^3) & l(1-\zeta-\zeta^2+\zeta^3) & 0 & 2(2+3\zeta-\zeta^3) & l(-1-\zeta+\zeta^2+\zeta^3) \end{bmatrix} +$$

$$+\frac{2y}{8}\begin{bmatrix} 0 & \frac{6}{l}(1-\zeta^2) & (1+2\zeta-3\zeta^2) & 0 & \frac{6}{l}(-1+\zeta^2) & (1-2\zeta-3\zeta^2) \\ 0 & 0 & 0 & 0 & 0 & 0 \end{bmatrix}$$

$$= \frac{1}{8}\left[\boldsymbol{\omega}_t(\zeta) + 2y\,\boldsymbol{\omega}_r(t)\right] \tag{16.4.3}$$

Nun wird die Massenmatrix für konstante Massendichte

$$\boldsymbol{m} = \frac{\rho l}{128}\int\limits_{-1}^{+1}\left[\boldsymbol{\omega}_t^{\mathrm{t}}\boldsymbol{\omega}_t A + 2(\boldsymbol{\omega}_t^{\mathrm{t}}\boldsymbol{\omega}_r + \boldsymbol{\omega}_r^{\mathrm{t}}\boldsymbol{\omega}_t)\int\limits_A y\,\mathrm{d}A + 4\boldsymbol{\omega}_r^{\mathrm{t}}\boldsymbol{\omega}_r\int\limits_A y^2\mathrm{d}A\right]\mathrm{d}\zeta \tag{16.4.4}$$

mit A als Querschnittsfläche. Wir vereinbaren, daß die Koordinate y vom Flächenschwerpunkt aus gemessen wird. Dann ist

$$\int\limits_A y\,\mathrm{d}A = 0 \quad = \quad \text{Schweremoment}$$

$$\int\limits_A y^2\mathrm{d}A = I \quad = \quad \text{Flächenträgheitsmoment} \tag{16.4.5}$$

Damit ergibt sich

$$\boldsymbol{m} = \frac{\rho l}{128}\int\limits_{-1}^{+1}(A\boldsymbol{\omega}_t^{\mathrm{t}}\boldsymbol{\omega}_t + 4I\boldsymbol{\omega}_r^{\mathrm{t}}\boldsymbol{\omega}_r)\,\mathrm{d}\zeta \tag{16.4.6}$$

Die verbleibende Integration ist mühsam, aber trivial und kann leicht durch Stichproben kontrolliert werden. Für konstante Querschnittswerte A und I ergibt sich

$$\boldsymbol{m} = \frac{\rho A l}{420}\begin{bmatrix} 140 & 0 & 0 & 70 & 0 & 0 \\ & 156 & 22l & 0 & 54 & -13l \\ & & 4l^2 & 0 & 13l & -3l^2 \\ & & & 140 & 0 & 0 \\ & \text{sym.} & & & 156 & -22l \\ & & & & & 4l^2 \end{bmatrix} + \frac{\rho A l}{30}\left(\frac{I}{Al^2}\right)\begin{bmatrix} 0 & 0 & 0 & 0 & 0 & 0 \\ & 36 & 3l & 0 & -36 & 3l \\ & & 4l^2 & 0 & 3l & -1l^2 \\ & & & 0 & 0 & 0 \\ & \text{sym.} & & & 36 & -3l \\ & & & & & 4l^2 \end{bmatrix} \tag{16.4.7}$$

Wir führen den Trägheitsradius des Balkenquerschnitts ein

$$i^2 = \frac{I}{A} \tag{16.4.8}$$

und stellen fest, daß z.B. ein I-Profil I 60.60.5 DIN 9712 (Höhe 60 mm, Breite 60 mm, Wandstärke 5 mm) einen Trägheitsradius von 0,0245 m hat. Für schlanke Biegeträger wird also der zweite Anteil, der den Faktor $(i/l)^2$ trägt, mit guter Näherung weggelassen werden können. Für kurze gedrungene Biegeträger liefert dagegen der zweite Anteil einen wesentlichen Beitrag. Wir dürfen jedoch daran erinnern, daß in diesem Fall die einfache Biegetheorie ohne Schubdeformation nicht mehr anwendbar ist. Sowohl in diesem Fall als auch bei der präzisen Analyse von Effekten höherer Ordnung in der Dynamik wird man also den Schub mit berücksichtigen müssen, da sein Einfluß von gleicher Größenordnung ist wie der der Rotationsträgheit in der Massenmatrix.

Da wir in Kapitel 4 den ebenen Balken mit Schubdeformation behandelt haben, wollen wir nun ergänzend den Weg für die Massenmatrix aufzeigen. Die einfachste Berücksichtigung der Schubdeformationen ergab sich in der Kraftmethode, und zwar in natürlicher Betrachtungsweise. Wir erinnern daran, daß eine Schubkraft nur bei einer antisymmetrischen Momentenverteilung auftritt. Demgemäß ist diese Modalform die einzige, die zusätzliche Schubverformungen aufweist. Zur Aufstellung der Massenmatrix müssen wir jedoch mit Verschiebungsmodalformen arbeiten. Wir führen deshalb zusätzlich zur bisherigen antisymmetrischen Biegemodalform ρ_{N3}^B eine antisymmetrische Schubmodalform ρ_{N3}^S ein (Abb. 16.4.2). Als Freiheitsgrad führen wir jedoch nur die Summe

$$\rho_{N3} = \rho_{N3}^B + \rho_{N3}^S \tag{16.4.9}$$

mit. Der Biegeanteil ρ_{N3}^B ergibt sich aus der klassischen ETB zu

$$\rho_{N3}^B = \frac{l}{3EI} P_{N3} \tag{16.4.10}$$

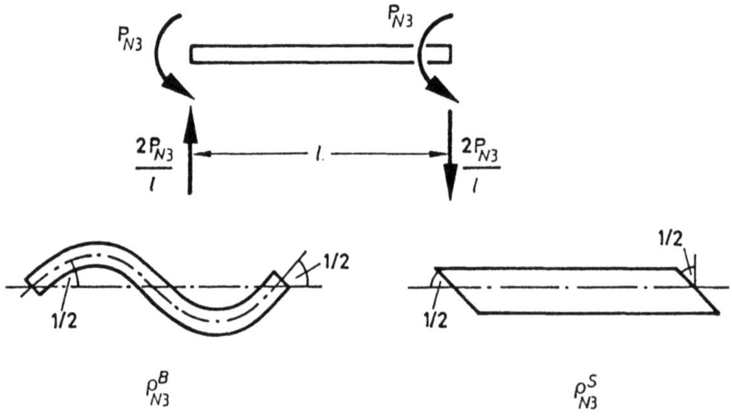

Abb. 16.4.2 Einführung einer Schubmodalform bei antisymmetrischer Last

während der Schubanteil aus

$$\rho_{N3}^{S} = 2\frac{1}{GA_S}\frac{2P_{N3}}{l} \tag{16.4.11}$$

folgt. Wenn wir (16.4.10) und (16.4.11) in (16.4.9) einsetzen, erhalten wir das schon aus (4.2.31) bekannte Resultat

$$\rho_{N3} = \frac{l}{3EI}(1+\alpha_S)P_{N3} \tag{16.4.12}$$

wobei

$$\alpha_S = \frac{12EI}{GA_S l^2} = 12\frac{EA}{GA_S}\left(\frac{i}{l}\right)^2 \tag{16.4.13}$$

Die Flexibilität wird also bezüglich der antisymmetrischen Belastung des Balkens vergrößert, und zwar in einer Größenordnung, welche den gleichen Rang von Schubdeformationen und Rotationsträgheiten unterstreicht. Aus (16.4.12), (16.4.10) und (16.4.11) folgt nun die Beteiligung der Biegung und des Schubs im Rahmen von ρ_{N3}

$$\rho_{N3}^{B} = \frac{1}{1+\alpha_S}\rho_{N3} \tag{16.4.14}$$

und

$$\rho_{N3}^{S} = \frac{\alpha_S}{1+\alpha_S}\rho_{N3} \tag{16.4.15}$$

Die zu den generalisierten Verschiebungen $\boldsymbol{\rho}' = \{\boldsymbol{\rho}_0 \quad \boldsymbol{\rho}_N\}$ gehörigen Modalformen $\bar{\boldsymbol{\omega}}$ werden einfach

$$\begin{aligned}\bar{\boldsymbol{\omega}} &= [\boldsymbol{\omega}_0 \quad \boldsymbol{\omega}_N] \\ &= \left[\underset{(2\times 3)}{\boldsymbol{\omega}_0} \quad \underset{(2\times 1)}{\boldsymbol{\omega}_{N1}} \quad \underset{(2\times 1)}{\boldsymbol{\omega}_{N2}} \quad \underset{(2\times 1)}{\boldsymbol{\omega}_{N3}} + \frac{\alpha_S}{1+\alpha_S}\left[\begin{bmatrix}\omega_{N3}^{S} \\ 0\end{bmatrix} - \boldsymbol{\omega}_{N3}\right]\right]\end{aligned} \tag{16.4.16}$$

wobei nur die Funktion

$$\omega_{N3}^{S} = -\tfrac{1}{2}y \tag{16.4.17}$$

neu hinzugekommen ist. Alle anderen Interpolationen stammen vom Balken ohne Schubdeformation (also insbesondere $\boldsymbol{\omega}_{N3}$). Nach (5.2.13) in Band I kann $\bar{\boldsymbol{\omega}}$ in $\boldsymbol{\omega}$ umgerechnet werden

$$\begin{aligned}\boldsymbol{\omega} &= \bar{\boldsymbol{\omega}}\boldsymbol{a}_e \\ &= [\boldsymbol{\omega}_0 \quad \boldsymbol{\omega}_N]\{\boldsymbol{a}_0 \quad \boldsymbol{a}_N\}\end{aligned} \tag{16.4.18}$$

Da sich effektiv nur $\boldsymbol{\omega}_{N3}$ verändert hat, finden wir mit der Zeile 3 der Matrix $\boldsymbol{a}_N$, also $\boldsymbol{a}_{N3}$,

$$\boldsymbol{\omega}_{ETBS} = \boldsymbol{\omega}_{ETB} - \frac{\alpha_S}{1+\alpha_S}\left[\begin{bmatrix} \frac{1}{2}y \\ 0 \end{bmatrix} + \boldsymbol{\omega}_{N3}\right]\boldsymbol{a}_{N3} \tag{16.4.19}$$

woraus man nun leicht die Zusatzterme in der Massenmatrix bei Berücksichtigung des Schubs berechnen kann.

16.5 Die Punktmassenmatrix als vereinfachtes Modell zur Berücksichtigung der Trägheitskräfte

Die bisher aufgestellten Massenmatrizen bezeichnen wir als kinematisch konsistent. Sie stehen im Einklang mit den Verschiebungsansätzen, die auch für die Aufstellung der Steifigkeitsmatrix benützt wurden, und fügen sich lückenlos in das Energiekonzept ein. Ferner entsprechen sie im Prinzip dem Rayleigh-Ritzschen Verfahren, nur daß eben die Approximation der zeitabhängigen Bewegung stück- oder elementweise erfolgt. Da im Konzept der Finiten Elemente die Rand- und Verträglichkeitsbedingungen gewahrt sind, gilt auch die Schrankenregel, derzufolge die Eigenfrequenz einer Struktur zu hoch berechnet wird, denn durch die Verschiebungsansätze sind ja die Bewegungsmöglichkeiten der wahren Struktur eingeschränkt worden.

Die historische Entwicklung der linearen Dynamik ging jedoch keineswegs von vornherein diesen konsequenten Weg und hatte dennoch sichtbare Erfolge.

Theoretisch gesehen gibt es in der Natur keine Einzelkräfte, sondern nur verteilte Lasten. Dennoch rechnet der Ingenieur recht erfolgreich mit diesen Lastresultierenden und müht sich meist nicht mit den Lastverteilungen ab. Dementsprechend wurde in der Finite-Elemente-Statik zunächst nur mit Einzellasten gerechnet, die in den Knoten der Struktur wirken, und auch echte Flächenlasten wurden eben durch einen entsprechenden Satz solcher Einzelkräfte simuliert. Erst später setzte die Entwicklung kinematisch äquivalenter Knotenlasten ein, die heute in jedem modernen FEM-Programm verfügbar sind.

Der Verwendung von Einzellasten in der Statik entspricht, daß man auch die Trägheitskräfte konzentriert in den Knoten wirken läßt. Die Trägheit der Struktur wird also durch konzentrierte Massen in den Strukturknoten ersetzt. Dabei ist wenigstens die Gesamtmasse des Elements zu wahren. Die Elementmassenmatrix wird bei dieser Prozedur diagonal. Wir erhalten für das Element FLA2

$$\boldsymbol{m}_l = \frac{\rho A l}{2}\boldsymbol{I}_6 \tag{16.5.1}$$

und für das Element TRIM3

$$\boldsymbol{m}_l = \frac{\rho \Omega t}{3}\boldsymbol{I}_9 \tag{16.5.2}$$

Eine primitive Massenmatrix für den Balken wäre, ohne Rotationsträgheit,

$$\boldsymbol{m}_l = \frac{\rho A l}{2}\lceil 1 \quad 1 \quad 0 \quad 1 \quad 1 \quad 0 \rfloor \tag{16.5.3}$$

Es ist inzwischen theoretisch erwiesen, daß bei einer gegebenen Anzahl von Freiheitsgraden die Ergebnisse mit diesen Massenmatrizen im allgemeinen weniger genau sind. Die Konzentrierung der trägen Masse führt zum Absinken der errechneten Eigenfrequenz. Die Schrankeneigenschaft der Lösung geht verloren. Die Spekulation, daß dieser Masseneffekt konträr zur versteifenden Wirkung der Diskretisierung steht und somit zu kleineren Fehlern führt, ist müßig, solange man nichts über die Größe der Fehler weiß.

Trotz dieser Bedenken gibt es auch heute noch sinnvolle Anwendungsgebiete für diese einfachen Massenmodelle. In vielen nichtlinearen Algorithmen ist es insbesondere eine wirtschaftliche Notwendigkeit, mit diagonalen Massenmatrizen zu arbeiten.

Literatur zu Kapitel 16

[16.1] *J. Argyris;* Some results on the free-free oscillations of aircraft type structures, Revue Française de Mécanique, 15 (1965).

[16.2] *J. S. Archer;* Consistent mass matrix for distributed systems, Proc. ASCE, 89 (1963).

[16.3] *F. A. Leckie, G. M. Lindberg;* The effect of lumped parameters on beam frequencies, Aero. Quart., 14 (1963).

[16.4] *R. J. Guyan;* Distributed mass matrix for plate elements in bending, AIAA Journal, 3 (1965).

[16.5] *P. Teng, T. H. H. Pian, L. L. Buciovelli;* Mode shapes and frequencies by the finite element method using consistent and lump matrices, J. Comp. Struct., 1 (1971).

[16.6] *I. Fried, D. S. Malkus;* Finite element mass matrix lumping by numerical integration with the convergence rate loss, Int. J. Solids Struct., 11 (1975).

[16.7] *E. Hinton, A. Rock, O. C. Zienkiewicz;* A note on mass lumping in related processes in the finite element method, Int. J. Earthq. Eng. Struct. Dyn., 4 (1976) 245–249.

17 Eigenschwingungen ungedämpfter Systeme

Auf den ersten Blick mag es nicht ganz verständlich sein, weshalb den Eigenschwingungen ungedämpfter Systeme (deutlicher müßte man sagen: ... linearer Systeme) ein so breiter Raum gewährt wird. In der Praxis wird sich dem Ingenieur in der Regel die Aufgabe stellen, die Systemantwort (Verschiebungen, Beanspruchungen etc.) auf vorgegebene, konkrete Belastungen (diese mögen deterministischer oder stochastischer Natur sein) zu bestimmen, während Eigenschwingungen gerade durch das Fehlen äußerer Belastungen charakterisiert sind.

Die Bedeutung der Eigenschwingungen ist zum einen darin zu sehen, daß der erfahrene Ingenieur durchaus in der Lage ist, aus genauen Analysen des natürlichen Schwingungsverhaltens (Eigenfrequenzen, Eigenformen) Vorhersagen über das zu erwartende Schwingungsverhalten bei Fremdanregung zu treffen oder vorliegende Systemantworten (z.B. aus Experimenten) besser zu verstehen, d.h. physikalisch zu interpretieren. Zum anderen sind die Eigenformen als die natürlichen generalisierten Koordinaten zur Beschreibung dynamischer Systembewegungen in sehr vielen Fällen besser geeignet als die ursprünglichen Systemfreiheitsgrade („Knotenpunktsverschiebungen"), gerade auch bei Fremdanregungen. Ihre Kenntnis ist Voraussetzung für die Anwendung sog. „modaler" Verfahren zur Antwort-Bestimmung, wie sie auch in späteren Kapiteln beschrieben werden.

17.1 Eigenwerte und Eigenvektoren

Nach der Diskussion der Trägheitskräfte sind wir in der Lage, die Bewegungsgleichung der ungedämpften Systeme anzugeben. Wir erhalten aus (16.1.10) beim Fehlen einer äußeren Erregung

$$\boldsymbol{M}\ddot{\boldsymbol{r}} + \boldsymbol{K}\boldsymbol{r} = \boldsymbol{o} \tag{17.1.1}$$

Wir machen den üblichen Ansatz für homogene gekoppelte lineare Differentialgleichungen mit konstanten Koeffizienten und schreiben

$$\boldsymbol{r} = \boldsymbol{x}\,\mathrm{e}^{pt} \tag{17.1.2}$$

Damit wird das Problem (17.1.1) in ein homogenes algebraisches System überführt, das

$$[p^2\boldsymbol{M} + \boldsymbol{K}]\,\boldsymbol{x} = \boldsymbol{o} \tag{17.1.3}$$

lautet. Die triviale Lösung $\boldsymbol{x} = \boldsymbol{o}$ (also der ruhende Zustand) ist uninteressant. Nichttriviale Lösungen gibt es aber nur, wenn die Spalten (und damit auch die Reihen) der symmetrischen Koeffizientenmatrix $[p^2\boldsymbol{M} + \boldsymbol{K}]$ lineare Abhängigkeiten aufweisen. Wenn aber $[p^2\boldsymbol{M} + \boldsymbol{K}]$ linear abhängige Spalten (Reihen) enthält, dann ist die Determinante dieses Systems Null

$$\det[p^2\boldsymbol{M} + \boldsymbol{K}] = 0 \tag{17.1.4a}$$

oder ausführlicher

$$\begin{vmatrix} p^2m_{11}+k_{11} & p^2m_{12}+k_{12} & p^2m_{13}+k_{13} & \dots \\ & p^2m_{22}+k_{22} & p^2m_{23}+k_{23} & \dots \\ & & p^2m_{33}+k_{33} & \dots \\ \text{sym.} & & & \ddots \end{vmatrix} = 0 \qquad (17.1.4b)$$

Die Entwicklung dieser Determinante führt auf ein Polynom n-ten Grades in p^2, das als charakteristische Gleichung bezeichnet wird

$$b_n(p^2)^n + b_{n-1}(p^2)^{n-1} + \dots + b_0 = 0 \qquad (17.1.4c)$$

Wer in der Entwicklung der Determinanten einige Übung hat, sieht sofort, daß sich die höchste Potenz aus den Gliedern p^2m_{ij} ergibt. Dementsprechend ist

$$b_n = \det[\boldsymbol{M}] \qquad (17.1.5)$$

Ferner ist das Absolutglied in der charakteristischen Gleichung durch k_{ij} festgelegt, und es gilt

$$b_0 = \det[\boldsymbol{K}] \qquad (17.1.6)$$

Damit ist sofort klar, daß bei singulärer Massenmatrix und/oder singulärer Steifigkeitsmatrix besondere Verhältnisse vorliegen. Diese Sonderfälle wollen wir später besprechen. Wir gehen vorläufig davon aus, daß die Massenmatrix positiv definit ist, und damit $\det[\boldsymbol{M}]$ positiv. Wie wir noch sehen werden, ist dies bei Verwendung konsistenter Massenmatrizen gegeben. Auch von der Steifigkeitsmatrix nehmen wir positive Definitheit an, d.h. unser Tragwerk ist mindestens statisch bestimmt gelagert und weist auch sonst keine Mechanismen auf. Dann ist $\det[\boldsymbol{K}]$ ebenfalls positiv. In diesem Fall hat die charakteristische Gleichung n von Null verschiedene Lösungen in p^2 (Nullstellen des charakteristischen Polynoms). Aus jeder Lösung p^2 können wir die Wurzel $\pm\sqrt{p^2}$ nehmen; wir erhalten somit 2n Lösungen in p.

Es erscheint zunächst schwierig, etwas über den Charakter der Lösung p_i^2 (und damit auch $\boldsymbol{x}_i$) auszusagen, da das charakteristische Polynom (17.1.4c) für große n eine außerordentlich komplizierte Gleichung darstellt. Einen Hinweis auf typische Eigenschaften der Lösung liefert das kleine Experiment in Abb. 17.1.1. Sowohl beim einfachen Einmassenschwinger als auch bei zwei Freiheitsgraden ergeben sich negativ reelle Lösungen für p_i^2, und damit rein imaginäre Lösungspaare für p_i. Die zugehörigen Lösungsvektoren $\boldsymbol{x}_i$ sind, bis auf einen beliebigen Faktor c_i, rein reell darstellbar. Dies ist kein Zufall, sondern trifft für beliebig viele Freiheitsgrade zu. Um dies allgemein nachzuweisen, gehen wir mit dem komplexen Ansatz

$$\boldsymbol{x}_i = \boldsymbol{a}_i + i\boldsymbol{b}_i \qquad (17.1.7)$$

in (17.1.3) ein und multiplizieren die Gleichung noch mit der konjugiert transponierten Lösung vor

$$\boldsymbol{x}_i^* = \boldsymbol{a}_i^t - i\boldsymbol{b}_i^t \qquad (17.1.8)$$

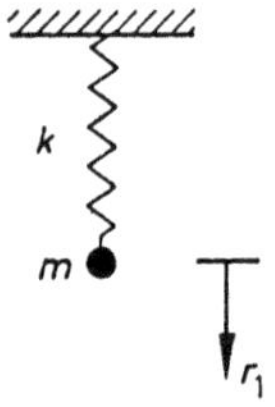

$r_1 = x_1 e^{pt}$

$$\boldsymbol{M} = m \qquad \boldsymbol{K} = k$$

Bewegungsgleichung:

$$\left[p^2 \boldsymbol{M} + \boldsymbol{K}\right] \boldsymbol{x} = \boldsymbol{o}$$

$$\left(\frac{p^2 m}{k} + 1\right) x_1 = 0$$

$$\left(\frac{p^2 m}{k}\right)_1 = -1 \qquad p_{I-} = -i\sqrt{\frac{k}{m}} \qquad p_{II+} = +i\sqrt{\frac{k}{m}}$$

$$x_1 = c_1 = \text{beliebige Konstante}$$

(a) Schwinger mit einem Freiheitsgrad

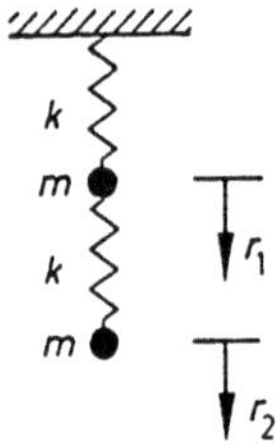

$\boldsymbol{r} = \{r_1 \quad r_2\} = \boldsymbol{x} e^{pt}$

$$\boldsymbol{M} = m\lceil 1 \quad 1 \rfloor \qquad \boldsymbol{K} = k\begin{bmatrix} 2 & -1 \\ -1 & 1 \end{bmatrix}$$

Bewegungsgleichung:

$$\left[p^2 \boldsymbol{M} + \boldsymbol{K}\right] \boldsymbol{x} = \boldsymbol{o}$$

$$\begin{bmatrix} \frac{p^2 m}{k} + 2 & -1 \\ -1 & \frac{p^2 m}{k} + 1 \end{bmatrix} \begin{bmatrix} x_1 \\ x_2 \end{bmatrix} = \begin{bmatrix} 0 \\ 0 \end{bmatrix}$$

$$\left(\frac{p^2 m}{k}\right)^2 + 3\left(\frac{p^2 m}{k}\right) + 1 = 0$$

$$\left(\frac{p^2 m}{k}\right)_I = -\frac{1}{2}\left(3 - \sqrt{5}\right) = -0.38 \qquad \left(\frac{p^2 m}{k}\right)_{II} = -\frac{1}{2}\left(3 + \sqrt{5}\right) = -2.62$$

$$p_{I-} = -0.62\, i\sqrt{\frac{k}{m}} \qquad p_{II-} = -1.62\, i\sqrt{\frac{k}{m}}$$

$$p_{I+} = +0.62\, i\sqrt{\frac{k}{m}} \qquad p_{II+} = +1.62\, i\sqrt{\frac{k}{m}}$$

$$\frac{1}{2}\begin{bmatrix} 1+\sqrt{5} & -2 \\ -2 & -1+\sqrt{5} \end{bmatrix} \begin{bmatrix} x_1 \\ x_2 \end{bmatrix}_I = \begin{bmatrix} 0 \\ 0 \end{bmatrix} \qquad \frac{1}{2}\begin{bmatrix} 1-\sqrt{5} & -2 \\ -2 & -1-\sqrt{5} \end{bmatrix} \begin{bmatrix} x_1 \\ x_2 \end{bmatrix}_{II} = \begin{bmatrix} 0 \\ 0 \end{bmatrix}$$

$$\boldsymbol{x}_I = c_1\left\{1 \quad \frac{1}{2}\left(1 + \sqrt{5}\right)\right\} \qquad \boldsymbol{x}_{II} = c_1\left\{1 \quad \frac{1}{2}\left(1 - \sqrt{5}\right)\right\}$$

(b) Schwinger mit zwei Freiheitsgraden

Abb. 17.1.1 Federmassenschwinger: Die Lösungen p_i^2 der charakteristischen Gleichungen sind negativ reell, die Lösungen p_i paarweise rein imaginär. Die zugehörigen Lösungsvektoren $\boldsymbol{x}_i$ sind bis auf eine beliebige (komplexe oder reelle) Konstante c_i reell

Es ergibt sich

$$p_i^2 x_i^* M x_i + x_i^* K x_i = 0 \tag{17.1.9}$$

und etwas ausführlicher für den $\boldsymbol{K}$-Term

$$x_i^* K x_i = a_i^t K a_i + b_i^t K b_i + i(b_i^t K a_i - a_i^t K b_i) \tag{17.1.10}$$

Da nun $\boldsymbol{K}(\boldsymbol{M})$ symmetrisch ist, verschwindet der Imaginärteil, und $x_i^* K x_i$ ($x_i^* M x_i$) sind auch bei komplexem x_i reelle Zahlen. Wenn wir im Moment davon ausgehen, daß sowohl $\boldsymbol{K}$ als auch $\boldsymbol{M}$ darüber hinaus positiv definit sind, wird $a_i^t K a_i$ ($a_i^t M a_i$) und $b_i^t K b_i$ ($b_i^t M b_i$) – und damit auch $x_i^* K x_i$ ($x_i^* M x_i$) – auf jeden Fall eine positive reelle Zahl sein. Dann folgt aber aus (17.1.9)

$$\begin{aligned} p_i^2 &= -\frac{x_i^* K x_i}{x_i^* M x_i} \\ &= -\omega_i^2 \\ &= \text{negativ reell} \end{aligned} \tag{17.1.11}$$

bzw.

$$\begin{aligned} p_{i-} &= -i\,\omega_i \\ p_{i+} &= +i\,\omega_i \end{aligned}$$

mit

$$\omega_i = +\sqrt{\frac{x_i^* K x_i}{x_i^* M x_i}} > 0 \tag{17.1.12}$$

Nachdem wir den Charakter der Lösung p_i^2 kennen, stellt (17.1.3) bzw.

$$[p_i^2 M + K] x_i = o \tag{17.1.13}$$

ein Gleichungssystem mit reeller symmetrischer Koeffizientenmatrix dar. Da p_i^2 allerdings die Forderung (17.1.4a) erfüllt, ist die Koeffizientenmatrix $[p_i^2 M + K]$ singulär. Um die Diskussion im Moment nicht zu sehr zu komplizieren, wollen wir davon ausgehen, daß p_i^2 eine einfache Lösung des charakteristischen Polynoms (17.1.4c) sei. Mit den Lösungen (Nullstellen) $p_1^2, p_2^2, \ldots, p_n^2$ finden wir für (17.1.4c) auch die alternative Darstellung

$$\left(p^2 - p_n^2\right)\left(p^2 - p_{n-1}^2\right) \cdots \left(p^2 - p_2^2\right)\left(p^2 - p_1^2\right) = 0 \tag{17.1.14}$$

und unsere Beschränkung auf eine einfache Lösung p_i^2 läuft also darauf hinaus, daß der Ausdruck $(p^2 - p_i^2)$ nur einmal vorkommt. In diesem Fall ist eine Gleichung in (17.1.13) linear abhängig, und damit überflüssig. Wir sehen dies auch bei den Beispielen in Abb. 17.1.1. Eine eindeutige Lösung für x_i folgt somit aus (17.1.13) nicht. Wenn nämlich x_i die Gleichung (17.1.13) erfüllt, dann ist offenbar auch $c_i x_i$ eine zulässige Lösung, wobei c_i reell oder komplex sein darf. Eine eindeutige Lösung für x_i läßt sich nur durch eine Nebenbedingung gewinnen. Eine einfache Nebenbedingung, die für die Diskussion allerdings ausreicht, besteht darin, ein geeignetes Element $x_{ij} = 1$ zu setzen. Wir streichen dann die Reihe j des Systems (17.1.13) als überflüssig weg und bringen die Spalte j auf die rechte Seite. Das so entstandene inhomogene reelle System der Größe n − 1 ist lösbar, da die verbleibenden n − 1 Gleichungen linear unabhängig sind, wenn p_i^2 eine einfache Lösung darstellt. Die Lösungen dieses Systems sind natürlich reell.

Wir haben nun n Lösungen p_i^2 bzw. ω_i^2 und n zugehörige Lösungsvektoren $\boldsymbol{x}_i$. Zu den Lösungspaaren $p_{i-} = -i\omega$ und $p_{i+} = +i\omega$ gehört also – bis auf beliebige Konstanten c_{i-} und c_{i+} – der gleiche Lösungsvektor oder Eigenvektor. Sind alle Lösungen ω_i^2 einfach, dann sind die mit dem Ansatz (17.1.2) gewonnenen 2n Lösungen zu überlagern. Wir erhalten somit

$$\boldsymbol{r} = \sum_{i=1}^{n} \boldsymbol{x}_i \left(c_{i+} e^{i\omega_i t} + c_{i-} e^{-i\omega_i t}\right) \tag{17.1.15}$$

Die Lösung ist freilich noch komplex, und damit wenig praxisfreundlich. Schließlich muß der Vektor der Auslenkungen ja reelle Informationen enthalten. Die Umwandlung in eine reelle Darstellung gelingt leicht mit Hilfe der bekannten Formeln

$$\begin{aligned} e^{i\psi} + e^{-i\psi} &= 2\cos\psi \\ -i\left(e^{i\psi} - e^{-i\psi}\right) &= 2\sin\psi \end{aligned} \tag{17.1.16}$$

Wir erhalten

$$\begin{aligned} \boldsymbol{r} &= \sum_{i=1}^{n} \boldsymbol{x}_i \left[\frac{c_{i+} + c_{i-}}{2}\left(e^{i\omega_i t} + e^{-i\omega_i t}\right) + \frac{c_{i+} - c_{i-}}{2}\left(e^{i\omega_i t} - e^{-i\omega_i t}\right)\right] \\ &= \sum_{i=1}^{n} \boldsymbol{x}_i \left(a_i \sin\omega_i t + b_i \cos\omega_i t\right) \\ &= \sum_{i=1}^{n} \boldsymbol{x}_i c_i \sin\left(\omega_i t + \varphi_i\right) \end{aligned} \tag{17.1.17}$$

Die allgemeine Lösung $\boldsymbol{r}$ enthält noch 2n unbekannte Konstanten c_i und φ_i (bzw. a_i und b_i), i = 1, 2, … n. Diese Werte ergeben sich aus den Anfangsbedingungen der freien Bewegung.

Mit der Darstellung der Lösung in (17.1.17) verstehen wir nun auch die physikalische Bedeutung der Lösungen ω_i und $\boldsymbol{x}_i$. Die allgemeine Bewegung eines freien Systems setzt sich aus Schwingungen mit den Kreisfrequenzen ω_i zusammen. Wir bezeichnen diese Schwingungen als Eigenschwingungen, die zugehörige Kreisfrequenz ω_i als Kreiseigenfrequenz und den Amplitudenvektor $\boldsymbol{x}_i$ als Eigenvektor. Schwingt ein freier ungedämpfter Körper in einer bestimmten Eigenschwingung, dann schwingen alle Punkte in Phase. Das Schwingungsbild ist durch $\boldsymbol{x}_i$, den Eigenvektor, relativ festgelegt. Die Funktion $c_i \sin(\omega_i t + \varphi_i)$ wirkt lediglich wie ein Abbildungsmaßstab. Schwingungsbäuche und -knoten stehen. Man spricht deshalb von einem stationären Schwingungszustand. Das

Bild eines solchen Eigenschwingungszustandes wiederholt sich nach Ablauf der Schwingungsdauer

$$T_i = \frac{2\pi}{\omega_i} \tag{17.1.18}$$

Der Kehrwert dieser Zahl – die technische Frequenz – gibt an, wieviel Schwingungen ein Körper pro Sekunde ausführt

$$\nu_i = \frac{1}{T_i} \tag{17.1.19}$$

Neben der Bewegung (17.1.17) interessieren oft auch Geschwindigkeit und Beschleunigung

$$\dot{\boldsymbol{r}} = \sum_{i=1}^{n} \boldsymbol{x}_i c_i \omega_i \cos(\omega_i t + \varphi_i)$$

$$= \sum_{i=1}^{n} \boldsymbol{x}_i c_i \omega_i \sin(\omega_i t + \varphi_i - 90°) \tag{17.1.20}$$

$$\ddot{\boldsymbol{r}} = \sum_{i=1}^{n} -\boldsymbol{x}_i c_i \omega_i^2 \sin(\omega_i t + \varphi_i)$$

$$= \sum_{i=1}^{n} \boldsymbol{x}_i c_i \omega_i^2 \sin(\omega_i t + \varphi_i - 180°) \tag{17.1.21}$$

Geschwindigkeiten und Beschleunigungen einer Eigenschwingung haben also, bis auf den Faktor ω_i bzw. ω_i^2, die gleichen Amplitudenvektoren. Ihre Phase ist jedoch um 90° bzw. 180° gegenüber dem Weg versetzt. Diesen Sachverhalt kann man anschaulich in einem Zeigerdiagramm darstellen (Abb. 17.1.2).

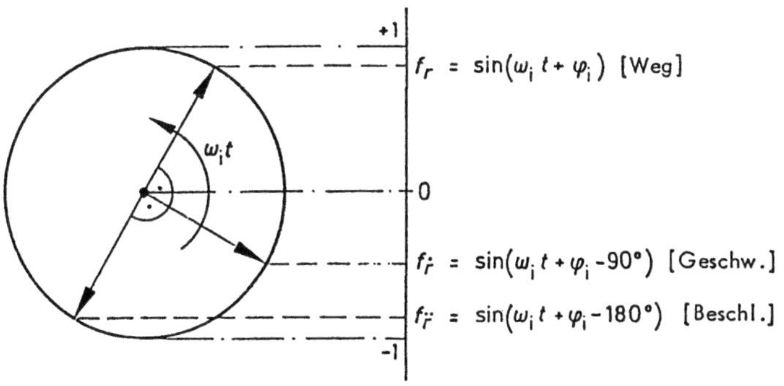

Abb. 17.1.2 Zeitabhängige Bildfaktoren für Weg, Geschwindigkeit und Beschleunigung einer ungedämpften Eigenschwingung

Ob eine Eigenschwingung i für sich allein existiert (stationäre Schwingung) oder ob ein allgemeiner Bewegungsablauf, also eine Überlagerung von Eigenschwingungen, vorliegt, hängt allein von den Anfangsbedingungen ab. Dies sind Informationen über die Auslenkungen $\boldsymbol{r}$ und die Geschwindigkeiten $\dot{\boldsymbol{r}}$ zu einem bestimmten Zeitpunkt t_0. Diesen Sachverhalt werden wir ausführlicher in Kapitel 18 besprechen. Wir wollen an dieser Stelle wieder zur Bestimmung der Lösungen ω_i^2 und $\boldsymbol{x}_i$ zurückkehren und dazu noch einige wichtige Eigenschaften und Darstellungen diskutieren, die für die Formulierung des Problems von Bedeutung sind.

Es seien $\boldsymbol{x}_i$ und $\boldsymbol{x}_j$ zwei Eigenvektoren, und dementsprechend gilt nach (17.1.13)

$$\omega_i^2 \boldsymbol{M}\boldsymbol{x}_i = \boldsymbol{K}\boldsymbol{x}_i$$

$$\omega_j^2 \boldsymbol{M}\boldsymbol{x}_j = \boldsymbol{K}\boldsymbol{x}_j \tag{17.1.22}$$

Wir multiplizieren die erste Gleichung mit $\boldsymbol{x}_j^t$ und die zweite mit $\boldsymbol{x}_i^t$ und erhalten wegen der Symmetrie der Matrizen $\boldsymbol{M}$ und $\boldsymbol{K}$ mit

$$\overline{m}_{ij} = \boldsymbol{x}_i^t \boldsymbol{M}\boldsymbol{x}_j = \boldsymbol{x}_j^t \boldsymbol{M}\boldsymbol{x}_i$$

$$\overline{k}_{ij} = \boldsymbol{x}_i^t \boldsymbol{K}\boldsymbol{x}_j = \boldsymbol{x}_j^t \boldsymbol{K}\boldsymbol{x}_i \tag{17.1.23}$$

sogleich die Aussage

$$\omega_i^2 \overline{m}_{ij} = \overline{k}_{ij}$$

$$\omega_j^2 \overline{m}_{ij} = \overline{k}_{ij} = \omega_i^2 \overline{m}_{ij} \tag{17.1.24}$$

Wenn $\omega_i^2 \neq \omega_j^2$ vorausgesetzt wird, dann ist (17.1.24), zweite Zeile, nur zu erfüllen, falls

$$\overline{m}_{ij} = 0 \tag{17.1.25}$$

ist. Aus der ersten oder zweiten Zeile folgt dann ebenfalls

$$\overline{k}_{ij} = 0 \tag{17.1.26}$$

Wir fassen nun alle möglichen Lösungen vom Typ (17.1.22) in einer Matrizengleichung zusammen

$$\boldsymbol{M}[\boldsymbol{x}_1 \quad \boldsymbol{x}_2 \quad \dots \quad \boldsymbol{x}_n] = \boldsymbol{K}[\boldsymbol{x}_1 \quad \boldsymbol{x}_2 \quad \dots \quad \boldsymbol{x}_n]\left\lceil \frac{1}{\omega_1^2} \quad \frac{1}{\omega_2^2} \quad \cdots \quad \frac{1}{\omega_n^2} \right\rfloor \tag{17.1.27}$$

und führen die Abkürzungen

$$\underset{(n \times n)}{\boldsymbol{X}} = [\boldsymbol{x}_1 \quad \boldsymbol{x}_2 \quad \dots \quad \boldsymbol{x}_n] \tag{17.1.28}$$

für die Gesamtheit der Eigenvektoren und die Diagonalmatrix

$$\boldsymbol{\Lambda} = \lceil \lambda_1 \quad \lambda_2 \quad \dots \quad \lambda_n \rfloor$$

$$= \left\lceil \frac{1}{\omega_1^2} \quad \frac{1}{\omega_2^2} \quad \cdots \quad \frac{1}{\omega_n^2} \right\rfloor \tag{17.1.29}$$

für die Gesamtheit der Eigenwerte (= inverse Kreisfrequenzquadrate) ein. An Stelle von (17.1.27) kann dann die kompaktere Gleichung

$$\boldsymbol{MX} = \boldsymbol{KX\Lambda} \tag{17.1.30}$$

gesetzt werden. Wird diese Gleichung mit $\boldsymbol{X}^t$ vormultipliziert, dann ist wegen (17.1.25) die Matrix $\boldsymbol{X}^t\boldsymbol{MX}$ diagonal und wegen (17.1.26) $\boldsymbol{X}^t\boldsymbol{KX}$ auch. Wenn also alle Eigenwerte verschieden sind, dann diagonalisieren die Eigenvektoren zugleich die Massenmatrix und die Steifigkeitsmatrix.

Wir wissen, daß die Eigenvektoren nur bis auf einen Faktor, der beliebig gewählt werden kann, festgelegt sind. Die bisher in der Diskussion verwendete Möglichkeit, daß nämlich ein geeignetes Element $x_{ij} = 1$ gesetzt wird, ist nur eine Variante. Viel brauchbarer ist es, die Eigenvektoren $\boldsymbol{x}_i$ so zu normieren, daß

$$\bar{k}_{ii} = \boldsymbol{x}_i^t\boldsymbol{K}\boldsymbol{x}_i = 1 \; ; \qquad i = 1, 2, \dots n \tag{17.1.31a}$$

bzw.

$$\boldsymbol{X}^t\boldsymbol{KX} = \boldsymbol{I} \tag{17.1.31b}$$

wird. Wir sprechen dann von „steifigkeitsorthonormalen“ Eigenvektoren. Alternativ könnte man auch massenorthonormale Eigenvektoren einführen. Wir bleiben bei (17.1.31b) und erhalten als Belohnung die Aussage

$$\boldsymbol{X}^t\boldsymbol{MX} = \boldsymbol{\Lambda} \tag{17.1.32}$$

aus (17.1.30). Steifigkeitsorthonormale Eigenvektoren diagonalisieren also die Massenmatrix zur Diagonalmatrix der Eigenwerte $\boldsymbol{\Lambda}$. Dies gilt natürlich auch im Falle gleicher Eigenwerte, falls sich (17.1.31b) überhaupt erfüllen läßt. Wir werden dies im Rahmen der Sonderfälle in Abschnitt 17.2 noch ausführlicher besprechen.

Als kleine Erholungspause greifen wir auf das Beispiel Abb. 17.1.1 (b) zurück. Der Satz der Eigenvektoren, die zunächst nicht $\boldsymbol{K}$-orthonormal sind, wäre hier

$$\boldsymbol{X} = \begin{bmatrix} 1 & 1 \\ \frac{1}{2}(1+\sqrt{5}) & \frac{1}{2}(1-\sqrt{5}) \end{bmatrix}$$

Die Massenmatrix $\boldsymbol{M}$ ist bereits diagonal und bleibt es auch bei einer Kongruenztransformation mit $\boldsymbol{X}$

$$\boldsymbol{X}^t\boldsymbol{MX} = \frac{m}{2}\left\lceil (5+\sqrt{5}) \quad (5-\sqrt{5}) \right\rfloor$$

Die Steifigkeitsmatrix ist voll besetzt und wird durch $\boldsymbol{X}$ diagonalisiert

$$\boldsymbol{X}^t\boldsymbol{KX} = \frac{k}{2}\left\lceil (5-\sqrt{5}) \quad (5+\sqrt{5}) \right\rfloor$$

Da X nicht K-orthonormal ist, folgen die Kreisfrequenzquadrate aus (17.1.11). Diesen Ausdruck bezeichnen wir übrigens als Rayleigh-Quotienten

$$\begin{aligned} \Lambda^{-1} &= \lceil \omega_1^2 \quad \omega_2^2 \rfloor \\ &= [X^t K X][X^t M X]^{-1} \\ &= \frac{k}{m} \left\lceil \frac{5-\sqrt{5}}{5+\sqrt{5}} \quad \frac{5+\sqrt{5}}{5-\sqrt{5}} \right\rfloor \\ &= \frac{k}{2m} \lceil (3-\sqrt{5}) \quad (3+\sqrt{5}) \rfloor \end{aligned}$$

Wir können jedoch auch leicht die Eigenvektoren K-orthonormal machen, indem wir den Vektor x_i mit $(x_i^t K x_i)^{1/2}$ dividieren. Das Ergebnis dieser Prozedur ist

$$X_{Ko} = (2k)^{-1/2} \begin{bmatrix} 2(5-\sqrt{5})^{-1/2} & 2(5+\sqrt{5})^{-1/2} \\ (1+\sqrt{5})(5-\sqrt{5})^{-1/2} & (1-\sqrt{5})(5+\sqrt{5})^{-1/2} \end{bmatrix}$$

Die soeben gefundene Erkenntnis, daß die Eigenvektoren X die Massenmatrix und die Steifigkeitsmatrix simultan diagonalisieren, ist für die Lösung des Eigenwertproblems (darunter verstehen wir die Bestimmung von X und Λ in (17.1.30)) sehr wesentlich. Es wäre kein sinnvoller Einsatz des Computers, wollte man die Nullstellen der Determinante von $[M - \lambda K]$ ($\hat{=} [p^2 M + K] \hat{=} [\omega^2 M - K]$) aufsuchen, indem man etwa λ variiert und die Funktion $\det[M - \lambda K]$ untersucht. Dies wäre viel zu aufwendig.

Neben den wichtigen Orthogonalitätseigenschaften (17.1.31b) bzw. (17.1.32) gibt es noch allgemeinere Formen. Wir setzen wieder voraus, daß X K-orthonormal ist, also (17.1.31b) erfüllt. Sodann multiplizieren wir (17.1.30) mit $X^t M K^{-1}$ vor, wobei K selbstverständlich positiv definit sein soll. Es ergibt sich sofort mit (17.1.32)

$$\begin{aligned} X^t M K^{-1} M X &= X^t M K^{-1} K X \Lambda = X^t M X \Lambda \\ &= \Lambda^2 \end{aligned} \tag{17.1.33}$$

Noch allgemeinere Orthogonalitätsbeziehungen erhält man mit mehrfachen Produkten aus Steifigkeit und Masse. Die in (17.1.31) und (17.1.32) eingeführte Normierung der Eigenvektoren X führt z.B. direkt zu (die Existenz der entsprechenden Inversen vorausgesetzt)

$$[K^{-1}M]^p X = X\Lambda^p \quad \text{oder auch} \quad [M^{-1}K]^p X = X\Lambda^{-p} \tag{17.1.34}$$

woraus weitere Orthogonalitätsbeziehungen folgen, z.B.

$$\begin{aligned} X^t K [K^{-1}M]^p X &= \Lambda^p \\ X^t M [K^{-1}M]^p X &= \Lambda^{p+1} \\ X^t K [M^{-1}K]^p X &= \Lambda^{-p}, \qquad \text{u.a.m.} \end{aligned} \tag{17.1.35}$$

Wichtige Sonderfälle ergeben sich für $p = 0$ und $p = 1$.

Die Formulierung (17.1.30) wird als *allgemeines* Eigenwertproblem bezeichnet, weil hier die Aufgabe gestellt wird, Vektoren $\boldsymbol{X}$ zu finden, die *zwei* Matrizen $\boldsymbol{K}$ und $\boldsymbol{M}$ zugleich diagonalisieren. Dagegen spricht man von einem *speziellen* Eigenwertproblem, wenn nur *eine* Matrix zu diagonalisieren ist. Die Überführung von (17.1.30) in ein spezielles Eigenwertproblem wäre leicht durch Vormultiplikation mit $\boldsymbol{M}^{-1}$ ($\boldsymbol{M}$ positiv definit) oder $\boldsymbol{K}^{-1}$ ($\boldsymbol{K}$ positiv definit) möglich. Die damit generierte „dynamische" Matrix $\boldsymbol{M}^{-1}\boldsymbol{K}$ bzw. $\boldsymbol{K}^{-1}\boldsymbol{M}$ ist jedoch leider nicht mehr symmetrisch. Das spezielle Eigenwertproblem ist jedoch wesentlich einfacher zu handhaben, falls die zu diagonalisierende Matrix symmetrisch ist. Dies erreichen wir durch eine kleine Umformung.

Wir nehmen an, daß $\boldsymbol{K}$ positiv definit ist, und unterwerfen es, wie bei der statischen Lösung, einer Dreieckszerlegung nach Cholesky

$$\boldsymbol{K} \rightarrow \boldsymbol{U}^{t}\boldsymbol{U} \tag{17.1.36}$$

Wir definieren nun als transformierten Eigenvektor

$$\overline{\boldsymbol{X}} = \boldsymbol{U}\boldsymbol{X} \tag{17.1.37}$$

und multiplizieren die Gleichung (17.1.30) mit $[\boldsymbol{U}^{t}]^{-1} = \boldsymbol{U}^{-t}$ vor. Es ergibt sich

$$\boldsymbol{A}\overline{\boldsymbol{X}} = \overline{\boldsymbol{X}}\boldsymbol{\Lambda} \tag{17.1.38}$$

wobei

$$\boldsymbol{A} = [\boldsymbol{U}^{t}]^{-1}\boldsymbol{M}\boldsymbol{U}^{-1} \tag{17.1.39}$$

ist. Jetzt verbleibt als Aufgabe nur das Problem, die Eigenvektoren $\overline{\boldsymbol{X}}$ zu finden, die eine symmetrische Matrix $\boldsymbol{A}$ diagonalisieren. Wählt man die Normierung von $\overline{\boldsymbol{X}}$ so, daß

$$\overline{\boldsymbol{X}}^{t}\overline{\boldsymbol{X}} = \boldsymbol{I} \tag{17.1.40}$$

dann liefert

$$\overline{\boldsymbol{X}}^{t}\boldsymbol{A}\overline{\boldsymbol{X}} = \boldsymbol{\Lambda} \tag{17.1.41}$$

gerade wieder die inversen Kreisfrequenzquadrate. Ist die Lösung zu (17.1.38) gefunden, muß der Eigenvektorsatz $\overline{\boldsymbol{X}}$ noch rücktransformiert werden

$$\boldsymbol{X} = \boldsymbol{U}^{-1}\overline{\boldsymbol{X}} \tag{17.1.42}$$

Eine andere Möglichkeit zur Generierung eines speziellen Eigenwertproblems ist durch die Dreieckszerlegung der Massenmatrix möglich (falls diese positiv definit ist). Dieser Weg wäre auch bei Strukturen gangbar, die Festkörperbewegungen ausführen können. Bei konsistenter Massenmatrix ist diese Methodik jedoch numerisch empfindlicher ([17.1], Seite 34).

17.2 Sonderfälle in der Eigenwertanalyse: Singuläre Massen- und Steifigkeitsmatrix sowie gleiche Eigenwerte

Wir beginnen unsere Diskussion mit einer singulären Steifigkeitsmatrix $\boldsymbol{K}$. Ein solches Problem kann in der Praxis leicht vorkommen, denn schließlich interessiert auch das dynamische Verhalten freier oder halbfreier Tragwerke (Flugzeuge, Raketen, Satelliten, Hubschrauberblätter mit Gelenk). Diese Strukturen können starre Bewegungen ausführen (Abb. 17.2.1). Eine derartige starre Bewegung sei $\boldsymbol{x}_0$. Natürlich treten dabei keine elastischen Kräfte auf, d.h. es gilt

$$\boldsymbol{K}\boldsymbol{x}_0 = \boldsymbol{o} \qquad (\boldsymbol{x}_0 \neq \boldsymbol{o}) \tag{17.2.1}$$

Ausgehend von der Eigenwertaufgabe

$$\boldsymbol{K}\boldsymbol{x}_i = \boldsymbol{M}\boldsymbol{x}_i \lambda_i^{-1} \tag{17.2.2}$$

sehen wit jedoch sofort, daß $\boldsymbol{x}_0$ eine nichttriviale Lösung des Systems darstellt, die zu

$$\lambda_0^{-1} = \omega_0^2 = 0 \tag{17.2.3}$$

gehört. Vorausgesetzt wird dabei, daß $\boldsymbol{M}\boldsymbol{x}_0$ selbst nicht ein Nullvektor ist. Der Fall $\boldsymbol{M}\boldsymbol{x}_0 = \boldsymbol{o}$ würde bedeuten, daß $\boldsymbol{x}_0$ nicht nur eine starre, sondern darüber hinaus eine trägheitslose Bewegung darstellt. Er wird am Ende dieses Kapitels noch kurz diskutiert werden.

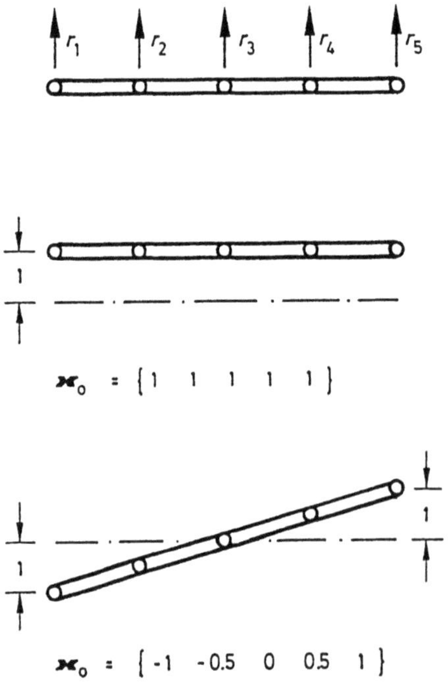

Abb. 17.2.1

Starre Bewegungsmöglichkeiten x_0 im Rahmen der Freiheitsgrade r

Das Resultat (17.2.3) ergibt sich auch aus (17.1.11), dem Rayleigh-Quotienten, oder direkt aus der charakteristischen Gleichung (17.1.4c) in der Form

$$b_n\left(\frac{1}{\lambda}\right)^n + b_{n-1}\left(\frac{1}{\lambda}\right)^{n-1} + \ldots + b_0 = 0 \tag{17.2.4}$$

Da $\boldsymbol{K}$ singulär ist, ist det$\boldsymbol{K}$ Null und damit gemäß (17.1.6) auch mindestens b_0. Somit existiert wenigstens eine Lösung (17.2.3). Wenn wir die Form (17.1.30) bzw. (17.1.38) als Arbeitsgrundlage des Eigenwertproblems ansehen, dann hat eine singuläre Steifigkeitsmatrix die unerfreuliche Konsequenz, daß einige λ_i unendlich groß werden. Ferner ist die Dreieckszerlegung (17.1.36) nicht ausführbar. Es gilt also, die starren Bewegungsformen aus der eigentlichen Eigenwertberechnung zu extrahieren.

Dazu spalten wir die Verschiebungen, wie in der natürlichen Methode, in elastische und starre Anteile auf. Die anschaulichste Methode besteht darin, die starren Bewegungsmöglichkeiten durch die Einführung statisch bestimmter Lager zu unterdrücken und diesen Fehler durch die Addition starrer Bewegungsanteile wiedergutzumachen ([17.2], [17.3], Abb. 17.2.2). Wir erhalten dann die Darstellung

$$\boldsymbol{r} = [\boldsymbol{T}_0 \quad \boldsymbol{T}_e]\{\boldsymbol{r}_0 \quad \boldsymbol{r}_e\} \tag{17.2.5}$$

Erfolgt diese Aufspaltung, wie in Abb. 17.2.2 vorgeführt, durch Unterdrückung von Einzelfreiheitsgraden, dann ist $\boldsymbol{T}_e$ eine triviale Boolesche Matrix. Jede Spalte der Matrix $\boldsymbol{T}_e$ enthält ein Element 1 (die Koordinate ij zeigt an, daß r_{ej} einen Beitrag zu r_i liefert). Jede Reihe der Matrix $\boldsymbol{T}_e$ enthält entweder nur Nullen (r_i unterdrückt durch eingeführte Lager) oder eine 1 (r_i existiert auch nach Auflagerung weiter). Wir werden noch darauf zurückkommen, daß es auch mehr mathematisch orientierte Aufstellungsmöglichkeiten für $\boldsymbol{T}_0$ und $\boldsymbol{T}_e$ gibt. In diesem Fall geht die einfache Struktur in der Regel verloren. Die Matrix $\boldsymbol{T}_0$ ist im allgemeinen voll besetzt. Sie kann jedoch leicht automatisch generiert werden, da die Knotenkoordinaten ohnehin im Computer abgespeichert sind. So wäre die erste Spalte der Matrix $\boldsymbol{T}_0$ durch die Information „Translation vertikal", die zweite Spalte durch die Information „Drehung um Punkt 3 im Uhrzeigersinn" einfach automatisch aufzustellen. In aller Regel umfaßt $\boldsymbol{T}_0$ nur wenige Spalten, und deshalb gibt es auch keine Speicherplatzprobleme. Natürlich sollen die Spalten von $\boldsymbol{T}_0$ und $\boldsymbol{T}_e$ linear unabhängig sein, was aber problemlos zu erreichen ist.

Wir stellen nun das Schwingungsproblem (17.1.1) auf die neuen Freiheitsgrade $\boldsymbol{r}_0$ und $\boldsymbol{r}_e$ um, indem wir (17.2.5) einführen und zugleich mit $\{\boldsymbol{T}_0^t \quad \boldsymbol{T}_e^t\}$ vormultiplizieren. Da die Spalten von $\boldsymbol{T}_0$ starre Bewegungen darstellen, gilt dabei

$$\boldsymbol{K}\boldsymbol{T}_0 = \boldsymbol{O} \tag{17.2.6}$$

Dies vorausgeschickt, erhalten wir das transformierte System

$$\begin{bmatrix} \boldsymbol{M}_{00} & \boldsymbol{M}_{0e} \\ \boldsymbol{M}_{e0} & \boldsymbol{M}_{ee} \end{bmatrix} \begin{bmatrix} \ddot{\boldsymbol{r}}_0 \\ \ddot{\boldsymbol{r}}_e \end{bmatrix} + \begin{bmatrix} \boldsymbol{O} & \boldsymbol{O} \\ \boldsymbol{O}^t & \boldsymbol{K}_{ee} \end{bmatrix} \begin{bmatrix} \boldsymbol{r}_0 \\ \boldsymbol{r}_e \end{bmatrix} = \begin{bmatrix} \boldsymbol{o} \\ \boldsymbol{o} \end{bmatrix} \tag{17.2.7}$$

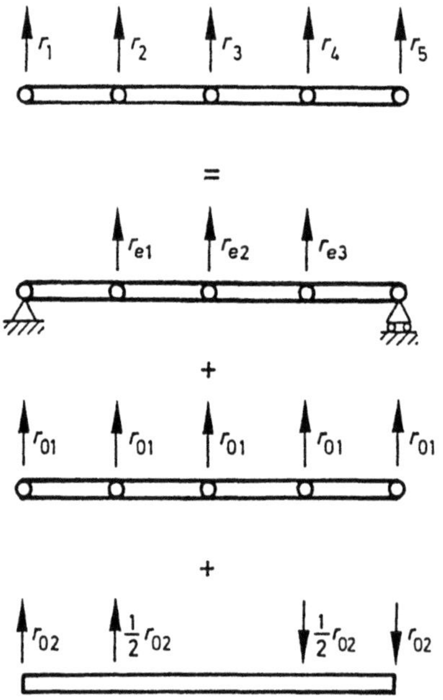

$$\begin{bmatrix} r_1 \\ r_2 \\ r_3 \\ r_4 \\ r_5 \end{bmatrix} = \left[\begin{array}{cc|ccc} 1 & 1 & 0 & 0 & 0 \\ 1 & 0.5 & 1 & 0 & 0 \\ 1 & 0 & 0 & 1 & 0 \\ 1 & -0.5 & 0 & 0 & 1 \\ 1 & -1 & 0 & 0 & 0 \end{array}\right] \begin{bmatrix} r_{01} \\ r_{02} \\ r_{e1} \\ r_{e2} \\ r_{e3} \end{bmatrix}$$

$$\boldsymbol{r} = [\, \boldsymbol{T}_0 \mid \boldsymbol{T}_e \,] \{\, \boldsymbol{r}_0 \mid \boldsymbol{r}_e \,\}$$

Abb. 17.2.2
Bei freien oder teilweise freien Schwingern wird die Gesamtbewegung $\boldsymbol{r}$ in starre ($\boldsymbol{r}_0$) und elastische ($\boldsymbol{r}_e$) Komponenten aufgespalten

wobei abkürzend eingeführt wurde

$$\begin{aligned} M_{00} &= T_0^{\mathrm{t}} M T_0 \\ M_{0e} &= T_0^{\mathrm{t}} M T_e = M_{e0}^{\mathrm{t}} \\ M_{ee} &= T_e^{\mathrm{t}} M T_e \\ K_{ee} &= T_e^{\mathrm{t}} K T_e \end{aligned} \tag{17.2.8}$$

Bei der Generierung der Matrix T_e durch simple Auflager entspricht M_{ee} der Massenmatrix im gelagerten System, und entsprechendes gilt für K_{ee} auch. Beide sind dünn besiedelt. Die Matrix M_{00} ist in aller Regel voll besetzt, aber klein. Stellen die starren Bewegungen jedoch Translationen in bzw. Rotationen um Hauptträgheitsachsen des Tragwerks dar, dann ist M_{00} diagonal. Die Koppelmatrix M_{0e} ist im Rahmen der bisherigen Diskussion ebenfalls als voll besetzt anzusehen. Da es sich hier jedoch um eine schmale flache Rechteckmatrix handelt, stellt dies kein Problem dar. Man kann durch eine andere Wahl von $\boldsymbol{T}_e$ erreichen, daß $\boldsymbol{M}_{0e}$ zu Null wird, und hat dann in (17.2.7) ein voll entkoppeltes Problem, allerdings auf Kosten der dünnen Besiedlung von $\boldsymbol{M}_{ee}$ und $\boldsymbol{K}_{ee}$.

Die erste Hypergleichung in (17.2.7) kann nun dazu benützt werden, die starren Bewegungsanteile zu eliminieren. Dabei ist $\boldsymbol{M}_{00}$ invertierbar (was sich auch aus der möglichen Diagonalgestalt von $\boldsymbol{M}_{00}$ ergibt)

$$\ddot{\boldsymbol{r}}_0 = -\boldsymbol{M}_{00}^{-1}\boldsymbol{M}_{0e}\ddot{\boldsymbol{r}}_e \tag{17.2.9}$$

Wir können (17.2.9) bzw. (17.2.7), erste Zeile, auch dahingehend interpretieren, daß die Summe aller Trägheitskräfte in „Richtung" der starren Bewegung Null sein muß. Wir setzen nun (17.2.9) in (17.2.7), zweite Zeile, ein und erhalten ein System in elastischen Freiheitsgraden

$$[\boldsymbol{M}_{ee} - \boldsymbol{M}_{e0}\boldsymbol{M}_{00}^{-1}\boldsymbol{M}_{0e}]\ddot{\boldsymbol{r}}_e + \boldsymbol{K}_{ee}\boldsymbol{r}_e = \boldsymbol{o} \tag{17.2.10}$$

Dieses Problem unterscheidet sich von der Schwingungsaufgabe für das aufgelagerte Tragwerk lediglich durch eine modifizierte Massenmatrix. Da $\boldsymbol{K}_{ee}$ nunmehr positiv definit ist, kann es nun ohne Schwierigkeiten, wie in Abschnitt 17.1 angegeben, behandelt werden. Die zugehörigen Eigenwerte sind alle endlich, da die Nulleigenfrequenzen eliminiert wurden. Natürlich liefert (17.2.10) als Eigenvektoren nur die elastischen Bewegungsanteile $\boldsymbol{X}_e$ des Systems, die allerdings für die Beanspruchung des Tragwerks entscheidend sind. Aus der Superposition der nichtdegenerierten Lösungen erhalten wir sofort (siehe (17.1.17))

$$\boldsymbol{r}_e = \sum_{i=1}^{ne} c_i \boldsymbol{x}_{ei} \sin(\omega_i t + \varphi_i) \tag{17.2.11}$$

für den elastischen Bewegungsanteil, wobei ne die Anzahl der elastischen Freiheitsgrade ist.

Aus (17.2.9) folgt dann durch zweimaliges Integrieren über die Zeit

$$\boldsymbol{r}_0 = -\boldsymbol{M}_{00}^{-1}\boldsymbol{M}_{0e}\boldsymbol{r}_e + \boldsymbol{a}_0 + \boldsymbol{b}_0 t \tag{17.2.12}$$

Der Inhalt der Vektoren $\boldsymbol{a}_0$ und $\boldsymbol{b}_0$ ist natürlich unbekannt. Die gesamte Antwort des Systems in den ursprünglichen Freiheitsgraden $\boldsymbol{r}$ ist dann mit (17.2.5) einfach

$$\begin{aligned} \boldsymbol{r} &= [\boldsymbol{T}_e - \boldsymbol{T}_0\boldsymbol{M}_{00}^{-1}\boldsymbol{M}_{0e}]\boldsymbol{r}_e + \boldsymbol{T}_0[\boldsymbol{a}_0 + \boldsymbol{b}_0 t] \\ &= [\boldsymbol{T}_e - \boldsymbol{T}_0\boldsymbol{M}_{00}^{-1}\boldsymbol{M}_{0e}]\sum_{i=1}^{ne} c_i \boldsymbol{x}_{ei}\sin(\omega_i t + \varphi_i) + \boldsymbol{T}_0[\boldsymbol{a}_0 + \boldsymbol{b}_0 t] \end{aligned} \tag{17.2.13}$$

Der erste Anteil repräsentiert die schwingende Bewegung, wobei die Eigenvektoren im System $\boldsymbol{r}$ offenbar durch

$$\underset{(n \times ne)}{\boldsymbol{X}} = [\boldsymbol{T}_e - \boldsymbol{T}_0\boldsymbol{M}_{00}^{-1}\boldsymbol{M}_{0e}]\boldsymbol{X}_e \tag{17.2.14}$$

gegeben sind. Der Satz $\boldsymbol{X}$ gehört dabei nur zu den nichtdegenerierten Lösungen λ; $\boldsymbol{X}$ ist also eine hohe Rechteckmatrix. Der volle Rang wird durch das Hinzufügen der n_0 starren Formen erreicht. Der zweite Anteil resultiert aus der besonderen Natur des nicht oder unvollständig gelagerten Tragwerks. Wenn sich ein solches Gebilde zum Beginn der Betrachtung bereits mit konstanter Geschwindigkeit bewegt, dann wird es natürlich diesen Bewegungszustand beibehalten, denn es wirken ja voraussetzungsgemäß keine äußeren Kräfte auf die Struktur. Die Auslenkungen nehmen also mit der Zeit linear zu. Für die spezielle Anfangsbedingung

$$\boldsymbol{r}_0(t=0)=\boldsymbol{o}$$

$$\dot{\boldsymbol{r}}_0(t=0)=\boldsymbol{o} \qquad (17.2.15)$$

gilt

$$\boldsymbol{a}_0=\boldsymbol{b}_0=\boldsymbol{o} \qquad (17.2.16)$$

d.h. das Linearglied in der Zeit entfällt.

Zur Illustration des Sachverhalts sind in Abb. 17.2.3 zwei Beispiele durchgerechnet. Der linke Feder-Massen-Schwinger weist eine, das rechte Balkenmodell zwei starre Bewegungsmöglichkeiten auf. Entsprechend ist die Zahl der Nulleigenfrequenzen, die abgespalten werden. Die starren Formen des Balkenmodells beziehen sich auf Hauptträgheitsachsen, dementsprechend ist $\boldsymbol{M}_{00}$ diagonal. Es liegt jedoch keine Entkoppelung zwischen starren und elastischen Bewegungsanteilen vor, da in beiden Fällen $\boldsymbol{M}_{e0}$ keine Nullmatrix ist. Also wird bei der Berechnung der Gesamtbewegung auch der starre Bewegungsanteil ins Spiel kommen. Die gezeichneten Eigenschwingungsformen in $\boldsymbol{r}$ zeigen sehr schön, wie der natürliche Kräfteausgleich im Rahmen der Bewegung erfolgt. Um eine volle Entkoppelung der Probleme zu erreichen, müßte $\boldsymbol{T}_e$ nicht über eine anschauliche Lagerung, sondern über die Forderung

$$\boldsymbol{M}_{e0}=\boldsymbol{T}_e^{\mathrm{t}}\boldsymbol{M}\boldsymbol{T}_0=\boldsymbol{O} \qquad (17.2.17)$$

aufgestellt werden. Dies bedeutet für das Feder-Massen-Modell, daß wir zum Vektor

$$\boldsymbol{M}\boldsymbol{T}_0=m\{1 \quad 2 \quad 1\}$$

zwei linear unabhängige Vektoren suchen, die senkrecht auf $\boldsymbol{M}\boldsymbol{T}_0$ stehen. Diese müssen also die Bedingung

$$v_1+2v_2+v_3=0$$

erfüllen. Offensichtlich ist eine Lösung dieser Forderung

$$\boldsymbol{T}_e=\begin{bmatrix} 1 & 1 \\ 0 & -1 \\ -1 & 1 \end{bmatrix}$$

Der Leser behandele nun das Eigenwertproblem erneut und versuche auch das Balkenproblem in gleicher Weise zu lösen.

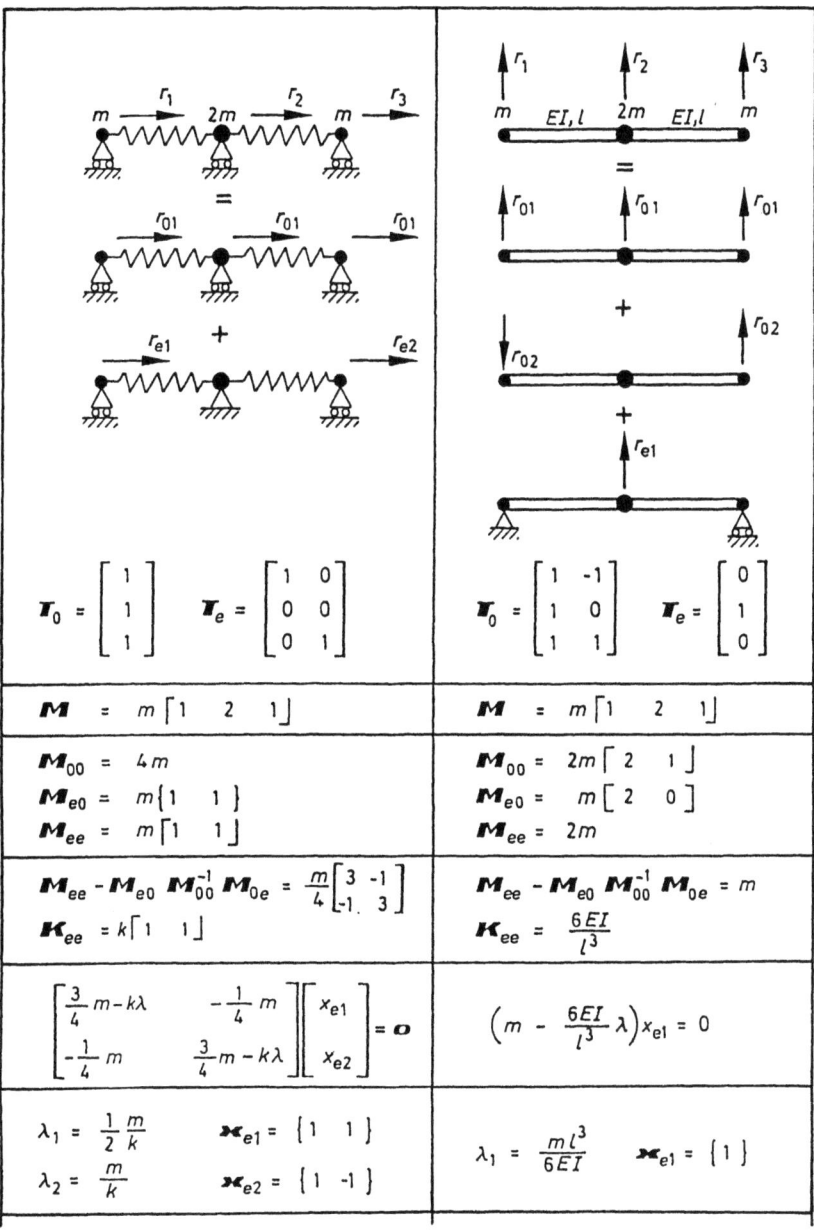

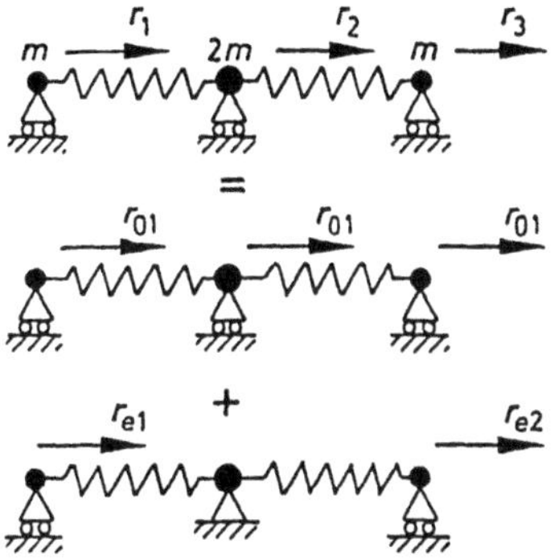

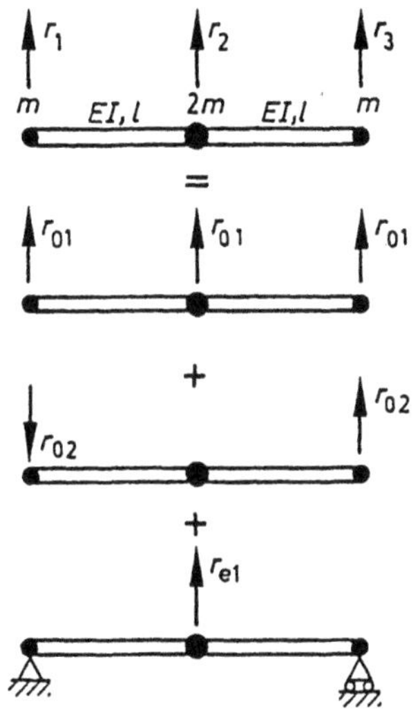

$\boldsymbol{T}_0 = \begin{bmatrix} 1 \\ 1 \\ 1 \end{bmatrix}$ $\quad \boldsymbol{T}_e = \begin{bmatrix} 1 & 0 \\ 0 & 0 \\ 0 & 1 \end{bmatrix}$	$\boldsymbol{T}_0 = \begin{bmatrix} 1 & -1 \\ 1 & 0 \\ 1 & 1 \end{bmatrix}$ $\quad \boldsymbol{T}_e = \begin{bmatrix} 0 \\ 1 \\ 0 \end{bmatrix}$
$\boldsymbol{M} = m \lceil 1 \quad 2 \quad 1 \rfloor$	$\boldsymbol{M} = m \lceil 1 \quad 2 \quad 1 \rfloor$
$\boldsymbol{M}_{00} = 4m$ $\boldsymbol{M}_{e0} = m\{1 \quad 1\}$ $\boldsymbol{M}_{ee} = m\lceil 1 \quad 1 \rfloor$	$\boldsymbol{M}_{00} = 2m \lceil 2 \quad 1 \rfloor$ $\boldsymbol{M}_{e0} = m[2 \quad 0]$ $\boldsymbol{M}_{ee} = 2m$
$\boldsymbol{M}_{ee} - \boldsymbol{M}_{e0}\boldsymbol{M}_{00}^{-1}\boldsymbol{M}_{0e} = \frac{m}{4}\begin{bmatrix} 3 & -1 \\ -1 & 3 \end{bmatrix}$ $\boldsymbol{K}_{ee} = k\lceil 1 \quad 1 \rfloor$	$\boldsymbol{M}_{ee} - \boldsymbol{M}_{e0}\boldsymbol{M}_{00}^{-1}\boldsymbol{M}_{0e} = m$ $\boldsymbol{K}_{ee} = \frac{6EI}{l^3}$
$\begin{bmatrix} \frac{3}{4}m - k\lambda & -\frac{1}{4}m \\ -\frac{1}{4}m & \frac{3}{4}m - k\lambda \end{bmatrix}\begin{bmatrix} x_{e1} \\ x_{e2} \end{bmatrix} = \boldsymbol{o}$	$\left(m - \frac{6EI}{l^3}\lambda\right)x_{e1} = 0$
$\lambda_1 = \frac{1}{2}\frac{m}{k} \qquad \boldsymbol{x}_{e1} = \{1 \quad 1\}$ $\lambda_2 = \frac{m}{k} \qquad \boldsymbol{x}_{e2} = \{1 \quad -1\}$	$\lambda_1 = \frac{ml^3}{6EI} \qquad \boldsymbol{x}_{e1} = \{1\}$

Abb. 17.2.3 Zwei einfache Beispiele zur Behandlung von Schwingern mit singulärer Steifigkeit, *Teil* 1

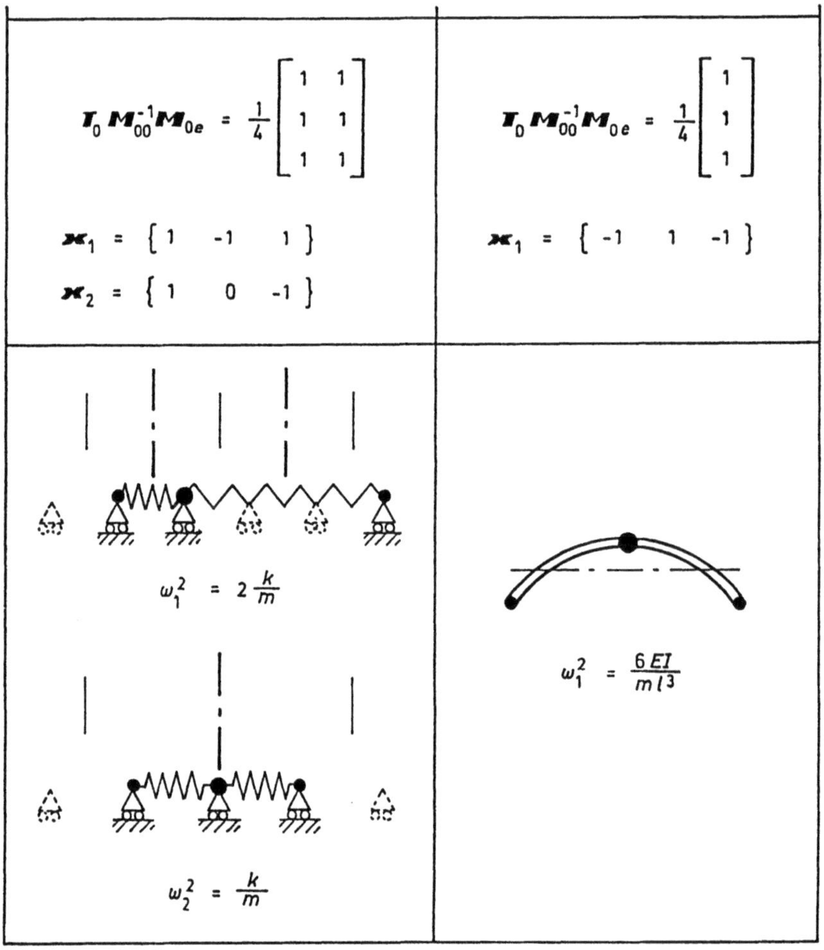

Abb. 17.2.3 Zwei einfache Beispiele zur Behandlung von Schwingern mit singulärer Steifigkeit, *Teil* 2

Wir wenden uns damit dem zweiten Problemfall zu, nämlich dem einer singulären Massenmatrix. In diesem Fall gibt es trägheitsfreie Bewegungen x_∞, welche der Forderung

$$Mx_\infty = o \qquad (x_\infty \neq o) \tag{17.2.18a}$$

genügen oder auch

$$x_\infty^t M x_\infty = 0 \tag{17.2.18b}$$

Wenn wir uns konsequent an das konsistente Massenmodell halten, dann ergibt sich aus (17.2.18b) auch

$$x_\infty^t M x_\infty = x_\infty^t \sum_{g=1}^{m} a_g^t \left[\int_{V_g} \rho\, \omega^t \omega \, dV \right] a_g x_\infty$$

$$= \sum_{g=1}^{m} \int_{V_g} \rho\, u_\infty^t u_\infty \, dV \qquad (17.2.19)$$

wobei u_∞ die zu x_∞ gehörige lokale Verschiebung darstellt. Damit das Resultat (17.2.18b) erhalten werden kann, muß also entweder $\rho = 0$ oder $u_\infty = o$ für jeden Punkt gelten. Eine trägheitsfreie Bewegung x_∞ ist nur denkbar, wenn gewisse Tragwerksbereiche massefrei sind, eine der Natur folgende Idealisierung wird also diese Eigenschaft nicht haben.

Etwas anders sieht es mit den einfachen Punktmassen-Matrizen aus. Wie in Abb. 17.2.4 dargestellt wird, sind bei solchen Punktmassen-Modellen durchaus trägheitsfreie Bewegungen möglich. Ausgehend von der Eigenwertaufgabe

$$M x_i = K x_i \lambda_i \qquad (17.2.20)$$

sehen wir dann sofort, daß x_∞ eine nichttriviale Lösung des Systems darstellt, die zu

$$\lambda_\infty = \frac{1}{\omega_\infty^2} = 0 \qquad (17.2.21)$$

gehört. Vorausgesetzt wird dabei, daß Kx_∞ nicht selbst ein Nullvektor ist, also x_∞ nicht auch zugleich eine starre Bewegung des Systems darstellt. Das Resultat (17.2.21) ergibt sich natürlich auch aus dem Rayleigh-Quotienten (17.1.11) oder aus der charakteristischen Gleichung (17.1.4c) in der Form

$$b_n + b_{n-1}\lambda + b_{n-2}\lambda^2 + \ldots + b_0 \lambda^n = 0 \qquad (17.2.22)$$

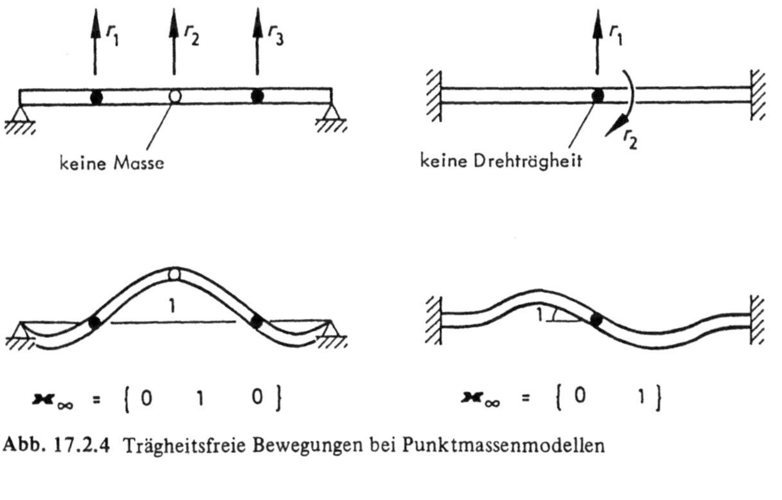

Abb. 17.2.4 Trägheitsfreie Bewegungen bei Punktmassenmodellen

Aus (17.1.5) folgt mindestens $b_n = 0$ bei singulärer Massenmatrix, und damit existiert mindestens eine einfache Lösung $\lambda = 0$. Für die von uns gewählte Eigenwertanalyse ist $\lambda = 0$ tolerierbar. Es ist jedoch jederzeit möglich, diese degenerierten Lösungen analog zu den Starrkörperformen zu eliminieren. Wir spalten dazu die Bewegungsmöglichkeiten in trägheitsfreie $\boldsymbol{T}_\infty$ und trägheitsbehaftete $\boldsymbol{T}_m$ auf

$$\boldsymbol{r} = [\boldsymbol{T}_\infty \quad \boldsymbol{T}_m]\{\boldsymbol{r}_\infty \quad \boldsymbol{r}_m\} \tag{17.2.23}$$

Wenn es sich um einfache masselose Freiheitsgrade handelt, wie bei den Beispielen in Abb. 17.2.4, sind $\boldsymbol{T}_\infty$ und $\boldsymbol{T}_m$ nur Boolesche Matrizen, und $\boldsymbol{r}_\infty$ wären die masselosen und $\boldsymbol{r}_m$ die massebehafteten Freiheitsgrade. Da nun

$$\boldsymbol{M}\boldsymbol{T}_\infty = \boldsymbol{O} \tag{17.2.24}$$

sein soll, lautet das auf $\{\boldsymbol{r}_\infty \quad \boldsymbol{r}_m\}$ transformierte System

$$\begin{bmatrix} \boldsymbol{O} & \boldsymbol{O} \\ \boldsymbol{O}^t & \boldsymbol{M}_{mm} \end{bmatrix} \begin{bmatrix} \ddot{\boldsymbol{r}}_\infty \\ \ddot{\boldsymbol{r}}_m \end{bmatrix} + \begin{bmatrix} \boldsymbol{K}_{\infty\infty} & \boldsymbol{K}_{\infty m} \\ \boldsymbol{K}_{m\infty} & \boldsymbol{K}_{mm} \end{bmatrix} \begin{bmatrix} \boldsymbol{r}_\infty \\ \boldsymbol{r}_m \end{bmatrix} = \begin{bmatrix} \boldsymbol{o} \\ \boldsymbol{o} \end{bmatrix} \tag{17.2.25}$$

Mit Hilfe der ersten Teilgleichung lassen sich die trägheitsfreien Bewegungen eliminieren

$$\boldsymbol{r}_\infty = -\boldsymbol{K}_{\infty\infty}^{-1}\boldsymbol{K}_{\infty m}\boldsymbol{r}_m \tag{17.2.26}$$

und es verbleibt ein System in trägheitsbehafteten Freiheitsgraden

$$\boldsymbol{M}_{mm}\ddot{\boldsymbol{r}}_m + [\boldsymbol{K}_{mm} - \boldsymbol{K}_{m\infty}\boldsymbol{K}_{\infty\infty}^{-1}\boldsymbol{K}_{\infty m}]\boldsymbol{r}_m = \boldsymbol{o} \tag{17.2.27}$$

Dabei ist die Massenmatrix $\boldsymbol{M}_{mm}$ nun positiv definit. Der Eliminationsprozeß ist mit der statischen Kondensation identisch (s. etwa (3.2.33), Band I).

Das System liefert nun $\mathrm{nm} = \mathrm{n} - \mathrm{n}_\infty$ nichtdegenerierte Lösungen $\lambda_i = 1/\omega_i^2$ und $\boldsymbol{x}_{mi}$, die wieder zur gesamten Lösung $\boldsymbol{r}_m$ superponiert werden können

$$\boldsymbol{r}_m = \sum_{i=1}^{nm} c_i \boldsymbol{x}_{mi} \sin(\omega_i t + \varphi_i) \tag{17.2.28}$$

Die Antwort in den ursprünglichen Freiheitsgraden ist dann

$$\boldsymbol{r} = [\boldsymbol{T}_m - \boldsymbol{T}_\infty \boldsymbol{K}_{\infty\infty}^{-1}\boldsymbol{K}_{\infty m}] \sum_{i=1}^{nm} c_i \boldsymbol{x}_{mi} \sin(\omega_i t + \varphi_i) \tag{17.2.29}$$

und die rücktransformierten Eigenvektoren werden

$$\underset{(n \times nm)}{\boldsymbol{X}} = [\boldsymbol{T}_m - \boldsymbol{T}_\infty \boldsymbol{K}_{\infty\infty}^{-1}\boldsymbol{K}_{\infty m}] \underset{(nm \times nm)}{\boldsymbol{X}_m} \tag{17.2.30}$$

wobei $\boldsymbol{X}$ eine hohe Rechteckmatrix ist, die die nm Eigenvektoren repräsentiert, welche zu nichtdegenerierten Lösungen $\lambda_i \neq 0$ gehören. Mit ihnen finden wir auch an Stelle von (17.2.29)

$$\boldsymbol{r} = \sum_{i=1}^{nm} c_i \boldsymbol{x}_i \sin(\omega_i t + \varphi_i) \tag{17.2.31}$$

Wenn wir also bei singulärer Massenmatrix auf die Reduktion des Systems verzichten, was bei der im vorigen Abschnitt vorgeschlagenen Arbeitsweise möglich ist, dann erhalten wir bei der Lösung der Eigenwertaufgabe

$$MX = KX\Lambda \tag{17.2.32}$$

zwar n_∞ Nulleigenwerte λ_i und zugehörige Vektoren, aber diese werden für die Darstellung einer freien Bewegung nach (17.2.31) einfach als uninteressant weggelassen. Falls aber äußere Kräfte vorhanden sind, werden auch diese Lösungen von Interesse sein; hierauf kommen wir später noch zurück.

Wir haben bisher den Fall der singulären Steifigkeitsmatrix und Massenmatrix getrennt behandelt. Nun ist in der Praxis durchaus der Fall denkbar, daß beide Matrizen singulär sind (freies Punktmassenmodell; Abb. 17.2.5). Auch dies ist kein Problem, da die bisher besprochenen Techniken aneinandergekoppelt werden können. Wir teilen die gesamten Bewegungsmöglichkeiten dann in starre (T_0), trägheitsfreie (T_∞) und unabhängige (T_i) ein und setzen dementsprechend

$$r = [T_0 \quad T_\infty \quad T_i]\{r_0 \quad r_\infty \quad r_i\} \tag{17.2.33}$$

an. Die transformierten Bewegungsgleichungen lauten

$$\begin{bmatrix} M_{00} & O & M_{0i} \\ O^t & O & O \\ M_{i0} & O^t & M_{ii} \end{bmatrix} \begin{bmatrix} \ddot{r}_0 \\ \ddot{r}_\infty \\ \ddot{r}_i \end{bmatrix} + \begin{bmatrix} O & O & O \\ O^t & K_{\infty\infty} & K_{\infty i} \\ O^t & K_{i\infty} & K_{ii} \end{bmatrix} \begin{bmatrix} r_0 \\ r_\infty \\ r_i \end{bmatrix} = \begin{bmatrix} o \\ o \\ o \end{bmatrix} \tag{17.2.34}$$

Vorausgesetzt, daß die starren Bewegungen trägheitsbehaftet sind ($MT_0 \neq O$, M_{00} positiv definit) und die trägheitsfreien Bewegungen nicht starr ($KT_\infty \neq O$, $K_{\infty\infty}$ positiv definit), lassen sich r_0 und r_∞ eliminieren, und wir erhalten ein Restsystem mit positiv definiten Matrizen und unabhängigen Freiheitsgraden

$$[M_{ii} - M_{i0}M_{00}^{-1}M_{0i}]\ddot{r}_i + [K_{ii} - K_{i\infty}K_{\infty\infty}^{-1}K_{\infty i}]r_i = o \tag{17.2.35}$$

So könnte man bei dem Beispiel Abb. 17.2.5 den Freiheitsgrad r_1 unterdrücken, um die starre Bewegung zu entfernen, und r_2, um die trägheitsfreie Bewegung zu beseitigen. Es zeigt also als einziger unabhängiger Freiheitsgrad r_{1i} in Richtung r_3. Die Transformationsmatrizen sind

$$T_0 = \{1 \quad 1 \quad 1\}$$
$$T_\infty = \{0 \quad 1 \quad 0\}$$
$$T_i = \{0 \quad 0 \quad 1\}$$

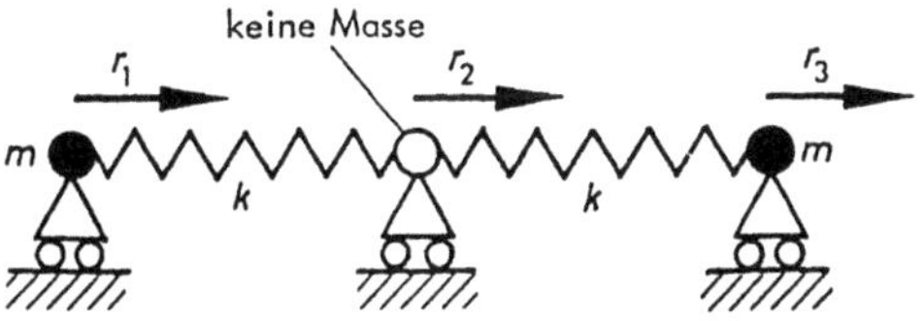

Abb. 17.2.5
Tragwerk mit singulärer Massen- und Steifigkeitsmatrix bei sinnvoller dynamischer Problemstellung

Die Massenmatrix des Ausgangssystems ist

$$M = m\lceil 1 \quad 0 \quad 1 \rfloor$$

und die Steifigkeitsmatrix

$$K = k\begin{bmatrix} 1 & -1 & 0 \\ & 2 & -1 \\ \text{sym.} & & 1 \end{bmatrix}$$

Nach der Transformation lauten diese Matrizen

$$T^t M T = m\begin{bmatrix} 2 & 0 & 1 \\ & 0 & 0 \\ \text{sym.} & & 1 \end{bmatrix}$$

und

$$T^t K T = k\begin{bmatrix} 0 & 0 & 0 \\ & 2 & -1 \\ \text{sym.} & & 1 \end{bmatrix}$$

und das reduzierte Schwingungsproblem

$$m\ddot{r}_{1i} + kr_{1i} = 0$$

mit der nichtdegenerierten Lösung

$$\lambda_1 = \frac{m}{k}$$

$$x_{1i} = \{1\}$$

$$x_1 = \{-1 \quad 0 \quad 1\}$$

Bei diesem Problem ist zu beachten, daß es eine starre und eine davon unabhängige trägheitsfreie Bewegung gibt. Die Zahl der unabhängigen Freiheitsgrade kann also nur 1 sein. Als Denksportaufgabe möchten wir unsere Leser den Freiheitsgrad r_2 unterdrücken lassen. Scheinbar bleibt ein normales System mit zwei Freiheitsgraden übrig. Doch nun hat man zwei Möglichkeiten der Reduzierung: entweder man arbeitet mit T_0 (das Lager wurde wegen der starren Bewegungsmöglichkeit eingeführt) oder mit T_∞ (das Lager wurde wegen der trägheitsfreien Bewegungsmöglichkeit eingeführt). Der Leser zeige, daß in beiden Fällen eine der reduzierten Matrizen singulär ist und deshalb eine weitere Reduktionsmöglichkeit besteht.

Abschließend wollen wir uns nun die Frage stellen, was es bedeutet, wenn ein System zugleich eine starre und trägheitsfreie Bewegung ausführen kann ($x_{0,\infty}$). Dann wäre

$$\begin{aligned} Mx_{0,\infty} &= o \\ Kx_{0,\infty} &= o \end{aligned} \tag{17.2.36}$$

und natürlich ist die Eigenwertaufgabe

$$Mx = Kx\lambda$$

dann für jeden beliebigen reellen oder komplexen λ-Wert gelöst. In Abb. 17.2.6 haben wir ein Tragwerksbeispiel skizziert. Der massefreie Tragwerksteil kann eine starre Rotation ausführen. Da er weder elastische noch Trägheitskräfte auf das Resttragwerk ausüben kann, könnte er auch entfernt werden. Derartige Fälle wollen wir deshalb unter das Register „fehlerhafte Problemformulierung" einreihen und nicht weiter diskutieren.

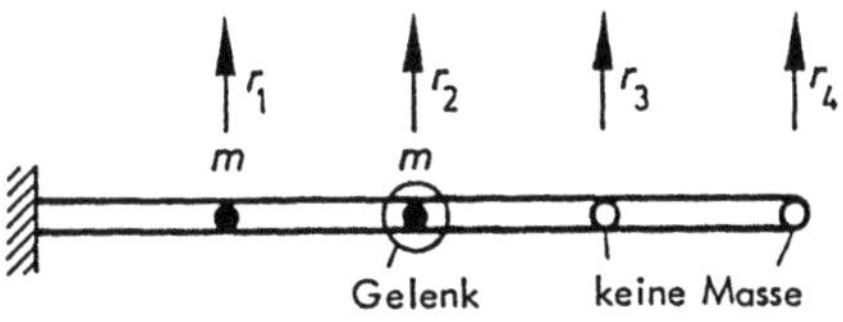

Abb. 17.2.6
Tragwerk mit singulärer Massen- und Steifigkeitsmatrix bei ungeeigneter dynamischer Problemstellung: das gelenkig angeschlossene Stück ist zu entfernen, da es bedeutungslos ist

Eine zusammenfassende Darstellung der degenerierten Lösungen finden wir in Abb. 17.2.7. Wir wenden uns nun dem letzten Sonderfall zu, nämlich dem gleicher (nichtdegenerierter) Eigenwerte. Mehrfache Eigenwerte vom degenerierten Typ haben wir bereits besprochen. Wenn also das charakteristische Polynom eine mehrfache Lösung aufweist, dann wird in der Regel nicht nur eine, sondern es werden mehrere Gleichungen des Systems

$$[\boldsymbol{M} - \lambda_i \boldsymbol{K}]\boldsymbol{x}_i = \boldsymbol{o} \tag{17.2.37}$$

linear abhängig sein. Ist der Eigenwert λ_i von der Vielfachheit p_i, dann gibt es hier auch p_i überflüssige linear abhängige Gleichungen, oder wir sagen auch, die Systemmatrix $[\boldsymbol{M} - \lambda_i \boldsymbol{K}]$ hat den Rangabfall p_i. Diese Eigenschaft ist übrigens für beliebige Matrizen nicht gegeben, wohl aber für die symmetrischen Matrizen $\boldsymbol{M}$ und $\boldsymbol{K}$, von denen mindestens noch eine positiv definit ist und die andere wenigstens positiv semi-definit. Stellen wir uns nun vor, daß wir aus (17.2.37) alle überflüssigen Gleichungen streichen und nur einen Satz von $(n - p_i)$ linear unabhängigen Beziehungen übrig behalten. Wir erhalten dann ein flaches Rechtecksystem der Gestalt

$$\underset{(n-p_i,\, n)}{\boldsymbol{A}} \; \underset{(n,\, 1)}{\boldsymbol{x}_i} = \underset{(n-p_i,\, 1)}{\boldsymbol{o}} \tag{17.2.38}$$

Bei einem einfachen Eigenwert konnten wir einen Wert in $\boldsymbol{x}_i$ frei wählen. Hier sind nun p_i Werte frei wählbar, und die verbleibenden $(n - p_i)$ unbekannten Werte in $\boldsymbol{x}_i$ folgen dann definitiv aus dem System (17.2.38). Statt nun $\boldsymbol{x}_i$ mit p_i frei gewählten Werten hinzuschreiben, können wir auch p_i linear unabhängige Vektoren angeben, bei denen z.B. jeweils *ein* Wert x_{ij} frei gewählt wird, die anderen frei wählbaren Werte zu Null gesetzt sind und die $(n - p_i)$ restlichen aus (17.2.38) bestimmt werden. Die Gesamtlösung ist eine beliebige Kombination dieser Vektoren

$$\boldsymbol{x}_i = c_1 \boldsymbol{x}_i^{(1)} + c_2 \boldsymbol{x}_i^{(2)} + \ldots + c_{p_i} \boldsymbol{x}_i^{(p_i)} \tag{17.2.39}$$

Wir können also sagen, daß der p_i-fache Eigenwert λ_i auch p_i linear unabhängige Eigenvektoren $\boldsymbol{x}_i^{(k)}$ hat. Nun hatten die zu einfachen Eigenwerten gehörenden Eigenvektoren

<table>
<tr><th>Singuläre Steifigkeitsmatrix</th><th>Singuläre Massenmatrix</th></tr>
<tr><td>Das Tragwerk hat n_0 linear unabhängige starre Bewegungsmöglichkeiten</td><td>Das Tragwerk hat n_∞ linear unabhängige trägheitslose Bewegungsmöglichkeiten</td></tr>
<tr><td>Es gibt eine n_0-fache degenerierte Lösung
$\lambda_i^{-1} = \omega_i^2 = 0$</td><td>Es gibt eine n_∞-fache degenerierte Lösung
$\lambda_i = \frac{1}{\omega_i^2} = 0$</td></tr>
<tr><td>Explizite Darstellung der starren Formen
$\boldsymbol{T}_0$ wo $\boldsymbol{K}\boldsymbol{T}_0 = \boldsymbol{O}$
$(n \times n_0)$ $\quad \boldsymbol{M}\boldsymbol{T}_0 \neq \boldsymbol{O}$</td><td>Explizite Darstellung der trägheitsfreien Formen
$\boldsymbol{T}_\infty$ wo $\boldsymbol{M}\boldsymbol{T}_\infty = \boldsymbol{O}$
$(n \times n_\infty)$ $\quad \boldsymbol{K}\boldsymbol{T}_\infty \neq \boldsymbol{O}$</td></tr>
<tr><td colspan="2">Zahl der unabhängigen Freiheitsgrade
$n_i = n - n_0 - n_\infty$
= Zahl der nichtdegenerierten Lösungen</td></tr>
<tr><td colspan="2">Transformation
$$\underset{(n\times 1)}{\boldsymbol{r}} = [\underset{(n\times n_0)}{\boldsymbol{T}_0} \quad \underset{(n\times n_\infty)}{\boldsymbol{T}_\infty} \quad \underset{(n\times n_i)}{\boldsymbol{T}_i}]\{\underset{(n_0\times 1)}{\boldsymbol{r}_0} \quad \underset{(n_\infty\times 1)}{\boldsymbol{r}_\infty} \quad \underset{(n_i\times 1)}{\boldsymbol{r}_i}\}$$</td></tr>
<tr><td colspan="2">Reduziertes System
$$\left[\boldsymbol{M}_{ii} - \boldsymbol{M}_{i0}\boldsymbol{M}_{00}^{-1}\boldsymbol{M}_{0i}\right]\ddot{\boldsymbol{r}}_i + \left[\boldsymbol{K}_{ii} - \boldsymbol{K}_{i\infty}\boldsymbol{K}_{\infty\infty}^{-1}\boldsymbol{K}_{\infty i}\right]\boldsymbol{r}_i = \boldsymbol{o}$$</td></tr>
<tr><td colspan="2">Rücktransformation
$$\boldsymbol{r} = \left[\boldsymbol{T}_0 \quad \boldsymbol{T}_\infty \quad \boldsymbol{T}_i\right]\begin{bmatrix} -\boldsymbol{M}_{00}^{-1}\boldsymbol{M}_{0i} \\ -\boldsymbol{K}_{\infty\infty}^{-1}\boldsymbol{K}_{\infty i} \\ \boldsymbol{I} \end{bmatrix}\boldsymbol{r}_i + \begin{bmatrix} \boldsymbol{a}_0 + \boldsymbol{b}_0 t \\ \boldsymbol{o} \\ \boldsymbol{o} \end{bmatrix}$$</td></tr>
</table>

Abb. 17.2.7 Degenerierte Lösungen bei Eigenschwingungsproblemen

die nützliche Eigenschaft, daß sie $\boldsymbol{M}$ und $\boldsymbol{K}$ zugleich diagonalisieren konnten. Trifft dies nun auch für mehrfache Eigenwerte zu? Wir betrachten dazu das spezielle Eigenwertproblem

$$\boldsymbol{U}^{-t}\boldsymbol{M}\boldsymbol{U}^{-1}\bar{\boldsymbol{X}} = \bar{\boldsymbol{X}}\boldsymbol{\Lambda} \tag{17.2.40}$$

mit

$$\bar{\boldsymbol{X}} = \boldsymbol{U}\boldsymbol{X} \tag{17.2.41}$$

Das Resultat der Eigenwertanalyse von (17.2.40) wäre ein voller (n × n)-Satz von Eigenvektoren $\bar{\boldsymbol{X}}$ und n Eigenwerten λ_i, von denen einige gleich (mehrfach) sind. Die zu verschiedenen Eigenwerten λ_i und λ_j gehörenden Eigenvektoren $\bar{\boldsymbol{x}}_i$ und $\bar{\boldsymbol{x}}_j$ sind orthogonal, da

$$\begin{aligned}\bar{\boldsymbol{x}}_i^t\bar{\boldsymbol{x}}_j &= \boldsymbol{x}_i^t\boldsymbol{U}^t\boldsymbol{U}\boldsymbol{x}_j = \boldsymbol{x}_i^t\boldsymbol{K}\boldsymbol{x}_j \\ &= 0\end{aligned} \tag{17.2.42}$$

gilt, was wir schon in (17.1.26) bewiesen haben. Bei einem mehrfachen Eigenwert λ_i steht es uns völlig frei, die linear unabhängigen Vektoren $\boldsymbol{x}_i^{(k)}$ so zu rekombinieren, daß sie auch orthogonal sind (z.B. Schmidtsches Verfahren). Somit ist es immer möglich, die Forderung

$$\bar{\boldsymbol{X}}^t\bar{\boldsymbol{X}} = \boldsymbol{I} = \boldsymbol{X}^t\boldsymbol{K}\boldsymbol{X} \tag{17.2.43}$$

zu erfüllen, woraus dann

$$\bar{\boldsymbol{X}}^t\boldsymbol{U}^{-t}\boldsymbol{M}\boldsymbol{U}^{-1}\bar{\boldsymbol{X}} = \boldsymbol{\Lambda} = \boldsymbol{X}^t\boldsymbol{M}\boldsymbol{X} \tag{17.2.44}$$

folgt. Die zu gleichen Eigenwerten gehörenden Eigenvektoren lassen sich also bezüglich $\boldsymbol{K}$ orthonormieren und haben dann die gleichen Eigenschaften wie die Eigenvektoren, die zu einfachen Eigenwerten gehören. Wie steht es aber mit der Lösung der Differentialgleichungen in $\boldsymbol{r}$? Nun, auch hier gibt es gegenüber einfachen Eigenwerten keine Besonderheit. Wir zeigen dies durch die Einführung neuer Variablen

$$\underset{(n\times 1)}{\boldsymbol{r}(t)} = \underset{(n\times n)}{\boldsymbol{X}}\;\underset{(n\times 1)}{\boldsymbol{\eta}(t)} \tag{17.2.45}$$

An die Stelle des Systems

$$\boldsymbol{M}\ddot{\boldsymbol{r}} + \boldsymbol{K}\boldsymbol{r} = \boldsymbol{o} \tag{17.2.46a}$$

tritt nach Vormultiplikation mit $\boldsymbol{X}^t$ das alternative System

$$\boldsymbol{\Lambda}\ddot{\boldsymbol{\eta}} + \boldsymbol{\eta} = \boldsymbol{o} \tag{17.2.46b}$$

falls $\boldsymbol{X}$ bezüglich $\boldsymbol{K}$ orthonormal ist. Die Gleichung (17.2.46b) stellt ein entkoppeltes System von n Differentialgleichungen des Typs

$$\lambda_i\ddot{\eta}_i + \eta_i = 0\,, \qquad i = 1, n \tag{17.2.46c}$$

dar. Jede Gleichung hat die Lösung

$$\eta_i = c_i \sin(\omega_i t + \varphi_i) \tag{17.2.47}$$

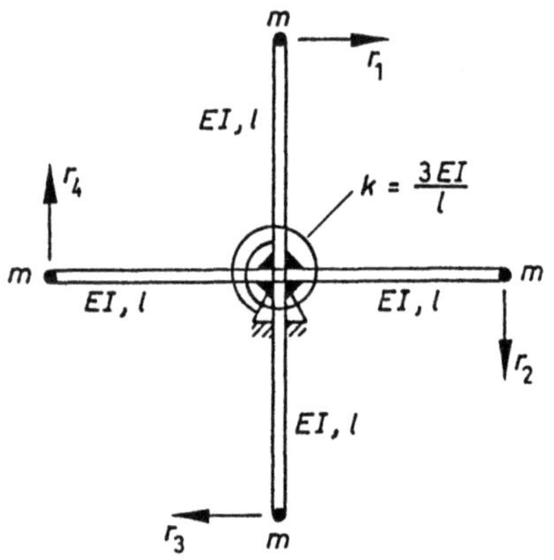

Abb. 17.2.8
Schwinger mit mehrfachen Eigenfrequenzen (Eigenwerten)

und es spielt gar keine Rolle, ob $\lambda_i = \omega_i^{-2}$ nun mehrfach ist oder nicht. Die Gesamtlösung in $\boldsymbol{r}$ lautet dann

$$\boldsymbol{r} = \sum_{i=1}^{n} c_i \boldsymbol{x}_i \sin(\omega_i t + \varphi_i) \tag{17.2.48}$$

Wir brauchen also in keiner Hinsicht zwischen einfachen und mehrfachen Eigenwerten zu unterscheiden.

Zur Abrundung und Entspannung demonstrieren wir das Gesagte an einem einfachen Beispiel (Abb. 17.2.8). Die Massenmatrix ist diagonal

$$\boldsymbol{M} = m\boldsymbol{I}_4$$

und die Steifigkeitsmatrix ist voll besetzt

$$\boldsymbol{K} = \frac{k}{5l^2}\begin{bmatrix} 4 & -1 & -1 & -1 \\ -1 & 4 & -1 & -1 \\ -1 & -1 & 4 & -1 \\ -1 & -1 & -1 & 4 \end{bmatrix}$$

Wir definieren als Abkürzung

$$\bar{\lambda} = \frac{k}{5ml^2\omega^2} = \frac{k\lambda}{5ml^2}$$

und erhalten dann zur Bestimmung der Eigenwerte $\bar{\lambda}_i$ und der Eigenvektoren $\boldsymbol{x}_i$ das homogene System

$$\begin{bmatrix} \bar{\lambda}^{-1}-4 & 1 & 1 & 1 \\ 1 & \bar{\lambda}^{-1}-4 & 1 & 1 \\ 1 & 1 & \bar{\lambda}^{-1}-4 & 1 \\ 1 & 1 & 1 & \bar{\lambda}^{-1}-4 \end{bmatrix}\begin{bmatrix} x_1 \\ x_2 \\ x_3 \\ x_4 \end{bmatrix} = \boldsymbol{o}$$

Setzt man die Determinante des Systems zu Null, dann ergeben sich die Lösungen

$$\bar{\lambda}_{1,2,3}^{-1} = 5 \quad \text{oder} \quad \lambda_{1,2,3} = \frac{1}{\omega^2} = \frac{ml^2}{k} \qquad \text{(dreifach)}$$

$$\bar{\lambda}_4^{-1} = 1 \qquad \lambda_4 = \frac{1}{\omega^2} = \frac{5ml^2}{k} \qquad \text{(einfach)}$$

Die Richtigkeit dieser Lösungen wird durch das Einsetzen in das homogene System leicht bestätigt: es entstehen in der Tat linear abhängige Gleichungen. So erhalten wir für $\bar{\lambda}_{1,2,3}$

$$\begin{bmatrix} 1 & 1 & 1 & 1 \\ 1 & 1 & 1 & 1 \\ 1 & 1 & 1 & 1 \\ 1 & 1 & 1 & 1 \end{bmatrix} \begin{bmatrix} x_1 \\ x_2 \\ x_3 \\ x_4 \end{bmatrix}_{1,2,3} = \boldsymbol{o}$$

Wir sehen, daß entsprechend der Vielfachheit 3 des Eigenwertes drei Gleichungen überflüssig sind. Die Systemmatrix hat den Rangabfall 3. Jeder Vektor

$$\boldsymbol{x}_{1,2,3} = \{c_1 \quad c_2 \quad c_3 \quad -(c_1 + c_2 + c_3)\}$$

mit beliebigen Konstanten c_1, c_2, c_3 wäre eine Lösung des Systems, bzw. die drei linear unabhängigen Vektoren

$$\boldsymbol{x}_1 = \{1 \quad 0 \quad 0 \quad -1\}$$
$$\boldsymbol{x}_2 = \{0 \quad 1 \quad 0 \quad -1\}$$
$$\boldsymbol{x}_3 = \{0 \quad 0 \quad 1 \quad -1\}$$

in beliebiger Linearkombination sind es auch. Dagegen liefert der einfache Eigenwert $\bar{\lambda}_4^{-1} = 1$ das System

$$\begin{bmatrix} -3 & 1 & 1 & 1 \\ 1 & -3 & 1 & 1 \\ 1 & 1 & -3 & 1 \\ 1 & 1 & 1 & -3 \end{bmatrix} \begin{bmatrix} x_1 \\ x_2 \\ x_3 \\ x_4 \end{bmatrix}_4 = \boldsymbol{o}$$

und hier ist nur eine Gleichung überflüssig (es ist z.B. die 1. Gleichung die negative Summe der letzten drei). Dementsprechend ist etwa nur x_1 frei wählbar, und wir erhalten

$$\boldsymbol{x}_4 = \{1 \quad 1 \quad 1 \quad 1\}$$

also eine punktsymmetrische Schwingungsform. Da $\lambda_4 \neq \lambda_{1,2,3}$ ist, werden auf jeden Fall die Elemente – siehe auch (17.1.23) –

$$\overline{m}_{i4} = \overline{m}_{4j} = 0$$
$$\bar{k}_{i4} = \bar{k}_{4j} = 0 \quad , \qquad i,j \neq 4$$

Die übrigen Elemente der Massenmatrix und der Steifigkeitsmatrix werden nur diagonalisiert, falls die $\boldsymbol{x}_{1,2,3}$ $\boldsymbol{K}$-orthogonal sind. Dies ist hier nicht der Fall. Dementsprechend erhalten wir

$$X^t M X = m \begin{bmatrix} 2 & 1 & 1 & 0 \\ 1 & 2 & 1 & 0 \\ 1 & 1 & 2 & 0 \\ 0 & 0 & 0 & 4 \end{bmatrix}$$

und

$$X^t K X = \frac{k}{5l^2} \begin{bmatrix} 10 & 5 & 5 & 0 \\ 5 & 10 & 5 & 0 \\ 5 & 5 & 10 & 0 \\ 0 & 0 & 0 & 4 \end{bmatrix}$$

Dagegen wäre der alternative Vektorsatz

$$X_{Ko} = \sqrt{\frac{l^2}{12k}} \begin{bmatrix} \sqrt{6} & -\sqrt{2} & -1 & \sqrt{15} \\ 0 & 2\sqrt{2} & -1 & \sqrt{15} \\ 0 & 0 & 3 & \sqrt{15} \\ -\sqrt{6} & -\sqrt{2} & -1 & \sqrt{15} \end{bmatrix}$$

bezüglich $\boldsymbol{K}$ orthonormal

$$X^t K X = I_4$$

und wir erhalten mit

$$X^t M X = \frac{ml^2}{k} \lceil 1 \quad 1 \quad 1 \quad 5 \rfloor = \boldsymbol{\Lambda} = \boldsymbol{\Omega}^{-2}$$

die Diagonalmatrix der Eigenwerte bzw. die Kehrwerte der Kreiseigenfrequenzen. Für dieses kleine Beispiel wäre es übrigens viel einfacher gewesen, mit $\boldsymbol{M}$-orthonormalen Eigenvektoren zu arbeiten. Der Leser möge überlegen, warum dies so ist, und dann die entsprechende Berechnung ausführen.

Ergänzung zu 17.2

*17.2 Berechnung des orthogonalen Komplements T_e aus MT_0 mit der Methode von Householder

Wir hatten festgestellt, daß das System (17.2.7) vollständig entkoppelt werden kann, falls man spezielle elastische Freiheitsgrade einführt. Der Preis dafür ist die volle Besetzung der Massenmatrix $\boldsymbol{M}_{ee}$ und der Steifigkeitsmatrix $\boldsymbol{K}_{ee}$, welche bei einer einfachen Auflagerung dünn besiedelt sind. Die Entkoppelung läuft auf die Forderung

$$M_{e0} = T_e^t M T_0 = \underset{(ne \times n)(n \times n0)}{T_e^t Y} = O \qquad (*17.2.1)$$

hinaus, wobei

$$\underset{(n\times n0)}{Y} = \underset{(n\times n)}{M}\;\underset{(n\times n0)}{T_0} \qquad (*17.2.2)$$

ist. Wir wollen im folgenden das Problem lösen, wie aus einem bekannten Y das Feld T_e schematisch berechnet werden kann, und zwar so, daß (*17.2.1) erfüllt wird. Hierzu setzen wir zunächst voraus, daß es möglich ist, den Vektorsatz Y so vorzumultiplizieren, daß

$$\underset{(n\times n)(n\times n0)}{QY} = \begin{bmatrix} \underset{(n0\times n0)}{U} \\ O \end{bmatrix} \qquad (*17.2.3)$$

wird, wobei U eine obere Dreiecksmatrix ist. Sollte dies möglich sein und hat Q linear unabhängige Zeilen, dann sind die unteren ne = n – n0 Reihen von Q offensichtlich mit der gesuchten Matrix T_e^t identisch.

Wir versuchen nun, dem Verfahren von Householder folgend, die gewünschte Form schrittweise herzustellen. Nach (k – 1) Schritten seien bereits (k – 1) Spalten fertig bearbeitet, und die Spalte k soll im k-ten Schritt gerade auf die gesuchte Form gebracht werden

$$Y^{(k-1)} = \begin{bmatrix} \times & \times & \times & \overset{k}{\times} & \times & \times \\ 0 & \times & \times & \times & \times & \times \\ 0 & 0 & \times & \times & \times & \times \\ 0 & 0 & 0 & \times & \times & \times \\ 0 & 0 & 0 & \times & \times & \times \\ 0 & 0 & 0 & \times & \times & \times \\ 0 & 0 & 0 & \times & \times & \times \\ 0 & 0 & 0 & \times & \times & \times \end{bmatrix} \Longrightarrow Y^{(k)} = \begin{bmatrix} \times & \times & \times & \overset{k}{\times} & \times & \times \\ 0 & \times & \times & \times & \times & \times \\ 0 & 0 & \times & \times & \times & \times \\ 0 & 0 & 0 & \times & \times & \times \\ 0 & 0 & 0 & \boxed{0} & \times & \times \\ 0 & 0 & 0 & \boxed{0} & \times & \times \\ 0 & 0 & 0 & \boxed{0} & \times & \times \\ 0 & 0 & 0 & \boxed{0} & \times & \times \end{bmatrix} = Q^{(k)}Y^{(k-1)}$$

(*17.2.4)

Falls dies möglich ist, haben wir unser Ziel in n Schritten erreicht, und es gilt

$$Q = Q^{(n0)}Q^{(n0-1)} \ldots Q^{(2)}Q^{(1)} = \begin{bmatrix} Q_0 \\ T_e^t \end{bmatrix} \qquad (*17.2.5)$$

Um die Operation (*17.2.4) auszuführen, bedienen wir uns der Matrix

$$\underset{(n\times n)}{Q^{(k)}} = I_n - 2\,\underset{(n\times 1)}{w}\;\underset{(1\times n)}{w^t} \qquad (*17.2.6)$$

wobei

$$w^t w = 1 \qquad (*17.2.7)$$

sein soll. Offensichtlich handelt es sich bei $Q^{(k)}$ um eine symmetrische Orthogonalmatrix

$$[Q^{(k)}]^t = Q^{(k)} \tag{*17.2.8}$$

$$[Q^{(k)}]^t Q^{(k)} = Q^{(k)} Q^{(k)} = Q^{(k)} [Q^{(k)}]^t = I_n \tag{*17.2.9}$$

Wenn wir mit (*17.2.6) die Operation (*17.2.4) ausführen, ergibt sich

$$\begin{aligned} Y^{(k)} &= Y^{(k-1)} - 2 w w^t Y^{(k-1)} \\ &= Y^{(k-1)} - 2 w p^t \end{aligned} \tag{*17.2.10}$$

wobei

$$\underset{(n0 \times 1)}{p} = \underset{(n0 \times n)(n \times 1)}{[Y^{(k-1)}]^t w} \tag{*17.2.11}$$

ist. Demnach gilt für den Spaltenvektor j des Feldes $Y^{(k)}$

$$y_j^{(k)} = y_j^{(k-1)} - 2 p_j w \,; \qquad j = 1, n0 \tag{*17.2.12}$$

und

$$p_j = [y_j^{(k-1)}]^t w \tag{*17.2.13}$$

Es wird also bei dieser Operation einfach ein bestimmtes Vielfaches des Vektors w jeweils subtrahiert. Nun wollen wir allerdings die bereits fertiggestellten (k − 1) Spalten unbehelligt lassen. Das läßt sich offensichtlich erreichen, falls p_j (j = 1, k − 1) Null wird. Die Vektoren $y_j^{(k-1)}$ (j = 1, k − 1) sind höchstens bis zum Glied k − 1 mit Nichtnullen besetzt. Wir müssen also in Anbetracht von (*17.2.13) die ersten (k − 1) Glieder in w zu Null machen, um eine mögliche Koppelung auszuschließen, und haben unser Ziel erreicht

$$w_i = 0 \,; \qquad i = 1, k-1$$

und damit

$$w = \{0 \quad 0 \quad \ldots \quad 0 \quad w_k \quad w_{k+1} \quad \ldots \quad w_n\} \tag{*17.2.14}$$

Die Spalte k ist unsere Arbeitsspalte. Für sie gilt natürlich (*17.2.12) auch. Hier wollen wir aber erreichen, daß alle $y_{ik}^{(k)}$ für i = k + 1, n gelöscht werden. Aus dieser Bedingung folgt sofort

$$w_i = \frac{y_{ik}^{(k-1)}}{2 p_k} \,; \qquad i = k+1, n \tag{*17.2.15}$$

Wir wissen also, daß – bis auf w_k – alle Nichtnullelemente des Vektors w proportional zur Spalte $y_k^{(k-1)}$ sind. Noch sind p_k und w_k unbekannt. Aber wir haben auch zwei zusätzliche Bedingungen. Aus (*17.2.7) folgt mit (*17.2.15) sofort

$$1 = w_k^2 + \left(\frac{1}{2 p_k}\right)^2 \sum_{i=k+1}^{n} \left(y_{ik}^{(k-1)}\right)^2 \tag{*17.2.16}$$

und aus (*17.2.13) ergibt sich mit (*17.2.15) sogleich

$$p_k = [\boldsymbol{y}_k^{(k-1)}]^t \boldsymbol{w}$$

$$= y_{kk}^{(k-1)} w_k + \frac{1}{2p_k} \sum_{i=k+1}^{n} \left(y_{ik}^{(k-1)}\right)^2 \qquad (*17.2.17)$$

Um Schreibarbeit zu sparen, führen wir nun die Abkürzung

$$s^2 = \sum_{i=k}^{n} \left(y_{ik}^{(k-1)}\right)^2 \qquad (*17.2.18)$$

ein und erhalten damit die beiden Gleichungen

$$4p_k^2 = (2p_k w_k)^2 - \left(y_{kk}^{(k-1)}\right)^2 + s^2 \qquad (*17.2.19)$$

$$4p_k^2 = 2y_{kk}^{(k-1)} (2p_k w_k) - 2\left(y_{kk}^{(k-1)}\right)^2 + 2s^2 \qquad (*17.2.20)$$

Aus ihnen folgt durch Subtrahieren der Ausdruck

$$\left(2p_k w_k - y_{kk}^{(k-1)}\right)^2 = s^2 \qquad (*17.2.21)$$

oder

$$2p_k w_k = y_{kk}^{(k-1)} \pm s \qquad (*17.2.22)$$

Wir setzen dies in (*17.2.20) ein und sind am Ziel

$$p_k = s\sqrt{\frac{1}{2}\left(1 \pm \frac{y_{kk}^{(k-1)}}{s}\right)} \qquad (*17.2.23)$$

Das Vorzeichen wird dabei so gewählt, daß keine Stellenauslöschung auftritt. Da der Proportionalitätsfaktor $2p_k$ offensichtlich bei jedem w_i Element vorkommt, kann er auch herausgezogen werden

$$\boldsymbol{w} = (2p_k)^{-1}\boldsymbol{u}$$

$$= (2p_k)^{-1}\{0 \quad 0 \quad \ldots \quad 0 \quad y_{kk}^{(k-1)} \pm s \quad y_{k+1,k}^{(k-1)} \quad \ldots \quad y_{nk}^{(k-1)}\} \qquad (*17.2.24)$$

Mit $\boldsymbol{u}$ lautet dann die Modifikationsformel (*17.2.10) alternativ

$$\boldsymbol{Y}^{(k)} = \boldsymbol{Y}^{(k-1)} - \frac{1}{2p_k^2}\boldsymbol{u}\boldsymbol{u}^t \boldsymbol{Y}^{(k-1)} \qquad (*17.2.25)$$

Man vermeidet mit dieser Darstellung also das Ziehen der Wurzel in (*17.2.23).

Zum Schluß erproben wir das Verfahren an einem kleinen Beispiel, das wir bereits in diesem Zusammenhang aufgegriffen hatten (Abb. 17.2.3, linke Seite). Es wird, wie bereits ausgerechnet,

$$\boldsymbol{Y}^{(1)} = \boldsymbol{M}\boldsymbol{T}_0 = m\{1 \quad 2 \quad 1\}$$

wobei der Faktor m als belanglos weggelassen werden kann. Offensichtlich ist

$$s^2 = 6$$

und damit

$$2p_1^2 = \sqrt{6} + \sqrt{6}$$

und

$$\boldsymbol{u} = \{(1 + \sqrt{6}) \quad 2 \quad 1\}$$

Die gesuchte Matrix $\boldsymbol{Q}$ ist einfach

$$\boldsymbol{Q} = \boldsymbol{Q}^{(1)} = \boldsymbol{I} - \frac{1}{2p_1^2}\boldsymbol{u}\boldsymbol{u}^{\mathrm{t}}$$

$$= \frac{1}{6+\sqrt{6}}\begin{bmatrix} -(1+\sqrt{6}) & -2(1+\sqrt{6}) & -(1+\sqrt{6}) \\ -2(1+\sqrt{6}) & 2+\sqrt{6} & -2 \\ -(1+\sqrt{6}) & -2 & 5+\sqrt{6} \end{bmatrix}$$

Demnach ergibt sich die Transformationsmatrix $\boldsymbol{T}_e$ zu

$$\boldsymbol{T}_e = \frac{1}{6+\sqrt{6}}\begin{bmatrix} -2(1+\sqrt{6}) & -(1+\sqrt{6}) \\ 2+\sqrt{6} & -2 \\ -2 & 5+\sqrt{6} \end{bmatrix}$$

Diese Matrix ist in der Tat orthogonal zu $\boldsymbol{Y}$, was der Leser leicht selbst prüfen kann. Das soeben geschilderte Verfahren läßt sich auf Hypermatrizen übertragen; wir verweisen dazu auf [17.4].

17.3 Verfahren zur Lösung des Eigenwertproblems

17.3.1 Bestimmung des größten Eigenwertes (der kleinsten Eigenfrequenz) und des zugehörigen Eigenvektors: Vektoriteration

Häufig ist es für die technische Beurteilung eines Tragwerks notwendig, die Grundfrequenz (1. Eigenschwingung) zu kennen. Dafür gibt es ein sehr einfaches Iterationsverfahren, die Vektoriteration. Wir gehen dabei vom speziellen Eigenwertproblem aus

$$\boldsymbol{A}\overline{\boldsymbol{X}} = \overline{\boldsymbol{X}}\boldsymbol{\Lambda} \qquad (17.3.1\text{a})$$

$$\boldsymbol{A}\overline{\boldsymbol{x}}_1 = \overline{\boldsymbol{x}}_1\lambda_1 \qquad (17.3.1\text{b})$$

wobei $\overline{\boldsymbol{X}}$ orthonormal sein soll (also $\boldsymbol{X}$ $\boldsymbol{K}$-orthonormal)

$$\overline{\boldsymbol{X}}^{\mathrm{t}}\overline{\boldsymbol{X}} = \boldsymbol{I} \qquad (17.3.2)$$

woraus sich mit (17.3.1a) die folgende Darstellung für die symmetrische dynamische Matrix $\boldsymbol{A}$ ergibt

$$\boldsymbol{A} = \overline{\boldsymbol{X}}\boldsymbol{\Lambda}\overline{\boldsymbol{X}}^{\mathrm{t}} \tag{17.3.3}$$

Zum Verständnis des Verfahrens braucht nun nur noch die Tatsache erwähnt zu werden, daß die n Eigenvektoren $\overline{\boldsymbol{x}}_i$ linear unabhängig sind, was ja auch (17.3.2) aussagt. Jeder beliebige $(n \times 1)$-Vektor $\overline{\boldsymbol{x}}_1^{(k)}$ kann also als Linearkombination dieser Eigenvektoren dargestellt werden

$$\overline{\boldsymbol{x}}_1^{(k)} = \sum_{i=1}^{n} c_i \overline{\boldsymbol{x}}_i = \overline{\boldsymbol{X}}\boldsymbol{c} \tag{17.3.4}$$

mit dem Spaltenvektor

$$\boldsymbol{c} = \{\, c_1 \;\; c_2 \;\ldots\; c_n \} \tag{17.3.5}$$

Wie groß die Faktoren c_i sind, wissen wir natürlich nicht, denn $\overline{\boldsymbol{X}}$ ist ja unbekannt. Wir multiplizieren nun den Vektor $\overline{\boldsymbol{x}}_1^{(k)}$ mit der bekannten dynamischen Matrix $\boldsymbol{A}$ vor und verwenden dazu auch die Darstellung (17.3.3) sowie die Beziehung (17.3.2)

$$\begin{aligned}\overline{\boldsymbol{x}}_1^{(k+1)} = \boldsymbol{A}\overline{\boldsymbol{x}}_1^{(k)} &= \overline{\boldsymbol{X}}\boldsymbol{\Lambda}\overline{\boldsymbol{X}}^{\mathrm{t}}\overline{\boldsymbol{X}}\boldsymbol{c} = \overline{\boldsymbol{X}}\boldsymbol{\Lambda}\boldsymbol{c} \\ &= \sum_{i=1}^{n} c_i \lambda_i \overline{\boldsymbol{x}}_i \end{aligned} \tag{17.3.6}$$

Der resultierende Vektor $\overline{\boldsymbol{x}}_1^{(k+1)}$ hat als Anteile der Eigenvektoren $\overline{\boldsymbol{x}}_i$ die Beteiligungsfaktoren $(c_i \lambda_i)$, die gegenüber $\overline{\boldsymbol{x}}_1^{(k)}$ um λ_i verstärkt sind. Damit ist klar, daß der Eigenvektor, der zum größten Eigenwert (z.B. λ_1) gehört, nun viel stärker an $\overline{\boldsymbol{x}}_1^{(k+1)}$ beteiligt ist als an $\overline{\boldsymbol{x}}_1^{(k)}$. Durch erneute Multiplikation mit $\boldsymbol{A}$ kann man nun diesen Anteil laufend verstärken und erhält letzten Endes den reinen Eigenvektor $\overline{\boldsymbol{x}}_1$. Zugleich erkennen wir, wann dieses Verfahren nicht funktionieren kann: wenn der größte Eigenwert eine Vielfachheit p besitzt, werden natürlich p Vektoren gleichermaßen verstärkt. Es ergibt sich

$$\overline{\boldsymbol{x}}_1^{(k+1)} = \boldsymbol{A}\overline{\boldsymbol{x}}_1^{(k)} = \lambda_1 \sum_{i=1}^{p} c_i \overline{\boldsymbol{x}}_i + \sum_{i=p+1}^{n} \lambda_i c_i \overline{\boldsymbol{x}}_i \tag{17.3.7}$$

Der iterierte Vektor $\overline{\boldsymbol{x}}_1^{(k+1)}$ enthält also in verstärktem Maße eine zu λ_1 gehörende Kombination von p Eigenvektoren mit den gleichen Beteiligungsfaktoren, wie sie auch schon in $\overline{\boldsymbol{x}}_1^{(k)}$ enthalten waren. Wir erhalten zwar durch die Iteration einen der p linear unabhängigen Vektoren, aber eben nur einen. Um alle zu λ_1 gehörenden Eigenvektoren zu finden, müßten wir den Iterationsprozeß wiederholen und dabei den iterierten Vektor jeweils orthogonal zu den bereits berechneten Eigenvektoren machen.

Während wir bei exakt gleichen maximalen Eigenwerten immerhin einen sinnvollen Eigenvektor erhalten können, ist das Problem bei fast gleichen Eigenwerten im Maximumgebiet ungleich kritischer. Die Vektoriteration wird die zugehörigen Eigenvektoren nur sehr langsam trennen können, da sie quasi gleichermaßen verstärkt werden. In diesem Fall ist die Erweiterung der einfachen Vektoriteration zur simultanen Vektoriteration ein Muß: wir verweisen hierzu auf Abschnitt 17.3.2.

Die große Bedeutung der Vektoriteration (und auch der im folgenden geschilderten simultanen Vektoriteration) liegt darin, daß wir die dynamische Matrix $\boldsymbol{A}$ nicht explizit bilden müssen. Wir erhalten andernfalls eine vollbesetzte Matrix und können große Probleme nur mit erheblichem Aufwand behandeln (n = 10 000 erfordert selbst bei Ausnützung der Symmetrie rund 50 Millionen Worte Speicherplatz). Wir erinnern deshalb an die Produktdarstellung (17.1.39) und teilen die Iteration in folgende Schritte auf:

1. Normierung des Startvektors $\bar{\boldsymbol{x}}_1^{(k)}$, d.h. $\left[\bar{\boldsymbol{x}}_1^{(k)}\right]^t \bar{\boldsymbol{x}}_1^{(k)} = 1$
2. Lösung des Dreieckssystems $\boldsymbol{U}\boldsymbol{s} = \bar{\boldsymbol{x}}_1^{(k)}$
3. Multiplikation $\boldsymbol{t} = \boldsymbol{M}\boldsymbol{s}$ (17.3.8)
4. Lösung des Dreieckssystems $\boldsymbol{U}^t \bar{\boldsymbol{x}}_1^{(k+1)} = \boldsymbol{t}$
5. Bestimmung des Rayleigh-Quotienten $\lambda_1^{(k)} = \left[\bar{\boldsymbol{x}}_1^{(k+1)}\right]^t \bar{\boldsymbol{x}}_1^{(k)} = \left(\frac{1}{\omega_1^{(k)}}\right)^2$

Die Dreieckszerlegte $\boldsymbol{U}$ der Steifigkeitsmatrix $\boldsymbol{K}$ ist bereits vom statischen Lösungsprozeß her bekannt. Sie ist – wie $\boldsymbol{K}$ selbst – dünn besiedelt. Damit ist klar, daß der Iterationsprozeß durchweg mit dünn besiedelten Matrizen abläuft. Es können ohne weiteres Probleme in der Größenordnung von statischen Berechnungen behandelt werden.

Wie wir von (17.2.10) bzw. (17.2.35) wissen, läßt sich auch für freie Tragwerke ein System mit positiv definiter Steifigkeitsmatrix herstellen. Der Iterationsprozeß kann also ohne Schwierigkeiten auch hier angewendet werden.

Ein letztes Problem für die Anwendung der einfachen Vektoriteration bildet die Wahl eines geeigneten Startvektors. Rein theoretisch würde nämlich das Verfahren nicht den richtigen Eigenvektor liefern, wenn $\bar{\boldsymbol{x}}_1$ überhaupt nicht in $\bar{\boldsymbol{x}}_1^{(k)}$ enthalten ist, also $c_1 = 0$ wird. In Wirklichkeit sorgen Rundungsfehler im Computer dafür, daß immer $\bar{\boldsymbol{x}}_1$-Anteile hinzukommen, die dominant werden. Immerhin ist ein kleiner c_1-Wert für die Wirtschaftlichkeit des Verfahrens nicht gut. Meist wird der Ingenieur, seinem Vorstellungsvermögen entsprechend, ungefähr sagen können, wie die 1. Eigenschwingungsform aussieht. Zumindest wird er einen Freiheitsgrad r_i nennen können, der an dieser Schwingungsform dominant beteiligt ist. Wir bilden dann die zur Last $R_i = 1$ gehörenden Verschiebungen und nehmen diese auf statischem Wege gewonnene Form als Startvektor für die Iteration. Es wird dann

$$\boldsymbol{U}^t\boldsymbol{U}\boldsymbol{x}_1^{(0)} = \{0 \quad 0 \quad \ldots \quad 0 \quad R_i = 1 \quad 0 \quad \ldots \quad 0\} \tag{17.3.9a}$$

oder, da wir ja einen transformierten Startvektor benötigen,

$$\boldsymbol{U}^t\bar{\boldsymbol{x}}_1^{(0)} = \{0 \quad 0 \quad \ldots \quad 0 \quad R_i = 1 \quad 0 \quad \ldots \quad 0\} \tag{17.3.9b}$$

Der notwendige Startvektor ergibt sich also durch das billige Vorwärtseinsetzen. Alle führenden Elemente $\bar{x}_{1j}^{(0)}$ sind für $j < i$ selbstverständlich Null.

Nach Abschluß der Iteration ist natürlich eine Rücktransformation des Eigenvektors notwendig. Wir erhalten (mit normiertem $\bar{\boldsymbol{x}}_1$) nach (17.1.42) sofort einen $\boldsymbol{K}$-orthonormalen Eigenvektor $\boldsymbol{x}_1$. Dieser Schritt entspricht übrigens der Berechnung von $\boldsymbol{s}$ in (17.3.8), 2. Schritt.

Als Demonstrationsbeispiel verwenden wir zunächst den Zweimassenschwinger aus Abb. 17.1.1. In Abb. 17.3.1 ist die Vektoriteration ausgeführt. Bedingt durch die hervorragende Separierung der Eigenwerte haben wir bereits nach drei Schleifen das exakte Resultat im Rahmen von zwei Dezimalen. Es fällt übrigens auf, daß die Konvergenz des Eigenwertes rascher eintritt als die des Eigenvektors; dies ist kein Zufall.

In Abb. 17.2.3, links, haben wir ein Tragwerk mit singulärer Steifigkeitsmatrix, das wir nun in Abb. 17.3.2 erneut aufgreifen. Da wir in rein elastischen Freiheitsgraden arbeiten, erhalten wir selbstverständlich ohne Schwierigkeiten den maximalen nichtdegenerierten Eigenwert. Insofern ist das Beispiel überflüssig. Die Eigenwerte sind allerdings hier wesentlich schlechter ($\lambda_1/\lambda_2 = 2$) separiert als in Abb. 17.3.1 ($\lambda_1/\lambda_2 \approx 7$). Entsprechend langsamer ist die Konvergenz.

In Abb. 17.3.3 stellen wir schließlich einen Schwinger vor, der so ausgelegt wurde, daß er zwei gleiche maximale Eigenwerte aufweist. Wir behandeln ihn in Abb. 17.3.4 mit der einfachen Vektoriteration und erhalten durch die gute Separierung $\overline{\lambda}_{1,2}/\overline{\lambda}_3 = 76$ eine hervorragende Konvergenz für den Eigenwert. Der iterierte Eigenvektor kann allerdings nicht mehr als eine Linearkombination der zwei unabhängigen Eigenvektoren sein. Als solcher stellt er durchaus eine legitime Lösung dar. In unserem Fall ist

$$\boldsymbol{x}_1^{(2)} = \sqrt{\frac{l^3}{24EI}} \begin{bmatrix} 4.5593 \\ 1.7781 \\ -0.8529 \end{bmatrix} = \sqrt{\frac{l^3}{24EI}} \left(1.8532 \begin{bmatrix} 1. \\ 0.9595 \\ 1. \end{bmatrix} + 2.7061 \begin{bmatrix} 1. \\ 0. \\ -1. \end{bmatrix} \right)$$

$$= c_1 \boldsymbol{x}_1 + c_2 \boldsymbol{x}_2$$

Als kleine Übung zeige der Leser, daß die Gleichung

$$\boldsymbol{M}\boldsymbol{x}_i = \lambda_i \boldsymbol{K}\boldsymbol{x}_i$$

hier durch $\lambda_1^{(2)}$ und $\boldsymbol{x}_1^{(2)}$ befriedigt wird. Er führe auch die Iteration erneut aus und benütze dazu einen Startvektor, der orthogonal zu $\boldsymbol{x}_1^{(2)}$ bzw. $\overline{\boldsymbol{x}}_1^{(2)}$ ist. Es empfiehlt sich dabei, nach jeder Schleife auch zu orthogonalisieren. Als letzten Punkt überlege man, wie durch eine Wiederholung der Prozedur auch der 3. Eigenwert und -vektor gefunden werden kann.

Zum Schluß dieses Abschnitts wollen wir für die spätere Arbeit noch ein Resümee geben:

Die Vorteile der einfachen Vektoriteration sind offenbar

1. $\boldsymbol{M}$ und $\boldsymbol{U}$ sind nur dünn besiedelte Matrizen; es lassen sich also sehr große Probleme bearbeiten.
2. Der Arbeitsaufwand zur Lösung der Dreieckssysteme (Rückwärts- und Vorwärtseinsetzen) ist relativ gering.
3. Die Dreieckszerlegung der Steifigkeitsmatrix wäre bei einer eventuellen statischen Berechnung schon ausgeführt worden.

Als Nachteile sind zu nennen:

1. Bei mehrfachem maximalen Eigenwert λ_1 liefert das Verfahren nur *einen* Eigenvektor.
2. Bei schlecht separiertem Eigenwert λ_1 ist die Konvergenz sehr langsam, da sie vom Verhältnis λ_1/λ_2 abhängt.

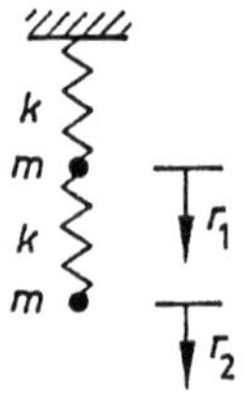

$$\mathbf{M} = m\,\mathbf{I}_2$$

$$\mathbf{K} = k\begin{bmatrix} 2 & -1 \\ -1 & 1 \end{bmatrix} \Rightarrow \mathbf{U} = \sqrt{\frac{k}{2}}\begin{bmatrix} 2 & -1 \\ 0 & 1 \end{bmatrix}$$

r_2 dominant in $\mathbf{x}_1$

k	0	1	2		exakt
$\bar{\mathbf{x}}^{(k)}$ normiert	0 1	0.20 0.98	0.23 0.97		
$\mathbf{s} = \mathbf{U}^{-1}\bar{\mathbf{x}}^{(k)} = \mathbf{x}_1^{(k)}$	$\sqrt{\frac{2}{k}}\begin{bmatrix} 0.5 \\ 1.0 \end{bmatrix}$	$\sqrt{\frac{2}{k}}\begin{bmatrix} 0.59 \\ 0.98 \end{bmatrix}$	$\sqrt{\frac{2}{k}}\begin{bmatrix} 0.60 \\ 0.97 \end{bmatrix}$		$\sqrt{\frac{2}{k}}\begin{bmatrix} 0.60 \\ 0.97 \end{bmatrix}$
$\mathbf{t} = \mathbf{M}\mathbf{s}$	$m\,\mathbf{s}$	←	←		
$\bar{\mathbf{x}}^{(k+1)} = \mathbf{U}^{-t}\mathbf{t}$	$\frac{2m}{k}\begin{bmatrix} 0.25 \\ 1.25 \end{bmatrix}$	$\frac{2m}{k}\begin{bmatrix} 0.30 \\ 1.28 \end{bmatrix}$	$\frac{2m}{k}\begin{bmatrix} 0.30 \\ 1.27 \end{bmatrix}$		
$\lambda_1^{(k)} = \bar{\mathbf{x}}^{(k+1)t}\,\bar{\mathbf{x}}^{(k)}$	$2.50\,\frac{m}{k}$	$2.63\,\frac{m}{k}$	$2.60\,\frac{m}{k}$		
$\lvert\bar{\mathbf{x}}^{k+1}\rvert$	$1.63\,\frac{2m}{k}$	$1.31\,\frac{2m}{k}$	$1.30\,\frac{2m}{k}$		
$\left(\omega_1^{(k)}\right)^2 = \frac{1}{\lambda_1^{(k)}}$	$0.40\,\frac{k}{m}$	$0.38\,\frac{k}{m}$	$0.38\,\frac{k}{m}$		$0.38\,\frac{k}{m}$

Abb. 17.3.1 Die einfache Vektoriteration am Beispiel Abb. 17.1.1

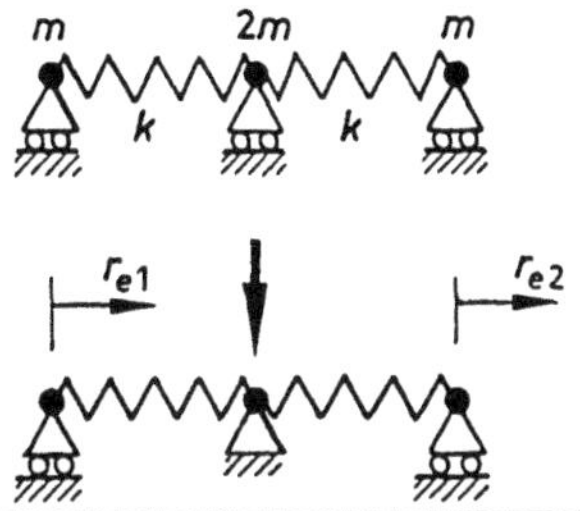

$$\boldsymbol{M}_{ee} - \boldsymbol{M}_{e0}\boldsymbol{M}_{00}^{-1}\boldsymbol{M}_{0e} = \frac{m}{4}\begin{bmatrix} 3 & -1 \\ -1 & 3 \end{bmatrix} \rightarrow \boldsymbol{M}$$

$$\boldsymbol{K}_{ee} = k\,\boldsymbol{I}_2 \Rightarrow \boldsymbol{U} = \sqrt{k}\,\boldsymbol{I}_2$$

r_{e1} dominant in $\boldsymbol{x}_{e1}$

	0	1	2	3	4	5	exakt
$\bar{\boldsymbol{x}}_e^{(k)}$ normiert	1.0 0	0.95 -0.32	0.86 -0.52	0.79 -0.62	0.75 -0.66	0.73 -0.68	
$\boldsymbol{s} = \boldsymbol{U}^{-1}\bar{\boldsymbol{x}}_e^{(k)} = \boldsymbol{x}_{e1}^{(k)}$	$\frac{1}{\sqrt{k}}\bar{\boldsymbol{x}}_e^{(k)}$	←	←	←	←	←	$\frac{1}{\sqrt{k}}\begin{bmatrix} 0.71 \\ -0.71 \end{bmatrix}$
$\boldsymbol{t} = \boldsymbol{M}\boldsymbol{s}$	$\frac{m}{4\sqrt{k}}\begin{bmatrix} 3 \\ -1 \end{bmatrix}$	$\frac{m}{4\sqrt{k}}\begin{bmatrix} 3.17 \\ -1.91 \end{bmatrix}$	$\frac{m}{4\sqrt{k}}\begin{bmatrix} 3.10 \\ -2.42 \end{bmatrix}$	$\frac{m}{4\sqrt{k}}\begin{bmatrix} 2.99 \\ -2.65 \end{bmatrix}$	$\frac{m}{4\sqrt{k}}\begin{bmatrix} 2.91 \\ -2.73 \end{bmatrix}$	$\frac{m}{4\sqrt{k}}\begin{bmatrix} 2.87 \\ -2.77 \end{bmatrix}$	
$\bar{\boldsymbol{x}}_e^{(k+1)} = \boldsymbol{U}^{-t}\boldsymbol{t}$	$\frac{1}{\sqrt{k}}\boldsymbol{t}$	←	←	←	←	←	
$\lambda_1^{(k)} = \left[\bar{\boldsymbol{x}}_e^{(k+1)}\right]^t \bar{\boldsymbol{x}}_e^{(k)}$	$0.75\frac{m}{k}$	$0.91\frac{m}{k}$	$0.98\frac{m}{k}$	$1.00\frac{m}{k}$	$1.00\frac{m}{k}$	$0.99\frac{m}{k}$	$\frac{m}{k}$
$\lvert\bar{\boldsymbol{x}}_e^{(k+1)}\rvert$	$3.16\frac{m}{4k}$	$3.70\frac{m}{4k}$	$3.93\frac{m}{4k}$	$4.00\frac{m}{4k}$	$3.99\frac{m}{4k}$	$3.99\frac{m}{4k}$	
$\left(\omega_1^{(k)}\right)^2 = \frac{1}{\lambda_1^{(k)}}$	$1.33\frac{k}{m}$	$1.10\frac{k}{m}$	$1.02\frac{k}{m}$	$1.00\frac{k}{m}$	$1.00\frac{k}{m}$	$1.01\frac{k}{m}$	$\frac{k}{m}$

Bild 17.3.2 Die einfache Vektoriteration am Beispiel Abb. 17.2.3, links (singuläre Steifigkeitsmatrix)

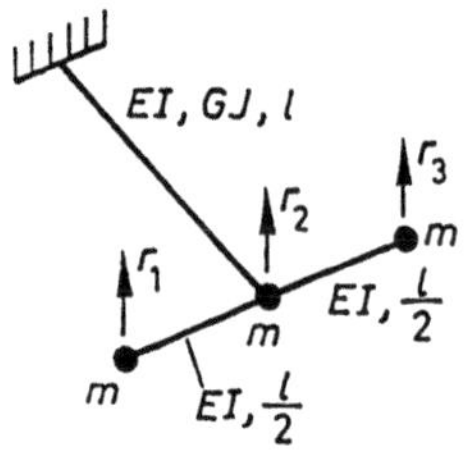

$$\alpha = \frac{EI}{GJ} = \frac{23 + \sqrt{593}}{24} = 1.9730$$

$$\bar{\lambda} = \frac{24EI}{ml^3}\lambda = \frac{24EI}{\omega^2 m l^3}$$

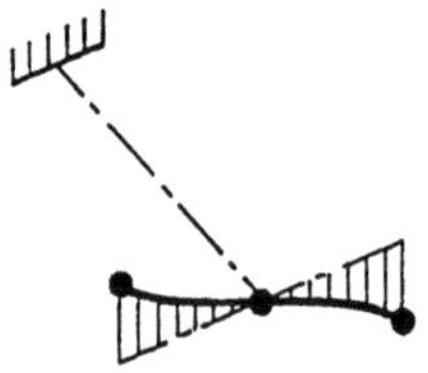

$$\bar{\lambda}_1 = 1 + 12\alpha$$

$$= 1 + \frac{23 + \sqrt{593}}{2} = 24.6758$$

$$\boldsymbol{x}_1 = \{1 \quad 0 \quad -1\}$$

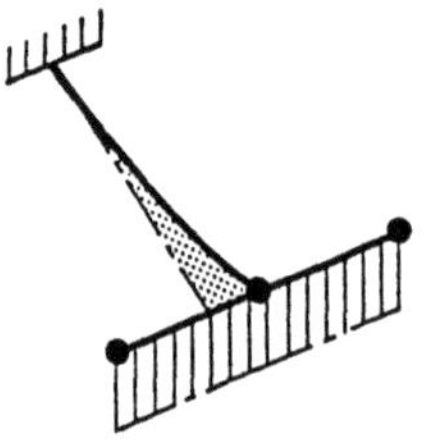

$$\bar{\lambda}_2 = \frac{1}{2}\left(25 + \sqrt{593}\right) = 24.6758$$

$$\boldsymbol{x}_2 = \left\{1 \quad \frac{32}{9 + \sqrt{593}} \quad 1\right\}$$

$$= \{1 \quad +0.9595 \quad 1\}$$

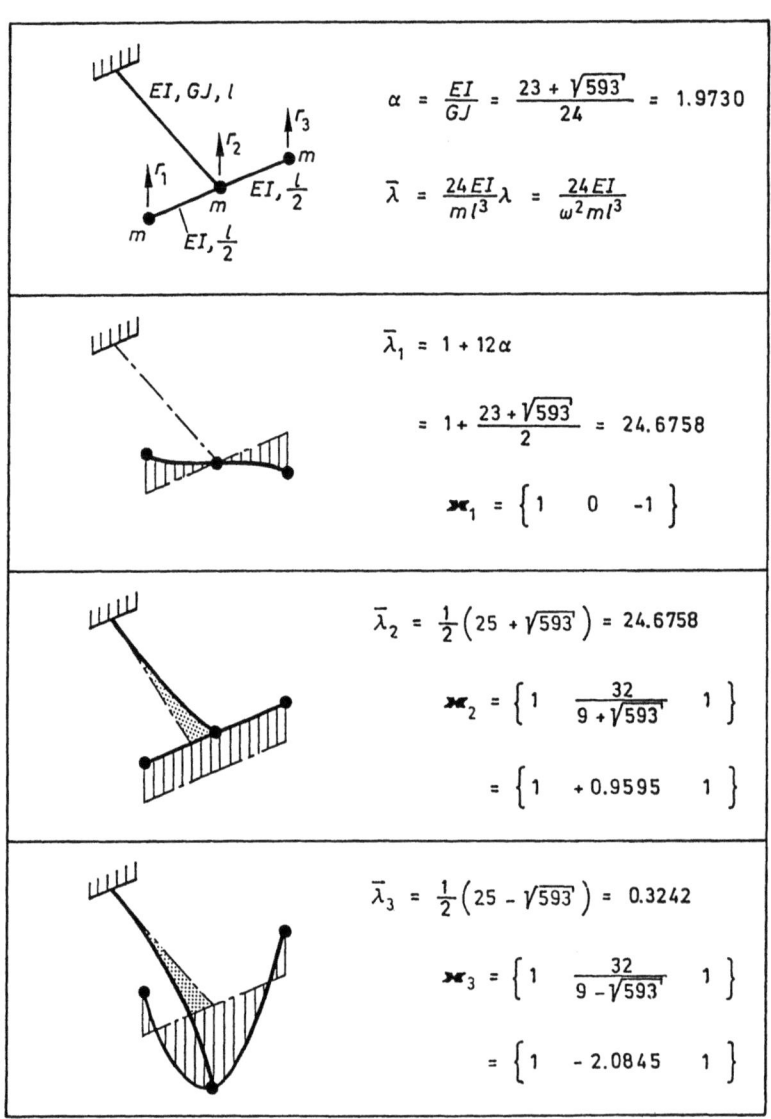

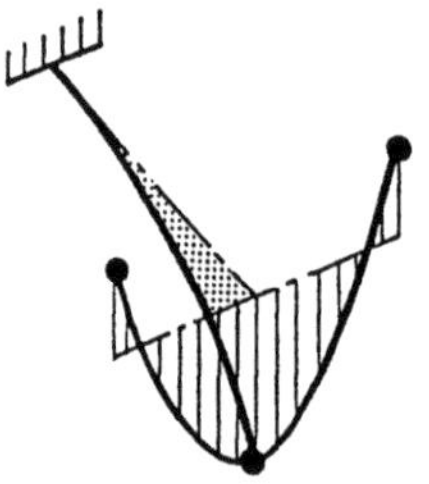

$$\bar{\lambda}_3 = \frac{1}{2}\left(25 - \sqrt{593}\right) = 0.3242$$

$$\boldsymbol{x}_3 = \left\{1 \quad \frac{32}{9 - \sqrt{593}} \quad 1\right\}$$

$$= \{1 \quad -2.0845 \quad 1\}$$

Abb. 17.3.3 Schwinger mit gleichen maximalen Eigenwerten für die einfache Vektoriteration (siehe Abb. 17.3.4)

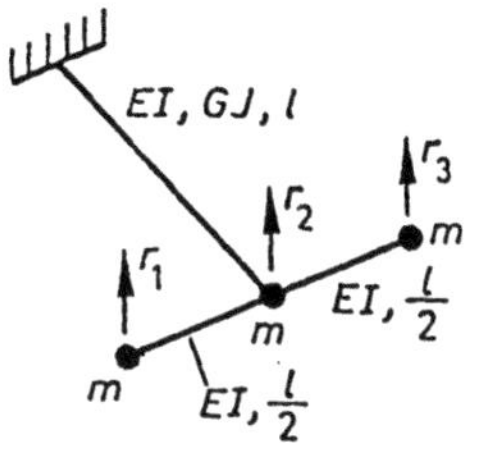

$$\boldsymbol{M} = m\,\boldsymbol{I}_3$$

$$\boldsymbol{K} = \frac{24EI}{l^3}\begin{bmatrix} \frac{1+6\alpha}{1+12\alpha} & -1 & \frac{6\alpha}{1+12\alpha} \\ -1 & \frac{17}{8} & -1 \\ \frac{6\alpha}{1+12\alpha} & -1 & \frac{1+6\alpha}{1+12\alpha} \end{bmatrix}$$

$$\alpha = \frac{EI}{GJ} = \frac{23+\sqrt{593}}{24} \qquad = \frac{24EI}{l^3}\begin{bmatrix} 0.5203 & -1 & 0.4797 \\ -1 & 2.1250 & -1 \\ 0.4797 & -1 & 0.5203 \end{bmatrix}$$

r_1 dominant
für Startvektor

$$\boldsymbol{U} = \sqrt{\frac{24EI}{l^3}}\begin{bmatrix} 0.7213 & -1.3864 & 0.6651 \\ 0 & 0.4504 & -0.1729 \\ 0 & 0 & 0.2191 \end{bmatrix}$$

k	0	1	2	3	exakt
$\bar{\boldsymbol{\varkappa}}^{(k)}$ normiert	0.3037 0.9348 - 0.1842	0.2568 0.9482 - 0.1868	0.2562 0.9484 - 0.1868	0.2562 0.9484 -0.1868	
$\boldsymbol{s} = \boldsymbol{U}^{-1}\bar{\boldsymbol{\varkappa}}^{(k)} = \boldsymbol{\varkappa}^{(k)}$	$\sqrt{\frac{l^3}{24EI}}$ 4.5649 1.7525 - 0.8407	$\sqrt{\frac{l^3}{24EI}}$ 4.5594 1.7777 - 0.8528	$\sqrt{\frac{l^3}{24EI}}$ 4.5593 1.7781 - 0.8529	↵	siehe Abb. 17.3.3 und Text
$\bar{\boldsymbol{\varkappa}}^{(k+1)} = \boldsymbol{U}^{-t}\boldsymbol{t} = m\,\boldsymbol{U}^{-t}\boldsymbol{s}$	$\frac{ml^3}{24EI}$ 6.3287 23.3698 - 4.6042	$\frac{ml^3}{24EI}$ 6.3212 23.4026 - 4.6107	$\frac{ml^3}{24EI}$ 6.3210 23.4026 - 4.6107		
$\lambda_1^{(k)} = \left[\bar{\boldsymbol{\varkappa}}^{(k+1)}\right]^t \bar{\boldsymbol{\varkappa}}^{(k)}$	$\frac{ml^3}{24EI}$ 24.6162	$\frac{ml^3}{24EI}$ 24.6748	$\frac{ml^3}{24EI}$ 24.6757		$\frac{ml^3}{24EI}$ 24.6758
$\lvert\bar{\boldsymbol{\varkappa}}^{(k+1)}\rvert$	$\frac{ml^3}{24EI}$ 24.6455	$\frac{ml^3}{24EI}$ 24.6758	$\frac{ml^3}{24EI}$ 24.6758		

Abb. 17.3.4 Verhalten der einfachen Vektoriteration bei Tragwerken mit mehrfachem maximalen Eigenwert

17.3.2 Bestimmung des unteren Eigenfrequenzspektrums und der zugehörigen Eigenvektoren: Simultane Vektoriteration

Es gibt grundsätzlich drei Möglichkeiten, die einfache Vektoriteration auf die Berechnung mehrerer unterer Eigenfrequenzen auszudehnen. Einmal kann der bisherige größte Eigenwert aus dem System eliminiert werden und somit wird der zweitgrößte zum größten gemacht (Deflation). Diese Technik ist für große, dünn besiedelte Matrizen wenig geeignet. Zum zweiten haben wir bereits im vorangehenden Abschnitt die Möglichkeit besprochen, die Iteration mit orthogonalisierten Startvektoren zu wiederholen. Dies hat jedoch den Nachteil, daß bei schlecht separierten großen Eigenwerten der Aufwand zur Ermittlung eines Vektors relativ groß ist. Zum dritten, und wohl am vorteilhaftesten, kann man mit einem Satz von mehreren orthonormalen Vektoren iterieren. Am Ende jedes Schrittes muß der Orthonormierungsprozeß wiederholt werden, da sonst Rundungsfehler das erneute Auftauchen des 1. Eigenvektors bewirken und man einfach Duplikate dieses Vektors als Endergebnis erhalten würde. Mit dieser einfachen Zusatzüberlegung sind wir bereits in der Lage, die einfache Vektoriteration zu einer arbeitsfähigen simultanen auszubauen:

1. Orthonormierung einer Approximation V

$$\underset{(n\times ni)}{V} \rightarrow \underset{(n\times ni)}{\bar{X}^{(k)}R}$$

wo $\left[\bar{X}^{(k)}\right]^t\bar{X}^{(k)} = I_{ni}$

2. Lösung $US = \bar{X}^{(k)}$

3. Multiplikation $T = MS$ (17.3.10)

4. Lösung $U^tV = T$

5. Rayleigh-Quotienten

$$\underset{(ni\times ni)}{\Lambda} = \operatorname{diag}\left[V^t\bar{X}^{(k)}\right] = \operatorname{diag}\left[\left[\bar{X}^{(k)}\right]^t A\bar{X}^{(k)}\right]$$

Nach den vorausgegangenen Ausführungen ist uns klar, daß auch die Konvergenz dieses Prozesses von den Eigenwertverhältnissen abhängen wird. In [17.5] wird gezeigt, daß nach k Iterationen die Norm der Abweichung zwischen einem iterierten Vektor $\bar{x}_i^{(k)}$ in $\bar{X}^{(k)}$ und dem entsprechenden wahren Eigenvektor $\bar{x}_i$ die Größenordnung q^k aufweist, wobei wir unter der Norm den Ausdruck

$$\|\bar{x}_i^{(k)} - \bar{x}_i\| = \left[\left[\bar{x}_i^{(k)} - \bar{x}_i\right]^t\left[\bar{x}_i^{(k)} - \bar{x}_i\right]\right]^{1/2} \tag{17.3.11}$$

verstehen wollen und

$$q = \max\left(\frac{\lambda_{i+1}}{\lambda_i},\ \frac{\lambda_i}{\lambda_{i-1}}\right) \tag{17.3.12}$$

ist. Maßgebend für die Konvergenz eines Vektors sind die Eigenwertverhältnisse mit den unmittelbaren Nachbarn. Demnach hätte der Prozeß (17.3.10) keinen wesentlichen Fortschritt gegenüber einer mehrfach angewendeten einfachen Vektoriteration mit orthonormierten Startvektoren gebracht. Wir machen uns deshalb auf die Suche nach Verbesserungsmöglichkeiten.

Für die Berechnung der angenäherten Eigenwerte haben wir im Schritt 5 des Grundverfahrens (17.3.10) die Diagonale der Matrix

$$\underset{(\mathrm{ni} \times \mathrm{ni})}{\boldsymbol{B}} = \boldsymbol{V}^{\mathrm{t}} \overline{\boldsymbol{X}}^{(\mathrm{k})} = \left[\overline{\boldsymbol{X}}^{(\mathrm{k})}\right]^{\mathrm{t}} \boldsymbol{A} \overline{\boldsymbol{X}}^{(\mathrm{k})} \tag{17.3.13}$$

ermittelt. Es sind aber eigentlich nicht nur die Diagonalwerte für uns interessant, sondern auch die Nebendiagonalelemente der symmetrischen Matrix $\boldsymbol{B}$. Wäre nämlich $\overline{\boldsymbol{X}}^{(\mathrm{k})}$ ein Satz von richtigen Eigenvektoren, dann müßte $\boldsymbol{B}$ nach unseren bisherigen Kenntnissen diagonal sein. Für die Approximation $\overline{\boldsymbol{X}}^{(\mathrm{k})}$ wird das im allgemeinen nicht gelten, und $\boldsymbol{B}$ ist nur mehr oder weniger diagonal dominant. Im allgemeinen wird die Anzahl ni der iterierten Vektoren gegenüber der Anzahl n der Freiheitsgrade klein sein. Die Matrix $\boldsymbol{B}$ ist also auch klein und kann durch eine Eigenwertanalyse relativ billig auf Diagonalform gebracht werden

$$\boldsymbol{B} \rightarrow \underset{(\mathrm{ni} \times \mathrm{ni})}{\boldsymbol{X}_B} \underset{(\mathrm{ni} \times \mathrm{ni})}{\boldsymbol{\Lambda}_B} \underset{(\mathrm{ni} \times \mathrm{ni})}{\boldsymbol{X}_B^{\mathrm{t}}}$$

$$\text{wo} \quad \boldsymbol{X}_B^{\mathrm{t}} \boldsymbol{X}_B = \boldsymbol{I}_{\mathrm{ni}} \tag{17.3.14}$$

In (17.3.14) werden alle ni Eigenvektoren $\boldsymbol{X}_B$ der Matrix $\boldsymbol{B}$ ermittelt. Ein geeignetes Verfahren dafür ist der Jacobi-Algorithmus in Abschnitt 17.3.3. Wenn wir nun an Stelle des Vektorsatzes $\overline{\boldsymbol{X}}^{(\mathrm{k})}$ mit dem transformierten Vektorsatz

$$\underset{(\mathrm{n} \times \mathrm{ni})}{\overline{\boldsymbol{X}}_0^{(\mathrm{k})}} = \underset{(\mathrm{n} \times \mathrm{ni})}{\overline{\boldsymbol{X}}^{(\mathrm{k})}} \underset{(\mathrm{ni} \times \mathrm{ni})}{\boldsymbol{X}_B} \tag{17.3.15}$$

arbeiten, welcher auch orthogonal ist

$$\begin{aligned} \left[\overline{\boldsymbol{X}}_0^{(\mathrm{k})}\right]^{\mathrm{t}} \overline{\boldsymbol{X}}_0^{(\mathrm{k})} &= \boldsymbol{X}_B^{\mathrm{t}} \left[\overline{\boldsymbol{X}}^{(\mathrm{k})}\right]^{\mathrm{t}} \overline{\boldsymbol{X}}^{(\mathrm{k})} \boldsymbol{X}_B = \boldsymbol{X}_B^{\mathrm{t}} \boldsymbol{X}_B \\ &= \boldsymbol{I}_{\mathrm{ni}} \end{aligned} \tag{17.3.16}$$

dann erhalten wir statt $\boldsymbol{V}$ nun den iterierten Vektorsatz

$$\begin{aligned} \boldsymbol{V}_0 &= \boldsymbol{A} \overline{\boldsymbol{X}}_0^{(\mathrm{k})} = \boldsymbol{A} \overline{\boldsymbol{X}}^{(\mathrm{k})} \boldsymbol{X}_B \\ &= \boldsymbol{V} \boldsymbol{X}_B \end{aligned} \tag{17.3.17}$$

welcher die Eigenschaft

$$\begin{aligned} \boldsymbol{V}_0^{\mathrm{t}} \overline{\boldsymbol{X}}_0^{(\mathrm{k})} &= \left[\overline{\boldsymbol{X}}_0^{(\mathrm{k})}\right]^{\mathrm{t}} \boldsymbol{A} \overline{\boldsymbol{X}}_0^{(\mathrm{k})} = \boldsymbol{X}_B^{\mathrm{t}} \left[\overline{\boldsymbol{X}}^{(\mathrm{k})}\right]^{\mathrm{t}} \boldsymbol{A} \overline{\boldsymbol{X}}^{(\mathrm{k})} \boldsymbol{X}_B \\ &= \boldsymbol{\Lambda}_B \end{aligned} \tag{17.3.18}$$

hat. Mit $\boldsymbol{V}_0$ gehen wir nun an Stelle von $\boldsymbol{V}$ in die nächste Iterationsschleife. Da $\overline{\boldsymbol{X}}_0^{(\mathrm{k})}$ nur eine Linearkombination der Vektoren in $\overline{\boldsymbol{X}}^{(\mathrm{k})}$ darstellt, ist nicht zu erwarten, daß die

wobei

$$\begin{bmatrix} \bar{X}_{cc} & \bar{X}_{c\sigma} \\ \Delta\bar{X}_{\sigma c} & \Delta\bar{X}_{\sigma\sigma} \end{bmatrix} = [\bar{U}_{cc} \quad U_{\sigma\sigma}] \begin{bmatrix} X_{cc} & X_{c\sigma} \\ \Delta X_{\sigma c} & \Delta X_{\sigma\sigma} \end{bmatrix} \tag{*17.4.9}$$

die Eigenvektoren im speziellen Eigenwertproblem sind. Die Matrix

$$\bar{A}_{cc} = \bar{U}_{cc}^{-t}\bar{M}_{cc}\bar{U}_{cc}^{-1} \tag{*17.4.10}$$

ist übrigens die dynamische Matrix des kondensierten Problems

$$\bar{A}_{cc}\tilde{\tilde{X}}_{cc} = \tilde{\tilde{X}}_{cc}\tilde{\boldsymbol{\Lambda}}_c \tag{*17.4.11}$$

Aus dieser Eigenwertgleichung berechnen wir üblicherweise die Approximation $\tilde{\boldsymbol{\Lambda}}_c$ und $\{\tilde{\tilde{X}}_{cc} \quad O\}$ für die ersten im primären Unterraum liegenden Eigenwerte und Eigenvektoren. Die erste Teilgleichung des exakten Problems ist offensichtlich erfüllt, die zweite jedoch nicht. Wir erhalten

$$\bar{\mathbf{H}} = \begin{bmatrix} O \\ \bar{\mathbf{H}}_{\sigma c} \end{bmatrix} = \begin{bmatrix} O \\ U_{\sigma\sigma}^{-t}[M_{\sigma c} - M_{\sigma\sigma}K_{\sigma\sigma}^{-1}K_{\sigma c}]\bar{U}_{cc}^{-1}\tilde{\tilde{X}}_{cc} \end{bmatrix} \tag{*17.4.12}$$

Nun betrachten wir das zum Eigenwert $\tilde{\lambda}_i^{(c)}$ gehörende Residuum

$$\bar{\boldsymbol{\eta}}_i^{(\sigma c)} = U_{\sigma\sigma}^{-t}[M_{\sigma c} - M_{\sigma\sigma}K_{\sigma\sigma}^{-1}K_{\sigma c}]\bar{U}_{cc}^{-1}\tilde{\tilde{\boldsymbol{x}}}_i^{(c)} \tag{*17.4.13}$$

wobei für den Eigenvektor $\tilde{\tilde{\boldsymbol{x}}}_i^{(c)}$ gelte

$$\left[\tilde{\tilde{\boldsymbol{x}}}_i^{(c)}\right]^t \tilde{\tilde{\boldsymbol{x}}}_i^{(c)} = 1 \tag{*17.4.14}$$

Aus

$$\bar{\boldsymbol{\eta}}_i = A\begin{bmatrix} \tilde{\tilde{\boldsymbol{x}}}_i^{(c)} \\ \boldsymbol{o} \end{bmatrix} - \begin{bmatrix} \tilde{\tilde{\boldsymbol{x}}}_i^{(c)} \\ \boldsymbol{o} \end{bmatrix}\tilde{\lambda}_i^{(c)} = \begin{bmatrix} \boldsymbol{o} \\ \bar{\boldsymbol{\eta}}_i^{(\sigma c)} \end{bmatrix} \tag{*17.4.15}$$

folgt mit dem vollen exakten Vektorsatz $\bar{X}$ die Aussage

$$\bar{X}^t\bar{\boldsymbol{\eta}}_i = \bar{X}^t A \bar{X}\bar{X}^t \begin{bmatrix} \tilde{\tilde{\boldsymbol{x}}}_i^{(c)} \\ \boldsymbol{o} \end{bmatrix} - \bar{X}^t \begin{bmatrix} \tilde{\tilde{\boldsymbol{x}}}_i^{(c)} \\ \boldsymbol{o} \end{bmatrix}\tilde{\lambda}_i^{(c)} = [\boldsymbol{\Lambda} - \tilde{\lambda}_i^{(c)} I]\bar{X}^t \begin{bmatrix} \tilde{\tilde{\boldsymbol{x}}}_i^{(c)} \\ \boldsymbol{o} \end{bmatrix} \tag{*17.4.16}$$

wobei bekanntlich

$$\bar{X}^t\bar{X} = \bar{X}\bar{X}^t = I \tag{*17.4.17}$$

gilt. Entweder ist nun einer der exakten Eigenwerte in $\boldsymbol{\Lambda}$ identisch mit der berechneten Näherung $\tilde{\lambda}_i^{(c)}$ aus dem kondensierten System oder aber es gilt

$$\bar{X}^t \begin{bmatrix} \tilde{\tilde{\boldsymbol{x}}}_i^{(c)} \\ \boldsymbol{o} \end{bmatrix} = \left[\boldsymbol{\Lambda} - \tilde{\lambda}_i^{(c)} I\right]^{-1} \bar{X}^t \begin{bmatrix} \boldsymbol{o} \\ \bar{\boldsymbol{\eta}}_i^{(\sigma c)} \end{bmatrix} \tag{*17.4.18}$$

Nach den Regeln der Matrixnormen ist aber

$$\|\boldsymbol{Q}\boldsymbol{y}\| = \|\boldsymbol{y}\| \tag{*17.4.19}$$

falls $\boldsymbol{Q}$ eine Orthogonalmatrix, wie etwa $\overline{\boldsymbol{X}}$, ist. Ferner gilt

$$\|\boldsymbol{B}\boldsymbol{C}\| \leqslant \|\boldsymbol{B}\|\,\|\boldsymbol{C}\| \tag{*17.4.20}$$

und zwar für jede beliebige Matrixnorm. Wir beachten noch

$$\left\|\begin{bmatrix} \tilde{\tilde{\boldsymbol{x}}}_i^{(c)} \\ \boldsymbol{o} \end{bmatrix}\right\| = \|\tilde{\tilde{\boldsymbol{x}}}_i^{(c)}\| = 1 \tag{*17.4.21}$$

da (*17.4.14) gilt, und führen die Abkürzung

$$\epsilon_i = \left\|\begin{bmatrix} \boldsymbol{o} \\ \overline{\boldsymbol{\eta}}_i^{(\sigma c)} \end{bmatrix}\right\| = \|\overline{\boldsymbol{\eta}}_i^{(\sigma c)}\| = \left(\overline{\boldsymbol{\eta}}_i^{(\sigma c)\,t}\,\overline{\boldsymbol{\eta}}_i^{(\sigma c)}\right)^{1/2} \tag{*17.4.22}$$

ein. Damit folgt aus (*17.4.18) sogleich das Resultat

$$1 \leqslant \max_{k=1,n} \left(|\lambda_k - \tilde{\lambda}_i^{(c)}|^{-1}\right) \epsilon_i \tag{*17.4.23}$$

oder

$$\min_{k=1,n} |\lambda_k - \tilde{\lambda}_i^{(c)}| \leqslant \epsilon_i \tag{*17.4.24}$$

Wir wissen somit, daß ein wahrer Eigenwert λ_k des nichtkondensierten Problems höchstens um $\pm\,\epsilon_i$ von der Näherung $\tilde{\lambda}_i^{(c)}$ entfernt sein kann. In der Regel ist dabei die untere Grenze maßgebend, da die Kondensation versteifend wirkt, also die Eigenfrequenzen anhebt bzw. die Eigenwerte senkt. Aus (*17.4.24) ergibt sich weiter für den Kondensationsfehler in [%]

$$f_c \leqslant \frac{\epsilon_i}{\tilde{\lambda}_i^{(c)} - \epsilon_i}\,100$$

Diese Fehlerabschätzung kann in der Praxis nützlich sein, wenn man über wenig Informationen über die interessanten Eigenschwingungsformen verfügt. Neben der Abweichung der Eigenwerte interessiert natürlich auch die Abweichung in den Eigenvektoren. Diese kann insbesondere bei der Berechnung dynamischer Spannungen kritisch sein, da der eingeschlossene Differentiationsprozeß den Fehler vergrößert. Dann muß man doch zur simultanen Vektoriteration greifen, wenn man an genauen Spannungen interessiert ist.

17.5 Die Ausnützung von Symmetrieeigenschaften des Tragwerks bei der Eigenschwingungsberechnung

Während die Reduktion nach Guyan eine Näherung zur Reduzierung der Problemgröße darstellt, ist die Ausnützung der Symmetrieeigenschaften in der Dynamik exakt auszuführen. Es sind dabei einige Änderungen gegenüber der linearen Statik zu beachten.

Grundvoraussetzung für die folgenden Ausführungen ist, daß – wie in der linearen Statik auch – das Tragwerk symmetrische Geometrie (symmetrische Steifigkeitseigenschaften) aufweist. Dazu kommt in der Dynamik die Forderung nach einer symmetrischen Massenverteilung.

Wir betrachten einen derartigen einfachen Schwinger in Abb. 17.5.1 und führen in das Eigenwertproblem an Stelle der einfachen Freiheitsgrade $\boldsymbol{r}$ die neuen $\boldsymbol{r}_s$ (rein symmetrisch) und $\boldsymbol{r}_a$ (rein antisymmetrisch) ein. Es gilt

$$\boldsymbol{r} = \boldsymbol{T}_s \boldsymbol{r}_s + \boldsymbol{T}_a \boldsymbol{r}_a \tag{17.5.1}$$

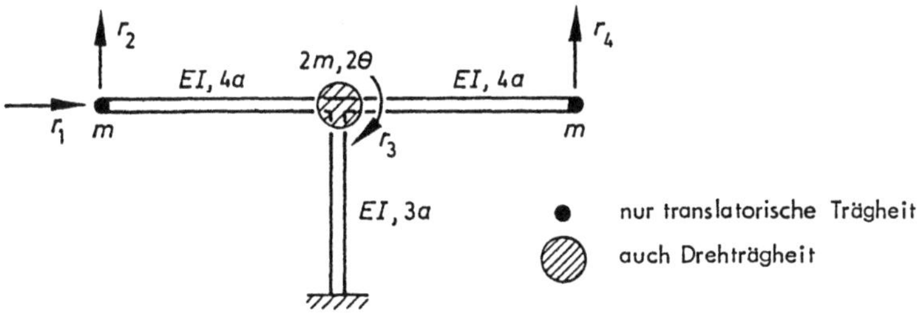

(a) symmetrischer Schwinger mit 4 Freiheitsgraden (nur Biegedeformationen)

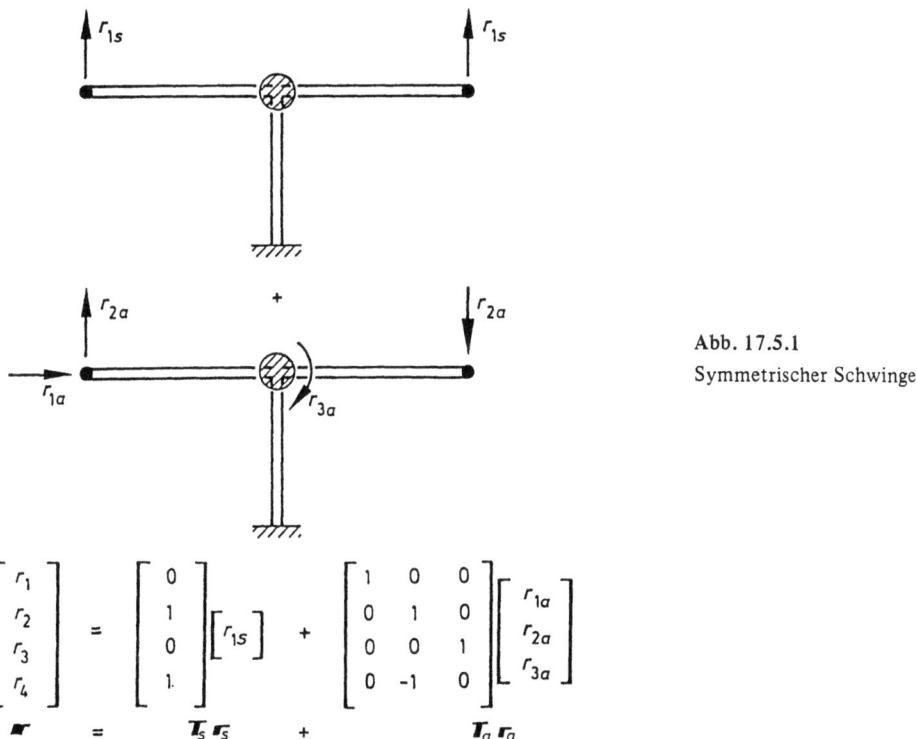

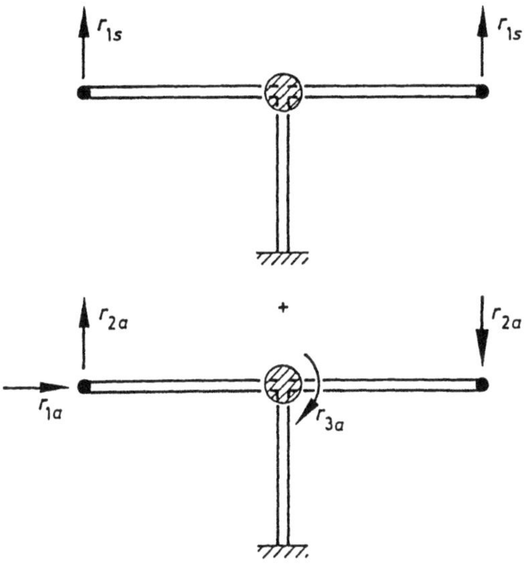

$$\begin{bmatrix} r_1 \\ r_2 \\ r_3 \\ r_4 \end{bmatrix} = \begin{bmatrix} 0 \\ 1 \\ 0 \\ 1 \end{bmatrix} \begin{bmatrix} r_{1s} \end{bmatrix} + \begin{bmatrix} 1 & 0 & 0 \\ 0 & 1 & 0 \\ 0 & 0 & 1 \\ 0 & -1 & 0 \end{bmatrix} \begin{bmatrix} r_{1a} \\ r_{2a} \\ r_{3a} \end{bmatrix}$$

$$\boldsymbol{r} = \boldsymbol{T}_s\, \boldsymbol{r}_s + \boldsymbol{T}_a\, \boldsymbol{r}_a$$

(b) Aufspaltung der Bewegung in symmetrische und antisymmetrische Anteile

Abb. 17.5.1
Symmetrischer Schwinger

Diese Aufspaltung ist bei jeder symmetrischen Geometrie ohne Beschränkung möglich. Die auf die neuen Freiheitsgrade transformierte Gleichung lautet

$$\begin{bmatrix} T_s^t M T_s & T_s^t M T_a \\ T_a^t M T_s & T_a^t M T_a \end{bmatrix} \begin{bmatrix} \ddot{r}_s \\ \ddot{r}_a \end{bmatrix} + \begin{bmatrix} T_s^t K T_s & T_s^t K T_a \\ T_a^t K T_s & T_a^t K T_a \end{bmatrix} \begin{bmatrix} r_s \\ r_a \end{bmatrix} = o \tag{17.5.2}$$

Wie man leicht aus T_s und T_a in Abb. 17.5.1 ersehen kann, beschreibt jede Spalte von T_s eine rein symmetrische Bewegung und jede Spalte von T_a eine rein antisymmetrische. Wir können demnach MT_a als Trägheitskräfte auffassen, die bei einem antisymmetrischen Beschleunigungsmuster auftreten. Bei einer symmetrischen Massenverteilung müssen diese Trägheitskräfte antisymmetrisch verteilt sein. Der Term $T_s^t M T_a$ gibt die Arbeit an, die die antisymmetrischen Trägheitskraftgruppen an den symmetrischen Bewegungskomponenten leisten. Da die Beiträge zur Arbeit links und rechts der Symmetrieebene entgegengesetzt gleich sind, kommt dabei stets Null heraus. Wir halten also fest

$$\begin{aligned} T_s^t M T_a &= O \\ T_a^t M T_s &= O^t \end{aligned} \tag{17.5.3}$$

Ganz entsprechend sind KT_a elastische Kräfte, die die antisymmetrischen Deformationen T_a bewirken. Bei einer symmetrischen Verteilung der Steifigkeitseigenschaften sind diese elastischen Kräfte auch antisymmetrisch. Sie leisten an symmetrischen Verschiebungen T_s keine Arbeit

$$\begin{aligned} T_s^t K T_a &= O \\ T_a^t K T_s &= O^t \end{aligned} \tag{17.5.4}$$

Damit ist das dynamische Problem (17.5.2) entkoppelt, und damit natürlich auch das zugeordnete Eigenwertproblem

$$\begin{bmatrix} T_s^t M T_s & O \\ O^t & T_a^t M T_a \end{bmatrix} \begin{bmatrix} \ddot{r}_s \\ \ddot{r}_a \end{bmatrix} + \begin{bmatrix} T_s^t K T_s & O \\ O^t & T_a^t K T_a \end{bmatrix} \begin{bmatrix} r_s \\ r_a \end{bmatrix} = \begin{bmatrix} o \\ o \end{bmatrix} \tag{17.5.5}$$

bzw.

$$\begin{aligned} \left[T_s^t M T_s\right] X_s &= \left[T_s^t K T_s\right] X_s \Lambda_s \\ \left[T_a^t M T_a\right] X_a &= \left[T_a^t K T_a\right] X_a \Lambda_a \end{aligned} \tag{17.5.6}$$

Wir schließen aus der letzten Gleichung:

> Ein symmetrischer Schwinger weist nur rein symmetrische und rein antisymmetrische Eigenschwingungsformen auf.

Mit Kenntnis dieser Sachlage kann man sich die Einführung generalisierter Verschiebungen r_s und r_a natürlich sparen und statt dessen, wie in Abb. 17.5.2 gezeigt, mit einem halben Modell und geeigneten Randbedingungen arbeiten. Man löst also ein im Mittel halb so großes Problem (bei mehrfachen Symmetrien 1/4 bzw. 1/8) mit verschiedenen

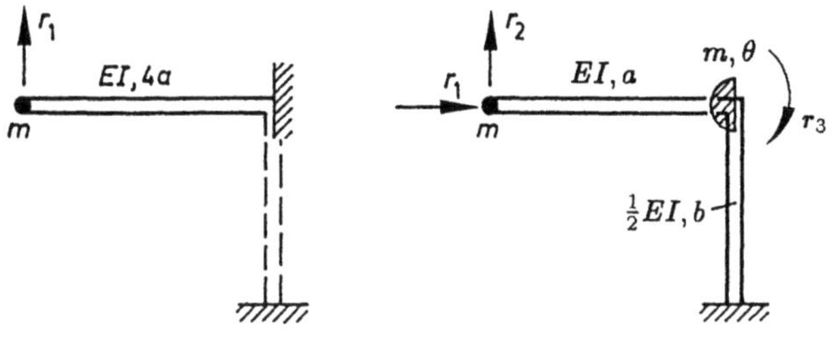

(a) Halbmodell für die symmetrischen Eigenschwingungsformen

(b) Halbmodell für die antisymmetrischen Eigenschwingungsformen

Abb. 17.5.2 Halbmodelle für den Schwinger in Abb. 17.5.1 (nur Biegedeformationen)

Dreifache Symmetrie Achtelmodell		
Zweifache Symmetrie Viertelmodell		
Einfache Symmetrie Halbmodell		
Symmetrieebene 1	Symmetrieebene 2	Symmetrieebene 3
s	s	s
s	s	a
s	a	s
s	a	a
a	s	s
a	s	a
a	a	s
a	a	a

s = nur sym. Bewegung auf der Sym. Ebene

a = nur antisym. Bewegung auf der Sym. Ebene

Abb. 17.5.3 Berechnungen und Randbedingungen bei Ausnützung der Symmetrieeigenschaften

Randbedingungen. Da die Eigenwertberechnung ein n^3-Prozeß ist, geht der Arbeitsaufwand auf $2 * \frac{n^3}{8}$ zurück. Bei mehrfacher Symmetrie ist das in Abb. 17.5.3 gezeigte Arbeitsschema nützlich. Wir sehen, daß wir bei dreifacher Symmetrie zwar nur 1/8 des Tragwerks behandeln, dafür benötigen wir allerdings auch 8 Rechenläufe mit verschiedenen Randbedingungen. Als anschauliches Beispiel verweisen wir auf die Berechnung einer Rechteckplatte unter Ausnützung der Doppelsymmetrie (Abb. 17.5.4).

Auch punktsymmetrische Körper lassen sich analog zu dieser Technik sehr wirtschaftlich behandeln. Es ist jedoch wichtig zu wissen, daß ein punktsymmetrischer Körper Eigenschwingungsformen mit beliebiger Wellenzahl über den Umfang aufweisen kann (Abb.

17.5.5). Idealisiert man, wie dies in der Statik üblich ist, nur einen Querschnitt des rotationssymmetrischen Körpers, dann sind zur Erfassung von Eigenformen bis zur Ordnung k auch k + 1 verschiedene Eigenwertanalysen erforderlich, die allerdings im Vergleich zur dreidimensionalen Berechnung außerordentlich billig sind.

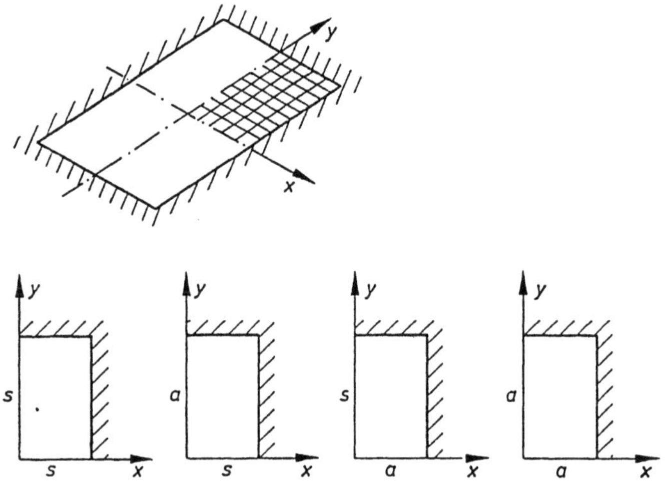

Abb. 17.5.4 Ausnützung der Symmetrieeigenschaften zur Eigenschwingungsberechnung einer gleichförmigen, doppeltsymmetrischen rechteckigen Platte

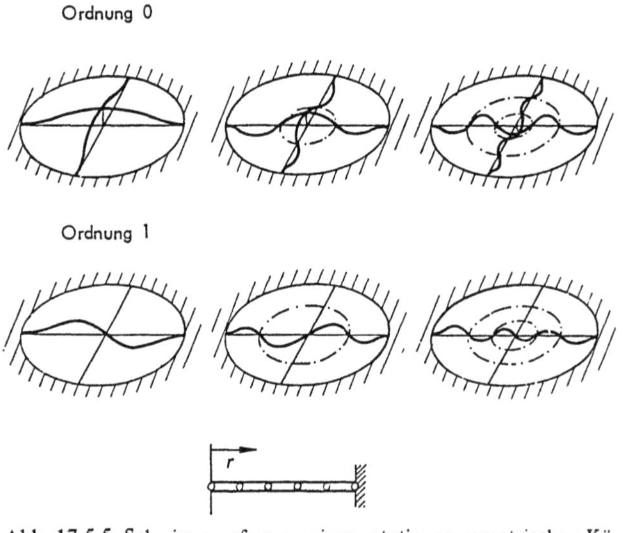

Abb. 17.5.5 Schwingungsformen eines rotationssymmetrischen Körpers (eingespannte Kreisplatte). Jede Ordnung erfordert eine eigene Berechnung mit der unten gezeigten Querschnittsidealisierung

Literatur zu Kapitel 17

[17.1] *K. A. Braun,* et. al.; Linear dynamic analysis – Lecture notes and example problems, ASKA UM 212, Stuttgart (1982);
auch: ISD-Bericht Nr. 155, Stuttgart (1974).

[17.2] *J. Argyris, S. Kelsey;* Modern fuselage analysis and the elastic aircraft, Butterworths, London (1963) 93–100.

[17.3] *J. Argyris;* Some results on the free-free oscillations of aircraft type structures, Revue Française de Mécanique, 15 (1965); 3e trimèstre 59–73.
auch: ISD-Bericht Nr. 1, Stuttgart (1964).

[17.4] *O. E. Brønlund, Th. L. Johnsen;* QR-faktorization of partitioned matrices, Comp. Meths. Appl. Mech. Eng., 3 (1974) 153–172.

[17.5] *H. Rutishauser;* Computational aspects of F. L. Bauer's simultaneous iteration method; Numerische Mathematik, 13 (1969) 4–13.

[17.6] *G. Dietrich;* Improved simultaneous vector iteration; in: ASKA extensions '78, ISD-Bericht Nr. 239, Stuttgart (1978).

[17.7] *J. H. Wilkinson;* Rundungsfehler, Heidelberger Taschenbücher Band 44 (Springer, Berlin, 1969).

[17.8] *H. R. Schwarz, H. Rutishauser, E. Stiefel;* Numerik symmetrischer Matrizen (Teubner, Stuttgart, 1968).

[17.9] *P. Henrici;* On the speed of convergence of cyclic and quasicyclic Jacobi methods for computing eigenvalues of Hermitian matrices, J. Soc. Industr. Appl. Math., 6 (1958) 144–162.

[17.10] *K. A. Braun,* et. al.; Some hypermatrix algorithms in linear algebra; in: Lecture notes in economics and mathematical systems, Vol. 134, Springer, Berlin-Heidelberg-New York (1976).

[17.11] *A. S. Householder;* Principles of numerical analysis (McGraw-Hill, New York, 1953).

[17.12] *J. H. Wilkinson;* The algebraic eigenvalue problem (Clarendon Press, Oxford, 1965).

[17.13] *G. Dietrich;* A new formulation of the hypermatrix Householder – QR decomposition, Comp. Meths. Appl. Mech. Eng., 9 (1976) 273–280.

[17.14] *R. J. Guyan;* Reduction of stiffness and mass, AIAA Journal, Vol. 3 (1965).

[17.15] *C. M. Harris, Ch. E. Crede;* Shock and vibration handbook, Vol. 1 (basic theory and measurements) (McGraw-Hill, New York, 1961).

[17.16] *K. Klotter;* Technische Schwingungslehre, Band 2 (Schwinger von mehreren Freiheitsgraden) (Springer, Berlin, 1960).

[17.17] *J. P. den Hartog;* Mechanical vibrations (McGraw-Hill, New York, 1956).

[17.18] *S. Iguchi;* Die Eigenschwingungen und Klangfiguren der vierseitig freien rechteckigen Platte, Ing. Archiv, 21 (1953) 303–322.

[17.19] *J. Argyris,* et. al.; Aspects of the finite element method as applied to aero-space structures, XXIIIrd Intern. Astronautical Congress, Wien (1972), ISD-Bericht Nr. 138, Stuttgart (1973).

[17.20] *K. A. Braun, Th. L. Johnsen;* Eigencomputation of symmetric hypermatrices using a generalization of the Householder method, 2nd Int. Conf. SMIRT, Berlin (1973).

[17.21] Forschungsgruppe Reaktordruckbehälter des ISD; Rotationssymmetrische Berechnung des 1:5 THTR Spannbetonbehälter-Modells, ISD-Bericht Nr. 102, Stuttgart (1971).

[17.22] *J. Argyris,* et. at.; Finite Elemente zur Berechnung von Spannbeton-Reaktordruckbehältern, ISD-Bericht Nr. 137, Stuttgart (1973).

[17.23] *C. Lanczos;* An iteration method for the solution of the eigenvalue problem of linear differential and integral operators, J. Res. Nat. Bur. Standards, 45 (1950) 255–282.

[17.24] *C. C. Paige;* The computation of eigenvalues and eigenvectors of very large sparse matrices, Ph. D. Thesis, University of London (1971).

[17.25] *C. C. Paige;* Computational variants of the Lanczos method for the eigenproblem, J. Inst. Math. Appl., 10 (1972) 373–381.

[17.26] *C. C. Paige;* Error analysis of the Lanczos algorithm for tridiagonalizing a symmetric matrix, J. Inst. Math. Appl., 18 (1976) 341–349.

[17.27] *B. N. Parlett, D. S. Scott;* The Lanczos algorithm with selective orthogonalization, Math. Comp., 33 (1979) 217–238.

[17.28] *B. N. Parlett;* The symmetric eigenvalue problem (Prentice-Hall, Englewood Cliffs, N. J., 1980).

[17.29] *D. K. Faddejew, W. N. Faddejewa;* Numerische Methoden der linearen Algebra. 3. Aufl. (Oldenbourg Verlag, München-Wien, 1973).

[17.30] *G. H. Golub, C. F. van Loan;* Matrix computations (North Oxford Academic, Oxford, 1983).

[17.31] *Y. Saad;* On the rate of convergence of the Lanczos and the block-Lanczos methods, SIAM J. Num. Anal., 17 (1980) 687–706.

[17.32] *A. Ruhe;* Computation of eigenvalues and eigenvectors, in: Sparse Matrix Techniques (ed. V. A. Baker), Lecture Notes in Mathematics 572, Springer-Verlag, Berlin (1977) 130–184.

[17.33] *T. Ericsson, A. Ruhe;* The spectral transformation Lanczos method for the numerical solution of large sparse generalized symmetric eigenvalue problems, Math. Comp., 35 (1980) 1251–1268.

[17.34] *B. Nour-Omid, B. N. Parlett, R. L. Taylor;* Lanczos versus subspace iteration for solution of eigenvalue problems, Int. J. Num. Meth. Eng., 19 (1983) 859–871.

[17.35] *H. G. Matthies;* A subspace Lanczos method for the generalized symmetric eigenproblem, Comp. & Struct., 21 (1985) 319–325.

[17.36] *K.-J. Bathe, S. Ramaswamy;* An accelerated subspace iteration method, Comp. Meth. Appl. Mech. Eng., 23 (1980) 313–331.

18 Freie Schwingungen ungedämpfter Systeme

Im Kapitel 17 haben wir die Fragestellung beantwortet, welche Schwingungen ein freier Körper prinzipiell ausführen kann, ohne auf eine spezielle Anfangsbedingung einzugehen. Wir kamen dabei zum Begriff der Eigenschwingungen. Hier wollen wir nun eine Anfangsbedingung in unsere Betrachtung aufnehmen, d.h. wir untersuchen den konkreten Bewegungsablauf (in der Zeit) eines Systems, wobei die Schwingung nicht durch äußere Kräfte angeregt, sondern durch Vorgabe von Anfangsbedingungen (Verschiebung, Geschwindigkeit zu einem Startzeitpunkt) initiiert wird.

18.1 Diagonalisierung und Integration des Systems; dynamische Reduktion

Die Bewegung wird nach wie vor durch die Differentialgleichungen (17.1.1) beschrieben. Wir wollen jedoch für den allgemeinsten Fall die Freiheitsgrade in drei Gruppen aufteilen:

(a) $\boldsymbol{r}_c(t)$ primäre Freiheitsgrade, die zur Beschreibung des dynamischen Systems notwendig sind;

(b) $\boldsymbol{r}_\sigma(t)$ sekundäre Freiheitsgrade, die aus statischen Gründen vorhanden sind, aber in der Dynamik durch eine Interpolation (*Guyan reduction*) eliminiert werden;

(c) $\boldsymbol{r}_s(t) = \boldsymbol{o}$ Verschiebungen, die als Lagerfreiheitsgrade unterdrückt werden.

Damit erhalten wir für das Gesamtsystem

$$\begin{bmatrix} \boldsymbol{M}_{cc} & \boldsymbol{M}_{c\sigma} & \boldsymbol{M}_{cs} \\ \boldsymbol{M}_{\sigma c} & \boldsymbol{M}_{\sigma\sigma} & \boldsymbol{M}_{\sigma s} \\ \boldsymbol{M}_{sc} & \boldsymbol{M}_{s\sigma} & \boldsymbol{M}_{ss} \end{bmatrix} \begin{bmatrix} \ddot{\boldsymbol{r}}_c \\ \ddot{\boldsymbol{r}}_\sigma \\ \ddot{\boldsymbol{r}}_s = \boldsymbol{o} \end{bmatrix} + \begin{bmatrix} \boldsymbol{K}_{cc} & \boldsymbol{K}_{c\sigma} & \boldsymbol{K}_{cs} \\ \boldsymbol{K}_{\sigma c} & \boldsymbol{K}_{\sigma\sigma} & \boldsymbol{K}_{\sigma s} \\ \boldsymbol{K}_{sc} & \boldsymbol{K}_{s\sigma} & \boldsymbol{K}_{ss} \end{bmatrix} \begin{bmatrix} \boldsymbol{r}_c \\ \boldsymbol{r}_\sigma \\ \boldsymbol{r}_s = \boldsymbol{o} \end{bmatrix} = \begin{bmatrix} \boldsymbol{o} \\ \boldsymbol{o} \\ \boldsymbol{R}_s \end{bmatrix} \tag{18.1.1}$$

Wir entfernen zunächst die Lagerfreiheitsgrade, wobei sich die Lagerkräfte zu

$$\boldsymbol{R}_s = \boldsymbol{M}_{sc}\ddot{\boldsymbol{r}}_c + \boldsymbol{M}_{s\sigma}\ddot{\boldsymbol{r}}_\sigma + \boldsymbol{K}_{sc}\boldsymbol{r}_c + \boldsymbol{K}_{s\sigma}\boldsymbol{r}_\sigma \tag{18.1.2}$$

ergeben, falls $\boldsymbol{r}_c(t)$ und $\boldsymbol{r}_\sigma(t)$ bekannt sind. Danach wird das System auf die primären Freiheitsgrade reduziert, indem man von der Interpolation nach *Guyan* Gebrauch macht

$$\overline{\boldsymbol{M}}_{cc}\ddot{\boldsymbol{r}}_c + \overline{\boldsymbol{K}}_{cc}\boldsymbol{r}_c = \boldsymbol{o} \tag{18.1.3}$$

Die reduzierte Massenmatrix $\overline{\boldsymbol{M}}_{cc}$ und die reduzierte Steifigkeitsmatrix $\overline{\boldsymbol{K}}_{cc}$ sind bereits in (17.4.6) und (17.4.7) definiert worden. Falls keine Kondensation nach *Guyan* vorgenommen wird, sind diese Matrizen selbstverständlich mit $\boldsymbol{M}_{cc}$ bzw. $\boldsymbol{K}_{cc}$ identisch ($\boldsymbol{r}_\sigma$ existiert dann nicht). Ist $\boldsymbol{r}_c(t)$ berechnet, ergibt sich $\boldsymbol{r}_\sigma(t)$ aus (17.4.2).

Wir stellen uns vor, daß für das in (18.1.3) beschriebene System bereits eine Eigenwertberechnung durchgeführt wurde, wie das in Kapitel 17 diskutiert worden ist. Das allgemeine dynamische Verhalten des Systems stellen wir nun mit Hilfe dieser Eigenvektoren dar (modale Superposition)

$$r_c(t) = x_1\eta_1(t) + x_2\eta_2(t) + \ldots + x_{nx}\eta_{nx}(t) = X\eta(t) \tag{18.1.4}$$

Ist die Anzahl nx der Eigenvektoren gleich der Anzahl der gesamten Eigenvektoren des Systems (18.1.3), dann ist die Darstellung (18.1.4) exakt. Oft geht man allerdings davon aus, daß das dynamische Verhalten auch hinreichend genau von einer Teilgruppe beschrieben werden kann (dynamische Reduktion). In diesem Fall stellt (18.1.4) eine zusätzliche Näherung dar.

Wir setzen nun (18.1.4) in (18.1.3) ein und multiplizieren zusätzlich noch mit X^t vor. Damit ergibt sich ein entkoppeltes System mit nx linearen Differentialgleichungen 2. Ordnung, weil ja X sowohl $\overline{M}_{cc}$ als auch $\overline{K}_{cc}$ diagonalisiert

$$\Lambda\ddot{\eta} + \eta = o \tag{18.1.5}$$

wobei Λ in (17.1.29) definiert ist.

Eine typische Einzelgleichung hat die Form

$$\ddot{\eta}_i + \omega_i^2\eta_i = 0\ , \qquad i = 1, nx \tag{18.1.6}$$

Ihre allgemeine Lösung ist bekanntlich (s. etwa auch (14.3.5), (14.3.15) für $\zeta = 0$)

$$\eta_i(t) = a_i \sin\omega_i t + b_i \cos\omega_i t\ , \qquad i = 1, nx \tag{18.1.7}$$

Setzen wir als Startbedingung der schwingenden Bewegung für den Zeitpunkt $t = 0$

$$\begin{aligned} \eta_i(0) &= \eta_{0i} = b_i \\ \dot{\eta}_i(0) &= \dot{\eta}_{0i} = a_i\omega_i \end{aligned} \tag{18.1.8}$$

fest, dann sind a_i und b_i bestimmt und die Lösung lautet

$$\eta_i(t) = \frac{\dot{\eta}_{0i}}{\omega_i}\sin\omega_i t + \eta_{0i}\cos\omega_i t \tag{18.1.9}$$

Ein Restproblem ist freilich noch geblieben. Normalerweise wird man ja nicht η_i bzw. $\dot{\eta}_i$ zum Zeitpunkt $t = 0$ festlegen, sondern $r_c(0)$ bzw. $\dot{r}_c(0)$. Die Frage ist nun, wie man aus der letzten Information zu den Anfangswerten in η findet. Solange mit dem vollen Satz der Eigenvektoren (nx = n) gearbeitet wird, ist dies kein Problem, da diese linear unabhängig sind [18.2]

$$\begin{aligned} \eta(0) &= \underset{(n,n)}{X^{-1}} r_c(0) = X^t\overline{K}_{cc} r_c(0) \\ \dot{\eta}(0) &= \underset{(n,n)}{X^{-1}} \dot{r}_c(0) = X^t\overline{K}_{cc}\dot{r}_c(0) \\ &= \Lambda^{-1}X^t\overline{M}_{cc}\dot{r}_c(0) \end{aligned} \tag{18.1.10}$$

Falls man allerdings Gebrauch von der dynamischen Reduktion macht, ist X eine rechteckige Matrix der Größe n × nx (n > nx) und damit nicht mehr invertierbar. Zu dem entsprechenden System

$$\underset{(n,nx)}{X}\ \underset{(nx,1)}{\eta(0)} = \underset{(nx,1)}{r_c(0)} \tag{18.1.11}$$

gibt es keine eindeutigen Lösungen, da ja jeweils nx beliebig herausgegriffene, linear unabhängige Gleichungen zu einem bestimmten $\boldsymbol{\eta}(0)$ führen und der verbleibende Rest natürlich im allgemeinen dann nicht erfüllt ist. (Dieses Problem ist analog zur Ausgleichsrechnung.) Wenn es nun schon nicht möglich ist, alle Gleichungen zugleich zu erfüllen, dann aber soll doch wenigstens erreicht werden, daß im Falle der Weg-Transformation die entstehende Abweichung der potentiellen Energie minimal und im Falle der Geschwindigkeitsgleichung die entstehende Abweichung der kinetischen Energie möglichst klein wird. Wir fordern also

$$[\boldsymbol{r}_c(0) - \boldsymbol{X}\boldsymbol{\eta}(0)]^t \overline{\boldsymbol{K}}_{cc} [\boldsymbol{r}_c(0) - \boldsymbol{X}\boldsymbol{\eta}(0)] = \min!$$
$$[\dot{\boldsymbol{r}}_c(0) - \boldsymbol{X}\dot{\boldsymbol{\eta}}(0)]^t \overline{\boldsymbol{M}}_{cc} [\dot{\boldsymbol{r}}_c(0) - \boldsymbol{X}\dot{\boldsymbol{\eta}}(0)] = \min! \tag{18.1.12}$$

In den Gleichungen (18.1.12) sind $\boldsymbol{\eta}(0)$ bzw. $\dot{\boldsymbol{\eta}}(0)$ die Variablen zur Erfüllung dieser Forderung. Wir finden die gesuchten Minimalstellen, indem wir nach $\boldsymbol{\eta}(0)$ bzw. $\dot{\boldsymbol{\eta}}(0)$ differenzieren und das Resultat Null setzen. Das Ergebnis dieser Bemühung mündet sofort in die außerordentlich einfachen Aussagen

$$\boldsymbol{\eta}(0) = \boldsymbol{X}^t \overline{\boldsymbol{K}}_{cc} \boldsymbol{r}_c(0)$$
$$\dot{\boldsymbol{\eta}}(0) = \boldsymbol{\Lambda}^{-1} \boldsymbol{X}^t \overline{\boldsymbol{M}}_{cc} \dot{\boldsymbol{r}}_c(0) \tag{18.1.13}$$

die formal mit den letzten Ausdrücken in (18.1.10) übereinstimmen.

Damit schließt sich der Kreis unserer Betrachtung, und wir sind in der Lage, die beliebige dynamische Bewegung eines freien, ungedämpften Körpers zu beschreiben, wenn Anfangsbedingungen vorliegen. Die Grundkomponenten der Bewegung sind die Eigenschwingungen nach (18.1.9). Dabei legen die Anfangsbedingungen die Amplitude und die Phasenlage fest. Wir sehen dies klarer mit der alternativen Darstellung (17.1.17)

$$\eta_i(t) = c_i \sin(\omega_i t + \varphi_i) \tag{18.1.14}$$

Mit Hilfe der Additionstheoreme finden wir leicht die Beziehung

$$a_i = c_i \cos\varphi_i$$
$$b_i = c_i \sin\varphi_i \tag{18.1.15}$$

und daraus weiter (s. auch Abschnitt 14.3) die Amplitude der Eigenschwingung i

$$c_i = \sqrt{a_i^2 + b_i^2} = \sqrt{\eta_{0i}^2 + (\dot{\eta}_{0i}/\omega_i)^2} \tag{18.1.16}$$

und die Phasenlage

$$\varphi_i = \arctan\frac{b_i}{a_i} = \arctan\frac{\omega_i \eta_{0i}}{\dot{\eta}_{0i}} \tag{18.1.17}$$

Demnach ist die Phasenverschiebung Null, wenn zum Zeitpunkt $t = 0$ die Auslenkung $\eta_{0i} = 0$ ist. Wir durchlaufen dann gerade einen Nulldurchgang mit der Geschwindigkeit $\dot{\eta}_{0i}$. Ist umgekehrt zum Zeitpunkt $t = 0$ die Geschwindigkeit $\dot{\eta}_{0i} = 0$ und eine Auslenkung η_{0i} vorhanden, so durchlaufen wir gerade einen Umkehrpunkt. Die Phasenverschiebung beträgt $\pm 90°$, und wir haben damit eine reine cos-Schwingung (Abb. 18.1.1).

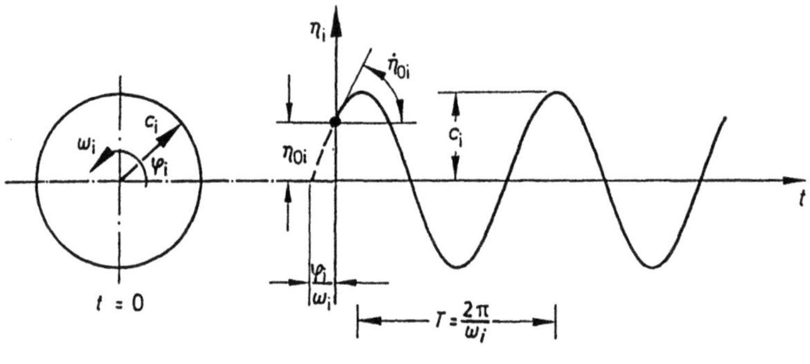

(a) beliebige Anfangsbedingungen η_{0i} und $\dot{\eta}_{0i}$

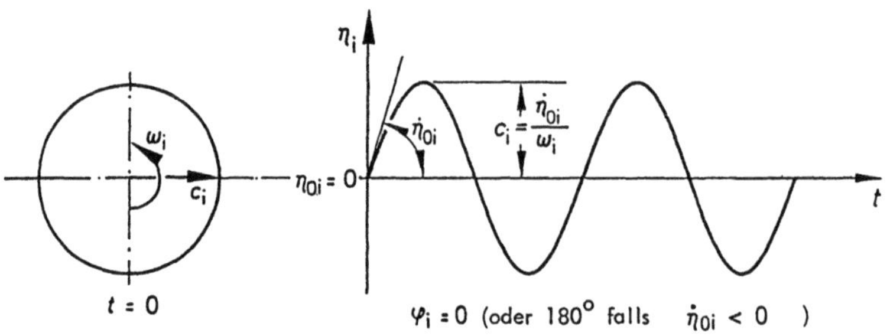

(b) Anfangsbedingung $\eta_{0i} = 0$: reine Sinusschwingung

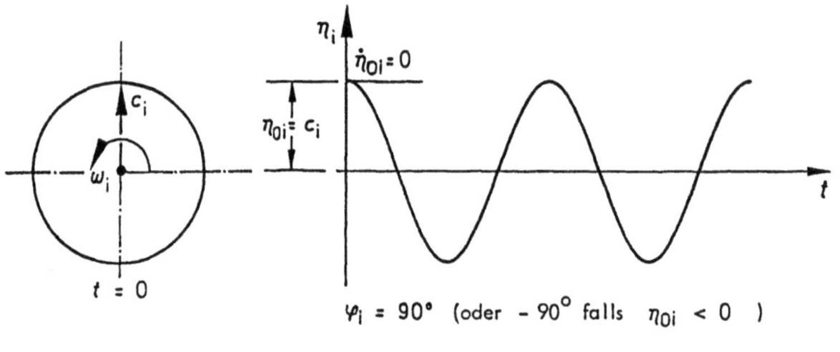

(c) Anfangsbedingung $\dot{\eta}_{0i} = 0$: reine Kosinusschwingung

Abb. 18.1.1 Schwingungsverhalten im η_i-System bei verschiedenen Anfangsbedingungen

Die Zeigerdiagramme verdeutlichen die verschiedenen Phasenlagen mit Hilfe der Startposition des umlaufenden Pfeiles.

Nun sind wir natürlich nicht nur an den Funktionen $\eta_i(t)$ interessiert, sondern wir möchten auch die Gesamtbewegung $\boldsymbol{r}_c(t)$ kennenlernen. Dieses Verhalten beschreibt die Gleichung (18.1.4). Sie besagt, daß an einer allgemeinen freien Bewegung alle Eigenschwingungen beteiligt sind. Für spezielle Anfangsbedingungen ist jedoch auch eine reine Eigenschwingung denkbar. Um eine reine Eigenschwingung ω_j zu erhalten, muß offensichtlich gelten

$$\begin{aligned} \eta_{0i} &= 0 \\ \dot{\eta}_{0i} &= 0 \end{aligned} \qquad i = 1, nx; \quad i \neq j \tag{18.1.18}$$

bzw. ausgedrückt in $\boldsymbol{r}_c$ und $\dot{\boldsymbol{r}}_c$

$$\begin{aligned} \boldsymbol{r}_c(0) &= \alpha \boldsymbol{x}_j \\ \dot{\boldsymbol{r}}_c(0) &= \beta \boldsymbol{x}_j \end{aligned} \tag{18.1.19}$$

d.h. die Auslenkungs- und Geschwindigkeitsverteilung muß, bis auf die frei wählbaren Konstanten α und β, dem Eigenvektor $\boldsymbol{x}_j$ entsprechen. Aus (18.1.1) folgt dann bei vollem Eigenvektorsatz mit (18.1.10)

$$\begin{aligned} \boldsymbol{\eta}(0) &= \{0 \quad 0 \quad \dots \quad 0 \quad \overset{j}{\alpha} \quad 0 \quad \dots \quad \overset{nx}{0}\} \\ \dot{\boldsymbol{\eta}}(0) &= \{0 \quad 0 \quad \dots \quad 0 \quad \beta \quad 0 \quad \dots \quad 0\} \end{aligned} \tag{18.1.20}$$

oder bei dynamischer Reduktion mit (18.1.13) das gleiche Resultat. Für eine solche spezielle Anregung erhalten wir also eine stationäre Schwingung. Nach Ablauf der Periode T_j wiederholt sich der Schwingungsvorgang einfach. Das Schwingungsbild ist durch $\boldsymbol{x}_j$ festgelegt. Lediglich ein globaler Faktor ist zeitabhängig. Somit bleiben auch die Stellen größter Auslenkung (Schwingungsbauch) und Nullauslenkung (Schwingungsknoten) stets an der gleichen Stelle.

Eine allgemeine freie Bewegung als Überlagerung beteiligter Eigenschwingungen verläuft dagegen instationär. Es gibt keine feste Zeitspanne, nach der eine Wiederholung des Geschehens eintreten würde, es sei denn, die beteiligten Eigenfrequenzen weisen ein bestimmtes, ganzzahliges Verhältnis auf. Es gibt auch keine ortsfesten Knotenlinien und Schwingungsbäuche.

Wir wollen uns diesen Sachverhalt an einem kleinen Beispiel klarmachen (Abb. 18.1.2). Es handelt sich um ein einfaches Balkenmodell mit zwei Freiheitsgraden, dessen Eigenvektoren auf Grund von Symmetrieüberlegungen sofort angegeben werden können. Wir passen sie noch den Konventionen dieses Kapitels an und machen sie $\boldsymbol{K}$-orthonormal. Das ist schon die ganze Vorbereitungsarbeit. Zunächst bestehe die Anfangsbedingung aus einer Auslenkung, welche proportional zum 2. Eigenvektor ist (Abb. 18.1.3). Wenn wir dieses Tragwerk loslassen, erhalten wir eine reine Eigenschwingung in ω_2. Nach (18.1.10) ergibt sich zunächst

$$\boldsymbol{\eta}(0) = \boldsymbol{X}^t \boldsymbol{K}_{cc} \boldsymbol{r}_c(0) = \frac{1}{l}\sqrt{\frac{EI}{l}}\{0 \quad 6\}$$

$$\dot{\boldsymbol{\eta}}(0) = \boldsymbol{o}_2$$

Modell

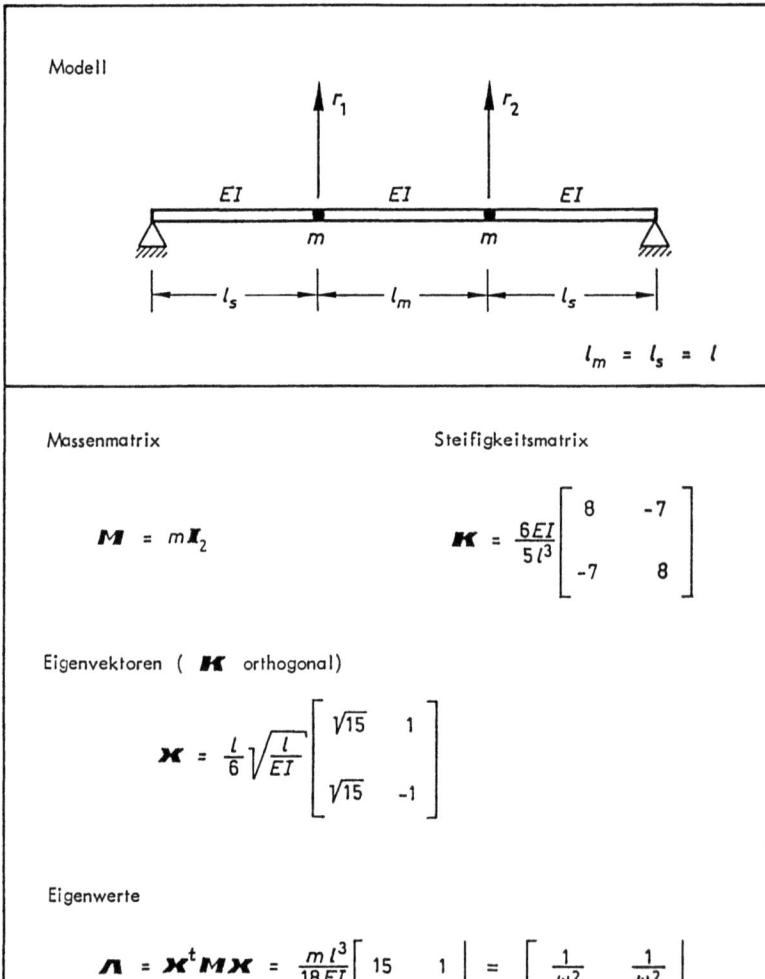

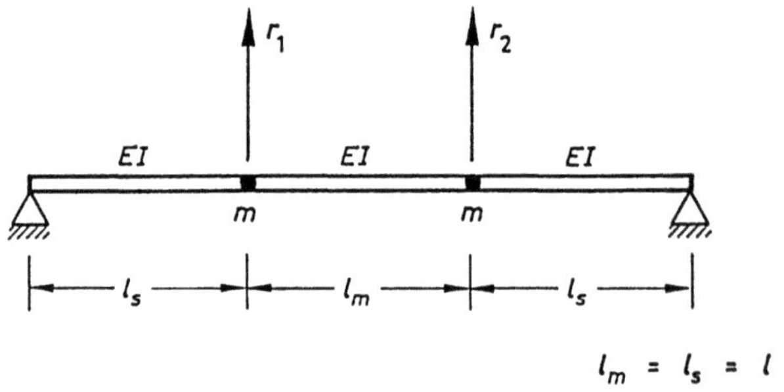

Massenmatrix

$$\boldsymbol{M} = m\boldsymbol{I}_2$$

Steifigkeitsmatrix

$$\boldsymbol{K} = \frac{6EI}{5l^3}\begin{bmatrix} 8 & -7 \\ -7 & 8 \end{bmatrix}$$

Eigenvektoren ($\boldsymbol{K}$ orthogonal)

$$\boldsymbol{X} = \frac{l}{6}\sqrt{\frac{l}{EI}}\begin{bmatrix} \sqrt{15} & 1 \\ \sqrt{15} & -1 \end{bmatrix}$$

Eigenwerte

$$\boldsymbol{\Lambda} = \boldsymbol{X}^t\boldsymbol{M}\boldsymbol{X} = \frac{ml^3}{18EI}\left\lceil 15 \quad 1 \right\rfloor = \left\lceil \frac{1}{\omega_1^2} \quad \frac{1}{\omega_2^2} \right\rfloor$$

Abb. 18.1.2 Schwingungsmodell und Eigenwertresultate

$$\boldsymbol{r}_c(0) = \{\,1 \quad -1\,\}$$

$$\dot{\boldsymbol{r}}_c(0) = \boldsymbol{o}_2$$

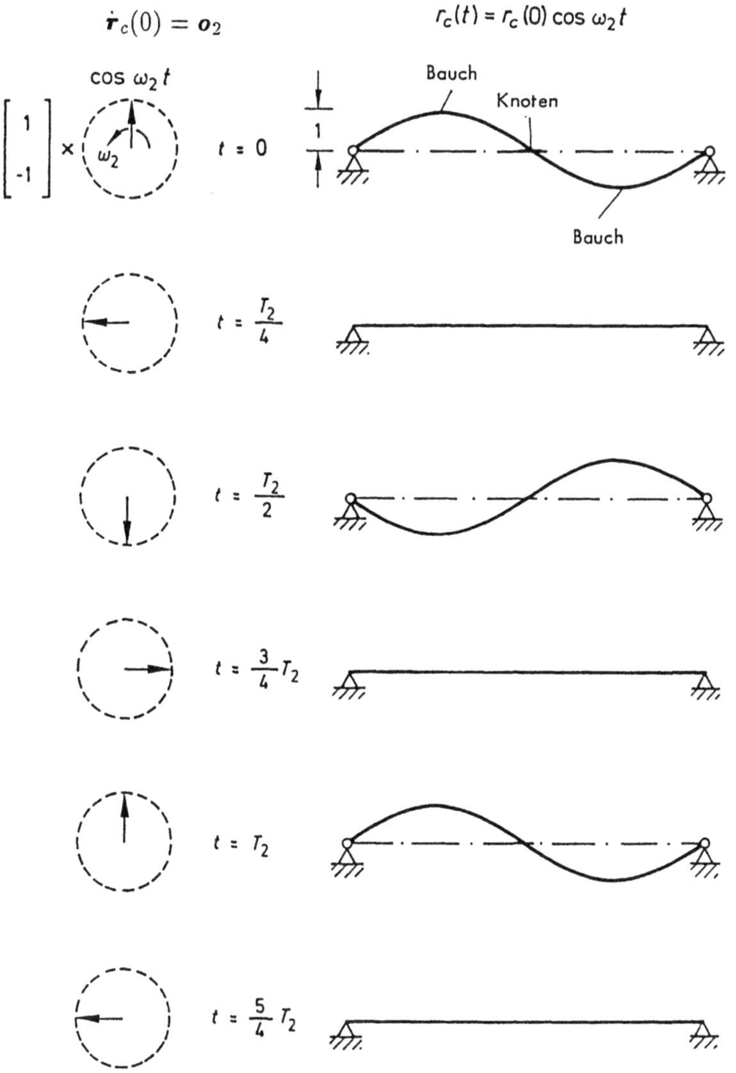

Abb. 18.1.3 Anfangsbedingung, die eine reine Eigenschwingung (stationär) bewirkt

Nach (18.1.9) erhalten wir dann für eine beliebige Zeit t

$$\boldsymbol{\eta}(t) = \begin{bmatrix} 0 \\ \frac{6}{l}\sqrt{\frac{EI}{l}}\cos\omega_2 t \end{bmatrix}$$

und die Rücktransformation nach (18.1.4) führt auf

$$\boldsymbol{r}_c(t) = \begin{bmatrix} 1 \\ -1 \end{bmatrix}\cos\omega_2 t = \begin{bmatrix} 1 \\ -1 \end{bmatrix}\cos\sqrt{\frac{18EI}{ml^3}}\,t$$

Nun ändern wir die Anfangsbedingung ab und lenken zum Zeitpunkt $t = 0$ nur den Freiheitsgrad r_1 aus (Abb. 18.1.4). Es ergibt sich nach (18.1.10)

$$\boldsymbol{\eta}(0) = \frac{1}{5l}\sqrt{\frac{EI}{l}}\{\sqrt{15} \quad 15\}$$

$$\dot{\boldsymbol{\eta}}(0) = \boldsymbol{o}_2$$

und wir sehen schon, daß jetzt alle Eigenschwingungen des Systems beteiligt sind. Mit (18.1.9) folgt für eine beliebige Zeit t sogleich

$$\boldsymbol{\eta}(t) = \frac{1}{5l}\sqrt{\frac{EI}{l}}\begin{bmatrix} \sqrt{15}\cos\omega_1 t \\ 15\cos\omega_2 t \end{bmatrix}$$

und die Rücktransformation bringt uns

$$\boldsymbol{r}_c = \frac{1}{2}\begin{bmatrix} \cos\omega_1 t & +\cos\omega_2 t \\ \cos\omega_1 t & -\cos\omega_2 t \end{bmatrix}$$

$$= \frac{1}{2}\begin{bmatrix} \cos 2\pi\dfrac{t}{\sqrt{15}\,T_2} & +\cos 2\pi\dfrac{t}{T_2} \\ \cos 2\pi\dfrac{t}{\sqrt{15}\,T_2} & -\cos 2\pi\dfrac{t}{T_2} \end{bmatrix}$$

Im Zeigerdiagramm haben wir nun einen mit ω_2 schnell umlaufenden Pfeil und einen mit ω_1 langsamer umlaufenden, deren Vertikalkomponenten zu superponieren sind. Es ist klar, daß es hier keinen bestimmten Zeitraum geben kann, nach dem die gleichen Verhältnisse wiederkehren. Die verschiedenen Umlaufgeschwindigkeiten der Zeiger schließen zwar grundsätzlich nicht aus, daß ab und zu die gleiche Konfiguration auftaucht. Dies geschieht aber unregelmäßig. Die Nulldurchgänge und die Stellen maximaler Auslenkung wandern ständig.

Eine interessante Variante dieses Problems ergibt sich übrigens mit dem Beispiel Abb. 18.1.2, jetzt allerdings mit

$$l_m = 1.72076\, l_s$$

$$\boldsymbol{r}_c(0) = \{1 \quad 0\}$$

$$\dot{\boldsymbol{r}}_c(0) = \boldsymbol{o}_2$$

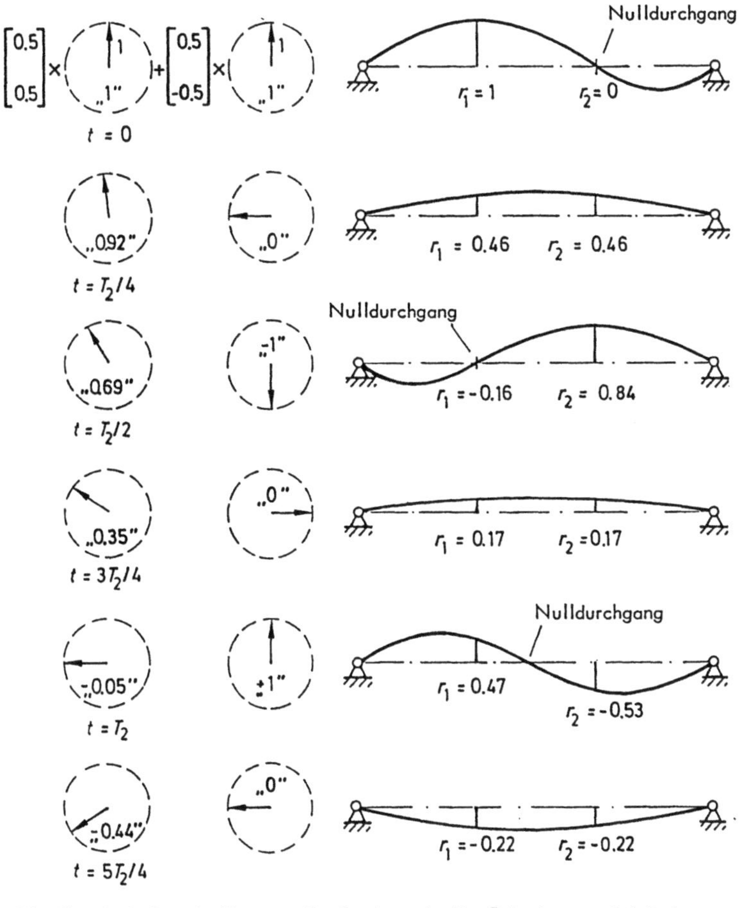

Abb. 18.1.4 Anfangsbedingung, die eine instationäre Schwingung einleitet

Hier ist das Eigenfrequenzverhältnis ganzzahlig

$$\frac{\omega_2}{\omega_1} = 3$$

und das bedeutet natürlich, daß jeweils nach der Zeit $3\,T_2$ die zur Zeit $t = 0$ vorhandene Auslenkungsform auftaucht. Trotzdem ist die Schwingung instationär, da zwischen diesen Zeitpunkten die Nulldurchgänge wandern.

Besondere Verhältnisse liegen vor, wenn gleiche Eigenfrequenzen vorhanden sind und angeregt werden. Bei Phasengleichheit der Komponenten ergibt sich eine Phasenverschiebung jedoch nicht. Wir empfehlen unseren Lesern, das Beispiel Abb. 17.3.3 aufzugreifen und einmal mit der Anfangsbedingung

$$\boldsymbol{r}(t=0)=\left\{1 \quad \frac{16}{9+\sqrt{553}} \quad 0\right\}$$

$$\dot{\boldsymbol{r}}(t=0)=\boldsymbol{o}_3$$

und alternativ mit

$$\boldsymbol{r}(t=0)=\{0.5 \quad 0 \quad -0.5\}$$

$$\dot{\boldsymbol{r}}(t=0)=\frac{1}{\omega_{1,2}}\left\{0.5 \quad \frac{16}{9+\sqrt{553}} \quad 0.5\right\}$$

durchzurechnen und die Schwingungsform im Zeitraum der 1. Periode aufzuzeichnen.

18.2 Die Behandlung von Systemen mit starren Bewegungsmöglichkeiten (Frei-Frei-Schwingungen)

Tragwerke, die starre Bewegungen ausführen können, spielen eine Sonderrolle. Zunächst wollen wir festhalten, daß alle starren Bewegungsmöglichkeiten des Systems in die Freiheitsgradgruppe $\boldsymbol{r}_c$ fallen müssen. Könnte nämlich eine starre Bewegung allein mit den Freiheitsgraden $\boldsymbol{r}_\sigma$ beschrieben werden, dann wäre $\boldsymbol{K}_{\sigma\sigma}$ singulär und somit eine Reduktion nach *Guyan* unmöglich. Wenn $\boldsymbol{r}_c$ andererseits alle starren Bewegungsmöglichkeiten enthält, gelangen wir problemlos zum System (18.1.3). Allerdings ist die Matrix $\overline{\boldsymbol{K}}_{cc}$ nun singulär. Wir erinnern an die Darstellung (17.2.5) der Freiheitsgrade, die hier analog übernommen wird,

$$\begin{aligned}\boldsymbol{r}_c &= \boldsymbol{T}\{\boldsymbol{r}_{c0} \quad \boldsymbol{r}_{ce}\}\\ &= [\boldsymbol{T}_0 \quad \boldsymbol{T}_e]\{\boldsymbol{r}_{c0} \quad \boldsymbol{r}_{ce}\}\end{aligned} \tag{18.2.1}$$

Mit dem kleinen Übersetzungskatalog

$$\begin{aligned}\boldsymbol{r}_c &\to \boldsymbol{r}\\ \boldsymbol{r}_{c0} &\to \boldsymbol{r}_0\\ \boldsymbol{r}_{ce} &\to \boldsymbol{r}_e\\ \boldsymbol{K} &\to \overline{\boldsymbol{K}}_{cc}\\ \boldsymbol{M} &\to \overline{\boldsymbol{M}}_{cc}\end{aligned} \tag{18.2.2}$$

können wir uns nun alle Resultate des Abschnitts 17.2 nutzbar machen, also insbesondere die Gleichungen (17.2.6) bis (17.2.16). Die Anfangsbedingungen können nur in Form der primären Freiheitsgrade $\boldsymbol{r}_c$ angegeben werden, also durch $\boldsymbol{r}_c(0)$ und $\dot{\boldsymbol{r}}_c(0)$. Man beachte, daß hierdurch alle Anfangsbedingungen in $\boldsymbol{r}_\sigma$ nach (17.4.2) automatisch fixiert sind. Nach dieser Vorbemerkung können wir wieder auf den Übersetzungskatalog (18.2.2) verweisen und lassen aus Gründen der Übersichtlichkeit den Index „*c*" in der Folge weg.

Unsere erste Aufgabe besteht dann darin, die Anfangsbedingungen $r(r_c)$ in solche für $r_0(r_{c0})$ und $r_e(r_{ce})$ umzusetzen. Die Regel dafür ist einfach: die Matrix T in (18.2.1) bzw. (17.2.5) ist stets quadratisch und hat per Definition linear unabhängige Spalten. Sie kann somit invertiert werden

$$\begin{bmatrix} r_0 \\ r_e \end{bmatrix} = \underset{(n \times n)}{T^{-1}} r \tag{18.2.3}$$

Dieser Auflösungsprozeß mit dem großen Feld $T(n \times n)$ ist natürlich sehr unbequem und sollte möglichst vereinfacht werden. Wir weisen deshalb auf eine wichtige Eigenschaft der Matrix T_e hin, nämlich

$$T_e^t T_e = I_e \tag{18.2.4}$$

Die einfachste Definition des elastischen Subsystems ergibt sich durch eine Auflagerung. In diesem Fall ist T_e eine Boolesche Matrix, welche in jeder Spalte eine 1 enthält, in jeder Reihe aber höchstens eine 1 oder lauter Nullelemente. Daraus folgt sofort, daß das große Feld T_e automatisch die Orthogonalitätsforderung (18.2.4) erfüllt.

Eine alternative Entwicklung der Matrix T_e besteht darin, dieses Feld als orthogonales Komplement zu MT_0 zu gewinnen und so den elastischen und den starren Systemteil vollständig zu entkoppeln (siehe *17.2.1). Gemäß (*17.2.3) ergibt sich dann T_e als Teil einer Orthogonalmatrix Q (*17.2.5), und mit

$$QQ^t = I = \begin{bmatrix} Q_0 \\ T_e^t \end{bmatrix} [Q_0^t \quad T_e] \tag{18.2.5}$$

sehen wir, daß erneut (18.2.4) automatisch erfüllt ist. Wir multiplizieren nun die Ausgangsgleichung (17.2.5) bzw. (18.2.1) mit T^t vor und erhalten

$$\begin{aligned} T_0^t r &= T_0^t T_0 r_0 + T_0^t T_e r_e \\ T_e^t r &= T_e^t T_0 r_0 + r_e \end{aligned} \tag{18.2.6}$$

Mit Hilfe der zweiten Teilgleichung eliminieren wir die große Zahl der elastischen Freiheitsgrade

$$r_e = T_e^t [r - T_0 r_0] \tag{18.2.7}$$

Dieses Resultat wird in die 1. Teilgleichung eingebracht, und es ergibt sich nun ein sehr kleines System in den Unbekannten r_0

$$r_0 = \left[T_0^t T_0 - T_0^t T_e T_e^t T_0\right]^{-1} T_0^t \left[I - T_e T_e^t\right] r \tag{18.2.8}$$

Diese Formel setzt außer der hier gegebenen Orthogonalität von T_e keine besonderen Eigenschaften, etwa von T_0, voraus. Wir sehen auch, daß z.B. eine Orthogonalität von T_0 für den Lösungsprozeß bedeutungslos wäre. Für den speziellen Fall, daß T_e als orthogonales Komplement zu MT_0 generiert wird, kann man die Produktdarstellung der Matrix Q, die ja auch T_e^t enthält, benützen.

Nachdem wir nun mit (18.2.8) und danach mit (18.2.7) aus $\boldsymbol{r}(0)$ und $\dot{\boldsymbol{r}}(0)$ die Anfangsbedingungen $\boldsymbol{r}_0(0)$, $\dot{\boldsymbol{r}}_0(0)$ und $\boldsymbol{r}_e(0)$, $\dot{\boldsymbol{r}}_e(0)$ rechnen können, wenden wir uns dem elastischen System (17.2.10) zu. Es wird mit Hilfe des Ansatzes

$$\boldsymbol{r}_e = \underset{(n \times nx)}{\boldsymbol{X}_e} \boldsymbol{\eta}_e \tag{18.2.9}$$

wobei $\boldsymbol{X}_e$ zu $\boldsymbol{K}_{ee}$-orthonormal ist, der Ausdruck

$$\boldsymbol{X}_e^{\mathrm{t}} \boldsymbol{K}_{ee} \boldsymbol{X}_e = \boldsymbol{I}_{\mathrm{nx}} \tag{18.2.10}$$

in das entkoppelte System

$$\boldsymbol{\Lambda} \ddot{\boldsymbol{\eta}}_e + \boldsymbol{\eta}_e = \boldsymbol{o} \tag{18.2.11}$$

umgewandelt. Eine typische Einzelgleichung des Systems (18.2.11) ist

$$\ddot{\eta}_{e\mathrm{i}} + \omega_{\mathrm{i}}^2 \eta_{e\mathrm{i}} = 0 \,, \qquad \mathrm{i} = 1, \mathrm{nx} \tag{18.2.12}$$

und deren allgemeine Lösung

$$\begin{aligned} \eta_{e\mathrm{i}}(t) &= a_{\mathrm{i}} \sin \omega_{\mathrm{i}} t + b_{\mathrm{i}} \cos \omega_{\mathrm{i}} t \\ &= c_{\mathrm{i}} \sin(\omega_{\mathrm{i}} t + \varphi_{\mathrm{i}}) \end{aligned} \tag{18.2.13}$$

Die Koeffizienten a_{i} und b_{i} bzw. c_{i} und φ_{i} lassen sich, wie in (18.1.8) und (18.1.9) angegeben, bestimmen

$$\eta_{e\mathrm{i}}(t) = \frac{\dot{\eta}_{e\mathrm{i}}(0)}{\omega_{\mathrm{i}}} \sin \omega_{\mathrm{i}} t + \eta_{e\mathrm{i}}(0) \cos \omega_{\mathrm{i}} t \tag{18.2.14}$$

bzw.

$$\begin{aligned} c_{\mathrm{i}} &= \sqrt{\left(\eta_{e\mathrm{i}}(0)\right)^2 + \left(\dot{\eta}_{e\mathrm{i}}(0)/\omega_{\mathrm{i}}\right)^2} \\ \varphi_{\mathrm{i}} &= \arctan \frac{\eta_{e\mathrm{i}}(0)\, \omega_{\mathrm{i}}}{\dot{\eta}_{e\mathrm{i}}(0)} \end{aligned} \tag{18.2.15}$$

Dies setzt die Kenntnis der Anfangsbedingungen $\boldsymbol{\eta}_e(0)$ bzw. $\dot{\boldsymbol{\eta}}_e(0)$ voraus. Da sich die Arbeit im elastischen System – bis auf den Index e – in nichts von den Ausführungen des Abschnitts 18.1 unterscheidet, können wir von (18.1.10) bzw. (18.1.13) sofort das modifizierte Resultat

$$\begin{aligned} \boldsymbol{\eta}_e(0) &= \boldsymbol{X}_e^{\mathrm{t}} \boldsymbol{K}_{ee} \boldsymbol{r}_e(0) \\ \dot{\boldsymbol{\eta}}_e(0) &= \boldsymbol{\Lambda}^{-1} \boldsymbol{X}_e^{\mathrm{t}} \left[\boldsymbol{M}_{ee} - \boldsymbol{M}_{e0} \boldsymbol{M}_{00}^{-1} \boldsymbol{M}_{0e}\right] \dot{\boldsymbol{r}}_e(0) \end{aligned} \tag{18.2.16}$$

ableiten. Damit ist der Kreis geschlossen, und die spezielle elastische Bewegung liegt fest. Wir wenden uns der Starrkörperbewegung zu und finden mit (17.2.12) für die unbekannten Spaltenvektoren $\boldsymbol{a}_0$ und $\boldsymbol{b}_0$ sogleich

$$\begin{aligned} \boldsymbol{a}_0 &= \boldsymbol{r}_0(0) + \boldsymbol{M}_{00}^{-1} \boldsymbol{M}_{0e} \boldsymbol{r}_e(0) \\ \boldsymbol{b}_0 &= \dot{\boldsymbol{r}}_0(0) + \boldsymbol{M}_{00}^{-1} \boldsymbol{M}_{0e} \dot{\boldsymbol{r}}_e(0) \end{aligned} \tag{18.2.17}$$

Reduktion nach Guyan	sonst
$\underset{(n\times 1)}{\boldsymbol{r}} = \underset{(n\times nc)}{\boldsymbol{T}_c}\ \underset{(nc\times 1)}{\boldsymbol{r}_c}$ $\bar{\boldsymbol{M}}_{cc}\ddot{\boldsymbol{r}}_c + \bar{\boldsymbol{K}}_{cc}\boldsymbol{r}_c = \boldsymbol{o}$	$\boldsymbol{M}\ddot{\boldsymbol{r}} + \boldsymbol{K}\boldsymbol{r} = \boldsymbol{o}$

Aufspaltung starr-elastisch:

$$\boldsymbol{r} = \begin{bmatrix} \boldsymbol{T}_0 & \boldsymbol{T}_e \end{bmatrix} \begin{Bmatrix} \boldsymbol{r}_0 & \boldsymbol{r}_e \end{Bmatrix}$$

Transformation

$$\boldsymbol{M}_{e0} = \boldsymbol{M}_{0e}^t = \boldsymbol{T}_e^t \boldsymbol{M} \boldsymbol{T}_0$$

$$\boldsymbol{M}_{00} = \boldsymbol{T}_0^t \boldsymbol{M} \boldsymbol{T}_0$$

$$\boldsymbol{K}_{ee} = \boldsymbol{T}_e^t \boldsymbol{K} \boldsymbol{T}_e$$

Neues System

$$\ddot{\boldsymbol{r}}_0 = -\boldsymbol{M}_{00}^{-1}\boldsymbol{M}_{0e}\ddot{\boldsymbol{r}}_e$$

$$\left[\boldsymbol{M}_{ee} - \boldsymbol{M}_{e0}\boldsymbol{M}_{00}^{-1}\boldsymbol{M}_{0e}\right]\ddot{\boldsymbol{r}}_e + \boldsymbol{K}_{ee}\boldsymbol{r}_e = \boldsymbol{o}$$

Hinweis: $\boldsymbol{T}_e$ kann so generiert werden, daß $\boldsymbol{M}_{e0} = \boldsymbol{O}$ wird

Eigenwertanalyse und Entkoppelung des elastischen Systemteils

Eigenwertanalyse $\left[\boldsymbol{M}_{ee} - \boldsymbol{M}_{e0}\boldsymbol{M}_{00}^{-1}\boldsymbol{M}_{0e}\right]$, $\boldsymbol{K}_e \rightsquigarrow \boldsymbol{\Lambda}, \boldsymbol{X}_e$

Entkoppelung

$$\boldsymbol{r}_e = \underset{(ne\times nx)}{\boldsymbol{X}_e}\ \boldsymbol{\eta}_e$$

liefert

$$\boldsymbol{\Lambda}\ddot{\boldsymbol{\eta}}_e + \boldsymbol{\eta}_e = \boldsymbol{o}$$

Abb. 18.2.1 Freie Schwingungen ungedämpfter dynamischer Systeme, die starre Bewegungen ausführen können, *Teil* 1

Aufspaltung starr-elastisch für die Anfangsbedingungen

gegeben $\boldsymbol{r}(0)$, $\dot{\boldsymbol{r}}(0)$ sowie $\boldsymbol{T}_e^t \boldsymbol{T}_e = \boldsymbol{I}$

$$\boldsymbol{r}_0(0) = \left[\boldsymbol{T}_0^t \boldsymbol{T}_0 - \boldsymbol{T}_0^t \boldsymbol{T}_e \boldsymbol{T}_e^t \boldsymbol{T}_0\right]^{-1} \boldsymbol{T}_0^t \left[\boldsymbol{I} - \boldsymbol{T}_e \boldsymbol{T}_e^t\right] \boldsymbol{r}(0)$$

$$\dot{\boldsymbol{r}}_0(0) = \left[\boldsymbol{T}_0^t \boldsymbol{T}_0 - \boldsymbol{T}_0^t \boldsymbol{T}_e \boldsymbol{T}_e^t \boldsymbol{T}_0\right]^{-1} \boldsymbol{T}_0^t \left[\boldsymbol{I} - \boldsymbol{T}_e \boldsymbol{T}_e^t\right] \dot{\boldsymbol{r}}(0)$$

$$\boldsymbol{r}_e(0) = \boldsymbol{T}_e^t \left[\boldsymbol{r}(0) - \boldsymbol{T}_0 \boldsymbol{r}_0(0)\right]$$

$$\dot{\boldsymbol{r}}_e(0) = \boldsymbol{T}_e^t \left[\dot{\boldsymbol{r}}(0) - \boldsymbol{T}_0 \dot{\boldsymbol{r}}_0(0)\right]$$

Integration des elastischen Systemteils

$$\boldsymbol{\eta}_e(0) = \boldsymbol{X}_e^t \boldsymbol{K}_{ee} \boldsymbol{r}_e(0)$$

$$\dot{\boldsymbol{\eta}}_e(0) = \boldsymbol{\Lambda}^{-1} \boldsymbol{X}_e^t \left[\boldsymbol{M}_{ee} - \boldsymbol{M}_{e0} \boldsymbol{M}_{00}^{-1} \boldsymbol{M}_{0e}\right] \dot{\boldsymbol{r}}_e(0)$$

$$\eta_{ei}(t) = \frac{\dot{\eta}_{ei}(0)}{\omega_i} \sin\omega_i t + \eta_{ei}(0)\cos\omega_i t \qquad i = 1, nx$$

$$\boldsymbol{r}_e(t) = \boldsymbol{X}_e \boldsymbol{\eta}_e(t)$$

Integration des starren Systemteils

$$\begin{aligned} \boldsymbol{r}_0(t) = {} & \boldsymbol{r}_0(0) + \boldsymbol{M}_{00}^{-1} \boldsymbol{M}_{0e} \boldsymbol{r}_e(0) \\ & + \left[\dot{\boldsymbol{r}}_0(0) + \boldsymbol{M}_{00}^{-1} \boldsymbol{M}_{0e} \dot{\boldsymbol{r}}_e(0)\right] t \\ & - \boldsymbol{M}_{00}^{-1} \boldsymbol{M}_{0e} \boldsymbol{r}_e \end{aligned}$$

Hinweis : $\boldsymbol{M}_{0e} = \boldsymbol{O}$ vereinfacht das Resultat beträchtlich

Abb. 18.2.1 Freie Schwingungen ungedämpfter dynamischer Systeme, die starre Bewegungen ausführen können, *Teil* 2

Zusammenfassung der starren und elastischen Lösungsanteile

$$\boldsymbol{r}(t) = \begin{bmatrix}\boldsymbol{T}_0 & \boldsymbol{T}_e\end{bmatrix}\begin{Bmatrix}\boldsymbol{r}_0(t) & \boldsymbol{r}_e(t)\end{Bmatrix}$$

falls Reduktion nach Guyan, entspricht obiges $\boldsymbol{r}(t)$ dem $\boldsymbol{r}_c(t)$ Rücktransformation: $\boldsymbol{r}(t) = \boldsymbol{T}_c \boldsymbol{r}_c(t)$	sonst : fertig

Abb. 18.2.1 Freie Schwingungen ungedämpfter dynamischer Systeme, die starre Bewegungen ausführen können, *Teil* 3

womit auch der spezielle starre Bewegungsanteil festliegt. Besonders einfache Verhältnisse liegen natürlich vor, falls $\boldsymbol{M}_{0e} = \boldsymbol{O}$ ist.

Abschließend erfolgt mit (18.2.1) die Rücktransformation von $\boldsymbol{r}_0(\boldsymbol{r}_{c0})$ und $\boldsymbol{r}_e(\boldsymbol{r}_{ce})$ in $\boldsymbol{r}(\boldsymbol{r}_c)$. Für den Fall einer Reduktion nach *Guyan* transformiert man $\boldsymbol{r}_c$ mit Hilfe von $\boldsymbol{T}_c$ schließlich in $\boldsymbol{r}$ und hat dann die Antwort in den ursprünglich das Tragwerk beschreibenden Freiheitsgraden. Diese ganze Prozedur ist in Abb. 18.2.1 nochmals zusammengefaßt.

Zum Abschluß rechnen wir noch ein kleines Beispiel und greifen dabei auf das Objekt in Abb. 17.2.3, rechts, zurück. Wir spannen zum Zeitpunkt $t = 0$ den Balken wie einen Bogen und lassen ihn dann los (Abb. 18.2.2). Für die Durchrechnung verwenden wir die in Abb. 17.2.3 angegebenen Definitionen von $\boldsymbol{T}_0$ und $\boldsymbol{T}_e$. Man beachte, daß dann $\boldsymbol{M}_{e0}$ nicht Null ist. Wir erhalten mit dem in Abb. 18.2.1 angegebenen Rechengang eine Eigenschwingung um eine verschobene Gleichgewichtslage. Für den Fall $\dot{\boldsymbol{r}}(0) \neq \boldsymbol{o}$ würde sich das System u. U. linear mit der Zeit bewegen.

Wir hatten schon darauf hingewiesen, daß es vorteilhaft ist, $\boldsymbol{T}_e$ orthogonal zu $\boldsymbol{M}\boldsymbol{T}_0$ zu wählen. In diesem Falle ist $\boldsymbol{M}_{e0} = \boldsymbol{O} = \boldsymbol{M}_{e0}^{\mathrm{t}}$ und die Integration des starren Systemteils führt auf die vereinfachte Form

$$\boldsymbol{r}_0(t) = \boldsymbol{r}_0(0) + t\dot{\boldsymbol{r}}_0(0)\,, \qquad \text{falls } \boldsymbol{M}_{e0} = \boldsymbol{O} \tag{18.2.18}$$

Wir wissen also bereits nach der Übertragung der Anfangsbedingungen $\boldsymbol{r}(0)$ und $\dot{\boldsymbol{r}}(0)$ in $\boldsymbol{r}_0(0)$ und $\dot{\boldsymbol{r}}_0(0)$, ob sich das Tragwerk als Ganzes bewegt oder nicht. Für unser kleines Beispiel in Abb. 18.2.2 wäre eine solche alternative Wahl von $\boldsymbol{T}$

$$\boldsymbol{r} = \frac{1}{\sqrt{6}}\left[\begin{array}{cc|c} \sqrt{2} & -\sqrt{3} & \sqrt{2} \\ \sqrt{2} & 0 & -\sqrt{2} \\ \sqrt{2} & \sqrt{3} & \sqrt{2} \end{array}\right]\begin{bmatrix}\boldsymbol{r}_0 \\ \boldsymbol{r}_e\end{bmatrix}$$

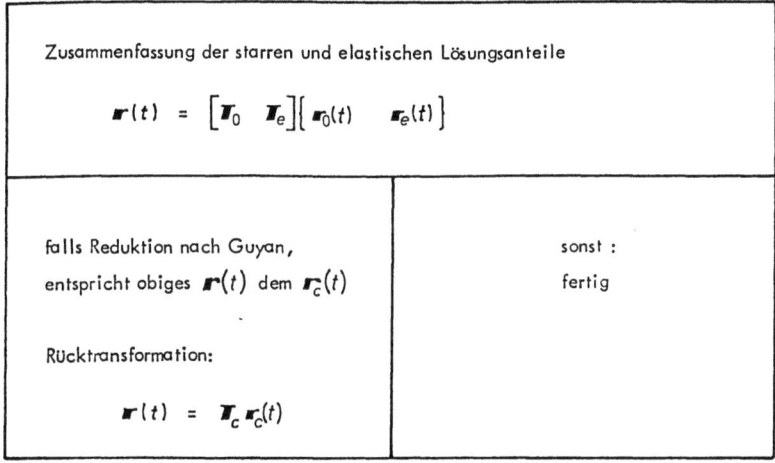

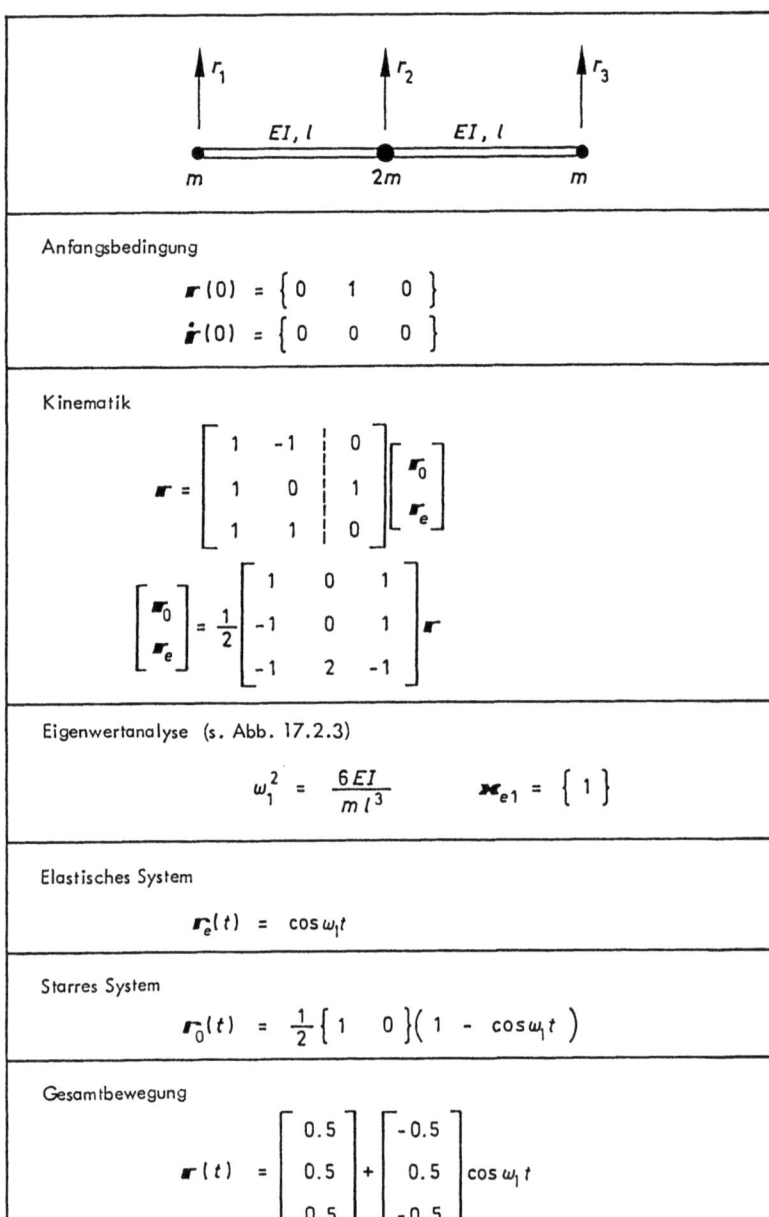

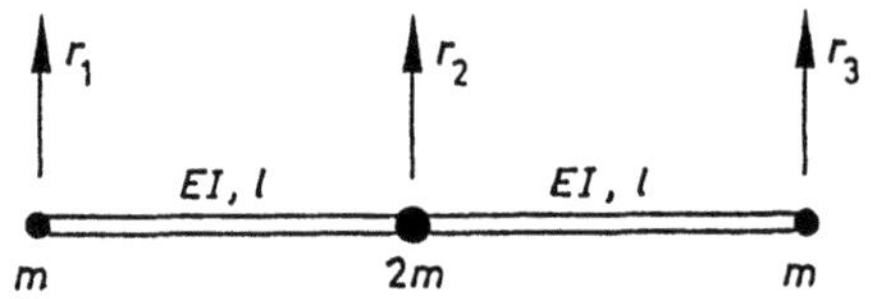

Anfangsbedingung

$$\boldsymbol{r}(0) = \{0 \quad 1 \quad 0\}$$

$$\dot{\boldsymbol{r}}(0) = \{0 \quad 0 \quad 0\}$$

Kinematik

$$\boldsymbol{r} = \left[\begin{array}{cc|c} 1 & -1 & 0 \\ 1 & 0 & 1 \\ 1 & 1 & 0 \end{array}\right] \begin{bmatrix} \boldsymbol{r}_0 \\ \boldsymbol{r}_e \end{bmatrix}$$

$$\begin{bmatrix} \boldsymbol{r}_0 \\ \boldsymbol{r}_e \end{bmatrix} = \frac{1}{2} \begin{bmatrix} 1 & 0 & 1 \\ -1 & 0 & 1 \\ -1 & 2 & -1 \end{bmatrix} \boldsymbol{r}$$

Eigenwertanalyse (s. Abb. 17.2.3)

$$\omega_1^2 = \frac{6EI}{m\,l^3} \qquad \boldsymbol{\varkappa}_{e1} = \{1\}$$

Elastisches System

$$\boldsymbol{r}_e(t) = \cos \omega_1 t$$

Starres System

$$\boldsymbol{r}_0(t) = \frac{1}{2}\{1 \quad 0\}(1 - \cos \omega_1 t)$$

Gesamtbewegung

$$\boldsymbol{r}(t) = \begin{bmatrix} 0.5 \\ 0.5 \\ 0.5 \end{bmatrix} + \begin{bmatrix} -0.5 \\ 0.5 \\ -0.5 \end{bmatrix} \cos \omega_1 t$$

Abb. 18.2.2 Freie Bewegung eines freien Tragwerks: Die Schwingung erfolgt hier um eine verschobene Gleichgewichtslage, die den Schwerpunkt zum Zeitpunkt $t = 0$ enthält, *Teil* 1

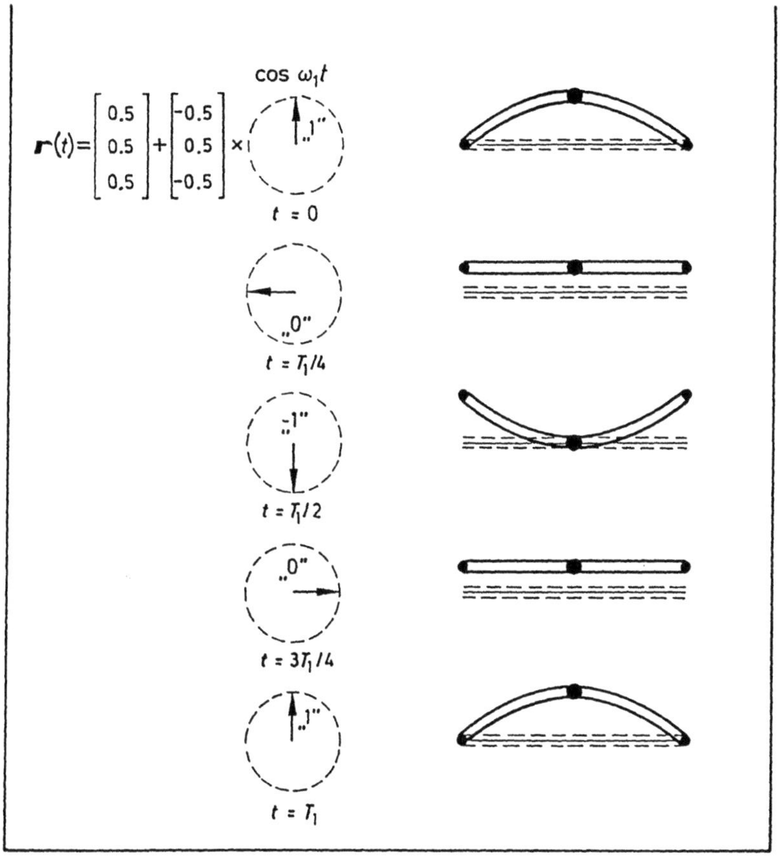

Abb. 18.2.2 Freie Bewegung eines freien Tragwerks: Die Schwingung erfolgt hier um eine verschobene Gleichgewichtslage, die den Schwerpunkt zum Zeitpunkt $t = 0$ enthält, *Teil* 2

Wie der Leser sieht, erfüllt diese Alternative die Bedingungen

$$T_0^t T_0 \;= I_0$$
$$T_e^t T_e \;= O$$
$$T_e^t M T_0 = O$$

Die Umkehrung dieser kinematischen Beziehungen führt uns auf

$$\begin{bmatrix} r_0 \\ r_e \end{bmatrix} = \frac{1}{\sqrt{6}} \begin{bmatrix} \frac{3}{4}\sqrt{2} & \frac{6}{4}\sqrt{2} & \frac{3}{4}\sqrt{2} \\ -\sqrt{3} & 0 & \sqrt{3} \\ \frac{3}{4}\sqrt{2} & -\frac{6}{4}\sqrt{2} & \frac{3}{4}\sqrt{2} \end{bmatrix} \boldsymbol{r}$$

und damit auf die transformierten Anfangsbedingungen

$$\begin{bmatrix} r_0(0) \\ r_e(0) \end{bmatrix} = \frac{\sqrt{3}}{2} \begin{bmatrix} 1 \\ 0 \\ -1 \end{bmatrix}$$

und

$$\begin{bmatrix} \dot{r}_0(0) \\ \dot{r}_e(0) \end{bmatrix} = o_3$$

Daraus folgt sofort das Verhalten des starren Systemteils

$$r_0(t) = r_0(0) = \left\{ \frac{\sqrt{3}}{2} \quad 0 \right\} = \text{const}$$

bzw. dessen Beitrag zur Gesamtantwort

$$T_0 r_0(t) = \{ \tfrac{1}{2} \quad \tfrac{1}{2} \quad \tfrac{1}{2} \}$$

ohne daß man die elastische Antwort kennt. Der Leser möge zur Übung die komplette Durchrechnung dieses Problems ausführen.

Literatur zu Kapitel 18

[18.1] *J. Argyris;* Some results on the free-free oscillations of aircraft type structures, Revue Française de Mécanique, 15 (1965), 3e trimestre, 59–73.

[18.2] *G. A. Malejannakis;* Anwendung der Matrizenverschiebungsmethode auf erzwungene Schwingungen proportional gedämpfter elastischer Systeme, ISD-Bericht Nr. 99, Stuttgart (1971).

[18.3] *J. Argyris, D. W. Scharpf;* Finite elements in space and time, Aeron. J. Roy. Aeron. Soc., 73, (1969) 1041–1044.

[18.4] *R. W. Clough, J. Penzien;* Dynamics of structures (McGraw-Hill, New York, 1975).

[18.5] *W. C. Hurty, M. F. Rubinstein;* Dynamics of structures (Prentice-Hall, Englewood Cliffs., 1964).

[18.6] *J. Wittenburg;* Dynamics of systems of rigid bodies (Teubner, Stuttgart, 1977).

[18.7] *S. Timoshenko;* Vibration problems in engineering (van Nostrand, Princeton, 1955).

[18.8] *T. Belytschko, T. J. R. Hughes* (Eds.); Computational methods for transient analysis (Volume 1 in: Mechanics and mathematical methods, North-Holland, Amsterdam, 1983).

19 Erzwungene Schwingungen ungedämpfter Systeme

Im vorigen Kapitel hatten wir die Eigenschwingungen eines freien Körpers bei speziellen Anfangsbedingungen untersucht. Dabei waren wir davon ausgegangen, daß auf den Körper keine äußeren Kräfte einwirken, seine zeitliche Bewegung allein von Anfangsbedingungen eingeleitet wird und er anschließend sich selbst überlassen wird.

Von dieser Einschränkung wollen wir nun abgehen und auch äußere Kräfte zulassen, die auf das Schwingungssystem des Körpers während des Beobachtungszeitraums einwirken.

In Abschnitt 14.4 hatten wir für den 1-Massen-Schwinger die Berechnung des Bewegungsverlaufs bei fremderregter Schwingung vorgeführt. Im vorliegenden Kapitel werden diese Erkenntnisse nun auf den allgemeinen Mehr-Massen-Schwinger bei periodischer, nicht periodischer und allgemeiner Lastfunktion unter der Annahme der Diagonalisierbarkeit des Bewegungsgleichungssystems angewendet.

19.1 Diagonalisierung und Integration des Systems

Da erzwungene Schwingungen im allgemeinsten Falle sowohl durch vorgegebene Kräfte als auch Verschiebungen realisiert werden können (Abb. 19.1.1), erweitern wir die Freiheitsgradfamilie gegenüber Abschnitt 18.1 um die Gruppe $r_u(t)$ der geführten Freiheitsgrade, wobei die korrespondierenden Kräfte $R_u(t)$ unbekannt sind.

Das Gesamtsystem stellt sich also dar als

$$\begin{bmatrix} M_{cc} & M_{c\sigma} & M_{cu} & M_{cs} \\ M_{\sigma c} & M_{\sigma\sigma} & M_{\sigma u} & M_{\sigma s} \\ M_{uc} & M_{u\sigma} & M_{uu} & M_{us} \\ M_{sc} & M_{s\sigma} & M_{su} & M_{ss} \end{bmatrix} \begin{bmatrix} \ddot{r}_c \\ \ddot{r}_\sigma \\ \ddot{r}_u \\ \ddot{r}_s = o \end{bmatrix} + \begin{bmatrix} K_{cc} & K_{c\sigma} & K_{cu} & K_{cs} \\ K_{\sigma c} & K_{\sigma\sigma} & K_{\sigma u} & K_{\sigma s} \\ K_{uc} & K_{u\sigma} & K_{uu} & K_{us} \\ K_{sc} & K_{s\sigma} & K_{su} & K_{ss} \end{bmatrix} \begin{bmatrix} r_c \\ r_\sigma \\ r_u \\ r_s = o \end{bmatrix} = \begin{bmatrix} R_c \\ R_\sigma \\ R_u \\ R_s \end{bmatrix} \tag{19.1.1}$$

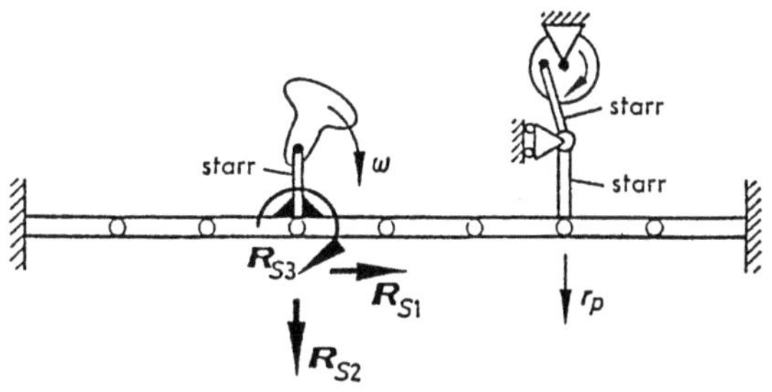

Abb. 19.1.1
Beispiel für Krafterregung und Verschiebungserregung

Wie in Abschnitt 18.1 entfernen wir zunächst die Lagerfreiheitsgrade r_s, wobei sich die Lagerkräfte aus

$$R_s = M_{sc}\ddot{r}_c + M_{s\sigma}\ddot{r}_\sigma + M_{su}\ddot{r}_u + K_{sc}r_c + K_{s\sigma}r_\sigma + K_{su}r_u \tag{19.1.2}$$

errechnen lassen, sobald $r_c(t)$ und $r_\sigma(t)$ bekannt sind. Das Gleiche gilt für die Kraftgruppe R_u

$$R_u = M_{uc}\ddot{r}_c + M_{u\sigma}\ddot{r}_\sigma + M_{uu}\ddot{r}_u + K_{uc}r_c + K_{u\sigma}r_\sigma + K_{uu}r_u \tag{19.1.3}$$

Das verbleibende System in r_c und r_σ wird nun durch Anwendung der Interpolation (17.4.2) nochmals auf r_c reduziert, so daß sich im Endeffekt die Gleichung

$$\overline{M}_{cc}\ddot{r}_c + \overline{K}_{cc}r_c = \overline{R}_c(t) \tag{19.1.4}$$

ergibt, wobei $\overline{M}_{cc}$ und $\overline{K}_{cc}$ schon in (17.4.6) bzw. (17.4.7) definiert wurden und

$$\overline{R}_c(t) = R_c - [M_{cu}\ddot{r}_u + K_{cu}r_u] - K_{c\sigma}K_{\sigma\sigma}^{-1}[R_\sigma - M_{\sigma u}\ddot{r}_u - K_{\sigma u}r_u] \tag{19.1.5}$$

wird.

Wir setzen wieder voraus, daß am System (19.1.4) bereits eine Eigenwertanalyse durchgeführt wurde, und entwickeln die Antwort des Systems, $r_c(t)$, mit Hilfe der Eigenvektoren, wie das in (18.1.4) beschrieben ist. Das zu Abschnitt 18.1 analoge Vorgehen liefert auch hier ein diagonales System der Größe nx

$$\boldsymbol{\Lambda}\ddot{\boldsymbol{\eta}} + \boldsymbol{\eta} = X^t\overline{R}_c(t) \tag{19.1.6}$$

Eine typische Einzelgleichung hat die Form

$$\ddot{\eta}_i + \omega_i^2\eta_i = \omega_i^2 R_{\eta i}(t)\,, \qquad i = 1, nx \tag{19.1.7}$$

und der Leser sei an (14.4.1) für den 1-Massen-Schwinger erinnert.

Die Lösung des homogenen Teils ist aus (18.1.7) bekannt. Ob sich eine geschlossene partikuläre Lösung angeben läßt, hängt von der Natur der Erregung $R_{\eta i}(t)$ ab. Für Kreisfunktionen und Polynome ist dies möglich, für viele andere technisch interessante Probleme nicht. Im letzteren Fall muß auf die numerische Integration zurückgegriffen werden, und die Lösung wird für vorgegebene Zeitschritte errechnet.

19.2 Periodische Erregungsfunktionen

Periodische Erregungsfunktionen und ihre einfachste Variante, die harmonischen Funktionen, spielen in der Schwingungstechnik eine wichtige Rolle. Als einführendes Beispiel betrachten wir deshalb die sinusförmige Einheitserregung

$$R_{\eta i}(t) = 1 \cdot \sin\Omega_i t \tag{19.2.1}$$

und berechnen uns dafür die Antwort $\eta_i(t)$ des Systems mit den Anfangsbedingungen

$$\begin{aligned} \eta_i(0) &= 0 \\ \dot{\eta}_i(0) &= 0 \end{aligned} \tag{19.2.2}$$

Die zu (19.2.1) gehörige partikuläre Lösung der Differentialgleichung (19.1.7) ist offensichtlich auch sinusförmig. Der Ansatz

$$\eta_{pi} = \alpha_i \sin \Omega_i t \tag{19.2.3}$$

führt sogleich auf

$$\alpha_i = \frac{\omega_i^2}{\omega_i^2 - \Omega_i^2} = \frac{1}{1 - (\Omega_i/\omega_i)^2} \tag{19.2.4}$$

und die gesamte allgemeine Lösung lautet unter Hinweis auf (18.1.7) nun

$$\eta_i = a_i \sin \omega_i t + b_i \cos \omega_i t + \frac{1}{1 - (\Omega_i/\omega_i)^2} \sin \Omega_i t \tag{19.2.5}$$

Der Leser wird wiederum unmittelbar den Zusammenhang mit der allgemeineren Lösung (14.4.10) für den einfachen Schwinger finden.

Mit den Anfangsbedingungen (19.2.2) ergibt sich dann die spezielle Lösung

$$\eta_i = \frac{1}{1 - (\Omega_i/\omega_i)^2} \left(\sin \Omega_i t - \frac{\Omega_i}{\omega_i} \sin \omega_i t \right) \tag{19.2.6}$$

Sie besteht aus einem Anteil, der mit der Erregerfrequenz Ω_i schwingt, und einem Term, der eine Eigenschwingung mit der Eigenfrequenz ω_i beinhaltet. Wir werden noch sehen, daß der erste Term den eingeschwungenen Zustand repräsentiert (engl. *steady state response*), während der zweite Term nur in der Einschwingphase interessant ist und durch die in der Natur vorhandenen Dämpfungskräfte rasch verschwindet (engl. *transient response*). Für den ungedämpften Körper ist die dauerhafte Komponente der Antwort in Phase mit der Erregung; wir werden noch sehen, daß dies bei Einbeziehung der Dämpfung nicht mehr zutrifft. Die Amplitude hängt offensichtlich stark vom Verhältnis „Erregerfrequenz zu Eigenfrequenz" ab. Leider versagt die Darstellung (19.2.6) für den interessanten Punkt $\Omega_i = \omega_i$, also für eine Erregung im Takte der Eigenfrequenz. Wir führen deshalb einen Grenzübergang mit der Regel von Bernoulli-l'Hospital durch, wobei Ω_i als Variable aufgefaßt wird

$$\lim_{\Omega_i \to \omega_i} \eta_i(t) = \lim_{\Omega_i \to \omega_i} \frac{t \cos \Omega_i t - \omega_i^{-1} \sin \omega_i t}{-2 \dfrac{\Omega_i}{\omega_i^2}}$$

$$= \tfrac{1}{2} (\sin \Omega_i t - \Omega_i t \cos \Omega_i t) \tag{19.2.7}$$

Wir ersehen aus diesem Resultat, daß die Amplitude $\eta_i(t)$ in diesem Falle laufend zunimmt (Resonanz). In Wirklichkeit wird die Dämpfung eine unbegrenzte Zunahme verhindern. Es kann aber doch zu einem starken Anwachsen der Amplituden und damit zur Zerstörung des Systems kommen.

Die Amplitude des im Takte der Erregung schwingenden Anteils kann in Relation gesetzt werden zu einer Auslenkung bei statischer Last „1". Aus der Differentialgleichung (19.1.7) ergibt sich diese statische Lösung sofort auch zu $\eta_i = 1$. Das Verhältnis „dynamische

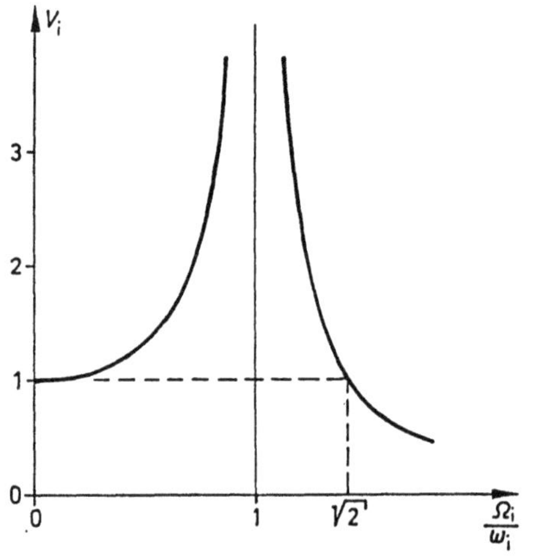

Abb. 19.2.1
Vergrößerungsfunktion V_i bei ungedämpften Tragwerken

Amplitude zu statischer Amplitude" bezeichnen wir als Vergrößerungsfunktion (s. auch Abschnitt 14.4.1, speziell (14.4.13))

$$V_i(\Omega_i) = \left| \frac{1}{1 - \left(\frac{\Omega_i}{\omega_i}\right)^2} \right| \tag{19.2.8}$$

Demnach hat die „permanente" Komponente in (19.2.6) die Amplitude V_i und die „transiente" die Amplitude $(\Omega_i/\omega_i)\, V_i$. Die Vergrößerungsfunktion V_i ist in Abb. 19.2.1 aufgetragen. Wir bemerken als wichtigstes Kennzeichen, daß mit unterkritischer Erregung $(\Omega_i/\omega_i < 1)$ stets eine Amplitudenvergrößerung bei dynamischer Belastung eintritt. Bei überkritischer Erregung geht jedoch die Vergrößerung gegen Null. Der träge Körper folgt sozusagen der rasch wechselnden Einheitslast weniger und weniger. Ab dem Frequenzverhältnis $\sqrt{2}$ wird die Vergrößerungsfunktion kleiner als 1 sein. Da nicht nur die Vergrößerungsfunktion selbst, sondern auch $(\Omega_i/\omega_i)\, V_i$ bei überkritischer Erregung gegen Null strebt, wird auch die Gesamtantwort mit wachsender Erregungsfrequenz kleiner. Umgekehrt strebt die Gesamtantwort bei immer kleinerer Erregungsfrequenz natürlich gegen die statische Lösung $\eta_i = 1$, weil dann der Anteil $(\Omega_i/\omega_i)\, V_i$ bedeutungslos klein wird gegenüber V_i selbst. In Abb. 19.2.2 sind die drei typischen Fälle für unterkritische, kritische und überkritische Erregung bei einem dämpfungsfreien Tragwerk aufgetragen. Wir beachten noch, daß bei unterkritischer Erregung der Teil der Antwort, den wir als eingeschwungenen Zustand bezeichnen, in Phase mit der Erregung ist, bei überkritischer Erregung jedoch offensichtlich eine Phasenverschiebung von 180° auftritt. Dieser Sachverhalt ist nochmals in Abb. 19.2 3 verdeutlicht.

Die Antwort auf eine sinusförmige Erregung mit Einheitsamplitude kann sehr leicht verallgemeinert werden, da die Differentialgleichung (19.1.7) linear ist. So entspricht die Erregung

$$R_{\eta i}(t) = C_i \sin(\Omega_i t + \psi_i) \tag{19.2.9}$$

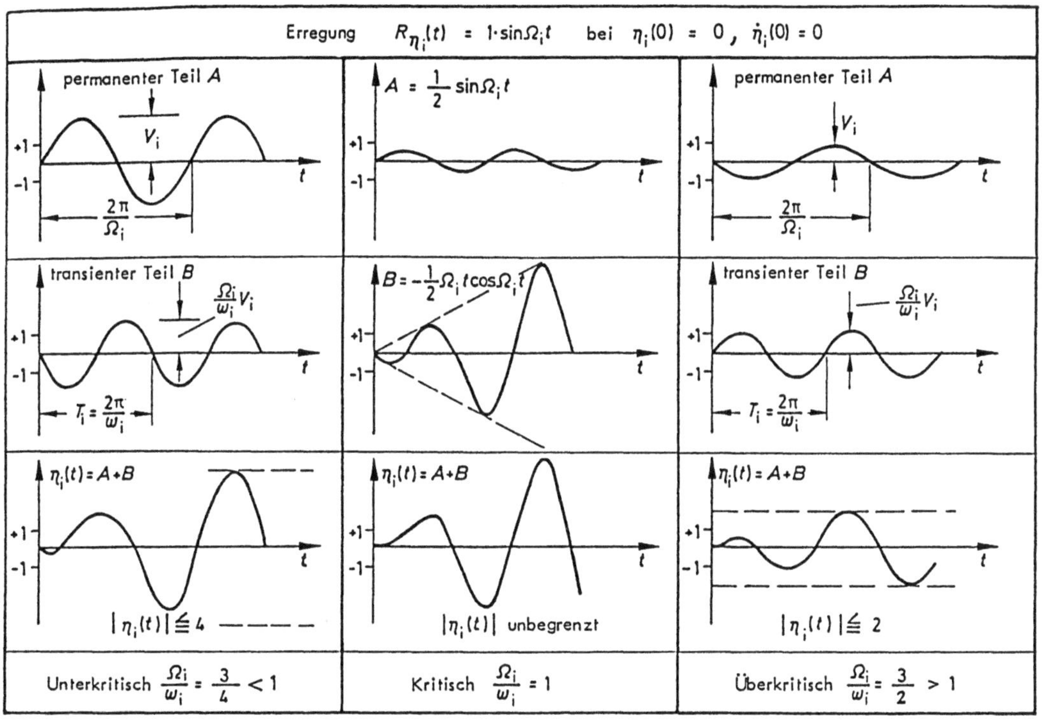

Abb. 19.2.2 Harmonische Erregung und Antwort (bei Dämpfung Null)

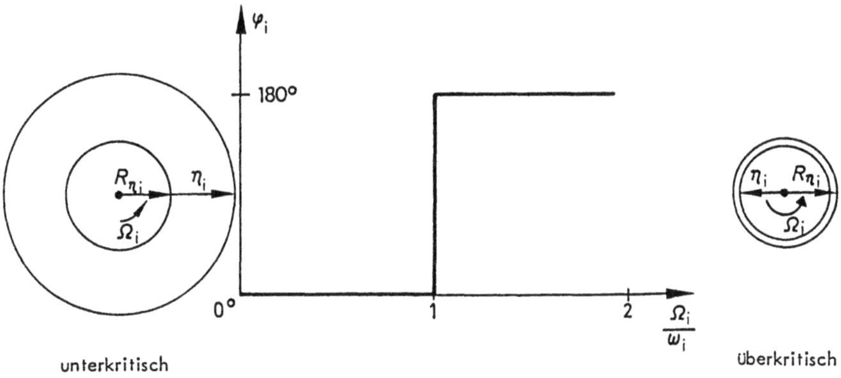

Erregung : $R_{\eta i} = 1 \cdot \sin \Omega_i t$

"permanenter" Teil der Antwort : $\eta_i = V_i \sin(\Omega_i t + \varphi_i)$

Abb. 19.2.3 Phasenverschiebung zwischen Erregung und Antwort (unter Weglassung des transienten Teils) bei ungedämpften Tragwerken einer um die Zeit ψ_i/Ω_i verschobenen Sinusschwingung mit der Amplitude C_i statt 1. Für den permanenten Teil der Antwort ergibt sich die gleiche Vergrößerungsfunktion V_i und die gleiche Phasenverschiebung φ_i (0° oder 180°) wie zuvor. Der transiente Teil der Antwort wird sich natürlich – auch abhängig von den Anfangsbedingungen – ändern. Wir notieren ohne Schwierigkeiten an Stelle von (19.2.5) zunächst die neue allgemeine Lösung

$$\eta_i = a_i \sin \omega_i t + b_i \cos \omega_i t + \frac{C_i}{1-\left(\frac{\Omega_i}{\omega_i}\right)^2} \sin(\Omega_i t + \psi_i) \tag{19.2.10}$$

Für die Anfangsbedingungen (19.2.2) ergibt sich daraus die spezielle Gesamtantwort

$$\eta_i = \frac{C_i}{1-\left(\frac{\Omega_i}{\omega_i}\right)^2} \left[\sin(\Omega_i t + \psi_i) - \frac{\Omega_i}{\omega_i} \cos\psi_i \sin \omega_i t - \sin\psi_i \cos \omega_i t\right] \tag{19.2.11}$$

Für $\psi_i = 0$ ergibt sich selbstredend die Lösung (19.2.6). Ein weiterer Sonderfall ist eine reine Kosinus-Erregung, was $\psi_i = 90^\circ$ entspricht und auf

$$\eta_i = \frac{C_i}{1-\left(\frac{\Omega_i}{\omega_i}\right)^2} (\cos \Omega_i t - \cos \omega_i t) \tag{19.2.12}$$

führt. Ein zu (19.2.9) gleichwertiger Erregungstyp wäre

$$R_{\eta i}(t) = A_i \sin \Omega_i t + B_i \cos \Omega_i t \tag{19.2.13}$$

mit dem Zusammenhang

$$C_i = \sqrt{A_i^2 + B_i^2}$$
$$\psi_i = \arctan \frac{B_i}{A_i} \tag{19.2.14}$$

in bezug auf (19.2.9). Die Antwort auf die Erregung (19.2.13) ergibt sich mit (19.2.14) entweder aus (19.2.11) oder aber durch Superposition von (19.2.6) und (19.2.12)

$$\eta_i(t) = \frac{A_i}{1-\left(\frac{\Omega_i}{\omega_i}\right)^2} \left(\sin \Omega_i t - \frac{\Omega_i}{\omega_i} \sin \omega_i t\right) + \frac{B_i}{1-\left(\frac{\Omega_i}{\omega_i}\right)^2} (\cos \Omega_i t - \cos \omega_i t) \tag{19.2.15}$$

Eine interessante Variante der harmonischen Erregungsfunktionen folgt aus der Eulerschen Formel

$$e^{i\Omega t} = \cos \Omega t + i \sin \Omega t \tag{19.2.16}$$

Die komplexe Erregung

$$R_{\eta i} = e^{i\Omega_i t} = \exp(i\,\Omega_i t) \tag{19.2.17}$$

beinhaltet also im Realteil $1 \cdot \cos \Omega_i t$ und im Imaginärteil $1 \cdot \sin \Omega_i t$ als Erregungsfunktionen. Da die zugrunde liegende Differentialgleichung linear ist, ist der Realteil von η_i

die Antwort auf die Erregung $\cos \Omega_i t$ und der Imaginärteil von η_i die Antwort auf die Erregung $\sin \Omega_i t$. Wir sind also in der Lage, beide Grundtypen der harmonischen Erregung in einfachster Weise simultan zu behandeln.

Für die partikuläre Lösung bei der Erregung (19.2.17) (was dem eingeschwungenen Zustand entspricht) machen wir den Ansatz

$$\eta_{pi} = F_i \exp(i\,\Omega_i t) \tag{19.2.18}$$

wobei F_i als Frequenzgang (engl. *frequency response characteristic*) bezeichnet wird. Durch Einsetzen in die Differentialgleichung (19.1.7) finden wir für den Frequenzgang sogleich

$$F_i = \frac{1}{1 - \left(\frac{\Omega_i}{\omega_i}\right)^2} \tag{19.2.19}$$

ein Resultat, das wir in (19.2.6) und (19.2.12) oder in (19.2.15) bereits gewonnen hatten. Der Betrag des Frequenzganges entspricht der bereits bekannten Vergrößerungsfunktion V_i

$$V_i = |F_i| \tag{19.2.20}$$

Es gilt also

$$\begin{aligned} F_i &= V_i && \text{für } \Omega_i < \omega_i \text{ (unterkritisch)} \\ F_i &= -V_i && \text{für } \Omega_i > \omega_i \text{ (überkritisch)} \end{aligned} \tag{19.2.21}$$

Faßt man F_i als komplexe Zahl auf (wir werden bei gedämpften Strukturen sehen, daß F_i in der Tat komplex wird), so gilt

$$\begin{aligned} F_i &= |F_i|(\cos\psi_i + i\sin\psi_i) \\ &= V_i \exp(i\,\psi_i) \end{aligned} \tag{19.2.22}$$

In unserem Fall ist F_i rein reell, d.h.

$$\sin\psi_i = 0 \tag{19.2.23}$$

oder

$$\psi_i = 0^\circ \quad \text{oder} \quad 180^\circ \tag{19.2.24}$$

Im Hinblick auf (19.2.21) ergibt sich dann

$$\begin{aligned} \psi_i &= 0^\circ && \text{für } \Omega_i < \omega_i \\ \psi_i &= 180^\circ && \text{für } \Omega_i > \omega_i \end{aligned} \tag{19.2.25}$$

wobei ψ_i die Phasenverschiebung der eingeschwungenen Antwort angibt. Laut (19.2.18) gilt nämlich

$$\begin{aligned} \eta_{pi} &= F_i \exp(i\,\Omega_i t) = V_i \exp(i\,\psi_i)\exp(i\,\Omega_i t) = V_i \exp[i(\Omega_i t + \psi_i)] \\ &= V_i[\cos(\Omega_i t + \psi_i) + i\sin(\Omega_i t + \psi_i)] \end{aligned} \tag{19.2.26}$$

Die Arbeit mit komplexen Zahlen ist also ein sehr bequemes Hilfsmittel bei harmonischer Erregung.

Wir beschließen diese Ausführungen mit einem kleinen Beispiel (Abb. 19.2.4). An einem Punkt des Biegeträgers wirkt eine sinusförmig variierende Kraft (z.B. Unwucht). Dies führt offensichtlich zu Auslenkungen, die weit größer sind als die mit der Maximalkraft erzielten statischen Auslenkungen. Wir bemerken ferner, daß die zweite Eigenschwingung in der Antwort kaum eine Rolle spielt, obwohl unsymmetrisch erregt wird. Eine dynamische Reduktion auf den 1. Eigenvektor wäre hier straflos möglich. Im Hinblick auf die immer vorhandene Dämpfung hat die partikuläre Lösung als Approximation für den eingeschwungenen Zustand eine besondere Bedeutung.

Modell

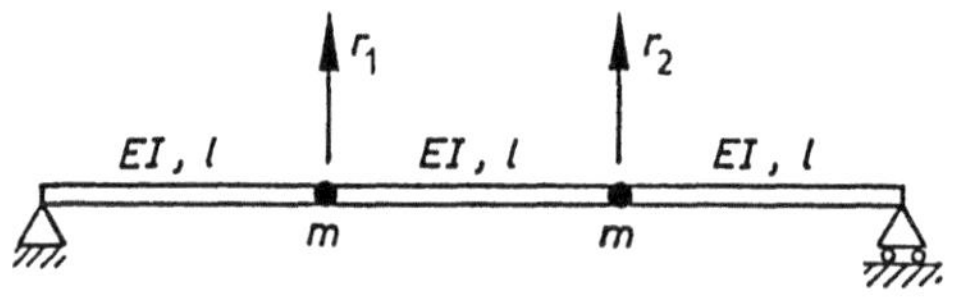

Eigenwertanalyse siehe Abb. 18.1.2

Erregung :

$$\boldsymbol{R} = \begin{bmatrix} R_1 \\ R_2 \end{bmatrix} = \begin{bmatrix} \frac{1}{10}\frac{EI}{l^2}\sin \Omega t \\ 0 \end{bmatrix} \quad \text{für} \quad t \geq 0 \quad \text{mit } \Omega = \left(\frac{EI}{ml^3}\right)^{\frac{1}{2}}$$

Anfangsbedingungen

$$\left.\begin{aligned} \boldsymbol{r}\,(t=0) &= \boldsymbol{o} \\ \dot{\boldsymbol{r}}\,(t=0) &= \boldsymbol{o} \end{aligned}\right\} \text{Ruhezustand}$$

Erregung im entkoppelten System

$$\boldsymbol{R}_\eta = \boldsymbol{X}^t \boldsymbol{R} = \frac{1}{60}\left(\frac{EI}{l}\right)^{\frac{1}{2}} \begin{Bmatrix} \sqrt{15} & 1 \end{Bmatrix} \sin \Omega t$$

Antwort im entkoppelten System

$$\boldsymbol{\eta} = \begin{bmatrix} \left(\frac{3}{2}\right)^{\frac{1}{2}} \left(\frac{EI}{l}\right)^{\frac{1}{2}} \left(\sin \Omega t - \left(\frac{5}{6}\right)^{\frac{1}{2}} \sin\left(\frac{6}{5}\right)^{\frac{1}{2}} \Omega t\right) \\ \frac{3}{170}\left(\frac{EI}{l}\right)^{\frac{1}{2}} \left(\sin \Omega t - \left(\frac{1}{18}\right)^{\frac{1}{2}} \sin(18)^{\frac{1}{2}} \Omega t\right) \end{bmatrix}$$

Antwort im Originalsystem

$$\boldsymbol{r} = \boldsymbol{X}\boldsymbol{\eta} = l \begin{bmatrix} 0.253 \sin \Omega t - 0.228 \sin 1.095 \Omega t - 0.003 \sin 4.243 \Omega t \\ 0.247 \sin \Omega t - 0.228 \sin 1.095 \Omega t + 0.003 \sin 4.243 \Omega t \end{bmatrix}$$

Abb. 19.2.4 Beispiel für die harmonische Erregung eines ungedämpften Schwingers (unterkritisch), *Teil* 1

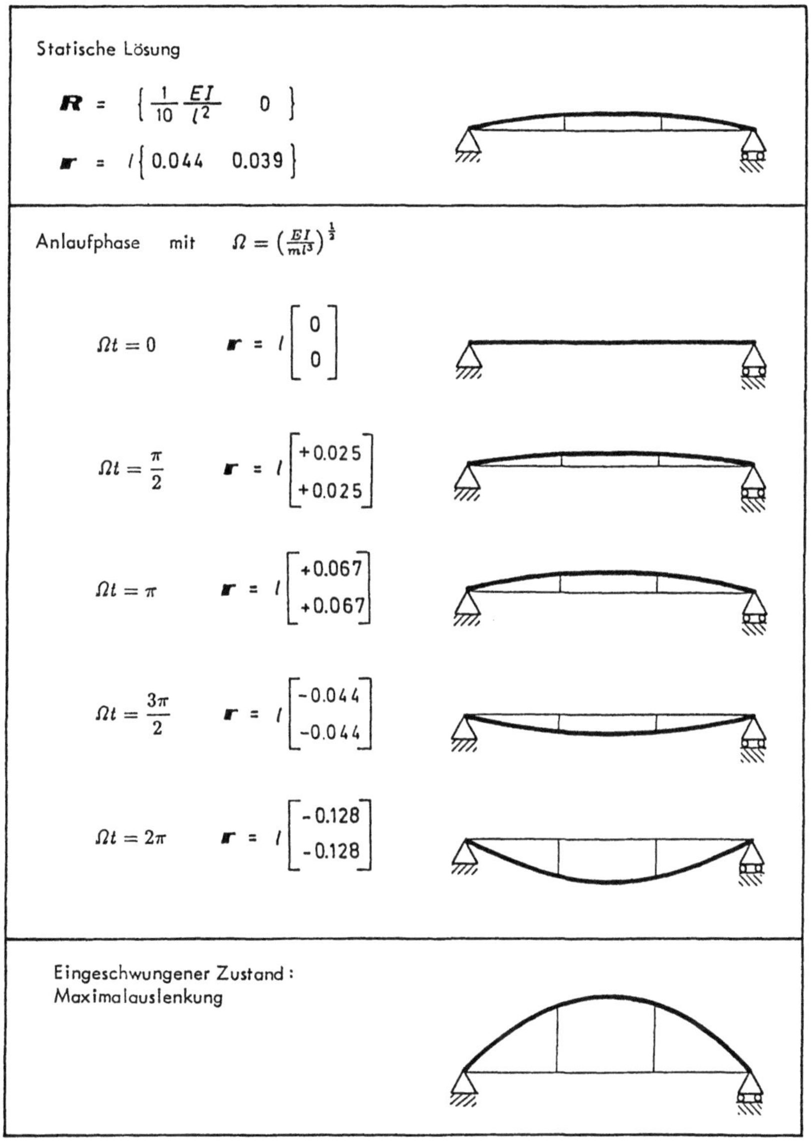

Abb. 19.2.4 Beispiel für die harmonische Erregung eines ungedämpften Schwingers (unterkritisch), *Teil* 2

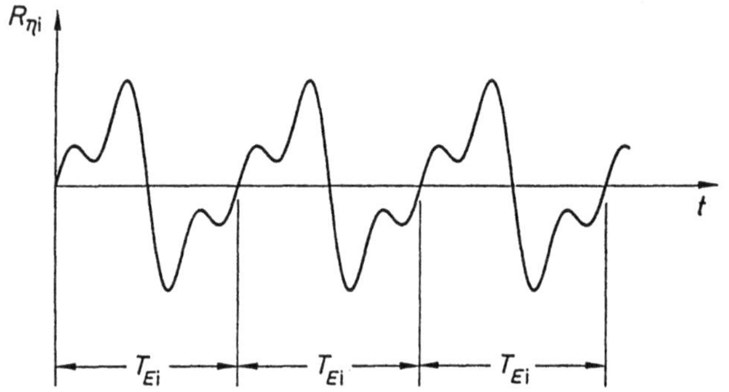

Abb. 19.2.5
Periodischer Verlauf der Erregungsfunktion $R_{\eta i}$

Unter einer allgemeinen periodischen Erregungsfunktion $R_{\eta i}$ verstehen wir einen beliebigen, sich im Zeitabschnitt T_{Ei} wiederholenden Kraftverlauf (Abb. 19.2.5). Der in Abb. 19.2.5 angegebene Kraftverlauf kann in eine Fourierreihe entwickelt werden (s. auch Abschnitt 14.4.2). Mit der Frequenz

$$\Omega_0 = \frac{2\pi}{T_{Ei}} \tag{19.2.27}$$

ergibt sich die Reihe

$$R_{\eta i}^{(F)} = \frac{1}{2}a_0 + \sum_{k=1}^{\infty} (a_k \cos k\Omega_0 t + b_k \sin k\Omega_0 t) \tag{19.2.28}$$

wobei

$$a_k = \int_{-1}^{+1} R_{\eta i}(\tau) \cos(k\pi\tau) d\tau \tag{19.2.29}$$

$$b_k = \int_{-1}^{+1} R_{\eta i}(\tau) \sin(k\pi\tau) d\tau \tag{19.2.30}$$

ist. Die dimensionslose Zeit τ wird dabei wie folgt definiert

$$\tau = \frac{2t}{T_{Ei}} = \Omega_0 \frac{t}{\pi} \tag{19.2.31}$$

Die Nützlichkeit einer komplexen Darstellung haben wir bereits beim 1-Massen-Schwinger (s. Abschnitt 14.4) und bei der rein harmonischen Anregung im ersten Teil des vorliegenden Abschnitts kennengelernt. Wir wollen sie auch hier übernehmen und formen zu diesem Zweck die Darstellung (19.2.28) um:

$$R_{\eta i}^{(F)} = \frac{1}{2}a_0 + \sum_{k=1}^{\infty} [\tfrac{1}{2}(a_k - i b_k)(\cos k\Omega_0 t + i \sin k\Omega_0 t) + \tfrac{1}{2}(a_k + i b_k)(\cos k\Omega_0 t - i \sin k\Omega_0 t)]$$

$$= \frac{1}{2}a_0 + \sum_{k=1}^{\infty} [\tfrac{1}{2}(a_k - i b_k) \exp(i k\Omega_0 t) + \tfrac{1}{2}(a_k + i b_k) \exp(-i k\Omega_0 t)] \tag{19.2.32}$$

Die Summanden können vereinheitlicht werden, falls auch negative k-Werte zugelassen sind

$$c_k = \tfrac{1}{2}[a_k - \operatorname{sign}(k)\, i b_k]\,, \qquad k = -\infty, +\infty$$
$$c_k = \tfrac{1}{2}a_0\,, \qquad k = 0 \tag{19.2.33}$$

Wir erhalten damit einfach

$$R_{\eta i}^{(F)} = \sum_{k=-\infty}^{+\infty} c_k \exp(i k \Omega_0 t) \tag{19.2.34}$$

Dies ist die kompakteste Darstellung für die Erregung. Natürlich kann man auch an Stelle von (19.2.29) und (19.2.30) direkt c_k angeben. Durch erneute Anwendung der Eulerschen Formel ergibt sich sogleich

$$c_k = \frac{1}{2}\int_{-1}^{+1} R_{\eta i}(\tau)\, e^{-ik\pi\tau} d\tau \tag{19.2.35}$$

Wir erinnern nun an den Frequenzgang, der bei harmonischer Erregung besonders einfach zur Antwort führt, (19.2.26). Mit ihm ergibt sich als Antwort des Systems – was den partikulären, also eingeschwungenen Teil der Antwort anbetrifft –

$$\eta_{pi} = \sum_{k=-\infty}^{+\infty} F_{ik} c_k \exp(i k \Omega_0 t)$$
$$= \sum_{k=-\infty}^{+\infty} V_{ik} c_k \exp[i(k\Omega_0 t + \psi_i)] \tag{19.2.36}$$

wobei gilt

$$V_{ik} = \left| \frac{1}{1 - \left(\frac{k\Omega_0}{\omega_i}\right)^2} \right| \tag{19.2.37}$$

und

$$\psi_{ik} = 0\,, \qquad \text{falls } |k\Omega_0| < \omega_i$$
$$\psi_{ik} = 180^\circ = \pi\,, \qquad \text{falls } |k\Omega_0| > \omega_i \tag{19.2.38}$$

Noch haben wir mit (19.2.34) die Erregung und dementsprechend auch mit (19.2.36) die Antwort mit unendlich vielen Fouriergliedern beschrieben. In der Praxis wird man die Reihe bei nf Gliedern abbrechen. Entscheidend sind dabei nicht die Konvergenzeigenschaften der Erregung, sondern die der Antwort, die in aller Regel besser sind (s. das Beispiel in Abb. 14.4.8).

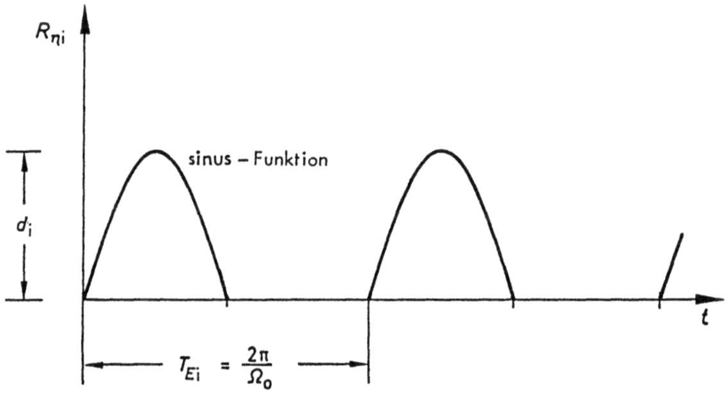

Abb. 19.2.6 Beispiel für eine Erregung, die in eine Fourierreihe entwickelt werden kann

Wir wollen zum Abschluß die vorgetragene Technik an einem kleinen Beispiel erproben. In Abb. 19.2.6 ist eine periodische Erregung aufgezeichnet. Wir wollen die Rechnung mit komplexen Zahlen ausführen, da vielleicht einige Leser mit dieser Darstellungsform weniger vertraut sind. Die Erregungsfunktion lautet

$$R_{\eta i}(\tau) = 0 \qquad -1 \leqslant \tau \leqslant 0$$

$$R_{\eta i}(\tau) = d_i \sin \pi\tau = \frac{d_i}{2i}(e^{i\pi\tau} - e^{-i\pi\tau}) \qquad 0 \leqslant \tau \leqslant 1$$

Die Koeffizienten c_k der komplexen Fourierentwicklung ergeben sich mit (19.2.35) zu

$$c_k = \frac{d_i}{4i}\int_0^1 (e^{i\pi\tau(1-k)} - e^{-i\pi\tau(1+k)})\,d\tau$$

Bei der Integration müssen wir hier die besonderen Verhältnisse für $k = \pm 1$ beachten. Wir spalten diesen Sonderfall ab und behandeln ihn zuerst

$$c_{-1} = \frac{d_i}{4i}\int_0^1 (e^{i2\pi\tau} - 1)\,d\tau = -\frac{d_i}{4i}$$

Ganz analog erhalten wir auch

$$c_{+1} = +\frac{d_i}{4i}$$

Alle anderen Koeffizienten ergeben sich durch direkte Integration

$$c_k = \frac{d_i}{4i}\left[\frac{1}{i\pi(1-k)}(e^{i\pi(1-k)} - 1) + \frac{1}{i\pi(1+k)}(e^{-i\pi(1+k)} - 1)\right]$$

Wir beachten noch

$$e^{i\pi(1-k)} = e^{i\pi} e^{-i\pi k} = - e^{-i\pi k}$$
$$= - \cos \pi k$$

und entsprechend

$$e^{i\pi(1+k)} = - \cos \pi k$$

Für alle ungeradzahligen k-Werte ist $\cos \pi k$ aber gleich -1 und für alle geradzahligen gleich $+1$. Wir erhalten somit

$$c_k = 0 , \qquad \text{falls } |k| \text{ ungeradzahlig und } |k| \neq 1$$

$$c_k = \frac{d_i}{2\pi}\left(\frac{1}{1-k} + \frac{1}{1+k}\right)$$

$$= \frac{d_i}{\pi} \frac{1}{(1-k)(1+k)} , \qquad \text{falls } |k| \text{ geradzahlig}$$

Die Fourierentwicklung lautet also mit (19.2.34)

$$R_{\eta i}^{(F)} = \sum_{k=-\infty}^{+\infty} c_k \exp(i k \Omega_0 t)$$

$$= \frac{d_i}{\pi} + \frac{d_i}{4i}\{\exp(i\Omega_0 t) - \exp(-i\Omega_0 t)\} +$$

$$+ \frac{d_i}{\pi} \sum_{k=2,4,6,\dots} \frac{1}{(1-k)(1+k)}\{\exp(ik\Omega_0 t) + \exp(-ik\Omega_0 t)\}$$

$$= \frac{d_i}{\pi} + \frac{d_i}{2}\sin\Omega_0 t + 2\frac{d_i}{\pi} \sum_{k=2,4,\dots} \frac{\cos k\Omega_0 t}{(1-k)(1+k)}$$

$$= \frac{d_i}{\pi}\left(1 + \frac{\pi}{2}\sin\Omega_0 t - \frac{2}{3}\cos 2\Omega_0 t - \frac{2}{15}\cos 4\Omega_0 t \;\dots\dots\right)$$

Die partikuläre Antwort des Systems ergibt sich aus (19.2.36), wobei nun für eine spezielle Aussage das Frequenzverhältnis Ω_0 zu Eigenfrequenz ω_i bekannt sein muß. Bei ungedämpften Tragwerken darf natürlich $k\Omega_0$ (falls in $R_{\eta i}^{(F)}$ vorkommend) nicht gleich der Eigenfrequenz ω_i sein, da sonst der Resonanzfall vorliegt. Es ist aber z.B.

$$\frac{\Omega_0}{\omega_i} = \frac{3}{4}$$

zulässig. Es ergibt sich mit diesem Verhältnis

$$F_{i0} = 1 , \qquad V_{i0} = 1 , \qquad \psi_{i0} = 0$$

$$F_{i1} = \tfrac{16}{7} , \qquad V_{i1} = \tfrac{16}{7} , \qquad \psi_{i1} = 0$$

$$F_{i2} = -\tfrac{4}{5} , \qquad V_{i2} = \tfrac{4}{5} , \qquad \psi_{i2} = \pi$$

$$F_{i4} = -\tfrac{1}{8} , \qquad V_{i4} = \tfrac{1}{8} , \qquad \psi_{i4} = \pi \qquad \text{usw.}$$

d.h. wir haben teils unterkritische und teils überkritische Anregung, und die partikuläre Antwort lautet in diesem speziellen Fall

$$\eta_{pi}(t) = \frac{d_i}{\pi}\left(1 + \frac{8\pi}{7}\sin\Omega_0 t + \frac{8}{15}\cos 2\Omega_0 t + \frac{1}{60}\cos 4\Omega_0 t \;\ldots\ldots\right)$$

Der erste Term entspricht einer statischen Auslenkung. Offensichtlich hat ja die Erregung in Abb. 19.2.6 auch eine statische Wirkung. Der zweite Term ist für die richtige Darstellung der Antwort ebenfalls unabdingbar. Bricht man hier ab, ist immerhin schon eine Genauigkeit von etwa 10% in der maximalen Auslenkung sicher. Merklich Einfluß hat dann noch der 3. Term. Der vierte ist bereits in der zeichnerischen Darstellung, Abb. 19.2 7, nicht mehr sichtbar.

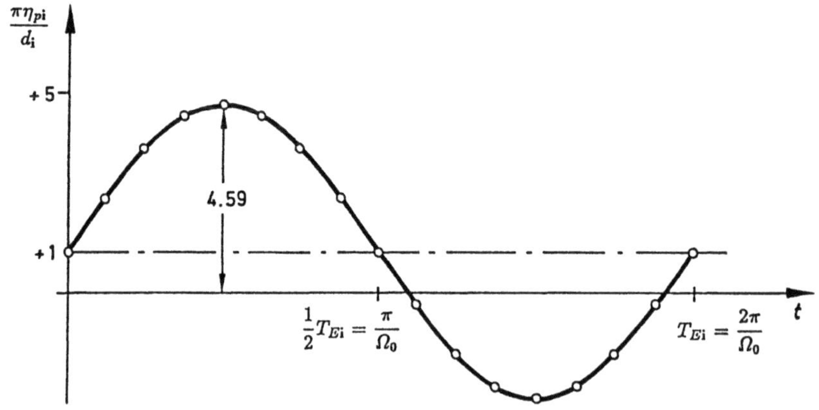

(a) Antwort mit 2 Reihengliedern $\frac{\pi\eta_{pi}}{d_i} = \left(1 + \frac{8\pi}{7}\sin\Omega_0 t\right)$

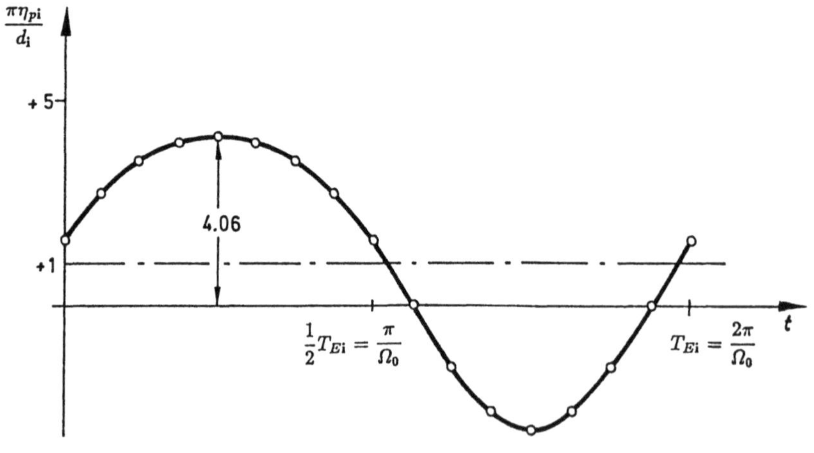

(b) Antwort mit 3 Reihengliedern $\frac{\pi\eta_{pi}}{d_i} = \left(1 + \frac{8\pi}{7}\sin\Omega_0 t + \frac{8}{15}\cos\Omega_0 t\right)$

Abb. 19.2.7 Einfluß der Reihenglieder auf die Antwort bei einer Erregung wie in Abb. 19.2.6

19.3 Nichtperiodische Erregungsfunktionen (Fourier-Integral)

Der Übergang von beliebigen periodischen Erregungen zu allgemeinen (nichtperiodischen) Erregungsfunktionen ist bereits in Abschnitt 14.4.3 aufgezeichnet, die Behandlung soll hier in komplexer Schreibweise ergänzt werden. In Abb. 19.3.1(a) ist eine solche allgemeine Erregung $R_{\eta i}(t)$ dargestellt. Es gibt offensichtlich keine definierte Periode, in der sich der Belastungsvorgang wiederholt. In Abb. 19.3.1(b) ist diese Belastungsform periodisch gemacht worden. Für einen gewissen Zeitraum T_{Ei} ist alles in Ordnung. Dann aber setzt die Wiederholung, und damit die Abweichung vom originalen, nichtperiodischen Erregungsbild, ein. Der Ausweg aus dieser Situation ist recht einfach: wir müssen die Periode T_{Ei} recht groß wählen und damit den Zeitpunkt der Wiederholung weit hinausschieben. Die Bedingung

$$T_{Ei} \to \infty \tag{19.3.1}$$

verschafft uns also den Übergang von den periodischen zu den nichtperiodischen Erregungsformen. Eine sehr große Periode beinhaltet aber umgekehrt eine sehr kleine Kreisfrequenz Ω_0 und damit eine sehr fein gestufte „Fourierreihe". Die Größe Ω_0 wird infinitesimal

$$\Omega_0 \to d\Omega \tag{19.3.2}$$

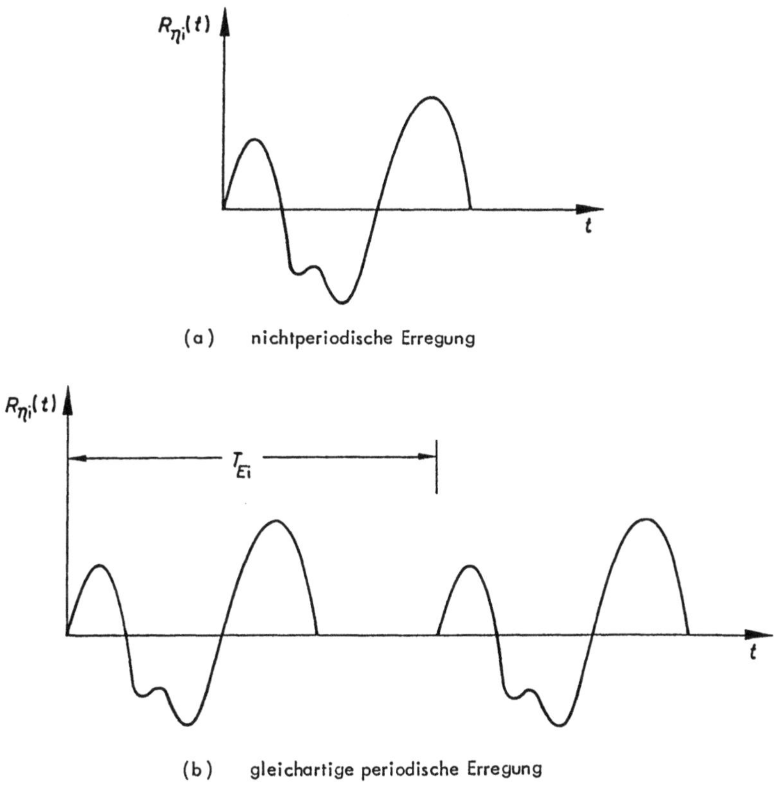

Abb. 19.3.1 Nichtperiodische und analoge periodische Erregung

Die Abstufung der Frequenzen $k\Omega_0$ in den Reihengliedern wird somit weicher und weicher und geht in einen kontinuierlichen Verlauf über

$$k\Omega_0 \rightarrow \Omega \tag{19.3.3}$$

Wir schreiben nun die Fourierreihenentwicklung einer periodischen Entwicklung, wie in (19.2.34) und (19.2.35) angegeben, an, um auch hier den Grenzübergang zu vollziehen

$$R_{\eta i}^{(F)}(t) = \sum_{k=-\infty}^{+\infty} \left(\frac{1}{2}\int_{-1}^{+1} R_{\eta i}(\tau)\, e^{-ik\pi\tau} d\tau\right) \exp(i\,k\Omega_0 t)$$

$$= \sum_{k=-\infty}^{+\infty} \frac{1}{T_{Ei}} \int_{-T_{Ei}/2}^{+T_{Ei}/2} (R_{\eta i}(t) \exp(-i\,k\Omega_0 t)\, dt) \exp(i\,k\Omega_0 t)$$

$$= \sum_{k=-\infty}^{+\infty} \frac{\Omega_0}{2\pi} \int_{-T_{Ei}/2}^{+T_{Ei}/2} (R_{\eta i}(t) \exp(-i\,k\Omega_0 t)\, dt) \exp(i\,k\Omega_0 t)$$

und damit im Limit ⟶

$$R_{\eta i}^{(F)}(t) = \int_{-\infty}^{+\infty} \frac{1}{2\pi} \int_{-\infty}^{+\infty} (R_{\eta i}(t)\, e^{-i\Omega t} dt)\, e^{i\Omega t} d\Omega \tag{19.3.4}$$

Außer den Erkenntnissen (19.3.1) bis (19.3.3) ist hier noch die Umwandlung der fein gestuften Summe in ein Integral eingeflossen. Damit ist bereits die größte Arbeit für nichtperiodische Erregungen geleistet. Wir bezeichnen

$$k_i(\Omega) = \frac{1}{2\pi} \int_{-\infty}^{+\infty} R_{\eta i}(t)\, e^{-i\Omega t} dt \tag{19.3.5}$$

als Frequenzspektrum der Erregung. Es ersetzt sozusagen die diskreten c_k-Werte bei der Fourierreihe. Wer komplexe Zahlen nicht mag, der kann mit Hilfe der Eulerschen Formeln (19.3.5) auch in zwei reelle Integrale umwandeln

$$k_i^{(c)}(\Omega) = \frac{1}{2\pi} \int_{-\infty}^{+\infty} R_{\eta i}(t) \cos\Omega t\, dt$$

$$k_i^{(s)}(\Omega) = \frac{1}{2\pi} \int_{-\infty}^{+\infty} R_{\eta i}(t) \sin\Omega t\, dt \tag{19.3.6}$$

wobei dann ist

$$k_i(\Omega) = k_i^{(c)} - i k_i^{(s)} \tag{19.3.7}$$

Das Integral (19.3.4) oder seine kompaktere Darstellung

$$R_{\eta i}^{(F)}(t) = \int_{-\infty}^{+\infty} k_i(\Omega)\,e^{i\Omega t}\,d\Omega \tag{19.3.8}$$

wird Fourierintegral genannt. Selbstverständlich gibt es auch eine reelle Darstellung wie bei der Fourierreihe

$$R_{\eta i}^{(F)}(t) = \int_{0}^{\infty} \left(k_i(-\Omega)\,e^{-i\Omega t} + k_i(\Omega)\,e^{i\Omega t}\right) d\Omega$$

$$= \int_{0}^{\infty} \left[(k_i^{(c)} + i k_i^{(s)})\,e^{-i\Omega t} + (k_i^{(c)} - i k_i^{(s)})\,e^{i\Omega t}\right] d\Omega$$

$$= \int_{0}^{\infty} \left[k_i^{(c)}(e^{-i\Omega t} + e^{i\Omega t}) + i k_i^{(s)}(e^{-i\Omega t} - e^{i\Omega t})\right] d\Omega$$

$$= 2\int_{0}^{\infty} \left(k_i^{(c)} \cos \Omega t + k_i^{(s)} \sin \Omega t\right) d\Omega \tag{19.3.9}$$

Das Fourierintegral (19.3.8) bzw. (19.3.9) können wir also als harmonische Erregung mit beliebig vielen Frequenzen Ω ansehen. Wir kennen aber damit auch die Antwort auf eine solche Erregung: Jede Erregungskomponente ist lediglich mit dem Frequenzgang zu multiplizieren, und danach wird die gesamte partikuläre Antwort aufsummiert oder, besser, integriert

$$\eta_{pi} = \int_{-\infty}^{+\infty} F_i(\Omega)\,k_i(\Omega)\,e^{i\Omega t}\,d\Omega \tag{19.3.10}$$

wobei nun

$$F_i(\Omega) = \frac{1}{1 - \left(\frac{\Omega}{\omega_i}\right)^2} \tag{19.3.11}$$

eine kontinuierliche Funktion ist.

Die Integration kann auch in einen unterkritischen und einen überkritischen Anregungsbereich aufgeteilt werden. Die Antwort zeigt dann im unterkritischen Bereich die Phasenverschiebung Null und im überkrtischen die Phasenverschiebung 180°, wie wir dies schon kennen. Selbstverständlich läßt sich (19.3.10) auch in eine reelle Darstellung umwandeln

$$\eta_{pi} = \int_0^\infty F_i(\Omega)\left(k_i(-\Omega)\,e^{-i\Omega t} + k_i(\Omega)\,e^{i\Omega t}\right)d\Omega$$

$$= \int_0^{\omega_i} V_i(\Omega)\left(k_i^{(c)}\cos\Omega t + k_i^{(s)}\sin\Omega t\right)d\Omega + \int_{\omega_i}^\infty V_i(\Omega)\left(k_i^{(c)}\cos(\Omega t+\pi) + k_i^{(s)}\sin(\Omega t+\pi)\right)d\Omega \tag{19.3.12}$$

mit

$$V_i(\Omega) = |F_i(\Omega)| \tag{19.3.13}$$

Abschließend sollten wir noch darauf hinweisen, daß dieses Verfahren nur dann gesicherte Konvergenz aufweist, wenn die Fläche unter $R_{\eta i}(t)$ beschränkt ist

$$\int_{-\infty}^{+\infty} |R_{\eta i}(t)|\,dt < \infty \tag{19.3.14}$$

Leider ist die hier geschilderte Technik nicht ganz einfach zu realisieren, was auch das folgende – noch sehr einfache – Beispiel zeigen soll. Im Vorgriff auf den nächsten Abschnitt lassen wir eine zeitlich begrenzte Rechteckbelastung auf das Tragwerk einwirken (Abb. 19.3.2). Diese Belastung ist funktional gegeben durch

$$R_{\eta i} = d_i\,, \qquad 0 \le t \le t_1$$

$$R_{\eta i} = 0\,, \qquad -\infty \le t < 0\,, \qquad t_1 < t \le +\infty$$

Das komplexe Frequenzspektrum der Erregung wird dementsprechend

$$k_i(\Omega) = \frac{1}{2\pi}\int_0^{t_1} d_i\,e^{-i\Omega t}dt = \frac{d_i}{2\pi\Omega i}(1 - e^{-i\Omega t_1})$$

$$= k_i^{(c)} - i k_i^{(s)}$$

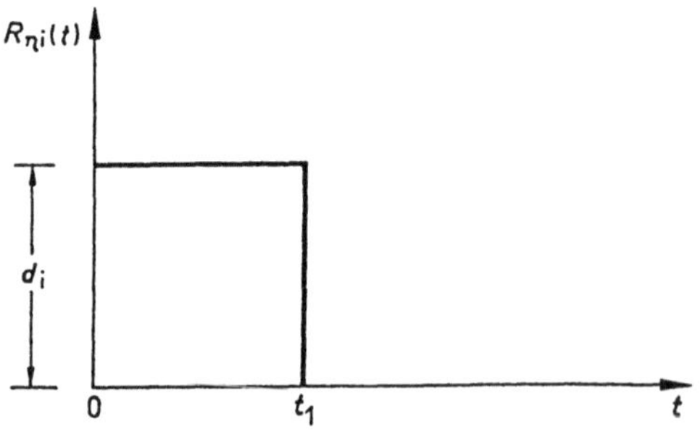

Abb. 19.3.2

Beispiel für eine nichtperiodische Erregung (Rechteckimpuls endlicher Wirkungsdauer)

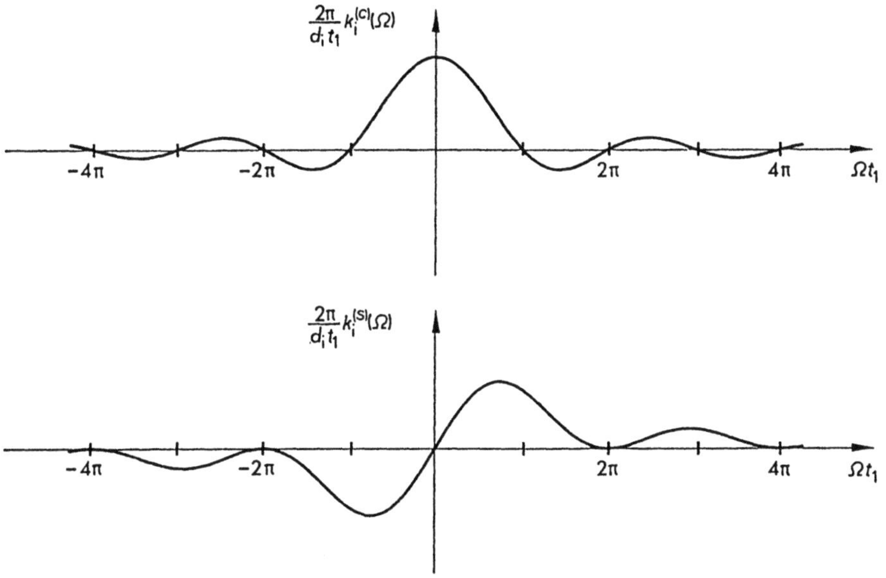

Abb. 19.3.3 Realteil und (negativer) Imaginärteil des Erregungsfrequenzspektrums bei einem Rechteckimpuls der Dauer t_1

mit dem Realteil und Imaginärteil

$$k_i^{(c)} = \frac{d_i t_1}{2\pi} \frac{\sin \Omega t_1}{\Omega t_1}$$

$$k_i^{(s)} = \frac{d_i t_1}{2\pi} \frac{1 - \cos \Omega t_1}{\Omega t_1}$$

welche in Abb. 19.3.3 aufgetragen sind. Die komplexe Darstellung der partikulären Antwort ist einfach

$$\eta_{pi} = \int_{-\infty}^{+\infty} \frac{1}{1 - \left(\frac{\Omega}{\omega_i}\right)^2} \frac{d_i}{2\pi\Omega i} (1 - e^{-i\Omega t_1}) e^{i\Omega t} d\Omega$$

$$= \frac{d_i \omega_i^2}{2\pi i} \int_{-\infty}^{+\infty} \frac{1}{\Omega(\omega_i - \Omega)(\omega_i + \Omega)} \left(e^{i\Omega t} - e^{i\Omega(t - t_1)}\right) d\Omega$$

Dieser Integralausdruck sieht zunächst nicht sehr freundlich aus. Wir wandeln zuerst das Nennerpolynom um

$$\frac{1}{\Omega(\omega_i - \Omega)(\omega_i + \Omega)} = \frac{1}{2\omega_i^2} \left(\frac{2}{\Omega} + \frac{1}{\omega_i - \Omega} - \frac{1}{\omega_i + \Omega}\right)$$

was leicht durch einen Koeffizientenvergleich möglich ist, und erhalten damit Integrale des Typs

$$\int_{-\infty}^{+\infty} \frac{e^{iax}}{x} dx = \int_{-\infty}^{+\infty} \left(\frac{\cos ax}{x} + i \frac{\sin ax}{x}\right) dx = 2i \int_{0}^{\infty} \frac{\sin ax}{x} dx$$

$$= \begin{cases} i\pi, & \text{falls } a > 0 \\ -i\pi, & \text{falls } a < 0 \end{cases}$$

oder:

$$= \operatorname{sign}(a)\, i\pi$$

Dies führt uns auf

$$\int_{-\infty}^{+\infty} \left(\frac{2}{\Omega} + \frac{1}{\omega_i - \Omega} - \frac{1}{\omega_i + \Omega}\right) e^{i\Omega t} d\Omega =$$

$$= \operatorname{sign}(t)\, i\pi \left(2 - \exp(i\omega_i t) - \exp(-i\omega_i t)\right)$$

und weiter

$$\int_{-\infty}^{+\infty} \left(\frac{2}{\Omega} + \frac{1}{\omega_i - \Omega} - \frac{1}{\omega_i + \Omega}\right) \exp\left(i\Omega(t - t_1)\right) d\Omega =$$

$$= \operatorname{sign}(t - t_1)\, i\pi \left(2 - \exp\left(i\omega_i(t - t_1)\right) - \exp\left(-i\omega_i(t - t_1)\right)\right)$$

Dementsprechend gliedert sich die partikuläre Antwort in verschiedene Zeitabschnitte

$$-\infty < t \leqslant 0: \quad \eta_{pi} = \tfrac{1}{2} d_i \{\cos \omega_i t - \cos \omega_i (t - t_1)\}$$

$$0 \leqslant t \leqslant t_1: \quad \eta_{pi} = \tfrac{1}{2} d_i \{2 - \cos \omega_i t - \cos \omega_i (t - t_1)\}$$

$$t_1 \leqslant t < \infty: \quad \eta_{pi} = \tfrac{1}{2} d_i \{-\cos \omega_i t + \cos \omega_i (t - t_1)\}$$

Diese Form der partikulären Lösung mag für den Leser etwas überraschend sein. Die Differentialgleichung (19.1.7) und die spezielle Erregungsfunktion $R_{\eta i}$ (s. oben die Definition des Rechteckimpulses) legen ja folgende „reine" partikuläre Lösung nahe

$$\eta_{pi} = 0 \quad \text{für} \quad t < 0$$

$$\eta_{pi} = d_i \quad \text{für} \quad 0 \leqslant t \leqslant t_1$$

$$\eta_{pi} = 0 \quad \text{für} \quad t > t_1$$

mit Unstetigkeitsstellen zu den Zeitpunkten $t = 0$ und $t = t_1$. „Rein" bei dieser partikulären Lösung bedeutet, daß die Lösung keinerlei homogene Anteile enthält. Unsere alternative Form der partikulären Lösung besteht also aus der „reinen" Lösung plus homogenen Lösungsanteilen (cos- und sin-Terme mit der Eigenfrequenz ω_i), wodurch erreicht wird, daß die Lösung im gesamten Bereich $(-\infty, +\infty)$ stetig ist.

Die gesamte Antwort des Systems auf den Rechteckimpuls ergibt sich durch Superposition der durch die Anfangsbedingungen in den einzelnen Zeitabschnitten verursachten freien Schwingungen. Wir könnten z.B. annehmen

$$\eta_i(t=0)=0$$
$$\dot{\eta}_i(t=0)=0$$

also den Ruhezustand bei Beginn des Rechteckimpulses. Werden diese „End"-Bedingungen für das erste Intervall ($t \leqslant 0$) in die Gesamtlösung

$$\begin{aligned}\eta_i &= \eta_{pi}+\eta_{hi}\\ &= \tfrac{1}{2}d_i\left(\cos\omega_i t-\cos\omega_i(t-t_1)\right)+a\sin\omega_i t+b\sin\omega_i t\end{aligned}$$

eingeführt, erhalten wir identisch Null

$$\eta_i(t)=0 \qquad \text{für} \quad t\leqslant 0$$

Die Anfangsbedingungen in die Gesamtlösung des zweiten Intervalls ($0\leqslant t\leqslant t_1$) eingesetzt, ergibt die Antwort

$$\eta_i(t)=d_i(1-\cos\omega_i t) \qquad \text{für} \quad 0\leqslant t\leqslant t_1$$

mit der speziellen Antwort zum Zeitpunkt t_1

$$\eta_i(t_1)=d_i(1-\cos\omega_i t_1)$$
$$\dot{\eta}_i(t_1)=d_i\omega_i\sin\omega_i t$$

Dies sind die Anfangsbedingungen für das dritte Intervall ($t\geqslant t_1$), und die Antwort lautet hier

$$\eta_i(t)=d_i\left(\cos\omega_i(t-t_1)-\cos\omega_i t\right) \qquad \text{für} \quad t\geqslant t_1$$

Während die Antwort bis zum Zeitpunkt t_1 – vorausgesetzt, t_1 ist nicht zu groß und die reale Dämpfung nicht zu extrem – relativ realistisch ist, wird die anschließende freie Schwingung realiter weggedämpft werden.

Sehr interessant ist natürlich auch die Frage nach der maximalen Auslenkung. Die Antwort hängt wesentlich vom Verhältnis

$$\tau_1=2\frac{t_1}{T_i}$$

ab. Wir führen noch die entsprechende dimensionslose Zeit τ ein

$$\tau=2\frac{t}{T_i}$$

und finden dann für die Antwort

$$\eta_i/d_i=1-\cos\pi\tau \qquad \text{für} \quad 0\leqslant\tau\leqslant\tau_1$$

$$\eta_i/d_i=\frac{\dot{\eta}_i(\tau_1)}{d_i\omega_i}\sin\pi(\tau-\tau_1)+\frac{\eta_i(\tau_1)}{d_i}\cos\pi(\tau-\tau_1) \qquad \text{für} \quad \tau\geqslant\tau_1$$

Während der Wirkungsphase der Erregung nimmt die Amplitude also laufend zu, und zwar bis τ_1 bei $\tau_1 \leqslant 1$ (d.h. $t_1 \leqslant T_i/2$). Bei einer Impulsdauer von $\tau_1 = 1$ (und längerer Wirkung) wird also in Phase 1 der Maximalwert 2 erreicht, sonst weniger

$$\left.\begin{aligned} \eta_{i\,max}/d_i &= 2 && \text{falls } \tau_1 \geqslant 1 \\ \eta_{i\,max}/d_i &= 1 - \cos \pi\tau_1 && \text{falls } \tau_1 < 1 \end{aligned}\right\} \text{für } 0 \leqslant \tau \leqslant \tau_1$$

In der Phase der anschließenden freien Schwingung ergibt sich die Maximalauslenkung einfach zu

$$\begin{aligned} \eta_{i\,max}/d_i &= \left\{\left(\frac{\dot{\eta}_i(\tau_1)}{d_i\omega_i}\right)^2 + \left(\frac{\eta_i(\tau_1)}{d_i}\right)^2\right\}^{1/2} \\ &= 2 \sin\left(\frac{\pi}{2}\tau_1\right) \qquad \text{für } \tau_1 \leqslant \tau \end{aligned}$$

Da $\eta_i = d_i$ die statische Auslenkung bei einer statischen Kraft $R_{\eta i} = d_i$ angibt, kommt dem Verhältnis $\eta_{i\,max}/d_i$ eine ähnliche Rolle zu wie der Vergrößerungsfunktion bei harmonischer Erregung. Dieses Verhältnis wird deshalb oft als dynamischer Vergrößerungsfaktor bezeichnet. Falls der Rechteckimpuls länger als $t_1 = T_i/2$ einwirkt, ist der Vergrößerungsfaktor stets 2, und die maximale Auslenkung tritt während der Erregung (Phase 1) auf. Ist der Rechteckimpuls kürzer als $t_1 = T_i/2$, liegt der Vergrößerungsfaktor zwischen 0 und 2 und tritt während der freien Schwingung auf (Abb. 19.3.4).

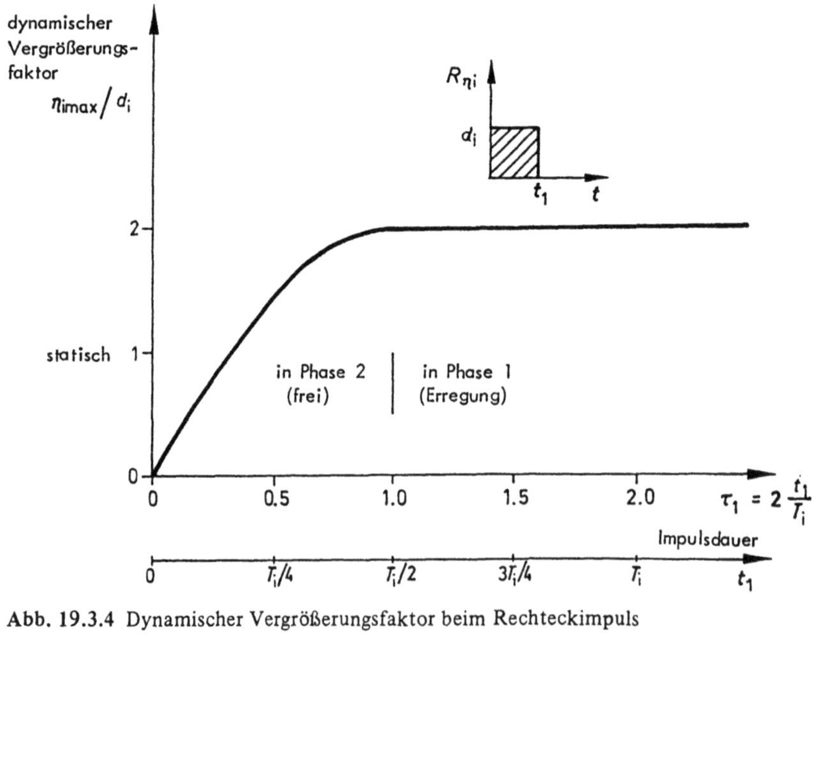

Abb. 19.3.4 Dynamischer Vergrößerungsfaktor beim Rechteckimpuls

In Abb. 19.3.5 wird dieser Sachverhalt erneut bestätigt, wobei das mittlere Bild gerade den Übergang wiedergibt. Interessant ist das dritte Bild: wenn die Impulsdauer gleich der Periodendauer der Eigenschwingung ist, herrscht in Phase 2 absolute Ruhe, da an der Nahtstelle τ_1 gerade $\eta(\tau_1)$ und $\dot{\eta}(\tau_1)$ beide Null sind.

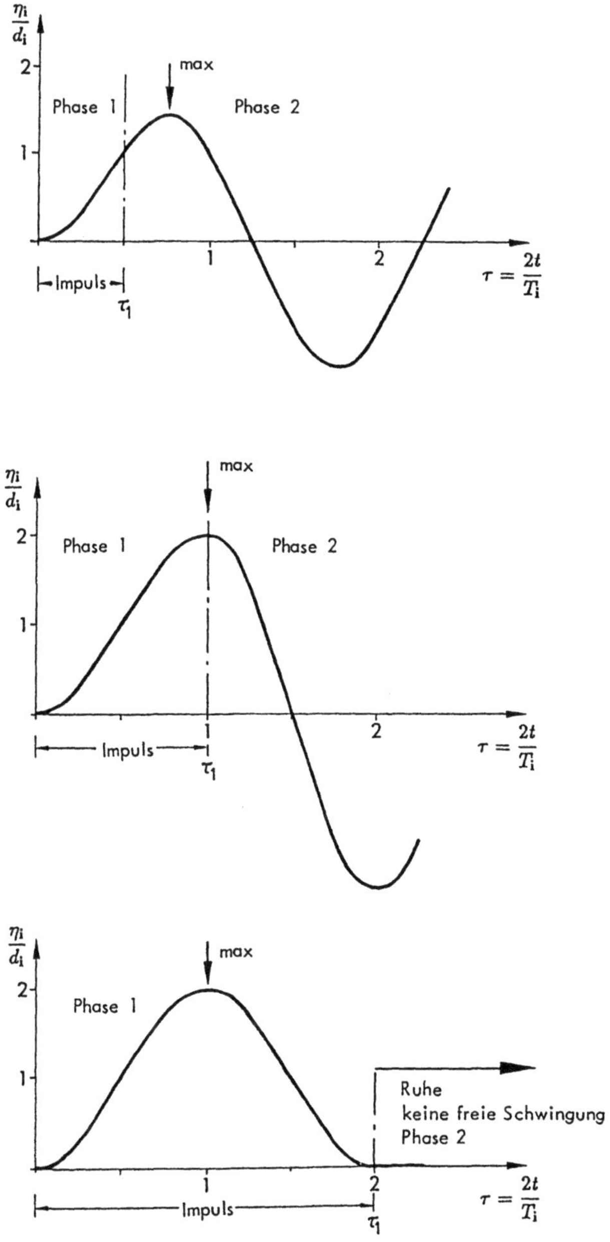

Abb. 19.3.5
Die Antwort auf Rechteckimpulse verschiedener Dauer

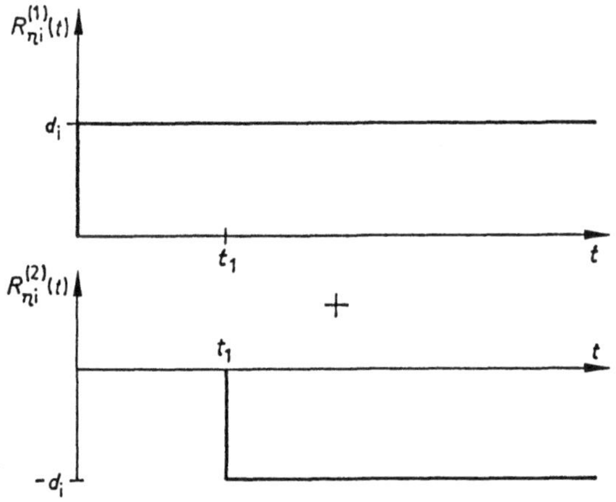

Abb. 19.3.6
Darstellung des Rechteckimpulses mit Hilfe zweier zeitversetzter Stufenfunktionen

Nun hatten wir bei der Bearbeitung dieses Problems mit Fourierintegralen bereits angedeutet, daß diese Art des Lösungsweges nicht besonders einfach ist. Wir wollen zum Schluß dieses Abschnitts deshalb auch angeben, wie man – in diesem Fall – rascher zum Ziel kommt (Abb. 19.3.6): man superponiert dazu einfach zwei zeitversetzte Stufenfunktionen. Die erste Stufenfunktion führt auf die allgemeine Lösung

$$\eta_i^{(1)}(t) = a_i \sin \omega_i t + b_i \cos \omega_i t + d_i \qquad t \geqslant 0$$

bzw., falls bei $t = 0$ Ruhe herrscht, auf die spezielle Lösung

$$\eta_i^{(1)}(t) = d_i(1 - \cos \omega_i t) \qquad t \geqslant 0$$

Diese Lösung repräsentiert die Gesamtlösung, bis zur Zeit $t = t_1$ die zweite Stufenfunktion einsetzt. Die spezielle Lösung dafür kann sofort hingeschrieben werden

$$\eta_i^{(2)}(t) = -d_i\{1 - \cos \omega_i(t - t_1)\} \qquad t \geqslant t_1$$

Die gesamte Lösung wird nun

$$\eta_i(t) = d_i(1 - \cos \omega_i t) \qquad \text{in Phase 1,} \quad 0 \leqslant t \leqslant t_1$$

$$\eta_i(t) = d_i(\cos \omega_i(t - t_1) - \cos \omega_i t) \qquad \text{in Phase 2,} \quad t \geqslant t_1$$

in Übereinstimmung mit der über das Fourierintegral gewonnenen.

19.4 Allgemeine Erregungsfunktionen, Dirac-Impuls und Duhamel-Integral

Unter impulsartigen Beanspruchungen des Tragwerks verstehen wir das kurzzeitige Einwirken von Kräften auf die Struktur. Die Fahrt mit dem Auto auf schlechter Landstraße oder der Flug bei böigem Wetter sind Beispiele für die unangenehme Seite dieser dynamischen Kräfte. Ihre Wirkung ist kurz, aber hart. Aus diesem Grunde spielt die Dämpfung hier eine weniger dominante Rolle als bei harmonischer oder periodischer Erregung. Im letztgenannten Fall besteht die Gesamtantwort aus einem partikulären und einem homogenen Teil. Die bloße Übernahme der Gesamtantwort für praktische Aufgaben ist wenig sinnvoll, da der homogene Lösungsteil wesentlich von der Dämpfung betroffen ist (was wir zwar noch nicht wissen, aber bald kennenlernen werden). Dagegen ist der partikuläre Lösungsteil – soweit man hinreichend vom Resonanzpunkt entfernt ist – in der Praxis recht gut verwendbar. Diese Problematik haben wir bei impulsartigen Lasten in technischer Hinsicht nicht, denn die maximale Auslenkung, und damit die höchste Beanspruchung, wird in sehr kurzer Zeit erreicht und so von den dämpfenden Kräften kaum beeinflußt. Soweit das Langzeitverhalten von Interesse ist, so muß natürlich die Dämpfung in Betracht gezogen werden.

Unser Beispiel aus Abschnitt 19.3 (Rechteckimpuls) beleuchtet diesen Sachverhalt deutlich. Insbesondere zeigen die Antwortverläufe in Abb. 19.3.5 sehr gut, daß die maximale Amplitude rasch auftritt, und zwar bei $t_1 \leqslant T_i/2$ in Phase 2, also der freien Schwingung. In diesem Falle ist sichergestellt, daß nach Ablauf der Zeit $t_1 + T_i/2$ bestimmt die maximale Auslenkung aufgetreten ist. Wir bemerken ferner in Abb. 19.3.5, daß die Antwort $\eta_i(t)$ am Startpunkt $t = 0$ eine horizontale Tangente hat. Dies hat die Konsequenz, daß ein Rechteckimpuls sehr kurzer Dauer nur eine kleine Auslenkung η_i verursachen kann. Anders sieht es mit der Geschwindigkeit aus

$$\dot{\eta}_i(t) = d_i \omega_i \sin \omega_i t \tag{19.4.1}$$

Diese hat für $t = 0$ eine Steigung $d_i \omega_i^2$ und wird dementsprechend bei einem sehr kurzen Rechteckimpuls eine merkbare Änderung erfahren.

Diese Überlegungen sind der Ausgangspunkt für eine Näherung. Wir definieren als Impulsstärke

$$\begin{aligned} I_i &= \int_0^{t_1} R_{\eta i}(t)\,\mathrm{d}t\,, && \text{allgemein} \\ &= d_i t_1\,, && \text{Rechteckimpuls} \end{aligned} \tag{19.4.2}$$

und integrieren die Differentialgleichung in Phase 1 (Erregung)

$$\frac{1}{\omega_i^2}\ddot{\eta}_i + \eta_i = d_i\,, \qquad 0 \leqslant t \leqslant t_1 \tag{19.4.3}$$

direkt im Zeitraum t_1. Der Startzustand ist dabei in Ruhe. Es ergibt sich dann

$$\begin{aligned} \Delta\dot{\eta}_i &= \omega_i^2 \left(d_i t_1 + \int_0^{t_1} \eta_i \,\mathrm{d}t \right) \\ &\approx \omega_i^2 I_i \end{aligned} \tag{19.4.4}$$

Während die Impulsstärke auch bei sehr kleinen Wirkungszeiten – bedingt durch eine große Kraftamplitude d_i – durchaus kräftig ausfallen kann, ist die Fläche unter der $\eta_i(t)$-Kurve – bedingt durch die horizontale Starttangente – praktisch Null. Der extreme Fall

$$I_i = \lim_{\substack{t_1 \to 0 \\ d_i \to \infty}} (d_i t_1) = \text{endlich} \tag{19.4.5}$$

repräsentiert dann den sogenannten Dirac-Impuls. Aber auch beliebige andere kurzzeitige Impulse werden mit (19.4.2), erste Zeile, erfaßt. Kennt man einmal die Impulsstärke I_i, dann spielt offensichtlich der eigentliche Zeitverlauf $R_{\eta i}(t)$ keine Rolle mehr. Wir kommen darauf noch zurück.

Das Schöne an dieser theoretischen Entwicklung ist nun, daß wir die Erregungsphase mit (19.4.4) abschließen können. Wir wissen, daß die maximale Auslenkung auf jeden Fall in der Phase der freien Schwingung auftritt und diskutieren mit der Anfangsbedingung

$$\begin{aligned} \eta_i(t_1) &= 0 \\ \dot{\eta}_i(t_1) &= \Delta\dot{\eta}_i = \omega_i^2 I_i \end{aligned} \tag{19.4.6}$$

nur noch diese. Die Systemantwort können wir sofort angeben

$$\eta_i(t) = \omega_i I_i \sin \omega_i (t - t_1) , \qquad t > t_1 \tag{19.4.7}$$

Für den Dirac-Impuls ($t_1 \to 0$) ergibt sich noch einfacher

$$\eta_i(t) = \omega_i I_i \sin \omega_i t , \qquad t > 0 \tag{19.4.8}$$

Man beachte, daß (19.4.8) exakt im analytischen Sinne ist, während (19.4.7) eine Näherung für Impulse endlicher Zeitdauer mit der Voraussetzung kleiner t_1 darstellt.

Als praktische Grenze für den letztgenannten Fall kann $t_1 < T_i/4$ gelten. Das erste Bild in Abb. 19.3.5 liegt gerade an dieser praktischen Grenze. Wir greifen deshalb dieses Beispiel auf. Zunächst gilt

$$I_i = d_i t_1 = \frac{1}{4} d_i T_i = \frac{\pi}{2} d_i \frac{1}{\omega_i}$$

Als Näherung für die Antwort ergibt sich nach (19.4.7) dann

$$\eta_i(t) = \frac{\pi}{2} d_i \sin \omega_i (t - t_1) , \qquad t > t_1$$

und Abb. 19.4.1 zeigt den Vergleich zwischen dem exakten und dem näherungsweisen Verlauf. Wir beobachten als wesentliche Abweichung eine Phasenverschiebung. Dagegen ist die maximale Amplitude, auf die es technisch ankommt, nicht allzu verschieden. Die Abweichung beträgt 11 %. Hier ist zu bedenken, daß wir uns an der Grenze des zulässigen Bereichs befinden. Wir untersuchen deshalb noch einen Rechteckimpuls gleicher Stärke, aber von der Zeitdauer $\tau_1 = 0.1$ ($t_1 = 0.05\, T_i$). Hier erhalten wir die Approximation

$$\begin{aligned} \eta_i(t) &= \frac{\pi}{2} d_i \sin \pi(\tau - 0.1) \\ &= 1.57\, d_i \sin \pi(\tau - 0.1) , \qquad \tau \geqslant 0.1 \end{aligned}$$

während die exakte Antwort

$$\begin{aligned} \eta_i(t) &= 5 \sin(\pi\tau_1)\, d_i \left(\sin \pi(\tau - 0.1) + \frac{1 - \cos \pi\tau_1}{\sin \pi\tau_1} \cos \pi(\tau - 0.1) \right) \\ &= 1.55\, d_i \left(\sin \pi(\tau - 0.1) + 0.16 \cos \pi(\tau - 0.1) \right) \\ &= 1.57\, d_i \sin \pi(\tau + 0.06) , \qquad \tau \geqslant 0.1 \end{aligned}$$

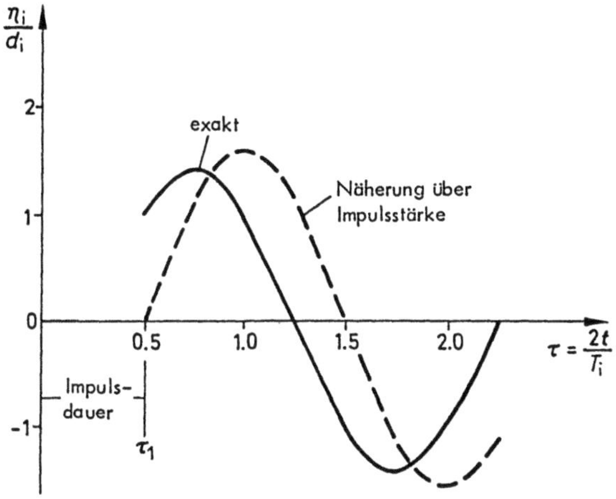

Abb. 19.4.1
Näherungsweise Berechnung eines relativ lang andauernden Impulses

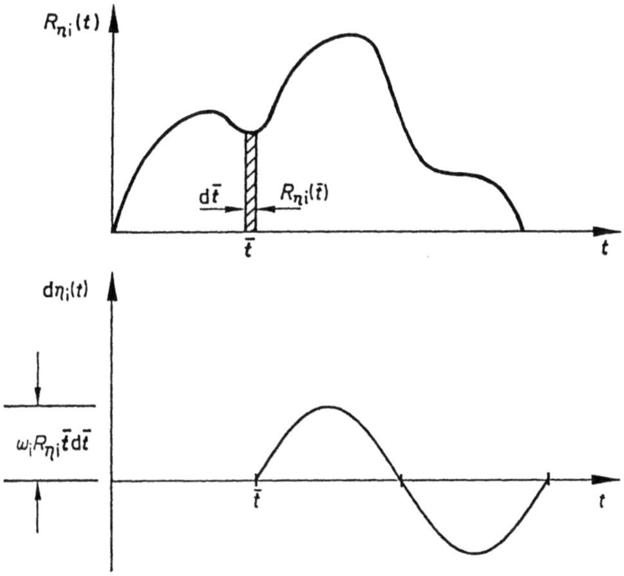

Abb. 19.4.2
Allgemeine Erregung, Teilimpuls und Teilantwort

lautet. Wir haben also – im Rahmen von zwei Dezimalstellen Genauigkeit – in der Amplitude überhaupt keinen Unterschied. Lediglich die Phase ist noch merkbar versetzt. Damit ist klar, daß die Rechnung über die Impulsstärke bei kurzer Wirkungsdauer des Impulses wirklich ein sehr brauchbares Mittel ist.

Dieser Dirac-Impuls und die zugehörige Antwort bildet die Basis für die Behandlung allgemeiner Erregungsfunktionen. Damit gewinnen wir eine Alternative zum etwas schwierig zu handhabenden Fourierintegral.

Wir betrachten in Abb. 19.4.2 eine allgemeine Erregung und fassen diese als eine Folge von Impulsen auf. Zur Zeit $\bar{t}$ haben wir dementsprechend den (infinitesimalen) Impuls

$$dI_i = R_{\eta i}(\bar{t})\,d\bar{t} \qquad (19.4.9)$$

welcher die Antwort

$$\begin{aligned} d\eta_i(t) &= \omega_i \, dI_i \sin \omega_i (t - \bar{t}) \\ &= \omega_i R_{\eta i}(\bar{t}) \sin \omega_i (t - \bar{t}) \, d\bar{t} \,, \qquad t > \bar{t} \end{aligned} \tag{19.4.10}$$

induziert. Ausgehend vom Ruhezustand, erhalten wir die Antwort auf die gesamte Erregung durch Integrieren

$$\eta_i(t) = \omega_i \int_{\bar{t}=0}^{\bar{t}=t} R_{\eta i}(\bar{t}) \sin \omega_i (t - \bar{t}) \, d\bar{t} \tag{19.4.11}$$

womit wir das bekannte Duhamel-Integral schon abgeleitet hätten. Falls das Tragwerk zum Zeitpunkt $t = 0$, also zu Beginn der Erregung, nicht in Ruhe war, kommt zu (19.4.11) noch eine überlagerte freie Schwingung hinzu

$$\eta_i(t) = \frac{\dot{\eta}_i(0)}{\omega_i} \sin \omega_i t + \eta_i(0) \cos \omega_i t + \omega_i \int_0^t R_{\eta i}(\bar{t}) \sin \omega_i (t - \bar{t}) \, d\bar{t} \tag{19.4.12}$$

Wir kehren wieder zur einfacheren Form (19.4.11) zurück und bereiten sie für die numerische Auswertung vor. Die Additionstheoreme für Winkelfunktionen führen uns sogleich auf die Darstellung

$$\begin{aligned} \eta_i(t) &= \omega_i \int_{\bar{t}=0}^{t} R_{\eta i}(\bar{t}) (\sin \omega_i t \cos \omega_i \bar{t} - \cos \omega_i t \sin \omega_i \bar{t}) \, d\bar{t} \\ &= \omega_i \left(\int_{\bar{t}=0}^{t} R_{\eta i}(\bar{t}) \cos \omega_i \bar{t} \, d\bar{t} \right) \sin \omega_i t - \omega_i \left(\int_{\bar{t}=0}^{t} R_{\eta i}(\bar{t}) \sin \omega_i \bar{t} \, d\bar{t} \right) \cos \omega_i t \end{aligned} \tag{19.4.13}$$

Zur weiteren Auswertung definieren wir wiederum eine dimensionslose Zeit

$$\begin{aligned} \bar{\tau} &= \frac{2\bar{t}}{T_i} = \frac{1}{\pi} \omega_i \bar{t} \\ \tau &= \frac{2t}{T_i} = \frac{1}{\pi} \omega_i t \end{aligned} \tag{19.4.14}$$

und haben nun zunächst die Integrale

$$\begin{aligned} \bar{a}(\tau) &= \pi \int_0^\tau R_{\eta i}(\bar{\tau}) \cos \pi \bar{\tau} \, d\bar{\tau} \\ \bar{b}(\tau) &= \pi \int_0^\tau R_{\eta i}(\bar{\tau}) \sin \pi \bar{\tau} \, d\bar{\tau} \end{aligned} \tag{19.4.15}$$

und erhalten dann die Antwort

$$\eta_i(\tau) = \bar{a}(\tau)\sin\pi\tau - \bar{b}(\tau)\cos\pi\tau \qquad (19.4.16)$$

Für die numerische Integration von (19.4.15) stehen zahlreiche Verfahren zur Verfügung, darunter Romberg, Gauß, Simpson und die Trapezregel (s. auch Abschnitt 14.4.5). In [19.1] wurde die Effektivität für einige übliche Funktionen untersucht. Dabei hat sich die Gauß-Integration als vorteilhaft erwiesen. Hier können wir unsere Leser auf die eindimensionale numerische Integration bei finiten Elementen verweisen (Abb. 5.4.5, Gl. (5.4.34), Band I). Die Zeitachse $\bar{\tau}$ wird dabei in endliche Bereiche oder Elemente $\Delta\bar{\tau}_g$ unterteilt (Abb. 19.4.3). Die Knoten dieser „Stabelemente" repräsentieren Zeitpunkte, an denen die Antwort $\eta_i(\tau)$ angegeben werden soll. Die Einteilung muß nicht notwendigerweise gleichmäßig sein. Das einzelne Zeitelement liefert nun den Beitrag

$$\Delta\bar{a}_g = \frac{\pi}{2}\sum_{k=1}^{na} w_k f_c(\zeta_k)$$
$$\Delta\bar{b}_g = \frac{\pi}{2}\sum_{k=1}^{na} w_k f_s(\zeta_k) \qquad (19.4.17)$$

wobei die Summe über die Aufpunkte des Gauß-Schemas läuft. Dabei sind

$$f_c = R_{\eta i}(\bar{\tau})\cos\pi\bar{\tau}$$
$$f_s = R_{\eta i}(\bar{\tau})\sin\pi\bar{\tau} \qquad (19.4.18)$$

die Integrandenfunktionen, die an den Aufpunkten ausgerechnet werden müssen. Die Zeitzuordnung im Element g ist dabei durch

$$\bar{\tau}_k = \sum_{j=1}^{g-1}\Delta\bar{\tau}_j + \tfrac{1}{2}(1+\zeta_k)\Delta\tau_g \qquad (19.4.19)$$

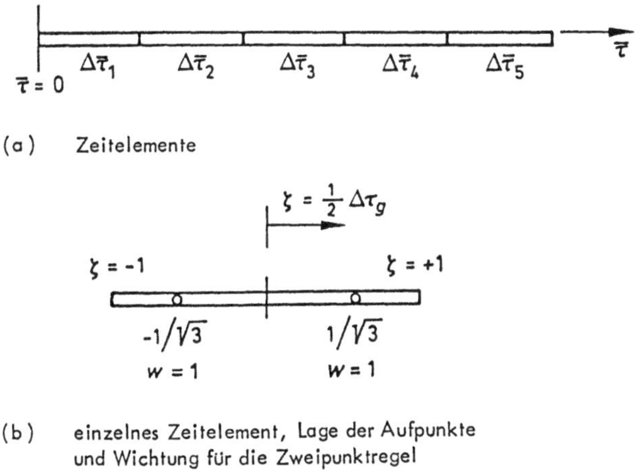

Abb. 19.4.3
Diskretisierung der Zeitachse und Integration nach Gauß im Zeitelement
(Beispiel 2 Punktregel)

gegeben. Die Antwort nach h Zeitschritten, d.h. nach der Zeit $\tau_h = \sum_{g=1}^{h} \Delta\tau_g$, ist einfach mit

$$\bar{a}(\tau_h) = \sum_{g=1}^{h} \Delta\bar{a}_g$$
$$\bar{b}(\tau_h) = \sum_{g=1}^{h} \Delta\bar{b}_g \qquad (19.4.20)$$

festgelegt. Die numerische Auswertung des Duhamel-Integrals bereitet also in der Praxis wesentlich weniger Schwierigkeiten als die des Fourier-Integrals.

Wir wenden uns zur Erprobung des Duhamel-Integrales einem Beispiel zu, das wir ohne Aufwand exakt integrieren können, nämlich dem Rechteckimpuls beliebiger Dauer (Abb. 19.3.2). Mit

$$R_{\eta i}(\bar{\tau}) = d_i\,, \qquad 0 \leqslant \bar{\tau} \leqslant \bar{\tau}_1$$
$$R_{\eta i}(\bar{\tau}) = 0\,, \qquad \bar{\tau} > \bar{\tau}_1$$

ergibt sich sogleich

$$\left.\begin{aligned} \bar{a}(\tau) &= d_i \sin \pi\tau \\ \bar{b}(\tau) &= d_i(1 - \cos \pi\tau) \end{aligned}\right., \qquad 0 \leqslant \tau \leqslant \tau_1$$

sowie

$$\left.\begin{aligned} \bar{a}(\tau) &= d_i \sin \pi\tau_1 \\ \bar{b}(\tau) &= d_i(1 - \cos \pi\tau_1) \end{aligned}\right., \qquad \tau \geqslant \tau_1$$

Dementsprechend lautet die Antwort

$$\eta_i(\tau) = d_i(1 - \cos \pi\tau)\,, \qquad 0 \leqslant \tau \leqslant \tau_1$$
$$\eta_i(\tau) = d_i(\cos \pi(\tau - \tau_1) - \cos \pi\tau)\,, \qquad \tau \geqslant \tau_1$$

Beide Resultate hatten wir schon erhalten. Als kleine Übung möge der Leser nun auch die numerische Integration ausführen und mit Hilfe des Rechners untersuchen, welchen Einfluß die Zahl der Elemente und die Integrationsordnung auf das Endresultat hat.

Als Zusatzbeispiel für die numerische Integration stellen wir in Abb. 19.4.4 einen Trapezimpuls vor. Die exakte Lösung gewinnen wir übrigens leicht durch bereichsweise Integration. Weshalb kann man auf Grund der Diagramme in Abb. 19.4.4 sofort sagen, daß die Antwort

$$\eta_i(\tau) = 0 \qquad \text{für} \quad \tau > \tau_1$$

lauten muß?

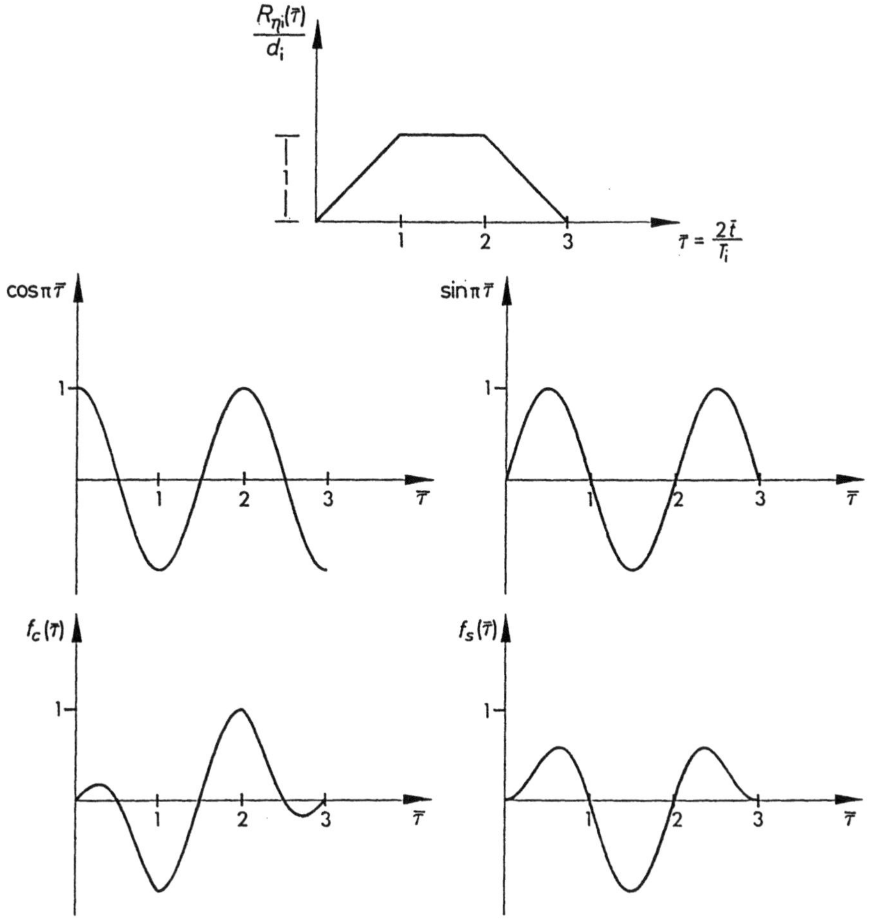

Abb. 19.4.4
Trapezimpuls und Integrandenfunktionen für die Bestimmung von $\bar{a}(\tau)$ und $\bar{b}(\tau)$

Literatur zu Kapitel 19

[19.1] *R. W. Clough, J. Penzien;* Dynamics of structures (McGraw-Hill, New York, 1975).
[19.2] *W. C. Hurty, M. F. Rubinstein;* Dynamics of structures (Prentice-Hall, Englewood Cliffs., 1964).

20 Die Natur der Dämpfungskräfte; modale Dämpfung

Wir hatten bereits an verschiedenen Punkten der Diskussion des ungedämpften Körpers gesehen, daß Wirklichkeit und Modellergebnisse auseinanderklaffen, wenn die Dämpfung nicht berücksichtigt wird. Leider ist nun die Dämpfung keine so klar zu erfassende Eigenschaft der Struktur, wie dies etwa die Trägheitskräfte und die elastischen Kräfte sind. Die richtige Definition des Modells und der zugeordneten Dämpfungswerte stellt immer noch ein schwieriges Problem dar, mit dem die Forschung intensiv beschäftigt ist.

Eines der am häufigsten verwendeten Dämpfungsmodelle ist das der viskosen Dämpfung. Es trifft auf Strukturen zu, die sich in Flüssigkeiten und Gasen langsam bewegen. Stoßdämpfer, Hydraulikzylinder, Gleitlager sind einige angewandte Beispiele. Beim viskosen Dämpfungsmodell ist die Kraft proportional zur Geschwindigkeit (Abb. 20.0.1).

Coulombsche Dämpfung oder trockene Reibung resultiert aus der Bewegung eines Körpers auf einer trockenen Oberfläche. Die damit verbundene Reibung hängt im wesentlichen vom Anpreßdruck und dem Reibungskoeffizienten ab; sie ist aber sonst konstant. Solche trockene Reibung kann bei Strukturen an Klemmverbindungen (Schrauben, Niete) auftreten.

Die Strukturdämpfung oder Hysteresedämpfung hat ihre Ursache in der inneren Reibung des Materials. In manchen Fällen wird in diesem Modell auch die Dämpfung an den Fügestellen einbezogen. Die resultierenden Kräfte sind in erster Linie Funktionen der Dehnung oder Verschiebung der Struktur. Der Name „Hysteresedämpfung" rührt von der Möglichkeit her, die Dämpfung aus der Hysterese des Kraft-Weg-Diagramms bei harmonischer Erregung experimentell zu messen. Die Dämpfungskräfte werden bei linearelastischem Material als betragsmäßig proportional zu den elastischen Kräften angesehen und sind entgegengesetzt zur Geschwindigkeit gerichtet.

Schwingt eine Struktur z.B. in einem strömenden Medium, dann treten Kräfte auf, die von der Bewegung des Systems abhängen wie die Dämpfungskräfte. Bezieht man die eigentlich zu den äußeren Lasten gehörigen Kräfte mit in die Dämpfungsterme ein, dann ergibt sich der Begriff der negativen Dämpfung. Es besteht nämlich die Möglichkeit, daß die schwingende Struktur aus der Strömung Energie aufnimmt. In diesem Fall wird die Schwingung angeregt, was im Gegensatz zur dissipativen Dämpfung steht, die stets Energie verzehrt. Bekannte Beispiele sind das Schwingen (und Kollabieren) von Freileitungen, Brücken und Kühltürmen oder das Flattern bei Flugzeugen und Fahrzeugrädern (siehe auch das abschließende Kapitel 26).

Keiner der hier eingeführten Dämpfungstypen hat Anspruch darauf, daß er eine reale Struktur perfekt beschreibt. Meist werden ohnehin mehrere Dämpfungsmechanismen zugleich aktiviert. Dies hat dazu geführt, daß man in der Praxis vor allem die Dämpfungsmodelle bevorzugt, die zu leicht lösbaren Differentialgleichungen führen. Es ist also durchaus üblich und auch zweckmäßig, wenn man ein komplexes Dämpfungsmodell durch ein äquivalentes der viskosen Dämpfung ersetzt, das den gleichen Energieverzehr aufweist wie das Ausgangstragwerk.

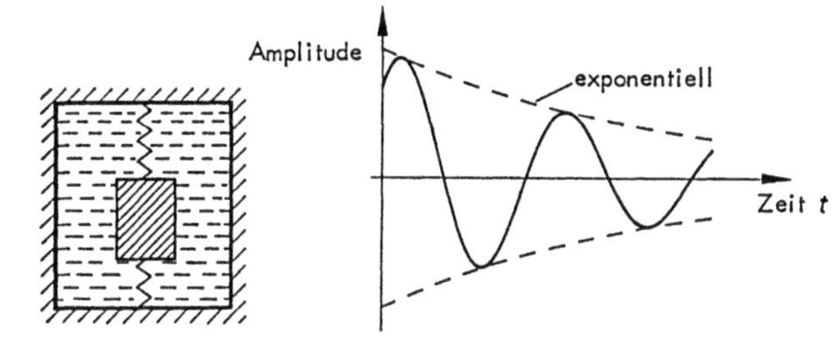

(a) viskose Dämpfung (flüssige Reibung an der Oberfläche)

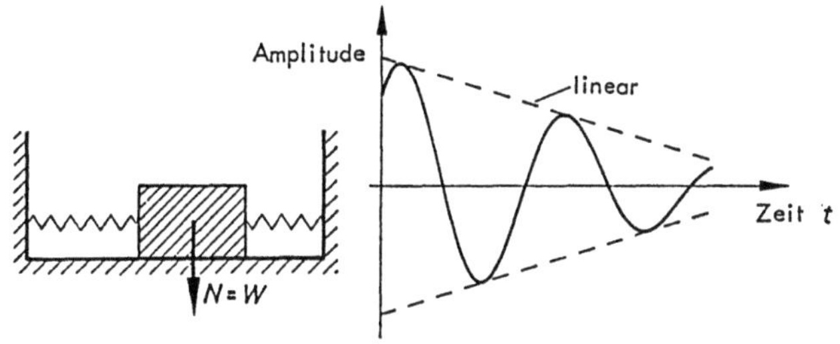

(b) Coulombsche Dämpfung (trockene Reibung an der Oberfläche)

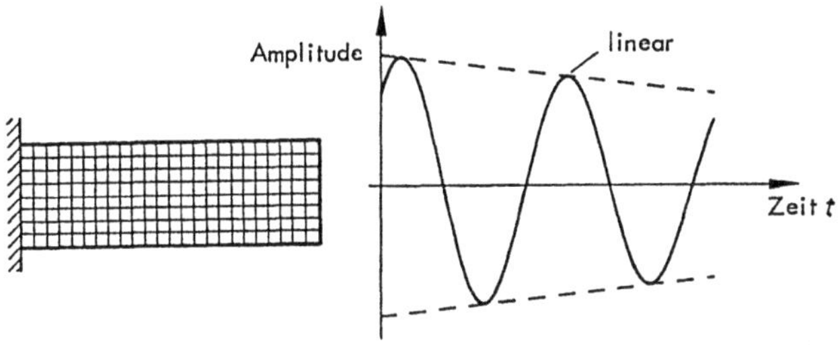

(c) Struktur- oder Hysteresedämpfung (innere Reibung des Materials)

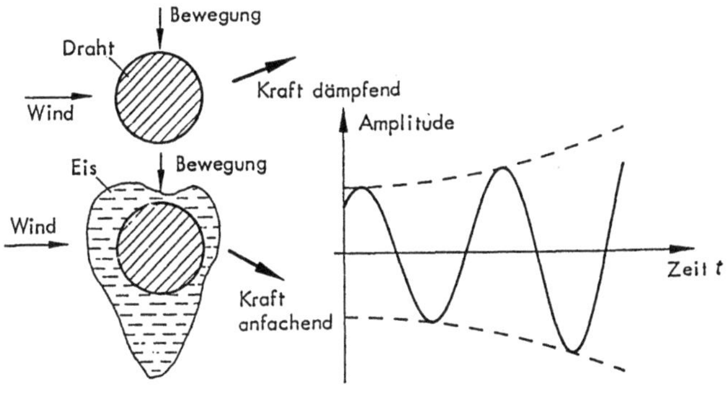

(d) Negative Dämpfung (Energieaufnahme aus der Strömung)

Abb. 20.0.1 Übliche Dämpfungsmodelle in der Dynamik

20.1 Viskose Dämpfungsmatrix; modale und nichtmodale Dämpfung

Im Prinzip ist es möglich, eine Dämpfungsmatrix mit dem gleichen Formalismus aufzustellen wie eine Massenmatrix. Falls wir davon ausgehen, daß jedes Element eines Körpers gleichmäßig einer Dämpfungskraft ausgesetzt ist, die viskose Dämpfung also sozusagen verteilt ist, gilt analog zu (16.1.1)

$$\boldsymbol{p}_{VD} = -\mu(x, y, z)\begin{bmatrix}\dot{u}\\ \dot{v}\\ \dot{w}\end{bmatrix} = -\mu\dot{\boldsymbol{u}} \tag{20.1.1}$$

Dazu bewegen wir das Körperelement mit $\dot{\boldsymbol{u}}$ in positive Richtung und erfahren Kräfte (hier pro Volumen) in die entgegengesetzte Richtung. Die zu (20.1.1) kinematisch äquivalenten Knotenlasten sind (s. (5.1.87) und Abb. 5.1.17)

$$\boldsymbol{R}_D = \sum_{g=1}^{m} \mathrm{a}_g^t \int_{V_g} \boldsymbol{\omega}^t \boldsymbol{p}_{VD} \, \mathrm{d}V \tag{20.1.2}$$

und die Geschwindigkeiten werden wie die Verschiebungen interpoliert

$$\dot{\boldsymbol{u}} = \boldsymbol{\omega}\dot{\boldsymbol{\rho}}_g = \boldsymbol{\omega}\,\mathrm{a}_g\dot{\boldsymbol{r}} \qquad \text{im Bereich } V_g \tag{20.1.3}$$

Damit ergibt sich sogleich

$$\boldsymbol{R}_D = \left[\sum_{g=1}^{m} \mathrm{a}_g^t \left[\int_{V_g} \mu\boldsymbol{\omega}^t\boldsymbol{\omega}\,\mathrm{d}V\right]\mathrm{a}_g\right]\dot{\boldsymbol{r}} \tag{20.1.4}$$

und die Elementdämpfungsmatrix ist

$$\boldsymbol{c}_g = \int_{V_g} \mu\boldsymbol{\omega}^t\boldsymbol{\omega}\,\mathrm{d}V \tag{20.1.5}$$

Die Strukturdämpfungsmatrix wird einfach

$$\boldsymbol{C} = \sum_{g=1}^{m} \mathrm{a}_g^t \boldsymbol{c}_g \mathrm{a}_g \tag{20.1.6}$$

Treten neben der verteilten Dämpfung noch zusätzliche Dämpfungskräfte an diskreten Stellen auf, so ist auch dies kein Problem. Im einfachsten Falle wirken diese Kräfte an einem Strukturknoten direkt, und das Dämpfungselement ist am Fundament befestigt (Abb. 20.1.1). Hier gilt dann einfach

$$R_i = -c\dot{r}_i \tag{20.1.7}$$

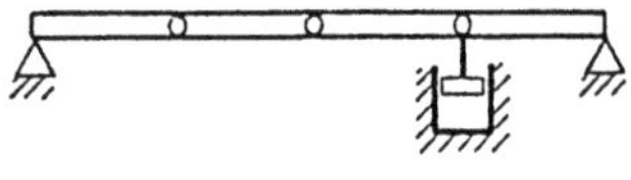

Abb. 20.1.1

Einfacher Fall der viskosen Dämpfung an diskreten Stellen

und der Dämpfungswert c ist damit in die Diagonalposition (i, i) von $\boldsymbol{C}$ zu addieren. Greift eine diskrete Dämpfungskraft innerhalb eines Elementes an, so werden einfach die dazu kinematisch äquivalenten Knotenlasten ausgerechnet. Beispielsweise sei im Elemente g am Punkt P (x_P, y_P, z_P) ein Dämpfer in x-Richtung angebracht. Damit sind die lokalen Dämpfungskräfte am Punkt P

$$\begin{bmatrix} U \\ V \\ W \end{bmatrix}_P = -\lfloor c_{xP} \quad 0 \quad 0 \rfloor \dot{\boldsymbol{u}}_P \tag{20.1.8}$$

und die äquivalenten Knotenkräfte

$$\boldsymbol{R}_D = \mathrm{a}_\mathrm{g}^\mathrm{t}\, \boldsymbol{\omega}^\mathrm{t}(x_P, y_P, z_P) \begin{bmatrix} U \\ V \\ W \end{bmatrix}_P$$

$$= -\,\mathrm{a}_\mathrm{g}^\mathrm{t}\, \boldsymbol{\omega}^\mathrm{t}(x_P, y_P, z_P) \lfloor c_{xP} \quad 0 \quad 0 \rfloor \boldsymbol{\omega}(x_P, y_P, z_P)\, \mathrm{a}_\mathrm{g} \dot{\boldsymbol{r}} \tag{20.1.9}$$

In diesem Fall werden also zusätzliche Glieder im Bereich des Elementes g in die Dämpfungsmatrix addiert.

Falls ein diskreter Dämpfer zwischen zwei Knotenpunkte des Schwingungsmodells gesetzt wurde, so ist auch dies kein Problem. Ein Dämpfer wirke zwischen den Freiheitsgraden r_i und r_j, und die Dämpfungskonstante sei c. Entscheidend für die Dämpfungskraft ist jetzt die Relativgeschwindigkeit $\dot{r}_\mathrm{i} - \dot{r}_\mathrm{j}$. Es gilt

$$\begin{aligned} R_\mathrm{i} &= -\,c(\dot{r}_\mathrm{i} - \dot{r}_\mathrm{j}) \\ R_\mathrm{j} &= +\,c(\dot{r}_\mathrm{i} - \dot{r}_\mathrm{j}) \end{aligned} \tag{20.1.10}$$

und die Dämpfungsmatrix $\boldsymbol{C}$ erhält also die Zusatzglieder

	(i)	(j)
(i)	c	$-c$
(j)	$-c$	c

wobei selbstverständlich stillschweigend vorausgesetzt wird, daß r_i und r_j in die gleiche Richtung zeigen. Selbst der noch kompliziertere Fall, daß ein Dämpfer von einem beliebigen Elementpunkt zu einem anderen Elementpunkt führt, die nicht Strukturknotenpunkte sind, läßt sich mit dieser Technik spielend bewältigen. Das Endergebnis ist ein System von gekoppelten Differentialgleichungen

$$\boldsymbol{M}\ddot{\boldsymbol{r}} + \boldsymbol{C}\dot{\boldsymbol{r}} + \boldsymbol{K}\boldsymbol{r} = \boldsymbol{R}(t) \tag{20.1.11}$$

Die Dämpfungsmatrix ist dabei symmetrisch und dünn besiedelt. Nun hat dieser allgemeine Typ viskoser Dämpfung allerdings einen ganz entscheidenden Nachteil: Da $\boldsymbol{C}$ eine Matrix ist, die keinen speziellen Bezug zu $\boldsymbol{M}$ und $\boldsymbol{K}$ aufweist (nichtproportionale Dämpfung), ist die Diagonalisierung des Systems zum Problem geworden. Die Entkoppelung der Differentialgleichungen bleibt aber ein wichtiger Schritt für die Lösung des Problems. Wir werden in Kapitel 22 sehen, wie man sich durch einen kleinen Trick in diesem Falle hilft. Die Lösung des allgemeinen Systems (20.1.11) bleibt freilich aufwendig, weil sie die Bestimmung komplexer Eigenwerte und Eigenvektoren beinhaltet. Deshalb hat man auch über spezielle Formen von $\boldsymbol{C}$ nachgedacht, die das Problem vereinfachen könnten. Eine solche Annahme ist die der proportionalen Dämpfung. Im allgemeinsten Falle geht man davon aus, daß

$$\boldsymbol{C} = \alpha \boldsymbol{K} + \beta \boldsymbol{M} \tag{20.1.12}$$

ist. Der große Vorteil dieses Ansatzes besteht in der Tatsache, daß die Eigenvektoren des ungedämpften Systems die Gleichung (20.1.11) diagonalisieren. Als Nachteil ist zu vermerken, daß das Dämpfungsmodell (20.1.12) nur über zwei freie Parameter verfügt, nämlich α und β. Die nach dem Diagonalisieren auftretenden Dämpfungsterme haben bei $\boldsymbol{K}$-orthonormalen Eigenvektoren die Form

$$\boldsymbol{D} = \lfloor d_1 \quad d_2 \quad d_3 \quad \ldots\ldots \quad d_{nx} \rfloor \tag{20.1.13}$$

wobei die

$$d_i = \alpha + \frac{\beta}{\omega_i^2} \tag{20.1.14}$$

als modale Dämpfungsbeiwerte bezeichnet werden. Es ist leider so, daß die durch (20.1.14) festgelegten modalen Dämpfungsbeiwerte die realen Dämpfungseigenschaften einer Struktur nur schlecht repräsentieren. Eine weitere Verbesserung dieses Modells kann jedoch dadurch erreicht werden, daß man auf den Proportionalansatz (20.1.12) verzichtet und dafür die Werte der diagonalisierten Dämpfungsmatrix $\boldsymbol{D}$ in (20.1.13) direkt festlegt. Dieses mehrparametrige Modell ist natürlich wesentlich anpassungsfähiger als das der proportionalen Dämpfung. Die Frage nach der Matrix $\boldsymbol{C}$ ist an sich belanglos. Bei einem vollen Satz linear unabhängiger Eigenvektoren würde sich

$$\boldsymbol{C} = [\boldsymbol{X}^t]^{-1} \boldsymbol{D} \boldsymbol{X}^{-1} \tag{20.1.15}$$

ergeben.

Kritisch ist natürlich die Frage nach den Zahlenwerten für die proportionale und modale Dämpfung. Als schwacher Anhaltspunkt sei immerhin mitgeteilt, daß

$$\zeta_i = \tfrac{1}{2} d_i \omega_i \tag{20.1.16}$$

einen Schluß über das dynamische Verhalten des Systems zuläßt (siehe auch Abschnitte 14.3 und 20.4). Falls

$$\zeta_i < 1 \tag{20.1.17}$$

ist, bezeichnet man die Dämpfung als unterkritisch, und bei einer Anregung schwingt der freie Körper gedämpft. Beim Erreichen der kritischen Dämpfung $\zeta_i = 1$ gibt es dagegen keine Schwingung mehr. Bei den meisten realen Strukturen ohne besondere Dämpfungsvorrichtung wird also ζ_i sehr viel kleiner als 1 zu wählen sein, da diese nur schwach gedämpft sind.

Eine heuristische Methode zur Wahl der modalen Dämpfungswerte wäre auch

$$\boldsymbol{D} = \mathrm{diag}[\boldsymbol{X}^t \boldsymbol{C} \boldsymbol{X}] \tag{20.1.18}$$

Eine Vergleichsrechnung an einem Beispiel bestätigt, daß die Amplituden des so gewählten modalen Modells relativ gut sind, nicht jedoch die auftretenden Phasenverschiebungen. Im Prinzip sind die Annahmen (20.1.12) und (20.1.13) mathematische Fiktionen, und das physikalisch fundierte viskose Dämpfungsmodell muß in vielen Fällen einer komplexen Eigenwertanalyse unterzogen werden.

20.2 Die Berücksichtigung Coulombscher Dämpfungskräfte

In den meisten Standardwerken der Dynamik findet man das Einmassenmodell der Abb. 20.2.1(a) als Beispiel für die Behandlung der Coulombschen Dämpfung. Dieses Beispiel umgeht allerdings alle Schwierigkeiten einer allgemeinen Problemstellung. Durch die gerade Bahn bleibt der Anpreßdruck stets gleich (und entspricht dem Eigengewicht). Würde man die Rutschschwingung einer Masse auf einer Zylinderbahn betrachten, wäre das durch die unterschiedlichen Gewichtskomponenten und die auftretenden Fliehkräfte Z schon nicht mehr gesichert. Außerdem müßte man in beiden Fällen berücksichtigen, daß der Reibungskoeffizient für gleitende und ruhende Reibung verschieden ist, da sich im Umkehrpunkt der Schwingung ruhende Reibung einstellt. Dies wird meist vernachlässigt. Den eindimensionalen Problemen Abb. 20.2.1(a) und Abb. 20.2.1(b) ist gemeinsam, daß sich die Richtung der Dämpfungskraft aus dem Vorzeichen der Geschwindigkeit ergibt, das nur + oder − sein kann. Schwingt die Masse zu Beginn nach rechts, so weiß man, daß die Dämpfungskraft nach links zeigt. Nach dem Umkehrpunkt zeigt die Dämpfungskraft nach rechts. Damit kann man das Problem stückweise lösen (s. das Beispiel in Abb. 14.3.3). Geht man jedoch von der Linie in die Ebene (Abb. 20.2.1(c)), dann kennt man zwar noch den Betrag der Dämpfungskraft und am Anfang (aus den Anfangsbedingungen) ihre Richtung. Bis zum Umkehrpunkt wird sich diese Richtung allerdings laufend ändern. Ein „stückweises" Lösen der Differentialgleichungen

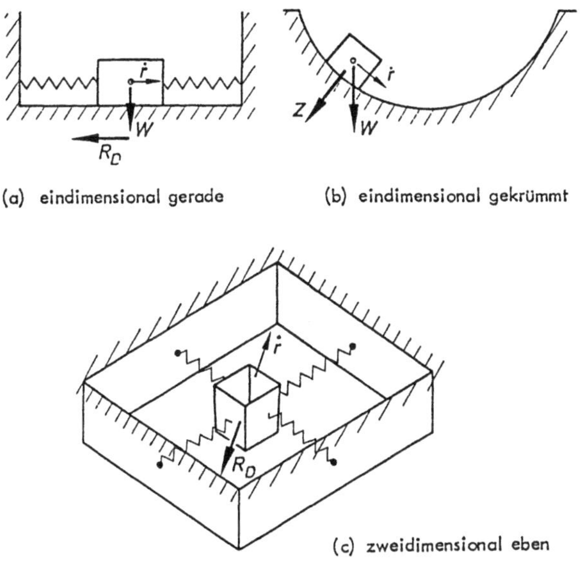

Abb. 20.2.1
Coulombsche Reibung bei einigen (noch einfachen) Problemen mit Einmasseschwinger

wie beim geraden Schwinger kommt also schon nicht mehr in Frage. Gehen wir nun zum allgemeinen Fall des Mehrmassenschwingers auf gekrümmten Flächen. Es ist keine Frage, daß hier eine geschlossene Lösung aussichtslos ist und nur eine schrittweise Technik, wie sie in Kapitel 23 besprochen wird, zur Anwendung kommen kann.

Reibt ein Schwinger an einem Punkt P_R, der den Anpreßdruck p_n (N/m^2) aufweist und der sich mit dem Geschwindigkeitsvektor $\dot{\boldsymbol{u}}$ bewegt, und ist der Koeffizient für trockene Gleitreibung μ, dann ergibt sich eine vektorielle Reibkraft pro Oberflächenelement der Größe

$$\boldsymbol{p}_D = -\mu p_n \frac{\dot{\boldsymbol{u}}}{|\dot{\boldsymbol{u}}|} \tag{20.2.1}$$

Hieraus lassen sich die äquivalenten Dämpfungsknotenkräfte errechnen, wobei die Integration über die reibende Oberfläche vorzunehmen ist

$$\boldsymbol{R}_D = \sum_{g=1}^{m} \mathrm{a}_g^t \int_{S_{gR}} \boldsymbol{\omega}^t \boldsymbol{p}_D \, \mathrm{d}S \tag{20.2.2}$$

Im Bereich eines Elementes g ist der Weg

$$\boldsymbol{u} = \boldsymbol{\omega} \boldsymbol{\rho}_g = \boldsymbol{\omega} \mathrm{a}_g \boldsymbol{r} \tag{20.2.3}$$

und folglich die Geschwindigkeit

$$\dot{\boldsymbol{u}} = \boldsymbol{\omega} \mathrm{a}_g \dot{\boldsymbol{r}} \tag{20.2.4}$$

Die dynamische Bewegung wird somit durch die komplizierte Integrodifferentialgleichung

$$\boldsymbol{M}\ddot{\boldsymbol{r}} + \boldsymbol{K}\boldsymbol{r} = \boldsymbol{R}(t) - \sum_{g=1}^{m} \mathrm{a}_g^t \int_{S_{gR}} \mu p_n \boldsymbol{\omega}^t \frac{\boldsymbol{\omega} \mathrm{a}_g \dot{\boldsymbol{r}}}{|\boldsymbol{\omega} \mathrm{a}_g \dot{\boldsymbol{r}}|} \mathrm{d}S \tag{20.2.5}$$

beschrieben, wobei noch nicht einmal der Unterschied zwischen gleitender und ruhender Reibung berücksichtigt ist. Für die meisten praktischen Anwendungen dürfte eine solche Formulierung zu aufwendig sein.

20.3 Die Erfassung der Strukturdämpfung

Erregt man einen massiven Körper harmonisch, so stellt sich nach Abklingen des Einschwingvorganges eine stationäre Schwingung im Takte der Erregerfrequenz Ω ein. Die Dämpfungskräfte sind dabei näherungsweise unabhängig von der Erregerfrequenz. Prüfen wir diese Beobachtung am viskosen Dämpfungsmodell (20.1.11), so sehen wir sie nicht bestätigt. Es ist die Erregung

$$\boldsymbol{R} = \boldsymbol{a} \sin \Omega t \tag{20.3.1}$$

und die stationäre Antwort im gleichen Takt

$$\boldsymbol{r} = \boldsymbol{b} \sin(\Omega t - \varphi) \tag{20.3.2}$$

Folglich lauten die viskosen Dämpfungskräfte

$$R_D = -C\dot{r} = -Cb\,\Omega\cos(\Omega t - \varphi) \tag{20.3.3}$$

die eindeutig proportional zur Erregerfrequenz Ω sind. Dieser Mangel ist durch das hysteretische Dämpfungsmodell

$$R_D = -\frac{1}{\Omega}C_S\dot{r} \tag{20.3.4}$$

zu beheben, das nun freilich (der Anwender sollte es nie vergessen!) an den besonderen Typ der harmonischen Erregung und die stationäre Antwort gebunden ist. Die dynamische Gleichung bei hysteretischer Dämpfung lautet somit zunächst

$$M\ddot{r} + \frac{1}{\Omega}C_S\dot{r} + Kr = a\sin\Omega t \tag{20.3.5}$$

Das formale Erscheinen der Erregerfrequenz in (20.3.4) kann indessen vermieden werden, wenn man die Berechnung komplex ausführt. Wir bezeichnen die eingeschwungene Antwort auf die sinusförmige Erregung mit r_s, und folglich gilt bei hysteretischer Dämpfung

$$M\ddot{r}_s + \frac{1}{\Omega}C_S\dot{r}_s + Kr_s = a\sin\Omega t \tag{20.3.6}$$

Bei einer cosinusförmigen Erregung stelle sich die eingeschwungene Antwort r_c ein (die selbstredend nur 90° phasenverschoben gegenüber r_s ist). Es gilt also

$$M\ddot{r}_c + \frac{1}{\Omega}C_S\dot{r}_c + Kr_c = a\cos\Omega t \tag{20.3.7}$$

Nun multipliziert man die 1. Gleichung mit der imaginären Einheit i und addiert dann (20.3.6) und (20.3.7); dabei wird

$$\tilde{r} = r_c + ir_s \tag{20.3.8}$$

gesetzt. Es ergibt sich daraus die komplexe Differentialgleichung

$$M\ddot{\tilde{r}} + \frac{1}{\Omega}C_S\dot{\tilde{r}} + K\tilde{r} = a\mathrm{e}^{i\Omega t} = \tilde{R} \tag{20.3.9}$$

wenn man (19.2.16) beachtet. Der Realteil dieser Gleichung ist mit (20.3.7) und der Imaginärteil mit (20.3.6) identisch. Als Lösungsansatz für den eingeschwungenen Zustand wählt man

$$\tilde{r} = \tilde{b}\,\mathrm{e}^{i\Omega t} \tag{20.3.10}$$

wobei $\tilde{b}$ natürlich komplex sein kann. Damit wird

$$\dot{\tilde{r}} = i\Omega\tilde{b}\,\mathrm{e}^{i\Omega t} = i\Omega\tilde{r} \tag{20.3.11}$$

Jetzt ist es möglich, (20.3.9) mit einem frequenzunabhängigen Dämpfungsglied anzuschreiben

$$M\ddot{\tilde{r}} + [K + iC_S]\tilde{r} = \tilde{R}(t) \tag{20.3.12}$$

Dabei stimmt die Ausgangsformulierung (20.3.5) mit dem Imaginärteil dieser Gleichung überein. Für linear-elastische Strukturen ist die Matrix $\boldsymbol{C}_S$ mit brauchbarer Näherung proportional zur Steifigkeitsmatrix $\boldsymbol{K}$. Der Proportionalitätsfaktor sei g, wobei gewöhnlich

$$g \leqslant 0.05 \tag{20.3.13}$$

gilt. Damit vereinfacht sich das System (20.3.12) zu

$$\boldsymbol{M}\ddot{\tilde{\boldsymbol{r}}} + (1 + ig)\boldsymbol{K}\tilde{\boldsymbol{r}} = \tilde{\boldsymbol{R}}(t) \tag{20.3.14}$$

Obwohl diese Formulierung den Ausgangspunkt der Betrachtung leicht vergessen läßt, ist sie dennoch nur für die harmonische Erregung, also

$$\tilde{\boldsymbol{R}} = \boldsymbol{a}(\cos \Omega t + i \sin \Omega t) \tag{20.3.15}$$

(oder reell formuliert (20.3.1)), gültig. Bestenfalls kann man spekulieren, ob auch noch periodische Vorgänge, die in Fourierreihen entwickelt werden können, mit (20.3.14) zu behandeln sind.

20.4 Die Antwort modal gedämpfter Systeme

In Ergänzung der Kapitel 18 und 19 (Schwingungen ungedämpfter Systeme) wird in diesem Abschnitt der Lösungsweg skizziert, wie die Antwort für ein modal-viskos gedämpftes Schwingungssystem bestimmt werden kann. Im allgemeinen Sinn gilt „modal“ in bezug auf die Dämpfung für jedes Dämpfungsmodell, das die Entkoppelung der Bewegungsgleichungen durch die Transformation mit den ungedämpften Eigenformen zuläßt (so ist etwa auch die Strukturdämpfung in (20.3.14) „modal“). Im engeren Sinn wird allerdings der Begriff „modal“ meist in Zusammenhang mit viskoser Dämpfung verwendet, und so soll er auch hier verstanden sein.

Der Berechnung modal gedämpfter Systeme geht also eine Eigenwertanalyse des ungedämpften Systems voraus, d.h. alle in 19.1 beschriebenen Arbeiten werden auch hier ausgeführt. Erst in der transformierten Gleichung (19.1.6) wird nun die modale (diagonale) Dämpfungsmatrix $\boldsymbol{D}$ direkt eingeführt

$$\boldsymbol{\Lambda}\ddot{\boldsymbol{\eta}} + \boldsymbol{D}\dot{\boldsymbol{\eta}} + \boldsymbol{\eta} = \boldsymbol{R}_\eta(t) \tag{20.4.1}$$

Eine typische Einzelgleichung hat die Form

$$\ddot{\eta}_i + 2\zeta_i\omega_i\dot{\eta}_i + \omega_i^2\eta_i = \omega_i^2 R_{\eta i} \qquad i = 1, \mathrm{nx} \tag{20.4.2}$$

wobei ζ_i das Dämpfungsverhältnis ist

$$\zeta_i = \tfrac{1}{2}\omega_i d_i \tag{20.4.3}$$

und ω_i eine Eigenfrequenz des ungedämpften Systems darstellt.

Betrachten wir zuerst freie Schwingungen modal gedämpfter Systeme, d.h. es ist $\boldsymbol{R}_\eta(t) = \boldsymbol{o}$ bzw. $R_{\eta i} = 0$

$$\ddot{\eta}_i + 2\zeta_i\omega_i\dot{\eta}_i + \omega_i^2\eta_i = 0 \tag{20.4.4}$$

Diese Differentialgleichung der i-ten generalisierten Koordinate (Eigenform $\boldsymbol{x}_i$) ist identisch mit der Bewegungsgleichung (14.3.5) des einfachen Ein-Massen-Schwingers, so daß die allgemeine modale Antwort $\eta_i(t)$ direkt aus Abschnitt 14.3 übernommen werden kann:

$$\eta_i(t) = e^{-\omega_i \zeta_i t}\left(a_i \sin\left(\omega_i \sqrt{1-\zeta_i^2}\,t\right) + b_i \cos\left(\omega_i \sqrt{1-\zeta_i^2}\,t\right)\right)$$

$$\text{für } \zeta_i < 1 \quad \text{(unterkritisch)} \tag{20.4.5}$$

$$\eta_i(t) = (a_i + b_i t)\, e^{-\omega_i t} \qquad \text{für } \zeta_i = 1 \quad \text{(kritisch)} \tag{20.4.6}$$

$$\eta_i(t) = a_i\, e^{-\omega_i (\zeta_i - \sqrt{\zeta_i^2 - 1}\, t)} + b_i\, e^{-\omega_i (\zeta_i + \sqrt{\zeta_i^2 - 1}\, t)}$$

$$\text{für } \zeta_i > 1 \quad \text{(überkritisch)} \tag{20.4.7}$$

Wir wollen analog zum freien ungedämpften Körper noch ein spezielles Problem lösen und wählen als Anfangsbedingung wieder (18.1.8). Es ergibt sich

$$b_i = \eta_{0i}$$

$$a_i = \frac{\dot{\eta}_{0i} + \omega_i \zeta_i \eta_{0i}}{\omega_i \sqrt{1-\zeta_i^2}} \tag{20.4.8}$$

Die spezielle Lösung lautet also

$$\eta_i = e^{-\omega_i \zeta_i t}\left(\frac{\dot{\eta}_{0i} + \omega_i \zeta_i \eta_{0i}}{\omega_i \sqrt{1-\zeta_i^2}} \sin \omega_i \sqrt{1-\zeta_i^2}\,t + \eta_{0i} \cos \omega_i \sqrt{1-\zeta_i^2}\,t\right) \tag{20.4.9}$$

Die Transformation der Anfangsbedingungen von $\boldsymbol{r}_0$ bzw. $\dot{\boldsymbol{r}}_0$ in $\boldsymbol{\eta}$ bzw. $\dot{\boldsymbol{\eta}}$ wurde schon in (18.1.13) besprochen und ist hier unverändert zu übernehmen.

Wie beim ungedämpften Tragwerk läßt es sich auch beim modal gedämpften durch eine spezielle Anregung erreichen, daß die Struktur eine stationäre Eigenschwingung ausführt. Man braucht das Tragwerk dazu nur in der Form eines Eigenvektors $\boldsymbol{x}_i$ auszulenken und dann loszulassen. Die entsprechenden Anfangsbedingungen wären also $\eta_{0i} \neq 0$ und alle anderen $\eta_{0j} = 0$ ($j \neq i$, $j = 1, n$), und zusätzlich sind noch alle Geschwindigkeiten Null. Bei einer solchen Anregung führt der Körper eine Schwingung mit dem gleichen Bild wie ohne Dämpfung aus. Die Eigenfrequenz ändert sich jedoch entsprechend (14.3.16), und die Amplitude nimmt laufend ab. Ein Vergleich zwischen einer ungedämpften und einer modal gedämpften Eigenschwingung ist in Abb. 20.4.1 dargestellt.

Bei einer allgemeinen Anregung wird an der Antwort ein Gemisch von Eigenschwingungen beteiligt sein. Eine stationäre Schwingung mit stehenden Knoten und Bäuchen gibt es nicht mehr (Abb. 20.4.2).

Wenden wir uns nun den erzwungenen Schwingungen modal gedämpfter Strukturen zu. Die Lösung der typischen Differentialgleichung (20.4.2) gliedert sich in einen homogenen Teil, der uns bereits mit (20.4.5) bis (20.4.7) bekannt ist, und eine partikuläre Lösung η_{pi}, die vom Typ der Erregung abhängt,

$$\eta_i(t) = e^{-\omega_i \zeta_i t}(a_i \sin \omega_{Di} t + b_i \cos \omega_{Di} t) + \eta_{pi}(t) \tag{20.4.10}$$

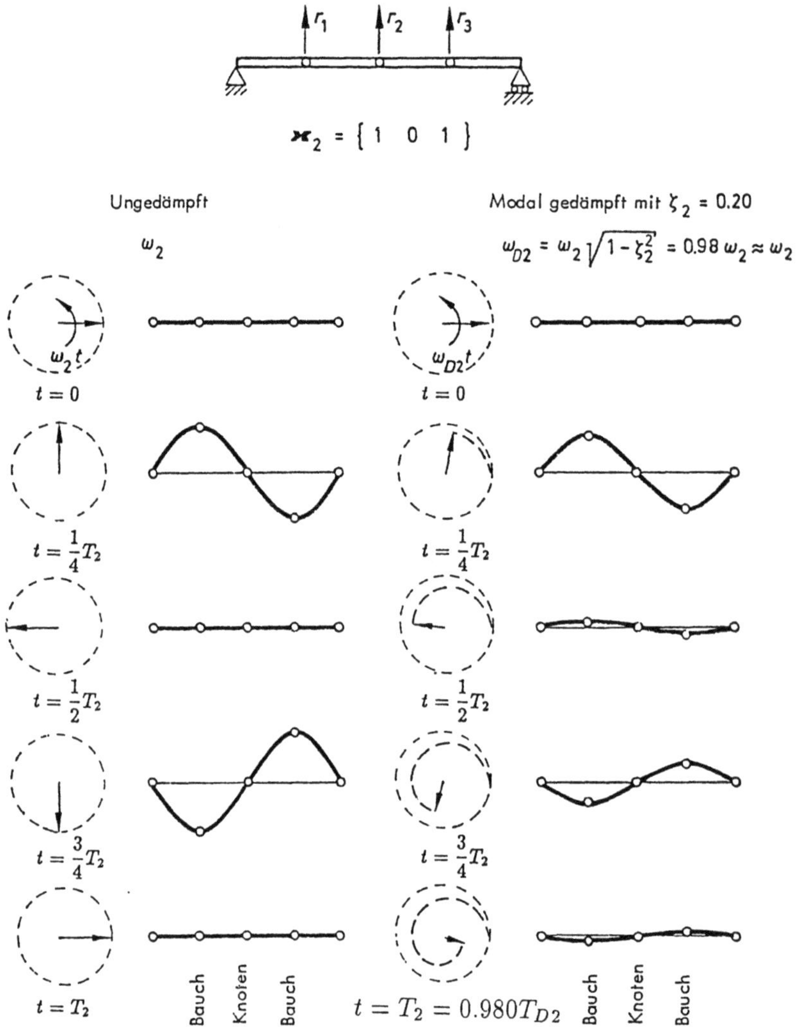

Abb. 20.4.1 Ungedämpfte und modal gedämpfte Eigenschwingung bei gleichen Anfangsbedingungen und Zeitintervallen

hier dargestellt für den häufigsten Fall der unterkritischen Dämpfung, wobei abkürzend die gedämpfte i-te Kreiseigenfrequenz

$$\omega_{Di} = \omega_i\sqrt{1-\zeta_i^2} \tag{20.4.11}$$

eingeführt wurde.

Wie schon bei den ungedämpften Tragwerken, so gibt es auch hier Erregungsfunktionen $R_{\eta i}(t)$, die geschlossen integrierbar sind, und andere, die mit numerischen Methoden behandelt werden müssen. Alle Überlegungen zum Ein-Freiheitsgrad-Schwinger in Abschnitt 14.4 können ungeändert übernommen werden. Der wichtige Sonderfall der

System und Eigenformen
(nicht normalisiert)

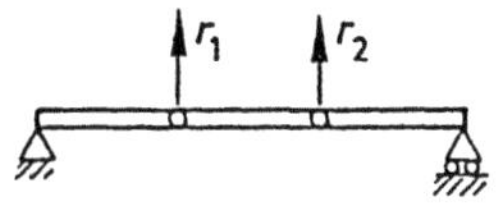

Anfangsauslenkung

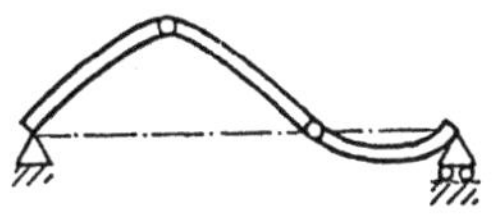

$$\boldsymbol{\varkappa}_1 = \begin{bmatrix} 1 \\ 1 \end{bmatrix} \; ; \; \boldsymbol{\varkappa}_2 = \begin{bmatrix} 1 \\ -1 \end{bmatrix} \qquad \boldsymbol{r}(0) = \begin{bmatrix} 1 \\ 0 \end{bmatrix} = \frac{1}{2}\begin{bmatrix} 1 \\ 1 \end{bmatrix} + \frac{1}{2}\begin{bmatrix} 1 \\ -1 \end{bmatrix}$$

$$\zeta_1 = \zeta_2 = \zeta = 0.2 \qquad z = \zeta/\sqrt{1-\zeta^2} \qquad \dot{\boldsymbol{r}}(0) = \boldsymbol{o}$$

$$\frac{\omega_2}{\omega_1} = \sqrt{15} = \frac{\omega_{D2}}{\omega_{D1}} = \frac{T_{D1}}{T_{D2}}$$

Antwort:

$$\boldsymbol{r} = \underbrace{\frac{1}{2}e^{-\zeta\omega_1 t}\left(\cos\left(\omega_{D1}t\right) + z\sin\left(\omega_{D1}t\right)\right)}_{f_1}\begin{bmatrix} 1 \\ 1 \end{bmatrix} + \underbrace{\frac{1}{2}e^{-\zeta\omega_2 t}\left(\cos\left(\omega_{D2}t\right) + z\sin\left(\omega_{D2}t\right)\right)}_{f_2}\begin{bmatrix} 1 \\ -1 \end{bmatrix}$$

$t = 0$ 

$f_1 = 0.50$ $f_2 = 0.50$ 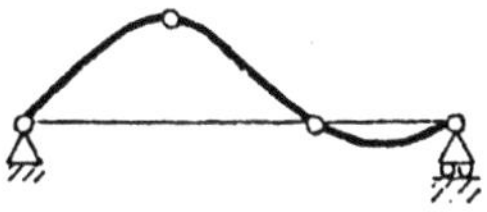

$t = \frac{1}{4}T_2$ 

$f_1 = 0.43$ $f_2 = 0.01$ 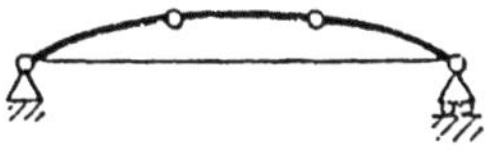

$t = \frac{1}{2}T_2$ 

$f_1 = 0.30$ $f_2 = -0.27$ 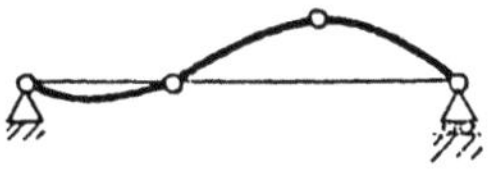

$t = \frac{3}{4}T_2$ 

$f_1 = 0.14$ $f_2 = -0.02$ 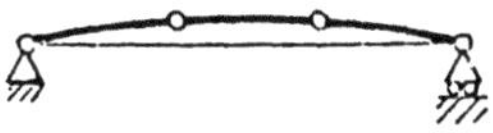

$t = T_2$ 

$f_1 = -0.01$ $f_2 = 0.14$ 

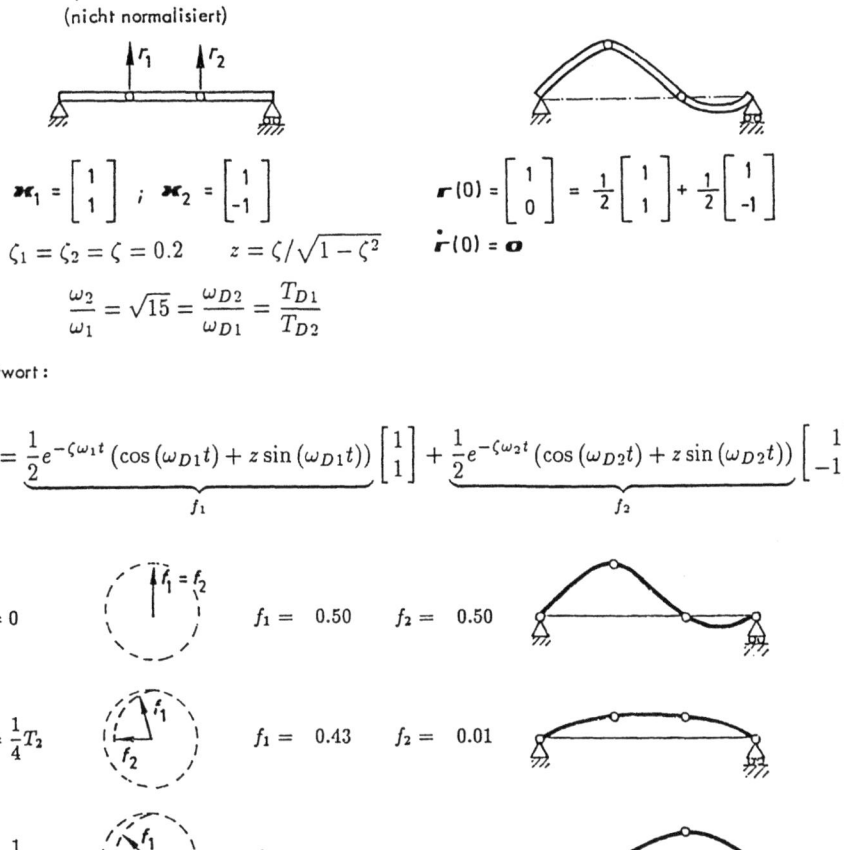

Abb. 20.4.2 Instationäre freie Schwingung einer modal gedämpften Struktur als Überlagerung der Eigenschwingungen

stationären Antwort bei harmonischer Erregung wird kurz zusammengefaßt, da diese Ergebnisse in späteren Kapiteln Verwendung finden.

Die komplexe Einheitserregung (19.2.17)

$$R_{\eta i} = e^{i\Omega t} = \cos\Omega t + i\sin\Omega t$$

beinhaltet also im Realteil die reine Kosinus- und im Imaginärteil die reine Sinus-Erregung. Macht man für die partikuläre Antwort wieder den Ansatz (19.2.26)

$$\eta_{pi} = F_i\, e^{i\Omega t}$$

so ergibt sich nun ein komplexer Frequenzgang F_i

$$F_i = \frac{1}{1 - \left(\frac{\Omega}{\omega_i}\right)^2 + i\,2\zeta_i\left(\frac{\Omega}{\omega_i}\right)} \tag{20.4.12}$$

Wir erinnern an die bekannten Darstellungsformen der komplexen Zahlen

$$\frac{1}{x+iy} = \frac{1}{r(\cos\varphi + i\sin\varphi)} = \frac{1}{r}e^{-i\varphi} \tag{20.4.13}$$

wobei

$$r = (x^2 + y^2)^{1/2}$$

$$\varphi = \arctan\frac{y}{x} \tag{20.4.14}$$

ist. Die Größe $1/r$ führt uns zum Betrag des komplexen Frequenzganges F_i, d.h. zur Vergrößerungsfunktion V_i

$$V_i = \left(\left[1 - \left(\frac{\Omega}{\omega_i}\right)^2\right]^2 + \left[2\zeta_i\left(\frac{\Omega}{\omega_i}\right)\right]^2\right)^{-1/2} \tag{20.4.15}$$

während die Größe φ_i die Phasenverschiebung beschreibt

$$\varphi_i = \arctan\frac{2\zeta_i\frac{\Omega}{\omega_i}}{1 - \left(\frac{\Omega}{\omega_i}\right)^2} \tag{20.4.16}$$

Die partikuläre Antwort lautet damit

$$\begin{aligned}\eta_{pi} &= V_i\, e^{-i\varphi_i} e^{i\Omega t}\\ &= V_i\, e^{i(\Omega t - \varphi_i)}\\ &= V_i\left(\cos(\Omega t - \varphi_i) + i\sin(\Omega t - \varphi_i)\right)\end{aligned} \tag{20.4.17}$$

Da wir vom homogenen Lösungsteil bei modaler Dämpfung bereits wissen, daß dieser weggedämpft wird, stellt die partikuläre Lösung den eingeschwungenen Zustand des Systems dar. Der Realteil gibt die Antwort auf eine Kosinus-, der Imaginärteil die Antwort auf eine Sinuserregung wieder. Die Dämpfung wirkt sich einmal in der Phasenlage aus, welche beim ungedämpften Körper entweder 0 oder π war, jetzt aber durch (20.4.16) festgelegt ist. Auch die Vergrößerungsfunktion hat eine Veränderung erfahren. So ist die Singularität bei $\Omega = \omega_i$ nun verschwunden, V_i ist stets endlich. Deshalb ist auch bei schwacher Dämpfung ein bedeutender Einfluß in der Nähe der Resonanzstelle festzuhalten. Hier wird es entscheidend auf eine genaue Berücksichtigung der Dämpfung ankommen.

Graphische Darstellungen der Vergrößerungsfunktion V_i und der Phasenverschiebung φ_i sind in Abb. 14.4.2 zu finden. Diese Abbildung verdeutlicht auch die möglichen Fehler bei ungenauer Kenntnis der Dämpfung.

Literatur zu Kapitel 20

[20.1] *B. J. Lazan;* Damping of materials and members in structural mechanics (Pergamon Press, 1968).

[20.2] *T. K. Caughey;* Classical normal modes in damped linear dynamic systems, J. Appl. Mech., 27 (1960) 269–271.

[20.3] *E. L. Wilson, J. Penzien;* Evaluation of orthogonal damping matrices, Int. J. Num. Meth. Eng., 4 (1972) 5–10.

[20.4] *S. H. Crandall;* The role of damping in vibration theory, J. Sound Vibr., 11 (1970) 3–18.

[20.5] *W. T. Thomson, T. Calkins, P. Caravani;* A numerical study of damping, Earthqu. Eng. Structr. Dyn., 3 (1974) 97–103.

[20.6] *R. H. Scanlan;* Linear damping models and causality in vibrations, J. Sound Vibr., 13 (1970) 499–503.

[20.7] *N. O. Myklestad;* The concept of complex damping, J. Appl. Mech., 19 (1952) 284–286.

[20.8] *P. Lancaster;* Free vibration and hysteretic damping, J. Roy. Aer. Soc., 64 (1960) 229.

[20.9] *C. M. Harris, Ch. E. Crede;* Shock and vibration handbook (McGraw-Hill, New York, 1976).

21 Zufallserregte Schwingungen bei modaler Dämpfung

Die in den Kapiteln 19 (ungedämpft) und 20.4 (modal gedämpft) behandelten Erregungstypen werden als deterministisch klassifiziert. Dies bedeutet, daß uns der Erregungsverlauf $\boldsymbol{R}(t)$ oder $\boldsymbol{R}_\eta(t)$ in eindeutiger Weise bekannt ist.

Wenn wir – um die Belastung eines Kraftwagens zu erfassen – Fahrten über die verschiedenen Straßentypen, vom Feldweg bis zur Autobahn, unternehmen, und zwar in einer Verteilung und Art, wie sie der vermutlichen Nutzung des Fahrzeugs entspricht, dann können wir uns natürlich auch von einem Meßgerät beispielsweise den Kraftverlauf an den Achsen aufzeichnen lassen. Das Ergebnis dürfte etwa so aussehen, wie in Abb. 21.1.1 dargestellt. Funktional läßt es sich keineswegs in ein einfaches Schema pressen, und eine deterministische Analyse wäre außerordentlich aufwendig. Zudem ist sie wenig sinnvoll: Würden wir nämlich noch zwei weitere Kraftwagen auf die Reise schicken, dann würden wir bestimmt ganz andere Werte für einen bestimmten Zeitpunkt t_1 ab Fahrtbeginn

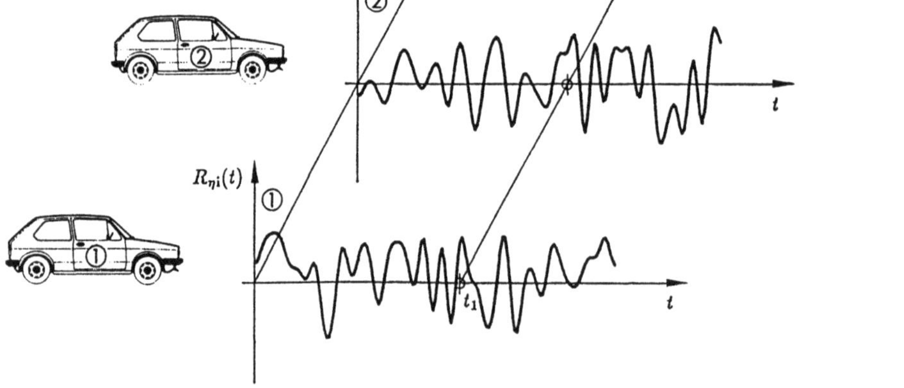

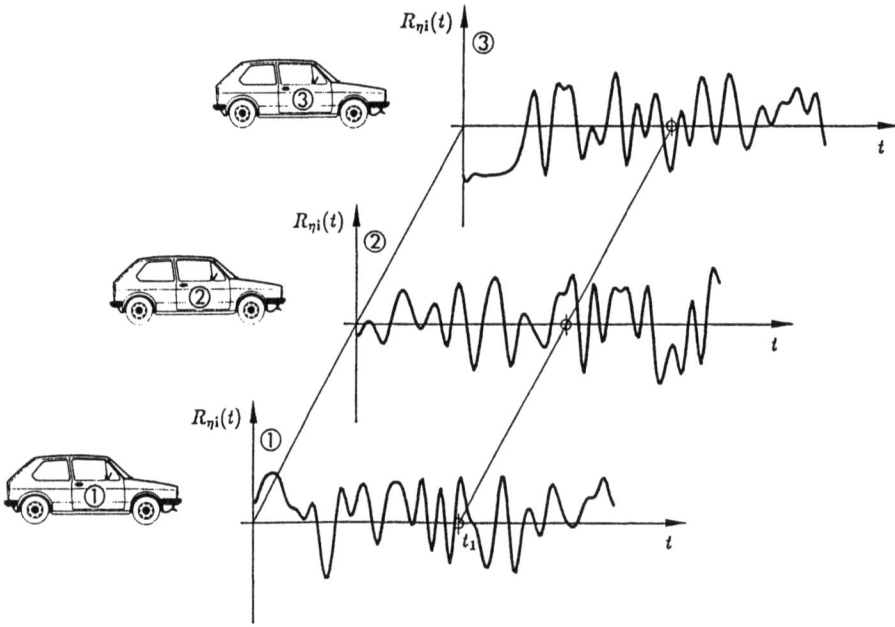

Abb. 21.1.1 Gemessene Erregungsfunktionen bei drei gleichen Kraftfahrzeugen

messen. Es hat also wenig Sinn nach *dem* Erregungswert $R_{\eta i}(t_1)$ und *der* Antwort $\eta_i(t_1)$ bei einem bestimmten Fahrzeugtyp zu fragen. Hier kann uns nur die statistische Betrachtungsweise helfen. In der Statistik fragt man nicht nach dem bestimmten Wert einer Funktion $x(t)$ zum Zeitpunkt t_1, sondern man fragt nach der Wahrscheinlichkeit, daß zum Zeitpunkt t_1 die Funktion $x(t)$ einen Wert größer als x_0 annimmt. Dabei steht x beliebig für die Erregung $R_{\eta i}(t)$ oder die Antwort $\eta_i(t)$. Ein typisches Ergebnis bei stochastischer Erregung ist also die Aussage: mit 80% Wahrscheinlichkeit wird $\eta_i(t_1)$ nicht größer als 0.15 sein. Um die Ermittlung dieser Antwort geht es in diesem Kapitel.

21.1 Natur und Erfassung des stochastischen Einzelprozesses

Den ersten notwendigen Fachbegriff, die Wahrscheinlichkeit, haben wir bereits verwendet, allerdings ohne klare Definition, die wir nun nachholen. Uns liegen N Meßserien $x_k(t)$, k = 1, N vor, analog zu den drei Meßserien in Abb. 21.1.1. Dann können wir zu einem festen Zeitpunkt t_1 auch die Funktionswerte $x_k(t_1)$ bestimmen. Es sei N_x die Anzahl der Meßwerte, die kleiner als x_0 ist. Unter der Wahrscheinlichkeit, daß „x zum Zeitpunkt t_1 kleiner als x_0“ ist, verstehen wir dann

$$P(x_0, t_1) = \lim_{N \to \infty} \frac{N_x}{N} \tag{21.1.1}$$

(vorausgesetzt, der Grenzwert existiert). Daß wir hier noch etwas zusätzliche Arbeit leisten müssen, ist klar, denn kein Hersteller wird uns unendlich viele Testfahrzeuge liefern. Auf diese Problematik kommen wir später noch zu sprechen. Stellen wir uns nun x_0 als Variable vor. Wenn wir danach fragen, wieviel $x(t_1)$ Werte kleiner als $-\infty$ sind, dann kann die Antwort nur lauten: keine. Andererseits werden natürlich alle Werte kleiner als $+\infty$ sein. Dies heißt also

$$\begin{aligned} P(-\infty, t_1) &= 0 \\ P(+\infty, t_1) &= 1 \end{aligned} \tag{21.1.2}$$

Dazwischen ist $P(x, t_1)$ eine monoton steigende Funktion. Je größer x_0 gewählt wird, desto größer wird auch die Zahl N_x der Meßwerte sein, die kleiner ist als x_0. Wenn wir also den Gradienten der Wahrscheinlichkeit bilden – wir nennen ihn Wahrscheinlichkeitsdichte –

$$p(x, t_1) = \frac{dP(x, t_1)}{dx} \tag{21.1.3}$$

so ist dieser stets positiv oder Null

$$p(x, t_1) \geqslant 0 \tag{21.1.4}$$

Da die Wahrscheinlichkeitsdichte den Zuwachs der Wahrscheinlichkeit mit steigendem Wert x_0 angibt, läßt sich umgekehrt daraus die Wahrscheinlichkeit bestimmen

$$P(x_0, t_1) = \int_{-\infty}^{x_0} p(x, t_1)\, dx \tag{21.1.5}$$

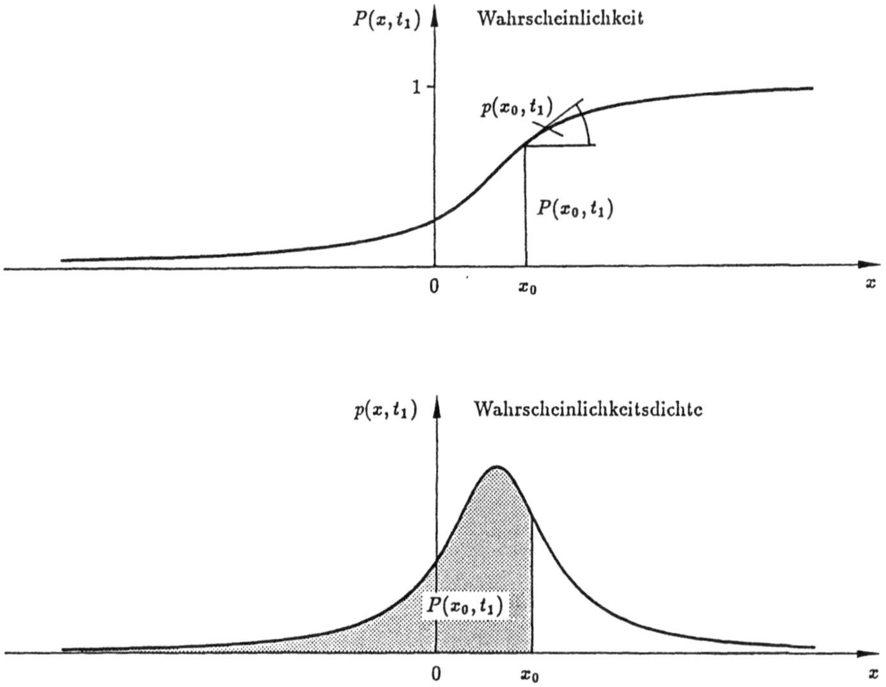

Abb. 21.1.2 Wahrscheinlichkeit P und Wahrscheinlichkeitsdichte p eines natürlichen stochastischen Prozesses x zu einer bestimmten Zeit t

Ferner können wir noch leicht angeben, wie groß die Wahrscheinlichkeit ist, daß $x(t_1)$ einen Wert zwischen x_a und x_b annimmt. Diese ist einfach

$$\int_{x_a}^{x_b} p(x, t_1)\,\mathrm{d}x \tag{21.1.6}$$

Der soeben erläuterte Sachverhalt ist in Abb. 21.1.2 nochmals anschaulich dargestellt.

Bei allen natürlichen stochastischen Prozessen können wir davon ausgehen, daß extreme Werte nur äußerst selten vorkommen. Stellen wir uns dazu vor, daß x die vertikale Böengeschwindigkeit für die Flugroute Frankfurt–Moskau angibt. Diese Größe ist in der Praxis begrenzt, und mit an Sicherheit grenzender Wahrscheinlichkeit wird ein Flugzeug auf dieser Strecke nie eine Fallböe $x = -100\,\mathrm{m/s}$ oder eine Steigböe von $x = +100\,\mathrm{m/s}$ antreffen. Die Wahrscheinlichkeit $P(x, t_1)$ ist also Null, falls $x \leqslant -100\,\mathrm{m/s}$ ist, und sie ist 1, falls $x \geqslant 100\,\mathrm{m/s}$. Dagegen werden kleine Böengeschwindigkeiten sehr häufig auftreten. Die Zunahme der Wahrscheinlichkeit P von 0 auf 1 wird also in diesem Bereich stattfinden. Die Wahrscheinlichkeitsdichte ist nach (21.1.3) der Gradient der Wahrscheinlichkeit. Da unter -100 m/s und über 100 m/s praktisch kein Ereignis auftritt und die Wahrscheinlichkeit somit konstant bleibt, ist die Wahrscheinlichkeitsdichte dort

Null. Dagegen erfolgt bei kleinen Böengeschwindigkeiten ein rascher Übergang der Wahrscheinlichkeit von 0 auf 1, der zwangsläufig mit hohen Gradienten p verbunden ist. Dementsprechend hat die Wahrscheinlichkeitsdichte dort ihr Maximum. Die in Abb. 21.1.2 aufgezeichnete Glockenkurve für die Wahrscheinlichkeitsdichte trifft man in natürlichen Prozessen recht häufig an.

Bisher haben wir nur die Verhältnisse zu einem Zeitpunkt t_1 über alle Meßreihen hinweg betrachtet. Wenn wir nun zu einem anderen Zeitpunkt $t_1 + \Delta t$ übergehen, dann können prinzipiell andere Verhältnisse vorliegen. Für eine besondere Klasse von Zufallsprozessen, die stationären, gilt aber

$$P(x, t_1) = P(x, t_1 + \Delta t)\,, \qquad \Delta t \text{ beliebig} \tag{21.1.7}$$

Damit spielt die Zeit t keine Rolle mehr, und sie kann für stationäre Prozesse in allen Definitionen weggelassen werden. Wir werden in der Folge immer davon ausgehen, daß ein stationärer Prozeß vorliegt.

Neben der Wahrscheinlichkeit, daß $x(t_1)$ über alle Meßreihen hinweg einen gewissen Wert x_0 nicht überschreitet, interessieren uns noch einige andere Maße. Sie fallen unter die Kategorie der Erwartungswerte. Dazu zählt der Mittelwert

$$\overline{x} = E[x] = \int_{-\infty}^{+\infty} x\,p(x)\,\mathrm{d}x \tag{21.1.8}$$

der Mittelwert des Quadrats

$$\overline{x^2} = E[x^2] = \int_{-\infty}^{+\infty} x^2 p(x)\,\mathrm{d}x \tag{21.1.9}$$

und die mittlere quadratische Abweichung oder Varianz

$$\sigma_x^2 = E\left[(x-\overline{x})^2\right] = \int_{-\infty}^{+\infty} (x-\overline{x})^2 p(x)\,\mathrm{d}x \tag{21.1.10}$$

Die Wurzel aus der Varianz – also σ_x – nennt man Standardabweichung oder Streuung. Man kann übrigens nach dem vorgegebenen Muster beliebige andere Erwartungswerte formulieren. Je mehr solche Erwartungswerte des Typs

$$E\left[f(x)\right] = \int_{-\infty}^{+\infty} f(x)\,p(x)\,\mathrm{d}x \tag{21.1.11}$$

vorliegen, desto besser ist der Zufallsprozeß beschrieben.

Bei den Erwartungswerten ist anzumerken, daß $p(x_0)\,\mathrm{d}x$ den Zuwachs der Wahrscheinlichkeit bei einem Anwachsen des Grenzwertes von x_0 nach $x_0 + \mathrm{d}x$ angibt, oder besser: die Wahrscheinlichkeit, daß die Variable x zwischen x_0 und $x_0 + \mathrm{d}x$ liegt. Diese Wahrscheinlichkeit bildet den Wichtungsfaktor bei allen Erwartungswerten. Häufig auftretende Werte werden also mit starker Wichtung in die Summenbildung einbezogen.

Die am häufigsten verwendete Dichtefunktion ist die Gaußsche Verteilung, auch Normalverteilung genannt,

$$p(x) = \frac{1}{\sqrt{2\pi}\,\sigma_x} \exp\left(-\frac{(x-\overline{x})^2}{2\sigma_x^2}\right) \tag{21.1.12}$$

welche offensichtlich durch die Angabe des Mittelwertes und der Varianz eindeutig festgelegt ist. Wenden wir eine solche Dichteverteilung auf die Erregungsfunktionen der Dynamik an, so läßt sich stets die Bedingung

$$\overline{x} = \int_{-\infty}^{+\infty} x p(x)\,\mathrm{d}x = 0 \tag{21.1.13}$$

erfüllen, da x um $\overline{x}$ verschoben werden kann und die Behandlung des abgespaltenen konstanten $\overline{x}$-Termes deterministisch möglich ist. In diesem Falle ist die Normalverteilung durch die Angabe der Varianz allein bestimmt. Eine graphische Darstellung dieser Dichtefunktion finden wir in Abb. 21.1.3. Wir gehen in Zukunft stets von einem Mittelwert

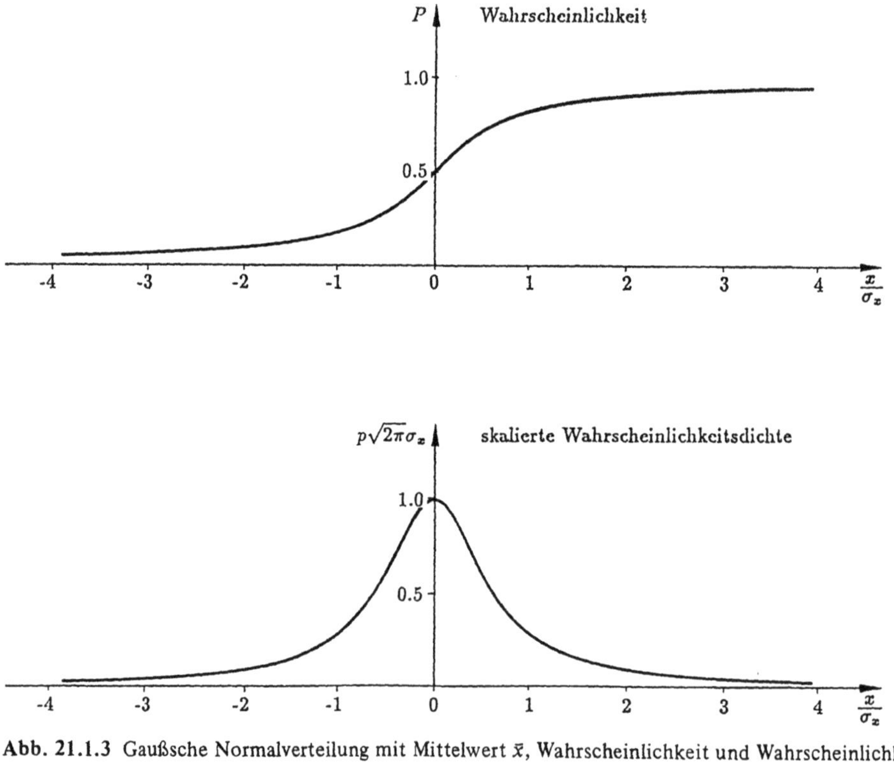

Abb. 21.1.3 Gaußsche Normalverteilung mit Mittelwert $\overline{x}$, Wahrscheinlichkeit und Wahrscheinlichkeitsdichte

Null aus. In diesem Falle ist die Gaußsche Dichtefunktion offensichtlich symmetrisch zu $x = 0$, und es gilt deshalb

$$\int_{-\infty}^{0} p(x)\,\mathrm{d}x = \int_{0}^{+\infty} p(x)\,\mathrm{d}x = \frac{1}{2} \tag{21.1.14}$$

Die Ermittelung der Wahrscheinlichkeit aus der Wahrscheinlichkeitsdichte führt auf das Wahrscheinlichkeitsintegral, das in Standardwerken der Mathematik in Tabellenform angegeben wird

$$P(x) = \int_{-\infty}^{x} p(x)\,\mathrm{d}x = \frac{1}{\sigma_x\sqrt{2\pi}} \int_{-\infty}^{x} \exp\left(-\frac{x^2}{2\sigma_x^2}\right)\mathrm{d}x$$

$$= \frac{1}{\sqrt{2\pi}} \int_{-\infty}^{x/\sigma_x} \mathrm{e}^{-\xi^2/2}\,\mathrm{d}\xi \tag{21.1.15}$$

$$= \frac{1}{\sqrt{2\pi}} \left(\frac{1}{2} \mp \frac{1}{\sqrt{2\pi}} \int_{0}^{x/\sigma_x} \mathrm{e}^{-\xi^2/2}\,\mathrm{d}\xi\right), \qquad \text{wobei } -, \text{ falls } x < 0; \quad +, \text{ falls } x > 0$$

Für die Normalverteilung lassen sich auch die Erwartungswerte leicht durch die Berechnung der entsprechenden bestimmten Integrale ermitteln.

Die bisherige Auswertung von Meßreihen erfolgte so, daß zu einem bestimmten Zeitpunkt (einem beliebigen bei stationären Prozessen) über die N Meßreihen hinweg gezählt wird, wie oft x kleiner als ein Limit x_0 ist (Abb. 21.1.1). Wir hatten schon darauf hingewiesen, daß dies zwar statistisch sehr allgemein, aber wirtschaftlich ziemlich unbequem ist. Welches Luftfahrtunternehmen wäre schon bereit, uns 1000 Maschinen mit 1000 verschiedenen Piloten zu stellen, um Fertigungs- und Führungstoleranzen in den statistischen Prozeß einzuführen? Dabei ist die Zahl 1000 statistisch gesehen noch klein. Im allgemeinen werden wir uns mit nur wenigen, oft nur einem Testobjekt begnügen müssen. Gefühlsmäßig nehmen wir als Ingenieure an, daß bei hinreichender Fertigungsgenauigkeit mit einem Flugzeug ebenfalls befriedigende statistische Daten gesammelt werden können. Wir setzen dabei voraus, daß unter den üblichen Betriebsbedingungen (Flughöhe, Wetter, Pilot) über einen längeren Zeitraum gemessen wird. Die statistische Auswertung der Messung erfolgt dann entlang der Zeitachse und nicht mehr über die Testobjekte (Abb. 21.1.4). Statistische Prozesse, bei denen dieses Vorgehen zulässig ist, nennt man ergodisch. Glücklicherweise haben recht viele technisch bedeutsame Prozesse diese Eigenschaft. Ergodische Prozesse sind zugleich stationär. Wir setzen die Ergodizität in der Folge stets voraus.

Bisher gab $p(x_0)\mathrm{d}x$ die Wahrscheinlichkeit an, daß ein Meßwert zwischen x_0 und $x_0 + \mathrm{d}x$ liegt, wobei zu einem bestimmten Zeitpunkt über alle Meßreihen gezählt wird. Bei ergodischen Prozessen gehen wir von Abb. 21.1.4 aus und fragen jetzt, wie oft der Meßwert

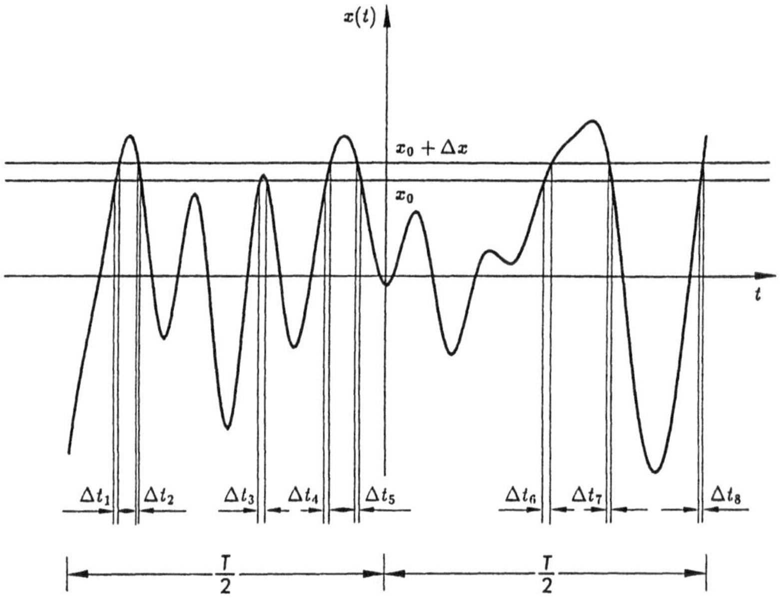

Abb. 21.1.4 Zur Berechnung der Wahrscheinlichkeitsdichte für einen ergodischen stochastischen Prozeß

zwischen x_0 und $x_0 + \Delta x$ liegt. Die Relation zur gesamten Meßstrecke T gibt dann wieder die Wahrscheinlichkeit an. Wir erhalten also

$$p(x_0)\Delta x = \frac{\Delta t_1 + \Delta t_2 + \Delta t_3 + \dots}{T} = \frac{1}{T}\sum_i \Delta t_i \tag{21.1.16}$$

wobei die Meßstrecke T, vom mathematischen Standpunkt aus, möglichst groß sein soll. Eine numerische Bestimmung der Wahrscheinlichkeitsdichte nach (21.1.16) ist selbstverständlich mit Hilfe eines Computers möglich. Man wird dazu den Zeitbereich T in kleine gleichmäßige Intervalle Δt einteilen und den Funktionswert $x(t)$ im Zeitraum des Intervalls als repräsentativ ansehen. Die Anzahl der gesamten Intervalle sei N, wobei $T = \mathrm{N}\Delta t$ gilt. Wir zählen nun die Zahl N_x der Intervalle, für die $x(t)$ zwischen x_0 und $x_0 + \Delta x$ liegt, wobei auch Δx klein sein soll. Wir erhalten dann

$$p(x_0)\Delta x = \frac{\mathrm{N}_x}{\mathrm{N}} \tag{21.1.17}$$

Für die Erwartungswerte ergodischer Prozesse können wir die bisherigen Formeln (21.1.8), (21.1.9), (21.1.10) und (21.1.11) leicht umwandeln, wobei im Sinne der Ingenieurmathematik der Übergang durch (21.1.16) gegeben ist. Wir erhalten den Mittelwert

$$\bar{x} = \lim_{T \to \infty} \frac{1}{T} \int_{-T/2}^{+T/2} x(t)\,\mathrm{d}t \tag{21.1.18}$$

den quadratischen Mittelwert

$$\overline{x^2} = \lim_{T \to \infty} \frac{1}{T} \int\limits_{-T/2}^{+T/2} x(t)^2 \, \mathrm{d}t \qquad (21.1.19)$$

und die Varianz

$$\sigma_x^2 = \lim_{T \to \infty} \frac{1}{T} \int\limits_{-T/2}^{+T/2} \left(x(t) - \overline{x}\right)^2 \mathrm{d}t \qquad (21.1.20)$$

wobei in aller Regel alle Werte rasch in einem endlichen Zeitintervall T gegen einen stationären Wert konvergieren, so daß in der Praxis der Grenzübergang $T \to \infty$ entfällt. Selbstverständlich können die angegebenen Mittelwerte auch für nichtergodische Prozesse gebildet werden. Wir sprechen dann von zeitlichen Mittelwerten, deren Werte von den Mittelwerten über Meßreihen abweichen. Hier liegt also eine Testmöglichkeit für die Ergodizität des Prozesses vor.

Für die Behandlung stochastischer Erregungen in der Dynamik erweisen sich neben den schon besprochenen Erwartungswerten – nämlich Mittelwert, quadratischer Mittelwert und Varianz – noch zwei andere Maße als nützlich, die leicht im Experiment erfaßt werden können. Es handelt sich um die Autokorrelationsfunktion und die Spektraldichte. Die allgemeine Definition der Autokorrelationsfunktion geht wieder von mehreren parallelen Meßreihen $x_k(t)$ aus (Abb. 21.1.5). Wir betrachten dabei die Meßwerte zu den Zeitpunkten t_1 und $t_1 + \Delta t$ und bilden damit den Erwartungswert

$$\begin{aligned} \Phi_x(t_1, \Delta t) &= E\left[x(t_1)\, x(t_1 + \Delta t)\right] \\ &= \int\limits_{-\infty}^{+\infty} x(t_1)\, x(t_1 + \Delta t)\, p(x)\, \mathrm{d}x \end{aligned} \qquad (21.1.21)$$

Wir sehen sofort, daß

$$\Phi_x(t_1, \Delta t = 0) = \overline{x^2} \qquad (21.1.22)$$

allgemein gültig ist. Für alle Prozesse, deren Mittelwert Null ist, gilt natürlich zusätzlich

$$\Phi_x(t_1, \Delta t = 0) = \overline{x^2} = \sigma_x^2 \,, \qquad \text{falls } \overline{x} = 0 \qquad (21.1.23)$$

Bei stationären Prozessen wird Φ_x also nicht mehr vom Zeitpunkt t_1, sondern nur noch von der Zeitdifferenz Δt der Meßreihen abhängen. Die Angabe von t_1 als Argument ist somit überflüssig. Wir können also an die Stelle von (21.1.23) die einfachere Beziehung

$$\Phi_x(0) = \sigma_x^2 \,, \qquad \text{falls } \overline{x} = 0 \text{ und } x \text{ stationär} \qquad (21.1.24)$$

setzen. Ferner ist $\Phi_x(\Delta t)$ bei stationären Prozessen ganz offensichtlich eine symmetrische Funktion, denn es gilt

$$\begin{aligned} \Phi_x(-\Delta t) &= E\left[x(t_1)\, x(t_1 - \Delta t)\right] \\ &= E\left[x(t_1 - \Delta t)\, x(t_1 - \Delta t + \Delta t)\right] \\ &= \Phi_x(+\Delta t) \end{aligned} \qquad (21.1.25)$$

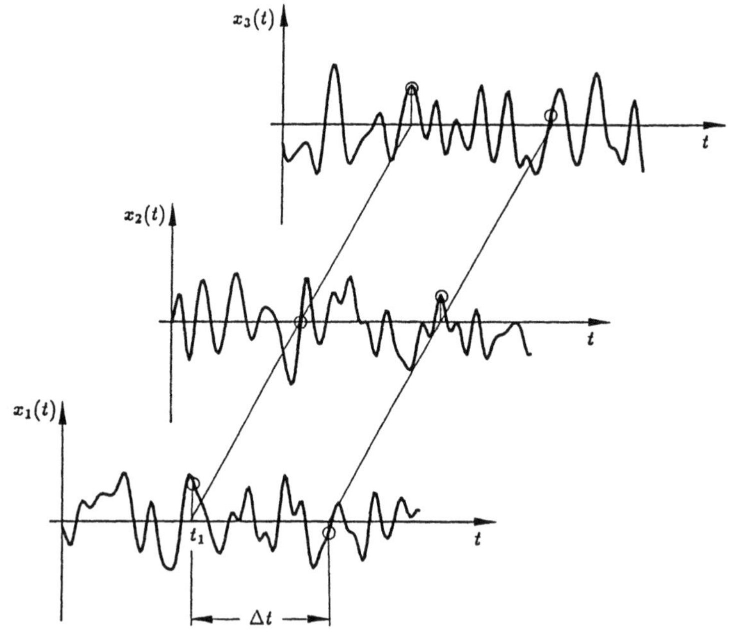

Abb. 21.1.5 Zur allgemeinen Definition der Autokorrelationsfunktion

Durch die geschickte Wahl eines neuen Erwartungswertes können wir leicht zeigen, daß $\Phi_x(\Delta t)$ stets kleiner als $\Phi(0)$ ist, falls ein stationärer Prozeß vorliegt. Wir definieren

$$E\left[\left(x(t_1) \pm x(t_1+\Delta t)\right)^2\right] = \int_{-\infty}^{+\infty} \left(x(t_1) \pm x(t_1+\Delta t)\right)^2 p(x)\,\mathrm{d}x$$

$$= \int_{-\infty}^{+\infty} \left(x(t_1)^2 \pm 2x(t_1)\,x(t_1+\Delta t) + x(t_1+\Delta t)^2\right) p(x)\,\mathrm{d}x$$

$$= \Phi_x(0) \pm 2\Phi_x(\Delta t) + \Phi_x(0) \geqslant 0 \tag{21.1.26}$$

Daß die so definierte Erwartungsfunktion stets positiv sein muß, schließen wir aus Zeile (1) von (21.1.26), rechte Seite. Ein quadratischer Ausdruck ist stets positiv, und $p(x)$ ist stets positiv oder Null. Folglich liefert auch die Integration eine positive Größe. Ferner ist $\Phi_x(t_1, 0)$ und $\Phi_x(t_1+\Delta t, 0)$ bei einem stationären Prozeß gleich groß. Die letzte Zeile von (21.1.26) führt uns schließlich auf

$$\Phi_x(0) \geqslant |\Phi_x(\Delta t)| \,, \qquad \text{falls } x \text{ stationär} \tag{21.1.27}$$

Mehr läßt sich im allgemeinen nicht sagen. Bei sehr vielen stationären stochastischen Prozessen nimmt jedoch die Autokorrelationsfunktion Φ_x mit steigendem Δt sehr rasch ab. Wir beobachten qualitativ das in Abb. 21.1.6 dargestellte Bild.

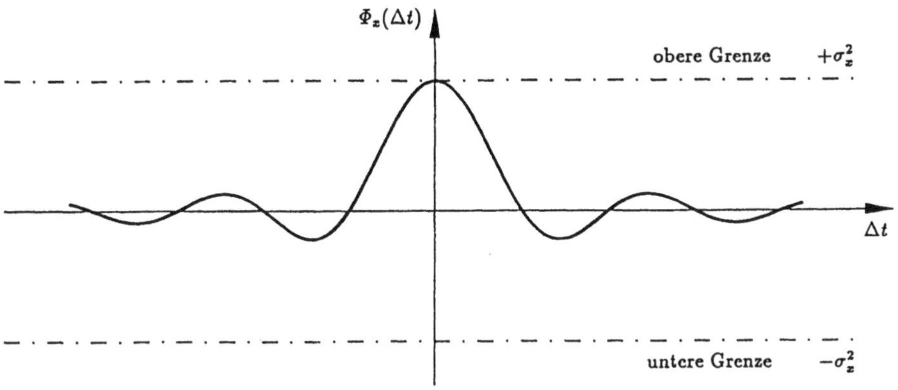

Abb. 21.1.6 Typisches Bild einer Autokorrelationsfunktion bei einem stationären Prozeß mit Mittelwert Null

Für einen ergodischen Prozeß kann die Erwartungswertbildung über die Meßreihen ersetzt werden durch eine Mittelwertbildung über die Zeitachse einer Messung. Dies haben wir bereits besprochen. Wir erhalten dann aus (21.1.21)

$$\Phi_x(\Delta t) = \lim_{T \to \infty} \frac{1}{T} \int_{-T/2}^{+T/2} x(t)\, x(t + \Delta t)\, \mathrm{d}t, \qquad \text{falls } x \text{ ergodisch} \tag{21.1.28}$$

Neben der Autokorrelationsfunktion kennen wir noch eine weitere Funktion, die zur Behandlung stochastischer Prozesse von besonderer Bedeutung ist. Es handelt sich um die Spektraldichtefunktion S_x. Eine strenge mathematische Ableitung würde den Rahmen dieses Buches sprengen, und wir verweisen deshalb auf [21.1] oder andere Standardwerke der Mathematik stochastischer Prozesse. Bei der Entwicklung des Fourierintegrals zur Beschreibung einer allgemeinen deterministischen Erregung (Abschnitt 19.3) hatten wir bereits darauf hingewiesen, daß eine Funktion $x(t)$ nur bei Einhaltung der Bedingung

$$\int_{-\infty}^{+\infty} |x(t)|\, \mathrm{d}t < \infty \tag{21.1.29}$$

ohne besondere Vorsichtsmaßnahmen mit dem Fourierintegral dargestellt werden darf. Wenn wir also unter $x(t)$ die Erregung verstehen, so ist dies eine denkbar ungünstige Ausgangsbasis. Da eine stochastische Erregung (wenigstens theoretisch) beliebig lange andauert, braucht (21.1.29) selbst dann nicht erfüllt zu sein, wenn der Mittelwert $\bar{x}$ Null ist. Wenden wir uns dagegen der Autokorrelationsfunktion $\Phi_x(\Delta t)$ zu, dann ist die Chance schon größer, daß die absolute Fläche unter der $\Phi_x - \Delta t$-Kurve endlich bleibt. Für kleine Werte Δt folgt aus der Kontuinität der $x(t)$-Kurve, daß $x(t)$ und $x(t + \Delta t)$ gleiches Vorzeichen haben und somit sich das Mittel über die Zeitachse, $\Phi_x(\Delta t)$, akkumuliert. Für große Werte Δt wird bei einem Zufallsprozeß keinerlei vorhersagbare Beziehung zwischen $x(t)$ und $x(t + \Delta t)$ sein. Es werden also mal negative und mal positive Beiträge auftreten, die sich aufheben. Φ_x geht für große Δt gegen Null. Eine Ausnahme bilden lediglich periodische Vorgänge $x(t)$, bei denen auch $\Phi_x(\Delta t)$ periodisch sein kann. Da dann die Bedingung (21.1.29) nicht mehr erfüllt werden kann, spaltet man in diesem Falle die periodischen Komponenten von $\Phi_x(\Delta t)$ ab und behandelt sie gesondert.

Wir wenden unsere Aufmerksamkeit damit dem Standardfall einer aperiodischen Kovarianz $\Phi_x(\Delta t)$ zu, die (21.1.29) erfüllt. Die Darstellung dieser Funktion mit Hilfe eines Fourierintegrales folgt direkt aus Abschnitt 19.3, wo wir eine nichtperiodische Erregungsfunktion auf diese Weise darstellten. Aus den Gleichungen (19.3.4) und (19.3.5) finden wir analog

$$\Phi_x(\Delta t) = \int_{-\infty}^{+\infty} S_x(\Omega)\, e^{i\Omega\Delta t} d\Omega \tag{21.1.30}$$

wobei

$$S_x(\Omega) = \frac{1}{2\pi}\int_{-\infty}^{+\infty} \Phi_x(\Delta t)\, e^{-i\Omega\Delta t} d(\Delta t) \tag{21.1.30a}$$

die vorerwähnte Spektraldichtefunktion ist. Wir sagen übrigens auch, daß $S_x(\Omega)$ die Fouriertransformierte der Funktion $\Phi_x(\Delta t)$ ist und umgekehrt $\Phi_x(\Delta t)$ die inverse Fouriertransformierte der Spektraldichte $S_x(\Omega)$. Die auf diese Weise gewonnene kontinuierliche Funktion $S_x(\Omega)$ wird noch von einer Serie von Impulsen überlagert, falls $\Phi_x(\Delta t)$ bzw. $x(t)$ periodische Komponenten enthält.

Eine wichtige Eigenschaft der Funktion $S_x(\Omega)$ ergibt sich aus (21.1.30) für $\Delta t = 0$. Wir erhalten nämlich

$$\Phi_x(0) = \int_{-\infty}^{+\infty} S_x(\Omega) d\Omega = \overline{x^2} \tag{21.1.31}$$

Die Fläche unter der Spektraldichtefunktion entspricht also dem quadratischen Mittelwert des Prozesses. Die komplexe Darstellung (21.1.30a) kann – wie wir ebenfalls schon aus Abschnitt 19.3 wissen – mit Hilfe der Eulerschen Formeln in die alternative Form

$$S_x(\Omega) = \frac{1}{2\pi}\int_{-\infty}^{+\infty} \Phi_x(\Delta t)\cos(\Omega\Delta t)\, d(\Delta t) - \frac{i}{2\pi}\int_{-\infty}^{+\infty} \Phi_x(\Delta t)\sin(\Omega\Delta t)\, d(\Delta t)$$

$$= \frac{1}{2\pi}\int_{-\infty}^{+\infty} \Phi_x(\Delta t)\cos(\Omega\Delta t)\, d(\Delta t) \tag{21.1.32}$$

gebracht werden. Der Imaginärteil muß nämlich Null sein, da $\Phi_x(\Delta t)$ symmetrisch und $\sin\Omega\,\Delta t$ antisymmetrisch zu $\Delta t = 0$ ist und sich somit die Flächen unter der antisymmetrischen Integralfunktion aufheben. Untersuchen wir das Verhalten der Dichtefunktion $S_x(\Omega)$ bezüglich Ω, so stellen wir sofort fest, daß

$$S_x(-\Omega) = \frac{1}{2\pi}\int_{-\infty}^{+\infty} \Phi_x(\Delta t)\cos(-\Omega\Delta t)\,d(\Delta t)$$

$$= S_x(\Omega) \qquad (21.1.33)$$

Die Spektraldichtefunktion ist also nicht nur reell, sondern auch symmetrisch bezüglich $\Omega = 0$, analog zur Autokorrelation. Davenport [21.2] hat gezeigt, daß $S_x(\Omega)$ darüber hinaus auch noch positiv ist. Wir ersehen zumindest aus (21.1.31), daß die Fläche unter $S_x(\Omega)$ positiv ist, was nur bei dominant positivem S_x vorstellbar ist. In Abb. 21.1.7 sind einige typische Spektraldichteverteilungen dargestellt. Da wir uns darüber im klaren

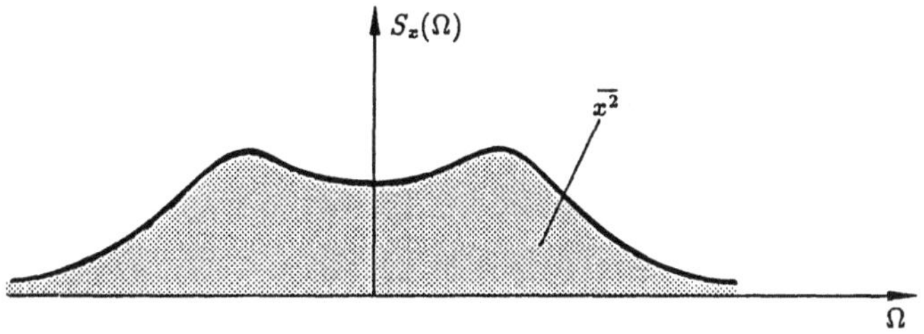

(a) Spektraldichte und der Mittelwert des Quadrates ($\bar{x} = 0$)

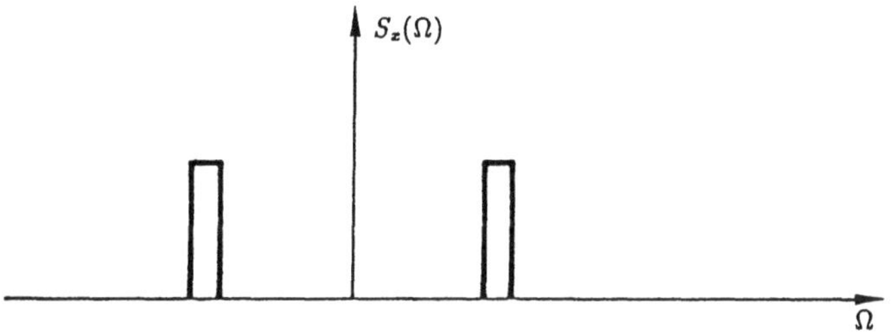

(b) Spektraldichte eines stochastischen Prozesses mit schmalem Frequenzband

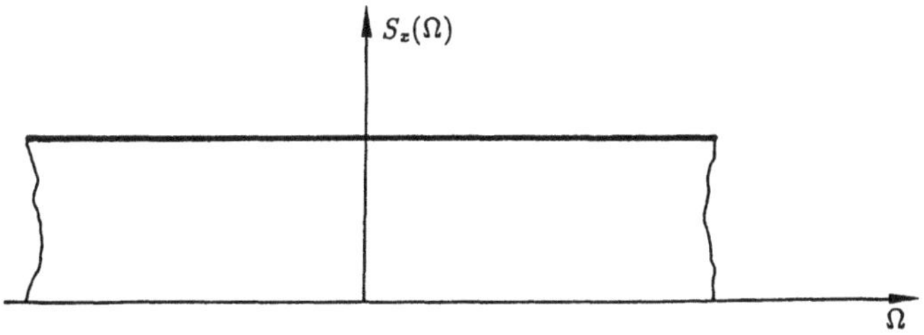

(c) Spektraldichte eines Breitbandprozesses (weißes Rauschen)

Abb. 21.1.7 Spektraldichteverteilungen stochastischer Prozesse

Der allgemeine Zufallsprozeß

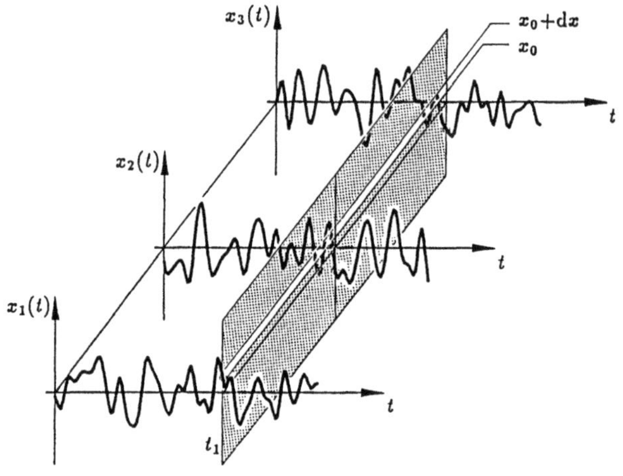

Wahrscheinlichkeit bei x_0 und t_1

Es sei $x < x_0$ in N_x von N Meßreihen

$$P(x_0, t_1) = \lim_{N\to\infty} \frac{N_x}{N} \quad , \quad 0 \le P \le 1 \quad \text{monoton}$$

Wahrscheinlichkeitsdichte bei x_0 und t_1

$$p(x_0, t_1) = \frac{\mathrm{d}P}{\mathrm{d}x}(x_0) \ge 0$$

Allgemeiner Erwartungswert

$$E[f(x)] = \int_{-\infty}^{+\infty} f(x)\, p(x)\, \mathrm{d}x$$

Spezielle Erwartungswerte

Mittelwert

$$\bar{x}(t_1) = \int_{-\infty}^{+\infty} x(t_1)\, p(x)\, \mathrm{d}x$$

Mittelwert des Quadrats

$$\overline{x^2}(t_1) = \int_{-\infty}^{+\infty} x^2(t_1)\, p(x)\, \mathrm{d}x$$

Abb. 21.1.8 Der allgemeine Zufallsprozeß: die wichtigsten Definitionen und Relationen, *Teil* 1

Varianz

$$\sigma_x^2(t_1) = \int_{-\infty}^{+\infty} (x(t_1) - \overline{x}(t_1))^2 \, p(x) \, dx$$

Autokorrelationsfunktion

$$\Phi_x(t_1, \Delta t) = \int_{-\infty}^{+\infty} x(t_1) \, x(t_1 + \Delta t) \, p(x) \, dx$$

Relationen

$$\Phi_x(t_1, 0) = \overline{x^2}(t_1)$$

$$\Phi_x(t_1, 0) = \sigma_x^2(t_1) \qquad \text{falls} \quad \overline{x}(t_1) = 0$$

Hinweis
Falls der stochastische Prozeß stationär ist, sind alle Resultate von der Zeit t_1 unabhängig; t_1 kann damit entfallen.

Abb. 21.1.8 Der allgemeine Zufallsprozeß: die wichtigsten Definitionen und Relationen, *Teil* 2

Der ergodische Zufallsprozeß

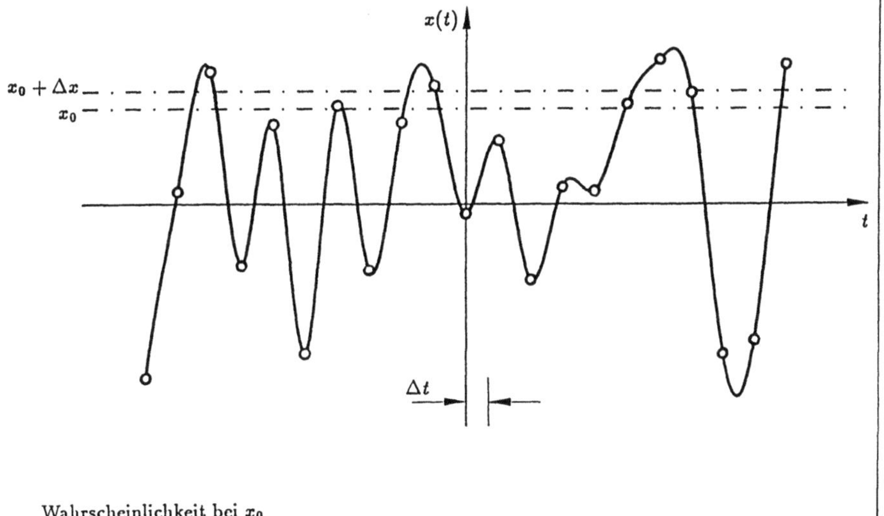

Wahrscheinlichkeit bei x_0

Es sei $x < x_0$ in N_x von N Intervallen Δt

$$P(x_0) = \lim_{\substack{\Delta t \to 0 \\ N \to \infty}} \frac{N_x}{N} \quad , \quad 0 \leq P \leq 1 \quad \text{monoton}$$

Abb. 21.1.9 Der ergodische Zufallsprozeß: die wichtigsten Definitionen und Relationen, *Teil* 1

Wahrscheinlichkeitsdichte bei x_0

Es sei $x < x_0 + \Delta x$ in $N_{x+\Delta x}$ Intervallen Δt

$$p(x_0) = \lim_{\Delta x \to 0} \frac{P(x_0 + \Delta x) - P(x_0)}{\Delta x}$$

$$= \lim_{\substack{\Delta t \to 0 \\ N \to \infty \\ \Delta x \to 0}} \frac{N_{x+\Delta x} - N_x}{\Delta x N} \geq 0$$

Allgemeiner Erwartungswert

$$E[f(x)] = \lim_{T \to \infty} \frac{1}{T} \int_{-T/2}^{+T/2} f(x)\,\mathrm{d}t$$

Spezielle Erwartungswerte

Mittelwert

$$\bar{x} = \lim_{T \to \infty} \frac{1}{T} \int_{-T/2}^{+T/2} x\,\mathrm{d}t$$

Mittelwert des Quadrats

$$\overline{x^2} = \lim_{T \to \infty} \frac{1}{T} \int_{-T/2}^{+T/2} x^2\,\mathrm{d}t$$

Varianz

$$\sigma_x^2 = \lim_{T \to \infty} \frac{1}{T} \int_{-T/2}^{+T/2} (x - \bar{x})^2\,\mathrm{d}t$$

Autokorrelationsfunktion

$$\Phi_x(\Delta t) = \lim_{T \to \infty} \frac{1}{T} \int_{-T/2}^{+T/2} x(t)\,x(t + \Delta t)\,\mathrm{d}t$$

Spektraldichtefunktion

$$S_x(\Omega) = \frac{1}{2\pi} \int_{-\infty}^{+\infty} \Phi_x(\Delta t)\,\mathrm{e}^{-\mathrm{i}\Omega\Delta t}\,\mathrm{d}(\Delta t)$$

$$= \frac{1}{2\pi} \int_{-\infty}^{+\infty} \Phi_x(\Delta t)\,\cos\Omega\Delta t\,\mathrm{d}(\Delta t)$$

Relationen

$$\Phi_x(0) = \overline{x^2}$$

$$\Phi_x(0) = \sigma_x^2 \qquad \text{falls } \bar{x} = 0$$

$$\Phi_x(\Delta t) = \int_{-\infty}^{+\infty} S_x(\Omega)\,\mathrm{e}^{-\mathrm{i}\Omega\Delta t}\,\mathrm{d}\Omega$$

$$\Phi_x(0) = \int_{-\infty}^{+\infty} S_x(\Omega)\,\mathrm{d}\Omega = \sigma_x^2 \qquad \text{falls } \bar{x} = 0$$

Abb. 21.1.9 Der ergodische Zufallsprozeß: die wichtigsten Definitionen und Relationen, *Teil* 2 sind, daß die Leser in diesem Kapitel mit zahlreichen neuen Definitionen auf einem wohl meist fremden Gebiet konfrontiert werden, haben wir die wichtigsten Beziehungen nochmals in Abb. 21.1.8 und Abb. 21.1.9 zusammengefaßt.

21.2 Stochastische Erregung eines modalen Freiheitsgrades bei einem entkoppelten System (modale Dämpfung)

Da wir in Abschnitt 21.1 zunächst den stochastischen Einzelprozeß besprochen haben, diskutieren wir die dynamische Analyse zuerst in diesem Rahmen. Wir betrachten dazu eine Gleichung des diagonalisierten Systems

$$\ddot{\eta}_i + 2\zeta_i \omega_i \dot{\eta}_i + \omega_i^2 \eta_i = \omega_i^2 R_{\eta i}(t) \tag{21.2.1}$$

und nehmen an, daß $R_{\eta i}(t)$ ein ergodischer Zufallsprozeß mit Mittelwert Null ist. Wir besprechen damit zum einen Systeme mit einem Freiheitsgrad, zum anderen erfassen wir auch stochastische entkoppelte Prozesse. Im nächsten Abschnitt gehen wir dann zum allgemeineren Fall über, daß jeder Freiheitsgrad r_i eine unabhängige stochastische Erregung $R_i(t)$ erfährt.

Zur Berechnung der Antwort η des Systems (wir lassen den Index i zur Vereinfachung weg) bedienen wir uns des schon bekannten Duhamel-Integrales. In (19.4.11) hatten wir für ungedämpfte Systeme bereits die Lösung

$$\eta(t) = \int_{\bar{t}=0}^{\bar{t}=t} R_\eta(\bar{t})\, h(t-\bar{t})\,\mathrm{d}\bar{t} \tag{21.2.2}$$

angegeben, wobei

$$h(t-\bar{t}) = \omega \sin \omega (t-\bar{t}) \tag{21.2.3}$$

die Antwort des Systems auf einen Dirac-Impuls der Stärke 1 darstellt (siehe (19.4.9) und (19.4.10)). Die Antwort auf einen Dirac-Impuls bei modal gedämpften Systemen haben wir zwar nicht explizit abgeleitet, der Leser kann sie aber leicht selbst verifizieren. Wir gehen dabei einfach von der gedämpften freien Schwingung (20.4.9) mit den Anfangsbedingungen

$$\begin{aligned} \eta_0 &= 0 \\ \dot{\eta}_0 &= \omega_i^2 \textstyle\int R_{\eta i}\,\mathrm{d}t = \omega_i^2 \cdot 1 \end{aligned} \tag{21.2.4}$$

aus und bringen noch die notwendige Zeitachsenverschiebung ein. Es ergibt sich die bei schwacher Dämpfung gültige Lösung

$$h(t-\bar{t}) = \frac{\omega}{\sqrt{1-\zeta^2}}\, \mathrm{e}^{-\omega\zeta(t-\bar{t})} \sin\left(\sqrt{1-\zeta^2}\, \omega (t-\bar{t})\right) \tag{21.2.5}$$

welche bis zur kritischen Dämpfung $\zeta = 1$ gültig ist. Für $\zeta = 0$ ergibt sich daraus die bekannte Lösung (21.2.3). Sowohl (21.2.3) als auch (21.2.5) müßte eigentlich noch durch

$$h(t-\bar{t}) = 0 \qquad \text{für} \quad t < \bar{t} \tag{21.2.6}$$

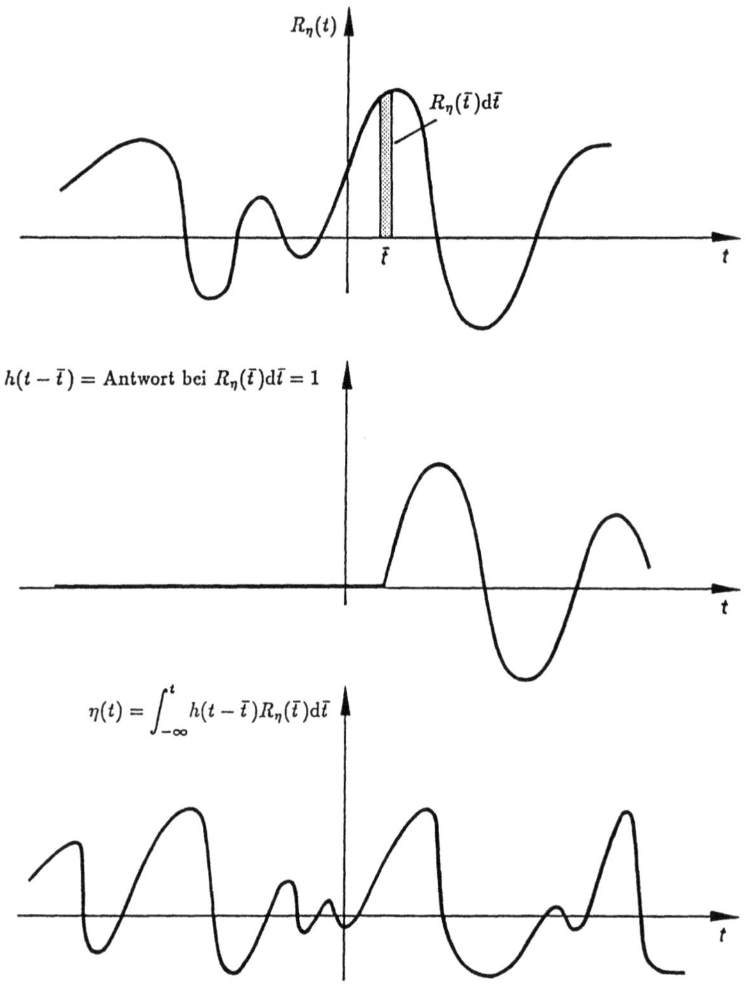

Abb. 21.2.1 Zufallserregung und infinitesimaler Teilimpuls, Einheitsantwort und superponierte Gesamtantwort

ergänzt werden, da vor dem Auftauchen des Einheitsimpulses keine Antwort existieren kann. Ferner ist anzumerken, daß unsere Zufallserregung $R_\eta(\bar{t})$ ja nicht einfach bei $\bar{t}$ beginnt, sondern (wenigstens theoretisch) bereits beliebig lange angedauert hat (Abb. 21.2.1). Damit wird (21.2.2) für eine Zufallserregung auch

$$\eta(t) = \int_{\bar{t}=-\infty}^{\bar{t}=t} R_\eta(\bar{t})\, h(t-\bar{t})\,\mathrm{d}\bar{t}$$

$$= \int_{\bar{t}=-\infty}^{\bar{t}=+\infty} R_\eta(\bar{t})\, h(t-\bar{t})\,\mathrm{d}\bar{t} \tag{21.2.7}$$

Mit der neuen Zeitkoordinate

$$\theta = t - \bar{t} \tag{21.2.8}$$

finden wir schließlich auch

$$\eta(t) = \int_{-\infty}^{+\infty} h(\theta) R_\eta(t-\theta) \mathrm{d}\theta \tag{21.2.9}$$

als eine weitere mögliche Form des Duhamel-Integrals.

Da $R_\eta(t)$ stochastisch ist, ist es auch $\eta(t)$. Als erstes interessieren wir uns für den Mittelwert der Antwort. Wir bilden deshalb

$$\begin{aligned} \bar{\eta} &= E[\eta] \\ &= E\left[\int_{-\infty}^{+\infty} h(\theta) R_\eta(t-\theta)\mathrm{d}\theta\right] = \int_{-\infty}^{+\infty} h(\theta) E\left[R_\eta(t-\theta)\right] \mathrm{d}\theta \\ &= \int_{-\infty}^{+\infty} h(\theta) \bar{R}_\eta \,\mathrm{d}\theta \\ &= \bar{R}_\eta \int_{-\infty}^{+\infty} h(\theta)\mathrm{d}\theta \end{aligned} \tag{21.2.10}$$

Dabei ist zu beachten, daß bei einem ergodischen Prozeß $\eta(t)$ die Mittelwertbildung über die Zeit t erfolgt. Da aber nur $R_\eta(t-\theta)$ von der Zeit t abhängt, kann die Mittelwertbildung vor der Integration ausgeführt werden. Da auch der Erregungsprozeß R_η ergodisch und damit stationär ist, hängt der Mittelwert $\bar{R}_\eta$ nicht von der Zeit ab. Es bleibt also die in (21.2.10) in der letzten Zeile angegebene Form übrig. Die wichtigste Konsequenz ist: Wenn der Mittelwert der Erregung Null ist, ist es auch der Mittelwert der Antwort. Über die Abspaltung und deterministische Behandlung eines Mittelwertes $\bar{R}_\eta \neq 0$ hatten wir bereits gesprochen.

Als nächsten Punkt wollen wir die Autokorrelation der Antwort besprechen. Auch hierbei handelt es sich um einen Erwartungswert. Wir erhalten

$$\Phi_\eta(\Delta t) = E\left[\eta(t)\,\eta(t+\Delta t)\right]$$

$$= E\left[\left(\int_{-\infty}^{+\infty} h(\theta_1) R_\eta(t-\theta_1)\,\mathrm{d}\theta_1\right)\left(\int_{-\infty}^{+\infty} h(\theta_2) R_\eta(t+\Delta t-\theta_2)\,\mathrm{d}\theta_2\right)\right]$$

$$= E\left[\int_{-\infty}^{+\infty}\int_{-\infty}^{+\infty} h(\theta_1) h(\theta_2) R_\eta(t-\theta_1) R_\eta(t-\theta_2+\Delta t)\,\mathrm{d}\theta_1\,\mathrm{d}\theta_2\right]$$

$$= \int_{-\infty}^{+\infty}\int_{-\infty}^{+\infty} h(\theta_1) h(\theta_2) E\left[R_\eta(t-\theta_1) R_\eta(t-\theta_2+\Delta t)\right]\mathrm{d}\theta_1\,\mathrm{d}\theta_2$$

$$= \int_{-\infty}^{+\infty}\int_{-\infty}^{+\infty} h(\theta_1) h(\theta_2)\,\Phi_E(\Delta t+\theta_1-\theta_2)\,\mathrm{d}\theta_1\,\mathrm{d}\theta_2 \qquad (21.2.11)$$

Dabei ist Φ_E die Autokorrelation der Erregung, und wir erhalten mit (21.2.11) eine Beziehung, aus der sich die Autokorrelation der Antwort ergibt. Dies ist leider in der praktischen Anwendung recht mühsam. Wir sehen übrigens in der Ableitung (21.2.10) und (21.2.11), daß bei einem stationären Erregungsprozeß $R_\eta(t)$ auch die Antwort $\eta(t)$ stationär ist, da weder der Mittelwert $\overline{\eta}$ noch die Autokorrelation $\Phi_\eta(\Delta t)$ von der Zeit t abhängen.

Auch die Umsetzung der Spektraldichte S_E der Erregung in die der Antwort, S_η, läßt sich leicht ausrechnen. Wir gehen dabei von der Definition der Spektraldichte (21.1.31) aus und verwenden das Resultat (21.2.11) für die entsprechende Autokorrelationsfunktion

$$S_\eta(\Omega) = \frac{1}{2\pi}\int_{\Delta t=-\infty}^{+\infty} \Phi_\eta(\Delta t)\,\mathrm{e}^{-i\Omega\Delta t}\mathrm{d}(\Delta t)$$

$$= \frac{1}{2\pi}\int_{\Delta t=-\infty}^{+\infty}\int_{\theta_1=-\infty}^{+\infty}\int_{\theta_2=-\infty}^{+\infty} h(\theta_1) h(\theta_2)\,\Phi_E(\Delta t+\theta_1-\theta_2)\,\mathrm{d}\theta_2\,\mathrm{d}\theta_1\,\mathrm{e}^{-i\Omega\Delta t}\mathrm{d}(\Delta t)$$

$$= \int_{-\infty}^{+\infty}\int_{-\infty}^{+\infty} h(\theta_1) h(\theta_2)\left(\frac{1}{2\pi}\int_{\Delta t=-\infty}^{+\infty}\Phi_E(\Delta t+\theta_1-\theta_2)\,\mathrm{e}^{-i\Omega\Delta t}\mathrm{d}(\Delta t)\right)\mathrm{d}\theta_1\,\mathrm{d}\theta_2$$

$$= S_E(\Omega)\int_{-\infty}^{+\infty}\int_{-\infty}^{+\infty} h(\theta_1) h(\theta_2)\,\mathrm{e}^{-i\Omega(\theta_2-\theta_1)}\mathrm{d}\theta_1\,\mathrm{d}\theta_2 \qquad (21.2.12)$$

Wir haben in den erarbeiteten statistischen Maßen für die Antwort leider noch einige Integralausdrücke stehen. Diese lassen sich jedoch mit Hilfe der Fourierintegral-Methode leicht vereinfachen, und zwar mit einem überraschenden Resultat. Wir erinnern dazu an die Darstellung der Antwort mit Fourierintegralen (19.3.10), wobei für ungedämpfte Schwinger als Frequenzgang (19.3.11) und für modal gedämpfte Schwinger analog der komplexe Frequenzgang (20.4.12) zu nehmen ist. Wir wenden diese Fourierintegral-Methode auf eine Impulserregung der Größe 1 bei $\theta = 0$ an und erhalten somit als Antwort $h(\theta)$ bzw.

$$h(\theta) = \int_{-\infty}^{+\infty} F(\Omega)\, k(\Omega)\, \mathrm{e}^{i\Omega\theta}\, \mathrm{d}\Omega \tag{21.2.13}$$

wobei der komplexe Frequenzgang

$$F(\Omega) = \frac{1}{1 - \left(\frac{\Omega}{\omega}\right)^2 + i\, 2\zeta \frac{\Omega}{\omega}} \tag{21.2.14}$$

und das Frequenzspektrum der Impulserregung

$$\begin{aligned} k(\Omega) &= \frac{1}{2\pi} \int_{-\infty}^{+\infty} R_\eta\, \mathrm{e}^{-i\Omega\theta}\, \mathrm{d}\theta \\ &= \frac{1}{2\pi} \end{aligned} \tag{21.2.15}$$

wird. Das letztere Resultat ergibt sich aus der Tatsache, daß R_η nur im Bereich sehr kleiner θ wirkt, wo $\mathrm{e}^{-i\Omega\theta} \approx 1$ wird. Dementsprechend liefert das Integral den Impuls, und der ist gerade 1. Folglich wird (21.2.13) mit (21.2.15) einfach

$$h(\theta) = \frac{1}{2\pi} \int_{-\infty}^{+\infty} F(\Omega)\, \mathrm{e}^{i\Omega\theta}\, \mathrm{d}\Omega \tag{21.2.16}$$

Der Vergleich mit (21.1.30) und (21.1.31) sagt uns sogleich, daß $\frac{1}{2\pi}F(\Omega)$ die Fouriertransformierte der Funktion $h(\theta)$ sein muß. Analog zu (21.1.31) gilt aber dann

$$F(\Omega) = \int_{-\infty}^{+\infty} h(\theta)\, \mathrm{e}^{-i\Omega\theta}\, \mathrm{d}\theta \tag{21.2.17}$$

wobei der komplexe Frequenzgang durch die einfache Formel (21.2.14) gegeben ist. Die Integrale mit unendlichen Grenzen lösen sich damit in Wohlgefallen auf. So erhalten wir nun an Stelle von (21.2.10) für den Mittelwert der Antwort mit $\Omega = 0$

$$\begin{aligned} \overline{\eta} &= \overline{R}_\eta F(0) \\ &= \overline{R}_\eta \end{aligned} \tag{21.2.18}$$

Für (21.2.12) rechnen wir zunächst

$$\int\limits_{-\infty}^{+\infty}\int\limits_{-\infty}^{+\infty} h(\theta_1)h(\theta_2)\,\mathrm{e}^{-i\Omega(\theta_2-\theta_1)}\mathrm{d}\theta_1\,\mathrm{d}\theta_2 = \int\limits_{-\infty}^{+\infty} h(\theta)\,\mathrm{e}^{+i\Omega\theta}\mathrm{d}\theta \int\limits_{-\infty}^{+\infty} h(\theta)\,\mathrm{e}^{-i\Omega\theta}\mathrm{d}\theta$$

$$= F^*(\Omega)F(\Omega)$$

$$= V^2 \qquad (21.2.19)$$

Darin ist F^* die konjugiert komplexe Zahl zu F selbst, und V gibt die in (20.4.15) niedergelegte reelle Vergrößerungsfunktion an, welche dem Betrag des komplexen Frequenzganges entspricht

$$V^2 = \left(\left[1-\left(\frac{\Omega}{\omega}\right)^2\right]^2 + \left[2\zeta\frac{\Omega}{\omega}\right]^2\right)^{-1} \qquad (21.2.20)$$

Für (21.2.12) können wir nun viel einfacher schreiben

$$S_\eta(\Omega) = V^2 S_E(\Omega) \qquad (21.2.21)$$

Wir wollen den abstrakten Charakter dieses Abschnitts etwas mildern, indem wir es mit einem kleinen Beispiel mit nur einem Freiheitsgrad abschließen (Abb. 21.2.2). Dabei

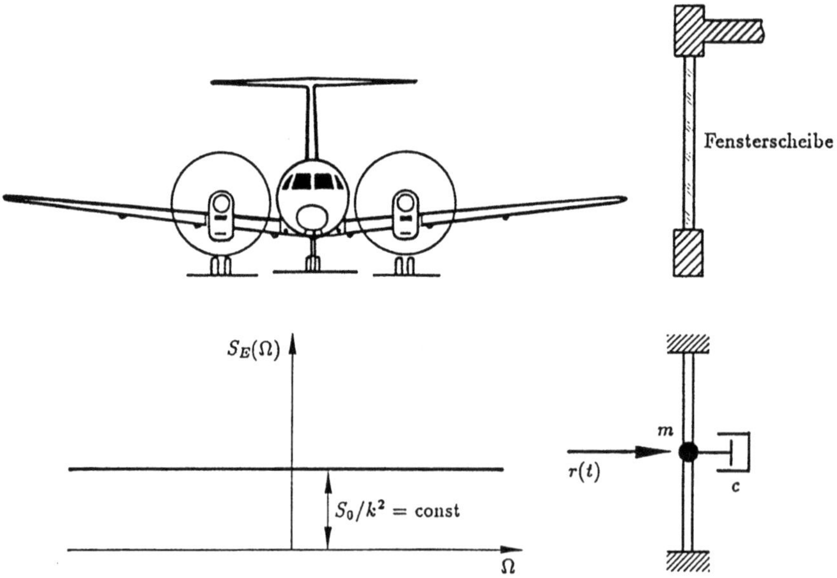

Belastung $R(t)$
stochastisch (ideales weißes Rauschen)
mit $S_E(\Omega) = S_0/k^2 = \text{const.}$

Effektive Steifigkeit k
Effektive Masse m
Effektive Dämpfung c

Abb. 21.2.2 Stark vereinfachtes Modell einer Scheibenschwingung bei Schallerregung werde eine Fensterscheibe durch den Lärm der Triebwerke eines Düsenflugzeugs beaufschlagt. Die Erregung ist stochastisch, und sie sei mit einem konstanten Frequenzband (ideales weißes Rauschen) idealisiert. Für die Vergrößerungsfunktion V benötigen wir die Eigenfrequenz

$$\omega = \left(\frac{k}{m}\right)^{1/2}$$

der Scheibe sowie den Dämpfungsbeiwert

$$\begin{aligned} \zeta &= \frac{1}{2}\,\omega\frac{c}{k} \\ &= \frac{1}{2}\,c\,(km)^{-1/2} \end{aligned}$$

Die Spektraldichte der Antwort ergibt sich mit der generalisierten Krafterregung

$$R_\eta(t) = \frac{1}{k}R(t)$$

der Spektraldichte der Krafterregung

$$S_R = S_0 = \text{const.}$$

und der Spektraldichte der generalisierten Krafterregung

$$S_E(\Omega) = \frac{1}{k^2}S_0$$

einfach zu

$$\begin{aligned} S_r(\Omega) = S_\eta &= V^2\frac{S_0}{k^2} \\ &= \frac{S_0}{k^2}\,\frac{1}{\left(1-\left(\frac{\Omega}{\omega}\right)^2\right)^2 + \left(2\zeta\frac{\Omega}{\omega}\right)^2} \\ &= \frac{S_0}{(k-m\Omega^2)^2 + (c\Omega)^2} \end{aligned}$$

Da die Kraftfunktion R_η in die Autokorrelation quadratisch eingeht und die Spektraldichte die Fouriertransformierte der Autokorrelation ist, kann der Faktor $(1/k)^2$ in die Spektraldichte der generalisierten Krafterregung übernommen werden.

Eine qualitative Darstellung dieses Verlaufes finden wir in Abb. 21.2.3. Die Antwort weist im Bereich der Eigenfrequenzen die größten Beiträge auf, falls, wie angenommen, die Dämpfung nicht zu stark ist.

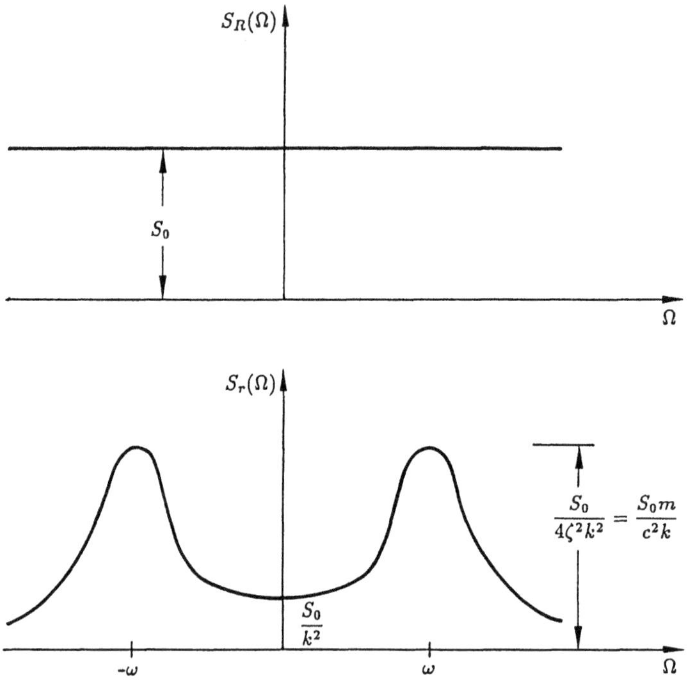

Abb. 21.2.3 Frequenzdichte der Eingabe und der Antwort

Mit (21.1.31) können wir nun noch den Mittelwert des Quadrats der Antwort berechnen

$$\overline{r^2} = \int_{-\infty}^{+\infty} S_r(\Omega)\mathrm{d}\Omega$$

$$= \int_{-\infty}^{+\infty} \frac{S_0}{(k - m\Omega^2)^2 + c^2\Omega^2}\mathrm{d}\Omega$$

$$= \frac{\pi S_0}{kc}$$

Das Mittel der Amplitudenquadrate der Scheibe ist also von der Masse unabhängig. Dieser Wert kann somit durch eine Vergrößerung der Masse nicht verringert werden, sondern nur durch Steigerung der Steifigkeit und Dämpfung.

Wir haben im Rahmen der Berechnung der Antwort in diesem Abschnitt bisher nur über die Erwartungswerte selbst gesprochen, nicht aber über die Wahrscheinlichkeitsdichte und die Wahrscheinlichkeit im Antwortprozeß. Für allgemeine Verteilungen führt kein einfacher Weg von der Erregungswahrscheinlichkeit zur Antwortwahrscheinlichkeit. Man kann aber zeigen [21.2], daß ein Gaußscher Erregungsprozeß auch einen Gaußschen

Antwortprozeß induziert, solange das System linear ist. In sehr vielen Fällen kann die Systemantwort durch eine Gaußsche Verteilung approximiert werden, selbst dann, wenn dies für die Erregung nicht möglich ist. Mit dieser Annahme können wir unser Beispiel noch etwas weiterführen. Falls der Mittelwert $\bar{r}$ der Antwort Null wäre, ergibt dies die in Abb. 21.1.3 dargestellte Wahrscheinlichkeitsverteilung, wobei wir für die Streuung

$$\sigma_x = \sqrt{\frac{\pi S_0}{kc}}$$

erhalten. Wir lesen dann z. B. aus dem oberen Diagramm mit

$$P\left(\frac{x}{\sigma_x} = 2\right) = 0.97725$$

ab, daß nur eine Wahrscheinlichkeit von 2.275 % besteht, daß die Amplitude r den Wert σ_x um das Zweifache übersteigt:

$$P = 2.275\,\% \qquad \text{daß} \quad r(t) \geqslant 2\sqrt{\frac{\pi S_0}{kc}}$$

Durch eine geeignete konstruktive Auslegung wird man dafür sorgen, daß unzulässig hohe Amplituden in den Bereich des Unwahrscheinlichen bzw. des seltenen Ereignisses rücken. Im Gegensatz zur deterministischen Betrachtungsweise kann ein Bruch jedoch nie restlos ausgeschlossen werden.

21.3 Stochastische Prozesse bei Mehrfreiheitsgrad-Systemen und die Behandlung verteilter stochastischer Erregungen nach dem Konzept der finiten Elemente

Ein nach dem Konzept der finiten Elemente diskretisiertes Tragwerk hat n Freiheitsgrade, und im einfachsten Fall wird jeder dieser Freiheitsgrade mit diskreten Lasten beaufschlagt. Bei einer Zufallserregung müssen wir davon ausgehen, daß die Last $R_i(t)$ am Knoten i ein anderer Zufallsprozeß ist als die Last am Knoten j, $R_j(t)$. Es entsteht damit die Frage, wie mehrere solche simultan ablaufenden Zufallsprozesse erfaßt werden können. Wir passen unsere in Abschnitt 21.2 entwickelten Definitionen entsprechend an.

Es seien $x_i(t)$ und $x_j(t)$ zwei stochastische Prozesse. Es liegen N Meßreihen $x_i^{(k)}(t)$ und $x_j^{(k)}(t)$ vor, und wir bestimmen zu einem bestimmten Zeitpunkt t_1 nun die Zahl N_x der Meßwerte, für die

$$x_i^{(k)}(t_1) < x_{0i} \quad \textit{und} \quad x_j^{(k)}(t_1) < x_{0j} \tag{21.3.1}$$

gilt. Wir erhalten damit die sogenannte Kreuzwahrscheinlichkeit

$$P_{ij}(x_{0i}, x_{0j}, t_1) = \lim_{N \to \infty} \frac{N_x}{N} \tag{21.3.2}$$

Bei n Freiheitsgraden erhalten wir somit eine quadratische Matrix $\boldsymbol{P}$ der Kreuzwahrscheinlichkeit für alle Prozesse. Natürlich gilt analog zu (21.1.2) auch hier

$$P_{ij}(-\infty, -\infty, t) = 0$$

$$P_{ij}(+\infty, +\infty, t) = 1 \qquad (21.3.3)$$

Ferner können wir feststellen, daß bei $x_{0i} = +\infty$ natürlich jedes $x_i^{(k)}$ die Bedingung (21.3.1) erfüllt und somit nur noch $x_j^{(k)}$ für die Zahl N_x, und damit die Wahrscheinlichkeit, entscheidend ist. Wir erhalten also gerade die in Abschnitt 21.1 definierte Wahrscheinlichkeit für den Einzelprozeß

$$P_{ij}(+\infty, x_{0j}, t) = P_j$$

$$P_{ij}(x_{0i}, +\infty, t) = P_i \qquad (21.3.4)$$

Wenn wir die Grenzwerte x_{0i} und x_{0j} als Variable betrachten, dann stellt die Kreuzwahrscheinlichkeit P_{ij} eine Fläche über x_{0i} und x_{0j} dar, welche zwischen 0 und 1 verläuft. Oft läßt man zur Vereinfachung den Index 0 weg und spricht einfach von $P_{ij}(x_i, x_j, t)$ (Abb. 21.3.1). Die Wahrscheinlichkeit P_{ij}, daß x_i und x_j in einem vorgegebenen Band liegen, läßt sich ebenfalls leicht bestimmen. Sie errechnet sich einfach aus der Differenz der Wahrscheinlichkeiten $P_{ij}(x_{0i}, x_{0j}, t)$ und $P_{ij}(x_{0i} + \Delta x_i, x_{0j} + \Delta x_j, t)$: die Wahrscheinlichkeit, daß

$$x_{0i} \leqslant x_i(t) < x_{0i} + \Delta x_i$$

und

$$x_{0j} \leqslant x_j(t) < x_{0j} + \Delta x_j \qquad (21.3.5)$$

erfüllt ist, ist einfach

$$\Delta P_{ij} = P_{ij}(x_{0i} + \Delta x_i, x_{0j} + \Delta x_j, t) - P_{ij}(x_{0i}, x_{0j}, t) \qquad (21.3.6)$$

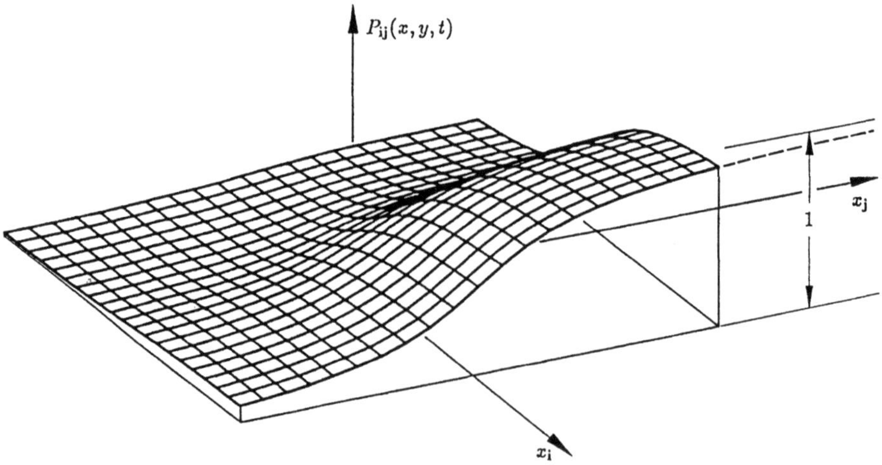

Abb. 21.3.1 Kreuzwahrscheinlichkeit zweier Zufallsprozesse x_i und x_j

Wir können umgekehrt auch sagen: wenn die Grenzwerte um Δx_i bzw. Δx_j angehoben werden, steigt die Wahrscheinlichkeit um ΔP_{ij}. Beim Übergang zu infinitesimalen Größen erhalten wir auf diese Weise die Kreuzwahrscheinlichkeitsdichte

$$p_{ij}(x_i, x_j, t) = \frac{\partial^2 P_{ij}}{\partial x_i \, \partial x_j} \tag{21.3.7}$$

Da die Wahrscheinlichkeit bei einer Anhebung der Grenzen stets zunehmen oder wenigstens Null bleiben muß, ist p stets positiv

$$p_{ij}(x_i, x_j, t) \geqslant 0 \tag{21.3.8}$$

Aus der Wahrscheinlichkeitsdichte kann man sich wieder die Kreuzwahrscheinlichkeit bestimmen

$$P_{ij}(x_{0i}, x_{0j}, t) = \int_{-\infty}^{x_{0j}} \int_{-\infty}^{x_{0i}} p_{ij}(x_i, x_j, t)\,\mathrm{d}x_i\,\mathrm{d}x_j \tag{21.3.9}$$

Da (21.3.3), zweite Zeile, gilt, stellen wir fest

$$\int_{-\infty}^{+\infty} \int_{-\infty}^{+\infty} p_{ij}(x_i, x_j, t)\,\mathrm{d}x_i\,\mathrm{d}x_j = 1 \quad . \tag{21.3.10}$$

d.h. das von dem Gebirge der Kreuzwahrscheinlichkeitsdichte eingeschlossene Volumen hat den Wert 1. Da extreme Werte für $x_i(t)$ und $x_j(t)$ nur selten zu erwarten sind, ist der Wert p_{ij} für große Grenzwerte x_{0i} und x_{0j} klein. Das p_{ij}-Gebirge ist ein Hügel, der im Bereich kleinerer Werte x_{0i} und x_{0j} seinen Gipfelpunkt hat (Abb. 21.3.2). Aus der Kreuzwahrscheinlichkeitsdichte lassen sich auch die einfachen Wahrscheinlichkeitsdichten leicht ableiten. Wir gehen dabei von (21.3.4) aus und notieren mit (21.3.9) alternativ

$$P_i = \int_{-\infty}^{x_{0i}} \int_{-\infty}^{+\infty} p_{ij}(x_i, x_j, t)\,\mathrm{d}x_j\,\mathrm{d}x_i \tag{21.3.11}$$

Aus dem Vergleich mit (21.1.5) schließen wir sofort auf

$$p_i(x_i, t) = \int_{-\infty}^{+\infty} p_{ij}(x_i, x_j, t)\,\mathrm{d}x_j \tag{21.3.12}$$

und

$$p_j(x_j, t) = \int_{-\infty}^{+\infty} p_{ij}(x_i, x_j, t)\,\mathrm{d}x_i \tag{21.3.13}$$

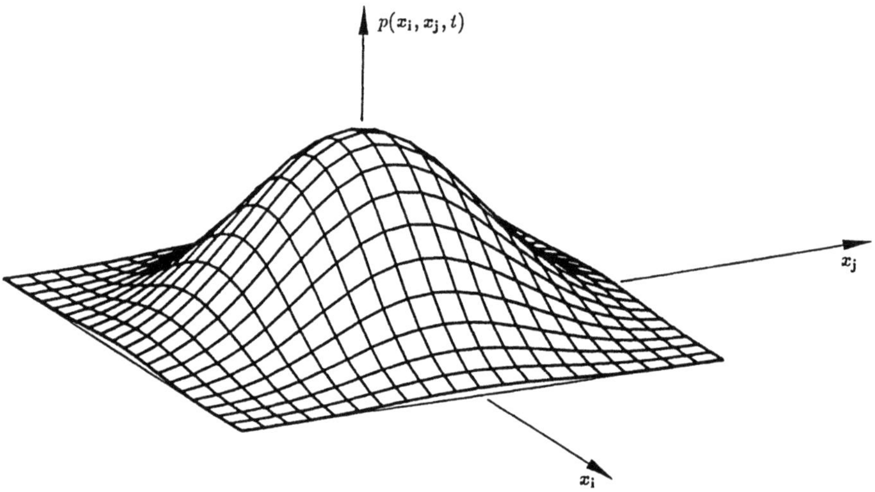

Abb. 21.3.2 Typische Verteilung der Kreuzwahrscheinlichkeitsdichte

Wir wenden uns den Erwartungswerten zu und definieren nun

$$E_{ij}[f(x_i, x_j)] = \int_{-\infty}^{+\infty}\int_{-\infty}^{+\infty} f(x_i, x_j)\, p(x_i, x_j)\, dx_i\, dx_j \tag{21.3.14}$$

als allgemeinen Erwartungswert zweiter Ordnung. Für die Mittelwerte erhalten wir dann

$$\bar{x}_i = E[x_i] = \int_{-\infty}^{+\infty}\int_{-\infty}^{+\infty} x_i\, p(x_i, x_j)\, dx_i\, dx_j$$

$$\bar{x}_j = E[x_j] = \int_{-\infty}^{+\infty}\int_{-\infty}^{+\infty} x_j\, p(x_i, x_j)\, dx_i\, dx_j \tag{21.3.15}$$

An die Stelle des Mittelwertes der Quadrate treten die allgemeineren Mittelwerte der Produkte

$$\overline{x_i^2} = E[x_i^2] = \int_{-\infty}^{+\infty}\int_{-\infty}^{+\infty} x_i^2\, p\, dx_i\, dx_j$$

$$\overline{x_i x_j} = E[x_i x_j] = \int_{-\infty}^{+\infty}\int_{-\infty}^{+\infty} x_i x_j\, p\, dx_i\, dx_j$$

$$\overline{x_j^2} = E[x_j^2] = \int_{-\infty}^{+\infty}\int_{-\infty}^{+\infty} x_j^2\, p\, dx_i\, dx_j \tag{21.3.16}$$

mit $\overline{x_i x_j}$ als Kreuzkorrelation.

Für die Varianz setzen wir nun allgemeiner die Ausdrücke

$$\sigma_{ii} = \sigma_i^2 = E\left[(x_i - \bar{x}_i)^2\right] = \int_{-\infty}^{+\infty}\int_{-\infty}^{+\infty} (x_i - \bar{x}_i)^2 p \, dx_i \, dx_j$$

$$\sigma_{ij} = E\left[(x_i - \bar{x}_i)(x_j - \bar{x}_j)\right] = \int_{-\infty}^{+\infty}\int_{-\infty}^{+\infty} (x_i - \bar{x}_i)(x_j - \bar{x}_j) p \, dx_i \, dx_j$$

$$\sigma_{jj} = \sigma_j^2 = E\left[(x_j - \bar{x}_j)^2\right] = \int_{-\infty}^{+\infty}\int_{-\infty}^{+\infty} (x_j - \bar{x}_j)^2 p \, dx_i \, dx_j \qquad (21.3.17)$$

mit σ_{ij} als Kovarianz. Natürlich gilt auch hier analog für Nullmittelwerte $\bar{x}_i$ und $\bar{x}_j$

$$\sigma_i^2 = \overline{x_i^2}$$

$$\sigma_{ij} = \overline{x_i x_j} \qquad \text{falls } \bar{x}_i = 0, \; \bar{x}_j = 0 \qquad (21.3.18)$$

$$\sigma_j^2 = \overline{x_j^2}$$

Der dimensionslose Faktor

$$\rho_{ij} = \frac{\sigma_{ij}}{\sigma_i \, \sigma_j} \qquad (21.3.19)$$

wird als Korrelationskoeffizient oder normierte Kovarianz bezeichnet. Er gibt uns Auskunft über die Zuordnung der statistischen Prozesse x_i und x_j. Der Korrelationskoeffizient ist Null, falls keine, und er ist betragsmäßig gleich 1, wenn eine vollständige Abhängigkeit zwischen den Prozessen x_i und x_j besteht. Beispiele zeigt die Abb. 21.3.3. Stellen wir uns vor, daß ein Düsenflugzeug Funkmessungen ausführt. Dabei ist x_i das Meßsignal der auf den Weltraum gerichteten Antenne, und x_j sei die Spannung an einem Meßpunkt der Flügelwurzel. Solange wir uns nicht in das Gebiet der Utopie begeben, haben beide Prozesse nichts miteinander zu tun. Würden wir nun zu einem Zeitpunkt t_1 die von verschiedenen Maschinen festgestellten Meßwerte $x_i(t_1)$ und $x_j(t_1)$ in ein x_i,x_j-Diagramm eintragen, ergibt sich ein völlig regelloses Bild (Abb. 21.3.3), links. Die Korrelation beider Größen ist Null. Wir können allenfalls feststellen, daß große Werte für x_i und x_j selten vorkommen. Alternativ stellen wir uns nun vor, daß $x_i(t)$ die Dehnung und $x_j(t)$ die Spannung an einem Meßpunkt der Flügelwurzel darstellt. Beide Prozesse sind stochastisch. Wir wissen aber, daß sie mit guter Näherung linear verknüpft sind. Je nach dem Grad der überlagerten Störungen werden wir nach dem Eintrag der Meßsignale von verschiedenen Maschinen ein Bild wie in Abb. 21.3.3, rechts, erhalten. Wir sehen daraus auch ohne Kenntnis des Elastizitätsgesetzes, daß zwischen x_i und x_j ein gesetzmäßiger Zusammenhang bestehen muß.

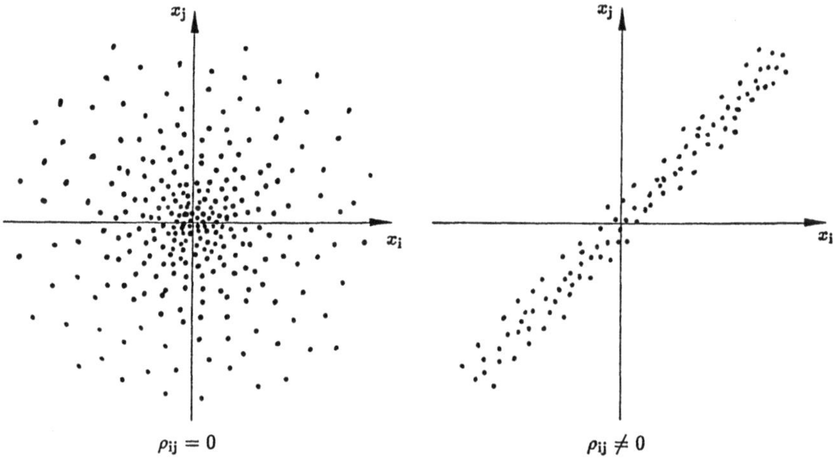

Abb. 21.3.3 Verteilung von Meßwerten zum Zeitpunkt t_1 und Korrelation

Wir setzen nun einen solchen linearen Zusammenhang einfach an

$$\tilde{x}_j = a_0 + a_1 x_i \tag{21.3.20}$$

und bilden die Abweichung der linear ermittelten Meßwerte $\tilde{x}_j$ von den tatsächlichen, also x_j. Der Erwartungswert des Abweichungsquadrates wäre

$$\begin{aligned} E[(x_j - \tilde{x}_j)^2] &= E[x_j^2 - 2x_j\tilde{x}_j + \tilde{x}_j^2] \\ &= E[x_j^2] - 2E[a_0 x_j + a_1 x_i x_j] + E[a_0^2 + 2a_0 a_1 x_i + a_1^2 x_i^2] \end{aligned} \tag{21.3.21}$$

Wir bestimmen nun die unbekannten Koeffizienten a_0 und a_1 so, daß der Erwartungswert des Abweichungsquadrates ein Minimum annimmt. Es ergibt sich direkt aus (21.3.21)

$$\begin{aligned} \frac{\partial}{\partial a_0}\left(E[(x_j - \tilde{x}_j)^2]\right) &= 0 = -2\overline{x}_j + 2a_0 + 2a_1\overline{x}_i \\ \frac{\partial}{\partial a_1}\left(E[(x_j - \tilde{x}_j)^2]\right) &= 0 = -2\overline{x_i x_j} + 2a_0\overline{x}_i + 2a_1\overline{x_i^2} \end{aligned} \tag{21.3.22}$$

Hieraus folgt nach einigen Umformungen

$$\frac{\tilde{x}_j - \overline{x}_j}{\sigma_j} = \frac{\sigma_{ij}}{\sigma_i\,\sigma_j}\,\frac{x_i - \overline{x}_i}{\sigma_i} = \rho_{ij}\frac{x_i - \overline{x}_i}{\sigma_i} \tag{21.3.23}$$

Die durch (21.3.23) dargestellte Geradengleichung wird als Regressionslinie bezeichnet. Die Steigung dieser Regressionslinie ist mit dem Korrelationskoeffizienten identisch. Man beachte, daß der Korrelationskoeffizient nicht von der Reihenfolge der Indices abhängt ($\rho_{ij} = \rho_{ji}$). Aus der Vertauschung der Indices erhalten wir deshalb auch die Alternative

$$\frac{\tilde{x}_i - \overline{x}_i}{\sigma_i} = \rho_{ij}\frac{x_j - \overline{x}_j}{\sigma_j} \tag{21.3.24}$$

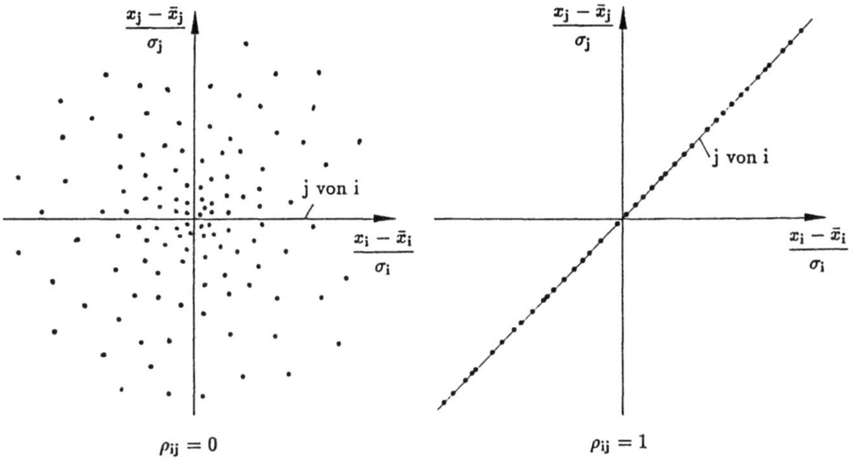

Abb. 21.3.4 Meßwerte und Regressionslinien bei unabhängigen (links) und voll abhängigen statistischen Prozessen (rechts)

Aus der Steigung der Regressionslinie kann man direkt die Korrelation ablesen (Abb. 21.3.4). Wenn wir die Meßwerte in der durch (21.3.23) angegebenen Art auftragen, liegen sie entweder völlig regellos bei unabhängigen Prozessen oder sie bilden eine Gerade, deren Steigung ρ_{ij} ist, bei voll abhängigen Prozessen. Durch die besondere Art der Auftragung läßt sich eine solche Abhängigkeit sofort feststellen.

Neben den bisher besprochenen linearen und quadratischen Erwartungswerten hatten wir bei Einzelprozessen noch den Erwartungswert Autokorrelationsfunktion definiert. Sie wird hier durch die allgemeinere Kreuzwahrscheinlichkeitsfunktion ersetzt. Analog zur Autokorrelationsfunktion erhalten wir

$$\Phi_{ij}(t, \Delta t) = E\left[x_i(t) \cdot x_j(t + \Delta t)\right]$$

$$= \int_{-\infty}^{+\infty} \int_{-\infty}^{+\infty} x_i(t)\, x_j(t + \Delta t)\, p_{ij}\, dx_i\, dx_j \tag{21.3.25}$$

Wir definieren nun einen zu Φ_{ij} passenden Kreuzkorrelationsfaktor $\rho_{ij}(\Delta t)$, wobei wir uns auf stationäre Prozesse beschränken

$$\rho_{ij}(\Delta t) = \frac{E\left[\left(x_i(t) - \bar{x}_i\right)\left(x_j(t + \Delta t) - \bar{x}_j\right)\right]}{\sigma_i\, \sigma_j} \tag{21.3.26}$$

Während der in (21.3.19) angegebene Korrelationsfaktor die Prozesse x_i und x_j zur gleichen Zeit t behandelt, haben wir hier zwei zeitlich verschobene Prozesse eingebracht. Offensichtlich gilt

$$\rho_{ij} = \rho_{ij}(0) \tag{21.3.27}$$

Wir hatten bereits ohne Beweis angegeben, daß $\rho_{ij}^2 \leqslant 1$ stets gilt. Das gleiche trifft für das allgemeinere $\rho_{ij}(\Delta t)$ zu, und wir wollen nun den Beweis nachholen. Zur Vereinfachung führen wir vorübergehend die Abkürzungen

$$\begin{aligned} u &= x_i(t) - \bar{x}_i \\ v &= x_j(t + \Delta t) - \bar{x}_j \end{aligned} \tag{21.3.28}$$

ein und beachten für stationäre Prozesse

$$\rho_{ij}^2(\Delta t) = \frac{E^2[u, v]}{E[u^2]\,E[v^2]} \tag{21.3.29}$$

Mit

$$E^2[u, v] \leqslant E[u^2]\,E[v^2] \tag{21.3.30}$$

ist

$$\rho_{ij}^2(\Delta t) \leqslant 1 \tag{21.3.31}$$

nachgewiesen. Zum Beweis der Behauptung (21.3.30) berechnen wir den für jede Konstante c positiven Erwartungswert

$$\begin{aligned} E[(cu - v)^2] &= E[u^2]c^2 - 2E[u, v]c + E[v^2] \\ &= (c - c_1)(c - c_2) \geqslant 0 \end{aligned} \tag{21.3.32}$$

Darin sind c_1 und c_2 Lösungen einer quadratischen Gleichung in c:

$$E[u^2]c^2 - 2E[u, v]c + E[v^2] = 0$$

welche offensichtlich auf

$$c_{1,2} = \frac{E[u, v] \pm \left(E^2[u, v] - E[u^2]\,E[v^2]\right)^{1/2}}{E[u^2]} \tag{21.3.33}$$

führt. Demnach gilt mit (21.3.32)

$$\left\{E[u^2]c - E[u, v] - \left(E^2[u, v] - E[u^2]\,E[v^2]\right)^{1/2}\right\}\left\{E[u^2]c - E[u, v] + \left(E^2[u, v] - E[u^2]\,E[v^2]\right)^{1/2}\right\} \geqslant 0 \tag{21.3.34}$$

und zwar für jeden Wert von c, also auch für

$$c = \frac{E[u, v]}{E[u^2]}$$

Demnach wird

$$-\left(E^2[u, v] - E[u^2]\,E[v^2]\right) \geqslant 0 \tag{21.3.35}$$

womit dann (21.3.30) bzw. (21.3.31) bewiesen wäre. Mit der Kreuzkorrelation der Kovarianz finden wir mit (21.3.26) noch

$$\sigma_i \sigma_j \rho_{ij}(\Delta t) = E\left[x_i(t)\, x_j(t+\Delta t) - \bar{x}_i \bar{x}_j\right]$$

$$= \Phi_{ij}(\Delta t) - \bar{x}_i \bar{x}_j \tag{21.3.36a}$$

oder

$$\Phi_{ij}(\Delta t) = \bar{x}_i \bar{x}_j + \rho_{ij}(\Delta t)\sigma_i \sigma_j \tag{21.3.36b}$$

Mit (21.3.31) leiten wir aus (21.3.36b) die Grenzwerte

$$\bar{x}_i \bar{x}_j - \sigma_i \sigma_j \leqslant \Phi_{ij}(\Delta t) \leqslant \bar{x}_i \bar{x}_j + \sigma_i \sigma_j \tag{21.3.37}$$

ab. In vielen statistischen Prozessen der Praxis besteht zwischen $x_i(t) - \bar{x}_i$ und $x_j(t+\Delta t) - \bar{x}_j$ keine Kreuzkorrelation, wenn die Zeitverschiebung Δt sehr groß ist. Denken wir z.B. an die statistischen Prozesse Dehnung und Spannung an der Flügelwurzel eines Düsenflugzeuges. Sie sind für Δt ganz klar voll korreliert. Wenn allerdings die Spannungen mit den Dehnungen, die 1000 Stunden vorher gemessen wurden, verglichen werden, ist sicher keine Korrelation vorhanden. Sehr oft gilt deshalb

$$\Phi_{ij}(\infty) = \bar{x}_i \bar{x}_j \tag{21.3.38}$$

Die Kreuzkorrelation ist keine gerade Funktion von Δt. Es gilt nämlich

$$\begin{aligned} \Phi_{ij}(-\Delta t) &= E[x_i(t)\, x_j(t-\Delta t)] \\ &= E[x_i(t+\Delta t)\, x_j(t)] \\ &= \Phi_{ji}(\Delta t) \\ &\neq \Phi_{ij}(\Delta t) \end{aligned} \tag{21.3.39}$$

Dabei ist zu beachten, daß es sich bei $x_i(t+\Delta t)$, $x_i(t)$, $x_j(t)$ und $x_j(t+\Delta t)$ grundsätzlich um verschiedene Prozesse handelt. Dabei können die Erwartungswerte $\bar{x}_i$, σ_i^2 bzw. $\bar{x}_j$, σ_j^2 von der Zeit unabhängig sein. Die Korrelationsmatrix ist also unsymmetrisch. Der prinzipielle Verlauf der Kreuzkorrelationsfunktion ist in Abb. 21.3.5 dargestellt.

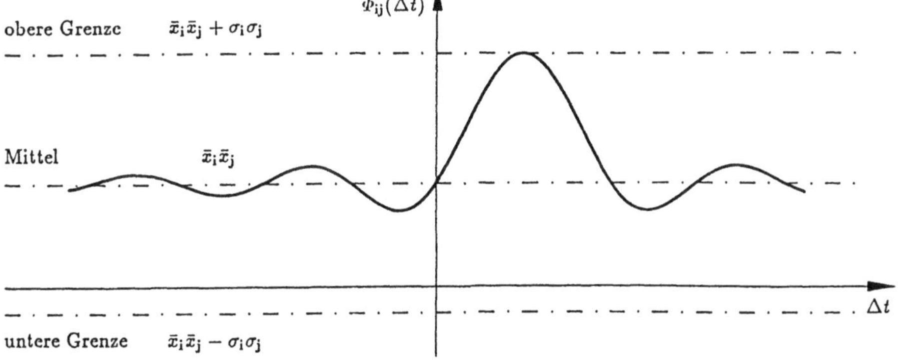

Abb. 21.3.5 Funktionaler Verlauf der Kreuzkorrelation

In diesem Beispiel sind die Prozesse x_i und x_j für ein positives Δt maximal korreliert. Für $i = j$ erhalten wir übrigens unsere altbekannten Autokorrelationsfunktionen. Die Kreuzkorrelation pendelt um das Mittel $\bar{x}_i \bar{x}_j$ und ist deshalb für die allgemeine Einführung der Kreuzspektraldichte nur dann geeignet, falls diese Mittelwerte Null sind. Neben der Forderung, daß Φ_{ij} die Dirichletschen Bedingungen (stückweise stetig und monoton; beidseitige Grenzwerte an Unstetigkeitsstellen) zu erfüllen hat, muß noch

$$\int_{-\infty}^{+\infty} \left| \Phi_{ij}(\Delta t) \right| \mathrm{d}(\Delta t) \tag{21.3.40}$$

erfüllt werden, was offensichtlich nur bei Nullmittelwerten möglich ist. Führt man dagegen die Kovarianz zeitverschobener Prozesse ein, entfällt diese Schwierigkeit, da $x_i(t) - \bar{x}_i$ bzw. $x_j(t + \Delta t) - \bar{x}_j$ jeweils automatisch den Mittelwert Null haben

$$\begin{aligned} \sigma_{ij}(\Delta t) &= E\left[\left(x_i(t) - \bar{x}_i\right)\left(x_j(t + \Delta t) - \bar{x}_j\right)\right] \\ &= \int_{-\infty}^{+\infty} \int_{-\infty}^{+\infty} \left(x_i(t) - \bar{x}_i\right)\left(x_j(t + \Delta t) - \bar{x}_j\right) p_{ij} \, \mathrm{d}x_i \, \mathrm{d}x_j \\ &= \rho_{ij} \sigma_i \sigma_j \end{aligned} \tag{21.3.41}$$

Natürlich gilt

$$\sigma_{ij} = \Phi_{ij}, \qquad \text{falls } \bar{x}_i = 0 \text{ und } \bar{x}_j = 0 \tag{21.3.42}$$

Für die Kovarianz der zeitverschobenen Prozesse gilt wieder in aller Regel

$$\sigma_{ij}(\pm \infty) = 0 \tag{21.3.43}$$

d.h. die Prozesse $x_i(t) - \bar{x}_i$ und $x_j(t + \Delta t) - \bar{x}_j$ sind für großes Δt bei echt stochastischen Vorgängen nicht korreliert. Wir bilden nun ohne Schwierigkeiten die Kreuzspektraldichte

$$S_{ij}(\Omega) = \frac{1}{2\pi} \int_{-\infty}^{+\infty} \sigma_{ij}(\Delta t) \, \mathrm{e}^{-i\Omega\Delta t} \mathrm{d}(\Delta t) \tag{21.3.44}$$

und erhalten aus der inversen Transformation noch

$$\sigma_{ij}(\Delta t) = \int_{-\infty}^{+\infty} S_{ij}(\Omega) \, \mathrm{e}^{i\Omega\Delta t} \mathrm{d}\Omega \tag{21.3.45}$$

Unter Anwendung der Eulerschen Formeln notieren wir für die Kreuzspektraldichte auch

$$S_{ij}(\Omega) = \frac{1}{2\pi} \int_{-\infty}^{+\infty} \sigma_{ij}(\Delta t)(\cos \Omega \Delta t - i \sin \Omega \Delta t) \, \mathrm{d}(\Delta t) \tag{21.3.46}$$

Für das gespiegelte Element erhalten wir bei stationären Prozessen mit

$$\begin{aligned}\sigma_{ij}(-\Delta t) &= E\left[\left(x_i(t)-\bar{x}_i\right)\left(x_j(t-\Delta t)-\bar{x}_j\right)\right] \\ &= E\left[\left(x_i(t+\Delta t)-\bar{x}_i\right)\left(x_j(t)-\bar{x}_j\right)\right] \\ &= \sigma_{ji}(\Delta t)\end{aligned} \tag{21.3.47}$$

analog zum Resultat (21.3.39) für die Kreuzkorrelation das Ergebnis

$$\begin{aligned}S_{ji}(\Omega) &= \frac{1}{2\pi}\int_{-\infty}^{+\infty}\sigma_{ji}(\Delta t)\,e^{-i\Omega\Delta t}d(\Delta t) \\ &= \frac{1}{2\pi}\int_{-\infty}^{+\infty}\sigma_{ij}(-\Delta t)\,e^{-i\Omega\Delta t}d(\Delta t) = \frac{1}{2\pi}\int_{-\infty}^{+\infty}\sigma_{ij}(\Delta t)\,e^{i\Omega\Delta t}d(\Delta t) \\ &= \frac{1}{2\pi}\int_{-\infty}^{+\infty}\sigma_{ij}(\Delta t)(\cos\Omega\Delta t + i\sin\Omega\Delta t)\,d(\Delta t)\end{aligned} \tag{21.3.48}$$

Die mit n Prozessen paarweise gebildete Spektraldichtematrix $\boldsymbol{S}$ weist also einen symmetrischen Realteil und einen schiefsymmetrischen Imaginärteil auf. Das Element S_{ij} ist konjugiert komplex zu S_{ji}

$$\begin{aligned}S_{ij} &= S_{ji}^* \\ S_{ji} &= S_{ij}^*\end{aligned} \tag{21.3.49}$$

Natürlich sind die Diagonalglieder der Spektraldichtematrix $\boldsymbol{S}$ rein reell und entsprechen der Spektraldichte der individuellen Prozesse x_i (i = 1, n).

Nach der allgemeinen Definition der wichtigsten statistischen Maße wollen wir noch einmal zur Kreuzwahrscheinlichkeitsdichte zurückkehren. Auch hier ist die normale oder Gaußsche Verteilung sehr häufig in der Natur zu beobachten. Wir erhalten für Nullmittelwerte $\bar{x}_i$ und $\bar{x}_j$

$$p_{ij} = \frac{1}{2\pi\sigma_i\sigma_j\sqrt{1-\sigma_{ij}^2}}\exp\left(-\frac{1}{2(1-\sigma_{ij}^2)}\left[\left(\frac{x_i}{\sigma_i}\right)^2+\left(\frac{x_j}{\sigma_j}\right)^2-2\rho_{ij}\frac{x_i x_j}{\sigma_i\sigma_j}\right]\right) \tag{21.3.50}$$

Falls $\rho_{ij} = 0$ ist, sind die Prozesse x_i und x_j statistisch entkoppelt, und es gilt einfach

$$p_{ij} = p_i p_j\,, \qquad \text{falls } \rho_{ij} = 0 \tag{21.3.51}$$

Dabei sind p_i und p_j die Gaußschen Verteilungen der Einzelprozesse. Sehr häufig wird für die Systemantwort einfach eine Gaußsche Verteilung angenommen.

Bisher haben wir allenfalls angenommen, daß die statistischen Prozesse stationär sind, die statistischen Maße P, p und E also nicht von der Zeit t abhängen. Zur statistischen

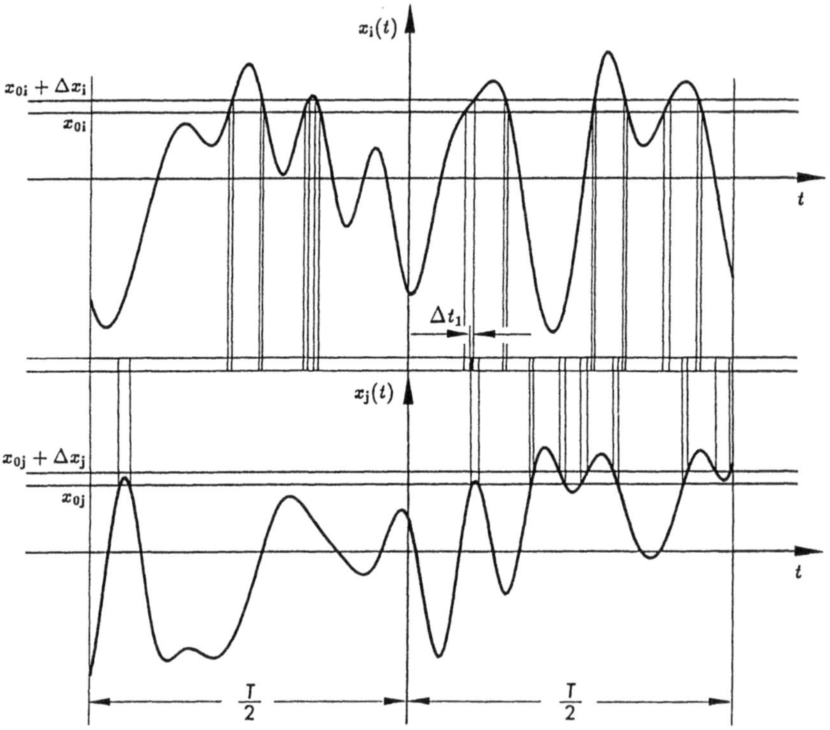

Abb. 21.3.6 Zur Berechnung der Kreuzwahrscheinlichkeitsdichte bei ergodischen Zufallsprozessen

Auswertung benötigen wir dementsprechend viele parallele Meßreihen für $x_i^{(k)}(t)$ (i = 1, n), wo k die Meßreihe angibt. Sehr viel bequemer lebt man wieder mit einem ergodischen Prozeß, bei dem die Mittelwertbildung nicht mehr über die Meßreihen k erfolgt, sondern über die Zeitachse t. Die Wahrscheinlichkeit, daß

$$x_{0i} \leqslant x_i(t) \leqslant x_{0i} + \Delta x_i$$

und (21.3.52)

$$x_{0j} \leqslant x_j(t) \leqslant x_{0j} + \Delta x_j$$

gelten, beträgt $p(x_{0i}, x_{0j})\Delta x_i \Delta x_j$. Bei Ergodizität der Prozesse laufen wir einfach über die Zeitachse und zählen die Zeitabschnitte Δt_k, bei denen die Bedingung (21.3.52) erfüllt ist, zusammen und vergleichen sie mit dem gesamten betrachteten Zeitraum T. Wir erhalten dann wieder die Kreuzwahrscheinlichkeitsdichte (Abb. 21.3.6)

$$p_{ij}\,\Delta x_i\,\Delta x_j = \frac{1}{T}\sum_k \Delta t_k \tag{21.3.53}$$

Bei der praktischen Auswertung würde man die Zeitachse wieder in endliche gleiche Intervalle Δt teilen und die Zahl der Intervalle, N_{ij}, bestimmen, bei denen die Bedingung (21.3.52) erfüllt ist. Bei N Intervallen Δt insgesamt haben wir dann

$$p_{ij}(x_{0i}, x_{0j})\Delta x_i\,\Delta x_j = \frac{N_{ij}}{N} \tag{21.3.54}$$

Mit (21.3.53) können wir im ingenieurmathematischen Sinne alle allgemeinen Formeln für die Erwartungswerte auf ergodische Prozesse spezialisieren. Es gilt nämlich

$$E[f(x_i, x_j)] = \int_{-\infty}^{+\infty}\int_{-\infty}^{+\infty} f(x_i, x_j)\, p_{ij}\, dx_i\, dx_j$$

$$= \lim_{T\to\infty} \frac{1}{T} \int_{-T/2}^{T/2} f(x_i, x_j)\, dt \tag{21.3.55}$$

und dementsprechend erhalten wir für den Mittelwert

$$\bar{x}_i = E[x_i] = \lim_{T\to\infty} \frac{1}{T} \int_{-T/2}^{T/2} x_i(t)\, dt \tag{21.3.56}$$

den Kreuzmittelwert

$$\overline{x_i x_j} = E[x_i x_j] = \lim_{T\to\infty} \frac{1}{T} \int_{-T/2}^{T/2} x_i(t)\, x_j(t)\, dt \tag{21.3.57}$$

die Varianz (bzw. σ_i = Standardabweichung)

$$\sigma_{ii} = \sigma_i^2 = E\left[(x_i - \bar{x}_i)^2\right] = \lim_{T\to\infty} \frac{1}{T} \int_{-T/2}^{T/2} \left(x_i(t) - \bar{x}_i\right)^2 dt \tag{21.3.58}$$

die Kovarianz

$$\sigma_{ij} = E\left[(x_i - \bar{x}_i)(x_j - \bar{x}_j)\right] = \lim_{T\to\infty} \frac{1}{T} \int_{-T/2}^{T/2} \left(x_i(t) - \bar{x}_i\right)\left(x_j(t) - \bar{x}_j\right) dt \tag{21.3.59}$$

und die Kreuzkorrelation

$$\Phi_{ij}(\Delta t) = E\left[x_i(t)\, x_j(t+\Delta t)\right] = \lim_{T\to\infty} \frac{1}{T} \int_{-T/2}^{T/2} x_i(t)\, x_j(t+\Delta t)\, dt \tag{21.3.60}$$

Bisher haben wir bei n Zufallsprozessen $x_i(t)$ nur die Wahrscheinlichkeiten und Erwartungsgrößen 2. Ordnung diskutiert, d.h. wir haben zwei Prozesse $x_i(t)$ und $x_j(t)$ verknüpft. Selbstverständlich kann man Definitionen entwickeln, die alle Prozesse zugleich erfassen. So gibt

$$\underset{(n\times 1)}{p(\boldsymbol{x}_0)}\, dx_1\, dx_2 \ldots dx_n \tag{21.3.61}$$

die Wahrscheinlichkeit an, daß

$$\boldsymbol{x}_0 \leqslant \underset{(n\times 1)}{\boldsymbol{x}(t)} \leqslant \boldsymbol{x}_0 + \mathrm{d}\boldsymbol{x} \tag{21.3.62}$$

erfüllt ist, wobei dann $p(\boldsymbol{x}_0)$ eine Kreuzwahrscheinlichkeitsdichte n-ter Ordnung ist und der Vektor $\boldsymbol{x}$ alle Einzelprozesse umfaßt

$$\boldsymbol{x} = \{x_1(t) \quad x_2(t) \quad \ldots \quad x_n(t)\} \tag{21.3.63}$$

Jedes statistische Mittel in Gestalt der Erwartungsfunktion kann nun leicht angegeben werden

$$E[f(\boldsymbol{x})] = \int\limits_{-\infty}^{+\infty}\int\limits_{-\infty}^{+\infty}\ldots\int\limits_{-\infty}^{+\infty} f(\boldsymbol{x})\,p(\boldsymbol{x})\,\mathrm{d}x_1\,\mathrm{d}x_2\ldots\mathrm{d}x_n \tag{21.3.64}$$

Ein Beispiel für eine Kreuzwahrscheinlichkeitsdichte n-ter Ordnung, die in der Praxis häufig verwendet wird, ist wieder die normale oder Gaußsche Verteilung. Wir erhalten allgemein

$$p(\boldsymbol{x}) = \left((2\pi)^n \det \boldsymbol{\Sigma}\right)^{1/2} \exp\left(-\tfrac{1}{2}(\boldsymbol{x}-\bar{\boldsymbol{x}})^t \boldsymbol{\Sigma}^{-1}(\boldsymbol{x}-\bar{\boldsymbol{x}})\right) \tag{21.3.65}$$

wobei $\bar{\boldsymbol{x}}$ der Vektor der Mittelwerte ist

$$\begin{aligned}\bar{\boldsymbol{x}} &= \int\limits_{-\infty}^{+\infty}\int\limits_{-\infty}^{+\infty}\ldots\int\limits_{-\infty}^{+\infty} \boldsymbol{x}\,p(\boldsymbol{x})\,\mathrm{d}x_1\,\mathrm{d}x_2\ldots\mathrm{d}x_n \\ &= \int\limits_{-\infty}^{+\infty}\{x_1\,p(x_1)\,\mathrm{d}x_1 \quad x_2\,p(x_2)\,\mathrm{d}x_2 \quad \ldots \quad x_n\,p(x_n)\,\mathrm{d}x_n\}\end{aligned} \tag{21.3.66}$$

und $\boldsymbol{\Sigma}$ die schon bekannte Kovarianzmatrix

$$\underset{(n\times n)}{\boldsymbol{\Sigma}} = \int\limits_{-\infty}^{+\infty}\int\limits_{-\infty}^{+\infty}\ldots\int\limits_{-\infty}^{+\infty} \underset{(n\times 1)}{[\boldsymbol{x}-\bar{\boldsymbol{x}}]}\underset{(1\times n)}{[\boldsymbol{x}-\bar{\boldsymbol{x}}]^t}\,p(\boldsymbol{x})\,\mathrm{d}x_1\,\mathrm{d}x_2\ldots\mathrm{d}x_n$$

$$= \begin{bmatrix} \int\limits_{-\infty}^{+\infty}(x_1-\bar{x}_1)^2 p(x_1)\,\mathrm{d}x_1 & \int\limits_{-\infty}^{+\infty}\int\limits_{-\infty}^{+\infty}(x_1-\bar{x}_1)(x_2-\bar{x}_2)\,p(x_1, x_2)\,\mathrm{d}x_1\,\mathrm{d}x_2 \ldots\ldots \\ & \int\limits_{-\infty}^{+\infty}(x_2-\bar{x}_2)^2 p(x_2)\,\mathrm{d}x_2 \qquad \ldots\ldots \\ & \ddots \\ \text{sym.} & \end{bmatrix} \tag{21.3.67}$$

darstellt. Die Kovarianzmatrix bei Zeitverschiebung ergibt sich als allgemeinere Form der Matrix $\boldsymbol{\Sigma}$ zu

$$\boldsymbol{\Sigma}(t,\Delta t)=\int_{-\infty}^{+\infty}\int_{-\infty}^{+\infty}\dots\int_{-\infty}^{+\infty}\left[\boldsymbol{x}(t)-\bar{\boldsymbol{x}}(t)\right]\left[\boldsymbol{x}(t+\Delta t)-\bar{\boldsymbol{x}}(t+\Delta t)\right]^{\mathrm{t}}p(\boldsymbol{x})\,\mathrm{d}\boldsymbol{x}$$

$$=\begin{bmatrix}\Sigma_{11} & \Sigma_{12} & \cdots\cdots \\ \Sigma_{21} & \Sigma_{22} & \cdots\cdots \\ \vdots & \vdots & \ddots \\ \vdots & \vdots & \end{bmatrix} \qquad (21.3.68)$$

mit den Matrixelementen

$$\Sigma_{11}=\int_{-\infty}^{+\infty}\Big(x_1(t)-\bar{x}_1(t)\Big)\Big(x_1(t+\Delta t)-\bar{x}_1(t+\Delta t)\Big)\,p(x_1)\,\mathrm{d}x_1$$

$$\Sigma_{12}=\int_{-\infty}^{+\infty}\int_{-\infty}^{+\infty}\Big(x_1(t)-\bar{x}_1(t)\Big)\Big(x_2(t+\Delta t)-\bar{x}_2(t+\Delta t)\Big)\,p(x_1,x_2)\,\mathrm{d}x_1\,\mathrm{d}x_2$$

$$\Sigma_{21}=\int_{-\infty}^{+\infty}\int_{-\infty}^{+\infty}\Big(x_2(t)-\bar{x}_2(t)\Big)\Big(x_1(t+\Delta t)-\bar{x}_1(t+\Delta t)\Big)\,p(x_2,x_1)\,\mathrm{d}x_2\,\mathrm{d}x_1$$

$$\Sigma_{22}=\int_{-\infty}^{+\infty}\Big(x_2(t)-\bar{x}_2(t)\Big)\Big(x_2(t+\Delta t)-\bar{x}_2(t+\Delta t)\Big)\,p(x_2)\,\mathrm{d}x_2$$

(21.3.68a)

wobei

$$\boldsymbol{\Sigma}(t,0)=\boldsymbol{\Sigma}(t) \qquad (21.3.69)$$

gilt. Für Nullmittelwerte sind Kovarianzmatrix und Korrelationsmatrix identisch

$$\boldsymbol{\Sigma}(t,\Delta t)=\boldsymbol{\Phi}(t,\Delta t)\,, \qquad \text{falls } \bar{\boldsymbol{x}}=\boldsymbol{o} \qquad (21.3.70)$$

Zum Schluß führen wir noch die Spektraldichtematrix $\boldsymbol{S}$ als Fouriertransformierte der Kovarianz bei Zeitverschiebung ein. Im allgemeinsten Falle wären beide Matrizen noch eine Funktion der Zeit. Wir notieren sie jedoch wie für stationäre Prozesse

$$\boldsymbol{S}(\Omega) = \frac{1}{2\pi} \int_{-\infty}^{+\infty} \boldsymbol{\Sigma}(\Delta t)\, \mathrm{e}^{-i\Omega\Delta t} \mathrm{d}(\Delta t) \tag{21.3.71}$$

Aus (21.3.49) folgt, daß die Elemente ij und ji der Spektraldichtematrix konjugiert komplex sind, d.h.

$$\boldsymbol{S}(\Omega) = \boldsymbol{A} + i\boldsymbol{B} \tag{21.3.72}$$

hat ein reelles symmetrisches $\boldsymbol{A}$ und ein reelles schiefsymmetrisches $\boldsymbol{B}$. Für ergodische Prozesse darf die Mittelwertbildung wieder über die Zeit erfolgen, d.h. ein beliebiger Erwartungswert ergibt sich auch aus

$$E[f(\boldsymbol{x})] = \lim_{T \to \infty} \frac{1}{T} \int_{-T/2}^{T/2} f(\boldsymbol{x})\, \mathrm{d}t \tag{21.3.73}$$

Die verschiedenen speziellen Erwartungswerte kann der Leser nun leicht selbst ableiten. Sie sind in Abb. 21.3.8 angegeben, während Abb. 21.3.7 die allgemeinen Beziehungen für nichtergodische Prozesse enthält.

Bisher haben wir die n stochastischen Prozesse $x_i(t)$ als gegeben betrachtet. Denken wir in der Nutzanwendung an die Erregungsfunktionen $R_{\eta i}(t)$ (i = 1, nx) oder $R_i(t)$ (i = 1, n), so ist die Existenz diskreter Lasten keineswegs selbstverständlich. In aller Regel wird bei natürlichen Vorgängen eine verteilte Belastung vorliegen. Die Frage ist nun, wie ein solcher kontinuierlicher stochastischer Vorgang $p(x, y, z, t)$ diskretisiert werden kann. Dabei sind x, y, z die Raumkoordinaten.

Ein typisches Beispiel solcher Vorgänge ist die Schallerregung durch den Triebwerkslärm entlang einer Rakete. Die stochastischen Druckschwankungen an der Raketenwandung sind ganz sicher eine Funktion der Entfernung vom Triebwerk (Abb. 21.3.9).

Wir berechnen zunächst aus den verteilten Lasten kinematisch äquivalente Knotenkräfte. Falls also ein stochastischer Prozeß Volumenlasten $p_V(x, y, z, t)$ und Oberflächenlasten $p_S(x, y, z, t)$ beinhaltet, erhalten wir den Vektor der diskreten Prozesse an den Knoten zu

$$\begin{aligned} R_e(t) &= \mathrm{a}^{\mathrm{t}} \mathbf{P}_e(t) \\ &= \sum_{\mathrm{g}=1}^{\mathrm{m}} \mathrm{a}_{\mathrm{g}}^{\mathrm{t}} \mathbf{P}_{e\mathrm{g}}(t) \end{aligned} \tag{21.3.74}$$

Der allgemeine Zufallsprozeß beim Mehrfreiheitsgradsystem

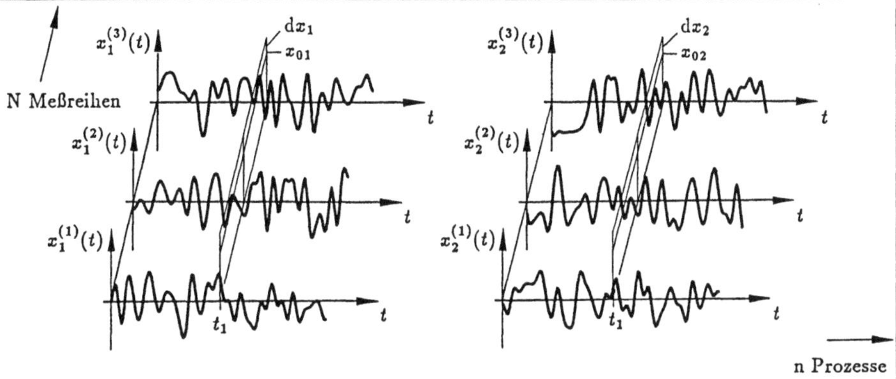

Wahrscheinlichkeit bei $\mathbf{x}_0$ und t_1

Es sei $\mathbf{x} < \mathbf{x}_0$ in N_x von N Meßreihen

$$P(\mathbf{x}_0, t_1) = \lim_{N \to \infty} \frac{N_x}{N} \quad , \quad 0 \le P \le 1 \quad \text{monoton}$$

Wahrscheinlichkeitsdichte bei $\mathbf{x}_0$ und t_1

$$p(\mathbf{x}_0, t_1) = \frac{d^n P}{dx_1 dx_2 \ldots dx_n} \ge 0$$

Allgemeiner Erwartungswert

$$E[f(\mathbf{x})] = \int_{-\infty}^{+\infty} \int_{-\infty}^{+\infty} \ldots \int_{-\infty}^{+\infty} f(\mathbf{x})\, p(\mathbf{x})\, dx_1 dx_2 \ldots dx_n$$

Spezielle Erwartungswerte

Mittelwert

$$\overline{\mathbf{x}}(t_1) = \int_{-\infty}^{+\infty} \int_{-\infty}^{+\infty} \ldots \int_{-\infty}^{+\infty} \overline{\mathbf{x}}\, p(\mathbf{x})\, dx_1 dx_2 \ldots dx_n$$

Korrelationsmatrix

$$\mathbf{\Phi}(t_1) = \int_{-\infty}^{+\infty} \int_{-\infty}^{+\infty} \ldots \int_{-\infty}^{+\infty} \mathbf{x}(t_1)\, [\mathbf{x}(t_1)]^t\, p\, dx_1 dx_2 \ldots dx_n$$

Kovarianzmatrix

$$\mathbf{\Sigma}(t_1) = \int_{-\infty}^{+\infty} \int_{-\infty}^{+\infty} \ldots \int_{-\infty}^{+\infty} [\mathbf{x}(t_1) - \overline{\mathbf{x}}(t_1)][\mathbf{x}(t_1) - \overline{\mathbf{x}}(t_1)]^t\, p\, dx_1 dx_2 \ldots dx_n$$

Abb. 21.3.7 Die wichtigsten statistischen Maße bei allgemeinen Zufallsprozessen in Mehrfreiheitsgradsystemen, *Teil* 1

Korrelationsmatrix bei Zeitverschiebung

$$\boldsymbol{\Phi}(t_1, \Delta t) = \int_{-\infty}^{+\infty} \int_{-\infty}^{+\infty} \dots \int_{-\infty}^{+\infty} \boldsymbol{x}(t_1) \, [\boldsymbol{x}(t_1 + \Delta t)]^{t} \, p \, dx_1 dx_2 \dots dx_n$$

Kovarianzmatrix bei Zeitverschiebung

$$\boldsymbol{\Sigma}(t_1, \Delta t) = \int_{-\infty}^{+\infty} \int_{-\infty}^{+\infty} \dots \int_{-\infty}^{+\infty} [\boldsymbol{x}(t_1) - \overline{\boldsymbol{x}}(t_1)][\boldsymbol{x}(t_1 + \Delta t) - \overline{\boldsymbol{x}}(t_1 + \Delta t)]^{t} \, p \, dx_1 dx_2 \dots dx_n$$

Spektraldichtematrix

$$\boldsymbol{S}(t_1, \Omega) = \frac{1}{2\pi} \int_{-\infty}^{+\infty} \boldsymbol{\Sigma}(t_1, \Delta t) \mathrm{e}^{-\mathrm{i}\Omega \Delta t} \mathrm{d}(\Delta t)$$

Besondere Beziehungen

$$\boldsymbol{\Sigma}(t_1) = \boldsymbol{\Phi}(t_1) \quad \text{falls} \quad \overline{\boldsymbol{x}}(t_1) = \boldsymbol{o}$$

$$\boldsymbol{\Phi}(t_1, 0) = \boldsymbol{\Phi}(t_1)$$

$$\boldsymbol{\Sigma}(t_1, 0) = \boldsymbol{\Sigma}(t_1)$$

$$\boldsymbol{\Sigma}(t_1, 0) = \boldsymbol{\Phi}(t_1) \quad \text{falls} \quad \overline{\boldsymbol{x}}(t) = \boldsymbol{o}$$

$$\boldsymbol{S}(t_1, 0) = \frac{1}{2\pi} \int_{-\infty}^{+\infty} \boldsymbol{\Sigma}(t_1, \Delta t) \, \mathrm{d}(\Delta t)$$

$$\boldsymbol{S}(t_1, \Omega) = \frac{1}{2\pi} \int_{-\infty}^{+\infty} \boldsymbol{\Phi}(t_1, \Delta t) \mathrm{e}^{-\mathrm{i}\Omega \Delta t} \mathrm{d}(\Delta t) \quad \text{falls} \quad \overline{\boldsymbol{x}}(t_1) = \boldsymbol{o}$$

Hinweis
Falls der stochastische Prozeß stationär ist, sind alle Resultate von der Zeit t_1 unabhängig; t_1 kann damit entfallen.

Abb. 21.3.7 Die wichtigsten statistischen Maße bei allgemeinen Zufallsprozessen in Mehrfreiheitsgradsystemen, *Teil* 2

Der ergodische Zufallsprozeß beim Mehrfreiheitsgradsystem

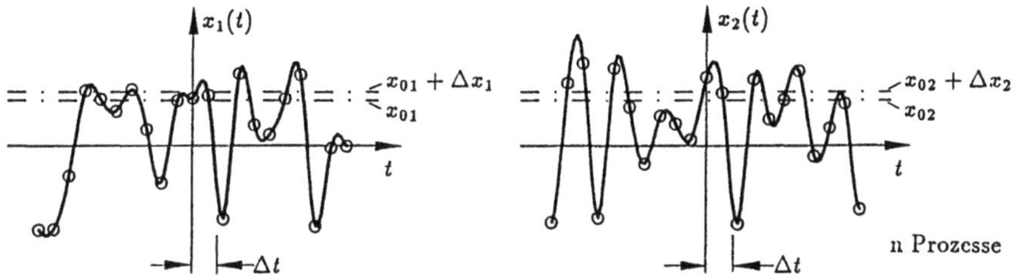

Wahrscheinlichkeit bei x_0

Es sei $x < x_0$ in N_x von N Intervallen Δt

$$P(x_0) = \lim_{\substack{\Delta t \to 0 \\ N \to \infty}} \frac{N_x}{N} \quad , \quad 0 \leq P \leq 1 \quad \text{monoton}$$

Wahrscheinlichkeitsdichte bei x_0

Es sei $x < x_0 + \Delta x$ in $N_{x+\Delta x}$ von N Intervallen Δt

$$p(x_0) = \lim_{\Delta x \to o} \frac{P(x_0 + \Delta x) - P(x_0)}{\Delta x_1 \Delta x_2 \ldots \Delta x_n} = \lim_{\substack{\Delta t \to 0 \\ N \to \infty \\ \Delta x \to o}} \frac{N_{x+\Delta x} - N_x}{\Delta x_1 \Delta x_2 \ldots \Delta x_n N}$$

Allgemeiner Erwartungswert

$$E[f(x)] = \lim_{T \to \infty} \frac{1}{T} \int_{-T/2}^{+T/2} f(x)\,dt$$

Spezielle Erwartungswerte

Mittelwert

$$\overline{x} = \lim_{T \to \infty} \frac{1}{T} \int_{-T/2}^{+T/2} x\,dt$$

Korrelationsmatrix

$$\Phi = \lim_{T \to \infty} \frac{1}{T} \int_{-T/2}^{+T/2} x x^t\,dt$$

Kovarianzmatrix

$$\Sigma = \lim_{T \to \infty} \frac{1}{T} \int_{-T/2}^{+T/2} [x - \overline{x}][x - \overline{x}]^t\,dt$$

Abb. 21.3.8 Die wichtigsten statistischen Maße bei ergodischen Zufallsprozessen in Mehrfreiheitsgradsystemen, *Teil* 1

Korrelationsmatrix bei Zeitverschiebung

$$\Phi(\Delta t) = \lim_{T\to\infty} \frac{1}{T} \int_{-T/2}^{+T/2} x(t)\,[x(t+\Delta t)]^t \,dt$$

Kovarianzmatrix bei Zeitverschiebung

$$\Sigma(\Delta t) = \lim_{T\to\infty} \frac{1}{T} \int_{-T/2}^{+T/2} [x(t)-\overline{x}][x(t+\Delta t)-\overline{x}]^t \,dt$$

Spektraldichtematrix

$$S(\Omega) = \frac{1}{2\pi} \int_{-\infty}^{+\infty} \Sigma(\Delta t) e^{-i\Omega\Delta t} d(\Delta t)$$

Besondere Beziehungen

$$\Sigma = \Phi \quad \text{falls } \overline{x} = o$$

$$\Phi(0) = \Phi$$

$$\Sigma(0) = \Sigma$$

$$\Sigma(0) = \Phi \quad \text{falls } \overline{x} = o$$

$$S(0) = \frac{1}{2\pi} \int_{-\infty}^{+\infty} \Sigma(\Delta t)\, d(\Delta t)$$

$$S(\Omega) = \frac{1}{2\pi} \int_{-\infty}^{+\infty} \Phi(\Delta t) e^{-i\Omega\Delta t} d(\Delta t) \qquad \text{falls } \overline{x} = o$$

Abb. 21.3.8 Die wichtigsten statistischen Maße bei ergodischen Zufallsprozessen in Mehrfreiheitsgradsystemen, *Teil* 2

mit den Elementknotenlasten

$$\mathbf{P}_{eg}(t) = \int_{V_g} \boldsymbol{\omega}^t(x,y,z)\boldsymbol{p}_V(x,y,z,t)\,dV + \int_{S_g} \boldsymbol{\omega}^t(x,y,z,t)\boldsymbol{p}_S(x,y,z,t)\,dS \qquad (21.3.75)$$

Um die Darstellung zu straffen, beschränken wir uns in der Folge auf Oberflächenlasten. Wir berechnen die wichtigsten Erwartungswerte. Darunter fällt der Mittelwert

$$\overline{\boldsymbol{R}}_e = E[\boldsymbol{R}_e] = E\left[\sum_{g=1}^{m} \mathbf{a}_g^t \int_{S_g} \boldsymbol{\omega}^t \boldsymbol{p}_S \,dS\right]$$

$$= \sum_{g=1}^{m} \mathbf{a}_g^t \int_{S_g} \boldsymbol{\omega}^t E[\boldsymbol{p}_S]\,dS \qquad (21.3.76)$$

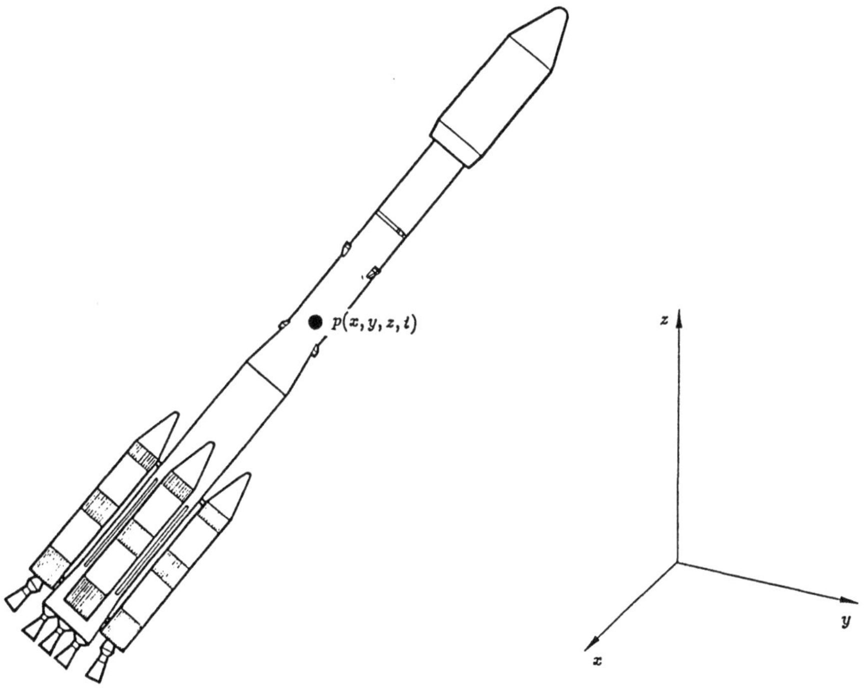

Abb. 21.3.9 Druckschwankung an einem Oberflächenpunkt der Rakete infolge Schalleinwirkung

Man beachte, daß der Mittelwert $E[\boldsymbol{p}_S]$ der Oberflächenlast ein (3×1)-Vektor ist, der noch vom Ort abhängt.

Eine weitere interessante Größe ist die Kovarianzmatrix bei Zeitverschiebung. Zur knapperen Darstellung gehen wir von Nullmittelwerten aus, Kovarianzmatrix und Korrelationsmatrix sind dann identisch

$$\underset{(n \times n)}{\boldsymbol{\Sigma}}(t, \Delta t) = \boldsymbol{\Phi}(t, \Delta t)$$

$$= E\left[\boldsymbol{R}_e(t)\boldsymbol{R}_e^t(t+\Delta t)\right] = E\left[\left(\sum_{g=1}^{m} \mathrm{a}_g^t \mathbf{P}_{eg}(t)\right)\left(\sum_{h=1}^{m} \mathbf{P}_{eh}^t(t+\Delta t)\mathrm{a}_h\right)\right]$$

$$= \sum_{g=1}^{m}\sum_{h=1}^{m} \mathrm{a}_g^t E\left[\mathbf{P}_{eg}(t)\mathbf{P}_{eh}^t(t+\Delta t)\right]\mathrm{a}_h$$

$$= \sum_{g=1}^{m}\sum_{h=1}^{m} \mathrm{a}_g^t E\left[\int_{S_g} \boldsymbol{\omega}^t \boldsymbol{p}_S(t)\,\mathrm{d}S \int_{S_h} \boldsymbol{p}_S^t(t+\Delta t)\boldsymbol{\omega}\,\mathrm{d}S\right]\mathrm{a}_h$$

$$= \sum_{g=1}^{m}\sum_{h=1}^{m} \mathrm{a}_g^t\left[\int\!\!\int \boldsymbol{\omega}^t(x_g, y_g, z_g)E\left[\boldsymbol{p}_S(x_g, y_g, z_g, t)\boldsymbol{p}_S^t(x_h, y_h, z_h, t+\Delta t)\right]\boldsymbol{\omega}(x_h, y_h, z_h)\,\mathrm{d}S_g\,\mathrm{d}S_h\right]\mathrm{a}_h\,,$$

$$\text{falls } \overline{\boldsymbol{R}_e} = \boldsymbol{o} \qquad (21.3.77)$$

Darin ist nun

$$E[\boldsymbol{p}_S(x_g, y_g, z_g, t)\boldsymbol{p}_S^t(x_h, y_h, z_h, t+\Delta t)] = \underset{(3\times 3)}{\boldsymbol{\Sigma}}(x_g, y_g, z_g, x_h, y_h, z_h, \Delta t)$$

$$= \boldsymbol{\Phi}(x_g, y_g, z_g, x_h, y_h, z_h, \Delta t)\,,$$

$$\text{falls } \bar{\boldsymbol{p}}_S = \boldsymbol{o} \qquad (21.3.78)$$

die Kovarianz bzw. die Korrelationsmatrix des kontinuierlichen stochastischen Prozesses $\boldsymbol{p}_S$, und $\boldsymbol{x}_g$ ist ein Punkt im Bereich des Elementes g, und $\boldsymbol{x}_h$ ist ein anderer Punkt im Bereich des Elementes h. Wir gehen natürlich davon aus, daß die Erwartungsfunktionen des kontinuierlichen stochastischen Prozesses gegeben sind.

Als letzten Punkt der Diskretisierung besprechen wir die Umsetzung der Spektraldichten. Wir unterwerfen dazu (21.3.77) einer Fouriertransformation und erhalten so

$$\underset{(n\times n)}{\boldsymbol{S}(\Omega)} = \sum_{g=1}^{m}\sum_{h=1}^{m} \mathrm{a}_g^t \iint \boldsymbol{\omega}^t(\boldsymbol{x}_g)\,\boldsymbol{S}(\boldsymbol{x}_g, \boldsymbol{x}_h, \Omega)\,\boldsymbol{\omega}(\boldsymbol{x}_h)\,\mathrm{d}S_g\,\mathrm{d}S_h\,\mathrm{a}_h \qquad (21.3.79)$$

wobei

$$\underset{(3\times 3)}{\boldsymbol{S}(\boldsymbol{x}_g, \boldsymbol{x}_h, \Omega)} = \frac{1}{2\pi}\int_{-\infty}^{+\infty} \boldsymbol{\Sigma}(\boldsymbol{x}_g, \boldsymbol{x}_h, \Delta t)\,\mathrm{e}^{-i\Omega\Delta t}\mathrm{d}(\Delta t) \qquad (21.3.80)$$

die Spektraldichtematrix des kontinuierlichen Prozesses $\boldsymbol{p}_S(\boldsymbol{x}, t)$ ist.

Wir sehen, daß leider die Kovarianz und die Spektraldichtematrix im allgemeinen vollbesetzte Matrizen sind. Ihre Berechnung auf der Basis der finiten Elemente ist dadurch erschwert, daß beliebige Elemente miteinander verknüpft werden. In der Praxis greift man deshalb oft zu groben pauschalen Methoden, die dem bekannten Punktmassenkonzept ähneln. Es seien

$$\boldsymbol{p}_S(\boldsymbol{x}_i, t)$$

und

$$\boldsymbol{p}_S(\boldsymbol{x}_j, t+\Delta t)$$

die Oberflächenlasten an den Knoten i und j, welche auf die Einflußflächen A_i und A_j einwirken. Der zu den Knoten i und j gehörige Teil $\boldsymbol{\Sigma}_{ij}$ der Kovarianzmatrix $\boldsymbol{\Sigma}$ wird dann

$$\underset{(3\times 3)}{\boldsymbol{\Sigma}_{ij}(\Delta t)} = E[\boldsymbol{p}_S(\boldsymbol{x}_i, t)\boldsymbol{p}_S(\boldsymbol{x}_j, t+\Delta t)A_i A_j]$$

$$= \underset{(3\times 3)}{\boldsymbol{\Sigma}}(\boldsymbol{x}_i, \boldsymbol{x}_j, \Delta t)A_i A_j \qquad (21.3.81)$$

und ganz entsprechend ergibt sich für die Spektraldichtematrix

$$S_{ij}(\Omega) = \underset{(3\times 3)}{S(x_i, x_j, \Omega)} A_i A_j \tag{21.3.82}$$

Beide Formeln sind sehr einfach; sie erfassen andererseits die statistischen Eigenschaften nur pauschal, was zu größeren Abweichungen führen kann. An der Tatsache, daß $\boldsymbol{\Sigma}$ und $\boldsymbol{S}$ vollbesetzt sind, ändert sich nichts, es sei denn, es handelt sich um Spezialfälle.

21.4 Stochastische Erregung und Antwort bei Mehrfreiheitsgradsystemen und modaler Dämpfung

Wir folgen in diesem Abschnitt den Spuren des Abschnittes 21.2 und führen lediglich die allgemeinen, in Teil 21.3 erarbeiteten Definitionen ein. Die Basis unserer Überlegungen bildet das gekoppelte System

$$\boldsymbol{M}\ddot{\boldsymbol{r}} + \boldsymbol{C}\dot{\boldsymbol{r}} + \boldsymbol{K}\boldsymbol{r} = \boldsymbol{R}(t) \tag{21.4.1}$$

wobei $\boldsymbol{R}(t)$ ein Vektor ist, dessen Elemente stochastische Erregungsprozesse repräsentieren. Wir interessieren uns für die stochastische Antwort $\boldsymbol{r}(t)$. Bei modaler Dämpfung kann das System mit Hilfe der Eigenvektoren $\boldsymbol{X}$ entkoppelt werden. Wir setzen

$$\boldsymbol{r}(t) = \boldsymbol{X}\boldsymbol{\eta}(t) \tag{21.4.2}$$

und erhalten nun den Satz der entkoppelten Gleichungen

$$\begin{aligned} \ddot{\boldsymbol{\eta}} + 2\mathbf{Z}\boldsymbol{\Omega}\dot{\boldsymbol{\eta}} + \boldsymbol{\Omega}^2\boldsymbol{\eta} &= \boldsymbol{\Omega}^2\boldsymbol{X}^t\boldsymbol{R}(t) \\ &= \boldsymbol{\Omega}^2\boldsymbol{R}_\eta(t) \end{aligned} \tag{21.4.3}$$

wobei

$$\mathbf{Z} = \lceil \zeta_1 \quad \zeta_2 \quad \ldots\ldots \quad \zeta_n \rfloor \tag{21.4.4}$$

die Dämpfungsverhältnisse enthält und die Diagonalmatrix

$$\boldsymbol{\Omega} = \lceil \omega_1 \quad \omega_2 \quad \ldots\ldots \quad \omega_n \rfloor \tag{21.4.5}$$

die Eigenfrequenzen des Systems. Wenn wir die Form des Duhamelintegrales (21.2.9) auf Mehrfreiheitsgradsysteme erweitern, ergibt sich für die modale Antwort

$$\boldsymbol{\eta}(t) = \int_{-\infty}^{+\infty} \boldsymbol{h}(\theta)\boldsymbol{R}_\eta(t-\theta)\,\mathrm{d}\theta \tag{21.4.6}$$

wobei

$$\boldsymbol{h}(\theta) = \lceil h_1(\theta) \quad h_2(\theta) \quad \ldots\ldots \quad h_n(\theta) \rfloor \tag{21.4.7}$$

und nach (21.2.5)

$$h_i(\theta) = (1-\zeta_i^2)^{-1/2}\omega_i\, e^{-\omega_i\zeta_i\theta} \sin\left((1-\zeta_i^2)^{1/2}\omega_i\theta_i\right) \tag{21.4.8}$$

Auf der Basis bekannter statistischer Maße für $\boldsymbol{R}(t)$ berechnen wir zunächst die statistischen Maße für die modale Antwort $\boldsymbol{\eta}(t)$, da es vielleicht interessant ist, zu erfahren, welche Eigenschwingungsformen stark angeregt werden. Der Mittelwert der Antwort ist bei stationären Prozessen

$$\begin{aligned}
\overline{\boldsymbol{\eta}} &= E[\boldsymbol{\eta}(t)] \\
&= E\left[\int_{-\infty}^{+\infty} \boldsymbol{h}(\theta)\boldsymbol{X}^{\mathrm{t}}\boldsymbol{R}(t-\theta)\,\mathrm{d}\theta\right] = \int_{-\infty}^{+\infty} \boldsymbol{h}(\theta)\boldsymbol{X}^{\mathrm{t}}E[\boldsymbol{R}(t-\theta)]\,\mathrm{d}\theta \\
&= \int_{-\infty}^{+\infty} \boldsymbol{h}(\theta)\,\mathrm{d}\theta\,\boldsymbol{X}^{\mathrm{t}}\overline{\boldsymbol{R}} \\
&= \boldsymbol{F}(0)\boldsymbol{X}^{\mathrm{t}}\overline{\boldsymbol{R}}
\end{aligned} \tag{21.4.9}$$

Dabei ist

$$\boldsymbol{F}(0) = \lceil F_1(0) \quad F_2(0) \quad \ldots\ldots \quad F_n(0) \rfloor$$

die Diagonalmatrix der komplexen Frequenzgänge mit

$$F_i(\Omega) = \frac{1}{1-\left(\frac{\Omega}{\omega_i}\right)^2 + i\,2\zeta\left(\frac{\Omega}{\omega_i}\right)} \tag{21.4.10}$$

und $\overline{\boldsymbol{R}}$ stellt den Vektor der statistischen Mittelwerte der Erregung dar. Nach (21.4.2) ergibt sich nun für die Mittelwerte der Auslenkungen weiter

$$\begin{aligned}
\overline{\boldsymbol{r}} &= E[\boldsymbol{r}(t)] = E[\boldsymbol{X}\boldsymbol{\eta}(t)] = \boldsymbol{X}\overline{\boldsymbol{\eta}} \\
&= \boldsymbol{X}\boldsymbol{F}(0)\boldsymbol{X}^{\mathrm{t}}\overline{\boldsymbol{R}} \\
&= \boldsymbol{X}\boldsymbol{X}^{\mathrm{t}}\overline{\boldsymbol{R}}
\end{aligned} \tag{21.4.11}$$

da $\boldsymbol{F}(0)$ die Einheitsmatrix ist (s. (21.4.10)).

Vielleicht interessieren uns neben den Auslenkungen auch noch die statistischen Maße der Spannungen. Beim Konzept der finiten Elemente werden im allgemeinen die Spannungen an bestimmten Punkten aus den Verschiebungen berechnet. Die Beziehung ist linear

$$\boldsymbol{\sigma} = \boldsymbol{D}_\sigma \boldsymbol{r} \tag{21.4.12}$$

Dabei können wir $\boldsymbol{D}_\sigma$ als eine Matrix mit bekannten Zahlen ansehen, welche den Berechnungsprozeß repräsentiert. Wir erhalten für $\boldsymbol{\sigma}$ die statistischen Mittelwerte

$$\overline{\boldsymbol{\sigma}} = \boldsymbol{D}_\sigma \overline{\boldsymbol{r}} \tag{21.4.13}$$

d.h. mit den statistischen Mittelwerten der Auslenkungen als Eingabe wird der Spannungsprozeß des FEM-Paketes durchlaufen und liefert automatisch die Mittelwerte der Spannungen als Ausgabe.

Wir stellen abschließend fest, daß alle Mittelwerte, also $\bar{\boldsymbol{\eta}}$, $\bar{\boldsymbol{r}}$ und $\bar{\boldsymbol{\sigma}}$, Null sind, falls die Erregung $\bar{\boldsymbol{R}}$ Nullmittelwerte $\bar{\boldsymbol{R}} = \boldsymbol{o}$ aufweist. Mit dem Hinweis auf die deterministische Behandlungsmöglichkeit von Mittelwerten wollen wir $\bar{\boldsymbol{R}} = \boldsymbol{o}$ voraussetzen und brauchen dann zwischen der Korrelationsmatrix und Kovarianzmatrix für zeitverschobene Prozesse nicht zu unterscheiden. Es ergibt sich mit dieser Voraussetzung die Kovarianzmatrix der modalen Antwort zu

$$\begin{aligned}
\boldsymbol{\Sigma}_\eta(\Delta t) &= \boldsymbol{\Phi}_\eta(\Delta t) \\
&= E[\boldsymbol{\eta}(t)\boldsymbol{\eta}^{\mathrm{t}}(t+\Delta t)] \\
&= E\left[\int_{-\infty}^{+\infty} \boldsymbol{h}(\theta)\boldsymbol{X}^{\mathrm{t}}\boldsymbol{R}(t-\theta)\mathrm{d}\theta \int_{-\infty}^{+\infty} \boldsymbol{R}^{\mathrm{t}}(t+\Delta t-\theta)\boldsymbol{X}\boldsymbol{h}(\theta)\mathrm{d}\theta\right] \\
&= \int_{-\infty}^{+\infty}\int_{-\infty}^{+\infty} \boldsymbol{h}(\theta_1)\boldsymbol{X}^{\mathrm{t}}E\big[\boldsymbol{R}(t-\theta)\boldsymbol{R}^{\mathrm{t}}(t-\theta+\Delta t)\big]\boldsymbol{X}\boldsymbol{h}(\theta_2)\mathrm{d}\theta_1\,\mathrm{d}\theta_2 \\
&= \int_{-\infty}^{+\infty}\int_{-\infty}^{+\infty} \boldsymbol{h}(\theta_1)\boldsymbol{X}^{\mathrm{t}}\boldsymbol{\Sigma}_R\boldsymbol{X}\boldsymbol{h}(\theta_2)\mathrm{d}\theta_1\,\mathrm{d}\theta_2 \\
&= \int_{-\infty}^{+\infty} \boldsymbol{h}(\theta)\mathrm{e}^{i\Omega\theta}\mathrm{d}\theta\,\boldsymbol{X}^{\mathrm{t}}\boldsymbol{\Sigma}_R\boldsymbol{X}\int_{-\infty}^{+\infty} \boldsymbol{h}(\theta)\mathrm{e}^{-i\Omega\theta}\mathrm{d}\theta \\
&= \boldsymbol{F}^*(\Omega)\boldsymbol{X}^{\mathrm{t}}\boldsymbol{\Sigma}_R\boldsymbol{X}\boldsymbol{F}(\Omega)
\end{aligned} \tag{21.4.14}$$

Nun ist es eine Kleinigkeit, auch die Kovarianzmatrix für die Knotenverschiebungen auszurechnen. Mit (21.4.2) ergibt sich

$$\begin{aligned}
\boldsymbol{\Sigma}_r(\Delta t) &= E[\boldsymbol{r}(t)\boldsymbol{r}^{\mathrm{t}}(t+\Delta t)] = E[\boldsymbol{X}\boldsymbol{\eta}(t)\,\boldsymbol{\eta}^{\mathrm{t}}(t+\Delta t)\boldsymbol{X}^{\mathrm{t}}] \\
&= \boldsymbol{X}\boldsymbol{\Sigma}_\eta\boldsymbol{X}^{\mathrm{t}} \\
&= \boldsymbol{X}\boldsymbol{F}^*(\Omega)\,\boldsymbol{\Sigma}_E\boldsymbol{F}(\Omega)\boldsymbol{X}^{\mathrm{t}} \\
&= \boldsymbol{X}\boldsymbol{F}^*(\Omega)\boldsymbol{X}^{\mathrm{t}}\boldsymbol{\Sigma}_R\,\boldsymbol{X}\boldsymbol{F}(\Omega)\boldsymbol{X}^{\mathrm{t}}
\end{aligned} \tag{21.4.15}$$

Als letzten Punkt dieser Überlegungen behandeln wir die Kovarianzmatrix der Spannungen. Mit (21.4.13) erhalten wir

$$\begin{aligned}
\boldsymbol{\Sigma}_\sigma(\Delta t) &= E[\boldsymbol{\sigma}(t)\boldsymbol{\sigma}^{\mathrm{t}}(t+\Delta t)] = E[\boldsymbol{D}_\sigma\boldsymbol{r}(t)\boldsymbol{r}^{\mathrm{t}}(t+\Delta t)\boldsymbol{D}_\sigma^{\mathrm{t}}] \\
&= \boldsymbol{D}_\sigma\boldsymbol{\Sigma}_r\boldsymbol{D}_\sigma^{\mathrm{t}} \\
&= \boldsymbol{D}_\sigma[\boldsymbol{D}_\sigma\boldsymbol{\Sigma}_r^{\mathrm{t}}]^{\mathrm{t}}
\end{aligned} \tag{21.4.16}$$

Die letzte Form der Kovarianzmatrix gibt an, daß wir mit den n Reihen von $\boldsymbol{\Sigma}_r$ als Lastfällen den Spannungsprozessor einmal durchlaufen und die $n\sigma \times n$ Matrix $\boldsymbol{D}_\sigma \boldsymbol{\Sigma}_r^t$ als Resultat erhalten. Mit den $n\sigma$ Reihen dieser Matrix als Lastfälle durchlaufen wir den Spannungsprozessor nochmals und erhalten dann $\boldsymbol{\Sigma}_\sigma$. – Abschließend möchten wir nochmals darauf hinweisen, daß (21.4.14) bis (21.4.16) nur gelten, falls die Mittelwerte $\overline{\boldsymbol{R}}$ Null und die Prozesse $\boldsymbol{R}(t)$ stationär sind. Da die Erwartungswertbildung über die Zeit bei nur einem Schwinger erfolgt, müssen wir darüber hinaus noch Ergodizität fordern.

Als letztes Maß für die Berechnung bei stochastischer Erregung diskutieren wir die Spektraldichtematrix $\boldsymbol{S}(\Omega)$. Der Übergang von der Kovarianzmatrix $\boldsymbol{\Sigma}(\Delta t)$ ist bereits durch (21.3.71) gegeben. Wir wenden diese Transformation auf (21.4.14) bis (21.4.16) an und sind dann in der Lage, auf der Basis der Spektraldichtematrix $\boldsymbol{S}_R(\Omega)$ der Erregung die Spektraldichtematrix der modalen Antwort

$$\begin{aligned} \boldsymbol{S}_\eta(\Omega) &= \boldsymbol{F}^*(\Omega)\boldsymbol{S}_E(\Omega)\boldsymbol{F}(\Omega) \\ &= \boldsymbol{F}^*(\Omega)\boldsymbol{X}^t\boldsymbol{S}_R(\Omega)\boldsymbol{X}\boldsymbol{F}(\Omega) \end{aligned} \tag{21.4.17}$$

die Spektraldichtematrix der Knotenpunktauslenkungen

$$\boldsymbol{S}_r(\Omega) = \boldsymbol{X}\boldsymbol{S}_\eta(\Omega)\boldsymbol{X}^t \tag{21.4.18}$$

und die Spektraldichtematrix der Knotenspannungen

$$\boldsymbol{S}_\sigma(\Omega) = \boldsymbol{D}_\sigma \boldsymbol{S}_r(\Omega)\boldsymbol{D}_\sigma^t \tag{21.4.19}$$

anzugeben. Unter Hinweis auf (21.3.45) können wir die so ermittelten Spektraldichten auch in die Kovarianzmatrix umrechnen, wobei allgemein gilt

$$\boldsymbol{\Sigma}(\Delta t) = \int_{-\infty}^{+\infty} \boldsymbol{S}(\Omega)\, e^{i\Omega\Delta t} d\Omega \tag{21.4.20}$$

Die Wahrscheinlichkeitsdichteverteilung nach Gauß (21.3.65) ist bei Nullmittelwerten durch $\boldsymbol{\Sigma}(0)$ allein festgelegt. Es gilt dann

$$\boldsymbol{\Sigma} = \boldsymbol{\Sigma}(0) = \int_{-\infty}^{+\infty} \boldsymbol{S}(\Omega) d\Omega \tag{21.4.21}$$

d.h. wir können die Kovarianzmatrix bei Zeitverschiebung Null durch Integration der Spektraldichtematrix über die Frequenz gewinnen. Wir wissen aus Erfahrung, daß ein Tragwerk in der Umgebung seiner Eigenfrequenzen besonders heftig schwingt. So ist es nicht verwunderlich, daß z.B. $S_{rkk}(\Omega)$ für $\Omega = \omega_i$ ausgeprägte Spitzen aufweist. Bei der numerischen Integration von (21.4.21) ist also Vorsicht geboten. Einmal sollte $\Omega = \omega_i$ selbst Integrationspunkt sein, und zum anderen sollte die Umgebung einer Eigenfrequenz eine dichtere Anordnung der Stützpunkte aufweisen. Ferner ist darauf hinzuweisen, daß die Matrix $\boldsymbol{\Sigma}$ im allgemeinen reell ist und es in diesem Falle genügt, in (21.4.21) den Realteil von $\boldsymbol{S}(\Omega)$ zu integrieren, welcher symmetrisch ist.

In den meisten Fällen wird man sich nicht für die Kreuzkovarianzen interessieren, sondern nur für die auf der Diagonale stehenden Varianzen der Antwort. In vielen Fällen ist die Spektraldichtematrix der modalen Antwort, $\boldsymbol{S}_\eta$, diagonal dominant. Ein Element dieser Spektraldichtematrix ist

$$S_{\eta ij} = \boldsymbol{x}_i^t \boldsymbol{S}_R \boldsymbol{x}_j V_i V_j \left(\cos(\varphi_i - \varphi_j) + i \sin(\varphi_i - \varphi_j)\right) \tag{21.4.22}$$

wobei die Vergrößerungsfunktion V_i der Betrag des komplexen Frequenzganges F_i ist

$$V_i = \frac{1}{\left[\left(1 - \left(\frac{\Omega}{\omega_i}\right)^2\right)^2 + \left(2\zeta_i \frac{\Omega}{\omega_i}\right)^2\right]^{1/2}} \tag{21.4.23}$$

Die Größe φ_i gibt den Phasenwinkel an

$$\varphi_i = \arctan \frac{2\zeta_i \frac{\Omega}{\omega_i}}{1 - \left(\frac{\Omega}{\omega_i}\right)^2} \tag{21.4.24}$$

Die Funktionen V_i und V_j haben für $\Omega \approx \omega_i$ bzw. $\Omega \approx \omega_j$, also an den Stellen der Eigenfrequenzen, einen Gipfelpunkt (siehe Abb. 14.4.2). Solange die Eigenfrequenzen gut separiert liegen, weist jedoch eine Funktion für $i \neq j$ einen Spitzenwert und die andere einen sehr kleinen Betrag auf. Demgegenüber werden bei $i = j$ die Spitzenamplituden multipliziert und $\cos(\varphi_i - \varphi_j)$ nimmt auch noch den Wert 1 an. Es genügt deshalb oft, mit den Diagonalwerten allein zu arbeiten

$$\boldsymbol{S}_\eta(\Omega) \approx \lfloor S_{\eta 11} \quad S_{\eta 22} \quad \ldots\ldots \quad S_{\eta nn} \rfloor \tag{21.4.25}$$

wobei

$$S_{\eta ii}(\Omega) = V_i^2(\Omega) \boldsymbol{x}_i^t \boldsymbol{S}_R(\Omega) \boldsymbol{x}_i \tag{21.4.26}$$

ist. Unter dieser Voraussetzung ergibt sich für die Spektraldichte der Verschiebungen nach (21.4.18) einfach

$$\begin{aligned} \boldsymbol{S}_r(\Omega) &= \sum_{i=1}^{n} S_{\eta ii} \boldsymbol{x}_i \boldsymbol{x}_i^t \\ &= \sum_{i=1}^{n} V_i^2(\Omega) \left(\boldsymbol{x}_i^t \boldsymbol{S}_R(\Omega) \boldsymbol{x}_i\right) \boldsymbol{x}_i \boldsymbol{x}_i^t \end{aligned} \tag{21.4.27}$$

Die zur Berechnung der Varianz notwendigen Diagonalglieder der Spektraldichte der Verschiebungen sind also

$$\begin{aligned} S_{rkk}(\Omega) &= \sum_{i=1}^{n} x_{ik}^2 \left(\boldsymbol{x}_i^t \boldsymbol{S}_R(\Omega) \boldsymbol{x}_i\right) V_i^2(\Omega) \\ &\approx \sum_{i=1}^{n} c_{ik} V_i^2(\Omega) \end{aligned} \tag{21.4.28}$$

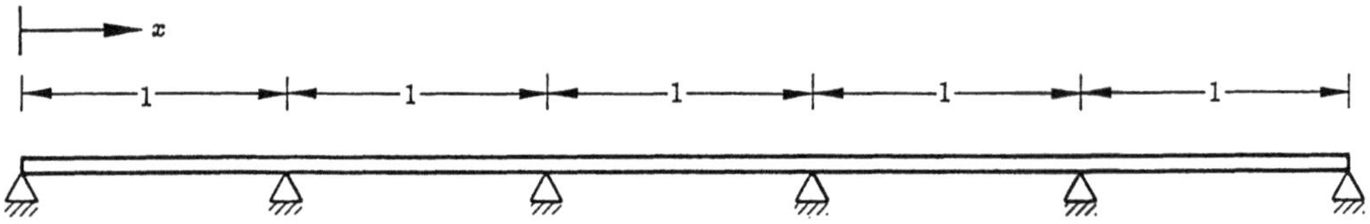

Ebenes Problem
Daten:
Querschnittsfläche $A = 1.0$
Flächenträgheitsmoment $I = 1.0$
Elastizitätsmodul $E = 1.0$
Modale Dämpfung $\zeta_i = 0.01$, $i=1,n$
Belastung: Kreuzspektraldichte des Druckes $p(x_1)$ und $p(x_2)$ infolge Düsenlärms
$S = e^{-i\Omega(x_2-x_1)/6}$

Idealisierung

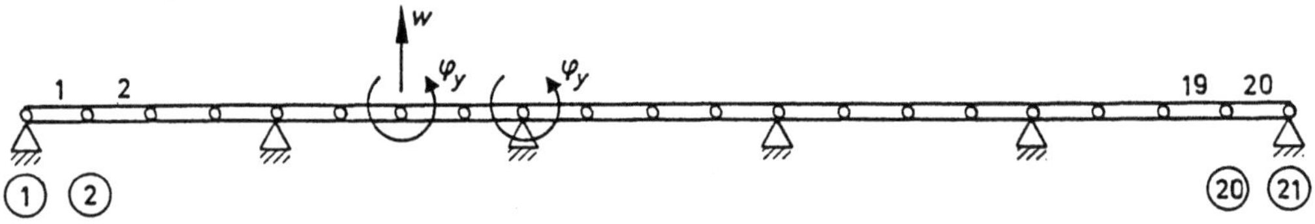

20 BECOS Elemente
21 Knotenpunkte
36 Freiheitsgrade

Abb. 21.4.1 Gestützter Balken unter Düsenlärm: Original und Idealisierung mit finiten Elementen

Dabei wird stillschweigend angenommen, daß der Einfluß $V_i^2(\Omega)$ dominant gegenüber $S_R(\Omega)$ ist. Dies wäre etwa beim Erregungstyp eines weißen Rauschens der Fall. Aus (21.4.28) läßt sich nun leicht die Varianz finden, indem über Ω integriert wird

$$\sigma_{rkk} = 2\int_0^\infty S_{rkk}(\Omega)\mathrm{d}\Omega$$

$$= \sum_{i=1}^{n} c_{ik}\, 2\,\zeta_i \omega_i \pi \qquad (21.4.29)$$

Wir bezeichnen die Formel (21.4.29) als quasi-analytische Integration. Diese Technik kann auch auf die Spannungen ausgedehnt werden.

Wir beschließen dieses etwas abstrakte Kapitel mit einem einfachen Beispiel (Abb. 21.4.1), für das in [21.3] und [21.4] eine Lösung angegeben ist. Ein mehrfach gestützter Balken sei Düsenlärm ausgesetzt. Die kontinuierliche Kreuzspektraldichte des Druckes sei mit

$$S = e^{-i\Omega(x_2-x_1)/6}$$

bekannt. In [21.3] ist die Diskretisierung der Spektraldichte kinematisch äquivalent und in [21.4] ingenieurmäßig ausgeführt. Wir tun das letztere und erhalten als Einflußfläche des Druckes am Knoten jeweils 1/4. Dementsprechend ergibt sich für die w-Freiheitsgrade der Knoten k und l die Kreuzspektraldichte der Erregungskräfte

$$S_{\mathrm{kl}} = \left(\frac{1}{4}\right)^2 \mathrm{e}^{-i\Omega(\mathrm{l-k})/24}$$

$$= \frac{1}{16}\left(\cos\frac{\mathrm{l-k}}{24}\Omega - i\sin\frac{\mathrm{l-k}}{24}\Omega\right) , \qquad \mathrm{l} \geqslant \mathrm{k}$$

Dabei ist $(\mathrm{l-k})/4$ die Distanz $x_2 - x_1$, die zwischen den Knoten k und l liegt. Bei unserem einfachen Modell erfahren die Rotationen an den Knoten keine Kräfte. Die Matrix der Spektraldichte läßt sich also mit 19 Standardfunktionen darstellen, wobei

$$\mathrm{l-k} = 0, 1, 2, \quad \ldots\ldots \quad 18$$

und 18 der Differenz vom freien Knoten 2 zum freien Knoten 20 entspricht. Da die Spektraldichtematrix von der Frequenz Ω abhängt, müssen die 19 Standardfunktionen in tabellierter Form in den Computer eingegeben werden. Wir erhalten als Auszug der Berechnungsergebnisse für die Diagonalelemente der Spektraldichtematrix bei Knoten $3, w$ und Knoten $1, \varphi_y$ die folgenden Werte

$\Omega = \omega_i$	Spektraldichte der Verschiebungen	
	$1, \varphi_y - 1, \varphi_y$	$3, w - 3, w$
9.87	0.1585	0.0157
10.95	1.4295	0.1344
13.70	0.2374	0.0179
17.26	0.0009	0.0001
20.73	0.0004	0.0000
39.63	0.0426	0.0000

Nun kann man hieraus die Varianzen der Verschiebungen $1, \varphi_y$ und $3, w$ durch Integration über die Frequenz finden. Die Wurzel aus den Varianzen wäre dann die Standardabweichung

$$\sigma_{1\varphi_y} = 1.1807$$

$$\sigma_{3w} = 0.3433$$

Diese Standardabweichungen legen eine Gaußsche Verteilung fest. Diese vorausgesetzt, erhalten wir mit

$$P\left(\frac{x}{\sigma_x} = 2\right) = 0.9775$$

die Aussage, daß mit einer Wahrscheinlichkeit von 2.275 %

$$1, \varphi_y \geqslant 2.3614$$

oder

$$3, w \geqslant 0.6866$$

wird.

Für diejenigen, die sich auf diesem Gebiet etwas tiefer einarbeiten wollen, möchten wir noch einige Literatur angeben, die im weiteren Sinne auch zur Abfassung dieses Kapitels herangezogen wurde. Neben den bereits zitierten Werken sind dies das Buch von Newland [21.5], das Werk von Lin [21.6] und die Sammlung von Crandall [21.7], die sich mit dieser Materie von allen Seiten, teils auch von der experimentellen, noch ausführlicher beschäftigen.

Literatur zu Kapitel 21

[21.1] *A. Papoulis;* Probability, random variables and stochastic processes (McGraw-Hill, New York, 1965).

[21.2] *W. B. Davenport, W. L. Root;* An introduction to the theory of random signals and noise (McGraw-Hill, New York, 1958).

[21.3] *M. D. Olson;* A consistent finite element method for random response problems, Computers and Structures, 2 (1972) 163–180.

[21.4] *T. L. Johnsen, S. S. Dey;* ASKA Part II – Linear dynamic analysis, ASKA UM 218, Stuttgart (1978).

[21.5] *D. E. Newland;* An introduction to random vibrations and spectral analysis (Longman, London, 1975).

[21.6] *Y. K. Lin;* Probabilistic theory of structural dynamics (McGraw-Hill, New York, 1967).

[21.7] *St. H. Crandall,* ed.; Random vibrations (MIT and John Wiley, New York, 1958).

[21.8] *W. Heinrich, K. Hennig;* Zufallsschwingungen mechanischer Systeme (Vieweg, Braunschweig, 1978).

22 Die Behandlung allgemein viskos gedämpfter Tragwerke

In Kapitel 20 hatten wir die Lösung des gedämpften Eigenwertproblems dadurch leicht gefunden, daß wir die Dämpfung der Struktur durch ein modales, proportionales Dämpfungsmodell erfaßt haben. Da mit den Eigenvektoren des proportional gedämpften Systems die Dämpfungsmatrix ebenso wie die Steifigkeitsmatrix und die Massenmatrix in Diagonalform transformiert werden kann, läßt sich dort das Gleichungssystem entkoppeln und so die Lösung stark vereinfachen. Der Nachteil dieser Methode ist die schwierige Abbildung eines realistischen Dämpfungsmechanismus mit den zur Verfügung stehenden Parametern des proportionalen Dämpfungsmodells.

Hier wollen wir nun die Beschränkung auf proportionale Dämpfung fallenlassen und die viskose Dämpfung ganz allgemein in unser Rechenmodell aufnehmen. Allerdings müssen wir dann in Kauf nehmen, daß die Behandlung des Eigenwertproblems wesentlich schwieriger und rechenzeitaufwendiger wird, da die Lösung jetzt komplex ist. Als Lösungsverfahren bei nichtsymmetrischer dynamischer Matrix kommen die simultane Vektoriteration und das Eberlein-Verfahren in Frage, beide werden vorgestellt und diskutiert.

22.1 Die besonderen Verhältnisse bei nichtmodaler Dämpfung

Wir haben in Kapitel 17 der Diskussion ungedämpfter Eigenschwingungen, also der Lösung des Systems

$$\boldsymbol{M}\ddot{\boldsymbol{r}} + \boldsymbol{K}\boldsymbol{r} = \boldsymbol{o} \tag{22.1.1}$$

breiten Raum eingeräumt und festgestellt, daß der Lösungsansatz

$$\boldsymbol{r} = \boldsymbol{x}\,\mathrm{e}^{pt} \tag{22.1.2}$$

zu 2n Lösungen in p führt. Je ein Lösungspaar

$$p_{i-} = -i\,\omega_i$$
$$p_{i+} = +i\,\omega_i \tag{22.1.3}$$

besitzt den gleichen zugehörigen Lösungsvektor $\boldsymbol{x}_i$ (= Eigenvektor), so daß die allgemeine Lösung zu (22.1.1) in Kapitel 17 aus n Beiträgen mit den n Eigenvektoren $\boldsymbol{x}_i$ aufgebaut werden konnte. Diese n Eigenvektoren – zusammengefaßt in $\boldsymbol{X}$ – haben unter anderem die Eigenschaft, daß sie die Massenmatrix $\boldsymbol{M}$ und die Steifigkeitsmatrix $\boldsymbol{K}$ gleichzeitig diagonalisieren (siehe z.B. (17.1.31b) und (17.1.32)). Diese Eigenschaft wurde in Kapitel 19 genutzt, um das Gleichungssystem für erzwungene ungedämpfte Schwingungen

$$\boldsymbol{M}\ddot{\boldsymbol{r}} + \boldsymbol{K}\boldsymbol{r} = \boldsymbol{R}(t) \tag{22.1.4}$$

via

$$\boldsymbol{r}(t) = \boldsymbol{X}\boldsymbol{\eta}(t) \tag{22.1.5}$$

und Vormultiplikation mit $\boldsymbol{X}^{t}$ zu entkoppeln und damit in n Probleme mit einem Freiheitsgrad aufzuspalten.

Diese spezielle Eigenschaft konnte auch für einen speziellen Dämpfungstyp auf gedämpfte Schwingungen übertragen werden. In Kapitel 21 hatten wir gezeigt, daß auch

$$\boldsymbol{M}\ddot{\boldsymbol{r}} + \boldsymbol{C}\dot{\boldsymbol{r}} + \boldsymbol{K}\boldsymbol{r} = \boldsymbol{R}(t) \tag{22.1.6}$$

entkoppelt werden kann, falls z.B. die Dämpfungsmatrix die spezielle Gestalt

$$\boldsymbol{C} = \alpha\boldsymbol{K} + \beta\boldsymbol{M} \tag{22.1.7}$$

aufweist. Man spricht dann von proportionaler Dämpfung. Noch allgemeiner ist der modale Dämpfungstyp

$$\boldsymbol{C} = \boldsymbol{X}^{-t}\boldsymbol{D}\boldsymbol{X} \tag{22.1.8}$$

wobei der Darstellung (22.1.8) nur formale Bedeutung zukommt und die Dämpfungswerte im entkoppelten System D_{ii} ($D_{ij} = 0, i \neq j$) direkt vorgeschrieben werden.

Nun zeigt allerdings schon ein ganz einfaches akademisches Beispiel (Abb. 22.1.1), daß wir im allgemeinen nicht die spezielle Gestalt (22.1.7) bzw. (22.1.8) für die Dämpfungsmatrix voraussetzen können. Hier ist die Massenmatrix diagonal

$$\boldsymbol{M} = \lceil m_1 \quad m_2 \rfloor = m\lceil 1 \quad 2 \rfloor$$

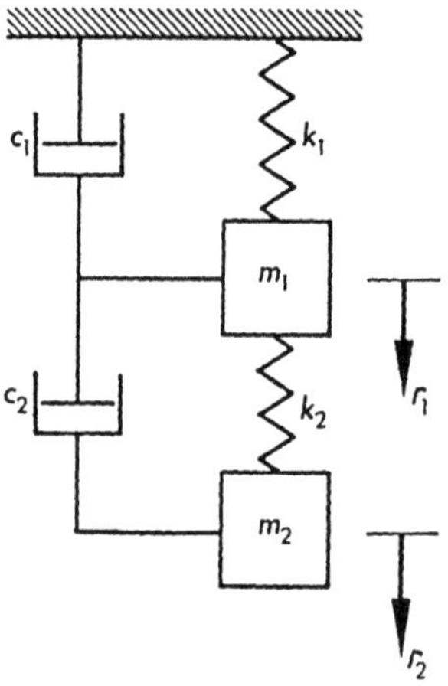

$$\begin{aligned} m_1 &= m \\ m_2 &= 2m \\ c_1 &= c_2 = 0.2m\omega_0 \\ k_1 &= m\omega_0 \\ k_2 &= 4m\omega_0^2 \end{aligned}$$

Abb. 22.1.1
Ein einfaches Beispiel für allgemeine viskose Dämpfung [22.1]

und für die Steifigkeitsmatrix ergibt sich

$$K = \begin{bmatrix} k_1 + k_2 & -k_2 \\ -k_2 & k_2 \end{bmatrix} = m\,\omega_0^2 \begin{bmatrix} 5 & -4 \\ -4 & 4 \end{bmatrix}$$

Die zugehörige viskose Dämpfungsmatrix

$$C = \begin{bmatrix} c_1 + c_2 & -c_2 \\ -c_2 & c_2 \end{bmatrix} = 0.2\,m\,\omega_0 \begin{bmatrix} 2 & -1 \\ -1 & 1 \end{bmatrix}$$

ist zwar im prinzipiellen Aufbau mit der Steifigkeitsmatrix eng verwandt (Dämpfer und Feder sind hintereinander geschaltet), aber C läßt sich nicht als Linearkombination von M und K darstellen. Dies hat Konsequenzen für die Entkoppelung des Systems (22.1.6). Es ist nach den Ausführungen des Kapitels 17 für unsere Leser sicher kein Problem, die Eigenwerte und -vektoren des ungedämpften Systems für unser kleines Beispiel in Abb. 22.1.1 auszurechnen. Mit

$$\bar{\omega}_i = -p_i^2/\omega_0^2$$

erhalten wir

$$\bar{\Omega} = \lceil \bar{\omega}_{11} \quad \bar{\omega}_{22} \rfloor = \lceil (7-\sqrt{41})/2 \quad (7+\sqrt{41})/2 \rfloor$$

und die zugehörigen Eigenvektoren sind (ohne besondere Normierung)

$$X = [x_1 \quad x_2] = \begin{bmatrix} -3+\sqrt{41} & -3-\sqrt{41} \\ 4 & 4 \end{bmatrix}$$

Setzt man nun (22.1.5) in (22.1.6) ein und multipliziert mit X^t vor, dann wird zwar die transformierte Masse diagonal

$$X^t M X = m \lceil (82 - 6\sqrt{41}) \quad (82 + 6\sqrt{41}) \rfloor$$

und ebenso die transformierte Steifigkeit

$$X^t K X = m\,\omega_0^2 \lceil (410 - 62\sqrt{41}) \quad (410 + 62\sqrt{41}) \rfloor$$

nicht aber die transformierte Dämpfung

$$D = X^t C X = 0.2\,m\,\omega_0 \begin{bmatrix} 140 - 20\sqrt{41} & -24 \\ -24 & 140 + 20\sqrt{41} \end{bmatrix}$$

Die transformierte Dämpfungsmatrix weist tatsächlich nicht einmal eine dominante Diagonale auf, so daß die übliche Vorgehensweise, die Diagonale der Matrix D als modale Dämpfung zu verwenden, hier mit einem Fragezeichen zu versehen ist. Somit ist festzustellen, daß die Eigenvektoren des ungedämpften Systems auf jeden Fall zur Entkoppelung von (22.1.6) untauglich sind, wenn die Dämpfungsmatrix C allgemeiner Natur ist.

Daraus folgt zugleich, daß sich das System (22.1.6) grundsätzlich von dem ungedämpften und modal gedämpften unterscheiden muß, und wir wenden uns folglich der Aufgabe zu, die Natur seiner Lösung zu untersuchen. Nun ist (22.1.6) ebenso wie (22.1.1) bzw. (17.1.1) ein System gekoppelter linearer Differentialgleichungen, und folglich ist der Lösungsansatz (22.1.2) bzw. (17.1.2) für die homogene Lösung unverändert legitim. Analog zu (17.1.3) erhalten wir damit für die Berechnung des homogenen Lösungsteiles ein homogenes algebraisches System

$$[p^2\boldsymbol{M} + p\boldsymbol{C} + \boldsymbol{K}]\boldsymbol{x} = \boldsymbol{o} \tag{22.1.9}$$

Dessen Triviallösung $\boldsymbol{x} = \boldsymbol{o}$ ist uninteressant. Nichttriviale Lösungen existieren aber nur, falls die Matrix der Systemkoeffizienten singulär ist, die Determinante dieser Matrix also Null wird. Als Erweiterung zu (17.1.4a) erhalten wir hier

$$\det[p^2\boldsymbol{M} + p\boldsymbol{C} + \boldsymbol{K}] = 0 \tag{22.1.10}$$

Dies ist zugleich die Bestimmungsgleichung für die Exponenten p des Lösungsansatzes (22.1.2). Nun zeigen sich aber die ersten Besonderheiten. Die Entwicklung der Determinante führt nicht mehr wie in (17.1.4c) auf ein Polynom n-ten Grades in p^2, dessen n Lösungen für p^2 dann auch mit n Lösungs- bzw. Eigenvektoren verknüpft sind. Bedingt durch den Dämpfungsterm $p\boldsymbol{C}$ sind wir hier gezwungen, mit p selbst zu arbeiten und erhalten deshalb als charakteristisches Polynom an Stelle von (17.1.4c) eine Gleichung vom Grade 2n in p

$$b_{2n}p^{2n} + b_{2n-1}p^{2n-1} + \ldots + b_0 = 0 \tag{22.1.11}$$

Wie leicht ersichtlich, hat sich an den Aussagen (17.1.5) bzw. (17.1.6) nichts geändert, und es gilt analog

$$b_{2n} = \det[\boldsymbol{M}] \tag{22.1.12}$$

$$b_0 = \det[\boldsymbol{K}] \tag{22.1.13}$$

Es ist uns aus der Mathematik bekannt, daß das Polynom (22.1.11) im allgemeinen 2n Lösungen für p_i aufweist, die auch komplex sein können. Demnach müssen wir auch einen komplexen Lösungsvektor $\boldsymbol{x}_i$ in Rechnung stellen, der sich durch Einsetzen von p_i mit einer Nebenbedingung (das System ist singulär!) ergibt. Im Prinzip liegt dieser Sachverhalt auch beim ungedämpften System vor, denn den n Lösungen für p_i^2 sind ja 2n Lösungen für p_i, nämlich p_{i+} und p_{i-}, zugeordnet. Jede dieser Lösungen besitzt aber den gleichen Eigenvektor $\boldsymbol{x}_i$, da in die Matrix der Systemkoeffizienten nur p_i^2 eingeht. Dieser Sonderfall ist jetzt nicht mehr gegeben. Wir wollen versuchen, den Charakter der Lösung analog zu Kapitel 17 zu erforschen. Dazu notieren wir die Gl. (22.1.9) für eine bestimmte Lösung p_i und $\boldsymbol{x}_i$ und multiplizieren sie mit dem bezüglich $\boldsymbol{x}_i$ konjugiert komplex transponierten Vektor $\boldsymbol{x}_i^*$ vor (17.1.8). Analog zu (17.1.9) ergibt sich die skalare Beziehung

$$p_i^2\boldsymbol{x}_i^*\boldsymbol{M}\boldsymbol{x}_i + p_i\boldsymbol{x}_i^*\boldsymbol{C}\boldsymbol{x}_i + \boldsymbol{x}_i^*\boldsymbol{K}\boldsymbol{x}_i = 0 \tag{22.1.14}$$

Falls ein nichtrotierendes Bezugssystem mit konservativer Erregung vorliegt, sind die Matrizen $\boldsymbol{C}$ und $\boldsymbol{K}$ symmetrisch, und $\boldsymbol{M}$ ist es ohnehin. Hieraus folgt, wie in (17.1.10) dargestellt, daß auch bei einem komplexen Vektor $\boldsymbol{x}_i$ die Resultate

$$\begin{aligned} \overline{m}_i &= \boldsymbol{x}_i^* \boldsymbol{M} \boldsymbol{x}_i \\ \overline{c}_i &= \boldsymbol{x}_i^* \boldsymbol{C} \boldsymbol{x}_i \\ \overline{k}_i &= \boldsymbol{x}_i^* \boldsymbol{K} \boldsymbol{x}_i \end{aligned} \qquad (22.1.15)$$

reelle Zahlen sind. Im Normalfall ist darüber hinaus $\boldsymbol{M}$ positiv definit (jede denkbare Bewegung ist mit Trägheit verknüpft), ebenso $\boldsymbol{C}$ (bei jeder Bewegung wird mechanische Energie in Wärme umgesetzt) und $\boldsymbol{K}$ (jede Bewegung bewirkt elastische Dehnungen). Dann zeigt uns ein Blick auf (17.1.10), daß die Werte $\overline{m}_i$, $\overline{c}_i$ und $\overline{k}_i$ nicht nur reell, sondern darüber hinaus auch noch positiv sind. In Anlehnung an den Einfreiheitsgradschwinger (s. (14.3.3), (14.3.4)) definieren wir

$$\omega_i \zeta_i = \overline{c}_i / (2\overline{m}_i) > 0 \qquad (22.1.16)$$

$$\omega_i = (\overline{k}_i / \overline{m}_i)^{1/2} > 0 \qquad (22.1.17)$$

und erhalten so aus (22.1.14)

$$p_i^2 + 2\zeta_i \omega_i p_i + \omega_i^2 = 0 \qquad (22.1.18)$$

mit den Lösungen

$$p_i = -\omega_i \left(\zeta_i \pm \sqrt{\zeta_i^2 - 1} \right) \qquad (22.1.19)$$

Eine der sich aus (22.1.19) ergebenden zwei Lösungen ist der zu $\boldsymbol{x}_i$ gehörige Exponent p_i (Eigenwert). Wir unterscheiden, wie beim einfachen Einfreiheitsgradsystem, zwei Fälle. Bei schwacher Dämpfung wird $\overline{c}_i$ und damit ζ_i klein sein, und der Fall $\zeta_i < 1$ (unterkritische Dämpfung) ist denkbar. In diesem Fall ist die Lösung p_i komplex

$$\begin{aligned} p_i &= -\omega_i \left(\zeta_i \pm i\sqrt{1 - \zeta_i^2} \right) \\ &= -\zeta_i \omega_i \pm i \omega_{Di} \end{aligned} \qquad (22.1.20)$$

allerdings mit einem negativen Realteil. Aus der letzteren Tatsache folgt, daß der Lösungsbeitrag

$$\boldsymbol{x}_i \mathrm{e}^{p_i t} = \boldsymbol{x}_i \mathrm{e}^{-\omega_i \zeta_i t} \mathrm{e}^{\pm i \omega_{Di} t} \qquad (22.1.21)$$

einen abklingenden Faktor enthält.

Denkt man sich die komplexe Lösung (22.1.20) in (22.1.9) eingesetzt, so erhält man ein algebraisches System mit komplexen Koeffizienten, aus dem mit einer Nebenbedingung (z.B. $\boldsymbol{x}_i$ habe die Länge 1) $\boldsymbol{x}_i$ bestimmt werden kann. Im allgemeinen wird $\boldsymbol{x}_i$ komplex sein, was wir ja auch sicherheitshalber vorausgesetzt haben. Es ist (siehe die Nebenbedingung) nur bis auf einen Faktor bestimmt. Im Gegensatz zum ungedämpften Fall ist jedoch eine rein reelle Darstellung des einzelnen Lösungsbeitrages nicht möglich.

Der aufmerksame Leser hat sicher etwas gestutzt, als wir auf der Basis eines komplexen Lösungsvektors $\boldsymbol{x}_i$ in (22.1.19) zwei Werte für p_i ausgerechnet haben, von denen nur einer dem Eigenvektor $\boldsymbol{x}_i$ zugeordnet werden kann. Welche Bedeutung hat die andere Lösung für p_i, die nicht zu $\boldsymbol{x}_i$ gehört und offensichtlich in bezug auf die erstgenannte Lösung konjugiert komplex ist? Inspiziert man mit diesen Überlegungen (22.1.14), so fällt auf, daß die Rollen von $\boldsymbol{x}_i$ und $(\boldsymbol{x}_i^*)^t$ vertauschbar sind, ohne daß sich an (22.1.15) und den nachfolgenden Ausführungen etwas ändert. Sollte also $(\boldsymbol{x}_i^*)^t$ der Eigenvektor zur 2. Lösung für p_i sein? Wir machen die Probe auf's Exempel. Es seien

$$p_{i+-} = -\omega_i \zeta_i \pm i\,\omega_{Di} \tag{22.1.22}$$

zwei Lösungen, die zu den Eigenvektoren

$$\boldsymbol{x}_{i+-} = \boldsymbol{a}_i \pm i\,\boldsymbol{b}_i \tag{22.1.23}$$

gehören. Wir setzen diese Lösungen in (22.1.9) ein und erhalten

$$\begin{aligned}
&\left[(-\zeta_i\omega_i \pm i\,\omega_{Di})^2\boldsymbol{M} + (-\zeta_i\omega_i \pm i\,\omega_{Di})\boldsymbol{C} + \boldsymbol{K}\right][\boldsymbol{a}_i \pm i\,\boldsymbol{b}_i]\\
&= \left[(\zeta_i^2\omega_i^2 - \omega_{Di}^2)\boldsymbol{M} - \zeta_i\omega_i\boldsymbol{C} + \boldsymbol{K} \mp 2\,i\,\zeta_i\,\omega_i\,\omega_{Di}\boldsymbol{M} \pm i\,\omega_{Di}\boldsymbol{C}\right][\boldsymbol{a}_i \pm i\,\boldsymbol{b}_i]\\
&= \left[(\zeta_i^2\omega_i^2 - \omega_{Di}^2)\boldsymbol{M} - \zeta_i\omega_i\boldsymbol{C} + \boldsymbol{K}\right]\boldsymbol{a}_i + \omega_{Di}[2\,\zeta_i\,\omega_i\boldsymbol{M} - \boldsymbol{C}]\boldsymbol{b}_i \pm\\
&\qquad \pm i\left[(\zeta_i^2\omega_i^2 - \omega_{Di}^2)\boldsymbol{M} - \zeta_i\omega_i\boldsymbol{C} + \boldsymbol{K}\right]\boldsymbol{b}_i \mp i\,\omega_{Di}[2\,\zeta_i\,\omega_i\boldsymbol{M} - \boldsymbol{C}]\boldsymbol{a}_i\\
&= \boldsymbol{o}
\end{aligned} \tag{22.1.24}$$

Falls nun das obere Vorzeichen in (22.1.22) und (22.1.23) eine Lösung zu (22.1.9) ist, dann muß der Realteil und der Imaginärteil – oberes Vorzeichen – in (22.1.24) Null sein. Dann ist aber zugleich der Imaginärteil – unteres Vorzeichen – Null. Folglich ist auch das untere Vorzeichen in (22.1.22) bzw. (22.1.23) eine Lösung. Wir wissen also: Hat das System (22.1.9) eine komplexe Lösung p_i mit dem komplexen Eigenvektor $\boldsymbol{x}_i$, dann ist die konjugiert komplexe Zahl p_i^* mit dem konjugiert komplexen Eigenvektor $(\boldsymbol{x}_i^*)^t$ auch eine Lösung. Es gibt also analog zum ungedämpften Fall ein zugeordnetes Lösungspaar, allerdings hier mit zwei verschiedenen Eigenvektoren. Dieses Lösungspaar liefert zu der homogenen Lösung den Beitrag (siehe auch (17.1.17))

$$\begin{aligned}
&c_{i+}[\boldsymbol{a}_i + i\,\boldsymbol{b}_i]\,\mathrm{e}^{(-\omega_i\zeta_i + i\omega_{Di})t} + c_{i-}[\boldsymbol{a}_i - i\,\boldsymbol{b}_i]\,\mathrm{e}^{(-\omega_i\zeta_i - i\omega_{Di})t}\\
&= \mathrm{e}^{-\omega_i\zeta_i t}\Big[\boldsymbol{a}_i[(c_{i+} + c_{i-})(\mathrm{e}^{i\omega_{Di}t} + \mathrm{e}^{-i\omega_{Di}t})/2 + (c_{i+} - c_{i-})(\mathrm{e}^{i\omega_{Di}t} - \mathrm{e}^{-i\omega_{Di}t})/2] +\\
&\qquad + i\,\boldsymbol{b}_i[(c_{i+} - c_{i-})(\mathrm{e}^{i\omega_{Di}t} + \mathrm{e}^{-i\omega_{Di}t})/2 + (c_{i+} + c_{i-})(\mathrm{e}^{i\omega_{Di}t} - \mathrm{e}^{-i\omega_{Di}t})/2]\Big]\\
&= \mathrm{e}^{-\omega_i\zeta_i t}[\bar{\boldsymbol{a}}_i \sin\omega_{Di}t + \bar{\boldsymbol{b}}_i \cos\omega_{Di}t]\\
&= \mathrm{e}^{-\omega_i\zeta_i t}\{\bar{c}_{i1}\sin(\omega_{Di}t + \varphi_1) \quad \bar{c}_{i2}\sin(\omega_{Di}t + \varphi_2) \quad \ldots\ldots \quad \bar{c}_{in}\sin(\omega_{Di}t + \varphi_n)\}
\end{aligned} \tag{22.1.25}$$

also eine reell darstellbare oszillierende Bewegung, wobei

$$\begin{aligned} \bar{a}_i &= i\,(c_{i+} - c_{i-})\,a_i - (c_{i+} + c_{i-})\,b_i = \alpha_i a_i + \beta_i b_i \\ \bar{b}_i &= (c_{i+} + c_{i-})\,a_i + i\,(c_{i+} - c_{i-})\,b_i = -\beta_i a_i + \alpha_i b_i \end{aligned} \tag{22.1.26}$$

gesetzt wurde.

Dagegen folgt für den entsprechenden Beitrag im ungedämpften Falle aus (17.1.17)

$$x_i\,(a_i \sin\omega_i t + b_i \cos\omega_i t) = x_i c_i \sin(\omega_i t + \psi_i) \tag{22.1.27}$$

und im modal gedämpften System folgt aus (20.4.5)

$$x_i\,e^{-\omega_i \zeta_i t}(a_i \sin\omega_{Di} t + b_i \cos\omega_{Di} t) = x_i\,e^{-\omega_i \zeta_i t} c_i \sin(\omega_{Di} t + \psi_{Di}) \tag{22.1.28}$$

Wir bemerken als wesentlichen Unterschied, daß die Phasenlage bei modaler Dämpfung für alle Freiheitsgrade des Beitrages gleich ist. Das prinzipielle Bild der Bewegung liegt ganz in x_i, und die Zeitabhängigkeit geht lediglich in einen Bildfaktor ein. Bei allgemeiner viskoser Dämpfung haben wir zwar für alle Freiheitsgrade eines Beitragspaares noch die gleiche Abklingrate und den gleichen Takt, die Phasenlage ist aber für jeden Freiheitsgrad verschieden. Damit gibt es im allgemeinen auch keine stationäre Schwingung mehr, die feste Positionen für Knoten und Schwingungsbäuche aufweist. Dieser prinzipielle Unterschied ist qualitativ an einem einfachen Beispiel in Abb. 22.1.2 dargestellt.

Unsere Lösung (22.1.19) enthält noch einen zweiten Lösungstyp, der bisher nicht diskutiert wurde. Er wird bei starker Dämpfung $\bar{c}_i$ auftreten, denn dann könnte der Fall $\zeta_i \geqslant 1$ existieren (kritische bzw. überkritische Dämpfung). Nun ist aber auf jeden Fall

$$(\zeta_i^2 - 1)^{1/2} < \zeta_i \tag{22.1.29}$$

und deshalb werden die Lösungen p_i immer negativ reell

$$p_i < 0\,, \qquad \text{falls } \zeta_i \geqslant 1 \tag{22.1.30}$$

Analog zur modalen Dämpfung tritt hier keine oszillierende Bewegung auf, sondern ein aperiodisches Abklingen der Auslenkung. Wenn wir diese reelle Lösung p_i in (22.1.9) einsetzen, ergibt sich ein reelles lineares System zur Berechnung des zugehörigen Eigenvektors x_i, das mit einer entsprechenden Nebenbedingung dann auch einen rein reellen Lösungsvektor liefern kann. Da die komplexen Lösungen paarweise auftreten, gibt es stets auch eine geradzahlige Anzahl von reellen Eigenwerten mit reell darstellbaren Eigenvektoren. Diesmal führt allerdings die Spekulation, daß die nicht zu x_i passende 2. Lösung von (22.1.19) dem 2. reellen Eigenwert zugeordnet ist, nicht zum Ziel. Dies ist auch nicht verwunderlich, denn bei reellem x_i ist $(x_i^*)^t = x_i$, und folglich ist die Bestimmungsgleichung nur mit einem Vektor aufgestellt worden.

Damit haben wir den Charakter der homogenen Lösung zu (22.1.6) ausführlich diskutiert und können alle Lösungsanteile zusammenfassen

$$\underset{(n\times 1)}{r(t)} = [\underset{(n\times 1)}{x_1} \quad x_2 \quad \ldots\ldots \quad x_{2n}]\left[e^{p_1 t} \quad e^{p_2 t} \quad \ldots\ldots \quad e^{p_{2n} t}\right]\{c_1 \quad c_2 \quad \ldots\ldots \quad c_{2n}\}$$

$$= \underset{(n\times 2n)}{X} \; \underset{(2n\times 2n)}{p(t)} \; \underset{(2n\times 1)}{c} \tag{22.1.31}$$

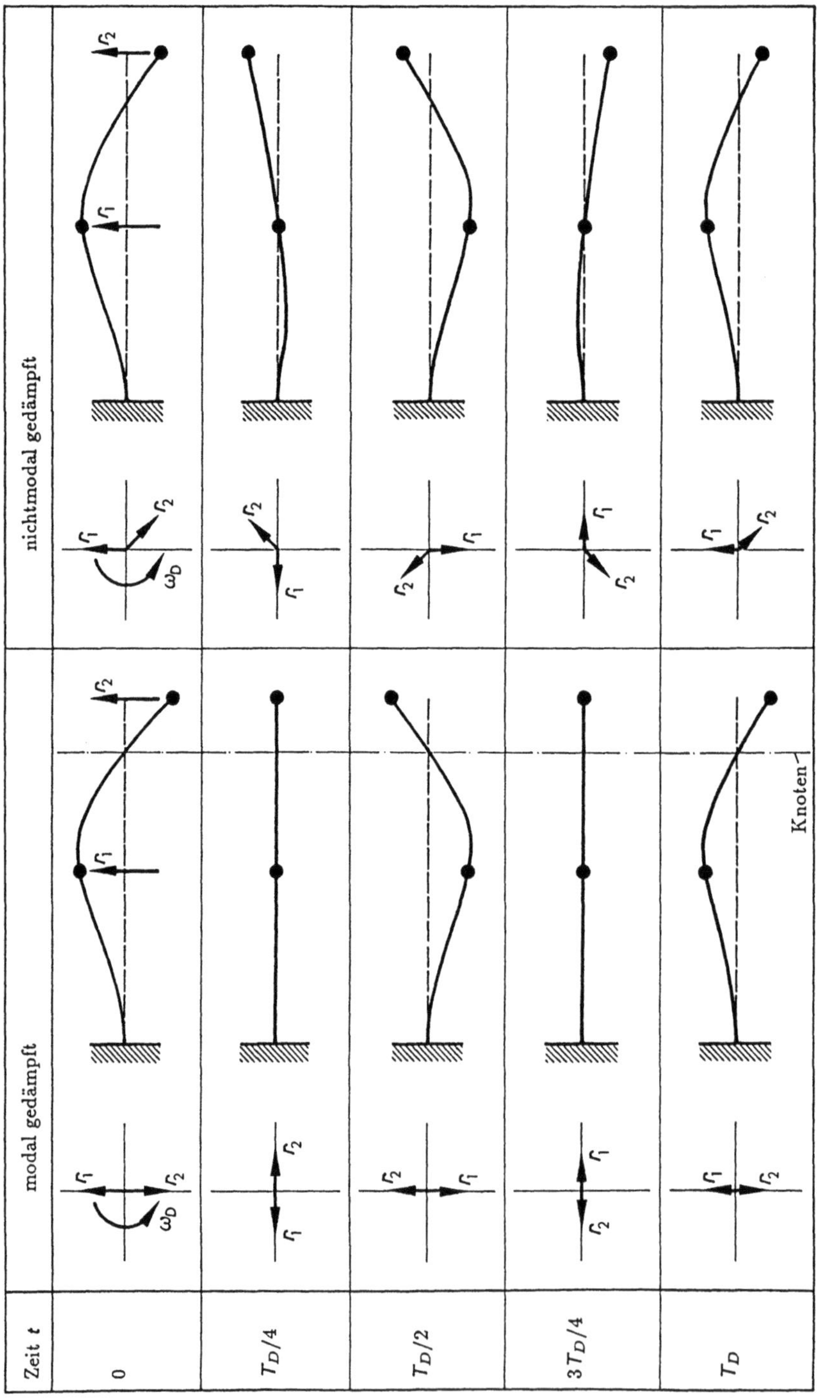

Abb. 22.1.2 Qualitativer Vergleich einer Eigenschwingung bei modaler und nichtmodaler viskoser Dämpfung

Dabei enthält X Eigenvektoren x_i, die reell, und andere, die nur komplex darstellbar sind. Je zwei komplexe Beiträge sind gemeinsam wiederum reell zu formulieren, wobei dann allerdings – siehe (22.1.25) – wiederum zwei reelle Vektoren in der alternativen Formulierung vorhanden sind. Ferner ist

$$p(t) = \lceil e^{p_1 t} \quad e^{p_2 t} \quad ...... \quad e^{p_{2n} t} \rfloor \tag{22.1.32}$$

die Diagonalmatrix der Zeitfunktionen, die teils reelle, teils komplexe Exponenten mit negativem Realteil enthalten. Schließlich beschreibt der Vektor

$$c = \{c_1 \quad c_2 \quad ...... \quad c_{2n}\} \tag{22.1.33}$$

die Tatsache, daß die Einzellösungen mit beliebigen Faktoren addiert werden können. Auch c kann teils reelle, teils komplexe Zahlen enthalten. Wenn es nur reelle Eigenwerte gibt, können wir an Stelle von (22.1.31) auch die reelle Darstellung

$$r(t) = \sum_{i=1}^{nr} c_i x_i e^{p_i t} + \sum_{j=1}^{n-nr/2} e^{-\omega_j \zeta_j t} [\bar{a}_j \sin \omega_{Dj} t + \bar{b}_j \cos \omega_{Dj} t] \tag{22.1.34}$$

notieren, wobei p_i durch (22.1.19) gegeben ist (negativ reell) und ω_j, ζ_j, ω_{Dj} in (22.1.16), (22.1.17) und (22.1.20) beschrieben werden. Die Spaltenvektoren $\bar{b}_j$ und $\bar{a}_j$ sind identisch mit dem Imaginär- bzw. Realteil des zugeordneten komplexen Eigenvektorpaares (siehe (22.1.25)).

Faßt man die Kreisfunktionen analog zu (17.1.17) nach den Additionstheoremen zusammen, so erhalten wir hier die Lösungsform

$$r(t) = \sum_{i=1}^{nr} c_i x_i e^{p_i t} + \sum_{j=1}^{n-nr/2} e^{-\omega_j \zeta_j t} c_j \sin(\omega_{Dj} t e_n + \boldsymbol{\varphi}_j) \tag{22.1.35}$$

Diese Darstellung zeigt uns einen wesentlichen Unterschied zur modalen Dämpfung. Die Komponenten der modalen Beiträge sind offensichtlich gegeneinander phasenverschoben, während bei modaler Dämpfung die Komponenten eines modalen Beitrages stets in Phase sind. Dort ist φ_j ein Skalar, hier ist $\boldsymbol{\varphi}_j$ ein Vektor. Bei modaler Dämpfung beinhaltet ein modaler Beitrag – eine sogenannte Eigenschwingung – eine stationäre Bewegung. Es existieren Schwingungsknoten und -bäuche. Bei allgemeiner viskoser Dämpfung ergibt sich kein stationäres Bild mehr, selbst wenn an der Antwort $r(t)$ nur ein modaler Beitrag beteiligt wäre. Es wiederholt sich zwar nach Ablauf der entsprechenden Periode $T_{Dj} = 2\pi/\omega_{Dj}$ das Auslenkungsbild, wobei die Amplitude stets kleiner wird, Knoten und Bäuche im Schwingungsbild existieren aber nicht mehr. Diese wichtige Erkenntnis wird in Abb. 22.1.2 in einer schematischen Darstellung mit Zeigerdiagramm nochmals vorgeführt.

Sowohl die Darstellung (22.1.30) als auch die reelle Formulierung (22.1.34) arbeitet mit 2n Vektoren, während bei modaler Dämpfung die Lösung mit nur n Vektoren dargestellt werden konnte. Im letzteren Fall führt

$$\underset{(n \times 1)}{r(t)} = \underset{(n \times n)}{X} \; \underset{(n \times 1)}{\eta(t)} \tag{22.1.36}$$

zur Entkoppelung des Systems (22.1.6) und damit zu einer komfortablen Bearbeitung des inhomogenen Systems. Der analoge Ansatz wäre formal auch bei allgemeiner viskoser Dämpfung möglich. So folgt aus (22.1.31)

$$\underset{(n\times 1)}{\boldsymbol{r}(t)} = \underset{(n\times 2n)}{\boldsymbol{X}} \underset{(2n\times 1)}{\boldsymbol{\eta}(t)} \tag{22.1.37}$$

Wir sehen jedoch sofort, daß dies nicht zum Ziel führen kann, da 2n Vektoren vorhanden sind, mit denen n Gleichungen transformiert werden sollen.

Ehe wir uns den weiteren theoretischen Überlegungen zuwenden, wie hier vorgegangen werden soll, wollen wir jedoch zuerst den bisher behandelten Stoff an Hand des einfachen Beispieles in Abb. 22.1.1 verdeutlichen. Die Systemmatrizen $\boldsymbol{M}$, $\boldsymbol{C}$ und $\boldsymbol{K}$ wurden bereits aufgestellt, so daß wir direkt das algebraische System (22.1.9) angeben können

$$\begin{bmatrix} \psi^2 + 0.4\,\psi + 5 & -0.2\,\psi - 4 \\ -0.2\,\psi - 4 & 2\,\psi^2 + 0.2\,\psi + 4 \end{bmatrix} \begin{bmatrix} x_1 \\ x_2 \end{bmatrix} = \begin{bmatrix} 0 \\ 0 \end{bmatrix}$$

wobei durch $m\,\omega_0^2$ dividiert und abkürzend

$$\psi^2 = p_i^2/\omega_0^2$$

gesetzt wird. Die Ausrechnung der Determinante liefert uns die charakteristische Gleichung

$$\psi^4 + 0.50\,\psi^3 + 7.02\,\psi^2 + 0.50\,\psi + 2 = 0$$

Da alle Koeffizienten dieses Systems positiv sind, können die Lösungen nur negativ reell oder komplex sein. Dieses System hat die Lösungen

$$\psi_{1,2} = -\,0.0274 \pm 0.5458\,i = (-\,\omega_1\zeta_1 \pm i\,\omega_{D1})/\omega_0$$

$$\psi_{3,4} = -\,0.2226 \pm 2.5783\,i = (-\,\omega_2\zeta_2 \pm i\,\omega_{D2})/\omega_0$$

also zwei komplexe Lösungspaare, da die Dämpfung in unserem Fall für aperiodische Lösungsanteile zu schwach ist. Wir berechnen nächstfolgend die zu $\psi_{1,2}$ gehörigen Eigenvektoren und setzen die Lösung $\psi_{1,2}$ in das obige algebraische System ein. Aus der 1. Teilgleichung folgt

$$\boldsymbol{x}_{1,2} = \left[\begin{bmatrix} 1.0000 \\ 1.1750 \end{bmatrix} \pm i \begin{bmatrix} 0 \\ 0.0151 \end{bmatrix}\right] = \boldsymbol{a}_1 \pm i\,\boldsymbol{b}_1$$

Dies bestätigt noch einmal die Tatsache, daß die Eigenvektoren eines Lösungspaares konjugiert komplex zueinander sind. Da die Systemmatrix singulär ist, hätten wir alternativ auch die 2. Teilgleichung zur Aufstellung von $\boldsymbol{x}_{1,2}$ verwenden können. Die anderen Eigenvektoren des Systems sind entsprechend zu gewinnen

$$\boldsymbol{x}_{3,4} = \left[\begin{bmatrix} 1.0000 \\ -\,0.4232 \end{bmatrix} \pm i \begin{bmatrix} 0 \\ 0.0257 \end{bmatrix}\right] = \boldsymbol{a}_2 \pm i\,\boldsymbol{b}_2$$

Die freie Bewegung des Systems von Abb. 22.1.1 wird durch Addition der vier Lösungskomponenten mit vier beliebigen Faktoren beschrieben. So folgt etwa aus (22.1.31) hier

$$\begin{aligned} \boldsymbol{r}(t) = \; & [\boldsymbol{a}_1 + i\boldsymbol{b}_1]c_1 e^{(-\omega_1\zeta_1 + i\omega_{D1})t} + [\boldsymbol{a}_1 - i\boldsymbol{b}_1]c_2 e^{(-\omega_1\zeta_1 - i\omega_{D1})t} + \\ & + [\boldsymbol{a}_2 + i\boldsymbol{b}_2]c_3 e^{(-\omega_2\zeta_2 + i\omega_{D2})t} + [\boldsymbol{a}_2 - i\boldsymbol{b}_2]c_4 e^{(-\omega_2\zeta_2 - i\omega_{D2})t} \end{aligned}$$

wobei die komplexen Konstanten c_1 bis c_4 aus den Anfangsbedingungen zu berechnen sind. Ist beispielsweise $\boldsymbol{r}(0)$ und $\dot{\boldsymbol{r}}(0)$ gegeben, so liefert uns zunächst (22.1.31) ganz allgemein

$$\dot{\boldsymbol{r}}(t) = \boldsymbol{X}\dot{\boldsymbol{p}}(t)\boldsymbol{c} \tag{22.1.38}$$

wobei

$$\dot{\boldsymbol{p}}(t) = \boldsymbol{p}(t)\boldsymbol{d}_p \tag{22.1.39}$$

wird und

$$\boldsymbol{d}_p = \lceil p_1 \quad p_2 \quad \ldots\ldots \quad p_{2n} \rfloor \tag{22.1.40}$$

die Diagonalmatrix der Lösungsexponenten ist. Nun gilt aber immer

$$\boldsymbol{p}(0) = \boldsymbol{I}_{2n} \tag{22.1.41}$$

und deshalb können wir relativ leicht zur Bestimmung der Konstanten $\boldsymbol{c}$ das komplexe algebraische System

$$\begin{bmatrix} \underset{(n\times 2n)}{\boldsymbol{X}} \\ \underset{(n\times 2n)(2n\times 2n)}{\boldsymbol{X}\boldsymbol{d}_p} \end{bmatrix} \underset{(2n\times 1)}{\boldsymbol{c}} = \begin{bmatrix} \underset{(n\times 1)}{\boldsymbol{r}(0)} \\ \underset{(n\times 1)}{\dot{\boldsymbol{r}}(0)} \end{bmatrix} \tag{22.1.42}$$

entwickeln. Dabei ist die Rechthandseite natürlich reell. Wenn wir beispielsweise in unserem Problem Abb. 22.1.1 die Masse m_1 um „1“ statisch auslenken, die Masse m_2 an ihrer Position halten und dann loslassen, ergibt sich

$$\{\boldsymbol{r}(0) \quad \dot{\boldsymbol{r}}(0)\} = \{1 \quad 0 \quad 0 \quad 0\}$$

Die Koeffizienten des Systems (22.1.42) sind jedoch komplex, und folglich werden es auch die Lösungen $\boldsymbol{c}$ sein. Wenn wir in unserem Beispiel der Einfachheit halber

$$\omega_0 = 1$$

setzen, so erhalten wir für die oben angeführte statische Auslenkung die Lösung

$$\boldsymbol{c} = \begin{bmatrix} 0.1316 - i\,0.0360 \\ 0.1316 + i\,0.0360 \\ 0.3684 - i\,0.0256 \\ 0.3684 + i\,0.0256 \end{bmatrix}$$

und es zeigt sich nach Einsetzen, daß die Systemantwort $\boldsymbol{r}(t)$ – wie dies zu erwarten ist – in der Tat rein reell ist. Natürlich hätten wir mit den vorangegangenen Ausführungen auch eine rein reelle Darstellung der Antwort wählen können, die allerdings nicht ganz so einfach und durchsichtig ist wie die komplexe. Durch Zusammenfassen der komplexen Lösungspaare gemäß (22.1.25) erhalten wir zunächst die zweckmäßige Darstellung

$$\boldsymbol{r}(t) = e^{-\omega_1 \zeta_1 t}[\bar{\boldsymbol{a}}_1 \sin \omega_{D1} t + \bar{\boldsymbol{b}}_1 \cos \omega_{D1} t] + e^{-\omega_2 \zeta_2 t}[\bar{\boldsymbol{a}}_2 \sin \omega_{D2} t + \bar{\boldsymbol{b}}_2 \cos \omega_{D2} t]$$

wobei aus (22.1.26) für die Amplitudenvektoren

$$\begin{aligned} \bar{\boldsymbol{a}}_i &= \alpha_i \boldsymbol{a}_i + \beta_i \boldsymbol{b}_i \\ \bar{\boldsymbol{b}}_i &= -\beta_i \boldsymbol{a}_i + \alpha_i \boldsymbol{b}_i , \qquad i = 1, 2 \end{aligned}$$

folgt und die vier reellen Konstanten α_1, β_1, α_2, β_2 sich wieder aus den Anfangsbedingungen, z.B. $\boldsymbol{r}(0)$ und $\dot{\boldsymbol{r}}(0)$, ergeben. Aus der allgemeinen Lösung folgt nämlich

$$\begin{aligned} \boldsymbol{r}(0) &= \bar{\boldsymbol{b}}_1 + \bar{\boldsymbol{b}}_2 \\ \dot{\boldsymbol{r}}(0) &= -\omega_1 \zeta_1 \bar{\boldsymbol{b}}_1 + \omega_{D1} \bar{\boldsymbol{a}}_1 - \omega_2 \zeta_2 \bar{\boldsymbol{b}}_2 + \omega_{D2} \bar{\boldsymbol{a}}_2 \end{aligned}$$

und durch Einsetzen der vorangestellten Beziehung zwischen $\bar{\boldsymbol{a}}_i$, $\bar{\boldsymbol{b}}_i$ und $\boldsymbol{a}_i$, $\boldsymbol{b}_i$ finden wir ein reelles algebraisches System zur Bestimmung der α_i, β_i. Daß diese Lösungen reell sein müssen, sieht der Leser auch an (22.1.26) und der oben angegebenen Lösung für $\boldsymbol{c}$. Zum Beispiel wird

$$\begin{aligned} \alpha_1 &= i\,(c_1 - c_2) = 0.0720 \\ \beta_1 &= -(c_1 + c_2) = -0.2632 \end{aligned}$$

und somit wird schließlich

$$\begin{aligned} \boldsymbol{r}(t) = {} & e^{-0.0274t}\left[\begin{bmatrix} 0.0720 \\ 0.0807 \end{bmatrix} \sin 0.5458\,t + \begin{bmatrix} 0.2633 \\ 0.3104 \end{bmatrix} \cos 0.5458\,t\right] + \\ & + e^{-0.2226t}\left[\begin{bmatrix} 0.0512 \\ -0.0406 \end{bmatrix} \sin 2.5783\,t + \begin{bmatrix} 0.7367 \\ -0.3104 \end{bmatrix} \cos 2.5783\,t\right] \end{aligned}$$

bzw. alternativ

$$\begin{aligned} \boldsymbol{r}(t) = {} & e^{-0.0274t}\left[\begin{bmatrix} 0.2730 \\ 0.3208 \end{bmatrix} \sin\left(0.5458\,t + \begin{bmatrix} 1.3037 \\ 1.3165 \end{bmatrix}\right)\right] + \\ & + e^{-0.2226t}\left[\begin{bmatrix} 0.7385 \\ 0.3131 \end{bmatrix} \sin\left(2.5783\,t + \begin{bmatrix} 1.5015 \\ 1.4408 \end{bmatrix}\right)\right] \end{aligned}$$

Die erste reelle Darstellung zeigt uns einen dominanten cos-Term, wobei der hochfrequente Anteil rasch weggedämpft wird (Abb. 22.1.3). Die zweite Darstellung weist als Folge der kleinen sin-Beiträge nur geringe Unterschiede in der Phase von r_1 und r_2 aus, und zwar sowohl beim niederfrequenten als auch beim hochfrequenten Anteil. Dies deutet darauf hin, daß die vorliegenden Verhältnisse ganz gut in das modale Dämpfungsmodell passen müßten, obwohl die Form der transformierten Dämpfung $\boldsymbol{D}$, die am An-

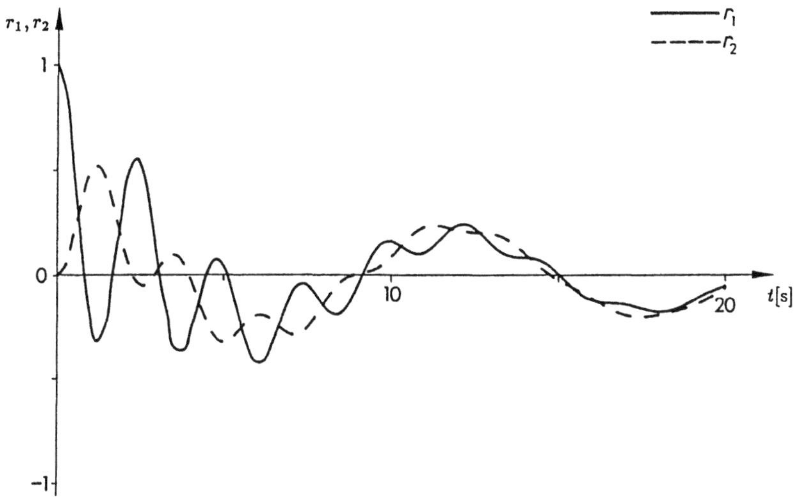

(a) allgemein viskos

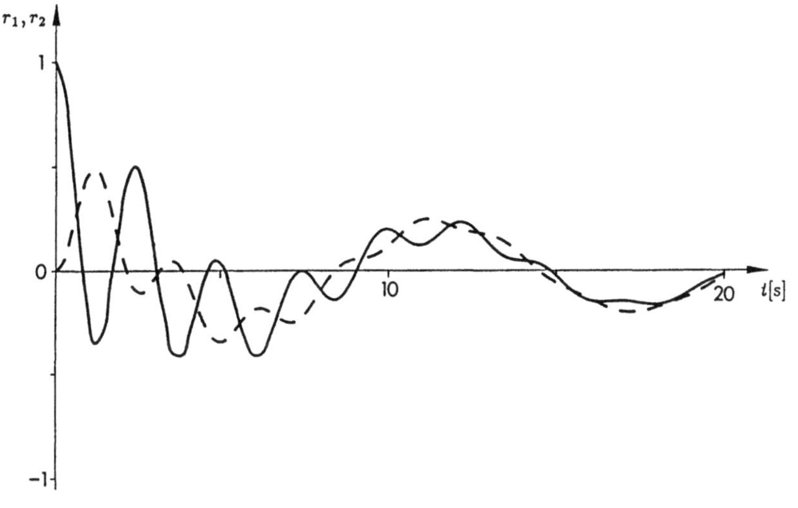

(b) modal approximiert

Abb. 22.1.3 Freie gedämpfte Schwingung des Beispiels Abb. 22.1.1 bei $c_1 = c_2 = 0.2\,m\omega_0$ ($\omega_0 = 1$)

fang dieses Kapitels abgeleitet wurde, an sich dagegen spricht. Mit der künstlichen Diagonalisierung

$$\boldsymbol{d} = \operatorname{diag}\boldsymbol{D} = 0.2 m \omega_0 \lfloor (140 - 20\sqrt{41}) \quad (140 + 20\sqrt{41}) \rfloor$$

finden wir die Lösung

$$\psi_{1,2} = -0.0274 + 0.5436\, i$$

$$\psi_{3,4} = -0.2226 + 2.5791\, i$$

$$\begin{aligned}\boldsymbol{r}(t) = {} & e^{-0.0274t}\left[\begin{bmatrix} 0.0133 \\ 0.0157 \end{bmatrix} \sin 0.5458\, t + \begin{bmatrix} 0.2657 \\ 0.3123 \end{bmatrix} \cos 0.5458\, t\right] + \\ & + e^{-0.2226t}\left[\begin{bmatrix} 0.0634 \\ -0.0270 \end{bmatrix} \sin 2.5791\, t + \begin{bmatrix} 0.7343 \\ -0.3123 \end{bmatrix} \cos 2.5791\, t\right] \\ = {} & e^{-0.0274t}\begin{bmatrix} 0.2661 \\ 0.3127 \end{bmatrix} \sin(0.5458 t + 1.5206) + \\ & + e^{-0.2226t}\begin{bmatrix} 0.7370 \\ 0.3135 \end{bmatrix} \sin(2.5791 t + 1.4847)\end{aligned}$$

die im großen und ganzen doch erstaunlich genau mit der allgemein viskos gedämpften Lösung übereinstimmt. Dies bestätigt auch die Darstellung in Abb. 22.1.3, wo die Antwort für allgemeine viskose Dämpfung den Ergebnissen bei modaler Dämpfung gegenübergestellt wird. Die Übereinstimmung ist so gut, daß sie unsere Leser dazu verführen könnte, an die allgemeine Wirksamkeit des hier angewendeten Hausrezeptes „Diagonale der transformierten Dämpfung = modale Dämpfung" zu glauben. Wir haben deshalb in Abb. 22.1.4 und Abb. 22.1.5 das gleiche Beispiel mit anderen Dämpfungswerten c_1 und c_2 allgemein gedämpft und modal gedämpft durchgerechnet. Wir sehen, daß nun erhebliche Abweichungen zwischen ‚exakter' Analyse und modaler Approximation auftreten. Der beträchtliche Mehraufwand der allgemeinen viskosen Rechnung ist also nicht nur eine theoretische Kunstübung, sondern garantiert unter Umständen auch sichtbar bessere Resultate. Mit dieser Erkenntnis wollen wir das Beispiel verlassen und wieder zur allgemeinen Theorie zurückkehren.

Wir hatten schon in (22.1.37) festgestellt, daß mit 2n Eigenvektoren des allgemein gedämpften Systems die Bewegungsgleichung (22.1.6) nicht entkoppelt werden kann. Wir haben, allein von der Dimension her betrachtet, zu wenig Gleichungen, nämlich nur n in bezug auf die 2n Eigenvektoren. Ein eleganter Einfall ist nun, das Gleichungssystem einfach auf 2n Gleichungen zu vergrößern, und zwar durch Hinzufügen der trivialen Beziehung

$$\boldsymbol{M}\dot{\boldsymbol{r}} - \boldsymbol{M}\dot{\boldsymbol{r}} = \boldsymbol{o} \qquad (22.1.43)$$

Zusammen mit diesem System und (22.1.6) sind wir in der Lage, die Bewegung wie folgt zu beschreiben

$$\begin{bmatrix} \boldsymbol{O} & \boldsymbol{M} \\ \boldsymbol{M} & \boldsymbol{C} \end{bmatrix}\begin{bmatrix} \ddot{\boldsymbol{r}} \\ \dot{\boldsymbol{r}} \end{bmatrix} + \begin{bmatrix} -\boldsymbol{M} & \boldsymbol{O} \\ \boldsymbol{O}^t & \boldsymbol{K} \end{bmatrix}\begin{bmatrix} \dot{\boldsymbol{r}} \\ \boldsymbol{r} \end{bmatrix} = \begin{bmatrix} \boldsymbol{o} \\ \boldsymbol{R}(t) \end{bmatrix} \qquad (22.1.44)$$

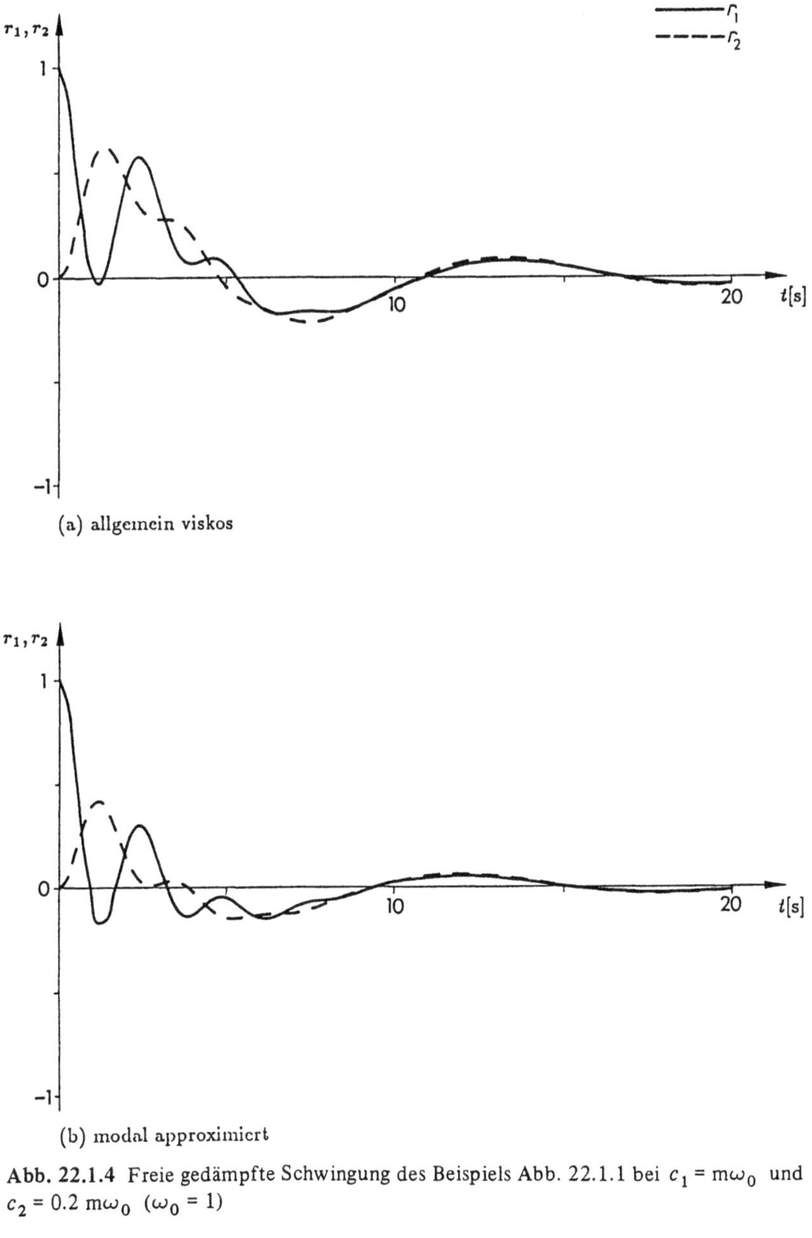

Abb. 22.1.4 Freie gedämpfte Schwingung des Beispiels Abb. 22.1.1 bei $c_1 = m\omega_0$ und $c_2 = 0.2\ m\omega_0$ $(\omega_0 = 1)$

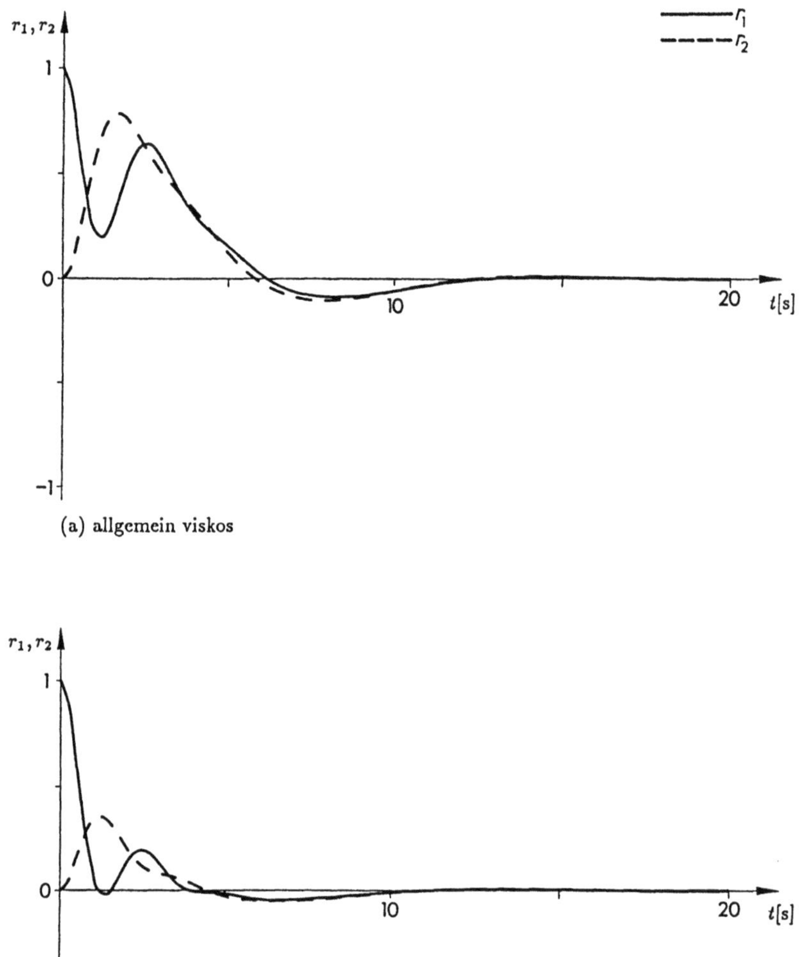

(a) allgemein viskos

r_1, r_2

1

0

-1

10

20

t[s]

(b) modal approximiert

Abb. 22.1.5 Freie gedämpfte Schwingung des Beispiels Abb. 22.1.1 bei $c_1 = 2\ m\omega_0$ und $c_2 = 0.2\ m\omega_0$ $(\omega_0 = 1)$

Dieses (2n × 2n)-System kann als Differentialgleichungssatz 1. Ordnung in $\{\boldsymbol{r} \quad \dot{\boldsymbol{r}}\}$ angesehen werden, während unsere Originalbewegungsgleichung (22.1.6) ein Differentialgleichungssystem 2. Ordnung darstellt. Durch Aufblasen auf die doppelte Größe haben wir die Ordnung um 1 reduziert. Diese Arbeitstechnik ist in der Mathematik Standard. Die beiden Systemmatrizen

$$\boldsymbol{A} = \begin{bmatrix} \boldsymbol{O} & \boldsymbol{M} \\ \boldsymbol{M} & \boldsymbol{C} \end{bmatrix} \tag{22.1.45}$$

und

$$\boldsymbol{B} = \begin{bmatrix} -\boldsymbol{M} & \boldsymbol{O} \\ \boldsymbol{O}^t & \boldsymbol{K} \end{bmatrix} \tag{22.1.46}$$

der Ordnung 2n sind reell und symmetrisch (letzteres natürlich nur für den Fall symmetrischer Dämpfung $\boldsymbol{C}$ und Steifigkeit $\boldsymbol{K}$, also für nichtdrehende Tragwerke). Dies läßt uns hoffen, daß die Arbeitstechniken zur Bearbeitung dieses Systems ähnlich sein werden wie die des ungedämpften Schwingers, der mit Hilfe der beiden symmetrischen Matrizen $\boldsymbol{M}$ und $\boldsymbol{K}$ beschrieben werden konnte. Während wir dort jedoch davon ausgehen konnten, daß wenigstens eine der beiden Systemmatrizen positiv definit ist – was uns z.B. in (17.2.39) erlaubt, an die Stelle der zwei Systemmatrizen eine reelle symmetrische dynamische Matrix $\boldsymbol{A}$ zu setzen –, so versagt hier diese Überlegung. Weder $\boldsymbol{A}$ noch $\boldsymbol{B}$ sind positiv definit, selbst wenn $\boldsymbol{M}$, $\boldsymbol{C}$ und $\boldsymbol{K}$ diese Eigenschaft hätten. Daraus folgt sofort, daß es nicht möglich ist, die beiden Matrizen $\boldsymbol{A}$ und $\boldsymbol{B}$ durch eine reelle symmetrische Matrix zu ersetzen. Wir haben nur die Wahl zwischen einer unsymmetrischen reellen oder einer symmetrischen komplexen dynamischen Matrix des Problems.

Für die erste Variante wird oft so vorgegangen, daß man das System (22.1.44) mit $\boldsymbol{B}^{-1}$ vormultipliziert. Dazu müßte man allerdings $\boldsymbol{M}$ und $\boldsymbol{K}$ als nichtsingulär voraussetzen. Dies läßt sich mit einem einfachen Trick umgehen. Wir ergänzen das System (22.1.6) durch die Identität

$$\dot{\boldsymbol{r}} - \dot{\boldsymbol{r}} = \boldsymbol{o} \tag{22.1.47}$$

und multiplizieren (22.1.6) selbst mit $\boldsymbol{K}^{-1}$ vor

$$\boldsymbol{K}^{-1}\boldsymbol{M}\ddot{\boldsymbol{r}} + \boldsymbol{K}^{-1}\boldsymbol{C}\dot{\boldsymbol{r}} + \boldsymbol{r} = \boldsymbol{K}^{-1}\boldsymbol{R}(t) \tag{22.1.48}$$

Nun haben wir nur noch $\boldsymbol{K}$ als nichtsingulär vorausgesetzt und erhalten zusammengefaßt

$$\tilde{\boldsymbol{A}}\dot{\tilde{\boldsymbol{r}}} + \tilde{\boldsymbol{r}} = \tilde{\boldsymbol{R}} \tag{22.1.49}$$

mit

$$\tilde{\boldsymbol{A}} = \begin{bmatrix} \boldsymbol{O} & -\boldsymbol{I} \\ \boldsymbol{K}^{-1}\boldsymbol{M} & \boldsymbol{K}^{-1}\boldsymbol{C} \end{bmatrix} \tag{22.1.50}$$

und

$$\tilde{\boldsymbol{r}} = \{\dot{\boldsymbol{r}} \quad \boldsymbol{r}\} \tag{22.1.51}$$

sowie

$$\widetilde{\boldsymbol{R}} = \{\boldsymbol{O} \quad \boldsymbol{K}^{-1}\boldsymbol{R}(t)\} \tag{22.1.52}$$

Der Lösungsansatz für die homogene Lösung dieses Differentialgleichungssystems 1. Ordnung,

$$\widetilde{\boldsymbol{r}} = \widetilde{\boldsymbol{x}}\,\mathrm{e}^{\widetilde{p}t} \tag{22.1.53}$$

liefert uns das reelle unsymmetrische algebraische System

$$[\widetilde{p}\widetilde{\boldsymbol{A}} + \boldsymbol{I}_{2n}]\widetilde{\boldsymbol{x}} = \boldsymbol{o} \tag{22.1.54}$$

das wiederum nur dann nichttriviale Lösungen aufweist, falls

$$\det[\widetilde{p}\widetilde{\boldsymbol{A}} + \boldsymbol{I}_{2n}] = 0 \tag{22.1.55}$$

gilt. Aus (22.1.55) folgt ein reelles charakteristisches Polynom vom Grade 2n mit 2n im allgemeinen komplexen Lösungen für $\widetilde{p}$. Jede dieser komplexen Lösungen $\widetilde{\boldsymbol{x}}_i$ hat – nach (22.1.54) – einen individuellen, im allgemeinen komplexen Eigenvektor $\widetilde{\boldsymbol{x}}_i$. Definieren wir als Eigenwert $\widetilde{\lambda}_i$ den Kehrwert

$$\widetilde{\lambda}_i = -1/\widetilde{p}_i \tag{22.1.56}$$

und sammeln wir alle Lösungen λ_i in der Diagonalmatrix

$$\widetilde{\boldsymbol{\Lambda}} = \lceil \lambda_1 \quad \lambda_2 \quad \ldots\ldots \quad \lambda_{2n} \rfloor \tag{22.1.57}$$

und alle Eigenvektoren in

$$\widetilde{\boldsymbol{X}} = [\widetilde{\boldsymbol{x}}_1 \quad \widetilde{\boldsymbol{x}}_2 \quad \ldots\ldots \quad \widetilde{\boldsymbol{x}}_{2n}] \tag{22.1.58}$$

so ergibt sich damit die komplexe Darstellung

$$\widetilde{\boldsymbol{A}}\widetilde{\boldsymbol{X}} = \widetilde{\boldsymbol{X}}\widetilde{\boldsymbol{\Lambda}} \tag{22.1.59}$$

des Eigenwertproblemes, die uns schon bekannt ist. Für dieses Eigenwertproblem existiert eine Reihe von Eigenwertverfahren, wie die Vektoriteration oder die Eberlein-Methode.

Die Eigenvektoren des allgemein viskos gedämpften Systems weisen die analogen Orthogonalitätseigenschaften wie im ungedämpften Falle auf, und auch die Beweisführung ist entsprechend. Wir betrachten zwei Lösungen $\widetilde{p}_i$, $\widetilde{\boldsymbol{x}}_i$ und $\widetilde{p}_j$, $\widetilde{\boldsymbol{x}}_j$, die je für sich den homogenen Teil von (22.1.44) erfüllen, d.h.

$$\widetilde{p}_i\boldsymbol{A}\widetilde{\boldsymbol{x}}_i + \boldsymbol{B}\widetilde{\boldsymbol{x}}_i = \boldsymbol{o} \tag{22.1.60}$$

$$\widetilde{p}_j\boldsymbol{A}\widetilde{\boldsymbol{x}}_j + \boldsymbol{B}\widetilde{\boldsymbol{x}}_j = \boldsymbol{o} \tag{22.1.61}$$

Wir multiplizieren die erste Gleichung mit $\widetilde{\boldsymbol{x}}_j^t$ und die zweite mit $\widetilde{\boldsymbol{x}}_i^t$ vor, transponieren die erste Gleichung und subtrahieren dann beide Gleichungen voneinander. So ergibt sich mit der Tatsache, daß $\boldsymbol{A}$ und $\boldsymbol{B}$ symmetrisch sind,

$$(\widetilde{p}_i - \widetilde{p}_j)\widetilde{\boldsymbol{x}}_i^t\boldsymbol{A}\widetilde{\boldsymbol{x}}_j = (\widetilde{p}_i - \widetilde{p}_j)\widetilde{a}_{ij} = 0 \tag{22.1.62}$$

Falls wir nun davon ausgehen, daß die Lösungsexponenten $\tilde{p}_i$ und $\tilde{p}_j$ verschieden sind, so muß

$$\bar{a}_{ij} = \tilde{x}_i^t A \tilde{x}_j = 0 \tag{22.1.63}$$

gelten und folglich auch

$$\bar{b}_{ij} = \tilde{x}_i^t B \tilde{x}_j = 0 \tag{22.1.64}$$

Damit ist bewiesen, daß die Eigenvektoren des aufgeblasenen Systems die Matrizen $\boldsymbol{A}$ und $\boldsymbol{B}$ simultan diagonalisieren bzw. daß sie bezüglich $\boldsymbol{A}$ und $\boldsymbol{B}$ orthogonal sind. Dies ist analog zum ungedämpften Fall, wo $\boldsymbol{M}$ und $\boldsymbol{K}$ simultan diagonalisiert wurden. Es gilt also für alle Eigenvektoren (bei verschiedenen Eigenwerten)

$$\tilde{X}^t A \tilde{X} = d_A = \lceil \bar{a}_{11} \quad \bar{a}_{22} \quad \ldots\ldots \quad \bar{a}_{2n2n} \rfloor \tag{22.1.65}$$

$$\tilde{X}^t B \tilde{X} = d_B = \lceil \bar{b}_{11} \quad \bar{b}_{22} \quad \ldots\ldots \quad \bar{b}_{2n2n} \rfloor \tag{22.1.66}$$

Wiederum ist es möglich, die Spalten von $\tilde{X}$ so zu faktorisieren, daß die Eigenvektoren $\boldsymbol{B}$-orthonormal sind

$$\tilde{X}^t B \tilde{X} = I_{2n} \tag{22.1.67}$$

$$\tilde{X}^t A \tilde{X} = \tilde{\Lambda} \tag{22.1.68}$$

wobei daran erinnert werden darf, daß $\tilde{\Lambda}$ die negativen Kehrwerte der Lösungsexponenten enthält. Nun wissen wir, daß die Eigenvektoren bei allgemeiner viskoser Dämpfung durchaus komplex sein können. Es ist deshalb ganz interessant, die Orthogonalitätseigenschaften bezüglich der Real- und Imaginärteile der Vektoren zu untersuchen [22.2]. Mit einem Lösungspaar

$$\tilde{x}_i = \tilde{\xi}_i + i\tilde{\eta}_i$$

$$\tilde{x}_j = \tilde{\xi}_j + i\tilde{\eta}_j$$

erhalten wir aus (22.1.63) auch

$$\tilde{\xi}_i^t A \tilde{\xi}_j - \tilde{\eta}_i^t A \tilde{\eta}_j + i(\tilde{\xi}_i^t A \tilde{\eta}_j + \tilde{\eta}_i^t A \tilde{\xi}_j) = 0 \tag{22.1.69}$$

Hier muß der Realteil und der Imaginärteil zugleich Null sein. Nun wissen wir, daß – falls die Lösung $\tilde{\xi}_i + i\tilde{\eta}_i$ existiert – auch $\tilde{\xi}_i - i\tilde{\eta}_i$ ein Lösungsvektor ist. Denken wir uns diesen zweiten Lösungsvektor an die Stelle der Lösung $\tilde{x}_i$ gesetzt, so ergibt sich

$$\tilde{\xi}_i^t A \tilde{\xi}_j + \tilde{\eta}_i^t A \tilde{\eta}_j + i(\tilde{\xi}_i^t A \tilde{\eta}_j - \tilde{\eta}_i^t A \tilde{\xi}_j) = 0 \tag{22.1.70}$$

Die Addition der Realteile von (22.1.69) und (22.1.70) liefert uns sofort

$$\tilde{\xi}_i^t A \tilde{\xi}_j = 0 \tag{22.1.71}$$

d.h. auch die Realteile der Lösungsvektoren diagonalisieren die Matrix $\boldsymbol{A}$. Die Subtraktion der Realteile von (22.1.69) und (22.1.70) liefert uns die Aussage

$$\tilde{\boldsymbol{\eta}}_i^t \boldsymbol{A} \tilde{\boldsymbol{\eta}}_j = 0 \tag{22.1.72}$$

d.h. auch die Imaginärteile der Lösungsvektoren diagonalisieren die Matrix $\boldsymbol{A}$. Entsprechend liefert uns die Auswertung der Imaginärteile von (22.1.69) und (22.1.70) die Beziehungen

$$\tilde{\boldsymbol{\xi}}_i^t \boldsymbol{A} \tilde{\boldsymbol{\eta}}_j = 0 \tag{22.1.73}$$

$$\tilde{\boldsymbol{\eta}}_i^t \boldsymbol{A} \tilde{\boldsymbol{\xi}}_j = 0 \tag{22.1.74}$$

Da – siehe (22.1.63) und (22.1.64) – die Systemmatrizen $\boldsymbol{A}$ und $\boldsymbol{B}$ austauschbar sind, gelten alle obigen Aussagen auch für die Matrix $\boldsymbol{B}$. Eine weitere derartige Beziehung ergibt sich mit $i = j$ (d.h. wir behandeln das Lösungspaar $\tilde{\boldsymbol{\xi}}_i \pm i\tilde{\boldsymbol{\eta}}_i$) aus (22.1.70). Da der Realteil nach wie vor Null sein muß, gilt

$$\tilde{\boldsymbol{\xi}}_i^t \boldsymbol{A} \tilde{\boldsymbol{\xi}}_i = \tilde{\boldsymbol{\eta}}_i^t \boldsymbol{A} \tilde{\boldsymbol{\eta}}_i \tag{22.1.75}$$

Bisher haben wir die Orthogonalitätsbeziehung am allgemeinen Eigenwertproblem diskutiert, das durch zwei Systemmatrizen $\boldsymbol{A}$ und $\boldsymbol{B}$ beschrieben ist. Wir wenden uns jetzt dem speziellen Eigenwertproblem zu, das nur noch eine reelle unsymmetrische Systemmatrix $\tilde{\boldsymbol{A}}$ (22.1.50) aufweist

$$\tilde{\boldsymbol{A}} \tilde{\boldsymbol{x}} = \tilde{\lambda} \tilde{\boldsymbol{x}} \tag{22.1.76}$$

Die Eigenwerte $\tilde{\lambda}$ dieses Problems werden formal aus

$$\det[\tilde{\boldsymbol{A}} - \tilde{\lambda} \boldsymbol{I}] = 0 \tag{22.1.77}$$

berechnet. Der Eigenvektor $\tilde{\boldsymbol{x}}$ folgt dann bis auf einen freibleibenden Faktor aus (22.1.76). Wir wollen nun nach den Eigenwerten und Eigenvektoren der Matrix $\tilde{\boldsymbol{A}}^t$ fragen. Da die dynamische Matrix beim ungedämpften Problem reell symmetrisch formuliert wurde, stellte sich dieses Problem bisher nicht. Allerdings hängt der Wert der Determinante in (22.1.77) nicht davon ab, ob wir mit $\tilde{\boldsymbol{A}}$ oder $\tilde{\boldsymbol{A}}^t$ arbeiten. Wir können deshalb sofort voraussagen, daß die Eigenwerte von $\tilde{\boldsymbol{A}}^t$ mit denen von $\tilde{\boldsymbol{A}}$ übereinstimmen. Denkt man sich aber eine Lösung λ_i eingesetzt, so spielt es bei der formalen Ausrechnung des Eigenvektors $\tilde{\boldsymbol{x}}_i$ schon eine Rolle, ob wir in (22.1.76) an die Stelle von $\tilde{\boldsymbol{A}}$ dann $\tilde{\boldsymbol{A}}^t$ setzen. Die Eigenvektoren werden also verschieden sein und sind hier mit $\tilde{\boldsymbol{y}}$ bezeichnet

$$\tilde{\boldsymbol{A}}^t \tilde{\boldsymbol{y}} = \tilde{\lambda} \tilde{\boldsymbol{y}} \tag{22.1.78}$$

An die Stelle von (22.1.78) können wir auch

$$\tilde{\boldsymbol{y}}^t \tilde{\boldsymbol{A}} = \tilde{\lambda} \tilde{\boldsymbol{y}}^t \tag{22.1.79}$$

setzen, und wir sprechen deshalb von $\tilde{\boldsymbol{y}}$ als Linkseigenvektor der Matrix $\tilde{\boldsymbol{A}}$, während $\tilde{\boldsymbol{x}}$ der Rechtseigenvektor ist.

Wir betrachten nun zwei verschiedene Lösungen $\tilde{\lambda}_i$ und $\tilde{\lambda}_j$

$$\tilde{A}\tilde{x}_i = \tilde{\lambda}_i \tilde{x}_i \qquad (22.1.80)$$

$$\tilde{y}_j^t \tilde{A} = \tilde{\lambda}_j \tilde{y}_j^t \qquad (22.1.81)$$

und multiplizieren die erste Gleichung mit $\tilde{y}_j^t$ vor und die zweite mit $\tilde{x}_i$ nach. Danach werden beide Gleichungen subtrahiert. Es ergibt sich

$$(\tilde{\lambda}_i - \tilde{\lambda}_j)\tilde{y}_j^t \tilde{x}_i = 0 \qquad (22.1.82)$$

woraus für verschiedene Eigenwerte

$$\tilde{y}_j^t \tilde{x}_i = 0\,, \qquad \tilde{\lambda}_i \neq \tilde{\lambda}_j \qquad (22.1.83)$$

folgt. Die Rechts- und Linkseigenvektoren der Matrix $\tilde{A}$ sind also bei verschiedenen Eigenwerten orthogonal. Man beachte aber, daß im Gegensatz zum ungedämpften Fall die Eigenvektoren $\tilde{X}$ selbst nicht orthogonal sind. Die Eigenvektoren können dabei so faktorisiert werden, daß

$$\tilde{Y}^t \tilde{X} = I_{2n} \qquad (22.1.84)$$

gilt, wobei in $\tilde{Y}$ alle $\tilde{y}_i$ gesammelt sind

$$\tilde{Y} = [\tilde{y}_1 \quad \tilde{y}_2 \quad \ldots\ldots \quad \tilde{y}_{2n}] \qquad (22.1.85)$$

Wenn nun die Eigenwerte der Matrix $\tilde{A}$ alle verschieden sind, dann wird jeder Eigenvektor mit Hilfe eines Systems, dessen Rangabfall nur 1 ist, berechnet, und daraus folgt, daß die Eigenvektoren linear unabhängig sein müssen. Zusammen mit (22.1.82) folgt aus dieser Erkenntnis für die Linkseigenvektoren

$$\tilde{Y} = \tilde{X}^{-t} \qquad (22.1.86)$$

Aus der Formulierung (22.1.59) ergibt sich dann mit (22.1.84) weiter

$$\begin{aligned} \tilde{Y}^t \tilde{A} \tilde{X} &= \tilde{Y}^t \tilde{X} \tilde{\Lambda} \\ &= \tilde{X}^{-1} \tilde{X} \tilde{\Lambda} \\ &= \tilde{\Lambda} \end{aligned} \qquad (22.1.87)$$

Wir können also beim speziellen Eigenwertproblem sagen, daß die Links- und Rechtseigenvektoren auch zwei Matrizen simultan diagonalisieren bzw. deren Diagonalität nicht zerstören, nämlich $\tilde{A}$ und I_{2n}. Alternativ heißt dies auch, daß diese Vektoren orthonormal sind und $\tilde{A}$ diagonalisieren.

22.2 Vektoriteration und simultane Vektoriteration bei reeller unsymmetrischer dynamischer Matrix

Wie schon beim ungedämpften Schwinger, so ist auch beim allgemein viskos gedämpften System die Vektoriteration das einfachste Eigenwertverfahren zur Bestimmung des betragsgrößten Eigenwertes $\tilde{\lambda}_1$ (des betragskleinsten Lösungsexponenten p_1). Dabei unterscheidet sich der Potenzschritt überhaupt nicht von dem des ungedämpften Falles

$$\tilde{\boldsymbol{x}}^{(k+1)} = \tilde{\boldsymbol{A}}\tilde{\boldsymbol{x}}^{(k)} \tag{22.2.1}$$

Mit Hinblick auf die Struktur der reellen unsymmetrischen Iterationsmatrix $\tilde{\boldsymbol{A}}$ (siehe (22.1.50)) erfolgt dieser Potenzschritt in Unterschritten, die jeweils nur Operationen mit dünn besiedelten Matrizen beinhalten. Wir unterteilen den Iterationsvektor entsprechend der Struktur von $\tilde{\boldsymbol{A}}$

$$\tilde{\boldsymbol{x}} = \{\tilde{\boldsymbol{x}}_{\mathrm{I}} \quad \tilde{\boldsymbol{x}}_{\mathrm{II}}\} \tag{22.2.2}$$

und erhalten so die Operationsfolge

$$\begin{aligned} \tilde{\boldsymbol{x}}_{\mathrm{I}}^{(k+1)} &= -\tilde{\boldsymbol{x}}_{\mathrm{II}}^{(k)} \\ \boldsymbol{K}\tilde{\boldsymbol{x}}_{\mathrm{II}}^{(k+1)} &= [\boldsymbol{M} \quad \boldsymbol{C}]\tilde{\boldsymbol{x}}^{(k)} \end{aligned} \tag{22.2.3}$$

Nun wissen wir bereits, daß der erste Eigenvektor sowohl reell sein kann als auch komplex. Es ist schon etwas verwunderlich, daß die Arithmetik in (22.2.3) rein reell sein kann und wir auch im letzteren Fall zum Resultat kommen. Dabei ist zunächst klar, daß bei einem reellen Startvektor $\tilde{\boldsymbol{x}}^{(0)}$ jedes folgende Resultat reell sein muß. Wir gehen davon aus, daß die Gesamtheit der Eigenvektoren von $\tilde{\boldsymbol{A}}$, nämlich $\tilde{\boldsymbol{X}}$, linear unabhängig ist und daß damit jeder Startvektor als Kombination dieser Eigenvektoren dargestellt werden kann

$$\tilde{\boldsymbol{x}}^{(0)} = \tilde{\boldsymbol{X}}\boldsymbol{c} = \sum_{i=1}^{2n} c_i \tilde{\boldsymbol{x}}_i \tag{22.2.4}$$

Dieser Ansatz – in (22.2.1) eingesetzt – liefert uns mit (22.1.59)

$$\begin{aligned} \tilde{\boldsymbol{x}}^{(1)} &= \tilde{\boldsymbol{A}}\tilde{\boldsymbol{x}}^{(0)} \\ &= \tilde{\boldsymbol{A}}\tilde{\boldsymbol{X}}\boldsymbol{c} \\ &= \tilde{\boldsymbol{X}}\tilde{\boldsymbol{\Lambda}}\boldsymbol{c} \\ &= \sum_{i=1}^{2n} \tilde{\lambda}_i c_i \tilde{\boldsymbol{x}}_i \end{aligned} \tag{22.2.5}$$

d.h. die Mischfaktoren werden mit den Eigenwerten $\tilde{\lambda}_i$ verstärkt. Mit der Darstellung

$$\tilde{\lambda}_i = \rho_i \, e^{i\varphi_i} \tag{22.2.6}$$

ergibt sich nach k Potenzschritten

$$\tilde{\boldsymbol{x}}^{(k)} = \sum_{i=1}^{2n} \rho_i^k \, e^{ik\varphi_i} c_i \tilde{\boldsymbol{x}}_i \tag{22.2.7}$$

Wir ersehen aus diesem Resultat einmal, daß eine Verstärkung über den betragsgrößten Eigenwert stattfindet. Im Falle eines komplexen Eigenwertes (bzw. Eigenvektors) ergibt sich durch $e^{ik\varphi_i}$ auch eine Rotation. Deshalb kann man voraussagen, daß ein reeller maximaler Eigenwert vorliegt, falls die Vektorkomponenten monoton konvergieren. Schwanken diese Komponenten von Potenzschritt zu Potenzschritt jedoch stark (bis hin zum Vorzeichenwechsel), so zeigt dies einen betragsgrößten komplexen Eigenwert an. Nun wissen wir aber bereits, daß im Fall eines komplexen Eigenwertes stets eine paarweise Lösung vorhanden ist, die konjugiert komplex ist, d.h.

$$\begin{aligned} \tilde{\lambda}_1 &= \mu_1 + i\nu_1 = \rho_1 e^{i\varphi_1} \\ \tilde{\lambda}_2 &= \mu_1 - i\nu_1 = \rho_1 e^{-i\varphi_1} \end{aligned} \tag{22.2.8}$$

mit den Eigenvektoren

$$\begin{aligned} \tilde{\boldsymbol{x}}_1 &= \tilde{\boldsymbol{\xi}}_1 + i\tilde{\boldsymbol{\eta}}_1 \\ \tilde{\boldsymbol{x}}_2 &= \tilde{\boldsymbol{\xi}}_1 - i\tilde{\boldsymbol{\eta}}_1 \end{aligned} \tag{22.2.9}$$

stellt ein Lösungspaar dar. Bei solchen Verhältnissen wird nach (22.2.7) natürlich der 1. und der 2. Eigenvektor gleichermaßen verstärkt

$$\tilde{\boldsymbol{x}}^{(k)} = \rho_1^k \left[c_1 e^{ik\varphi_1} (\tilde{\boldsymbol{\xi}}_1 + i\tilde{\boldsymbol{\eta}}_1) + c_2 e^{-ik\varphi_1} (\tilde{\boldsymbol{\xi}}_1 - i\tilde{\boldsymbol{\eta}}_1) \right] + \sum_{i=3}^{2n} \rho_i^k e^{ik\varphi_i} \tilde{\boldsymbol{x}}_i \tag{22.2.10}$$

Dabei ist im Falle eines reellen Startvektors $\tilde{\boldsymbol{x}}_1^{(0)}$ stets von konjugiert komplexen Beitragsfaktoren c_1 und c_2 auszugehen, da sonst der Imaginärteil des Ansatzes in (22.2.4) nicht verschwinden kann

$$\begin{aligned} c_1 &= \sigma_1 e^{i\psi_1} \\ c_2 &= \sigma_1 e^{-i\psi_1} \end{aligned} \tag{22.2.11}$$

Somit folgt aus (22.2.11)

$$\begin{aligned} \tilde{\boldsymbol{x}}^{(k)} &= \sigma_1 \rho_1^k \left[e^{i(\psi_1 + k\varphi_1)} (\tilde{\boldsymbol{\xi}}_1 + i\tilde{\boldsymbol{\eta}}_1) + e^{-i(\psi_1 + k\varphi_1)} (\tilde{\boldsymbol{\xi}}_1 - i\tilde{\boldsymbol{\eta}}_1) \right] + \ldots\ldots \\ &= 2\sigma_1 \rho_1^k \left[\cos(\psi_1 + k\varphi_1) \tilde{\boldsymbol{\xi}}_1 - \sin(\psi_1 + k\varphi_1) \tilde{\boldsymbol{\eta}}_1 \right] + \ldots\ldots \end{aligned} \tag{22.2.12}$$

Wir sehen also erneut, daß nicht nur der Startvektor $\tilde{\boldsymbol{x}}_1^{(0)}$, sondern alle folgenden Iterationsvektoren $\tilde{\boldsymbol{x}}_1^{(k)}$ reell sind und im Prinzip Anteile von Real- und Imaginärteil des Lösungspaares enthalten können. Die Frage ist nun, wie wir diese Real- und Imaginärteile aus der Lösung berechnen können. Zusätzlich soll noch das Paar der Eigenwerte λ_1 und λ_2 ermittelt werden. Im Prinzip gibt es dazu zwei Lösungen. Entweder wir iterieren entsprechend den beiden enthaltenen Eigenvektoren mit zwei Vektoren. Diese Vorgehensweise fällt bereits in den Bereich der simultanen Vektoriteration und wird später diskutiert. Normalerweise wird die einfache Vektoriteration mit einem reellen Vektor erfolgen, und man stellt erst im Lauf der Iterationsgeschichte fest, daß die betragsgrößten Eigenwerte konjugiert komplex sein müssen. In diesem Falle ist es vorteilhafter, wenn alle interessierenden Informationen aus diesem einen Vektor ermittelt werden können. Dies ist möglich, falls man die Ergebnisse aufeinanderfolgender Potenzschritte heranzieht [22.3].

Wir nehmen dazu an, daß das Verfahren im Schritt q bereits auskonvergiert habe, und führen zur Abkürzung

$$\alpha_{q+1} = \psi_1 + (q+1)\varphi_1 \tag{22.2.13}$$

ein. Aus (22.2.12) folgt für drei aufeinanderfolgende Iterationsschritte

$$\begin{aligned} \tilde{\boldsymbol{x}}^{(q)} &= 2\sigma_1 \rho_1^q [\cos(\alpha_{q+1} - \varphi_1)\tilde{\boldsymbol{\xi}}_1 - \sin(\alpha_{q+1} - \varphi_1)\tilde{\boldsymbol{\eta}}_1] \\ \tilde{\boldsymbol{x}}^{(q+1)} &= 2\sigma_1 \rho_1^{q+1} [\cos\alpha_{q+1}\tilde{\boldsymbol{\xi}}_1 - \sin\alpha_{q+1}\tilde{\boldsymbol{\eta}}_1] \\ \tilde{\boldsymbol{x}}^{(q+2)} &= 2\sigma_1 \rho_1^{q+2} [\cos(\alpha_{q+1} + \varphi_1)\tilde{\boldsymbol{\xi}}_1 - \sin(\alpha_{q+1} + \varphi_1)\tilde{\boldsymbol{\eta}}_1] \end{aligned} \tag{22.2.14}$$

wobei wir die Anteile der höheren Eigenvektoren in (22.2.10) bzw. (22.2.12) ignorieren können, da sie bei angenommener erreichter Konvergenz $\tilde{\boldsymbol{x}} \rightarrow \tilde{\boldsymbol{x}}_{1,2}$ gegen Null streben.

Mit Hilfe der Additionstheoreme für Winkelfunktionen folgt aus der ersten und letzten Zeile von (22.2.14)

$$\rho_1^2 \tilde{\boldsymbol{x}}^{(q)} + \tilde{\boldsymbol{x}}^{(q+2)} = 2\rho_1 \cos\varphi_1 \tilde{\boldsymbol{x}}^{(q+1)} \tag{22.2.15}$$

wobei ρ_1 der Betrag und $\rho_1 \cos\varphi_1$ der Realteil des ersten bzw. auch des zweiten Eigenwertes des Problems darstellt. Da (22.2.15) für jeden Wert q gilt, haben wir auch

$$\rho_1^2 \tilde{\boldsymbol{x}}^{(q+1)} + \tilde{\boldsymbol{x}}^{(q+3)} = 2\rho_1 \cos\varphi_1 \tilde{\boldsymbol{x}}^{(q+2)} \tag{22.2.16}$$

Wir multiplizieren nun (22.2.15) mit $(\tilde{\boldsymbol{x}}^{(q+1)})^t$ vor und (22.2.16) mit $(\tilde{\boldsymbol{x}}^{(q)})^t$ und subtrahieren dann die so entstandenen skalaren Gleichungen. Mit den Abkürzungen

$$\begin{aligned} a_{12} &= (\tilde{\boldsymbol{x}}^{(q+1)})^t \tilde{\boldsymbol{x}}^{(q+2)} \\ a_{11} &= (\tilde{\boldsymbol{x}}^{(q+1)})^t \tilde{\boldsymbol{x}}^{(q+1)} \\ a_{03} &= (\tilde{\boldsymbol{x}}^{(q)})^t \tilde{\boldsymbol{x}}^{(q+3)} \\ a_{02} &= (\tilde{\boldsymbol{x}}^{(q)})^t \tilde{\boldsymbol{x}}^{(q+2)} \end{aligned} \tag{22.2.17}$$

erhalten wir ohne Schwierigkeiten den Realteil des ersten und zweiten Eigenwertes

$$\mu_1 = \rho_1 \cos\varphi_1 = (a_{12} - a_{03})/[2(a_{11} - a_{02})] \tag{22.2.18}$$

Mit der zusätzlichen Abkürzung

$$a_{10} = (\tilde{\boldsymbol{x}}^{(q+1)})^t \tilde{\boldsymbol{x}}^{(q)} \tag{22.2.19}$$

finden wir aus (22.2.15) dann den Betrag des ersten und zweiten Eigenwertes

$$\rho_1^2 = (2\rho_1 \cos\varphi_1 a_{11} - a_{12})/a_{10} \tag{22.2.20}$$

Die Trivialbeziehung

$$\nu_1 = \rho_1 \sin\varphi_1 = (\rho_1^2 - \rho_1^2 \cos^2\varphi_1)^{1/2} \tag{22.2.21}$$

liefert uns schließlich den Imaginärteil des ersten und zweiten Eigenwertes. Damit sind die komplexen Eigenwerte durch geschickte Auswertung von vier rein reellen Iterationsstufen bestimmt

$$\lambda_{1,2} = \mu_1 \pm i\nu_1 = \rho_1 e^{\pm i\varphi_1} \tag{22.2.22}$$

Als nächstes bestimmen wir die zugehörigen komplexen Eigenvektoren. Aus (22.2.12) folgt leicht für die Iterationsstufen q + 1 und q + 2

$$\tilde{\boldsymbol{x}}^{(q+1)} = \sigma_1 \rho_1^{q+1} [e^{i\alpha_{q+1}} \tilde{\boldsymbol{x}}_1 + e^{-i\alpha_{q+1}} \tilde{\boldsymbol{x}}_2]$$

$$\tilde{\boldsymbol{x}}^{(q+2)} = \sigma_1 \rho_1^{q+2} [e^{i(\alpha_{q+1}+\varphi_1)} \tilde{\boldsymbol{x}}_1 + e^{-i(\alpha_{q+1}+\varphi_1)} \tilde{\boldsymbol{x}}_2] \tag{22.2.23}$$

wobei wir auch auf die Bemerkung zu (22.2.14) verweisen möchten.

Als erstes multiplizieren wir die 1. Zeile von (22.2.23) mit λ_2 und bilden dann

$$\tilde{\boldsymbol{x}}^{(q+2)} - \lambda_2 \tilde{\boldsymbol{x}}^{(q+1)} = \sigma_1 \rho_1^{q+2} (e^{i(\alpha_{q+1}-\varphi_1)} - e^{i(\alpha_{q+1}+\varphi_1)}) \tilde{\boldsymbol{x}}_1 \tag{22.2.24}$$

Da die Eigenvektoren $\tilde{\boldsymbol{x}}_i$ nur bis auf einen komplexen Faktor bestimmt sind, hat uns diese Operation direkt den ersten Eigenvektor geliefert. Analog ergäbe sich auch

$$\tilde{\boldsymbol{x}}^{(q+2)} - \lambda_1 \tilde{\boldsymbol{x}}^{(q+1)} = \sigma_1 \rho_1^{q+2} (e^{-i(\alpha_{q+1}-\varphi_1)} - e^{-i(\alpha_{q+1}+\varphi_1)}) \tilde{\boldsymbol{x}}_2 \tag{22.2.25}$$

was an sich überflüssig ist, da erster und zweiter Eigenvektor in diesem Fall zueinander konjugiert komplex sind. Den Real- und Imaginärteil dieser Vektoren kann man auch direkt aus (22.2.24) berechnen und erhält mit (22.2.22)

$$\tilde{\boldsymbol{\xi}}_1 = \tilde{\boldsymbol{x}}^{(q+2)} - \mu_1 \tilde{\boldsymbol{x}}^{(q+1)} \tag{22.2.26}$$

$$\tilde{\boldsymbol{\eta}}_1 = \nu_1 \tilde{\boldsymbol{x}}^{(q+1)} \tag{22.2.27}$$

und somit

$$\tilde{\boldsymbol{x}}_{1,2} = \tilde{\boldsymbol{\xi}}_1 \pm i\tilde{\boldsymbol{\eta}}_1 \tag{22.2.28}$$

Sobald man also die beiden ersten komplexen Eigenwerte kennt, kann man aus zwei aufeinanderfolgenden reellen Iterationsstufen sehr leicht die komplexen Eigenvektoren bestimmen.

Wir erproben dieses Verfahren an unserem Standardbeispiel Abb. 22.1.1, für das wir bereits Eigenwerte und Eigenvektoren berechnet haben. In Abb. 22.2.1 stellen wir zunächst das Ablaufdiagramm eines kleinen Experimentierprogrammes vor. Der Iterationsprozeß ist an sich äußerst einfach. Die aufwendige Verzweigung ergibt sich aus der Notwendigkeit, den Lösungscharakter – reell oder komplex – zu bestimmen und zu berück-

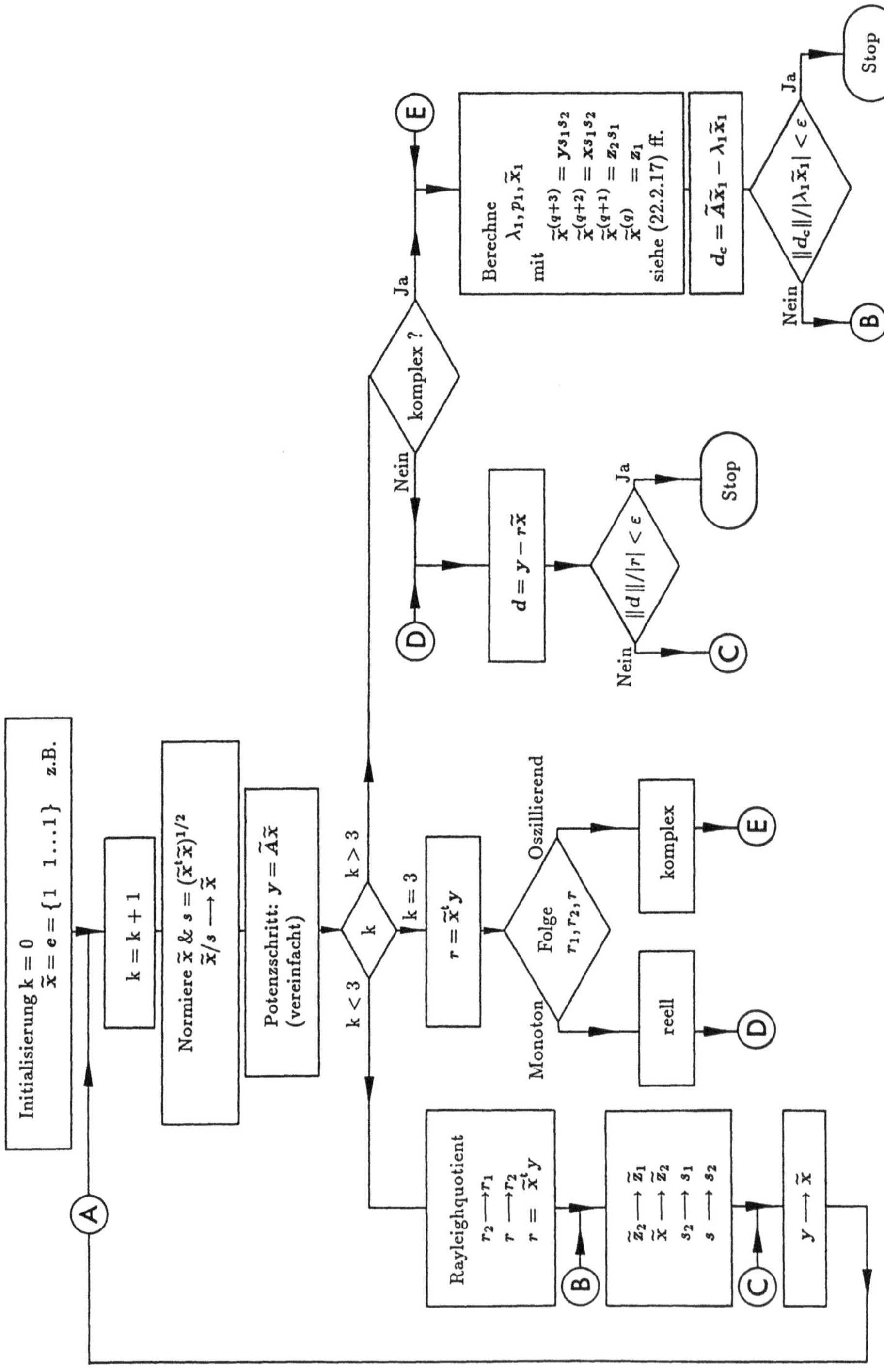

Abb. 22.2.1 Flußdiagramm der einfachen Vektoriteration bei nichtmodaler viskoser Dämpfung

sichtigen. Nach drei Potenzschritten verfügen wir über genügend Iterationsvektoren $\tilde{\boldsymbol{x}}$, um auch bei komplexem Eigenwert λ_1 den zugehörigen komplexen Eigenvektor zu berechnen. Wir untersuchen deshalb bei k = 3 die Folge der Rayleigh-Ritz-Faktoren

$$r = \tilde{\boldsymbol{x}}^t \tilde{\boldsymbol{A}} \tilde{\boldsymbol{x}} = \tilde{\boldsymbol{x}}^t \tilde{\boldsymbol{y}} \tag{22.2.29}$$

aus den vergangenen drei Potenzschritten. Falls λ_1 reell ist, erwarten wir monotones Konvergenzverhalten $r \to \lambda_1$. Stellen wir dagegen bei r ein oszillierendes Verhalten bis hin zum Vorzeichenwechsel fest, so ist λ_1 komplex. Je nachdem erfolgt die weitere Behandlung reell (sehr einfach) oder mit einer Nachberechnung der Real- und Imaginärteile von λ_1, p_1 und $\tilde{\boldsymbol{x}}_1$ (aufwendiger). Im ersten Fall basiert das Abbruchkriterium auf einem reellen Fehlervektor

$$\boldsymbol{d} = \tilde{\boldsymbol{A}} \tilde{\boldsymbol{x}} - r\tilde{\boldsymbol{x}} = \tilde{\boldsymbol{y}} - r\tilde{\boldsymbol{x}} \tag{22.2.30}$$

während bei komplexer Lösung der Fehlervektor

$$\boldsymbol{d}_c = \tilde{\boldsymbol{A}} \tilde{\boldsymbol{x}}_1 - \lambda_1 \tilde{\boldsymbol{x}}_1 \tag{22.2.31}$$

komplex ist, das Abbruchkriterium aber wieder reell.

In Abb. 22.2.2 ist dieser Prozeß nun am Beispiel aus Abb. 22.1.1 ausgeführt. Der Startvektor weist durchweg gleiche Komponenten auf und ist auf Länge 1 normiert, wobei $s^{(k)}$ den Normierungsfaktor angibt

$$\tilde{\boldsymbol{y}} = s^{(k)} \tilde{\boldsymbol{x}}^{(k)} \tag{22.2.32}$$

Bei k + 1 = 4 (k = 3) ist aus dem Verhalten des Rayleigh-Ritz Quotienten ersichtlich, daß der erste Eigenwert λ_1 komplex sein muß. Demzufolge werden erstmalig Real- und Imaginärteil des Eigenwertes λ_1, des Lösungsexponenten p_1 und des Eigenvektors $\tilde{\boldsymbol{x}}_1$ berechnet. Um die Resultate bequem mit dem bereits in Abschnitt 22.1 ausgearbeiteten Ergebnis vergleichen zu können, ist der Eigenvektor durch das komplexe Element $\tilde{x}_{13}$ dividiert worden. Die zweite Gruppe von $\tilde{\boldsymbol{x}}_1$ enthält dann den Eigenvektor $\boldsymbol{x}_1$ des nicht erweiterten Problems, wie bereits berechnet. Die erste Gruppe enthält dagegen $p_1 \boldsymbol{x}_1$, also effektiv nochmals den Eigenvektor $\boldsymbol{x}_1$. Da dieser Vektor $\boldsymbol{x}_1$ so normiert ist, daß das erste Element 1 wird, erhalten wir im konvergierten Zustand als erstes Element dieser Gruppe einfach das komplexe p_1. Im übrigen bemerken wir, daß bereits bei k + 1 = 4 eine recht brauchbare Näherung der komplexen Lösung vorliegt. Ab k + 1 = 8 ist dann der Eigenwert auf vier Ziffern genau, ab k + 1 = 9 auch der komplexe Eigenvektor.

Wir wollen nun einen Schritt weitergehen und den Algorithmus so erweitern, daß nicht nur der betragsgrößte Eigenwert λ_1 nebst Eigenvektor $\tilde{\boldsymbol{x}}_1$ geliefert wird, sondern simultan eine ganze Gruppe, die zu den betragsgrößten Eigenwerten gehört. Die Grundelemente der simultanen Vektoriteration für unsymmetrische reelle Matrizen $\tilde{\boldsymbol{A}}$ sind identisch mit denen für symmetrische Matrizen (Abschnitt 17.3.2). Wir verzichten bei der Diskussion auf alle Raffinessen und greifen nur die wesentlichen Punkte auf, wie sie etwa in [22.4] und [22.5] aufgeführt sind. Dabei unterscheiden wir nicht, ob eine Lösung reell oder komplex ist, und iterieren lediglich mit einem reellen Vektorsatz, der die Berechnung der Rechtseigenvektoren ermöglicht. Auf der Basis eines Satzes von nx

k + 1	1	2	3	4	5	6	7	8	9
$\tilde{x}^{(k)}$	0.5000 0.5000 0.5000 0.5000	-0.1964 -0.1964 0.6284 0.7266	-0.5223 -0.6039 -0.3852 -0.4627	0.1354 0.1627 -0.6352 -0.7427	0.5718 0.6685 0.3003 0.3687	-0.0978 -0.1201 0.6414 0.7514	-0.6144 -0.7198 -0.2009 -0.2532	0.0619 0.0780 -0.6455 -0.7572	0.6414 0.7524 0.0884 0.1216
$s^{(k)}$	2.0000	2.5461	1.2032	2.8448	1.1110	3.0697	1.0440	3.2441	1.0065
r	0.0000	1.2250	-0.4297	1.1932	-0.3094	1.0235	-0.1802	0.7371	-0.0510
λ_1	0.0000 0.0000	0.0000 0.0000	0.0000 0.0000	0.0958 1.8026	0.1026 1.8209	0.0918 1.8264	0.0922 1.8274	0.0918 1.8275	0.0918 1.8276
p_1	0.0000 0.0000	0.0000 0.0000	0.0000 0.0000	-0.0294 0.5532	-0.0308 0.5474	-0.0275 0.5462	-0.0275 0.5458	-0.0274 0.5458	-0.0274 0.5458
$\mathrm{Re}(\tilde{x}_1)$	0.0000 0.0000 0.0000 0.0000	0.0000 0.0000 0.0000 0.0000	0.0000 0.0000 0.0000 0.0000	-0.0323 -0.0458 1.0000 1.1729	-0.0250 -0.0354 1.0000 1.1744	-0.0276 -0.0406 1.0000 1.1749	-0.0273 -0.0402 1.0000 1.1750	-0.0274 -0.0404 1.0000 1.1750	-0.0274 -0.0404 1.0000 1.1750
$\mathrm{Im}(\tilde{x}_1)$	0.0000 0.0000 0.0000 0.0000	0.0000 0.0000 0.0000 0.0000	0.0000 0.0000 0.0000 0.0000	0.5445 0.6329 0.0000 0.0111	0.5458 0.6399 0.0000 0.0151	0.5457 0.6404 0.0000 0.0149	0.5458 0.6409 0.0000 0.0151	0.5458 0.6409 0.0000 0.0150	0.5458 0.6409 0.0000 0.0151

Abb. 22.2.2 Einfache Vektoriteration bei nichtmodaler Dämpfung und reeller Arithmetik am Beispiel Abb. 22.1.1

reellen, linear unabhängigen Vektoren $\underset{(2n\times nx)}{W^{(k)}}$ nehmen wir zunächst eine Orthonormierung, z.B. mit dem Cholesky-Verfahren, vor

$$\underset{(nx\times nx)}{H} = W^{(k)t} W^{(k)} \tag{22.2.33}$$

$$H = U_H^t \, U_H \tag{22.2.34}$$

$$V = W^{(k)} U_H^{-1} \tag{22.2.35}$$

Es schließt sich der Potenzschritt an

$$\underset{(2n\times nx)}{Y} = \underset{(2n\times 2n)}{\widetilde{A}} \; \underset{(2n\times nx)}{V} \tag{22.2.36}$$

der natürlich unter Ausnützung der dünnen Besiedlung der in $\widetilde{A}$ enthaltenen Matrizen M, C und K ausgeführt wird

$$\underset{(2n\times nx)}{V} = \{ \underset{(n\times nx)}{V_{\mathrm{I}}} \quad \underset{(n\times nx)}{V_{\mathrm{II}}} \} \tag{22.2.37}$$

$$Y_{\mathrm{I}} = -V_{\mathrm{II}} \tag{22.2.38}$$

$$\begin{aligned} KY_{\mathrm{II}} &= [M \quad C]V \\ &= MV_{\mathrm{I}} + CV_{\mathrm{II}} \end{aligned} \tag{22.2.39}$$

Damit ist im Prinzip der Kreis schon geschlossen, denn Y kann als neuer Startsatz $W^{(k+1)}$ verwendet werden. Es hat sich jedoch auch hier bewährt, einen Rayleigh-Ritz-Schritt zur Entkoppelung der Vektoren auszuführen. Dazu berechnen wir die zu V gehörige Systemmatrix des Unterraumes

$$\underset{(nx\times nx)}{\widetilde{B}} = V^{t}Y = V^{t}\widetilde{A}V \tag{22.2.40}$$

Man beachte hierzu, daß dieser Schritt bei symmetrischer Matrix A und reellen Eigenvektoren im Laufe der Iteration zu einer Diagonalmatrix führt. Hier wissen wir jedoch, daß $\widetilde{A}$ nur mit Hilfe der Links- und Rechtseigenvektoren diagonalisiert werden kann (siehe (22.1.87)). Folglich wird $\widetilde{B}$ im allgemeinen nicht diagonal sein, sondern lediglich reell. Diese so generierte Matrix $\widetilde{B}$, die übrigens unsymmetrisch ist, wird nun einer Eigenwertanalyse zugeführt, z.B. dem im nächsten Abschnitt geschilderten Eberlein-Verfahren

$$\widetilde{B}\widetilde{X}_{B} = \widetilde{X}_{B}\mathbf{\Lambda}_{B} \tag{22.2.41}$$

Eine derartige Eigenwertanalyse liefert die kompletten Rechtseigenvektoren des Unterraumes samt den zugehörigen Eigenwerten, die im allgemeinen komplex sein werden. Die Linkseigenvektoren sind durch $\widetilde{X}_{B}^{-t}$ gegeben, wie bereits in (22.1.86) demonstriert wurde. Analog zu (22.1.87) folgt dann hier

$$\begin{aligned} \widetilde{X}_{B}^{-1}\widetilde{B}\widetilde{X}_{B} &= \mathbf{\Lambda}_{B} \\ &= \widetilde{X}_{B}^{-1}V^{t}\widetilde{A}V\widetilde{X}_{B} \end{aligned} \tag{22.2.42}$$

Der im allgemeinen komplexe Vektorsatz $V\widetilde{X}_{B}$ diagonalisiert also zusammen mit den zugehörigen Linkseigenvektoren

$$\begin{aligned} [V\widetilde{X}_{B}]^{-1} &= \widetilde{X}_{B}^{-1}V^{-1} \\ &= \widetilde{X}_{B}^{-1}V^{t} \end{aligned} \tag{22.2.43}$$

die unsymmetrische Matrix $\widetilde{A}$. Wir erhalten somit eine Entkoppelung des durch nx festgelegten Unterraumes. Im Laufe der Konvergenz strebt dann

$$V\widetilde{X}_{B} \rightarrow \underset{(2n\times nx)}{\widetilde{X}} \tag{22.2.44}$$

d.h. gegen einen Satz der wahren, im allgemeinen komplexen Eigenvektoren, und $\boldsymbol{\Lambda}_B$ enthält die zugehörigen Eigenwerte. Die oben erwähnte Eigenwertanalyse der Matrix $\tilde{\boldsymbol{B}}$ kann z.B. mit dem Eberlein-Algorithmus ausgeführt werden, der im nächsten Abschnitt besprochen wird. Dieses Verfahren ist analog zum Jacobi-Algorithmus und diagonalisiert $\tilde{\boldsymbol{B}}$ iterativ. Die Arithmetik ist reell, und komplexe Lösungen erscheinen als (2 x 2)-Blöcke in der Diagonalen. Die Eigenvektoren $\tilde{\boldsymbol{X}}_B$ können aufbewahrt werden, um das Verfahren in der nächsten Schleife der Vektoriteration zu starten. Die Ergebnisgüte der Vektoriteration kann mit Hilfe des komplexen Residuums

$$\begin{aligned} \boldsymbol{E}_c &= \tilde{\boldsymbol{A}}\boldsymbol{V}\tilde{\boldsymbol{X}}_B - \boldsymbol{V}\tilde{\boldsymbol{X}}_B\boldsymbol{\Lambda}_B \\ &= \boldsymbol{Y} - \boldsymbol{V}\tilde{\boldsymbol{B}}\tilde{\boldsymbol{X}}_B \end{aligned} \tag{22.2.45}$$

beurteilt werden, das gemäß (22.1.59) gegen Null streben muß. Zum Beispiel wird in [22.5] vorgeschlagen, die Spaltennorm $\boldsymbol{E}_{cj}$ mit dem Betrag von λ_1, ρ_1 bzw. λ_j, ρ_j zu normieren und auf ein Abbruchkriterium hin zu testen

$$\|\boldsymbol{E}_{cj}\|_E/(|\lambda_{B1}||\lambda_{Bj}|)^{1/2} \leqslant \epsilon = 10^{-\mathrm{THRESH}} \tag{22.2.46}$$

Der so beschriebene Prozeß ist in Abb. 22.2.3 in Form eines Flußdiagrammes zusammengefaßt. Wir wenden ihn wieder auf unser Standardbeispiel Abb. 22.1.1 an, mit dem wir schon die einfache Vektoriteration erprobt hatten. Dort hatten wir durch eine raffinierte Rechentechnik erreicht, daß mit nur einem Iterationsvektor auch eine komplexe Doppellösung gefunden werden konnte. In diesem Falle werden ja die Anteile des ersten und zweiten Eigenvektors im Startvektorsatz gleich stark vergrößert. Bei der hier verwendeten Rechentechnik würde eine komplexe Lösung λ_1 zwei Startvektoren erforderlich machen, da λ_2 den gleichen Betrag hat. Dafür müssen wir allerdings nicht den Satz von vier Iterationsvektoren speichern. Genauso wie bei der einfachen Vektoriteration ein Betragssprung $\lambda_1 > \lambda_2$ (bzw. $\lambda_1 = \lambda_2 > \lambda_3$ bei komplexer Lösung) für die Konvergenz des Prozesses essentiell ist, so sollte auch bei der simultanen Vektoriteration am Ende des interessierenden Vektorbereiches ein Betragssprung in den Eigenwerten vorhanden sein. Man wird also in aller Regel mit mehr (z.B. doppelt so vielen) Vektoren als eigentlich notwendig starten und kann dann nach Klärung der Eigenwertstufung einen geeigneten Abschnitt finden.

Wenn wir nun zu unserem Anwendungsbeispiel zurückkehren, so würde also die simultane Vektoriteration bei zwei linear unabhängigen Startvektoren das komplette Lösungspaar λ_1, λ_2 mit den zugehörigen Eigenvektoren $\boldsymbol{x}_1$, $\boldsymbol{x}_2$ liefern. Wir demonstrieren dies in Abb. 22.2.4. Da der Leser die Eberlein-Eigenwertanalyse noch nicht kennt, kann er sich hier auch so behelfen, daß er das (2 x 2)-Eigenwertproblem „handgestrickt" löst

$$\begin{bmatrix} \tilde{b}_{11} - \lambda_B & \tilde{b}_{12} \\ \tilde{b}_{21} & \tilde{b}_{22} - \lambda_B \end{bmatrix} \begin{bmatrix} \tilde{x}_{B1} \\ \tilde{x}_{B2} \end{bmatrix} = \begin{bmatrix} 0 \\ 0 \end{bmatrix}$$

Die charakteristische Gleichung ist eine quadratische Gleichung, die die zwei Lösungen $\lambda_{B1,2}$ liefert. Mit diesen ergibt sich beispielsweise

$$\tilde{\boldsymbol{x}}_B = \left\{ 1.0 \quad \frac{\lambda_B - \tilde{b}_{11}}{\tilde{b}_{12}} \right\}$$

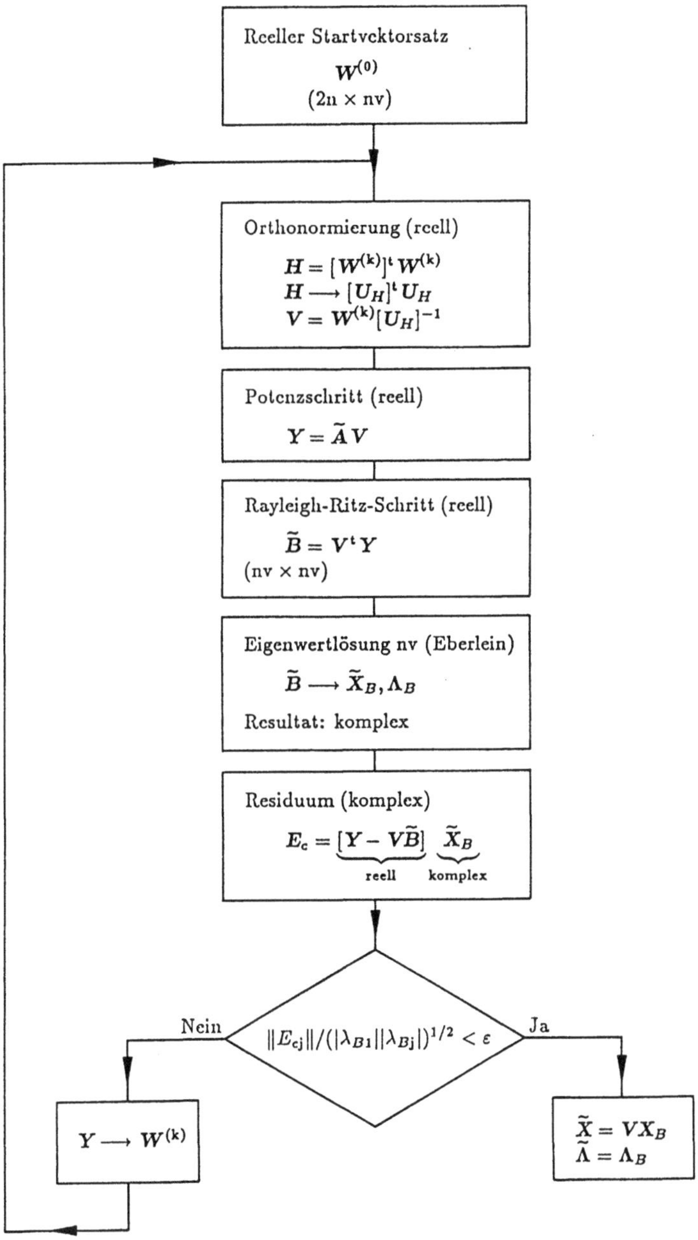

Abb. 22.2.3 Simultane Vektoriteration bei unsymmetrischer reeller Matrix $\widetilde{A}$ und weitgehend reeller Arithmetik

$k+1$	1		2		3		4		5	
$V^{(k)}$	0.7071	0.0000	−0.5155	0.7136	−0.6060	0.6840	0.1336	0.0635	0.5983	−0.3043
	0.0000	0.7071	0.0000	−0.5035	−0.5807	−0.2332	0.1340	0.9739	0.6925	−0.2690
	0.7071	0.0000	0.6186	0.1507	−0.3838	−0.0345	−0.6419	0.2179	0.2547	0.5758
	0.0000	0.7071	0.5929	0.4633	−0.3850	−0.6903	−0.7430	−0.0012	0.3124	0.7096
$\lambda^{(k)}$	1.2675	−0.3925	0.2318	−0.5336	0.4433	0.4433	0.0965	0.0965	0.1174	0.1174
	0.0000	0.0000	0.0000	0.0000	0.7090	−0.7090	1.5957	−1.5957	1.8145	−1.8145
$p^{(k)}$	−0.7890	2.5477	−4.3138	1.8741	−0.6340	−0.6340	−0.0378	−0.0378	−0.0355	−0.0355
	0.0000	0.0000	0.0000	0.0000	1.0140	−1.0140	0.6244	−0.6244	0.5488	−0.5488
$\varepsilon^{(k)}$	2.7500	1.7253	1.6717	2.8686	3.0290	3.0290	0.3969	0.3969	0.1025	0.1025
$\mathrm{Re}(\tilde{x}^{(k)})$	1.0000	1.0000	−2.6708	0.2478	−0.7299	−0.7299	−0.1787	−0.1787	−0.0961	−0.0961
	1.1675	−0.4925	1.1025	−0.6487	2.0788	2.0788	0.0663	0.0663	0.0116	0.0116
	1.0000	1.0000	1.0000	1.0000	1.0000	1.0000	1.0000	1.0000	1.0000	1.0000
	1.1675	−0.4925	0.2601	1.3692	3.0530	3.0530	1.0891	1.0891	1.2316	1.2316
$\mathrm{Im}(\tilde{x}^{(k)})$	0.0000	0.0000	0.0000	0.0000	2.0877	−2.0877	0.0762	−0.0762	0.5828	−0.5828
	0.0000	0.0000	0.0000	0.0000	−0.5115	0.5115	0.7135	−0.7135	0.6453	−0.6453
	0.0000	0.0000	0.0000	0.0000	0.0000	0.0000	0.0000	0.0000	0.0000	0.0000
	0.0000	0.0000	0.0000	0.0000	−1.8533	1.8533	−0.1774	0.1774	−0.0012	0.0012

$k+1$	6		7		8		9		10	
$V^{(k)}$	−0.0806	−0.6251	−0.6303	0.1549	0.0443	0.6461	0.6473	−0.0360	−0.0089	−0.6482
	−0.0989	−0.7700	−0.7385	0.1823	0.0574	0.7597	0.7598	−0.0474	−0.0157	−0.7612
	0.6439	−0.0814	−0.1465	−0.6305	−0.6468	0.0385	0.0297	0.6472	0.6479	−0.0027
	0.7544	−0.0982	−0.1895	−0.7384	−0.7592	0.0623	0.0528	0.7600	0.7615	−0.0210
$\lambda^{(k)}$	0.0937	0.0937	0.0931	0.0931	0.0918	0.0918	0.0918	0.0918	0.0918	0.0918
	1.8338	−1.8338	1.8272	−1.8272	1.8278	−1.8278	1.8276	−1.8276	1.8276	−1.8276
$p^{(k)}$	−0.0278	−0.0278	−0.0278	−0.0278	−0.0274	−0.0274	−0.0274	−0.0274	−0.0274	−0.0274
	0.5439	−0.5439	0.5459	−0.5459	0.5457	−0.5457	0.5458	−0.5458	0.5458	−0.5458
$\varepsilon^{(k)}$	0.0144	0.0144	0.0056	0.0056	0.0006	0.0006	0.0003	0.0003	0.0000	0.0000
$\mathrm{Re}(\tilde{x}^{(k)})$	−0.0279	−0.0279	−0.0312	−0.0312	−0.0273	−0.0273	−0.0276	−0.0276	−0.0274	−0.0274
	−0.0338	−0.0338	−0.0379	−0.0379	−0.0402	−0.0402	−0.0403	−0.0403	−0.0404	−0.0404
	1.0000	1.0000	1.0000	1.0000	1.0000	1.0000	1.0000	1.0000	1.0000	1.0000
	1.1721	1.1721	1.1770	1.1770	1.1749	1.1749	1.1751	1.1751	1.1750	1.1750
$\mathrm{Im}(\tilde{x}^{(k)})$	0.5280	−0.5280	0.5470	−0.5470	0.5452	−0.5452	0.5458	−0.5458	0.5458	−0.5458
	0.6503	−0.6503	0.6411	−0.6411	0.6413	−0.6413	0.6409	−0.6409	0.6409	−0.6409
	0.0000	0.0000	0.0000	0.0000	0.0000	0.0000	0.0000	0.0000	0.0000	0.0000
	0.0024	−0.0024	0.0147	−0.0147	0.0144	−0.0144	0.0151	−0.0151	0.0150	−0.0150

Abb. 22.2.4 Simultane Vektoriteration am Beispiel Abb. 22.1.1 und zwei Vektoren

als zugehöriger Eigenvektor. In Abb. 22.2.4 sind die ersten 10 Schleifen des Verfahrens wiedergegeben, wobei als Startvektorpaar diesmal eine Folge der Einheitsmatrizen verwendet wird. Wir bemerken, daß am Anfang die Näherungsgüte sehr schlecht ist und sich zunächst reelle Lösungen für $\boldsymbol{x}_1$ und $\boldsymbol{x}_2$ ergeben. Sobald sich aber der konjugiert komplexe Lösungssatz eingestellt hat, tritt dann eine relativ rasche und bezüglich des Fehlerkriteriums monotone Konvergenz zur richtigen Lösung ein. Dabei sind die Eigenvektoren wieder so normiert, daß leicht mit der früher berechneten Lösung verglichen werden kann.

22.3 Das Verfahren von Eberlein zur Berechnung aller Eigenwerte und -vektoren bei reeller unsymmetrischer dynamischer Matrix

Im Kern der simultanen Vektoriteration, Abschnitt 22.2, wurde ein Verfahren benötigt, das alle Eigenwerte und -vektoren einer reellen unsymmetrischen Matrix liefert. Schon aus diesem Grunde, aber auch aus anderen praktischen Erwägungen heraus, scheint es angebracht, wenigstens ein derartiges Verfahren anzugeben. Dabei kommt es uns weniger auf den letzten Stand der Leistungsfähigkeit an als auf didaktische Parallelen. Für symmetrische dynamische Matrizen hatten wir zur Berechnung aller Eigenwerte und Eigenvektoren das normreduzierende Verfahren von Jacobi besprochen. Die konsequente Weiterführung dieser Gedanken hin zu unsymmetrischen dynamischen Matrizen führt uns zum Verfahren von Eberlein [22.4, 22.5, 22.6, 22.7], das ebenso wie die Methode von Jacobi hypermatrixfähig ist.

Analog zum Verfahren von Jacobi wird durch eine Reihe von 2-dimensionalen Transformationen erreicht, daß die dynamische Matrix $\boldsymbol{A}$ diagonal bzw. blockdiagonal wird. Nun wissen wir, daß eine unsymmetrische Matrix Linkseigenvektoren $\boldsymbol{Y}=\boldsymbol{X}^{-1}$ und Rechtseigenvektoren $\boldsymbol{X}$ hat. Dementsprechend sieht die Gesamttransformation wie folgt aus

$$\tilde{\boldsymbol{A}}_T = \boldsymbol{T}^{-1}\tilde{\boldsymbol{A}}\boldsymbol{T} \tag{22.3.1}$$

und $\boldsymbol{T}^{-1}$ enthält die Linkseigenvektoren, $\boldsymbol{T}$ die Rechtseigenvektoren und $\tilde{\boldsymbol{A}}_T$ die Eigenwerte. Diese Gesamttransformation wird in Einzelschritten aufgebaut

$$\tilde{\boldsymbol{A}}^{(k+1)} = \boldsymbol{T}_k^{-1}\tilde{\boldsymbol{A}}^{(k)}\boldsymbol{T}_k \tag{22.3.2}$$

und dementsprechend gilt

$$\boldsymbol{T} = \boldsymbol{T}_1\boldsymbol{T}_2 \;\ldots\ldots\; \boldsymbol{T}_k \;\ldots\ldots \tag{22.3.3}$$

Die Folge der $\tilde{\boldsymbol{A}}^{(k)}$ konvergiert gegen $\tilde{\boldsymbol{A}}_T$, wobei jede Transformation zum Ziel hat, die Norm der Diagonalelemente gegenüber der Norm der Nebendiagonalelemente zu stärken.

Eine bestimmte Transformationsmatrix T_k hat die Gestalt

$$T_k = \begin{array}{c} \begin{array}{ccccccccccc} & & & p & & & & q & & & \end{array} \\ \left[\begin{array}{ccccccccccc}
1 &&&&&&&&&& \\
& \ddots &&&&&&&&& \\
&& 1 &&&&&&&& \\
&&& t_{pp} & \cdots & \cdots & \cdots & t_{pq} &&& \\
&&& \vdots & 1 &&& \vdots &&& \\
&&& \vdots && \ddots && \vdots &&& \\
&&& \vdots &&& 1 & \vdots &&& \\
&&& t_{qp} & \cdots & \cdots & \cdots & t_{qq} &&& \\
&&&&&&&& 1 && \\
&&&&&&&&& \ddots & \\
&&&&&&&&&& 1
\end{array}\right] \end{array} \begin{array}{l} \\ \\ \\ \\ p \\ \\ \\ \\ q \\ \\ \\ \\ \end{array} \tag{22.3.4}$$

und setzt sich aus einer Drehung $\boldsymbol{R}$, wie bei Jacobi, und einer zusätzlichen Scherung $\boldsymbol{S}$ zusammen

$$T_k = RS \tag{22.3.5}$$

Dabei haben $\boldsymbol{R}$ und $\boldsymbol{S}$ im Prinzip die gleiche Form wie T_k selbst

$$\boldsymbol{R} = \begin{array}{c} \begin{array}{ccccccccccc} & & & p & & & & q & & & \end{array} \\ \left[\begin{array}{ccccccccccc}
1 &&&&&&&&&& \\
& \ddots &&&&&&&&& \\
&& 1 &&&&&&&& \\
&&& r_{pp} & \cdots & \cdots & \cdots & r_{pq} &&& \\
&&& \vdots & 1 &&& \vdots &&& \\
&&& \vdots && \ddots && \vdots &&& \\
&&& \vdots &&& 1 & \vdots &&& \\
&&& r_{qp} & \cdots & \cdots & \cdots & r_{qq} &&& \\
&&&&&&&& 1 && \\
&&&&&&&&& \ddots & \\
&&&&&&&&&& 1
\end{array}\right] \end{array} \begin{array}{l} \\ \\ \\ \\ p \\ \\ \\ \\ q \\ \\ \\ \\ \end{array} \tag{22.3.6}$$

$$\boldsymbol{S} = \begin{array}{c} \left[\begin{array}{ccccccccccc}
1 &&&&&&&&&& \\
& \ddots &&&&&&&&& \\
&& 1 &&&&&&&& \\
&&& s_{pp} & \cdots & \cdots & \cdots & s_{pq} &&& \\
&&& \vdots & 1 &&& \vdots &&& \\
&&& \vdots && \ddots && \vdots &&& \\
&&& \vdots &&& 1 & \vdots &&& \\
&&& s_{qp} & \cdots & \cdots & \cdots & s_{qq} &&& \\
&&&&&&&& 1 && \\
&&&&&&&&& \ddots & \\
&&&&&&&&&& 1
\end{array}\right] \\ \begin{array}{ccccccccccc} & & & p & & & & q & & & \end{array} \end{array} \begin{array}{l} \\ \\ \\ p \\ \\ \\ \\ q \\ \\ \\ \\ \\ \end{array} \tag{22.3.7}$$

Nun wissen wir aber, daß eine unsymmetrische reelle Matrix $\widetilde{\boldsymbol{A}}$ komplexe Eigenwerte und Eigenvektoren aufweisen kann. Eine Ähnlichkeitstransformation wie (22.3.1) wird also nur dann im allgemeinen zu einer diagonalen Matrix $\widetilde{\boldsymbol{A}}_T$ führen können, falls T_k selbst komplex sein darf. Damit müssen wir für die noch offenen Elemente in $\boldsymbol{R}$ und $\boldsymbol{S}$ komplexe Zahlen in Rechnung stellen, falls die Diagonalität unser Ziel ist. Dementsprechend wählt man

$$\begin{aligned}
r_{pp} = \; r_{qq} &= \cos x \\
r_{pq} = \qquad &= -\,e^{i\alpha} \sin x \\
r_{qp} = -r_{pq}^{*} &= e^{-i\alpha} \sin x
\end{aligned} \tag{22.3.8}$$

Die sich so ergebende Matrix $\boldsymbol{R}$ ist – wie die Rotationsmatrix $\boldsymbol{Q}_k$ bei Jacobi – unitär, d.h. die Inverse von $\boldsymbol{R}$ ist einfach die konjugiert Transponierte (= Transponierte im reellen Fall)

$$\boldsymbol{R}^{-1} = \boldsymbol{R}^* \tag{22.3.9}$$

Eine solche Unitärtransformation oder Rotation ändert übrigens weder die Eigenwerte noch die Euklidische Norm der Matrix $\widetilde{\boldsymbol{A}}^{(k)}$

$$\|\boldsymbol{R}^*\widetilde{\boldsymbol{A}}^{(k)}\boldsymbol{R}\| = \|\widetilde{\boldsymbol{A}}^{(k)}\| = \left(\sum_{i,j} |a_{ij}^{(k)}|^2\right)^{1/2} \tag{22.3.10}$$

$$\boldsymbol{\Lambda}(\boldsymbol{R}^*\widetilde{\boldsymbol{A}}^{(k)}\boldsymbol{R}) = \boldsymbol{\Lambda}(\widetilde{\boldsymbol{A}}^{(k)}) = \boldsymbol{\Lambda}(\widetilde{\boldsymbol{A}}) \tag{22.3.11}$$

Die runden Klammern deuten an, daß $\boldsymbol{\Lambda}$ jeweils als die Eigenwerte der in den Klammern stehenden Matrix zu verstehen sind.

Das Ziel der Transformation besteht darin (wie bei Jacobi), die Norm der Nebendiagonalelemente zu reduzieren

$$\tau = \left(\sum_{i \neq j} |a_{ij}^{(k)}|^2\right)^{1/2} \tag{22.3.12}$$

Die entsprechende Aufstellung der Parameter α und x ist etwas verwickelt und im Anhang angegeben. Sie basiert auf den bekannten Elementen der Matrix $\widetilde{\boldsymbol{A}}^{(k)}$.

Die Scherungsmatrix $\boldsymbol{S}$ ist durch

$$\begin{aligned} s_{pp} = s_{qq} &= \operatorname{ch} y \\ s_{pq} &= -i\,e^{i\beta} \operatorname{sh} y \\ s_{qp} = s_{pq}^* &= i\,e^{-i\beta} \operatorname{sh} y \end{aligned} \tag{22.3.13}$$

gegeben, wobei wir hier, um die Typographie zu vereinfachen, die Abkürzungen cosh = ch und sinh = sh benützen. Diese Matrix ist hermitesch, was der komplexen Verallgemeinerung zu reell symmetrisch entspricht. Eine hermitesche Matrix weist einen symmetrischen Realteil und einen schiefsymmetrischen Imaginärteil auf und hat analog zu einer reellen symmetrischen Matrix die Eigenschaft

$$\boldsymbol{S}^* = \boldsymbol{S} \tag{22.3.14}$$

Die Inverse der komplexen Matrix $\boldsymbol{S}$ ist hier einfach durch die Pivotelemente

$$\begin{bmatrix} \operatorname{ch} y & i\,e^{i\beta} \operatorname{sh} y \\ -i\,e^{-i\beta} \operatorname{sh} y & \operatorname{ch} y \end{bmatrix} \tag{22.3.15}$$

gegeben, woraus folgt, daß die Transformation mit $\boldsymbol{S}$ nur eine Ähnlichkeitstransformation und keine unitär kongruente Transformation wie die Rotation $\boldsymbol{R}$ ist. Eine Ähnlichkeitstransformation ändert die Eigenwerte der Matrix $\widetilde{\boldsymbol{A}}^{(k)}$ auch nicht (man beachte die Bemerkung zu (22.3.11))

$$\boldsymbol{\Lambda}(\boldsymbol{S}^{-1}\widetilde{\boldsymbol{A}}^{(k)}\boldsymbol{S}) = \boldsymbol{\Lambda}(\widetilde{\boldsymbol{A}}^{(k)}) = \boldsymbol{\Lambda}(\widetilde{\boldsymbol{A}}) \tag{22.3.16}$$

wohl aber ändert die Scherung die Euklidische Norm von $\tilde{A}^{(k)}$, und dies sogar mit voller Absicht.

Wir bewegen uns in der Theorie der Eigenwertberechnung von $\tilde{A}$ in der Klasse der normalisierbaren Matrizen. Diese lassen sich durch eine Ähnlichkeitstransformation diagonalisieren, wobei die Eigenwerte auch komplex sein können. Dies haben wir bisher immer stillschweigend vorausgesetzt. Wenn man von einer normalisierbaren Matrix $\tilde{A}$ spricht, so heißt dies auch, daß $\tilde{A}$ nicht normal ist. Die Matrix $\tilde{A}$ wäre normal, falls die Eigenschaft

$$\tilde{A}^*\tilde{A} = \tilde{A}\tilde{A}^* \tag{22.3.17}$$

erfüllt ist. Ferner gilt für eine normale Matrix $\tilde{A}$ die Beziehung

$$\|\tilde{A}\| = (\Sigma|\lambda_i|^2)^{1/2} \tag{22.3.18}$$

d.h. wenn die Eigenwerte nicht geändert werden, bleibt auch die Euklidische Matrixnorm unverändert. Ferner ist anzumerken, daß eine normale Matrix $\tilde{A}$ durch eine unitär kongruente Transformation (siehe $\boldsymbol{R}$) diagonalisiert werden kann. Man ersieht daraus, daß die Behandlung normaler Matrizen eine Klasse einfacher ist als die nichtnormaler Matrizen.

Nun ist aber $\tilde{A}$ im allgemeinen nicht normal, d.h. die Beziehung (22.3.17) ist nicht erfüllt, und

$$\tilde{B} = \tilde{A}^*\tilde{A} - \tilde{A}\tilde{A}^* \neq O \tag{22.3.19}$$

ist nicht leer. In diesem Fall gilt auch (22.3.18) nicht mehr, sondern ist durch die Beziehung

$$\|\tilde{A}\| > (\Sigma|\lambda_i|^2)^{1/2} \tag{22.3.20}$$

zu ersetzen, d.h. die Euklidische Norm ist größer als die Wurzel aus der Summe der Eigenwertbetragsquadrate. Für eine nichtnormale Matrix $\tilde{A}$ aber könnte eine Folge von unitär kongruenten Transformationen mit $\boldsymbol{R}$ keine Diagonalisierung erbringen. Deshalb versucht man in einem Scherungsschritt mit $\boldsymbol{S}$ die Matrix normaler zu machen, d.h. die Euklidische Norm zu verkleinern, um so der Rotation zur erwünschten Wirkung zu verhelfen. Ausgehend von $\tilde{A}^{(1)} = \tilde{A}$ ändert ja die Rotation $\boldsymbol{R}_k^*\tilde{A}^{(k)}\boldsymbol{R}_k$ nichts an der Euklidischen Norm und den Eigenwerten. Der anschließende Schritt der Scherung $\boldsymbol{S}_k^{-1}\boldsymbol{R}_k^*\tilde{A}^{(k)}\boldsymbol{R}_k\boldsymbol{S}_k$ verringert die Euklidische Norm, aber nicht die Eigenwerte. Dies bedeutet, daß die Matrix $\tilde{A}^{(k+1)}$ normaler ist als die Matrix $\tilde{A}^{(k)}$. Somit wird die Matrix $\tilde{A}$ schrittweise und simultan normalisiert und diagonalisiert. Dementsprechend ist die Berechnung der noch offenen Scherungsparameter in (22.3.13) auf der Matrix

$$\tilde{B} = \left[\tilde{A}^{(k)}\right]^*\tilde{A}^{(k)} - \tilde{A}^{(k)}\left[\tilde{A}^{(k)}\right]^* \tag{22.3.21}$$

aufgebaut, und sobald $\tilde{A}^{(k)}$ normal ist, ist $\tilde{B}$ leer, und damit geht $\boldsymbol{S}$ in die Einheitsmatrix $\boldsymbol{I}$ über ($\beta = \gamma = 0$). Die Scherung entfällt, und die Diagonalisierung wird allein durch Rotationen wie bei Jacobi erreicht. Die Einzelheiten zur Aufstellung von β und γ sind wieder in die nachfolgende Ergänzung *22.3 verlegt.

Das bisher geschilderte Verfahren [22.6, 22.7] birgt einen Wermutstropfen: auch bei reeller Ausgangsmatrix $\tilde{A}$ plagen wir uns schon nach dem ersten Iterationsschritt mit komplexer Arithmetik herum. Das hat zwar auf der anderen Seite den Vorteil, daß $\tilde{A}$ nicht unbedingt reell sein muß; unser Verfahren funktioniert auch über den hier vorhandenen unmittelbaren Bedarf hinaus bei komplexer Matrix $\tilde{A}$. Man fragt sich aber doch, ob bei einer reellen Ausgangsmatrix nicht Vereinfachungen möglich sind, die die Anwendung reeller Arithmetik erlauben. Dabei ist klar, daß mit reellen Ähnlichkeitstransformationen keine komplexe Diagonale erreicht werden kann. Man kann aber mit einer reellen Arithmetik wenigstens eine Blockdiagonalisierung erzielen. Dabei erscheinen reelle Eigenwerte auf der Diagonalen und die Paare konjugiert komplexer Eigenwerte als (2 x 2)-Diagonalblöcke, also z. B.

$$\tilde{A}_T = \begin{bmatrix} \lambda_1 & \lambda_2 & \begin{bmatrix} \lambda_{3_r} & \lambda_{3_i} \\ -\lambda_{3_i} & \lambda_{3_r} \end{bmatrix} & \cdots \end{bmatrix} \tag{22.3.22}$$

wobei λ_{3_r} den Realteil und λ_{3_i} den Imaginärteil des dritten Eigenwertes angibt. In den Spalten der zugeordneten Transformationsmatrix $\boldsymbol{T}$ erscheinen die Eigenvektoren bzw. ihre Real- und Imaginärteile

$$\boldsymbol{T} = [\boldsymbol{x}_1 \quad \boldsymbol{x}_2 \quad \boldsymbol{\xi}_3 \quad \boldsymbol{\eta}_3 \quad \cdots \;] \tag{22.3.23}$$

In leichter Abwandlung des früher beschriebenen komplexen Algorithmus wählen wir für die reelle Berechnung statt (22.3.8)

$$\begin{aligned} r_{pp} &= \;\; r_{qq} = \;\; \cos x \\ r_{pq} &= - r_{qp} = - \sin x \end{aligned} \tag{22.3.24}$$

sowie an Stelle von (22.3.13)

$$\begin{aligned} s_{pp} &= s_{qq} = \;\; \mathrm{ch}\, y \\ s_{pq} &= s_{qp} = - \mathrm{sh}\, y \end{aligned} \tag{22.3.25}$$

Nach wie vor ist $\boldsymbol{R}$ unitär und $\boldsymbol{S}$ ist nun symmetrisch (allgemein: hermitesch). Zur Bestimmung der Pivotelemente benötigen wir nur noch zwei (früher vier) Parameter, x und y. Deren Aufstellung wird in der Ergänzung wiedergegeben.

Obwohl der reelle Algorithmus für unsere Bedürfnisse ideal geeignet zu sein scheint, hat er doch gegenüber der allgemeinen komplexen Diagonalisierung einige Nachteile, die nicht unerwähnt bleiben sollten. So verlangsamt die Existenz mehrfach komplexer Wurzeln die Konvergenz beträchtlich, und im Falle defekter Wurzeln ist die Konvergenz besonders langsam. Diese Schwierigkeiten weist der komplexe Algorithmus nicht auf.

Als Anwendungsbeispiel greifen wir wieder auf Abb. 22.1.1 zurück und zeigen in Abb. 22.3.1, wie sich die Folge der Matrizen $\tilde{A}^{(k)}$ entwickelt. Wie leicht ersichtlich ist, ist der reelle Algorithmus verwendet worden. Die Euklidische Norm der Ausgangsmatrix beträgt 3.78. Sie pendelt sich relativ bald auf den endgültigen Wert 2.64 ein. Wir ersehen daraus, daß die Ausgangsmatrix $\tilde{A}$ nicht normal ist, aber sehr schnell normalisiert wird. Weitere interessante Informationen liefert die Euklidische Norm $\|\tilde{A}_{HD}\|$ der (2 x 2)-Hyperdiagonalen, welche die komplexen Eigenwerte, also Real- und Imaginärteil, und

$\epsilon = 0.37835170 \cdot 10^{-6}$

Start $\quad \|\widetilde{A}^{(0)}\| = 3.7835169 \quad \|\widetilde{A}_{HD}^{(0)}\| = 0.2549510 \quad \|\widetilde{A}_{HND}^{(0)}\| = 3.7749171$

	1	2	3	4
1	0.0000000E+00	0.0000000E+00	-0.1000000E+01	0.0000000E+00
2	0.0000000E+00	0.0000000E+00	0.0000000E+00	-0.1000000E+01
3	0.1000000E+01	0.2000000E+01	0.2000000E+00	0.0000000E+00
4	0.1000000E+01	0.2500000E+01	0.1500000E+00	0.5000000E-01

$$= \widetilde{A}^{(0)} = \widetilde{A} = \begin{bmatrix} O & -I \\ K^{-1}M & K^{-1}C \end{bmatrix}$$

Schleife 5 $\quad \|\widetilde{A}^{(5)}\| = 2.6609998 \quad \|\widetilde{A}_{HD}^{(5)}\| = 2.0147474 \quad \|\widetilde{A}_{HND}^{(5)}\| = 1.7383075$

	1	2	3	4
1	0.1495421E+00	0.1410194E+01	0.9207101E+00	0.1555172E-01
2	-0.1417580E+01	0.1779273E-03	-0.1175916E-02	0.8135234E+00
3	-0.9185054E+00	0.3745297E-01	0.1778729E+00	0.2243089E-01
4	-0.6024274E-01	-0.8144066E+00	-0.2243089E-01	-0.7759311E-01

Schleife 10 $\quad \|\widetilde{A}^{(10)}\| = 2.6449447 \quad \|\widetilde{A}_{HD}^{(10)}\| = 2.5903456 \quad \|\widetilde{A}_{HND}^{(10)}\| = 0.5346420$

	1	2	3	4
1	0.9451319E-01	-0.1786790E+01	-0.9560172E-02	0.1312621E-01
2	0.1786774E+01	0.8778678E-01	-0.3777098E+00	0.1978039E-02
3	-0.9388644E-02	0.3776913E+00	0.3460078E-01	0.3910117E+00
4	-0.1306203E-01	0.4618093E-03	-0.3910116E+00	0.3309909E-01

Schleife 15 $\quad \|\widetilde{A}^{(15)}\| = 2.6449211 \quad \|\widetilde{A}_{HD}^{(15)}\| = 2.6449196 \quad \|\widetilde{A}_{HND}^{(15)}\| = 0.0027805$

	1	2	3	4
1	0.9176150E-01	-0.1827582E+01	0.6552515E-04	-0.3446300E-06
2	0.1827583E+01	0.9176133E-01	0.1964975E-02	-0.1225765E-04
3	0.5497156E-04	-0.1964975E-02	0.3323849E-01	0.3849896E+00
4	-0.1252595E-05	0.3763846E-04	-0.3849896E+00	0.3323855E-01

Schleife 21 $\quad \|\widetilde{A}^{(21)}\| = 2.6449215 \quad \|\widetilde{A}_{HD}^{(21)}\| = 2.6449215 \quad \|\widetilde{A}_{HND}^{(21)}\| = 0.0000080$

	1	2	3	4
1	0.9176147E-01	-0.1827584E+01	-0.1028425E-06	-0.4112120E-07
2	0.1827584E+01	0.9176142E-01	0.5498335E-05	0.1324036E-05
3	0.4400172E-06	-0.5498336E-05	0.3323850E-01	0.3849893E+00
4	-0.4139998E-07	-0.1253013E-05	-0.3849895E+00	0.3323849E-01

Endresultat

Eigenvektoren X

	1	2	3	4
1	0.7607260E-01	0.3867622E+00	-0.1367175E+01	-0.1309176E+01
2	0.9520023E-01	0.4532996E+00	0.6121286E+00	0.5187986E+00
3	-0.7138203E+00	0.1035301E+00	-0.4585786E+00	0.5698619E+00
4	-0.8371783E+00	0.1323943E+00	0.1793835E+00	-0.2529074E+00

$$= [\tilde{\xi}_1 \quad \tilde{\eta}_1 \quad \tilde{\xi}_2 \quad \tilde{\eta}_2]$$

normierte Eigenvektoren X_n

	1	2	3	4
1	-0.2741072E-01	-0.5457956E+00	-0.2225876E+00	0.2578254E+01
2	-0.4041402E-01	-0.6408947E+00	0.2791304E-01	-0.1096632E+01
3	0.1000000E+01	0.0000000E+00	0.1000000E+01	0.0000000E+00
4	0.1174997E+01	-0.1505527E-01	-0.4231180E+00	0.2570676E-01

$$= \left[\begin{array}{cc|cc} * & * & * & * \\ \hline \xi_1 & \eta_1 & \xi_2 & \eta_2 \end{array}\right]$$

Abb. 22.3.1 Die reelle Eberlein-Methode am Beispiel Abb. 22.1.1

paarweise zusammengefaßte reelle Eigenwerte enthält, und die Euklidische Norm $\|\widetilde{A}_{HND}\|$ der restlichen Nichtdiagonalelemente. Das erste genannte Maß stabilisiert sich bei dem Wert der Euklidischen Norm von $\widetilde{A}_T$, während das zweite Maß gegen Null strebt. Nach 21 Schleifen ist das Abbruchkriterium erreicht, und die beiden (2 x 2)-Blöcke der komplexen Eigenwerte haben sich herausgebildet. In der Folge sind noch die Originaleigenvektoren (= Matrix T) und die zu Vergleichszwecken auf $x_{3j} = 1$ normierten Eigenvektoren angegeben, wobei sich Real- und Imaginärteil in den Spalten abwechseln.

Ergänzung zu 22.3

***22.3 Bestimmung der Transformationsparameter im Eberlein-Verfahren**

Wir diskutieren zunächst die komplexe Iteration. Ausgehend von der komplexen Iterierten $\widetilde{A}^{(k)}(\widetilde{A}^{(0)} = \widetilde{A} = \text{reell})$ bilden wir mit den Pivotelementen von $\widetilde{A}^{(k)}$

$$n_1 = |\tilde{a}_{pq} + \tilde{a}_{qp}^*|$$

$$z_1 = \text{Re}(\tilde{a}_{pp} - \tilde{a}_{qq}) \qquad (*22.3.1)$$

bzw.

$$n_2 = |\tilde{a}_{pq} - \tilde{a}_{qp}^*|$$

$$z_2 = \text{Im}(\tilde{a}_{pp} - \tilde{a}_{qq}) \qquad (*22.3.2)$$

wobei hier, wie in der Folge, die Iterationsstufe k zur Vereinfachung nicht extra an die Elemente $\tilde{a}_{ij}$ angeschrieben wird. Ferner ist $\tilde{a}_{qp}^*$ die konjugiert komplexe Zahl zu $\tilde{a}_{qp}$. Falls nun

$$n_1^2 + z_1^2 \geqslant n_2^2 + z_2^2 \qquad (*22.3.3)$$

und

$$n_1 > 0 \qquad (*22.3.4)$$

ist, gilt

$$\cos\alpha = \text{Re}(\tilde{a}_{pq} + \tilde{a}_{qp})/n_1$$

$$\sin\alpha = \text{Im}(\tilde{a}_{pq} - \tilde{a}_{qp})/n_1$$

$$\cot 2x = z_1/n_1 \qquad (*22.3.5)$$

Falls aber

$$n_1^2 + z_1^2 < n_2^2 + z_2^2 \qquad (*22.3.6)$$

und

$$n_2 > 0 \qquad (*22.3.7)$$

ist, gilt

$$\begin{aligned} \cos\alpha &= \operatorname{Im}(\tilde{a}_{pq} + \tilde{a}_{qp})/n_2 \\ \sin\alpha &= -\operatorname{Re}(\tilde{a}_{pq} - \tilde{a}_{qp})/n_2 \\ \cot 2x &= z_2/n_2 \end{aligned} \qquad (*22.3.8)$$

Falls aber entweder

$$n_1 = 0 \qquad (*22.3.9)$$

oder

$$n_2 = 0 \qquad (*22.3.10)$$

setzen wir

$$\begin{aligned} \cos x &= \cos\alpha = 1 \\ \sin x &= \sin\alpha = 0 \end{aligned} \qquad (*22.3.11)$$

d.h. wir führen keine Rotation aus. Damit sind die ersten beiden Parameter α und x zur Ausführung der Rotation festgelegt, und wir wenden uns der Scherung zu, die durch β und y gesteuert wird. Die Scherung hat zum Ziel, die Normalität zu erhöhen, und deshalb fußt die Berechnung auf einer Matrix, die den Grad der Normalität beschreibt. Dies wäre einmal die in (22.3.19) angeführte Matrix $\tilde{\boldsymbol{B}}$. Da jedoch eine Rotation die Normalität nicht ändert, ist es bequemer, hier

$$\boldsymbol{G} = \boldsymbol{R}^* \tilde{\boldsymbol{A}}^{(k)} \boldsymbol{R}^* \qquad (*22.3.12)$$

heranzuziehen und damit

$$\boldsymbol{H} = \boldsymbol{G}^* \boldsymbol{G} - \boldsymbol{G}\boldsymbol{G}^* \qquad (*22.3.13)$$

zu bilden. Falls $\tilde{\boldsymbol{A}}^{(k)}$ normal ist, ist auch $\boldsymbol{H}$ leer. Falls nun

$$n_3 = |h_{pq}| > 0 \qquad (*22.3.14)$$

legen wir

$$\begin{aligned} \cos\beta &= -\operatorname{Im}(h_{pq})/n_3 \\ \sin\beta &= \operatorname{Re}(h_{pq})/n_3 \\ \coth y &= z_3/n_3 \end{aligned} \qquad (*22.3.15)$$

fest, wobei

$$z_3 = \sum_{i \neq p,q} \left(|g_{pi}|^2 + |g_{ip}|^2 + |g_{qi}|^2 + |g_{iq}|^2\right) + 2\left(|g_{pp} - g_{qq}|^2 + |g_{pq} e^{-i\beta} + g_{qp} e^{i\beta}|^2\right) \qquad (*22.3.16)$$

Falls sich aber

$$n_3 = 0$$

ergibt, wird $\beta = y = 0$, und die Scherung entfällt. Es versteht sich von selbst, daß man bei der Anwendung dieser Rechentechnik nicht etwa $\boldsymbol{G}$ und $\boldsymbol{H}$ bildet, da man effektiv nur die Zeilen und Spalten p und q von $\boldsymbol{G}$, respektive das Element h_{pq} benötigt.

Damit wenden wir uns dem reellen Algorithmus zu. Analog zu (*22.3.1) bilden wir

$$n_1 = \tilde{a}_{pq} + \tilde{a}_{qp}$$

$$z_1 = \tilde{a}_{pp} - \tilde{a}_{qq} \qquad (*22.3.17)$$

und erhalten so für x (α entfällt hier)

$$\cot 2x = z_1 / n_1 \qquad (*22.3.18)$$

wie in (*22.3.5) auch. Etwas komplizierter ist die Festlegung des Scherungsparameters y. Wir erhalten

$$\coth y = z_3 / n_3$$

mit

$$n_3 = ab - c/2 \qquad (*22.3.19)$$

$$z_3 = d + 2(a^2 + b^2) \qquad (*22.3.20)$$

und

$$a = \tilde{a}_{pq} - \tilde{a}_{qp}$$

$$b = \cos 2x\,(\tilde{a}_{pp} - \tilde{a}_{qq}) + \sin 2x\,(\tilde{a}_{pq} + \tilde{a}_{qp})$$

$$c = \cos 2x \Big(2 \sum_{i \neq p,q} (\tilde{a}_{pi}\tilde{a}_{qi} - \tilde{a}_{ip}\tilde{a}_{iq}) \Big) - \sin 2x \Big(\sum_{i \neq p,q} (\tilde{a}_{pi}^2 + \tilde{a}_{iq}^2 - \tilde{a}_{ip}^2 - \tilde{a}_{qi}^2) \Big)$$

$$d = \sum_{i \neq p,q} (\tilde{a}_{pi}^2 + \tilde{a}_{ip}^2 + \tilde{a}_{iq}^2 + \tilde{a}_{qi}^2)$$

Literatur zu Kapitel 22

[22.1] *L. Meirovitch;* Analytical methods in vibrations (Macmillan, New York, 1967).

[22.2] *W. C. Hurty, M. F. Rubinstein;* Dynamics of structures (Prentice-Hall, Englewood Cliffs, 1964).

[22.3] *D. K. Faddejew, W. N. Faddejewa;* Numerische Methoden der linearen Algebra (Oldenbourg, München, 1973).

[22.4] *K. A. Braun;* Spektralanalyse großer, linear elastischer, allgemein gedämpfter Schwingungsprobleme, Dissertation, Universität Stuttgart (1979).

[22.5] *E. Schelkle;* LARSTRAN 80, Theoretical background, User's reference manual, ISD-Report No. 290, Stuttgart (1981).

[22.6] *J. H. Wilkinson, C. Reinsch,* eds.; Handbook for automatic computation, Linear Algebra; Contribution II/12, P.J. Eberlein and J. Boothroyd; Solution to the eigenproblem by a norm reducing Jacobi type method, Springer, Berlin (1971) 327–338.

[22.7] *P. J. Eberlein;* A Jacobi-like method for the automatic computation of eigenvectors of an arbitrary matrix, J. Soc. Indust. Appl. Math. SIAM, 10, March (1962) 74–87.

23 Direkte Integrationsmethoden zur Lösung der dynamischen Gleichgewichtsbeziehung

23.1 Einführung und Grundlagen

Bisher haben wir im Rahmen der statischen Verschiebungsmethode Näherungslösungen für die Verschiebungen $\boldsymbol{u}$ in Abhängigkeit von den Koordinaten $\boldsymbol{x}$ gefunden. Dementsprechend trafen wir innerhalb eines bestimmten Raumbereiches, dem finiten Element, Annahmen über den Verschiebungsverlauf. Wird nun neben den Koordinaten x, y und z auch die Zeit t als Variable aufgenommen, so erstrecken sich im Prinzip die finiten Elemente nicht nur über einen Raumbereich, sondern auch über die Zeit. Ein reales technisches Tragwerk erstreckt sich über einen finiten Raumbereich und konnte deshalb, trotz der Unbeschränktheit des Raumes an sich, mit einer endlichen Anzahl von finiten Elementen diskretisiert werden. Das ist im Grunde auch bei der Hinzunahme der Variablen „Zeit" nicht anders. Trotz der Unbeschränktheit der Zeitachse wird man sich bei einem realen technischen Problem eben nur für das Verhalten in einer endlichen Zeitspanne interessieren. Daran ändert auch die Tatsache nichts, daß man in der Dynamik sogenannte stationäre Lösungen berechnet, denn diese stellen sich in der Praxis nach einer endlichen Zeitspanne ein. Meist verwendet man die direkten Integrationsverfahren ohnehin nur für die Berechnung des Kurzzeitverhaltens. Somit weist die Diskretisierung in Raum und Zeit bei einem technischen Problem eine endliche Zahl von 4-dimensionalen Elementen auf.

Die simultane Diskretisierung in Raum und Zeit, die u.a. von Nickel und Sackman [23.1], Oden [23.2], Fried [23.3] und dem Erstautor [23.21, 23.22] behandelt wurde, ist in Abb. 23.1.1 an der Längsbewegung $u(x, t)$ eines Stabes in Richtung x dargestellt, wobei hier das TRIM3-Konzept über x und t angewendet wird (lineare Interpolation). Wir sehen zugleich einen hervorstechenden Nachteil dieser Vorgehensweise: eine statische Berechnung dieses Beispieles (FLA2-Kette) würde fünf unbekannte u-Werte aufweisen; die dynamische Analyse mit $\mathrm{nt} = 4$ Zeitpunkten steigert die Zahl der Unbekannten auf 20, also auf das nt-fache. Dies ist bei räumlichen Problemen besonders schmerzlich. Aus diesem Grunde ist das Feld der Diskretisierung in Raum und Zeit bald wieder von den Forschern verlassen worden.

Ein erneuter Blick auf Abb. 23.1.1 suggeriert eine andere Lösungsmöglichkeit. Denkt man sich durch das $u(x, t)$-Gebirge Schnitte mit $t_i = \text{const.}$ gelegt, so erhält man Verteilungen, die mit dem bekannten eindimensionalen FLA2-Konzept darstellbar sind. Beim Übergang von t_1 nach t_2 ändern sich nur die Knotenwerte. Man kann also $u(x, t)$ darstellen als Produkt eines Ansatzes im Raum (x) mit Stützwerten, die nur von der

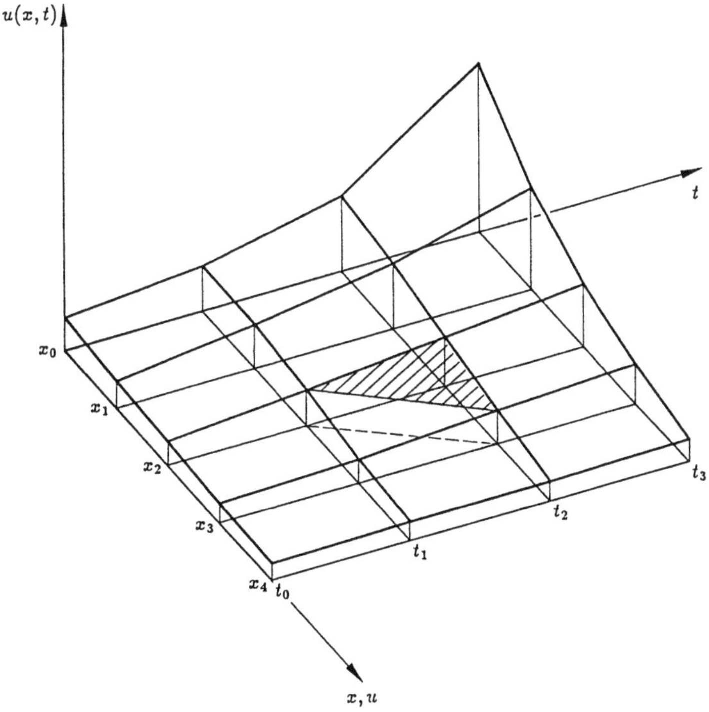

Abb. 23.1.1 Finite Elemente in Raum (x) und Zeit (t):
Anwendung des TRIM3-Konzepts (lineare Interpolation) für die Darstellung der Auslenkung $u(x, t)$

Zeit t abhängen. Dies führt uns zum Produktansatz im bekannten finiten Element des geometrischen Raumes

$$\begin{aligned} \boldsymbol{u} &= \boldsymbol{\omega}_g(x, y, z)\boldsymbol{\rho}(t) \\ &= \boldsymbol{\omega}_g(x, y, z)\,\mathrm{a}_g\boldsymbol{r}(t) \qquad \text{in } V_g \end{aligned} \tag{23.1.1}$$

Dabei klammern wir den mathematischen Hintergrund dieses Vorgehens und die Diskussion der Grenzen bewußt aus, um die Betrachtung nicht schon am Anfang des Kapitels in komplizierte Zusammenhänge zu führen. Wir wollen nur allgemein darauf hinweisen, daß der Produktansatz (23.1.1) als Spezialfall der Methode von Kantorovich gelten kann und auch als Semidiskretisierung bezeichnet wird. Dabei betrifft „Semi“ den Raum, für den die – uns bereits vertraute – Verschiebungsverteilung festgelegt wird. Dagegen ist die funktionale Abhängigkeit $\boldsymbol{\rho}(t)$ bzw. $\boldsymbol{r}(t)$ noch offen, d.h. hier ist nicht diskretisiert worden. Verwendet man den Produktansatz (23.1.1) für die Lösung von partiellen Differentialgleichungen in Raum und Zeit, so erhält man ein System gewöhnlicher Differentialgleichungen in der Zeit allein (Statik: algebraische Gleichungen). Dies kann mit Elementansätzen erreicht werden, die uns aus der Statik schon wohlbekannt sind. Das

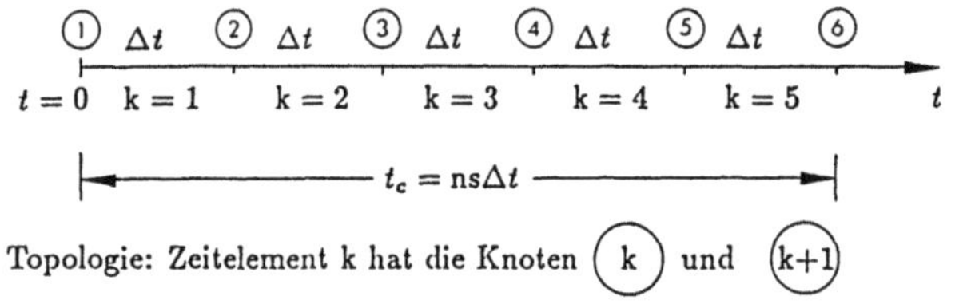

Abb. 23.1.2
Diskretisierung der Zeitachse in Linienelemente und Topologie in der Zeit

System der gewöhnlichen Differentialgleichungen in der Zeitvariablen kann nun für eine endliche Zeitspanne wieder mit einer Diskretisierung, und zwar diesmal über die Zeit, behandelt werden. Dies ist aber eindimensional und entkoppelt von den Ansätzen im Raum. Die Einteilung dieser Zeitspanne in Zeitelemente ist gewöhnlich gleichmäßig; wir wählen also ns Zeitschritte der Länge Δt als finite Zeitelemente (Abb. 23.1.2). In den meisten Fällen haben wir für eine ungleichmäßige Einteilung nämlich nicht die notwendigen Informationen.

Alle schrittweisen Berechnungen, seien sie nun linear oder nichtlinear, basieren auf der Grundgleichung, die schon die Basis unserer bisherigen dynamischen Berechnungen war. Sie beinhaltet das d'Alembertsche Prinzip und behandelt das Gleichgewicht von Trägheitskräften $\boldsymbol{R}_I$, Dämpfungskräften $\boldsymbol{R}_D$, elastischen Kräften $\boldsymbol{R}_e$ mit den äußeren Kräften $\boldsymbol{R}$ für einen bestimmten Zeitpunkt t und lautet

$$\boldsymbol{R}_I(t) + \boldsymbol{R}_D(t) + \boldsymbol{R}_e(t) = \boldsymbol{R}(t) \tag{23.1.2}$$

Für eine schrittweise Berechnung entwickeln wir daraus eine inkrementelle Gleichgewichtsbeziehung. Gleichgewicht muß ja nicht nur am Beginn eines Zeitschrittes (t_k), sondern auch am Ende eines Zeitschrittes ($t_{\mathrm{k}+1} = t_\mathrm{k} + \Delta t$) erfüllt sein. Wir notieren also

$$\boldsymbol{R}_I(t_\mathrm{k}) + \boldsymbol{R}_D(t_\mathrm{k}) + \boldsymbol{R}_e(t_\mathrm{k}) = \boldsymbol{R}(t_\mathrm{k}) \tag{23.1.3a}$$

$$\boldsymbol{R}_I(t_\mathrm{k} + \Delta t) + \boldsymbol{R}_D(t_\mathrm{k} + \Delta t) + \boldsymbol{R}_e(t_\mathrm{k} + \Delta t) = \boldsymbol{R}(t_\mathrm{k} + \Delta t) \tag{23.1.3b}$$

und bilden die Differenz

$$\Delta\boldsymbol{R}_I(t_\mathrm{k}) + \Delta\boldsymbol{R}_D(t_\mathrm{k}) + \Delta\boldsymbol{R}_e(t_\mathrm{k}) = \Delta\boldsymbol{R}(t_\mathrm{k}) \tag{23.1.4}$$

wobei wir unter den Kraftinkrementen folgendes verstehen

$$\begin{aligned}
\Delta\boldsymbol{R}_I(t_\mathrm{k}) &= \boldsymbol{R}_I(t_\mathrm{k} + \Delta t) - \boldsymbol{R}_I(t_\mathrm{k}) \\
\Delta\boldsymbol{R}_D(t_\mathrm{k}) &= \boldsymbol{R}_D(t_\mathrm{k} + \Delta t) - \boldsymbol{R}_D(t_\mathrm{k}) \\
\Delta\boldsymbol{R}_e(t_\mathrm{k}) &= \boldsymbol{R}_e(t_\mathrm{k} + \Delta t) - \boldsymbol{R}_e(t_\mathrm{k}) \\
\Delta\boldsymbol{R}(t_\mathrm{k}) &= \boldsymbol{R}(t_\mathrm{k} + \Delta t) - \boldsymbol{R}(t_\mathrm{k})
\end{aligned} \tag{23.1.5}$$

Bekannt ist allein das Inkrement der äußeren Kräfte, $\Delta\boldsymbol{R}(t_\mathrm{k})$. Von den Trägheitskräften $\boldsymbol{R}_I$ wissen wir noch, daß sie allein von der Beschleunigung $\ddot{\boldsymbol{r}}$ des Systems abhängen, während die elastischen Kräfte aus den Verschiebungen $\boldsymbol{r}$ folgen. Der schwierigste Punkt ist die Dämpfung. Hier müssen wir uns – um weiterzukommen – auf einen bestimmten Dämpfungstyp festlegen, z.B. auf die häufig verwendete viskose Dämpfung, die geschwin-

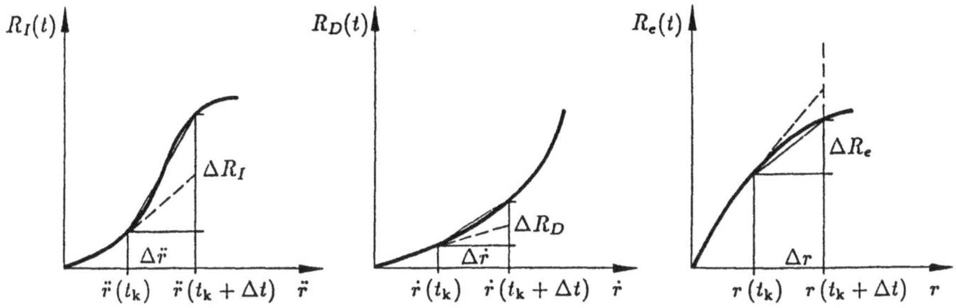

Abb. 23.1.3 Die exakte Beschreibung der Kraftinkremente ist eine sekantielle Beziehung; die Tangente (gestrichelt) ist eine häufig verwendete brauchbare Näherung

digkeitsproportional ist. Mit diesen Informationen lassen sich die Kraftinkremente in (23.1.5) exakt wie folgt angeben

$$\begin{aligned}\Delta \boldsymbol{R}_I(t_k) &= \boldsymbol{M}_s(t_k)\Delta\ddot{\boldsymbol{r}}(t_k)\\ \Delta \boldsymbol{R}_D(t_k) &= \boldsymbol{C}_s(t_k)\Delta\dot{\boldsymbol{r}}(t_k)\\ \Delta \boldsymbol{R}_e(t_k) &= \boldsymbol{K}_s(t_k)\Delta\boldsymbol{r}(t_k)\end{aligned} \tag{23.1.6}$$

Man beachte, daß (23.1.6) noch in voller Allgemeinheit nichtlineare Probleme erfaßt, wobei selbst die Masse variabel sein kann. Ferner dürfen wir nicht außer acht lassen, daß – solange wir unter (23.1.6) eine exakte Beziehung verstehen – $\boldsymbol{M}_s(t_k)$, $\boldsymbol{C}_s(t_k)$ und $\boldsymbol{K}_s(t_k)$ sekantielle Eigenschaften repräsentieren. Dies erkennen wir am leichtesten an einem Einfreiheitsgradsystem (Abb. 23.1.3). Nun kennen wir bei einem schrittweisen Vorgehen nur den Zustand am Beginn eines Schrittes. Damit lassen sich keine sekantiellen Eigenschaften aufstellen. Die exakte Beziehung (23.1.6) kann also höchstens iterativ angenähert werden. Deshalb verwendet man in aller Regel statt dessen das erste Glied der Taylor-Entwicklung

$$\begin{aligned}\Delta \boldsymbol{R}_I(t_k) &\approx \frac{\partial \boldsymbol{R}_I}{\partial \ddot{\boldsymbol{r}}}(t_k)\Delta\ddot{\boldsymbol{r}} = \boldsymbol{M}_t(t_k)\Delta\ddot{\boldsymbol{r}}\\ \Delta \boldsymbol{R}_D(t_k) &\approx \frac{\partial \boldsymbol{R}_D}{\partial \dot{\boldsymbol{r}}}(t_k)\Delta\dot{\boldsymbol{r}} = \boldsymbol{C}_t(t_k)\Delta\dot{\boldsymbol{r}}\\ \Delta \boldsymbol{R}_e(t_k) &\approx \frac{\partial \boldsymbol{R}_e}{\partial \boldsymbol{r}}(t_k)\Delta\boldsymbol{r} = \boldsymbol{K}_t(t_k)\Delta\boldsymbol{r}\end{aligned} \tag{23.1.7}$$

Dabei repräsentieren die Massenmatrix $\boldsymbol{M}_t(t_k)$, die Dämpfungsmatrix $\boldsymbol{C}_t(t_k)$ und die Steifigkeitsmatrix $\boldsymbol{K}_t(t_k)$ nunmehr tangentielle Eigenschaften am Beginn des Zeitschrittes. Mit dieser Approximation erhalten wir eine inkrementelle Gleichgewichtsbeziehung, die sich formal von der Grundgleichung der linearen Dynamik nicht unterscheidet. Dies gilt, obwohl darin alle möglichen Formen von Nichtlinearitäten enthalten sein können

$$\boldsymbol{M}_t(t_k)\Delta\ddot{\boldsymbol{r}} + \boldsymbol{C}_t(t_k)\Delta\dot{\boldsymbol{r}} + \boldsymbol{K}_t(t_k)\Delta\boldsymbol{r} = \Delta\boldsymbol{R}(t_k) \tag{23.1.8}$$

Für lineare dynamische Probleme entfällt der Index t, und $\boldsymbol{M}$, $\boldsymbol{C}$ und $\boldsymbol{K}$ sind konstante Matrizen.

Alle bedeutenden schrittweisen Berechnungsverfahren der Dynamik approximieren die Beschleunigung $\ddot{\boldsymbol{r}}$ im Zeitschritt und berechnen daraus, durch Integration über die Zeit, Geschwindigkeiten $\dot{\boldsymbol{r}}$ und Wege $\boldsymbol{r}$. Wir führen zu diesem Zweck die dimensionslose Zeit τ im Schritt ein

$$\tau = \frac{t - t_\mathrm{k}}{\Delta t} \tag{23.1.9}$$

die die Laufvariable unseres Zeitelements bildet. Wir setzen den Beschleunigungsverlauf $\ddot{\boldsymbol{r}}(\tau)$ im Zeitschritt $(0 \leqslant \tau \leqslant 1)$ als bekannt voraus und erhalten durch Integration über die Zeit zunächst die Geschwindigkeit im Zeitschritt k

$$\dot{\boldsymbol{r}}(\tau) = \dot{\boldsymbol{r}}_\mathrm{k} + \Delta t \int_0^\tau \ddot{\boldsymbol{r}}(\tau)\,\mathrm{d}\tau\,, \qquad 0 \leqslant \tau \leqslant 1 \tag{23.1.10}$$

wobei die Geschwindigkeiten zu Beginn des Zeitschrittes als bekannt vorausgesetzt werden

$$\dot{\boldsymbol{r}}_\mathrm{k} = \dot{\boldsymbol{r}}(t = t_\mathrm{k}) = \dot{\boldsymbol{r}}(\tau = 0) \tag{23.1.11}$$

Eine weitere Integration von (23.1.10) führt uns zu den Verschiebungen

$$\boldsymbol{r}(\tau) = \boldsymbol{r}_\mathrm{k} + \tau \Delta t\, \dot{\boldsymbol{r}}_\mathrm{k} + (\Delta t)^2 \int_0^\tau \int_0^\tau \ddot{\boldsymbol{r}}(\tau)\,\mathrm{d}\tau\,\mathrm{d}\tau\,, \qquad 0 \leqslant \tau \leqslant 1 \tag{23.1.12}$$

Auch hier wollen wir die Auslenkung am Beginn des Schrittes

$$\boldsymbol{r}_\mathrm{k} = \boldsymbol{r}(t = t_\mathrm{k}) = \boldsymbol{r}(\tau = 0) \tag{23.1.13}$$

als bekannt voraussetzen. Wer die doppelte Integration über die Zeit in (23.1.12) als störend empfindet, kann das entsprechende Integral mit Hilfe der (umgekehrten) partiellen Integration umwandeln und kommt dann auf eine Darstellung, die z.B. Newmark [23.5] als Grundlage verwendet. Es gilt nämlich

$$\int_0^\tau \underbrace{\left(\int_0^\tau \ddot{\boldsymbol{r}}(\tau)\,\mathrm{d}\tau \right)}\,\mathrm{d}\tau = \tau \int_0^\tau \ddot{\boldsymbol{r}}(\tau)\,\mathrm{d}\tau - \int_0^\tau \tau \ddot{\boldsymbol{r}}(\tau)\,\mathrm{d}\tau$$

$$\int_a^b v \cdot \mathrm{d}u = [u \cdot v]_a^b - \int_a^b u\,\mathrm{d}v \tag{23.1.14}$$

womit die Umwandlung bereits vollzogen ist. Mit der Zeit $\tau = 1$ lassen sich aus (23.1.10) und (23.1.12) nun leicht die Inkremente für Weg und Geschwindigkeit angeben. Wir erhalten

$$\Delta \boldsymbol{r} = \Delta t \dot{\boldsymbol{r}}_k + (\Delta t)^2 \int_0^1 (1-\tau) \ddot{\boldsymbol{r}}(\tau) \mathrm{d}\tau \tag{23.1.15}$$

und

$$\Delta \dot{\boldsymbol{r}} = \Delta t \int_0^1 \ddot{\boldsymbol{r}}(\tau) \mathrm{d}\tau \tag{23.1.16}$$

Wenn wir also einen bekannten Beschleunigungsverlauf $\ddot{\boldsymbol{r}}(\tau)$ im Schritt voraussetzen, lassen sich Weg- und Geschwindigkeitsinkremente sehr einfach ausrechnen. Wir kommen damit von den Startinformationen $\boldsymbol{r}_k$ und $\dot{\boldsymbol{r}}_k$ zur Basis des nächsten Schrittes $\boldsymbol{r}_{k+1}$ und $\dot{\boldsymbol{r}}_{k+1}$. Die Entwicklung einer Rekursionsformel erscheint möglich.

Innerhalb eines Zeitschrittes oder eines finiten Zeitelementes machen wir – analog zur Diskretisierung im Raum – nun einen Ansatz für den Zeitverlauf der Beschleunigungen

$$\ddot{\boldsymbol{r}}(\tau) = \boldsymbol{\omega}_A(\tau)\, \boldsymbol{\rho}_A \tag{23.1.17}$$

Dabei repräsentiert $\boldsymbol{\omega}_A(\tau)$ den angenommenen Verlauf im Zeitelement („A" engl. *acceleration*), und $\boldsymbol{\rho}_A$ sind die entsprechenden Freiwerte dieses Verlaufes. Der Elementindex k kann weggelassen werden, da ohnehin jeweils nur ein Element behandelt wird. Mit dem Ansatz (23.1.17) berechnen wir die Inkremente für Weg und Zeit nun zu

$$\Delta \boldsymbol{r} = \Delta t \dot{\boldsymbol{r}}_k + (\Delta t)^2 \left(\int_0^1 (1-\tau)\, \boldsymbol{\omega}_A(\tau) \mathrm{d}\tau \right) \boldsymbol{\rho}_A \tag{23.1.18}$$

und

$$\Delta \dot{\boldsymbol{r}} = \Delta t \left(\int_0^1 \boldsymbol{\omega}_A(\tau) \mathrm{d}\tau \right) \boldsymbol{\rho}_A \tag{23.1.19}$$

Da $\boldsymbol{\omega}_A$ als bekannt vorausgesetzt wird und für alle Zeitelemente gleich ist, kann die Integration *a priori* erfolgen und wird für einen Zeitelementtyp nur einmal ausgeführt. Wir nennen diese (im allgemeinen rechteckigen) Einflußmatrizen

$$\boldsymbol{C}_{DA} = \int_0^1 (1-\tau)\, \boldsymbol{\omega}_A(\tau) \mathrm{d}\tau \tag{23.1.20}$$

(„D" engl. *displacement*) und

$$\boldsymbol{C}_{VA} = \int_0^1 \boldsymbol{\omega}_A(\tau) \mathrm{d}\tau \tag{23.1.21}$$

(„V" engl. *velocity*).

Mit den Gleichungen (23.1.18) und (23.1.19) ist die Berechnung der Inkremente $\Delta \boldsymbol{r}$ und $\Delta \dot{\boldsymbol{r}}$ noch nicht abgeschlossen, da $\boldsymbol{\rho}_A$ selbst noch Unbekannte enthalten kann. Beispielsweise ist bei der Familie der Newmarkschen Verfahren

$$\boldsymbol{\rho}_A = \{\ddot{\boldsymbol{r}}_k \quad \ddot{\boldsymbol{r}}_{k+1}\} = \{\ddot{\boldsymbol{r}}_k \quad (\ddot{\boldsymbol{r}}_k + \Delta\ddot{\boldsymbol{r}})\} \tag{23.1.22}$$

und darin ist $\ddot{\boldsymbol{r}}_{k+1}$ bzw. $\Delta\ddot{\boldsymbol{r}}$ unbekannt. Für das nach (23.1.22) definierte $\boldsymbol{\rho}_A$ ist also zur Bestimmung der Unbekannten $\boldsymbol{r}_{k+1}$ und $\dot{\boldsymbol{r}}_{k+1}$ noch ein Satz von n Gleichungen notwendig. Dafür einsetzbar ist beispielsweise das inkrementelle Gleichgewicht (23.1.8). Hiermit schließt sich der Kreis, und wir sind stets in der Lage, zur Berechnung der Inkremente $\Delta \boldsymbol{r}$ ein lineares algebraisches System des Typs

$$\boldsymbol{D}_1 \begin{bmatrix} \Delta \boldsymbol{r} \\ \Delta \dot{\boldsymbol{r}} \end{bmatrix} = \boldsymbol{b} \tag{23.1.23}$$

aufzustellen, wobei $\boldsymbol{b}$ nur bekannte Informationen enthält. Leider ist damit die Berechnung der Inkremente im allgemeinen mit einer Gleichungslösung verknüpft

$$\begin{bmatrix} \Delta \boldsymbol{r} \\ \Delta \dot{\boldsymbol{r}} \end{bmatrix} = \boldsymbol{D}_1^{-1} \boldsymbol{b} \tag{23.1.24}$$

Alle Verfahren, bei denen diese Gleichungslösung nicht umgangen werden kann, bezeichnen wir als implizit. Im Gegensatz dazu haben wir die expliziten Algorithmen, bei denen sich die Inversion umgehen läßt und eine Form

$$\begin{bmatrix} \Delta \boldsymbol{r} \\ \Delta \dot{\boldsymbol{r}} \end{bmatrix} = \boldsymbol{b} \tag{23.1.25}$$

direkt herstellbar ist. Es ist klar, daß explizite Verfahren die Lösung im Schritt sehr schnell finden. Ein einfaches Beispiel für ein solches explizites Verfahren ist Newmarks $\beta = 0$, $\gamma = \frac{1}{2}$-Methode [23.5], die im nächsten Kapitel abgeleitet wird. Dabei wird sich allerdings zeigen, daß die Explizitheit an gewisse Vorbedingungen gebunden ist und nur für einfache Approximationsmodelle erreicht werden kann. Dies hat zur Folge, daß explizite Verfahren zwar im Schritt billig sind, aber zur Sicherung der numerischen Stabilität oder der Genauigkeit kleine Zeitschritte benötigen. Der im Schritt vorhandene Vorsprung in der Effektivität kann also insgesamt verlorengehen. Neben dem oben erwähnten Newmarkschen Verfahren gibt es noch eine Reihe weiterer expliziter Verfahren, so etwa die Methode der zentralen Differenzen [23.6], Fu's Algorithmus [23.7] und Trujillo's Methode [23.8].

Implizite Verfahren lassen sich auf der Basis unserer Überlegungen für alle möglichen Interpolationsmodelle finden. Sie sind zwar aufwendig im Schritt, gelten dafür aber als numerisch stabil. Einfache Beispiele sind Newmarks Methode der gemittelten Beschleunigungen [23.5], das Verfahren der linearen Beschleunigungen, das quadratische Beschleunigungsmodell [23.9] und die hermiteschen Algorithmen (kubisch oder höher) [23.4] bzw. [23.13].

Wie wir noch sehen werden, ist die Spezifizierung von Interpolationsfunktionen $\boldsymbol{\omega}_A(\tau)$ nicht in jedem Fall erforderlich. Wo sie jedoch erfolgt, können wir noch eine andere

Explizite Verfahren	Implizite Verfahren
$\begin{bmatrix} r \\ \dot{r} \end{bmatrix}_{k+1} = A \begin{bmatrix} r \\ \dot{r} \end{bmatrix}_{k} + L$	$D_1 \begin{bmatrix} r \\ \dot{r} \end{bmatrix}_{k+1} = D_0 \begin{bmatrix} r \\ \dot{r} \end{bmatrix}_{k} + F$
A,L ohne Inversion bestimmbar	$\left.\begin{array}{l} A = D_1^{-1} D_0 \\ L = D_1^{-1} F \end{array}\right\}$ Gleichungslösung notwendig
schnell im Schritt kleiner Zeitschritt	langsam im Schritt in der Regel numerisch stabil
Beispiel: Newmark, $\beta = 0 \quad \gamma = \frac{1}{2}$	Beispiel: Newmark, gemittelte Beschleunigung $\beta = \frac{1}{4} \quad \gamma = \frac{1}{2}$

Interpolationstyp		
Nicht fixiert	Lagrangesche Polynome	Hermitesche Polynome
Newmark $\beta = 0$ $\gamma = \frac{1}{2}$ explizit [23.5]	linear 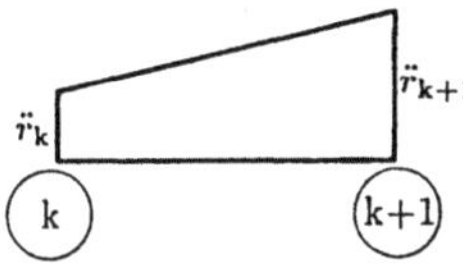 (FLA2) implizit	gemittelte Beschleunigung 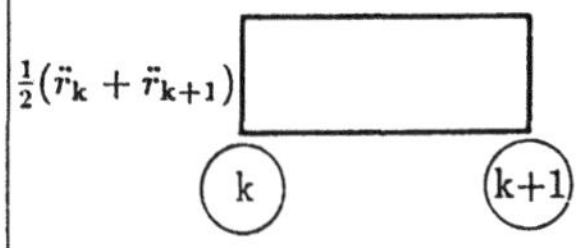 Newmark implizit [23.5]
	quadratisch 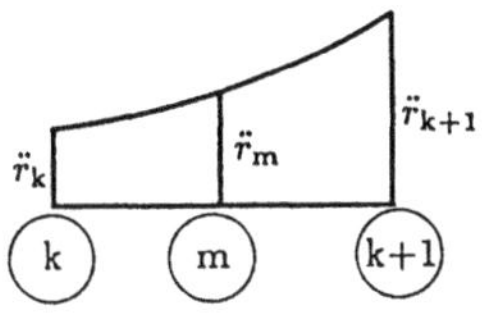 (FLA3) implizit Zienkiewicz [23.9]	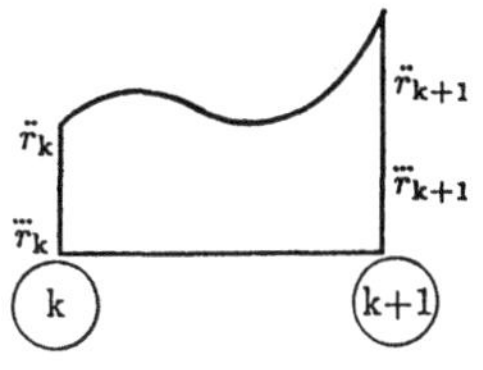 (ebener Balken) implizit Argyris *et.al.* [23.4]

Abb. 23.1.4 Einteilung der Integrationsverfahren nach der Lösung im Schritt und dem Interpolationstypus

Einteilung der Verfahren vornehmen, die sich nach dem Typ der Ansatzfunktion richtet. Aus der Diskretisierung im Raum sind uns Lagrangesche Polynome wohlbekannt. Vom Stabelement FLA2 übernehmen wir etwa das lineare Beschleunigungsmodell, während FLA3 der Vater des quadratischen Beschleunigungsansatzes ist. Von den Balken- und Plattenmodellen kennen wir andererseits die Hermiteschen Polynome. Auch für sie gibt es in der Zeit eine eigene Elementklasse. Dem ebenen Balken entspricht dabei das kubische Interpolationsmodell. In Abb. 23.1.4 sind die Einteilungsmöglichkeiten der Verfahren nochmals zusammengefaßt. Eine weitere Klassifizierung der Verfahren wird nach der Diskussion der Stabilität (Abschnitt 23.3) möglich sein.

23.2 Ausarbeitung der einfachsten Verfahren

Die Familie der Newmarkschen Methoden

Die Familie der Newmarkschen Algorithmen arbeitet mit den Stützwerten

$$\boldsymbol{\rho}_A = \{\ddot{\boldsymbol{r}}_\mathrm{k} \quad \ddot{\boldsymbol{r}}_{\mathrm{k}+1}\} = \{\ddot{\boldsymbol{r}}_\mathrm{k} \quad \ddot{\boldsymbol{r}}_\mathrm{k} + \Delta\ddot{\boldsymbol{r}}\} \tag{23.2.1}$$

Ohne zunächst die Interpolationsform explizit festzulegen, notieren wir dann für $\boldsymbol{\omega}_A$

$$\boldsymbol{\omega}_A(\tau) = [\omega_1(\tau)\boldsymbol{I}_\mathrm{n} \quad \omega_2(\tau)\boldsymbol{I}_\mathrm{n}] \tag{23.2.2}$$

Analog zur Diskretisierung im Raum müssen wir jedoch verlangen, daß ein konstanter Beschleunigungsverlauf mit (23.2.2) darstellbar ist. Dieser würde nämlich bei einem infinitesimal kleinen Zeitschritt real auftreten. Dies ist offensichtlich nur erfüllt, falls

$$\omega_1(\tau) + \omega_2(\tau) = 1\,, \qquad 0 \leqslant \tau \leqslant 1 \tag{23.2.3}$$

ist. Mit (23.2.3) können wir an Stelle von (23.2.2) auch

$$\boldsymbol{\omega}_A(\tau) = [\omega_1(\tau)\boldsymbol{I}_\mathrm{n} \quad (1-\omega_1(\tau))\boldsymbol{I}_\mathrm{n}] \tag{23.2.4}$$

schreiben, wobei $\omega_1(\tau)$ eine skalare Zeitfunktion ist, die bei einem kontinuierlichen Beschleunigungsverlauf über die Zeitachse die Bedingung

$$\omega_1(0) = 1\,, \qquad \omega_1(1) = 0 \tag{23.2.5}$$

erfüllt. Wenn wir mit (23.2.4) nun die Einflußmatrizen $\boldsymbol{C}_{DA}$ und $\boldsymbol{C}_{VA}$ aufstellen, treffen wir auf die Integrale

$$\int_0^1 (1-\tau)\,\omega_1(\tau)\,\mathrm{d}\tau = \tfrac{1}{2} - \beta \tag{23.2.6}$$

und

$$\int_0^1 \omega_1(\tau)\,\mathrm{d}\tau \qquad = 1 - \gamma \tag{23.2.7}$$

Die Definitionen von β und γ entsprechen dabei denen von Newmark [23.5]. Wir erhalten mit ihnen

$$C_{DA} = \left[(\tfrac{1}{2}-\beta)I_n \quad \beta I_n\right] \tag{23.2.8}$$

und

$$C_{VA} = \left[(1-\gamma)I_n \quad \gamma I_n\right] \tag{23.2.9}$$

und damit

$$\begin{aligned} \Delta r &= \Delta t\dot{r}_k + (\Delta t)^2(\tfrac{1}{2}-\beta)\ddot{r}_k + (\Delta t)^2\beta\ddot{r}_{k+1} \\ &= \Delta t\dot{r}_k + \tfrac{1}{2}(\Delta t)^2\ddot{r}_k + (\Delta t)^2\beta\Delta\ddot{r} \end{aligned} \tag{23.2.10}$$

sowie

$$\begin{aligned} \Delta\dot{r} &= \Delta t(1-\gamma)\ddot{r}_k + \Delta t\gamma\ddot{r}_{k+1} \\ &= \Delta t\ddot{r}_k + \Delta t\gamma\Delta\ddot{r} \end{aligned} \tag{23.2.11}$$

Für die Ausführung des Rechenschrittes benötigen wir noch das Beschleunigungsinkrement $\Delta\ddot{r}$ bzw. die Gesamtbeschleunigung am Ende des Schrittes, $\ddot{r}_{k+1}$. Bei nichtlinearen Aufgaben ist zu beachten, daß das inkrementelle Gleichgewicht bei Verwendung tangentialer Steifigkeiten, Dämpfungsmatrizen und Massen eine Näherungsbeziehung ist. Mit

$$\Delta\ddot{r} = M_t^{-1}\left[\Delta R(t_k) - C_t(t_k)\Delta\dot{r} - K_t(t_k)\Delta r\right] \tag{23.2.12}$$

riskiert man also eine Akkumulation der Fehler durch die tangentiale Approximation. Man muß eigentlich mit den Sekanteneigenschaften arbeiten. Falls die Massenmatrix nicht von der Zeit abhängt, kann man die Gesamtbeschleunigung aus dem gesamten Gleichgewicht zur Zeit $t_k + \Delta t$ berechnen

$$\ddot{r}_{k+1} = M^{-1}\left[R(t_{k+1}) - R_D(t_{k+1}) - R_e(t_{k+1})\right] \tag{23.2.13}$$

und vermeidet damit eine Fehlerakkumulation. Bei linearen dynamischen Aufgaben, denen hier unser Hauptaugenmerk gilt, erhalten wir natürlich sofort

$$\ddot{r}_{k+1} = M^{-1}\left[R(t_{k+1}) - C\dot{r}_{k+1} - Kr_{k+1}\right] \tag{23.2.14}$$

bzw. die inkrementelle Beziehung (23.2.12) gilt exakt. Wir führen zunächst (23.2.12) in (23.2.10) und (23.2.11) ein und erhalten

$$\begin{bmatrix} M_t + \Delta t^2\beta K_t & \Delta t^2\beta C_t \\ \Delta t\gamma K_t & M_t + \Delta t\gamma C_t \end{bmatrix}\begin{bmatrix} \Delta r \\ \Delta\dot{r} \end{bmatrix} = \begin{bmatrix} \Delta t M_t\dot{r}_k + \tfrac{1}{2}\Delta t^2 M_t\ddot{r}_k + \Delta t^2\beta\Delta R \\ \Delta t M_t\ddot{r}_k + \Delta t\gamma\Delta R \end{bmatrix} \tag{23.2.15}$$

Die auf der linken Seite stehende Hypermatrix ist mit D_1 in (23.1.23) identisch. Wir sehen, daß für allgemeine Zahlenwerte β und γ das Verfahren implizit ist. Wir müssen also in jedem Schritt ein System der Größe $(2n \times 2n)$ mit unsymmetrischer Koeffizientenmatrix $\boldsymbol{D}_1$ lösen. Man beachte dabei, daß sich $\boldsymbol{M}_t$, $\boldsymbol{C}_t$, $\boldsymbol{K}_t$ bei nichtlinearen Problemen von Schritt zu Schritt ändern. Es ist klar, daß eine solche Prozedur sehr aufwendig ist.

Als Alternative kommt eine iterative Lösung im Schritt in Frage. Die Iterationsvorschrift ist sehr einfach und basiert auf den drei Grundgleichungen (23.2.12), (23.2.10) und (23.2.11)

$$\text{Initialwerte: } \boldsymbol{r}_k, \dot{\boldsymbol{r}}_k, \ddot{\boldsymbol{r}}_k, \Delta\ddot{\boldsymbol{r}}^{(0)} = \boldsymbol{o}$$

$$i = 0, ni \left| \begin{aligned} \Delta\boldsymbol{r}^{(i+1)} &= \Delta t \dot{\boldsymbol{r}}_k + \tfrac{1}{2}\Delta t^2 \ddot{\boldsymbol{r}}_k + \Delta t^2 \beta \Delta\ddot{\boldsymbol{r}}^{(i)} \\ \Delta\dot{\boldsymbol{r}}^{(i+1)} &= \Delta t \ddot{\boldsymbol{r}}_k + \Delta t \gamma \Delta\ddot{\boldsymbol{r}}^{(i)} \\ \Delta\ddot{\boldsymbol{r}}^{(i+1)} &= \boldsymbol{M}_t^{-1}[\Delta\boldsymbol{R} - \boldsymbol{C}_t \Delta\dot{\boldsymbol{r}}^{(i+1)} - \boldsymbol{K}_t \Delta\boldsymbol{r}^{(i+1)}] \end{aligned} \right. \tag{23.2.16}$$

Nach unseren Beobachtungen konvergiert dieses Verfahren sehr rasch und ist der direkten Lösung von (23.2.15) vorzuziehen. Zudem ist die Programmierung von (23.2.16) anspruchslos, während man bei (23.2.15) ein Lösungsverfahren für große unsymmetrische Matrizen benötigt. Die einfache Ausführung von (23.2.16) setzt natürlich voraus, daß $\boldsymbol{M}_t$ diagonal ist. Auch wenn dies nicht der Fall ist, gibt es einen sehr großen Kreis von nichtlinearen Aufgaben, die mit guter Näherung eine konstante Massenmatrix aufweisen. Auch bei nichtdiagonaler Massenmatrix braucht dann die Cholesky-Zerlegung nur einmal für alle Schritte vorgenommen zu werden.

Für die spezielle Annahme $\beta = 0$ und $\boldsymbol{M}_t$ sowie $\boldsymbol{C}_t$ diagonal erhalten wir ein explizites Verfahren, das wir speziell für lineare Aufgaben später noch ausführlicher besprechen. Durch eine entsprechende Umformung von (23.2.15) ergibt sich

$$\begin{bmatrix} \Delta\boldsymbol{r} \\ \Delta\dot{\boldsymbol{r}} \end{bmatrix} = \begin{bmatrix} \Delta t \dot{\boldsymbol{r}}_k + \tfrac{1}{2}\Delta t^2 \ddot{\boldsymbol{r}}_k \\ [\boldsymbol{M}_t + \Delta t \gamma \boldsymbol{C}_t]^{-1}[-\Delta t^2 \gamma \boldsymbol{K}_t \dot{\boldsymbol{r}}_k + (\Delta t \boldsymbol{M}_t - \Delta t^3 \gamma \boldsymbol{K}_t)\ddot{\boldsymbol{r}}_k + \Delta t \gamma \Delta\boldsymbol{R}] \end{bmatrix} \tag{23.2.17}$$

Bei linearen Aufgaben läßt sich die auf der rechten Seite von (23.2.15) vorkommende Gesamtbeschleunigung $\ddot{\boldsymbol{r}}_k$ mit dem gesamten Kräftegleichgewicht zur Zeit t_k leicht eliminieren und damit die Standardform

$$\boldsymbol{D}_1 \begin{bmatrix} \boldsymbol{r} \\ \dot{\boldsymbol{r}} \end{bmatrix}_{k+1} = \boldsymbol{D}_0 \begin{bmatrix} \boldsymbol{r} \\ \dot{\boldsymbol{r}} \end{bmatrix}_k + \boldsymbol{F} \tag{23.2.18}$$

herstellen. Aus ihr folgt bei impliziten Verfahren durch Inversion von $\boldsymbol{D}_1$, bei expliziten Varianten direkt die für Stabilitätsuntersuchungen wichtige Alternative

$$\begin{bmatrix} \boldsymbol{r} \\ \dot{\boldsymbol{r}} \end{bmatrix}_{k+1} = \boldsymbol{A} \begin{bmatrix} \boldsymbol{r} \\ \dot{\boldsymbol{r}} \end{bmatrix}_k + \boldsymbol{L} \tag{23.2.19}$$

wobei bei impliziten Verfahren

$$A = D_1^{-1} D_0 \tag{23.2.20}$$

$$L = D_1^{-1} F \tag{23.2.21}$$

gilt. Wir setzen nun

$$M\ddot{r}_k = R_k - C\dot{r}_k - Kr_k \tag{23.2.22}$$

in (23.2.15) ein und erhalten damit für die Familie der Newmarkschen Verfahren bei linearen Aufgaben neben dem direkt aus (23.2.15) folgenden

$$D_1 = \begin{bmatrix} M + \Delta t^2 \beta K & \Delta t^2 \beta C \\ \Delta t \gamma K & M + \Delta t \gamma C \end{bmatrix} \tag{23.2.23}$$

die Matrix

$$D_0 = \begin{bmatrix} M - (\frac{1}{2} - \beta)\Delta t^2 K & \Delta t M - (\frac{1}{2} - \beta)\Delta t^2 C \\ -\Delta t(1-\gamma)K & M - (1-\gamma)\Delta t C \end{bmatrix} \tag{23.2.24}$$

und

$$F = \begin{bmatrix} \Delta t^2 \left[(\frac{1}{2} - \beta)\, R_k + \beta R_{k+1}\right] \\ \Delta t \left[(1-\gamma)\, R_k + \gamma R_{k+1}\right] \end{bmatrix} \tag{23.2.25}$$

Im folgenden besprechen wir einige wichtige Sonderfälle. Wir beginnen mit

Newmark $\beta = 0$, $\gamma = \frac{1}{2}$; *Methode der zentralen Differenzen, explizit für diagonales* M *und* C

Wir hatten bereits gesehen, daß sich unter bestimmten Voraussetzungen mit $\beta = 0$ ein explizites Verfahren ergibt. Im nächsten Kapitel wird sich noch zeigen, daß γ mindestens $\frac{1}{2}$ sein muß, um ein bedingt stabiles Iterationsverfahren aufzubauen.

Nun ist es natürlich sehr schön, wenn wir durch solche Überlegungen zu den Zahlenwerten β und γ finden. Andererseits sind diese Zahlen aber durch die Modalform $\omega_1(\tau)$ in (23.2.6) und (23.2.7) festgelegt. Dieser Weg wird hier völlig umgangen. Man legt einfach kein bestimmtes $\omega_1(\tau)$ fest, sondern nur die Integralwerte (23.2.6) und (23.2.7). Dies ist natürlich möglich, falls man auf Zwischeninformationen im Zeitschritt verzichtet. Wir wollen uns die Bedeutung der Faktoren β und γ veranschaulichen und daraus gewisse Rückschlüsse auf die eigentlich zugrunde liegende Modalform ziehen. Aus (23.2.4) folgt mit (23.2.1) der Beschleunigungsverlauf

$$\ddot{r}(\tau) = \ddot{r}_k + (1 - \omega_1(\tau))\Delta\ddot{r} \tag{23.2.26}$$

Er besteht aus einem konstanten Glied $\ddot{r}_k$ und einer funktional von der Zeit abhängigen Änderung (Abb. 23.2.1). Die erste Integration dieses Ausdruckes liefert die Geschwindigkeit, und wenn über den vollen Zeitschritt integriert wird, erhalten wir (23.2.11)

$$\begin{aligned}\Delta\dot{r} &= \Delta t\int_0^1 \ddot{r}(\tau)\mathrm{d}\tau \\ &= \Delta t\ddot{r}_k + \Delta t\left(\int_0^1 \left(1-\omega_1(\tau)\right)\mathrm{d}\tau\right)\Delta\ddot{r} \\ &= \Delta t\ddot{r}_k + \Delta t\gamma\Delta\ddot{r} \end{aligned} \tag{23.2.27}$$

Der erste Term in (23.2.26) ist die Fläche unter dem dominanten Beschleunigungsglied $\ddot{r}_k = \text{const}$, während der zweite die Zusatzfläche darstellt, die sich aus der Änderung der Beschleunigung ergibt (jeweils bis auf den Faktor Δt). Diese Zusatzfläche kann in erster Ordnung, unabhängig von der speziellen Form $\ddot{r}(\tau)$, ganz gut mit $\gamma = \frac{1}{2}$ approximiert werden (Dreieck).

Wir führen nun auch die Operation (23.1.15) aus und finden mit der Integration über $(1-\tau)\ddot{r}(\tau)$ auch das Weginkrement. Natürlich ergibt sich dabei (23.2.10)

$$\begin{aligned}\Delta r &= \Delta t\dot{r}_k + \Delta t^2\int_0^1 (1-\tau)\ddot{r}(\tau)\mathrm{d}\tau \\ &= \Delta t\dot{r}_k + \tfrac{1}{2}\Delta t^2\ddot{r}_k + \Delta t^2\beta\Delta\ddot{r}\end{aligned} \tag{23.2.28}$$

Der zweite Term entspricht bis auf den Faktor Δt^2 der Fläche unter der Kurve $(1-\tau)\ddot{r}_k$, während der dritte Term $\beta\Delta\ddot{r}$ wieder die Zusatzfläche unter $(1-\tau)\ddot{r}(\tau)$ gegenüber $(1-\tau)\ddot{r}_k$ darstellt. Diese Zusatzfläche ist in erster Näherung Null, woraus $\beta = 0$ als brauchbare Möglichkeit resultiert. Damit jedoch $\beta = 0$ exakt erfüllt ist, müßte beispielsweise der in Abb. 23.2.1(c) dargestellte Beschleunigungsverlauf angenommen werden. Diese Form führt u.a. auf die Werte $\beta = 0$ und $\gamma = \frac{1}{2}$. Dies zur Erläuterung des Hintergrundes für den ($\beta = 0$, $\gamma = \frac{1}{2}$)-Algorithmus nach Newmark.

Ausgehend von bekannten Anfangsbedingungen r_k und $\dot{r}_k$ am Beginn des Schrittes, berechnen wir zunächst die zugehörige Beschleunigung

$$\ddot{r}_k = M^{-1}[R_k - C\dot{r}_k - Kr_k] \tag{23.2.29}$$

und danach mit (23.2.10) sofort den Weg am Ende des Schrittes

$$r_{k+1} = r_k + \Delta t\dot{r}_k + \tfrac{1}{2}(\Delta t)^2\ddot{r}_k \tag{23.2.30}$$

Da zur Berechnung der Geschwindigkeit am Ende des Schrittes nach (23.2.11) das Beschleunigungsinkrement benötigt wird, zieht man noch das inkrementelle Gleichgewicht (23.2.12) hinzu und kombiniert beide Gleichungen. Es ergibt sich dann

$$\dot{r}_{k+1} = \dot{r}_k + [M + \Delta t\gamma C]^{-1}\Delta t\left[M\ddot{r}_k + \gamma(R_{k+1} - R_k) + \gamma K(r_{k+1} - r_k)\right] \tag{23.2.31}$$

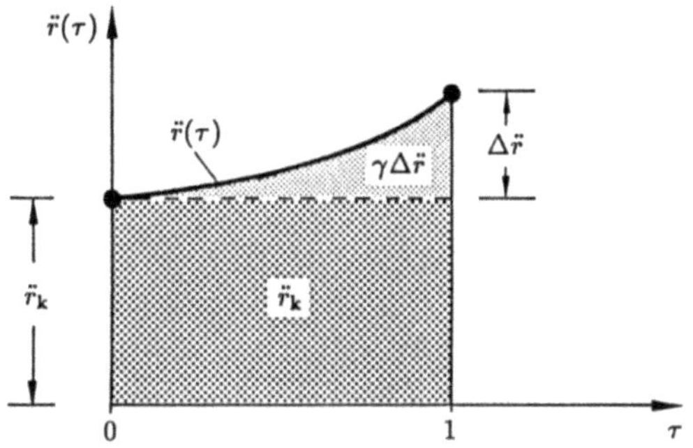

(a) Bedeutung des Integrationsfaktors γ (Newmark)

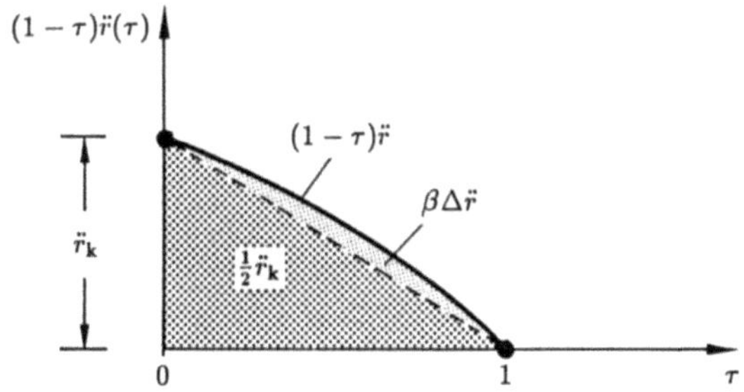

(b) Bedeutung des Integrationsfaktors β (Newmark)

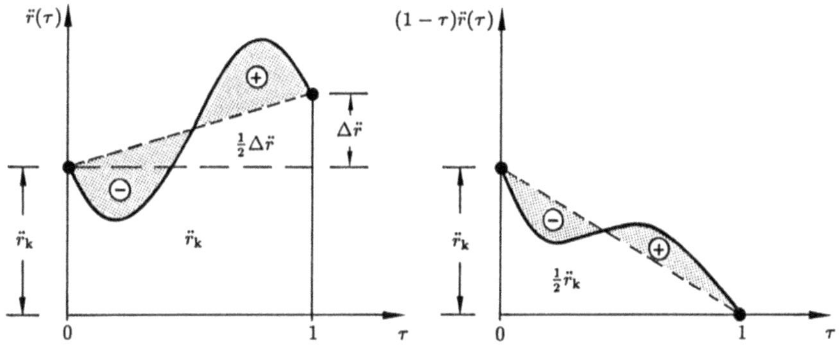

(c) Angenäherter Verlauf $\ddot{r}(\tau)$ bei exakter Erfüllung $\beta = 0$, $\gamma = \frac{1}{2}$

Abb. 23.2.1 Beschleunigungsinterpolation und Newmark-Faktoren β und γ

Natürlich kann der Algorithmus auch anders arrangiert werden. So wird in [23.7] in der Reihenfolge

$$r_{k+1} = r_k + \Delta t \dot{r}_k + \tfrac{1}{2}(\Delta t)^2 \ddot{r}_k$$

$$\ddot{r}_{k+1} = [M + \Delta t \gamma C]^{-1}\left[R_{k+1} - C\dot{r}_k - \Delta t(1-\gamma)C\ddot{r}_k - K r_{k+1}\right]$$

$$\dot{r}_{k+1} = \dot{r}_k + \Delta t\left[(1-\gamma)\ddot{r}_k + \gamma \ddot{r}_{k+1}\right] \qquad (23.2.32)$$

gearbeitet.

Newmark $\beta = \frac{1}{4}$, $\gamma = \frac{1}{2}$; *gemittelte Beschleunigungen, implizit*

Hier wird der Beschleunigungsverlauf innerhalb eines Zeitelementes als konstant angesehen. Die Amplitude ist durch das Mittel der Knotenpunktsbeschleunigungen gegeben. Verträglichkeit im Sinne von (23.2.5) ist damit nicht mehr möglich, und wir erhalten

$$\omega_1(\tau) = \tfrac{1}{2} \qquad (23.2.33)$$

Daraus folgt dann mit (23.2.6) und (23.2.7) sofort

$$\beta = \tfrac{1}{4}$$

$$\gamma = \tfrac{1}{2} \qquad (23.2.34)$$

Da es sich um ein implizites Verfahren handelt, haben wir nur die Wahl zwischen iterativer und direkter Lösung im Schritt. Für lineare Aufgaben können wir für die Iteration (23.2.16) auch

$$\ddot{r}_{k+1}^{(0)} = \ddot{r}_k$$

$$i = 1, ni \quad \left|\begin{array}{l} r_{k+1}^{(i+1)} = r_k + (\Delta t)^2(\tfrac{1}{2} - \beta)\ddot{r}_k + (\Delta t)^2 \beta \ddot{r}_{k+1}^{(i)} \\ \dot{r}_{k+1}^{(i+1)} = \dot{r}_k + \Delta t(1-\gamma)\ddot{r}_k + \Delta t \gamma \ddot{r}_{k+1}^{(i)} \\ \ddot{r}_{k+1}^{(i+1)} = M^{-1}\left[R_{k+1} - C\dot{r}_{k+1}^{(i+1)} - K r_{k+1}^{(i+1)}\right] \end{array}\right. \qquad (23.2.35)$$

schreiben. Bei der Realisierung der direkten Lösung ist anzumerken, daß sich das Standardsystem (23.2.18) der Größe $(2n \times 2n)$ ohne Schwierigkeiten auf $(n \times n)$ verkleinern läßt. Die einfachste dieser Varianten ergibt sich dadurch, daß wir (23.2.10) und (23.2.11) in (23.2.14) einsetzen. Wir erhalten nach Umsortieren sofort

$$[M + \Delta t \gamma C + \Delta t^2 \beta K]\ddot{r}_{k+1} = R_{k+1} - C[\dot{r}_k + \Delta t(1-\gamma)\ddot{r}_k] - K[r_k + \Delta t \dot{r}_k + \Delta t^2(\tfrac{1}{2} - \beta)\ddot{r}_k]$$

(23.2.36)

und können nach Lösung dieses Systems mit $\ddot{r}_{k+1}$ nun auch leicht

$$r_{k+1} = r_k + \Delta t \dot{r}_k + \Delta t^2(\tfrac{1}{2} - \beta)\ddot{r}_k + \Delta t^2 \beta \ddot{r}_{k+1} \qquad (23.2.37a)$$

$$\dot{r}_{k+1} = \dot{r}_k + \Delta t(1-\gamma)\ddot{r}_k + \Delta t \gamma \ddot{r}_{k+1} \qquad (23.2.37b)$$

ausrechnen. Zur Lösung des Systems (23.2.36) wäre eine modifizierte Massenmatrix zu bearbeiten. Diese ist in der Regel symmetrisch, falls $\boldsymbol{C}$ nicht – durch Corioliskräfte z.B. – unsymmetrische Komponenten enthält. Die Cholesky-Zerlegung ist bei konstanter Schrittweite für alle Zeitschritte nur einmal auszuführen.

Es besteht auch die Möglichkeit, den Weg $\boldsymbol{r}$ als primäre Variable beizubehalten und auf diese Weise mit einer modifizierten Steifigkeitsmatrix zu arbeiten. Wir berechnen dazu die Beschleunigung aus (23.2.10), setzen dies in (23.2.11) ein und beides in (23.2.14). Das Resultat ist

$$\left[\boldsymbol{K} + \frac{\gamma}{\Delta t \beta}\boldsymbol{C} + \frac{1}{\Delta t^2 \beta}\boldsymbol{M}\right]\boldsymbol{r}_{k+1} =$$

$$= \boldsymbol{R}_k + \boldsymbol{C}\left[\frac{\gamma}{\Delta t \beta}\boldsymbol{r}_k - \left(1 - \frac{\gamma}{\beta}\right)\dot{\boldsymbol{r}}_k - \Delta t\left(1 - \tfrac{1}{2}\gamma + \gamma\beta\right)\ddot{\boldsymbol{r}}_k\right] + \boldsymbol{K}\left[\boldsymbol{r}_k + \Delta t \dot{\boldsymbol{r}}_k + \Delta t^2\left(\tfrac{1}{2} - \beta\right)\ddot{\boldsymbol{r}}_k\right] \tag{23.2.38}$$

Nach Berechnung der Auslenkung folgen noch die Rechenschritte

$$\dot{\boldsymbol{r}}_{k+1} = \frac{\gamma}{\Delta t \beta}(\boldsymbol{r}_{k+1} - \boldsymbol{r}_k) + \left(1 - \frac{\gamma}{\beta}\right)\dot{\boldsymbol{r}}_k + \Delta t\left(1 - \tfrac{1}{2}\gamma + \gamma\beta\right)\ddot{\boldsymbol{r}}_k \tag{23.2.39a}$$

$$\ddot{\boldsymbol{r}}_{k+1} = \frac{1}{\Delta t^2 \beta}(\boldsymbol{r}_{k+1} - \boldsymbol{r}_k) - \frac{1}{\Delta t \beta}\dot{\boldsymbol{r}}_k - \frac{\tfrac{1}{2} - \beta}{\beta}\ddot{\boldsymbol{r}}_k \tag{23.2.39b}$$

Newmark $\beta = \frac{1}{6}$, $\gamma = \frac{1}{2}$; *lineare Beschleunigungen, implizit*

Hier wird das FLA2-Konzept angewendet, und die lineare Interpolation lautet

$$\omega_1(\tau) = 1 - \tau \tag{23.2.40}$$

Der Beschleunigungsverlauf über die Zeitachse ist kontinuierlich, da (23.2.5) erfüllt ist. Aus (23.2.6) und (23.2.7) berechnen wir leicht

$$\beta = \tfrac{1}{6}$$

$$\gamma = \tfrac{1}{2} \tag{23.2.41}$$

Da wir im vorangehenden Abschnitt ($\beta = \frac{1}{4}$, $\gamma = \frac{1}{2}$) alle Rechenprozeduren für allgemeine Werte von β und γ entwickelt haben, können diese auch hier angewendet werden. Eine weitere Diskussion erübrigt sich.

Newmark $\beta = \frac{1}{12}$, $\gamma = \frac{1}{2}$; *Fox-Goodwin-Methode, implizit*

Hughes erwähnt in [23.10], einer ausgezeichneten Zusammenstellung in englischer Sprache, die wir unseren Lesern zur Vertiefung des Wissens empfehlen, noch eine weitere Variante des Newmark-Verfahrens, die auch als ‚royal road'-Methode bezeichnet wird. Sie ist implizit und nur bedingt stabil, wie wir im Vorgriff auf die später folgende Stabilitätsdiskussion anmerken. Mit diesen Eigenschaften dürfte sie im allgemeinen und für große Systeme, verglichen etwa mit der Methode der gemittelten Beschleunigungen, nicht wettbewerbsfähig sein. Allerdings weist sie für dämpfungsfreie Systeme eine Genauigkeit von 4. Ordnung auf.

Hermitesch kubische Interpolation der Beschleunigungen [23.4]

Analog zum ebenen Balkenmodell definieren wir als Stützwerte

$$\boldsymbol{\rho}_A = \left\{ \ddot{\boldsymbol{r}}_k \left(\frac{d\ddot{\boldsymbol{r}}}{d\tau}\right)_k \quad \ddot{\boldsymbol{r}}_{k+1} \left(\frac{d\ddot{\boldsymbol{r}}}{d\tau}\right)_{k+1} \right\} \tag{23.2.42}$$

und legen damit ein kubisches Polynom in der Zeit fest

$$\boldsymbol{\omega}_A = \left[(1-3\tau^2+2\tau^3)\boldsymbol{I}_n \quad (\tau-2\tau^2+\tau^3)\boldsymbol{I}_n \quad (3\tau^2-2\tau^3)\boldsymbol{I}_n \quad (-\tau^2+\tau^3)\boldsymbol{I}_n \right] \tag{23.2.43}$$

Als Besonderheit ist hervorzuheben, daß wir nun auch mit Ableitungen der Beschleunigungen arbeiten. Der approximierte Beschleunigungsverlauf weist also weder Sprünge (Newmark $\beta = 0$, Newmark gemittelt) noch Knicke (linear) auf. Mit (23.2.28) finden wir dann leicht für die Einflußmatrizen

$$\boldsymbol{C}_{DA} = \frac{1}{60}[21\boldsymbol{I}_n \quad 3\boldsymbol{I}_n \quad 9\boldsymbol{I}_n \quad -2\boldsymbol{I}_n] \tag{23.2.44}$$

sowie

$$\boldsymbol{C}_{VA} = \frac{1}{12}[\ 6\boldsymbol{I}_n \quad \boldsymbol{I}_n \quad 6\boldsymbol{I}_n \quad -\boldsymbol{I}_n] \tag{23.2.45}$$

Wir beachten noch

$$\frac{d\ddot{\boldsymbol{r}}}{d\tau} = \frac{d\ddot{\boldsymbol{r}}}{dt}\frac{dt}{d\tau} = \Delta t\,\dddot{\boldsymbol{r}} \tag{23.2.46}$$

und geben damit für Weg- und Geschwindigkeitsinkremente leicht an

$$\begin{aligned} \Delta\boldsymbol{r} &= \Delta t\dot{\boldsymbol{r}}_k + \frac{\Delta t^2}{60}(21\ddot{\boldsymbol{r}}_k + 3\Delta t\dddot{\boldsymbol{r}}_k + 9\ddot{\boldsymbol{r}}_{k+1} - 2\Delta t\dddot{\boldsymbol{r}}_{k+1}) \\ &= \Delta t\dot{\boldsymbol{r}}_k + \frac{\Delta t^2}{2}\ddot{\boldsymbol{r}}_k + \frac{\Delta t^3}{60}\dddot{\boldsymbol{r}}_k + \frac{9\Delta t^2}{60}\Delta\ddot{\boldsymbol{r}} - \frac{\Delta t^3}{30}\Delta\dddot{\boldsymbol{r}} \end{aligned} \tag{23.2.47}$$

$$\begin{aligned} \Delta\dot{\boldsymbol{r}} &= \frac{\Delta t}{12}(6\ddot{\boldsymbol{r}}_k + \Delta t\dddot{\boldsymbol{r}}_k + 6\ddot{\boldsymbol{r}}_{k+1} - \Delta t\dddot{\boldsymbol{r}}_{k+1}) \\ &= \Delta t\ddot{\boldsymbol{r}}_k + \frac{\Delta t}{2}\Delta\ddot{\boldsymbol{r}} - \frac{\Delta t^2}{12}\Delta\dddot{\boldsymbol{r}} \end{aligned} \tag{23.2.48}$$

In diesen Gleichungen ist nicht nur das Inkrement der Beschleunigung, sondern auch das Inkrement der zeitlichen Ableitung der Beschleunigung unbekannt. Wir benötigen also zwei zusätzliche Gleichungssysteme, um diese unbekannten Vektoren zu erfassen. Eine Gleichung stellt wieder das inkrementelle Gleichgewicht (23.1.8). Eine weitere Gleichung gewinnen wir im allgemeinsten Falle durch die zeitliche Ableitung des Kräftegleichgewichts (23.1.2). Bei nichtlinearen Aufgaben kann es dabei vorteilhaft sein, direkt mit Trägheitskräften und ihren Ableitungen nach der Zeit zu arbeiten anstelle der hier verwendeten Beschleunigungen; siehe auch [23.22]. Wir beschränken uns hier auf lineare

Dynamik mit konstanter Massen-, Dämpfungs- und Steifigkeitsmatrix. In diesem Falle kann einfach (23.1.8) differenziert werden. Die beiden Zusatzgleichungen lauten also

$$M\Delta\ddot{r} + C\Delta\dot{r} + K\Delta r = \Delta R \tag{23.2.49}$$

$$M\Delta\dddot{r} + C\Delta\ddot{r} + K\Delta\dot{r} = \Delta\dot{R} \tag{23.2.50}$$

oder – falls wir absolut arbeiten –

$$M\ddot{r}_{k+1} + C\dot{r}_{k+1} + Kr_{k+1} = R_{k+1} \tag{23.2.51}$$

$$M\dddot{r}_{k+1} + C\ddot{r}_{k+1} + K\dot{r}_{k+1} = \dot{R}_{k+1} \tag{23.2.52}$$

Hier müssen wir natürlich kritisch vermerken, daß in die Berechnung auch die zeitliche Ableitung der äußeren Erregung eingeht. Bei mathematisch definierten Erregungsfunktionen ist dies kein Problem. Dagegen kann diese Erfordernis bei experimentell gemessenen Erregungsverläufen von Nachteil sein.

Das System (23.2.47) bis (23.2.52) kann wiederum iterativ behandelt werden. Wir erhalten

$$\dddot{r}^{(0)}_{k+1} = \dddot{r}_k$$

$$\ddot{r}^{(0)}_{k+1} = \ddot{r}_k + \Delta t\,\dddot{r}_k$$

$$i = 0, ni \quad \left\{ \begin{aligned} r^{(i+1)}_{k+1} &= r_k + \Delta t\,\dot{r}_k + \frac{\Delta t^2}{60}\left(21\ddot{r}_k + 3\Delta t\,\dddot{r}_k + 9\ddot{r}^{(i)}_{k+1} - 21\Delta t\,\dddot{r}^{(i)}_{k+1}\right) \\ \dot{r}^{(i+1)}_{k+1} &= \dot{r}_k + \frac{\Delta t}{12}\left(6\ddot{r}_k + \Delta t\,\dddot{r}_k + 6\ddot{r}^{(i)}_{k+1} - \Delta t\,\dddot{r}^{(i)}_{k+1}\right) \\ \ddot{r}^{(i+1)}_{k+1} &= M^{-1}\left[R_{k+1} - C\dot{r}^{(i+1)}_{k+1} - Kr^{(i+1)}_{k+1}\right] \\ \dddot{r}^{(i+1)}_{k+1} &= M^{-1}\left[\dot{R}_{k+1} - C\ddot{r}^{(i+1)}_{k+1} - K\dot{r}^{(i+1)}_{k+1}\right] \end{aligned} \right. \tag{23.2.53}$$

Auch ein direktes Lösungsverfahren im Schritt läßt sich leicht herstellen. Wir brauchen dazu lediglich (23.2.47) und (23.2.48) in (23.2.51) und (23.2.52) einzusetzen. Es ergibt sich ein algebraisches System der Größe (2n × 2n)

$$\begin{bmatrix} M + \frac{\Delta t}{2}C + \frac{3\Delta t^2}{20}K & -\frac{\Delta t^2}{12}C - \frac{\Delta t^3}{30}K \\ C + \frac{\Delta t}{2}K & M - \frac{\Delta t^2}{12}K \end{bmatrix} \begin{bmatrix} \ddot{r} \\ \dddot{r} \end{bmatrix}_{k+1} =$$

$$= \begin{bmatrix} R_{k+1} - C\left(\dot{r}_k + \frac{\Delta t}{2}\ddot{r}_k + \frac{\Delta t^2}{12}\dddot{r}_k\right) - K\left(r_k + \Delta t\,\dot{r}_k + \frac{7\Delta t^2}{20}\ddot{r}_k + \frac{\Delta t^3}{20}\dddot{r}_k\right) \\ \dot{R}_{k+1} - K\left(\dot{r}_k + \frac{\Delta t}{2}\ddot{r}_k + \frac{\Delta t^2}{12}\dddot{r}_k\right) \end{bmatrix} \tag{23.2.54}$$

Es ist leider unsymmetrisch und sehr groß. Auch wenn bei konstantem Zeitschritt Δt die Gauß-Zerlegung nur einmal vorgenommen werden muß und im Schritt nur noch ein Vorwärts- und Rückwärtseinsetzen erfolgt, so ist doch die Bearbeitung dieses Systems mit vielen Unbequemlichkeiten verbunden. Man wird also im allgemeinen die iterative Lösung vorziehen.

Abschließend verweisen wir den Leser auf die Veröffentlichung [23.4] in der auch hermitesche Algorithmen höherer Ordnung entwickelt wurden; insbesondere wurde die quintische Interpolation erfolgreich in der Himmelsmechanik eingesetzt; s. Abschnitt 24.4.4.

23.3 Beurteilung der einfachsten Verfahren: Stabilität und Genauigkeit

Alle in Abschnitt 23.2 geschilderten schrittweisen Verfahren arbeiten rekursiv. Ausgehend vom Weg $\boldsymbol{r}_k$ und der Geschwindigkeit $\dot{\boldsymbol{r}}_k$ am Beginn des Schrittes k berechnen wir $\boldsymbol{r}_{k+1}$ und $\dot{\boldsymbol{r}}_{k+1}$ als neue Anfangsbedingungen für den nächsten Schritt. Wenn wir eine freie Schwingung mit den Anfangsbedingungen $\boldsymbol{r}_1$ und $\dot{\boldsymbol{r}}_1$ betrachten, dann erwarten wir auf Grund unserer Kenntnisse aus den modalen Lösungsverfahren, daß die Antwort $\boldsymbol{r}(t)$ und $\dot{\boldsymbol{r}}(t)$ auf jeden Fall beschränkt bleibt, sofern keine negative Dämpfung vorliegt. Die mit der numerischen Integration errechneten Auslenkungen und Geschwindigkeiten dürfen also in keinem Fall unbeschränkt anwachsen, wenn die Methode stabil arbeitet. Wir unterscheiden dabei Verfahren, die bedingt stabil sind, und solche, die unbedingt stabil sind. Wir werden noch sehen, daß bedingt stabile Verfahren nur unterhalb einer Zeitschrittgrenze eine beschränkte Antwort liefern, während unbedingt stabile Algorithmen auch für große Zeitschritte immer zu einer beschränkten Antwort führen. Um dies nachzuweisen, setzen wir die Erregungskräfte $\boldsymbol{R}(t)$ zu Null und berechnen die Antwort der verbleibenden freien Schwingung mit der Standardform (23.2.18) und (23.2.19). Wir erhalten dann durch mehrfaches Anwenden der Rekursionsformel (23.2.19) für die Antwort nach dem k-ten Schritt

$$\begin{bmatrix} \boldsymbol{r} \\ \dot{\boldsymbol{r}} \end{bmatrix}_{k+1} = \boldsymbol{A}^k \begin{bmatrix} \boldsymbol{r} \\ \dot{\boldsymbol{r}} \end{bmatrix}_1 , \qquad k = 1, 2, \ldots \tag{23.3.1}$$

wobei $\{\boldsymbol{r} \quad \dot{\boldsymbol{r}}\}_1$ die gegebenen Anfangsbedingungen am Zeitknoten 1 ($t = 0$) darstellt.

Ob die so aus den Anfangsbedingungen gewonnene Antwort beschränkt bleibt, hängt also von Potenzen der Matrix $\boldsymbol{A}$ ab: bleiben diese beschränkt, so ist die Stabilität gesichert, sonst nicht. Wir stellen nun die Frage, ob es bestimmte Vektoren $\boldsymbol{x}_A$ gibt, für die

$$\boldsymbol{A}\boldsymbol{x}_A = \boldsymbol{x}_A \lambda_A \tag{23.3.2}$$

gilt. Die Matrix $\boldsymbol{A}$ ist dabei 2n-reihig quadratisch und reell, aber möglicherweise nicht symmetrisch. Nichttriviale Lösungen von (23.3.2) sind nur möglich, falls

$$\det [\boldsymbol{A} - \lambda_A \boldsymbol{I}] = 0 \tag{23.3.3}$$

ist, was einer algebraischen Gleichung vom Grade 2n für die Eigenwerte λ_A entspricht (charakteristische Gleichung). Gemäß der Ordnung erhalten wir 2n Lösungen für λ_A, wobei Mehrfachwurzeln entsprechend ihrer Vielfachheit gezählt werden. Zu jeder dieser

Lösungen λ_{Ai} gehört ein Eigenvektor $\boldsymbol{x}_{Ai}$, den man sich aus (23.3.2) mit λ_{Ai} bestimmen kann. Die Eigenvektoren verschiedener Eigenwerte sind dabei linear unabhängig. Dies alles gilt ohne besondere Annahmen über die Struktur der Matrix $\boldsymbol{A}$. Um die Diskussion nicht zu sehr zu komplizieren, wollen wir annehmen, daß $\boldsymbol{A}$ 2n linear unabhängige Eigenvektoren hat. Sollte also eine mehrfache Wurzel λ_{Ai} mit der Vielfachheit p_i existieren, dann nehmen wir an, daß die Matrix $[\boldsymbol{A}-\lambda_{Ai}\boldsymbol{I}]$ auch den Rangabfall p_i hat (dies ist nicht selbstverständlich; der Rangabfall kann auch kleiner sein).

Nach diesem kleinen Exkurs in die Eigenwertanalyse einer allgemeinen Matrix $\boldsymbol{A}$ wollen wir zu unserem Ausgangsproblem zurückkehren. Wir notieren zunächst (23.3.2) für alle 2n Eigenvektoren

$$\boldsymbol{A}\boldsymbol{X}_A = \boldsymbol{X}_A\,\boldsymbol{\Lambda}_A \tag{23.3.4}$$

Darin ist $\boldsymbol{\Lambda}_A$ eine Diagonalmatrix der Eigenwerte λ_A. Da $\boldsymbol{X}_A$ 2n linear unabhängige Spaltenvektoren $\boldsymbol{x}_A$ enthält, läßt sich der Vektor $\{\boldsymbol{r}\ \dot{\boldsymbol{r}}\}_1$ als Linearkombination dieser Eigenvektoren darstellen

$$\begin{bmatrix} \boldsymbol{r} \\ \dot{\boldsymbol{r}} \end{bmatrix}_1 = \boldsymbol{X}_A\,\boldsymbol{c}_1 \tag{23.3.5}$$

Damit führen wir (23.3.1) erneut aus und erhalten nun mit (23.3.4)

$$\begin{bmatrix} \boldsymbol{r} \\ \dot{\boldsymbol{r}} \end{bmatrix}_{k+1} = \boldsymbol{X}_A\,\boldsymbol{\Lambda}_A^k\,\boldsymbol{c}_1 \tag{23.3.6}$$

Wir stellen also fest, daß die ursprünglich vorhandenen Anteilsfaktoren $\boldsymbol{c}_1$ nun mit Potenzen der Eigenwerte, $\boldsymbol{\Lambda}_A^k$, verstärkt sind. Eine Beschränkung der Lösung ist also nur zu erwarten, falls der Betrag des maximalen Eigenwertes den Wert 1 nicht übersteigt. Im allgemeinen sind die Eigenwerte von $\boldsymbol{A}$ natürlich komplexe Zahlen. Wir können uns vorstellen, daß sie in der komplexen Zahlenebene verstreut liegen. Ihre Entfernung vom Ursprung entspricht dem Betrag. Unsere Forderung läuft darauf hinaus, daß alle Eigenwerte in oder auf einem Kreis mit dem Radius 1 liegen. Wir lesen deshalb auch oft, daß der Spektralradius ρ_A der Matrix $\boldsymbol{A}$ den Wert 1 nicht übersteigen darf, um Stabilität zu sichern

$$\rho_A = \max|\lambda_{Ai}| \leqslant 1 \tag{23.3.7}$$

Nehmen wir nun an, daß die Bedingung (23.3.7) erfüllt sei. Die Antwort (23.3.6) ist dann auf jeden Fall beschränkt. Dies sichert jedoch noch nicht ein befriedigendes Verhalten des Algorithmus. Wir betrachten dazu einen beliebigen komplexen Eigenwert

$$\begin{aligned} \lambda_{Aj} &= a_j + i b_j \\ &= \sqrt{a_j^2 + b_j^2}\; e^{i \arctan\left(\frac{b_j}{a_j}\right)} \\ &= \rho_j\, e^{i\varphi_j} \end{aligned} \tag{23.3.8}$$

Die Potenzierung dieses Eigenwertes führt auf

$$\begin{aligned}\lambda_{Aj}^{k} &= \rho_j^k\, e^{i k \varphi_j}\\ &= \rho_j^k(\cos k\varphi_j + i \sin k\varphi_j)\end{aligned} \qquad (23.3.9)$$

Wir stellen somit fest:

- positiv reelle Eigenwerte bringen keinen Vorzeichenwechsel
- negativ reelle Eigenwerte bringen einen Vorzeichenwechsel pro Schritt
- komplexe Eigenwerte bringen Vorzeichenwechsel, unabhängig vom Schritt
- ist der Betrag des Eigenwertes kleiner als 1, strebt die Potenz auf jeden Fall gegen Null.

Nun muß unser Algorithmus (23.3.6) in der Lage sein, eine ungedämpfte freie Schwingung wiederzugeben. Der Vorzeichenwechsel dieser oszillierenden Bewegung kann nicht von der Schrittweite der Integration abhängen. Es müssen also wenigstens einige Eigenwerte komplex sein. Falls der Betrag aller Eigenwerte kleiner als 1 ist, ist zwar Stabilität gesichert, unser Algorithmus würde aber eine gedämpfte Bewegung vorspiegeln. Man spricht von algorithmischer Dämpfung. Wir müssen also, damit der Algorithmus einwandfrei arbeitet, das Vorhandensein von komplexen Eigenwerten des Betrages 1 fordern. Alle Anteilsfaktoren $\boldsymbol{c}_1$ der freien Bewegung, die mit $\rho_j < 1$ verknüpft sind, werden auf jeden Fall algorithmisch weggedämpft.

Nach diesen allgemeinen Vorbemerkungen wenden wir uns den bisher dargestellten Algorithmen zu.

Die Newmark-Verfahren

Wir erinnern an die Standardform (23.2.18) mit $\boldsymbol{F} = \boldsymbol{o}$ sowie an die Matrizen $\boldsymbol{D}_1$ in (23.2.23) und $\boldsymbol{D}_0$ in (23.2.24). Bei der Diskussion des Stabilitätsverhaltens folgen wir einem Beitrag von Goudreau und Taylor [23.11] und beschränken uns dementsprechend auf einen Freiheitsgrad und ungedämpfte Systeme. Da ein Einfreiheitsgradsystem die Eigenfrequenz

$$\omega^2 = \frac{k}{m} \qquad (23.3.10)$$

aufweist und wir die Abkürzung

$$\vartheta = \Delta t\, \omega = \frac{2\pi \Delta t}{T} \qquad (23.3.11)$$

für die dimensionslose Schrittweite einführen wollen, ergibt sich dann das System

$$\begin{bmatrix} 1 + \beta\vartheta^2 & 0 \\ \dfrac{\gamma}{\Delta t}\vartheta^2 & 1 \end{bmatrix} \begin{bmatrix} r \\ \dot{r} \end{bmatrix}_{k+1} = \begin{bmatrix} 1 - (\frac{1}{2} - \beta)\vartheta^2 & \Delta t \\ -\dfrac{1-\gamma}{\Delta t}\vartheta^2 & 1 \end{bmatrix} \begin{bmatrix} r \\ \dot{r} \end{bmatrix}_{k} \qquad (23.3.12)$$

Die erste Teilgleichung gestattet uns relativ einfach den Übergang auf die alternative Standardform (23.2.19) mit $\boldsymbol{L} = \boldsymbol{o}$. Wir erhalten

$$\boldsymbol{A} = \frac{1}{1+\beta\vartheta^2}\begin{bmatrix} 1-(\frac{1}{2}-\beta)\vartheta^2 & \Delta t \\ \frac{\vartheta^2}{\Delta t}\left(\left(\frac{\gamma}{2}-\beta\right)\vartheta^2-1\right) & 1+(\beta-\gamma)\vartheta^2 \end{bmatrix} \tag{23.3.13}$$

Die charakteristische Gleichung dieser (2×2)-Matrix lautet

$$\lambda^2 - (a_{11} + a_{22})\lambda + a_{11}a_{22} - a_{12}a_{21} = 0 \tag{23.3.14}$$

Aus ihr können wir die Eigenwerte bestimmen. Speziell mit (23.3.13) ergibt sich leicht

$$a_{11} + a_{22} = 2 - \frac{\vartheta^2}{1+\beta\vartheta^2}(\gamma + \tfrac{1}{2}) \tag{23.3.15}$$

und

$$a_{11}a_{22} - a_{12}a_{21} = \det\boldsymbol{A} = 1 - \frac{(\gamma-\frac{1}{2})\vartheta^2}{1+\beta\vartheta^2} \tag{23.3.16}$$

Um Schreibarbeit zu sparen, empfiehlt sich nun die Einführung der Abkürzung

$$\alpha = \frac{\vartheta^2}{1+\beta\vartheta^2} \tag{23.3.17}$$

Damit geht die charakteristische Gleichung (23.3.14) über in

$$\lambda^2 - \left(2-\alpha(\gamma+\tfrac{1}{2})\right)\lambda + 1 - \alpha(\gamma-\tfrac{1}{2}) = 0 \tag{23.3.18}$$

welche die Lösungen

$$\lambda = 1 - \frac{\alpha}{2}(\gamma+\tfrac{1}{2}) \pm \left(\frac{\alpha^2}{4}(\gamma+\tfrac{1}{2})^2 - \alpha\right)^{1/2} \tag{23.3.19}$$

hat. Falls der Radikand der Wurzel positiv ist, ergeben sich zwei reelle Lösungen. Damit ist jedoch die Wiedergabe einer oszillierenden Lösung ausgeschlossen. Der Radikand muß also negativ sein, und damit ist das Lösungspaar konjugiert komplex. Dies kann erreicht werden, falls

$$\alpha\left(\gamma+\tfrac{1}{2}\right)^{1/2} < 4 \tag{23.3.20}$$

oder

$$\vartheta^2\left(\tfrac{1}{4}(\gamma+\tfrac{1}{2})^2 - \beta\right) < 1 \tag{23.3.21}$$

Diese Forderung ist unabhängig von der dimensionslosen Schrittweite dann erfüllt, wenn

$$\beta \geqslant \tfrac{1}{4}(\gamma+\tfrac{1}{2})^2 \tag{23.3.22}$$

gilt. Für $\gamma = 1/2$ muß also $\beta \geqslant 1/4$ gewährleistet sein. Newmarks Methode der gemittelten Beschleunigungen gehorcht dieser Bedingung ($\gamma = 1/2$, $\beta = 1/4$). Dagegen erfüllen das

($\beta = 0$)-Verfahren und die Methode der linearen Beschleunigung ($\beta = 1/6$) diese Bedingung nicht. In diesen Fällen ist die Schrittweite beschränkt auf

$$\vartheta = \Delta t\,\omega < \left(\frac{4}{(\gamma + \frac{1}{2})^2 - 4\beta}\right)^{1/2} \tag{23.3.23}$$

Es ergeben sich die Schranken

$$\vartheta = \Delta t\,\omega < 2 \qquad \text{für } \beta = 0,\ \gamma = \tfrac{1}{2} \tag{23.3.24}$$

$$\vartheta = \Delta t\,\omega < 2\sqrt{3} \qquad \text{für } \beta = \tfrac{1}{6},\ \gamma = \tfrac{1}{2} \tag{23.3.25}$$

(lineare Beschleunigung)

Es bleibt uns noch die Aufgabe, den Spektralradius zu kontrollieren. Mit Erfüllung der Bedingung (23.3.21) für komplexe Lösungen ergibt sich

$$\begin{aligned}\rho^2 = \rho_1^2 = \rho_2^2 &= \left(1 - \frac{\alpha}{2}(\gamma + \tfrac{1}{2})\right)^2 + \left(\alpha - \frac{\alpha^2}{4}(\gamma + \tfrac{1}{2})^2\right) \\ &= 1 - \alpha(\gamma - \tfrac{1}{2}) \\ &= 1 - \frac{(\gamma - \frac{1}{2})\vartheta^2}{1 + \beta\vartheta^2}\end{aligned} \tag{23.3.26}$$

Der Spektralradius wird also offensichtlich für $\gamma = 1/2$ – unabhängig von β und der dimensionslosen Schrittweite ϑ – wie gewünscht gleich 1. Wir sehen ferner an (23.3.26), daß $\gamma < 1/2$ einen Spektralradius größer als 1 zur Folge hat, da ϑ nicht Null sein kann. Dies führt zur Instabilität. Andererseits liefert $\gamma > 1/2$ einen Spektralradius unter 1, und damit algorithmische Dämpfung. Der bei den drei präsentierten Newmarkschen Verfahren angenommene Wert $\gamma = 1/2$ ist also ideal.

Hermitesch kubische Interpolation der Beschleunigungen

Wir gehen zur Herstellung der Standardform von (23.2.47) und (23.2.48) aus und setzen (23.2.51) und (23.2.52) ein. Nach einiger Rechnung ergeben sich die Matrizen

$$\boldsymbol{D}_1 = \begin{bmatrix} \boldsymbol{M} + \frac{3}{20}\Delta t^2\boldsymbol{K} + \frac{1}{30}\Delta t^3\boldsymbol{C}\boldsymbol{M}^{-1}\boldsymbol{K} & \frac{3}{20}\Delta t^2\boldsymbol{C} - \frac{1}{30}\Delta t^3[\boldsymbol{K} - \boldsymbol{C}\boldsymbol{M}^{-1}\boldsymbol{C}] \\ \frac{1}{2}\Delta t\boldsymbol{K} + \frac{1}{12}\Delta t^2\boldsymbol{C}\boldsymbol{M}^{-1}\boldsymbol{K} & \boldsymbol{M} + \frac{1}{2}\Delta t\boldsymbol{C} - \frac{1}{12}\Delta t^2[\boldsymbol{K} - \boldsymbol{C}\boldsymbol{M}^{-1}\boldsymbol{C}] \end{bmatrix} \tag{23.3.27}$$

und

$$\boldsymbol{D}_0 = \begin{bmatrix} \boldsymbol{M} - \frac{7}{20}\Delta t^2\boldsymbol{K} + \frac{1}{20}\Delta t^3\boldsymbol{C}\boldsymbol{M}^{-1}\boldsymbol{K} & \Delta t\boldsymbol{M} - \frac{7}{20}\Delta t^2\boldsymbol{C} - \frac{1}{20}\Delta t^3[\boldsymbol{K} - \boldsymbol{C}\boldsymbol{M}^{-1}\boldsymbol{C}] \\ -\frac{1}{2}\Delta t\boldsymbol{K} + \frac{1}{12}\Delta t^2\boldsymbol{C}\boldsymbol{M}^{-1}\boldsymbol{K} & \boldsymbol{M} - \frac{1}{2}\Delta t\boldsymbol{C} - \frac{1}{12}\Delta t^2[\boldsymbol{K} - \boldsymbol{C}\boldsymbol{M}^{-1}\boldsymbol{C}] \end{bmatrix} \tag{23.3.28}$$

die zum Standardsystem (23.2.18) mit $\boldsymbol{F} = \boldsymbol{o}$ gehören. Die weiteren Betrachtungen beschränken wir wieder auf einen Freiheitsgrad bei Dämpfung $\boldsymbol{C} = \boldsymbol{O}$. Wie zuvor gelten auch hier die Gleichungen (23.2.10) und (23.3.11), und die spezialisierte Rekursionsformel lautet

$$\begin{bmatrix} 1+\frac{3}{20}\vartheta^2 & -\frac{1}{30}\Delta t\,\vartheta^2 \\ \frac{1}{2}\frac{\vartheta^2}{\Delta t} & 1-\frac{1}{12}\vartheta^2 \end{bmatrix} \begin{bmatrix} r \\ \dot{r} \end{bmatrix}_{k+1} = \begin{bmatrix} 1-\frac{7}{20}\vartheta^2 & \Delta t\left(1-\frac{1}{20}\vartheta^2\right) \\ -\frac{1}{2}\frac{\vartheta^2}{\Delta t} & 1-\frac{1}{12}\vartheta^2 \end{bmatrix} \begin{bmatrix} r \\ \dot{r} \end{bmatrix}_{k} \tag{23.3.29}$$

Analog zur Stabilitätsuntersuchung bei den Newmarkschen Verfahren überführen wir diese Gleichung auch in die alternative Standardform (23.1.19) mit $\boldsymbol{L}=\boldsymbol{o}$. Leider ist dies hier nicht ganz so bequem wie bei (23.3.12). Nach einiger Rechenarbeit ergibt sich die Matrix $\boldsymbol{A}$ zu

$$\boldsymbol{A} = \frac{1}{1+\frac{1}{15}\vartheta^2+\frac{1}{240}\vartheta^4} \begin{bmatrix} 1-\frac{13}{30}\vartheta^2+\frac{1}{80}\vartheta^4 & \Delta t\left(1-\frac{1}{10}\vartheta^2+\frac{1}{720}\vartheta^4\right) \\ -\frac{\vartheta^2}{\Delta t}\left(1-\frac{1}{10}\vartheta^2\right) & 1-\frac{13}{30}\vartheta^2+\frac{1}{80}\vartheta^4 \end{bmatrix} \tag{23.3.30}$$

Die zur Berechnung der Eigenwerte notwendige charakteristische Gleichung ist formal mit (23.3.14) identisch. Zudem gilt hier noch $a_{11}=a_{22}$. Wir können dann ohne besondere Anstrengung für die Eigenwerte

$$\lambda_{A\,1,2} = a_{11} \pm \sqrt{a_{12}\,a_{21}} \tag{23.3.31}$$

angeben. Um eine oszillierende Bewegung darstellen zu können, müssen die Eigenwerte komplex sein, d.h. es gilt

$$a_{12}\,a_{21} < 0 \tag{23.3.32}$$

Der dann vorhandene Spektralradius wird

$$\rho^2 = \rho_1^2 = \rho_2^2 = a_{11}^2 - a_{12}a_{21} = \det(\boldsymbol{A}) \tag{23.3.33}$$

Aus (23.3.31) folgt sogleich mit (23.3.30)

$$\frac{-\vartheta^2}{\left(1-\frac{1}{15}\vartheta^2+\frac{1}{240}\vartheta^4\right)^2}\left(1-\frac{1}{10}\vartheta^2\right)\left(1-\frac{1}{10}\vartheta^2+\frac{1}{720}\vartheta^4\right) < 0 \tag{23.3.34}$$

Wie man sofort sieht, ist diese Bedingung nur für

$$\vartheta^2 < 10 \tag{23.3.35a}$$

oder

$$\vartheta = \omega\Delta t < \sqrt{10} \tag{23.3.35b}$$

erfüllt. Damit ist der präsentierte kubisch hermitesche Algorithmus nur *bedingt stabil.* Der Spektralradius (23.3.33) wird

$$\rho^2 = \frac{\left(1-\frac{13}{30}\vartheta^2+\frac{1}{80}\vartheta^4\right)^2+\vartheta^2\left(1-\frac{1}{10}\vartheta^2\right)\left(1-\frac{1}{10}\vartheta^2+\frac{1}{720}\vartheta^4\right)}{\left(1+\frac{1}{15}\vartheta^2+\frac{1}{240}\vartheta^4\right)^2}$$

$$= 1 \tag{23.3.36}$$

Von dieser Seite gibt es also keine Probleme.

Bisher haben wir die Stabilität und die algorithmische Dämpfung der Rekursionsformel untersucht. Wir wollen diese Überlegungen durch eine weitere Fehlerbetrachtung ergänzen. Dabei beschränken wir uns auf ein ungedämpftes System mit einem Freiheitsgrad. Objekt unserer Untersuchung ist eine freie Schwingung. Die exakte Antwort ergibt sich analog zu (18.1.9) zu

$$r(t) = r(0)\cos\omega t + \frac{1}{\omega}\dot r(0)\sin\omega t \tag{23.3.37}$$

woraus wir sofort die exakte Formel

$$\begin{bmatrix} r(t) \\ \dot r(t) \end{bmatrix} = \begin{bmatrix} \cos\omega t & \frac{1}{\omega}\sin\omega t \\ -\omega\sin\omega t & \cos\omega t \end{bmatrix} \begin{bmatrix} r(0) \\ \dot r(0) \end{bmatrix} \tag{23.3.38}$$

ableiten können. Dagegen gilt für die schrittweise Integration

$$\begin{aligned} \begin{bmatrix} r \\ \dot r \end{bmatrix}_{k+1} &= \boldsymbol{A}^{k} \begin{bmatrix} r(0) \\ \dot r(0) \end{bmatrix} \\ &= [\boldsymbol{X}_A \boldsymbol{\Lambda}_A \boldsymbol{X}_A^{-1}]^{k} \begin{bmatrix} r(0) \\ \dot r(0) \end{bmatrix} \\ &= \boldsymbol{X}_A \boldsymbol{\Lambda}_A^{k} \boldsymbol{X}_A^{-1} \begin{bmatrix} r(0) \\ \dot r(0) \end{bmatrix} \end{aligned} \tag{23.3.39}$$

Nehmen wir nun an, daß – soweit Schrittweitenbeschränkungen vorhanden sind – diese auch eingehalten werden. Bei allen voranstehend besprochenen Algorithmen sind dann die Eigenwerte konjugiert komplex, und darüber hinaus ist der Betrag sogar noch 1

$$\begin{aligned} \boldsymbol{\Lambda}_A &= \lceil a_1 + ib_1 \quad a_1 - ib_1 \rfloor \\ &= \lceil e^{i\Phi} \quad e^{-i\Phi} \rfloor \\ &= \lceil \cos\Phi + i\sin\Phi \quad \cos\Phi - i\sin\Phi \rfloor \end{aligned} \tag{23.3.40}$$

wobei

$$\tan\Phi = \frac{b_1}{a_1} \tag{23.3.41}$$

gilt. Für die Potenzen der Matrix $\boldsymbol{\Lambda}_A$ erhalten wir dann sehr einfach

$$\begin{aligned} \boldsymbol{\Lambda}_A^{k} &= \lceil e^{ik\Phi} \quad e^{-ik\Phi} \rfloor \\ &= \lceil \cos(k\Phi) + i\sin(k\Phi) \quad \cos(k\Phi) - i\sin(k\Phi) \rfloor \end{aligned} \tag{23.3.42}$$

Ohne die Eigenvektoren $\boldsymbol{X}_A$ zu kennen, kann man ohne weiteres sagen, daß die Antwort

$$\begin{bmatrix} r(k\Delta t) \\ \dot r(k\Delta t) \end{bmatrix} = \boldsymbol{X}_A \lceil \cos(k\Phi) + i\sin(k\Phi) \quad \cos(k\Phi) - i\sin(k\Phi) \rfloor \boldsymbol{X}_A^{-1} \begin{bmatrix} r(0) \\ \dot r(0) \end{bmatrix} \tag{23.3.43}$$

reell sein muß und X_A nicht von der Schrittzahl k, und damit der Zeit $t = \mathrm{k}\Delta t$, abhängt. Aus dem Vergleich mit der exakten Lösung (23.3.37) können wir also schließen, daß sich die exakte Periode der Antwort durch die numerische Integration geändert hat. Statt $\omega t = \omega \mathrm{k} \Delta t = \mathrm{k}\vartheta$ finden wir in (23.3.42) nämlich $\mathrm{k}\Phi$. Wir bezeichnen die approximierte Periode mit $\widetilde{T}$, während die exakte $T = 2\pi/\omega$ ist. Für das Verhältnis gilt dann

$$\frac{\widetilde{T}}{T} = \frac{\omega}{\widetilde{\omega}} = \frac{\omega t}{\widetilde{\omega} t} = \frac{\mathrm{k}\vartheta}{\mathrm{k}\Phi} = \frac{\vartheta}{\Phi} \tag{23.3.44}$$

Wir untersuchen nun die Periodenabweichung für die einzelnen Algorithmen.

Newmark

Die Lösung für die Eigenwerte ist durch (23.3.19) bereits gegeben. Dabei ist der Radikand negativ. Wir erhalten also

$$\tan\Phi = \frac{\left(\alpha - \frac{1}{4}\alpha^2(\gamma + \frac{1}{2})^2\right)^{1/2}}{1 - \frac{\alpha}{2}(\gamma + \frac{1}{2})} \tag{23.3.45}$$

Mit (23.3.17) folgt hieraus sogleich

$$\tan\Phi = \vartheta \frac{\left(1 + \vartheta^2[\beta - \frac{1}{4}(\gamma + \frac{1}{2})^2]\right)^{1/2}}{1 + \vartheta^2[\beta - \frac{1}{2}(\gamma + \frac{1}{2})]} \tag{23.3.46}$$

Der algorithmisch ungedämpfte Fall ist durch $\gamma = 1/2$ gegeben

$$\tan\Phi = \vartheta \frac{\left(1 - (\frac{1}{4} - \beta)\vartheta^2\right)^{1/2}}{1 - (\frac{1}{2} - \beta)\vartheta^2} \tag{23.3.47}$$

Wir bemerken, daß die Funktion auf der rechten Seite für kleine Schrittweiten ϑ gegen ϑ selbst strebt, also $\Phi = \vartheta$ wird. Damit erhalten wir das logische Ergebnis, daß bei kleinen Schrittweiten unabhängig von β keine Periodenänderung eintritt, also $\widetilde{T}/T = 1$ gilt. Ferner ist darauf hinzuweisen, daß (23.3.47) für $\beta \geqslant 1/4$, also für den Fall unbedingter Stabilität, immer eine Aussage liefert. Dagegen ist für bedingte Stabilität, also $\beta < 1/4$, der Bereich von (23.3.46) beschränkt, und zwar auf die bereits als Stabilitätsgrenzen in (23.3.23) bis (23.3.25) angegebenen Werte

$$\vartheta_{\mathrm{lim}} = (\tfrac{1}{4} - \beta)^{-1/2} \qquad \text{falls} \quad \beta < \tfrac{1}{4}$$

$$\tan\Phi(\vartheta_{\mathrm{lim}}) = 0$$

$$\frac{\widetilde{T}}{T}(\vartheta_{\mathrm{lim}}) = \frac{\vartheta_{\mathrm{lim}}}{\Phi(\vartheta_{\mathrm{lim}})} = \frac{1}{\pi(\frac{1}{4} - \beta)^{1/2}} \tag{23.3.48}$$

Ferner weist die Funktion auf der rechten Seite von (23.3.47) für $\beta < 1/2$ eine vertikale Asymptote auf. An dieser Stelle gilt

$$\vartheta_{As} = (\tfrac{1}{2} - \beta)^{-1/2} \qquad \text{falls} \quad \beta < \tfrac{1}{2}$$

$$\tan \Phi(\vartheta_{As}) = \pm \infty$$

$$\frac{\widetilde{T}}{T}(\vartheta_{As}) = \frac{\vartheta_{As}}{\Phi(\vartheta_{As})} = \frac{2}{\pi(\frac{1}{2} - \beta)^{1/2}} \tag{23.3.49}$$

Für die bereits besprochenen Algorithmen ergibt sich die folgende Werte-Tabelle ($\gamma = 1/2$)

β	ϑ_{As}	$\frac{\widetilde{T}}{T}(\vartheta_{As})$	ϑ_{lim}	$\frac{\widetilde{T}}{T}(\vartheta_{lim})$
0 (explizit)	$\sqrt{2}$	$\frac{2\sqrt{2}}{\pi} = 0.90$	2	$\frac{2}{\pi} = 0.64$
$\frac{1}{6}$ (linear)	$\sqrt{3}$	$\frac{2\sqrt{3}}{\pi} = 1.10$	$2\sqrt{3}$	$\frac{2\sqrt{3}}{\pi} = 1.10$
$\frac{1}{4}$ (gemittelt)	2	$\frac{4}{\pi} = 1.27$	∞	∞

(23.3.50)

Den gesamten Kurvenverlauf finden wir in Abb. 23.3.1. Alle bisher besprochenen Newmarkschen Verfahren weichen bei endlicher Schrittweise leider vom Idealverhältnis $\widetilde{T}/T = 1$ ab. Insbesondere ist das unbedingt stabile Verfahren der gemittelten Beschleunigungen ($\beta = 1/4$) eben nicht mit beliebiger Schrittweite einsetzbar, da sonst extrem große Periodenfehler auftreten. Betrachtet man die Schar der β-Kurven, dann liegt der Verdacht nahe, daß es einen β_{opt}-Wert gibt, der bei maximaler Schrittweite gerade das Idealverhältnis $\widetilde{T}/T(\vartheta_{lim}) = 1$ liefert. Da hierfür offensichtlich $\beta_{opt} < 1/6$ gilt, ist dieses Verfahren nur bedingt stabil. Wir finden leicht aus (23.3.48), dritte Gleichung,

$$\beta_{opt} = \frac{1}{4} - \frac{1}{\pi^2} = 0.1487 \tag{23.3.51}$$

und aus (23.3.47) folgt dann für die maximale Schrittweite

$$\vartheta(\beta_{opt})_{lim} = \pi$$

$$\frac{\Delta t}{T}(\beta_{opt})_{lim} = 0.5 \tag{23.3.52}$$

Allerdings müssen wir im Hinblick auf Mehrfreiheitsgrad-Systeme die Grenzen dieses Algorithmus aufzeigen: Die Newmark-Methode β_{opt}, $\gamma = 1/2$ mit der Schrittweite $\vartheta = \pi$ würde ein *Einfreiheitsgrad-System* ohne algorithmische Dämpfung und ohne Periodenverlängerung integrieren. Bevor wir den Übergang zu Mehrfreiheitsgradsystemen vollziehen, wollen wir jedoch noch die hermitesche Beschleunigungsinterpolation nach Argyris *et al.* [23.4] unter dem Gesichtspunkt der Periodenverlängerung besprechen.

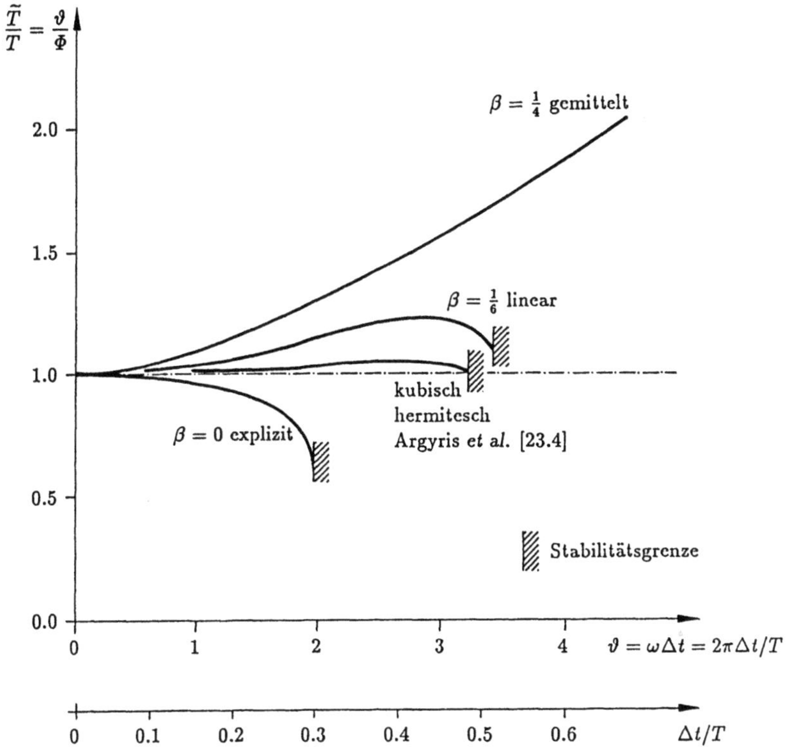

Abb. 23.3.1 Periodenveränderung durch numerische Integration bei verschiedenen Schrittweiten: Newmarksche Verfahren und kubisch-hermitesche Interpolation nach Argyris *et al.* [2]

Hermitesche Interpolation

Wir greifen auf die Lösung (23.3.31) zurück und beachten noch (23.3.30). Demnach ist

$$\tan\Phi = \frac{(-a_{12}\,a_{21})^{1/2}}{a_{11}} = \vartheta\,\frac{\left(\left(1-\frac{1}{10}\vartheta^2\right)\left(1-\frac{1}{10}\vartheta^2+\frac{1}{720}\vartheta^4\right)\right)^{1/2}}{1-\frac{13}{30}\vartheta^2+\frac{1}{80}\vartheta^4} \tag{23.3.53}$$

Die Gültigkeit dieser Formel endet an der bereits bekannten Stabilitätsgrenze

$$\vartheta_{\text{lim}} = \sqrt{10}$$

$$\tan\Phi(\vartheta_{\text{lim}}) = 0$$

$$\frac{\tilde{T}}{T}(\vartheta_{\text{lim}}) = \frac{\vartheta_{\text{lim}}}{\Phi(\vartheta_{\text{lim}})} = \frac{\sqrt{10}}{\pi} = 1.0066 \tag{23.3.54}$$

Wie zuvor haben wir innerhalb des zulässigen Bereichs eine vertikale Asymptote der Rechthandseiten-Funktion in (23.3.53)

$$\vartheta_{As} = \left(\tfrac{1}{3}(52 - \sqrt{1984})\right)^{1/2} = 1.5767$$

$$\tan\Phi(\vartheta_{As}) = \pm\infty$$

$$\frac{\widetilde{T}}{T}(\vartheta_{As}) = \frac{\vartheta_{As}}{\Phi(\vartheta_{As})} = \frac{\vartheta_{As}}{\pi/2} = 1.0038 \qquad (23.3.55)$$

Diese beiden Werte zeigen bereits die außerordentlich gute Qualität der kubisch-hermiteschen Interpolation an. In Abb. 23.3.1 ist die komplette Kurve eingetragen. Wir stellen fest, daß die maximale Abweichung im zulässigen Bereich etwa 3 % beträgt. Noch höhere Genauigkeiten lassen sich mit der quintischen hermiteschen Interpolation erzielen [23.4].

Bis jetzt haben wir die gesamte Diskussion am Beispiel von Einfreiheitsgrad-Systemen ausgeführt. Dieser Fall ist aber eigentlich trivial. Unser Ziel ist ja gerade die direkte Integration des gekoppelten Differentialgleichungssystems mit vielen Freiheitsgraden. Um nun brauchbare Anhaltspunkte für das Verhalten solcher Systeme zu bekommen, geht man hypothetisch davon aus, daß sie entkoppelt sind. Man hätte dann bei n Freiheitsgraden n Differentialgleichungen, die dem Einfreiheitsgrad-System entsprechen und die simultan mit einer bestimmten Schrittweite Δt zu integrieren sind. Da jede der entkoppelten Gleichungen eine andere Eigenfrequenz ω_i (i = 1, n) aufweist, ist die dimensionslose Schrittweite $\vartheta_i = \omega_i \Delta t$ bzw. $\Delta t/T_i$ in jeder Gleichung anders. Die Gleichung mit der größten Kreiseigenfrequenz (kleinsten Periode) weist die größte Schrittweite auf. Bei bedingt stabilen Algorithmen gilt deshalb die Globalgrenze

$$\Delta t < \frac{\vartheta_{lim}}{\omega_{max}} = \frac{1}{2\pi}\vartheta_{lim} T_{min} \qquad (23.3.56)$$

für die Schrittweite, um alle Teilgleichungen stabil zu integrieren. Nun wollen wir nicht nur stabil, sondern auch genau integrieren. Da jede Teilgleichung eine andere dimensionslose Schrittweite ϑ_i aufweist, werden die beteiligten Modalformen mit unterschiedlichem Fehler in der Periode integriert. Niedrige Eigenfrequenzen ω_i führen dabei zu kleinen Schrittweiten ϑ_i und damit (siehe Abb. 23.3.1) zu genauen Resultaten bei allen diskutierten Algorithmen. Würde man aber mit der unbedingt stabilen Methode der gemittelten Beschleunigungen und großen Schrittweiten ϑ_i arbeiten, was von der Stabilität her möglich ist, dann muß man u.U. mit sehr großen Fehlern bei hohen Eigenfrequenzen rechnen. Hierbei können falsche Schwingungen mit einer Periode von $2\Delta t$ entstehen. Dies sieht man leicht aus der Tatsache, daß die Matrix $\boldsymbol{A}$ nach (23.3.13) für $\gamma = 1/2$, $\beta = 1/4$ bei unbegrenzter Schrittweite in

$$\lim_{\Delta t \to \infty} \boldsymbol{A} = \lfloor -1 \quad -1 \rfloor \qquad (23.3.57)$$

übergeht. Unbedingt stabile Algorithmen sind also nicht automatisch bessere Arbeitswerkzeuge. Die unbequeme Tatsache solcher falschen Oberschwingungen hat dazu geführt, daß man wieder an die algorithmische Dämpfung dachte. Man treibt sozusagen den Teufel mit dem Beelzebuben aus und versucht, mit großer algorithmischer Dämpfung bei hohen Eigenfrequenzen das Entstehen von falschen Schwingungskomponenten unmöglich

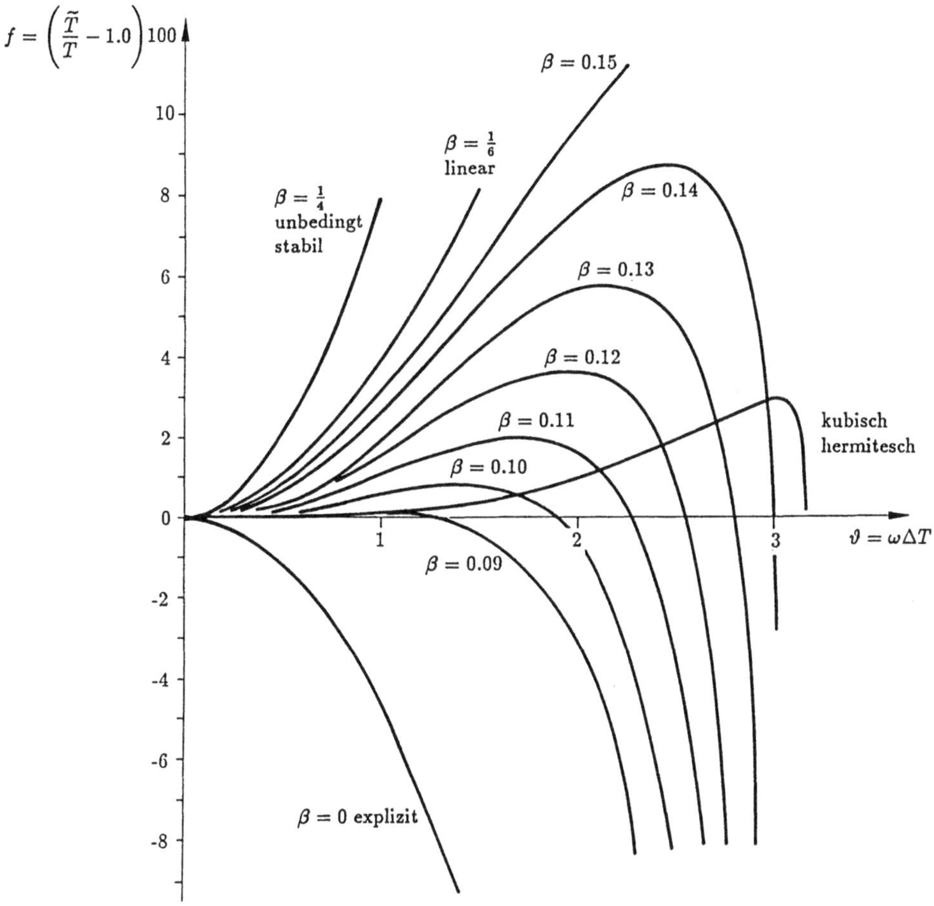

Abb. 23.3.2 Prozentuale Änderung der Periode bei numerischer Integration: kubisch-hermitescher Ansatz, günstiger Bereich der Newmark-Algorithmen und explizite sowie unbedingt stabile Newmark-Variante

zu machen. Eine sehr einfache Methode in dieser Richtung ist Wilsons θ-Methode [23.12]. Leider beseitigt dieses Verfahren nicht nur falsche Schwingungen hoher Frequenz, sondern auch richtige. Während Schwingungen, an denen nur die unteren Eigenfrequenzen beteiligt sind, richtig integriert werden, ist ein Kurzzeitverhalten auf diese Weise nicht erfaßbar. Entscheidend für ein zuverlässiges Verhalten bei allgemeinem Einsatz ist, daß $\tilde{T}/T$ möglichst unabhängig von ϑ den Wert 1 hat. Wir sehen in Abb. 23.3.1, daß der kubisch hermitesche Algorithmus nach Argyris *et al.* [23.4] dieser Forderung weitestgehend nachkommt. Der in (23.3.51) abgeleitete optimale Wert für die Newmark-Verfahren ist nur in Bezug auf ein Einfreiheitsgrad-System richtig. Unterhalb der maximalen Schrittweite würde das Verhältnis $\tilde{T}/T$ von 1 abweichen. Dies demonstriert auch deutlich die Kurvenschar der Newmark Verfahren in Abb. 23.3.2. Global gesehen sind

Tabelle 23.3.1 Fehler in der Periode beim kubisch hermiteschen Algorithmus und günstig ausgelegten Newmark-Verfahren

Typ	ϑ_{max}	$f = \left(\frac{\tilde{T}}{T} - 1\right) 100$
$\beta = 0.09,\ \gamma = 0.5$	≈ 1.4	$< 0.2\ \%$
$\beta = 0.10,\ \gamma = 0.5$	≈ 2.0	$< 0.8\ \%$
$\beta = 0.11,\ \gamma = 0.5$	≈ 2.4	$< 2.0\ \%$
$\beta = 0.12,\ \gamma = 0.5$	≈ 2.7	$< 3.7\ \%$
kubisch hermitesch	≈ 1.4	$< 0.3\ \%$
kubisch hermitesch	≈ 2.0	$< 0.9\ \%$
kubisch hermitesch	≈ 2.7	$< 2.3\ \%$
kubisch hermitesch	≈ 3.0	$< 3.0\ \%$

Tabelle 23.3.2 Verschiedene Newmark-Methoden und kubisch hermitesche Interpolation: Schrittweitenschranken bezüglich Stabilität (ϑ_{lim}) und Genauigkeit in der Periode ($\vartheta_{1\%}$, $\vartheta_{3\%}$)

Typ	$\vartheta_{lim} = \omega_{max}\,\Delta t$	$\vartheta_{1\%}$ ($f < 1\ \%$)	$\vartheta_{3\%}$ ($f < 3\ \%$)
$\beta = 0,\ \gamma = 1/2$ explizit	2.0	0.48	0.83
$\beta = 0.09,\ \gamma = 1/2$	2.5	1.68	2.00
$\beta = 0.10,\ \gamma = 1/2$	2.58	2.05	2.25
$\beta = 0.11,\ \gamma = 1/2$	2.67	0.96	2.47
$\beta = 0.12,\ \gamma = 1/2$	2.77	0.80	1.50
$\beta = 0.13,\ \gamma = 1/2$	2.89	0.75	1.22
$\beta = 0.14,\ \gamma = 1/2$	3.02	0.61	1.07
$\beta = 0.15,\ \gamma = 1/2$	3.16	0.55	0.98
$\beta = 1/6,\ \gamma = 1/2$ linear	$2\sqrt{3} = 3.46$	0.48	0.87
$\beta = 1/4,\ \gamma = 1/2$ gemittelt	∞	0.35	0.60
kubisch hermitesch	$\sqrt{10} = 3.16$	2.07	3.16

kleinere β-Werte bei nicht voll ausgenützter zulässiger Schrittweite die günstigere Lösung. So erhalten wir die in Tabelle 23.3.1 angegebenen Fehlerraten. Es ergibt sich aus dieser Zusammenstellung deutlich, daß ein gut ausgelegter Newmark-Algorithmus etwa gleich leistungsfähig wie der kubisch hermitesche ist. Bei großen Schrittweiten (z.B. $\vartheta = 2.7$) ist allerdings die kubisch hermitesche Interpolation nicht zu schlagen. In Tabelle 23.3.2 sind nochmals alle besprochenen Algorithmen nach den Gesichtspunkten Stabilität und Genauigkeit zusammengestellt. Dabei ist neben der stabilitätsbedingten Schrittbegrenzung ϑ_{lim} noch die Schrittweite bei höchstens 1 % bzw. 3 % Fehler in irgendeiner beteiligten Periode angegeben. Hier fallen zunächst die Extremfälle auf. Der sehr einfache explizite Algorithmus $\beta = 0$ kann nur mit sehr starker Schrittweitenreduzierung genau ausgeführt werden. Das gleiche trifft für den unbedingt stabilen Algorithmus $\beta = 1/4$ zu. Beide Methoden sind also zur genauen Erfassung von Vorgängen mit hohen beteiligten Eigenfrequenzen wenig geeignet. Bei 3 % Fehlergrenze läßt der kubisch hermitesche Algorithmus die größte Schrittweite zu. Das gleiche trifft bei 1 % Fehlergrenze zu, wobei hier Newmark $\beta = 0.10$ fast gleich gut ist. Natürlich ändert sich die Betrachtungsweise, falls es um die Integration von Schwingungsvorgängen mit nur niedrigen beteiligten Eigenfrequenzen geht. Hier könnte natürlich ein Verfahren mit großer Schrittweite ϑ_{lim} bei entsprechenden Maßnahmen gegen falsche Oberschwingungen von Vorteil sein (z.B. $\gamma > 1/2$, $\beta \geqslant \frac{(0.5+\gamma)^2}{4}$). Da jedoch der normale Ingenieur das Schwingungsverhalten eines Systems nur unter Vorbehalten kennt, wollen wir diesen Spezialfall nicht weiter verfolgen.

Da die Schrittweite für die Stabilität und die Genauigkeit der numerischen Integration eine so entscheidende Rolle spielt, müssen wir natürlich auch noch einige Worte zur Ermittlung der maximalen Kreiseigenfrequenz ω_{max} sagen. Unsere ganze Fehlerdiskussion war bisher auf ungedämpfte Systeme beschränkt. Deshalb wollen wir die Diskussion mit dieser Annahme fortsetzen. Es sei aber erwähnt, daß die angegebenen Schrittweiten bei Dämpfung etwas zu reduzieren sind. Wir gewinnen die gesuchte Frequenz aus der Eigenwertaufgabe

$$[\omega^2 \boldsymbol{M} - \boldsymbol{K}]\boldsymbol{x} = \boldsymbol{o} \tag{23.3.58}$$

zum Beispiel mit Hilfe der Vektoriteration

$$\boldsymbol{M}\boldsymbol{x}^{(k+1)} = \boldsymbol{K}\boldsymbol{x}^{(k)} \tag{23.3.59}$$

und der Schwarzschen Konstanten

$$\omega_{\text{max}}^{(k)} = \left(\frac{\boldsymbol{x}^{(k)t}\boldsymbol{K}\boldsymbol{x}^{(k)}}{\boldsymbol{x}^{(k)t}\boldsymbol{M}\boldsymbol{x}^{(k)}}\right)^{1/2} = \left(\frac{\boldsymbol{x}^{(k)t}\boldsymbol{M}\boldsymbol{x}^{(k+1)}}{\boldsymbol{x}^{(k)t}\boldsymbol{M}\boldsymbol{x}^{(k)}}\right)^{1/2} \tag{23.3.60}$$

Die mit (23.3.59) verbundene Gleichungslösung mit $\boldsymbol{M}$ als Koeffizientenmatrix ist dabei nicht tragisch, da in den Integrationsmethoden sowieso $\boldsymbol{M}^{-1}$ vorkommt und man in der Regel mit diagonalem $\boldsymbol{M}$ arbeitet. Mit dem ohnehin notwendigen Cholesky-Faktor von $\boldsymbol{M}$, $\boldsymbol{U}_M$, kann die Vektoriteration auch symmetrisch formuliert werden. Auf der Basis

$$\boldsymbol{M} = \boldsymbol{U}_M^t \boldsymbol{U}_M \tag{23.3.61}$$

führen wir den transformierten Eigenvektor

$$\bar{\boldsymbol{x}} = \boldsymbol{U}_M \boldsymbol{x} \tag{23.3.62}$$

ein und bilden die zugehörige dynamische Matrix

$$\boldsymbol{A} = \boldsymbol{U}_M^{-t} \boldsymbol{K} \boldsymbol{U}_M^{-1} \tag{23.3.63}$$

die selbstverständlich nicht explizit gebildet wird, sondern in Produktform zu bearbeiten ist. An Stelle von (23.3.59) tritt die Regel

$$\bar{\boldsymbol{x}}^{(k+1)} = \boldsymbol{A}\bar{\boldsymbol{x}}^{(k)} \tag{23.3.64}$$

und an Stelle von (23.3.60) erhalten wir

$$\omega_{max}^{(k)} = (\bar{\boldsymbol{x}}^{(k+1)t}\bar{\boldsymbol{x}}^{(k)})^{1/2} \tag{23.3.65}$$

falls

$$\bar{\boldsymbol{x}}^{(k)t}\bar{\boldsymbol{x}}^{(k)} = 1 \tag{23.3.66}$$

gilt. Bei diesem Verfahren muß angemerkt werden, daß es im allgemeinen schlecht konvergiert, da die hohen Eigenfrequenzen in einer FEM-Idealisierung schlecht separiert sind. Als Anhaltspunkt nennen wir 10 bis 20 Iterationsschleifen. Eine brauchbare Näherung für die kleinste Eigenfrequenz wird man im allgemeinen mit einem Drittel dieses Aufwandes erreichen.

Wem der genannte Aufwand zu hoch erscheint, der kann auf Kosten der Genauigkeit von ω_{max} auf Normen der Matrix $\boldsymbol{A}$ ausweichen. Hier muß man sich freilich auf ein diagonales $\boldsymbol{M}$ (und damit $\boldsymbol{U}_M^{-1} = \boldsymbol{M}^{-1/2}$) beschränken. Die Hölder 1-Norm oder Spaltennorm liefert eine obere Grenze für den maximalen Eigenwert der Matrix $\boldsymbol{A}$

$$\|\boldsymbol{A}\|_2 = \max_j \sum_{i=1}^{n} a_{ij} \geqslant \omega_{max}^2 \tag{23.3.67}$$

Da es darauf ankommt, die Schranke möglichst klein zu halten, wird $\boldsymbol{A}$ oft so skaliert, daß seine Diagonalelemente 1 sind. Auch für die skalierte Matrix

$$\boldsymbol{A}' = \boldsymbol{DAD} \tag{23.3.68}$$

mit

$$d_i = a_{ii}^{-1/2} \tag{23.3.69}$$

gilt die Schranke (23.3.67) unverändert

$$\|\boldsymbol{A}'\|_2 \geqslant \omega_{max}^2 \tag{23.3.70}$$

Vielleicht schätzt der eine oder andere mehr praktisch veranlagte Leser eine andere Schrankenberechnung, die anschaulich vorgeht. Wir wissen aus der praktischen Erfahrung, daß hochfrequente Eigenschwingungen mit zahlreichen Knotenlinien oder Flächen verknüpft sind. Die höchste Eigenfrequenz eines Kontinuums ist unendlich. Die höchste Eigenfrequenz eines diskretisierten Tragwerkes ist dagegen endlich. Wir können uns dabei vorstellen, daß das zugehörige Schwingungsbild außerordentlich viele Knotenlinien aufweist, so daß jeder Knotenpunkt durch Knotenlinien von seinen Nachbarn getrennt ist. Für eine Abschätzung kann man einen derart isolierten Knoten mit möglichst großem Verhältnis von Steifigkeit zu Masse für sich allein betrachten. Als Beispiel untersuchen wir ein Fachwerk, das in [17.1] berechnet wird (Abb. 23.3.3). Offensichtlich kommt der Horizontalbewegung der Knoten 3, 4, 5, 6, 7 das größte Verhältnis Steifigkeit zu Masse

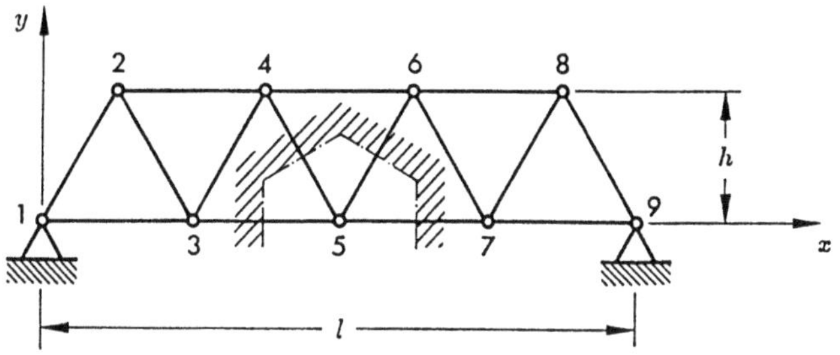

Daten:

Elastizitätsmodul	E	$= 2.1 \cdot 10^{11}\ \mathrm{N/m^2}$
Dichte	ρ	$= 8000\ \mathrm{Ns^2/m^4}$
Querschnittsfläche	A	$= 10^{-3}\ \mathrm{m^2}$
Spannweite	l	$= 8\ \mathrm{m}$
Höhe	h	$= 2\ \mathrm{m}$

Abb. 23.3.3 Zur höchsten Eigenfrequenz eines Tragwerkes: Wir betrachten die Horizontalbewegung des isolierten Knotens 5 (= 3, 4, 6, 7)

zu. Mit Hilfe des Einheitsverschiebungsgesetzes finden wir leicht am Knoten 5 (halbe effektive Stablänge, da Knotenlinie in Stabmitte!)

$$k_5 = \sum_g \left(\frac{EA}{l_{\text{eff}}}\right)_g (\Delta l_g)^2 = 2EA\left(1 + \frac{2}{5\sqrt{5}}\right) = 2.36EA$$

$$m_5 = \sum_g \frac{1}{2}(\rho A l_{\text{eff}})_g = \rho A\left(1 + \frac{\sqrt{5}}{2}\right) = 2.12\rho A$$

$$\omega_{\max} \approx \left(\frac{k}{m}\right)^{1/2} = \left(1.11\frac{E}{\rho}\right)^{1/2} = 5406\ \mathrm{s}^{-1}$$

$$\nu_{\max} = \frac{\omega_{\max}}{2\pi} \approx 860\ \mathrm{Hz}$$

Die richtige maximale Eigenfrequenz ist dagegen

$$\nu_{14} = 785.0\ \mathrm{Hz}$$

Erwartungsgemäß liegt unsere Abschätzung zu hoch, und zwar um 9,6 %. Angesichts der sehr elementaren Überlegung ist dies jedoch nicht viel. Außerdem liegen wir bezüglich der Schrittweitenfestsetzung auf der sicheren Seite.

23.4 Unbedingt stabile Algorithmen auf der Basis des Hermiteschen Interpolationsmodells [23.13]

Analog zur Entwicklung der Newmark-Verfahren gehen wir zwar vom Hermiteschen Stützwertkonzept aus, legen jedoch die Interpolationsformen nicht explizit fest. Vielmehr notieren wir an Stelle von (23.2.43) die allgemeinere Beziehung

$$\ddot{r} = \omega_1(\tau)\ddot{r}_k + \omega_2(\tau)\ddot{r}_{k+1} + \omega_3(\tau)\Delta t\,\dddot{r}_k + \omega_4(\tau)\Delta t\,\dddot{r}_{k+1} \tag{23.4.1}$$

für den Beschleunigungsverlauf im Zeitschritt Δt $(0 \leqslant \tau \leqslant 1)$. An die Interpolationsfunktionen stellen wir jedoch gewisse logische Grundanforderungen, die in Abb. 23.4.1 anschaulich dargestellt sind. Gleichgültig, wie die Funktionen im Detail aussehen, so soll doch gelten, daß

$$\begin{aligned}
&\omega_1(0) = 1 && \omega_2(0) = 0 \\
&\frac{\partial\omega_1}{\partial\tau}(0) = 0 && \frac{\partial\omega_2}{\partial\tau}(0) = 0 \\
&\omega_1(1) = 0 && \omega_2(1) = 1 \\
&\frac{\partial\omega_1}{\partial\tau}(1) = 0 && \frac{\partial\omega_2}{\partial\tau}(1) = 0 \\
&\omega_3(0) = 0 && \omega_4(0) = 0 \\
&\frac{\partial\omega_3}{\partial\tau}(0) = 1 && \frac{\partial\omega_4}{\partial\tau}(0) = 0 \\
&\omega_3(1) = 0 && \omega_4(1) = 0 \\
&\frac{\partial\omega_3}{\partial\tau}(1) = 0 && \frac{\partial\omega_4}{\partial\tau}(1) = 1
\end{aligned} \tag{23.4.2}$$

erfüllt ist. Damit ist ein konsistenter Beschleunigungsverlauf gewahrt. Darüber hinaus verlangen wir, daß $\ddot{r}_k$ und $\ddot{r}_{k+1}$ zu analogen Beschleunigungsverläufen im Element führen. Das gleiche gilt für $\dddot{r}_k$ und $\dddot{r}_{k+1}$. Dies führt auf

$$\begin{aligned}
\omega_1(\tau) &= \omega_2(1-\tau) \\
\omega_3(\tau) &= -\omega_4(1-\tau)
\end{aligned} \tag{23.4.3}$$

Wenn wir nun aus (23.4.1) durch Integration die Geschwindigkeit ermitteln, so ergibt sich nach (23.1.19)

$$\dot{r}_{k+1} = \dot{r}_k + \int_0^1 \omega_1(\tau)\mathrm{d}\tau\,\Delta t\,\ddot{r}_k + \int_0^1 \omega_2(\tau)\mathrm{d}\tau\,\Delta t\,\ddot{r}_{k+1} + \int_0^1 \omega_3(\tau)\mathrm{d}\tau\,\Delta t^2\,\dddot{r}_k + \int_0^1 \omega_4(\tau)\mathrm{d}\tau\,\Delta t^2\,\dddot{r}_{k+1} \tag{23.4.4}$$

Aus der Forderung (23.4.3) folgt aber automatisch, daß die Flächen unter ω_1 und ω_2 gleich und unter ω_3 und ω_4 entgegengesetzt gleich sind, was uns sogleich auf die allgemeine Form

$$\dot{r}_{k+1} = \dot{r}_k + a_0\,\Delta t\,(\ddot{r}_k + \ddot{r}_{k+1}) + a_1\,\Delta t^2\,(\dddot{r}_k - \dddot{r}_{k+1}) \tag{23.4.5}$$

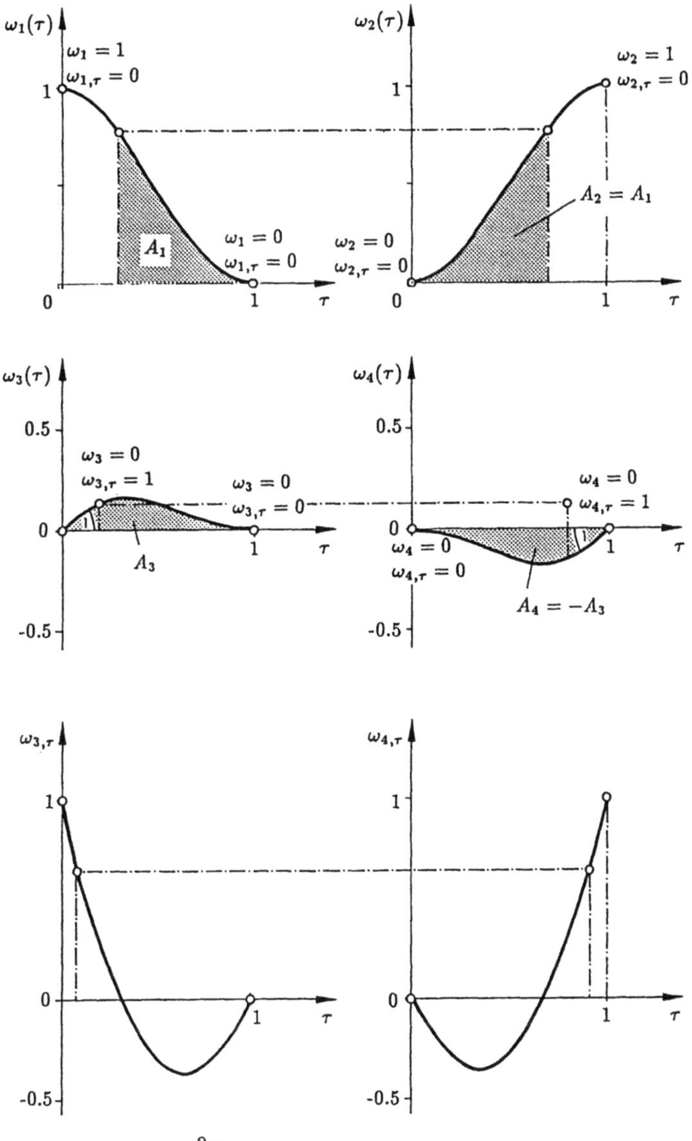

Abkürzung $\frac{\partial \omega_i}{\partial \tau} = \omega_{i,\tau}$

Abb. 23.4.1 Grundforderungen an die modifizierte Interpolationsform des hermiteschen Modells führt. Den Weg ermitteln wir nach (23.1.18) und erhalten

$$r_{k+1} = r_k + \Delta t \dot{r}_k + \Delta t^2 \int_0^1 (1-\tau)\,\omega_1(\tau)\mathrm{d}\tau\, \ddot{r}_k + \Delta t^2 \int_0^1 (1-\tau)\,\omega_2(\tau)\mathrm{d}\tau\, \ddot{r}_{k+1} +$$

$$+ \Delta t^3 \int_0^1 (1-\tau)\,\omega_3(\tau)\mathrm{d}\tau\, \dddot{r}_k + \Delta t^3 \int_0^1 (1-\tau)\,\omega_4(\tau)\mathrm{d}\tau\, \dddot{r}_{k+1} \qquad (23.4.6)$$

Nun ist $f_1 = (1-\tau)\,\omega_1(\tau)$ spiegelbildlich zu $\tau\,\omega_2(\tau)$, da

$$\begin{aligned} f_1(1-\tau) &= (1-1+\tau)\,\omega_1(1-\tau) \\ &= \tau\,\omega_2(\tau) \end{aligned} \qquad (23.4.7)$$

Deshalb gilt weiter

$$\int_0^1 (1-\tau)\,\omega_1(\tau)\mathrm{d}\tau = b_0 = \int_0^1 \tau\,\omega_2(\tau)\mathrm{d}\tau \qquad (23.4.8)$$

und

$$\begin{aligned} \int_0^1 (1-\tau)\,\omega_2(\tau)\mathrm{d}\tau = c_0 &= \int_0^1 \omega_2(\tau)\mathrm{d}\tau - \int_0^1 \tau\,\omega_2(\tau)\mathrm{d}\tau \\ &= a_0 - b_0 \end{aligned} \qquad (23.4.9)$$

Analog finden wir auch, daß $f_3 = (1-\tau)\,\omega_3(\tau)$ doppelt gespiegelt zu $\tau\,\omega_4(\tau)$ liegt, da

$$\begin{aligned} f_3(1-\tau) &= (1-1+\tau)\,\omega_3(1-\tau) \\ &= -\tau\,\omega_4(\tau) \end{aligned} \qquad (23.4.10)$$

Aus diesem Grunde gilt noch

$$\int_0^1 (1-\tau)\,\omega_3(\tau)\mathrm{d}\tau = b_1 = -\int_0^1 \omega_4(\tau)\mathrm{d}\tau \qquad (23.4.11)$$

und

$$\begin{aligned} \int_0^1 (1-\tau)\,\omega_4(\tau)\mathrm{d}\tau = c_1 &= \int_0^1 \omega_4(\tau)\mathrm{d}\tau - \int_0^1 \tau\,\omega_4(\tau)\mathrm{d}\tau \\ &= -a_1 + b_1 \end{aligned} \qquad (23.4.12)$$

Wir können also für den Weg zusammenfassend notieren

$$r_{k+1} = r_k + \Delta t \dot{r}_k + \Delta t^2 (b_0 \ddot{r}_k + c_0 \ddot{r}_{k+1}) + \Delta t^3 (b_1 \dddot{r}_k + c_1 \dddot{r}_{k+1}) \qquad (23.4.13)$$

wobei noch die Relationen

$$\begin{aligned} b_0 + c_0 &= a_0 \\ b_1 - c_1 &= a_1 \end{aligned} \tag{23.4.14}$$

gelten.

Für die Absicherung der Konvergenz ist es notwendig, daß zumindest ein konstanter Beschleunigungsverlauf exakt dargestellt werden kann, d.h. aus den Stützwerten

$$\begin{aligned} \ddot{r}_k &= \ddot{r}_{k+1} \\ \dddot{r}_k &= \dddot{r}_{k+1} = o \end{aligned} \tag{23.4.15}$$

muß

$$\ddot{r}(\tau) = \ddot{r}_k = \text{const} \tag{23.4.16}$$

folgen. Dies ist aber nur möglich, wenn die Summe der spiegelbildlichen Funktionen ω_1 und ω_2 an jeder Stelle τ den Wert 1 ergibt

$$\omega_1(\tau) + \omega_2(\tau) = 1 \tag{23.4.17}$$

Nach (23.4.4) bzw. (23.4.5) liegt damit die Konstante a_0 fest

$$a_0 = \tfrac{1}{2} \tag{23.4.18}$$

Unter Beachtung von (23.4.14) verbleiben also beim modifizierten kubischen Algorithmus drei disponierbare Konstanten. Sie können natürlich ohne Angabe einer expliziten Interpolationsfunktion beliebig festgelegt werden, wenn man auf eine konsistente lokale Beschleunigungsangabe verzichtet. Der hermitesch kubische Polynomansatz ist ein Sonderfall dieser allgemeineren Betrachtungsweise.

Neben den eben entwickelten Gleichungen (23.4.5) und (23.4.13) spielten bei der Entwicklung der Iterationsformeln noch die Gleichungen (23.2.51) und (23.2.52) eine Rolle, d.h. wir forderten, daß die Differentialgleichung des Problems und ihre 1. Ableitung für jeden Stützpunkt, und damit auch für t_{k+1}, erfüllt sein mußte. Auf der Suche nach der Ursache der Bedingtheit der Stabilität prüfen wir nun das Verhalten dieser vier Grundgleichungen bei sehr großen Zeitschritten mit $\boldsymbol{R}(t) = \boldsymbol{o}$, d.h. für eine freie Schwingung. Dabei führt uns (23.4.5) auf die Aussage

$$\lim_{\Delta t \to \infty} \left(\frac{1}{\Delta t^2} \dot{r}_{k+1} \right) = a_1 [\dddot{r}_k - \dddot{r}_{k+1}] \tag{23.4.19}$$

und (23.4.13) ergibt

$$\lim_{\Delta t \to \infty} \left(\frac{1}{\Delta t^3} r_{k+1} \right) = b_1 \dddot{r}_k + c_1 \dddot{r}_{k+1} \tag{23.4.20}$$

Damit erhalten wir nun weiter aus (23.2.52) mit $\dot{\boldsymbol{R}}_{k+1} = \boldsymbol{o}$

$$\lim_{\Delta t \to \infty} \left(\frac{1}{\Delta t^2} [\boldsymbol{M} \dddot{r}_{k+1} + \boldsymbol{C} \ddot{r}_{k+1} + \boldsymbol{K} \dot{r}_{k+1}] \right) = \boldsymbol{K} a_1 [\dddot{r}_k - \dddot{r}_{k+1}] \overset{!}{=} \boldsymbol{o} \tag{23.4.21}$$

Für sehr große Zeitschritte Δt läßt sich also die Differentialgleichung (23.2.52) nur dann erfüllen, falls

$$\dddot{r}_k - \dddot{r}_{k+1} = o\,, \qquad \Delta t \to 0 \tag{23.4.22}$$

Andernfalls muß $\boldsymbol{K}$ singulär sein, was wir ausschließen wollen, oder a_1 muß Null sein, was auf einen Wegfall der Formen ω_3 und ω_4 hinausläuft. Nun betrachten wir (23.2.51) und finden

$$\begin{aligned}\lim_{\Delta t \to \infty}\left(\frac{1}{\Delta t^3}[\boldsymbol{M}\ddot{r}_{k+1} + \boldsymbol{C}\dot{r}_{k+1} + \boldsymbol{K}r_{k+1}]\right) &= \boldsymbol{K}[b_1\dddot{r}_k + c_1\dddot{r}_{k+1}] \\ &= \boldsymbol{K}[b_1 + c_1]\dddot{r}_k \\ &\overset{!}{=} o\end{aligned} \tag{23.4.23}$$

Um auch diese Bedingung zu erfüllen, muß

$$b_1 + c_1 = 0 \tag{23.4.24}$$

gelten. Mit (23.2.14) folgt weiter

$$b_1 = -c_1 = \frac{a_1}{2} \tag{23.4.25}$$

Der bedingt stabile Algorithmus mit kubischer Interpolation weist die Konstanten [23.4]

$$a_1 = \tfrac{1}{12}\,, \quad b_1 = \tfrac{1}{20}\,, \quad c_1 = -\tfrac{1}{30} \tag{23.4.26}$$

auf und erfüllt deshalb die Forderung (23.4.23) nicht.

Mit (23.4.24) bleiben für die Konzipierung eines unbedingt stabilen Algorithmus noch zwei disponierbare Konstanten übrig, z.B. a_1 und b_0. Zur Festlegung der Konstanten a_1 fordern wir, daß auch ein linearer Beschleunigungsverlauf exakt erfaßt wird, z.B.

$$\ddot{r}(\tau) = \tau\ddot{r}_0 \tag{23.4.27}$$

mit den Anfangsbedingungen

$$\begin{aligned} r(0) &= o \\ \dot{r}(0) &= o \end{aligned} \tag{23.4.28}$$

Aus (23.4.27) ergibt sich mit den genannten Anfangsbedingungen durch direkte Integration

$$\dot{r}_{k+1} = \dot{r}(\tau = 1) = \tfrac{1}{2}\Delta t\ddot{r}_0 \tag{23.4.29}$$

und

$$r_{k+1} = r(\tau = 1) = \tfrac{1}{6}\Delta t^2\ddot{r}_0 \tag{23.4.30}$$

Andererseits folgen aus (23.4.27) die Stützwerte

$$\ddot{r}_k = o$$

$$\ddot{r}_{k+1} = \ddot{r}_0$$

$$\dddot{r}_k = \frac{1}{\Delta t}\ddot{r}_0 = \dddot{r}_{k+1} \tag{23.4.31}$$

und mit ihnen erhalten wir dann aus (23.4.5) und (23.4.28)

$$\dot{r}_{k+1} = a_0 \Delta t \ddot{r}_0 \tag{23.4.32}$$

sowie aus (23.4.13)

$$r_{k+1} = \Delta t^2 c_0 \ddot{r}_0 + \Delta t^2 (b_1 + c_1)\ddot{r}_0 \tag{23.4.33}$$

Bei exakter Erfassung des linearen Polynoms in der Zeit müssen (23.4.29) und (23.4.32) identisch sein. Dies ist unter Hinweis auf (23.4.18) der Fall. Ferner müssen auch (23.4.30) und (23.4.33) gleich sein. Wenn wir (23.4.24) beachten, liefert die Überlegung

$$c_0 = \tfrac{1}{6}$$

$$b_0 = a_0 - c_0 = \tfrac{1}{2} - \tfrac{1}{6} = \tfrac{1}{3} \tag{23.4.34}$$

Obwohl nun auch ein lineares Polynom exakt erfaßt wird, ist die Konstante a_1 noch disponierbar. Wir gehen deshalb einen Schritt weiter und fordern nun auch die exakte Erfassung eines quadratischen Polynoms

$$\ddot{r}(\tau) = \tau^2 \ddot{r}_0 \tag{23.4.35}$$

mit den gleichen Anfangsbedingungen (23.4.28) wie vorher. Die Gleichung (23.4.35) wird wieder direkt integriert und zur Stützwertbestimmung benutzt. Dies führt uns auf die Forderungen

$$\dot{r}_{k+1} = \tfrac{1}{3}\Delta t \ddot{r}_0 \overset{!}{=} a_0 \Delta t \ddot{r}_0 - 2a_1 \Delta t \ddot{r}_0 \tag{23.4.36}$$

und

$$r_{k+1} = \tfrac{1}{12}\Delta t^2 \ddot{r}_0 \overset{!}{=} \Delta t^2 c_0 \ddot{r}_0 + 2\Delta t^2 c_1 \ddot{r}_0 \tag{23.4.37}$$

Aus (23.4.36) finden wir die Konstante a_1, und damit auch c_1 und b_1

$$a_1 = \frac{a_0}{2} - \frac{1}{6} = \frac{1}{12}$$

$$c_1 = -\frac{a_1}{2} = -\frac{1}{24} = -b_1 \tag{23.4.38}$$

während (23.4.37) nicht benützt werden kann, da jetzt alle Größen bereits bestimmt sind. Da aber

$$c_0 + 2c_1 = \tfrac{1}{6} - \tfrac{1}{12} = \tfrac{1}{12} \tag{23.4.39}$$

gilt, können wir sagen, daß unser Algorithmus bezüglich der Geschwindigkeit und des Weges quadratische Beschleunigungsverläufe exakt erfaßt. Mit den Grundgleichungen

$$\dot{r}_{k+1} = \dot{r}_k + \tfrac{1}{2}\Delta t\,(\ddot{r}_k + \ddot{r}_{k+1}) + \tfrac{1}{12}\Delta t^2\,(\dddot{r}_k - \dddot{r}_{k+1}) \tag{23.4.40}$$

und

$$r_{k+1} = r_k + \Delta t\,\dot{r}_k + \Delta t^2\,(\tfrac{1}{3}\ddot{r}_k + \tfrac{1}{6}\ddot{r}_{k+1}) + \tfrac{1}{24}\Delta t^3\,(\dddot{r}_k - \dddot{r}_{k+1}) \tag{23.4.41}$$

und (23.2.51) und (23.2.52) lassen sich nun, wie zuvor, beliebige Varianten der Berechnung aufbauen. Geändert haben sich nur die Werte der Koeffizienten. Zur Kontrolle der Stabilität und zur Beurteilung der Genauigkeit bevorzugen wir die algorithmische Form ($\boldsymbol{R} = \boldsymbol{o}$)

$$\boldsymbol{D}_1 \begin{bmatrix} r \\ \dot{r} \end{bmatrix}_{k+1} = \boldsymbol{D}_0 \begin{bmatrix} r \\ \dot{r} \end{bmatrix}_k \tag{23.4.42}$$

mit welcher man freie Schwingungen berechnen könnte. Mit etwas Mühe erhält man aus den vier genannten Grundgleichungen

$$\boldsymbol{D}_1 = \begin{bmatrix} \boldsymbol{M} + \frac{1}{6}\Delta t^2 \boldsymbol{K} + \frac{1}{24}\Delta t^2 \boldsymbol{C}\boldsymbol{M}^{-1}\boldsymbol{K} & \frac{1}{6}\Delta t^2 \boldsymbol{C} - \frac{1}{24}\Delta t^3\,[\boldsymbol{K} - \boldsymbol{C}\boldsymbol{M}^{-1}\boldsymbol{C}] \\ \frac{1}{2}\Delta t \boldsymbol{K} + \frac{1}{12}\Delta t^2 \boldsymbol{C}\boldsymbol{M}^{-1}\boldsymbol{K} & \boldsymbol{M} + \frac{1}{2}\Delta t \boldsymbol{C} - \frac{1}{12}\Delta t^2\,[\boldsymbol{K} - \boldsymbol{C}\boldsymbol{M}^{-1}\boldsymbol{C}] \end{bmatrix} \tag{23.4.43}$$

was analog zu (23.3.27) ist, und

$$\boldsymbol{D}_0 = \begin{bmatrix} \boldsymbol{M} - \frac{1}{3}\Delta t^2 \boldsymbol{K} + \frac{1}{24}\Delta t^2 \boldsymbol{C}\boldsymbol{M}^{-1}\boldsymbol{K} & \Delta t \boldsymbol{M} - \frac{1}{3}\Delta t^2 \boldsymbol{C} - \frac{1}{24}\Delta t^3\,[\boldsymbol{K} - \boldsymbol{C}\boldsymbol{M}^{-1}\boldsymbol{C}] \\ -\frac{1}{2}\Delta t \boldsymbol{K} + \frac{1}{12}\Delta t^2 \boldsymbol{C}\boldsymbol{M}^{-1}\boldsymbol{K} & \boldsymbol{M} - \frac{1}{2}\Delta t \boldsymbol{C} - \frac{1}{12}\Delta t^2\,[\boldsymbol{K} - \boldsymbol{C}\boldsymbol{M}^{-1}\boldsymbol{C}] \end{bmatrix} \tag{23.4.44}$$

was analog zu (23.3.28) ist. Die weiteren Ausführungen beschränken wir wieder auf ungedämpfte Systeme mit einem Freiheitsgrad. Analog zu (23.3.29) erhalten wir dann hier

$$\begin{bmatrix} 1 + \frac{1}{6}\vartheta^2 & -\frac{1}{24}\Delta t\,\vartheta^2 \\ \frac{1}{2}\frac{\vartheta^2}{\Delta t} & 1 - \frac{1}{12}\vartheta^2 \end{bmatrix} \begin{bmatrix} r \\ \dot{r} \end{bmatrix}_{k+1} = \begin{bmatrix} 1 - \frac{1}{3}\vartheta^2 & \Delta t - \frac{1}{24}\Delta t\,\vartheta^2 \\ -\frac{1}{2}\frac{\vartheta^2}{\Delta t} & 1 - \frac{1}{12}\vartheta^2 \end{bmatrix} \begin{bmatrix} r \\ \dot{r} \end{bmatrix}_k \tag{23.4.45}$$

oder in der Standardform (23.2.19) auch

$$\begin{bmatrix} r \\ \dot{r} \end{bmatrix}_{k+1} = \left(1 + \frac{1}{12}\vartheta^2 + \frac{1}{144}\vartheta^4\right)^{-1} \begin{bmatrix} 1 - \frac{5}{12}\vartheta^2 + \frac{1}{144}\vartheta^4 & \Delta t\left(1 - \frac{1}{12}\vartheta^2\right) \\ -\frac{\vartheta^2}{\Delta t}\left(1 - \frac{1}{12}\vartheta^2\right) & 1 - \frac{5}{12}\vartheta^2 + \frac{1}{144}\vartheta^4 \end{bmatrix} \begin{bmatrix} r \\ \dot{r} \end{bmatrix}_k$$

$$= \boldsymbol{A}\{r \quad \dot{r}\}_k \tag{23.4.46}$$

Um eine oszillierende Bewegung überhaupt darstellen zu können, muß wieder die Forderung (23.3.32) erfüllt sein. Dies führt uns auf

$$a_{12}a_{21} = \frac{-\vartheta^2\left(1-\frac{1}{12}\vartheta^2\right)}{\left(1+\frac{1}{12}\vartheta^2+\frac{1}{144}\vartheta^4\right)^2} < 0 \qquad (23.4.47)$$

Diese Bedingung ist offensichtlich für beliebige Schrittweiten ϑ erfüllt. Wir berechnen nun noch nach (23.3.33) den Spektralradius und erhalten hier

$$\rho^2 = \frac{\left(1-\frac{5}{12}\vartheta^2+\frac{1}{144}\vartheta^4\right)^2+\vartheta^2\left(1-\frac{1}{12}\vartheta^2\right)^2}{\left(1+\frac{1}{12}\vartheta^2+\frac{1}{144}\vartheta^4\right)^2} \qquad (23.4.48)$$

$$= 1$$

Von dieser Seite brauchen wir also auch keine Probleme zu erwarten. Als letzten Punkt fragen wir nach der Genauigkeit und diskutieren, wie zuvor, die Periodenabweichung bei einer freien Schwingung. Diese ist durch (23.3.44) allgemein gegeben, und mit der ersten Hälfte von (23.3.53) finden wir hier

$$\tan\Phi = \frac{(-a_{12}a_{21})^{1/2}}{a_{11}} = \frac{\vartheta(1-\frac{1}{12}\vartheta^2)}{1-\frac{5}{12}\vartheta^2+\frac{1}{144}\vartheta^4} \qquad (23.4.49)$$

Die Funktion (23.4.49) hat für

$$\vartheta_{As}^2 = 30 \pm \sqrt{756} \qquad (23.4.50)$$

vertikale Asymptoten, bei denen

$$\tan\Phi(\vartheta_{As}) = \pm\infty \qquad (23.4.51)$$

wird, und dementsprechend ergibt sich

$$\frac{\widetilde{T}}{T}(\vartheta_{As} = 1.58) = \frac{\vartheta_{As}}{\pi/2} = 1.0075$$

sowie

$$\frac{\widetilde{T}}{T}(\vartheta_{As} = 7.58) = \frac{\vartheta_{As}}{3\pi/2} = 1.6091$$

Bei der letztgenannten relativen Periodenänderung von 60% ist zu berücksichtigen, daß der bedingt stabile Algorithmus überhaupt nur bis $\vartheta = 3.16$ arbeitet. Ähnlich wie bei der unbedingt stabilen Newmarkschen ($\beta = 1/4$)-Methode bezahlen wir die gewonnene Stabilität mit einem Genauigkeitsverlust. Dies geht auch aus den in Abb. 23.4.2 dargestellten Fehlerkurven hervor. Verglichen mit der unbedingt stabilen Wilsonschen ($\theta = 1.5$)-Methode und dem Newmark ($\beta = 1/4$)-Verfahren schneidet jedoch der modifizierte hermitesch kubische Algorithmus weitaus besser ab.

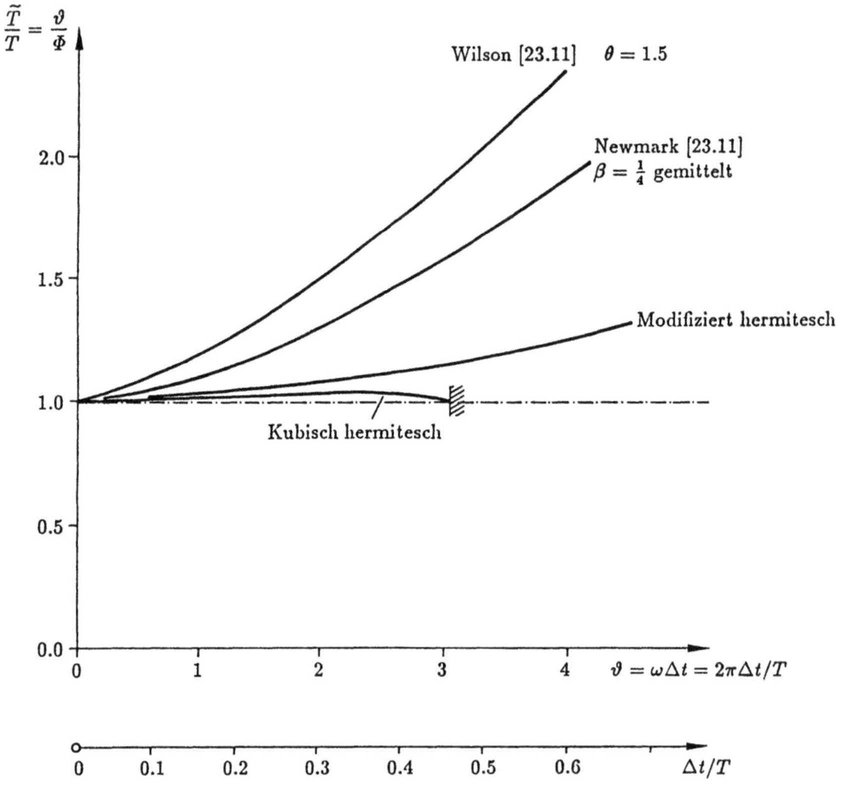

Abb. 23.4.2 Vergleich der Periodenverlängerung in Abhängigkeit der Schrittweite bei einigen unbedingt stabilen Verfahren und dem bedingt stabilen kubisch hermiteschen Grundalgorithmus

Wir wollen dieses Kapitel nicht verlassen, ehe wir – dem zugrunde liegenden Artikel [23.13] folgend – kurz zeigen, wie die Modifikation auf die ganze Familie der hermiteschen Grundalgorithmen erweitert werden kann. Die gesamte Familie der hermiteschen Ansätze weist an den Stellen k und k + 1 die Stützwerte

1. $\ddot{r}$ → Newmark
2. $\ddot{r}, \dddot{r}$ → kubisch
3. $\ddot{r}, \dddot{r}, \ddddot{r}$

$\vdots$

n. $\ddot{r}, \ldots \quad r^{(n+1)} = \ddot{r}^{(n-1)}$ (23.4.52)

auf. Das erste Glied dieser Familie wird interessanterweise durch die Newmark-Methode gebildet. Die n-te Familie enthält als Stützwerte Ableitungen der Beschleunigung bis zum Grade n − 1, also des Weges bis zum Grade n + 1, nach der Zeit. Die zu den Stützwerten gehörenden Interpolationsformen kennzeichnen wir mit ω_{kj} (Stützpunkt k,

Stützwert $r_k^{(j+2)}$ oder $\ddot{r}_k^{(j)}$) bzw. mit $\omega_{k+1,j}$. Formal können wir damit für den Beschleunigungsverlauf der n-ten Familie anschreiben

$$\ddot{r}(\tau) = \sum_{j=0}^{n-1} (\Delta t)^j \left[\omega_{kj}(\tau)\ddot{r}_k^{(j)} + \omega_{k+1,j}(\tau)\ddot{r}_{k+1}^{(j)}\right] \qquad (23.4.53)$$

Wie zuvor verlangen wir, daß $\ddot{r}_k^{(j)}$ und $\ddot{r}_{k+1}^{(j)}$ einen äquivalenten Einfluß auf den Beschleunigungsverlauf im Element haben. Dies führt uns auf

$$\omega_{kj}(\tau) = (-1)^j \omega_{k+1,j}(1-\tau) \qquad (23.4.54)$$

was äquivalent zu (23.4.3) ist. Mit dieser Forderung ergibt sich aus (23.4.53) durch Integration über das ganze Zeitintervall

$$\dot{r}_{k+1} = \dot{r}_k + \sum_{j=0}^{n-1} a_j (\Delta t)^{j+1}\left[\ddot{r}_k^{(j)} + (-1)^j \ddot{r}_{k+1}^{(j)}\right] \qquad (23.4.55)$$

und für den Weg

$$r_{k+1} = r_k + \Delta t \dot{r}_k + \sum_{j=1}^{n} (\Delta t)^{j+2}\left[b_j \ddot{r}_k^{(j)} + c_j \ddot{r}_{k+1}^{(j)}\right] \qquad (23.4.56)$$

mit

$$b_j + (-1)^j c_j = a_j \qquad (23.4.57)$$

Zum Aufbau des gesamten Iterationsprozesses müssen wir die Gleichungen (23.4.55) und (23.4.56) noch ergänzen durch die Gleichgewichtsbedingungen und ihre Ableitungen. Wir erhalten für den Zeitpunkt (k + 1)

$$\begin{aligned}
M\ddot{r}_{k+1} &+ C\dot{r}_{k+1} &+ K r_{k+1} &= R_{k+1} \\
M\ddot{r}_{k+1}^{(1)} &+ C\dot{r}_{k+1}^{(1)} &+ K r_{k+1}^{(1)} &= R_{k+1}^{(1)} \\
&\vdots \\
M\ddot{r}_{k+1}^{(n-1)} &+ C\dot{r}_{k+1}^{(n-1)} &+ K r_{k+1}^{(n-1)} &= R_{k+1}^{(n-1)}
\end{aligned} \qquad (23.4.58)$$

Aus (23.4.55) folgt nun durch Grenzübergang wie zuvor

$$\lim_{\Delta t \to \infty}\left(\frac{1}{(\Delta t)^n}\dot{r}_{k+1}\right) = a_{n-1}\left[\ddot{r}_k^{(n-1)} + (-1)^{n-1}\ddot{r}_{k+1}^{(n-1)}\right] \qquad (23.4.59)$$

und analog dazu aus (23.4.56)

$$\lim_{\Delta t \to \infty}\left(\frac{1}{(\Delta t)^{n+1}} r_{k+1}\right) = b_{n-1}\ddot{r}_k^{(n-1)} + c_{n-1}\ddot{r}_{k+1}^{(n-1)} \qquad (23.4.60)$$

Die zweite Gleichung des Blocks (23.4.58) liefert nun in Verbindung mit $\boldsymbol{R} = \boldsymbol{o}$ (freie Schwingung) und (23.4.59) die Aussage

$$\lim_{\Delta t \to \infty} \frac{1}{(\Delta t)^n} \left[\boldsymbol{M}\ddot{\boldsymbol{r}}_{k+1} + \boldsymbol{C}\ddot{\boldsymbol{r}}_{k+1} + \boldsymbol{K}\dot{\boldsymbol{r}}_{k+1}\right] = \boldsymbol{K}a_{n-1}\left[\ddot{\boldsymbol{r}}_k^{(n-1)} + (-1)^{n-1}\ddot{\boldsymbol{r}}_{k+1}^{(n-1)}\right] \overset{!}{=} \boldsymbol{o} \qquad (23.4.61)$$

welche sich nichttrivial nur mit

$$\ddot{\boldsymbol{r}}_k^{(n-1)} + (-1)^{n-1}\ddot{\boldsymbol{r}}_{k+1}^{(n-1)} = \boldsymbol{o}\,, \qquad \Delta t \to \infty \qquad (23.4.62)$$

erfüllen läßt. Die erste Teilgleichung aus (23.4.58) ergibt dann mit (23.4.60) und (23.4.62) die Aussage

$$\begin{aligned}\lim_{\Delta t \to \infty} \frac{1}{(\Delta t)^{n+1}}[\boldsymbol{M}\ddot{\boldsymbol{r}}_{k+1} + \boldsymbol{C}\dot{\boldsymbol{r}}_{k+1} + \boldsymbol{K}\boldsymbol{r}] &= b_{n-1}\ddot{\boldsymbol{r}}_k^{(n-1)} + c_{n-1}\ddot{\boldsymbol{r}}_{k+1}^{(n-1)} \\ &= \left(b_{n-1} - (-1)^{n-1}c_{n-1}\right)\ddot{\boldsymbol{r}}_{k+1}^{(n-1)} \\ &\overset{!}{=} \boldsymbol{o}\end{aligned} \qquad (23.4.63)$$

Diese Forderung läßt sich nur mit

$$b_{n-1} - (-1)^{n-1}c_{n-1} = 0 \qquad (23.4.64)$$

erfüllen. Unter Hinweis auf (23.4.57) sind also noch (2n − 1) Konstanten disponierbar. Zu ihrer Bestimmung fordern wir wieder, daß Polynome bis zu einer bestimmten Ordnung exakt integriert werden. Dabei liefert der Ansatz

$$\ddot{\boldsymbol{r}} = \tau^m \ddot{\boldsymbol{r}}_0 \qquad (23.4.65)$$

die Geschwindigkeit

$$\dot{\boldsymbol{r}}_{k+1} = \frac{1}{m+1}\Delta t \ddot{\boldsymbol{r}}_0 \qquad (23.4.66)$$

und den Weg

$$\boldsymbol{r}_{k+1} = \frac{1}{(m+1)(m+2)}\Delta t^2 \ddot{\boldsymbol{r}}_0 \qquad (23.4.67)$$

indem direkt integriert und $\tau = 1$ gesetzt wird. Andererseits erhalten wir durch Differenzieren von (23.4.65) die Basis für die Stützwerte an den Stellen k ($\tau = 0$) und k + 1 ($\tau = 1$)

$$\begin{aligned}\ddot{\boldsymbol{r}}^{(0)} &= \tau^m \ddot{\boldsymbol{r}}_0 \\ \ddot{\boldsymbol{r}}^{(1)} &= m\tau^{m-1}\ddot{\boldsymbol{r}}_0 \Delta t^{-1} \\ \ddot{\boldsymbol{r}}^{(2)} &= m(m-1)\tau^{m-2}\ddot{\boldsymbol{r}}_0 \Delta t^{-2} \\ &\vdots \\ \ddot{\boldsymbol{r}}^{(m)} &= m(m-1)(m-2)\ldots 1\ddot{\boldsymbol{r}}_0 \Delta t^{-m} \\ \ddot{\boldsymbol{r}}^{(m+1)} &= \boldsymbol{o}\end{aligned} \qquad (23.4.68)$$

Hieraus folgt

$$\ddot{r}_k^{(j)} = o \qquad \text{falls } j \neq m$$
$$\ddot{r}_k^{(j)} = m!\,\ddot{r}_0\,\Delta t^{-j} \qquad \text{falls } j = m \tag{23.4.69}$$

und weiter

$$\ddot{r}_{k+1}^{(j)} = \frac{m!}{(m-j)!}\Delta t^{-j}\ddot{r}_0 \qquad \text{falls } j \leqslant m$$
$$\ddot{r} = o \qquad \text{falls } j > m \tag{23.4.70}$$

Nun fordern wir, daß die direkte Integration des Polynoms τ^m (mit dem Resultat (23.4.66)) und die auf den Stützwerten basierende Lösung (23.4.55) übereinstimmen. Wir erhalten

$$\frac{1}{m+1} = m!\,a_m + \sum_{j=0}^{m} \frac{m!}{(m-j)!}(-1)^j a_j \qquad \text{falls } m \leqslant n-1$$
$$= \sum_{j=0}^{n-1} \frac{m!}{(m-j)!}(-1)^j a_j \qquad \text{falls } m > n-1 \tag{23.4.71}$$

Als Kontrollbeispiel betrachten wir die Familie $n = 2$ (kubisch). Es ergeben sich dann die Gleichungen von $m = 0$ bis $m = 3$

$$1 = a_0 + a_0$$
$$\tfrac{1}{2} = a_1 + a_0 - a_1$$
$$\tfrac{1}{3} = a_0 - 2a_1 \tag{23.4.72}$$
$$\tfrac{1}{4} = a_0 - 3a_1$$

Wir bemerken sofort, daß dieses System zu viele Gleichungen aufweist. Wir hatten bei der Ableitung des modifizierten kubisch hermiteschen Algorithmus ja auch das Polynom $m = 3$ nicht benötigt. Trotzdem weist das System (23.4.72) keinen Widerspruch auf, denn die beiden ersten Gleichungen sind linear abhängig von den beiden letzten. Der modifizierte kubisch hermitesche Algorithmus erfaßt also bezüglich der Geschwindigkeiten auch Polynome bis zur 3. Potenz exakt.

Zur Lösung des Systems (23.4.71) müssen wir demnach n Gleichungen, die garantiert linear unabhängig sind, auswählen. Wie das Beispiel $n = 2$ zeigt, ist die erste Gruppe $m \leqslant n-1$ ungeeignet, da die erste und zweite Gleichung identisch sind. Dagegen stellt die Gruppe $m > n-1$ genügend Gleichungen, die linear unabhängig sind. Das System zur Berechnung der Koeffizienten a_j lautet also

$$\sum_{j=0}^{n-1} \frac{m!}{(m-j)!}(-1)^j a_j = \frac{1}{m+1}, \qquad m = n \text{ bis } 2n-1 \tag{23.4.73}$$

oder in Matrizenform

$$\begin{bmatrix} 1 & \dfrac{n!}{(n-1)!} & \dfrac{n!}{(n-2)!} & \cdots\cdots & n! \\ 1 & \dfrac{(n+1)!}{n!} & \dfrac{(n+1)!}{(n-1)!} & & \dfrac{(n+1)!}{2!} \\ \vdots & & & & \vdots \\ 1 & \dfrac{(2n-1)!}{(2n-2)!} & \dfrac{(2n-1)!}{(2n-3)!} & \cdots\cdots & \dfrac{(2n-1)!}{n!} \end{bmatrix} \begin{bmatrix} a_0 \\ -a_1 \\ \vdots \\ (-1)^{n-1} a_{n-1} \end{bmatrix} = \begin{bmatrix} \dfrac{1}{n+1} \\ \dfrac{1}{n+2} \\ \vdots \\ \dfrac{1}{2n} \end{bmatrix} \qquad (23.4.74)$$

Beispielsweise erhalten wir für n = 4, also dem 4. Glied der hermiteschen Familie (quintische Interpolation), welche mit 3. Ableitungen der Beschleunigungen als Stützwerten arbeitet, das System

$$\begin{bmatrix} 1 & 4 & 12 & 24 \\ 1 & 5 & 20 & 60 \\ 1 & 6 & 30 & 120 \\ 1 & 7 & 42 & 210 \end{bmatrix} \begin{bmatrix} a_0 \\ -a_1 \\ a_2 \\ -a_3 \end{bmatrix} = \begin{bmatrix} \frac{1}{5} \\ \frac{1}{6} \\ \frac{1}{7} \\ \frac{1}{8} \end{bmatrix} \qquad (23.4.75a)$$

mit der Lösung

$$a_0 = \tfrac{1}{2}, \quad a_1 = \tfrac{3}{28}, \quad a_2 = \tfrac{1}{84}, \quad a_3 = \tfrac{1}{1680} \qquad (23.4.75b)$$

Die nicht behandelte Gleichungsgruppe

$$\begin{aligned} 1 &= a_0 + a_0 \\ \tfrac{1}{2} &= a_1 + a_0 - a_1 \\ \tfrac{1}{3} &= 2a_2 + a_0 - 2a_1 + 2a_2 \\ \tfrac{1}{4} &= 6a_3 + a_0 - 3a_1 + 6a_2 - 3a_3 \end{aligned} \qquad (23.4.75c)$$

ist offensichtlich automatisch erfüllt, was man selbstverständlich auch allgemein zeigen kann.

Wir wenden uns dem Weg zu. Die direkte Integration eines Zeitpolynoms τ^m führt auf (23.4.67), während die Lösung über die Stützwerte (23.4.69) und (23.4.70) mit (23.4.56) gegeben ist. Mit den Anfangsbedingungen $\boldsymbol{r}_k = \boldsymbol{o}$ und $\dot{\boldsymbol{r}}_k = \boldsymbol{o}$ erhalten wir

$$\begin{aligned} \frac{1}{(m+1)(m+2)} &= m!\, b_m + \sum_{j=0}^{m} \frac{m!}{(m-j)!} c_j & \text{falls } m \leqslant n-1 \\ &= \sum_{j=0}^{n-1} \frac{m!}{(m-j)!} c_j & \text{falls } m > n-1 \end{aligned} \qquad (23.4.76)$$

Die Koeffizienten dieses Systems stimmen mit denen bei der Berechnung der a_j betragsmäßig überein. Nur die Rechthandseite ist verschieden. Bei der Aufstellung des Systems zur Berechnung der c_j ist zu beachten, daß nach Berechnung der a_j nur noch (n − 1) der n c_j-Werte nach (23.4.76) bestimmbar sind, da (23.4.64) eingehalten werden muß. Wir verwenden deshalb nur Polynome bis zum Grade 2n − 2. Als Kontrollbeispiel betrachten wir wieder die Familie n = 2 (kubisch), für die sich dann die Gleichungen

$$\begin{aligned} m = 0: \quad & \tfrac{1}{2} = b_0 + c_0 \\ m = 1: \quad & \tfrac{1}{6} = b_1 + c_0 + c_1 \\ m = 2: \quad & \tfrac{1}{12} = \qquad c_0 + 2c_1 \end{aligned} \tag{23.4.77}$$

ergeben, wobei noch

$$b_1 = -c_1 = \frac{a_1}{2} = \frac{1}{24} \tag{23.4.78}$$

zu beachten ist. Die einzige Unbekannte ist damit c_0, und dafür stehen erneut mehr Gleichungen als notwendig zur Verfügung. Darin liegt jedoch kein Widerspruch, da zwei der Gleichungen überflüssig sind. So stellt die erste Gleichung lediglich eine Bestätigung für das bereits bestimmte a_0 dar, und die zweite und dritte Gleichung sind mit dem bereits bestimmten a_1 identisch. Wie zuvor verwenden wir deshalb zur Bestimmung der c_j die garantiert linear unabhängigen Gleichungen der Gruppe (23.4.76) und erhalten damit

$$\sum_{j=0}^{n-2} \frac{m!}{(m-j)!} c_j = \frac{1}{(m+1)(m+2)} - \frac{m!}{(m-n+1)!} \frac{a_1}{2}, \quad m = n \text{ bis } 2n-2 \tag{23.4.79}$$

oder in Matrizenform

$$\begin{bmatrix} 1 & \frac{n!}{(n-1)!} & \frac{n!}{(n-2)!} & \cdots & \frac{n!}{2!} \\ 1 & \frac{(n+1)!}{n!} & \frac{(n+1)!}{(n-1)!} & & \frac{(n+1)!}{3!} \\ \vdots & & & & \vdots \\ 1 & \frac{(2n-2)!}{(2n-3)!} & \frac{(2n-2)!}{(2n-4)!} & \cdots & \frac{(2n-2)!}{n!} \end{bmatrix} \begin{bmatrix} c_0 \\ c_1 \\ \vdots \\ c_{n-2} \end{bmatrix} = \begin{bmatrix} \frac{1}{2} \\ \frac{1}{6} \\ \vdots \\ \frac{1}{2n(2n-1)} \end{bmatrix} - \begin{bmatrix} n! \\ \frac{(n+1)!}{2!} \\ \vdots \\ \frac{(2n-2)!}{(n-1)!} \end{bmatrix} c_{n-1} \tag{23.4.80}$$

wobei noch

$$b_{n-1} = (-1)^{n-1} c_{n-1} = \frac{a_{n-1}}{2} \tag{23.4.81}$$

n		$\ddot{r}_k$	$\ddot{r}_{k+1}$	$\dddot{r}_k$	$\dddot{r}_{k+1}$	$\ddddot{r}_k$	$\ddddot{r}_{k+1}$	$\overset{.....}{r}_k$	$\overset{.....}{r}_{k+1}$
1	$\dot{r}_{k+1} = \dot{r}_k +$	$\frac{1}{2}\Delta t$	$\frac{1}{2}\Delta t$						
	$r_{k+1} = r_k + \Delta t\,\dot{r}_k +$	$\frac{1}{4}\Delta t^2$	$\frac{1}{4}\Delta t^2$						
2	$\dot{r}_{k+1} = \dot{r}_k +$	$\frac{1}{2}\Delta t$	$\frac{1}{2}\Delta t$	$\frac{1}{12}\Delta t^2$	$-\frac{1}{12}\Delta t^2$				
	$r_{k+1} = r_k + \Delta t\,\dot{r}_k +$	$\frac{1}{3}\Delta t^2$	$\frac{1}{6}\Delta t^2$	$\frac{1}{24}\Delta t^3$	$-\frac{1}{24}\Delta t^3$				
3	$\dot{r}_{k+1} = \dot{r}_k +$	$\frac{1}{2}\Delta t$	$\frac{1}{2}\Delta t$	$\frac{1}{10}\Delta t^2$	$-\frac{1}{10}\Delta t^2$	$\frac{1}{120}\Delta t^3$	$\frac{1}{120}\Delta t^3$		
	$r_{k+1} = r_k + \Delta t\,\dot{r}_k +$	$\frac{7}{20}\Delta t^2$	$\frac{3}{20}\Delta t^2$	$\frac{7}{120}\Delta t^3$	$-\frac{1}{24}\Delta t^3$	$\frac{1}{240}\Delta t^4$	$\frac{1}{240}\Delta t^4$		
4	$\dot{r}_{k+1} = \dot{r}_k +$	$\frac{1}{2}\Delta t$	$\frac{1}{2}\Delta t$	$\frac{3}{28}\Delta t^2$	$-\frac{3}{28}\Delta t^2$	$\frac{1}{84}\Delta t^3$	$\frac{1}{84}\Delta t^3$	$\frac{1}{1680}\Delta t^4$	$-\frac{1}{1680}\Delta t^4$
	$r_{k+1} = r_k + \Delta t\,\dot{r}_k +$	$\frac{5}{14}\Delta t^2$	$\frac{1}{7}\Delta t^2$	$\frac{11}{168}\Delta t^3$	$-\frac{1}{24}\Delta t^3$	$\frac{11}{1680}\Delta t^4$	$\frac{3}{560}\Delta t^4$	$\frac{1}{3360}\Delta t^5$	$-\frac{1}{3360}\Delta t^5$

Abb. 23.4.3 Die ersten vier Mitglieder der unbedingt stabilen modifizierten hermiteschen Algorithmen nach [23.13]

zu beachten ist. Für das 4. Mitglied der modifizierten hermiteschen Familie ergibt sich also mit einem Blick auf (23.4.75a)

$$\begin{bmatrix} 1 & 4 & 12 \\ 1 & 5 & 20 \\ 1 & 6 & 30 \end{bmatrix} \begin{bmatrix} c_0 \\ c_1 \\ c_2 \end{bmatrix} = \begin{bmatrix} \frac{1}{2} \\ \frac{1}{6} \\ \frac{1}{20} \end{bmatrix} + \begin{bmatrix} 24 \\ 60 \\ 120 \end{bmatrix} \frac{1}{3360} \tag{23.4.82a}$$

mit

$$b_3 = -c_3 = \frac{a_3}{2} = \frac{1}{3360} \tag{23.4.82b}$$

Die Auflösung des Systems (23.4.82a) liefert uns dann

$$c_0 = \frac{1}{7}, \quad c_1 = -\frac{1}{24}, \quad c_2 = \frac{3}{560} \tag{23.4.82c}$$

und daraus folgt mit (23.4.57)

$$b_0 = \frac{5}{14}, \quad b_1 = \frac{11}{168}, \quad b_2 = \frac{11}{1680} \tag{23.4.82d}$$

Die gesamte Familie der Algorithmen von n = 1 bis n = 4 findet sich in Abb. 23.4.3. In der Praxis wird man über n = 4 wohl kaum hinausgehen, und in den meisten Fällen reicht schon n = 2 vollständig aus. Für höherrangige Algorithmen ist zudem noch zu berücksichtigen, daß die entsprechenden Ableitungen der Belastung bekannt sein müssen.

23.5 Eine kurze Einführung in die linearen Mehrschritt-Verfahren (LMS) und das α-Verfahren für die dynamische Tragwerksanalyse

Alle bisher diskutierten Verfahren waren dem Problem gewidmet, vom Zustand am Beginn des Schrittes k ($r_k, \dot{r}_k, \ddot{r}_k$) auf den Zustand am Ende des Schrittes k ($r_{k+1}, \dot{r}_{k+1}, \ddot{r}_{k+1}$) überzugehen und dabei nur Informationen am Beginn und Ende des Schrittes heranzuziehen. Sie gehören deshalb zur Klasse der sogenannten Ein-Schritt-Verfahren. Die Einbeziehung von Stützwerten aus mehreren Zeitschritten zur Integration der Bewegungsgleichung führt uns zu den Mehrschritt-Verfahren. Die linearen Mehrschritt-Verfahren (engl. *linear multi-step or LMS methods*) verknüpfen dabei die Auslenkungen r_i (i = 0, k) mit den Geschwindigkeiten $\dot{r}_i$ (k-Schritt-Verfahren 1. Ordnung) und höheren Ableitungen, wie z.B. $\ddot{r}_i$ (k-Schritt-Verfahren 2. Ordnung), in einem linearen Ausdruck (*sic nomen*). Man beachte, daß ‚linear' sich nicht auf die zu integrierende Differentialgleichung bezieht; diese darf durchaus nichtlinear sein. In der Folge wollen wir zur Einführung einige LMS-Verfahren skizzieren.

Verfahren von Houbolt

Diese Methode [23.19] hat hauptsächlich historische Bedeutung, da sie eines der ersten Verfahren war, das für Computerberechnungen in der Dynamik eingesetzt wurde. Es basiert auf den Gleichungen

$$\boldsymbol{M}\ddot{\boldsymbol{r}}_{k+1} + \boldsymbol{C}\dot{\boldsymbol{r}}_{k+1} + \boldsymbol{K}\boldsymbol{r}_{k+1} = \boldsymbol{R}_{k+1} \tag{23.5.1}$$

$$\ddot{\boldsymbol{r}}_{k+1} = (2\boldsymbol{r}_{k+1} - 5\boldsymbol{r}_k + 4\boldsymbol{r}_{k-1} - \boldsymbol{r}_{k-2})/\Delta t^2 \tag{23.5.2}$$

$$\dot{\boldsymbol{r}}_{k+1} = (11\boldsymbol{r}_{k+1} - 18\boldsymbol{r}_k + 9\boldsymbol{r}_{k-1} - 2\boldsymbol{r}_{k-2})/(6\Delta t) \tag{23.5.3}$$

Setzt man (23.5.2) und (23.5.3) in (23.5.1) ein, so ergibt sich eine Bestimmungsgleichung für $\boldsymbol{r}_{k+1}$ auf der Basis von $\boldsymbol{r}_k, \boldsymbol{r}_{k-1}, \boldsymbol{r}_{k-2}$. Es handelt sich also um ein 3-Schritt-Verfahren 2. Ordnung. Wie alle Mehrschritt-Verfahren, so bedarf auch die Methode von Houbolt einer Initialisierung, da zum Startzeitpunkt t_0 eben nur $\boldsymbol{r}_0$, $\dot{\boldsymbol{r}}_0$ und $\ddot{\boldsymbol{r}}_0$ (aus der Bewegungsgleichung) bekannt sind. Zur Anwendung von (23.5.2) und (23.5.1) müßte aber $\boldsymbol{r}_{-1}$ und $\boldsymbol{r}_{-2}$ bekannt sein. Man muß also entweder mit einem Einschritt-Verfahren starten oder aber Hilfsgleichungen verwenden. Houbolt selbst schlägt die folgenden Beziehungen vor

$$\ddot{\boldsymbol{r}}_0 = \boldsymbol{M}^{-1}\left[\boldsymbol{R}(t_0) - \boldsymbol{C}\dot{\boldsymbol{r}}_0 - \boldsymbol{K}\boldsymbol{r}_0\right] \tag{23.5.4}$$

$$\boldsymbol{r}_{-1} = \Delta t^2 \ddot{\boldsymbol{r}}_0 + 2\boldsymbol{r}_0 - \boldsymbol{r}_1 \tag{23.5.5}$$

$$\boldsymbol{r}_{-2} = 6\Delta t \dot{\boldsymbol{r}}_0 + 6\boldsymbol{r}_{-1} - 3\boldsymbol{r}_0 - 2\boldsymbol{r}_1 \tag{23.5.6}$$

Offensichtlich gelingt es mit Hilfe dieser Gleichungen, auf der Basis von $\boldsymbol{r}_0$ und $\dot{\boldsymbol{r}}_0$ die unbekannten Vektoren $\boldsymbol{r}_{-1}$ und $\boldsymbol{r}_{-2}$ zu eliminieren, wenn (23.5.4) bis (23.5.6) in (23.5.2) und (23.5.3) eingesetzt wird. Das Verfahren von Houbolt ist unbedingt stabil, von 2. Ordnung genau und offensichtlich implizit. Der Algorithmus zeigt eine starke algorithmische Dämpfung, was zwar in manchen Fällen stabilisierend wirkt, aber auch die Lösung verfälschen kann. Vom heutigen Standpunkt aus ist die Methode von Park als das genauere Verfahren vorzuziehen.

Die Parksche Methode

Das Vorgehen von Park [23.20] ist auf der Beziehung

$$\dot{\tilde{\boldsymbol{r}}}_{k+1} = \left[10\tilde{\boldsymbol{r}}_{k+1} - 15\tilde{\boldsymbol{r}}_k + 6\tilde{\boldsymbol{r}}_{k-1} - \tilde{\boldsymbol{r}}_{k-2}\right]/(6\Delta t) \tag{23.5.7}$$

aufgebaut und stellt somit ein Dreischritt-Verfahren 1. Ordnung dar. Um (23.5.7) anwenden zu können, müssen wir die Bewegungsgleichung als System 1. Ordnung formulieren. Dies ist rasch getan, wenn wir an das Vorgehen bei allgemeiner viskoser Dämpfung denken (s. (22.1.44))

$$\boldsymbol{A}\dot{\tilde{\boldsymbol{r}}} + \boldsymbol{B}\tilde{\boldsymbol{r}} = \tilde{\boldsymbol{R}} \tag{23.5.8}$$

und

$$A = \begin{bmatrix} C & M \\ M & O \end{bmatrix} \tag{23.5.9}$$

$$B = \begin{bmatrix} K & O \\ O & -M \end{bmatrix} \tag{23.5.10}$$

$$\widetilde{R} = \{R \quad o\} \tag{23.5.11}$$

$$\tilde{r} = \{r \quad \dot{r}\} \tag{23.5.12}$$

Wir setzen nun (23.5.7) in (23.5.8) ein und erhalten

$$\left[\frac{10}{6\Delta t}A + B\right]\tilde{r}_{k+1} = \widetilde{R} + \frac{1}{6\Delta t}A\left[15\tilde{r}_k - 6\tilde{r}_{k-1} + \tilde{r}_{k-2}\right] \tag{23.5.13}$$

wobei die rechte Seite des Systems als bekannt gelten kann. Im Prinzip ist damit $\tilde{r}_{k+1}$ bestimmt. Wir finden uns jedoch nicht mit einem System der Größe 2n x 2n (n = Freiheitsgrade in r) ab und schreiben (23.5.13) in Einzelgleichungen

$$\frac{10}{6\Delta t}M\dot{r}_{k+1} + \left[\frac{10}{6\Delta t}C + K\right]r_{k+1} = R_1 \tag{23.5.14}$$

$$\frac{10}{6\Delta t}Mr_{k+1} - M\dot{r}_{k+1} \qquad = R_2 \tag{23.5.15}$$

wobei

$$R_1 = R + \frac{1}{6\Delta t}C\left[15r_k - 6r_{k-1} + r_{k-2}\right] + \frac{1}{6\Delta t}M\left[15\dot{r}_k - 6\dot{r}_{k-1} + \dot{r}_{k-2}\right] \tag{23.5.16}$$

und

$$R_2 = \frac{1}{6\Delta t}M\left[15r_k - 6r_{k-1} + r_{k-2}\right] \tag{23.5.17}$$

ist. Die Teilgleichung (23.5.15) liefert uns schließlich

$$M\dot{r}_{k+1} = \frac{10}{6\Delta t}Mr_{k+1} - R_2 \tag{23.5.18}$$

und dieses Ergebnis setzen wir in die erste Teilgleichung ein

$$\left[\left(\frac{10}{6\Delta t}\right)^2 M + \frac{10}{6\Delta t}C + K\right]r_{k+1} = R_1 + \frac{10}{6\Delta t}R_2 \tag{23.5.19}$$

Wir haben also wieder ein System der Größe n für die unbekannten Verschiebungen am Ende des Schrittes k, r_{k+1}. Das Verfahren von Park ist unbedingt stabil, offensichtlich implizit und liefert in der Regel bessere Ergebnisse als Houbolt, obwohl der Abbruchfehler und die Genauigkeitsordnung gleich sind. Auch die Methode von Park weist algorithmische Dämpfung auf.

Kollokationsverfahren

Die Methoden von Houbolt und Park sind hinsichtlich ihres dissipativen Charakters nicht beeinflußbar, da alle Parameter festgelegt sind. Hier setzen die Kollokationsverfahren ein, die in [23.14] ausführlich diskutiert werden. Sie kombinieren Elemente der Newmark-Formeln mit denen der Wilsonschen θ-Methode. Dabei ist θ ein Kollokationsparameter, der den Zeitpunkt $k+\theta$ für die Betrachtung des Kräftegleichgewichtes in der Dynamik festlegt, wobei $\theta = 1$ das Ende des k-ten Schrittes angibt und Wilson z.B. oft mit $\theta = 1.4$, also einem späteren Zeitpunkt, gearbeitet hat

$$\boldsymbol{M}\ddot{\boldsymbol{r}}_{k+\theta} + \boldsymbol{C}\dot{\boldsymbol{r}}_{k+\theta} + \boldsymbol{K}\boldsymbol{r}_{k+\theta} = \boldsymbol{R}_{k+\theta} \tag{23.5.20}$$

Beschleunigungen und äußere Kräfte zum Zeitpunkt $k+\theta$ werden durch lineare Extrapolation aus Stützwerten bei k bzw. k + 1 gewonnen (Wilson)

$$\ddot{\boldsymbol{r}}_{k+\theta} = (1-\theta)\ddot{\boldsymbol{r}}_k + \theta\ddot{\boldsymbol{r}}_{k+1} \tag{23.5.21}$$

$$\boldsymbol{R}_{k+\theta} = (1-\theta)\boldsymbol{R}_k + \theta\boldsymbol{R}_{k+1} \tag{23.5.22}$$

Die Wege und Geschwindigkeiten zu diesem Zeitpunkt werden analog zum Newmark-Verfahren aufgestellt

$$\boldsymbol{r}_{k+\theta} = \boldsymbol{r}_k + \theta\Delta t\dot{\boldsymbol{r}}_k + \frac{(\theta\Delta t)^2}{2}\left[(1-2\beta)\ddot{\boldsymbol{r}}_k + 2\beta\ddot{\boldsymbol{r}}_{k+\theta}\right] \tag{23.5.23}$$

$$\dot{\boldsymbol{r}}_{k+\theta} = \dot{\boldsymbol{r}}_k + \theta\Delta t\left[(1-\gamma)\ddot{\boldsymbol{r}}_k + \gamma\ddot{\boldsymbol{r}}_{k+\theta}\right] \tag{23.5.24}$$

Offensichtlich kann man (23.5.23) und (23.5.24) in (23.5.20) einsetzen und die dann verbleibenden unbekannten Beschleunigungen $\ddot{\boldsymbol{r}}_{k+\theta}$ berechnen. Mit (23.5.21) ergeben sich dann die Beschleunigungen $\ddot{\boldsymbol{r}}_{k+1}$. Aus ihnen werden schließlich mit Hilfe der üblichen Newmark-Formel Weg und Geschwindigkeit am Ende des Zeitschrittes k berechnet

$$\boldsymbol{r}_{k+1} = \boldsymbol{r}_k + \Delta t\dot{\boldsymbol{r}}_k + \frac{\Delta t^2}{2}\left[(1-2\beta)\ddot{\boldsymbol{r}}_k + 2\beta\ddot{\boldsymbol{r}}_{k+1}\right] \tag{23.5.25}$$

$$\dot{\boldsymbol{r}}_{k+1} = \dot{\boldsymbol{r}}_k + \Delta t\left[(1-\gamma)\ddot{\boldsymbol{r}}_k + \gamma\ddot{\boldsymbol{r}}_{k+1}\right] \tag{23.5.26}$$

Das Verfahren mündet für $\theta = 1$ in die Newmark-Methode und für $\beta = 1/6$ und $\gamma = 1/2$ in das Wilsonsche θ-Verfahren. Man kann zeigen, daß die oben dargestellte Vorgehensweise einem 3-Schritt-Verfahren 2. Ordnung entspricht. Bei $\gamma = 1/2$ ist die Genauigkeitsordnung 2 (Abbruchfehler $O(\Delta t^3)$). Die Genauigkeit läßt sich zusätzlich durch β steigern und erreicht bei $\gamma = 1/2$ mit

$$\beta = \tfrac{1}{12} - \tfrac{1}{2}\theta(\theta-1) \tag{23.5.27}$$

nach [23.14] die Ordnung 3. Unbedingte Stabilität plus eine Genauigkeit 2. Ordnung läßt sich mit

$$\gamma = \frac{1}{2}$$

$$\theta \geqslant 1$$

$$\frac{\theta}{2(\theta + 1)} \geqslant \beta \geqslant \frac{2\theta^2 - 1}{4(2\theta^3 - 1)} \tag{23.5.28}$$

erzielen. In [23.14] wird darüber hinaus eine spezielle Parameterwahl (β, θ) für die sogenannten optimalen Kollokationsverfahren angegeben. Darunter versteht man diejenigen unbedingt stabilen Algorithmen, die ein Maximum an algorithmischer Dämpfung mit einem Minimum an Periodenfehler verknüpfen. Die Optimalität bezieht sich also auf dynamische Tragwerksprobleme, bei denen das Verhalten durch eine relativ kleine Anzahl von niederen Eigenschwingungsformen bestimmt wird.

Die α-Methode von Hilber, Hughes, Taylor [23.15]

Houbolts Methode weist unerwünscht starke algorithmische Dämpfung auch bei niederfrequenten algorithmischen Beiträgen auf. Parks Verfahren hat in dieser Beziehung gute Eigenschaften, aber einen höheren Periodenfehler als die Kollakationsverfahren. Diese zeigen wiederum ein Phänomen, das bei Houbolt und Park nicht zu beobachten ist, das sogenannte „Überschießen" (engl. *overshoot*). Dies ist eine Tendenz, die bei gewissen Anfangsbedingungen oder Lastsprüngen kurzzeitig heftige Schwingungen auftreten läßt, eine Erscheinung, die mit der bisher diskutierten Stabilität und Genauigkeit der Algorithmen nichts zu tun hat. Die α-Methode soll diese Tendenz nicht aufweisen.

Sieht man es – insbesondere in der dynamischen Analyse von niederfrequenten Vorgängen – als Ziel an, hochfrequente Anteile in der Analyse rasch wegzudämpfen, so ist die ursprüngliche Forderung nach Amplitudentreue, d.h. einem Spektralradius $\rho = 1$ bei beliebigen Frequenzen, fallenzulassen. So weist die Newmark-Methode $\gamma = 1/2$, $\beta = 1/4$ (gemittelte Beschleunigungen) laut (23.3.26) über alle Frequenzbereiche den Spektralradius $\rho = 1$ auf, was in bezug auf höhere Frequenzen dann unerwünscht wäre (siehe auch Abb. 23.5.1). Eine Möglichkeit besteht darin, γ zu erhöhen und damit eine algorithmische Dämpfung einzuführen. So liefert z.B. $\gamma = 0.6$, $\beta = 0.3025$ ein Verfahren, das die Schranke (23.3.22) einhält, also unbedingt stabil ist, und offensichtlich höhere Frequenzen dämpft, niedere aber nicht (Abb. 23.5.1). Im Prinzip kann man mit der gezeigten Eigenschaft leben. Untersucht man nun Alternativen zu der Erhöhung von γ, so könnte man auch an eine Veränderung des Ausgangsproblems derart denken, daß man eine Pseudodämpfung einführt mit der Eigenschaft, mit kleinem $\vartheta = \Delta t \omega$ gegen Null zu gehen. Dieser Versuch ist in [23.16] unternommen worden. Eine der untersuchten Varianten arbeitet mit der modifizierten Gleichgewichtsbeziehung

$$\boldsymbol{M}\ddot{\boldsymbol{r}}_{k+1} + \boldsymbol{C}\dot{\boldsymbol{r}}_{k+1} + \boldsymbol{K}\boldsymbol{r}_{k+1} + \alpha\boldsymbol{K}[\boldsymbol{r}_{k+1} - \boldsymbol{r}_k] = \boldsymbol{R}_{k+1} \tag{23.5.29}$$

Dabei kann der Zusatzterm

$$\alpha\boldsymbol{K}[\boldsymbol{r}_{k+1} - \boldsymbol{r}_k] = \alpha\Delta t\boldsymbol{K}\frac{\boldsymbol{r}_{k+1} - \boldsymbol{r}_k}{\Delta t} \tag{23.5.30}$$

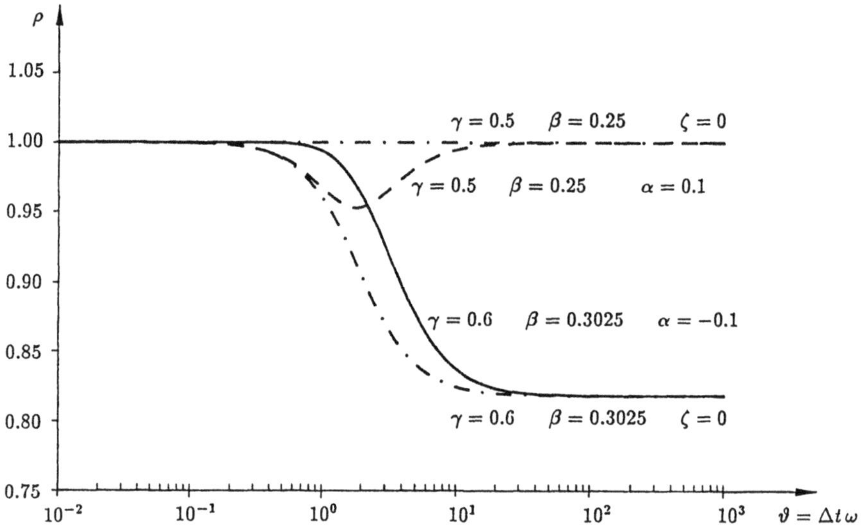

Abb. 23.5.1 Spektralradius bei verschiedenen Newmark-Verfahren und der α-Methode

als $\boldsymbol{K}$-proportionale Dämpfung angesehen werden, die mit $\Delta t \to 0$ gegen Null läuft. Ihre Größe läßt sich durch α steuern. Es zeigt sich jedoch, daß dieses Vorgehen für sich allein unbefriedigend ist, da das Verfahren $\alpha = 0.1$, $\beta = 0.25$, $\gamma = 0.5$ mit positiver viskoser $\boldsymbol{K}$-proportionaler Zusatzdämpfung zwar im unteren Frequenz-Bereich ähnlich wie Newmark bei $\gamma = 0.6$ reagiert, bei hohen Frequenzen aber wieder ein Spektralradius 1, und damit keine Dämpfung, vorhanden ist (Abb. 23.5.1). Es fällt bei der Betrachtung des Diagrammes auf, daß sich das Newmark-Verhalten bei $\gamma > 1/2$ durch negative α-Dämpfung verbessern lassen muß. Dies ist in der Tat der Fall, wie dies in Abb. 23.5.1 dargestellt ist. Hughes erwähnt in [23.10] noch eine erweiterte Modifikation

$$\boldsymbol{M}\ddot{\boldsymbol{r}}_{k+1} + (1+\alpha)\boldsymbol{C}\dot{\boldsymbol{r}}_{k+1} - \alpha\boldsymbol{C}\dot{\boldsymbol{r}}_{k} + (1+\alpha)\boldsymbol{K}\boldsymbol{r}_{k+1} - \alpha\boldsymbol{K}\boldsymbol{r}_{k} = (1+\alpha)\boldsymbol{R}_{k+1} - \alpha\boldsymbol{R}_{k} \tag{23.5.31}$$

Vergleichende Resultate zu (23.5.29) liegen jedoch bis jetzt nicht in veröffentlichter Form vor. Abschließend sollten wir noch erwähnen, daß (23.5.29) bzw. (23.5.31) ergänzt werden durch die normalen Newmark-Formeln (siehe z.B. (23.5.23) und (23.5.24) bei $\theta = 1$), was wir, da selbstverständlich, bisher nicht erwähnt haben.

23.6 Beispiele zur direkten Integration der dynamischen Gleichungen

Dreiecksimpuls in einem frei-frei-Stab [23.11, 23.13]

Unser erstes Beispiel stammt aus [23.11]. Wird ein frei-frei-Stab mit einem Dreiecksimpuls beaufschlagt, so läuft dieser Impuls bis zum freien Ende, wird dort reflektiert und kommt zurück, usw. Falls keine Dämpfung vorhanden ist, hält dieser Vorgang ewig

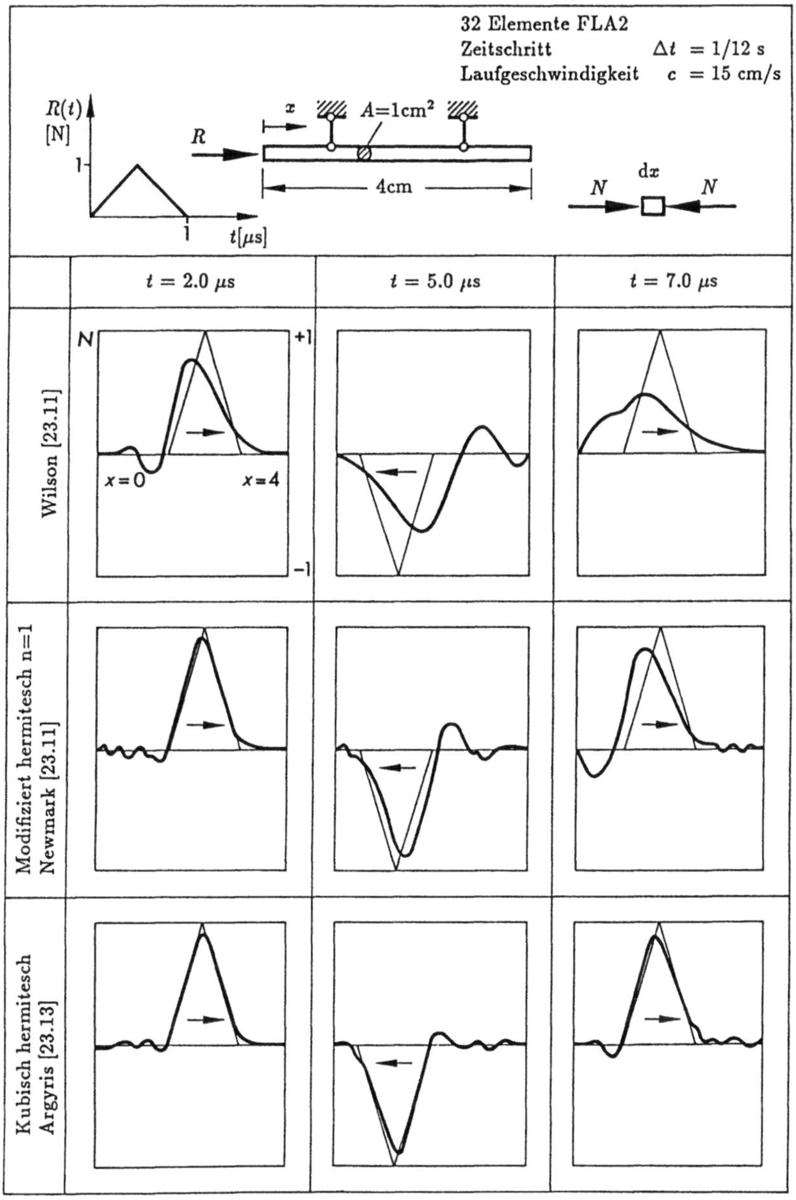

Abb. 23.6.1 Dreiecksimpuls in einem frei-frei-Stab.
Normalkraftverlauf zu verschiedenen Zeiten und Resultat dreier Integrationsverfahren

an. Er eignet sich damit sehr gut für eine Überprüfung der numerischen Integrationsverfahren. In Abb. 23.6.1 ist dieses Problem mit zwei unbedingt stabilen Algorithmen (Wilson und Newmark-($\beta = 1/4$); letzterer ist mit modifiziert hermitesch n = 1 identisch) und dem bedingt stabilen kubisch hermiteschen Algorithmus n = 2 [23.13] durchgerechnet worden.

Wir bemerken, daß die Wilsonsche θ-Methode eine sehr starke künstliche Dämpfung aufweist. Obwohl dadurch unerwünschte hochfrequente Lösungsanteile weggedämpft sind, scheint doch eine solche exzessive Dämpfung nicht akzeptabel. Die einfache Methode der gemittelten Beschleunigungen nach Newmark (modifiziert hermitesch n = 1) weist erwartungsgemäß keine künstliche Dämpfung auf. Dafür sind hier deutlich überlagerte Oberschwingungen sichtbar. Goudreau und Taylor empfehlen deshalb eine geringe künstliche Dämpfung, z.B. $\gamma = 0.55$ und $\beta = 0.25\,(1.05)^2$, einzuführen. In diesem Fall werden die Oberschwingungen weggedämpft, leider aber auch die Amplituden des Impulses vermindert. Bedenkt man allerdings, daß jedes natürliche Tragwerk Dämpfung aufweist, so ist dieser künstliche Dämpfungseffekt u.U. im Vergleich dazu unbedeutend. Da Newmarks Verfahren rund 10% weniger Operationen als Wilsons Methode aufweist, scheint es unter den einfachen Algorithmen die empfehlenswerteste Variante zu sein.

Die genaueste Reproduktion des Dreiecksimpulses wird durch den kubisch hermiteschen Algorithmus [23.13] geliefert. Dieses Verfahren ist zwar nur bedingt stabil, kleine Zeitschritte sind aber zum einen für eine angemessene Darstellung der Last und zum anderen aus Genauigkeitsgründen – auch bei den unbedingt stabilen Verfahren – ohnehin notwendig. Abgesehen von kleinen Oberschwingungen ist die Lösung perfekt. Dies rechtfertigt auch den höheren Rechenaufwand. Wenn das Problem allerdings einen großen Zeitschritt zuläßt, kann die Stabilitätsgrenze des kubisch hermiteschen Algorithmus u.U. ein Hindernis sein. In diesem Fall empfiehlt sich die Verwendung des unbedingt stabilen modifiziert hermiteschen n = 2-Algorithmus.

Kragstab mit Erregung in Resonanz

Im Beispiel Abb. 23.6.2 wird ein Kragstab mit der kleinsten Eigenfrequenz (größten Periode) sinusförmig erregt. Obwohl das Wilsonsche Verfahren mit $\Delta t = 0.25\,T_{max}$ nur die halbe Schrittweite gegenüber den modifizierten hermiteschen Algorithmen n = 2 und n = 3 aufweist, treten gravierende Fehler auf. Das Verfahren n = 3 liefert dagegen bereits Ingenieurgenauigkeit. Bei einem verkürzten Zeitschritt $\Delta t = 1/8\,T_{max}$ ist die Wilsonsche Methode immer noch sehr ungenau, während die Algorithmen n = 2 und n = 3 nach [23.13] praktisch exakt sind. Der Gewinn an Genauigkeit mit steigender Ordnung n ist übrigens bemerkenswert. Er wird durch eine Zusatzuntersuchung unterstrichen, in der wir die Last über 10 Perioden einwirken lassen und danach die Amplitude der Normalkraft an der Wurzel bestimmen. Sie müßte dann theoretisch 40-mal so groß sein wie die Amplitude der Erregungskraft, also 20 000 N. In Abb. 23.6.3 ist nun angegeben, welche Resultate die verschiedenen Algorithmen in Abhängigkeit von der Schrittweite ergeben. Um die gleiche Güte wie bei n = 2 und $\Delta t/T_{max} = 1/4$ mit Wilson zu erzielen, müßten wir die Schrittweite auf $\Delta t/T_{max} \approx 1/32$ zurücknehmen.

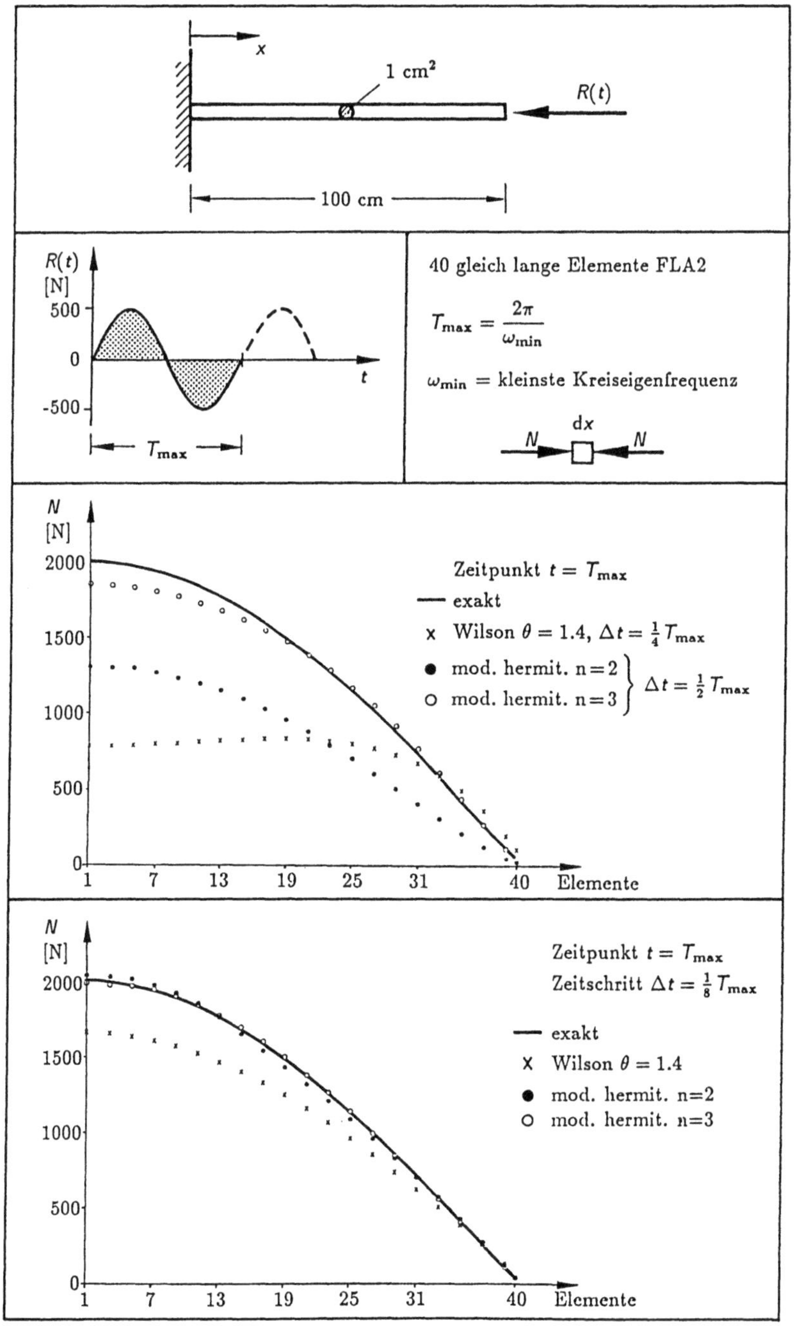

Abb. 23.6.2 Kragstab in Resonanz [23.13]. Vergleich unbedingt stabiler Verfahren

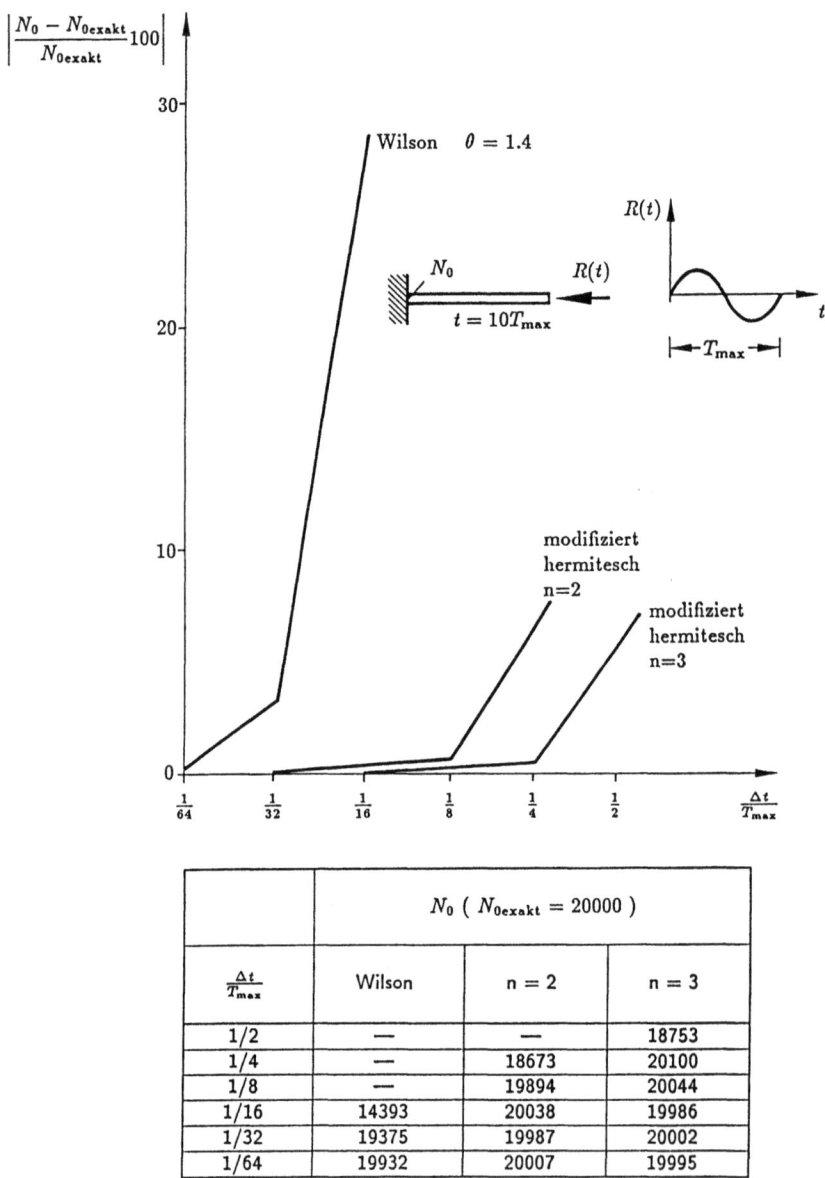

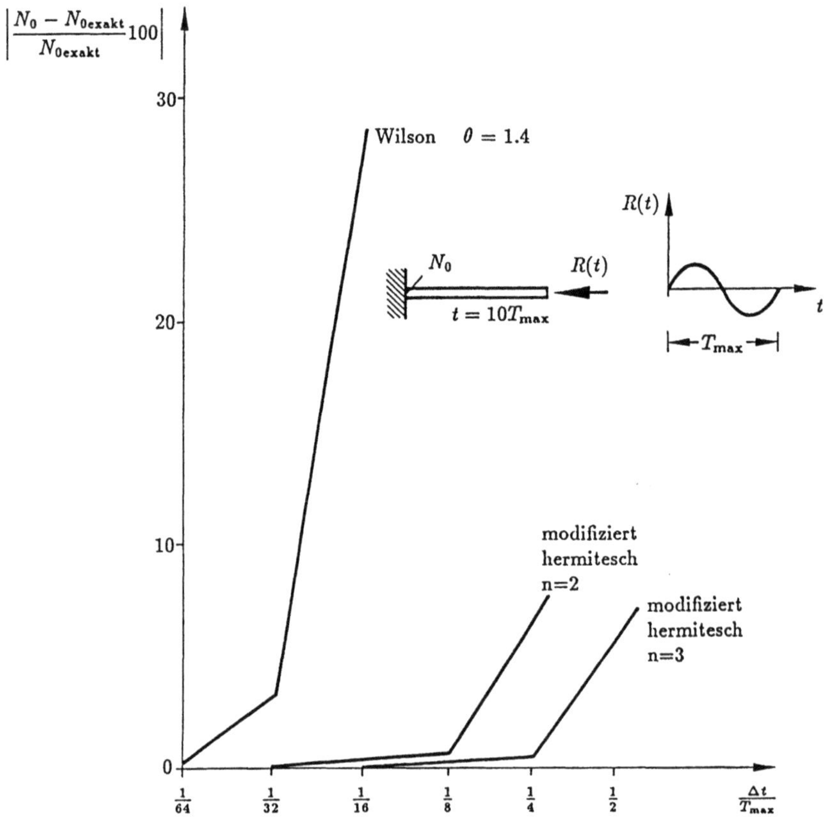

	N_0 ($N_{0exakt} = 20000$)		
$\frac{\Delta t}{T_{max}}$	Wilson	n = 2	n = 3
1/2	—	—	18753
1/4	—	18673	20100
1/8	—	19894	20044
1/16	14393	20038	19986
1/32	19375	19987	20002
1/64	19932	20007	19995

Abb. 23.6.3 Kragstab in Resonanz [23.13]. Normalkraft an der Wurzel nach 10 Lastzyklen

Freie proportional gedämpfte Schwingung eines Balkens

In Abb. 23.6.4 wird ein gelenkig gelagerter Balken vorgestellt, der zum Zeitpunkt $t = 0$ mit einer zentralen Last von 500 N statisch ausgelenkt ist. Danach wird die Last entfernt, und eine freie gedämpfte Schwingung setzt ein. Untersucht wird der Amplitudenfehler zu einem bestimmten angegebenen Zeitpunkt in Abhängigkeit von der Schrittweite. Der Fehler des modifizierten hermiteschen Verfahrens n = 2 ist rund zwei Zehnerpotenzen kleiner als der des Wilsonschen Algorithmus.

Nichtmodal gedämpfte brückenartige Struktur [23.17]

Das in Abb. 23.6.5 vorgestellte brückenartige Tragwerk weist zwei Dämpfer auf, die zu einer nichtmodalen Dämpfungsmatrix führen

$$
\begin{array}{c}
\begin{array}{cccccccccc} u_2 & v_2 & \dots & u_4 & v_4 & u_5 & v_5 & u_6 & \dots & v_8 \end{array} \\
C = \left[\begin{array}{cccccccccc}
0 & 0 & \dots & 0 & & \dots & & 0 & \dots & 0 \\
0 & 0 & & \cdot & & & & \cdot & & \cdot \\
\vdots & \vdots & & \vdots & & & & \vdots & & \vdots \\
0 & 0 & \dots & c_{46} & 0 & 0 & 0 & -c_{46} & \dots & 0 \\
\cdot & \cdot & & 0 & 0 & 0 & 0 & 0 & & 0 \\
\cdot & \cdot & & 0 & 0 & 0 & 0 & 0 & & 0 \\
\vdots & \vdots & & 0 & 0 & 0 & c_5 & 0 & \dots & 0 \\
0 & 0 & \dots & -c_{46} & 0 & 0 & 0 & c_{46} & \dots & 0 \\
\vdots & \vdots & & \vdots & & & & \vdots & & \vdots \\
0 & 0 & \dots & 0 & & \dots & & 0 & \dots & 0
\end{array}\right]
\begin{array}{c} u_2 \\ v_2 \\ \vdots \\ u_4 \\ v_4 \\ u_5 \\ v_5 \\ u_6 \\ \vdots \\ v_8 \end{array}
\end{array}
$$

die – wie wir bereits wissen – die modale Berechnung der Antwort auf eine Zwangserregung sehr erschwert. Dagegen ist die Anwendung der direkten Integrationsverfahren problemlos. Dies hat dazu geführt, daß die direkte Integration gerade für diese Problemklasse bevorzugt verwendet wird.

Die Antwort besteht dominant aus der 1. Eigenlösung, und die anderen, zu höheren Eigenfrequenzen gehörenden Lösungsanteile sind vernachlässigbar. Aus diesem Grunde kann man sich bei der Wahl des Zeitschrittes an der kleinsten Eigenfrequenz (größten Periode T_{max}) orientieren. Diese ist für das vorgestellte Tragwerk $T_{max} = 69.5$ ms. Nach Abb. 23.3.2 beträgt die Genauigkeit bei $\Delta t/T = 0.1$ für das Newmark-Verfahren mit $\beta = 1/4$, $\gamma = 1/2$ etwa 3% bezüglich der Periodenverlängerung. Man sollte also mit $\Delta t = 6$ ms eine hinreichende Genauigkeit mit Newmark erzielen.

Setzt man alternativ den bedingt stabilen kubisch hermiteschen Algorithmus ein, so ist zu beachten, daß dieser bei $\Delta t/T \approx 0.55$ seine Stabilität verliert. Da wir auf jeden Fall das Explodieren hochfrequenter Komponenten vermeiden müssen, spielt die Tatsache keine Rolle, daß die Antwort vorwiegend aus niederfrequenten Anteilen besteht. Wir müssen also für T die Minimalperiode des Tragwerks, $T_{min} = 1.8$ ms (ungedämpft), setzen.

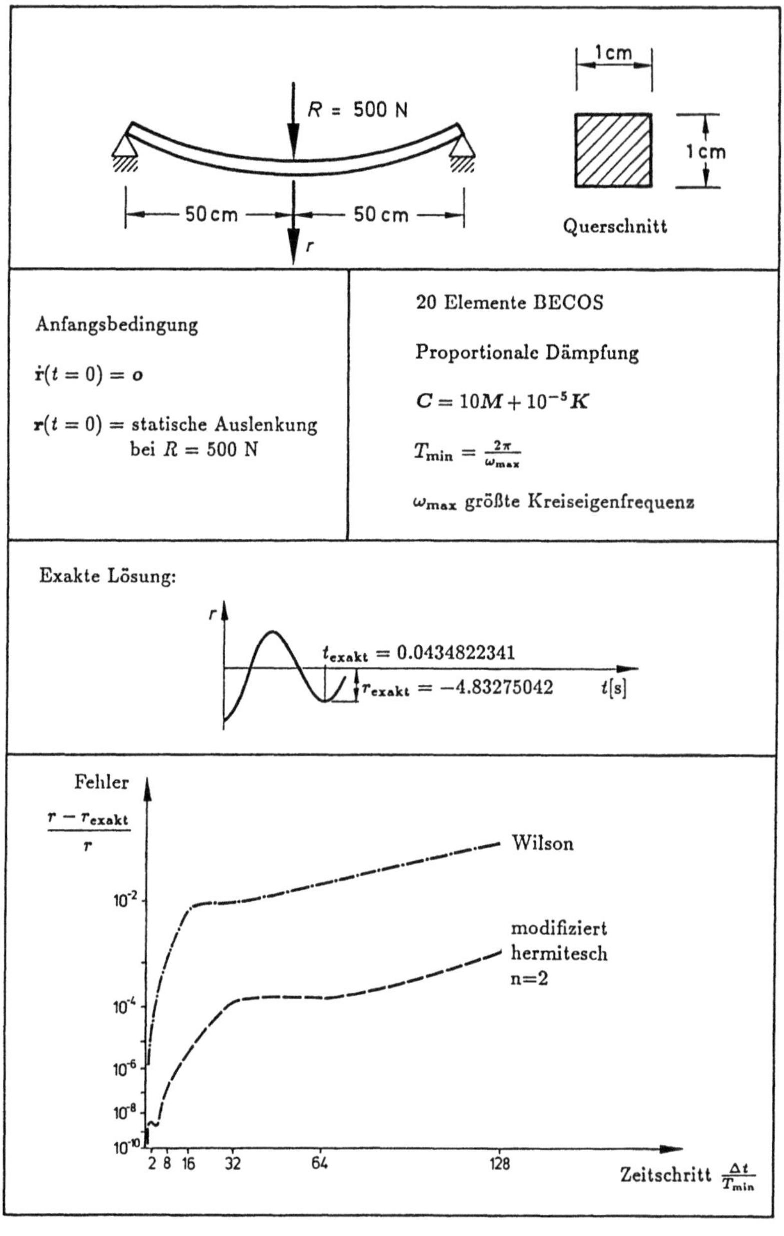

Abb. 23.6.4 Verhalten zweier unbedingt stabiler Verfahren bei gedämpften freien Schwingungen [23.13]

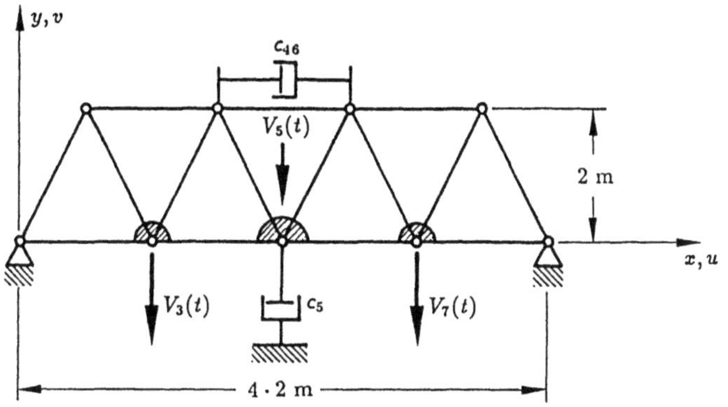

Stabdaten:

Querschnittsfläche	$A = 10^{-3}\ \mathrm{m}^2$
Elastizitätsmodul	$E = 2.1 \cdot 10^{11}\ \mathrm{N/m}^2$
Dichte	$\rho = 8000\ \mathrm{Ns}^2/\mathrm{m}^4$
Zusatzmassen:	$\Delta m_3 = 1000$ kg
	$\Delta m_5 = 2000$ kg
	$\Delta m_7 = 1000$ kg
Dämpferkennwerte:	$c_5 = 30000$ Ns/m
	$c_{46} = 500$ Ns/m

Erregungskräfte:

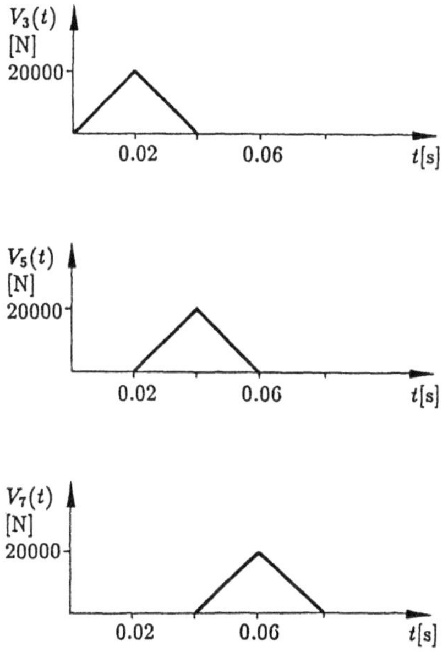

Abb. 23.6.5 Nichtmodal gedämpfte brückenartige Struktur: Problem und Daten [23.17]

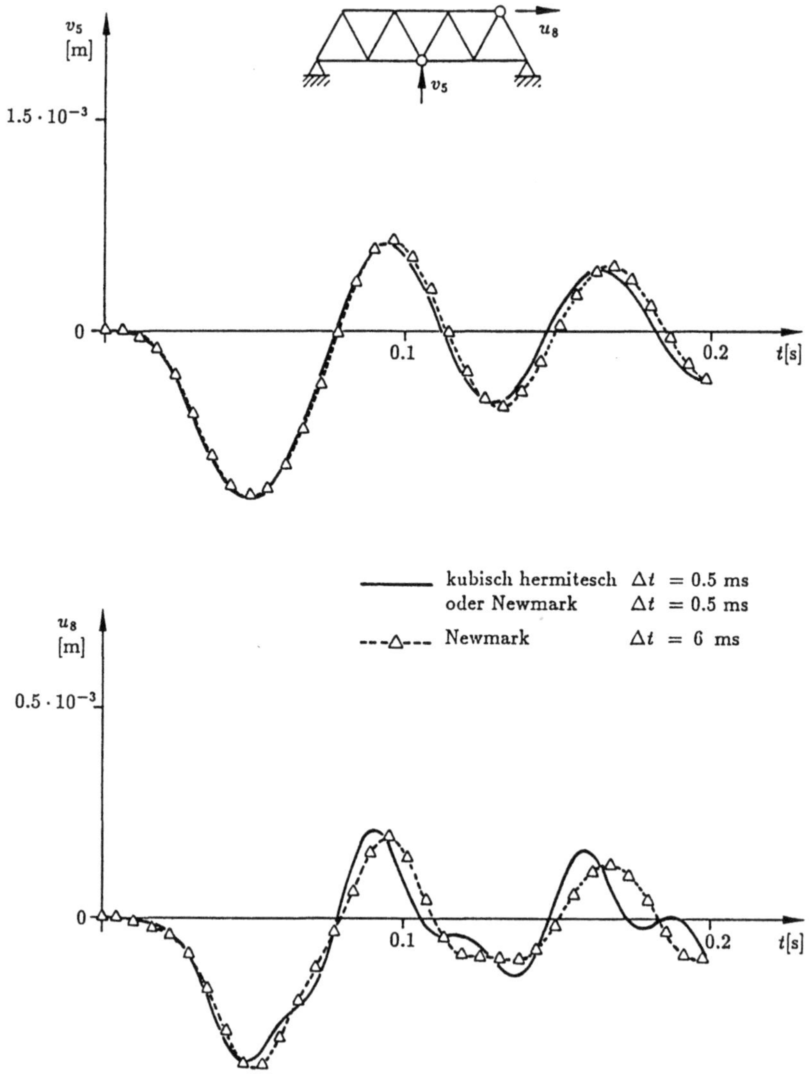

Abb. 23.6.6 Nichtmodal gedämpfte brückenartige Struktur:
Verschiebungen v_5 und u_8 mit Newmark $\beta = 1/4$ und bedingt stabilem kubisch hermiteschen Algorithmus [23.17]

Da die Dämpfung diese Grenze noch etwas nach unten schiebt, wählt man aus Sicherheitsgründen $\Delta t = 0.5$ ms. Mit dieser Schrittweite ist dann auch Newmarks Methode der gemittelten Beschleunigungen nochmals gerechnet worden. Wie wir in Abb. 23.6.6 sehen, stimmen Newmark und das kubisch hermitesche Verfahren für den kurzen Zeitschritt vollständig überein. Für den langen Zeitschritt, der nur bei Newmark verwendet werden kann, haben wir bei v_5 gute, bei u_8 aber nur noch mäßig gute Übereinstimmung. Für eine gute Darstellung der Verschiebung u_8 genügt nämlich die niedrigste Eigenschwingungsform nicht. Dementsprechend müßte der Zeitschritt nicht an T_{max}, sondern entsprechend kleiner orientiert werden. Interessant ist der Vergleich der Rechenzeit. Es verhält sich

$$\begin{bmatrix} \text{Kubisch hermitesch} \\ \Delta t = 0.5\ \text{ms} \end{bmatrix} : \begin{bmatrix} \text{Newmark} \\ \Delta t = 0.5\ \text{ms} \end{bmatrix} : \begin{bmatrix} \text{Newmark} \\ \Delta t = 6\ \text{ms} \end{bmatrix}$$

hinsichtlich der Zentralprozessorzeit wie

$$30 \quad : \quad 10 \quad : \quad 1$$

und bezüglich des Datentransfers zwischen Zentraleinheit und Hintergrundspeicher

$$6 \quad : \quad 8 \quad : \quad 1$$

Vorausgesetzt, man weiß etwas über die speziellen Eigenschaften der Antwort und kann dementsprechend einen großen Zeitschritt wählen, so ist die Newmark-Methode sehr wirtschaftlich. Allerdings wird bei dieser Aussage nicht das modifizierte kubisch hermitesche Verfahren n = 2 berücksichtigt, das ja ebenfalls große Zeitschritte gestattet.

Proportional gedämpftes Rohrleitungssystem in einem Kraftwerk [23.18]

Wir beschließen die Reihe der Beispiele mit einer mehr praxisbezogenen Anwendung. Es handelt sich um das in Abb. 23.6.7 vorgestellte Rohrleitungssystem, das im Rahmen des Reaktorsicherheitsprogramms untersucht wurde. Die längste ungedämpfte Periode des Systems beträgt

$$T_1 = T_{max} = 0.112\ \text{s}$$

und die kleinste

$$T_{150} = T_{min} = 0.000053\ \text{s}$$

Die Erregungsperiode ist

$$T_E = 0.0785\ \text{s}$$

und liegt damit zwischen der 2. und 3. Eigenperiode. Man kann sich also nicht einfach an T_{max} orientieren, da eine Antwort sicher die fünf unteren Eigenformen umfaßt. Auf der anderen Seite wäre es unwirtschaftlich, sich nach der kleinsten Periode T_{min} zu richten, da die entsprechenden Beiträge sofort weggedämpft werden. Ein brauchbarer Kompromiß ist deshalb der Zeitschritt 0,001 s (1 ms), der etwa 0.1 T_8 entspricht und damit die genaue Erfassung der unteren acht modalen Komponenten garantiert. Wir sehen in Abb. 23.6.8, daß die modale Analyse und Newmark identische Resultate liefern. Vergrößert man den Zeitschritt auf das 5-fache, scheint das Ergebnis auch noch akzeptabel. Wir liegen hier bei 0.1 T_3, d.h. die genaue Erfassung der ersten drei Modalformen reicht immer noch aus, was auf Grund der Erregungsfrequenz auch zu erwarten ist. Schlecht wird das Ergebnis jedoch bei Schrittweite 10 ms, was etwa 0.1 T_2 entspricht.

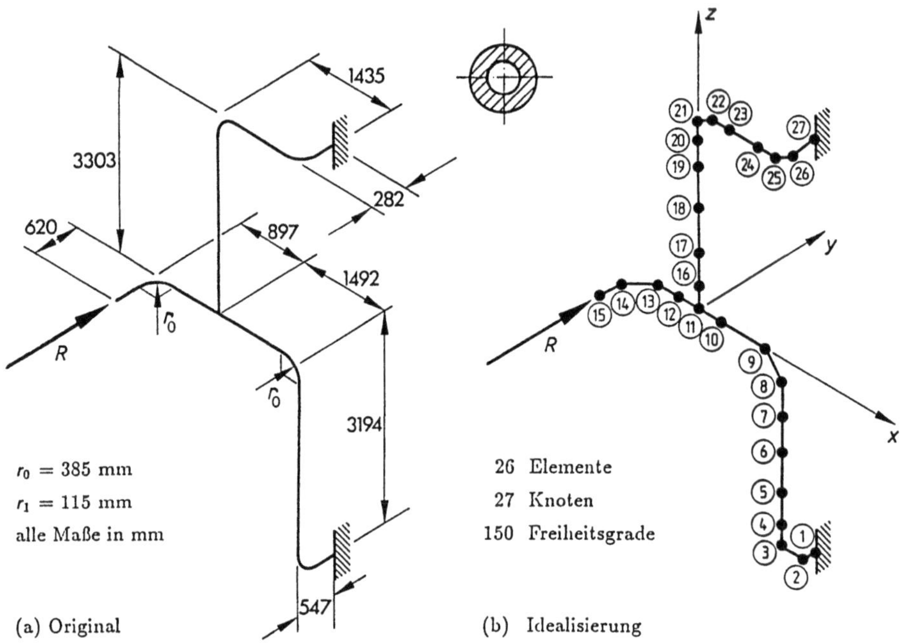

Weitere Daten:

Elastizitätsmodul	$E = 2 \cdot 10^{11}$ N/m^2
Querkontraktionszahl	$\nu = 0.3$
Dichte	$\rho = 7900$ Ns^2/m^4

Element ⟶	① ② bis ⑭ ⑮	⑪ ⑯ bis ㉖ ㉗
Querschnittsfläche A [m^2]	$1.2920 \cdot 10^{-2}$	$1.4650 \cdot 10^{-3}$
Trägheitsmoment I [m^4]	$1.0707 \cdot 10^{-4}$	$1.2769 \cdot 10^{-6}$
St.Venant Torsionskonstante J [m^4]	$2.1414 \cdot 10^{-4}$	$2.5538 \cdot 10^{-6}$
Schubfläche A_s [m^2]	$6.4599 \cdot 10^{-2}$	$7.3249 \cdot 10^{-3}$

Dämpfung: $C = 3M + 3 \cdot 10^{-4} K$ [Ns/m]

Erregung: $R(t) = 10000 \sin 80t$ [N]

Abb. 23.6.7 Rohrleitungssystem: Daten und Idealisierung

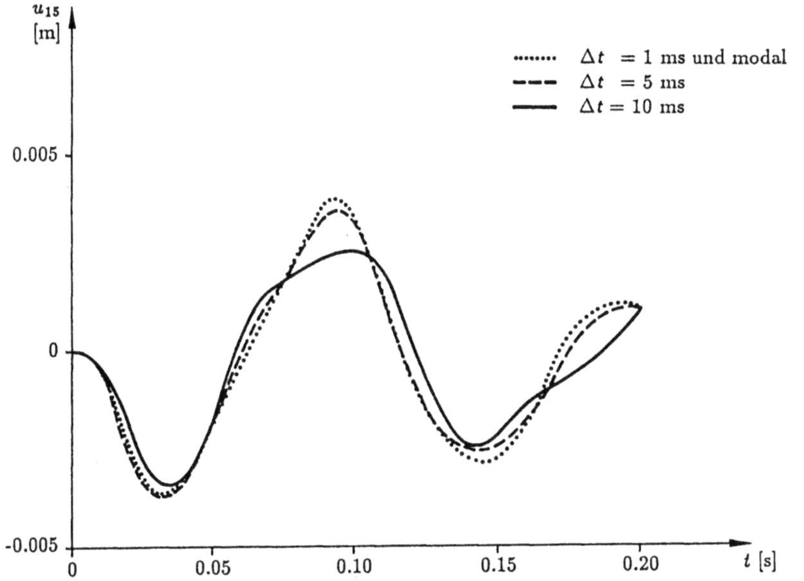

Abb. 23.6.8 Rohrleitungssystem: Horizontalverschiebung in x-Richtung am Knoten 15 nach Newmark ($\beta = 1/4$, $\gamma = 1/2$) für verschiedene Schrittweiten

Offenbar ist die 3. Eigenform für die Antwort wichtig, und diese wird mit $\Delta t/T_3 = 0.2$ zu ungenau erfaßt. Zum Schluß wollen wir noch die Rechenzeiten vergleichen. Es verhält sich

$$\begin{bmatrix}\text{Newmark}\\ \Delta t = 1\text{ ms}\end{bmatrix} : \begin{bmatrix}\text{Newmark}\\ \Delta t = 5\text{ ms}\end{bmatrix} : \begin{bmatrix}\text{Newmark}\\ \Delta t = 10\text{ ms}\end{bmatrix}$$

bezüglich der Zentralprozessorzeit wie

$$10 \quad : \quad 2 \quad : \quad 1$$

und bezüglich des Datentransfers ebenso. Ein Analysieren der Verhältnisse lohnt sich also immer – vorausgesetzt, man hat dazu die notwendigen Informationen. Mit diesem letztgenannten Mangel müssen leider alle direkten Integrationsverfahren leben.

Literatur zu Kapitel 23

[23.1] *R. E. Nickel, J. J. Sackman;* Approximate solutions in linear coupled thermoelasticity, J. Appl. Mech., ser. E, 35,2 (1968) 255–266.

[23.2] *J. T. Oden;* A general theory of finite elements, part 2 (applications), Int. J. Num. Meth. Eng., 1,3 (1969) 247–259.

[23.3] *I. Fried;* Finite element analysis of time-dependent phenomena, AIAA J., 7,6 (1969) 1170–1172.

[23.4] *J. Argyris, P. C. Dunne, T. Angelopoulos;* Non-linear oscillations using the finite element technique, Comp. Meth. Appl. Mech. Eng., 2 (1973) 203–250.

[23.5] *N. M. Newmark;* A method of computation for structural dynamics, Journal of the Engineering Mechanics Division, ASCE 85, EM3 (1959) 67–94.

[23.6] *R. W. Clough;* Numerical integration of the equations of motion, Lectures on finite element methods in continuum mechanics, University of Alabama, Huntsville (1973) 525–533.

[23.7] *C. C. Fu;* A method for the numerical integration of the equations of motion arising from a finite element analysis, Transactions of the ASME, Journal of Applied Mechanics, 37 (1970) 599–605.

[23.8] *D. M. Trujillo;* An unconditionally stable explicit algorithm for structural dynamics, Int. J. Num. Meth. Eng., 11 (1977) 1579–1592.

[23.9] *O. C. Zienkiewicz;* The finite element method, 3rd ed. (McGraw-Hill Book Company, London, 1977).

[23.10] *T. J. R. Hughes;* Analysis of transient algorithms with particular reference to stability behaviour, first series: Computational methods in mechanics, ed. by T. Belytschko and T. J. R. Hughes (North-Holland, Amsterdam, 1983).

[23.11] *G. L. Goudreau, R. L. Taylor;* Evaluation of numerical integration methods in elastodynamics, Comp. Meth. Appl. Mech. Eng. 2 (1973) 69–97.

[23.12] *K. J. Bathe, E. L. Wilson;* Stability and accuracy analysis of direct integration methods, Earthqu. Eng. & Struct. Dyn., 1 (1973) 283–291.

[23.13] *J. Argyris, P. C. Dunne, T. Angelopoulos;* Dynamic response by large step integration, Earthqu. Eng. & Struct. Dyn., 2 (1973) 185–203.

[23.14] *H. M. Hilber, T. J. R. Hughes;* Collocation, dissipation and "overshoot" for time integration schemes in structural dynamics, Earthqu. Eng. & Struct. Dyn., 6 (1978) 99–118.

[23.15] *H. M. Hilber, T. J. R. Hughes, R. L. Taylor;* Improved numerical dissipation for time integration algorithms in structural dynamics, Earthqu. Eng. & Struct. Dyn., 5 (1977) 283–292.

[23.16] *H. M. Hilber;* Analysis and design of numerical integration methods in structural dynamics, EECR report No. 76–29, Earthquake Engineering Research Center, University of California, Berkeley, CA (November 1976).

[23.17] *K. Straub, G. Vallianos, R. Walther;* ASKA Part II – Linear dynamic analysis, Direct integration of generally damped systems, ASKA UM 220, Stuttgart (1980).

[23.18] *R. Walther;* ASKA Part II – Linear dynamic analysis, Direct integration using the Newmark method, ASKA UM 228, Stuttgart (1980).

[23.19] *J. C. Houbolt;* A recurrence matrix solution for the dynamic analysis of aircraft, Journal of the Aeronautical Sciences, 17 (1950) 540–550.

[23.20] *K. C. Park;* Evaluating time integration methods for non-linear dynamic analysis in: Finite element analysis of transient non-linear behaviour, eds. T. Belytschko, J. R. Osias and P. V. Marcal, Applied Mechanics Symposia Series, ASME, New York (1975).

[23.21] *J. Argyris, D. Scharpf;* Finite Elements in time and space, The Aeronautical Journal of the Royal Aeronautical Society, 73 (1969) 1041–1044.

[23.22] *J. Argyris, A. S. L. Chan;* Applications of finite elements in time and space, Ingenieur Archiv, 41 (1972) 235–257.

24 Aspekte zur nichtlinearen Tragwerksdynamik

"Complicated monsters, head and tail,
Scorpion and asp, and Amphisbaena dire,
Cerases horned, Hydrus, and Ellops drear."
John Milton, Paradise lost

Wie sich aus den vorhergehenden Kapiteln ergibt, kann ein breites Feld der Probleme in der Dynamik unter Einsatz linearisierter Formulierungen erfolgreich und mit befriedigender Genauigkeit auch wirtschaftlich gelöst werden. Das dafür verfügbare Handwerkszeug kann als komplett und ausgereift gelten, so daß Berechnungen auf diesem Gebiet heute zum Standard der Ingenieurpraxis gehören. Neben zahlreichen Problemen, die mit Hilfe der Linearisierungstechnik bewältigt werden können, verbleibt ein Rest, der mit solchen Vereinfachungen nicht adäquat erfaßt werden kann. Die Faszination des Studiums dieser nichtlinearen Aufgaben liegt im Erscheinen neuer und unerwarteter Phänomene, die im linearen Lösungskreis nicht einmal andeutungsweise auftreten. Dabei ist es im Gegensatz zur linearen Lösungstechnik selbst in einfacheren Fällen in der Regel nicht mehr möglich, allgemeine Lösungen zu finden. Nichtlineare Dynamik ist deshalb *a priori* eine Domäne der Approximationsverfahren.

Ein erster Einblick in die überraschende Vielfalt von Erscheinungsformen, denen man sich bei der Analyse nichtlinearer dynamischer Vorgänge konfrontiert sehen kann, soll durch die ausführliche Diskussion einer, formal zumindest, sehr einfach aussehenden nichtlinearen Bewegungsgleichung gegeben werden, der sogenannten Duffing-Gleichung. Neben halb-analytischen Lösungsansätzen wird die Bedeutung numerischer Verfahren – und das heißt: der Einsatz des Computers – nachhaltig demonstriert. Breiter Raum wird der Interpretation von Ergebnissen gewährt, bis hin zum Beginn regellosen, „chaotischen" Verhaltens nichtlinearer dynamischer Systeme, dem das nachfolgende Kapitel 25 ganz gewidmet sein wird.

Der zweite Schwerpunkt des Kapitels liegt in der Behandlung von Algorithmen für die Zeit-Integration nichtlinearer Bewegungsgleichungen. Die wesentliche Vorarbeit hierzu wurde bereits in Kapitel 23 mit der Beschreibung der bekanntesten Verfahren geleistet, hier werden nun Modifikationen und Erweiterungen gegeben, die notwendig sind, wenn die Algorithmen im Nichtlinearen erfolgreich angewendet werden sollen.

Einige spezielle Formen von Nichtlinearitäten bei strukturmechanischen Problemen runden das Kapitel ab. Diese sind zum einen geprägt durch besondere Belastungsarten, die von der Bewegung selbst (Verschiebung, Geschwindigkeit) abhängen und zu sogenannten Kraft-Korrekturmatrizen führen, zum andern durch stark nichtlineares Verhalten der Struktur (große Verschiebungen, Plastifizierung). Das aktuelle Problem „crash", im Automobilbau etwa, dient als Beispiel für die Behandlung derartiger Vorgänge.

24.1 Die Duffing-Gleichung als Illustrator nichtlinearer Phänomene

24.1.1 Semianalytische Lösungsansätze

Im Rahmen dieser Einführung wollen wir an Hand eines einfachen Beispiels einen kleinen Einblick in die Welt nichtlinearer Systeme geben. Dabei lassen wir die qualitative Analyse, also die Diskussion der Stabilität, ganz außer Betracht und beschränken uns in der quantitativen Analyse auf eine der vielen halbanalytischen Lösungstechniken, die dem Stil dieses Werkes am nächsten kommt, nämlich dem Ritz-Galerkin-Verfahren, das auch Klotter [24.1] empfiehlt. Wer sich auf diesem Sektor weiterbilden möchte, der möge [24.2, 24.3, 24.4, 24.5 u.a.] konsultieren. Allen halbanalytischen Lösungstechniken ist gemeinsam, daß sie – näherungsweise – nichtlineare Phänomene einer bestimmten Differentialgleichung oder Differentialgleichungsklasse beschreiben können. Sie eignen sich allerdings nicht für die automatische Computeranalyse allgemeiner Tragwerke. Dieser Problemklasse gilt aber letztlich unser Hauptaugenmerk. Für sie steht praktisch nur ein Werkzeug zur Verfügung, das wir bereits kennengelernt haben: die direkten Integrationsmethoden. Ihr Einsatz in der nichtlinearen Dynamik bildet deshalb das Schwergewicht dieses Kapitels.

Damit gehen wir in *medias res* und betrachten das in Abb. 24.1.1 dargestellte, äußerst einfache mechanische System einer gespannten Saite, die in der Mitte eine Punktmasse m trägt. Die Vorspannkraft sei N_0, und die Trägheitskraft R_I sowie die Dämpfungskraft R_D sind identisch mit den bekannten Resultaten der linearen Lösungstechnik. Nichtlinear ist lediglich die rücklenkende elastische Kraft $R_e(t)$

$$m\ddot{r} + c\dot{r} + R_e(r, t) = R(t) \qquad (24.1.1)$$

Infolge der Auslenkung r wird die Saite gedehnt und damit die Spannkraft über N_0 angehoben. Die (lineare) elastische Zusatzdehnung ergibt sich aus

$$\begin{aligned} \epsilon &= \left[(a^2 + r^2)^{1/2} - a\right]/a \\ &= \left[1 + \left(\frac{r}{a}\right)^2\right]^{1/2} - 1 \end{aligned} \qquad (24.1.2)$$

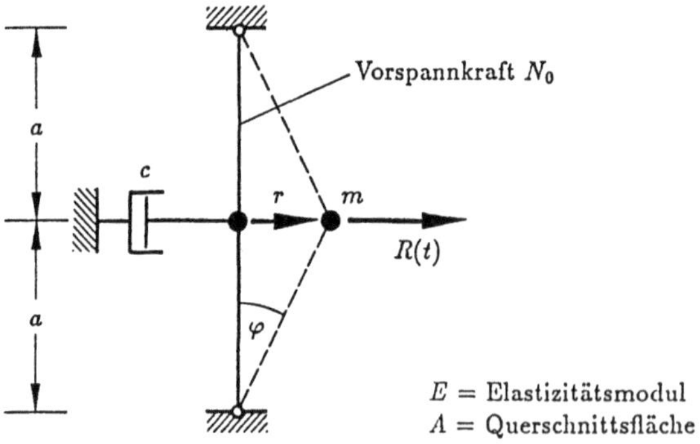

Abb. 24.1.1
Horizontalbewegung der Punktmasse m an einer gespannten Saite

und aus ihr folgt für die aktuelle Spannkraft N mit E als Elastizitätsmodul und A als Querschnittsfläche der Saite

$$\begin{aligned} N &= N_0 + \epsilon EA \\ &= N_0 + EA\left\{\left[1+\left(\frac{r}{a}\right)^2\right]^{1/2} - 1\right\} \end{aligned} \tag{24.1.3}$$

Die rücklenkende Kraft R_e errechnet sich dann aus einem einfachen Kräftedreieck

$$\begin{aligned} R_e(r) &= 2N\sin\varphi \\ &= 2N\frac{r}{(a^2+r^2)^{1/2}} \\ &= 2N_0\frac{r}{a}\left[1+\left(\frac{r}{a}\right)^2\right]^{-1/2} + 2EA\frac{r}{a}\left\{1-\left[1+\left(\frac{r}{a}\right)^2\right]^{-1/2}\right\} \end{aligned} \tag{24.1.4}$$

Die Behandlung der sich so ergebenden Differentialgleichung unseres äußerst einfachen dynamischen Systems sieht *a priori* ziemlich hoffnungslos aus, so daß wir in unserer gegenwärtigen analytischen Darstellung besser auf ganz große Auslenkungen verzichten. Wir entwickeln dementsprechend die inversen Wurzelterme in (24.1.4) in eine binomische Reihe

$$\begin{aligned} R_e(r) &= 2N_0\frac{r}{a}\left(1-\frac{1}{2}\left(\frac{r}{a}\right)^2+\ldots\right) + 2EA\frac{r}{a}\left(\frac{1}{2}\left(\frac{r}{a}\right)^2-\ldots\right) \\ &= 2N_0\frac{r}{a} + (EA-N_0)\left(\frac{r}{a}\right)^3 + O\left(\left(\frac{r}{a}\right)^5\right) \end{aligned} \tag{24.1.5}$$

Wenn wir Terme der Ordnung $(\frac{r}{a})^5$ als vernachlässigbar klein ansehen, ergibt sich die recht unschuldig aussehende nichtlineare Differentialgleichung für eine harmonische Erregungsfunktion

$$\ddot{r} + 2\zeta\omega_0\dot{r} + \omega_0^2(r+\delta r^3) = \omega_0^2 r_0 \sin\omega_E t \tag{24.1.6}$$

wobei wir analog zur linearen Formulierung (14.4.5) hier setzen

$$k_0 = \frac{2N_0}{a} \quad \text{... linearisierte Steifigkeit} \tag{24.1.7}$$

$$\delta = \frac{1}{2a^2}\left(\frac{EA}{N_0}-1\right) \quad \text{... nichtlinearer Einfluß} \tag{24.1.8}$$

$$\omega_0^2 = k_0/m \quad \text{... linearisiert gerechnete Eigenfrequenz} \tag{24.1.9}$$

$$\zeta = c/(2m\omega_0) \quad \text{... Dämpfungsverhältnis} \tag{24.1.10}$$

$$r_0 = R_0/k_0 \quad \text{... linearisierte statische Auslenkung} \tag{24.1.11}$$

In den meisten Fällen wird EA (hypothetische Saitenspannkraft bei Dehnung 1) sehr viel größer sein als die Vorspannkraft N_0. Deshalb gilt mit guter Näherung auch

$$\delta \approx \frac{EA}{2a^2N_0} \tag{24.1.12}$$

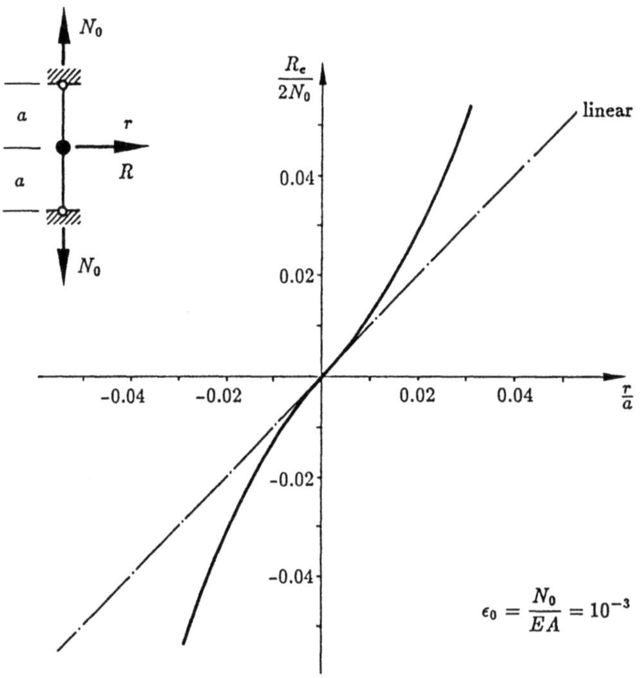

Abb. 24.1.2
Verhärtende nichtlineare Federcharakteristik des Schwingers in Abb. 24.1.1 ($a \approx 100$ entspricht $\delta = 0.05$)

und wir können sagen, daß das elastische Verhalten des Systems durch eine verhärtende Federcharakteristik gekennzeichnet ist (Abb. 24.1.2).

Die Abweichung von der Linearität wird durch den Term

$$\begin{aligned} \delta r^2 &= \frac{1}{2}\left(\frac{r}{a}\right)^2\left(\frac{EA}{N_0} - 1\right) \\ &\approx \frac{1}{2}\left(\frac{r}{a}\right)^2 \Big/ \epsilon_0 \end{aligned} \tag{24.1.13}$$

in bezug auf 1 repräsentiert, wobei ϵ_0 die Anfangsdehnung der Saite angibt, welche mit der Vorspannkraft N_0 verknüpft ist

$$\epsilon_0 = \frac{N_0}{EA} \tag{24.1.14}$$

Wir ersehen daraus, daß der nichtlineare Einfluß von der Größe der Auslenkungen in Relation zur Vorspannung abhängt. Bei kleinen Vorspannungen (Anfangsdehnungen) führen schon kleine Amplituden zu signifikanten Einflüßen (z.B. $\epsilon_0 = 0.001$ und $r/a = 0.1$ liefert $\delta r^2 = 5$, was keineswegs klein gegen 1 ist). Insofern sagt unsere Beschränkung auf mäßige Amplituden r/a noch nichts über die Nichtlinearität des Systems. Eine lineare Analyse ist nur bei hoher Vorspannung und kleiner Amplitude sinnvoll.

Differentialgleichungen des Typs (24.1.6) ergeben sich übrigens auch für Pendel, elektrische Schwingkreise und andere Probleme. Die Gleichung ist unter dem Namen Duffing in die Literatur eingegangen, und trotz ihrer unscheinbaren Gestalt ist keine allgemeine Lösung verfügbar. Dafür sind zahlreiche Näherungsmethoden für die Analyse solcher nichtlinearen Systeme entwickelt worden, wie die Methode von Duffing, Rauscher, die Perturbationsmethode, das Verfahren von Krylov und Bogoljubov. Wir wollen, analog zu dem in Abschnitt 14.4 behandelten linearen Fall, danach fragen, ob das nichtlineare System (24.1.6) noch stationäre periodische Bewegungen ausführt. Zur Beantwortung dieser Frage ziehen wir, wie bereits erwähnt, ein Verfahren heran, daß dem Stil dieses Werkes am besten entspricht und nach Meinung von Klotter [24.1] für diesen Zweck empfohlen werden kann: die Methode von Ritz-Galerkin bzw. das Verfahren der gewichteten Residuen (siehe auch Kapitel 11). Ausgehend von dem Differentialoperator

$$D(r) = \ddot{r} + 2\zeta\omega_0\dot{r} + \omega_0^2(r + \delta r^3) - \omega_0^2 r_0 \sin\omega_E t = 0 \tag{24.1.15}$$

versuchen wir einen Lösungsansatz

$$\begin{aligned} r &= \sum_{\mathrm{k}=1}^{\mathrm{n}} \omega_{\mathrm{k}}(t) r_{\mathrm{k}} \\ &= \underset{(1\times \mathrm{n})}{\boldsymbol{\omega}} \underset{(\mathrm{n}\times 1)}{\boldsymbol{r}} \end{aligned} \tag{24.1.16}$$

Dieser Lösungsansatz wird im allgemeinen die Bedingung (24.1.15) nicht für beliebige Zeiten t erfüllen können, auch wenn die Koeffizienten $\boldsymbol{r}$ noch entsprechend wählbar sind. Es ist also $D(r)$ nicht Null, sondern es stellt sich ein Residuum ein. Dieses Residuum wichten wir mit den Ansatzfunktionen $\boldsymbol{\omega}$ und machen es durch Integration über eine Periode der stationären Bewegung wenigstens im gewichteten Mittel zu Null

$$\int_{t_1}^{t_1+T} \boldsymbol{\omega}^{\mathrm{t}} D(\boldsymbol{\omega r})\,\mathrm{d}t = \boldsymbol{o} \tag{24.1.17}$$

Die Gl. (24.1.17) stellt ein nichtlineares algebraisches System der Größe n zur Bestimmung der n Ansatzkoeffizienten dar. Diese sehr vereinfachte Darstellung soll hier genügen, und wir gehen an's Werk.

Ausgehend vom linearen Fall des Abschnittes 14.4 wissen wir, daß eine harmonische Erregung $R_0 \sin\omega_E t$ eines linearen Schwingers zu einer stationären Antwort $r_0 V \sin(\omega_E t - \varphi)$ mit gleicher Frequenz, aber anderer Phasenlage führt (s. (14.4.11)), wobei in der Dynamik die statische Amplitude r_0 mit der Vergrößerungsfunktion V zu multiplizieren ist. Zumindest als erste Approximation im schwach nichtlinearen Fall könnten wir den gleichen Ansatz auch für eine periodische Lösung im nichtlinearen Fall versuchen

$$\begin{aligned} r &= [\sin\omega_E t \quad -\cos\omega_E t]\{r_1 \quad r_2\} \\ &= \bar{r}\sin(\omega_E t - \varphi) \end{aligned} \tag{24.1.18}$$

Dabei gilt

$$\begin{aligned} r_1 &= \bar{r}\cos\varphi \\ r_2 &= \bar{r}\sin\varphi \end{aligned} \tag{24.1.19}$$

und dementsprechend

$$\bar{r} = (r_1^2 + r_2^2)^{1/2} \tag{24.1.20}$$

$$\varphi = \arctan \frac{r_2}{r_1} \tag{24.1.21}$$

In unserem Fall wird also

$$\boldsymbol{\omega} = [\sin \omega_E t \quad -\cos \omega_E t] \tag{24.1.22}$$

und wir teilen den Differentialoperator D in einen linearen Anteil D_L und einen nichtlinearen Anteil D_{NL} auf

$$D(r) = D_L(r) + D_{NL}(r) \tag{24.1.23}$$

Hier gilt

$$\begin{aligned} D_L(r) &= \ddot{r} + 2\zeta \omega_0 \dot{r} + \omega_0^2 r - \omega_0^2 r_0 \sin \omega_E t \\ &= \omega_0^2 \left[(1-\beta^2)\boldsymbol{\omega} + 2\zeta \frac{1}{\omega_0} \dot{\boldsymbol{\omega}} \right] \boldsymbol{r} - \omega_0^2 r_0 \sin \omega_E t \end{aligned} \tag{24.1.24}$$

wobei analog zum linearen Fall

$$\beta = \omega_E / \omega_0 \tag{24.1.25}$$

eingeführt wird, sowie

$$\begin{aligned} D_{NL}(r) &= \omega_0^2 \delta r^3 \\ &= \omega_0^2 \delta (\boldsymbol{\omega r})^3 \end{aligned} \tag{24.1.26}$$

Die Periode der angesetzten Bewegung ist T_E, und wir setzen nun das gewichtete Residuum Null

$$\begin{aligned} \int_{t_1}^{t_1+T_E} \boldsymbol{\omega}^{\mathrm{t}} D(r)\,\mathrm{d}t &= \int_{t_1}^{t_1+T_E} \left[\boldsymbol{\omega}^{\mathrm{t}} D_L(r) + \boldsymbol{\omega}^{\mathrm{t}} D_{NL}(r) \right] \mathrm{d}t \\ &= \omega_0^2 \int_{t_1}^{t_1+T_E} \left[(1-\beta^2)\boldsymbol{\omega}^{\mathrm{t}}\boldsymbol{\omega} + 2\zeta \frac{1}{\omega_0} \boldsymbol{\omega}^{\mathrm{t}}\dot{\boldsymbol{\omega}} \right] \mathrm{d}t\, \boldsymbol{r} - \omega_0^2 r_0 \int_{t_1}^{t_1+T_E} \boldsymbol{\omega}^{\mathrm{t}} \sin \omega_E t\,\mathrm{d}t + \omega_0^2 \delta \int_{t_1}^{t_1+T_E} \boldsymbol{\omega}^{\mathrm{t}} (\boldsymbol{\omega r})^3\,\mathrm{d}t \\ &= \boldsymbol{o} \end{aligned} \tag{24.1.27}$$

Die ersten beiden Integralausdrücke enthalten nur Integrale des Typs

$$\int_{t_1}^{t_1+T_E} \sin \omega_E t \cos \omega_E t\,\mathrm{d}t = 0 \tag{24.1.28}$$

bzw.

$$\int_{t_1}^{t_1+T_E} \sin^2 \omega_E t\,\mathrm{d}t = \int_{t_1}^{t_1+T_E} \cos^2 \omega_E t\,\mathrm{d}t = \frac{\pi}{\omega_E} \tag{24.1.29}$$

Etwas aufwendiger ist die Behandlung des 3. Integrales, das auf Lösungsanteile des Typs

$$\int_{t_1}^{t_1+T_E} \sin^4 \omega_E t \,\mathrm{d}t = \int_{t_1}^{t_1+T_E} \cos^4 \omega_E t \,\mathrm{d}t = \frac{3}{4}\frac{\pi}{\omega_E} \tag{24.1.30}$$

$$\int_{t_1}^{t_1+T_E} \sin^3 \omega_E t \,\cos \omega_E t \,\mathrm{d}t = \int_{t_1}^{t_1+T_E} \sin \omega_E t \,\cos^3 \omega_E t \,\mathrm{d}t = 0 \tag{24.1.31}$$

$$\int_{t_1}^{t_1+T_E} \sin^2 \omega_E t \,\cos^2 \omega_E t \,\mathrm{d}t = \frac{1}{4}\frac{\pi}{\omega_E} \tag{24.1.32}$$

führt. Dementsprechend folgt aus (24.1.27)

$$\begin{bmatrix} 1-\beta^2 & 2\zeta\beta \\ -2\zeta\beta & 1-\beta^2 \end{bmatrix} \begin{bmatrix} r_1 \\ r_2 \end{bmatrix} + \frac{3}{4}\delta \begin{bmatrix} r_1^3 + r_1 r_2^2 \\ r_1^2 r_2 + r_2^3 \end{bmatrix} = \begin{bmatrix} r_0 \\ 0 \end{bmatrix} \tag{24.1.33}$$

Beachtet man nun (24.1.20) und definiert

$$\begin{aligned} \gamma^2 &= 1 + \tfrac{3}{4}\delta\,(r_1^2 + r_2^2) \\ &= 1 + \tfrac{3}{4}\delta\,\bar{r}^2 \end{aligned} \tag{24.1.34}$$

so erhält man an Stelle von (24.1.33)

$$\begin{bmatrix} \gamma^2-\beta^2 & 2\zeta\beta \\ -2\zeta\beta & \gamma^2-\beta^2 \end{bmatrix} \begin{bmatrix} r_1 \\ r_2 \end{bmatrix} = \begin{bmatrix} r_0 \\ 0 \end{bmatrix} \tag{24.1.35}$$

und ist damit in der Lage, die Ansatzamplituden formal auszurechnen (in γ^2 steckt aber noch $\bar{r}^2$!), und zwar so einfach wie im linearen Fall auch

$$\begin{aligned} r_1 &= r_0 \frac{\gamma^2-\beta^2}{(\gamma^2-\beta^2)^2 + (2\zeta\beta)^2} \\ r_2 &= r_0 \frac{2\zeta\beta}{(\gamma^2-\beta^2)^2 + (2\zeta\beta)^2} \end{aligned} \tag{24.1.36}$$

Hieraus folgt für die Amplitude $\bar{r}$ der Antwort wieder mit (24.1.20)

$$\left(\frac{\bar{r}}{r_0}\right)^2 \left[(\gamma^2-\beta^2)^2 + (2\zeta\beta)^2\right] = 1 \tag{24.1.37}$$

und für die Phasenlage mit (24.1.21)

$$\tan\varphi = \frac{2\zeta\beta}{\gamma^2-\beta^2} \tag{24.1.38}$$

Während im linearen Fall (24.1.37) direkt die Vergrößerungsfunktion V liefert, stellt diese Gleichung eine hochgradig nichtlineare Beziehung zur Berechnung des $\bar{r}$-β-Diagrammes dar, da $\bar{r}$ noch implizit in γ^2 enthalten ist. Wenn wir via (24.1.34) $\bar{r}$ wieder explizit einführen, so ergibt sich eine Gleichung 3. Grades in $\bar{r}^2$. Aus ihr folgt $\bar{r}(\beta)$. Es ist jedoch bequemer, die Umkehrrelation $\beta(\bar{r})$ zu behandeln, da diese Beziehung bezüglich β^2 nur eine quadratische Gleichung darstellt

$$\beta^4 - 2(1 + \tfrac{3}{4}\delta\bar{r}^2 - 2\zeta^2)\beta^2 + \left[(1 + \tfrac{3}{4}\delta\bar{r}^2)^2 - \left(\frac{r_0}{\bar{r}}\right)^2\right] = 0 \tag{24.1.39}$$

Aus dieser Gleichung folgen für vorgegebene Amplitudenwerte $\bar{r}$ Frequenzverhältnisse β^2 mit den Lösungen

$$\beta_{1,2}^2 = (1 + \tfrac{3}{4}\delta\bar{r}^2 - 2\zeta^2) \pm \left[\left(\frac{r_0}{\bar{r}}\right)^2 - 4\zeta^2(1 + \tfrac{3}{4}\delta\bar{r}^2 - \zeta^2)\right]^{1/2} \tag{24.1.40}$$

Wenn wir vernünftigerweise von positiven β-Werten ausgehen, so liefert (24.1.40) zwei, einen oder gar keinen positiven β-Wert. Man beachte auch, daß im Gegensatz zu linearen Systemen β nicht eine Funktion der Vergrößerungsfunktionen $\bar{r}/r_0$ allein ist, sondern zusätzlich noch von r_0 selbst abhängt. Natürlich enthält (24.1.40) mit $\delta = 0$ auch den Sonderfall des linearen Schwingers und damit auch die in (14.4.13) angegebene Beziehung für die Vergrößerungsfunktion, die in Abb. 14.4.2 dargestellt wurde. Auch im nichtlinearen Fall lassen sich die Spitzen der Resonanzkurven relativ leicht angeben, da die Kurve dort für einen $\bar{r}$-Wert ($\bar{r}_S$) auch nur eine β-Lösung (β_S) aufweist. Folglich muß am Spitzenpunkt gerade der Wurzelterm in (24.1.40) entfallen, was uns zu der Bedingung

$$3\zeta^2\delta\bar{r}_S^4 + 4\zeta^2(1-\zeta^2)\bar{r}_S^2 - r_0^2 = 0 \tag{24.1.41}$$

führt. Im linearen Fall ($\delta = 0$) ergibt sich eine lineare Gleichung in $\bar{r}_S^2$ mit der Lösung

$$\bar{r}_S^2(\delta = 0) = \frac{r_0^2}{4\zeta^2(1-\zeta^2)} \tag{24.1.42}$$

während im nichtlinearen Falle ($\delta \neq 0$) eine quadratische Gleichung in $\bar{r}_S^2$ die positive Lösung

$$\bar{r}_S^2 = \frac{2(1-\zeta^2)}{3\delta}\left[\left(1 + \frac{3\delta r_0^2}{4\zeta^2(1-\zeta^2)^2}\right)^{1/2} - 1\right] \tag{24.1.43}$$

liefert (eine weitere, negative Lösung ist als uninteressant weggelassen worden). Dabei kann auf Grund von (24.1.41) vorausgesagt werden, daß der Spitzenpunkt bei gleichen ζ und r_0 im nichtlinearen Fall niedriger liegt als im linearen (löse (24.1.41) formal nach $\bar{r}_S^2$ auf und betrachte den $\bar{r}_S^4$-Term als Korrekturglied).

Mit dem Resultat (24.1.43) geht man nun in (24.1.40) und erhält so

$$\begin{aligned}\beta_S^2 &= 1 - 2\zeta^2 + \tfrac{3}{4}\delta\bar{r}_S^2 \\ &= 1 - 2\zeta^2 + \frac{1-\zeta^2}{2}\left[\left(1 + \frac{3\delta r_0^2}{4\zeta^2(1-\zeta^2)^2}\right)^{1/2} - 1\right]\end{aligned} \tag{24.1.44}$$

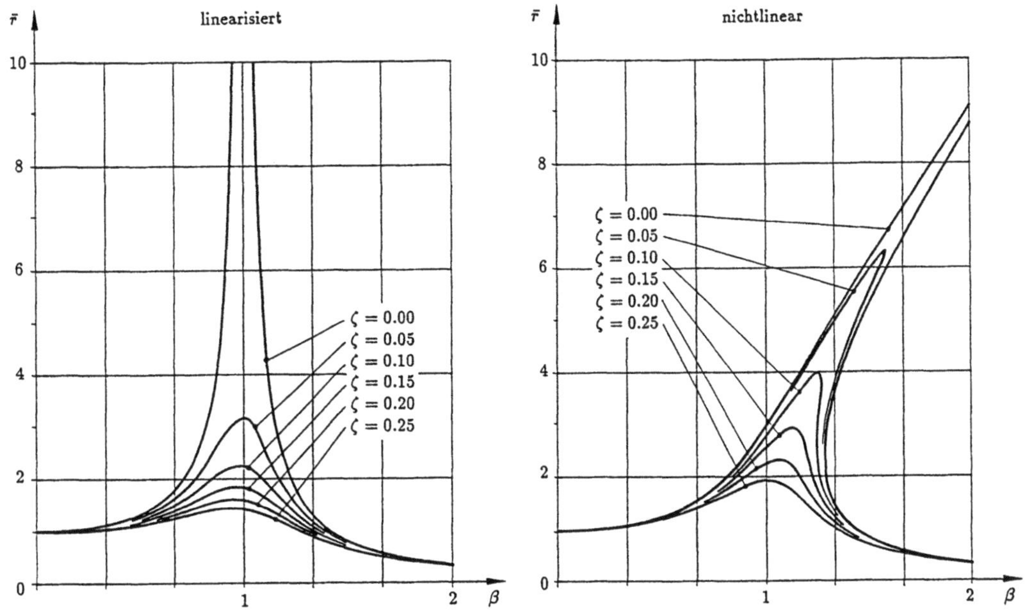

Abb. 24.1.3 Amplitude $\overline{r}$ der Antwort über dem Frequenzverhältnis β (Erregerfrequenz ω_E zu Bezugsfrequenz ω_0) für das Beispiel in Abb. 24.1.1 und harmonische Erregung (δ = 0.05, r_0 = 1)

Diese Lösung enthält auch den linearen Fall, und schon die erste Zeile zeigt uns, daß β_S durch nichtlineare Einflüsse nach rechts verschoben wird.

Wir haben also die prinzipielle Tendenz, daß durch eine positive kubische Federnichtlinearität die Resonanzkurven des linearen Falles nach rechts verbogen werden. Dieser Sachverhalt ist in Abb. 24.1.3 für einen speziellen kubischen Federbeiwert $\delta = 0.05$ und eine statische Amplitude $r_0 = 1$ dargestellt worden, und zwar zusammen mit dem linearisierten Verhalten. Wir erkennen wesentliche Unterschiede, insbesondere bei kleiner Dämpfung im Bereich $\beta > 0.80$. Die Maximalamplituden sind im nichtlinearen Fall kräftig angehoben, und die Resonanzkurven neigen zum ‚Überhängen'. Die Konsequenzen dieses Verhaltens werden später noch diskutiert werden. Übrigens bemerken aufmerksame Leser sicher, daß die Resonanzkurven im statischen Fall $\beta = 0$ nicht bei $\overline{r} = 1.0$ starten, sondern bei einem geringfügig kleineren Wert. Dies ist auf die Verhärtung der ‚Feder' beim Einfedern zurückzuführen, also auf das kubische Zusatzglied in der Steifigkeit. Aus (24.1.39) folgt für $\beta = 0$ sogleich

$$\overline{r}(\beta = 0) = \frac{r_0}{1 + \frac{3}{4}\delta \overline{r}^2} \tag{24.1.45}$$

was beweist, daß $\overline{r} < r_0$ gelten muß. Die Beziehung (24.1.45) ist an sich eine Gleichung 3. Grades für $\overline{r}$ und wird deshalb am bequemsten in wenigen Schritten mit dem Startwert $\overline{r} = r_0$ iterativ gelöst (für $r_0 = 1$, $\delta = 0.05$ ergibt sich $\overline{r} = 0.9662$).

Lenken wir unseren Blick nun auf die Phasenverschiebung Erregung-Antwort, die aus (24.1.38) und (24.1.34) mit den nun bekannten Werten für β und $\bar{r}$ folgt (Abb. 24.1.4)

$$\tan\varphi = \frac{2\zeta\beta}{1-\beta^2+\frac{3}{4}\delta\bar{r}^2} \qquad (24.1.46)$$

Hier ergibt sich für den ungedämpften Schwinger kein Unterschied zum linearisierten Fall, d.h. die Phasenverschiebung beträgt entweder 0° oder 180°. Während aber im linearen Fall die vom Dämpfungsverhältnis ζ unabhängige Eigenschaft $\varphi(\beta=1)=90^\circ$ vorliegt, die sich zur experimentellen Bestimmung des Resonanzpunktes $\beta=1$ sehr gut eignet, sind die entsprechenden Kurven im nichtlinearen Fall nach rechts abgedrängt, und die Eigenschaft geht verloren.

Das merkwürdige Verhalten nichtlinearer Systeme ist damit noch lange nicht zu Ende diskutiert. Betrachtet man die überhängenden Resonanzkurven in Abb. 24.1.3, so stellt man zunächst fest, daß es für einen β-Wert bis zu drei Amplitudenwerte geben kann. Wir haben in Abb. 24.1.5 eine spezielle Kurve herangezogen, um an ihrem Beispiel zu diskutieren, wie sich der Schwinger hier verhalten wird. Dabei vollziehen wir gedanklich ein Experiment, das sehr häufig auch in der Praxis als Abnahmetest dient: wir erregen unser Tragwerk harmonisch und durchfahren dabei einen bestimmten Frequenzbereich. Von der statischen Seite ($\beta=0$) her kommend, bemerken wir zunächst einen Amplitudenanstieg analog zum linearen Fall. Steigern wir die Erregungsfrequenz über den Punkt 1 hinaus, so geht die Amplitude im Bereich von 1 nach 2 schlagartig zurück (Sprungeffekt). Danach strebt sie analog zum linearen Schwinger gegen Null. Reduzieren wir nun die Frequenz wieder, so bleiben wir über 2 hinaus bis zum Punkt 3 auf dem unteren Kurvenast, bis es nur noch eine obere Lösung gibt, die mit einem Amplitudensprung von 3 nach 4 erreicht wird. Daraus folgt, daß der Ast 1–3 instabil sein muß. Theoretisch könnte man das geschilderte Verhalten für Schaltzwecke nutzbar machen, da es analog zur Eigenschaft einer Schaltfeder ist.

Bisher haben wir – vom linearen Schwinger kommend und kleine Nichtlinearitäten voraussetzend – angenommen, daß eine harmonische Erregung mit der Frequenz ω_E auch eine phasenverschobene Antwort mit der gleichen Kreisfrequenz induziert. Dies kann nur eine Näherung 1. Ordnung sein und sagt nichts über die mögliche Existenz anderer Lösungen.

Wir unternehmen nun einen Versuch, die stationäre Antwort für eine harmonische Erregung nach (24.1.6) allgemeiner anzusetzen, und folgen hier dem Beispiel vom Hayashi [24.3]. Wir setzen zunächst kleine Dämpfung ($\zeta \ll 1$) voraus. Hieraus folgt – siehe Abb. 24.1.4 –, daß der Phasenwinkel zwischen Erregung und Antwort klein ist. Die Grundkomponente der Antwort ist also bei einer sinusförmigen Erregung ebenfalls eine Sinusschwingung im Takt der Erregung. Wir ergänzen diese bereits untersuchte Antwort durch ein andersfrequentes Zusatzglied, wobei zunächst zu überprüfen ist, unter welchen Bedingungen die Antwort auch Schwingungsanteile enthalten kann, die nicht im Takt der Erregung schwingen. Wir drücken die Erregungsfrequenz als ganzzahliges Vielfaches einer Basisfrequenz aus

$$\omega_E = \nu\Omega\,, \qquad \nu = 2,3,4,\ldots \qquad (24.1.47)$$

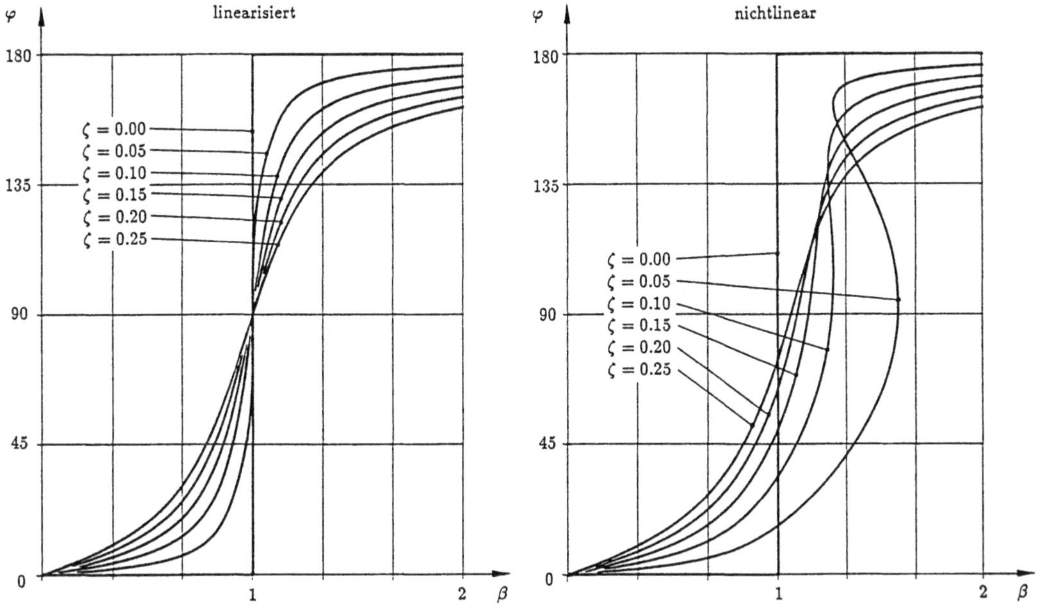

Abb. 24.1.4 Phase φ der Antwort über dem Frequenzverhältnis β (Erregerfrequenz ω_E zu Bezugsfrequenz ω_0) für das Beispiel in Abb. 24.1.1 und harmonische Erregung

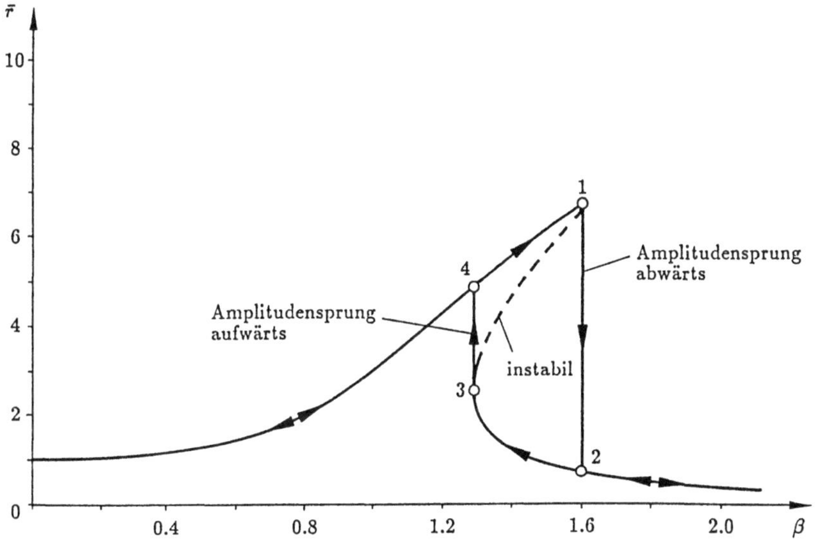

Abb. 24.1.5 Sprungeffekte beim Durchfahren des Frequenzbereichs eines nichtlinearen Schwingers (δ = 0.005, r_0 = 1, ζ = 0.05, Beispiel Abb. 24.1.1)

und setzen für die Erregung

$$R(t) = R_0 \sin \omega_E t = R_0 \sin \nu \Omega t \tag{24.1.48}$$

die Antwort

$$r(t) = r_1 \sin \Omega t + r_2 \cos \Omega t + r_3 \sin \nu \Omega t \ , \qquad \nu = 2, 3, 4, \ldots \tag{24.1.49}$$

an. Neben dem für kleine Dämpfung zu erwartenden Antwortteil $r_3 \sin \nu \Omega t$ wird also eine phasenverschobene niederfrequente Schwingung zugelassen. Um festzustellen, ob es eine solche subharmonische Schwingungskomponente überhaupt gibt, setzen wir den Lösungsansatz in die Differentialgleichung

$$\frac{1}{\omega_0^2}\ddot{r} + \frac{2\zeta}{\omega_0}\dot{r} + r - r_0 \sin \nu \Omega t + \delta r^3 = 0 \tag{24.1.50}$$

ein und führen einen Koeffizientenvergleich für die Terme, die $\sin \Omega t$ und $\cos \Omega t$ (also die subharmonischen Komponenten) enthalten, durch. Mit den Abkürzungen

$$\begin{aligned} s &= \sin \Omega t \\ c &= \cos \Omega t \end{aligned} \tag{24.1.51}$$

bzw.

$$\begin{aligned} s_\nu &= \sin \nu \Omega t \\ c_\nu &= \cos \nu \Omega t \end{aligned} \tag{24.1.52}$$

sowie

$$\beta_s = \Omega / \omega_0$$

erhalten wir

$$\begin{aligned} &\left[(1-\beta_s^2) r_1 - 2\zeta \beta_s r_2\right] s + \left[2\zeta \beta_s r_1 + (1-\beta_s^2) r_2\right] c + \\ &+ \left[(1-\nu^2\beta_s^2) r_3 - r_0\right] s_\nu + 2\zeta \nu \beta_s r_3 c_\nu + \delta (r_1 s + r_2 c + r_3 s_\nu)^3 = 0 \end{aligned} \tag{24.1.53}$$

Die größte Mühe bereitet hier die Ausrechnung und Umformung des nichtlinearen kubischen Gliedes. In Ergänzung *24.1 sind dafür einige nützliche Formeln angegeben. Der Lösungsausdruck für r^3 enthält neben expliziten Gliedern mit s und c auch solche, die trigonometrische Funktionen der Frequenzen

$$(\nu - 2)\Omega \ , \quad (\nu + 2)\Omega \ , \quad (2\nu - 1)\Omega \ , \quad (2\nu + 1)\Omega \ , \quad 3\nu\Omega$$

sind, die wir, analog zu (24.1.52) in Kurzform, anschreiben

$$\begin{aligned}4r^3 = {} & 3r_1^3 s - r_1^3 s_3 + 3r_1^2 r_2 c - 3r_1^2 r_2 c_3 \\ & + 3r_1 r_2^2 s + 3r_1 r_2^2 s_3 + 3r_2^3 c + r_2^3 c_3 \\ & + 6r_1^2 r_3 s_\nu - 3r_1^2 r_3 s_{\nu+2} - 3r_1^2 r_3 s_{\nu-2} \\ & + 6r_1 r_2 r_3 c_{\nu-2} - 6r_1 r_2 r_3 c_{\nu+2} + 6r_2^2 r_3 s_\nu \\ & + 3r_2^2 r_3 s_{\nu+2} + 3r_2^2 r_3 s_{\nu-2} + 6r_1 r_3^2 s \\ & - 3r_1 r_3^2 s_{2\nu+1} + 3r_1 r_3^2 s_{2\nu-1} + 6r_2 r_3^2 c \\ & - 3r_2 r_3^2 c_{2\nu-1} - 3r_2 r_3^2 c_{2\nu+1} + 3r_3^3 s_\nu \\ & - r_3^3 s_{3\nu}\end{aligned} \tag{24.1.54}$$

Die folgende kleine Zuordnung

ν	$\nu-2$	$\nu+2$	$2\nu-1$	$2\nu+1$	3
2	0	4	3	5	6
3	①	5	5	7	9
4	2	6	7	9	12
5	3	7	9	11	15
⋮					

zeigt uns, daß nur in einem Falle ein Beitrag zu s, c aus diesem Bereich zu erwarten ist, nämlich für $\nu = 3$ bei $\nu - 2$.
Wir notieren also für $\nu = 2, 4, 5, \ldots$ hinsichtlich des Koeffizientenvergleiches bezüglich s

$$(1-\beta_s^2)r_1 - 2\zeta\beta_s r_2 + \tfrac{3}{4}\delta(r_1^3 + r_1 r_2^2 + 2r_1 r_3^2) = 0 \tag{24.1.55}$$

und bezüglich c

$$2\zeta\beta_s r_1 + (1-\beta_s^2)r_2 + \tfrac{3}{4}\delta(r_1^2 r_2 + r_2^3 + 2r_2 r_3^2) = 0 \tag{24.1.56}$$

bzw. nach einer kleinen Umformung

$$\begin{aligned}&\left[1-\beta_s^2 + \tfrac{3}{4}\delta(r_1^2+r_2^2) + \tfrac{3}{2}\delta r_3^2\right]r_1 - 2\zeta\beta_s r_2 = 0 \\ &\left[1-\beta_s^2 + \tfrac{3}{4}\delta(r_1^2+r_2^2) + \tfrac{3}{2}\delta r_3^2\right]r_2 + 2\zeta\beta_s r_1 = 0\end{aligned} \tag{24.1.57}$$

Wir multiplizieren nun die erste Gleichung mit r_2 und die zweite mit r_1 und subtrahieren dann. Es ergibt sich

$$2\zeta\beta_s(r_1^2 + r_2^2) = 0 \tag{24.1.58}$$

wobei $r_1^2 + r_2^2$ die Amplitude der subharmonischen Schwingung darstellt. Solange der Schwinger gedämpft ist, existiert damit keine subharmonische Schwingung der Frequenz $(\nu\Omega)/\nu$ für $\nu = 2, 4, 5, 6 \ldots$, also der Ordnung $1/2$, $1/4$, $1/5 \ldots$ bezogen auf die Erregungsfrequenz.

Wenden wir uns jetzt dem Sonderfall $\nu = 3$ zu. Hier kommen durch den Beitrag aus $\nu - 2$ in (24.1.54) zusätzliche Glieder ins Spiel, die wir auf der rechten Seite von (24.1.57) notieren

$$\left[1 - \beta_s^2 + \tfrac{3}{4}\delta(r_1^2 + r_2^2) + \tfrac{3}{2}\delta r_3^2\right]r_1 - 2\zeta\beta_s r_2 = \tfrac{3}{4}\delta r_3(r_1^2 - r_2^2)$$

$$\left[1 - \beta_s^2 + \tfrac{3}{4}\delta(r_1^2 + r_2^2) + \tfrac{3}{2}\delta r_3^2\right]r_2 + 2\zeta\beta_s r_1 = -\tfrac{3}{4}\delta r_3 2 r_1 r_2 \tag{24.1.59}$$

Wir betrachten nun zur Vereinfachung den ungedämpften Fall $\zeta = 0$ und multiplizieren wieder die erste Gleichung mit r_2 und die zweite mit r_1 und subtrahieren dann. Es ergibt sich bei $r_3 \neq 0$ die einfache Beziehung

$$(3r_1^2 - r_2^2)r_2 = 0 \tag{24.1.60}$$

mit den Lösungen

$$r_2 = 0 \tag{24.1.61}$$

bzw.

$$r_2 = \pm\sqrt{3}\,r_1 \tag{24.1.62}$$

Dabei liefert (24.1.61) den subharmonischen Lösungsbeitrag

$$r_1 \sin\Omega t = r_1 \sin\frac{\omega_E t}{3}$$

während (24.1.62) die subharmonischen Lösungsbeiträge

$$r_1(\sin\Omega t + \sqrt{3}\cos\Omega t) = r_1 \sin\frac{\omega_E t + 2\pi}{3}$$

$$r_1(\sin\Omega t - \sqrt{3}\cos\Omega t) = r_1 \sin\frac{\omega_E t + 4\pi}{3}$$

liefert. Die letztgenannten Lösungsbeiträge können wir als subharmonische Schwingungen für eine um 2π bzw. 4π versetzte Krafterregung auffassen. Dies bringt aber nichts Neues, so daß das Problem mit $r_2 = 0$ erfaßt ist. Die Bewegung lautet also im ungedämpften Fall

$$r = r_1 \sin\frac{\omega_E t}{3} + r_3 \sin\omega_E t \tag{24.1.63}$$

Mit diesem Resultat wollen wir die Methode des Koeffizientenvergleichs verlassen. Abgesehen vom rechnerischen Aufwand, ist das Vorgehen zwar technisch sehr einfach, im nichtlinearen Fall treten jedoch in manchen Fällen sogenannte säkulare Terme auf, die, für sich gesehen, mit der Zeit gegen ∞ streben, in einer Gesamtdarstellung der kompletten Lösung als Reihe aber endlich bleiben. Die Diskussion für die Behandlung dieser Glieder führt hier zu weit, und wir kehren deshalb mit (24.1.63) als Ansatz zur Methode der gewichteten Residuen zurück. Unsere Interpolationsmatrix $\boldsymbol{\omega}$ ist

$$\begin{aligned}\boldsymbol{\omega} &= [\sin \tfrac{1}{3}\omega_E t \quad \sin \omega_E t] \\ &= [s_{1/3} \quad s]\end{aligned} \tag{24.1.64}$$

und an die Stelle von (24.1.27) tritt jetzt die etwas allgemeinere Form

$$\int_{t_1}^{t_1+3T_E} \left(\frac{1}{\omega_0^2}\boldsymbol{\omega}^t\ddot{\boldsymbol{\omega}} + \frac{2\zeta}{\omega_0}\boldsymbol{\omega}^t\dot{\boldsymbol{\omega}} + \boldsymbol{\omega}^t\boldsymbol{\omega}\right)\mathrm{d}t\boldsymbol{r} - r_0 \int_{t_1}^{t_1+3T_E} \boldsymbol{\omega}^t \sin\omega_E t\,\mathrm{d}t$$

$$+\,\delta \int_{t_1}^{t_1+3T_E} \boldsymbol{\omega}^t(\boldsymbol{\omega}\boldsymbol{r})^3\,\mathrm{d}t = \boldsymbol{o} \tag{24.1.65}$$

Der Integrationsbereich erstreckt sich über die längere der beiden Perioden im Lösungsansatz. Nach Einsetzen von (24.1.64) erhalten wir mit $\zeta = 0$

$$\int_{t_1}^{t_1+3T_E} \left(\begin{bmatrix}(1-\beta^2/9)s_{1/3}^2 & (1-\beta^2)s_{1/3}s \\ (1-\beta^2/9)ss_{1/3} & (1-\beta^2)s^2\end{bmatrix}\begin{bmatrix}r_1\\ r_3\end{bmatrix} - r_0\begin{bmatrix}s_{1/3}s\\ s^2\end{bmatrix}\right)\mathrm{d}t$$

$$+\,\delta \int_{t_1}^{t_1+3T_E} \begin{bmatrix}s_{1/3}(s_{1/3}r_1 + sr_3)^3\\ s(s_{1/3}r_1 + sr_3)^3\end{bmatrix}\mathrm{d}t = \boldsymbol{o} \tag{24.1.66}$$

wobei die Integrale

$$\begin{aligned}\int_{t_1}^{t_1+3T_E} s_{1/3}^2\,\mathrm{d}t &= \frac{3}{\omega_E}\int_{\tau_1}^{\tau_1+2\pi} \sin^2\tau\,\mathrm{d}\tau &&= \frac{3\pi}{\omega_E}\\ \int_{t_1}^{t_1+3T_E} s^2\,\mathrm{d}t &= \frac{1}{\omega_E}\int_{\tau_1}^{\tau_1+6\pi} \sin^2\tau\,\mathrm{d}\tau &&= \frac{3\pi}{\omega_E}\\ \int_{t_1}^{t_1+3T_E} s_{1/3}s\,\mathrm{d}t &= \frac{3}{\omega_E}\int_{\tau_1}^{\tau_1+2\pi} \sin\tau\sin 3\tau\,\mathrm{d}\tau &&= 0\end{aligned} \tag{24.1.67}$$

den ersten, einfacheren Teil der Beziehung (24.1.66) festlegen. Etwas mehr Mühe kostet die Behandlung des nichtlinearen kubischen Anteils

$$\int_{t_1}^{t_1+3T_E} \begin{bmatrix}s_{1/3}r^3\\ sr^3\end{bmatrix}\mathrm{d}t = \int_{t_1}^{t_1+3T_E} \begin{bmatrix}s_{1/3}^4r_1^3 + 3s_{1/3}^3sr_1^2r_3 + 3s_{1/3}^2s^2r_1r_3^2 + s_{1/3}s^3r_3^3\\ ss_{1/3}^3r_1^3 + 3s^2s_{1/3}^2r_1^2r_3 + 3s^3s_{1/3}r_1r_3^2 + s^4r_3^3\end{bmatrix}\mathrm{d}t \tag{24.1.68}$$

Die hier zu behandelnden Integrale sind

$$
\begin{aligned}
\int_{t_1}^{t_1+3T_E} s_{1/3}^4\,\mathrm{d}t &= \frac{3}{\omega_E}\int_{\tau_1}^{\tau_1+2\pi} \sin^4\tau\,\mathrm{d}\tau &&= \frac{3}{4}\frac{3\pi}{\omega_E}\\
\int_{t_1}^{t_1+3T_E} s_{1/3}^3 s\,\mathrm{d}t &= \frac{3}{\omega_E}\int_{\tau_1}^{\tau_1+2\pi} \sin^3\tau\,\sin 3\tau\,\mathrm{d}\tau &&= -\frac{1}{4}\frac{3\pi}{\omega_E}\\
\int_{t_1}^{t_1+3T_E} s_{1/3}^2 s^2\,\mathrm{d}t &= \frac{3}{\omega_E}\int_{\tau_1}^{\tau_1+2\pi} \sin^2\tau\,\sin^2 3\tau\,\mathrm{d}\tau &&= \frac{1}{2}\frac{3\pi}{\omega_E}\\
\int_{t_1}^{t_1+3T_E} s_{1/3} s^3\,\mathrm{d}t &= \frac{3}{\omega_E}\int_{\tau_1}^{\tau_1+2\pi} \sin\tau\,\sin^3 3\tau\,\mathrm{d}\tau &&= 0\\
\int_{t_1}^{t_1+3T_E} s^4\,\mathrm{d}t &= \frac{1}{\omega_E}\int_{\tau_1}^{\tau_1+6\pi} \sin^4\tau\,\mathrm{d}\tau &&= \frac{3}{4}\frac{3\pi}{\omega_E}
\end{aligned}
\tag{24.1.69}
$$

Nun sind wir in der Lage, das System (24.1.66) erneut anzuschreiben, und erhalten

$$
\begin{aligned}
(1-\beta^2/9)r_1 + \tfrac{3}{4}\delta(r_1^3 - r_1^2 r_3 + 2r_1 r_3^2) &= 0\\
(1-\beta^2)r_3 + \tfrac{1}{4}\delta(-r_1^3 + 6r_1^2 r_3 + 3r_3^3) &= r_0
\end{aligned}
\tag{24.1.70}
$$

Die gleichen Beziehungen hätten wir auch durch einen Koeffizientenvergleich finden können, was die Effektivität der Methode der gewichteten Residuen bestätigt. So folgt die erste Gleichung in (24.1.70) direkt aus der ersten Gleichung in (24.1.59), wenn $r_2 = 0$ und $\zeta = 0$ eingesetzt und $\beta_s^2 = \beta^2/9$ berücksichtigt wird.

Auch der Rückweg zur stationären Schwingung mit nur einem Frequenzanteil ist abgedeckt. Offensichtlich ist die erste Gleichung in (24.1.70) mit

$$r_1 = 0$$

befriedigt, was uns mit der zweiten Gleichung dann

$$(1-\beta^2 + \tfrac{3}{4}\delta r_3^2)r_3 = r_0 \tag{24.1.71}$$

liefert. Das gleiche Resultat erhält man auch aus (24.1.36) mit $\zeta = 0$ und unter Beachtung von (24.1.34). In diesem Falle ist r_3 mit $\bar{r}$ identisch.

Gehen wir nun vom allgemeineren Fall $r_1 \neq 0$ aus, so liefert uns die erste Gleichung in (24.1.70) sofort

$$r_1^2 - r_3 r_1 + 2r_3^2 - \frac{4}{27\delta}(\beta^2 - 9) = 0 \tag{24.1.72}$$

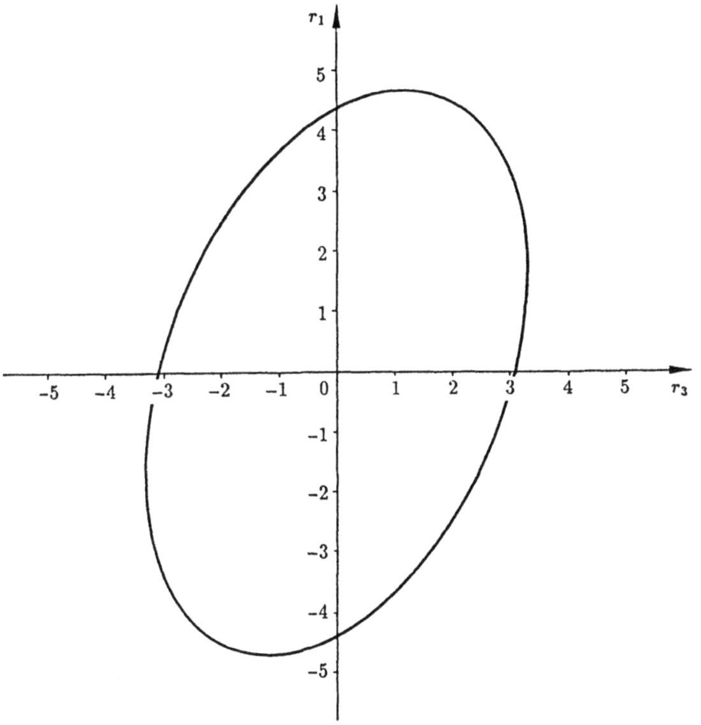

Abb. 24.1.6 Beziehung zwischen harmonischer und subharmonischer Amplitude für das Frequenzverhältnis $\beta = \omega_E/\omega_0 = 4$ und den kubischen Beiwert $\delta = 0.05$

Diese Beziehung zwischen den Anteilamplituden r_1 und r_3 stellt in der r_1, r_3-Ebene einen Kegelschnitt dar. Untersucht man die Invarianten dieser Kurve zweiter Ordnung, so stellt man fest, daß für $\beta > 3$ eine reelle Ellipse mit $r_1 = 0$, $r_3 = 0$ als Mittelpunkt auftritt (Abb. 24.1.6). Für $\beta = 3$ degeneriert die Ellipse in ein imaginäres Geradenpaar und für $\beta < 3$ wird die Ellipse imaginär. Aus dieser einfachen Kurvendiskussion können wir schließen, daß subharmonische Schwingungen nur im überkritischen Bereich $\beta > 3$ existieren können. Dies bestätigt uns auch die formale Auflösung von (24.1.72) nach r_1

$$r_1 = 0.5 r_3 \pm \sqrt{\frac{4}{27\delta}(\beta^2 - 9) - \frac{7}{4} r_3^2} \qquad (24.1.73)$$

Diese Gleichung gibt jedoch darüber hinaus noch explizit an, zu welchen Amplituden r_3 bei einem bestimmten Frequenzverhältnis β noch reelle Lösungen für r_1 existieren. Sobald der Radikand Null wird, ist die Grenzamplitude erreicht

$$r_3^2 = \frac{4}{7} \frac{4}{27\delta}(\beta^2 - 9) \qquad (24.1.74)$$

Diese Grenze ist gleichbedeutend mit dem finiten Bereich, den die Ellipse in r_3-Richtung überdeckt. Ab einer bestimmten Amplitude r_3 wird also ebenfalls kein subharmonischer Anteil mehr existieren können. Löst man (24.1.72) noch formal nach r_3 auf und wiederholt die Diskussion, so ergibt sich, daß gilt

$$r_1^2 \leqslant \frac{8}{7}\frac{4}{27\delta}(\beta^2 - 9) \qquad (24.1.75)$$

d.h. die Amplitude r_1 wird den angegebenen Grenzwert nicht überschreiten. Dies entspricht der Ausdehnung der Ellipse in r_1-Richtung. Abschließend ist noch zu bemerken, daß offensichtlich zu jeder r_3-Amplitude zwei r_1-Lösungen gehören. Hier ist zu beachten, daß wir zwar zwei stationäre Zustände erhalten, die zwei Gleichgewichtszuständen in der Statik entsprechen, wir erhalten allerdings keine Aussage über die Stabilität dieser Zustände. Hayashi [24.3] hat gezeigt, daß der untere Ellipsenbereich instabilen Zuständen zugeordnet ist.

Wenden wir uns nun der allgemeinen Lösung des Systems (24.1.70) zu. Diese ist im konkreten Fall am einfachsten iterativ zu bestimmen. So liefert die zweite Teilgleichung eine Basis zur iterativen Berechnung der Amplitude r_3

$$r_3 = [r_0 - \tfrac{1}{4}\delta(-r_1^3 + 6r_1^2 r_3 + 3r_3^3)]/(1-\beta^2) \qquad (24.1.76)$$

die mit $r_1 = r_3 = 0$ gestartet werden kann. Auf der Basis des so berechneten angenäherten r_3-Wertes lösen wir die 1. Teilgleichung in Gestalt von (24.1.73) exakt. Diese liefert zwei Lösungswerte für r_1, die in der nächsten Iterationsschleife auch zu zwei zugeordneten r_3-Werten führen. In der weiteren Iteration verfolgt man diese Paare bis zur Konvergenz, die recht rasch erfolgt. Wir demonstrieren dies am Beispiel $\beta = \omega_E/\omega_0 = 4$, $r_0 = 1$ und $\delta = 0.05$:

Iteration	Lösungszweig $+\sqrt{\ }$		
	r_1	r_3	e_2 [%]
1	0.4520013E + 01	− 0.6666667E − 01	− 125.65
2	0.4474634E + 01	− 0.1504328E + 00	− 8.94
3	0.4471301E + 01	− 0.1563958E + 00	− 0.61
4	0.4471072E + 01	− 0.1568038E + 00	− 0.04
5	0.4471056E + 01	− 0.1568316E + 00	0.00

Iteration	Lösungszweig $-\sqrt{\ }$		
	r_1	r_3	e_2 [%]
1	−0.4586679E + 01	− 0.6666667E − 01	110.10
2	−0.4550826E + 01	0.6730776E − 02	8.76
3	−0.4547885E + 01	0.1257006E − 01	0.68
4	−0.4547657E + 01	0.1302085E − 01	0.05
5	−0.4547640E + 01	0.1305557E − 01	0.00

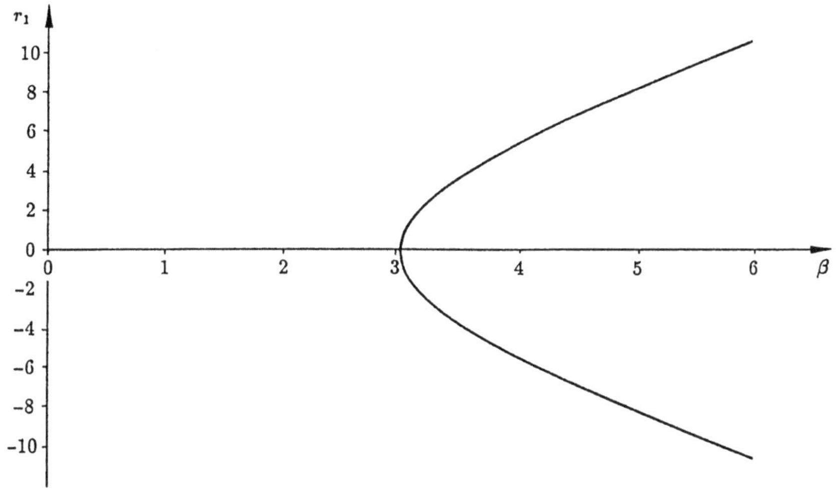

(a) subharmonische Amplitude

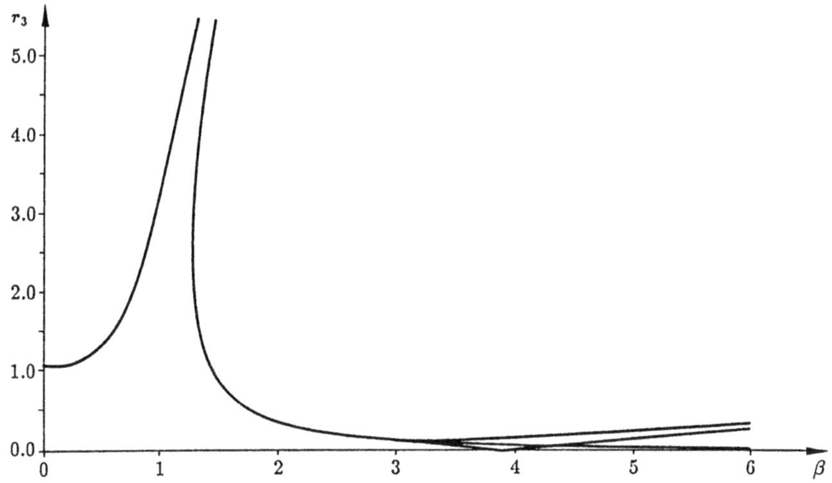

(b) harmonische Amplitude

Abb. 24.1.7 Resonanzverhalten eines kubisch nichtlinearen Schwingers unter Berücksichtigung subharmonischer Schwingungen ($\zeta = 0,\ r_0 = 1,\ \delta = 0.05$)

Der angegebene Fehler bezieht sich auf die zweite Gleichung in (24.1.70) (die erste erfüllen wir exakt), deren Residuum wir mit r_0 ins Verhältnis setzen

$$e_2 = 100\left[(1-\beta^2) + \tfrac{1}{4}\delta(-r_1^3 + 6r_1^2 r_3 + 3r_3^3) - r_0\right]/r_0 \qquad (24.1.77)$$

Dieses Maß ist auch als Abbruchkriterium der Iteration in Abb. 24.1.7 verwendet worden. Wir sehen, daß dieses Vorgehen außerordentlich schnell konvergiert. Betrachten wir die in Abb. 24.1.7 vorgestellten Resonanzkurven, so tritt für $\beta < 3$ keine subharmonische Schwingung auf, wie dies bereits nachgewiesen wurde. In diesem Bereich haben wir also das gleiche Verhalten wie beim einfachen harmonischen Lösungsansatz. Für $\beta > 3$ setzt dann die Möglichkeit einer subharmonischen Bewegung ein. Ein scharfes Auge bemerkt jedoch, daß der entsprechende Verzweigungspunkt (siehe r_1, β-Diagramm in (a)) recht dicht bei $\beta = 3$ liegt, aber doch sichtbar etwas darüber. Dies ist auch aus (24.1.73) zu ersehen, denn für $\beta = 3$ sind bei $r_3^2 > 0$ noch keine reellen Lösungen möglich. Der entsprechende Übergangspunkt ergibt sich aus (24.1.70) für ein beliebig kleines $r_1 = \epsilon$ zu

$$r_{3T} = \frac{-r_0}{8 + 51\delta r_3^2/4} \qquad (24.1.78)$$

woraus iterativ r_3 folgt, mit dem das Frequenzverhältnis β_T zu

$$\beta_T = 3(1 + 3\delta r_3^2/2)^{1/2} \qquad (24.1.79)$$

berechnet wird. Für $r_0 = 1$ und $\delta = 0.05$ ergibt sich beispielsweise

$$r_{3T} = -0.1248$$
$$\beta_T = 3.0018$$

Bei $r_3 = r_{3T}$ setzt nun rasch wachsend der subharmonische Antwortteil ein, wobei zu einem Frequenzverhältnis zwei Amplituden r_1 und drei Beträge von r_3 gehören. Welche dieser stationären Zustände stabil und welche instabil sind, darüber sagt unsere Rechnung nichts aus. Optisch wirken die Zweige der r_1-Lösungen bis auf das Vorzeichen gleich. Dies ist jedoch nicht der Fall (siehe Abb. 24.1.6), und der optische Effekt rührt vom kleinen Betrag von r_3 her. Von den drei Lösungszweigen bei $|r_3|$ gehören zwei zu den beiden r_1-Lösungen im oberen Diagramm und eine gehört zur Lösung $r_1 = 0$, die ebenfalls ein „Gleichgewichtszustand" sein kann.

Als Beispiel für eine subharmonische stationäre Bewegung haben wir in Abb. 24.1.8 den Fall $\beta = 3.05$ bei $T_0 = 1\,\text{s}$ ausgewählt. Alle anderen Parameter entsprechen den vorausgegangenen Beispielen ($\zeta = 0$, $\delta = 0.05$, $r_0 = 1$). Dabei sind wir absichtlich nur wenig über $\beta = 3$ hinausgegangen, um die Beteiligung beider Lösungsanteile $\omega_E t/3$ bzw. $\omega_E t$ noch sichtbar werden zu lassen. Für höhere Frequenzverhältnisse überspielt der große subharmonische Anteil alle anderen Effekte. Selbst hier ist der subharmonische Anteil mit $r_1 = 0.87$ weitaus dominanter als der harmonische $r_3 = -0.12$.

Bisher haben wir uns auf den Sonderfall des dämpfungsfreien Schwingers beschränkt, um die Einführung nicht zu sehr zu komplizieren. Eingehendere Untersuchungen zeigen, daß die subharmonischen Schwingungen extrem empfindlich gegenüber der Dämpfung sind. Vergleichsweise kleine Dämpfungswerte verhindern die Existenz der subharmonischen Schwingungen total. So gibt Klotter in [24.1] an, daß bei

$$\sqrt{\tfrac{3}{4}\delta}\, r_0 = 1$$

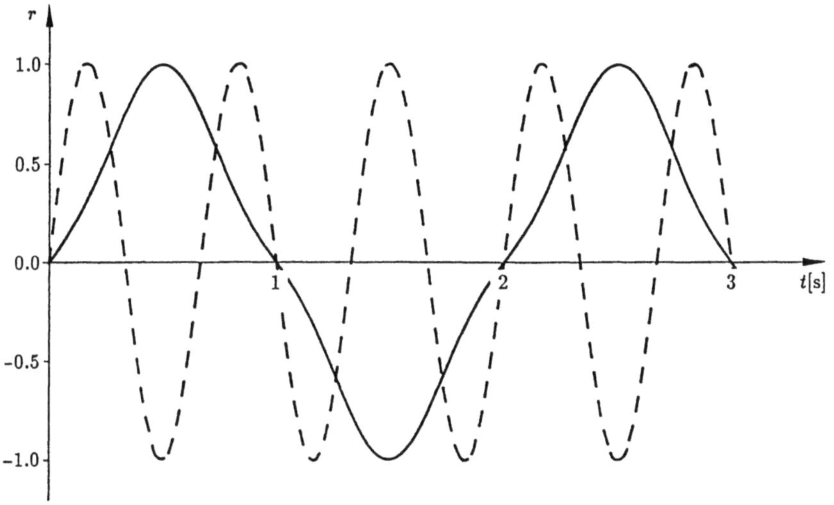

Abb. 24.1.8 Subharmonische Bewegung für $T_0 = 1$ s, $\beta = 3.05$, $\zeta = 0$, $r_0 = 1$, $\delta = 0.05$; die gestrichelte Kurve gibt die Erregung in der Form $r_0 \sin \omega_E t = (R_0/k) \sin \omega_E t$ an

(unser Beispiel liegt bei 0.19) der kritische Dämpfungswert, der die subharmonischen Schwingungen verhindert, bei nur $\zeta = 0.0244$ liegt.

Wird ein linearer Schwinger im Takte ω_E harmonisch erregt, so stellt sich eine stationäre harmonische Antwort ebenfalls im Takte ω_E ein. Dies ist die einzige Lösungskomponente, wenn man von einer realistisch immer vorhandenen Dämpfung ausgeht, und stimmt mit praktischen Beobachtungen überein. Bei nichtlinearen Systemen liegen die Verhältnisse völlig anders. Das harmlos aussehende kubische Zusatzglied der Duffing-Gleichung führt zu Lösungen, die Unterschwingungen enthalten. Deren Amplitude kann sogar dominant sein. Diese Unterschwingungen (subharmonische Schwingungen) sind auch in der Praxis beobachtet worden, und sie werden sogar bei der Frequenzreduktion von Quarz- und Atomuhren technisch angewendet. Unser Ansatz (24.1.63) ist nur als erster Versuch zur Erfassung der Unterschwingungen zu verstehen. Weitere Komponenten, etwa der Frequenzen $5\omega_E/3$, $7\omega_E/3$ (Supersubharmonische), wären denkbar, unterliegen jedoch in ihrer Existenz noch strengeren Grenzwerten bei der Dämpfung als der Grundbeitrag $\omega_E/3$.

Nun wollen wir nochmals zum einfachen harmonischen Lösungsansatz zurückkehren und sozusagen auf die andere Seite des Gartenzaunes blicken. Wir beschränken uns auf den Sonderfall des dämpfungsfreien Schwingers ($\zeta = 0$) und dürfen deshalb an Stelle von (24.1.18) den Ansatz

$$r = r_1 \sin \omega_E t = r_1 s \tag{24.1.80}$$

verwenden. Diesmal setzen wir diesen Lösungsversuch zur Kontrolle und analog zum Vorgehen bei subharmonischen Schwingungen in die Differentialgleichung (24.1.6) ein und erhalten

$$(1 - \beta^2) r_1 s + \delta r_1^3 s^3 - r_0 s = 0 \tag{24.1.81}$$

wobei β bereits in (24.1.25) definiert wurde. Da die elementare trigonometrische Umformung des kubischen Gliedes laut *24.1 aber

$$s^3 = \sin^3 \omega_E t = \tfrac{1}{4}(3 \sin \omega_E t - \sin 3\,\omega_E t) \qquad (24.1.82)$$

liefert, kann der Lösungsansatz (24.1.80) nicht korrekt sein. Er mag von $\delta = 0$ her kommend als erste Approximation gerechtfertigt sein, aber (24.1.82) weist darauf hin, daß die Lösung superharmonische Komponenten – hier der Frequenz $3\,\omega_E$ – enthalten muß. Geht man mit diesem erweiterten Ansatz erneut in die Differentialgleichung, dann stellen sich noch höhere Frequenzen ein. Wir wollen uns im Rahmen dieser Einführung mit der ersten Verbesserungsstufe

$$\begin{aligned} r &= r_1 \sin \omega_E t + r_3 \sin 3\,\omega_E t \\ &= [s \quad s_3]\{r_1 \quad r_3\} \end{aligned} \qquad (24.1.83)$$

begnügen und gehen damit erneut in das Verfahren der gewichteten Residuen. Wir beginnen unsere Arbeit mit (24.1.65), wobei sich der Integrationsbereich wieder über die längere der beiden Perioden erstreckt, die diesmal T_E ist. Mit $\zeta = 0$ (sonst wäre auch der Ansatz (24.1.83) zu modifizieren) erhalten wir hier

$$\int_{t_1}^{t_1+T_E} \left(\begin{bmatrix} (1-\beta^2)s^2 & (1-9\beta^2)ss_3 \\ (1-\beta^2)ss_3 & (1-9\beta^2)s_3^2 \end{bmatrix} \begin{bmatrix} r_1 \\ r_3 \end{bmatrix} - r_0 \begin{bmatrix} s^2 \\ ss_3 \end{bmatrix} \right) \mathrm{d}t + \delta \int_{t_1}^{t_1+T_E} \begin{bmatrix} s(r_1 s + r_3 s_3)^3 \\ s_3(r_1 s + r_3 s_3)^3 \end{bmatrix} \mathrm{d}t = \boldsymbol{o} \qquad (24.1.84)$$

wobei die Integrale

$$\begin{aligned} \int_{t_1}^{t_1+T_E} s^2\,\mathrm{d}t &= \frac{\pi}{\omega_E} \\ \int_{t_1}^{t_1+T_E} s_3^2\,\mathrm{d}t &= \frac{\pi}{\omega_E} \\ \int_{t_1}^{t_1+T_E} ss_3\,\mathrm{d}t &= 0 \end{aligned} \qquad (24.1.85)$$

die numerische Auswertung des ersten, einfacheren Teiles der Beziehung (24.1.84) ermöglichen. Analog zu (24.1.68) haben wir für das kubische Zusatzglied hier

$$\int_{t_1}^{t_1+T_E} \begin{bmatrix} sr^3 \\ s_3 r^3 \end{bmatrix} \mathrm{d}t = \int_{t_1}^{t_1+T_E} \begin{bmatrix} r_1^3 s^4 + 3r_1^2 r_3 s^3 s_3 + 3r_1 r_3^2 s^2 s_3^2 + r_3^3 s s_3^3 \\ r_1^3 s_3 s^3 + 3r_1^2 r_3 s^2 s_3^2 + 3r_1 r_3^2 s s_3^3 + r_3^3 s_3^4 \end{bmatrix} \mathrm{d}t \qquad (24.1.86)$$

mit den Teilintegralen

$$\begin{aligned}
\int_{t_1}^{t_1+T_E} s^4\,\mathrm{d}t &= \frac{3}{4}\frac{\pi}{\omega_E} \\
\int_{t_1}^{t_1+T_E} s^3 s_3\,\mathrm{d}t &= -\frac{1}{4}\frac{\pi}{\omega_E} \\
\int_{t_1}^{t_1+T_E} s^2 s_3^2\,\mathrm{d}t &= \frac{1}{2}\frac{\pi}{\omega_E} \\
\int_{t_1}^{t_1+T_E} s s_3^3\,\mathrm{d}t &= 0 \\
\int_{t_1}^{t_1+T_E} s_3^4\,\mathrm{d}t &= \frac{3}{4}\frac{\pi}{\omega_E}
\end{aligned} \tag{24.1.87}$$

Damit sind wir in der Lage, das System (24.1.84) in ausgerechneter Form anzuschreiben, und erhalten

$$\begin{aligned}
(1-\beta^2)r_1 + \frac{3\delta}{4}r_1(r_1^2 - r_1 r_3 + 2r_3^2) &= r_0 \\
(1-9\beta^2)r_3 + \frac{\delta}{4}(-r_1^3 + 6r_1^2 r_3 + 3r_3^3) &= 0
\end{aligned} \tag{24.1.88}$$

Obwohl dieses System formal dem für den subharmonischen Ansatz (24.1.70) weitgehend ähnelt, ist es, bedingt durch die nunmehr inhomogene erste Gleichung, ungleich schwieriger zu lösen. Theoretisch wäre eine Linearisierung in r_3 möglich, mit der Unterstellung, daß der superharmonische Anteil als Erweiterung klein ist. Wir wissen jedoch bereits von den subharmonischen Schwingungen, daß solche Voraussetzungen gefährlich sind, da dort der subharmonische Anteil durchaus dominant sein konnte. Wir beißen also besser gleich in den saueren Apfel und versuchen, (24.1.88) numerisch iterativ zu lösen. Eine Möglichkeit dazu ist mit

$$\alpha = \frac{r_3}{r_1} \tag{24.1.89}$$

die formale Auflösung der ersten Gleichung nach β^2

$$\beta^2 = 1 - \frac{r_0}{r_1} + \frac{3}{4}\delta r_1^2(1-\alpha+2\alpha^2) \tag{24.1.90}$$

Dieses Resultat setzen wir in die zweite Gleichung (24.1.88) ein. Es ergibt sich mit $\alpha \neq 0$

$$24\frac{r_1}{r_0} + \frac{3}{4}\delta\frac{r_1^3}{r_0}\left(\frac{1}{\alpha} + 21 - 27\alpha + 51\alpha^2\right) - 27 = 0 \tag{24.1.91}$$

Wir fassen die linke Seite dieses Ausdrucks für vorgegebene Werte

$$\alpha = \pm c \tag{24.1.92}$$

als Funktion $e(r_1)$ auf, die bei beliebigen Werten r_1 natürlich nicht Null ist. Nach dem Newton-Verfahren können wir allerdings näherungsweise die Nullstelle von $e(r_1)$ durch

$$\Delta r_1 = -e(r_1) / \frac{\partial e}{\partial r_1}(r_1) \tag{24.1.93}$$

finden, und damit die Rekursionsformel

$$\left(\frac{r_1}{r_0}\right)_{\nu+1} = \left(\frac{r_1}{r_0}\right)_{\nu} + \frac{27 - 24\left(\frac{r_1}{r_0}\right)_{\nu} - \frac{3}{4}\delta r_{1\nu}^2\left(\frac{1}{\alpha} + 21 - 27\alpha + 51\alpha^2\right)}{24 + 3\cdot\frac{3}{4}\delta r_{1\nu}^2\left(\frac{1}{\alpha} + 21 - 27\alpha + 51\alpha^2\right)} \tag{24.1.94}$$

Wir iterieren bei vorgegebenem α bis zur Konvergenz von r_1 und haben damit via (24.1.89) auch r_3. Danach wird mit (24.1.90) das zugehörige Frequenzverhältnis berechnet. Je nach dem Vorzeichen von α in (24.1.92) ergeben sich zwei Lösungszweige. Die Konvergenz stellt sich außerordentlich rasch ein, wie das folgende Beispiel mit $\alpha = \pm 2.5$ zeigt:

ν	$r_1(+2.5)$	$r_1(-2.5)$
1	$0.1125000D+01$	$0.1125000D+01$
2	$0.8932649D+00$	$0.8598520D+00$
3	$0.8576620D+00$	$0.8021817D+00$
4	$0.8569261D+00$	$0.7997877D+00$
5	$0.8569257D+00$	$0.7997838D+00$
6	$0.8569257D+00$	$0.7997838D+00$

Die entsprechenden Lösungen sind dann

α	β	r_1	r_3
$+2.5$	$0.3687078D+00$	$0.8569257D+00$	$0.2142314D+01$
-2.5	$0.3653144D+00$	$0.7997838D+00$	$-0.1999460D+01$

und die Fehlerresiduen der Gleichungen (24.1.88) sind effektiv Null.

In Abb. 24.1.9 sind die errechneten Resonanzkurven in einem interessanten Frequenzbereich aufgetragen, wobei wir wieder von unseren üblichen Standardtestwerten ausgegangen sind. Über weite Bereiche ist der superharmonische Anteil verschwindend klein. Interessanterweise verschwindet er bei $\beta = 0$ nicht. Es stellt sich aber offensichtlich eine neue, superharmonische Resonanz bei ungefähr $\beta = \frac{1}{3}$ ein. Der Resonanzberg ist analog zu dem bei harmonischer Resonanz $\beta = 1$ im nichtlinearen Fall nach rechts geneigt. Wir

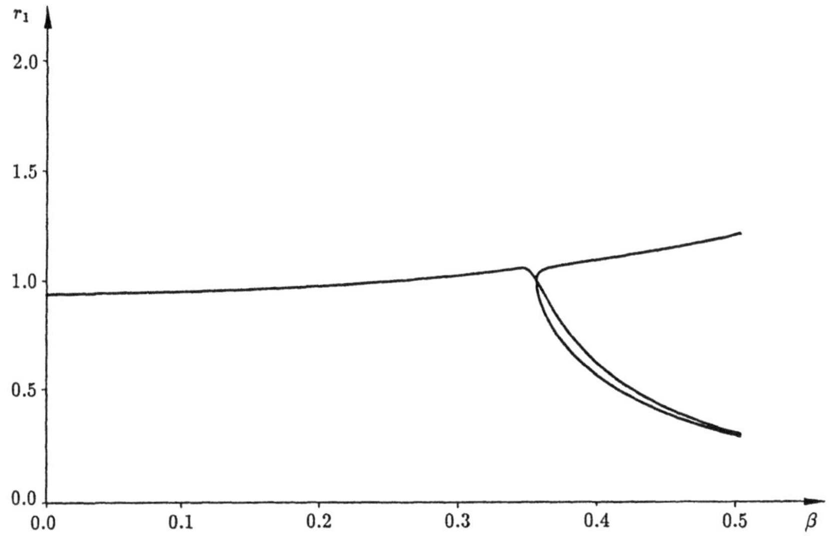

(a) harmonischer Lösungsanteil

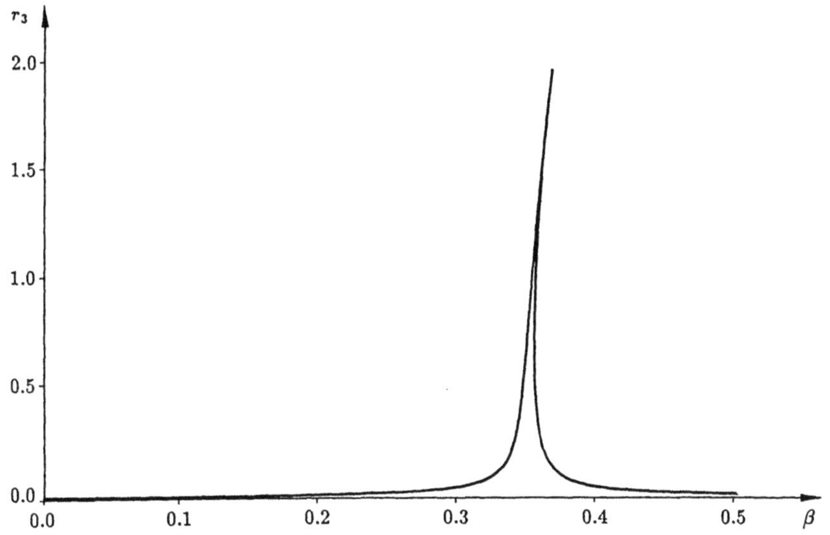

(b) superharmonischer Lösungsanteil

Abb. 24.1.9 Resonanzverhalten eines kubisch nichtlinearen Schwingers unter Berücksichtigung superharmonischer Schwingungen ($\zeta = 0$, $r_0 = 1$, $\delta = 0.05$)

haben also erneut den Sachverhalt, daß bei einem bestimmten Frequenzverhältnis β bis zu drei Amplituden r_3 zugeordnet sein können. Führt man zusätzlich eine Stabilitätsanalyse aus, so zeigt sich analog zum Bild 24.1.5, daß auch hier superharmonische Sprungeffekte auftreten können und der zwischen dem oberen und unteren Lösungszweig liegende Ast instabil ist. Anzufügen ist noch, daß r_3 selbst sehr große Werte annimmt ($\zeta = 0$!) und die Spitze hier bei $r_3 = 2$ abgeschnitten ist. Sie geht realiter unbegrenzt nach oben und nach rechts. Äußerst merkwürdig ist das begleitende Verhalten des harmonischen Anteils. Mit dem Einsetzen der superharmonischen Resonanz geht r_1 beträchtlich zurück. Bei kleiner Dämpfung kann somit der superharmonische Anteil wesentlich größer sein als der harmonische. Die Nichtlinearität des Systems bewirkt einen Transfer der Energie hin zu den höheren Harmonischen. Wieder ist bei r_1 anzumerken, daß bei einem β-Wert bis zu drei Amplitudenwerte auftreten können. Eine Stabilitätsuntersuchung zeigt, daß der unterste Lösungszweig bis zum Kreuzungspunkt instabil ist. Superharmonische Anteile müssen in der Lösung erscheinen, im Gegensatz zu den subharmonischen, die nur bei bestimmten Bedingungen auftreten. Wenn wir im Lösungsansatz Terme der Frequenzen 5ω, 7ω ... berücksichtigt hätten, dann würde sich das demonstrierte Verhalten entsprechend bei $\beta = 1/5$, $1/7$ ... wiederholen. Es ergibt sich somit bei realen Verhältnissen ein außerordentlich kompliziertes Bild.

Als Beispiel für eine superharmonische stationäre Bewegung behandeln wir in Abb. 24.1.10 den Fall $\alpha = 0.85$ bzw. $\beta = 0.3492623$. Beide Lösungsanteile sind hier gleichrangig beteiligt, und wir bekommen deutlich demonstriert, daß zwar nichtlineare Schwinger periodische Bewegungen ausführen können, diese aber in der Regel nicht harmonisch sind. Die hochfrequenten Anteile verändern das Bewegungsbild in der Periode.

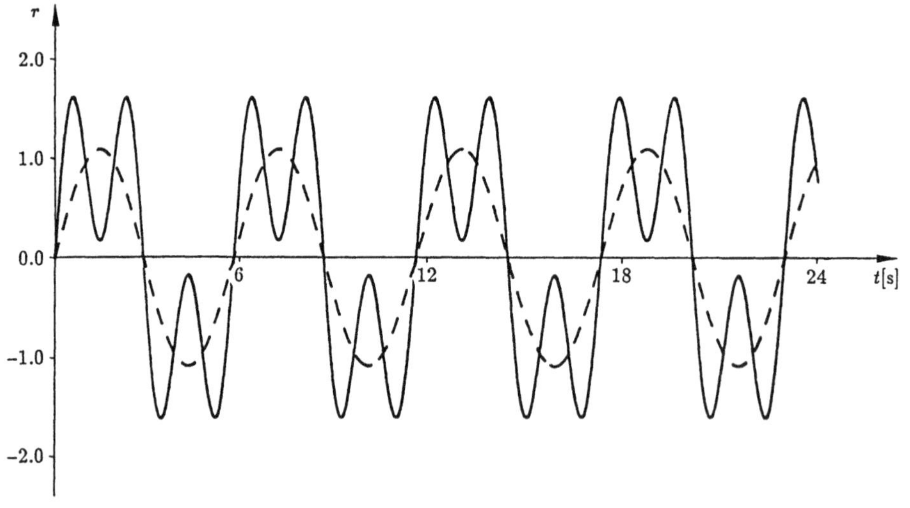

Abb. 24.1.10 Superharmonische Bewegung für $T_0 = 1\,\text{s}$, $\beta = 0.349\,262\,3$, $\zeta = 0$, $r_0 = 1$, $\delta = 0.05$; die gestrichelte Kurve gibt die Erregung in der Form $r_0 \sin \omega_E t = (R_0/k) \sin \omega_E t$ wieder

24.1.2 Direkte Integrationsmethoden und Versuche im „Computerlabor“

Mit Hilfe einiger noch sehr einfacher Lösungsansätze konnten wir interessante, aber leider nicht umfassende Einblicke in das Verhalten nichtlinearer Schwinger gewinnen. Eine Übertragung dieser Arbeitstechnik auf realistische nichtlineare Probleme scheint wenig sinnvoll. Geschlossene analytische Lösungen sind nicht aufstellbar. So bleibt als einziger Ausweg die Anwendung direkter Integrationsverfahren zur Lösung der nichtlinearen dynamischen Gleichgewichtsbeziehung. Sie liefert auf relativ einfache Weise – mit den Methoden des Kapitels 23 – bei gegebenen Anfangsbedingungen das Verhalten des Systems über der Zeit. Die einzige Problematik scheint dabei in der numerischen Genauigkeit einerseits und im Aufwand andererseits zu liegen.

Die Tatsache, daß die klassischen linearen Systeme nur eine eindeutige Lösung besitzen, vermittelt, zusammen mit der verführerisch einfachen Anwendung der direkten Integrationsmethoden (Einführung der Parameter und Anfangsbedingungen → mehr oder minder automatische Ermittlung der Lösung), ein trügerisches Gefühl der Sicherheit in der Handhabung nichtlinearer Probleme. Wir glauben, den real ablaufenden Vorgang berechnet zu haben, wenn sich unter einer sinusförmigen Erregung eine stationäre Antwort einstellt, und vergessen dabei zu leicht den möglichen signifikanten Einfluß der nie genau bekannten Anfangsbedingungen eines realistischen Problems oder die Möglichkeit, daß auch die Systemparameter allmähliche Veränderungen erfahren können, was wiederum gravierende Auswirkungen haben kann. Wir versuchen vielleicht mit intensivem Einsatz, den numerischen Problemen beizukommen, die scheinbar zu sinnlosen regellosen, nichtperiodischen Antworten führen, und bedenken nicht, daß das Resultat durchaus nicht falsch ist, sondern eine realistische Antwort darstellt.

Wir brauchen also zur kompletten Untersuchung dynamischer Systeme nicht nur den Computer und die direkten Integrationsmethoden. Dies ist nicht mehr und nicht weniger als eine Art Ideallabor, mit dem wir eine beliebige Zahl von Experimenten ausführen können, die eine immense Datenflut liefern. Wir brauchen auch Ordnungsprinzipien, mit denen wir die Daten auswerten und konzentrieren können, um so einen Einblick in die erstaunliche Vielfalt im Verhalten dynamischer Systeme zu bekommen. Eine erste Begegnung mit diesem neuen Arbeitsgebiet möchten wir unseren Lesern im Rahmen dieser Einführung anbieten, wieder am Beispiel der Duffing-Gleichung. Verständlicherweise können wir hier nur einen ersten Eindruck vermitteln, verweisen aber auf die etwas allgemeinere, doch weiterhin ingenieurgerechte und elementare Darstellung im folgenden Kapitel. Wer dieses Forschungsfeld intensiver erschließen möchte, der sei auf die rasch wachsende Fachliteratur verwiesen, die in den letzten Jahren erschienen ist (z.B. [24.6], [24.7], [24.8]).

Wir starten unsere elementare Betrachtung mit dem linearen gedämpften freien Schwinger (14.3.5) und wählen als Systemparameter das Dämpfungsverhältnis $\zeta = 0.05$ und die Eigenperiode $T_0 = 1\,\text{s}$. Für gegebene Anfangsbedingungen, z.B. $r(0) = 1$ und $\dot{r}(0) = 0$, haben wir die Lösung bereits in (14.3.19) bzw. (14.3.21) allgemein erarbeitet. Da dieser Lösungsweg jedoch für den späteren Übergang zur nichtlinearen Duffing-Gleichung nicht in Frage kommt, machen wir davon keinen Gebrauch, sondern setzen statt dessen den Computer und ein numerisches Integrationsverfahren ein. Auswahlkriterium ist dabei die Einfachheit und die numerische Genauigkeit. Ein Blick auf Tab. 23.3.2 weist z.B. die

Newmark-Methode mit $\beta = 0.10$ und $\gamma = 0.50$ als geeigneten Kandidaten aus. Die algorithmische Dämpfung ist Null, und die Periodenverlängerung läßt sich durch eine kleine Schrittweite entsprechend klein halten. Es soll uns hier auf den Aufwand nicht ankommen, und deshalb wählen wir als Zeitschritt auch in den folgenden Versuchen $\Delta t = 0.005$. Das Rechenschema im Zeitschritt basiert auf (23.2.35). Wir passen es jedoch, bereits im Vorgriff auf die weiteren Betrachtungen, an die Duffing-Gleichung an und erhalten so:

Gegeben $r(0), \dot{r}(0)$

Berechne $\ddot{r}(0) = \omega_0^2 r_0 \sin \omega_E t - 2\zeta\omega_0 \dot{r}(0) - \omega_0^2 \left(r(0) + \delta\,[r(0)]^3\right)$

$t = 0$

Schleife Δt:

$$\ddot{r}(t+\Delta t) = \ddot{r}(t) \tag{24.1.95}$$

Schleife Konvergenz $\ddot{r}(t+\Delta t)$:

$$r(t+\Delta t) = r(t) + 0.4\,\Delta t^2 \ddot{r}(t) + 0.1\,\Delta t^2 \ddot{r}(t+\Delta t)$$

$$\dot{r}(t+\Delta t) = \dot{r}(t) + 0.5\,\Delta t\,\ddot{r}(t) + 0.5\,\Delta t\,\ddot{r}(t+\Delta t)$$

$$\ddot{r}(t+\Delta t) = \omega_0^2 r_0 \sin \omega_E (t+\Delta t) - 2\zeta\omega_0 \dot{r}(t+\Delta t) - \omega_0^2\left(r(t+\Delta t) + \delta[r(t+\Delta t)]^3\right)$$

$t = t + \Delta t$

Mit der statischen Erregungsamplitude $r_0 = 0$ und dem nichtlinearen Einflußfaktor $\delta = 0$ kehren wir zur Behandlung unseres Ausgangsproblems zurück. Das „Labor" Computer liefert uns die in Abb. 24.1.11(a) dargestellte und wohlbekannte exponentiell abklingende Eigenschwingung. An Stelle des Weg-Zeit-Verlaufs ist eine Darstellung der Bewegung auch im Phasenraum möglich, von der wir bisher keinen Gebrauch gemacht haben. Dieser Phasenraum wird hier (freier Schwinger, 1 Freiheitsgrad) von r und $\dot{r}$ aufgespannt, also aus Informationen, die uns die direkte Integration ohnehin liefert. Im Phasenraum erhalten wir als Bild der Bewegung eine Spirale, die in den Nullpunkt des Systems hineinläuft (Abb. 24.1.11(b)). Wir sparen uns die Mühe, den Vorgang für verschiedene Anfangszustände zu wiederholen. Es ist klar, daß jeder beliebige Startzustand letztendlich entlang nichtkreuzender Spiralen im Ursprung des Phasenraumes endet: am stationären Gleichgewichtspunkt hört schließlich jede Bewegung auf. Dem Ursprung des Phasenraumes kommt hier gleichsam eine magische Bedeutung zu, da er jede Bewegung anzieht. Man bezeichnet ihn deshalb als Punktattraktor. Dieser Punktattraktor stellt offensichtlich eine sehr konzentrierte und zugleich fundamentale Information dar, die wir dem Bewegungsablauf im Phasenraum entnommen haben.

Eine weitere interessante Auswertungsmöglichkeit, die auf dem experimentellen Sektor standardmäßig angewendet wird, ist durch die Fourieranalyse der Weg-Zeit-Antwort gegeben. Wir hatten bereits in Abschnitt 14.4.2 über die Fourierentwicklung einer periodischen Belastung $R(t)$ gesprochen und in Abschnitt 14.4.3 auf die Ausweitung der Betrachtung für allgemeine Erregungsverläufe hingewiesen. Diese Überlegungen wenden wir jetzt auf den $r(t)$-Verlauf an. Dieser liege für N gleiche Zeitschritte Δt vor, also in einem

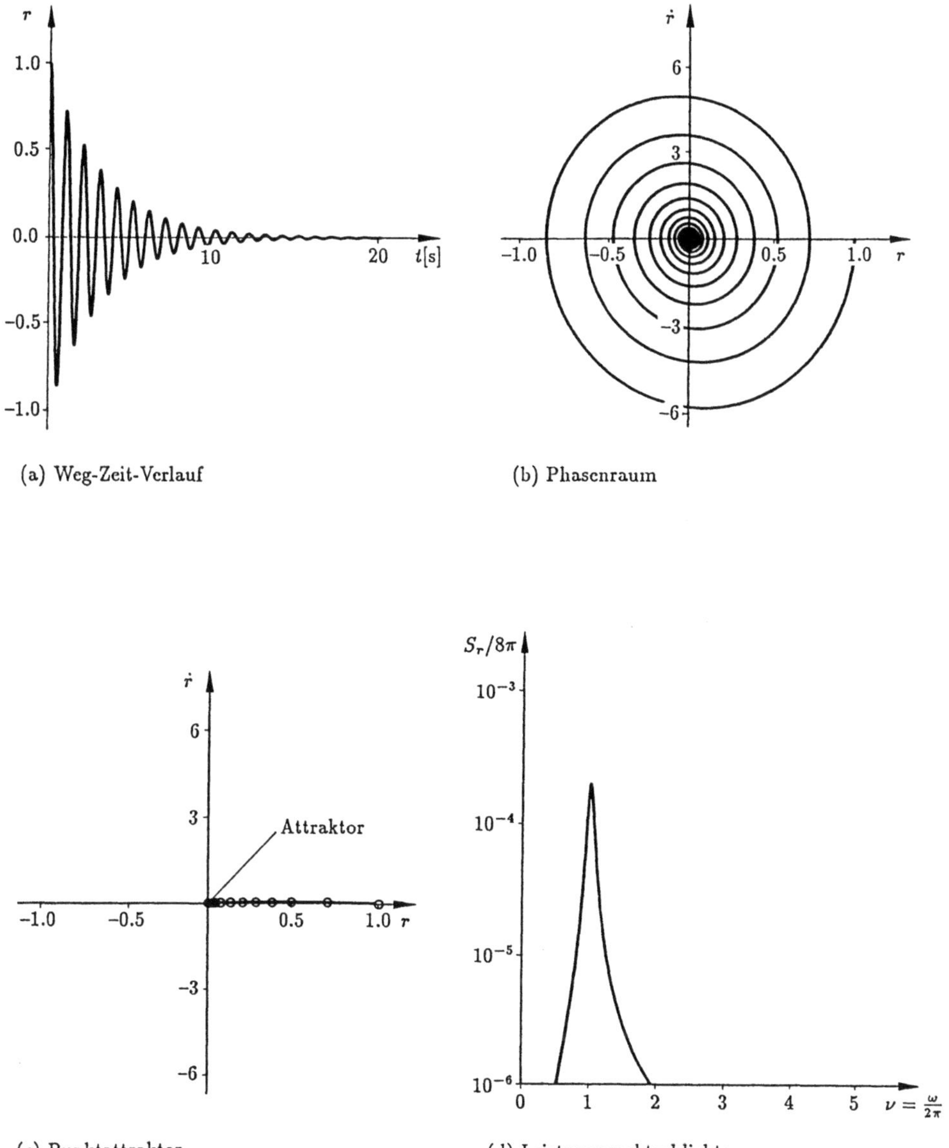

(a) Weg-Zeit-Verlauf

(b) Phasenraum

(c) Punktattraktor

(d) Leistungsspektraldichte

Abb. 24.1.11 Auswertung einer freien gedämpften Schwingung eines linearen Schwingers

Zeitraum $T_r = \mathrm{N}\Delta t$. Dies ist durch die numerische Integration gegeben. Die Fourier-Entwicklung des $r(t)$-Verlaufes

$$r_F(t) = \tfrac{1}{2}a_0 + \sum_{\mathrm{n}=1}^{\infty} (a_\mathrm{n} \cos \mathrm{n}\,\omega_r t + b_\mathrm{n} \sin \mathrm{n}\,\omega_r t) \tag{24.1.96}$$

und

$$a_\mathrm{n} = \frac{2}{T_r}\int_0^{T_r} r(t) \cos \mathrm{n}\,\omega_r t\, \mathrm{d}t$$

$$b_\mathrm{n} = \frac{2}{T_r}\int_0^{T_r} r(t) \sin \mathrm{n}\,\omega_r t\, \mathrm{d}t \tag{24.1.97}$$

setzt stillschweigend eine Periodizität des $r(t)$-Verlaufes mit der Periode T_r voraus. Diese ist im allgemeinen aber nicht vorhanden. Deshalb muß uns klar sein, daß Beiträge mit längerer Periode als T_r nicht erfaßt werden können bzw. daß die kleinste Kreisfrequenz, die erfaßt werden kann, durch

$$\omega_r = \frac{2\pi}{T_r} = \frac{2\pi}{\mathrm{N}\Delta t} = \Delta\omega \tag{24.1.98}$$

gegeben ist. Dabei gibt ω_r zugleich die Stufung der Frequenzwerte an, die durch Ausdehnung von T_r beliebig verkleinert werden kann. Berücksichtigt man schließlich noch die Tatsache, daß kein kontinuierlicher Zeitverlauf $r(t)$ vorliegt, sondern eine diskrete Wertefolge $r(t_\mathrm{m})$, $\mathrm{m} = 0, 1, 2, \ldots$ mit

$$t_\mathrm{m} = \mathrm{m}\Delta t \tag{24.1.99}$$

und daß wir vernünftigerweise die Frequenzbeiträge im Rahmen einer numerischen Analyse nach oben begrenzen, z.B. auf $\mathrm{n}_{\mathrm{max}} = \mathrm{N} - 1$, so erhalten wir aus (24.1.96) und (24.1.97) die Grundformeln der diskreten Fouriertransformation

$$r_F(t) = \tfrac{1}{2}a_0 + \sum_{\mathrm{n}=1}^{\mathrm{N}-1} \Big(\bar{a}_\mathrm{n} \cos(\mathrm{n}\Delta\omega t) + \bar{b}_\mathrm{n} \sin(\mathrm{n}\Delta\omega t)\Big)\Delta\omega \tag{24.1.100}$$

wobei

$$\bar{a}_\mathrm{n} = \frac{1}{\pi}\sum_{\mathrm{m}=0}^{\mathrm{n}-1} r(t_\mathrm{m}) \cos\left(2\pi\frac{\mathrm{nm}}{\mathrm{N}}\right)\Delta t$$

$$\bar{b}_\mathrm{n} = \frac{1}{\pi}\sum_{\mathrm{m}=0}^{\mathrm{N}-1} r(t_\mathrm{m}) \sin\left(2\pi\frac{\mathrm{nm}}{\mathrm{N}}\right)\Delta t \tag{24.1.101}$$

gilt. Mit

$$\begin{aligned} \Delta\omega &\to \mathrm{d}\omega \\ \mathrm{n}\Delta\omega &\to \omega \\ \Delta t &\to \mathrm{d}t \end{aligned} \tag{24.1.102}$$

gelingt, nebenbei gesagt, der Übergang zu den in Abschnitt 14.4.3 kurz angesprochenen Fourierintegralen. Die numerische Auswertung der Formeln (24.1.100) und (24.1.101) kann besonders effektiv mit Hilfe der schnellen Fouriertransformation (FFT; engl. *fast Fourier transform*) erfolgen, die allerdings

$$\mathrm{N} = 2^{\mathrm{p}} \qquad \mathrm{p} = \text{positiv ganzzahlig} \tag{24.1.103}$$

Schritte voraussetzt. Diese Möglichkeit wurde im Aufbau des ASKA II-Systems [24.9] berücksichtigt.

Die Beziehung (24.1.100) summiert für jeden durch m festgelegten Zeitpunkt die Beiträge der $n\omega_r$-Harmonischen über den betrachteten Frequenzbereich auf. Um die Intensität der einzelnen Frequenzbeiträge im gesamten betrachteten Zeitbereich zu erfassen, benötigen wir ein geeignetes Maß. Dieses steht uns bereits in Gestalt eines statistischen Erwartungswertes (siehe Kapitel 21), nämlich des Mittelwerts des Quadrats, zur Verfügung. In Anlehnung an (21.1.19) notieren wir

$$\overline{r_F^2} = \frac{1}{T_r}\int_0^{T_r} r_F(t)^2\,\mathrm{d}t \tag{24.1.104}$$

Physikalisch können wir den Mittelwert des Quadrates hier als proportional zur durchschnittlichen Leistung interpretieren, die im Zeitraum T_r an einem Dämpfer c dissipieren würde. Dieser Hintergrund führt im weiteren zu dem Namen Leistungsspektraldichte. Man kann sehr rasch bestätigen, daß diese Leistung bei einer Harmonischen proportional zum Quadrat der Amplitude ist (s. auch (14.4.22a)). Nehmen zwei Frequenzen an der Bewegung teil, so ist die Leistung proportional zur Summe der individuellen Amplitudenquadrate. Analoges gilt auch für $\mathrm{N}-1$ Frequenzbeiträge, was man durch elementare Integrationen leicht zeigen kann (man setze (24.1.100) in (24.1.104) ein)

$$\overline{r_F^2} = \tfrac{1}{4}a_0^2 + \tfrac{1}{2}\sum_{\mathrm{n}=1}^{\mathrm{N}-1}(\bar{a}_\mathrm{n}^2 + \bar{b}_\mathrm{n}^2) \tag{24.1.105}$$

Der Zuwachs des quadratischen Mittelwertes von $\mathrm{n}\Delta\omega$ nach $(\mathrm{n}+1)\Delta\omega$ ist somit durch

$$\Delta(\overline{r_F^2}) = \tfrac{1}{2}(\bar{a}_\mathrm{n}^2 + \bar{b}_\mathrm{n}^2) \tag{24.1.106}$$

gegeben, und damit folgt für die Zuwachsrate oder die Leistungsspektraldichte

$$S_r(\omega_\mathrm{n}) = \frac{1}{2}\frac{\Delta(\overline{r_F^2})}{\Delta\omega} = \frac{1}{4\Delta\omega}(\bar{a}_\mathrm{n}^2 + \bar{b}_\mathrm{n}^2) \tag{24.1.107}$$

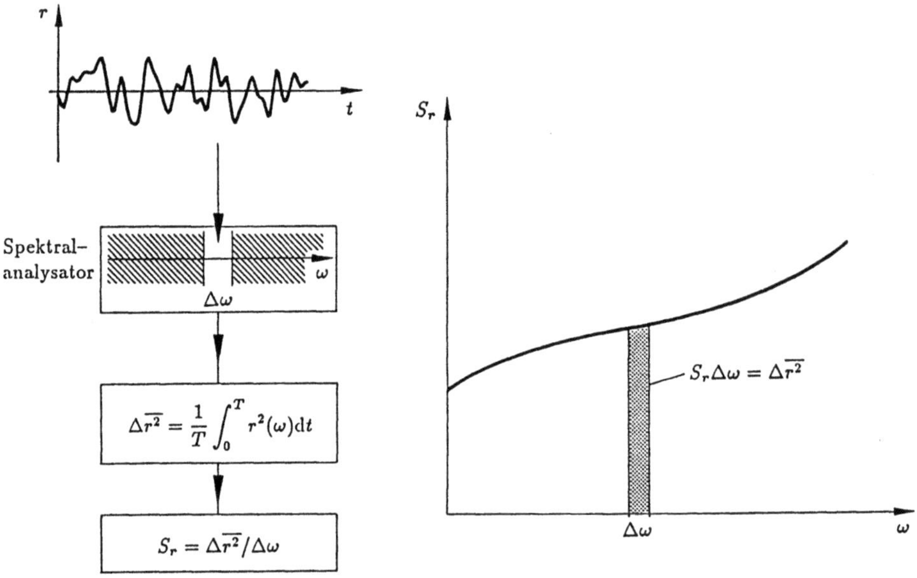

Abb. 24.1.12 Zur Bestimmung und Bedeutung der Leistungsspektraldichte

Bei der Verwendung der Leistungsspektraldichte aus der Literatur ist Vorsicht empfohlen. Die hier verwendete Definition stimmt mit der in Clough/Penzien [24.14] überein; Meirovich [24.11] und Ueda [24.12] verwenden eine Definition, die um den Faktor 2π größer ist, und Hurty [24.13] definiert schließlich eine um den Faktor 4π größere Spektraldichte, während Harris und Crede [24.10] den doppelten Wert verwenden.

In Analogie zur experimentellen Bestimmung stellt die Spektraldichte eine Funktion dar, die wie folgt gewonnen wird: der $r(t)$-Verlauf wird durch einen Frequenzanalysator geschickt, der für eine bestimmte Kreisfrequenz ω nur das Band zwischen ω und $\omega + \Delta\omega$ passieren läßt. Von dem so gefilterten $r(t)$-Verlauf wird der quadratische Mittelwert gebildet und auf $\Delta\omega$ bezogen. Umgekehrt gibt das Flächenelement $S_r(\omega)\Delta\omega$ den Beitrag mit der Frequenz ω zum quadratischen Mittelwert, $\Delta\overline{r^2}$, an, und die Gesamtfläche unter der Kurve $S_r(\omega)$ stellt den quadratischen Mittelwert $\overline{r^2}$ selbst dar (Abb. 24.1.12). Die Leistungsspektraldichte liefert uns also ein Bild, wie die Leistung der Bewegung über das Frequenzspektrum verteilt ist. Enthält die zu analysierende Bewegung, in Gestalt z.B. einer freien oder auch einer stationären Schwingung, nur eine Kreisfrequenz ω_0 wie in Abb. 24.1.11, so wird bei entsprechender Stufung des Frequenzbandes nur ein Fourierkoeffizient, nämlich der zu $n\omega_r = \omega_0$ gehörende, dominant sein. Ohne Dämpfung ergibt sich im Limit an der Stelle ω_0 eine Dirac-Funktion. Mit Dämpfung entsteht als freie Bewegung ein transienter Prozeß, und die Spektraldichtefunktion weist an der Stelle ω_0 eine Spitze auf, die jedoch, je nach Abschneidefehler, eine mehr oder weniger breite Basis besitzt. Ein analoges Bild ergibt sich auch bei einer Bewegung, an der mehrere diskrete Frequenzen beteiligt sind, wie z.B. bei subharmonischen oder superharmonischen Schwingungen. Die „Nadeln“ im S_r-Diagramm zeigen die Beteiligung der entsprechenden Frequenzen an. Dagegen würde ein bandartiger Verlauf von S_r die Beteiligung zahlreicher Frequenzen signalisieren und damit ein Signal für den stochastischen Charakter des Bewegungsverlaufes sein. Ein typisches Bild liefert das sogenannte „weiße Rauschen", bei dem der $S_r(\omega)$-Verlauf konstant ist (s. auch Abb. 21.1.7).

Damit sollte das S_r-Diagramm in Abb. 24.1.11 hinreichend diskutiert sein. Unsere Bewegung besteht aus einer gedämpften Eigenschwingung, die ungefähr (schwache Dämpfung) die Kreisfrequenz $\omega_0 = 2\pi/1$ aufweist, und entsprechend enthält das S_r-Diagramm bei $\omega = 2\pi$ eine je nach Stufung $\Delta\omega$ mehr oder weniger ausgeprägte Nadel. Bei eigenen numerischen Experimenten sollte der Leser beachten, daß die geschilderte Prozedur die Periodizität von $r(t)$ mit dem Beobachtungszeitraum T_r als Periode beinhaltet. Da T_r stets endlich ist, kann durch Zufall ein erheblicher „Sprung" zwischen Anfangs- und Endwert des $r(t)$-Verlaufes vorliegen, der die Güte der gelieferten S_r-Verteilung erheblich mindert. In diesem Falle ist eine Ausdehnung der Laufzeit zu empfehlen.

Wir gehen in unserer Betrachtung nun einen Schritt weiter und betrachten einen linearen gedämpften Schwinger, der einer harmonischen Erregung ausgesetzt wird, und nähern uns damit etwas unserem Duffing-Problem. Diese einfache Aufgabe wurde bereits in Abschnitt 14.4 gelöst, siehe z.B. (14.4.10). Die Bewegung des Systems besteht aus einem transienten Teil mit der (gedämpften) Eigenfrequenz des Systems und einem stationären Teil im Takte der Erregungsfrequenz. Der transiente Anteil wird weggedämpft, so daß letztendlich nur der stationäre übrig bleibt. Wir wollen diesen Bewegungsverlauf nach den neu eingeführten Gesichtspunkten auswerten (Abb. 24.1.13). Die Systemparameter sind die gleichen wie zuvor beim freien Schwinger ($\zeta = 0.05$, $T_0 = 1\,\text{s}$), die Erregung sei durch $R_0/k = r_0 = 1$ und $T_E = 0.25\,\text{s}$ charakterisiert und die Anfangsbedingungen seien zunächst $r(0) = 0$ und $\dot{r}(0) = 0$. Das durch numerische Integration gewonnene Bewegungsverhalten (Abb. 24.1.13(a)) ist praktisch exakt und bereits aus der Einleitung bekannt. Ein krafterregtes System wie das vorliegende weist einen dreidimensionalen sogenannten erweiterten Phasenraum auf (siehe [25.2]), der durch die Koordinaten r, $\dot{r}$ und die Zeit t festgelegt ist (Abb. 24.1.13). Die Bewegung ist in diesem erweiterten Phasenraum eine am Anfang wellige Spirale, die keine Kreuzungspunkte aufweist. Diese Raumkurve wird auch oft als Integralkurve bezeichnet. Natürlich ist es bequemer, in der Ebene zu arbeiten. Deshalb bedient man sich der Projektion des erweiterten Phasenraumes auf den $r, \dot{r}$-Phasenraum (den wir jetzt auch als Phasenporträt bezeichnen), in dem dann allerdings die Kreuzungsfreiheit der Bahnlinien (Trajektorien) nicht mehr garantiert ist. In unserem Falle startet die Bewegung entsprechend den gewählten Anfangsbedingungen aus dem Ursprung heraus und endet mit dem Abklingen des transienten Lösungsteiles in einer Ellipsenbahn, die ständig beibehalten wird. Wir haben damit eine erste kompakte Information über die komplexe Bewegung. Starten wir die Bewegung mit verschiedenen Anfangszuständen, wie in Abb. 24.1.14(a) beispielsweise mit $r(0) = 1$, $\dot{r}(0) = 0$ oder in Abb. 24.1.14(b) mit $r(0) = -1$, $\dot{r}(0) = 0$, so erreichen wir immer diese Bahn, die gleichsam magisch wieder alle Bewegungen auf sich zieht. Ihr kommt also wieder die Funktion eines Attraktors zu. Da die Größe der Antwortamplitude proportional zur Erregungsamplitude ist, ergibt sich für verschiedene Erregungsamplituden für $t \to \infty$ eine Ellipsenschar als Phasenporträt (Abb. 24.1.15). Diese Information läßt sich weiter komprimieren, wenn man Punkte im Phasenraum, die um jeweils die Erregungsperiode auseinander liegen, durch einen kleinen Kreis kennzeichnet (Abb.

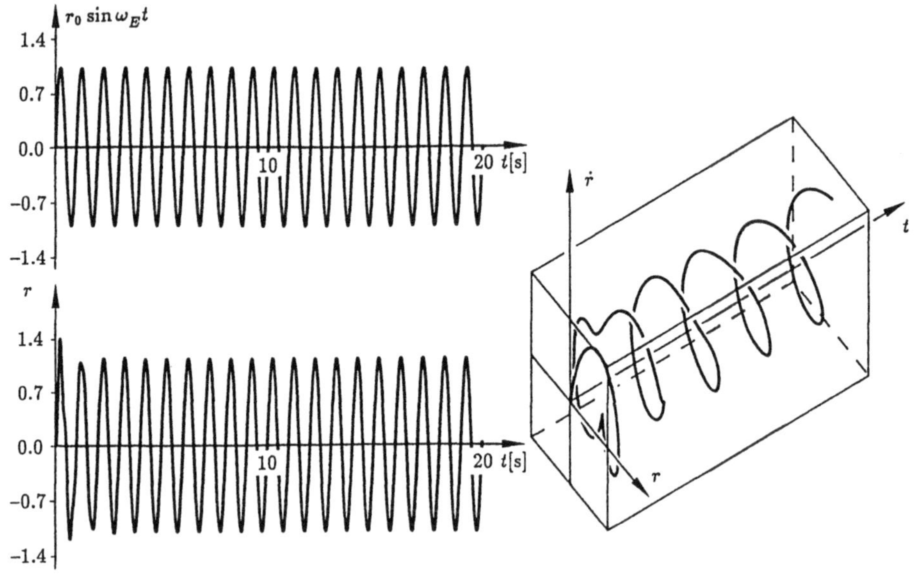

(a) Erregung und Weg-Zeit-Verlauf

(b) Phasenraum

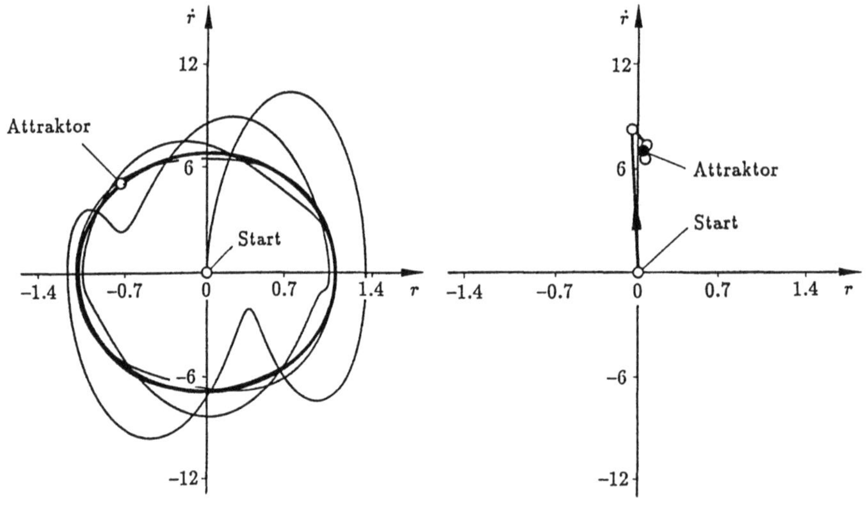

(c) Projektion des Phasenraums

(d) periodischer Attraktor

Abb. 24.1.13 Auswertung der Bewegung eines linearen gedämpften Schwingers unter harmonischer Erregung, *Teil* 1

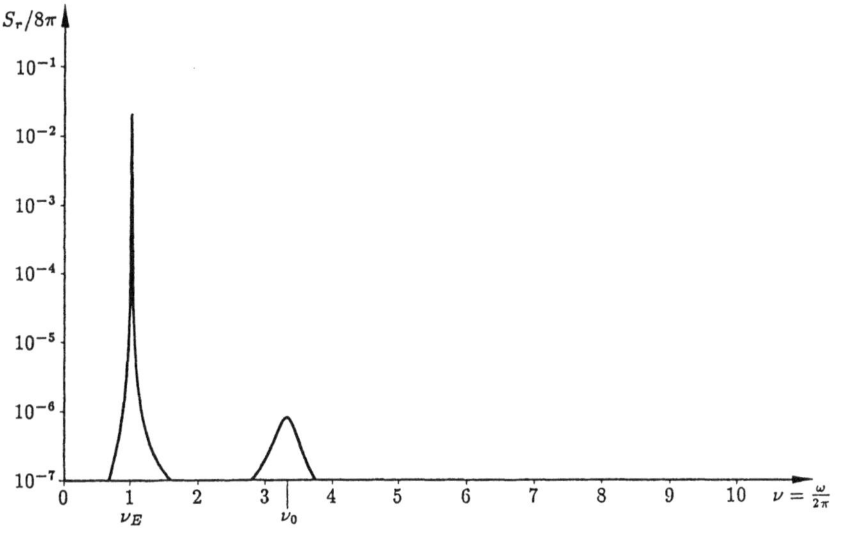

(c) Leistungsspektraldichte

Abb. 24.1.13 Auswertung der Bewegung eines linearen gedämpften Schwingers unter harmonischer Erregung, *Teil* 2

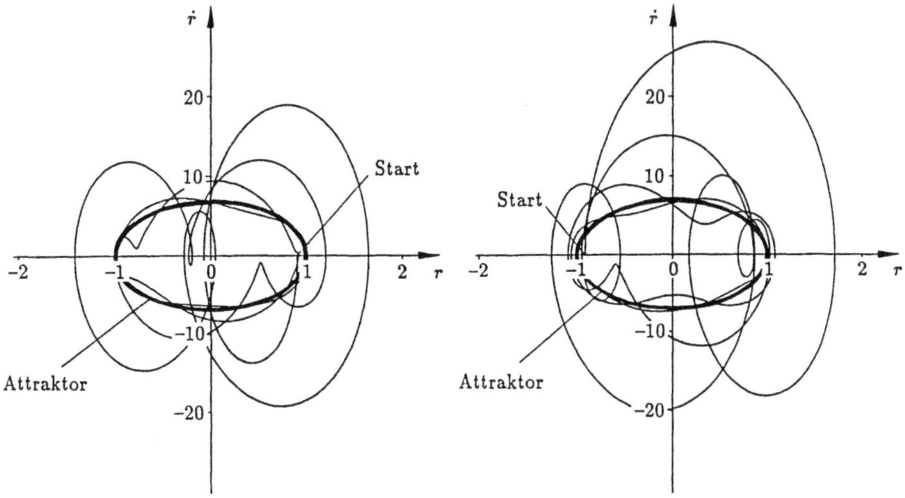

(a) $r(0) = 1.0$

$\dot{r}(0) = 0.0$

(b) $r(0) = -1.0$

$\dot{r}(0) = 0.0$

Abb. 24.1.14 Phasenporträt des linearen gedämpften Schwingers unter harmonischer Erregung bei verschiedenen Anfangsbedingungen

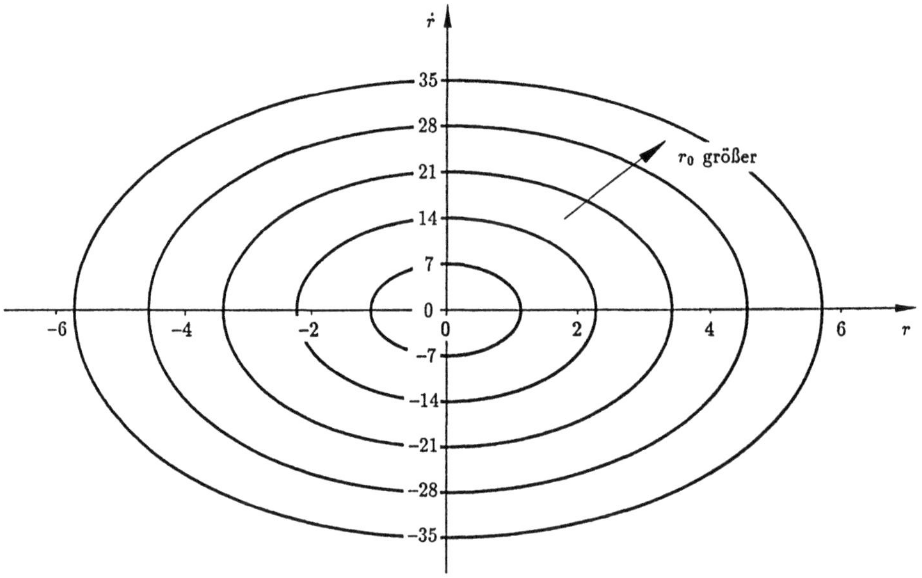

Abb. 24.1.15 Attraktoren des linearen Schwingers im Phasenporträt bei verschiedenen Erregungsamplituden

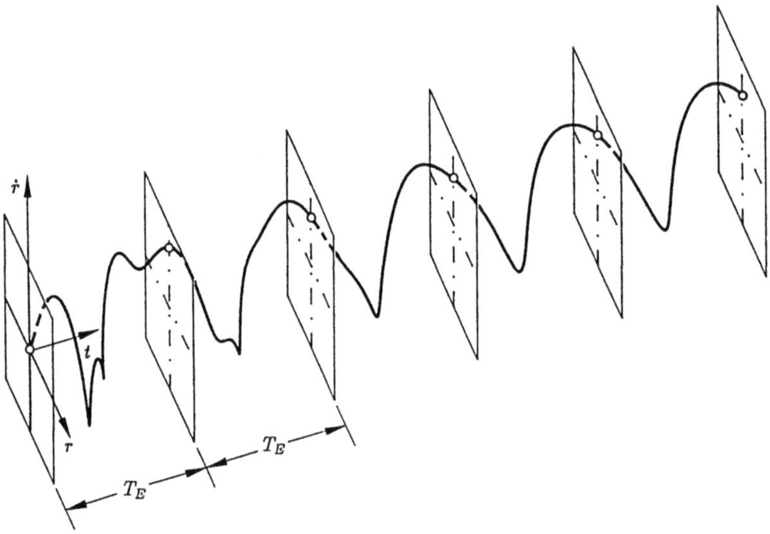

Abb. 24.1.16 Poincaré-Schnitte im Phasenraum und Definition des periodischen Attraktors

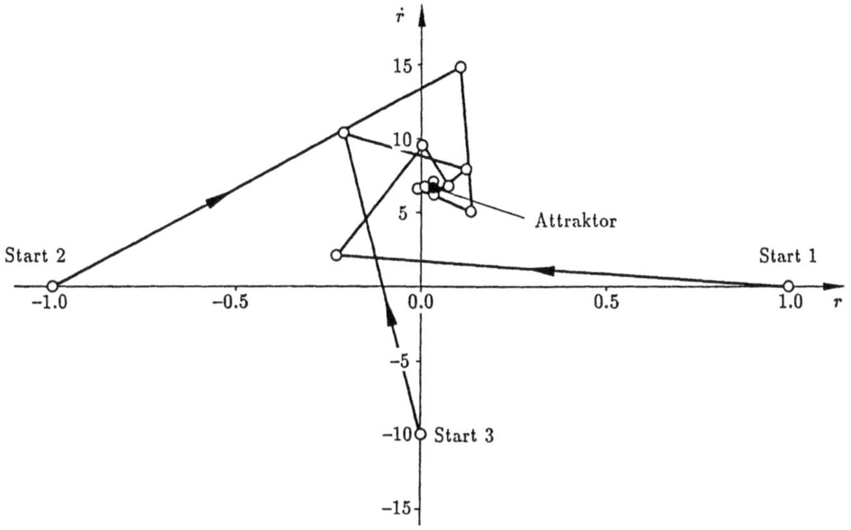

Abb. 24.1.17 Poincaré-Schnitte bei verschiedenen Anfangsbedingungen: der periodische Attraktor zieht alle Bewegungen an

24.1.13(d)). Bei diesem Vorgehen führen wir im erweiterten Phasenraum offensichtlich Schnitte im Abstand T_E aus (stroboskopische Methode; Abb. 24.1.16). Die Durchstoßpunkte der Integralkurve in diesen Schnitten werden besonders gekennzeichnet und in ein r, $\dot{r}$-Phasenporträt übertragen. In unserem Fall laufen diese Punkte vom Startpunkt immer zum gleichen Endpunkt (Abb. 24.1.17). Der periodische Attraktor (Grenzzyklus) wird durch die stroboskopische Methode auf einen Punkt abgebildet. Die spiralartige Annäherung an den Attraktor signalisiert den stabilen Charakter des Grenzzyklus.

Als letztem Punkt wenden wir uns der Leistungsspektraldichte zu (Abb. 24.1.13(e)). Entsprechend den beteiligten Bewegungskomponenten haben wir im S_r-Diagramm zwei Spitzen, eine bei der Erregungsfrequenz für die stationäre Komponente und eine bei der (gedämpften) Eigenfrequenz für den transienten Anteil. Je weiter man den zu untersuchenden Zeitbereich ausdehnt, desto unbedeutender wird die transiente Spitze ausfallen. Untersucht man die Bewegung erst ab einer Vorlaufzeit, in der die transiente Bewegung abgeklungen ist, ist praktisch nur noch die stationäre Spitze vorhanden.

Nun kommen wir zum eigentlichen Punkt und zur bereits untersuchten Duffing-Gleichung zurück. Wir wählen als Systemparameter

$\zeta = 0.05$	(Dämpfung)
$\delta = 0.05$	(kubisches Steifigkeitsglied)
$T_0 = 1\,\text{s}$	(lineare Eigenperiode)
$T_E = 1\,\text{s}$	(Erregungsperiode)
$R_0/k = r_0 = 1$	(Erregungsamplitude)

und als Anfangsbedingungen den Ruhezustand $r(0) = 0$, $\dot{r}(0) = 0$.

Die transienten Einschwingungsvorgänge sind für uns von sekundärem Interesse, und deshalb klammern wir eine Vorlaufzeit von 4000 Zeitschritten = 20s = 20 Lastzyklen aus der Bewegungsanalyse aus. In Abb. 24.1.18 haben wir Erregung und Auslenkung für die nachfolgenden 4000 Zeitschritte aufgetragen und das entsprechende Phasenporträt geplottet. Auslenkungsbild wie Phasenporträt signalisieren eine stationäre periodische Schwingung. Dies wird durch die Tatsache unterstrichen, daß der periodische Attraktor in der von uns gewählten Darstellung ein Punkt ist. Dem Spektraldichtediagramm entnehmen wir, daß die periodische Bewegung im wesentlichen harmonisch mit der Erregungsfrequenz ω_E abläuft. Es ist zwar eine kleine, aber pointierte superharmonische Komponente $3\omega_E$ vorhanden. Beachtet man jedoch die logarithmische Skala, so ist die superharmonische Komponente ohne jede Bedeutung. Anzumerken wäre noch, daß das Spektraldichte-Diagramm (wie auch der periodische Attraktor) mit $2^{13} = 8192$ Zeitschritten in der schnellen Fouriertransformation aufgestellt wurde. Das dargestellte Verhalten des nichtlinearen Schwingers sieht äußerst harmlos aus und unterstreicht die Möglichkeit eines Lösungsansatzes mit einer Frequenz, nämlich der Erregungsfrequenz. Bemerkenswert ist vielleicht lediglich, daß die Wegamplitude wesentlich kleiner ausfällt als im linearen Fall, wo das kubische Glied fehlt.

Beim linearen Schwinger führt eine Vergrößerung der Erregungsamplitude zu einer proportionalen Vergrößerung der Wegamplitude, was sich in Abb. 24.1.15 in einer ähnlichen Ellipsenschar von Attraktoren ausdrückt. Nun wissen wir bereits aus unseren Voruntersuchungen, daß im nichtlinearen Fall diese Proportionalität verlorengeht. Wir benützen deshalb unser Computerlabor, um den Einfluß der Erregungsamplitude auf das Langzeitverhalten des Schwingers zu untersuchen. Alle sonstigen Bedingungen bleiben unverändert.

Die Vergrößerung der Erregungsamplitude auf $r_0 = 5$ scheint zunächst keine großen, prinzipiellen Auswirkungen zu haben (Abb. 24.1.19). Wir erhalten wieder eine stationäre periodische Lösung und ein Phasenporträt, das eine leicht eingedellte ellipsenähnliche Figur zeigt. Der periodische Attraktor erscheint als Punkt, und die Leistungsspektraldichte weist einen dominanteren, aber immer noch kleinen superharmonischen Anteil der Frequenz $3\omega_E$ auf. Dabei wird bereits eine superharmonische Komponente $5\omega_E$ sichtbar, ist aber noch von der Größe her unbedeutend. Dieser Trend verstärkt sich bei der Erregungsamplitude $r_0 = 10$ (Abb. 24.1.20). Inzwischen ist die Wegamplitude bereits kleiner als die Erregungsamplitude. Bei einer Erregungsamplitude von $r_0 = 12.5$ sind die superharmonischen Anteile, und hier insbesondere und urplötzlich $2\omega_E$, so stark, daß im Weg-Zeit-Verhalten und im Phasenporträt deutliche Spuren sichtbar sind (Abb. 24.1.21). Die Weglösung ist immer noch stationär und periodisch in T_E, weicht aber innerhalb der Periode deutlich von der Sinusform ab. Das Phasenporträt weist zwar eine stationäre Bahn auf, allerdings von sehr seltsamer Gestalt. Man beachte auch die Bahnüberkreuzung (die im erweiterten Phasenraum r, $\dot{r}$, t nicht vorliegt!). Die Leistungsspektraldichte zeigt uns die Existenz aller geradzahligen Vielfachen von ω_E von 1 bis 7. Man beachte daß diese Superharmonischen im periodischen Attraktor des Inkrements T_E nicht zum Ausdruck kommen können. Dieser erscheint nach wie vor als ein Punkt, d.h. die Integralkurve hat alle T_E die gleiche r, $\dot{r}$-Position. Die Steigerung der Amplitude auf $r_0 = 15$ läßt die Verschlingung im Phasenporträt nach links wandern, und deren Auflösung kündigt sich an (Abb. 24.1.22). Die stationäre periodische Weg-Zeit-Form hat

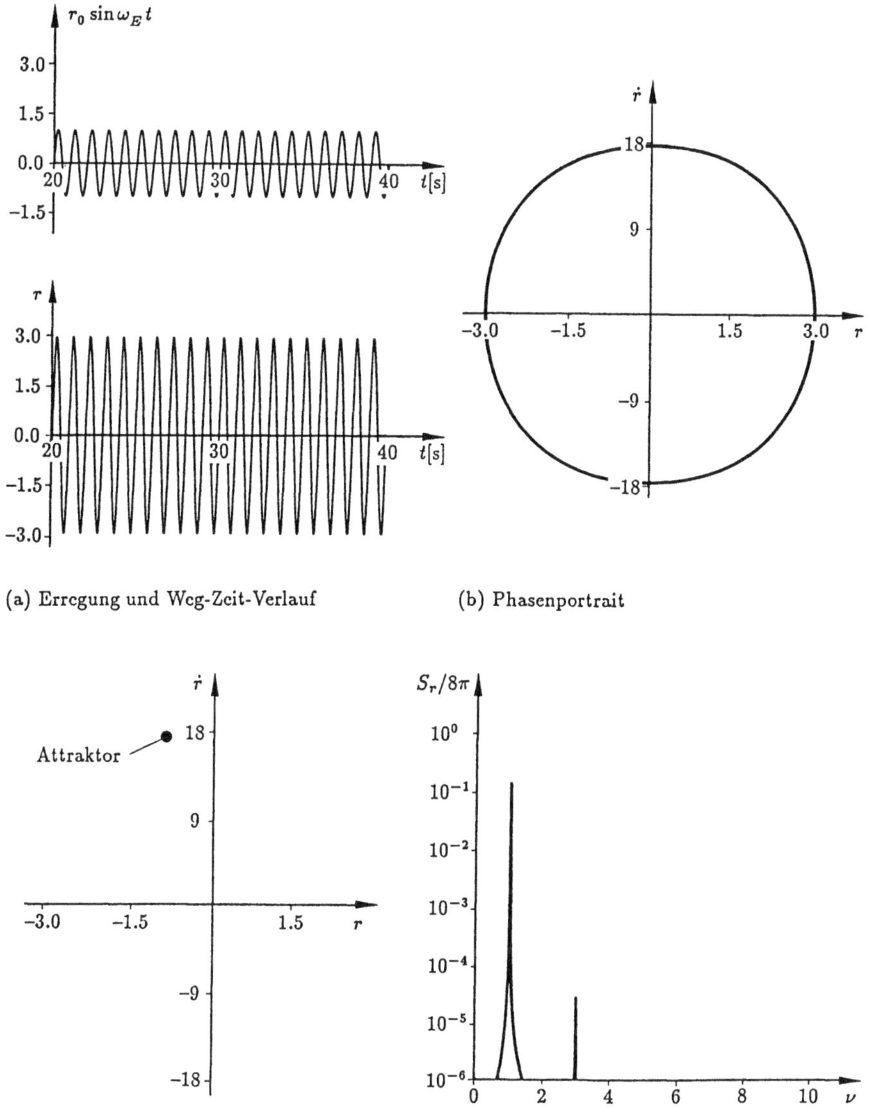

(a) Erregung und Weg-Zeit-Verlauf (b) Phasenportrait

(c) periodischer Attraktor (d) Leistungsspektraldichte

Abb. 24.1.18 Verhalten des linear-kubischen Schwingers (Duffing) bei Erregungsamplitude $r_0 = 1$ und $\omega_E/\omega_0 = 1$

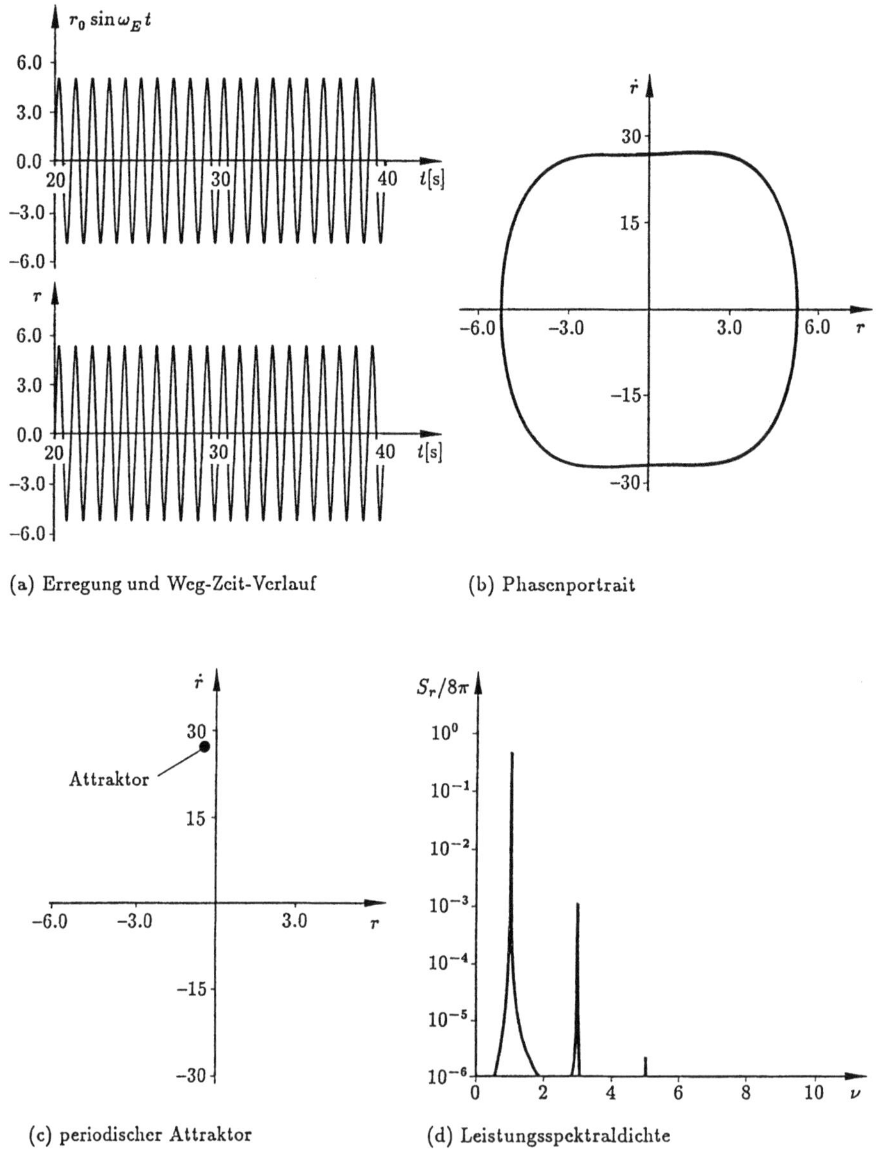

(a) Erregung und Weg-Zeit-Verlauf (b) Phasenportrait

(c) periodischer Attraktor (d) Leistungsspektraldichte

Abb. 24.1.19 Verhalten des linear-kubischen Schwingers (Duffing) bei Erregungsamplitude $r_0 = 5$ und $\omega_E/\omega_0 = 1$

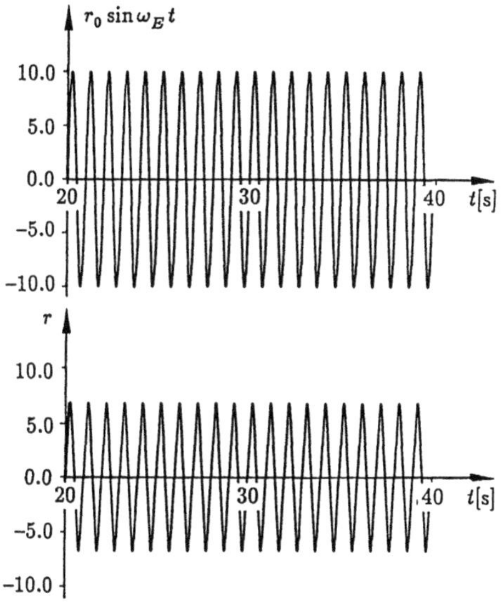

(a) Erregung und Weg-Zeit-Verlauf

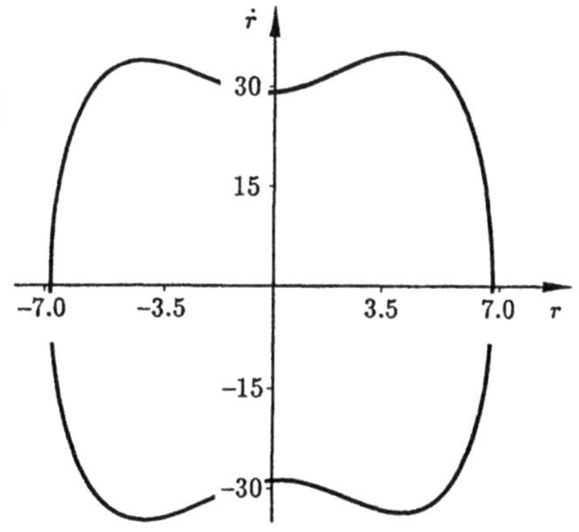

(b) Phasenportrait

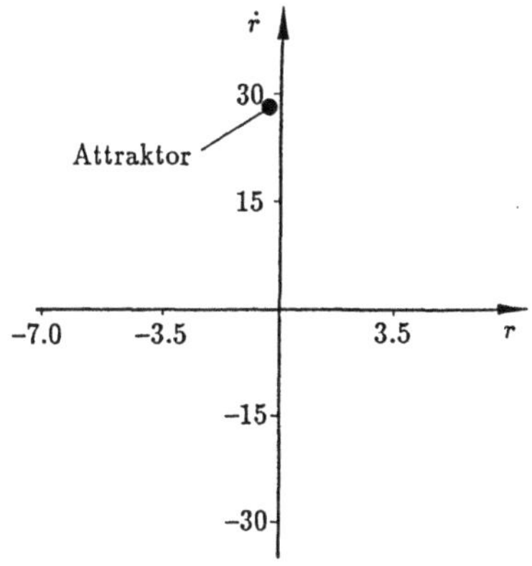

(c) periodischer Attraktor

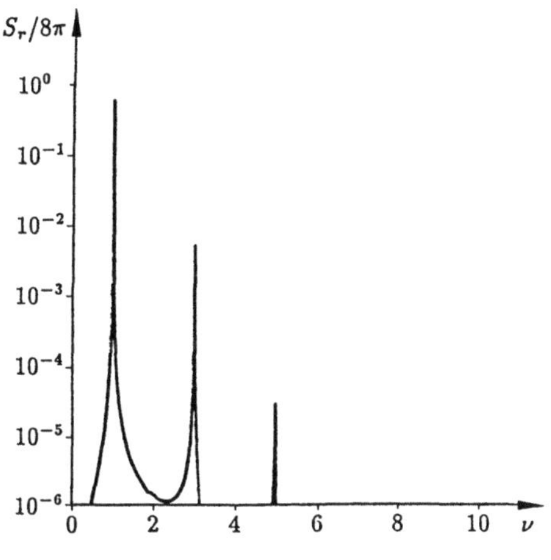

(d) Leistungsspektraldichte

Abb. 24.1.20 Verhalten des linear-kubischen Schwingers (Duffing) bei Erregungsamplitude $r_0 = 10$ und $\omega_E/\omega_0 = 1$

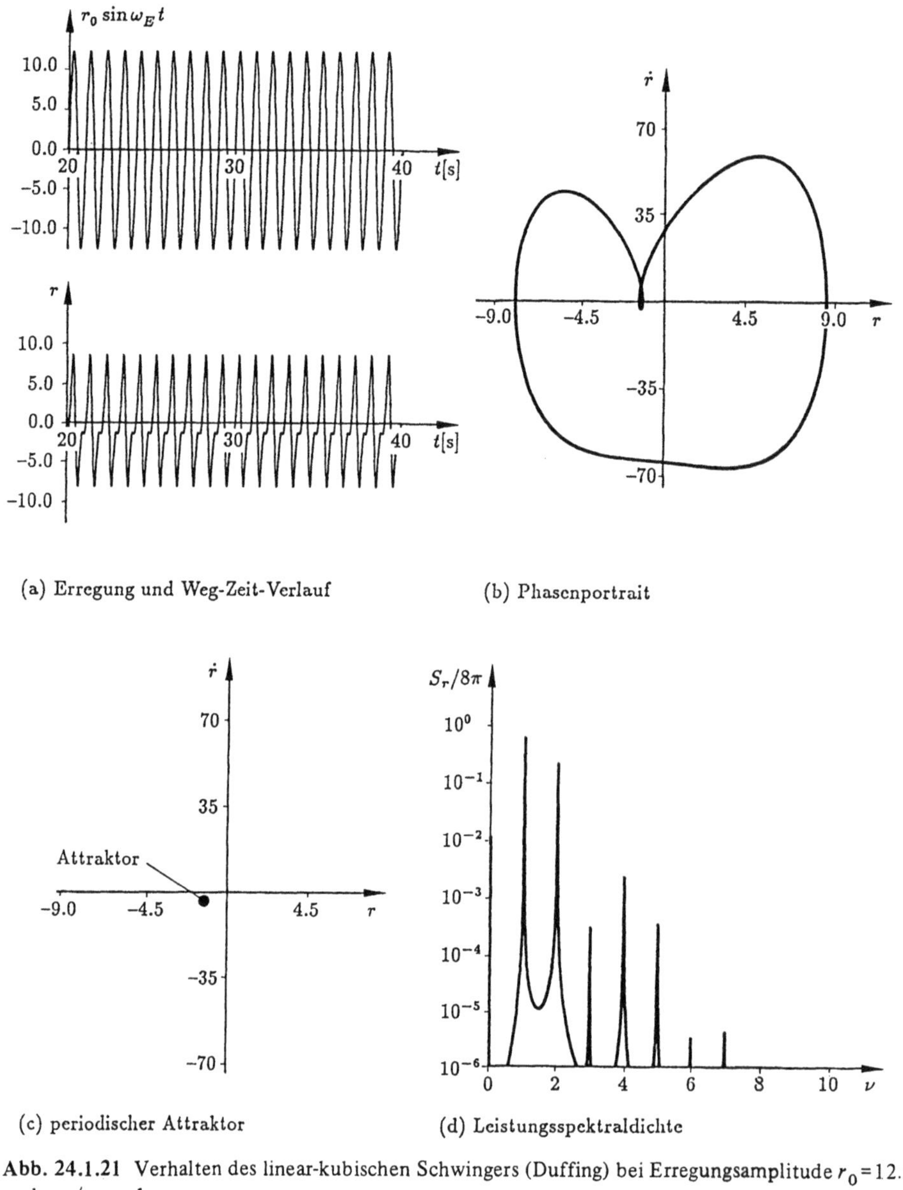

(a) Erregung und Weg-Zeit-Verlauf

(b) Phasenportrait

(c) periodischer Attraktor

(d) Leistungsspektraldichte

Abb. 24.1.21 Verhalten des linear-kubischen Schwingers (Duffing) bei Erregungsamplitude $r_0 = 12.5$ und $\omega_E/\omega_0 = 1$

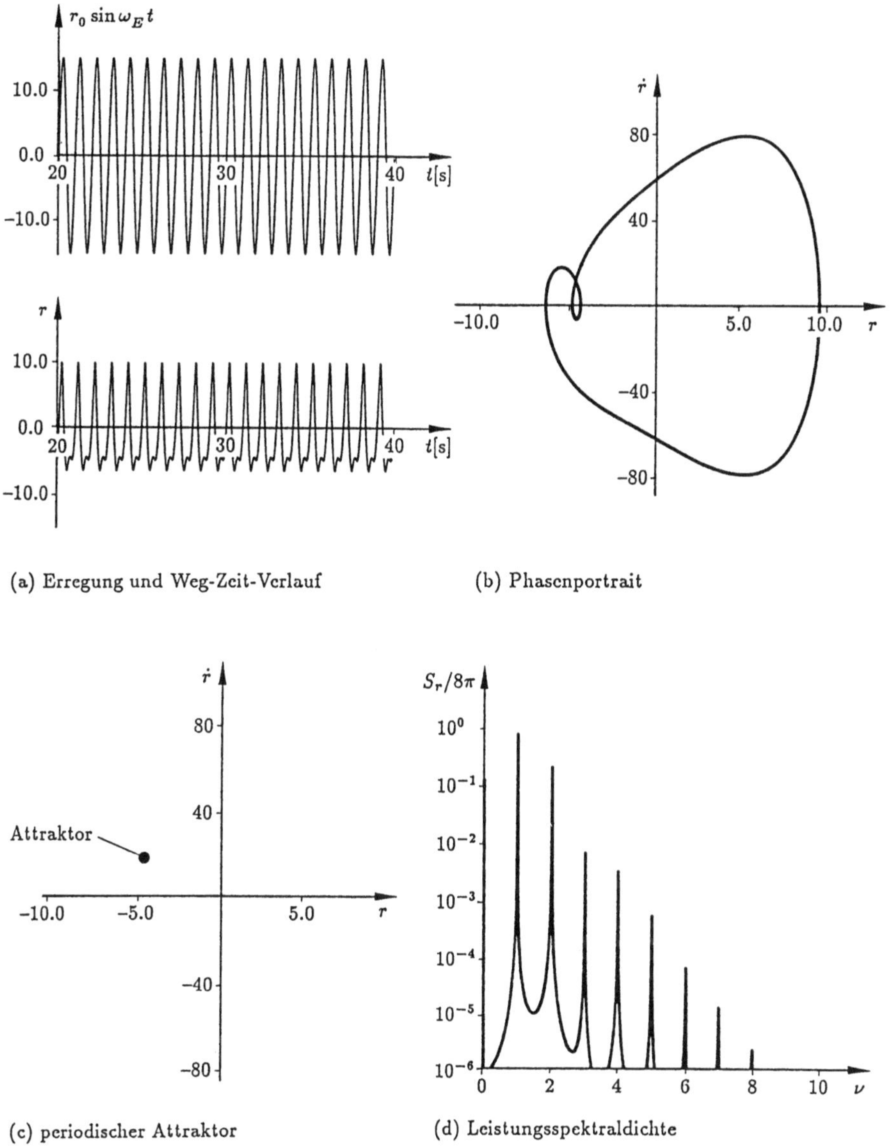

(a) Erregung und Weg-Zeit-Verlauf

(b) Phasenportrait

(c) periodischer Attraktor

(d) Leistungsspektraldichte

Abb. 24.1.22 Verhalten des linear-kubischen Schwingers (Duffing) bei Erregungsamplitude $r_0 = 15$ und $\omega_E/\omega_0 = 1$

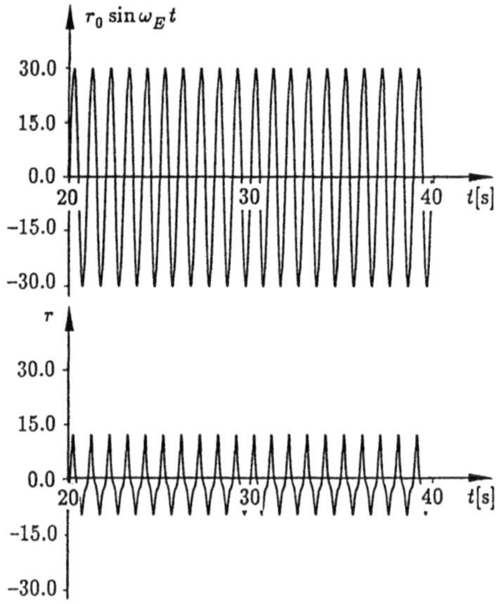

(a) Erregung und Weg-Zeit-Verlauf

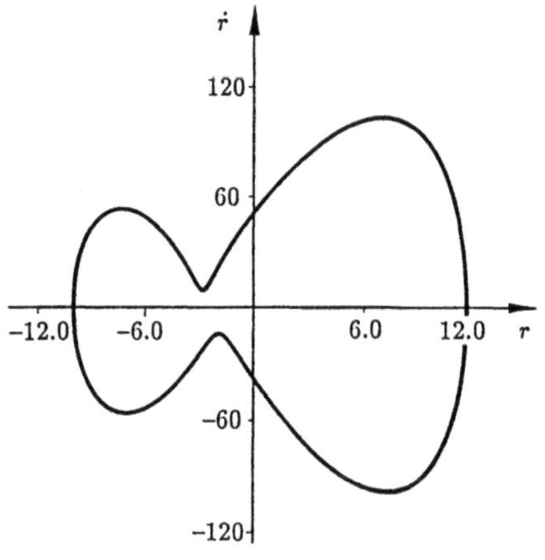

(b) Phasenportrait

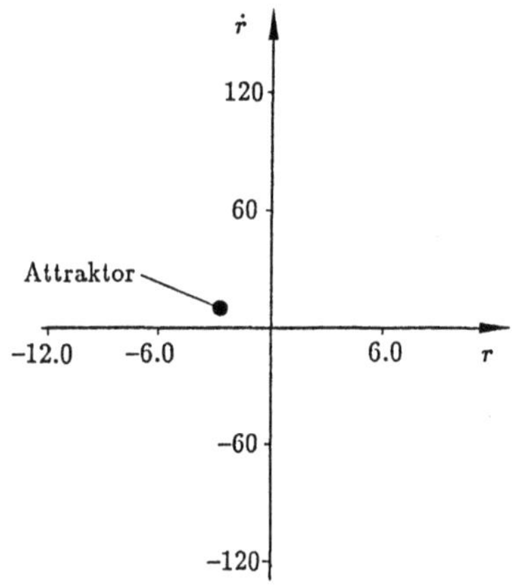

(c) periodischer Attraktor

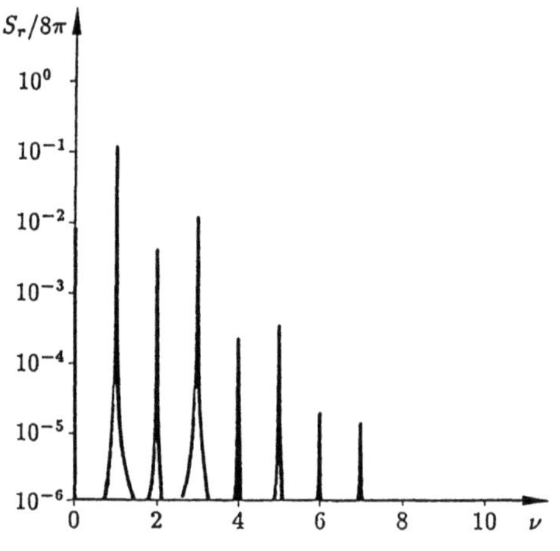

(d) Leistungsspektraldichte

Abb. 24.1.23 Verhalten des linear-kubischen Schwingers (Duffing) bei Erregungsamplitude $r_0 = 30$ und $\omega_E/\omega_0 = 1$

kräftig gegenüber $r_0 = 12.5$ geändert, und im Leistungsspektraldichte-Diagramm taucht nun erstmals die Superharmonische $8\,\omega_E$ auf. Als abschließendes Bild zeigen wir das Verhalten bei $r_0 = 30$ (Abb. 24.1.23). Die Verschlingung im Phasenporträt ist nun beseitigt, und gegenüber $r_0 = 15$, wo die Superharmonische $2\,\omega_E$ dominant war, ist nun $3\,\omega_E$ der größte superharmonische Anteil.

Die Fülle der diskutierten stationären Bewegungen, die die Duffing-Gleichung zeigt, ist ganz erstaunlich, wobei wir nicht unerwähnt lassen wollen, daß diese Berechnungen einfachster Art durch eine Publikation von Ueda [24.15] angeregt wurden, die für andere Systemparameter ganz analoge stationäre Bewegungsbilder im Phasenporträt zeigt. Unsere Leser sind nun in der Lage, derartige Bilder mit einfachsten Hilfsmitteln (ein PC genügt) selbst zu generieren.

Die Reihe der Berechnungen in Abb. 24.1.18 bis Abb. 24.1.23 spiegelt uns vor, daß das vorliegende System – siehe periodischer Attraktor – lauter eindeutige stationäre Lösungen aufweist. Dabei darf allerdings nicht vergessen werden, daß wir nur eine bestimmte Anfangsbedingung berücksichtigt haben. Beim linearen Schwinger unter harmonischer Erregung konnten wir exemplarisch zeigen, daß jede Anfangsbedingung zu dem einzigen eindeutigen Attraktor führt. Ein solcher Nachweis ist durch unsere Untersuchungsreihe im nichtlinearen Fall keineswegs erbracht. Wir können ein solches Verhalten auch nicht erwarten, wenn wir an das Amplituden-Frequenz-Diagramm von Abb. 24.1.5 bzw. Abb. 24.1.3, rechts, zurückdenken. Dort gibt es Frequenzbereiche, wo bei einer Frequenz drei Lösungsamplituden vorhanden sind. Wir wollen deshalb unser Computerlabor benützen, um gerade in einem solchen Frequenzbereich Berechnungen auszuführen, wobei die Erregungsamplitude konstant $r_0 = 1$ ist, die Anfangsbedingungen aber variieren. Die Systemparameter ($\zeta = 0.05$, $\delta = 0.05$) sind unverändert, ebenso die Erregungsperiode $T_E = 1\,\text{s}$, während die lineare Eigenperiode auf $T_0 = 1.4\,T_E$ festgelegt wird, um in den Sprungbereich bei $\beta = 1.40$ zu kommen (s. Abb. 24.1.3). Wir sehen in Abb. 24.1.24, daß wir auch hier zu stationären Lösungen finden. Aber offensichtlich führen die Randbedingungen $r(0) = 8$, $\dot{r}(0) = 0$ und $r(0) = 8.5$, $\dot{r}(0) = 0$ zu ganz verschiedenen Amplituden, Phasenporträts und Attraktoren. Jeder dieser Attraktoren hat seine Einflußsphäre im Phasenraum, die wir uns als ein Gebiet um den spiralförmig verlaufenden Attraktor im Phasenraum vorstellen können. Im Einflußgebiet eines individuellen Attraktors herrscht Stabilität in dem Sinne, daß Lösungen verschiedenster Anfangsbedingungen immer zu diesem Attraktor finden. Es muß natürlich auch eine Fläche geben, die die individuellen Einflußgebiete trennt (Separatrix). Diese Trennfläche führt in unserem Fall ziemlich dicht an den Attraktoren vorbei, denn wir starten ja von dicht benachbarten Punkten. Zugleich wird demonstriert, daß auf nichtlinearem Gebiet sehr sorgfältig vorgegangen werden muß. Bei nur ungenau bekannten Anfangsbedingungen sind zur Absicherung der Lösung Parameterstudien unerläßlich. Die Vielfalt stabiler alternativer Attraktoren – oft sind bei nichtlinearen Problemen weit mehr als zwei vorhanden – ist typisch, und sie fehlt im linearen Falle mit einem einzigen, eindeutigen Attraktor völlig. Die 3. Amplitudenmöglichkeit laut Amplituden-Frequenz-Diagramm ist – wie bereits erwähnt – instabil und erscheint deshalb in unseren numerischen Versuchen nicht.

Das vorliegende Beispiel bietet Anlaß, ganz kurz auf die Betrachtung der Stabilität nichtlinearer Schwingungen einzugehen. Wir folgen dabei dem Konzept von Lyapunov, um eine Definition für die Stabilität einer stationären Bewegung festzulegen. Dieses ist äußerst

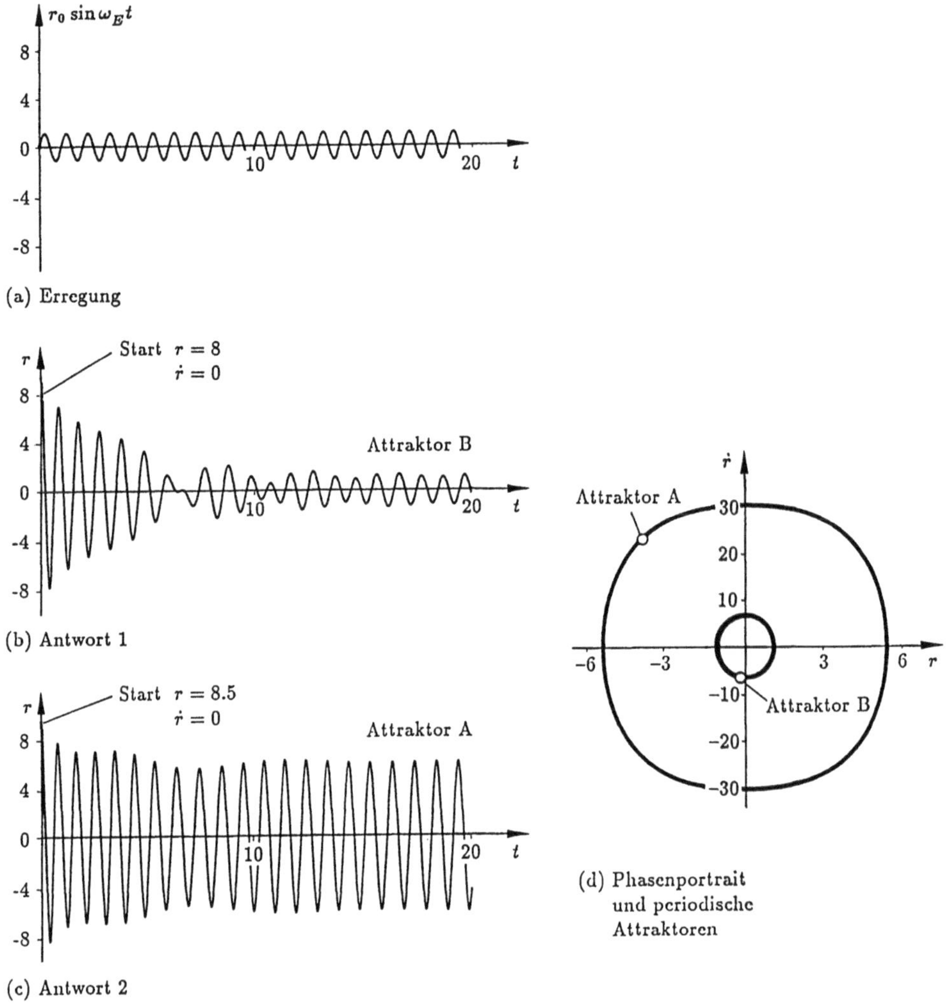

Abb. 24.1.24 Linear-kubischer Schwinger (Duffing) bei verschiedenen Anfangsbedingungen ($\zeta = 0.05$, $T_E = 1\,\mathrm{s}$, $\beta = \omega_E/\omega_0 = 1.4$, $\delta = 0.05$)

einfach: eine stationäre Bewegung ist stabil, wenn jede Lösung in der unmittelbaren Nachbarschaft auch für alle Zeit in der Nähe dieser stationären Lösung bleibt. Dieser Sachverhalt ist in etwas präziserer Form in Abb. 24.1.25 illustriert. Die hinsichtlich Stabilität zu diskutierende stationäre Lösung im Phasenporträt sei S_0. Das Umfeld für benachbarte Lösungen ist mit N_A abgegrenzt, und die Toleranzzone, die noch als Nachbarschaft gilt, mit N_L. Bleiben alternative Lösungen S_1 und S_2 innerhalb von N_L, so liegt Lyapunov-Stabilität vor. Finden alternative Lösungen im Laufe der Zeit t sogar zu S_0, so haben wir asymptotische Stabilität. Ein Verlassen der Zone N_L zeigt dagegen Instabilität an. Dies soll hier nur zur Orientierung genügen, um mit dem Begriff Lyapunov-Stabilität wenigstens eine geometrische Vorstellung zu verbinden.

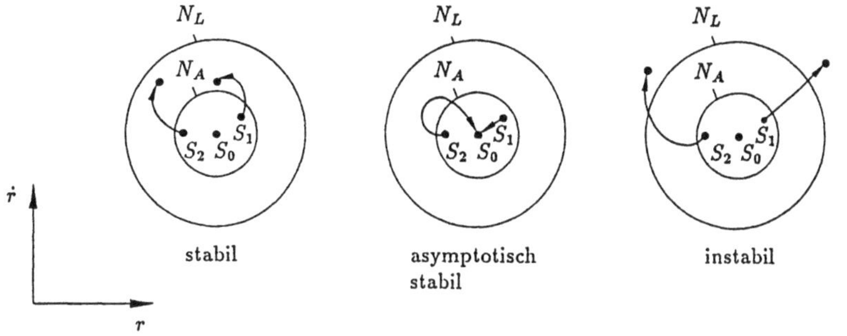

Abb. 24.1.25 Zur Definition der Lyapunov-Stabilität von stationären Bewegungen im Phasenporträt

Als Abschluß dieses Kapitels kehren wir nochmals in unser Computerlabor zurück und untersuchen ein modifiziertes Duffing-System, das Ueda in jüngsten Veröffentlichungen (z.B. [24.12], [24.15]) untersucht hat. Wir entfernen aus der Steifigkeit unseres Systems den Linearterm und behalten damit eine rein kubische Steifigkeit übrig. Physikalisch bedeutet dies einfach, daß wir aus unserem Drahtmodell, Abb. 24.1.1, die Vorspannkraft N_0 entfernen. Die rücklenkende Kraft wird dann gemäß (24.1.5)

$$R_e = EA\left(\frac{r}{a}\right)^3 \tag{24.1.108}$$

und das vorliegende Duffing-System wird nun durch

$$\ddot{r} + \frac{c}{m}\dot{r} + \frac{EA}{ma^3}r^3 = \frac{R_0}{m}\sin\omega_E t \tag{24.1.109}$$

beschrieben. Den Spuren von Ueda folgend, wählen wir

$$f_k = \frac{c}{m} = 0.05 \tag{24.1.110}$$

$$\frac{EA}{ma^3} = 1 \tag{24.1.111}$$

$$\omega_E = 1 \tag{24.1.112}$$

passen den Zeitschritt an die Lastperiode so an, daß die gleiche Anzahl von Lastzyklen im Vorlauf und Auswertungsbereich liegt, und wählen die Erregung gemäß

$$f_B = \frac{R_0}{m} = \frac{R_0 a^3}{EA} \tag{24.1.113}$$

variabel.

In Abb. 24.1.26 erhalten wir eine stationäre Bewegung, die uns vom Prinzip her aus vorausgegangenen Versuchen bekannt ist. Der periodische Attraktor erscheint wieder als Punkt, und die Leistungsspektraldichte zeigt eine Beteiligung von Superharmonischen, dominant in der Ordnung 2, an. Die Steigerung der Erregung auf $f_B = 5.0$ kündigt bereits besondere

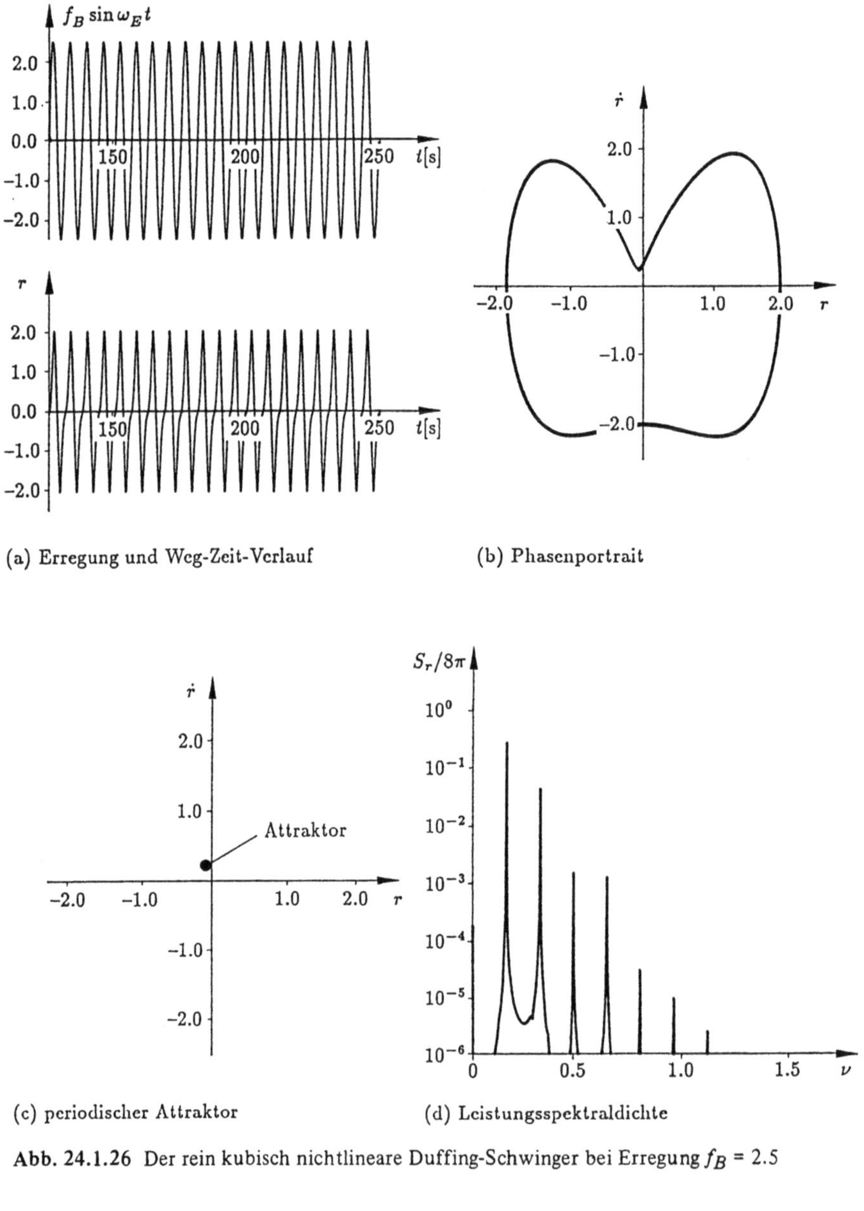

(a) Erregung und Weg-Zeit-Verlauf

(b) Phasenportrait

(c) periodischer Attraktor

(d) Leistungsspektraldichte

Abb. 24.1.26 Der rein kubisch nichtlineare Duffing-Schwinger bei Erregung f_B = 2.5

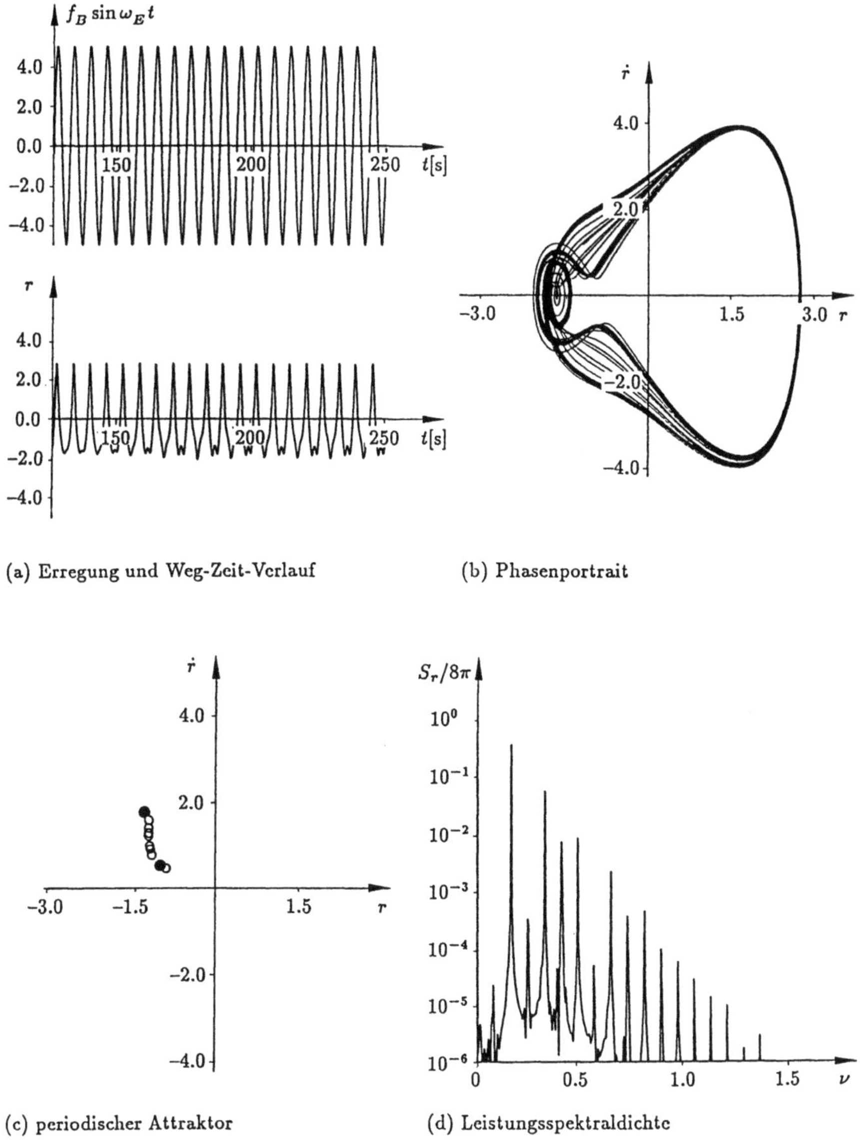

(a) Erregung und Weg-Zeit-Verlauf

(b) Phasenportrait

(c) periodischer Attraktor

(d) Leistungsspektraldichte

Abb. 24.1.27 Der rein kubisch nichtlineare Duffing-Schwinger bei Erregung $f_B = 5.0$

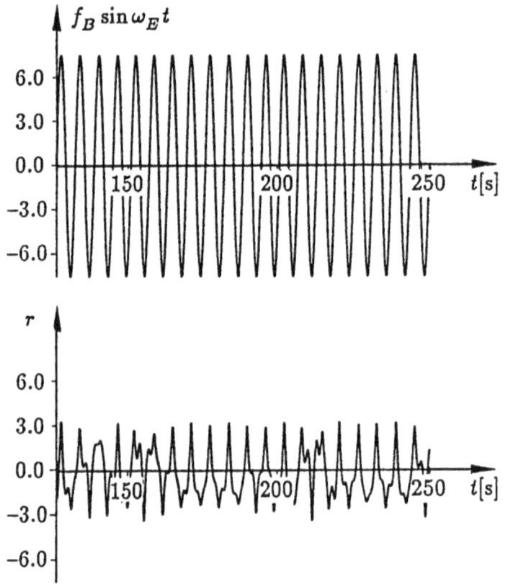

(a) Erregung und Weg-Zeit-Verlauf

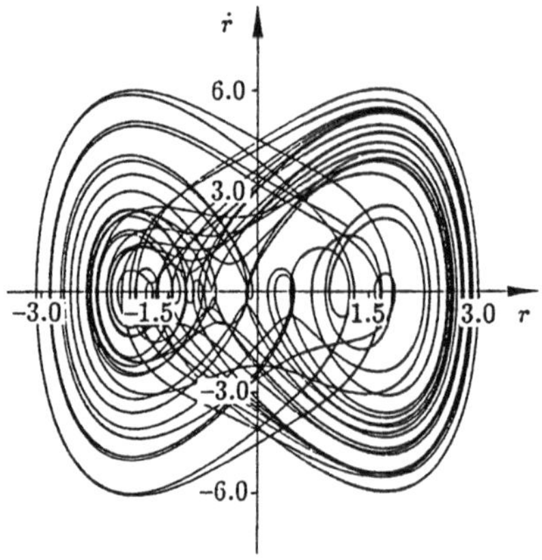

(b) Phasenportrait

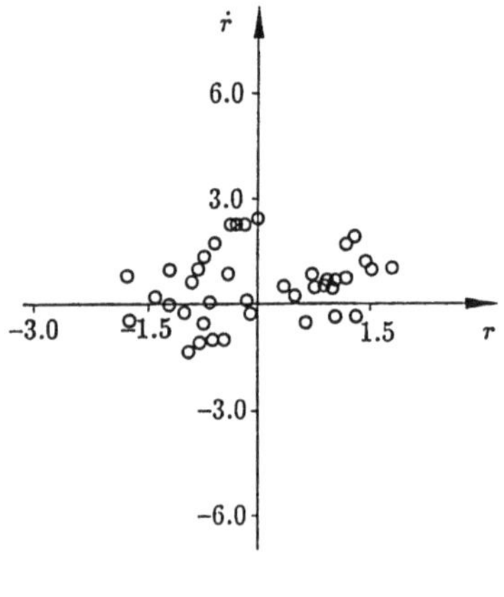

(c) periodischer Attraktor

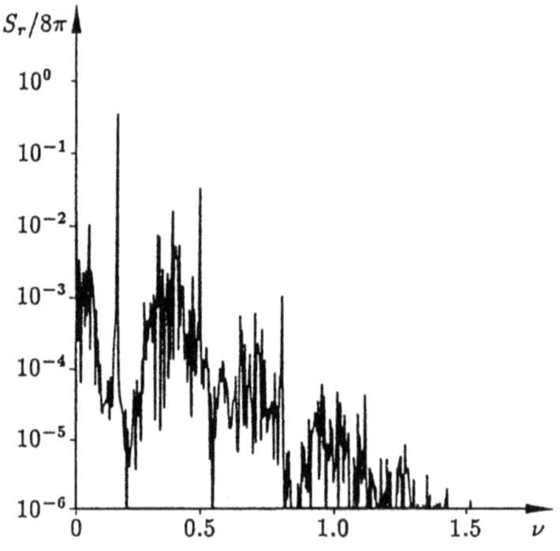

(d) Leistungsspektraldichte

Abb. 24.1.28 Der rein kubisch nichtlineare Duffing-Schwinger bei Erregung f_B = 7.5

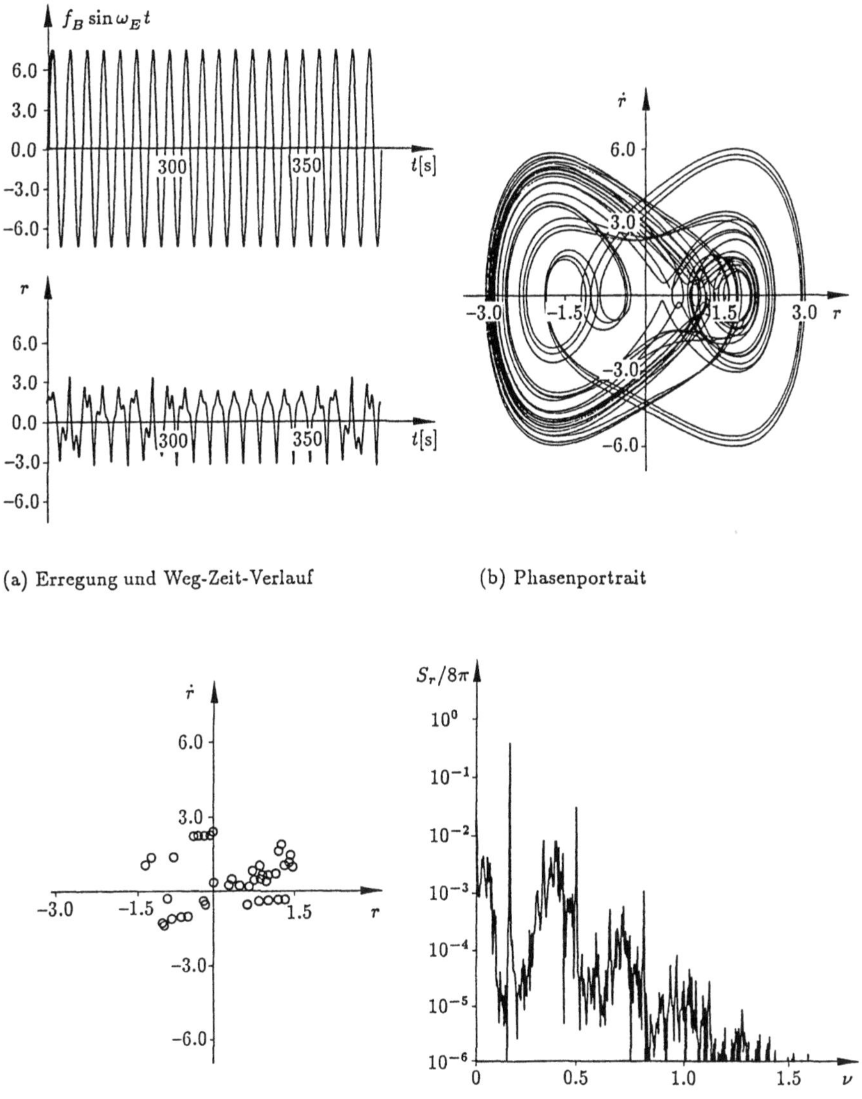

(a) Erregung und Weg-Zeit-Verlauf

(b) Phasenportrait

(c) periodischer Attraktor

(d) Leistungsspektraldichte

Abb. 24.1.29 Der rein kubisch nichtlineare Duffing-Schwinger bei Erregung $f_B = 7.5$ und verlängerter Vorlaufzeit

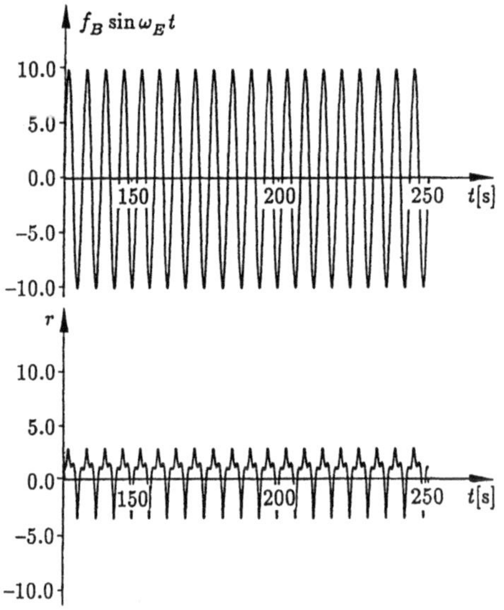

(a) Erregung und Weg-Zeit-Verlauf

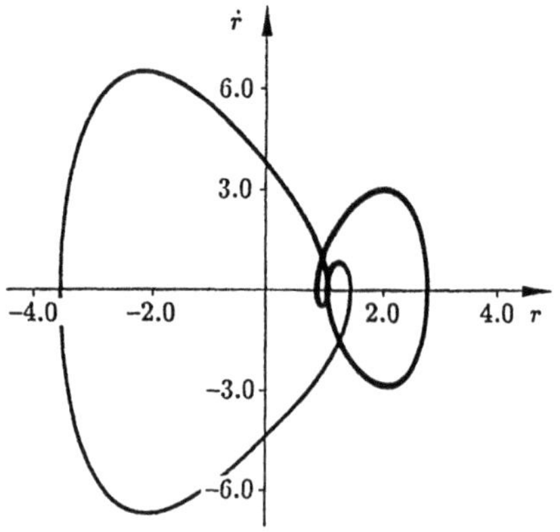

(b) Phasenportrait

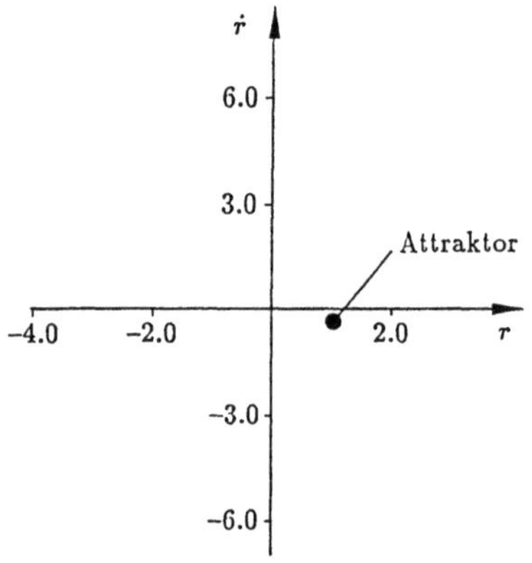

(c) periodischer Attraktor

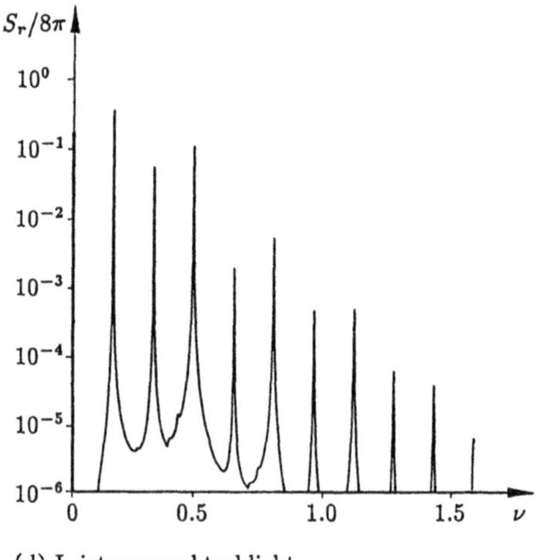

(d) Leistungsspektraldichte

Abb. 24.1.30 Der rein kubisch nichtlineare Duffing-Schwinger bei Erregung $f_B = 10$

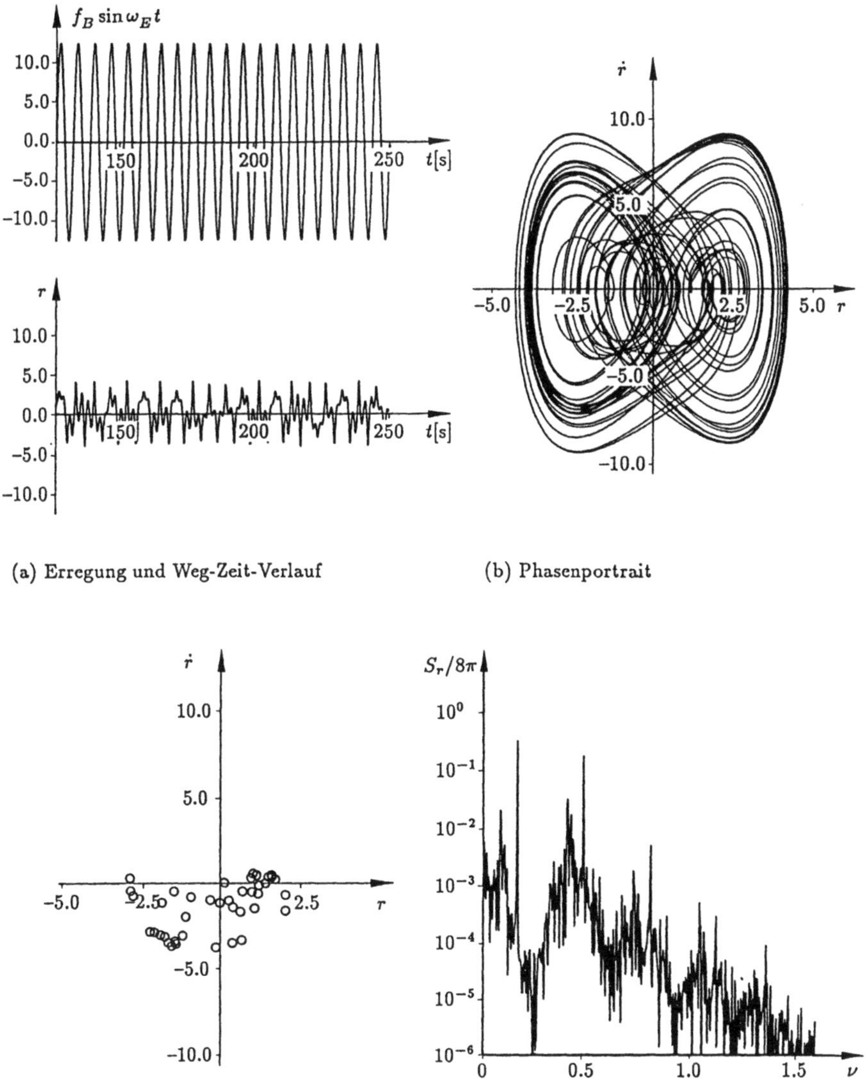

(a) Erregung und Weg-Zeit-Verlauf

(b) Phasenportrait

(c) periodischer Attraktor

(d) Leistungsspektraldichte

Abb. 24.1.31 Der rein kubisch nichtlineare Duffing-Schwinger bei Erregung f_B = 12.5

Verhältnisse an (Abb. 24.1.27). Eine stationäre periodische Bewegung stellt sich nur noch mühsam ein. An der Bewegung sind jetzt offensichtlich auch Subharmonische und Ultrasubharmonische beteiligt (siehe die Leistungsspektraldichte). Dies kommt auch in den schwarz markierten Punkten des periodischen Attraktors zum Ausdruck, der nun zwei ausgeprägte Zentren aufweist. Wir steigern die Erregung weiter auf $f_B = 7.5$ (Abb. 24.1.28). Nun stellt sich überhaupt keine periodische oder auch nur geregelte Bewegung mehr ein. Wir sind beim berühmten Beispiel Uedas angekommen [24.12, 24.15], das bei einer altbekannten Differentialgleichung ein völlig neues Phänomen nachweist. Sowohl das Phasenporträt als auch der periodische Attraktor zeigen ein völlig regelloses Verhalten, das auch bei einer Ausdehnung der Vorlaufzeit in seinem typischen Charakter erhalten bleibt (Abb. 24.1.29). Die Leistungsspektraldichte zeigt den starken Rauschhintergrund des Bewegungsvorganges. Wir stehen also vor der merkwürdigen Tatsache, daß ein deterministisches System unter deterministischer Erregung eine stochastische Antwort liefert. Dehnt man den Betrachtungszeitraum aus und vermehrt somit auch die Zahl der Punkte im periodischen Attraktordiagramm, so stellt sich eine für das Phänomen des Chaos typische Figur ein: der sogenannte seltsame Attraktor (engl. *strange attractor;* zur Klärung des Begriffs siehe Ueda [24.15] und Kapitel 25). Steigert man die Erregung auf $f_B = 10$ (Abb. 24.1.30), so läßt sich plötzlich wieder ein geregelter stationärer Zustand beobachten. Das Phasenporträt zeigt einen Grenzzyklus, jedoch jetzt mit zwei Schleifen, und der Rauschanteil in der Leistungsspektraldichte ist verschwunden. Mit $f_B = 12.5$ sind wir aber offensichtlich wieder bei chaotischen Zuständen angekommen (Abb. 24.1.31).

Mit dieser bescheidenen Demonstration der komplexen Verhältnisse auf dem Gebiet der nichtlinearen Dynamik wollen wir unsere Einführung abschließen, verweisen aber auf das chaosspezifische folgende Kapitel. Sie soll insbesondere einen Anstoß zur kritischen Handhabung der in den anschließenden Abschnitten dargestellten numerischen Lösungsverfahren liefern, die dank ihrer robusten Natur immer ein Resultat liefern. Leider zeigen unsere Experimente, daß der praktische Ingenieur bei der Annahme der „Lösung" äußerste Vorsicht walten lassen muß, da im Fall eines instabilen Verhaltens oder einer chaotischen Bewegung bereits geringe Abweichungen in den Anfangsbedingungen zu beträchtlichen Änderungen in der Lösung führen können.

Ergänzung zu Abschnitt 24.1

*24.1 Einige nützliche Formeln für die analytische Behandlung einfacher nichtlinearer Schwinger

Potenzen trigonometrischer Funktionen

$$\begin{aligned}
\sin^2 x &= (1 - \cos 2x)/2 \\
\cos^2 x &= (1 + \cos 2x)/2 \\[4pt]
\sin^3 x &= (3 \sin x - \sin 3x)/4 \\
\cos^3 x &= (3 \cos x + \cos 3x)/4 \\[4pt]
\sin^4 x &= (3 - 4 \cos 2x + \cos 4x)/8 \\
\cos^4 x &= (3 + 4 \cos 2x + \cos 4x)/8
\end{aligned} \qquad (*24.1.1)$$

Produkte trigonometrischer Funktionen

$$\begin{aligned} \sin x \cos y &= [\sin(x+y) + \sin(x-y)]/2 \\ \sin x \sin y &= [\cos(x-y) - \cos(x+y)]/2 \\ \cos x \cos y &= [\cos(x+y) + \cos(x-y)]/2 \end{aligned} \tag{*24.1.2}$$

24.2 Bewegungsgleichung eines allgemeinen Tragwerks

Wir gehen davon aus, daß ein Tragwerk bereits mit Hilfe finiter Elemente diskretisiert ist. Hier können wir auf Kapitel 23 verweisen, wo ein Produktansatz für Raum- und Zeitabhängigkeit, das d'Alembertsche Prinzip und das Prinzip der virtuellen Verschiebungen mühelos zum Kräftegleichgewicht in der Dynamik (23.1.2) führten. Diese von der Zeit abhängige Gleichgewichtsbeziehung wurde durch die Einführung des inkrementellen Gleichgewichts und sekantieller bzw. tangentialer Größen bereits für nichtlineare Anwendungen vorbereitet. Im Rahmen dieses Kapitels wollen wir diese Ansätze etwas erweitern. Nichtlinearitäten in der Tragwerksdynamik haben im wesentlichen Materialnichtlinearitäten und/oder geometrische Nichtlinearitäten zur Ursache. Seltener liegt eine direkt vorgeschriebene Änderung der Masse (z.B. durch Abbrand) oder der Steifigkeit oder der Dämpfung vor. Im Falle eines nichtlinearen Materialgesetzes und direkter Zeitabhängigkeit der Tragwerkseigenschaften bei kleinen Auslenkungen bereitet die Interpretation des in (23.1.2) angeschriebenen Kräftegleichgewichts keine Schwierigkeiten. Im Falle großer Verschiebungen ist (siehe Kapitel 13) auf einen einheitlichen Bezug und geeignete Dehnungs- und Spannungsmaße zu achten. Wir erinnern an die totale Lagrangesche Betrachtungsweise, wo der Bezug beim nichtdeformierten Tragwerk liegt, und an die mitgehende, wo als Referenz der jeweils letzte bekannte Verformungszustand verwendet wird. Über den Referenzzustand wird auch die Integration zur Aufstellung des diskreten Kräftegleichgewichts ausgeführt.

Durch die Angabe der Beziehungen zwischen den Kräften und den Verschiebungen und ihren Ableitungen nach der Zeit gelang es uns im linearen Fall, das Kräftegleichgewicht in ein System von gewöhnlichen linearen Differentialgleichungen umzusetzen. Auch hier werden uns die Beziehungen zwischen Kräften und Verschiebungen bzw. Verschiebungsableitungen weiterführen, jedoch mit der Maßgabe, daß diese nichtlinear sein müssen. Wir gehen deshalb von der allgemeinen Formulierung

$$\boldsymbol{R}_I(r, \dot{r}, \ddot{r}, t) + \boldsymbol{R}_D(r, \dot{r}, \ddot{r}, t) + \boldsymbol{R}_e(r, \dot{r}, \ddot{r}, t) = \boldsymbol{R}(r, \dot{r}, \ddot{r}, t) \tag{24.2.1}$$

aus. Die funktionale Abhängigkeit der Kraftkomponenten von Weg, Geschwindigkeit, Beschleunigung und explizit von der Zeit ist durchaus nicht übertrieben, wenn wir uns z.B. die erste Kraftgruppe, die Trägheitskräfte, anschauen. Falls wir in einem allgemein bewegten Bezugsystem arbeiten, so zeigt uns die Beziehung (15.3.15), daß tatsächlich alle funktional angegebenen Abhängigkeiten auftreten, und zwar glücklicherweise linear. In der Folge werden wir uns auf ein Inertialsystem beschränken, so daß mit

$$\boldsymbol{R}_I = \boldsymbol{M}\ddot{\boldsymbol{r}}(t) \tag{24.2.2}$$

gearbeitet werden kann. Dabei gehen wir davon aus, daß die Massenmatrix $\boldsymbol{M}$ nicht auch noch von der Zeit abhängt, sondern konstant ist. Dies kann auch bei großen Dehnungen und Verschiebungen beibehalten werden. So gilt für die Simplexelemente FLA2, TRIM3, TET4 unverändert die in den Abschnitten 16.2 bzw. 16.3 aufgestellte Elementmassenmatrix, da in die entsprechenden Formeln (z.B. (16.3.4) für TRIM3) nur die Elementmasse $(\rho \Omega t)$ eingeht, und nicht die Geometrie. Die Elementmasse aber soll invariant sein. Im allgemeinen beschränken wir die Größe der Verschiebungen so, daß eine Änderung der Element- bzw. Tragwerksmasse nicht in Betracht gezogen zu werden braucht. Auf diese Weise ist die Massenmatrix für die Zeitablaufrechnung nur einmal aufzustellen. Wir kommen auf diesen Aspekt in Abschnitt 24.3 noch einmal zurück. Im Rahmen des Abschnittes 24.8 werden wir die Trägheitskräfte etwas allgemeiner aufgreifen, nämlich für konstant rotierende Tragwerke, und damit zusätzliche Abhängigkeiten von Weg und Geschwindigkeit einführen.

Die Dämpfungskräfte $\boldsymbol{R}_D$ waren schon in der linearen Theorie ein Problem, das nur schwierig erfaßt werden konnte. Deshalb wird in vielen nichtlinearen Berechnungen entweder ohne Dämpfung ($\boldsymbol{R}_D = \boldsymbol{o}$) oder mit dem aus der linearen Theorie her bekannten Ansatz

$$\boldsymbol{R}_D = \boldsymbol{C}\dot{\boldsymbol{r}} \tag{24.2.2}$$

gearbeitet. Für Einfreiheitsgrad-Systeme ist ein nichtlinearer Dämpfungsbeitrag gelegentlich verwendet worden, z.B. eine zum Geschwindigkeitsquadrat proportionale Dämpfung beim Pendel

$$R_D = (\operatorname{sign}\dot{r})\, c\dot{r}^2 \tag{24.2.3}$$

Eine Verallgemeinerung dieses Konzepts auf Mehrfreiheitsgrad-Systeme erscheint aussichtslos. Den einzigen realen Zugang zu einem nichtlinearen Dämpfungsbeitrag liefert ein nichtlineares Materialgesetz, wie z.B. viskoelastisches Materialverhalten. In diesem Falle faßt man am besten die Dämpfungskräfte $\boldsymbol{R}_D$ und die elastischen Kräfte $\boldsymbol{R}_e$ zu den inneren Kräften $\boldsymbol{R}_i$ zusammen

$$\boldsymbol{R}_i(\boldsymbol{r}, \dot{\boldsymbol{r}}) = \boldsymbol{R}_D + \boldsymbol{R}_e \tag{24.2.4}$$

und erhält als tangentiale Dämpfungsmatrix

$$\boldsymbol{C}_t = \frac{\partial \boldsymbol{R}_i}{\partial \dot{\boldsymbol{r}}} \tag{24.2.5}$$

und als tangentiale Steifigkeit

$$\boldsymbol{K}_t = \frac{\partial \boldsymbol{R}_i}{\partial \boldsymbol{r}} \tag{24.2.6}$$

also linearisierte Operatoren. Jede dieser Matrizen ist im allgemeinen eine nichtlineare Funktion von $\boldsymbol{r}$ und $\dot{\boldsymbol{r}}$. Bei den sogenannten symmetrischen Systemen wird neben der Massenmatrix $\boldsymbol{M}$ auch die tangentiale Dämpfung $\boldsymbol{C}_t$ und die tangentiale Steifigkeit $\boldsymbol{K}_t$ als symmetrisch vorausgesetzt. Es soll nicht verschwiegen werden, daß der Ansatz (24.2.4), dem zufolge die inneren Kräfte $\boldsymbol{R}_i$ vom Weg $\boldsymbol{r}$ und der Geschwindigkeit $\dot{\boldsymbol{r}}$ abhängen, nicht allumfassend ist. Bei Plastizität und Viskoplastizität hängt zum Beispiel $\boldsymbol{R}_i$ nicht nur von den aktuellen Werten $\boldsymbol{r}$ und $\dot{\boldsymbol{r}}$ ab, sondern auch von deren Geschichte. Insgesamt ist anzumerken, daß auf diesem Gebiet nur sehr beschränkte Erfahrung vorliegt, was für unsymmetrische Systeme noch verstärkt gilt. Wir werden uns deshalb in der Folge beinahe immer mit (24.2.2) begnügen.

Zentraler Punkt bei den meisten nichtlinearen Tragwerksberechnungen sind die elastischen Rückstellkräfte $\boldsymbol{R}_e$. Dabei beschränken sich die Analysen gewöhnlich auf eine nichtlineare Abhängigkeit von den Verschiebungen, die Material- und geometrische Nichtlinearitäten abdeckt. Mit dem Vorliegen einer solchen Beziehung läßt sich analog zu (24.2.6) die tangentiale Steifigkeit bilden

$$\boldsymbol{K}_t = \frac{\partial \boldsymbol{R}_e}{\partial \boldsymbol{r}} \tag{24.2.7}$$

Diese tangentiale Steifigkeit ist zwar für eine linearisierte Stabilitätsbetrachtung von Bedeutung, für die Zeitablaufberechnung werden jedoch die elastischen Kräfte meist direkt aus den Spannungen berechnet, z.B. in mitgehender Lagrangescher Betrachtungsweise

$${}^1\boldsymbol{R}_e = \int\limits_{{}^1V} \boldsymbol{\alpha}_L^t \left({}_1^1\boldsymbol{\sigma}\right) \mathrm{d}V \tag{24.2.8}$$

also äußerst einfach mit der aus der linearen Theorie bekannten Formel.

Die äußeren Kräfte $\boldsymbol{R}$ brauchen durchaus nicht allein von der Zeit abzuhängen. Es gibt z.B. Folgelasten, die von der Verschiebung abhängen, und auf dem Gebiet der Hydro- und Aeroelastizität spielen darüber hinaus die Geschwindigkeiten und Beschleunigungen der belasteten Oberfläche eine Rolle. Darüber wird in Abschnitt 24.7 noch etwas näher gesprochen werden; eine eingehendere Besprechung findet sich in Kapitel 26. Wir beschränken uns im Rahmen der nächsten Abschnitte auf rein zeitabhängige äußere Lasten $\boldsymbol{R}(t)$. Die zu diskutierende Bewegungsgleichung für unsere folgenden Abschnitte 24.3 bis 24.6 lautet also zusammengefaßt

$$\boldsymbol{M}\ddot{\boldsymbol{r}} + \boldsymbol{C}\dot{\boldsymbol{r}} + \boldsymbol{R}_e(\boldsymbol{r}) = \boldsymbol{R}(t) \tag{24.2.9}$$

mit gegebenen Anfangsbedingungen

$$\boldsymbol{r}(0), \quad \dot{\boldsymbol{r}}(0)$$

24.3 Explizite Algorithmen zur nichtlinearen Antwortberechnung

Wir erinnern uns an die Anwendung expliziter Algorithmen auf lineare Systeme, z.B. an die Newmark-($\beta = 0, \gamma = 1/2$)-Methode, die zur Methode der zentralen Differenzen äquivalent ist. Bei expliziten Verfahren gewinnt man Weg, Geschwindigkeit und Beschleunigung für das Ende eines Zeitschritts aus den äquivalenten Informationen am Beginn dieses Zeitschritts, und zwar ohne ein Gleichungssystem zu lösen. Dies erscheint bei nichtlinearen Systemen besonders attraktiv, da die Systemmatrizen dort tangentiale Eigenschaften repräsentieren, die sich laufend ändern. Zudem waren die expliziten Verfahren einfach zu programmieren. Ihr einziger Nachteil war die von der Stabilität her beschränkte Schrittweite. Es lohnt sich also, vom Standpunkt der nichtlinearen Aufgabe aus einen Blick auf diese Verfahren zu werfen.

Hier zeigt sich zunächst an Hand von (23.2.10), daß aus den Informationen am Beginn des Zeitschrittes k (also $\boldsymbol{r}_k$, $\dot{\boldsymbol{r}}_k$, $\ddot{\boldsymbol{r}}_k$) bei Newmark $\beta = 0$ ohne Schwierigkeiten die Auslenkungen am Ende des Zeitschritts berechnet werden können

$$\boldsymbol{r}_{k+1} = \boldsymbol{r}_k + \Delta t \dot{\boldsymbol{r}}_k + \tfrac{1}{2} \Delta t^2 \ddot{\boldsymbol{r}}_k \tag{24.3.1}$$

Dieser Schritt ist auf jeden Fall voll explizit. Etwas problematischer ist die Berechnung der Geschwindigkeiten am Ende des Rechenschritts nach (23.2.11)

$$\dot{\boldsymbol{r}}_{k+1} = \dot{\boldsymbol{r}}_k + \Delta t (1 - \gamma) \ddot{\boldsymbol{r}}_k + \Delta t \gamma \ddot{\boldsymbol{r}}_{k+1} \tag{24.3.2}$$

Hier gehen die noch unbekannten Beschleunigungen am Ende des Rechenschritts ein. Für ihre Bestimmung kann das dynamische Gleichgewicht herangezogen werden. Aus (24.2.9) folgt

$$\boldsymbol{M} \ddot{\boldsymbol{r}}_{k+1} = \boldsymbol{R}_{k+1} - \boldsymbol{C} \dot{\boldsymbol{r}}_{k+1} - \boldsymbol{R}_{e|k+1} \tag{24.3.3}$$

Auf der rechten Seite des Systems kann $\boldsymbol{R}_{k+1}$ als bekannt angesehen werden. Auf der Basis von $\boldsymbol{r}_{k+1}$ lassen sich auch die elastischen Kräfte $\boldsymbol{R}_{e|k+1} = \boldsymbol{R}_e(\boldsymbol{r}_{k+1})$ am Ende des Schritts bestimmen, z.B. bei geometrisch nichtlinearen Problemen durch die Operationskette

Verschiebungen $\boldsymbol{r}$

↓

Greensche Dehnung ${}_1^2\boldsymbol{\gamma}$

↓

Piola-Kirchhoff-Spannungen ${}_1^2\boldsymbol{\sigma}$

↓

Rückerrechnete oder elastische Kräfte $\boldsymbol{R}_e$

Die Dämpfung betrachten wir zunächst einmal als Null. Dann ist die Rechthandseite in (24.3.3) bekannt. Die Massenmatrix $\boldsymbol{M}$ wird in der nichtlinearen Berechnung als konstant angesehen. Die Verwendung konsistenter Massenmatrizen erfordert allerdings die Auflösung eines dünnbesiedelten Systems, was dem Aufwand einer statischen Berechnung entspricht. Allerdings kann die Massenmatrix $\boldsymbol{M}$ – da konstant – *a priori* dreieckzerlegt werden, so daß im Zeitschritt nur noch eine Vorwärts- und Rückwärtssubstitution auszuführen ist. Dies entspricht im Aufwand dem Algorithmus von Trujillo (obwohl dort auch die Dämpfungsmatrix $\boldsymbol{C}$ und die Steifigkeitsmatrix $\boldsymbol{K}$ aufzubauen ist), der sein Verfahren explizit nennt. Es wäre wohl präziser als pseudo-explizit zu bezeichnen. Ein *de facto* voll explizites Verfahren ergibt sich wie im linearen Falle bei einer diagonalen Massenmatrix, die am einfachsten durch die Technik des Zusammenballens (engl. *lumping*) direkt aufgestellt wird. Man verläßt damit zwar die konsequente Anwendung des Prinzips der virtuellen Verschiebungen, auf der anderen Seite haben Untersuchungen von Fujii [24.16] und Krieg and Key [24.17] gezeigt, daß die Fehler der Methode der zentralen Differenzen, und damit auch der äquivalenten Newmark-($\beta = 0$)-Methode, gegenläufig zu den Fehlern des Massenzusammenballens liegen und so ein gewisser Kompensationseffekt auftritt.

Nun ist in jeder natürlichen Bewegung Dämpfung vorhanden. Die erste Möglichkeit besteht darin, (24.3.3) in (24.3.2) einzusetzen und nach $\boldsymbol{r}_{k+1}$ aufzulösen, was analog zum Vorgehen im linearen Falle ist

$$[\boldsymbol{M} + \Delta t \gamma \boldsymbol{C}]\dot{\boldsymbol{r}}_{k+1} = \Delta t \gamma [\boldsymbol{R}_{k+1} - \boldsymbol{R}_{e|k+1}] + \boldsymbol{M}\dot{\boldsymbol{r}}_k + \Delta t(1-\gamma)\boldsymbol{M}\ddot{\boldsymbol{r}}_k \tag{24.3.4}$$

Da wir im Rahmen unserer jetzigen Betrachtungen $\boldsymbol{M}$ und $\boldsymbol{C}$ als konstant ansehen, kann die Systemmatrix $[\boldsymbol{M} + \Delta t\gamma \boldsymbol{C}]$ a priori dreieckzerlegt werden, und unser Verfahren ist wenigstens pseudo-explizit. Für ein diagonales $\boldsymbol{M}$ und $\boldsymbol{C}$ erreichen wir ein voll explizites Verfahren. Während eine diagonale Massenmatrix noch physikalisch vertretbar ist, läßt sich eine diagonale Dämpfung im allgemeinen nur schwer rechtfertigen. Ein möglicher Ausweg ist, in Anlehnung an die Methode der zentralen Differenzen, die Einführung einer Differenzenform für das kritische Dämpfungsglied in (24.3.3)

$$\dot{\boldsymbol{r}}_{k+1} \approx \frac{1}{\Delta t}[\boldsymbol{r}_{k+1} - \boldsymbol{r}_k] \tag{24.3.5}$$

wodurch auch bei allgemeiner viskoser Dämpfung wieder volle Explizitheit erreicht wird. Die für lineare Systeme ermittelte Stabilitätsgrenze war

$$\Delta t \leqslant \frac{2}{\omega_{max}} \tag{24.3.6}$$

mit ω_{max} als höchster Kreiseigenfrequenz des Systems. Die systemimmanenten Fehler des numerischen Integrationsverfahrens sind von der Ordnung Δt^2. Diese Aussagen sind prinzipiell auf das konsistent linearisierte nichtlineare System zu übertragen. Dort ist jedoch zu beachten, daß sich allein durch eine variable Steifigkeit die Verhältnisse ständig ändern. Die Wahl eines gleichmäßig konstanten Zeitschrittes bei nichtlinearen Problemen ist deshalb oft ökonomisch unbefriedigend, da der Zeitschritt sehr klein sein muß. In der Regel geht man deshalb zum variablen Zeitschritt über, der sich bei dem hier diskutierten Newmark-($\beta = 0$)-Verfahren etwas leichter realisieren läßt als beim äquivalenten Verfahren der zentralen Differenzen. In vielen praktischen Ingenieuraufgaben weist die Stabilitätsgrenze in den verschiedenen Teilen eines Netzes finiter Elemente beträchtliche Unterschiede auf. Würde man die Aufgabe mit einem bezüglich des Netzes globalen Zeitschritt angehen, so müßte man sich nach den ungünstigsten Verhältnissen richten. Hier setzt eine weitere Raffinesse ein [24.18]: man arbeitet in den sogenannten explizit-expliziten Methoden mit verschiedenen Zeitschritten in verschiedenen Netzteilen, oder man geht in den explizit-impliziten Verfahren teils explizit, teils implizit (siehe nächster Abschnitt 24.4) vor. Das entscheidende Problem bei solchen Anwendungen liegt in der Behandlung der Bereichsgrenzen.

Beurteilt man die expliziten Verfahren vom Standpunkt der nichtlinearen Dynamik aus, so ist festzustellen, daß die Vorteile, die aus linearen Anwendungen bekannt sind, erhalten bleiben:

- wenig Rechenaufwand pro Zeitschritt
- wenig Speicherplatzbedarf
- einfache Programmierung

Dazu kommt im nichtlinearen Fall:

- unkomplizierte Berücksichtigung komplexer Materialgesetze
- relativ leichte Berücksichtigung von Diskontinuitäten (wie Kontaktprobleme oder Phasenänderungen).

Es steht verschärft im Raum

- die enge Stabilitätsgrenze

und, damit verknüpft,

- die hohe Schrittzahl über die Zeit t.

Im allgemeinen sind die expliziten Verfahren eher für Probleme bestimmt, bei denen die mittleren und hohen Frequenzen das Antwortverhalten des Tragwerkes bestimmen (Wellenausbreitungsprobleme), oder für zeitabhängige Erregungen $\boldsymbol{R}(t)$, deren Darstellung von vornherein einen kleinen Zeitschritt erzwingt. Im Hinblick auf die folgende Diskussion der impliziten Verfahren ist anzumerken, daß man sich weder auf die expliziten noch auf die impliziten Verfahren allein stützen sollte, wenn ein breites Anwendungsfeld zu behandeln ist.

Wir haben im Rahmen dieses Abschnittes nur die Newmark-($\beta = 0$)-Methode und das Verfahren der zentralen Differenzen erwähnt. Es soll deshalb zum Abschluß noch auf einige andere explizite Verfahren hingewiesen werden. Dazu zählt die Runge-Kutta-Methode vierter Ordnung, die in der numerischen Mathematik eine bedeutende Rolle spielt [24.19]. Die gleiche Genauigkeitsordnung weist auch die Fu-Methode [24.20] auf. Leider ist bei ihr die Stabilitätsgrenze noch enger gezogen als beim Newmark-($\beta = 0$)-Verfahren. Schließlich ist noch an die unbedingt stabile (bezogen auf lineare Probleme!) Trujillo-Methode zu erinnern [24.21], die allerdings, wie bereits erwähnt, nur pseudo-explizit ist. Ferner läßt ihre begrenzte Genauigkeit effektiv nur Zeitschritte zu, die wieder in der Größenordnung des Newmark-($\beta = 0$)-Verfahrens liegen.

24.4 Implizite bedingt stabile Zeitintegration

24.4.1 Überblick

Wie wir bereits in Kapitel 23 für lineare Probleme gesehen haben, weisen implizite Methoden gegenüber den expliziten im wesentlichen zwei Vorteile auf:

- eine höhere Genauigkeit
- eine verbesserte Stabilität

Diese Aussage gilt allerdings nicht pauschal für alle impliziten Algorithmen. So hat etwa Newmark $\beta = 1/6$, $\gamma = 1/2$ zwar eine erhöhte Stabilitätsgrenze ($\vartheta_{\text{lim}} = 3.46$ gegenüber $\vartheta_{\text{lim}} = 2.00$ bei Newmark $\beta = 0$), aber die Genauigkeit, ausgedrückt in der Schrittweite für 3 % Periodenverlängerung, ist mit $\vartheta_{3\%} = 0.87$ kaum besser als beim expliziten Newmark. Dagegen trifft die obige Aussage auf Newmark $\beta = 0.10$ zu, und noch mehr auf das kubisch hermitesche Integrationsverfahren.

Der Nachteil der impliziten Verfahren liegt in der Notwendigkeit, im Zeitschritt ein großes Gleichungssystem lösen zu müssen. Dies ist bei einem linearen System durchaus akzeptabel, da die Systemkoeffizienten konstant sind und sich so der Aufwand im Schritt in Grenzen hält. Bei nichtlinearen Problemen müssen jedoch große nichtlineare Gleichungssysteme gelöst werden. Dies ist im allgemeinen nur iterativ möglich. Wir verknüpfen damit die Schwierigkeiten einer statischen nichtlinearen Berechnung, also

- die Wahl einer geeigneten iterativen nichtlinearen Berechnungsweise
- und die Wahl einer Toleranz zur Herstellung des dynamischen Gleichgewichts

mit den Schwierigkeiten einer schrittweisen dynamischen Berechnung, also

- der Wahl eines geeigneten numerischen Integrationsverfahrens über die Zeitachse
- und der Festlegung eines Zeitschritts, bei der die Physik, das Integrationsverfahren und die Nichtlinearität eine Rolle spielen.

Beim Entwurf wirtschaftlich effektiver impliziter Verfahren für nichtlineare Anwendungen kommt es vor allem darauf an, den beträchtlichen Lösungsaufwand über alle Zeitschritte zu reduzieren. Man wird also versuchen

- den zulässigen Zeitschritt möglichst groß auszulegen (siehe 24.5 und 24.6) und so mit wenigen nichtlinearen Lösungsschritten auszukommen
- die iterative Lösung im Schritt möglichst effektiv zu gestalten.

Im Prinzip kommen alle in den Abschnitten 23.2, 23.4 und 23.5 vorgestellten impliziten Verfahren auch für nichtlineare Anwendungen in Frage. Wir wollen uns in der Folge beispielhaft zwei Verfahren herausgreifen und diese für nichtlineare Aufgaben diskutieren.

24.4.2 Implizite Newmark-Verfahren

Wir haben in Abschnitt 23.2 eine Reihe von impliziten Newmark-Varianten kennengelernt, so das Verfahren der gemittelten Beschleunigungen ($\beta = 1/4, \gamma = 1/2$), die Methode der linearen Beschleunigungen ($\beta = 1/6$, $\gamma = 1/2$) oder die Fox-Goodwin-Variante ($\beta = 1/12, \gamma = 1/2$). In allen Fällen gilt für die Auslenkungen (siehe (23.2.10))

$$\boldsymbol{r}_{k+1} = \boldsymbol{r}_k + \Delta t \dot{\boldsymbol{r}}_k + \Delta t^2 (\tfrac{1}{2} - \beta) \ddot{\boldsymbol{r}}_k + \Delta t^2 \beta \ddot{\boldsymbol{r}}_{k+1} \tag{24.4.1}$$

und für die Geschwindigkeiten (siehe (23.2.11))

$$\dot{\boldsymbol{r}}_{k+1} = \dot{\boldsymbol{r}}_k + \Delta t (1 - \gamma) \ddot{\boldsymbol{r}}_k + \Delta t \gamma \ddot{\boldsymbol{r}}_{k+1} \tag{24.4.2}$$

Als weitere notwendige Beziehung kann das dynamische Gleichgewicht am Ende des Rechenschritts benützt werden, das bereits in (24.3.3) notiert wurde. Analog zu statischen nichtlinearen Berechnungen formulieren wir (jetzt dynamische) Ungleichgewichtslasten $\boldsymbol{R}_u$, die mit (24.2.9)

$$\boldsymbol{R}_u = \boldsymbol{R}(t) - \boldsymbol{M}\ddot{\boldsymbol{r}} - \boldsymbol{C}\dot{\boldsymbol{r}} - \boldsymbol{R}_e(\boldsymbol{r}) \tag{24.4.3}$$

lauten und die natürlich am Ende des inkrementellen Zeitschritts Null sein sollten

$$\boldsymbol{R}_u(\boldsymbol{r}_{k+1}) = \boldsymbol{R}_{u|k+1} = \boldsymbol{o} \tag{24.4.4}$$

Dieses Ziel wird sich im allgemeinen nur iterativ erreichen lassen. Wir gehen davon aus, daß uns eine Approximation r^{j}_{k+1} für die Verschiebungen am Ende des inkrementellen Zeitschritts bekannt ist und setzen für diesen Zustand j die linearisierte Beziehung

$$R_u(r^{j+1}_{k+1}) = R^{j+1}_{u|k+1} \approx R^{j}_{u|k+1} + D^{j}_{k+1}[r^{j+1}_{k+1} - r^{j}_{k+1}] \tag{24.4.5}$$

an, mit deren Hilfe die Ungleichgewichtskräfte beim Übergang von j nach j + 1 reduziert werden sollen. Die Iterationsmatrix der Dynamik, D, ergibt sich aus

$$D^{j}_{k+1} = D(r^{j}_{k+1}) = \left.\frac{\partial R_u}{\partial r}\right|_{r^{j}_{k+1}}$$

$$= \left[\frac{\partial R}{\partial r} - M\frac{\partial \ddot{r}}{\partial r} - C\frac{\partial \dot{r}}{\partial r} - \frac{\partial R_e}{\partial r}\right]_{r^{j}_{k+1}} \tag{24.4.6}$$

wobei (24.4.3) verwendet wurde. Der erste Term $\partial R/\partial r$ spiegelt den Beitrag verschiebungsabhängiger gegebener Lasten wieder. Da wir die Lasten z.Zt. als nicht verschiebungsabhängig betrachten, entfällt dieser Matrixanteil. Es ist noch anzumerken, daß gerade dieser Term im Falle verschiebungsabhängiger Lasten zu einer unsymmetrischen Koeffizientenmatrix D und damit zu einem erheblichen Mehraufwand für die Lösung im Zeitschritt führen kann. Oft läßt man deshalb die unsymmetrischen Anteile weg, was hier eher vertretbar ist als in der Statik. Wir kommen auf diesen Punkt noch weiter unten zu sprechen.

Der letzte Term in (24.4.6) ist uns bereits aus der Statik gut bekannt: es handelt sich um die tangentiale Steifigkeit

$$K^{j}_{t|k+1} = \left.\frac{\partial R_e}{\partial r}\right|_{r^{j}_{k+1}} \tag{24.4.7}$$

Da die Familie der Newmark-Verfahren den expliziten Verlauf der Auslenkungen, Geschwindigkeiten und Beschleunigungen im Schritt nicht verwendet, müssen wir uns die in (24.4.6) noch fehlenden Informationen $\partial\ddot{r}/\partial r$ und $\partial\dot{r}/\partial r$ aus den Differenzengleichungen (24.4.1) und (24.4.2) beschaffen. Dabei liefert (24.4.1) zunächst den Zuwachs der Wege infolge des Beschleunigungszuwachses allein

$$\frac{\partial r}{\partial \ddot{r}} \approx \Delta t^2 \beta r \tag{24.4.8}$$

und (24.4.2) den Geschwindigkeitszuwachs infolge des Beschleunigungszuwachses allein

$$\frac{\partial \dot{r}}{\partial \ddot{r}} \approx \Delta t \gamma r \tag{24.4.9}$$

Aus (24.4.8) folgt leicht die Umkehrung

$$\frac{\partial \ddot{r}}{\partial r} = \frac{1}{\Delta t^2 \beta} r \tag{24.4.10}$$

und die Kombination von (24.4.9) mit (24.4.10) liefert uns schließlich

$$\frac{\partial \dot{r}}{\partial r} = \frac{\partial \dot{r}}{\partial \ddot{r}}\frac{\partial \ddot{r}}{\partial r} = \frac{\gamma}{\Delta t \beta} r \tag{24.4.11}$$

Damit sind wir nun in der Lage, die Iterationsmatrix $\boldsymbol{D}$ in ausgeführter Form anzuschreiben, und wir erhalten auf der Basis (24.4.5)

$$\boldsymbol{D}(\boldsymbol{r}) = \frac{\partial \boldsymbol{R}}{\partial \boldsymbol{r}} - \frac{1}{\Delta t^2 \beta}\boldsymbol{M} - \frac{\gamma}{\Delta t \beta}\boldsymbol{C} - \boldsymbol{K}_t \tag{24.4.12}$$

Wenn wir diese Gleichung genauer inspizieren, so fällt auf, daß die aus der Statik her bekannte und dort die Gleichgewichtsiteration steuernde Matrix $\boldsymbol{K}_t$ in der Dynamik durch Beiträge der Massen- und Dämpfungsmatrix modifiziert wird. Dies war ja auch schon bei der Lösung im Schritt für lineare Systeme der Fall, wo sich eine zu (24.4.12) analoge Systemmatrix ergibt. Bemerkenswert ist aber die Tatsache, daß, bedingt durch den Faktor $1/\Delta t^2$, die Massenmatrix bei kleinem Zeitschritt dominant wird. Ist diese positiv definit und diagonal, so hat dies einen eindeutig stabilisierenden Effekt auf die Lösung im Schritt. Das gutmütige Verhalten der Lösung für die dynamischen Ungleichgewichtslasten ist aber auch unter allgemeineren Bedingungen beobachtet worden. Es ist allerdings anzumerken, daß die Dynamik als ein stark wegabhängiger Prozeß sehr empfindlich auf Abbruchtoleranzen iterativer Operationen reagiert, so daß man in der Regel genauer arbeiten muß als in der Statik.

Wir bauen nun zum Schluß aus den diskutierten Bausteinen noch den nichtlinearen Newmark-Algorithmus auf (Abb. 24.4.1). Auf der Basis gegebener Anfangsbedingungen zur Zeit $t = 0$, $\boldsymbol{r}_0$ und $\dot{\boldsymbol{r}}_0$, läßt sich aus $\boldsymbol{R}_u(t = 0)$ (siehe (24.4.3)) relativ leicht auch die Beschleunigung $\ddot{\boldsymbol{r}}_0$ berechnen. Wir sind damit startbereit für den Weg über die Zeitachse. Um mit den Newmark-Formeln (24.4.1) und (24.4.2) eine Voraussage für $\boldsymbol{r}_k$ und $\dot{\boldsymbol{r}}_k$ am Ende des Zeitschritts k treffen zu können, benötigen wir die Beschleunigung $\ddot{\boldsymbol{r}}_k$ am Ende des Zeitschritts (man beachte, daß wir in Abb. 24.4.1 von k − 1 nach k gehen, in (24.4.1) und (24.4.2) aber von k nach k + 1, was äquivalent ist). Diese wird entweder mit $\boldsymbol{o}$ oder besser mit $\ddot{\boldsymbol{r}}_{k-1}$ initialisiert. Mit dem Newmark-Prädiktor sind erste Approximationen $\boldsymbol{r}_k$, $\dot{\boldsymbol{r}}_k$ und $\ddot{\boldsymbol{r}}_k$ bekannt, und wir sind in der Lage, via (24.4.3) die dynamischen Ungleichgewichtskräfte zu berechnen. Sie werden anhand einer Fehlertoleranz überprüft, z.B. einer Krafttoleranz analog zur Statik

$$\frac{\|\boldsymbol{R}_u\|}{\|\boldsymbol{R}\|_{max}} < \epsilon_R \tag{24.4.13}$$

wobei die euklidische Norm der Ungleichgewichtskräfte mit der über der Zeitachse maximalen Norm der gegebenen Lasten verglichen wird. Alternativ wären auch Energietoleranzen oder andere Formen von Krafttoleranzen oder Verschiebungstoleranzen denkbar. Ist das dynamische Gleichgewicht hinreichend erfüllt, so ist die Arbeit im Zeitschritt abgeschlossen. In der Regel wird das aber noch nicht der Fall sein, da $\ddot{\boldsymbol{r}}_k$ nur initialisiert wurde. Wir berechnen deshalb auf der Basis von (24.4.5) mit Beachtung von (24.4.6) eine Verschiebungskorrektur, die sich aus der Forderung nach Gleichgewicht in (24.4.4) ergibt

$$\boldsymbol{R}_{u|k+1}^{j+1} = \boldsymbol{o} \quad \rightsquigarrow$$

$$\left[\boldsymbol{K}_t + \frac{1}{\Delta t^2 \beta}\boldsymbol{M} + \frac{\gamma}{\Delta t \beta}\boldsymbol{C} - \frac{\partial \boldsymbol{R}}{\partial \boldsymbol{r}}\right]\left[\boldsymbol{r}_{k+1}^{j+1} - \boldsymbol{r}_{k+1}^{j}\right] = \boldsymbol{R}_{u|k+1}^{j} \tag{24.4.14}$$

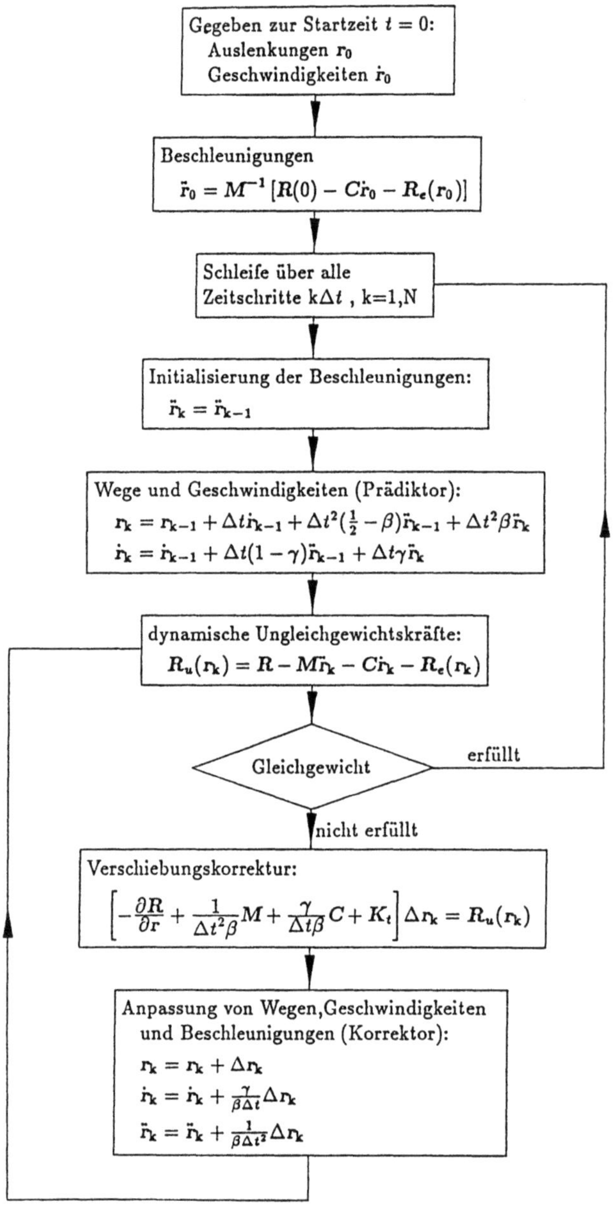

Abb. 24.4.1
Flußdiagramm der Newmark-Verfahren bei nichtlinearen dynamischen Berechnungen

Damit sind wir zunächst in der Lage, die Verschiebungen zu korrigieren, aber via (24.4.11) dann auch die Geschwindigkeiten

$$\dot{r}_{k+1}^{j+1} - \dot{r}_{k+1}^{j} = \frac{\gamma}{\Delta t\beta}\left[r_{k+1}^{j+1} - r_{k+1}^{j}\right] \tag{24.4.15a}$$

und mit (24.4.10) die Beschleunigungen

$$\ddot{r}_{k+1}^{j+1} - \ddot{r}_{k+1}^{j} = \frac{1}{\Delta t^2\beta}\left[r_{k+1}^{j+1} - r_{k+1}^{j}\right] \tag{24.4.15b}$$

Nun schließt sich der Kreis, und wir überprüfen wieder das Gleichgewicht. Wir haben den Algorithmus stillschweigend so geschildert, als ob zur Lösung im Schritt das aus der Statik bekannte Newton-Verfahren eingesetzt wird. Das genügt an dieser Stelle, und wir werden in Abschnitt 24.4.4 noch auf Alternativen zu sprechen kommen.

24.4.3 Der kubisch hermitesche Algorithmus bei nichtlinearen Anwendungen [24.22]

Wir hatten in Abschnitt 23.2 bereits die Grundlage des kubisch hermiteschen Algorithmus in Hinblick auf lineare Anwendungen diskutiert. Auf dem nichtlinearen Sektor ändert sich an den Beziehungen (23.2.47) und (23.2.48) zur Berechnung der Wege $\boldsymbol{r}_{k+1}$ und der Geschwindigkeiten $\dot{\boldsymbol{r}}_{k+1}$ überhaupt nichts. Dagegen können die Gleichgewichtsbeziehungen (23.2.51) und (23.2.52) nicht übernommen werden, da sie linear sind. Sie werden hier durch (24.2.9) bzw. die Ableitung dieser Gleichung nach der Zeit ersetzt. Um dem Leser ein lästiges Nachschlagen aller dieser Bezüge zu ersparen, notieren wir die Basisbeziehungen hier noch einmal

$$\boldsymbol{r}_{k+1} = \boldsymbol{r}_k + \Delta t\,\dot{\boldsymbol{r}}_k + \frac{\Delta t^2}{60}\left(21\ddot{\boldsymbol{r}}_k + 3\Delta t\,\dddot{\boldsymbol{r}}_k + 9\ddot{\boldsymbol{r}}_{k+1} - 2\dddot{\boldsymbol{r}}_{k+1}\right) \tag{24.4.16}$$

$$\dot{\boldsymbol{r}}_{k+1} = \dot{\boldsymbol{r}}_k + \frac{\Delta t}{12}\left(6\ddot{\boldsymbol{r}}_k + \Delta t\,\dddot{\boldsymbol{r}}_k + 6\ddot{\boldsymbol{r}}_{k+1} - \Delta t\,\dddot{\boldsymbol{r}}_{k+1}\right) \tag{24.4.17}$$

$$\boldsymbol{M}\ddot{\boldsymbol{r}}_{k+1} + \boldsymbol{C}\dot{\boldsymbol{r}}_{k+1} + \boldsymbol{R}_{e|k+1} = \boldsymbol{R}_{k+1} \tag{24.4.18}$$

$$\boldsymbol{M}\dddot{\boldsymbol{r}}_{k+1} + \boldsymbol{C}\ddot{\boldsymbol{r}}_{k+1} + \dot{\boldsymbol{R}}_{e|k+1} = \dot{\boldsymbol{R}}_{k+1} \tag{24.4.19}$$

Diese vier Matrizengleichungen reichen im Prinzip aus, um aus den Informationen $\boldsymbol{r}_k$, $\dot{\boldsymbol{r}}_k$, $\ddot{\boldsymbol{r}}_k$, $\dddot{\boldsymbol{r}}_k$ am Anfang des Zeitschritts die entsprechenden Werte am Ende des Zeitschritts zu gewinnen. Für die zeitliche Ableitung der elastischen Kräfte, $\dot{\boldsymbol{R}}_{e|k+1}$, läßt sich noch die Beziehung

$$\begin{aligned}\dot{\boldsymbol{R}}_{e|k+1} &= \left.\frac{\partial \boldsymbol{R}_e}{\partial t}\right|_{\boldsymbol{r}_{k+1}} = \left.\frac{\partial \boldsymbol{R}_e}{\partial \boldsymbol{r}}\frac{\partial \boldsymbol{r}}{\partial t}\right|_{\boldsymbol{r}_{k+1}} \\ &= \boldsymbol{K}_{t|k+1}\dot{\boldsymbol{r}}_{k+1}\end{aligned} \tag{24.4.20}$$

angeben, wobei $\boldsymbol{K}_{t|k+1} = \boldsymbol{K}_t(\boldsymbol{r}_{k+1})$ die tangentiale Steifigkeit der nichtlinearen Aufgabe am Ende des Zeitschritts darstellt.

Mit den Beziehungen (24.4.16) bis (24.4.20) läßt sich ein iterativer Prozeß starten, den wir in Abb. 24.4.2 in der Form eines Flußdiagramms dargestellt haben und in der Folge diskutieren.

Wir beginnen wieder mit gegebenen Anfangsbedingungen $\boldsymbol{r}_0$ und $\dot{\boldsymbol{r}}_0$ und können dann mit Hilfe der Beziehungen (24.4.18) und (24.4.19) relativ leicht die zugehörigen Beschleunigungen $\ddot{\boldsymbol{r}}_0$ und ihre Ableitungen $\dddot{\boldsymbol{r}}_0$ berechnen. Man beachte jedoch, daß im allgemeinen auch hier bereits die tangentiale Steifigkeit zu verwenden ist, da das Tragwerk im Startzustand vorgespannt sein kann oder $\boldsymbol{r}_0$ selbst groß ist. Damit ist der Startsatz der Stützwerte abgeschlossen. Um Wege und Geschwindigkeiten am Ende des Zeitschritts berechnen zu können, benötigen wir – siehe (24.4.16) und (24.4.17) – dort auch die

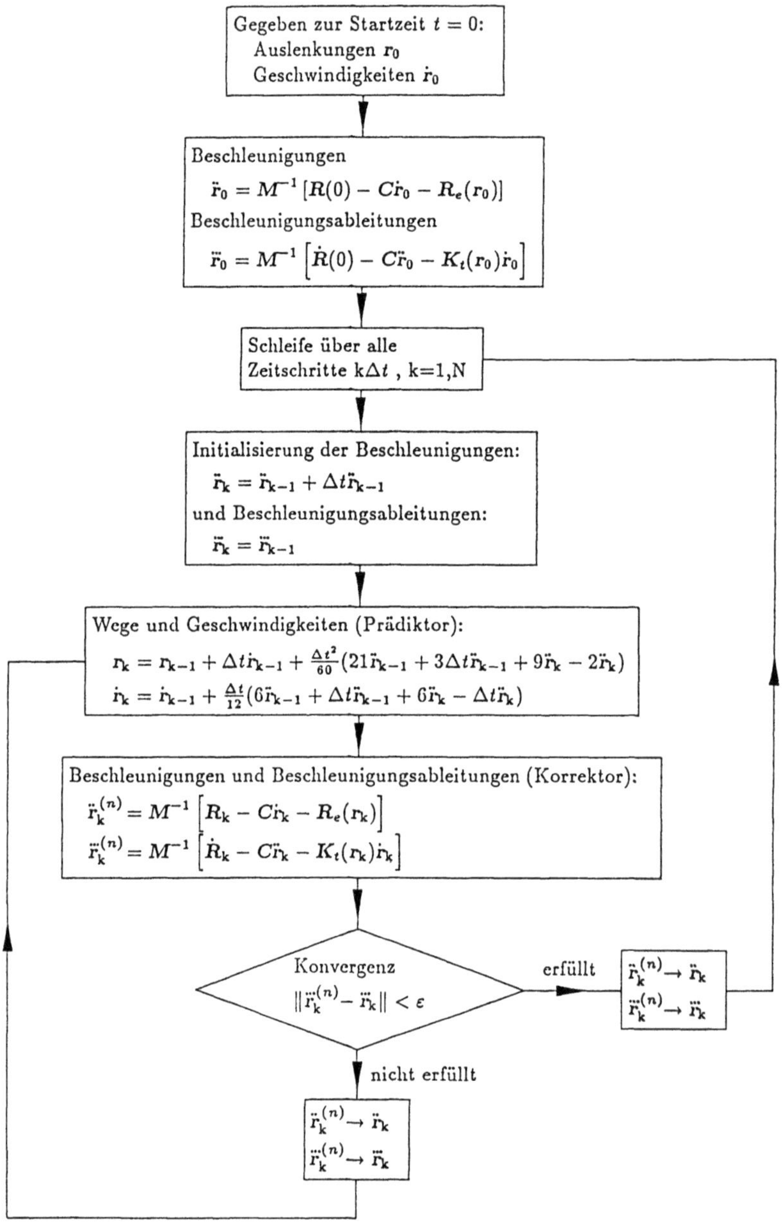

Abb. 24.4.2 Flußdiagramm der Basisversion des bedingt stabilen kubisch hermiteschen Algorithmus bei nichtlinearen dynamischen Berechnungen

Beschleunigungen und ihre Ableitungen. Diese aber sind noch unbekannt. Folglich bauen wir aus den bekannten Informationen am Beginn des Schritts eine Initialisierung auf und benutzen dazu eine Taylorentwicklung

$$\ddot{r}_{k+1} = \ddot{r}_k + \Delta t \dddot{r}_k \tag{24.4.21}$$

$$\dddot{r}_{k+1} = \dddot{r}_k \tag{24.4.22}$$

Mit ihrer Hilfe lassen sich nun auch Wege und Geschwindigkeiten am Ende des Schritts mit (24.4.16) und (24.4.17) ermitteln. Auf Grund der genäherten Beziehungen (24.4.21) und (24.4.22) wird sicherlich eine Korrektur anzubringen sein, für die (24.4.18) und (24.4.19) herangezogen wird. Es ergeben sich die verbesserten Werte

$$\ddot{r}^{(n)}_{k+1} = \boldsymbol{M}^{-1}[\boldsymbol{R}_k - \boldsymbol{C}\dot{r}_{k+1} - \boldsymbol{R}_{e|k+1}] \tag{24.4.23}$$

$$\dddot{r}^{(n)}_{k+1} = \boldsymbol{M}^{-1}[\dot{\boldsymbol{R}}_k - \boldsymbol{C}\ddot{r}_{k+1} - \boldsymbol{K}_{t|k+1}\dot{r}_{k+1}] \tag{24.4.24}$$

Wir gehen davon aus, daß die Ableitungen der Beschleunigungen die empfindlichsten Stützwertmaße sind und verwenden deshalb die euklidische Norm der Änderung als Konvergenzkriterium

$$\|\dddot{r}^{(n)}_{k+1} - \dddot{r}_{k+1}\| < \epsilon \tag{24.4.25}$$

wobei durchaus wieder eine Reihe von Alternativen denkbar ist. Ist das Konvergenzkriterium (24.4.25) erfüllt, so ist der Zeitschritt abgeschlossen. Ist dies nicht der Fall, so kehren wir zu (24.4.16) und (24.4.17) zurück und berechnen Wege und Geschwindigkeiten auf der neuen Basis.

Vom Aufwand her kritische Punkte der iterativen Operationen im Schritt sind einmal die jeweilige Aufstellung der elastischen Rückstellkräfte $\boldsymbol{R}_{e|k+1}$ in (24.4.23) und zum andern der Beitrag $\boldsymbol{K}_{t|k+1}\dot{r}_{k+1}$ in (24.4.24). Ferner spielt noch die Existenz der Dämpfungsmatrix $\boldsymbol{C}$ in beiden Formeln eine Rolle, wenn man einmal stillschweigend von einer diagonalen Massenmatrix $\boldsymbol{M}$ ausgeht. Bei sehr vielen unbekannten Verschiebungen wird man zumindest $\boldsymbol{C}$ und $\boldsymbol{K}_t$ nicht mehr im Hauptspeicher unterbringen können. Der Einsatz langsamer Hintergrundspeicher im Schritt kann allerdings die Durchlaufzeit des Problems so ansteigen lassen, daß sie nicht mehr akzeptabel ist. Es lohnt sich also, die genannten Operationen aus diesem Gesichtswinkel nochmals zu betrachten.

Die Berechnung der elastischen Rückstellkräfte läßt sich ohne Schwierigkeiten auf Vektoroperationen zurückführen. So übernehmen wir aus (13.6.3)

$$\boldsymbol{R}_e = \int_V \boldsymbol{\alpha}_L^t \, \boldsymbol{\sigma}_c \, dV \tag{24.4.26}$$

wobei $\boldsymbol{\sigma}_c$ die Cauchyspannungen im Tragwerk (hier für den Verschiebungszustand r_{k+1}) sind und die Integration über die deformierte Struktur vorzunehmen ist. Ferner ist $\boldsymbol{\alpha}_L$ der allgemein bekannte lineare Dehnungsoperator. Die Integration über das Gesamttragwerk, wie sie in (24.4.26) aufgeführt ist, wird bei einer FEM-Diskretisierung in eine Summation über die Elementbeiträge und eine Integration über die Elementvolumina zerlegt.

Die kartesische Darstellung (24.4.26) findet in (13.8.4) ihre Ergänzung für die natürliche Betrachtungsweise

$$\boldsymbol{R}_e = \sum_{g=1}^{m} \mathbf{a}_g^t \boldsymbol{a}_{Ng}^t \int_{V_g} (\boldsymbol{\alpha}_L^N)^t \boldsymbol{\sigma}_c \, dV \tag{24.4.27a}$$

Die Summation erfolgt hier über m finite Elemente. Die Matrix $\mathbf{a}_g$ ist eine Boolesche Matrix, die die kartesischen Elementverschiebungen den Tragwerksverschiebungen zuordnet. Mit $\boldsymbol{a}_{Ng}$ läßt sich (für den Zustand $\boldsymbol{r}_{k+1}$) aus einem infinitesimalen Zuwachs der kartesischen Elementverschiebungen der entsprechende Zuwachs der natürlichen Verschiebungen ermitteln. Die Matrix $\boldsymbol{\alpha}_L^N$ stellt den linearen Dehnungsoperator „kartesische Dehnungen – natürliche Verschiebungen" dar. Wie in (13.8.7) gezeigt wird, kann das Integral in (24.4.27a) durch die natürlichen Kräfte $[\mathbf{P}_N + \mathbf{P}_{Ne}]_g$ ersetzt werden

$$\boldsymbol{R}_e = \sum_{g=1}^{m} \mathbf{a}_g^t \boldsymbol{a}_{Ng}^t [\mathbf{P}_N + \mathbf{P}_{Ne}]_g \tag{24.4.27b}$$

wobei $\mathbf{P}_{Ne}$ nur im Falle verteilter Lasten existiert. Für große Verschiebungen und kleine Dehnungen kann $\mathbf{P}_N$ auch aus

$$\mathbf{P}_N = \boldsymbol{k}_N \boldsymbol{\rho}_N \tag{24.4.28}$$

berechnet werden.

Die explizite Bildung der tangentialen Steifigkeitsmatrix $\boldsymbol{K}_t(\boldsymbol{r}_{k+1}) = \boldsymbol{K}_{t|k+1}$ kann umgangen werden, wenn die Formel zu ihrem Zusammenbau verwendet wird

$$\begin{aligned} \boldsymbol{K}_{t|k+1} \dot{\boldsymbol{r}}_{k+1} &= \mathbf{a}^t [\boldsymbol{k}_E + \boldsymbol{k}_G]_{\boldsymbol{r}_{k+1}} \mathbf{a} \dot{\boldsymbol{r}}_{k+1} \\ &= \mathbf{a}^t [\boldsymbol{k}_E + \boldsymbol{k}_G]_{\boldsymbol{r}_{k+1}} \dot{\boldsymbol{\rho}}_{k+1} \end{aligned} \tag{24.4.29}$$

Die Elementsteifigkeiten müssen ohnehin aufgestellt werden. Sie werden sofort mit $\dot{\boldsymbol{\rho}}_{k+1}$ multipliziert, und nur die resultierende Pseudokraft wird aufbewahrt. Auch hier haben wir dann auf Tragwerksebene reine Vektoroperationen.

Etwas problematischer ist der Umgang mit der Dämpfungsmatrix $\boldsymbol{C}$. Ist diese Matrix elementweise aufgebaut, so könnte analog zu (24.4.29) vorgegangen werden. Allerdings muß dann entweder die Elementdämpfung $\boldsymbol{c}_g$ stets neu aufgestellt werden, oder man benötigt einen zu $\boldsymbol{C}$ äquivalenten Speicherplatz für die Elementdämpfungen. Als Alternative und als Weg bei $\boldsymbol{C}$-Matrizen, die nicht elementweise aufgebaut sind, bietet sich die Prozedur des Zusammenballens der Dämpfungseigenschaften an, die natürlich nicht ganz unproblematisch ist.

Abschließend möchten wir zur Vervollständigung des historischen Rückblicks noch auf eine weitere Möglichkeit zur Berechnung der elastischen Rückstellkräfte hinweisen, die in [24.22] angegeben ist und die sich in praktischen Berechnungen als recht brauchbar erwiesen hat. Diese arbeitet mit der Beziehung

$$\boldsymbol{R}_{e|k+1} = \boldsymbol{R}_{e|k} + \boldsymbol{K}_s[\boldsymbol{r}_{k+1}^{(t)} - \boldsymbol{r}_k] \tag{24.4.30}$$

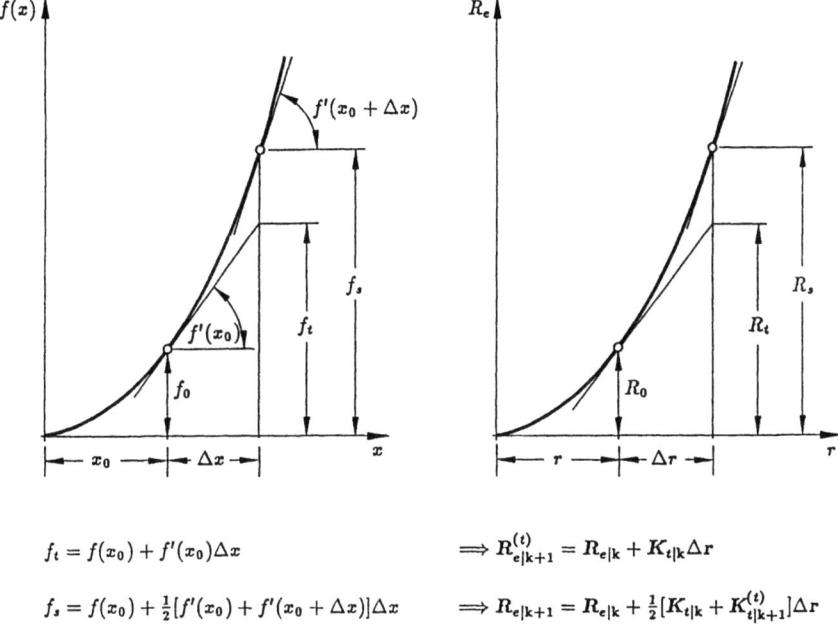

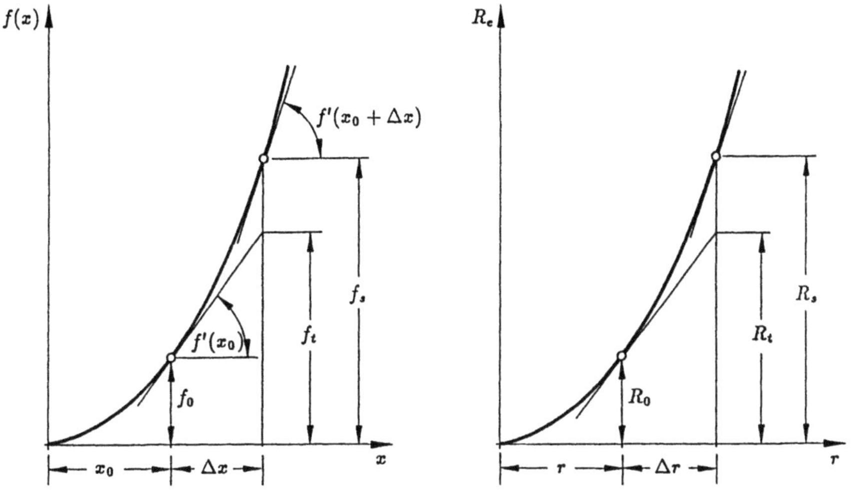

$$f_t = f(x_0) + f'(x_0)\Delta x \qquad \Longrightarrow \; \boldsymbol{R}^{(t)}_{e|k+1} = \boldsymbol{R}_{e|k} + \boldsymbol{K}_{t|k}\Delta \boldsymbol{r}$$

$$f_s = f(x_0) + \tfrac{1}{2}[f'(x_0) + f'(x_0+\Delta x)]\Delta x \qquad \Longrightarrow \; \boldsymbol{R}_{e|k+1} = \boldsymbol{R}_{e|k} + \tfrac{1}{2}[\boldsymbol{K}_{t|k} + \boldsymbol{K}^{(t)}_{t|k+1}]\Delta \boldsymbol{r}$$

Abb. 24.4.3 Mathematisches Problem und äquivalente Entwicklung einer Sekantensteifigkeit mit 2. Ordnung Genauigkeit

wobei die Sekantensteifigkeit $\boldsymbol{K}_s$ mit einer Genauigkeit zweiter Ordnung (siehe auch Abb. 24.4.3) durch

$$\boldsymbol{K}_s = \tfrac{1}{2}\left[\boldsymbol{K}_{t|k} + \boldsymbol{K}^{(t)}_{t|k+1}\right] \tag{24.4.31}$$

approximiert wird, wobei wir in Anlehnung in frühere Definitionen setzen: $\boldsymbol{K}^{(t)}_{t|k+1} = \boldsymbol{K}_t(\boldsymbol{r}^{(t)}_{k+1})$. Dazu wird in einem Vorlauf $\boldsymbol{r}^{(t)}_{k+1}$ mit Hilfe der rein tangentialen Beziehung

$$\boldsymbol{R}^{(t)}_{e|k+1} = \boldsymbol{R}_{e|k} + \boldsymbol{K}_{t|k}[\boldsymbol{r}^{(t)}_{k+1} - \boldsymbol{r}_k] \tag{24.4.32}$$

berechnet und danach mit (24.4.30) und der konstanten Steifigkeit (24.4.31) weitergearbeitet. Für $\boldsymbol{K}_s$ wird dabei kein zusätzlicher Speicherplatz benötigt, da durch

$$\boldsymbol{K}_s = \tfrac{1}{2}\boldsymbol{K}_{t|k} + \tfrac{1}{2}\sum_{g=1}^{m} \mathrm{a}_g^t \boldsymbol{k}_t\left(\boldsymbol{\rho}^{(t)}_{k+1}\right) \mathrm{a}_g \tag{24.4.33}$$

eine direkte Akkumulation erfolgen kann. Theoretisch bräuchte man bei diesem Verfahren trotzdem noch $\boldsymbol{K}_{t|k+1}$, siehe (24.4.24). Um dies zu umgehen, wird anstelle von $\boldsymbol{K}_{t|k+1}$ im Vorlauf $\boldsymbol{K}_{t|k}$ und im Nachlauf $\boldsymbol{K}_s$ verwendet, so daß nur eine Steifigkeit gehalten werden muß. Dies ist zwar theoretisch nicht ganz sauber, aber praktisch wirksam.

24.4.4 Berechnungsbeispiele [24.22]

Die in den vorangehenden Abschnitten diskutierten Verfahren werden, ausgehend vom bedingt stabilen kubisch hermiteschen Algorithmus in Abschnitt 24.4.3, auf eine Reihe von Beispielen angewendet, und die Genauigkeit der Resultate wird mit denen aus alternativen Prozeduren verglichen.

Vorgespannte Saite mit einem Freiheitsgrad

Wir beginnen den Reigen der Anwendungen mit einem Beispiel, das wir bereits in der Einleitung ausführlich diskutiert haben: einer massenlosen Saite mit einer zentralen Masse (Abb. 24.4.4); die Saite ist mit $P_{N0} = 500\,\mathrm{N}$ vorgespannt. Wir machen von der Näherung der Einleitung 24.4 nicht Gebrauch und berechnen die elastische Rückstellkraft ganz ‚exakt' zu

$$R_e = 2P_{N0}\frac{r}{\sqrt{l^2+r^2}} + 2EA\frac{r}{l}\left(1-\frac{l}{\sqrt{l^2+r^2}}\right) \tag{24.4.34}$$

In einem ersten Berechnungslauf lenken wir die zentrale Masse um 20 cm aus und lassen dann den dämpfungsfreien Schwinger los. Nach einer Periode (hier $T_0 = 0.264\,791\,269\,\mathrm{s}$ als *nichtlineare Periode*) sollte die Masse m wieder in die Ausgangsposition zurückgekehrt

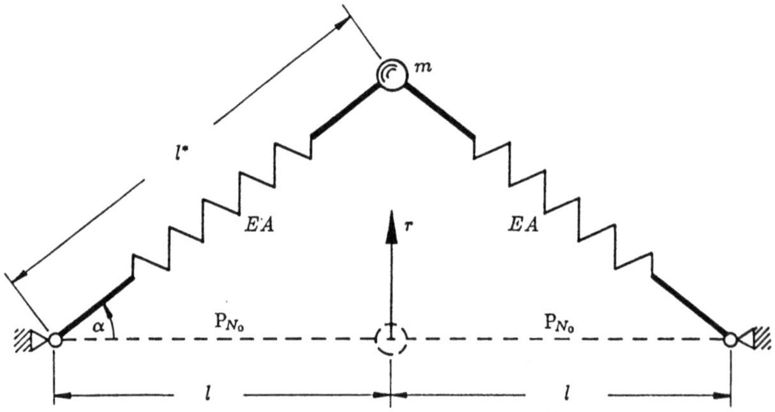

Daten:		
Masse	$m = 500$ kg	
Länge	$l = 1$ m	
Vorspannkraft	$P_{N_0} = 500$ N	
Steifigkeit	$EA = 10^7$ N	

Abb. 24.4.4 Nichtlineares System mit einem Freiheitsgrad

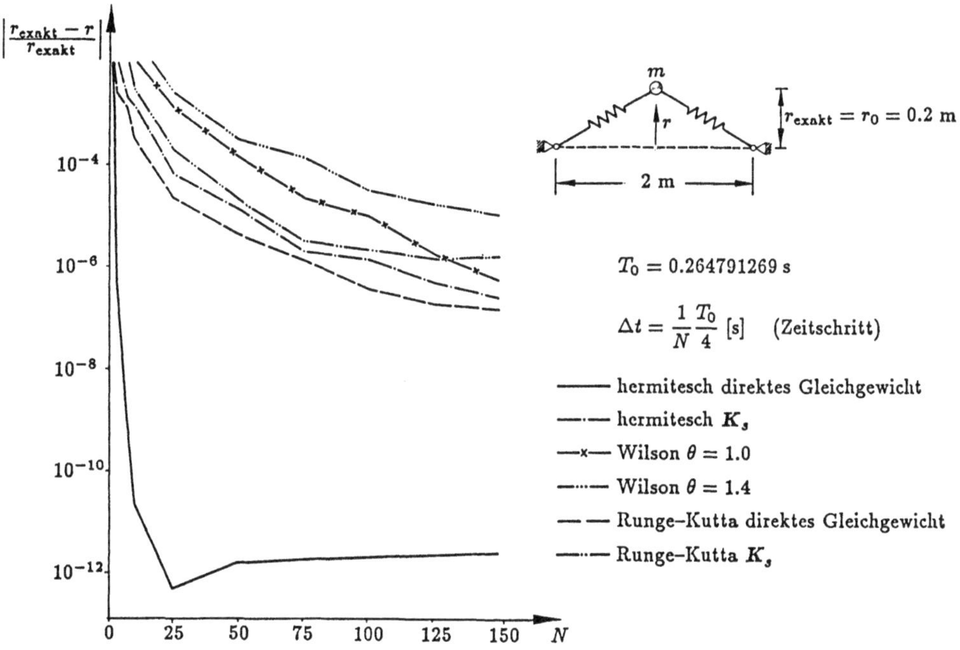

Abb. 24.4.5 Auslenkungsfehler nach einer Periode, aufgetragen über der Schrittzahl für eine Viertelperiode

sein. In Abb. 24.4.5 tragen wir den aufgetretenen Fehler effektiv über der Schrittweite auf, da diese via

$$\Delta t = \frac{1}{N}\frac{T_0}{4} \tag{24.4.35}$$

direkt mit der Schrittzahl zusammenhängt: je größer N, desto kleiner der Zeitschritt und desto kleiner auch der Integrationsfehler. Verglichen werden sechs Vorgehensweisen. Konkurrenzlos vorn liegt der hermitesche Algorithmus in der hier angegebenen Grundfassung (direktes Gleichgewicht). Bei gleichen Voraussetzungen und gleichem Zeitschritt ist Runge-Kutta schlechter, aber immerhin Nr. 2 (diese Rechnung ist nicht mit der Basisrechnung zu verwechseln, die mit $\Delta t = 10^{-6}$ ausgeführt wurde und die T_0 lieferte). Die K_s-Methode enthält naturgemäß Approximationen, die zu einem Genauigkeitsabfall sowohl beim hermiteschen als auch beim Runge-Kutta-Algorithmus führen müssen. Eingetragen sind schließlich noch zwei Varianten der Wilsonschen θ-Methode [24.23, 24.24, 24.25]. Dabei entspricht $\theta = 1$ dem Verfahren der linearen Beschleunigungen oder auch Newmark $\beta = \frac{1}{6}$, $\gamma = \frac{1}{2}$. Im untersuchten Zeitschrittbereich von $0.25\,T_0$ bis $0.00167\,T_0$ weisen diese Verfahren den größten Fehler auf. Allerdings muß bei einem

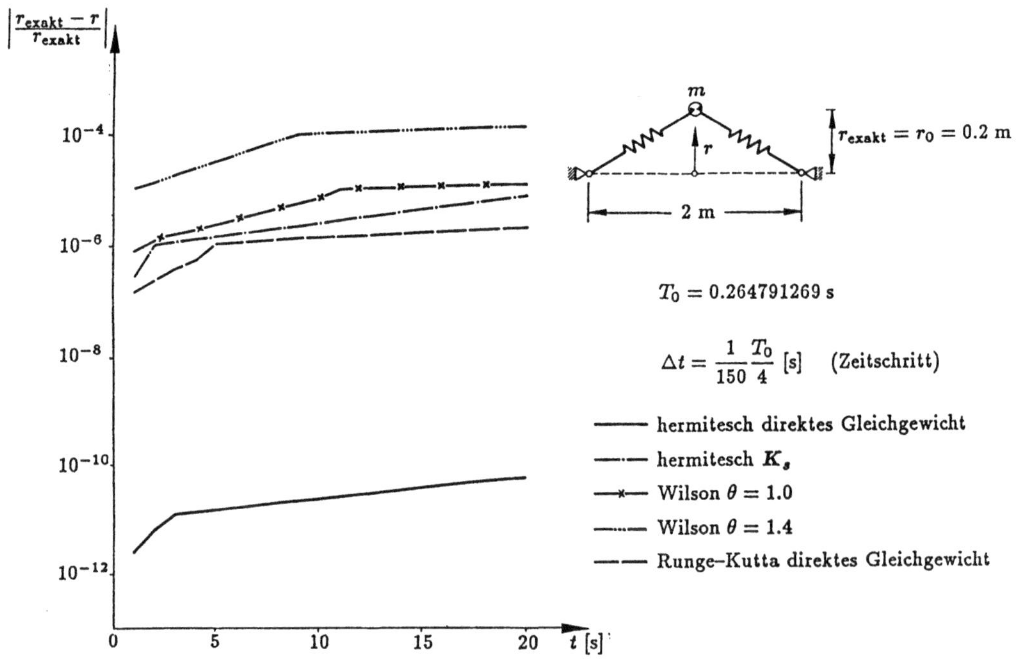

Abb. 24.4.6 Amplitudenfehler über der Laufzeit, bei festem Zeitschritt

solchen Vergleich auch die Arbeit im Schritt beachtet werden, die wir hier nicht einbeziehen. In Abb. 24.4.6 ist für einen bestimmten Zeitschritt $\Delta t = T_0/600$, der sich aus $N = 150$ ergibt, der Fehler in der Amplitude über eine Laufzeit von 20 s aufgetragen. Theoretisch sollten in der angegebenen Laufzeit rund 80 Schwingungszyklen durchlaufen werden. Tatsächlich tritt durch Integrations- und Rundungsfehler ein (leichter) Fehleranstieg über der Laufzeit auf, wobei wiederum der kubisch hermitesche Algorithmus mit direkter Gleichgewichtsiteration die besten Resultate liefert.

Wir wechseln nun das Anwendungsfeld und gehen zu ungedämpften krafterregten transienten Vorgängen über. Laut Legende in Abb. 24.4.7 bringen wir auf den Schwinger eine cos-förmige Erregung beschränkter Dauer auf. Da die Einwirkungszeit der Erregung vier Perioden beträgt, kann dies nicht als Impuls betrachtet werden. Der gezeigte Kraftverlauf führt nach der Zeit $T_0' = 4\,T_0$ auf eine freie ungedämpfte Eigenschwingung. Uns interessiert jedoch die Spitzenamplitude des Einschwingvorganges, die in der genauen Basisrechnung bei $t_{ex} = 0.130\,761\,501$ s auftritt. Diesmal werden zwei Varianten des hermiteschen Algorithmus und die Wilsonsche θ-Methode verglichen. Wieder liefert die direkte Iteration des dynamischen Gleichgewichts die besten Resultate.

In zwei weiteren Versuchen (Abb. 24.4.8 und Abb. 24.4.9) führen wir eine Dämpfung von $c = 2$ Ns/m ein. In Abb. 24.4.8 berechnen wir die Auslenkung nach einer gedämpften Periode und vergleichen sie mit den ‚exakten' Wert. Schließlich wird in Abb. 24.4.9 der Versuch wiederholt, die Spitzenamplitude des Einschwingvorganges zu berechnen, die

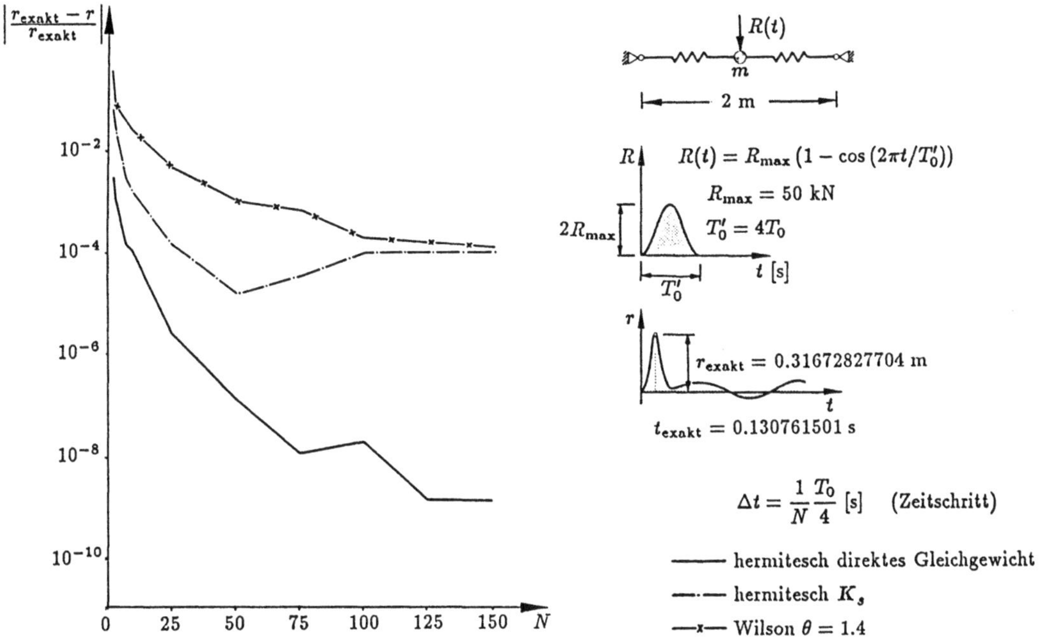

Abb. 24.4.7 Fehler in der Spitzenamplitude (Zeit $t_{exakt} = 0.130\,761\,501$ s) über der Schrittzahl für eine Viertelperiode

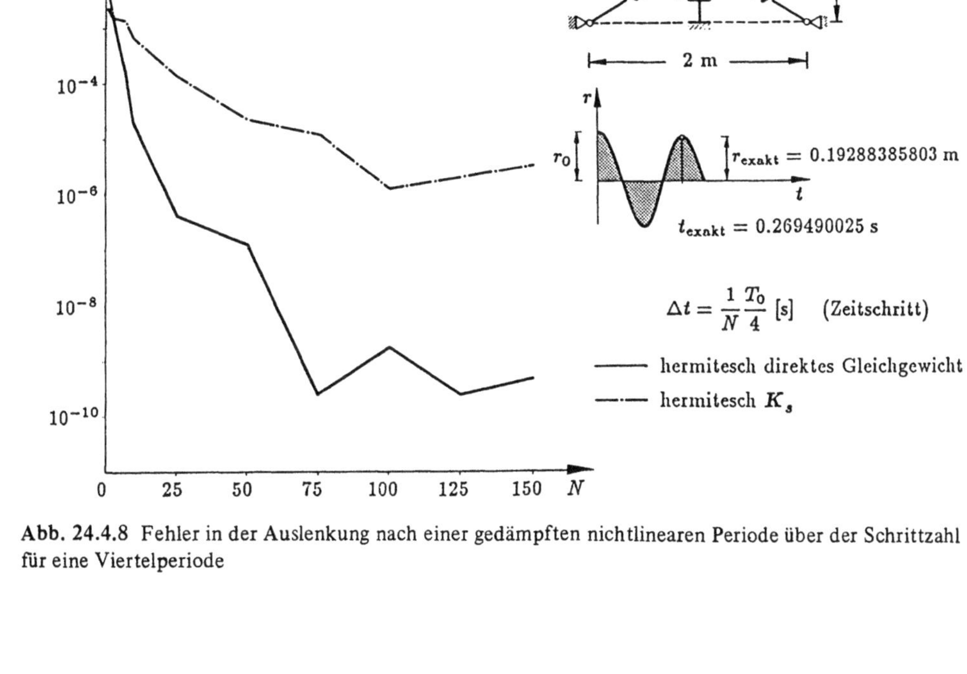

Abb. 24.4.8 Fehler in der Auslenkung nach einer gedämpften nichtlinearen Periode über der Schrittzahl für eine Viertelperiode

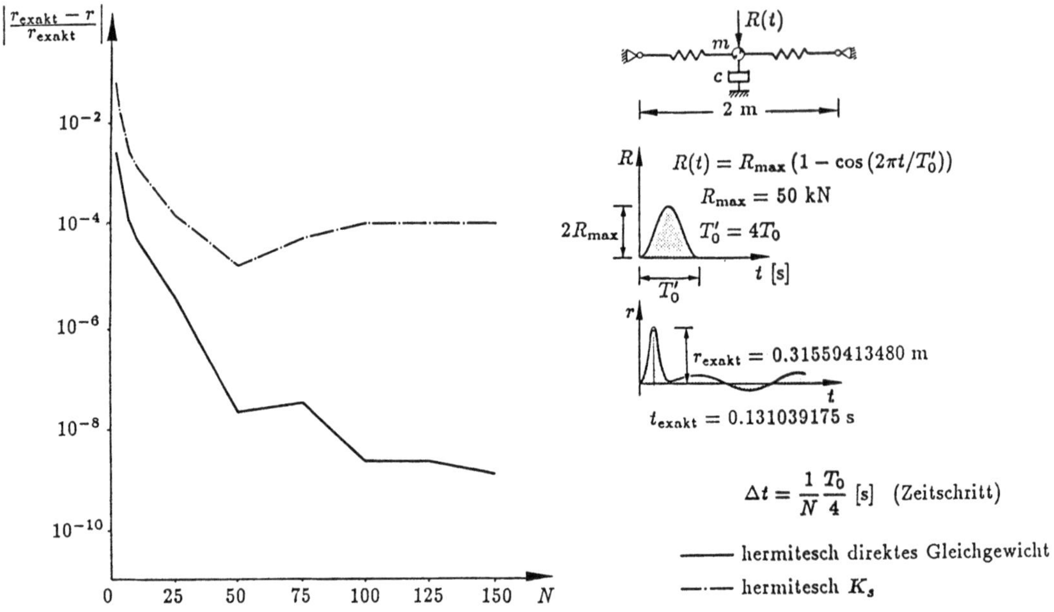

Abb. 24.4.9 Fehler in der Spitzenauslenkung des Einschwingvorgangs über der Schrittzahl für eine Viertelperiode

diesmal – bedingt durch die Dämpfung – etwas zeitverschoben bei $t_{ex} = 0.131\,039\,175$ s auftritt. Beide Beispiele belegen erneut die gute Qualität des kubisch hermiteschen Beschleunigungsansatzes.

Ebenes vorgespanntes Seilnetz

Ein Beispiel mit einem Freiheitsgrad mag ein reizvolles akademisches Testbeispiel sein, aber realistisch ist es nicht. Wir gehen deshalb einen Schritt in Richtung Praxis bei weitgespannten Flächentragwerken und betrachten das in Abb. 24.4.10 vorgestellte, zunächst noch ebene Seilnetz. Es ist so vorgespannt, daß in den Randseilen rund 180 000 N, in den Innenseilen ungefähr 20 000 N Vorspannkraft auftreten. Dieses ebene Gebilde wird nun einer gleichmäßigen Querbelastung von insgesamt 100 000 N unterworfen, wodurch das Netz die in Abb. 24.4.11 vorgestellte hängende Form annimmt. Diese statische Auslenkung, die auf stark nichtlinearem Pfad erreicht wird und die bei Abmessungen von 12 m immerhin im Zentrum noch 1.62 m beträgt, bildet den Startzustand der folgenden Schwingungsuntersuchungen. Dazu wird die statisch ausgelenkte Struktur losgelassen, und sie schwingt dann frei. Eingesetzt werden das K_s-Verfahren und die Wilsonsche θ-Methode jeweils bei zwei Zeitschritten $\Delta t = 0.0005$ s und $\Delta t = 0.002$ s. In Abb. 24.4.12 ist die Bewegung des zentralen Punktes A über der Zeit t aufgetragen. Während des Bewegungsablaufs ist es möglich, daß gewisse Teile des Netzes ihre Vorspannung verlieren und danach auf Druck belastet werden, was physikalisch offensichtlich nicht möglich ist.

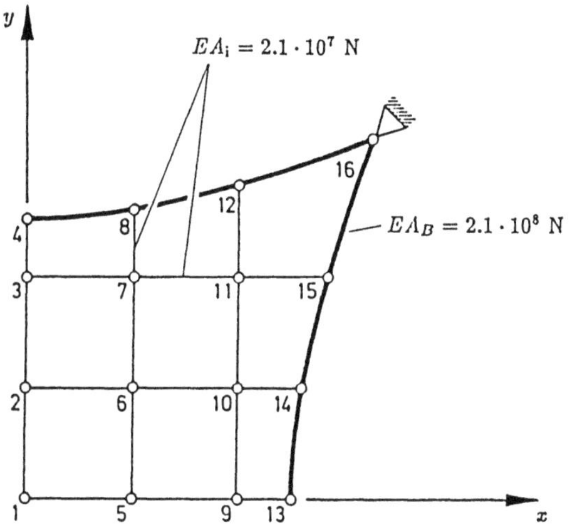

Abb. 24.4.10
Ebenes Seilnetz (Tragwerksviertel) und Daten

Knoten	x [m]	y [m]	Masse [kg]
1	0.0000000000000	0.0000000000000	48.231548671863
2	0.0000000000000	2.0055650131893	48.197858694277
3	0.0000000000000	4.0111474799212	39.788641762874
4	0.0000000000000	4.6128398404689	245.288250325758
5	2.0055650131893	0.0000000000000	48.197858694277
6	2.0015054969710	2.0015054969710	48.163929366599
7	2.0052258136725	4.0029948413371	40.970658454237
8	1.9993209157720	4.8035476227263	248.274758583787
9	4.0111474799212	0.0000000000000	39.788641762874
10	4.0029948413371	2.0052258136725	40.970658454237
11	4.0104969345030	4.0104969345030	38.582265029508
12	3.9957683694213	5.2136537418985	259.384253827008
13	4.6128398404689	0.0000000000000	245.288250325758
14	4.8035476227263	1.9993209157720	248.274758583787
15	5.2136537418985	3.9957683694213	259.384253827008
16	6.0000000000000	6.0000000000000	

Element	Vorspannkraft [N]
1 – 2	$3.2107234141308 \cdot 10^4$
2 – 3	$3.2184288419281 \cdot 10^4$
3 – 4	$3.2435775092699 \cdot 10^4$
5 – 6	$1.8995475073131 \cdot 10^4$
6 – 7	$1.8921770313874 \cdot 10^4$
7 – 8	$1.8680148428175 \cdot 10^4$
9 – 10	$3.0928130275108 \cdot 10^4$
10 – 11	$3.1101045053774 \cdot 10^4$
11 – 12	$3.1606433700624 \cdot 10^4$
13 – 14	$1.7079500592538 \cdot 10^5$
14 – 15	$1.7343274915299 \cdot 10^5$
15 – 16	$1.8207756748960 \cdot 10^5$
4 – 8	$1.7079500592538 \cdot 10^5$
8 – 12	$1.7343274915299 \cdot 10^5$
12 – 16	$1.8207756748960 \cdot 10^5$
3 – 7	$3.0928130275204 \cdot 10^4$
7 – 11	$3.1101045053774 \cdot 10^4$
11 – 15	$3.1606433700624 \cdot 10^4$
2 – 6	$1.8995475073227 \cdot 10^4$
6 – 10	$1.8921770313874 \cdot 10^4$
10 – 14	$1.8680148428175 \cdot 10^4$
1 – 5	$3.2107234141308 \cdot 10^4$
5 – 9	$3.2184288419281 \cdot 10^4$
9 – 13	$3.2435775092699 \cdot 10^4$

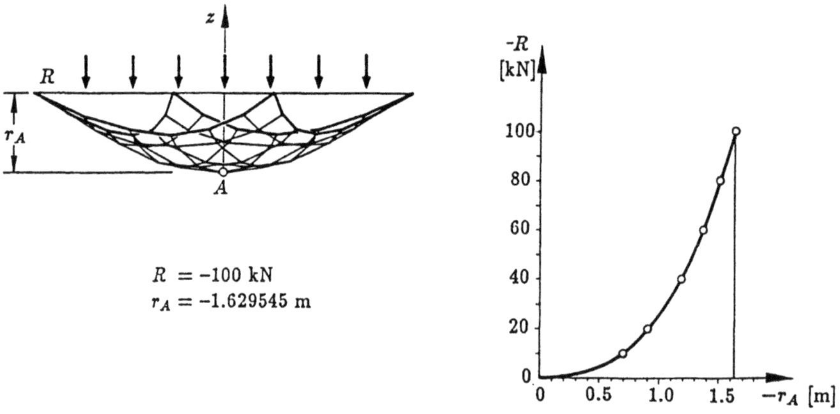

Abb. 24.4.11 Statische nichtlineare Ausgangsdeformation des ursprünglich ebenen vorgespannten Seilnetzes

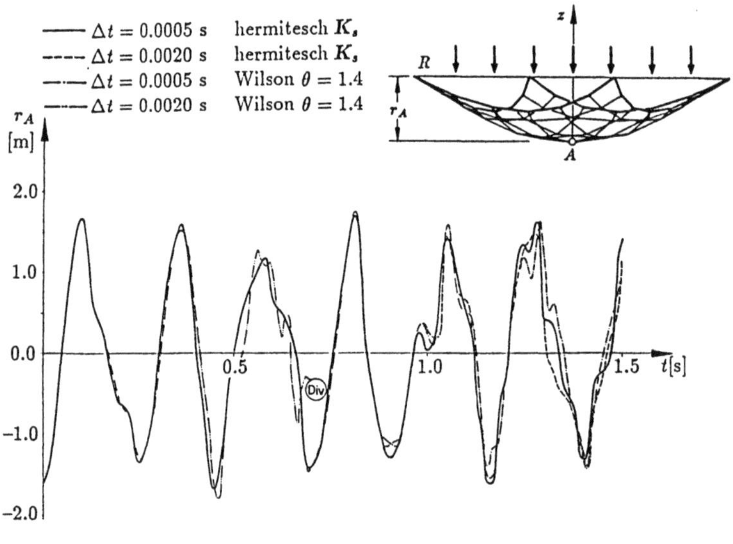

Abb. 24.4.12 Freie ungedämpfte Bewegung des zentralen Knotens A über der Zeit. Auf Druck beanspruchte Elemente sind eliminiert

Man muß also eine entsprechende Modifikation des Programms vornehmen, die bei Druckdehnungen Nullkräfte vorsieht. Mit dieser realistischen Modifikation brach die Rechnung mit dem Wilsonschen θ-Verfahren bei der größeren Schrittweite $\Delta t = 0.002$ s zusammen (gekennzeichnet durch ‚Div'). Die anderen Kurven weisen eine gute bis befriedigende Übereinstimmung auf. Zum Vergleich ist in Abb. 24.4.13 die Berechnung ohne die genannte Modifikation ausgeführt worden, und die Seilelemente tragen unrealistischerweise bei Druck. Wir bemerken nach 0.5 s Laufzeit deutliche Abweichungen im Antwortverhalten. Hier funktionierte auch die Wilsonsche θ-Methode sogar bis zu

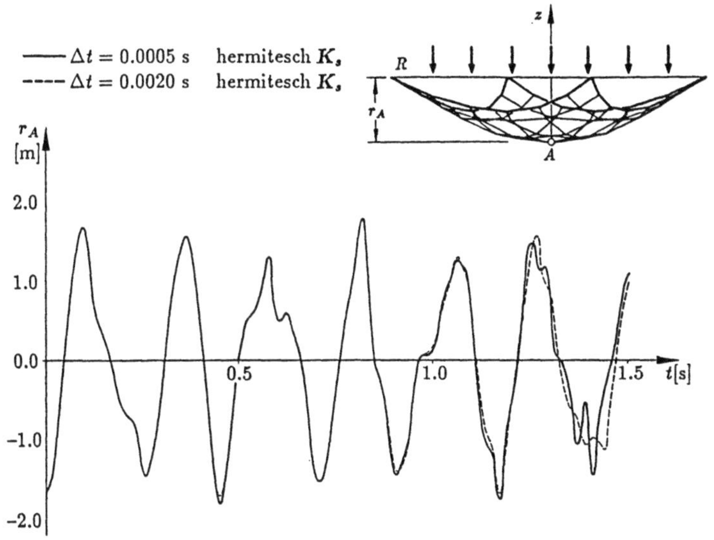

Abb. 24.4.13 Freie ungedämpfte Bewegung des zentralen Knotens A über der Zeit. Auf Druck beanspruchte Elemente sind nicht eliminiert

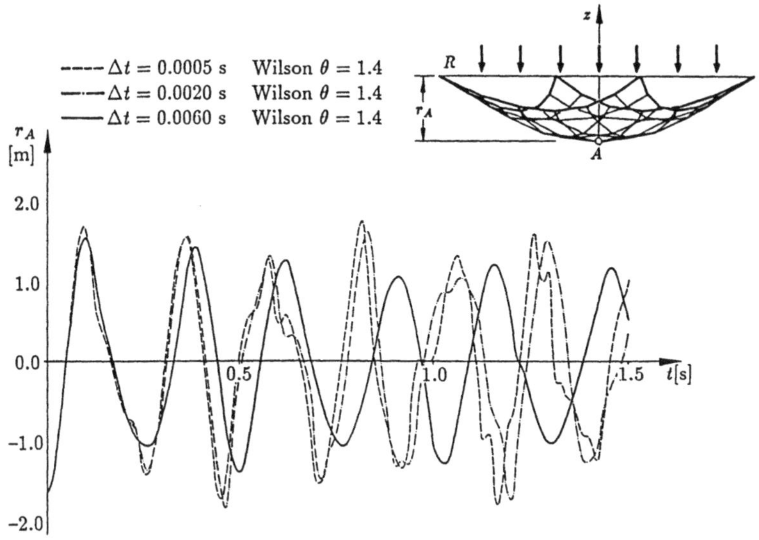

Abb. 24.4.14 Freie ungedämpfte Bewegung des zentralen Knotens A über der Zeit und das Wilsonsche θ-Verfahren. Auf Druck beanspruchte Elemente sind nicht eliminiert

einem Zeitschritt von $\Delta t = 0.006\,\mathrm{s}$ (Abb. 24.4.14). Allerdings sehen wir deutlich, daß die Amplitudenfehler – und noch mehr die Periodenverlängerung – bei solchen Schrittweiten nicht mehr akzeptabel sind.

Dreidimensionales vorgespanntes Seilnetz

Dieses große realistische Problem wurde während der Berechnung der Überdachung des Olympiastadions in München behandelt. Das reale Netz hat eine Maschenweite von 0.75 m, die bei der Idealisierung zu 6 m Maschen zusammengefaßt wurden, um den Aufwand zu begrenzen (Abb. 24.4.15). Das idealisierte Tragwerk weist 288 unbekannte Verschiebungen auf, besitzt eine außerordentlich komplizierte Geometrie und ist stark nichtlinear. Zunächst lenken wir das Tragwerk statisch mit einer Windlast von $1320\,\mathrm{N/m^2}$ aus und lassen es dann frei. In Abb. 24.4.16 wird die Bewegung des Punktes A, in Abb. 24.4.17 die Bewegung des Punktes B untersucht. Dabei wird auch die Dämpfung in Form einer diagonalen Dämpfungsmatrix berücksichtigt, wobei der Einfluß der Dämpfungsparameter auf die Lösung dargestellt ist. Die Dämpfungsparameter sind frei gewählt und haben keine besondere physikalische Rechtfertigung. In Abb. 24.4.18 ist die Dämpfung weggelassen, und die ruhende Struktur wird mit einer über die Zeit von 2 s wirkenden Windlast in der Form einer halben Sinuswelle der Maximalstärke $1320\,\mathrm{N/m^2}$ beaufschlagt. Interessant sind hier vor allem die Maximalauslenkungen im Einschwingungsbereich. Nach 2 s hört die Krafteinwirkung auf, und es stellt sich eine freie ungedämpfte Schwingung ein. Als letzter Versuch dieser Serie wird in Abb. 24.4.19 die geschilderte dynamische Krafteinwirkung mit einer statischen Grundlast kombiniert. Im Startzustand ist das Tragwerk bereits statisch ausgelenkt. Es folgt die Phase der Krafteinwirkung mit einer halben Sinuswelle. Danach steht die Kraft auf statischem Niveau. Gezeigt wird die Bewegung

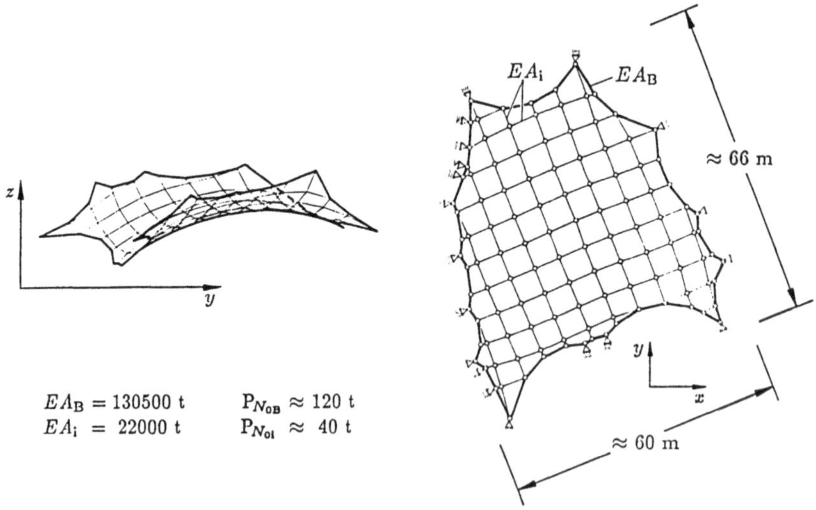

Abb. 24.4.15 Dreidimensionales vorgespanntes Seilnetz (Osttribüne des Olympiastadions München)

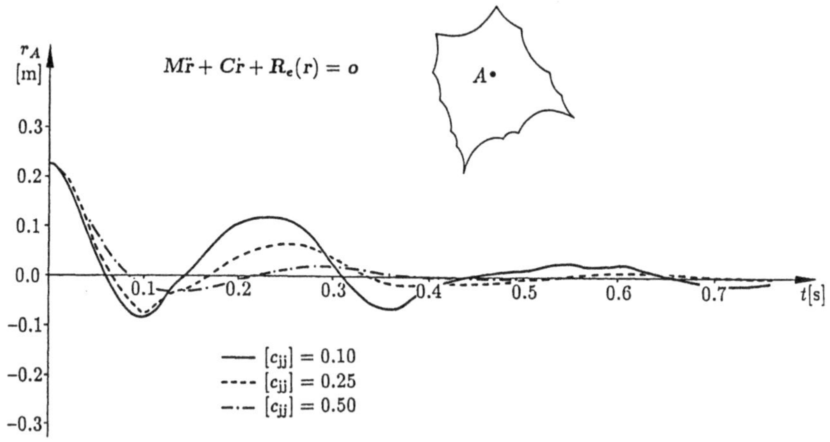

Abb. 24.4.16 Freie gedämpfte Schwingung und Bewegung des Netzknotens A bei verschiedenen Dämpfungswerten

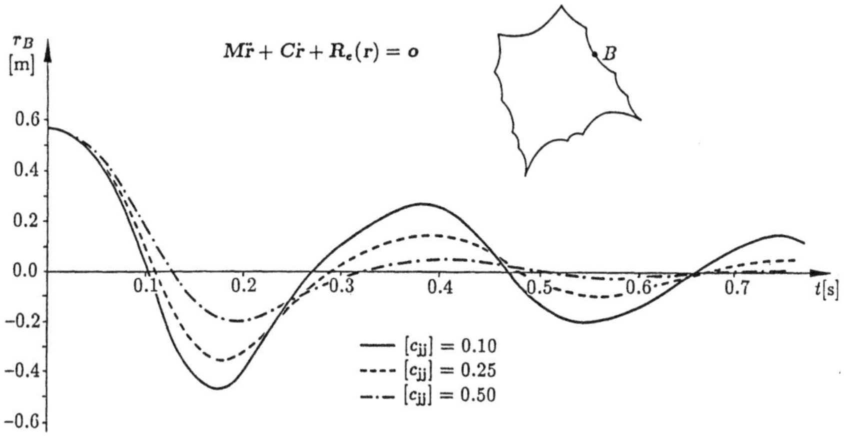

Abb. 24.4.17 Freie gedämpfte Schwingung und Bewegung des Netzknotens B bei verschiedenen Dämpfungswerten

des Punktes B ohne und mit diagonaler Dämpfung und im gedämpften Fall zusätzlich die Bewegung der Punkte A und C. Ohne Dämpfung wird sich letztendlich eine freie Schwingung um die statische Gleichgewichtslage einstellen. Mit Dämpfung pendeln sich die Kurven auf den statischen Ausgangszustand ein. Man beachte, daß im linearen Falle die Bewegung des Punktes B (ungedämpft) in Abb. 24.4.19 im Zeitablaufbild identisch bis auf eine Vertikalverschiebung mit Abb. 24.4.18 sein müßte. Bei nichtlinearem Tragwerksverhalten gilt jedoch das Superpositionsprinzip nicht mehr, und deshalb beobachten wir zwar noch eine gewisse Ähnlichkeit, aber doch deutliche Abweichungen.

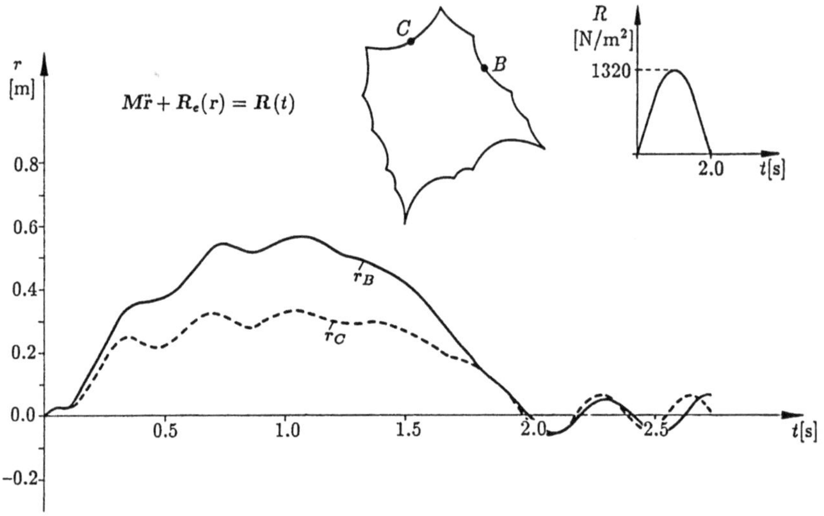

Abb. 24.4.18 Krafterregter ungedämpfter Einschwingvorgang und Bewegung der Netzknoten B und C

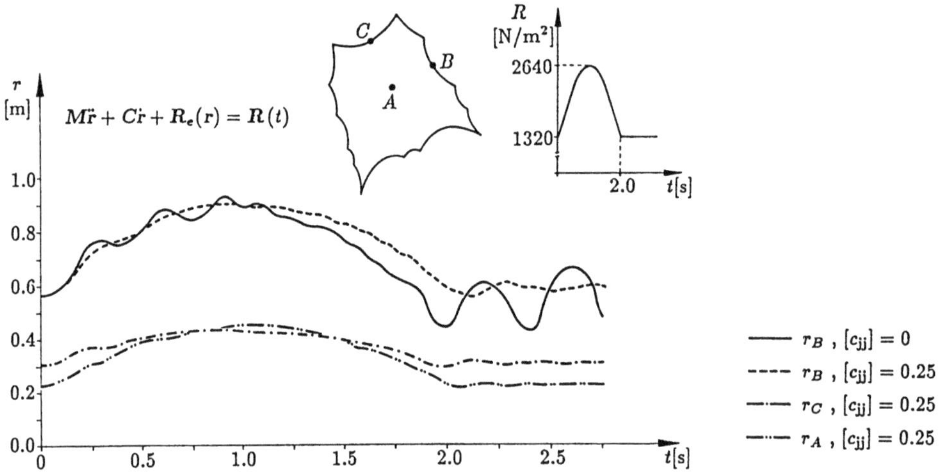

Abb. 24.4.19 Krafterregter gedämpfter Einschwingvorgang zu einer statischen Auslenkungslage und Bewegung der Netzknoten A, B und C

Sendemast unter Windeinwirkung

Ein Sendemast von 152.5 m Höhe weist einen dreieckigen Querschnitt auf und ist als räumliches Fachwerk aufgebaut, das durch Abspannseile stabilisiert ist (Abb. 24.4.20). Trotz 737 Elementen und 549 Freiheitsgraden ist das Problem dank der kleinen Bandbreite so handlich, daß es voll im Hauptspeicher des Computers behandelt werden konnte. Wer sich für die notwendigen Problemdaten näher interessiert, findet sie in [24.26].

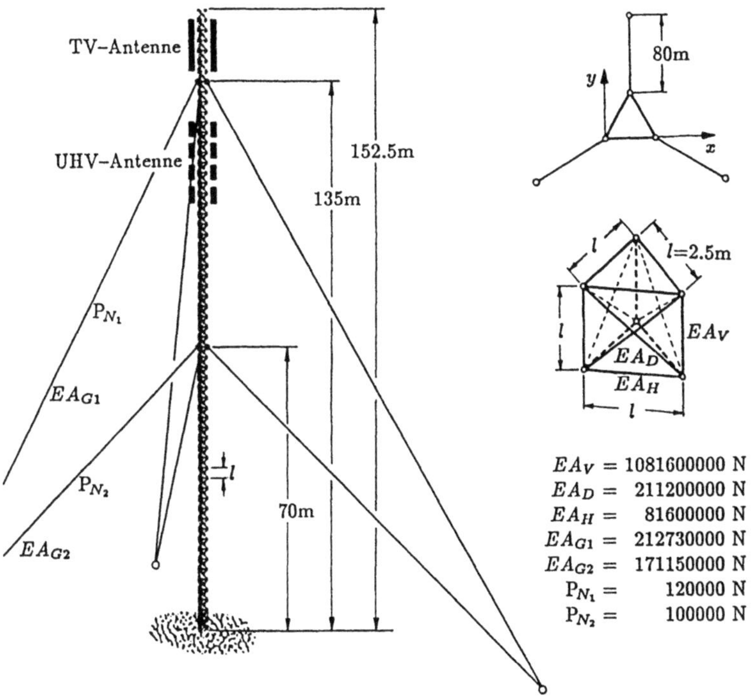

Abb. 24.4.20 Sendemast mit 549 unbekannten Verschiebungen

Wir bringen das Eigengewicht des Tragwerks als konstante Grundlast auf und berechnen relativ dazu die Antwort auf eine Windböe, die in Form einer halben Sinuswelle von 3 s Dauer auf das Tragwerk einwirkt (Abb. 24.4.21). Dabei sind in Abb. 24.4.21 die mittleren Auslenkungen der Querschnitte A und B und in Abb. 24.4.22 die der Querschnitte C und D dargestellt. Zusätzlich sind die Verschiebungen eingezeichnet, die sich aus einer statischen Aufbringung der Last ergeben würden.

Sendemast unter Erdbebenbelastung

Als (grobe) Simulierung eines Erdbebens wird das Fundament des Turms einschließlich der Kabelfundamente einer sinusförmig über der Zeit verlaufenden Horizontalbeschleunigung der Größe $g/2$ (= halbe Erdbeschleunigung) ausgesetzt. Die Berücksichtigung der Fundamentbewegung erfordert einige besondere Vorkehrungen. Wir legen zunächst fest, daß wir in einem Inertialsystem arbeiten, so daß die Trägheitskräfte wie üblich durch $\boldsymbol{M}\ddot{\boldsymbol{r}}$ gegeben sind, wobei $\boldsymbol{r}$ die Bewegung in diesem Inertialsystem beschreibt. In diesem Inertialsystem bewegt sich allerdings auch das Fundament. Wir dürfen also die Fundamentpunkte nicht wie in der vorhergehenden Berechnung unterdrücken, sondern wir führen sie in $\boldsymbol{r}$ als eine Untergruppe (geführte Verschiebungen $\boldsymbol{r}_u$) mit. Die gesamten Verschiebun-

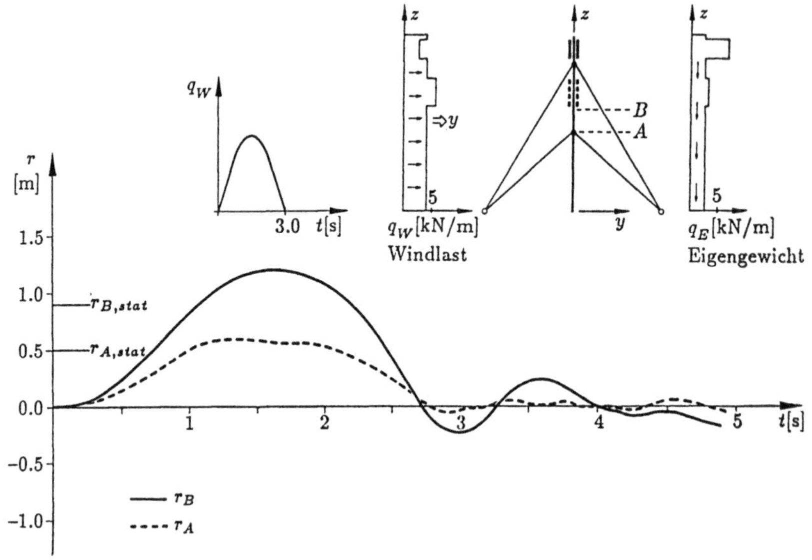

Abb. 24.4.21 Sendemast unter Windlast; Auslenkungen der Querschnitte *A* und *B* im Einschwingbereich

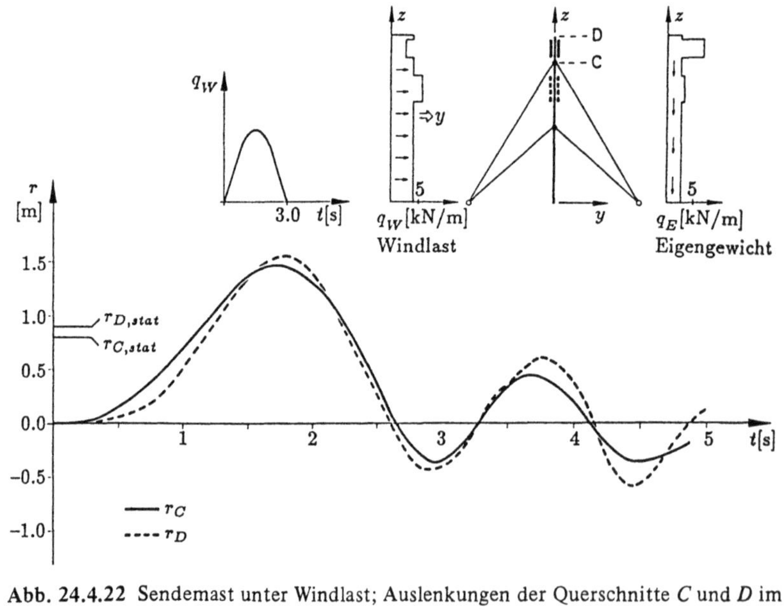

Abb. 24.4.22 Sendemast unter Windlast; Auslenkungen der Querschnitte *C* und *D* im Einschwingbereich

gen r bestehen also aus den unbekannten r_σ und den geführten r_u, wobei letztere mit allen notwendigen zeitlichen Ableitungen $\dot{r}_u, \ddot{r}_u, \dddot{r}_u$ als bekannt über der Zeit betrachtet werden

$$r = \{r_\sigma \quad r_u\} \tag{24.4.34}$$

Die Prädiktor-Berechnung erfolgt nun über r_σ allein, während in die Korrektoroperationen zusätzlich auch r_u eingeht. An die Stelle von (24.4.23) tritt nun das nach r_σ und r_u aufgespaltene System des dynamischen Gleichgewichts

$$\begin{bmatrix} M_{\sigma\sigma} & M_{\sigma u} \\ M_{u\sigma} & M_{uu} \end{bmatrix} \begin{bmatrix} \ddot{r}_\sigma^{(n)} \\ \ddot{r}_u \end{bmatrix}_{k+1} = \begin{bmatrix} R_\sigma \\ R_u \end{bmatrix}_k - \begin{bmatrix} C_{\sigma\sigma} & C_{\sigma u} \\ C_{u\sigma} & C_{uu} \end{bmatrix} \begin{bmatrix} \dot{r}_\sigma \\ \dot{r}_u \end{bmatrix}_{k+1} - \begin{bmatrix} R_{e\sigma|k+1} \\ R_{eu|k+1} \end{bmatrix} \tag{24.4.35}$$

dessen erste Hyperzeile zum modifizierten Korrektor für $\ddot{r}_\sigma$ führt

$$\ddot{r}_{\sigma k+1}^{(n)} = M_{\sigma\sigma}^{-1}\left[R_\sigma - M_{\sigma u}\ddot{r}_{u k+1} - C_{\sigma u}\dot{r}_{u k+1} - C_{\sigma\sigma}\dot{r}_{\sigma k+1} - R_{e\sigma|k+1}\right] \tag{24.4.36}$$

Hierbei haben wir abkürzend wiederum eingeführt: $R_{e\sigma|k+1} = R_{e\sigma}(r_{k+1})$, etc.

Die Differentiation dieser Beziehung nach der Zeit führt analog zum Übergang von (24.4.23) nach (24.4.24) zur ergänzenden Korrektorbeziehung

$$\dddot{r}_{\sigma k+1}^{(n)} = M_{\sigma\sigma}^{-1}\left[\dot{R}_\sigma - M_{\sigma u}\dddot{r}_{u k+1} - C_{\sigma u}\ddot{r}_{u k+1} - K_{t\sigma u|k+1}\dot{r}_{u k+1} - K_{t\sigma\sigma|k+1}\dot{r}_{\sigma k+1}\right] \tag{24.4.37}$$

wobei

$$K_{t\sigma u} = \frac{\partial R_{e\sigma}}{\partial r_u} \tag{24.4.38}$$

$$K_{t\sigma\sigma} = \frac{\partial R_{e\sigma}}{\partial r_\sigma} \tag{24.4.39}$$

die den Verschiebungen r_σ bzw. r_u zugeordneten Teile der gesamten tangentialen Steifigkeitsmatrix sind

$$K_t = \begin{bmatrix} K_{\sigma\sigma} & K_{\sigma u} \\ K_{u\sigma} & K_{uu} \end{bmatrix}_t \tag{24.4.40}$$

Ganz entsprechend würde man auch beim K_s-Verfahren vorgehen, das jedoch als eine mehr historische Approximation hier nicht näher behandelt wird (s. [24.22]).

In den Abb. 24.4.23 und 24.4.24 sind die Bewegungen der Querschnitte A, B, C und D des Mastes aufgezeichnet. Der Bereich A schwingt erwartungsgemäß in Phase mit der Bodenbewegung. Die Berechnung berücksichtigt, daß die Abspannseile nur Zug tragen können. Diese als ein Element ohne Eigengewicht idealisierten Seile werden ohne Modifikationen der Massenmatrix zeitweise aus der Rechnung herausgenommen, falls Druckdehnungen auftreten, aber sofort wieder berücksichtigt, wenn Zug auftritt. Abb. 24.4.25 demonstriert schließlich deutlich, welche beträchtlichen geometrischen Veränderungen bei diesem Problem auftreten.

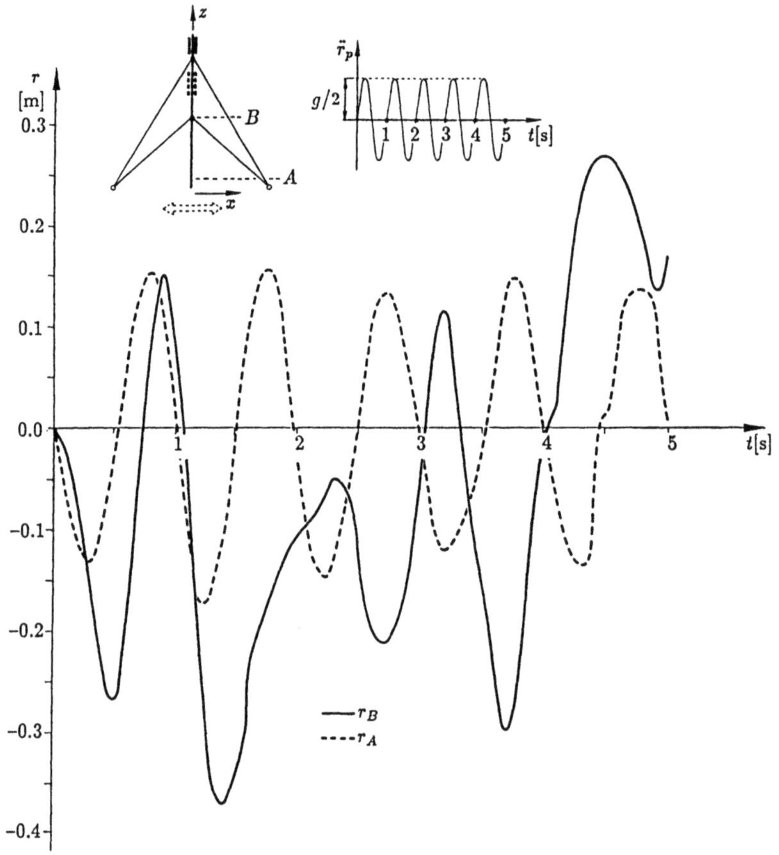

Abb. 24.4.23 Sendemast bei Erdbeben; Auslenkungen der Querschnitte A und B

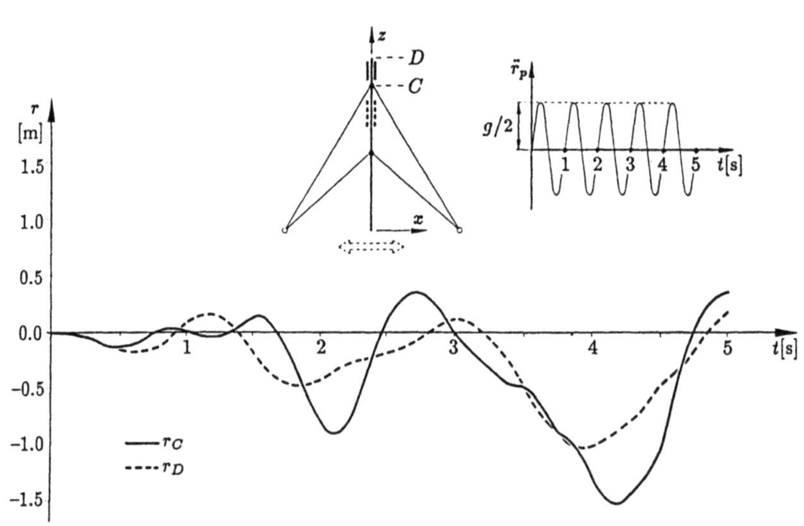

Abb. 24.4.24 Sendemast bei Erdbeben; Auslenkungen der Querschnitte C und D

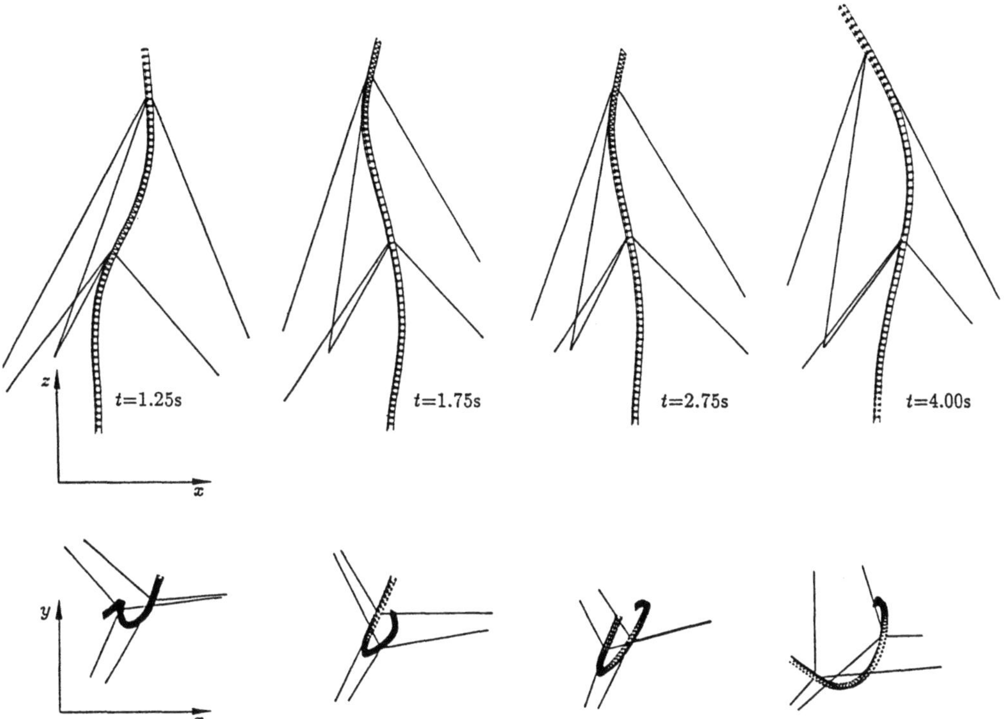

Abb. 24.4.25 Sendemast bei Erdbeben; Verformungen zu vier verschiedenen Zeiten t

Kosinus-Impuls in einem elasto-plastischen frei-frei-Stab [24.27]

Nachdem wir eine Reihe von geometrisch nichtlinearen Problemen behandelt haben, wollen wir in diesem Beispiel nichtlineares Material berücksichtigen. Ein Stab sei aus elasto-plastischem Material aufgebaut, das dem Ramberg-Osgood-Materialgesetz genüge und kinematische Verfestigung aufweise (Abb. 24.4.26). An die Stelle von $\boldsymbol{K}_e$ tritt $\boldsymbol{K}_{ep}$, die elasto-plastische Strukturmatrix, die in Kapitel 12 behandelt wurde. Bei den vorliegenden kleinen Deformationen entfällt der Beitrag von $\boldsymbol{K}_G$. In Abb. 24.4.26 ist der Zustand im Stab nach 2μs Laufzeit dargestellt, und zwar für zwei verschieden feine Diskretisierungen in Zeit und Raum. Wir bemerken eine sehr gute Übereinstimmung und können uns somit auf die gröbere Variante zurückziehen. Ferner ist anzumerken, daß die anfängliche Fließgrenze, die die Kraft nach oben begrenzt, bereits durch kinematische Verfestigung überschritten wird. In Abb. 24.4.27 ist der Lösung nach 2μs noch eine weitere gegenläufige nach 4μs hinzugefügt worden. Ferner ist zum Vergleich die elastische Lösung bei 2μs eingetragen, die deutlich höhere Kräfte aufweist.

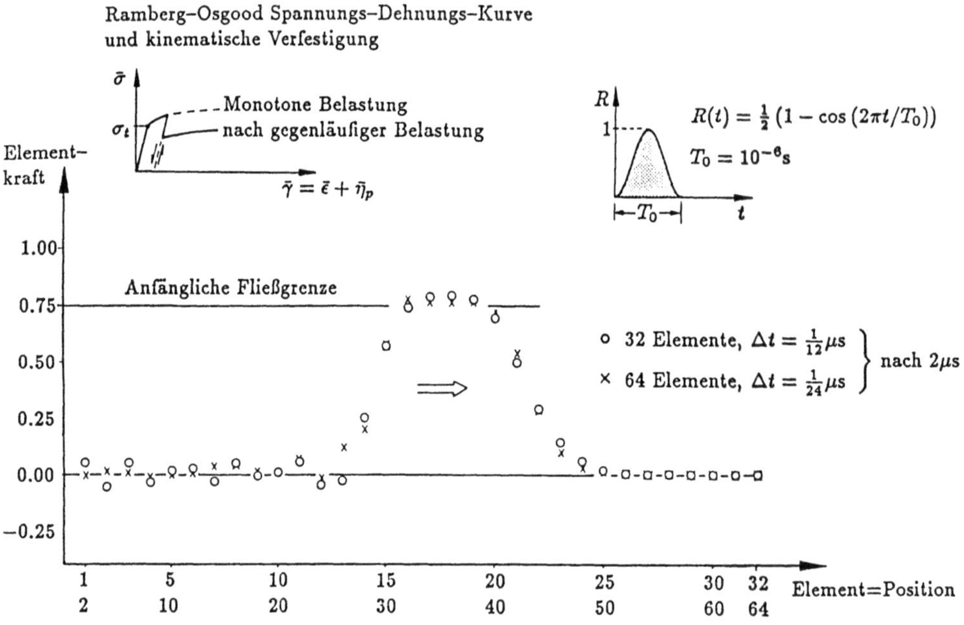

Abb. 24.4.26 Lauf eines Kosinusimpulses durch einen elastoplastischen Frei-Frei-Stab; Vergleich der Lösung nach 2 μs bei verschiedener Raum- und Zeitdiskretisierung

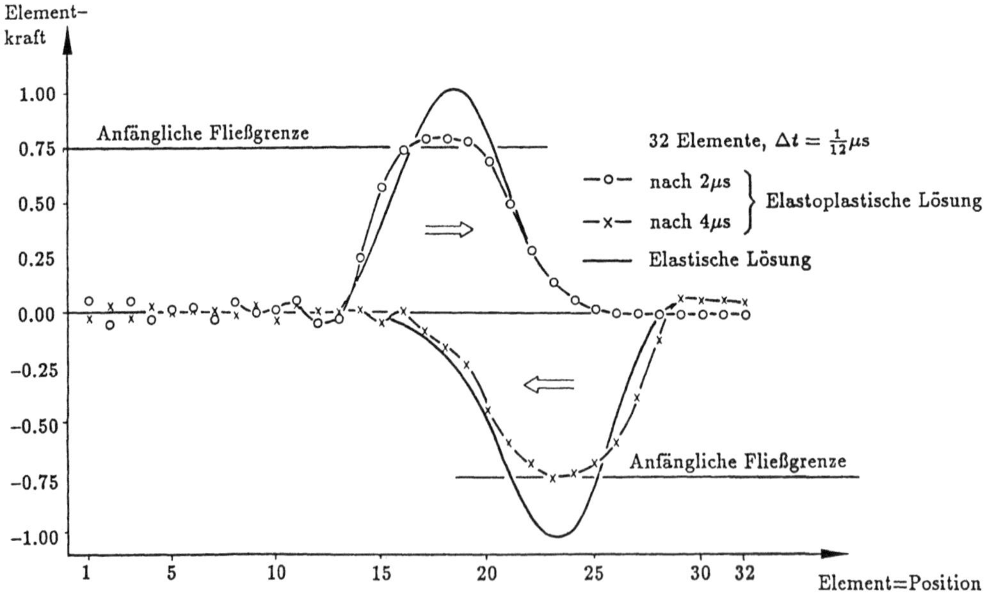

Abb. 24.4.27 Lauf eines Kosinusimpulses durch einen elastoplastischen Frei-Frei-Stab; Lösungen bei zwei verschiedenen Zeiten und elastisch berechnetes Resultat

Unterirdische Explosion mit großen Dehnungen

Abb. 24.4.28 zeigt die Idealisierung eines Untergrundbereiches mit zylindrischer Röhre. Das Material gehorcht vereinfacht dem Gesetz der quadratischen Greenschen Dehnungsenergie. Der Druck im Hohlraum steigt in der Zeit von 0.002 s kosinusförmig auf den Endwert an. Abb. 24.4.29 gibt die Bewegung des Deckenpunktes A im Hohlraum wieder. Die Decke wird oszillierend angehoben. In Abb. 24.4.30 sind jeweils für einen bestimmten Zeitpunkt alle Vertikalverschiebungen auf der Symmetrieachse aufgetragen. Wir bemerken, daß nach $t = 0.029$ s noch keine Reaktion auf der Oberfläche zu sehen ist, während sich nach $t = 0.4$ s bereits eine Aufwölbung eingestellt hat.

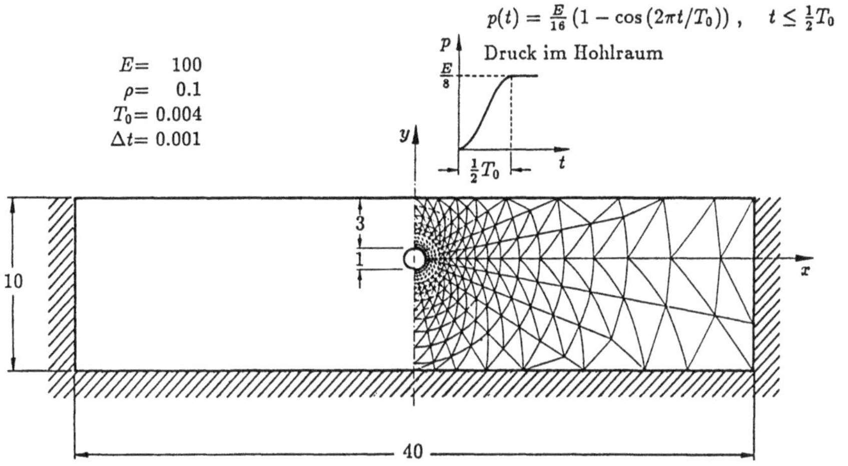

Abb. 24.4.28 Unterirdische Explosion mit großen Dehnungen: Problem und Idealisierung

Himmelsmechanische Berechnungen [24.27]

Wir schließen den Reigen der Beispiele für die Anwendung bedingt stabiler Algorithmen durch einen Sprung in den Himmel ab, denn erstaunlicherweise fügt sich auch das Gebiet der Himmelsmechanik ohne Probleme in den Anwendungsbereich der direkten Integrationsverfahren ein. Trotz des außerordentlich komplexen Verhaltens von Vielkörperproblemen ist die Grundlage zur Behandlung dieser Aufgabe sehr einfach und geht auf ein Postulat von Newton zur Bewegung von Himmelskörpern zurück, das wahrscheinlich aus dem Jahre 1679 stammt ([24.28], [24.29]). Es ist das Gravitationspostulat für Massenpunkte und besagt, daß jedes Himmelsobjekt, z.B. P, durch eine positive skalare Größe, die Gravitationsmasse, die nicht von der Position, der Bewegung und der Zeit abhängt, gekennzeichnet ist. Diese Gravitationsmasse ergibt sich aus der Gravitationskonstanten γ und der trägen Masse m_P dieses Objektes und hat die Dimension Länge^3/Zeit^2. Jeder andere Himmelskörper, z.B. Q, erfährt eine Beschleunigung $\gamma m_P/r^2$ in Richtung P, wobei r die Distanz zwischen P und Q angibt. Diese Beschleunigung tritt zusätzlich und

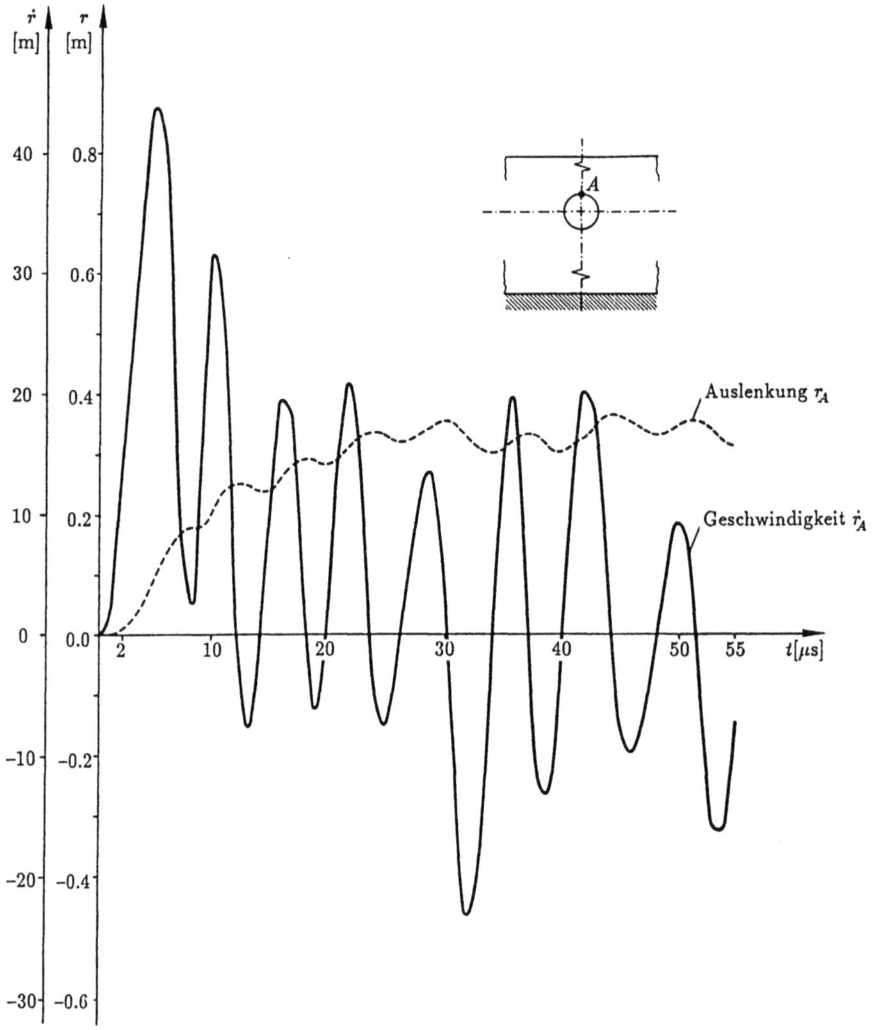

Abb. 24.4.29 Unterirdische Explosion mit großen Dehnungen: Deckenverschiebung und -geschwindigkeit über der Zeit

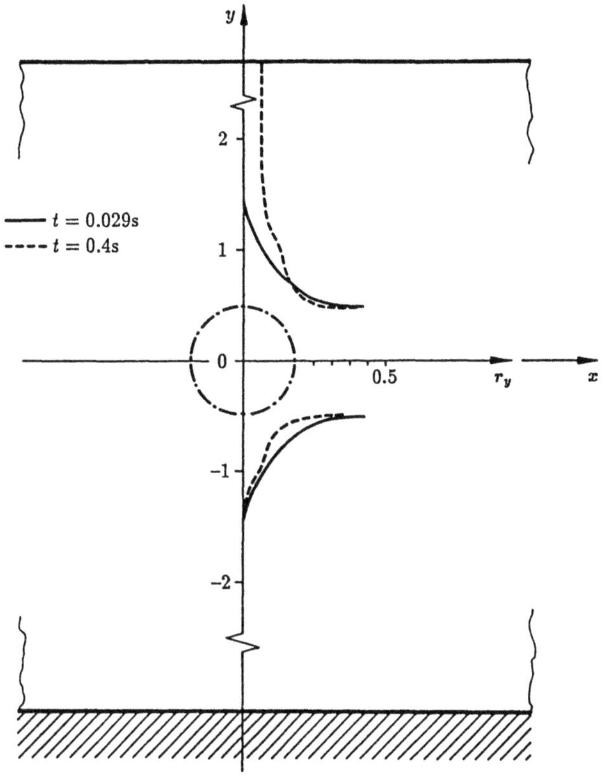

Abb. 24.4.30
Unterirdische Explosion mit großen Dehnungen: Verteilung der Vertikalverschiebungen auf der Symmetrieachse des Problems zu zwei verschiedenen Zeiten *t*

unabhängig davon auf, welche Beschleunigung *Q* bei Abwesenheit von *P* auch immer haben möge. Daraus folgt weiter nach dem Newtonschen Gesetz ‚Kraft gleich Masse mal Beschleunigung', daß sich zwei Himmelskörper 1 und 2 wechselseitig mit der Kraft

$$P_{N12} = -\gamma \frac{m_1 m_2}{l_{12}^2} \tag{24.4.41}$$

anziehen, womit wir die natürliche Kraft auch auf den Weltraum übertragen hätten. Die tangentiale natürliche Steifigkeit zwischen zwei Himmelskörpern ergibt sich dementsprechend zu

$$k_{Nt} = \frac{dP_N}{dl_{12}} = 2\gamma \frac{m_1 m_2}{l_{12}^3} \tag{24.4.42}$$

Die Eigenschaften (24.4.41) und (24.4.42) können einem fiktiven (nichtlinearen) FLA2-Element zugeordnet werden, wobei bei einem Vielkörperproblem von jedem Massenpunkt ein ‚FLA2' zu den anderen Massenpunkten zu legen ist (Abb. 24.4.31 für n = 4 Körper). Vor der sinnvollen Anwendung des entwickelten Arbeitskonzepts benötigen wir noch eine Arbeitshypothese, denn wir können unsere Untersuchungen ja nicht mit beliebig vielen Himmelsobjekten ausführen. Alle Untersuchungen in der Folge unterstellen stillschweigend, daß das untersuchte System so klein ist, daß die von außen einwirkenden Trägheits-

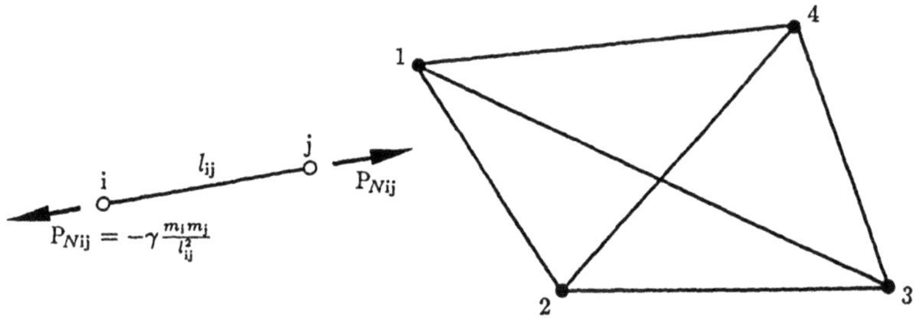

Abb. 24.4.31 Idealisierung eines 4-Körper-Problems mit 6 fiktiven nichtlinearen Flanschelementen im Raum

kräfte an allen Massenpunkten praktisch gleich sind. Wir führen also eine Untersuchung relativ zum Systemschwerpunkt aus, und dieser selbst kann sich wiederum irgendwie im Raum bewegen. Für unser Sonnensystem liegt der Schwerpunkt praktisch in der Sonne.

Die in den Abb. 24.4.32 bis Abb. 24.4.35 vorgestellten himmelsmechanischen Berechnungen wurden alle mit dem hochgenauen quintisch hermiteschen Algorithmus ausgeführt, der im Gegensatz zum kubisch hermiteschen Ansatz bisher nicht näher besprochen wurde. Das quintische Verfahren arbeitet mit Stützwerten $\ddot{r}_k, \dddot{r}_k$ und zusätzlich mit $\ddddot{r}_k$, so daß wir für jeden Freiheitsgrad bei zwei Knoten sechs Stützwerte für $\ddot{r}$ zur Verfügung haben und somit ein Polynom bis zum Grade 5 (sic nomen) für den Beschleunigungsverlauf im Zeitschritt einsetzen können. Die entsprechende Formel für den Prädiktor kann durch simple Punktproben aufgestellt werden, und der Leser wird dann mühelos die folgende Beziehung bestätigen können [24.22]

$$r_{k+1} = r_k + \Delta t \dot{r}_k + \frac{\Delta t^2}{840}(300 \ddot{r}_k + 52 \Delta t \dddot{r}_k + 4 \Delta t^2 \ddddot{r}_k + 120 \ddot{r}_{k+1} - 32 \Delta t \dddot{r}_{k+1} + 3 \Delta t^2 \ddddot{r}_{k+1}) \tag{24.4.43}$$

$$\dot{r}_{k+1} = \dot{r}_k + \frac{\Delta t}{120}(60 \ddot{r}_k + 6 \Delta t \dddot{r}_k + \Delta t^2 \ddddot{r}_k + 60 \ddot{r}_{k+1} - 6 \Delta t \dddot{r}_{k+1} + \Delta t^2 \ddddot{r}_{k+1}) \tag{24.4.44}$$

Der zugehörige Korrektor basiert auf dem Gleichgewicht am Ende des Zeitschritts und seiner 1. und 2. Ableitung nach der Zeit

$$\boldsymbol{M} \ddot{r}_{k+1} + \boldsymbol{C} \dot{r}_{k+1} + \boldsymbol{R}_{e|k+1} = \boldsymbol{R}_{k+1} \tag{24.4.45}$$

$$\boldsymbol{M} \dddot{r}_{k+1} + \boldsymbol{C} \ddot{r}_{k+1} + \dot{\boldsymbol{R}}_{e|k+1} = \dot{\boldsymbol{R}}_{k+1} \tag{24.4.46}$$

$$\boldsymbol{M} \ddddot{r}_{k+1} + \boldsymbol{C} \dddot{r}_{k+1} + \ddot{\boldsymbol{R}}_{e|k+1} = \ddot{\boldsymbol{R}}_{k+1} \tag{24.4.47}$$

Dabei folgt $\boldsymbol{R}_e$ selbst aus den Spannungen, und die erste zeitliche Ableitung von $\boldsymbol{R}_e, \dot{\boldsymbol{R}}_e$, ergibt sich, wie gehabt, aus (24.4.20). Daraus ergibt sich sofort auch $\ddot{\boldsymbol{R}}_e$

$$\ddot{\boldsymbol{R}}_{e|k+1} = \boldsymbol{K}_{t|k+1} \ddot{r}_{k+1} + \dot{\boldsymbol{K}}_{t|k+1} \dot{r}_{k+1} \tag{24.4.48}$$

Während die Aufstellung der tangentialen Steifigkeit $\boldsymbol{K}_t$ eine Standardprozedur in nichtlinearen Berechnungen darstellt, ist die zeitliche Ableitung dieser Matrix, $\dot{\boldsymbol{K}}_t$, natürlich mit unbequemem Zusatzaufwand verknüpft. In obigen himmelsmechanischen Untersuchungen erscheinen selbstverständlich keine Dämpfungskräfte in (24.4.45) bis (24.4.47).

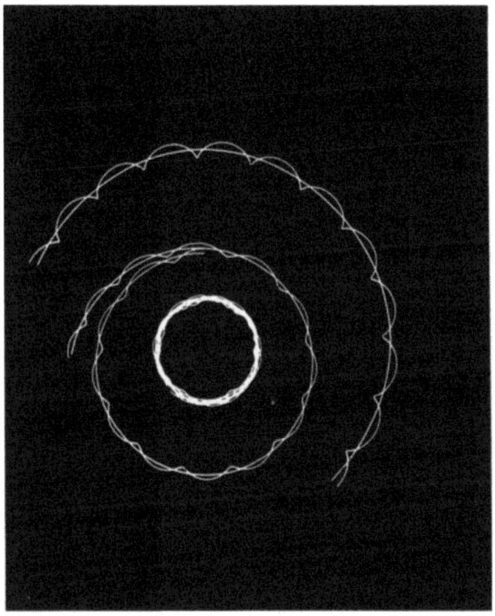

Abb. 24.4.32 Drei Planeten und Monde

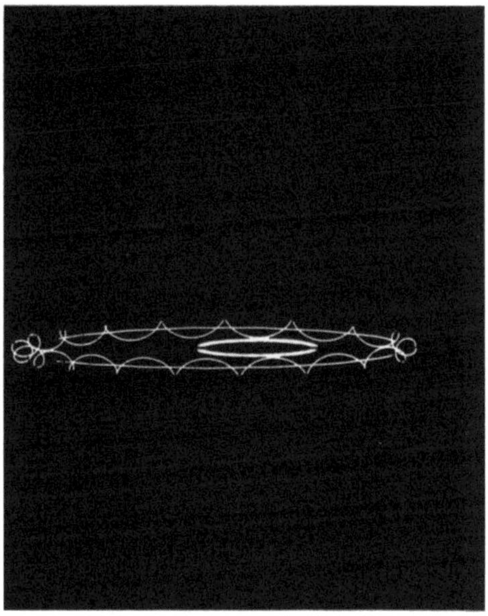

Abb. 24.4.33 Erde-Mond-Merkur

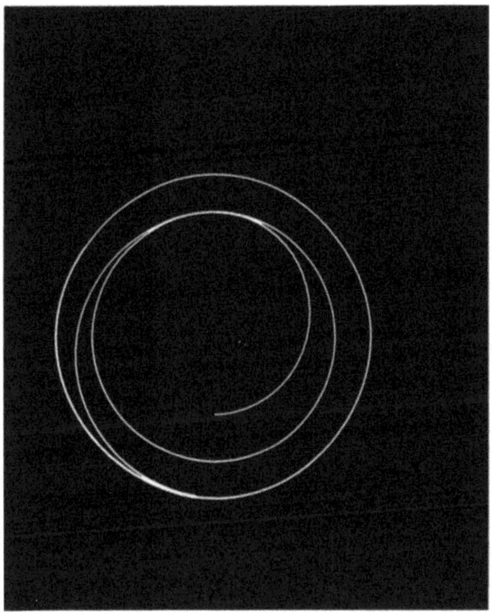

Abb. 24.4.34 Rendez-vous, Hohmannscher Bahnübergang

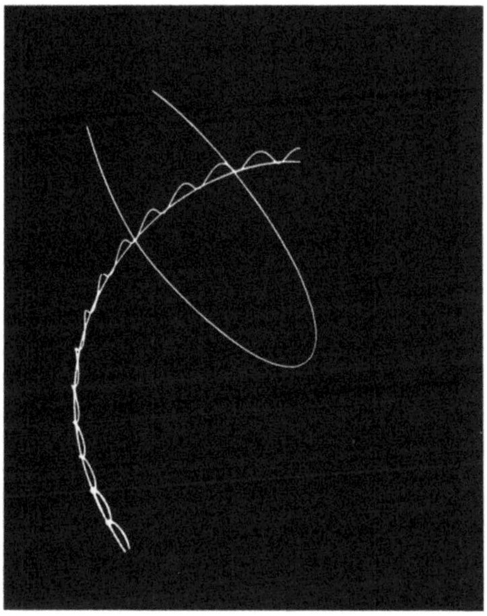

Abb. 24.4.35 Komet, der Erde und Sonne passiert

Abbildungen 24.4.32 bis 24.4.35: Die Berechnungen erfolgten mit Hilfe des bedingt stabilen quintisch-hermiteschen Algorithmus [24.22].

Ein Abschlußwort

Unsere Beispiele haben gezeigt, daß nichtlineare dynamische Berechnungen zwar aufwendig, aber durchaus für Probleme mit vielen Freiheitsgraden durchführbar sind. Das iterative Lösungsverfahren im Schritt hat sich dabei als bequemes Werkzeug erwiesen. Der Preis, den man dafür zu zahlen hat, liegt in einer Reduzierung des Zeitschritts Δt um 60% bezogen auf die Größe, die für die Stabilität des Algorithmus notwendig ist. Dies ist für eine rasche Konvergenz im Schritt von Vorteil. Die Entwicklung von Höchstleistungsrechnern, wie der Cray 2, und das ständige Anwachsen der Hauptspeichergröße verschiebt den wirtschaftlichen Anwendungsbereich der nichtlinearen Dynamik ständig zu größeren Problemen hin.

24.5 Zeitintegration mit großen Zeitschritten

24.5.1 Stabilität in der nichtlinearen Dynamik

Wenn wir exemplarisch das nichtlineare System (24.2.9) heranziehen, so lassen sich am Beispiel der Newmark-Verfahren die in Abschnitt 23.3 erarbeiteten Stabilitätskriterien formal einfach auf den nichtlinearen Sektor übertragen. Der Prädiktor (24.4.1) und (24.4.2) ist gegenüber dem linearen Fall völlig ungeändert, und der Korrektor (24.4.3) bzw. (24.4.4) läßt sich linearisiert wie folgt beschreiben

$$\boldsymbol{M}\mathrm{d}\ddot{\boldsymbol{r}} + \boldsymbol{C}\mathrm{d}\dot{\boldsymbol{r}} + \boldsymbol{K}_t(\boldsymbol{r}_\mathrm{k})\mathrm{d}\boldsymbol{r} = \boldsymbol{R}(t_\mathrm{k}) - \boldsymbol{R}_{e|\mathrm{k}} \tag{24.5.1}$$

Geht man davon aus, daß sich die tangentiale Steifigkeit im Schritt nicht wesentlich ändert, so läßt sich (24.5.1) näherungsweise auch für die finiten Inkremente $\Delta\boldsymbol{r}$, $\Delta\dot{\boldsymbol{r}}$, $\Delta\ddot{\boldsymbol{r}}$ im Schritt anwenden. Wir haben damit formelle Identität zum linearen Fall; es ist lediglich die elastische Steifigkeitsmatrix $\boldsymbol{K}$ durch die tangentiale Steifigkeit $\boldsymbol{K}_t$ des Systems zu ersetzen. All dies ist am Anfang des Abschnitts 23.3 sogar in etwas allgemeinerem Rahmen berücksichtigt worden. Für die Beurteilung der Stabilität und Genauigkeit bei linearen Systemen waren die Eigenfrequenzen des entsprechenden Tragwerks maßgebend. So bestimmte etwa die maximale Eigenfrequenz bei bedingt stabilen Algorithmen den Zeitschritt. Auch die linearisierte Gleichgewichtsbeziehung (24.5.1) kann natürlich einer Eigenwertanalyse unterzogen werden, die uns beispielsweise die größte Eigenfrequenz für kleine Schwingungen um $\boldsymbol{r}_\mathrm{k}$ herum liefert. Mit dieser Information kann man dann die obere Schrittweite fixieren. Das klingt formal recht einfach, ist aber in der Praxis aufwendig, da sich die Systemfrequenzen in der Zeit ändern. Die tangentiale Steifigkeit wird allenfalls für einige wenige Schritte als konstant angesehen werden können. Dann muß im Gegensatz zum linearen Fall eine erneute Eigenschwingungsanalyse ausgeführt werden, oder man benötigt wenigstens untere und obere Schranken für die maximale Eigenfrequenz während der Zeitablaufrechnung. Was aber ist mit der beliebten und unbedingt stabilen ($\beta = 1/4$, $\gamma = 1/2$)-Newmark-Methode? Es scheint so, als sei sie für nichtlineare Aufgaben das Ei des Kolumbus, da wir hier, zumindest von der Stabilität her, keine Zeitschrittbegrenzung haben. Das ist leider vorschnell gedacht, da eben (24.5.1) bei finiten Inkrementen nur eine Näherung sein kann. Die sich damit ergebenden Bedingungen für Stabilität sind zwar notwendig, aber leider nur im linearen Fall hinreichend.

Damit verknüpft ist die Beobachtung, daß das unbedingt stabile Newmark-($\beta = 1/4$, $\gamma = 1/2$)-Verfahren im nichtlinearen Fall nur bedingt stabil ist ([24.27], [24.30]). Es erhebt sich somit die Frage, ob ein neues, schärferes Kriterium für die nichtlineare Analyse gefunden werden kann, mit dessen Hilfe sich Algorithmen für große Zeitschritte entwickeln lassen. In [24.27], [24.30], [24.31] wird vorgeschlagen, als Kriterium die Energiebilanz dynamischer Systeme heranzuziehen. In einem dynamischen Prozeß wird Energie in Form der äußeren Arbeit W eingespeist

$$W = \int_0^{\boldsymbol{r}} \boldsymbol{R}^{\mathrm{t}} \mathrm{d}\boldsymbol{r} \tag{24.5.2}$$

und es ist kinetische Energie T

$$T = \tfrac{1}{2} \dot{\boldsymbol{r}}^{\mathrm{t}} \boldsymbol{M} \dot{\boldsymbol{r}} \tag{24.5.3}$$

und Formänderungsenergie U

$$U = \int_V \int_0^{\boldsymbol{\epsilon}} \boldsymbol{\sigma}^{\mathrm{t}} \delta \boldsymbol{\epsilon} \, \mathrm{d}V \tag{24.5.4}$$

gespeichert. Wir fordern nun, daß zu einem Zeitpunkt $t_1 \geqslant t_0$ die gesamte Energie $T + U - W$ nicht größer ist als zur Zeit t_0

$$(T + U - W)_{t = t_1} \leqslant (T + U - W)_{t = t_0} \tag{24.5.5}$$

Wäre nämlich die gesamte Energie größer, dann wäre im Prozeß eine anfachende Energiequelle verborgen. Eine alternative Formulierung zu (24.5.5) ist auch

$$\Delta T \leqslant \Delta W - \Delta U \tag{24.5.6}$$

d.h. der Zuwachs an kinetischer Energie zwischen t_0 und t_1 muß kleiner oder gleich der geleisteten Arbeit abzüglich dem Zuwachs an Formänderungsenergie sein.

Wir wollen nun als erstes überprüfen, ob der im linearen Fall unbedingt stabile Newmark-($\beta = 1/4$, $\gamma = 1/2$)-Algorithmus, der laut Literatur diese Eigenschaft im Nichtlinearen verlieren kann, dieser zusätzlichen Forderung genügt oder nicht. Nach (24.4.1) und (24.4.2) erhalten wir hier

$$\boldsymbol{r}_{\mathrm{k}+1} = \boldsymbol{r}_{\mathrm{k}} + \Delta t \dot{\boldsymbol{r}}_{\mathrm{k}} + \tfrac{1}{4} \Delta t^2 [\ddot{\boldsymbol{r}}_{\mathrm{k}} + \ddot{\boldsymbol{r}}_{\mathrm{k}+1}] \tag{24.5.7}$$

$$\dot{\boldsymbol{r}}_{\mathrm{k}+1} = \dot{\boldsymbol{r}}_{\mathrm{k}} \qquad + \tfrac{1}{2} \Delta t [\ddot{\boldsymbol{r}}_{\mathrm{k}} + \ddot{\boldsymbol{r}}_{\mathrm{k}+1}] \tag{24.5.8}$$

und mit Hilfe von (24.5.8) läßt sich (24.5.7) auch wie folgt schreiben

$$\boldsymbol{r}_{\mathrm{k}+1} = \boldsymbol{r}_{\mathrm{k}} + \tfrac{1}{2} \Delta t [\dot{\boldsymbol{r}}_{\mathrm{k}} + \dot{\boldsymbol{r}}_{\mathrm{k}+1}] \tag{24.5.9}$$

Man spricht auf Grund dieser Darstellung auch vom Mittelstufenalgorithmus. Wir multiplizieren nun (24.5.8) zunächst mit der Massenmatrix und dann mit $[\boldsymbol{r}_{\mathrm{k}+1} - \boldsymbol{r}_{\mathrm{k}}]^{\mathrm{t}}$ vor

$$[\boldsymbol{r}_{\mathrm{k}+1} - \boldsymbol{r}_{\mathrm{k}}]^{\mathrm{t}} \boldsymbol{M} [\dot{\boldsymbol{r}}_{\mathrm{k}+1} - \dot{\boldsymbol{r}}_{\mathrm{k}}] = \tfrac{1}{2} \Delta t [\boldsymbol{r}_{\mathrm{k}+1} - \boldsymbol{r}_{\mathrm{k}}]^{\mathrm{t}} \boldsymbol{M} [\ddot{\boldsymbol{r}}_{\mathrm{k}} + \ddot{\boldsymbol{r}}_{\mathrm{k}+1}] \tag{24.5.10a}$$

Nun setzen wir auf der linken Seite noch (24.5.9) ein und eliminieren damit das Zeitinkrement Δt. Unter Beachtung der Symmetrie der Massenmatrix ergibt sich nun

$$\tfrac{1}{2}\left[\dot{\boldsymbol{r}}_{k+1}^{t}\boldsymbol{M}\dot{\boldsymbol{r}}_{k+1}-\dot{\boldsymbol{r}}_{k}^{t}\boldsymbol{M}\dot{\boldsymbol{r}}_{k}\right]=\tfrac{1}{2}[\boldsymbol{r}_{k+1}-\boldsymbol{r}_{k}]^{t}\boldsymbol{M}[\ddot{\boldsymbol{r}}_{k}+\ddot{\boldsymbol{r}}_{k+1}] \tag{24.5.10b}$$

Auf der linken Seite der Gleichung steht exakt der Zuwachs der kinetischen Energie im Schritt

$$\Delta T=\tfrac{1}{2}\left[\dot{\boldsymbol{r}}_{k+1}^{t}\boldsymbol{M}\dot{\boldsymbol{r}}_{k+1}-\dot{\boldsymbol{r}}_{k}^{t}\boldsymbol{M}\dot{\boldsymbol{r}}_{k}\right] \tag{24.5.11}$$

Wenn wir uns im Augenblick auf den freien ungedämpften nichtlinearen Schwinger beschränken, so gilt für die auf der rechten Seite von (24.5.10b) stehenden Trägheitskräfte auch

$$\boldsymbol{M}\ddot{\boldsymbol{r}}=-\boldsymbol{R}_{e} \tag{24.5.12}$$

und damit weiter

$$\Delta T=-\tfrac{1}{2}\Delta\boldsymbol{r}^{t}\left[\boldsymbol{R}_{e|k+1}+\boldsymbol{R}_{e|k}\right] \tag{24.5.13}$$

In Abb. 24.5.1 ist die Bedeutung der rechten Seite für einen Freiheitsgrad anschaulich dargestellt. Im linearen Falle ist die rechte Seite offensichtlich mit ΔU identisch, und die Forderung (24.5.6) ist damit erfüllt. Bei einer härter werdenden Steifigkeitscharakteristik im Belastungspfad ist jedoch die durch die rechte Seite von (24.4.13) beschriebene Trapezfläche größer als die Fläche unter der Last-Verschiebungs-Kurve, die den Zuwachs der Formänderungsenergie beschreibt

$$\Delta U<\tfrac{1}{2}\Delta\boldsymbol{r}^{t}\left[\boldsymbol{R}_{e|k+1}+\boldsymbol{R}_{e|k}\right] \tag{24.5.14}$$

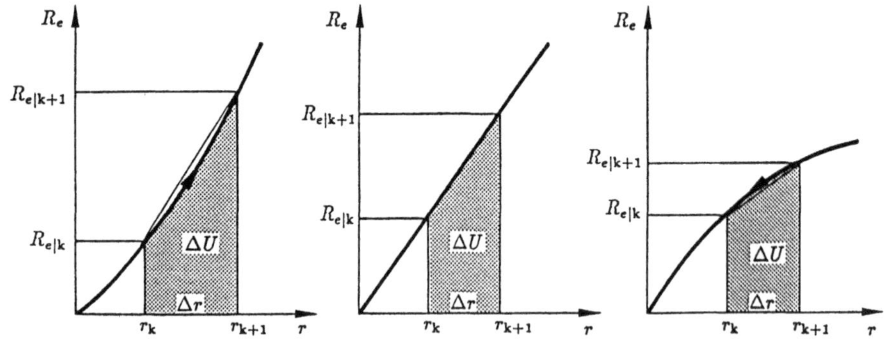

$\frac{1}{2}\Delta r(R_{e|k+1}+R_{e|k})>\Delta U$ — belastend, härter werdend

$\frac{1}{2}\Delta r(R_{e|k+1}+R_{e|k})=\Delta U$ — linear

$\frac{1}{2}\Delta r(R_{e|k+1}+R_{e|k})<\Delta U$ — entlastend, weicher werdend

Abb. 24.5.1 Zur Bedeutung der rechten Seite in (24.5.14)

Die umgekehrte Relation ergibt sich bei Entlastung und weicher werdender Steifigkeit. Somit ist in diesen Fällen die Forderung (24.5.6) verletzt. Zwar wird durch aufeinanderfolgende Be- und Entlastung eine gewisse Kompensation der Energiedifferenzen auftreten, eine Beschränkung der kinetischen Energie ist aber auch dann nicht gesichert. Ein solcher pathologischer Energiezuwachs ist dementsprechend auch in Einzelfällen beobachtet worden. Als Konsequenz werden wir für den nichtlinearen Anwendungsbereich Algorithmen entwickeln, die die Energieschranken (24.5.6) einhalten, wie es die entsprechenden Grundgleichungen der Kontinuumsmechanik auch tun. Als Konsequenz erhalten wir zugleich Verfahren, die große Zeitschritte gestatten.

24.5.2 Modifizierter unbedingt stabiler Newmark-Algorithmus

Die in Abschnitt 24.5.1 aufgetretene Diskrepanz in der Energiebilanz ist durch die Differenz „aktuelle Fläche unter der Last-Verschiebungs-Kurve zu Trapezfläche, gebildet mit dem Mittelwert der Kräfte“ bedingt. Somit können wir schließen, daß sich die Diskrepanz durch einen geeignet definierten Durchschnittswert der Kräfte beseitigen läßt. Für den ungedämpften nichtlinearen Schwinger mit Erregung erhalten wir

$$\boldsymbol{M}\ddot{\boldsymbol{r}} = \boldsymbol{R} - \boldsymbol{R}_e \tag{24.5.15}$$

und es sei $\overline{\boldsymbol{R}}$ ein solcher im energetischen Sinne ‚geeigneter' Durchschnittswert der äußeren Kräfte im Zeitschritt Δt und $\overline{\boldsymbol{R}}_e$ der der elastischen Kräfte. Mit diesen ‚besseren' Durchschnittswerten gehen wir in (24.5.8) und erhalten so

$$\dot{\boldsymbol{r}}_{k+1} = \dot{\boldsymbol{r}}_k + \Delta t \boldsymbol{M}^{-1}[\overline{\boldsymbol{R}} - \overline{\boldsymbol{R}}_e] \tag{24.5.16}$$

Die Beziehung (24.5.9) wird unverändert beibehalten und bildet mit (24.5.16) die Grundlage des Verfahrens. Die zu (24.5.13) entsprechende Beziehung für die kinetische Energie lautet hier

$$\Delta T = \Delta \boldsymbol{r}^{t}[\overline{\boldsymbol{R}} - \overline{\boldsymbol{R}}_e] \tag{24.5.17}$$

und geht mit $\boldsymbol{R} = \boldsymbol{o}$ und $\overline{\boldsymbol{R}}_e = \frac{1}{2}[\boldsymbol{R}_{e|k} + \boldsymbol{R}_{e|k+1}]$ in diese über. Um den Algorithmus zu etablieren, müssen wir den Durchschnittskräften $\overline{\boldsymbol{R}}$ und $\overline{\boldsymbol{R}}_e$ noch Bedeutung verleihen. Wir fordern deshalb für die elastischen Kräfte

$$\begin{aligned}
\Delta \boldsymbol{r}^{t}\overline{\boldsymbol{R}}_e &= \int_{r_k}^{r_{k+1}} \boldsymbol{R}_e^{t}\,\mathrm{d}\boldsymbol{r} \\
&= \int_{r_k}^{r_{k+1}} \left[\boldsymbol{R}_{e|k} + \int_{r_k}^{r_{k+1}} \boldsymbol{K}_t(\boldsymbol{r})\,\mathrm{d}\boldsymbol{r}\right]^{t} \mathrm{d}\boldsymbol{r} \\
&= \Delta \boldsymbol{r}^{t}\boldsymbol{R}_{e|k} + \int_{r_k}^{r_{k+1}} \int_{r_k}^{r_{k+1}} \mathrm{d}\boldsymbol{r}^{t}\boldsymbol{K}_t(\boldsymbol{r})\,\mathrm{d}\boldsymbol{r}
\end{aligned} \tag{24.5.18}$$

wobei

$$K_t = \frac{d\boldsymbol{R}_e}{d\boldsymbol{r}} \tag{24.5.19}$$

die bekannte tangentiale Steifigkeit des Problems ist. Das Doppelintegral in (24.5.18) kann nun z.B. durch verschieden genaue hermitesche Approximationen berechnet werden. So gestatten die Informationen $\boldsymbol{R}_{e|k}$, $\boldsymbol{K}_{t|k}$ und $\boldsymbol{K}_{t|k+1}$ einen in den Verschiebungen quadratischen Ansatz. Um die Anschaulichkeit zu wahren, notieren wir die Beziehung für einen Freiheitsgrad und erhalten

$$R_e = R_{e|k} + K_{t|k}(r - r_k) + \frac{1}{2}\frac{K_{t|k+1} - K_{t|k}}{r_{k+1} - r_k}(r - r_k) \tag{24.5.20}$$

Dementsprechend ergibt sich aus (24.5.18), erste Zeile,

$$\begin{aligned} \Delta r\bar{R}_e &= \Delta r R_{e|k} + \tfrac{1}{2}K_{t|k}\Delta r^2 + \tfrac{1}{6}(K_{t|k+1} - K_{t|k})\Delta r^2 \\ &= \Delta r\left(R_{e|k} + \tfrac{1}{3}K_{t|k}\Delta r + \tfrac{1}{6}K_{t|k+1}\Delta r\right) \end{aligned} \tag{24.5.21}$$

bzw. bei Rückkehr zu n Freiheitsgraden

$$\bar{\boldsymbol{R}}_e = \boldsymbol{R}_{e|k} + \left[\tfrac{1}{3}\boldsymbol{K}_{t|k} + \tfrac{1}{6}\boldsymbol{K}_{t|k+1}\right]\Delta\boldsymbol{r} \tag{24.5.22}$$

Höhere Approximationen des wahren $\boldsymbol{R}_e$-Verlaufes im Schritt sind denkbar, wenn man auch Ableitungen der tangentialen Steifigkeiten heranzieht. Solche Ableitungen wurden z.B. auch beim quintisch hermiteschen Algorithmus benötigt, und sie steigern natürlich den Aufwand nicht unbeträchtlich; wir verweisen hier auf die Originalveröffentlichung [24.22]. Die äußere Arbeit W kann keine kritische Größe in der Energiebilanz sein. Fehler in der Energiezufuhr führen zu benachbarten Lösungspfaden, aber sicher nicht zu einem unbeschränkten Zuwachs an kinetischer Energie. Als Durchschnittswert kommt deshalb durchaus der Mittelwert in Frage

$$\bar{\boldsymbol{R}} = \tfrac{1}{2}[\boldsymbol{R}_k + \boldsymbol{R}_{k+1}] \tag{24.5.23}$$

und als höherrangige Approximation bietet sich z.B. die einfache Formel

$$\bar{\boldsymbol{R}} = \tfrac{1}{2}[\boldsymbol{R}_k + \boldsymbol{R}_{k+1}] + \tfrac{1}{12}\Delta t[\dot{\boldsymbol{R}}_k - \dot{\boldsymbol{R}}_{k+1}] \tag{24.5.24}$$

an, die den Durchschnittswert über den Verschiebungszuwachs durch den Durchschnittswert über den Zeitzuwachs Δt ersetzt. Mit (24.5.22) und (24.5.24) schließt sich der Kreis, und wir erhalten aus (24.5.16) nun

$$\dot{\boldsymbol{r}}_{k+1} = \dot{\boldsymbol{r}}_k - \tfrac{1}{2}\Delta t\boldsymbol{M}^{-1}\left[\boldsymbol{R}_{e|k} + [\tfrac{1}{3}\boldsymbol{K}_{t|k} + \tfrac{1}{6}\boldsymbol{K}_{t|k+1}][\boldsymbol{r}_{k+1} - \boldsymbol{r}_k]\right] + \tfrac{1}{2}\Delta t\boldsymbol{M}^{-1}[\boldsymbol{R}_k + \boldsymbol{R}_{k+1}] \tag{24.5.25}$$

Zusammen mit (24.5.9) bildet (24.5.25) die Grundlage eines Algorithmus, der bei Abwesenheit von äußeren Kräften und bei quadratisch nichtlinearen Problemen energiekonservierend ist, und damit im engeren Sinne unbedingt stabil.

24.5.3 Modifizierter unbedingt stabiler kubisch hermitescher Algorithmus [24.47]

Wir hatten bereits in Abschnitt 23.4 einen für den linearen Fall unbedingt stabilen kubischen Algorithmus besprochen. Die notwendigen Modifikationen sind in den Prädiktorgleichungen (23.4.40) und (23.4.41) niedergelegt. Von ihnen gehen wir bei der Anpassung an die nichtlineare Problemstellung aus. Dazu liefert uns (23.4.40)

$$\tfrac{1}{12}\Delta t^2[\dddot{r}_k - \dddot{r}_{k+1}] = \dot{r}_{k+1} - \dot{r}_k - \tfrac{1}{2}\Delta t[\ddot{r}_k + \ddot{r}_{k+1}] \tag{24.5.26}$$

und dies setzen wir in (23.4.41) ein

$$\begin{aligned} r_{k+1} &= r_k + \Delta t\dot{r}_k + \tfrac{1}{12}\Delta t^2[4\ddot{r}_k + 2\ddot{r}_{k+1}] + \tfrac{1}{2}\Delta t[\dot{r}_{k+1} - \dot{r}_k] - \tfrac{1}{4}\Delta t^2[\ddot{r}_k + \ddot{r}_{k+1}] \\ &= r_k + \tfrac{1}{2}\Delta t[\dot{r}_k + \dot{r}_{k+1}] + \tfrac{1}{12}\Delta t^2[\ddot{r}_k - \ddot{r}_{k+1}] \end{aligned} \tag{24.5.27}$$

Wir ersehen aus dieser Umformung, daß beim unbedingt stabilen kubisch hermiteschen Verfahren die Verschiebungen völlig analog zu den Geschwindigkeiten (23.4.41) berechnet werden. Die Beschleunigungen in (24.5.27) lassen sich nun vermöge (24.5.15), also dem dynamischen Gleichgewicht, eliminieren

$$r_{k+1} = r_k + \tfrac{1}{2}\Delta t[\dot{r}_k + \dot{r}_{k+1}] + \tfrac{1}{12}\Delta t^2 M^{-1}[R_{e|k+1} - R_{e|k}] + \tfrac{1}{12}\Delta t^2 M^{-1}[R_k - R_{k+1}] \tag{24.5.28}$$

Um den Zuwachs der elastischen Kräfte zu beschreiben, verwenden wir die völlig exakte Sekantenformel

$$R_{e|k+1} = R_{e|k} + K_s[r_{k+1} - r_k] \tag{24.5.29}$$

Auch bei der 2. Prädiktorgleichung (23.4.40) machen wir vom dynamischen Gleichgewicht (24.5.19) Gebrauch und verwenden die Sekantenformel (24.5.29). Wir erhalten so die beiden zum ursprünglichen Algorithmus völlig gleichwertigen Beziehungen

$$r_{k+1} = r_k + \tfrac{1}{2}\Delta t[\dot{r}_k + \dot{r}_{k+1}] + \tfrac{1}{12}\Delta t^2 M^{-1}K_s[r_{k+1} - r_k] + \tfrac{1}{12}\Delta t^2 M^{-1}[R_k - R_{k+1}] \tag{24.5.30}$$

$$\begin{aligned} \dot{r}_{k+1} &= \dot{r}_k + \tfrac{1}{2}\Delta t M^{-1}[R_{e|k} + R_{e|k+1}] + \tfrac{1}{12}\Delta t^2 M^{-1}K_s[\dot{r}_{k+1} - \dot{r}_k] + \\ &\quad + \tfrac{1}{2}\Delta t M^{-1}[R_k + R_{k+1}] + \tfrac{1}{12}\Delta t^2 M^{-1}[\dot{R}_k - \dot{R}_{k+1}] \end{aligned} \tag{24.5.31}$$

Wir fordern nun für den freien Schwinger ($R = o$, $W = 0$), daß die Schrankenregel (24.5.6) erfüllt sei. Dazu überprüfen wir zunächst den Algorithmus und multiplizieren (24.5.31) mit $[r_{k+1} - r_k]^t M$ vor

$$[r_{k+1} - r_k]^t M[\dot{r}_{k+1} - \dot{r}_k] = \tfrac{1}{2}\Delta t[r_{k+1} - r_k]^t[R_{e|k} + R_{e|k+1}] + \tfrac{1}{12}\Delta t^2[r_{k+1} - r_k]^t K_s[\dot{r}_{k+1} - \dot{r}_k] \tag{24.5.32}$$

Nun setzen wir auf der linken Seite für $\boldsymbol{r}_{k+1}-\boldsymbol{r}_k$ die Beziehung (24.5.30) ein. Es ergibt sich,wieder bei $\boldsymbol{R}=\boldsymbol{o}$ und unter Beachtung der Symmetrie von $\boldsymbol{K}_s$ und $\boldsymbol{M}^{-1}$,

$$\tfrac{1}{2}\Delta t\,[\dot{\boldsymbol{r}}_k+\dot{\boldsymbol{r}}_{k+1}]^t\boldsymbol{M}[\dot{\boldsymbol{r}}_{k+1}-\dot{\boldsymbol{r}}_k]+\tfrac{1}{12}\Delta t^2\,[\boldsymbol{r}_{k+1}-\boldsymbol{r}_k]^t\boldsymbol{K}_s[\dot{\boldsymbol{r}}_{k+1}-\dot{\boldsymbol{r}}_k]$$
$$=\tfrac{1}{2}\Delta t\,[\boldsymbol{r}_{k+1}-\boldsymbol{r}_k]^t[\boldsymbol{R}_{e|k}+\boldsymbol{R}_{e|k+1}]+\tfrac{1}{12}\Delta t^2\,[\boldsymbol{r}_{k+1}-\boldsymbol{r}_k]^t\boldsymbol{K}_s[\dot{\boldsymbol{r}}_{k+1}-\dot{\boldsymbol{r}}_k] \qquad (24.5.33)$$

Dies führt uns sofort zur Aussage

$$\Delta T=\tfrac{1}{2}\Delta\boldsymbol{r}^t[\boldsymbol{R}_{e|k}+\boldsymbol{R}_{e|k+1}] \qquad (24.5.34)$$

und damit zu der Schlußfolgerung, daß der unbedingt stabile kubisch hermitesche Algorithmus für lineare Probleme die Energieschrankenregel im Nichtlinearen verletzt. Gleichzeitig ersehen wir aber aus der kurzen Beweiskette, daß sich die Energieregel einhalten läßt, wenn

$$\tfrac{1}{2}[\boldsymbol{R}_{e|k}+\boldsymbol{R}_{e|k+1}]$$

ersetzt wird durch eine Durchschnittskraft $\overline{\boldsymbol{R}}_e$ dergestalt, daß

$$\Delta U=\Delta\boldsymbol{r}^t\boldsymbol{R}_e \qquad (24.5.35)$$

möglichst gut eingehalten wird. Dabei können wir hier genauso vorgehen wie im letzten Abschnitt bei Newmark. Der Grundalgorithmus lautet also in Abwandlung von (24.5.31), wobei (24.5.30) unverändert erhalten bleibt,

$$\dot{\boldsymbol{r}}_{k+1}=\dot{\boldsymbol{r}}_k+\Delta t\boldsymbol{M}^{-1}\overline{\boldsymbol{R}}_e+\tfrac{1}{12}\Delta t^2\boldsymbol{M}^{-1}\boldsymbol{K}_s[\boldsymbol{r}_{k+1}-\boldsymbol{r}_k]+\boldsymbol{M}^{-1}\overline{\boldsymbol{R}} \qquad (24.5.36)$$

und wobei interessanterweise $\overline{\boldsymbol{R}}$ bereits als höherrangige Approximation der Belastung im Zeitschritt mit (24.5.24) angegeben wurde. Wählt man für $\boldsymbol{R}_e$ einen quadratischen Ansatz (basierend auf $\boldsymbol{R}_{e|k}$, $\boldsymbol{K}_{t|k}$, $\boldsymbol{K}_{t|k+1}$) so erhält man den zugehörigen Durchschnittswert aus (24.5.22). Die zugehörige sekantielle Steifigkeit wäre durch

$$\boldsymbol{K}_s=\tfrac{1}{2}[\boldsymbol{K}_{t|k}+\boldsymbol{K}_{t|k+1}] \qquad (24.5.37)$$

gegeben. Man kann natürlich auch zu einer höherrangigen Approximation von $\boldsymbol{R}_e$ übergehen, z.B. auf der Basis von $\boldsymbol{R}_{e|k}$ und den ersten und zweiten Ableitungen an den Intervallenden in einem quartischen Ansatz. Wir demonstrieren dies der Einfachheit halber wieder an einem Beispiel mit einem Freiheitsgrad. Gegeben sei $R_{e|k}$ sowie $R'_{e|k}$, $R'_{e|k+1}$, $R''_{e|k}$, $R''_{e|k+1}$, wobei

$$R'_e=\frac{\mathrm{d}R_e}{\mathrm{d}r}=K_t \qquad (24.5.38)$$

und

$$R''_e=\frac{\mathrm{d}^2R_e}{\mathrm{d}r^2}=\frac{\mathrm{d}K_t}{\mathrm{d}r}=K'_t \qquad (24.5.39)$$

zu beachten ist. Der quartische Ansatz

$$R_e=c_0+c_1(r-r_k)+\tfrac{1}{2}c_2(r-r_k)^2+\tfrac{1}{3}c_3(r-r_k)^3+\tfrac{1}{4}c_4(r-r_k)^4 \qquad (24.5.40)$$

liefert uns sofort via Punktproben

$$c_0 = R_{e|k} \tag{24.5.41}$$

$$c_1 = K_{t|k} \tag{24.5.42}$$

$$c_2 = K'_{t|k} \tag{24.5.43}$$

und mit etwas mehr Mühe

$$c_3 = 3(K_{t|k+1} - K_{t|k}) / \Delta r^2 - (2K'_{t|k} + K'_{t|k+1}) / \Delta r \tag{24.5.44}$$

$$c_4 = -2(K_{t|k+1} - K_{t|k}) / \Delta r^3 - (K'_{t|k} + K'_{t|k+1}) / \Delta r^2 \tag{24.5.45}$$

wobei

$$\Delta r = r_{k+1} - r_k \tag{24.5.46}$$

ist. Nun läßt sich als erstes die sekantielle Steifigkeit angeben

$$\begin{aligned} K_s &= \frac{R_{e|k+1} - R_{e|k}}{\Delta r} = c_1 + \tfrac{1}{2}c_2\,\Delta r + \tfrac{1}{3}c_3\,\Delta r^2 + \tfrac{1}{4}c_4\,\Delta r^3 \\ &= \tfrac{1}{2}\left(K_{t|k} + K_{t|k+1}\right) + \tfrac{1}{12}\left(K'_{t|k} - K'_{t|k+1}\right)\Delta r \end{aligned} \tag{24.5.47}$$

Die Gestalt dieser Formel ist uns bereits aus (24.5.27) bekannt. Ferner liefert uns (24.5.18) die aus energetischer Sicht korrekte Durchschnittskraft $\bar{R}_e$

$$\begin{aligned} \bar{R}_e &= \frac{1}{\Delta r}\int_{r_k}^{r_{k+1}} R_e\,\mathrm{d}r \\ &= R_{e|k} + \left(\tfrac{7}{20}K_{t|k} + \tfrac{3}{20}K_{t|k+1}\right)\Delta r + \left(\tfrac{1}{20}K'_{t|k} - \tfrac{1}{30}K'_{t|k+1}\right)\Delta r^2 \end{aligned} \tag{24.5.48}$$

Die hier sich ergebenden Koeffizienten sind uns aus dem kubisch hermiteschen Ansatz (24.4.16) auch schon bekannt. Die Formeln (24.4.47) und (24.5.48) lassen sich auf den mehrdimensionalen Fall übertragen. Wir erhalten dann

$$\boldsymbol{K}_s = \tfrac{1}{2}\left[\boldsymbol{K}_{t|k} + \boldsymbol{K}_{t|k+1}\right] + \tfrac{1}{12}\sum_{j=1}^{n}\left[\boldsymbol{K}_{t,j|k} - \boldsymbol{K}_{t,j|k+1}\right]\Delta r_j \tag{24.5.49}$$

und

$$\bar{\boldsymbol{R}}_e = \boldsymbol{R}_{e|k} + \left[\tfrac{7}{20}\boldsymbol{K}_{t|k} + \tfrac{3}{20}\boldsymbol{K}_{t|k+1}\right]\Delta \boldsymbol{r} + \sum_{j=1}^{n}\left[\tfrac{1}{20}\boldsymbol{K}_{t,j|k} - \tfrac{1}{30}\boldsymbol{K}_{t,j|k+1}\right]\Delta r_j \tag{24.5.50}$$

Hier gibt z.B. $\boldsymbol{K}_{t,j|k}$ – wie schon mehrfach vorher erwähnt – die Kurzform der Ableitung von $\boldsymbol{K}_t$ nach r_j an der Stelle $\boldsymbol{r}_k$ wieder

$$\boldsymbol{K}_{t,j|k} = \left.\frac{\partial \boldsymbol{K}_t}{\partial r_j}\right|_{\boldsymbol{r}=\boldsymbol{r}_k} \tag{24.5.51}$$

Der Algorithmus mit $\boldsymbol{K}_s$ nach (24.5.49) und $\overline{\boldsymbol{R}}_e$ nach (24.5.50) wahrt die exakte Energiebilanz eines freien Schwingers, der ein Last-Verschiebungs-Verhalten bis zur 4. Ordnung in $\boldsymbol{r}$ aufweist bzw. eine elastische Formänderungsenergie bis 5. Ordnung in $\boldsymbol{r}$. Höherrangige Algorithmen sind denkbar, stoßen jedoch auf die Schwierigkeit, daß man dann auch höherrangige Ableitungen der tangentialen Steifigkeit benötigt; siehe z.B. [24.47], in der eine ausführliche Diskussion des unbedingt stabilen quintischen Algorithmus gegeben wird.

24.5.4 Einige Bemerkungen zur Implementierung des modifizierten unbedingt stabilen kubisch hermiteschen Algorithmus; Anwendungsbeispiele und einige alternative Verfahren

Der durch (24.5.30) und (24.5.36) sowie beispielsweise durch (24.5.49) und (24.5.50) beschriebene Algorithmus wird nur dann mit dem bedingt stabilen Verfahren des Abschnitts 24.4.3 wettbewerbsfähig sein, falls er wirklich mit großer Schrittweite benutzt werden kann. Da $\boldsymbol{K}_s$ und $\overline{\boldsymbol{R}}_e$ von r_{k+1} abhängen, ist die Lösung im Zeitschritt iterativ, und zwar in dem Sinne, daß $\boldsymbol{K}_s$ und $\boldsymbol{R}_e$ mehrmals neu aufgestellt werden müssen. Für jedes aufgestellte $\boldsymbol{K}_s$ und $\boldsymbol{R}_e$ müssen die Vektoren $\boldsymbol{r}$ und $\dot{\boldsymbol{r}}$ mittels eines direkten Lösungsverfahrens berechnet werden. Die Methode ist also analog zum unbedingt stabilen Verfahren im linearen Fall, allerdings mit der Maßgabe, daß die Matrizen $\boldsymbol{D}_1$ (s. (23.4.43)) und $\boldsymbol{D}_0$ (s. (23.4.44)) nun nicht länger von r_k und r_{k+1} unabhängig sind.

Die Lösung mit einem großen Zeitschritt entspricht weitgehend dem Problem in der nichtlinearen Statik, die Lösung in direkter Iteration ohne Inkrementierung zu finden. Wo Probleme vorliegen, deren Lösung eine Inkrementierung erfordert, dort ist auch die Technik der großen Zeitschritte wenig vielversprechend. Aus einer Reihe von Beispielen hat sich als Faustregel herausgebildet: Man erhält ohne besondere Vorsichtsmaßnahmen Konvergenz, wenn der Zeitschritt nicht größer ist als ein Viertel der Periode des Bewegungsanteils mit maximaler Amplitude. Der so festgelegte Zeitschritt ist natürlich nicht üppig, gemessen an den Möglichkeiten im linearen Anwendungsbereich. Die aktive Teilnahme hoher Frequenzen an der nichtlinearen Bewegung würde die Anwendung des ‚unbedingt' stabilen Verfahrens ausschließen. Als ein simples Zusatzmittel zur Stabilisierung hat sich die Mittelung zweier aufeinanderfolgenden Iterierten herausgestellt. Solchen Tricks ist jedoch eine Grenze gezogen, da die Programmierung des Verfahrens ohnehin recht aufwendig ist und weitere Operationen die Wirtschaftlichkeit in Frage stellen.

Wir haben bereits mit dem bedingt stabilen kubisch hermiteschen Algorithmus das ebene Seilnetz aus Abb. 24.4.10 und Abb. 24.4.11 behandelt. Dieses Beispiel greifen wir in Abb. 24.5.2 erneut auf. Verglichen wird die genaue, mit einem Zeitschritt von nur $\Delta t = 0.0005\,$s mit den bedingt stabilen Verfahren berechnete Kurve mit dem Resultat des modifizierten Algorithmus bei einem Zeitschritt $\Delta t = 0.01\,$s. Bei größeren Schrittweiten konvergiert das Verfahren nicht mehr. Der Zeitschritt entspricht dem Fünffachen des Grenzzeitschritts beim bedingt stabilen Verfahren.

In Abb. 24.5.3 wenden wir erneut den bedingt stabilen und den ‚unbedingt' stabilen kubisch hermiteschen Algorithmus an, und zwar auf einen simplen Schwinger mit kubischer Steifigkeit. Dieser weist keine Dämpfung auf, wird statisch ausgelenkt und dann

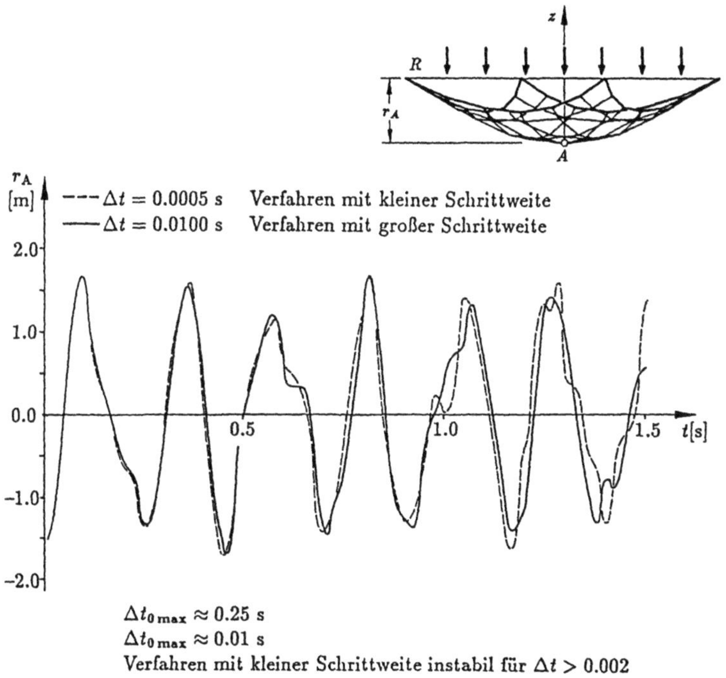

Abb. 24.5.2 Kubisch hermitescher Algorithmus bei kleiner und – in modifizierter Form – bei großer Schrittweite

losgelassen. Nach der Zeit T_0 (= nichtlineare Periode aus genauer Rechnung) erreicht der Schwinger wieder die Ausgangsposition. Abb. 24.5.3 zeigt den Fehler in der maximalen Auslenkung und in der Periode bei verschieden feiner Einteilung der Zeit T_0, also effektiv über abnehmendem Zeitschritt. Der modifizierte kubisch hermitesche Algorithmus liefert durchweg bessere Resultate und funktioniert auch unterhalb der Grenzschrittzahl der bedingt stabilen Variante.

Zum Schluß wollen wir noch einige alternative energiekonservierende Verfahren erwähnen. Der Algorithmus von Haug, de Rouvray und Nguyen [24.32] arbeitet mit einer kubischen Interpolation der Beschleunigungen und konserviert die Energie bis zur 5. Ordnung in den Verschiebungen. Er ist etwas aufwendiger zu programmieren als der modifizierte kubisch hermitesche Algorithmus, insbesondere, wenn zur Lösung im Schritt die Newton-Raphson oder die BFGS-Technik verwendet wird.

Das Verfahren von Hughes, Caughy und Lin [24.33] erreicht die Energiekonservierung mit Hilfe der Lagrangeschen Multiplikator-Technik. Die Lösung im Schritt kann dabei iterativ erfolgen. Hughes weist in [24.34] darauf hin, daß die verwendete Technik als ein allgemeines Heilmittel zur Stabilisierung transienter Verfahren angesehen werden kann.

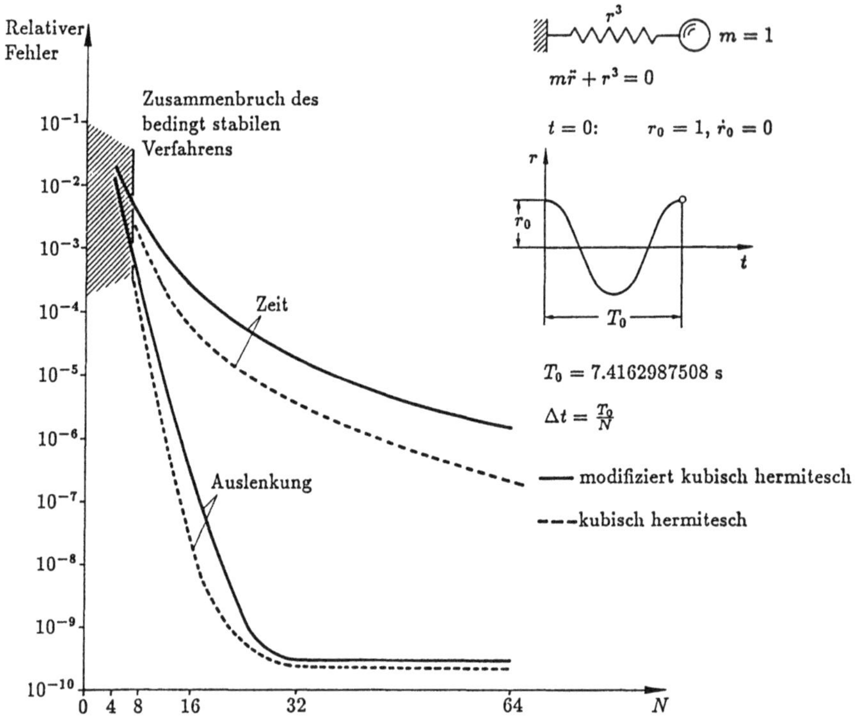

Abb. 24.5.3 Einfacher Schwinger mit kubischer Steifigkeit: freie Bewegung mit dem bedingt stabilen kubisch hermiteschen und dem modifizierten Verfahren für große Zeitschritte

24.6 Die Behandlung verschiebungsabhängiger Kräfte

24.6.1 Einführung und Übersicht

Die Standardbelastung der Statik und Dynamik von Tragwerken und in anderen Gebieten der angewandten Mechanik besteht aus Kräften, die nicht von der Bewegung, also den Auslenkungen und Geschwindigkeiten, abhängen. In diesem Falle ist der Belastungsvektor $\boldsymbol{R}(t)$ zu jedem Zeitpunkt t bekannt und vorgegeben. Auf der anderen Seite gibt es in der Natur Kräfte, die von der Bewegung abhängen. Da aber Verschiebungen und Geschwindigkeiten *a priori* nicht bekannt sind und erst berechnet werden sollen, kennen wir auch die Lasten *a priori* nicht. Ferner wird bei einem Lastinkrement – ausgehend von einem bekannten Gleichgewichtszustand – die Änderung der Last mit den Verschiebungen und Geschwindigkeiten zu berücksichtigen sein. Dies aber führt zu Kraftkorrekturmatrizen, die in das System des inkrementellen dynamischen Gleichgewichts einzubeziehen sind. Beispiele für solche verschiebungsabhängige Lasten (geschwindigkeitsabhängige siehe Abschnitt 24.7 und Kapitel 26) sind Zentrifugalkräfte und Drucklasten.

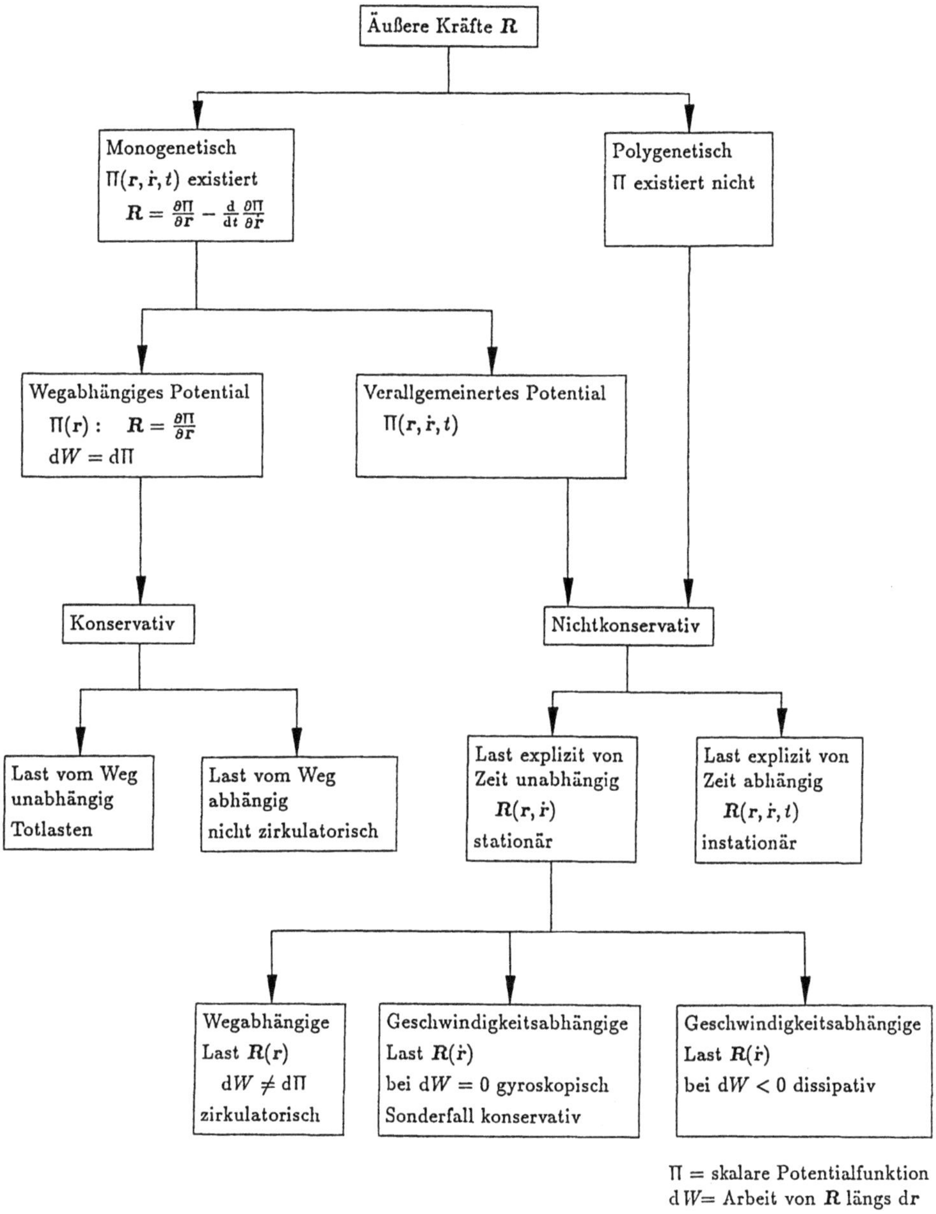

Abb. 24.6.1 Klassische Einteilung der äußeren Kräfte in der Mechanik

Ehe wir uns diesem Bereich konzentrierter zuwenden, wollen wir noch einen Blick auf die klassische Mechanik werfen und uns kurz in das Gedächtnis zurückrufen, welche Begriffe zur Klassifizierung der Belastung dort (etwa bei Ziegler [24.35]) verwendet werden. Die eine Einteilung der Kräfte (Abb. 24.6.1) fußt auf der Betrachtungsweise der Variationsrechnung in der Mechanik, auf die wir in diesem Werk weitgehend verzichtet haben. Lassen sich die Kräfte, die auf ein mechanisches System einwirken, aus einer skalaren sogenannten Potentialfunktion Π ableiten, so sprechen wir von monogenetischen Kräften. Ist dies nicht der Fall, so liegen polygenetische Kräfte vor. Eine zweite Einteilung der Kräfte geht von der Arbeitsleistung W der äußeren Belastung aus. Ist die Arbeit W bei jeder zulässigen Verschiebung unabhängig vom Pfad und hängt damit nur vom Anfangs- und Endzustand des Systems ab, so sprechen wir von konservativen Kräften, im anderen Fall von nichtkonservativen Lasten. Diese Einteilung kommt unserer Ingenieurphilosophie schon eher entgegen.

Wie wir aus Abb. 24.6.1 ersehen, greifen beide Einteilungen der äußeren Kräfte ineinander, monogenetische Kräfte können durchaus nichtkonservativ sein. So wären alle Lasten, die explizit von der Zeit abhängen, instationär und nichtkonservativ. Das betrifft praktisch alle bisher in Band III behandelten Erregungskräfte. Diese Eingruppierung bleibt aber für den Ablauf der numerischen Rechnung ohne Konsequenzen, wenn keine Abhängigkeit vom Weg oder der Geschwindigkeit vorliegt. Auf der anderen Seite weisen die geschwindigkeitsabhängigen Kräfte, die normalerweise nichtkonservativ sind, den Sonderfall der konservativen gyroskopischen Kräfte auf. Da bei diesen Kräften $dW = 0$ gilt, ist eben dW gerade vom Weg unabhängig. Zu diesen Lasten zählen die Corioliskräfte, die wir im nächsten Abschnitt kurz besprechen, die Lorentzkräfte und gyroskopische Momente. Obwohl diese Kräfte einen Randfall der konservativen Lasten darstellen, benötigt man zu ihrer korrekten Erfassung Kraftkorrekturmatrizen. Geschwindigkeitsabhängige Lasten können aber durchaus nichtkonservativ sein, wie bei Reibungseffekten in Flüssigkeiten und Gasen.

Angesichts dieser verwirrenden Vielfalt von Definitionen erscheint es uns die einfachste Lösung zu sein, die äußeren Lasten danach einzuteilen, ob besondere Maßnahmen, wie Kraftkorrekturmatrizen, erforderlich sind oder nicht. In diesem Abschnitt beschränken wir uns auf rein wegabhängige Lasten. Diese können u.U. auch nichtzirkulatorisch, und damit konservativ, sein. In diesem Falle erhalten wir symmetrische Kraftkorrekturmatrizen. Als Beispiel wären Zentrifugalfeldkräfte zu nennen. Unser Hauptaugenmerk aber gilt den nichtkonservativen zirkulatorischen Lasten, die zu unsymmetrischen Kraftkorrekturmatrizen führen. Beispiele dafür sind Folgelasten und -momente und Druckkräfte.

Als erste Einführung zu den verschiebungsabhängigen Kräften wollen wir einige einfache Beispiele aus der Statik behandeln. In Abb. 24.6.2 wird ein einfaches Stabelement, das radial zur Drehachse liegt, in einem mitdrehenden Koordinatensystem betrachtet. Die

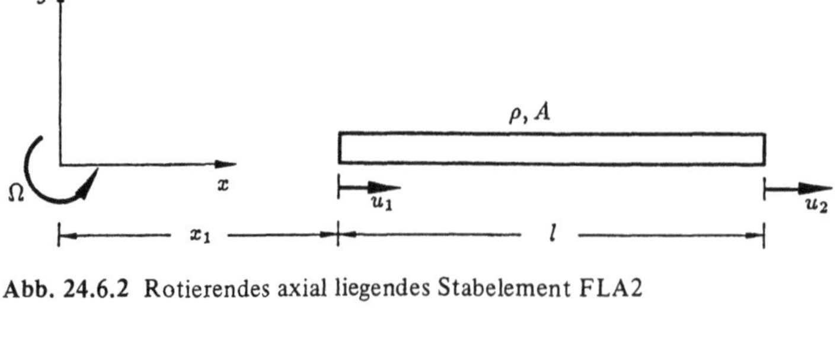

Abb. 24.6.2 Rotierendes axial liegendes Stabelement FLA2

Drehgeschwindigkeit beträgt Ω. Das Element sei gleichmäßig mit Masse belegt (ρ = Massendichte, A = Querschnittsfläche). Es wird durch verteilte Zentrifugalkräfte belastet. Ein infinitesimales Stück des FLA2-Elements der Länge dx erfährt die in x-Richtung zeigende infinitesimale Massenkraft

$$\mathrm{d}U = \rho A \,\mathrm{d}x\, \Omega^2 x \tag{24.6.1}$$

woraus sich als Kraft pro Volumen

$$p_{Vx} = \frac{\mathrm{d}U}{A\,\mathrm{d}x} = \rho \Omega^2 x \tag{24.6.2}$$

ergibt. Darin gibt x die aktuelle Position des Stückes dx an. Diese aktuelle Position ist durch die Ausgangslage ${}^0x$ – etwa bei Drehzahl Null – und die Verschiebung u festgelegt

$$x = {}^0x + u \tag{24.6.3}$$

Wenn wir nun wie üblich aus den verteilten Lasten kinematisch äquivalente Knotenkräfte berechnen

$$\begin{aligned} \mathbf{P}_e &= \int_V \boldsymbol{\omega}^{\mathrm{t}} \boldsymbol{p}_V \,\mathrm{d}V \\ &= \int_V \boldsymbol{\omega}_x^{\mathrm{t}} \rho \Omega^2 ({}^0x + u) A \,\mathrm{d}x \end{aligned} \tag{24.6.4}$$

und hier vereinfacht als Interpolation für die Verschiebungen

$$\begin{aligned} u &= \boldsymbol{\omega}_x \boldsymbol{\rho} \\ &= \left[\left(1 - \frac{x - x_1}{l}\right) \quad \frac{x - x_1}{l} \right] \{u_1 \quad u_2\} \end{aligned} \tag{24.6.5}$$

ansetzen, so ergibt (24.6.4)

$$\mathbf{P}_e = \int_V \rho A \Omega^2 ({}^0x) \boldsymbol{\omega}_x^{\mathrm{t}} \,\mathrm{d}x + \int_V \rho A \Omega^2 \boldsymbol{\omega}_x^{\mathrm{t}} \boldsymbol{\omega}_x \,\mathrm{d}x \boldsymbol{\rho} \tag{24.6.6}$$

Der erste Term liefert den traditionellen Vektor der kinematisch äquivalenten Knotenkräfte auf der Basis der Bezugslage. Er geht in die Rechthandseite des Problems, also in die bekannte Belastung, ein. Der zweite Term ist jedoch verschiebungsabhängig, also unbekannt. Die Matrix

$$\mathbf{z} = \int_V \rho A \Omega^2 \boldsymbol{\omega}_x^{\mathrm{t}} \boldsymbol{\omega}_x \,\mathrm{d}x \tag{24.6.7}$$

ist eine Kraftkorrekturmatrix und wird formal behandelt wie eine Steifigkeit. Sie wird deshalb auch Zentrifugalsteifigkeit genannt. Sie trägt dem Effekt Rechnung, daß sich die Belastung ändert, wenn Lageänderungen der Massenpunkte auftreten. Diese Kraftkorrekturmatrix wird beim Berechnungsablauf zwangsläufig zur Steifigkeit geschlagen, verändert also die traditionellen Systemkoeffizienten der Steifigkeit. Würde man sie weglassen, so wäre die korrekte tangentiale Richtung dieses Problems mehr oder weniger verfälscht, was zu einem erhöhten iterativen Lösungsaufwand, aber auch zu völlig falschen Ergebnissen, etwa bei Instabilitätsproblemen, führen kann. Offensichtlich hängt die Arbeit der Zentrifugalkräfte nicht vom Weg, sondern nur von der Endposition ab. Sie sind also konservativ. Damit verknüpft ist auch die offensichtliche Symmetrie der Matrix $\boldsymbol{z}$, die ja einen Spezialfall von (15.3.19) darstellt. Wir erhalten hier

$$\boldsymbol{z} = \frac{m\Omega^2}{6}\begin{bmatrix} 2 & 1 \\ 1 & 2 \end{bmatrix} \tag{24.6.8}$$

wobei

$$m = \rho A l \tag{24.6.9}$$

die Gesamtmasse des Elements angibt. Die allgemeine Formel für ein beliebiges finites Element bei gleichförmiger Drehung ist durch

$$\boldsymbol{z}_{\mathrm{g}} = m\Omega^2 \frac{1}{V_{\mathrm{g}}} \int_{V_{\mathrm{g}}} \boldsymbol{\omega}^{\mathrm{t}} \left[\boldsymbol{I}_3 - \boldsymbol{e}_\Omega \boldsymbol{e}_\Omega^{\mathrm{t}} \right] \boldsymbol{\omega} \, \mathrm{d}V \tag{24.6.10}$$

gegeben, wobei $\boldsymbol{e}_\Omega$ einen Einheitsvektor in Richtung der Drehachse darstellt.

Wir wollen zur Einstimmung noch ein anderes einfaches Beispiel betrachten, das ebenfalls noch im Bereich der reinen Statik liegt. Es handelt sich um einen Kragbalken unter einer Querkraft, welche stets normal zum Balken stehen soll (Folgelast, Abb. 24.6.3). Man kann dieses Modell als stark vereinfachtes Beispiel für eine Druckbelastung ansehen. Für ein bestimmtes Lastniveau P wird der Vektor der Knotenlasten hier

$$\boldsymbol{R} = P\{-\sin\psi_1 \quad \cos\psi_1 \quad 0\} \tag{24.6.11}$$

d.h. die Verschiebungen gehen nichtlinear in diese Beziehung ein. Erhöht man nun im Sinne einer inkrementellen Berechnung das Lastniveau von P auf $P + \Delta P$ mit der Konsequenz, daß auch ψ_1 auf $\psi_1 + \Delta\psi_1$ ansteigt, so ergibt sich am Ende des inkrementellen Lastschritts

$$\boldsymbol{R} + \Delta\boldsymbol{R} = (P + \Delta P)\{-\sin(\psi_1 + \Delta\psi_1) \quad \cos(\psi_1 + \Delta\psi_1) \quad 0\} \tag{24.6.12}$$

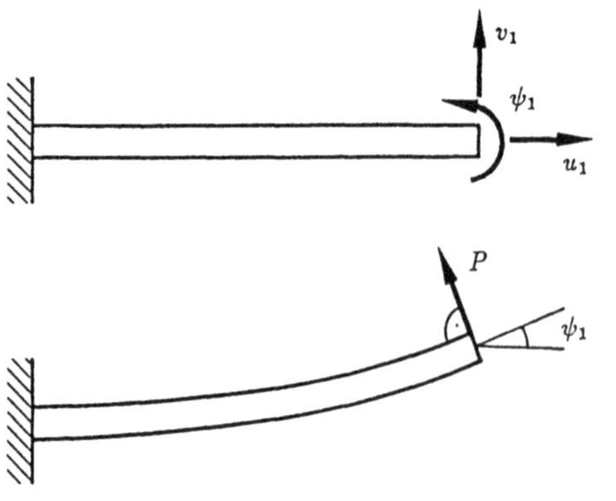

Abb. 24.6.3
Kragbalken unter „folgender“ Querkraft

Die Differenzenbildung zu (24.6.11) liefert, zusammen mit einer Linearisierung, einfach

$$\Delta\boldsymbol{R} = \Delta P\{-\sin\psi_1 \quad \cos\psi_1 \quad 0\} + P\begin{bmatrix} 0 & 0 & -\cos\psi_1 \\ 0 & 0 & -\sin\psi_1 \\ 0 & 0 & 0 \end{bmatrix}\begin{bmatrix} u_1 \\ v_1 \\ \psi_1 \end{bmatrix} \tag{24.6.13}$$

Der inkrementelle Lastvektor besteht aus einem Term konventioneller Art, der als bekannte Rechthandseite in die Berechnung eingeht. Das zweite Glied beinhaltet jedoch eine Kraftkorrekturmatrix, die die Änderung der Kraftrichtung im inkrementellen Schritt erfaßt. Diese Kraftkorrekturmatrix, die wieder eine Pseudosteifigkeit darstellt, ist nun leider nicht mehr symmetrisch. Die Belastung ist dementsprechend hier nichtkonservativ, d.h. die äußere Arbeit hängt vom Weg ab. Dies ist natürlich schon in der Statik sehr unbequem, da die gängigsten und schnellsten Lösungsverfahren die Symmetrie der Steifigkeitsmatrix voraussetzen. Es fehlt deshalb nicht an Versuchen, ohne solche Kraftkorrekturen zu arbeiten bzw. die Beiträge zu symmetrisieren. Damit tritt natürlich wieder eine Verfälschung der tangentialen Richtung ein, was mehr oder weniger große negative Konsequenzen bei der Berechnung hat.

24.6.2 Allgemeine FEM-Formulierung verschiebungsabhängiger Lasten

Wir nehmen an, daß drei Typen verschiebungsabhängiger Lasten vorliegen: Oberflächenkräfte $\boldsymbol{p}_S$, Volumenkräfte $\boldsymbol{p}_V$ und diskrete Lasten $\boldsymbol{U}_\mathrm{i} = \{U \quad V \quad W\}_\mathrm{i}$ an den Positionen $\boldsymbol{x}_\mathrm{i}$ des Tragwerks. Jede dieser Kraftgruppen wird dargestellt als Produkt eines Belastungsfaktors (λ_S, λ_V, λ_i) mit entsprechenden, vom Ort $\boldsymbol{x}$ und den Verschiebungen $\boldsymbol{u}$ abhängigen Vektorfunktionalen $\boldsymbol{f}_S$, $\boldsymbol{f}_V$ und $\boldsymbol{f}_\mathrm{i}$

$$\boldsymbol{p}_S = \lambda_S \boldsymbol{f}_S(\boldsymbol{x}, \boldsymbol{u}(\boldsymbol{x})) \tag{24.6.14}$$

$$\boldsymbol{p}_V = \lambda_V \boldsymbol{f}_V(\boldsymbol{x}, \boldsymbol{u}(\boldsymbol{x})) \tag{24.6.15}$$

$$\boldsymbol{U}_\mathrm{i} = \lambda_\mathrm{i} \boldsymbol{f}_\mathrm{i}(\boldsymbol{u}(\boldsymbol{x}_\mathrm{i})) \tag{24.6.16}$$

Mit Hilfe des Verschiebungsansatzes im finiten Element

$$\boldsymbol{u}(\boldsymbol{x}) = \boldsymbol{\omega}(\boldsymbol{x})\boldsymbol{\rho} \tag{24.6.17}$$

der bekanntlich auch bei großen Verschiebungen und Dehnungen formulierbar ist, lassen sich die äquivalenten Knotenlasten so einfach wie im linearen Fall anschreiben

$$\mathbf{P}_e = \lambda_S \int_S \boldsymbol{\omega}^\mathrm{t} \boldsymbol{f}_S \,\mathrm{d}S + \lambda_V \int_V \boldsymbol{\omega}^\mathrm{t} \boldsymbol{f}_V \,\mathrm{d}V + \sum_{\mathrm{i}=1}^{\mathrm{k}} \lambda_\mathrm{i} \boldsymbol{\omega}^\mathrm{t}(\boldsymbol{x}_\mathrm{i}) \boldsymbol{f}_\mathrm{i} \tag{24.6.18}$$

Im nichtlinearen Fall und bei großen Deformationen ist lediglich zu beachten, daß die Integration über die aktuelle Geometrie auszuführen ist. Ferner ist anzumerken, daß $\mathbf{P}_e$ im allgemeinen eine hochgradig nichtlineare Funktion der Elementverschiebungen $\boldsymbol{\rho}$ ist. Die aktuellen Verschiebungen $\boldsymbol{\rho}$ werden natürlich in (24.6.18) als bekannt vorausgesetzt. Die Beziehung (24.6.18) bildet also die Grundlage für die Gleichgewichtsiteration in nichtlinearen Berechnungen. Um die inkrementelle Rechnung vorzubereiten, benötigen wir die zu (24.6.18) gehörende inkrementelle Formulierung. Änderungen der äquivalenten Elementknotenkräfte $\mathrm{d}\mathbf{P}_e$ sind bedingt durch Änderungen der Lastfaktoren $\mathrm{d}\lambda_S$, $\mathrm{d}\lambda_V$, $\mathrm{d}\lambda_\mathrm{i}$ und der Knotenverschiebungen $\mathrm{d}\boldsymbol{\rho}$, dementsprechend erhalten wir hier

$$\mathrm{d}\mathbf{P}_e = \mathrm{d}\lambda_S \int_S \boldsymbol{\omega}^\mathrm{t} \boldsymbol{f}_S \,\mathrm{d}S + \mathrm{d}\lambda_V \int_V \boldsymbol{\omega}^\mathrm{t} \boldsymbol{f}_V \,\mathrm{d}V + \sum_{\mathrm{i}=1}^{\mathrm{k}} \mathrm{d}\lambda_\mathrm{i} \boldsymbol{\omega}^\mathrm{t}(\boldsymbol{x}_\mathrm{i}) \boldsymbol{f}_\mathrm{i} +$$
$$+ \left[\lambda_S \int_S \boldsymbol{\omega}^\mathrm{t} \frac{\partial \boldsymbol{f}_S}{\partial \boldsymbol{\rho}} \mathrm{d}S + \lambda_V \int_V \boldsymbol{\omega}^\mathrm{t} \frac{\partial \boldsymbol{f}_V}{\partial \boldsymbol{\rho}} \mathrm{d}V + \sum_{\mathrm{i}=1}^{\mathrm{k}} \lambda_\mathrm{i} \boldsymbol{\omega}^\mathrm{t}(\boldsymbol{x}_\mathrm{i}) \frac{\partial \boldsymbol{f}_\mathrm{i}}{\partial \boldsymbol{\rho}} \right] \mathrm{d}\boldsymbol{\rho} \tag{24.6.19}$$

Diese Formel ist analog zu unserem einführenden Beispiel in (24.6.13) aufgebaut. Der erste Teil stellt ein bekanntes Lastinkrement dar, das wie normale Lasten in die Rechthandseite eingeht. Der zweite Teil enthält die quadratische (aber im allgemeinen nichtsymmetrische!) Kraftkorrekturmatrix

$$\boldsymbol{k}_R = \lambda_S \int_S \boldsymbol{\omega}^\mathrm{t} \frac{\partial \boldsymbol{f}_S}{\partial \boldsymbol{\rho}} \mathrm{d}S + \lambda_V \int_V \boldsymbol{\omega}^\mathrm{t} \frac{\partial \boldsymbol{f}_V}{\partial \boldsymbol{\rho}} \mathrm{d}V + \sum_{\mathrm{i}=1}^{\mathrm{k}} \lambda_\mathrm{i} \boldsymbol{\omega}^\mathrm{t}(\boldsymbol{x}_\mathrm{i}) \frac{\partial \boldsymbol{f}_\mathrm{i}}{\partial \boldsymbol{\rho}} \tag{24.6.20}$$

Die Elementkraftkorrektur $\boldsymbol{k}_R$ wird im allgemeinen eine nichtlineare Funktion der Elementverschiebungen $\boldsymbol{\rho}$ sein, und sie hängt natürlich von der vorhergehenden Belastung ab, ausgedrückt durch die Lastfaktoren λ_S, λ_V und λ_i. Wenn wir (24.6.19) und (24.6.20) in das inkrementelle dynamische Gleichgewicht einführen, so ergibt sich

$$\boldsymbol{M}\mathrm{d}\ddot{\boldsymbol{r}} + \boldsymbol{C}\mathrm{d}\dot{\boldsymbol{r}} + [\boldsymbol{K}_E + \boldsymbol{K}_G]\mathrm{d}\boldsymbol{r} = \mathrm{d}\boldsymbol{R}_{e\lambda} + \mathrm{d}\boldsymbol{R}_{eu} \tag{24.6.21}$$

wobei

$$\mathrm{d}\boldsymbol{R}_{e\lambda} = \mathrm{a}^\mathrm{t}\mathrm{d}\mathbf{P}_{e\lambda}$$
$$= \mathrm{a}^\mathrm{t}\left[\mathrm{d}\lambda_S \int_S \boldsymbol{\omega}^\mathrm{t} \boldsymbol{f}_S \,\mathrm{d}S + \mathrm{d}\lambda_V \int_V \boldsymbol{\omega}^\mathrm{t} \boldsymbol{f}_V \,\mathrm{d}V + \sum_{\mathrm{i}=1}^{\mathrm{k}} \mathrm{d}\lambda_\mathrm{i} \boldsymbol{\omega}^\mathrm{t}(\boldsymbol{x}_\mathrm{i}) \boldsymbol{f}_\mathrm{i} \right] \tag{24.6.22}$$

dem im inkrementellen Schritt bekannten Lastanteil entspricht und

$$\mathrm{d}\boldsymbol{R}_{eu} = \mathrm{a}^\mathrm{t}\mathrm{d}\mathbf{P}_{eu}$$
$$= \mathrm{a}^\mathrm{t}\boldsymbol{k}_R\,\mathrm{d}\boldsymbol{\rho} = \mathrm{a}^\mathrm{t}\boldsymbol{k}_R\,\mathrm{a}\mathrm{d}\boldsymbol{r}$$
$$= \boldsymbol{K}_R\,\mathrm{d}\boldsymbol{r} \tag{24.6.23}$$

dem linearisierten verschiebungsabhängigen Anteil. Dabei ist $\boldsymbol{K}_R$ die Kraftkorrekturmatrix auf Strukturebene. Mit ihr läßt sich bei verschiebungsabhängigen Lasten eine modifizierte tangentiale Steifigkeit bilden, in dem das Glied $\mathrm{d}\boldsymbol{R}_{eu}$ in (24.6.21) auf die linke Seite wandert

$$\boldsymbol{K}_t = \boldsymbol{K}_E + \boldsymbol{K}_G - \boldsymbol{K}_R \tag{24.6.24}$$

Damit haben wir formal die gleiche Gestalt des inkrementellen Gleichgewichts wie bei Totlasten

$$\boldsymbol{M}\mathrm{d}\ddot{\boldsymbol{r}} + \boldsymbol{C}\mathrm{d}\dot{\boldsymbol{r}} + \boldsymbol{K}_t\,\mathrm{d}\boldsymbol{r} = \mathrm{d}\boldsymbol{R}_{e\lambda} \tag{24.6.25}$$

Wir wollen diesen Abschnitt nicht verlassen, ohne noch kurz auf die natürliche Formulierung einzugehen, die uns schon des öfteren gute Dienste geleistet hat, sei es nun für eine kompakte, elegante Formulierung oder einen wertvollen physikalischen Einblick.

Wir hatten im Rahmen des Kapitels 13 gesehen, daß sich auch auf dem nichtlinearen Sektor die kartesischen Verschiebungen $\boldsymbol{\rho}$ in den linear transformierten natürlichen bzw. verallgemeinerten Verschiebungen $\tilde{\boldsymbol{\rho}}'$ ausdrücken lassen, und umgekehrt,

$$\boldsymbol{\rho} = \boldsymbol{A}_e\tilde{\boldsymbol{\rho}}' \tag{24.6.26}$$

$$\tilde{\boldsymbol{\rho}}' = \boldsymbol{a}_e\boldsymbol{\rho} \tag{24.6.27}$$

Dementsprechend ist

$$\tilde{\boldsymbol{\rho}}' = \{\tilde{\boldsymbol{\rho}}_0 \quad \tilde{\boldsymbol{\rho}}_N\} \tag{24.6.28}$$

so gewählt, daß $\tilde{\boldsymbol{\rho}}_0$ als Approximation 1. Ordnung ($\mathrm{d}\tilde{\boldsymbol{\rho}}_0$) die starren Bewegungsanteile ($\mathrm{d}\boldsymbol{\rho}_0$) und $\tilde{\boldsymbol{\rho}}_N$ die elastischen enthält ($\mathrm{d}\tilde{\boldsymbol{\rho}}_N = \mathrm{d}\boldsymbol{\rho}_N$). Wenn wir von den generalisierten Kräften $\tilde{\mathbf{P}}_e$ ausgehen, die jederzeit aus $\mathbf{P}_e$ berechnet werden können, und umgekehrt,

$$\tilde{\mathbf{P}}_e = \boldsymbol{A}_e^{\mathrm{t}}\mathbf{P}_e \tag{24.6.29}$$

$$\mathbf{P}_e = \boldsymbol{a}_e^{\mathrm{t}}\tilde{\mathbf{P}}_e \tag{24.6.30}$$

so kann man natürlich bei der Inkrementbildung auch nach den generalisierten Verschiebungen $\tilde{\boldsymbol{\rho}}'$ differenzieren. Unter Beachtung der zu $\tilde{\boldsymbol{\rho}}'$ gehörenden Modalformen

$$\tilde{\boldsymbol{\omega}} = [\tilde{\boldsymbol{\omega}}_0 \quad \tilde{\boldsymbol{\omega}}_N] = \boldsymbol{\omega}\boldsymbol{A}_e \tag{24.6.31}$$

erhalten wir so alternativ zu (24.6.19)

$$\mathrm{d}\tilde{\mathbf{P}}_e = \mathrm{d}\tilde{\mathbf{P}}_{e\lambda} + \mathrm{d}\tilde{\mathbf{P}}_{eu} \tag{24.6.32}$$

mit dem im Schritt konstanten Lastinkrement

$$\mathrm{d}\tilde{\mathbf{P}}_{e\lambda} = \mathrm{d}\lambda_S\int_S\begin{bmatrix}\tilde{\boldsymbol{\omega}}_0^{\mathrm{t}}\\ \tilde{\boldsymbol{\omega}}_N^{\mathrm{t}}\end{bmatrix}\boldsymbol{f}_S\,\mathrm{d}S + \mathrm{d}\lambda_V\int_V\begin{bmatrix}\tilde{\boldsymbol{\omega}}_0^{\mathrm{t}}\\ \tilde{\boldsymbol{\omega}}_N^{\mathrm{t}}\end{bmatrix}\boldsymbol{f}_V\,\mathrm{d}V + \sum_{\mathrm{i}=1}^{\mathrm{k}}\mathrm{d}\lambda_{\mathrm{i}}\begin{bmatrix}\tilde{\boldsymbol{\omega}}_0^{\mathrm{t}}(\boldsymbol{x}_{\mathrm{i}})\\ \tilde{\boldsymbol{\omega}}_N^{\mathrm{t}}(\boldsymbol{x}_{\mathrm{i}})\end{bmatrix}\boldsymbol{f}_{\mathrm{i}} \tag{24.6.33}$$

sowie dem Linearanteil

$$\mathrm{d}\tilde{\mathbf{P}}_{eu} = \tilde{\boldsymbol{k}}_R\,\mathrm{d}\tilde{\boldsymbol{\rho}} = \begin{bmatrix}\tilde{\boldsymbol{k}}_{00} & \tilde{\boldsymbol{k}}_{0N}\\ \tilde{\boldsymbol{k}}_{N0} & \tilde{\boldsymbol{k}}_{NN}\end{bmatrix}_R\begin{bmatrix}\mathrm{d}\tilde{\boldsymbol{\rho}}_0\\ \mathrm{d}\tilde{\boldsymbol{\rho}}_N\end{bmatrix} \tag{24.6.34}$$

wobei

$$\begin{bmatrix} \tilde{k}_{00} \\ \tilde{k}_{N0} \end{bmatrix}_R = \lambda_S \int_S \begin{bmatrix} \tilde{\omega}_0^t \\ \tilde{\omega}_N^t \end{bmatrix} \frac{\partial f_S}{\partial \tilde{p}_0} \mathrm{d}S + \lambda_V \int_V \begin{bmatrix} \tilde{\omega}_0^t \\ \tilde{\omega}_N^t \end{bmatrix} \frac{\partial f_V}{\partial \tilde{p}_0} \mathrm{d}V + \sum_{i=1}^{k} \lambda_i \begin{bmatrix} \tilde{\omega}_0^t(x_i) \\ \tilde{\omega}_N^t(x_i) \end{bmatrix} \frac{\partial f_i}{\partial \tilde{p}_0} \tag{24.6.35}$$

und

$$\begin{bmatrix} \tilde{k}_{0N} \\ \tilde{k}_{NN} \end{bmatrix}_R = \lambda_S \int_S \begin{bmatrix} \tilde{\omega}_0^t \\ \tilde{\omega}_N^t \end{bmatrix} \frac{\partial f_S}{\partial \tilde{p}_N} \mathrm{d}S + \lambda_V \int_V \begin{bmatrix} \tilde{\omega}_0^t \\ \tilde{\omega}_N^t \end{bmatrix} \frac{\partial f_V}{\partial \tilde{p}_N} \mathrm{d}V + \sum_{i=1}^{k} \lambda_i \begin{bmatrix} \tilde{\omega}_0^t(x_i) \\ \tilde{\omega}_N^t(x_i) \end{bmatrix} \frac{\partial f_i}{\partial \tilde{p}_N} \tag{24.6.36}$$

wird. Diese Darstellung wird im nächsten Abschnitt zur Aufstellung von Kraftkorrekturmatrizen beim Balken benützt werden, wobei dort noch einmal die schon in Band II, Kapitel 13 betonte besondere Rolle großer Rotationen besprochen wird.

Ehe wir auf diesen Problemkreis eingehen, wollen wir uns aber noch mit einer besonderen Gruppe von Kräften beschäftigen, den an den Knoten des FEM-Netzes wirkenden Lasten. Diese sind zwar im Prinzip durch die Einzellasten U_i an den diskreten Stellen x_i im Element erfaßt. Die Position x_i entspricht dann eben einfach einer Knotenpunktslage. Trotzdem ist es unzweckmäßig, in einem solchen Sonderfall den Umweg über das finite Element zu gehen. Wir drücken den Vektor der äußeren Kräfte $\boldsymbol{R}$ analog zu (24.6.14) bis (24.6.16) wieder als Produkt der Lastfaktoren $\boldsymbol{\lambda}$ und einer verschiebungsabhängigen Grundverteilung $\overline{\boldsymbol{R}}(\boldsymbol{r})$ aus

$$\boldsymbol{R} = \boldsymbol{\lambda}\overline{\boldsymbol{R}}(\boldsymbol{r}) \tag{24.6.37}$$

Darin ist $\boldsymbol{\lambda}$ eine Diagonalmatrix, so daß es theoretisch möglich ist, jede einzelne Lastkomponente im Belastungsprozeß für sich zu steuern. Wir bilden nun analog zu (24.6.19) die inkrementellen Lasten und erhalten so

$$\mathrm{d}\boldsymbol{R} = \mathrm{d}\boldsymbol{\lambda}\overline{\boldsymbol{R}}(\boldsymbol{r}) + \boldsymbol{\lambda}\frac{\partial \overline{\boldsymbol{R}}}{\partial \boldsymbol{r}}\mathrm{d}\boldsymbol{r} \tag{24.6.38}$$

Die Kraftkorrekturmatrix auf Strukturebene ist also direkt durch

$$\boldsymbol{K}_R = \boldsymbol{\lambda}\frac{\partial \overline{\boldsymbol{R}}}{\partial \boldsymbol{r}} \tag{24.6.39}$$

gegeben. Besondere Verhältnisse liegen dann vor, wenn an einem Knoten j die Linienlast $\boldsymbol{U}_j$ und der Momentenvektor $\boldsymbol{\Theta}_j$ wirken und diese nur vom lokalen Rotationsvektor $\boldsymbol{\vartheta}_j$ abhängen. Der Vektor $\overline{\boldsymbol{R}}$, der dann aus diesem Knotenlastvektor aufgebaut ist

$$\overline{\boldsymbol{R}} = \{\overline{\boldsymbol{U}}_1 \quad \overline{\boldsymbol{\Theta}}_1 \;\ldots\ldots\; \overline{\boldsymbol{U}}_j \quad \overline{\boldsymbol{\Theta}}_j \;\ldots\ldots\; \overline{\boldsymbol{U}}_{np} \quad \overline{\boldsymbol{\Theta}}_{np}\} \tag{24.6.40}$$

wobei np die Zahl der Knoten angibt, und der dazu entsprechende Verschiebungsvektor

$$\boldsymbol{r} = \{\boldsymbol{u}_1 \quad \boldsymbol{\vartheta}_1 \;\ldots\ldots\; \boldsymbol{u}_j \quad \boldsymbol{\vartheta}_j \;\ldots\ldots\; \boldsymbol{u}_{np} \quad \boldsymbol{\vartheta}_{np}\} \tag{24.6.41}$$

führen zu einer hyperdiagonalen Kraftkorrekturmatrix

$$\boldsymbol{K}_R = \boldsymbol{\lambda}\lfloor \boldsymbol{K}_R^1 \;\ldots\ldots\; \boldsymbol{K}_R^j \;\ldots\ldots\; \boldsymbol{K}_R^{np} \rfloor \tag{24.6.42}$$

Hier hat die dem Punkt j zugeordnete Kraftkorrektur die Gestalt

$$K_R^{\mathrm{j}} = \begin{bmatrix} O & \dfrac{\partial \bar{U}_{\mathrm{j}}}{\partial \vartheta_{\mathrm{j}}} \\ O & \dfrac{\partial \bar{\Theta}_{\mathrm{j}}}{\partial \vartheta_{\mathrm{j}}} \end{bmatrix} \tag{24.6.43}$$

Unser einführendes Beispiel in Abb. 24.6.3 ließe sich auf diese Weise behandeln. In derartigen Fällen wird man also direkt die Kraftkorrektur auf Tragwerksebene aufbauen und in die tangentiale Steifigkeit des Systems einfügen.

24.6.3 Lastkorrekturmatrix für ein Balkenelement unter verschiebungsabhängigen verteilten Lasten [24.36]

Wir demonstrieren die Anwendung der Theorie, die im vorangehenden Abschnitt entwickelt wurde, am Beispiel eines geraden zylindrischen Balkens im Raum (Abb. 24.6.4). Dieses Balkenelement wird linear über die Länge verteilten Folgelasten p_x, p_y, p_z ausgesetzt (Abb. 24.6.5). Die Verteilungen sind durch die jeweiligen Knotenwerte, also z.B. $\overset{1}{p}_x$ und $\overset{2}{p}_x$, festgelegt. Hier ist es jedoch zweckmäßiger, mit den Mittelwerten (m) und den Differenzen (d) zu arbeiten

$$\begin{aligned} p_{xm} &= \tfrac{1}{2}(\overset{2}{p}_x + \overset{1}{p}_x) \qquad & p_{xd} &= \overset{2}{p}_x - \overset{1}{p}_x \\ p_{ym} &= \tfrac{1}{2}(\overset{2}{p}_y + \overset{1}{p}_y) \qquad & p_{yd} &= \overset{2}{p}_y - \overset{1}{p}_y \\ p_{zm} &= \tfrac{1}{2}(\overset{2}{p}_z + \overset{1}{p}_z) \qquad & p_{zd} &= \overset{2}{p}_z - \overset{1}{p}_z \end{aligned} \tag{24.6.44a}$$

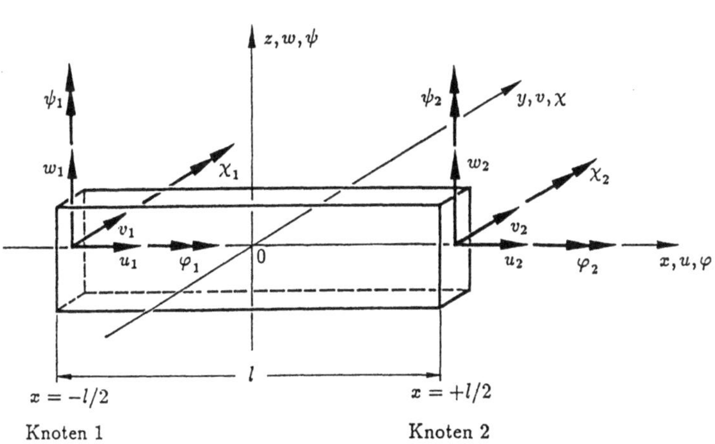

Abb. 24.6.4 Balken im Raum – Lokalsystem und Freiheitsgrade

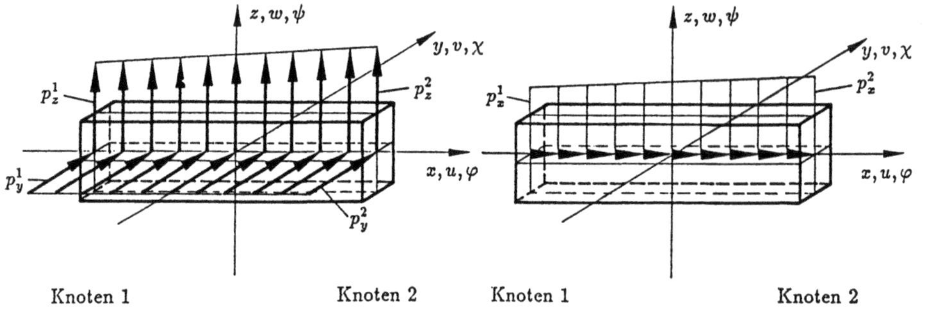

Abb. 24.6.5 Verteilte Folgelasten am Balken: p_x liegt stets tangential, p_y und p_z stehen normal zur Balkenachse

Dabei ist p_x eine Folgelast, die stets tangential zur Balkenachse liegt, und p_y sowie p_z wirken ähnlich wie Druckkräfte stets normal dazu. Wenn wir die Mittelwerte der Lastintensität in

$$\boldsymbol{p}_m = \{p_{xm} \quad p_{ym} \quad p_{zm}\} \tag{24.6.44b}$$

zusammenfassen und die Differenzwerte in

$$\boldsymbol{p}_d = \{p_{xd} \quad p_{yd} \quad p_{zd}\} \tag{24.6.45}$$

so erhalten wir mit der dimensionslosen Koordinate

$$\xi = \frac{x}{l} \tag{24.6.46}$$

für die Intensitätsverteilung in den drei Richtungen

$$\boldsymbol{p}_0 = \boldsymbol{p}_m + \xi \boldsymbol{p}_d = \{p_x \quad p_y \quad p_z\} \tag{24.6.47}$$

Dies entspricht im nicht ausgelenkten Zustand den Kräften in Achsrichtung (pro Länge). Ist jedoch der Balken deformiert, so wird an der Stelle ξ eine Drehung, gekennzeichnet durch den lokalen Drehvektor $\boldsymbol{\vartheta}$, aufgetreten sein, und der lokale Kraftvektor ergibt sich aus der Drehtransformation der lokalen Intensität

$$\boldsymbol{p}(\boldsymbol{\vartheta}) = \boldsymbol{T}(\boldsymbol{\vartheta})\boldsymbol{p}_0 \tag{24.6.48}$$

Die nichtlineare Transformationsmatrix $\boldsymbol{T}$ kann mit Hilfe der sogenannten Rodriguesschen Formeln aufgestellt werden. Dem entspricht auch die folgende elegante Matrixformulierung. Es sei

$$\boldsymbol{\vartheta} = \{\varphi \quad \chi \quad \psi\} \tag{24.6.49}$$

der lokale Drehvektor mit seinen Komponenten φ, χ und ψ und dem Betrag

$$\vartheta = (\varphi^2 + \chi^2 + \psi^2)^{1/2} \tag{24.6.50}$$

und $\boldsymbol{\Theta}$ eine bereits in Kapitel 13 benützte schiefsymmetrische Matrix (man verwechsle diese Bezeichnung nicht mit der des Momentenvektors in Abschnitt 24.6.2)

$$\boldsymbol{\Theta} = \begin{bmatrix} 0 & -\psi & \chi \\ \psi & 0 & -\varphi \\ -\chi & \varphi & 0 \end{bmatrix} \tag{24.6.51}$$

Wir erhalten damit für $\boldsymbol{T}$

$$\boldsymbol{T} = \boldsymbol{I}_3 + \frac{\sin\vartheta}{\vartheta}\boldsymbol{\Theta} + \left(\frac{\sin\vartheta/2}{\vartheta/2}\right)^2\boldsymbol{\Theta}^2 \tag{24.6.52}$$

(siehe auch Band II, (13.11.11)). Die Kraftkorrekturmatrix des Elements ergibt sich nun in natürlicher Darstellungsweise in leichter Abwandlung von (24.6.35) und (24.6.36), da hier Linienlasten vorliegen, zu

$$\tilde{\boldsymbol{k}}_R = l\int_{-1/2}^{+1/2}\begin{bmatrix}\tilde{\boldsymbol{\omega}}_0^t \\ \tilde{\boldsymbol{\omega}}_N^t\end{bmatrix}\frac{\partial \boldsymbol{T}}{\partial \boldsymbol{\rho}}\boldsymbol{p}_0\,\mathrm{d}\xi \tag{24.6.53}$$

wobei noch die Beziehung zwischen den Komponenten des lokalen Drehvektors und den natürlichen Verschiebungen von Wichtigkeit ist. Wir übernehmen aus Band I

$$\begin{aligned} \varphi(\xi) &= \rho_{04} + \xi\rho_{N6} \\ \chi(\xi) &= -\frac{\mathrm{d}w}{\mathrm{d}x} = \rho_{05} + \xi\rho_{N4} - (3\xi^2 - \tfrac{1}{4})\rho_{N5} \\ \psi(\xi) &= \frac{\mathrm{d}v}{\mathrm{d}x} = \rho_{06} - \xi\rho_{N2} + (3\xi^2 - \tfrac{1}{4})\rho_{N3} \end{aligned} \tag{24.6.54}$$

und beschränken uns auf verhältnismäßig kleine Rotationen, wodurch sich (24.6.52) noch einmal vereinfacht

$$\boldsymbol{T} = \boldsymbol{I}_3 + \boldsymbol{\Theta} + \tfrac{1}{2}\boldsymbol{\Theta}^2 \tag{24.6.55}$$

In diesem Fall haben, wie in Band II angeführt, die Komponenten des Drehvektors $\boldsymbol{\vartheta}$ die Bedeutung von semitangentialen Rotationen. Mit (24.6.54) und (24.6.55) erhalten wir

$$\frac{\partial \boldsymbol{T}}{\partial \boldsymbol{\rho}_0}\boldsymbol{p}_0 = \begin{bmatrix} 0 & 0 & 0 & 0 & p_z & -p_y \\ 0 & 0 & 0 & -p_z & 0 & p_x \\ 0 & 0 & 0 & p_y & -p_x & 0 \end{bmatrix} \tag{24.6.56a}$$

sowie

$$\frac{\partial \boldsymbol{T}}{\partial \boldsymbol{\rho}_N}\boldsymbol{p}_0 = \begin{bmatrix} 0 & \xi p_y & (\frac{1}{4} - 3\xi^2)p_y & \xi p_z & (\frac{1}{4} - 3\xi^2)p_z & 0 \\ 0 & -\xi p_x & -(\frac{1}{4} - 3\xi^2)p_x & 0 & 0 & -\xi p_z \\ 0 & 0 & 0 & -\xi p_x & -(\frac{1}{4} - 3\xi^2)p_x & \xi p_y \end{bmatrix} \tag{24.6.56b}$$

Man beachte dazu (24.6.47), also die Tatsache, daß p_x, p_y und p_z noch lineare Funktionen von ξ sind. Mit etwas Aufwand für die mit (12×12) doch schon recht große Matrix $\tilde{\boldsymbol{k}}_R$ erhalten wir via exakt analytischer Integration die vier zu $\tilde{\boldsymbol{k}}_R$ gehörenden Untermatrizen (s. (24.6.34))

$$\tilde{k}_{R00} = \begin{bmatrix} \cdot & \cdot & \cdot & \cdot & lp_{zm} & -lp_{ym} \\ \cdot & \cdot & \cdot & -lp_{zm} & \cdot & lp_{xm} \\ \cdot & \cdot & \cdot & lp_{ym} & -lp_{xm} & \cdot \\ \cdot & \cdot & \cdot & \cdot & \cdot & \cdot \\ \cdot & \cdot & \cdot & -\frac{1}{12}l^2p_{yd} & \frac{1}{12}l^2p_{xd} & \cdot \\ \cdot & \cdot & \cdot & -\frac{1}{12}l^2p_{zd} & \cdot & \frac{1}{12}l^2p_{xd} \end{bmatrix} \qquad (24.6.57)$$

$$\tilde{k}_{R0N} = \begin{bmatrix} \cdot & \frac{1}{12}lp_{yd} & \cdot & \frac{1}{12}lp_{zd} & \cdot & \cdot \\ \cdot & -\frac{1}{12}lp_{xd} & \cdot & \cdot & \cdot & -\frac{1}{12}lp_{zd} \\ \cdot & \cdot & \cdot & -\frac{1}{12}lp_{xd} & \cdot & \frac{1}{12}lp_{yd} \\ \cdot & \cdot & \cdot & \cdot & \cdot & \cdot \\ \cdot & \cdot & \cdot & \frac{1}{12}l^2p_{xm} & -\frac{1}{60}l^2p_{xd} & -\frac{1}{12}l^2p_{ym} \\ \cdot & -\frac{1}{12}l^2p_{xm} & \frac{1}{60}l^2p_{xd} & \cdot & \cdot & -\frac{1}{12}l^2p_{zm} \end{bmatrix} \qquad (24.6.58)$$

$$\tilde{k}_{RN0} = \begin{bmatrix} \cdot & \cdot & \cdot & \cdot & \frac{1}{12}lp_{zd} & -\frac{1}{12}lp_{yd} \\ \cdot & \cdot & \cdot & -\frac{1}{12}l^2p_{zm} & \cdot & \frac{1}{12}l^2p_{xm} \\ \cdot & \cdot & \cdot & \frac{1}{120}l^2p_{zd} & \cdot & -\frac{1}{120}l^2p_{xd} \\ \cdot & \cdot & \cdot & \frac{1}{12}l^2p_{ym} & -\frac{1}{12}l^2p_{xm} & \cdot \\ \cdot & \cdot & \cdot & -\frac{1}{120}l^2p_{yd} & \frac{1}{120}l^2p_{xd} & \cdot \\ \cdot & \cdot & \cdot & \cdot & \cdot & \cdot \end{bmatrix} \qquad (24.6.59)$$

$$\tilde{k}_{RNN} = \begin{bmatrix} \cdot & \frac{1}{12}lp_{ym} & -\frac{1}{60}lp_{yd} & \frac{1}{12}lp_{zm} & -\frac{1}{60}lp_{zd} & \cdot \\ \cdot & -\frac{1}{240}l^2p_{xd} & -\frac{1}{120}l^2p_{xm} & \cdot & \cdot & -\frac{1}{240}l^2p_{zd} \\ \cdot & \frac{1}{120}l^2p_{xm} & -\frac{1}{1680}l^2p_{xd} & \cdot & \cdot & \frac{1}{120}l^2p_{zm} \\ \cdot & \cdot & \cdot & -\frac{1}{240}l^2p_{xd} & -\frac{1}{120}l^2p_{xm} & \frac{1}{240}l^2p_{yd} \\ \cdot & \cdot & \cdot & \frac{1}{120}l^2p_{xm} & -\frac{1}{1680}l^2p_{xd} & -\frac{1}{120}l^2p_{ym} \\ \cdot & \cdot & \cdot & \cdot & \cdot & \cdot \end{bmatrix} \tag{24.6.60}$$

24.6.4 Einbau der verschiebungsabhängigen Kräfte in schrittweise nichtlineare Berechnungen am Beispiel des Newmark-Verfahrens mit gemittelten Beschleunigungen (implizit) [24.37]

Wir wollen den Einbau verschiebungsabhängiger Lasten an einem Algorithmus vorführen, der auch in den folgenden Beispielen verwendet worden ist, und wählen deshalb das Newmark-($\beta = 1/4$, $\gamma = 1/2$)-Verfahren aus. Die Grundgleichungen des Verfahrens lauten gemäß (23.2.10) und (23.2.11)

$$\boldsymbol{r}_{k+1} = \boldsymbol{r}_k + \Delta t \dot{\boldsymbol{r}}_k + \frac{\Delta t^2}{4}(\ddot{\boldsymbol{r}}_k + \ddot{\boldsymbol{r}}_{k+1}) \tag{24.6.61}$$

$$\dot{\boldsymbol{r}}_{k+1} = \dot{\boldsymbol{r}}_k + \frac{\Delta t}{2}(\ddot{\boldsymbol{r}}_k + \ddot{\boldsymbol{r}}_{k+1}) \tag{24.6.62}$$

und sie werden hier ergänzt durch das nichtlineare dynamische Gleichgewicht am Ende des Schritts. Ohne Dämpfung ergibt sich dafür

$$\boldsymbol{M}\ddot{\boldsymbol{r}}_{k+1} + \boldsymbol{R}_{e|k+1} = \boldsymbol{R}(\boldsymbol{r}_{k+1}) \tag{24.6.63}$$

Man beachte, daß nun auch die äußeren Lasten von den Verschiebungen abhängen. Analog zur Entwicklung des Algorithmus für lineare Systeme in Abschnitt 23.2 lösen wir (24.6.61) nach den Beschleunigungen am Ende des Schritts auf

$$\ddot{\boldsymbol{r}}_{k+1} = \frac{4}{\Delta t^2}(\boldsymbol{r}_{k+1} - \boldsymbol{r}_k - \Delta t \dot{\boldsymbol{r}}_k) - \ddot{\boldsymbol{r}}_k \tag{24.6.64}$$

Wir setzen nun (24.6.64) in (24.6.63) ein

$$\frac{4}{\Delta t^2}\boldsymbol{M}\boldsymbol{r}_{k+1} + \boldsymbol{R}_{e|k+1} = \boldsymbol{R}(\boldsymbol{r}_{k+1}) + \frac{4}{\Delta t^2}(\boldsymbol{r}_k + \Delta t \dot{\boldsymbol{r}}_k) + \boldsymbol{M}\ddot{\boldsymbol{r}}_k \tag{24.6.65}$$

Es ergibt sich ein nichtlineares Gleichungssystem zur Berechnung der Verschiebungen $\boldsymbol{r}_{k+1}$ am Ende des Schritts, und zwar auf der Basis der vorliegenden Informationen $\boldsymbol{r}_k$, $\dot{\boldsymbol{r}}_k$ und $\ddot{\boldsymbol{r}}_k$ am Beginn des Schritts. Sobald $\boldsymbol{r}_{k+1}$ berechnet ist, kann via (24.6.64) auch $\ddot{\boldsymbol{r}}_{k+1}$ gefunden werden und danach mit (24.6.62) auch $\dot{\boldsymbol{r}}_{k+1}$, womit sich der Kreis schließt.

Löst man das nichtlineare System (24.6.65) iterativ nach Newton-Raphson oder modifiziert Newton-Raphson, so benötigt man bekanntlich (s. Band II, Kapitel 13) eine Linearisierung des Systems. Analog zur Statik notieren wir (24.6.65) in der Form einer dynamischen Ungleichgewichtskraft $\boldsymbol{R}_u$, die Null zu sein hat

$$\boldsymbol{R}_{u|k+1} = \frac{4}{\Delta t^2}\boldsymbol{M}\boldsymbol{r}_{k+1} + \boldsymbol{R}_{e|k+1} - \boldsymbol{R}(\boldsymbol{r}_{k+1}) - \frac{4}{\Delta t^2}(\boldsymbol{r}_k + \Delta t\dot{\boldsymbol{r}}_k) - \boldsymbol{M}\ddot{\boldsymbol{r}}_k$$
$$= \boldsymbol{o} \qquad (24.6.66)$$

Nun stellen wir aber für eine bestimmte Näherung $\boldsymbol{r}^j_{k+1}$ fest, daß eben $\boldsymbol{R}_u$ nicht Null ist

$$\boldsymbol{R}^j_{u|k+1} \neq \boldsymbol{o} \qquad (24.6.67)$$

Folglich wünschen wir uns ein Inkrement $\Delta\boldsymbol{r}^j_{k+1}$, das $\boldsymbol{R}_u(\boldsymbol{r}^j_{k+1} + \Delta\boldsymbol{r}^j_{k+1})$ nun Null werden läßt. Dabei gilt linearisiert

$$\boldsymbol{R}_u(\boldsymbol{r}^j_{k+1} + \Delta\boldsymbol{r}^j_{k+1}) \approx \boldsymbol{R}^j_{u|k+1} + \frac{\partial\boldsymbol{R}_u}{\partial\boldsymbol{r}_{k+1}}\Delta\boldsymbol{r}^j_{k+1} = \boldsymbol{o} \qquad (24.6.68)$$

Beachtet man nun die verschiebungsabhängigen äußeren Kräfte, für die etwa (24.6.38) und (24.6.39) anzusetzen ist, so ergibt sich aus (24.6.66) die Systemmatrix

$$\boldsymbol{K}_{\text{eff}} = \frac{\partial\boldsymbol{R}_u}{\partial\boldsymbol{r}_{k+1}} = \frac{4}{\Delta t^2}\boldsymbol{M} + \boldsymbol{K}_E + \boldsymbol{K}_G - \boldsymbol{K}_R \qquad (24.6.69)$$

welche an der Stelle $\boldsymbol{r}^j_{k+1}$ zu bilden ist. Durch die Einbeziehung der Kraftkorrekturmatrix $\boldsymbol{K}_R$ wird diese Matrix im allgemeinen unsymmetrisch sein. Man benötigt also einen speziellen Gleichungslöser. Bei kleinen Zeitschritten wird – insbesondere bei einer diagonalen Massenmatrix – ein stabilisierender Effekt durch $\boldsymbol{M}$ eintreten. Der Übergang zur Statik gelingt mühelos durch Weglassen der Trägheitseffekte, d.h. der Massenmatrix. Die Verbesserungen $\Delta\boldsymbol{r}^j_{k+1}$ werden also einfach aus

$$\boldsymbol{K}_{\text{eff}}\Delta\boldsymbol{r}^j_{k+1} = -\boldsymbol{R}^j_{u|k+1} \qquad (24.6.70)$$

berechnet, wobei die Rechthandseite durch (24.6.66) gegeben ist. Auf der Basis von

$$\boldsymbol{r}^{j+1}_{k+1} = \boldsymbol{r}^j_{k+1} + \Delta\boldsymbol{r}^j_{k+1} \qquad (24.6.71)$$

schließt sich der Kreis.

24.6.5 Ein Wort zum Stabilitätsverhalten bei verschiebungsabhängigen Lasten

Wir haben bereits in Abschnitt 13.14 von Band II Stabilitätsprobleme diskutiert. Diese Diskussion war auf rein statische Aufgaben beschränkt und umfaßte lineare oder linearisiert nichtlineare Beulprobleme mit der sogenannten Gleichgewichtsmethode. Dabei haben wir uns gefragt, ob für einen bestimmten Lastfaktor λ nur ein eindeutiger Gleichgewichtszustand wie in der linearen Statik existiert oder etwa mehrere (Indifferenzpunkt). Der letztgenannte Fall lief auf die Forderung

$$\boldsymbol{K}_t\Delta\boldsymbol{r} = \boldsymbol{o} \qquad (24.6.72)$$

hinaus, die nur erfüllt werden kann, falls $K_t(\lambda)$ singulär ist, was eben gerade für einen kritischen Lastfaktor λ_{crit} der Fall ist. Dieses Kriterium kann auch auf verschiebungsabhängige Lasten übertragen werden, solange die dann in K_t eingehende Kraftkorrekturmatrix K_R symmetrisch ist, also die dahinter stehenden Lasten konservativ sind. Wir haben aber bereits festgestellt, daß nichtkonservative verschiebungsabhängige Lasten im allgemeinen zu unsymmetrischen Kraftkorrekturen führen. Bolotin [24.38] und Ziegler [24.39, 24.35] haben gezeigt, daß dann die sogenannten statischen Verfahren, wie die Gleichgewichts- oder die äquivalente Energiemethode, nicht mehr zuverlässig Auskunft über einen Stabilitätsverlust geben. Solche Systeme können nämlich durch Verzweigung, aber auch durch Flattern instabil werden. Im letzteren Fall müssen statische Verfahren versagen. Bei unsymmetrischen Kraftkorrekturmatrizen müssen wir also auch für rein statische Belastungsvorgänge die lokale Stabilitätskontrolle an einem bestimmten Belastungspunkt mit den Mitteln der Dynamik ausführen. Denken wir uns hierzu, daß wir im Zuge eines Belastungsvorgangs eine durch r_k ausgezeichnete Gleichgewichtslage erreicht hätten. Wir lassen unser Tragwerk bei konstanter Lastintensität um diese Gleichgewichtslage kleine Schwingungen ausführen. Dieser Vorgang wird durch

$$[K_e + K_G - K_R - \omega_i^2 M]x_i = o \tag{24.6.73}$$

beschrieben, also der bereits bekannten Gleichung der freien ungedämpften Schwingung, formuliert mit der aktuellen tangentialen Steifigkeit $K_e + K_G - K_R$, die allerdings unsymmetrisch sein kann. Wie äußert sich ein bevorstehender Stabilitätsverlust? Besprechen wir zunächst den traditionellen Fall einer symmetrischen tangentialen Steifigkeit. Hier sind alle Eigenfrequenzen positiv reell. Nun wissen wir aber, daß die tangentiale Steifigkeit bei Annäherung an den Instabilitätspunkt singulär wird. Das bedeutet, daß wenigstens eine Eigenfrequenz gegen Null läuft (Abb. 24.6.6, links), es tritt Divergenz auf. Bei unsymmetrischer tangentialer Steifigkeit sind die Eigenfrequenzen reell oder komplex. Ein Stabilitätsverlust kann dadurch auftreten, daß zwei aufeinanderfolgende Eigenfrequenzen (Abb. 24.6.6, rechts) gleich werden. Über dem kritischen Lastfaktor werden die Eigenfrequenzen konjugiert komplex, und es treten im System divergierende Schwingungen auf (Flattern).

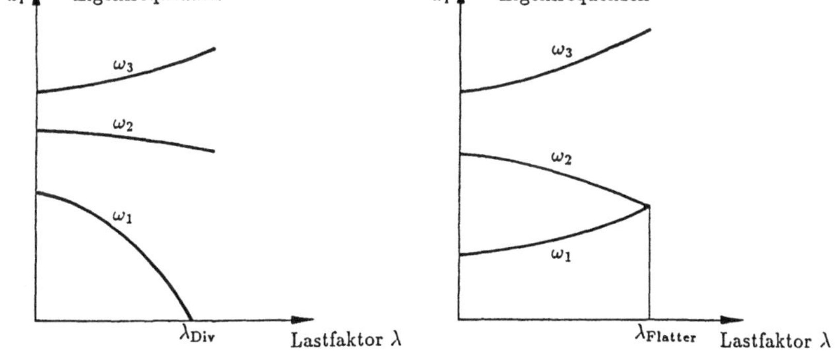

Abb. 24.6.6 Zum Stabilitätsverlust bei verschiebungsabhängigen Lasten

24.6.6 Beispielrechnungen

Wir gliedern unsere Beispiele in vier Gruppen, nämlich

- einfache nichtlineare Berechnungen mit verschiebungsabhängigen Lasten
- Auftreten von Instabilitäten mit Divergenz
- Auftreten von Instabilitäten mit Flattern
- dynamische Berechnung mit instationären verschiebungsabhängigen Lasten

und beginnen mit der ersten und einfachsten:

Große Verschiebungen eines Kreisrings unter ungleichförmigem Normaldruck [24.36]

Ein Viertel des Kreisrings ist mit 18 Balkenelementen idealisiert. Die Tragwerks- und Belastungsdaten sind in Abb. 24.6.7 angegeben. Wir gehen bei der Analyse von einem sehr biegsamen Ring aus, der die Behandlung unter der Rubrik ‚Elastika' erlaubt. In diesem Falle spielt die Dehnung der Mittelfläche und die Schubdeformation keine Rolle, und das aufgebrachte Biegemoment ist proportional zur Krümmungsänderung. Der ungleichförmig über den Umfang verteilte Druck

$$p = p_0(1 + e\cos 2\theta)$$

wobei e die Abweichung von der konstanten Lastverteilung angibt, ist eine Folgelast, und damit nichtkonservativ. Während des Belastungsvorgangs tritt keine Instabilität auf, es sei denn, die Last wäre gleichförmig verteilt ($e = 0$). Deshalb darf man auch von der Annahme der Doppelsymmetrie ausgehen und braucht, wie oben angegeben, nur ein Ringviertel zu idealisieren. Wie stark dieses Problem nichtlinear ist, wird in Abb. 24.6.8

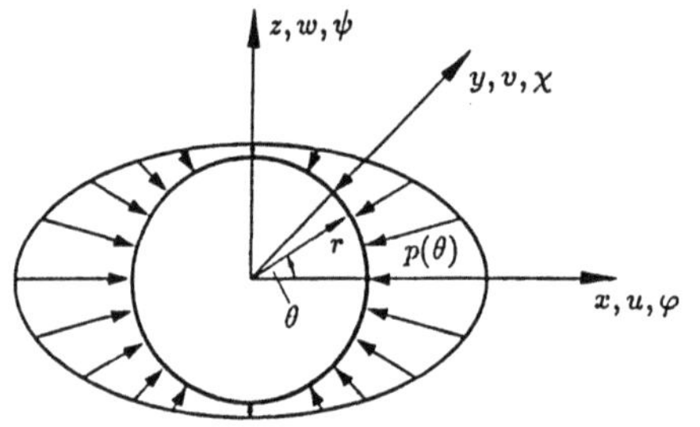

Balkenidealisierung: 18 Elemente, 53 Unbekannte (1/4–Ring)

Geometrische Daten:
- Radius $r = 100$ cm
- Flächenträgheitsmoment $I = 1.666667$ cm^4
- Querschnittsfläche $A = 20$ cm^2

Materialdaten:
- Elastizitätsmodul $E = 2.1 \cdot 10^7$ N/cm^2
- Querkontraktionszahl $\nu = 0.3$

Belastung:
Nichtkonservativer,ungleichförmiger Normaldruck $p(\theta) = p_0(1 + e\cos 2\theta)$

Abb. 24.6.7
Kreisring unter ungleichförmiger Drucklast: Problem und Daten

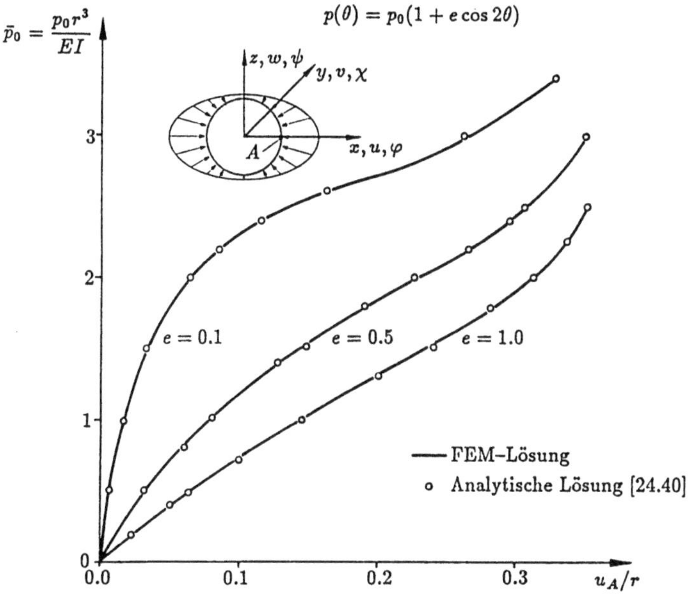

Abb. 24.6.8 Kreisring unter Drucklast: Last über der Horizontalverschiebung am Knoten A

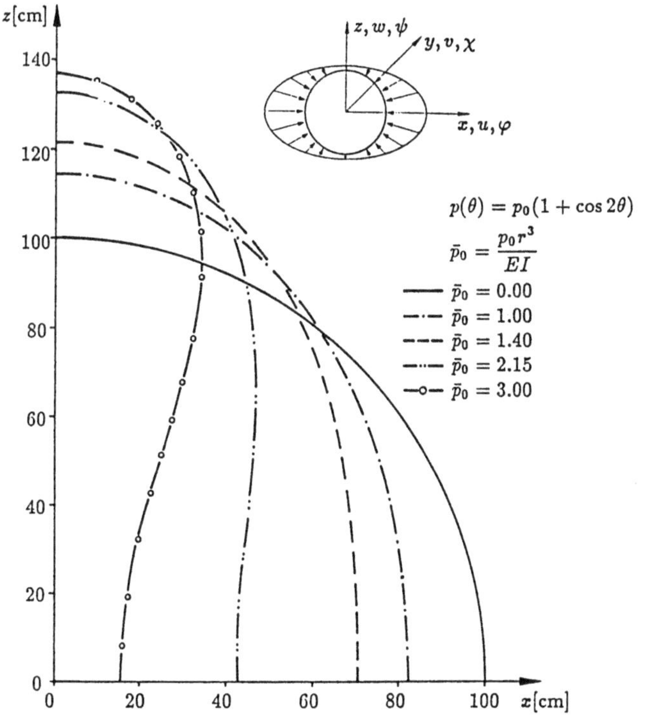

Abb. 24.6.9

Kreisring unter Drucklast: Deformation des Ringviertels bei verschiedenen Laststufen und $e = 1.0$

demonstriert. Die Güte der Ergebnisse wird für eine Reihe von Parametern e durch Vergleich mit einer analytischen Lösung hervorgehoben, die Seide-Jamjoom [24.40] erarbeitet haben. Übrigens tritt bei kleiner Exzentrizität ($e = 0.1$) in der Gegend von $\bar{p}_0 = 3$ ein besonders kräftiger Anstieg der Verschiebungen auf. Dieser Lastwert entspricht der kritischen Last bei gleichförmiger Druckverteilung. In Abb. 24.6.9 wird vorgeführt, welche beträchtlichen Deformationen bei diesem Problem auftreten. Damit verknüpft sind natürlich auch bedeutende Richtungsänderungen der lokalen Drucklast.

Große Verschiebungen eines Winkelträgers unter einer nichtkonservativen Endlast [24.36, 24.41]

Abb. 24.6.10 zeigt einen Winkelträger, der am freien Ende mit einer Folgelast beaufschlagt wird. Der Träger ist mit 2×10 Balkenelementen idealisiert. Abmessungen, elastische Eigenschaften und die Belastung sind in Abb. 24.6.10 angegeben. Das komplizierte nichtlineare Last-Verschiebungs-Verhalten dieses Tragwerks demonstriert Abb. 24.6.11 an Hand der drei Verschiebungskomponenten am Knoten 1. Nun ist die Kraftkorrekturmatrix dieses Problems, wie wir erfahren haben, unsymmetrisch, und damit auch die tangentiale Steifigkeit der Aufgabe. Zur Berechnung der inkrementellen Verschiebungen benötigt man also einen Gleichungslöser für unsymmetrische Koeffizientenmatrizen, wie ihn das hier verwendete System LARSTRAN 80 hat. Sehr oft steht er allerdings in traditionellen FEM-Systemen nicht zur Verfügung, oder man versucht, den mit der Lösung verknüpften Aufwand bei unsymmetrischen Matrizen zu umgehen. Eine übliche Vorgehensweise symmetrisiert die tangentiale Steifigkeit wie folgt

$$K_{t\,\mathrm{appr}} = \tfrac{1}{2}[K_t + K_t^{\mathrm{t}}]$$

In Abb. 24.6.11 wird zusätzlich gezeigt, wie diese Variante funktioniert. Bis zu einer Last von $R = 2.8$ kN vermag die oben genannte Approximation die gleichen Resultate zu liefern wie das Vorgehen mit der korrekten unsymmetrischen tangentialen Steifigkeit. In Abb. 24.6.12 wird jedoch zusätzlich gezeigt, daß dieser Erfolg mit einem mit der Last ständig steigenden Aufwand erkauft wird: die Zahl der Gleichgewichtsiterationen steigt

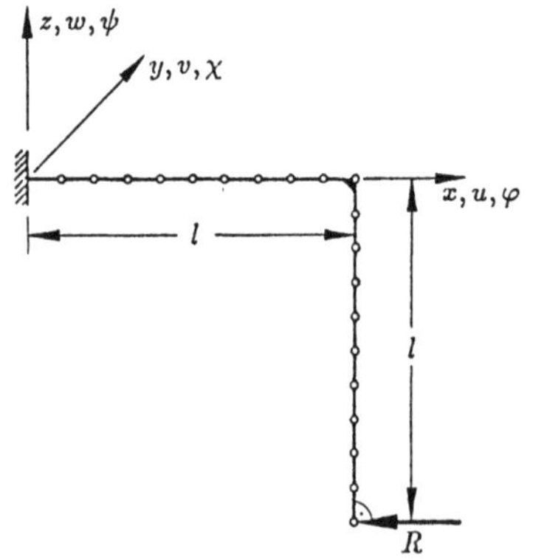

Balkenidealisierung: 20 Elemente, 60 Unbekannte

Geometrische Daten:

Länge	$l = 24$ cm
Flächenträgheitsmoment	$I = 0.135$ cm^4
Querschnittsfläche	$A = 0.18$ cm^2

Materialdaten:

Elastizitätsmodul	$E = 7.124 \cdot 10^6$ N/cm^2
Querkontraktionszahl	$\nu = 0.3$

Belastung:

Nichtkonservative, normale Endlast R

Abb. 24.6.10 Winkelträger unter nichtkonservativer Endlast: Geometrie, Idealisierung und Daten

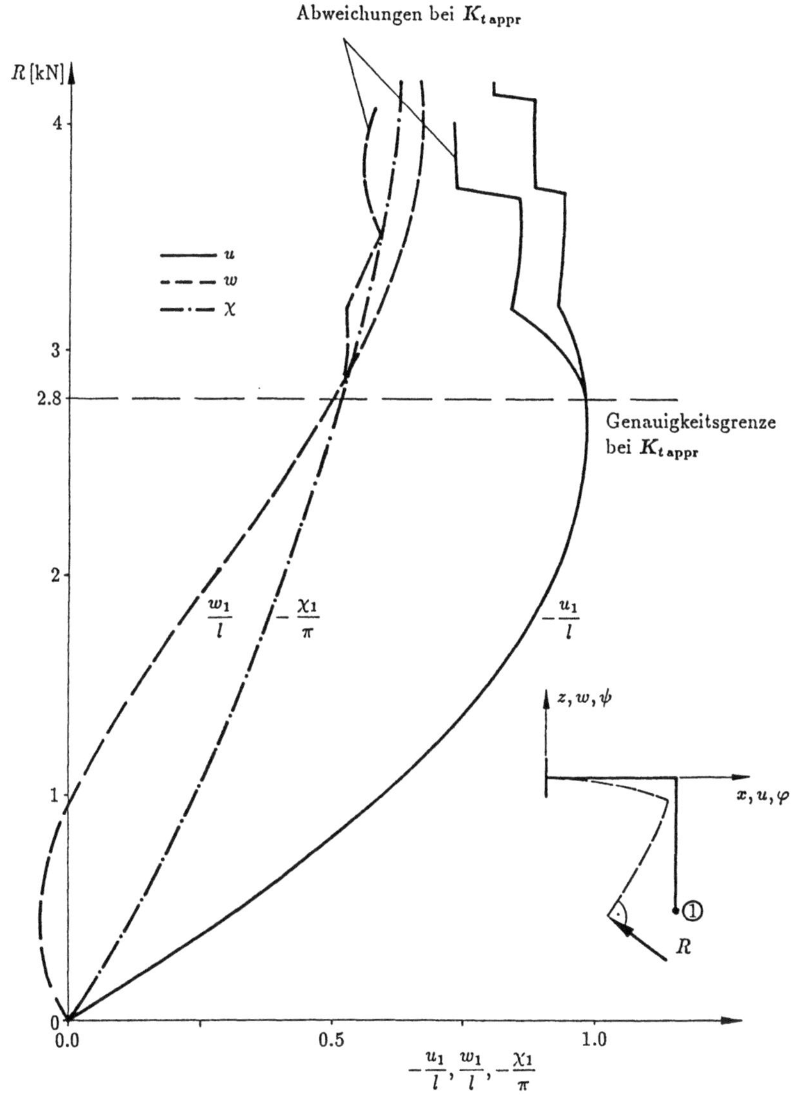

Abb. 24.6.11 Winkelträger unter nichtkonservativer Endlast: Last-Verschiebungs-Verhalten am Punkt 1

ständig an und ist schließlich nicht mehr akzeptabel. Für Lastwerte über 2.8 kN versagt die Methode der Symmetrisierung völlig und liefert fehlerhafte Resultate. Dies zeigt das Last-Verschiebungs-Verhalten in Abb. 24.6.11, aber auch das verformte Tragwerk für verschiedene Laststufen in Abb. 24.6.13. Es ist sogar so, daß die symmetrisierte tangentiale Steifigkeit bei einer Last von etwa 5 kN eine Verzweigung vorspiegelt, die real nicht vorhanden ist.

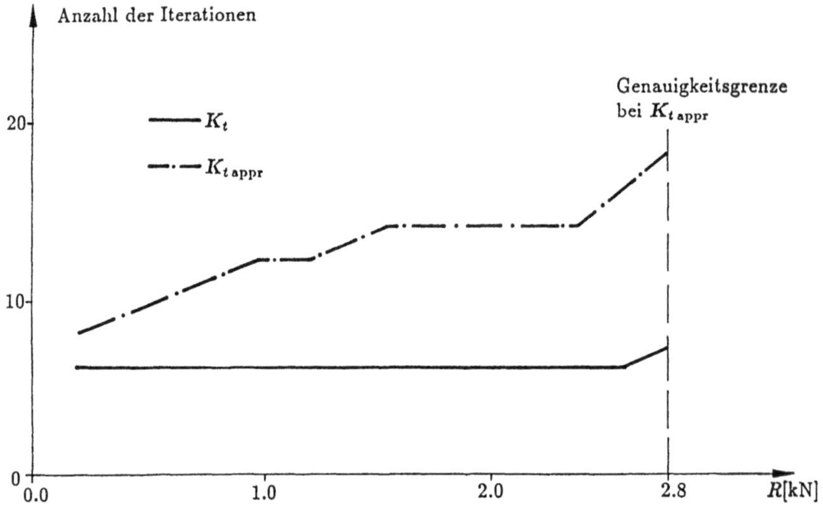

Abb. 24.6.12 Anzahl der Gleichgewichtsiterationen über der Last

Große Verschiebungen und Verzweigungsinstabilität eines gelenkig gelagerten Winkelrahmens unter nichtkonservativer Querkraft [24.36, 24.41]

Der in Abb. 24.6.14 vorgestellte gelenkig gelagerte Winkelrahmen ist mit 20 Balkenelementen idealisiert und exzentrisch mit einer Folgelast belastet. Er verhält sich von Anfang an nichtlinear (Abb. 24.6.15) und erreicht sowohl für richtungstreue konservative Belastung R als auch für die Folgelast einen Stabilitätsverlust durch Divergenz. Dabei hat eine nichtkonservative Last offensichtlich einen stabilisierenden Einfluß auf das System gegenüber einer konservativen. Bei richtungstreuer Last tritt Divergenz schon bei $\lambda = 18.55$ auf, bei Folgelast erst bei $\lambda \approx 36$. Die Tatsache dieses Anstiegs der kritischen Last geht auch aus Abb. 24.6.16 hervor, die die deformierte Gestalt des Tragwerks für verschiedene Laststufen, und zwar für konservative und nichtkonservative Belastung, zeigt. Offensichtlich sorgt die Horizontalkomponente der Folgelast für einen Vorspanneffekt im horizontalen Balkenteil und hat damit die Tendenz, den Rahmen in die Ausgangslage zurückzuziehen. Die Auslenkungen sind deshalb bei Folgelast bedeutend kleiner als bei konservativer Last. Wir kehren noch einmal zu Abb. 24.6.15 zurück und bemerken, daß der korrekte Divergenzpunkt im Fall einer symmetrisierten tangentialen Steifigkeit nicht erreicht werden kann, da zuvor Konvergenzverlust auftritt. Der gleiche Sachverhalt ergibt sich auch aus Abb. 24.6.17. Zusätzlich bemerkt man im Falle der symmetrischen Approximation wieder einen deutlichen Anstieg der Zahl der Gleichgewichtsiterationen mit der Last.

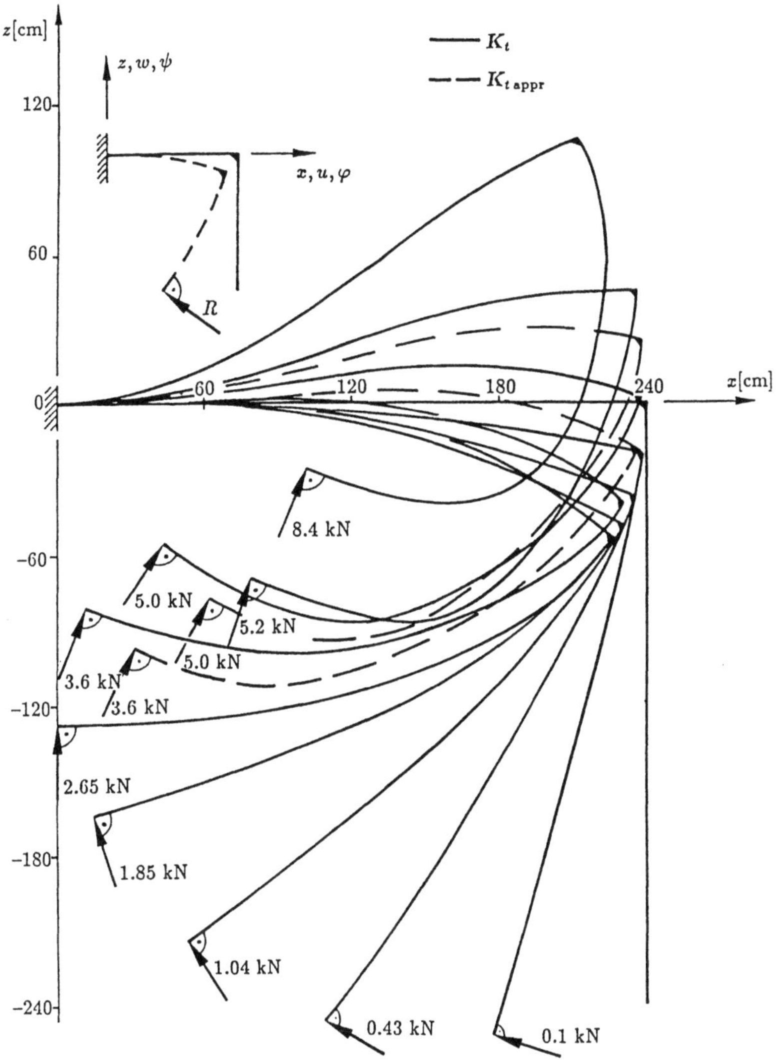

Abb. 24.6.13 Winkelträger unter nichtkonservativer Endlast: Verformtes Tragwerk bei verschiedenen Laststufen

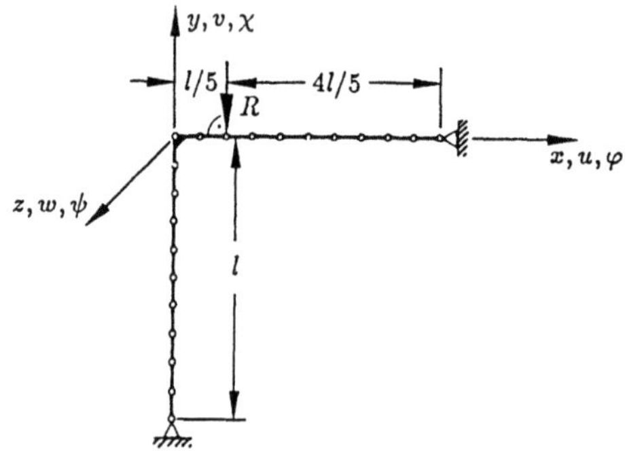

Balkenidealisierung: 20 Elemente, 59 Unbekannte

Geometrische Daten:

Länge	$l = 120$ cm
Flächenträgheitsmoment	$I = 2$ cm^4
Querschnittsfläche	$A = 6$ cm^2

Materialdaten:

Elastizitätsmodul	$E = 7.2 \cdot 10^6$ N/cm^2
Querkontraktionszahl	$\nu = 0.3$

Belastung:
Nichtkonservative Normalkraft R, exzentrisch aufgebracht

Abb. 24.6.14 Gelenkig gelagerter Winkelrahmen unter nichtkonservativer Querkraft: Geometrie, Idealisierung und Daten

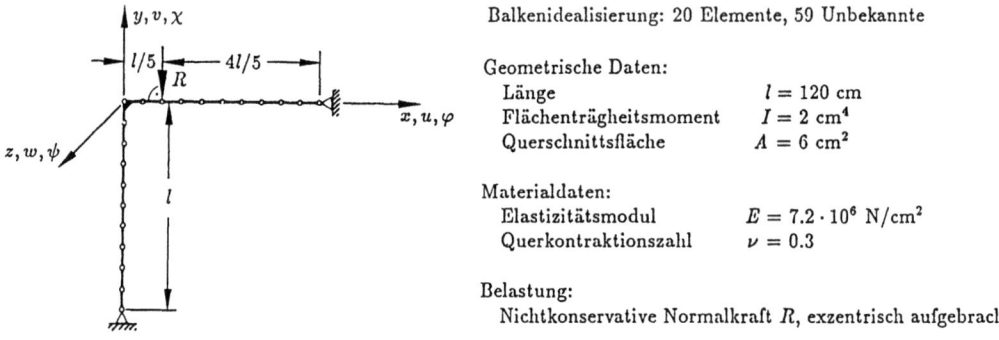

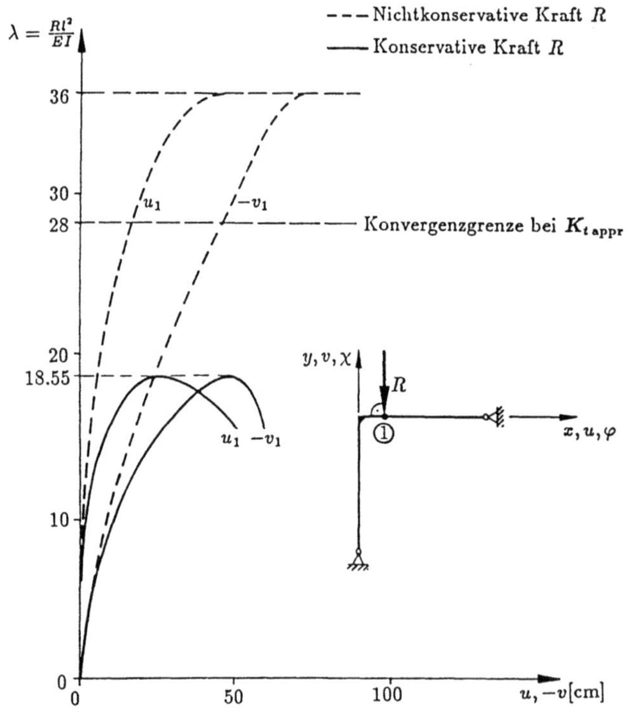

Abb. 24.6.15 Gelenkig gelagerter Winkelrahmen unter nichtkonservativer Querkraft: Last-Verschiebungs-Verhalten am Lastangriffspunkt

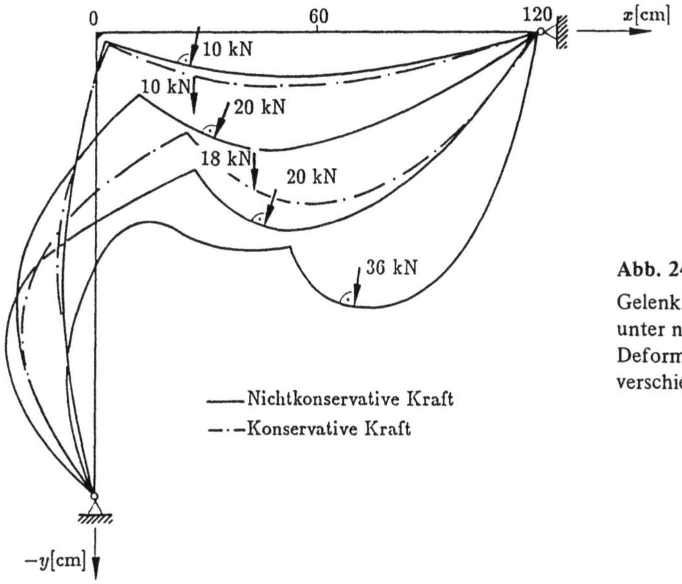

Abb. 24.6.16
Gelenkig gelagerter Winkelrahmen unter nichtkonservativer Querkraft: Deformierte Konfiguration bei verschiedenen Laststufen

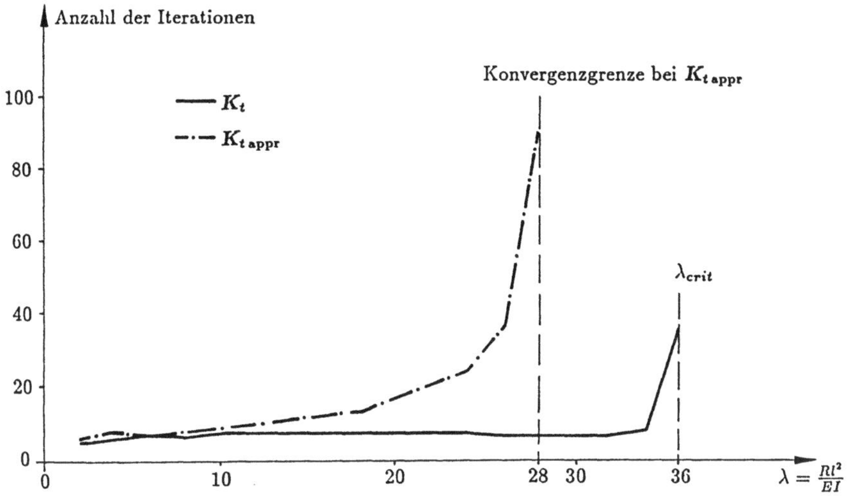

Abb. 24.6.17 Gelenkig gelagerter Winkelrahmen unter nichtkonservativer Querkraft: Anzahl der Gleichgewichtsiterationen über der Last

Große Verschiebungen und Flattern bei einem Kragbogen unter nichtkonservativer tangentialer Endlast [24.36, 24.41]

Wir bewegen uns im Themenkreis einen Schritt vorwärts und damit einen Schritt auf die Dynamik zu. Abb. 24.6.18 zeigt einen halbkreisförmigen Biegeträger unter einer tangentialen Folgelast am freien Ende. Der Bogen ist mit 36 Balkenelementen idealisiert und weist zunächst (Abb. 24.6.19) ein hochgradig nichtlineares statisches Verhalten auf. Dabei ist zu bemerken, daß das Verfahren der symmetrisierten tangentialen Steifigkeit schon relativ früh versagt. Bei diesem Beispiel tritt der Stabilitätsverlust nicht durch eine Singularität der tangentialen Steifigkeit (Divergenz) ein, sondern durch Flattern bei $R = 2.4\,\text{kN}$, d.h. bei dieser Last würden Schwingungen mit ansteigender Amplitude auftreten. Die beträchtlichen Veränderungen der Geometrie im Belastungsprozeß zeigt Abb. 24.6.20. Beim Eintritt des Flatterns ist der Halbring bereits völlig aufgebogen.

Nun vollziehen wir den Schritt in die letzte Gruppe der Beispiele, bleiben aber beim gleichen Objekt. Wir haben ja in der bisherigen Rechnung einen quasistatischen Vorflatterpfad berechnet. Mit dem Verschmelzen zweier aufeinanderfolgenden Eigenfrequenzen erlischt aber die Gültigkeit statischer Berechnungen. Wir müssen uns also dynamischen Berechnungen zuwenden, um weitere Aussagen über das Nachflatterverhalten zu gewinnen. Dies ist analog zum linearen Beulen, wo zwar eine lineare Analyse die Beullast zu liefern vermochte, das Nachbeulverhalten konnte aber nur mit Hilfe einer nichtlinearen Berechnung erarbeitet werden. Alle folgenden dynamischen Berechnungen sind mit dem in Abschnitt 24.6.4 dargestellten Newmark-Verfahren der gemittelten Beschleunigungen ausgeführt worden, und zwar mit korrekter unsymmetrischer tangentialer Steifigkeit.

Zunächst einmal wäre es sicher interessant, das dynamische Verhalten vor Erreichen der kritischen Flattergrenze zu untersuchen (Abb. 24.6.21(a)). Dazu wird die Last von $R = 2.0\,\text{kN}$ auf $R = 2.001\,\text{kN}$ erhöht und danach konstant gelassen. Der Lastanstieg findet in $\Delta t_0 = 1/(\sqrt{10}\,10^5)\,\text{s}$ statt. Die Schrittweite der numerischen Zeitintegration beträgt hier wie in der Folge $\Delta t = 1/(\sqrt{10}\,10^3)\,\text{s}$. Die sich unterhalb der kritischen Grenze einstellende Bewegung ist offensichtlich irregulär, aber nicht angefacht. Wir wiederholen nun die Berechnung, aber diesmal an der Flattergrenze $R = 2.431\,\text{kN}$ (Abb. 24.6.21(b)).

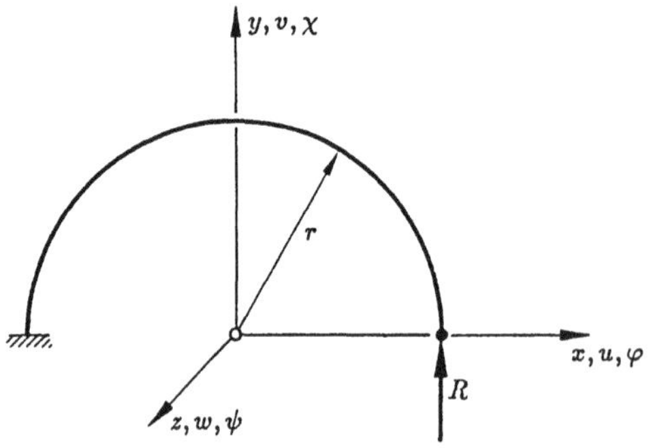

Balkenidealisierung: 36 Elemente, 108 Unbekannte

Geometrische Daten:
- Radius $r = 50\,\text{cm}$
- Flächenträgheitsmoment $I = 0.5\,\text{cm}^4$
- Querschnittsfläche $A = 1\,\text{cm}^2$

Materialdaten:
- Elastizitätsmodul $E = 7.2 \cdot 10^6\,\text{N/cm}^2$
- Querkontraktionszahl $\nu = 0.3$

Belastung:
- Nichtkonservative tangentiale Endlast R

Abb. 24.6.18 Kragbogen unter tangentialer Folgelast: Idealisierung, Geometrie und Daten

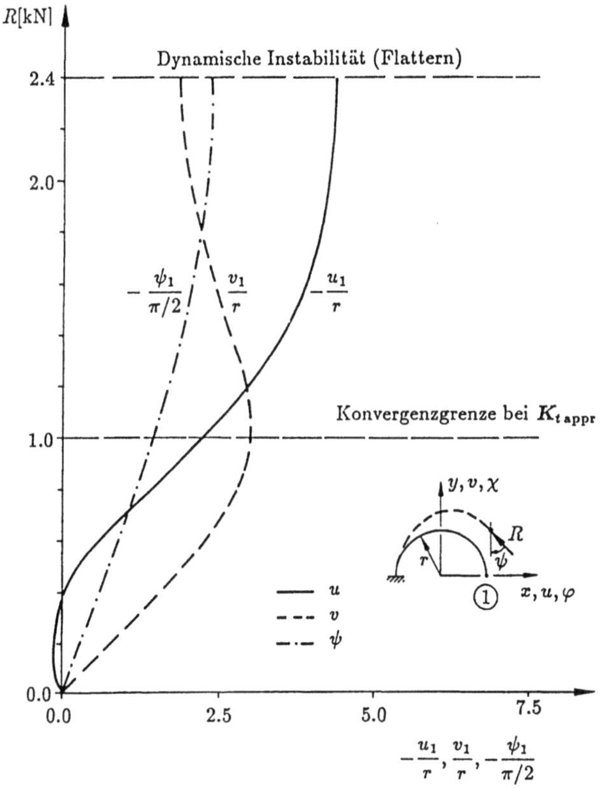

Abb. 24.6.19
Kragbogen unter tangentialer Folgelast: Last-Verschiebungs-Verhalten am Lastangriffspunkt

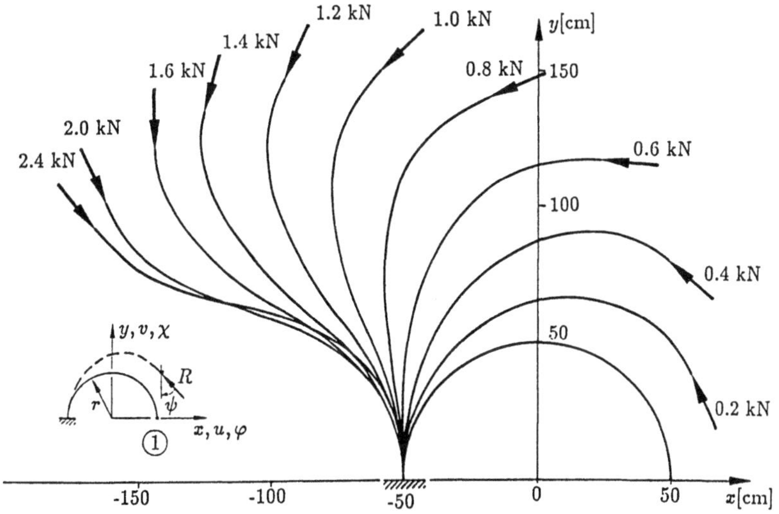

Abb. 24.6.20 Kragbogen unter tangentialer Folgelast: Deformierte Konfiguration bei verschiedenen Laststufen

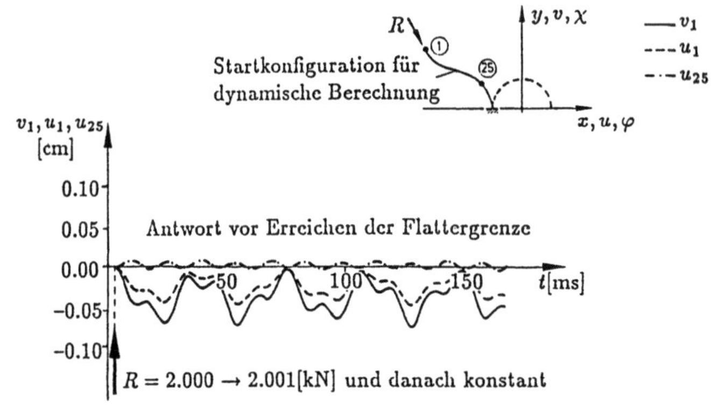

(a) dynamisches Verhalten durch kleinen Lastanstieg vor Erreichen der Flattergrenze

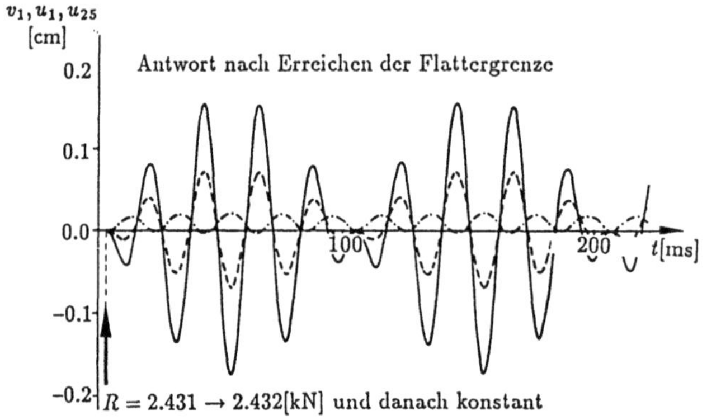

(b) kleiner Lastanstieg nach Erreichen der Flattergrenze

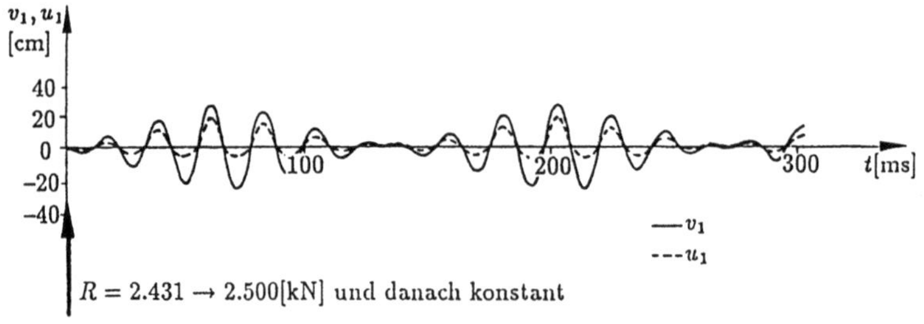

(c) größerer Lastanstieg nach Erreichen der Flattergrenze

Abb. 24.6.21 Kragbogen unter tangentialer Folgelast: Verschiedene mit dem Newmark-Verfahren der gemittelten Beschleunigungen berechnete dynamische Systemantworten, *Teil* 1

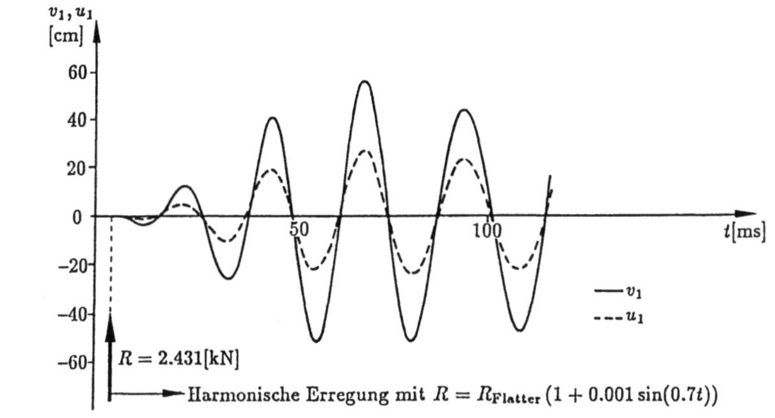

(d) kleine harmonische Zusatzerregung nach Erreichen der Flattergrenze

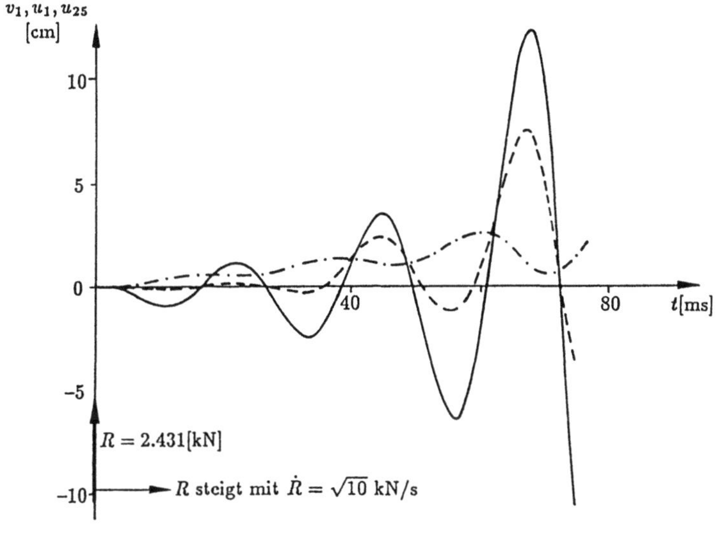

(e) ständig steigende Last nach Erreichen der Flattergrenze

Abb. 24.6.21 Kragbogen unter tangentialer Folgelast: Verschiedene mit dem Newmark-Verfahren der gemittelten Beschleunigungen berechnete dynamische Systemantworten, *Teil* 2

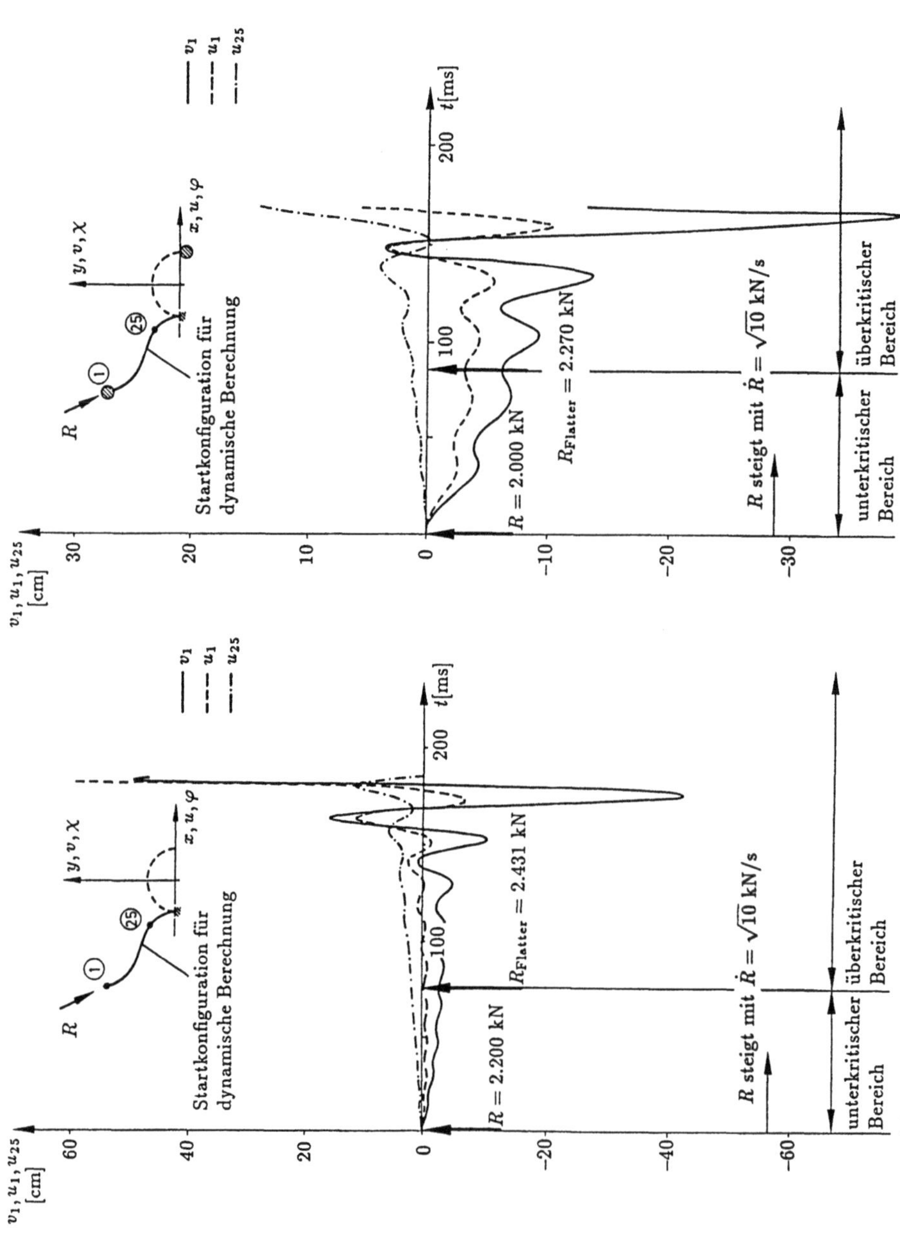

(a) gleichförmige Massenverteilung (geballt)

(b) Zusatzmasse am freien Ende

Abb. 24.6.22 Kragbogen unter tangentialer Folgelast: Einfluß der Massenverteilung auf Flattergrenze und dynamisches Verhalten

Es stellt sich zunächst eine Schwingung mit wachsender Amplitude ein, wie vorausgesagt. In der Folge nimmt jedoch die Amplitude wieder ab, und der ganze Vorgang wiederholt sich periodisch. Das System scheint sich also mit der Zeit dynamisch selbst zu stabilisieren. Dieses Phänomen ist als Grenzzyklusphänomen bekannt und tritt nur bei nichtlinearen Schwingern auf. Das gleiche Verhalten stellt sich auch bei einer größeren Laststufe ein (Abb. 24.6.21(c)). Auch eine harmonische Zusatzerregung (Abb. 24.6.21(d)) liefert das qualitativ gleiche Bild. Der kritische Flatterpunkt bedeutet also keineswegs notwendigerweise eine katastrophale Zerstörung des Tragwerks (analog zum Beulen einer Schale, die sich auch selbststabilisiert). Ein echtes katastrophales Aufschaukeln der Amplituden nach Überschreiten der Flattergrenze läßt sich nur mit einer Maßnahme erreichen: mit einer ständig steigenden Last R über die kritische Grenze hinaus (Abb. 24.6.21(e)).

Schließlich untersuchen wir in Abb. 24.6.22 noch den Effekt der Massenverteilung auf die Ergebnisse. Während die oben diskutierten Berechnungen mit geballten translativen Massen ausgeführt wurden, die einer gleichförmigen Massenverteilung entsprechen, ist eine Vergleichsrechnung mit einer konzentrierten Masse am freien Ende erstellt worden (Abb. 24.6.22b). Die konzentrierte Zusatzmasse ist 10-mal so groß wie die geballten Massen. Es wurde wieder mit stetigem Lastanstieg gearbeitet, aber diesmal schon unterhalb der kritischen Grenze gestartet. Beide Rechnungen zeigen das qualitativ gleiche Verhalten. Unterhalb der Flattergrenze treten Schwingungen mit kleiner, aber konstanter Amplitude auf. Nach Überschreiten der kritischen Last schaukelt sich die Schwingung auf. Wir bemerken allerdings einen deutlichen Einfluß der Massenverteilung auf die Flattergrenze.

Kippen eines Kragträgers unter nichtkonservativer Querkraft [24.36, 24.37, 24.44]

Dieses Problem, in Abb. 24.6.23 vorgestellt, weist bis zum Auftreten der Instabilität keine großen Verschiebungen auf. Bemerkenswert sind die Unterschiede der kritischen Lasten. Bei richtungstreuer Last erfolgt der Stabilitätsverlust durch Divergenz. Bei Folgelasten tritt Flattern auf, und zwar bei einer deutlich höheren Last. Bei einer linearen Stabilitätsanalyse mit Folgelast nimmt man an, daß die Last sich nur um die x-Achse dreht, während bei einer nichtlinearen Berechnung eine Drehung des Lastquerschnitts, und damit der Last, um alle drei Achsen erfolgen kann. Auch daraus ergeben sich sichtbare Unterschiede in der kritischen Last.

Wie bereits erwähnt, resultiert das Flattern dieses Systems aus dem Verschmelzen zweier Eigenfrequenzen, in diesem Falle einer Biegeform und einer Torsionsform (Abb. 24.6.24). Es wird in Abb. 24.6.24 deutlich sichtbar, wie sich Imaginär- und Realteil der komplexen Kreisfrequenzen über der Zeit, und damit der Last, verhalten. Mit Erreichen des Flatterpunkts muß nun auf jeden Fall eine dynamische Berechnung einsetzen. Sie wurde bei ständig steigender Last mit einem Zeitschritt von 10^{-3} s ausgeführt und zeigt im Nachflatterbereich stark divergierende Schwingungen, und damit typische Merkmale des Flatterns.

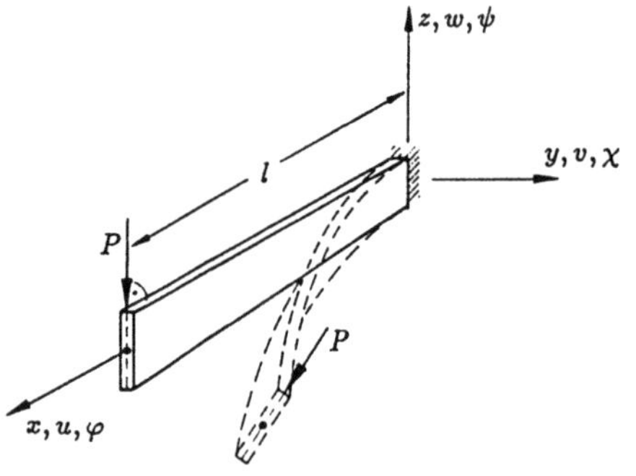

Balkenidealisierung: 10 Elemente, 60 Unbekannte

Geometrische Daten:

Länge	$l = 100$ cm
Flächenträgheitsmomente	$I_{yy} = 1$ cm^4
	$I_{zz} = 0.125$ cm^4
	$I_p = 0.01$ cm^4
Querschnittsfläche	$A = 1$ cm^2

Materialdaten:

Elastizitätsmodul	$E = 10^4$ N/cm^2
Schubmodul	$G = 0.5 \cdot 10^4$ N/cm^2

Belastung:
Folgequerkraft P am freien Ende

Instabilitätsart	Divergenz	Flattern
Lasttyp	Konservative Endlast	Nichtkonservative Folge-Endlast
Analytische Lösung [24.42],[24.43]	0.100325	0.17475
FEM-Lösung	0.100563	linear 0.17494 nichtlinear 0.17082

Abb. 24.6.23 Kippen eines Kragträgers unter nichtkonservativer Querkraft: Idealisierung, Daten und verschiedene kritische Lastwerte

Als Abschiedsbeispiel erweitern wir den Belastungstyp auf instationäre Folgelasten (Abb. 24.6.25). In diesem Falle wird einfach die Lastintensität zeitabhängig gemacht, und so ergibt sich analog zu (24.6.48)

$$\boldsymbol{p}(\boldsymbol{\vartheta}, t) = \boldsymbol{T}(\boldsymbol{\vartheta})\boldsymbol{P}_0(t)$$

wobei der Intensitätsvektor mit

$$\boldsymbol{P}_0(t) = \{0 \quad 0 \quad -P_0 \sin \omega t\}$$

gegeben ist. Die Erregungsfrequenz liegt mit $\omega = 100$ Hz zwischen den beiden niedrigsten Eigenfrequenzen. Die Amplitude wird gleich der kritischen Flatterlast im stationären Fall gewählt ($P_0 = 0.17475$ N). Der Zeitschritt ist wieder 10^{-3} s. In Abb. 24.6.26 wird beim Erreichen der kritischen Last ein Impuls in Form eines Torsionsmoments $\Delta M_x = 10^{-5}$ Ncm aufgebracht. Es stellt sich eine stark divergierende Schwingung mit explosivem Anwachsen der Amplituden ein, was dem Verhalten eines linearen Flattermodells entspricht.

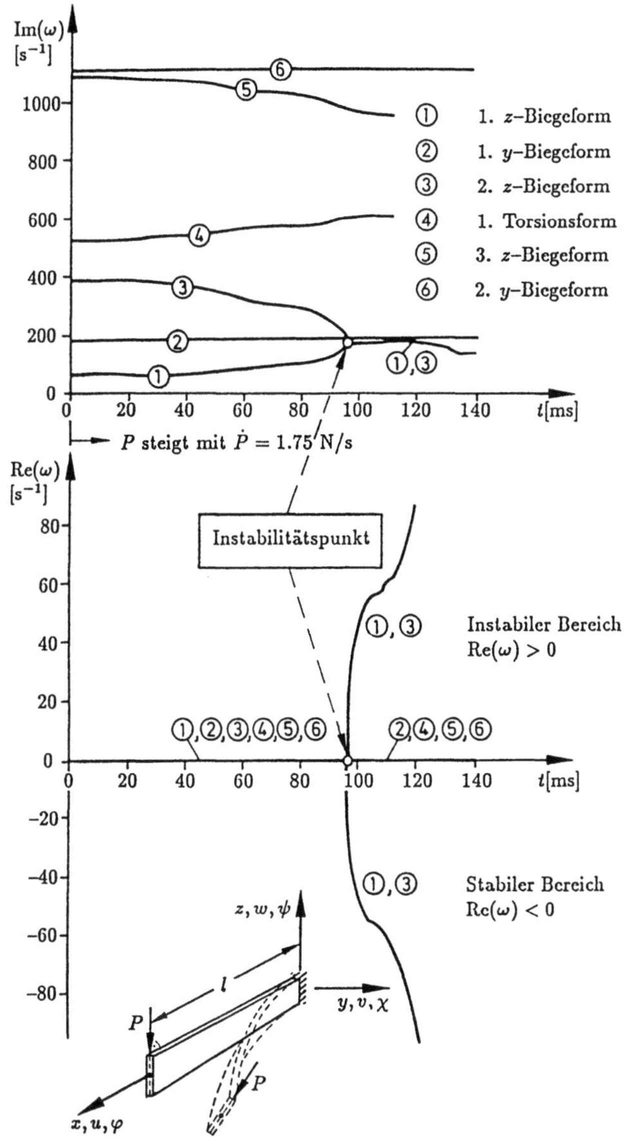

Abb. 24.6.24 Kippen eines Kragträgers unter nichtkonservativer Querkraft: Entwicklung der Eigenfrequenzen

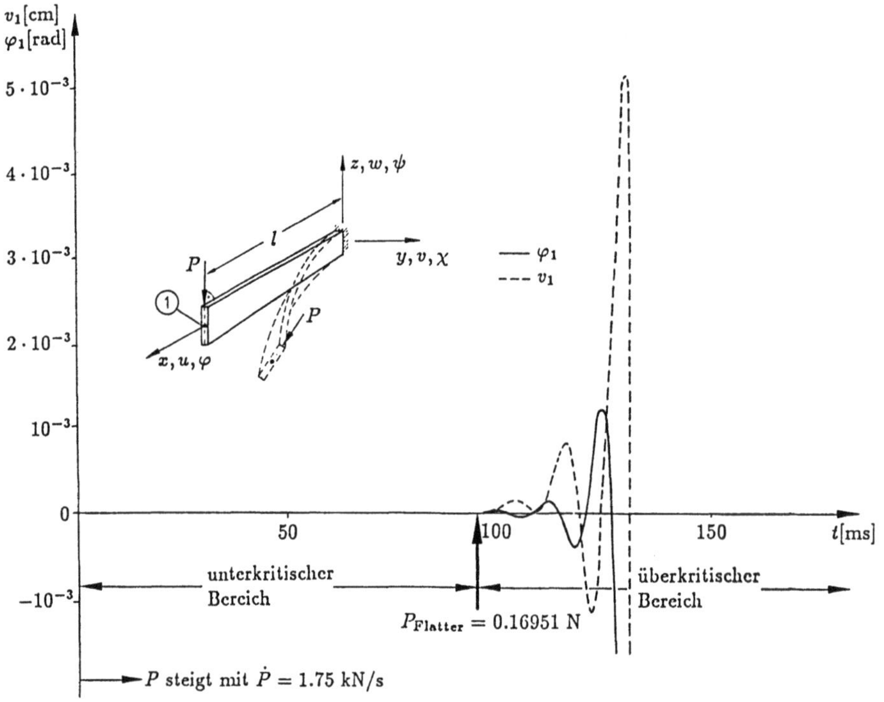

Abb. 24.6.25 Kippen eines Kragträgers unter nichtkonservativer Querkraft: Systemantwort bei gleichmäßig steigender Last

24.7 Geschwindigkeitsabhängige Lasten, wie gyroskopische Effekte

24.7.1 Einführung, allgemeine Ansätze und gyroskopische Pseudodämpfung für den Balken

Wir stellen unsere Betrachtungen am Beispiel eines um eine feste Achse gleichförmig rotierenden Systems an. Ein solches Problem stellt einen Sonderfall der Diskussion dar, die in Kapitel 15 für allgemein bewegte Systeme geboten wird. Dort hatten wir festgestellt, daß in einem bewegten System zusätzliche Beiträge zu den Trägheitskräften entstehen. Neben einem Beitrag zu den äußeren Kräften $R_{IO}(t)$ ergab sich bei gleichförmig rotierenden Systemen ($\dot{\boldsymbol{\omega}}_O = \boldsymbol{o}$) eine verschiebungsabhängige Zusatzkraft

$$Z r$$

wo Z die sogenannte Zentrifugalfeld-Steifigkeit darstellt. Sie wurde bereits im vorangehenden Abschnitt für verschiebungsabhängige Lasten diskutiert. Ferner existierte auch eine geschwindigkeitsabhängige Zusatzkraft

$$G \dot{r}$$

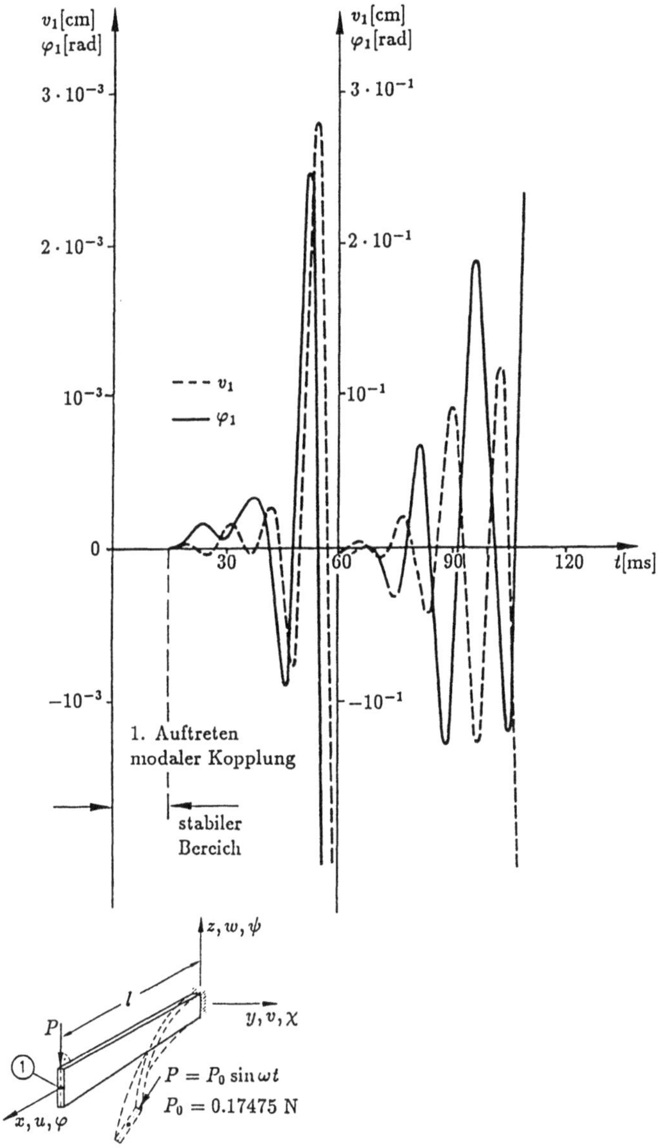

Abb. 24.6.26 Kippen eines Kragträgers bei instationärer nichtkonservativer Last: Verhalten im Nachflatterbereich beim Auftreten einer kurzen Störung

deren Diskussion wir uns jetzt zuwenden wollen. Die inkrementelle Beschreibung des dynamischen Gleichgewichts mündet dabei in (s. (15.3.31))

$$\boldsymbol{M}\ddot{\boldsymbol{r}} + (\boldsymbol{C}+\boldsymbol{G})\dot{\boldsymbol{r}} + (\boldsymbol{K}_e + \boldsymbol{K}_G + \boldsymbol{Z})\boldsymbol{r} = \boldsymbol{R}(t) - \boldsymbol{R}_{IO}(t) \tag{24.7.1}$$

Werden im Zuge nichtlinearer statischer Berechnungen in einem Gleichgewichtspunkt lineare Eigenschwingungsrechnungen ausgeführt, wie das in den noch folgenden Beispielen der Fall sein wird, so entfällt die Rechthandseite des Systems. Wir wissen bereits auf Grund der Ausführungen in Kapitel 15, daß die effektive tangentiale Steifigkeit symmetrisch ist. Dies trifft auch auf die Originaldämpfungsmatrix $\boldsymbol{C}$ zu, jedoch nicht auf die Coriolismatrix $\boldsymbol{G}$. Nach (15.3.21) ist

$$\boldsymbol{G} = \int_V 2\rho\,\boldsymbol{\omega}^{\mathrm{t}}(\boldsymbol{\omega}_O \times \boldsymbol{\omega})\,\mathrm{d}V \tag{24.7.2}$$

eine schiefsymmetrische Matrix. Dies hat natürlich Konsequenzen für die Berechnung der Eigenwerte. Bei Existenz einer Dämpfungsmatrix $\boldsymbol{C}$ entsteht eine effektive allgemeine Dämpfung $\boldsymbol{C}+\boldsymbol{G}$, und man benötigt ein allgemeines Eigenwertverfahren für unsymmetrische Matrizen. Ist $\boldsymbol{C}=\boldsymbol{O}$, so stehen spezielle Algorithmen zur Verfügung, die von der schiefsymmetrischen Gestalt von $\boldsymbol{G}$ Gebrauch machen. Besondere Maßnahmen sind aber zur Berücksichtigung von $\boldsymbol{G}$ auf jeden Fall nötig. Für das diskretisierte Tragwerk ersetzen wir die Integration über das gesamte System durch eine Integration über das Elementvolumen und eine anschließende Summation über die Elementbeiträge

$$\begin{aligned}\boldsymbol{G} &= \sum_{\mathrm{g}=1}^{\mathrm{m}} \mathrm{a}_{\mathrm{g}}^{\mathrm{t}}\left[\int_{V_{\mathrm{g}}} 2\rho\,\boldsymbol{\omega}^{\mathrm{t}}(\boldsymbol{\omega}_O \times \boldsymbol{\omega})\,\mathrm{d}V\right]\mathrm{a}_{\mathrm{g}} \\ &= \sum_{\mathrm{g}=1}^{\mathrm{m}} \mathrm{a}_{\mathrm{g}}^{\mathrm{t}}\,\boldsymbol{g}_{\mathrm{g}}\,\mathrm{a}_{\mathrm{g}}\end{aligned} \tag{24.7.3}$$

worin

$$\boldsymbol{g}_{\mathrm{g}} = \int_{V_{\mathrm{g}}} 2\rho\,\boldsymbol{\omega}^{\mathrm{t}}(\boldsymbol{\omega}_O \times \boldsymbol{\omega})\,\mathrm{d}V \tag{24.7.4}$$

die gyroskopische Elementdämpfung ist, die nach (24.7.3) zur Matrix $\boldsymbol{G}$ auf Strukturebene ‚addiert' wird. Der Aufbau ist identisch mit dem von $\boldsymbol{K}$, $\boldsymbol{C}$ und $\boldsymbol{M}$. Da das Vektorprodukt (x) in (24.7.4) etwas stören mag, denken wir an unsere Arbeit mit Rotationen in Band II und beziehen von dort mit (13.11.9) die Aussage

$$\boldsymbol{\omega}_O \times \boldsymbol{\omega} = \boldsymbol{\Theta}_{\Omega}\boldsymbol{\omega} \tag{24.7.5}$$

Es darf noch einmal daran erinnert werden, daß $\boldsymbol{\omega}$ hier die Verschiebungsinterpolationsmatrix im Element ist. Ferner stellt $\boldsymbol{\omega}_O$ den Drehvektor des Systems dar, dessen Komponenten Ω_x, Ω_y und Ω_z sein sollen

$$\boldsymbol{\omega}_O = \{\Omega_x \quad \Omega_y \quad \Omega_z\} \tag{24.7.6}$$

$g = \frac{\rho A l}{420}$

	u	v	w	φ	w	v	u	v	w	φ	w	v
u	·	$-294\Omega_z$	$294\Omega_y$	·	$-42l\Omega_y$	$-42l\Omega_z$	·	$-126\Omega_z$	$126\Omega_y$	·	$28l\Omega_y$	$28l\Omega_z$
v		·	$-312\Omega_x$	·	$44l\Omega_x$	·	$126\Omega_z$	·	$-108\Omega_x$	·	$-26l\Omega_x$	·
w			·	·	·	$44l\Omega_x$	$-126\Omega_y$	$108\Omega_x$	·	·	·	$-26l\Omega_x$
φ				·	·	·	·	·	·	·	·	·
w					·	$-8l^2\Omega_x$	$28l\Omega_y$	$-26l\Omega_x$	·	·	·	$6l^2\Omega_x$
v						·	$28l\Omega_z$	·	$-26l\Omega_x$	·	$-6l^2\Omega_x$	·
u							·	$-294\Omega_z$	$294\Omega_y$	·	$42l\Omega_y$	$42l\Omega_z$
v								·	$-312\Omega_x$	·	$-44l\Omega_x$	·
w									·	·	·	$-44l\Omega_x$
φ					schiefsymmetrisch					·	·	·
w											·	$-8l^2\Omega_x$
v												·

Abb. 24.7.1 Gyroskopische Pseudodämpfung für den geraden zylindrischen Balken nach [24.25]

Dementsprechend wäre die Matrix

$$\boldsymbol{\Theta}_\Omega = \begin{bmatrix} 0 & -\Omega_z & \Omega_y \\ \Omega_z & 0 & -\Omega_x \\ -\Omega_y & \Omega_x & 0 \end{bmatrix}_\Omega \tag{24.7.7}$$

Offensichtlich ist $\boldsymbol{\Theta}_\Omega$ schiefsymmetrisch. Mit (24.7.4) erhalten wir

$$\boldsymbol{g}_\mathrm{g} = \Omega \int_{V_\mathrm{g}} 2\rho \boldsymbol{\omega}^\mathrm{t} \boldsymbol{\Theta}_\Omega \boldsymbol{\omega} \mathrm{d}V \tag{24.7.8}$$

und sehen so erneut die schiefsymmetrische Gestalt von $\boldsymbol{g}_\mathrm{g}$, und damit auch von $\boldsymbol{G}$, bestätigt. Wir folgen nun der Diskussion von Mai [24.45], der sich ausführlich mit der Berechnung gyroskopischer Schalen- und Balkenstrukturen beschäftigt hat. Er gibt in seiner Arbeit u.a. die fertig ausgearbeitete Coriolis-Pseudodämpfung an. Da unseren Lesern die Interpolationsformen des geraden Balkens bereits aus Band I bekannt sind, präsentieren wir das fertige Ergebnis in Abb. 24.7.1, die aus [24.45] stammt. Die entsprechende Matrix $\boldsymbol{g}$ ist in einem Lokalsystem aufgestellt worden, dessen x-Achse sich an der Längsachse des Balkens orientiert. Dabei fällt auf, daß alle Koppelungen linearer Interpolationsformen (Längsverschiebung u in x, Torsion φ in x) unbesetzt sind. In der zitierten Arbeit finden wir auch eine Coriolismatrix für die einfachen Biegedreiecke, wie TRIB3 bzw. TRUMP. Da jedoch die mit diesen Elementen verknüpften Modalformen $\boldsymbol{\omega}$ aus Band I hinreichend bekannt sind und (24.7.8) mit seinem einfachen Aufbau notfalls auch numerisch integriert werden kann, sparen wir uns die entsprechende Ableitung.

24.7.2 **Corioliseffekte in einigen Berechnungsbeispielen** [24.45]

Abb. 24.7.2 zeigt einen starren Kreisring mit Radius R = 80 in, auf dem ein sehr flexibler Balken der Länge l = 40 in montiert ist. Dabei kann der Balken sowohl in Umfangsrichtung geschwenkt werden (Winkel φ, er ist in der Folge 0) als auch in Achsrichtung (Winkel θ, er ist in der Folge 90°). Dieses Beispiel stammt im Original aus [24.46]. In dieser Publikation wird jedoch das nichtlineare Deformationsverhalten während des Hochdrehens nicht berücksichtigt, was bereits deutliche Effekte hat. Als Vergleichsbasis dient eine Eigenwertanalyse bei Drehzahl Null (Abb. 24.7.3, links), die jeder Leser sicher von Hand ausführen könnte. Danach wird die Drehzahl in fünf Schritten auf 41.8 U/min gesteigert und – unter der unrealistischen Annahme, daß am Tragwerk *nur* Corioliskräfte wirken – eine erneute linearisierte Eigenwertanalyse ausgeführt. Auf diese Weise erhalten wir einen Überblick, wie sich die Corioliskräfte qualitativ auf das Eigenwertspektrum auswirken (Abb. 24.7.3, mitte). Als typischen Effekt bemerken wir eine Spreizung des Frequenzspektrums: die erste Frequenz fällt deutlich ab, und die zweite steigt an. Ferner fällt ein Kopplungseffekt durch die schiefsymmetrische Matrix $\boldsymbol{G}$ auf: die einachsigen Biegungen sind durchweg in zweiachsige Biegedeformationen übergegangen. Jeder Punkt des Balkens beschreibt dabei eine Ellipsenbahn, wobei die Halbachsen der Ellipse durch die in Abb. 24.7.3(b) und (c) angegebenen Auslenkungen beschrieben werden.

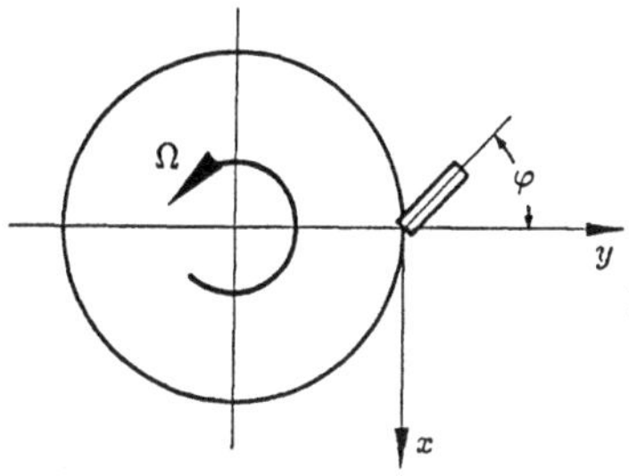

Geometrische Daten:	
Querschnittsfläche	$A = 1.6 \cdot 10^{-3}$ in^2
Flächenträgheitsmomente	$I_{xx} = 4 \cdot 10^{-5}$ in^4
	$I_{zz} = 6 \cdot 10^{-5}$ in^4
	$I_{xz} = 0$
St.Venant-Konstante	$J = 10^{-4}$ in^4
Materialdaten:	
Elastizitätsmodul	$E = 1.5 \cdot 10^7$ psi
Querkontraktionszahl	$\nu = 0.3$
Dichte	$\rho = 2.5900 \cdot 10^{-4}$ lb s^2/in^4

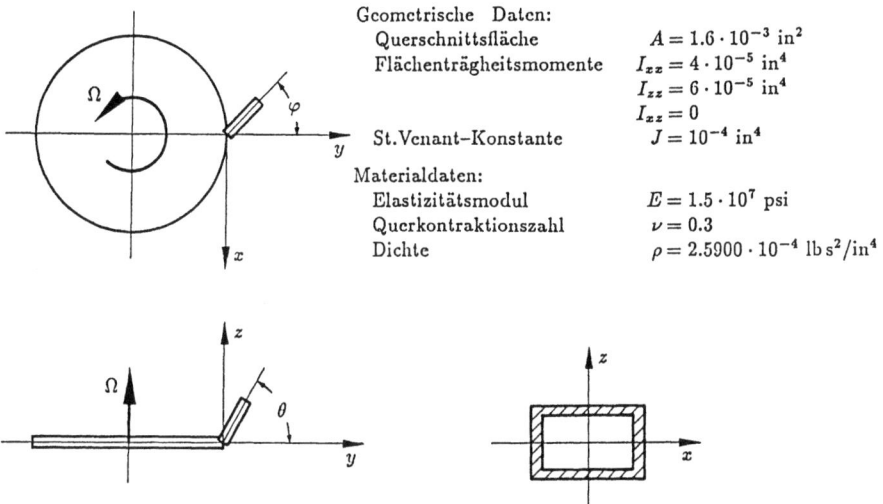

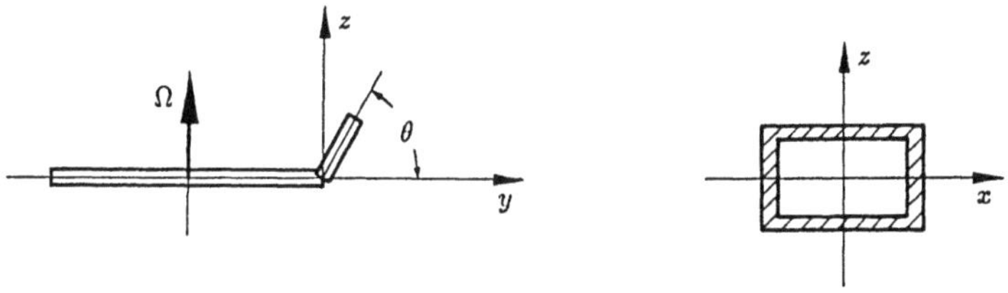

Abb. 24.7.2 Rotierender Kragbalken: Geometrie und Daten

Schaltet man nun, realistischerweise, die Zentrifugalkräfte ein, so sind natürlich einmal bedeutende statische Vordeformationen vorhanden (Abb. 24.7.3(c)), d.h. der Bezugszustand der Schwingung ändert sich ziemlich stark. Zum anderen bemerken wir, daß der Einfluß der Zentrifugalkräfte auf das Frequenzspektrum dominant ist und die Corioliseffekte weitgehend überdeckt. Dies kann bei einer ganzen Reihe von realen rotierenden Tragwerken, wie Verdichter- und Turbinenschaufeln, beobachtet werden. In einem Punkt bemerken wir allerdings den Einfluß der Corioliskräfte immer noch: die Koppelung aus der Ebene heraus ist noch vorhanden.

Als zweites und letztes Beispiel betrachten wir in Abb. 24.7.4 einen langen, schmalen rotierenden Kreiszylinder, der auch ein Rotornaben- oder Orbitermodell sein könnte [24.45]. Der Zylinder rotiert mit 398 rad/s um die Längsachse z. Die Zentrifugalfeldkräfte haben bei diesem Beispiel kaum Einfluß auf das Eigenschwingungsverhalten. In Abb. 24.7.5 haben wir die drei ersten Eigenfrequenzen jeweils für den ruhenden und rotierenden Fall angegeben. Um die Darstellungsqualität zu verbessern, ist der Radius 6-fach überhöht dargestellt. Der Zylinder wirkt deshalb wesentlich dicker als das Original. Der Einfluß der Corioliskräfte fällt bei der ersten Biegung recht drastisch aus, da die Eigenfrequenz um rund 40 % absinkt. Als zweite Eigenfrequenz im ruhenden Fall haben wir einfach eine Biegung um eine andere Achse bei gleicher Frequenz (das Tragwerk ist doppelt symmetrisch). Sie wird beim rotierenden Tragwerk durch eine Torsionsschwingung abgelöst, die eine leichte ‚Atmungs'-Schwingung aufweist. Diese Torsion steht beim ruhenden Tragwerk an 3. Stelle und hat offensichtlich ihren Frequenzwert kaum geändert. Die 3. Eigenfrequenz des rotierenden Tragwerks ist nun eine Biegung um die andere Achse (Nr. 2 beim ruhenden Fall), jetzt vermischt mit Torsion. Der Frequenzanstieg beträgt rund 74 %. Weitere Frequenzvergleiche finden wir in der Originalarbeit

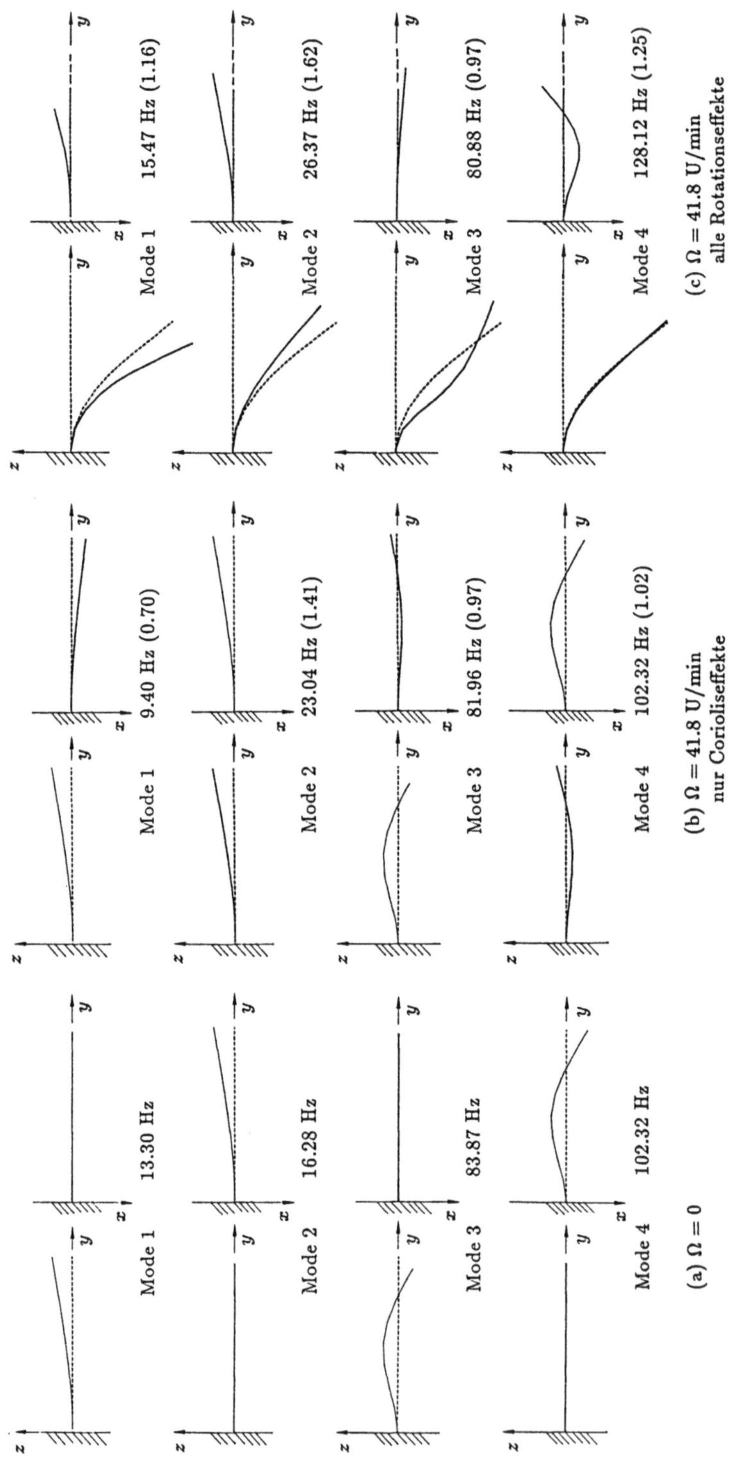

Abb. 24.7.3 Rotierender Kragbalken bei $\theta = 90°$: Eigenfrequenzen und Eigenformen einer linearisierten Analyse im nichtlinearen Gleichgewichtspunkt

Geometrische Daten:	
Länge	$l = 81$ in
Radius	$r = 3.5$ in
Dicke	$t = 0.43$ in
Materialdaten:	
Elastizitätsmodul	$E = 30.700 \cdot 10^6$ psi
Querkontraktionszahl	$\nu = 0.3$
Dichte	$\rho = 7.768 \cdot 10^{-4}$ lb s^2/in^4

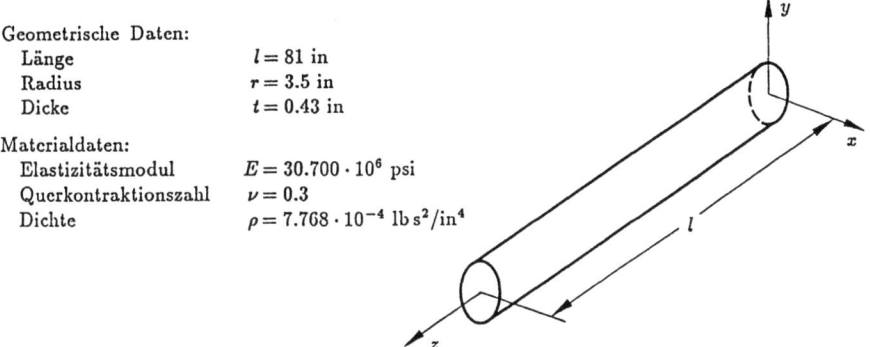

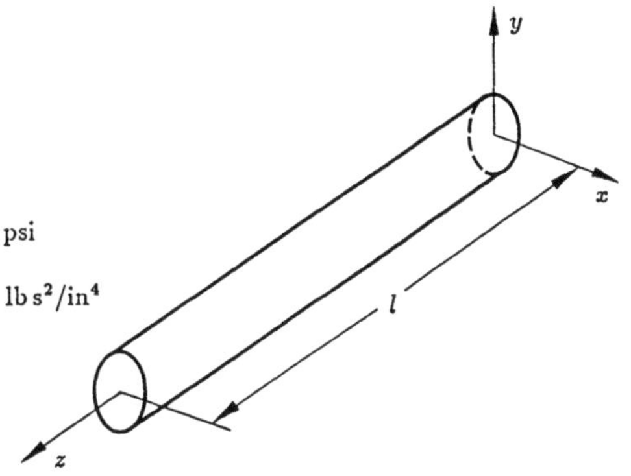

Abb. 24.7.4 Rotierender Zylinder: Geometrie und Daten

[24.45]. Damit kann festgestellt werden, daß die Corioliskräfte bei diesem Tragwerkstyp einen recht bedeutenden Einfluß haben und bei ähnlichen Systemen, wie kompletten Turbinenrädern mit Beschaufelung und spinstabilisierten Raumfahrtstrukturen, auf jeden Fall zu berücksichtigen sind.

24.8 Die rechnerische Untersuchung des Crash-Vorgangs

Wir haben in diesem Kapitel mit einer Ausnahme bis jetzt nur nichtlineares dynamisches Verhalten elastischer Strukturen untersucht. In dem einen Ausnahmebeispiel in Abschnitt 24.4.4 haben wir den dynamischen Lauf eines Impulses durch einen elastoplastischen Stab besprochen. Dabei mußte die elastische Matrix K_e durch die elastoplastische Steifigkeitsmatrix K_{ep} ersetzt werden.

Im vorliegenden Abschnitt wollen wir ausführlicher auf die Methodik bei nichtlinearem Materialverhalten und großen Verschiebungen eingehen und dabei exemplarisch das Crash-Verhalten einer Automobilkonstruktion untersuchen. Für die Insassen sind dabei sowohl die auftretenden Kräfte als auch die Entwicklung der großen Verformungen der Konstruktion von zentraler Bedeutung. An das System muß deshalb die Forderung gestellt werden, die Energie bestimmter Aufprallkonstellationen innerhalb gewisser Verformungswege so aufzunehmen, daß für die Insassen zumutbare Belastungen nicht überschritten werden. Für diesen Entwurfsbereich wurden in der Vergangenheit von der Industrie hauptsächlich kostspielige Versuche vorgenommen. Dabei wird das Aufprallverhalten entweder für die ganze Konstruktion oder für risikobehaftete Einzelteile experimentell simuliert und ausgewertet. Eine typische Anordnung eines entsprechenden Versuchs zeigt Abb. 24.8.1; sie stellt das vordere Gehäuse eines Automobils (ohne Motor) mit Stoßstange, Längskastenträgern sowie Kotflügeln dar. Bei diesem Vorgang ist das Verformungsverhalten der restlichen Konstruktion nicht von gravierender Bedeutung, wohl aber ihre Masse. Diese wird mittels aufgeschweißter Metallplatten beim Versuch mitgeführt, so daß eine gesamte Aufprallmasse – ohne Motor – von $M = 588$ kg zum Tragen kommt. Im Versuch wird die auf Schienen fahrbare Anordnung mit der gewünsch-

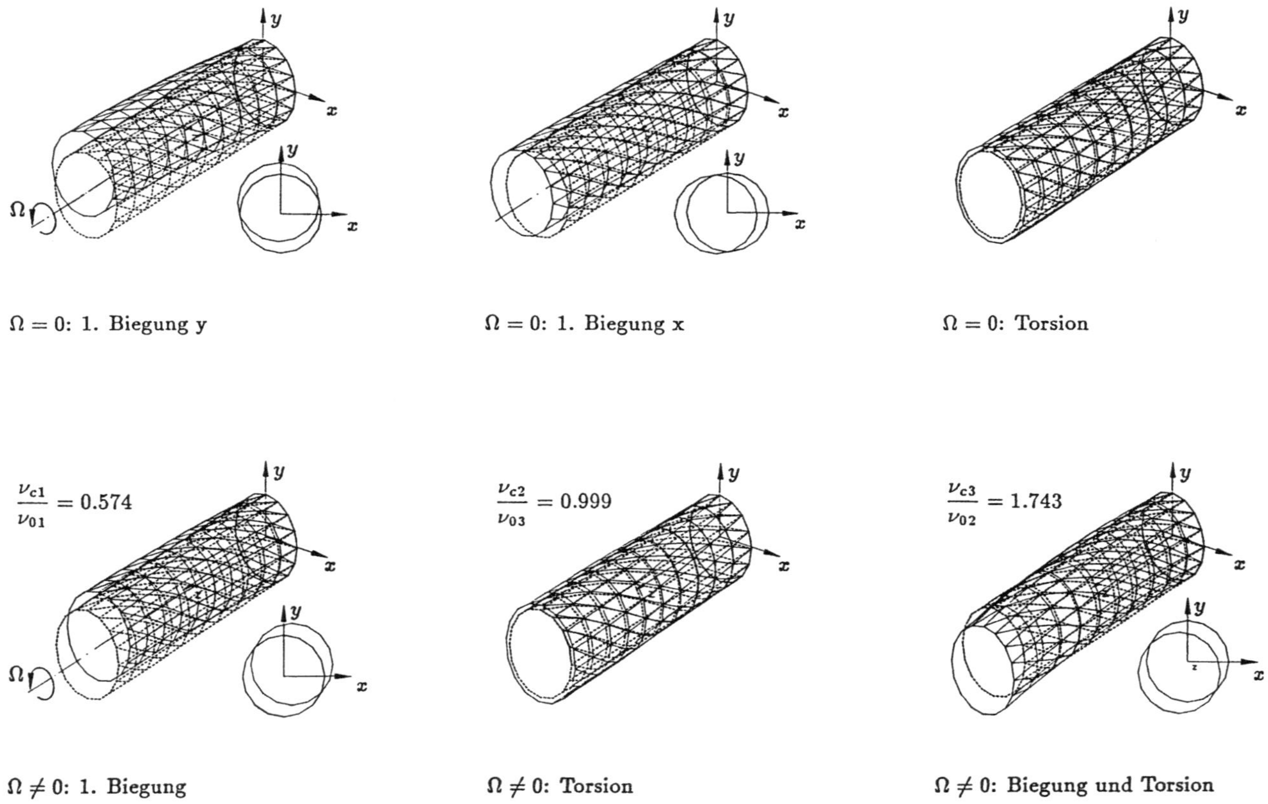

(a) 1. Eigenfrequenz (b) 2. Eigenfrequenz (c) 3. Eigenfrequenz

Abb. 24.7.5 Rotierender Zylinder: drei typische Frequenzänderungen durch Corioliseffekte [24.45]

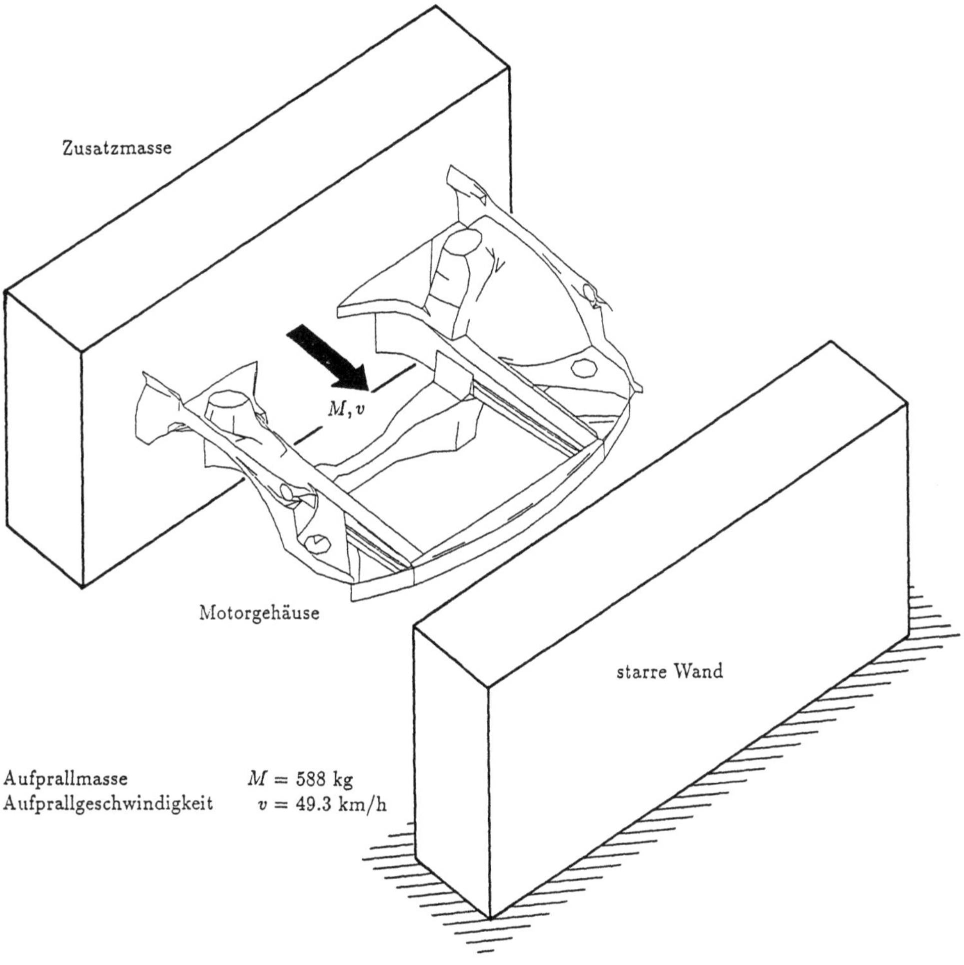

Abb. 24.8.1 Versuchsanordnung für einen Crash-Vorgang mit dem vorderen Gehäuseteil eines Automobils

ten Geschwindigkeit gegen eine massive Betonwand katapultiert; diese Wand kann dabei als starr angesehen werden. Im vorliegenden Beispiel betrug die Aufprallgeschwindigkeit der Testkonstruktion $v = 49.3$ km/h. Im Verlauf des durch den Aufprall eingeleiteten Verformungsvorgangs entwickeln sich starke bleibende Formänderungen, die die kinetische Energie, wie erwünscht, aufzehren. Im Gegensatz dazu sind die elastischen Formänderungen vernachlässigbar klein. Ihre Bedeutung bei der Auswertung der Spannungen darf aber nicht unterschätzt werden.

Es braucht nicht hervorgehoben zu werden, daß eine zuverlässige rechnerische Analyse des Crash-Vorgangs aufwendig sein muß. Andererseits würde eine erfolgreiche Computersimulierung noch immer kostengünstiger als der Versuch sein und zusätzlich eine derartige Fülle von Ergebnissen liefern, wie sie wiederholte Versuche nur annähernd zeigen können. Es wird nun dem erfahrenen Leser klar sein, daß die Crash-Analyse einer Blechkonstruktion einen hohen Aufwand an Simulation und Rechnung beinhaltet. Zugleich wäre es unrealistisch, zu erwarten, daß jede Einzelheit einer stark ausgeprägten Deformation bei den Unwägbarkeiten der genauen ursprünglichen Geometrie und der Materialeigenschaften durch eine Rechnung wiedergegeben werden kann. Es empfiehlt sich also schon aus ökonomischen Gründen, eine technisch *sinnvolle* Idealisierung der Konstruktion anzustreben, und nur die für die Simulation essentiellen Eigenschaften des Materials in die Rechnung aufzunehmen. Im vorliegenden Fall genügt es für die Ermittlung der Deformationen (aber nicht für die Feststellung der tatsächlichen Spannungen), den Blechen ein starr-viskoses inkompressibles Stoffgesetz vorzuschreiben. Wir werden diesen Aspekt im einzelnen noch in Abschnitt 24.8.1 beschreiben. Wichtig ist es nun, zu verstehen, daß bei diesem Verhalten nicht die Knotenverschiebungen $\boldsymbol{r}$, sondern die Geschwindigkeiten $\dot{\boldsymbol{r}}$ als Unbekannte eingehen. Der Einfluß der großen Verschiebungen wird in unserem Exempel in etwas abgeänderter Form als mit der üblichen geometrischen Steifigkeit erfaßt. An jedem Knoten der diskretisierten Struktur werden unmittelbar die Resultierenden der inneren Spannungen für die augenblickliche Geometrie erstellt. Diese Resultierenden müssen zusammen mit den Trägheitskräften und äußeren Kräften einen Gleichgewichtszustand bilden, womit wir schon die Bewegungsgleichungen als Funktion von $\dot{\boldsymbol{r}}$ aufgebaut haben. Das Prinzip des Verfahrens kann den folgenden zwei Unterabschnitten entnommen werden, weitere Einzelheiten kann der Leser in [24.48] einsehen.

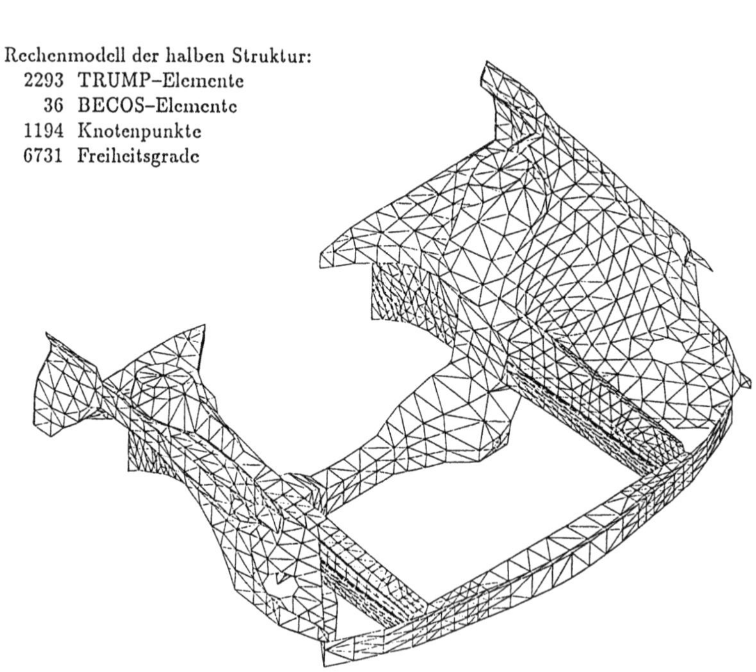

Abb. 24.8.2 Diskretisierung des vorderen Gehäuseteils eines Automobils

24.8.1 Über das Stoffgesetz der Bleche

Der Einfluß des spezifischen Verhaltens des Konstruktionswerkstoffes wirkt sich ausschließlich in der Ermittlung der Spannungen aus den entstehenden Formänderungen aus und bestimmt somit den Aufbau der Spannungsresultierenden an den Netzknotenpunkten des diskreten Tragwerksmodells.

Die Eigenschaften der in der vorliegenden Konstruktion verwendeten Stahlbleche unter einachsiger Zugbelastung sind in Abb. 24.8.3 und Abb. 24.8.4 wiedergegeben. Abb. 24.8.3 bezieht sich auf übliches Automobilstahlblech, Abb. 24.8.4 auf den höherfesten Werkstoff der Längskastenträger. Die Spannungsverläufe in den Diagrammen weisen eine

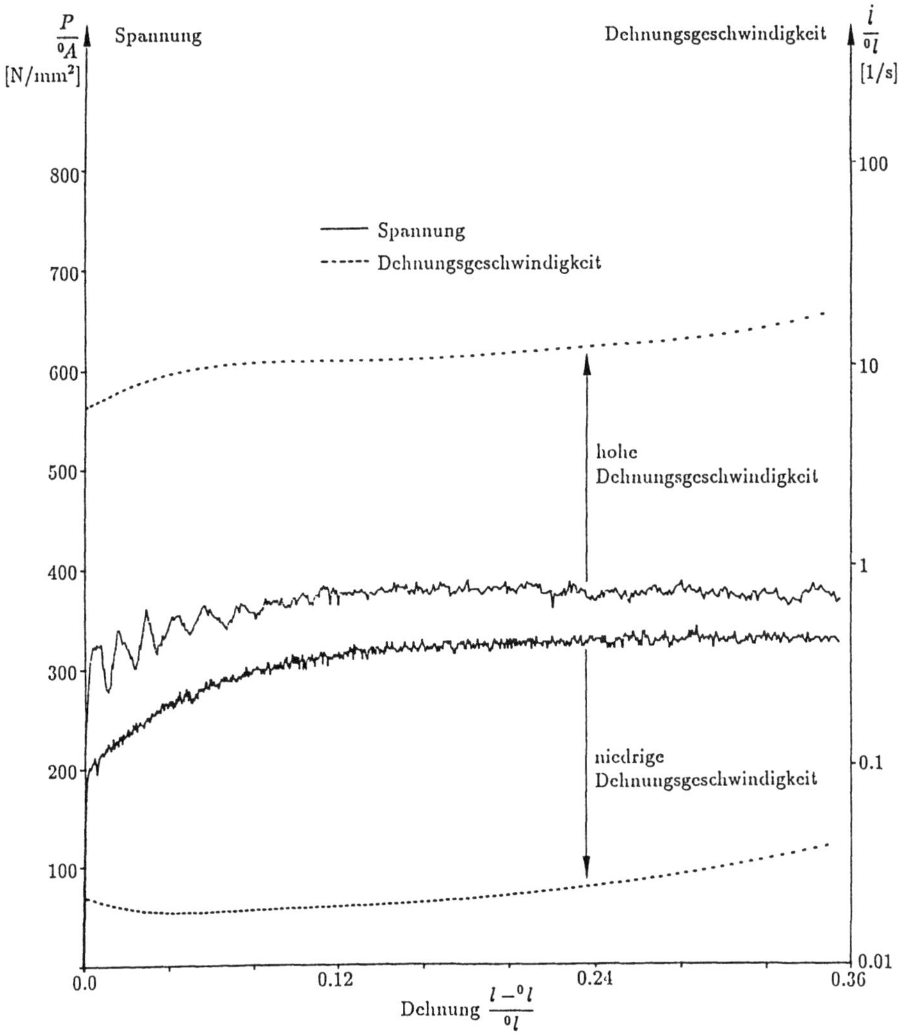

Abb. 24.8.3 Spannungs-Dehnungs-Beziehung eines üblichen Automobilstahlblechs

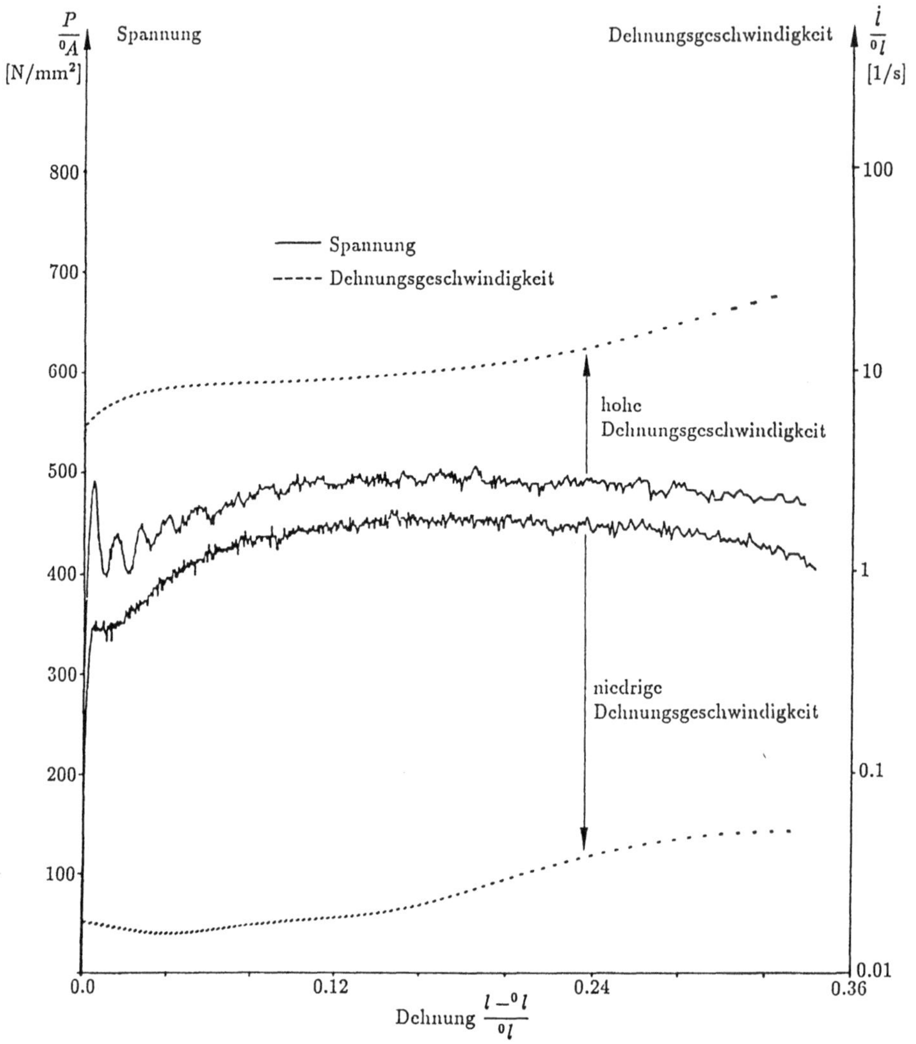

Abb. 24.8.4 Spannungs-Dehnungs-Beziehung eines höherfestigen Werkstoffs (Längskastenträger)

gewisse Verfestigung des Werkstoffes mit zunehmender Dehnung auf. Letztere geht fast ausschließlich als inelastische Dehnung ein. Interessanterweise traten bei verschieden schnell durchgeführten Zugversuchen unterschiedliche Spannungs-Dehnungs-Verläufe auf. Dies läßt auf eine Abhängigkeit des Werkstoffverhaltens von der Dehnungsgeschwindigkeit schließen. Um dieses Verhalten dem Leser zu vergegenwärtigen, sind in Abb. 24.8.3 und Abb. 24.8.4 jeweils die zwei Grenzkurven enthalten, die Beginn und Ende dieser Abhängigkeit markieren. Das festgestellte Werkstoffverhalten wird im Hinblick auf eine zweckmäßige Einfachheit durch die Annahme eines viskosen, inkompressiblen Stoffes beschrieben. Der mathematische Ansatz für einen isotropen Stoff dieser Art bezieht sich auf deviatorische Spannungen

$$\boldsymbol{\sigma}_D = 2\mu\dot{\boldsymbol{\gamma}} \qquad (24.8.1)$$

mit μ als dem Viskositätskoeffizienten. Die Inkompressibilität verlangt das Verschwinden des volumetrischen Anteils der Dehnungsgeschwindigkeit, und daher ist die Dehnungsgeschwindigkeit hier rein deviatorisch. Damit wird

$$\dot{\boldsymbol{\gamma}} \equiv \dot{\boldsymbol{\gamma}}_D \tag{24.8.2}$$

Ebenfalls wegen der angenommenen Inkompressibilität ist es im allgemeinen nicht möglich, die hydrostatische Spannung durch die Dehnungsgeschwindigkeit auszudrücken. Im vorliegenden Fall haben wir es jedoch ausschließlich mit ebenen Spannungszuständen zu tun, und die entsprechend reduzierten Spannungs- und Dehnungsgeschwindigkeitsvektoren sind durch die Beziehung

$$\boldsymbol{\sigma} = 2\mu\left[\boldsymbol{I}_3 + \boldsymbol{e}_{2,1}\boldsymbol{e}_{2,1}^t\right]\dot{\boldsymbol{\gamma}} \tag{24.8.3}$$

miteinander verbunden. Vergleicht man (24.8.3) mit der analogen elastischen Beziehung, so stellt man fest, daß beim vorliegenden viskosen Werkstoff der Viskositätskoeffizient μ an die Stelle des elastischen Schubmoduls G tritt und die inelastische Dehnungsgeschwindigkeit $\dot{\boldsymbol{\gamma}}$ an die Stelle der elastischen Dehnung $\boldsymbol{\epsilon}$. Somit ist der Viskositätskoeffizient μ der maßgebende Werkstoffparameter und muß mit Hilfe der verfügbaren einachsigen Versuchsdaten bestimmt werden. Hierzu kann zunächst aus (24.8.1) eine Beziehung zwischen den äquivalenten Größen nach von Mises, Spannung $\overline{\sigma}$ und Dehnungsgeschwindigkeit $\dot{\overline{\gamma}}$, abgeleitet werden. Man erhält

$$\overline{\sigma} = 3\mu\dot{\overline{\gamma}} \tag{24.8.4}$$

Des weiteren kann die einachsige Werkstoffcharakteristik ebenfalls durch einen funktionalen Zusammenhang zwischen äquivalenter Spannung und Dehnungsgeschwindigkeit erfaßt werden, somit

$$\overline{\sigma} = f(\dot{\overline{\gamma}}, \overline{\gamma}) \tag{24.8.5}$$

worin die Vergleichsdehnung selbst der Werkstoffverfestigung Rechnung trägt. Ein Vergleich von (24.8.4) mit (24.8.5) führt auf den Viskositätskoeffizienten

$$\mu = \frac{\overline{\sigma}}{3\dot{\overline{\gamma}}} = \frac{f(\dot{\overline{\gamma}}, \overline{\gamma})}{3\dot{\overline{\gamma}}} \tag{24.8.6}$$

womit das Stoffgesetz vervollständigt ist.

Die angedeutete Analogie mit dem Verhalten elastischer Stoffe erlaubt nun einen raschen Aufbau der Theorie. Die kartesischen Spannungsresultierenden $\mathbf{P}_D$ an den Knotenpunkten eines finiten Elements ermitteln sich aus den entsprechenden Verschiebungsgeschwindigkeiten $\dot{\boldsymbol{\rho}}$ der Elementknoten durch die Beziehung

$$\mathbf{P}_D = \boldsymbol{c}\dot{\boldsymbol{\rho}} \tag{24.8.7}$$

wobei $\mathbf{P}_D$ sogenannten Elementdämpfungskräften entspricht und die Viskositätsmatrix $\boldsymbol{c}$ des Elements in analoger Weise zur Elastizitätsmatrix aufgestellt wird.

24.8.2 Aufstellung der Bewegungsgleichungen der Struktur

Nach dem vorhergehenden Unterabschnitt über die Besonderheiten des gewählten inelastischen Werkstoffverhaltens können wir zur eigentlichen Berechnung des Aufprallvorgangs der Struktur übergehen. Wir verweisen nochmals auf die Diskretisierung der Konstruktion in Abb. 24.8.2. Das Problem kann als symmetrisch bezüglich der vertikalen Mittelebene angenommen werden. Dementsprechend braucht nur mit der einen Hälfte des gezeigten Netzes gerechnet zu werden. Das Netz besteht aus 1194 Knotenpunkten und weist 2293 TRUMP-Plattenelemente sowie 36 BECOS-Balkenelemente auf. Beide ursprünglich elastischen Elementtypen werden entsprechend den vorausgegangenen Ausführungen für ein nichtlinear viskoses und verfestigendes Stoffverhalten aufbereitet. Es ist zu bemerken, daß außer der erwähnten Symmetrie auch die starre Verbindung der Konstruktion mit der schweren Stahlplatte ausgenutzt werden kann. Dennoch verbleiben 6731 Unbekannte in diesem Aufprallproblem und bedingen eine für ein nichtlineares dynamisches Problem beachtliche Problemgröße. Die Berechnung erforderte den Einsatz des damaligen Größtrechners CRAY-1M an der Universität Stuttgart.

Der dem Leser nun geläufige Boolesche Assemblierungsprozeß der Beiträge der einzelnen Elemente der diskretisierten Struktur liefert letztlich die Spannungsresultierenden an den Netzknotenpunkten, die Quasidämpfungskräfte darstellen, als

$$\boldsymbol{R}_D = \boldsymbol{C}(\boldsymbol{r})\dot{\boldsymbol{r}} \tag{24.8.8}$$

mit $\boldsymbol{C}(\boldsymbol{r})$ als der Viskositätsmatrix der diskretisierten Konstruktion. Die Bewegungsgleichung, die das dynamische Gleichgewicht zwischen äußeren und inneren Kräften ausdrückt, nimmt somit die Form

$$\boldsymbol{M}\ddot{\boldsymbol{r}} + \boldsymbol{C}(\boldsymbol{r})\dot{\boldsymbol{r}} = \boldsymbol{R}(\boldsymbol{r}) \tag{24.8.9}$$

an und ist jeweils für die augenblickliche Geometrie der verformten Konstruktion aufzustellen, womit im vorliegenden Verfahren der Einfluß der üblichen geometrischen Steifigkeit im laufenden nichtlinearen $\boldsymbol{C}(\boldsymbol{r})$ enthalten ist. Der Beitrag der augenblicklichen Geometrie wirkt sich auf die Bestimmung der Viskositätsmatrix $\boldsymbol{c}(\boldsymbol{\rho})$ (24.8.7) bzw. $\boldsymbol{C}(\boldsymbol{r})$ (24.8.9) sowie die Aufstellung des Lastvektors $\boldsymbol{R}(\boldsymbol{r})$ aus.

Die Integration der Bewegungsgleichung (24.8.9) kann gemäß einem der bereits besprochenen Algorithmen erfolgen. Zu Beginn der Simulation des Vorgangs im Rechner besitzt das gesamte diskretisierte Gebilde die Aufprallgeschwindigkeit, mit Ausnahme der Stellen, die die starre Barriere berühren. Hier ist die Geschwindigkeit Null. Die angenäherte Zeitintegration der Bewegungsgleichung erfolgt gemäß dem Schema von Newmark, und zwar in der unbedingt stabilen Version $\beta = 1/4$, $\gamma = 1/2$. Das jeweils resultierende inkrementelle Problem ist nichtlinear und erfordert die wiederholte Auflösung einer Matrizengleichung. Im Verlauf der Rechnung wurde der Zeitschritt zwischen 0.1 ms und 0.2 ms gewählt. Gelegentlich konnten auch Zeitschritte bis zu 1 ms verwendet werden. Ergebnisse der Berechnung zeigen Abb. 24.8.5 bis Abb. 24.8.7. Der Aufprall führt zunächst zu einer Abplattung der Stoßstange. Anschließend werden die Hauptlängsträger infolge des Kontakts mit der Wand belastet. Sie werden zu Beginn örtlich entlang ihrer Längsachse verformt, so daß sich Falten und Beulen bilden. Dies ist aus Abb. 24.8.5 ersichtlich. Die gezeigte Draufsicht ermöglicht einen Vergleich zwischen der unverformten und der ver-

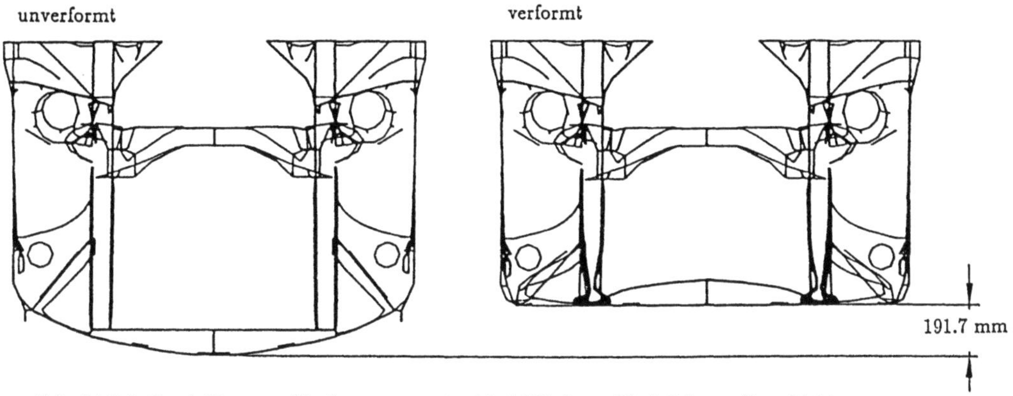

Abb. 24.8.5 Crash-Vorgang: Verformungszustand bei 191.7 mm Eindrückung; Draufsicht

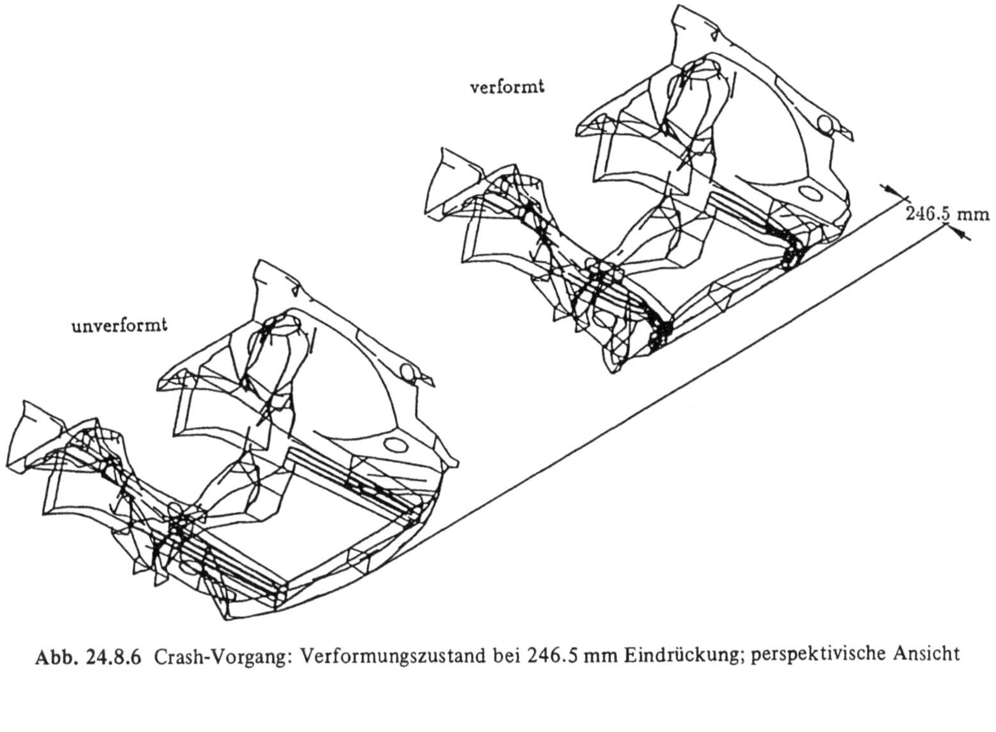

Abb. 24.8.6 Crash-Vorgang: Verformungszustand bei 246.5 mm Eindrückung; perspektivische Ansicht

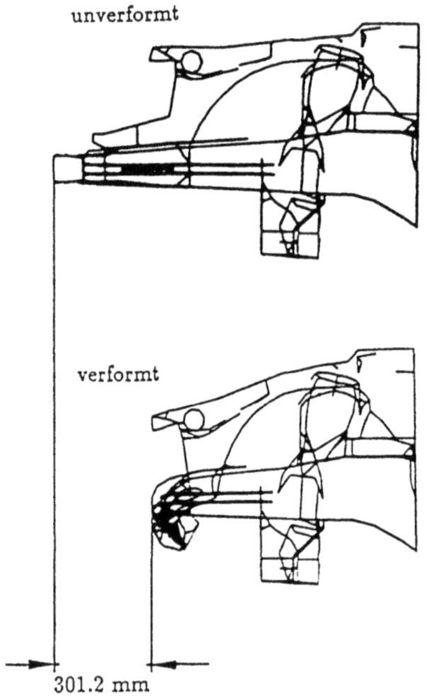

Abb. 24.8.7
Crash-Vorgang: Verformungszustand bei 301.2 mm Eindrückung; Seitenansicht

formten Konstruktion nach einer permanenten Deformation von 191.7 mm. Die weitere Bewegung führt zu einem Ausknicken der Hauptlängsträger, die nun beginnen, sich nach unten zu verformen. Den Zustand nach 246.5 mm Gesamtverformung gibt Abb. 24.8.6 in der Perspektive wieder. Der Aufprallvorgang wurde rechnerisch bis zu einer Gesamtverschiebung von 301.2 mm nachvollzogen. Den hierbei erreichten Verformungszustand der Konstruktion verdeutlicht die Seitenansicht in Abb. 24.8.7 und stellt ihn dem unverformten Ausgangszustand gegenüber. Es ist vielleicht interessant, zu bemerken, daß diese umfangreiche Berechnung als eine der ersten Aufprallanalysen dieser Größenordnung angesehen werden kann. Darüber hinaus konnten die Rechenergebnisse durch den Vergleich mit der im Experiment festgestellten Verformung weitgehend bestätigt werden. Die Ermittlung tatsächlicher Spannungen erfordert allerdings, wie eingangs erwähnt, die Berücksichtigung der elastischen Komponente des Materials. Auf diese Feinheiten können wir in diesem Werk nicht eingehen.

Literatur zu Kapitel 24

[24.1] *K. Klotter;* Nonlinear vibrations, in: Handbook of engineering mechanics, ed. W. Flügge (McGraw-Hill, New York, 1962).

[24.2] *J. J. Stoker;* Nonlinear vibrations in mechanical and electrical systems (Interscience, New York, 1950).

[24.3] *Ch. Hayashi;* Nonlinear oscillations in physical systems (McGraw-Hill, New York, 1964).

[24.4] *P. Hagedorn;* Non-linear oscillations (Clarendon Press, Oxford, 1981).

[24.5] *R. E. Mickens;* An introduction to nonlinear oscillations (Cambridge University Press, Cambridge, 1981).

[24.6] *J. M. T. Thompson, H. B. Stewart;* Nonlinear dynamics and chaos, geometrical methods for engineers and scientists (John Wiley and Sons, Chichester, 1986).

[24.7] *E. Kreuzer;* Numerische Untersuchung nichtlinearer dynamischer Systeme (Springer, 1987).

[24.8] *A. Kunick, W. H. Steeb;* Chaos in dynamischen Systemen (BI Wissenschaftsverlag, Mannheim, Wien, Zürich, 1986).

[24.9] *K. Straub, G. Vallianos;* ASKA Part II, linear dynamics, earthquake spectral response analysis, ASKA UM 221, ISD Stuttgart (1978).

[24.10] *J. W. Miles, W. T. Thompson;* Statistical concepts in vibration, in: Shock and vibration handbook, ed. by Harris and Crede (McGraw-Hill, New York, 1961).

[24.11] *L. Meirovitch;* Elements in vibration analysis (McGraw-Hill, New York, 1975).

[24.12] *Y. Ueda;* Explosion of strange attractors exhibited by Duffing's equation, in: Nonlinear dynamics, ed. by R. H. G. Helleman, New York Academy of Sciences, New York (1980) 422–434.

[24.13] *W. C. Hurty, M. F. Rubinstein;* Dynamics of structures (Prentice Hall, Englewood Cliffs, 1964).

[24.14] *R. W. Clough, J. Penzien;* Dynamics of structures (McGraw-Hill, New York, 1975).

[24.15] *Y. Ueda;* Steady motions exhibited by Duffing's equation: a picture book of regular and chaotic motions, in: New approaches to nonlinear problems in dynamics, ed. by P. J. Holmes, SIAM, Philadelphia (1980) 311–322.

[24.16] *H. Fujii;* Finite element schemes: stability and convergence, in: Advances in computational methods in structural mechanics and design, ed. by J. T. Oden *et al.*, University of Alabama Press (1972) 201–218.

[24.17] *R. D. Krieg, S. W. Key;* Transient shell response by numerical time integration, Int. J. Num. Meth. Eng., Vol. 17 (1973) 273–286.

[24.18] *T. Belytschko, R. Mullen;* Explicit integration of structural problems, in: Finite elements in nonlinear mechanics, Vol. 2, Tapir (1977) 697–720.

[24.19] *P. J. van der Houwen;* Construction of integration formulas for initial value problems (North-Holland, Amsterdam, 1977).

[24.20] *C. C. Fu;* A method for the numerical integration of the equations of motion arising from a finite element analysis, J. Appl. Mech. (1970) 599–605.

[24.21] *D. M. Trujillo;* The direct numerical integration of linear matrix differential equations using Padé approximations, Int. J. Num. Meth. Eng., 9 (1975) 259–270.

[24.22] *J. Argyris, P. C. Dunne, T. Angelopoulos;* Non-linear oscillations using the finite element technique, Comp. Meth. Appl. Mech. Eng., Vol. 2 (1973) 203–250.

[24.23] *I. Farhoomand;* Non-linear dynamic stress analysis of two-dimensional solids, Ph. D. Thesis, University of California, Berkeley (1970).

[24.24] *R. W. Clough, E. L. Wilson;* Dynamic finite element analysis of arbitrary thin shells, Computers and Structures 1 (1972) 33–35.

[24.25] *E. L. Wilson, I. Farhoomand, K. J. Bathe;* Nonlinear dynamic analysis of complex structures, Earthquake Eng. and Struct. Dyn., Vol. 1 (1973) 241–252.

[24.26] *C. Petersen;* Abgespannte Maste und Schornsteine, Statik und Dynamik (Wilhelm Ernst und Sohn Verlag, Berlin, 1970).

[24.27] *J. Argyris, P. C. Dunne;* Some Contributions to nonlinear solid mechanics, Colloque IRIA, Versailles, 1973, Springer, Berlin (1974).

[24.28] *I. Newton;* Principia: Book III, General Scholium.

[24.29] *I. Newton;* The System of the World, § 26.

[24.30] *T. J. R. Hughes;* Stability, convergence and growth and decay of energy of the average acceleration method in nonlinear structural dynamics, Computers and Structures 6 (1976) 313–324.

[24.31] *T. Belytschko, D. F. Schoeberle;* On the unconditional stability of an implicit algorithm for nonlinear structural dynamics, J. Appl. Mech. 42 (1975) 865–869.

[24.32] *E. Haug, A. L. de Rouvray, Q. S. Nguyen;* An improved energy conserving implicit time integration algorithm for nonlinear dynamic structural analysis, 4th Int. Conf. SMIRT, San Francisco, Aug. (1977) Paper M5/3.

[24.33] *T. J. R. Hughes, T. K. Caughy, W. K. Liu;* Finite element methods for nonlinear elastodynamics which conserve energy, J. Appl. Mech. 45 (1978) 366–370.

[24.34] *T. J. R. Hughes;* Analysis of transient algorithms with particular reference to stability behaviour, in: Computational methods for transient analysis ed. by T. Belytschko and T. J. R. Hughes, North-Holland, Amsterdam (1983).

[24.35] *H. Ziegler;* Principles of structural stability (Blaisdell, Waltham/Massachusetts, 1968).

[24.36] *J. Argyris, Sp. Symeonidis;* Nonlinear finite element analysis of elastic systems under nonconservative loading – Natural formulation. Part I. Quasistatic problems, Comp. Meth. Appl. Mech. Eng., 26 (1981) 75–123.

[24.37] *J. Argyris, K. Straub, Sp. Symeonidis;* Nonlinear finite element analysis of elastic systems under nonconservative loading – Natural formulation. Part II. Dynamic problems, Comp. Meth. Appl. Mech. Eng. 28 (1981) 241–258.

[24.38] *V. V. Bolotin;* Nonconservative problems of the theory of elastic stability (Moskau, 1961), English translation (Pergamon Press, New York, 1963).

[24.39] *H. Ziegler;* Linear elastic stability, Z. angew. Math. Physik 4 (1953) 89–121; 168–185.

[24.40] *P. Seide, T. M. M. Jamjoom;* Large deformations of circular rings under nonuniform normal pressure, ASME, J. Appl. Mech. 41 (1974) 192–196.

[24.41] *J. Argyris, Sp. Symeonidis;* A sequel to: Nonlinear finite element analysis of elastic systems under nonconservative loading – Natural formulation – Part I. Quasistatic problems. Comp. Meth. Appl. Mech. and Eng., 26 (1981) 377–383.

[24.42] *S. P. Timoshenko, J. M. Gere;* Theory of elastic stability, 2nd ed. (McGraw-Hill, New York, 1961).

[24.43] *M. Como;* Lateral buckling of a cantilever subjected to a transverse follower force, Internat. J. Solids and Structures 2 (1966) 515–523.

[24.44] *J. Argyris, K. Straub, Sp. Symeonidis;* Static and dynamic stability of nonlinear elastic systems under nonconservative forces. Natural approach, Comp. Meth. Appl. Mech. Eng. 32 (1982) 59–83.

[24.45] *M. M. Mai;* Zur nichtlinear statischen und dynamischen Berechnung gyroskopischer Schalen- und Balkenstrukturen mit der Finite Elemente Methode, Dissertation, Universität Stuttgart (1985).

[24.46] *R. M. Laurenson;* Modal analysis of rotating flexible structures, AIAA J., 14 (1976) 1444–1450.

[24.47] *J. Argyris, P. C. Dunne, T. Angelopoulos;* Dynamic response by large step integration, Earthquake Eng. Struct. Dyn., 2 (1973) 185–203.

[24.48] *J. Argyris, H. A. Balmer, J. St. Doltsinis, A. Kurz;* Computer simulation of crash phenomena, Int. J. Num. Meth. Eng., 22 (1986) 497–519.

25 Was ist Chaos?

The great morning of the world
when first God dawned on Chaos.
Percy Bysshe Shelley

25.1 Einleitung

In den Kapiteln 14 bis 24 haben wir einen breiten Bereich von zeitabhängigen Problemen behandelt, die alle große Anwendungsrelevanz besitzen. Das im Hintergrund stehende mechanistische Weltbild und die Vorstellung, daß Naturvorgänge nach ehernen Gesetzen ablaufen, hat millionenfache Bestätigung erfahren. Newtons Gesetze beschreiben den Fall eines Apfels vom Baum genauso wie die Umkreisung der Sonne durch die Erde. Welch ein Triumph, als der erste Mensch seinen Fuß auf den Boden des Erdmondes setzte. Es war das Ergebnis einer deterministischen Bahnberechnung von höchster Genauigkeit.

Das mechanistische Weltbild, das von einer beliebig fein meßbaren statischen Raum-Zeit-Struktur ausging und das in seiner überspitzten Formulierung selbst den Menschen als bloße komplizierte Maschine ansah, hat im Laufe der Geschichte zwei einschneidende Korrekturen hinnehmen müssen. Die Quantentheorie stellte die Anwendbarkeit im Mikrokosmos in Frage. Die Heisenbergschen Unschärferelationen zerstörten die Vorstellung von einem beliebig genauen Meßvorgang. Der Zufall wurde in die Entwicklung eines Quantensystems einbezogen. Eine analoge Korrektur erfolgte im Bereich des Makrokosmos durch die Einsteinsche Relativitätstheorie. Sie stellte den Begriff eines absoluten Raumes und einer absoluten Zeit in Frage.

Nun könnten wir uns freilich damit trösten, daß der Hauptbereich unserer praktische Ingenieuranwendungen weder im Mikro- noch im Makrokosmos liegt, sondern dem Mesokosmos zugeordnet ist. Ist hier die Welt noch in Ordnung oder wirft eine Revolution alles um? Führt die Chaosforschung ein neues Weltbild ein? Wir zitieren den Nobelpreisträger für Physik, Gerd Binnig:

„Chaosforschung – das interessanteste Forschungsgebiet, das es gegenwärtig gibt. Ich bin davon überzeugt, daß die Chaosforschung eine ähnliche Revolution in den Naturwissenschaften bewirken wird, wie es die Quantenmechanik getan hat" [25.1]

Binnig, der den Nobelpreis für die Erfindung des Raster-Tunnel-Mikroskops erhalten hat, soll allerdings (laut *Spiegel*) auch gesagt haben, daß ein solcher Preis riskante Ansichten lizenziere.

Fest steht, daß kaum ein neues Forschungsgebiet so viel Resonanz in der Öffentlichkeit gefunden hat, wie das Chaos. Im Bereich des üblichen liegt die Diskussion in populärwissenschaftliche Zeitschriften wie *Bild der Wissenschaft, Scientific American* (das eine Bastelanleitung für einen Chaosgenerator liefert) oder *Geo* (mit prächtigen Illustrationen). Hier aber schlagen die Wellen viel höher! Selbst die *New York Times* berichtet von zappelnden Pendeln. Der *Spiegel* publiziert eine dreiteilige Serie, in der nicht viel Gutes über das neue Weltbild berichtet wird. Demzufolge sind die Wissenschaftler Opfer schlampiger Computeranwendungen und an den Haaren herbeigezogener Ähnlichkeiten. Das *Nachrichtenblatt des Vereins deutscher Ingenieure* diskutiert mehr oder weniger kompetent einen chaotischen Wirbelsturm in Texas. Eine neue Chaostheologie inklusive eines nichtlinear handelnden Gottes wird vom *Deutschen Pfarrerblatt* eingeführt. Die *Münchener Medizinische Wochenzeitschrift* begrüßt die neue Kreativität und selbst eine Zeitung, die man als gebildeter Mensch eigentlich nicht kennt (*Bild*) informiert über den neuen Gott Chaos.

Ein Thema das derart 'in' ist, wird natürlich begierig aufgegriffen, um so mehr als dem Wort Chaos etwas mystisches anhaftet, das dem esoterischen Trend unserer Zeit sehr entgegenkommt. So gibt es in München einen Chaosclub und es bildete sich eine eigene Chaos-Kunstrichtung, die prächtig illustrierte Bücher und Kalender ausschmückt. Das Theater entdeckt dieses dankbare Thema ebenso wie eine Firma zur Voraussage der Börsenkurse. Selbst der Zerfall der Sowjetunion wird (nachträglich) dank Chaos erklärbar. Chaosbilder schmücken die Flure seriöser Ministerien. Im Landtag wird die Einführung des Chaos in den Physikunterricht der Gymnasien diskutiert. Mittlerweile sind weit mehr als 100 Bücher über dieses Thema erschienen, gar nicht zu reden von der Zahl der fachlich relevanten Artikel. Seit langem gibt es Konferenzen, die sich speziell dem Thema Chaos zuwenden.

Der ernsthafte Wissenschaftler wird dieses bunte Treiben auf der Spielwiese des Chaos wohl mit gemischten Gefühlen betrachten. Auf der einen Seite erleichtert ihm Popularität die Arbeit. Selbst wenn man das Glück hat, den Zipfel einer neuen Entwicklung in der Hand zu halten: wie mühsam ist es doch, Entscheidungsträgern die Bedeutung klar zu machen, um Mittel und Unterstützung für die weitere Erforschung zu mobilisieren. Sind aber bestimmte Reizthemen erst mal etabliert (und Chaos ist bei weitem nicht das einzige), läuft vieles wie geschmiert. Auf der anderen Seite wird durch eine intensive Mediendiskussion die Erwartungshaltung der Öffentlichkeit so hoch geschraubt, daß man sich enttäuscht von dem neuen Gebiet abwendet, wenn rasche spektakuläre Anwendungen ausbleiben oder unseriöse Aussagen sich als haltlos erweisen.

Was ist nun dran an dem Chaos? Landläufig verbinden wir mit dem Begriff ein wirres und heilloses Durcheinander, also etwas Negatives, das wir höchstens vorübergehend hinnehmen, damit es schnellstens durch Ordnung abgelöst wird. Diese laienhafte negative Einstufung ist noch durch Beispiele verstärkt worden, die mit schrecklichen Taifunen oder taumelnden Planeten operieren. Wie wir heute wissen, ist Chaos als wissenschaftliches Verhaltensphänomen weder gut noch böse. So ist der gesunde Knochenumsatz beim Menschen mit einem chaotisch schwankenden Parathormonspiegel verknüpft. Erstarrt dieser Vorgang, ist dies ein Signal für den krankhaften Zustand der Osteoporose (Knochenschwund). Umgekehrt führt eine geordnete Reaktion bei einer Hepatitis-B-Infektion zur Viruselimination und Ausheilung, während chaotisches Verhalten bis zum Tode führen kann [25.2]. Analog verhält es sich in der Mechanik. Chaotisches Schwingungsverhalten bedeutet keine Katastrophe, sondern kann durchaus wünschenswert sein. Wir werden auf entsprechende Beispiele noch zu sprechen kommen. Zuvor soll jedoch der Begriff Chaos über den jetzigen Inhalt 'Regellosigkeit' hinaus präzisiert werden.

25.2 Ursache und Wirkung: Kausalität

Newton mechanistisches Weltbild verheißt unbeschränkte Berechenbarkeit dynamischer Vorgänge auf der Grundlage zeitloser Gesetze und einer statischen Zeit-Raum-Struktur. Die Berechenbarkeit kann dabei in Richtung der Zukunft oder der Vergangenheit erfolgen. Lagrange hat diese Auffassung in der Mechanik präzisiert. Er führte das sogenannte schwache Kausalitätsprinzip ein, das jedem von uns leicht verständlich ist: *„gleiche Ursachen haben gleiche Wirkungen"*.

Aufgabe der Forschung ist es demnach, die in der Materie wirkenden Kräfte herauszufinden. Sind diese erst einmal bekannt, dann kann jede Veränderung in der Natur aus den universellen Bewegungsgesetzen abgeleitet werden. Physikalische Prozesse sind demnach reproduzierbar, zeigen also unter genau gleichen Anfangsbedingungen genau die gleichen Verhaltensweisen. Komplexe Vorgänge erfordern einen erhöhten Beschreibungsaufwand, sind aber letztlich berechenbar. Dies erscheint zunächst plausibel. Der praktische Ingenieur wird jedoch bei näherer Betrachtung sogleich den Pferdefuß der Aussage entdecken: Was heißt *genau gleich*? Wir dürfen vermuten, daß auch schon Laplace diese Achillesferse erkannte und den Begriff als ein nur im Limit erreichbares Ideal betrachtete. Wir nehmen unsere erfahrbare Wirklichkeit nur mit endlicher Genauigkeit wahr, die letztlich vom Stand der Technik abhängt. Abweichungen, die unterhalb unserer Wahrnehmungsgrenze liegen, sind nicht erfaßbar. Das Kriterium „genau gleich" läßt sich weder bei der Ursache noch bei der Wirkung in der Praxis realisieren.

Nun leben wir jeden Tag recht komfortabel mit Meßtoleranzen und endlich genauen Computersimulationen. Wir ändern auf der Basis einer tiefverwurzelten Erfahrung das bisherige Kausalitätsprinzip praxisgerecht ab und erhalten so das starke Kausalitätsprinzip: *„Ähnliche Ursachen haben ähnliche Wirkungen"*.

Ein überzeugendes Beispiel für das starke Kausalitätsprinzip ist das wissenschaftliche Messen. Jeder Experimentator ist dem obersten Gebot der Reproduzierbarkeit verpflichtet. Unter denselben Versuchsbedingungen müssen wiederholte Messungen dieselben Resultate liefern. Exakt identische Wiederholungen der Versuchsbedingungen sind aber grundsätzlich unmöglich. Jede Meßgenauigkeit hat ihre Grenzen, auch wenn sie beim heutigen Stand der Technik außerordentlich hoch sein kann. Die Fehler in den Meßergebnissen sollten in derselben Größenordnung wie die Ungenauigkeiten der experimentellen Bedingungen liegen, sie sind ähnlich. Damit haben wir die Forderung nach absoluter Genauigkeit aufgegeben und sie durch eine mehr oder weniger große Annäherung ersetzt. In der Computersimulation dynamischer Vorgänge liegen Eingabeparameter nur näherungsweise vor und die Modellierung beschreibt die Realität nur mehr oder weniger gut. Ist das starke Kausalitätsprinzip erfüllt, dürfen wir trotzdem auf brauchbare Resultate hoffen.

Ebenso verwurzelt in unserem Empfinden, wie das starke Kausalitätsprinzip ist eine andere Erfahrung, die in dem Ausspruch *„kleine Ursachen haben große Wirkungen"* zum Ausdruck kommt. Dies spiegelt die menschliche Erkenntnis wieder, daß das starke Kausalitätsprinzip nicht uneingeschränkt gelten kann. Denken wir zum Beispiel an das Roulettespiel. Eine Kugel wird in einen rotierenden Kessel geworfen, kreist zunächst gleichmäßig am Rand, verläßt diese Bahn mit schwindender Zentrifugalkraft um in Spiralen in den Kesselgrund zu wandern. Auf diesem Wege trifft sie auf zahlreiche scharfkantige Rauten und die Kanten der Zahlenfächer, die sie jeweils in neue Richtungen lenken. Winzige Veränderungen in der Bahn haben beim Stoß an einer solchen Raute große Auswirkungen. Sie entscheiden darüber, ob die Kugel nach rechts oder links abgelenkt wird und in welchem Winkel diese Ablenkung erfolgt. Selbst wenn wir im Labor den Einschuß der Kugel ähnlich im Sinne der möglichen Meßgenauigkeit vollziehen, wird das Ergebnis von Kontrollversuchen nicht ähnlich sein. Damit ist es unmöglich, den Lauf der Kugel deterministisch vorauszuberechnen, obwohl dieser Vorgang den Newtonschen Bewegungsgesetzen exakt gehorcht. Die schwache Kausalität ist erfüllt, die starke jedoch nicht. Darauf beruht der Geschäftserfolg der Spielbanken, die sorgfältig darauf achten, daß der Zufall in diesem Vorgang erhalten bleibt und jede – etwa durch Abnützung – auftretende Regelmäßigkeit ausgemerzt wird.

Es ist erstaunlich, daß eine solche auf der Hand liegende Einschränkung des starken Kausalitätsprinzips aus dem Bewußtsein vieler Naturwissenschaftler verdrängt wurde. Dabei hat Maxwell bereits 1873 auf die eingeschränkte Gültigkeit des starken Kausalitätsprinzips hingewiesen. Auch Poincaré hat vor mehr als hundert Jahren gezeigt, daß selbst auf der Grundlage einer deterministischen Beschreibung das starke Kausalitätsprinzip durchaus nicht immer gelten muß. Beide Stimmen stießen jedoch offensichtlich auf wenig Resonanz. Erst die Chaosforschung hat diese altbekannte Tatsache in jüngster Zeit aufgegriffen und zur Grundlage eines neuen Forschungsbereiches gemacht. Dynamische Systeme, die gegen kleine Einwirkungen sensitiv sind, verhalten sich chaotisch, also regellos und sind in ihrem Langzeitverhalten nicht berechenbar. Wir sprechen vom Schmetterlingseffekt, der auf ein Beispiel von Edward Lorenz zurückgeht. Lorenz wollte zum Ausdruck bringen, das die Entwicklung des Wetters von kleinsten Effekten abhängen *kann*, also ein sensitives System ist, dessen Langzeitverhalten nicht zuverlässig berechnet werden kann. Als Beispiel dieser Empfindlichkeit benannte er einen Schmetterling in China, der einen Taifun in der Karibik auslösen *kann*. Das Exempel wird heute selbst von Politikern gerne zitiert, jagt es doch angenehme Schauer einer Katastrophenvision über den Rücken der Zuhörer. Vergessen wird gern, daß ein sensitives System hinsichtlich seines lokalen Verhaltens in so vielfältiger Weise mit Milliarden von kleinen und großen Ursachen verknüpft ist, daß man mit dem gleichem Wahrheitsgehalt behaupten kann, das herzhafte Gähnen meiner Katze kann die Auslösung des Taifuns gerade noch verhindern.

Wenn wir nun mit dynamischen Systemen rechnen müssen, die sensitiv gegenüber kleinsten Änderungen sind, dann ist es auch angebracht, unsere Arbeitstechnik in der Computersimulation kritisch zu durchleuchten. Ein wichtiger Aspekt dieses Vorgehens ist die Modellbildung

25.3 Modellbildung und Computersimulation im Spiegel der Kausalität

Im Mittelpunkt unseres Interesses in diesem Band ist das dynamische Verhalten von natürlichen und technischen Festkörpern. Die Reaktion eines Getreidehalmes auf den Messeransatz einer Landmaschine kann dabei genau so interessant sein, wie das Verhalten eines Atomkraftwerkes in einem geschichteten Boden im Falle eines Erdbebens. Alle unsere Untersuchungsobjekte sind dabei in vielfältiger Weise in die Umgebung eingebunden. Dies ist die erfahrbare Wirklichkeit, bei der unsere Arbeit beginnt.

Ein erster wichtiger Arbeitsschritt in der Modellbildung ist die Separierung des Problems (Abb. 25.3.1). Wir lösen das Objekt aus seiner Umgebung heraus, indem geeignete Schnittränder und geeignete Randbedingungen gewählt werden. Eine Rückkoppelung der inneren Vorgänge mit dem weggeschnittenen Außenbereich wird ausgeschlossen. So wird der Getreidehalm beispielsweise mit einem Schnittrand am Halmansatz beschrieben, beim Atomkraftwerk wird man wegen der möglichen Interaktion Boden-Gebäude einen signifikanten Teil des Untergrundes in die Separierung mit einbeziehen. Wir bemerken in unserem Flußdiagramm, daß die Separierung Voraussetzung sowohl für die Computersimulation als auch für traditionelle experimentelle Untersuchungen ist. Nicht umsonst sprechen wir bei der Computersimulation auch von einem Experiment im Computerlabor.

Vielfach sind unsere separierten Objekte für die geplante Untersuchung zu komplex. Deshalb wird der nächste Arbeitsschritt eine Reduktion zum Ziel haben. Darunter verstehen wir das Weglassen aller in Bezug auf die Problemstellung unwesentliche Details. So interessieren uns für das Schwingungsverhalten eines Flugzeuges Instrumentierung, Bordküche und Bestuhlung in der Regel nur von der Masse her. Es entsteht ein physikalisches Modell. Für eine grobe Abschätzung des globalen dynamischen Verhaltens kann ein solches Modell eine radikale Vereinfachung des realen Tragwerkes beinhalten. Selbst wenn wir unser isoliertes Objekt sehr detailliert erfassen, nehmen wir kleine Veränderungen in Kauf.

Das mehr oder weniger naturgetreue physikalische Modell wird nun entweder einer theoretischen Untersuchung unterzogen (Abb. 25.3.1, linker Pfad) oder man baut ein Modell und führt daran Messungen aus (Abb. 25.3.1, rechter Pfad). Unser Hauptaugenmerk wird dem linken Pfad, also der theoretischen Untersuchung gelten. Wir versuchen als erstes das physikalische Modell in klassischer Weise mathematisch zu beschreiben, würden also im allgemeinsten Falle in der Festkörperdynamik ein gekoppeltes nichtlineares System von partiellen Differentialgleichungen in Raum und Zeit erhalten. Bei dieser Umsetzung erfolgen weitere Vernachlässigungen. Weit verbreitet und auch in vielen Fällen sehr erfolgreich ist die Linearisierung des Verhaltens.

Ein gekoppeltes System von partiellen Differentialgleichungen in Raum und Zeit, das ein komplexes technisches Objekt beschreibt, kann bekanntlich analytisch nur schwer gelöst werden und ist nicht computerorientiert formuliert. Die mathematische Modellbildung umfaßt deshalb eine zweite Stufe, die Diskretisierung. Beispielsweise erhalten wir über den Weg der Semidiskretisierung ein System von gewöhnlichen Differentialgleichungen. Das nun fertiggestellte mathematische Modell wird einer numerischen Analyse unterzogen. So könnte man das zeitabhängige lokale Verschiebungsverhalten über eine Modalanalyse oder durch direkte Integration ermitteln und zwar in der Regel für den kompletten Betriebsbereich, der für unser Objekt vorgesehen ist

Es ist offenbar, daß auf dem Weg zu dieser Lösung viele Abschätzungen eingebaut wurden. (Was kann man weglassen? Wie genau kenne ich die Einwirkung? Wie genau sind meine Materialdaten? Was verliere ich bei numerischen Lösungsverfahren?...). Liegt nur unzureichende Erfahrung vor, wie sich ein solches System real verhält und mit welchen Abweichungen auf dem theoretische Analysepfad zu rechnen ist, wird man den letzten Arbeitsschritt nicht umgehen können: die Systemverifikation über eine begleitende expe-

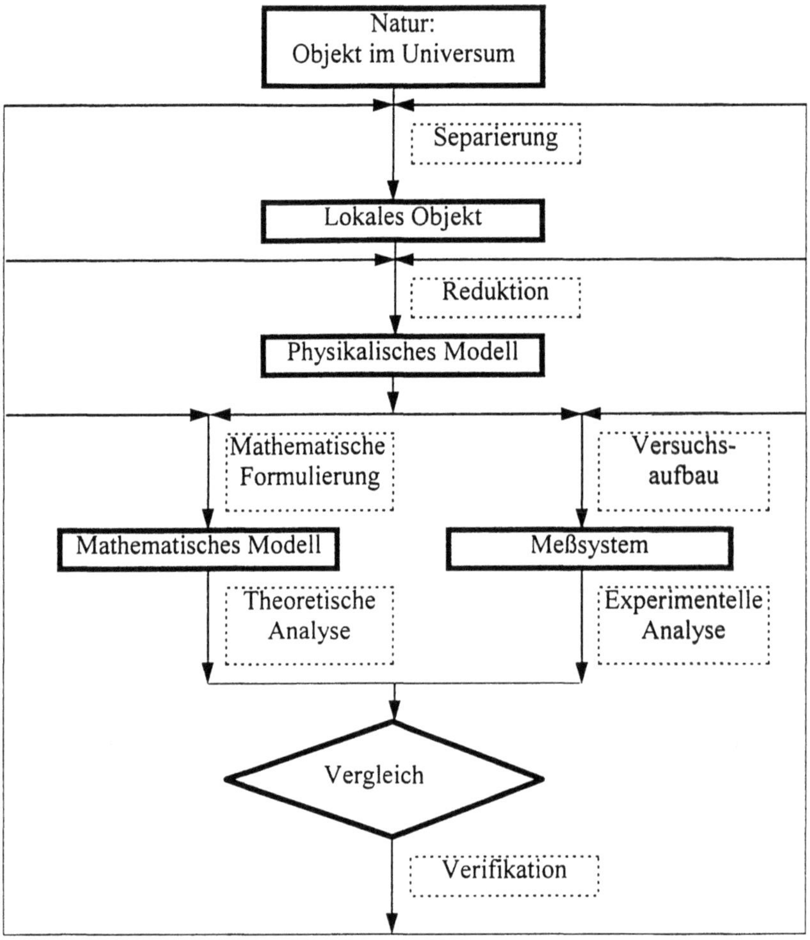

Abb. 25.3.1 Modellbildung und Simulation im Computer und Experiment

tende experimentelle Systemanalyse. Diese kann allerdings auf einige ausgewählte Betriebsbereiche beschränkt bleiben, falls sie die Theorie nur absichert. Ist neben der Rechnung ein solches Experiment erfolgt, schließt sich der Vergleich an, was unter Umständen besondere Anforderungen an die Planung der Systemanalyse stellt (z.B. Meßstellen in Rechnung und Versuch). Aus dem Vergleich werden Konsequenzen gezogen. Diese können auf der theoretischen Seite eine Änderung der Rechenparameter beinhalten, auf der experimentellen beispielsweise Änderungen im Versuchsaufbau.

Ist das Objekt sensitiv gegen kleinste Veränderungen, dann ist allein eine Isolierung mit dem Ziel einer lokalen Verhaltensberechnung nicht mehr sinnvoll, da kleinste Veränderungen, die außerhalb der Schnittgrenzen liegen, das lokale zeitabhängige Verhalten total ändern können. Es gibt dann eben nur ein großes Objekt: das Universum selbst. Für die Berechnung lokaler Zeitabhängigkeiten gilt die einfache Regel „alles oder nichts“, also in der Praxis „nichts“. Jeder weitere Schritt braucht gar nicht diskutiert zu werden, da er jeweils mit Änderungen verknüpft ist, die jede für sich eine starke Änderung des lokalen dynamischen Verhaltens auslösen könnten. Eine Systemverifikation über den Vergleich des lokalen Verhaltens ist natürlich ebenfalls auszuschließen.

Nun ist die Feststellung, daß man in bestimmten Fällen weder sinnvoll experimentieren noch rechnen kann, natürlich destruktiv und unbefriedigend. Auch ein scheinbar regelloses irrationales Verhalten fordert eine Erklärung heraus, die eben nur aus einer anderen und neuen Perspektive zu erfolgen hat. Die moderne Chaostheorie baut genau auf dieser Überlegung auf.

Etwa 95% aller praktischen Probleme lassen sich mit guter bis befriedigender Genauigkeit mit einem linearem Modellverhalten darstellen. Es läßt sich zeigen, daß lineare Systeme sich niemals regellos verhalten. Wer chaotische Phänomene in Betracht ziehen will, muß deshalb nichtlinear modellieren und wer umgekehrt nichtlinear modelliert hat, muß auch mit dem Auftreten eines regellosem Verhaltens rechnen. Die Chaostheorie hat in ihrem erstem Ansatz innerhalb der Modellierungskette einen möglichst einfachen Startpunkt gewählt: das beispielsweise durch Semidiskretisierung entstandene System von gewöhnlichen Differentialgleichungen in der Zeit. Nun sind diese Modellgleichungen im Prinzip deterministisch, auch wenn sie nichtlinear sind. Sie erfüllen auf jeden Fall das schwache Kausalitätsprinzip: gleiche Anfangsbedingungen liefern auch auf dem Computer gleiche reproduzierbare lokale Lösungen, wobei sich gleich im Sinne gleicher Bitstruktur der Zahleninformation durchaus praktisch erfüllen läßt. Allerdings können solche nichtlinearen Differentialgleichungen durchaus sensitiv sein indem sie das starke Kausalitätsprinzip nicht erfüllen. Kleine Veränderungen der Anfangsbedingungen führen dann zu großen Abweichungen im lokalen Antwortverhalten. Wir sprechen vom deterministischen Chaos. Inzwischen sind die Untersuchungen auch auf partielle Differentialgleichungen ausgedehnt worden, also eine Stufe in der Modellierungshierarchie aufgestiegen. Die Arbeit in diesem neuem Feld ist selbstredend ungleich schwieriger.

Die Ergebnisse der deterministischen Chaosforschung haben Maße zur Beurteilung des chaotischen Verhaltens geliefert. Wir sind damit in der Lage, das Verhalten auf der Basis klarer Kriterien, wie dem Lyapunov-Exponenten, einzustufen. Wir können Entwurfsgebiete für unser Objekt abstecken, gezielt chaotisches oder regelmäßiges Verhalten anstreben. Schließlich erhalten wir auch statistische Informationen über unser System im Falle der Regellosigkeit, was zur Beurteilung der Betriebssicherheit wichtig ist. Mit diesen Resultaten ergeben sich auch neue Möglichkeiten zur Systemverifikation, die dann eben nicht mehr auf dem lokalen Antwortverhalten beruht.

25.4 „Die Erforschung des Chaos“ [25.3]

Bei der zweiten Auflage des Bandes 3 über die Methode der finiten Elemente standen wir u. a. vor der Aufgabe, den Umfang des Werkes deutlich zu kürzen. Zu diesem Zeitpunkt war ein auf dem Kapitel 25 der ersten Auflage basierendes, aber natürlich weitaus umfassenderes eigenständiges Buch „Die Erforschung des Chaos“ [25.3] erschienen, das dem Interessenten mehr bieten kann, als das alte Kapitel 25. Wir entschlossen uns deshalb, das neue Kapitel als kurze Ein- und Hinführung zu diesem Werk zu gestalten. In diesem Abschnitt vermitteln wir deshalb eine sehr kompakte Inhaltsbeschreibung für den Teil unserer Leser, deren Interesse für dieses neue Gebiet geweckt ist.

Es war der Wunsch der Autoren J. Argyris, G. Faust, und M. Haase mit diesem Werk ein einführendes Lehrbuch in die Theorie des Chaos zu präsentieren, das für Physiker und Ingenieure gedacht ist, die sich im Rahmen von nichtlinearen deterministischen Systemen mit dieser neuen, aufregenden Wissenschaft vertraut machen wollen. Dabei soll natürlich nicht verschwiegen werden, daß in den letzten Jahren eine ganze Reihe von hervorragenden Lehrbüchern erschienen sind, die sich mit der Chaostheorie beschäftigen.

Ohne Anspruch auf Vollständigkeit und aus sehr persönlicher Sicht möchten wir einige Werke herausgreifen, die uns aufgefallen sind und die die Mathematik nicht allzusehr in den Vordergrund stellen. Das ausgezeichnete Buch von F.C. Moon [25.4], behandelt in erster Linie experimentelle Methoden und gibt einen Einblick in die chaotische Antwort mechanischer Systeme. Das Werk von J.M.T. Thompson und H.B. Stewart [25.5], konzentriert sich auf eine breite Übersicht über chaotische Phänomene, wie sie in mechanischen Systemen und in der Strukturmechanik auftreten. E. Kreuzers kompakte Darstellung [25.6], die sich auf einen soliden mathematischen Hintergrund stützt, beschäftigt sich mit Schwingungen mechanischer Systeme und vermittelt eine gründliche Kenntnis des Verhaltens nichtlinearer Systeme. Das Buch von P. Bergé, Y. Pomeau und C. Vidal [25.7] enthält unter anderem eine umfassende Beschreibung der einzelnen Übergänge ins Chaos und ihrer experimentellen Verifikation am Beispiel der Rayleigh-Bénard-Konvektion. Die Monographie von H.G. Schuster [25.8], gibt einen hervorragenden Überblick über chaotische Phänomene in nichtlinearen physikalischen Systemen und richtet sich vorwiegend an fortgeschrittene theoretische Physiker. Das Buch von G. Nicolis und I. Prigogine [25.9] bietet eine profunde und anschauliche Darstellung der Dynamik nichtlinearer Systeme, die sich fern vom thermodynamischen Gleichgewicht befinden, vermittelt. Eine didaktisch sehr gut aufbereitete Einführung wird von J.K. Hale und H. Koçac [25.10] beigetragen. Ähnliches läßt sich auch über das Werk von E. Ott [25.11] sagen, das in seiner Breite bis an ein Nachschlagewerk für Forscher heranreicht. Last but not least möchten wir die zahlreichen Monographien von Hermann Haken sowie sein einführendes Werk zur Synergetik [25.12] nicht unerwähnt lassen.

Nun zurück zum Opus des eigenen Hauses [25.3]. Das Buch setzt keine allzu großen mathematischen Vorkenntnisse voraus. Mathematische Verfahren und Werkzeuge werden in kleinen Unterabschnitten in anschaulicher Weise immer dann eingeführt, wenn sie zum Verständnis des Stoffes benötigt werden. Kapitel 1 bietet eine Übersicht, wie wir sie auch hier in kompakter Form bieten

In *Kapitel* 2 wird der Problemkreis umrissen und auf deterministische Systeme beschränkt, die sich durch Systeme gewöhnlicher Differentialgleichungen beschreiben lassen. Auf der Basis der von Henri Poincaré ins Leben gerufene Theorie dynamischer Systeme werden differentialtopologischen Methoden eingeführt, die die Möglichkeit eröffnen, Differentialgleichungen auf Grund ihrer Struktur im Phasenraum zu untersuchen. Zentrale Fragen sind dabei das Stabilitätsverhalten der Lösungen, ihr Langzeitverhalten und die Auswirkungen von Bifurkationen. Schließlich werden am Beispiel von Einfreiheitsgrad-Schwingern mit und ohne Reibung sowie mit und ohne Erregerkraft mögliche Bewegungszustände dynamischer Systeme wie stationäres, periodisches und chaotisches Verhalten beschrieben, und es werden einige elementare Grundbegriffe wie Phasenraum, Trajektorien, Mannigfaltigkeit, Attraktoren etc. eingeführt.

Zentrales Thema bei der Analyse nichtlinearer Systeme ist die Diskussion der Stabilitätseigenschaften von Gleichgewichtszuständen, eine Problematik, die im Kapitel 3 behandelt wird. Der Einführung einer Reihe von Stabilitätsbegriffen schließt sich die Definition der invarianten Mannigfaltigkeiten an, die eine Strukturierung des Phasenraums ermöglichen. Im Anschluß daran werden Poincaré-Schnitte und diskrete Abbildungen diskutiert, und es kommt zu einer ersten elementaren Begegnung mit der logistischen Abbildung, bei der durch Veränderung eines Kontrollparameters der Übergang von stationärem zu periodischem, mehrfach periodischem Verhalten bis hin zum Chaos beobachtet werden kann.

Kapitel 4 behandelt die konservativen Systeme, in denen kein Energieverlust auftritt. Eine geschlossene Lösung der beschreibenden nichtlinearen Hamiltonschen Differentialgleichungen ist nur in Ausnahmefällen möglich. Am Beispiel der Keplerschen Bewegung eines Planeten um die Sonne wird eine solche Integration durchgeführt. Aber bereits das Dreikörperproblem ist nicht mehr geschlossen lösbar. Gegen Ende des 19. Jahrhunderts konnte Poincaré nachweisen, daß bereits kleine Störungen des Zweikörperproblems die Stabilität der Lösungen in Frage stellen. Die KAM-Theorie beantwortet unter gewissen Voraussetzungen die Frage nach der Stabilität gestörter Hamilton-Systeme. Den Abschluß dieses Kapitels bildet eine ausführliche Diskussion der konservativen Hénon-Abbildung.

Kapitel 5 beschäftigt sich mit dissipativen Systemen. Die Theorie dynamischer Systeme zeigt, daß die Einführung dissipativer Terme das Problem nicht etwa komplexer macht, sondern das Lösungsverhalten in vielen Fällen sogar vereinfacht. Die Langzeitdynamik hochdimensionaler dissipativer Systeme wird nämlich häufig durch einige wenige wesentliche Moden bestimmt, es kommt zur Entstehung von Attraktoren, die in konservativen Systemen nicht auftreten können. Dissipative Systeme ohne Energiezufuhr kommen zur Ruhe, sie nähern sich einem Gleichgewichtszustand oder Punktattraktor. Führt man dem System Energie zu, so kann es im einfachsten Fall zu periodischen oder quasiperiodischen Bewegungen kommen, aber auch zu völlig irregulärem Verhalten, das im Phasenraum beschrieben wird durch einen *seltsamen Attraktor*. In den folgenden Abschnitten von Kapitel 5 werden ausführlich eine Reihe von mathematischen Werkzeugen nämlich das Leistungsspektrum, die Autokorrelation, die Lyapunov-Exponenten und die Dimensionen im Phasenraum vorgestellt, die eine quantitative Charakterisierung und Unterscheidung der einzelnen Attraktortypen ermöglichen. Der Dimensionsbegriff stellt ein weiteres wichtiges Hilfsmittel zur Klassifikation der verschiedenen Attraktortypen dar. Bei einem seltsamen Attraktor genügen klassische Dimensionsbegriffe nicht, vielmehr muß diesem Gebilde eine nichtganzzahlige Dimension zwischen 2 und 3 zugeordnet werden. Der französische Mathematiker Benoit Mandelbrot prägte für derartige Mengen den Begriff „Fraktale“. Dimensionen werden häufig zur Charakterisierung experimenteller Zeitreihen verwendet. Es wird eine Rekonstruktionstechnik besprochen, die die Möglichkeit bietet, aus eindimensionalen Zeitreihen Attraktoren zu rekonstruieren und mit Hilfe ihrer Dimension und der Lyapunov-Exponenten die zugehörigen Bewegungsabläufe zu charakterisieren. Den Abschluß von Kapitel 5 bildet die Kolmogorov-Sinai-Entropie, die den Grad der Unordnung eines Systems quantifiziert.

Typischerweise treten in den Modellgleichungen zur Beschreibung physikalischer Systeme ein oder mehrere Kontrollparameter auf. Haben diese Differentialgleichungen nichtlinearen Charakter, so kann es bei Änderung der Parameter zu qualitativen Änderungen der topologischen Struktur der Lösungen kommen. Man bezeichnet solche Veränderungen als Verzweigungen oder Bifurkationen, die in *Kapitel 6* diskutiert werden. Dabei wird die Möglichkeit der Linearisierung und in der Weiterführung die die Methode der Zentrumsmannigfaltigkeit besprochen. Ferner wird die Methode der Normalformen beschrieben, eine Technik, mit der nichtlineare Differentialgleichungen in der Umgebung von Fixpunkten und Grenzzyklen durch eine Folge nichtlinearer Transformationen auf die einfachste Form gebracht werden können. Schließlich werden Bifurkationen einparametriger Flüsse diskutiert und der Frage nach der Robustheit der einzelnen Bifurkationen nachgegangen.

Das Beispiel der logistischen Gleichung demonstriert, daß eine kontinuierliche Erhöhung des Kontrollparameters eine Folge lokaler Bifurkationen, in diesem Fall eine Kaskade von Periodenverdoppelungen, auslösen kann, die schließlich in chaotisches Verhalten mündet, das aber immer wieder durch Fenster regulären (also laminaren) Verhaltens unterbrochen wird. Wie Mitchell Feigenbaum gezeigt hat, handelt es hier um ein universelles Szenario, das in vielen Systemen beobachtet werden kann. In diesem Abschnitt werden die Hintergründe für den Mechanismus fortgesetzter Periodenverdoppelungen aufgezeigt und es wird erläutert, wie die Selbstähnlichkeitseigenschaften des Bifurkationsdiagramms mit Hilfe von Renormierungstechniken entschlüsselt und damit die Feigenbaum-Konstanten berechnet werden können. Zum Schluß wird auf den Zusammenhang mit Phasenübergängen 2. Ordnung eingegangen, wie wir sie z.B. beim Übergang vom flüssigen in den gasförmigen Aggregatzustand oder beim Ferromagneten kennen.

Das Kapitel 6 mit einer skizzenhaften Einführung in die Synergetik, die Ende der 1960er Jahre von dem Physiker Hermann Haken begründet wurde beschlossen. Die zentrale Frage in der Synergetik ist, ob und inwieweit der Ausbildung von Strukturen in den unterschiedlichsten Systemen der Physik, Biologie, Soziologie, Medizin etc., der belebten und unbelebten Natur, allgemeingültige Prinzipien zugrunde liegen, und wie sich diese Selbstorganisationsvorgänge mathematisch in Formeln fassen lassen.

Kapitel 7 widmet sich den Strukturbildungen in Konvektionsströmungen und der Herleitung und Diskussion des Lorenz-Systems, das die Entwicklung der Chaostheorie ganz wesentlich stimuliert hat und das der amerikanische Meteorologe Edward N. Lorenz in den frühen 1960er Jahren benützt hat, um die Genauigkeit von Wetterprognosen zu erforschen. Das Kapitel beginnt mit einer qualitativen Beschreibung der physikalischen Gesetzmäßigkeiten, die zur Bildung der charakteristischen Konvektionsrollen im Rayleigh-Bénard-Experiment führen. Im Anschluß daran folgt eine ausführliche Herleitung der hydrodynamischen Grundgleichungen für Konvektionsprobleme. Aus den Erhaltungssätzen von Masse, Impuls und Energie werden die Kontinuitätsgleichung, die Navier-Stokes-Gleichungen und die Wärmetransportgleichung abgeleitet.

.Seit mehr als hundert Jahren haben sich viele herausragende Physiker mit dem Problem der Turbulenz und der Ursache für die Instabilität von Strömungen auseinandergesetzt. In *Kapitel 8* wird eine Reihe von mathematischen Modellen vorgestellt, die das Einsetzen von "turbulentem" Verhalten bzw. den Übergang von regulären zu chaotischen Bewegungen beschreiben. Vorangestellt ist eine phänomenologische Beschreibung einiger charakteristischer Eigenschaften turbulenter Strömungen, wobei die Tatsache, daß es eine klare mathematisch-physikalische Definition von Turbulenz bisher nicht gibt, bereits darauf hinweist, daß eine umfassende Lösung des Turbulenzproblems aus physikalischer Sicht bis heute fehlt.

Die Abschnitte 8.3 bis 8.5 enthalten eine Diskussion des Übergangs von quasiperiodischen zu chaotischen Bewegungen am Modell der Kreisabbildung. Diese Übergänge ins Chaos haben universellen Charakter. Es schließt sich eine Beschreibung der hochpräzisen Experimente von Albert Libchaber an, dem eine quantitative Bestätigung der theoretischen Vorhersagen gelang. Abschnitt 8.6 enthält schließlich eine Diskussion intermittenter Übergänge. Das Kapitel 8 schließt mit einem kurzen Überblick über zwei sehr verschiedenartige Strategien, die es erlauben, chaotische Bewegungen in reguläre Bereiche zurückzuführen, ein Thema, das sicherlich im Ingenieurbereich auf Interesse stößt.

Das abschließende Kapitel 9 ist der Diskussion der universeller Eigenschaften gewidmet, die allen nichtlinearen Systemen einer ganzen Klasse von Problemen gemeinsam sind und die aus so unterschiedlichsten Disziplinen wie z.B. der Biologie, Chemie, Meteorologie, Elektrotechnik und Hydrodynamik stammen. Der erste Abschnitt gibt einen Einblick in Knochenumbauprozesse, die beispielweise für die Verankerung von Endoprothesen große Bedeutung haben. Danach wird die allgemeine Bedeutung der Hénon-Abbildung diskutiert. Im Abschnitt 9.3 werden nochmals die Lorenz-Gleichungen aufgegriffen und einige weitere Eigenschaften des Systems diskutiert.

Objekt der Diskussion im Abschnitt 9.4 ist die van der Polschen Gleichung, die ursprünglich zur Beschreibung elektrischer Schwingkreise aufgestellt wurde. Mit der Duffing-Gleichung kehrt man dann zu mechanische Systemen zurück. Diese Gleichung ist ja bereits in diesem Buch kurz andiskutiert worden. Ein überraschendes Phänomen kann in dissipativen Systemen auftreten, wenn gleichzeitig im Phasenraum mehrere Attraktoren existieren. Selbst bei regulärer Bewegung können die Grenzen zwischen den Einzugsgebieten der Attraktoren fraktalen Charakter annehmen, so daß Vorhersagen über das Langzeitverhalten nicht mehr möglich sind. Mit Hilfe von Melnikovs Methode lassen sich explizit Schranken für die Kontrollparameter berechnen, bei denen fraktale Grenzen entstehen. Am Beispiel der Duffing-Gleichung wird die Berechnung der sogenannten Holmes-Melnikov-Grenze explizit durchgeführt.

Computerexperimente spielen in der nichtlinearen Dynamik mittlerweile eine wichtige Rolle. Zwar lassen sich Theoreme nicht mit Hilfe von Computern beweisen, aber numerische Untersuchungen in Verbindung mit moderner Computergraphik ermöglichen es, unvorhergesehene Eigenschaften und bisher nicht berücksichtigte Zusammenhänge in nichtlinearen Systemen offenzulegen. So gesehen, gehören numerische Experimente heute zu wertvollen Hilfsmitteln. Die beiden Abschnitte 9.6 und 9.7 illustrieren, daß graphische Darstellungen außerordentlich hilfreich für das Verständnis einiger Phänomene, die in nichtlinearen Rekursionsvorschriften auftreten, sein können.

Abschnitt 9.6 beschäftigt sich mit der Iteration rationaler Funktionen und gibt einen Einblick in die vielfältigen Strukturen der Julia-Mengen und in die fraktalen Grenzen der Mandelbrot-Menge. Eine Serie von Farbtafeln zeigt für verschiedene Ausschnittsvergrößerungen den Reichtum an immer neuen Strukturen in der fraktalen Berandung der Mandelbrot-Menge.

Abschnitt 9.7 wendet sich nochmals der Kreisabbildung von Kapitel 8 zu und stellt mit Hilfe der Lyapunov-Exponenten einen Überblick über die innere Struktur der Arnol'd-Zungen. Die Ergebnisse stimmen sehr gut mit den theoretischen Resultaten überein. Anhand der Lyapunov-Exponenten lassen sich auch sehr leicht verschiedene Übergänge ins Chaos diskutieren. Ihre selbstähnliche Struktur spiegelt sich auch in den entsprechenden Bifurkationsdiagrammen wider.

Im vorletzten Abschnitt 9.8 von Kapitel 9 haben wird, ein Überblick über einige interessante dynamische Erscheinungen auf dem Gebiet der physikalischen Chemie gegeben, bei denen es ebenfalls zu chaotischen Ausbrüchen kommt. Aus Platzmangel konzentriert man sich dabei auf die dynamischen Phänomene, die bei der Oxidation von CO an der Oberfläche von Platinkristallen auftreten. Bei der Vielzahl verschiedener numerischer Untersuchungen und parallel durchgeführter Experimente wurde ein breites Spektrum von unterschiedlichem komplexem zeitlichen Verhalten beobachtet, wie z.B. Mischmoden-Oszillationen, einen Übergang ins Chaos über Periodenverdopplungen und sogar Hyperchaos, das durch mindestens 2 positive Lyapunov-Exponenten charakterisiert ist.

Im letzten Abschnitt 9.9 dieses Buches geht man der Frage nach, ob in unserem Sonnensystem möglicherweise chaotische Phänomene auftreten. Im allgemeinen stellen sich Laien dieses System als ein Mehrkörperproblem vor, bei dem die Himmelskörper mit der Präzision eines Uhrwerks auf ihren Umlaufbahnen wandern. Dieser Eindruck entspricht jedoch im allgemeinen nicht den Tatsachen, trotz der positiven Aussagen durch die KAM-Theorie. Im Abschnitt 9.9 wird ziemlich ausführlich über das chaotische Torkeln und Tanzen des Hyperion, eines der entfernteren Monde des Saturns, berichtet. Die große Abweichung Hyperions von einer Kugelgestalt und seine ausgeprägte Exzentrizität sind zusammen mit der stetigen Wirkung der Gezeitenkräfte dafür verantwortlich, daß Hyperion in ein chaotisches Verhalten gelenkt wurde. Auch der Frage, ob es noch andere Himmelskörper gibt, die irreguläre Umlaufbahnen beschreiben, wird am Beispiel der Marsmonde Phobos und Deimos nachgegangen. Schließlich wendet man sich weiteren Phänomen irregulären Verhaltens in unserem Sonnensystem zu, und zwar der sogenannten 3:1-Kirkwood-Lücke. Es ist seit langem bekannt, daß die Asteroiden, die sich in einem Gürtel zwischen Mars und Jupiter bewegen, nicht gleichmäßig verteilt sind. Die Entstehung dieser Lücken gibt uns große Rätsel und Probleme auf.

Als letzten Punkt in der Übersicht wird der äußere Planet Pluto betrachtet. Es ist mittlerweile bekannt, daß die Bewegung Plutos außerordentlich komplex ist. Auffallend ist, daß Plutos Umlaufbahn wegen seiner hohen Exzentrizität und seiner Inklination eine besondere Rolle unter den Planetenbahnen einnimmt. Ist die Bewegung von chaotischer Natur?

Wie wir leicht erkennen, liegt uns mit diesem Chaosbuch eine Arbeit vor, die im Umfang und in der Vielfalt des Inhalts den Bereich einer Einführung in die Computerdynamik mit Sicherheit verlassen hat. Sie bildet vielmehr eine Weiterführung und einen Aufbruch in eine neue Welt.

25.5 Quo vadis Chaos ?

Welchen Einfluß hat das Forschungsgebiet Chaos bisher im praktischen Anwendungsbereich gehabt und welche Entwicklung ist zu erwarten? Zunächst einmal ist nicht zu leugnen das die Denkweise des anwendenden Ingenieurs sehr stark von einer linearen Modellierung geprägt ist, da die Mehrzahl der akuten Probleme sehr gut in dieser Kategorie behandelt werden kann. Selbst bei sichtbar nichtlinearen Vorgängen wird sehr oft eine lineare Vorstudie empfohlen und nützlich sein. Bei einer linearen Modellierung werden aber alle Chaosphänomene ausgeblendet. Die Prägung durch das Linearmodell geht so weit, daß in manchem Falle sogar gezielt Systeme entworfen werden, die sich mit guter Näherung linear verhalten. So wird die Charakteristik eines Transistors im linearen Bereich genutzt und der Chemieingenieur bemüht sich, die Reaktion gut kontrollierbar in der Nähe des Gleichgewichts zu halten.

Nun ist nicht zu leugnen, daß sich in der nichtlinearen Modellierung ein großes Potential für den Ingenieur verbirgt, der auf der ständigen Suche nach innovativen noch besseren Lösungen ist. Man kann sogar behaupten, daß die Beschäftigung mit nichtlinearen Aufgaben die Kreativität fördert (Moon [25.13]). Dafür gibt es sichtbare Belege. So berichtet man von einer neu entwickelten Waschmaschine, die gezielt im chaotischen Bereich betrieben wird und bei gleichem Wascherfolg etwa 30% weniger Energie verbraucht. Das Eindringvermögen von Baggerschaufeln konnte durch eine Rüttelbewegung sichtbar verbessert werden. Die Ausbeute in oszillierend betriebenen chemischen Reaktoren konnte deutlich gegenüber stationären Betriebsbedingungen verbessert werden. Dabei ist ein solcher Prozeß kontrollierbar und in einem Gebiet des Phasenraumes auch stabil. Im Bereich der Telekomunikation konnte die Verbreiterung von Rechteckimpulsen durch nichtlineare Effekte unterdrückt werden, die Datenübertragungsrate steigt auf das Zehnfache. Weitere exemplarische Anwendungen sind auf folgenden Feldern zu verzeichnen [25.13]

dynamisches Beulen von Tragwerken
Maschinengeräusche, Getriebelärm
Druckerentwurf
Schiffsstabilität und Stabilität von Bohrplattformen in schwerer See
Paneel-Flattern bei Flugzeugen
Steuerung von Lasern
Entwurf von elektrischen Schwingkreisen
Herzdynamik und -steuerung
Voraussage und Voraussagbarkeit des Wetters

Noch größer ist das zum großen Teil noch unerforschte Potential diese neuen Gebietes. Beispielsweise wird bei den folgenden Themen eine realistische Chance für erfolgreiche Anwendungen gesehen [25.14]

Nichtlineare Kontrolltheorie
Strömungsdynamik einschließlich Konvektion, Stabilität, Übergang zur Turbulenz, Beschreibung der Turbulenz
Verbesserung der Ausbeute von Ölfeldern
Verbreitung von Verschmutzungen durch Lagrangesche Turbulenz
Verbrennung, Explosionsausbreitung, Verhalten von Flammenfronten, Entwurf von Maschinen mit innerer Verbrennung
Diffusionseffekte bei der Produktion von Halbleitern
Biomedizinische Akustik, Ultraschall, Lithotripter
Populationsmodelle in der Biotechnologie
Dynamische Eigenschaften von Flüssigkristallen
Nichtlineare Optik, Laser, bistabile optische Schalter

Mehr braucht nach unserer Überzeugung nicht aufgezählt werden, um deutlich zu machen, daß auf diesem Feld eine beträchtliche Anzahl von erfolgreichen Anwendungen erwartet werden kann. Noch ist eine gewisse Hemmschwelle vorhanden, da die Theorie doch mit sehr fortgeschrittenen abstrakten mathematischen Konzepten entwickelt und beschrieben worden ist. Wir sind aber überzeugt, daß die Einbindung in eine einfachere Darstellung auf der einen und die Erkenntnis, daß für eine neue Dynamik auch neue mathematische Werkzeuge eingesetzt werden müssen auf der anderen Seite, für eine weitere Verbreitung der Chaostheorie in der praktischen Anwendung sorgen werden.

Literatur zum Kapitel 25

[25.1] *H.-O. Peitgen, H. Jürgens, D. Saupe;* Chaos, Bausteine der Ordnung (Klett-Cotta/Springer, Stuttgart/Heidelberg/New York, 1994)

[25.2] *W. Gerok*; Ordnung und Chaos als Elemente von Gesundheit und Krankheit, in: Ordnung und Chaos in der unbelebten und belebten Natur, Verhandlungen der Gesellschaft Deutscher Natur forscher und Ärzte, 17. bis 20.9 1988, Freiburg i. Br., ed. W. Gerok (Verlagsgesellschaft, Stuttgart, 1989)

[25.3] *J. Argyris, G. Faust, M. Haase*; Die Erforschung des Chaos (Vieweg, Braunschweig/ Wiesbaden, 1994)

[25.4] *F.C. Moon*; Chaotic and fractal dynamics (Wiley, New York, 1993)

[25.5] *J.M.T. Thompson und H.B. Stewart*; Nonlinear dynamics and chaos (Wiley, New York, 1986)

[25.6] *E. Kreuzer*; Numerische Untersuchung nichtlinearer Systeme (Springer, Berlin, 1987)

[25.7] *P. Bergé, Y. Pomeau und C. Vidal*; Order within chaos: towards a deterministic approach to turbulence (Hermann, Paris, 1984)

[25.8] *H.G.Schuster*; Deterministic chaos: an introduction (2nd rev. ed., VCH Verlagsgesellschaft, Weinheim, 1988)

[25.9] *G. Nicolis und I. Prigogine*; Die Erforschung des Komplexen (Piper, München, 1987)

[25.10] *J.K.Hale und H. Koçac*; Dynamics and bifurcations (Springer, New York, 1991)

[25.11] *E.Ott*; Chaos in dynamical systems (Cambridge university Press, Cambridge, 1993)

[25.12] *H. Haken*; Synergetik (Springer, Berlin, 1982)

[25.13] *F.C. Moon*; Nonlinear thinking in mechanics and design (ASME Reprint No AMR146, 1994)

[25.14] *SERC*; Nonlinear Mathematics and industry (in: The remarkable world of nonlinear systems,
ed. by Science and Engineering Research Council, United Kingdom, 1990)

26 Ein Abriß der Aeroelastizität

Verfasser: John Argyris, Joachim Bühlmeier

"᾿´Επεα πτερόεντα"
"Geflügelte Worte"
Homer, Ilias & Odyssee

"Μετὰ σωφροσύνας οἴακι πειθοῦς"
"We should steer with the rudder of self-control"
Cercidas, Meliambs., iii, 1.15

26.1 Einleitung

Wir sind nun beim letzten Kapitel des dritten und abschließenden Bandes dieses Werkes angelangt. Nachdem wir über 35 Jahre hinweg das Studium der Luft- und Raumfahrttechnik an zwei Universitäten aufgebaut haben, betrachten wir es als eine konsequente Pflichtübung, aber auch als einen sentimentalen Epilog, in diesem letzten Kapitel auf ein ausgesprochen luftfahrtspezifisches Gebiet, das des Flatterns, einzugehen. Flattern stellt ein eigenartiges Phänomen des Zusammenwirkens der nichtkonservativen Luftkräfte mit der elastischen Struktur dar, das sowohl in statischer wie in dynamischer Hinsicht wirksam werden und im Grenzfall zu einer Katastrophe für das Flugzeug führen kann. In vorliegender Darstellung werden wir die aerodynamischen Kräfte, die wieder in Matrizenform angeordnet werden, als gegeben ansehen müssen, da unser Werk hauptsächlich auf die Struktur ausgerichtet ist.

Eine gelegentliche Ausnahme erfolgt durch die Anwendung der Streifentheorie, sowohl im subsonischen wie im supersonischen Bereich. Bei letzterem wenden wir die einfache Piston-Theorie von Lighthill-Landahl an. Andererseits können wir leider nicht auf moderne instationäre Theorien wie die der Doublet-Lattice Methode (DLM) von Rodden [26.100] bei subsonischen Strömungen und die der Constant Pressure Panel Methode (CPM) von Kari Appa [26.104], [26.105] bei supersonischen Strömungen eingehen, da dies den Umfang des Kapitels verdoppeln würde. Interessant ist festzustellen, daß diese Methoden auf eine Reihenentwicklung des frequenzabhängigen Terms verzichten können und damit keine Konvergenzschwierigkeiten verursachen. Es verbleibt noch, uns für die Abwesenheit einer effektiven Prozedur im transsonischen Bereich zu entschuldigen. Hier verweisen wir den Leser auf die grundlegenden Arbeiten von Morino und Yates, Whitlow [26.106], [26.107], [26.108], [26.109]. Dafür präsentieren wir in 26.9.2 eine moderne Betrachtung eines hochgradig nichtlinearen Flatterproblems auf der Basis einer, räumlich wie zeitlich, rein numerischen Diskretisierung.

Auf das Gebiet des Flatterns soll im vorliegenden Kapitel knapp, aber hoffentlich genügend informativ für die Studenten der Luft- und Raumfahrt eingegangen werden. Der Umfang der Darstellung entspricht ungefähr dem Stoff des "Undergraduate-Course" in Aerospace

Engineering am Imperial College. Leider konnte diese hohe Perspektive nicht ganz in der Stuttgarter Schule vom Senior-Autor eingehalten werden, da die Studenten auch mit anderen Aufgaben, wie zusätzlichen Studienarbeiten, stark belastet waren. Weiterhin muß man zu unserem Bedauern in Zukunft erwarten, daß der Umfang des gebotenen Stoffes durch die Entwicklungen der letzten drei Jahre noch weiter schrumpfen wird.

Selbstverständlich hoffen wir, daß die gebotene Darstellung auch bei Studenten und Praktikern anderer Fachrichtungen Anklang finden wird. Um ihnen die ungewohnte Materie zu vermitteln, haben wir in diesem Kapitel eine breitere Darlegung gewählt und uns entschlossen, auch eine beschreibende Diskussion der Phänomene einzufügen.

26.2 Ein beschreibender Exkurs in die Aeroelastik

Das Gebiet der Aeroelastik hat – wie schon erwähnt – interdisziplinären Charakter und betrifft das oft von Nicht-Luftfahrern als eigenartig empfundene Zusammenwirken und die gegenseitige Beeinflussung von aerodynamischen Kräften und der Struktur des Flugzeuges. Aeroelastische Effekte treten auf, wenn die aerodynamischen Kräfte, die an einer Struktur wirken, Auswirkungen statischer oder dynamischer Art an dieser Struktur hervorrufen und wenn diese Auswirkungen wiederum die aerodynamischen Kräfte beeinflussen. Derartige Vorgänge sind überall an Konstruktionen, die einem strömenden Medium ausgesetzt sind, zu beobachten. Wichtig wird das Wissen um solche physikalischen Erscheinungen, wenn eine Konstruktion dadurch in ihrer Funktionstüchtigkeit beeinträchtigt oder gar durch exzessive Schwingungen zerstört wird.

Wir haben in der Einleitung auf den nichtkonservativen Charakter des Flatterproblems hingewiesen, müssen aber hier eine Klarstellung vornehmen. Streng genommen sind nur dissipative Systeme nichtkonservativ. Die Spezifizierung „nichtkonservativ“ kann aber auch von der Art der Analyse eines Systems abhängen. So bildet ein in ein anströmendes Medium eingetauchter Körper, als getrennte Einheit betrachtet, ein nichtkonservatives System, da er Energie vom umgebenden Medium aufnehmen, aber auch an dieses verlieren kann. Andererseits ist das gesamte, aus Medium und Körper bestehende System konservativ – allerdings nur, wenn wir die Reibung im Medium und die Materialdämpfung im Körper vernachlässigen können.

In der Luftfahrttechnik spielte die Problematik des Flatterns bereits bei den ersten Flugversuchen eine wesentliche Rolle. Die ersten beschreibenden, aber auch rechnerischen Erfassungen der Aeroelastizität erschienen während des ersten Weltkriegs in Reports und Memoranda des Britisch Aeronautical Research Council. Der Begriff „Aeroelastizität“ wurde aber erst in den 30er Jahren, wiederum in England, geprägt. Der Leichtbau und der Fortschritt in der Motorentechnik erlaubte immer größere Abmessungen und höhere Fluggeschwindigkeiten der Flugzeuge, bis schließlich scharfe aeroelastische Begrenzungen auftraten, die gezielt erkannt und behoben werden mußten. Diese noch heute aktuellen Phänomene manifestieren sich als aeroelastische Effekte am Gesamtflugzeug (z.B. Längsstabilität, Stabilität unter Einbeziehung der Servohydraulik und des Regelsystems) wie auch an Komponenten, z.B. Tragflächen, Rudern, Klappen, Turbotriebwerken, Propellern usw. Diesen Einflüssen sind Hubschrauber, Kipprotorflugzeuge sowie Windturbinen gleichermaßen ausgesetzt.

Außerhalb der Luftfahrttechnik treten diese aeroelastischen bzw. hydroelastischen Effekte sowohl im Schiffsbau als auch im Hoch- und Brückenbau auf. Ein klassisches aeroelastisches Beispiel hierfür sind die Tacoma-Brücke (USA), die bei der relativ geringen Windgeschwindigkeit von 18 m/s im Jahre 1940 einstürzte (siehe Abb. 26.2.16), sowie die Kühltürme des Kraftwerkes von Ferrybridge (G.B.), wo 3 von 8 Kühltürmen in einer Nacht bei mittlerer Windgeschwindigkeit durch Flattern versagten (siehe Abb. 26.2.17). Heute findet man Vorkehrungen gegen aero- bzw. hydroelastische Effekte in vielen technischen Sparten, selbst im Fahrzeug- und Schiffsbau. Übrigens war es der große Theodore von Kàrmàn, der den rechnerischen Nachweis des Flatterns der Tacoma-Brücke zuerst vorlegte.

In den folgenden Unterabschnitten versuchen wir, eine Übersicht der verschiedenen aeroelastischen Phänomene zu geben, ohne auf eine mathematische Formulierung einzugehen. Wir hoffen, damit dem Leser zuerst ein physikalisches Verständnis für diese komplizierten Vorgänge zu vermitteln. Die eigentliche Theorie wird in den Abschnitten unter 26.4 entwickelt.

26.2.1 Bereiche der Aeroelastik

Die aeroelastischen Phänomene sind so vielfältig, daß wir uns im Interesse des Lesers zunächst um die gegenseitige Abgrenzung der einzelnen Erscheinungsformen bemühen wollen. Dabei halten wir uns überwiegend an die Terminologie und an Beispiele aus der Luftfahrt, weil von den Pionieren der Luftfahrttechnik doch die weitreichendsten Untersuchungen vorgenommen worden sind. Gemäß des interdisziplinären Charakters unserer Aufgabe haben aerodynamische Kräfte Wechselwirkungen mit elastischen Kräften und Trägheitskräften. Wir unterscheiden dabei Phänomene, die von den aerodynamischen und statischen Reaktionen der Struktur ausgehen, von denen, die durch die Wechselwirkung aerodynamischer Kräfte mit den Trägheitskräften entstehen. Die ersteren werden als statische aeroelastische, die letzteren als dynamische aeroelastische Phänomene bezeichnet.

A. R. Collar [26.6] hat mit Hilfe seines Kräftedreiecks die Wechselwirkungen dieser Kräfte anschaulich dargestellt (Abb. 26.2.1). Die Spitze bilden die aerodynamischen Kräfte, die Basis die elastischen Kräfte und die Trägheitskräfte. Jedes aeroelastische Phänomen kann nun gemäß seiner Beziehung zu diesen drei Kräftearten an bzw. in diesem Dreieck lokalisiert werden. Flugmechanische Untersuchungen werden z.B. oft nur mit Hilfe der aerodynamischen Kräfte und der Trägheitskräfte durchgeführt, die elastischen Kräfte spielen keine Rolle. Die klassische Flugmechanik liegt deshalb außerhalb des Dreiecks. Ebenso befindet sich die dynamische Analyse der vorhergehenden Kapitel außerhalb, weil sie nur elastische und Trägheitskräfte berücksichtigt.

Die statischen aeroelastischen Phänomene, wie z.B. Torsionskippen (engl. *torsional divergence*) oder Ruderumkehr (engl. *rudder reversal*), liegen auch außerhalb des Dreiecks, weil nur die elastischen und die aerodynamischen Kräfte eingehen. Die dynamischen aeroelastischen Phänomene liegen andererseits innerhalb des Dreiecks. Sie werden von allen drei Kräftegruppen beeinflußt und sind entsprechend schwieriger zu analysieren.

Als Vorbereitung zur folgenden beschreibenden Darstellung aeroelastischer Vorgänge stellen wir in Tabelle 26.2.1 eine geraffte, sicher nicht vollständige Zusammenstellung statischer und dynamischer aeroelastischer Phänomene vor.

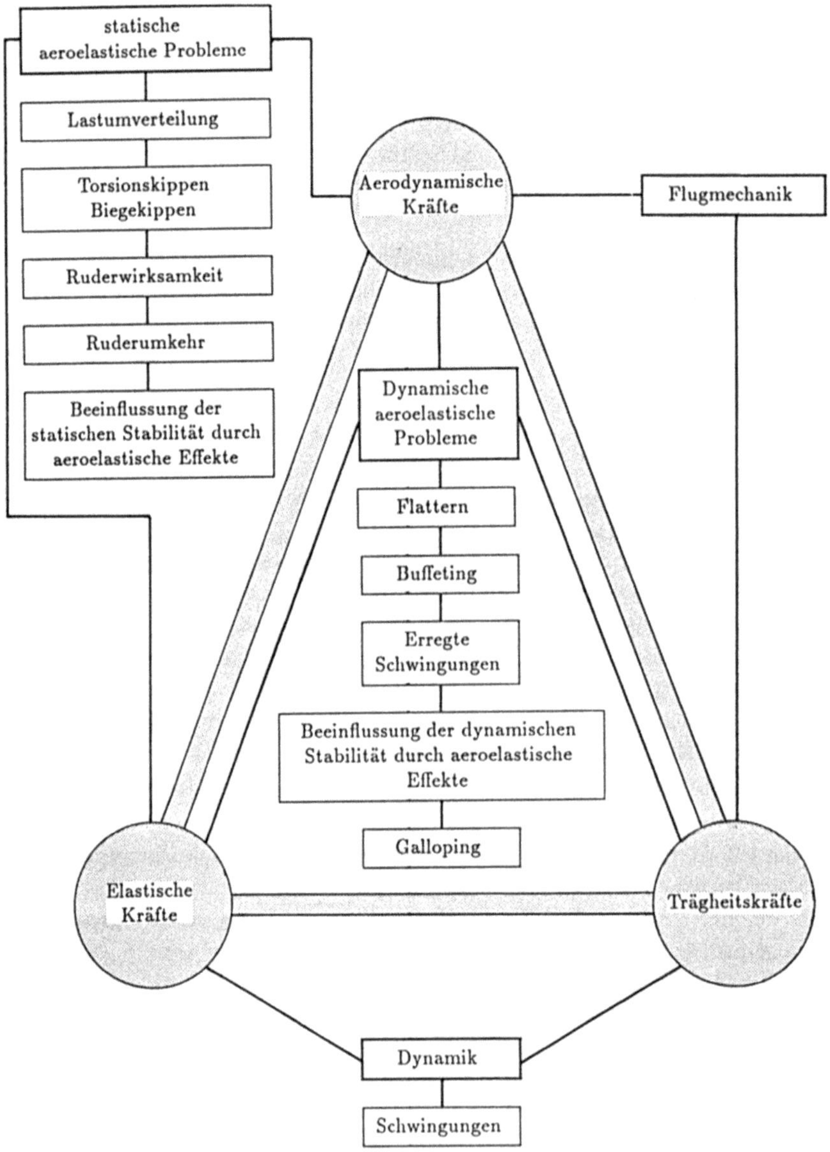

Abb. 26.2.1 Das aeroelastische Kräftedreieck nach *A. R. Collar*

Tabelle 26.2.1 Zusammenstellung aeroelastischer Effekte

Statische aeroelastische Probleme	
• Lastumverteilung • Flügeltorsionsdivergenz • Flügelbiegedivergenz (Biegekippen) • Flügel-Querruder-Divergenz	• Divergenz von Rudern • Ruderwirksamkeit, Ruderumkehr • Längsstabilität
Dynamische aeroelastische Probleme	

• Klassisches Flattern, z.B.
  • Biegetorsion des Tragflügels
  • Ruderflattern
  • Aero-Servoelastisches Flattern
	• Buffeting (Schütteln), z.B.
	  • Leitwerk im Flügelnachlauf
	  • Tragflügel (transsonisch)
	  • Turbinenschaufeln (transsonisch)

• Abreißflattern, z.B.
  • Turbinen
  • Rotoren, Propeller
	• Whirl-Flattern, z.B.
	  • Propeller
	  • Hubschrauber, Windturbinen

• Galloping (Formanregung), z.B.
  • vereiste Hochspannungsleitungen
  • Hängebrücken
	• Panel-Flattern (Überschallflug)
	• Buzz (transsonisches Ruderflattern)

• Wirbelresonanzflattern, z.B.
  • Türme, Schornsteine
  • Raketen auf der Startrampe
  • Abspannseile
	• Flattererscheinungen ohne Aerodynamik
	• Elektrisches Versorgungsnetz

26.2.2 Statische aeroelastische Probleme

Bei entsprechend hohen Fluggeschwindigkeiten verändern die auftretenden aerodynamischen Kräfte durch Deformation die ursprüngliche, unbelastete Struktur, insbesondere die des eigentlichen Tragwerks. Dies wieder ruft eine nicht zu vernachlässigende Umlagerung und Veränderung der Luftkräfte, z.B. der Auftriebsverteilung, hervor, die von der Struktur aufgenommen werden muß. Wie wir bereits ausgeführt haben, handelt es sich bei den Luftkräften um nichtkonservative Lasten, die vom Deformationszustand der sie hervorrufenden Strukturteile stark abhängen. Damit liegt eine wesentliche Rückkoppelung zwischen der Aerodynamik und der statischen Antwort der Struktur vor, die in vielen Fällen nicht vernachlässigt werden kann.

Als Beispiel hierzu wollen wir das Phänomen des Torsionskippens an einem homogenen, geraden Rechteckflügel heranziehen. Der Schubmittelpunkt des Profils (engl. *shear centre*) möge hier hinter dem aerodynamischen Zentrum liegen (Abb. 26.2.2). Die durch die Luftkraft hervorgerufene Deformation führt zu einer Anstellwinkelvergrößerung, welche eine Erhöhung der Luftkraft nach sich zieht. Für Geschwindigkeiten unterhalb eines kritischen Wertes v_{DT} (engl. Index „D“ für *divergence*) können die durch die Verformung hervorgerufenen elastischen Rückstellkräfte den auftretenden aerodynamischen

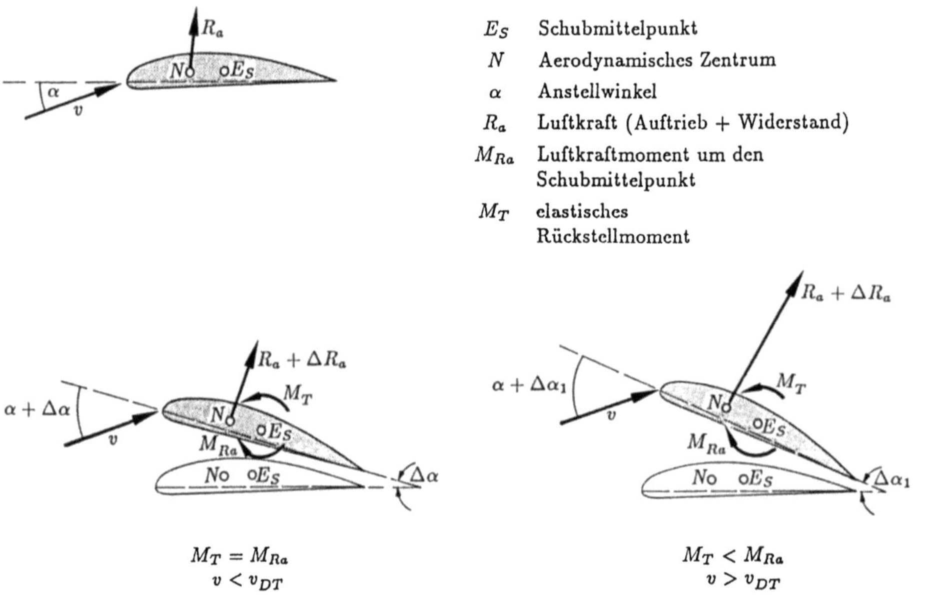

Abb. 26.2.2 Zur Lastumverteilung bei statischen aeroelastischen Problemen

Kräften noch das Gleichgewicht halten. Für Geschwindigkeiten über v_{DT} nehmen aber die Luftkraftmomente stärker zu als die elastischen Rückstellmomente, und der Tragflügel wird hinsichtlich Torsion statisch instabil. Wir sprechen von einer Divergenz des Torsionsverhaltens. Als konstruktive Gegenmaßnahmen kommen eine Erhöhung der Flügeltorsionssteifigkeit und/oder eine Verringerung des aerodynamischen Torsionsmoments um den Schubmittelpunkt in Frage. Für Neutralpunktslagen (aerodynamische Zentren N) hinter dem Schubmittelpunkt tritt Torsionskippen nicht auf.

Eine weitere Möglichkeit zur Anhebung der Divergenzgeschwindigkeit stellt eine positive Pfeilung φ des Tragflügels dar. Grob vereinfachend, lassen wir die resultierende Luftkraft auf der elastischen Achse (engl. *flexural axis*), der durch die Schubmittelpunkte gebildeten Längsachse des Flügels, in Richtung z angreifen (Abb. 26.2.3). Der Flügel biege sich torsionsfrei um die fiktive Einspannlinie AB. Der Fehler, der dabei gegenüber der parallel zur Strömungsrichtung liegenden wahren Einspannung entsteht, kann für Flügel hinreichend großer Streckung in erster grober Annäherung vernachlässigt werden. Betrachten wir einen Flügelquerschnitt CD parallel zu dieser fiktiven Einspannung, so biegen sich Nase C und Endkante D des Profils in unserer vereinfachenden Darstellung nach oben durch. Ein Profil parallel zur Strömungsrichtung (CE) jedoch erfährt an der Hinterkante E eine größere Verschiebung als an der Nase C, was eine Verkleinerung des Anstellwinkels für diesen Profilschnitt ergibt. Dieser Effekt wirkt dem oben beschriebenen entgegen und verschiebt die Divergenzgeschwindigkeit zu höheren Werten. Sie ist hier von der Torsions- und Biegesteifigkeit sowie von der Pfeilung des Tragflügels abhängig. Beim nach vorn (negativ) gepfeilten Tragflügel ergibt sich analog eine Absenkung der Divergenzgeschwindigkeit.

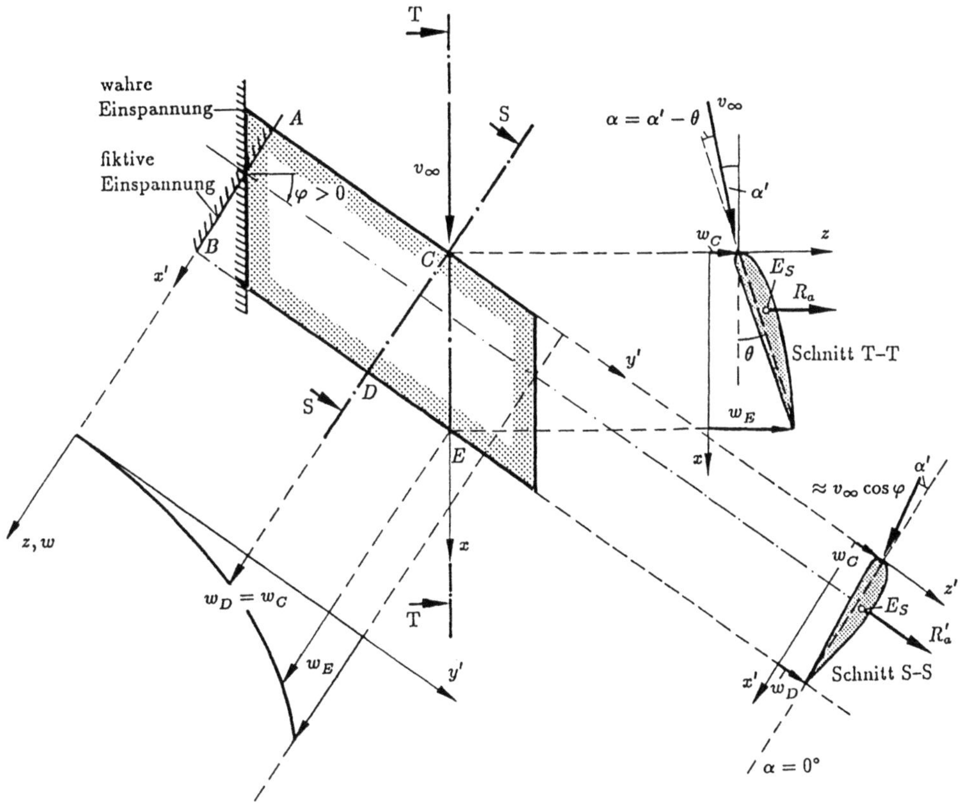

Abb. 26.2.3 Verkleinerung des Anstellwinkels beim positiv gepfeilten Tragflügel auf Grund der Pfeilung

Betrachten wir die qualitativen Auftriebsverteilungen eines geraden Rechteckflügels und eines Pfeilflügels – beide mit aerodynamischem Neutralpunkt vor dem Schubmittelpunkt – jeweils ohne und mit Torsions- und Biegeeinfluß, so ergibt sich auf Grund der weiter innen liegenden Luftkraftresultierenden ein erheblicher Vorteil in aeroelastischer Hinsicht für den positiv gepfeilten Flügel (Abb. 26.2.4).

In obigen Ausführungen benutzen wir die Begriffe von Schubmittelpunkt und elastischer Achse in stark vereinfachender Form als durch die klassische Euler-Bernoullische Biegetheorie (also die E.T.B.) gegeben. Diese Annahme trifft aber nicht für die Membrankonstruktionen der Luftfahrt mit ihren bedeutenden Schubdeformationen und Verwölbungen (engl. *warping*) der Querschnitte zu. Diese Effekte wurden in der Zeitspanne zwischen 1925 bis ca. 1947 von den Luftfahrtwissenschaftlern nicht richtig erfaßt. Erst durch die klassische Arbeit von Argyris und Dunne [26.7], die im zweiten Weltkrieg entstanden ist und in den späten 40er Jahren veröffentlicht werden konnte, lag eine erste korrekte analytische Theorie der mehrzelligen, sich verjüngenden und leicht gepfeilten Flügelschalen vor, die die klassischen Begriffe – wie elastische Achse – als oft falsch herausstellte. Weitere Komplikationen ergeben sich durch Ausschnitte und starke Pfeilung.

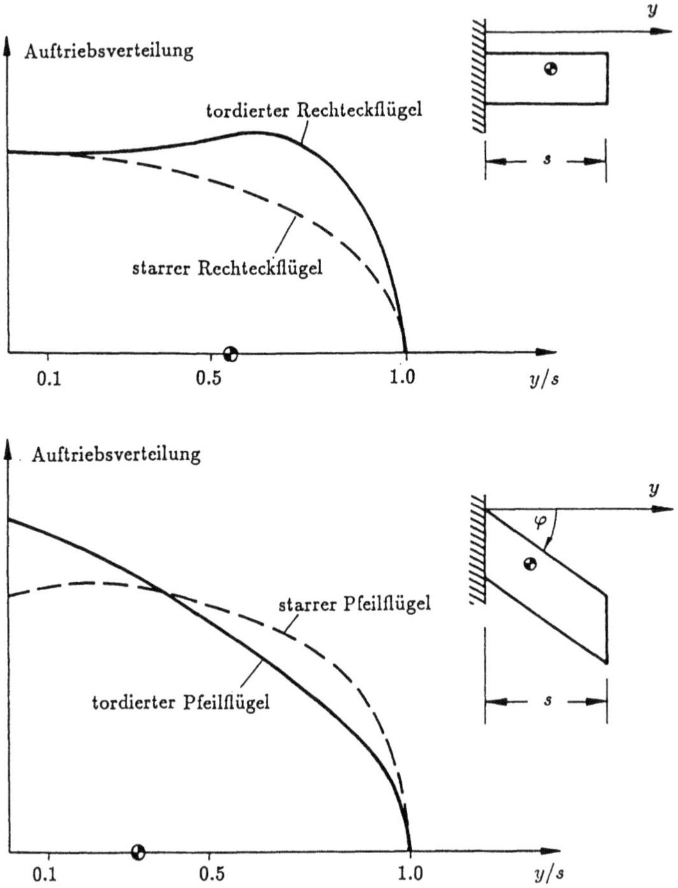

⊕ Lage der resultierenden Luftkraft

Abb. 26.2.4 Luftkraftverteilung beim Rechteck- und beim Pfeilflügel (Neutralpunkt vor dem Schubmittelpunkt)

In modernen Berechnungsverfahren verblassen diese Ungereimtheiten durch den Siegeszug der Finite-Element-Methode. Letzten Endes dient aber unsere obige grob-annähernde Beschreibung nur der Erfassung wesentlicher physikalischer Vorgänge.

Eine Lastumverteilung findet auch beim sogenannten Biegekippen (engl. *bending divergence*) statt. Diese Versagensform tritt in der Luft- und Raumfahrttechnik vornehmlich bei schlanken Körpern ein, also z.B. bei Rümpfen von Überschallflugzeugen, Raketen oder Trägersystemen, aber auch bei Meßsonden und ähnlichen einseitig eingespannten Strukturteilen. Durch den Widerstand und den Teilauftrieb des vorderen Rumpfteils (siehe Abb. 26.2.5) wird eine Biegedeformation hervorgerufen, die den Anstellwinkel α_0, und somit Auftrieb und Widerstand, stetig lokal vergrößert, so lange das Gleichgewicht durch das elastische Biegemoment erhalten werden kann. Die Flugge-

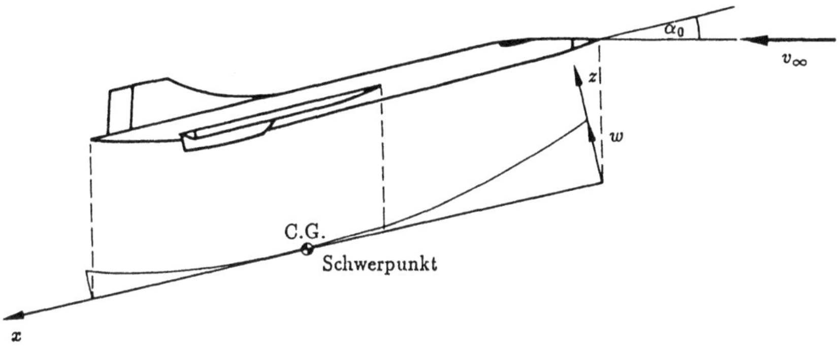

Abb. 26.2.5 Zur Biegedivergenz schlanker Flugkörper

schwindigkeit kann damit bis zur Divergenzgeschwindigkeit v_{DB} gesteigert werden, bei der die Zunahme des Biegemoments durch die Luftkräfte vom elastischen Biegemoment nicht mehr aufgefangen werden kann und die Struktur kollabiert.

Als ein weiteres klassisches statisches aeroelastisches Problem wollen wir noch die Veränderung der Ruderwirksamkeit (engl. *rudder efficiency*) bzw. die Ruderumkehr (engl. *rudder reversal*) in Abhängigkeit von der Fluggeschwindigkeit am Beispiel des Querruders ansprechen. Bei stationärem Rollen um eine im Raum feste und zur ungestörten Anströmung parallele Flugzeuglängsachse können wir Trägheitseffekte vernachlässigen und uns auf zwei wesentliche Einflüsse, die eine Veränderung des effektiven Anstellwinkels bewirken, konzentrieren:

1) Der Querruderausschlag verändert das Flügeltorsionsmoment und damit die elastische Flügelverwindung und den Anstellwinkel.
2) Die Rollbewegung ω_x liefert eine senkrecht zur Fluggeschwindigkeit stehende Geschwindigkeitskomponente, die zur Flügelspitze hin linear zunimmt und den effektiven Anstellwinkel verändert.

Durch einen Querruderausschlag um den Winkel β wird im Bereich der Querruder die Auftriebsverteilung über der Profiltiefe entsprechend Abb. 26.2.6a verändert. In den Profilschnitt wird für $\beta < 0$ ein kleinerer Auftrieb und ein zusätzliches, bei torsionselastischem Tragflügel den effektiven Anstellwinkel vergrößerndes Moment eingeleitet. Für $\beta > 0$ gilt die inverse Aussage (vgl. Abb. 26.2.6b).

Andererseits führt bei $\beta < 0$ die erhöhte Flügelverwindung infolge des angestiegenen Momentes zu einer Vergrößerung des Anstellwinkels und des Auftriebs, was dem durch den Querruderausschlag angestrebten Effekt wieder teilweise entgegenwirkt. Für die andere Tragflügelhälfte mit $\beta > 0$ gilt eine analoge Aussage. Das eingeleitete Torsionsmoment ist für $\beta = \text{const.}$ im Unterschallbereich ungefähr proportional zu v^2. Daraus folgt, daß die Verdrillung und die (unerwünschte) Auftriebsänderung auch proportional zu v^2 sind.

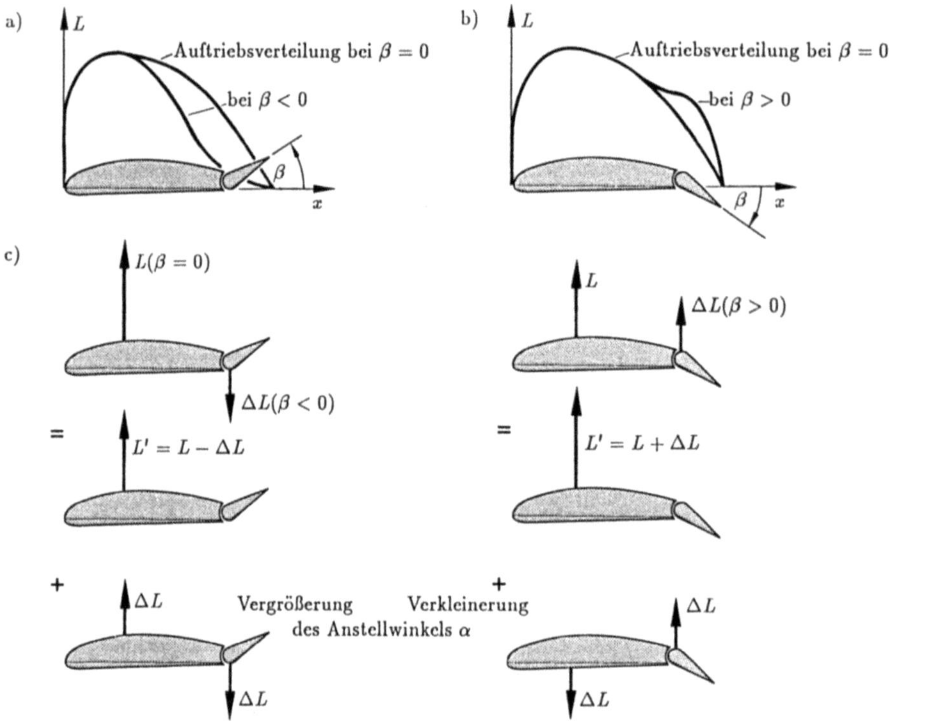

	Tragflügel rechts	Tragflügel links
Anstellwinkel α	groß	klein
Torsionsmoment infolge ΔL	positiv	negativ
Ruderwirksamkeit infolge Verdrehung	wird kleiner	wird kleiner

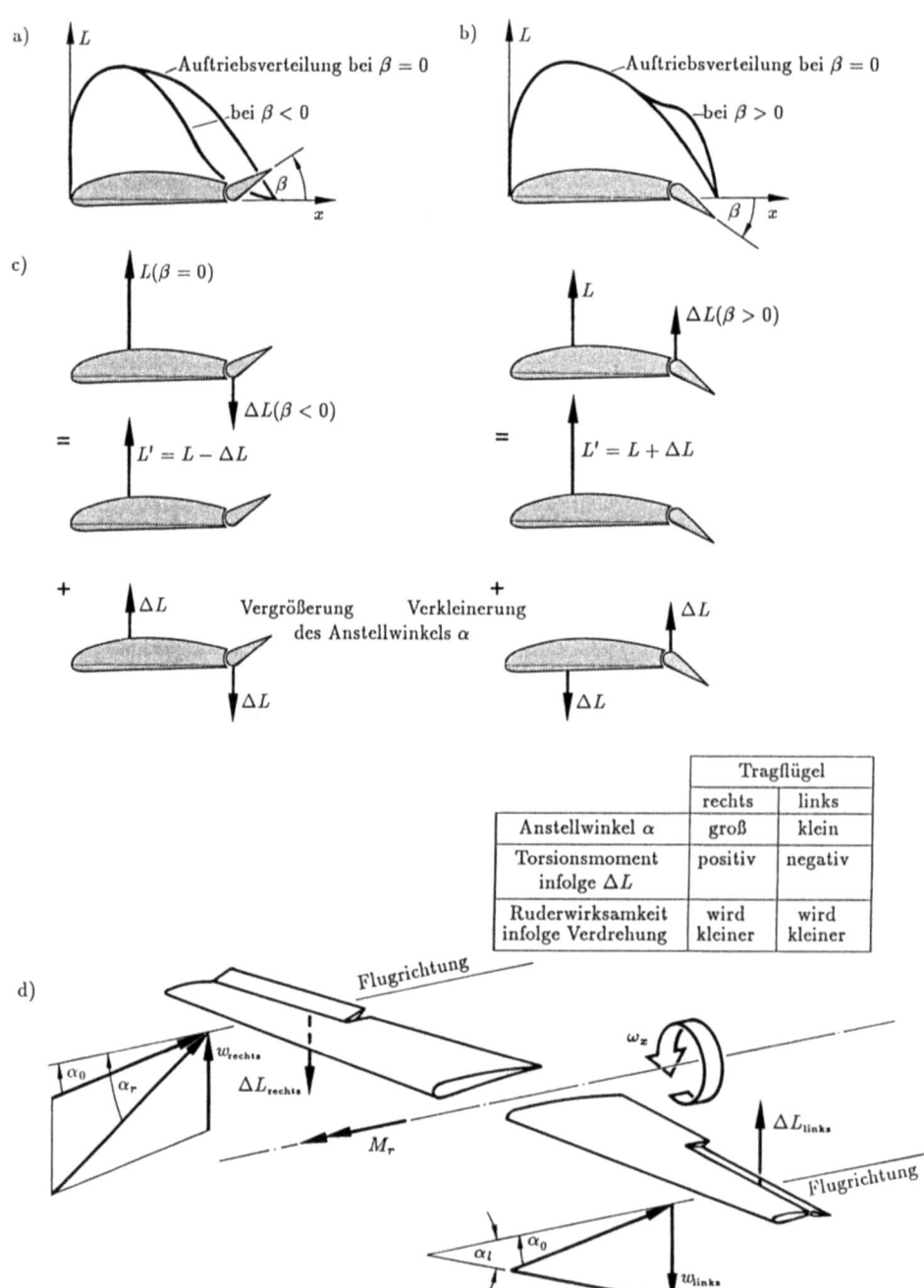

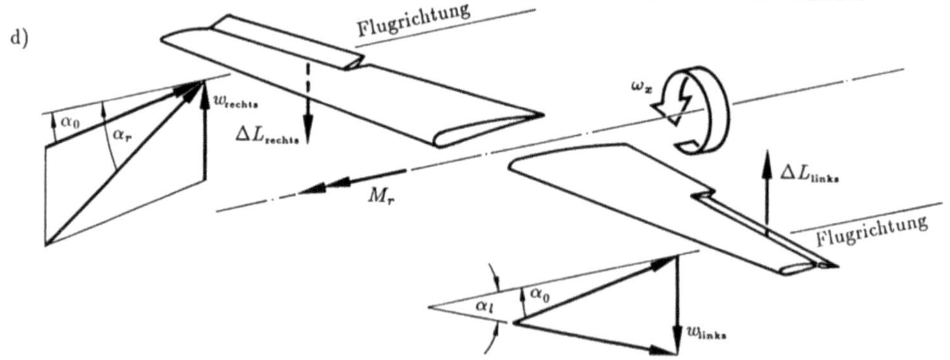

Abb. 26.2.6 Veränderung der Ruderwirksamkeit durch Luftkräfte
a), b), c) Auswirkung des Ruderausschlags d) Auswirkung der Rollbewegung

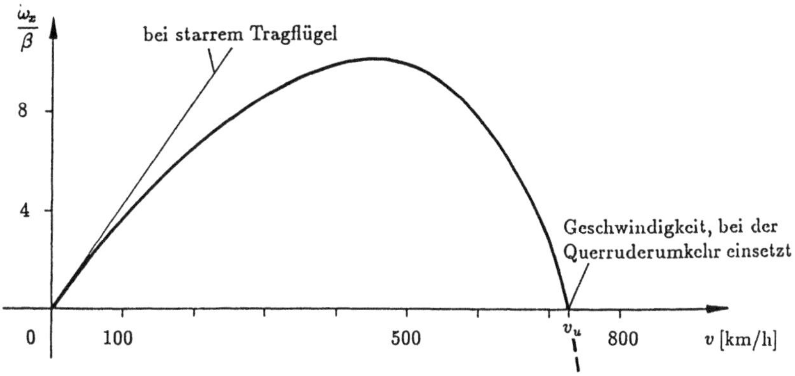

Abb. 26.2.7 Beispiel einer Abhängigkeit der Ruderwirksamkeit von der Fluggeschwindigkeit

Betrachten wir als nächstes den Einfluß der Rollbewegung. Die am starren Flügel durch einen Querruderausschlag β hervorgerufenen inkrementellen Auftriebskräfte ΔL bewirken eine stationäre Rollbewegung. Im in Abb. 26.2.6d skizzierten Fall wird damit der rechte Flügel zusätzlich von unten, der linke zusätzlich von oben angeströmt, was zu veränderten, sprich: effektiven Anstellwinkeln α_r und α_l und wiederum reduziertem ΔL führt. Im Gleichgewichtsfall des stationären Rollens mit $\omega_x = \text{const.}$ um die Längsachse ist $\Delta L = 0$ erreicht. Diese Rollgeschwindigkeit ω_x nimmt für festgehaltenen Querruderausschlag β proportional mit der Fluggeschwindigkeit v zu. Dieser Effekt für den starren Flügel überlagert sich den o.g. Effekten und führt zum typischen Verlauf der Ruderwirksamkeit (siehe Abb. 26.2.7), bis hin zur Ruderumkehr.

Beim positiv ausgerichteten Pfeilflügel tritt dieses Phänomen schon bei sehr niederen Fluggeschwindigkeiten auf. Es ist selbstverständlich möglich, dieses Problem zum einen durch Erhöhung der Torsions- und Biegesteifigkeiten mit dem Nachteil einer unangenehmen Gewichtserhöhung oder zum andern mit Spoilern bzw. anderen sinnreichen aerodynamischen Vorrichtungen zu überwinden.

Beim Höhen- und Seitenruder können ähnliche Abminderungen der Wirksamkeiten bei höheren Geschwindigkeiten auftreten. Diese sind jedoch weit weniger kritisch.

Eine weitere Erscheinung – durch Lastumverteilung – stellt die Änderung der statischen Stabilität (engl. *change of static stability*) dar. Bei einem gut ausgelegten Flugzeug wird die Torsionssteifigkeit der Tragflächen derjenigen des Höhenleitwerks so entsprechen, daß deren Verdrillungen θ' bei Belastung ungefähr gleich sind. Im Stabilitätsverhalten ergibt sich somit keine Änderung (Abb. 26.2.8a). Man beachte die Beziehung

$$\frac{\Delta L}{L} = \frac{\Delta P}{P} \tag{26.2.1}$$

und die Tatsache, daß bei gängigen Profilen der Momentenbeiwert C_M praktisch nicht vom Anstellwinkel abhängt. Ist jedoch das Höhenleitwerk torsionssteif und der es tragende Rumpfverband biegesteif ausgelegt, so entsteht ein destabilisierender Einfluß. Bei Störungen oder Flugmanövern, die z.B. einen zunehmenden Anstellwinkel α oder eine erhöhte

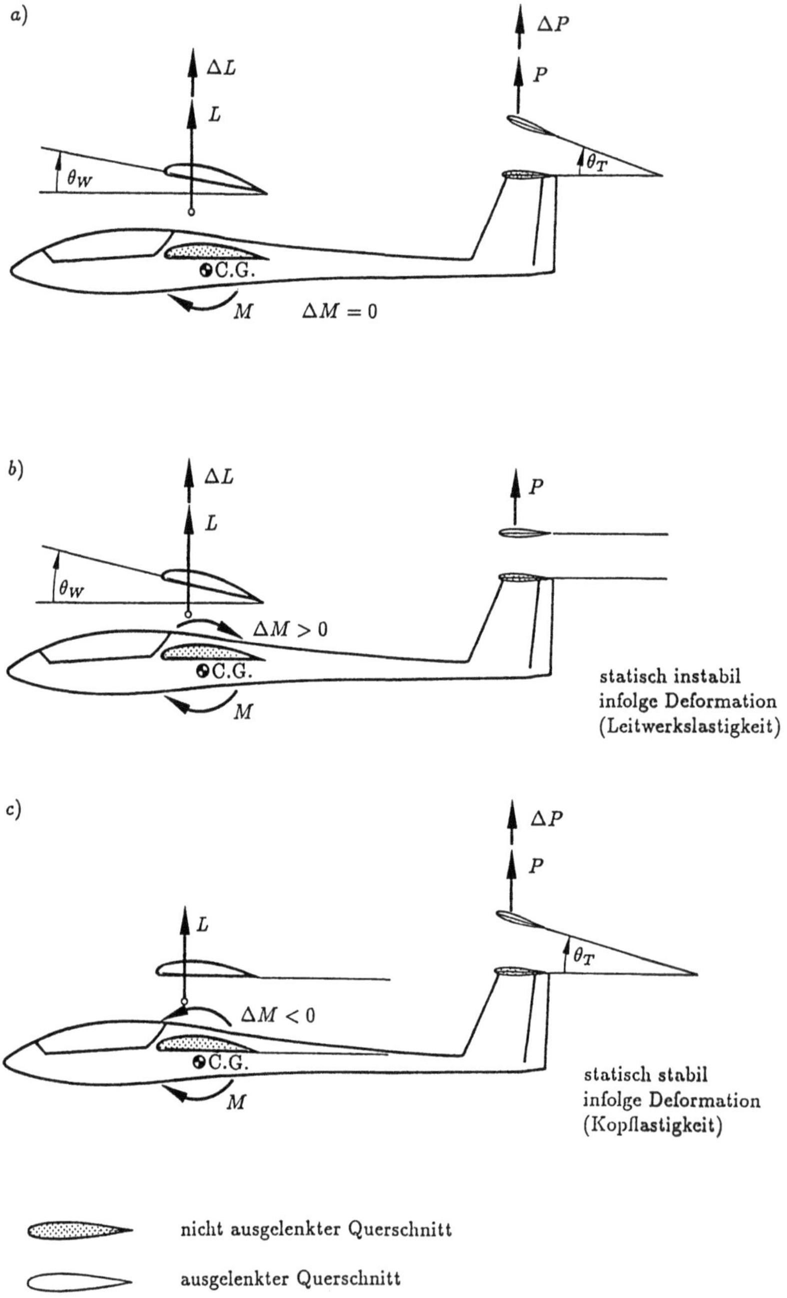

Abb. 26.2.8 Zum Prinzip der Veränderung der statischen Stabilität bei festem Ruder durch aeroelastische Einwirkungen

Fluggeschwindigkeit v zur Folge haben, tordiert der Tragflügel im Uhrzeigersinn (siehe Abb. 26.2.8b). Der Anstellwinkel des Flügels wächst schneller als der des Höhenleitwerks, die Zusatzluftkraft ΔL wird am Tragflügel verhältnismäßig größer als am Leitwerk. Damit ist eine Zunahme des Gesamtmoments (positiv im Uhrzeigersinn!) um den Schwerpunkt verbunden. Durch den Anstieg der Auftriebskraft nimmt natürlich auch der Gesamtauftrieb zu. Das in der Flugmechanik (siehe [26.8], [26.9]) abgeleitete Differential $\partial C_M / \partial C_L$ wird positiv, das Flugzeug wird instabiler bei vorhandenen Deformationen (bei festem Ruder). Wir stellen nochmals den kritischen Fall

$$\frac{\partial C_M}{\partial C_L} > 0 \qquad (26.2.2)$$

fest. Hier ist

C_M = Momentenbeiwert des Gesamtflugzeugs
C_L = Auftriebsbeiwert des Gesamtflugzeugs.

Obige Formel soll hier nur das Prinzip aufzeigen, in Wirklichkeit müßte die Ableitung des Momentenbeiwerts nach dem Beiwert $\bar{C}_L$ der resultierenden Luftkraft unter Berücksichtigung des Triebwerkseinflusses verwendet werden [26.8].

Selbstverständlich kann in jedem Fall die statische Stabilität durch Betätigung des Höhenruders wiederhergestellt werden. Das Maß der statischen Stabilität ist übrigens kein Versagenskriterium, sondern eine Aussage über Flug- und Steuereigenschaften, die sich in diesem Fall verschlechtern.

Der umgekehrte Effekt tritt ein, wenn das Höhenleitwerk und der es tragende Rumpfverband sehr weich gegenüber der Torsionssteifigkeit des Tragflügels sind (Abb. 26.2.8c). Man kann diesen Fall als stabil auf Deformationen bei festem Ruder bezeichnen.

26.2.3 Dynamische aeroelastische Probleme

Wir wenden uns als nächstes den dynamischen aeroelastischen Problemen zu. Diese werden von allen das aeroelastische Kräftedreieck (Abb. 26.2.1) bestimmenden Kräften, also den aerodynamischen, elastischen und d'Alembertschen, generiert. Die Domäne dieser Effekte spielt sich deshalb im Innern des Collarschen Dreiecks ab. Grundsätzlich kann man im Rahmen einer vereinfachenden Beschreibung zwei Kategorien von dynamischen Flatterproblemen unterscheiden:

1) Potentialflattern (das sogenannte klassische Flattern)

   Dieses beruht auf der Voraussetzung einer reibungsfreien, anliegenden – also potentialtheoretisch beschreibbaren – Strömung.

2) Abreißflattern

   Dieses entsteht durch Wirbelbildung und Strömungsablösung – also Grenzschichteinflüsse.

Kombinationen der beiden Kategorien können bei der Vielzahl der auftretenden Flatterprobleme jederzeit vorkommen. Auf Schwierigkeiten, die sich im transsonischen Bereich ergeben, gehen wir hier nicht ein, erwähnen sie jedoch am Ende dieses Abschnitts sowie in 26.7.5.

Die erste Kategorie tritt hauptsächlich an stromlinienförmig profilierten Auftriebssystemen der Luftfahrttechnik auf. Charakteristisch für diese Gruppe ist die Beteiligung mehrerer Eigenschwingungsformen einer Struktur, z.B. Flügelbiegung und -torsion. Wäre die Bewegung nur durch eine Eigenform bestimmt, so könnte sie wegen der aerodynamischen Dämpfung nicht angefacht werden. Im Gegensatz dazu stellt man bei Beteiligung mehrerer Eigenformen mit zunehmender Anströmgeschwindigkeit eine Abnahme der Dämpfung für die (kombinierte) Schwingung fest. Bei Annäherung an eine kritische Geschwindigkeit, der sogenannten Flattergeschwindigkeit, nimmt die Dämpfung (unter Einschluß des aerodynamischen Beitrags) schnell bis auf den Wert Null ab und wird dann negativ. Dies kann physikalisch so interpretiert werden, daß der – durch eine zufällige kleine Störung angeregte – Schwingungsvorgang der Strömung Energie entzieht und der Struktur zuführt. Erfahrungsgemäß kann dies in Sekundenschnelle zur Zerstörung der Struktur führen.

Die zweite Kategorie tritt vor allem bei der Umströmung von stumpfen Körpern oder aerodynamischen Widerstandsprofilen auf, wie bei Konstruktionen des Hochbaues (Antennen, Türme, Schornsteine, Brücken, Zeltdächer, Traglufthallen). Die äußeren Kräfte werden hier durch Strömungsabriß und Wirbelablösung entscheidend bestimmt. Im Gegensatz zum klassischen Flattern schaukeln sich die Schwingungen meist wesentlich langsamer auf, und es ist im allgemeinen nur eine Eigenschwingungsform (z.B. Torsion) beteiligt, welche bei der kritischen Strömungsgeschwindigkeit durch die periodischen Luftkräfte angefacht wird. Zur zweiten Kategorie gehören auch die übrigen im aeroelastischen Dreieck (Abb. 26.2.1) aufgeführten Phänomene, wie *buffeting*, erregte Schwingungen und *galloping*. Die dabei vorkommenden instationären Luftkräfte waren lange Zeit kaum berechenbar, so daß man bei der analytischen Behandlung derartiger Flatterprobleme fast ausschließlich auf experimentell gewonnene Daten zurückgreifen mußte.

Neue Hochleistungsrechner, wie z.B. die CRAY 1/X-MP, CRAY 2 und bald die CRAY 3, erlauben es jedoch, die numerische Ermittlung der anfallenden dreidimensionalen instationären aerodynamischen Kräfte als realistisch zu betrachten. Zu dieser Aufgabe gehört auch die Lösung der dreidimensionalen Strömungsgleichungen unter Einschluß der Reibung, also der erweiterten Navier-Stokes-Gleichungen unter Berücksichtigung der Kompressibilität. Erste wesentliche Erfolge in dieser Richtung sind u.a. von Argyris *et al.* erzielt worden [26.10].

Nach diesen allgemeinen Feststellungen besprechen wir nun etwas eingehender einige typische Phänomene in beiden Kategorien aeroelastischer Effekte. Wie schon erwähnt, sind beim potentialtheoretischen Flattern mindestens zwei Eigenschwingungsformen beteiligt. Fundamentale Bedeutung bei Flächenflugzeugen mit schlanken Tragflügeln erhält die Biegeschwingung (Schlagschwingung) und die Torsionsschwingung (siehe Abb. 26.2.9). Die Biegeschwingung allein ist in allen Fällen aerodynamisch gut gedämpft. Bei der reinen Torsionsschwingung kann es nur dann Anfachung geben, wenn die elastische Achse vor der $c/4$-Linie des Profils, gemessen von der Flügelvorderkante aus, liegt [26.11], wobei c die Profiltiefe ist. Diese Bedingung ist jedoch bei Tragflügeln im allgemeinen nicht gegeben. Werden beide Schwingungsformen gleichzeitig durch kleine Störungen angeregt, können wir anhand eines charakteristischen Querschnitts, der bei ca. 70% oder 80% der halben Spannweite (gemessen von der Einspannung) liegt, zeigen, daß das schwingende System auch bei fehlender systemunabhängiger Fremderregung der

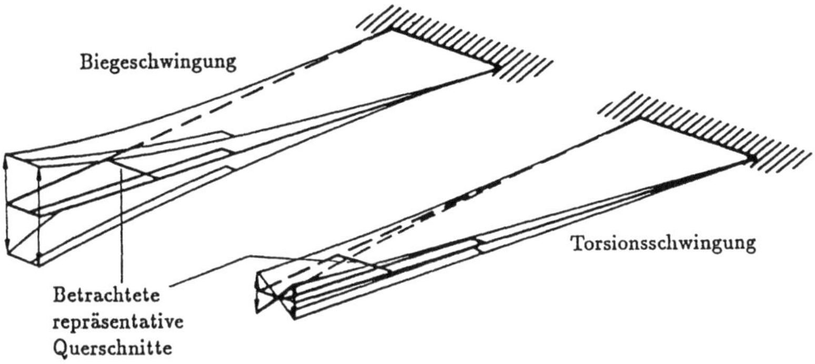

Abb. 26.2.9 Biege- und Torsionsschwingung eines schlanken Tragflügels

Luftströmung unter bestimmten Voraussetzungen Energie entzieht. Wenn diese Energie größer ist als die stets vorhandene Verlustenergie infolge struktureller Dämpfung, kommt es zur Anfachung meist beider bzw. aller beteiligten Eigenschwingungsformen. Um das Prinzip aufzuzeigen, nehmen wir an, daß die Schwingungsdauer der Torsion identisch ist mit der der Biegung. Dies ist für ein reales System keine notwendige Bedingung; tatsächlich ist es für eine Schwingungsanfachung nur wichtig, daß die Energiezufuhr größer ist als die Energieabgabe.

Im folgenden betrachten wir nun jeweils eine Schwingungsperiode der Biegeschwingung eines ebenen Profils, einmal mit der Phasendifferenz Null zwischen Biegeausschlag w und Drehung θ (Abb. 26.2.10a), und zum andern mit einer Phasendifferenz von $\pi/2 = 90°$, wobei die Biegung der Drehung vorauseilt (Abb. 26.2.11a). Die entstehende Luftkraft läuft proportional zur Anstellung der Platte, also mit dem Torsionswinkel θ. Quasistationär betrachtet, gilt für die momentane Leistungszufuhr

$$\dot{E} \sim L\dot{w} \tag{26.2.3}$$

wo L die Luftkraft und $\dot{w}$ die zu der Luftkraft parallele Geschwindigkeitskomponente der Schlagbiegung darstellt. Die graphische Darstellung der Leistungszufuhr ist in Abb. 26.2.10b und Abb. 26.2.11b gegeben. Für die der Biegeschwingung insgesamt zugeführte Energie gilt somit

$$E \sim \int L\dot{w}\,\mathrm{d}t \tag{26.2.4}$$

Eine entsprechende Betrachtung könnten wir für die Torsionsschwingung anstellen, es genügt uns aber hier die Feststellung, daß es bei gewissen Phasenlagen keine Anfachung (Abb. 26.2.10), bei andern jedoch zu kontinuierlicher Energiezufuhr (Abb. 26.2.11) und somit zu sehr schneller Anfachung der Schwingungen kommen kann. Der sich ergebende Flattervorgang wird als klassisches Biege-Torsions-Flattern (engl. *bending-torsion flutter*) bezeichnet.

Eine ganz ähnliche Betrachtung kann auch für eine schwingende Flosse mit Ruder durchgeführt werden. Hierbei sind die Biegeschwingung der Flosse und die Drehschwingung des (vereinfachend starren) Ruders beteiligt. Es handelt sich um das klassische Ruderflattern,

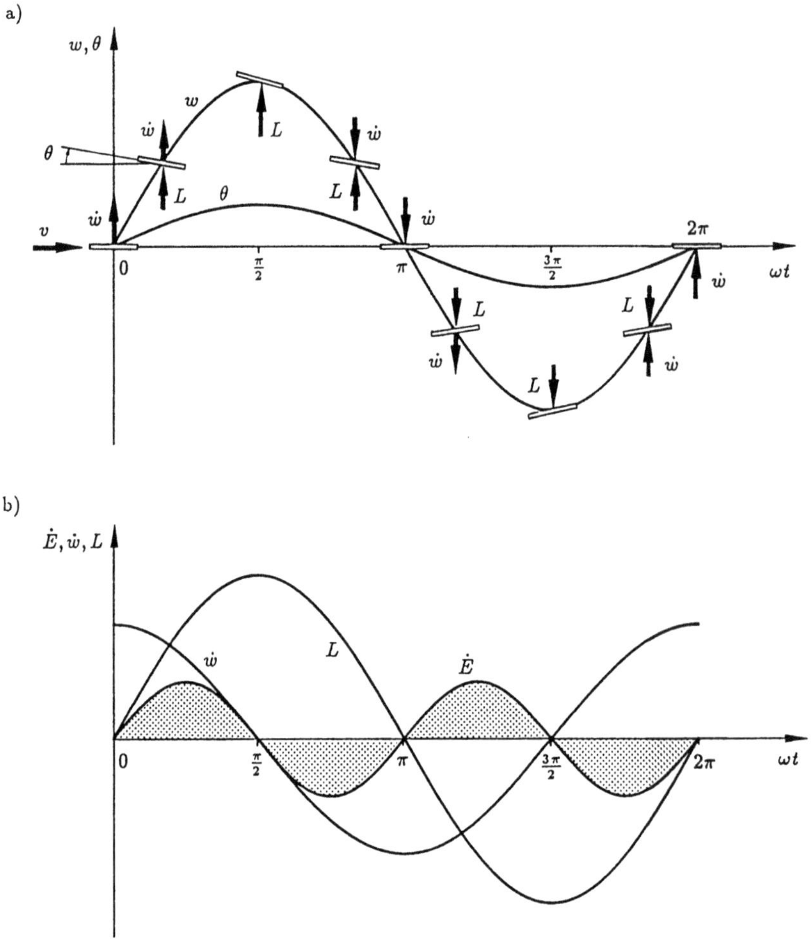

$\theta = \alpha$ = Drehwinkel
w = Biegeausschlag - Amplitude
$\dot{w}$ = Schlaggeschwindigkeit
L = Auftrieb in Phase mit θ

Phasendifferenz 0°
mittlere Energiezufuhr = 0

Leistungszufuhr $\dot{E} \sim L\dot{w}$
Energiezufuhr $E \sim \int L\dot{w}dt$

Abb. 26.2.10 Energiezufuhr aus der Luftströmung bei einem schwingenden System; Biege- und Torsionsschwingung in Phase

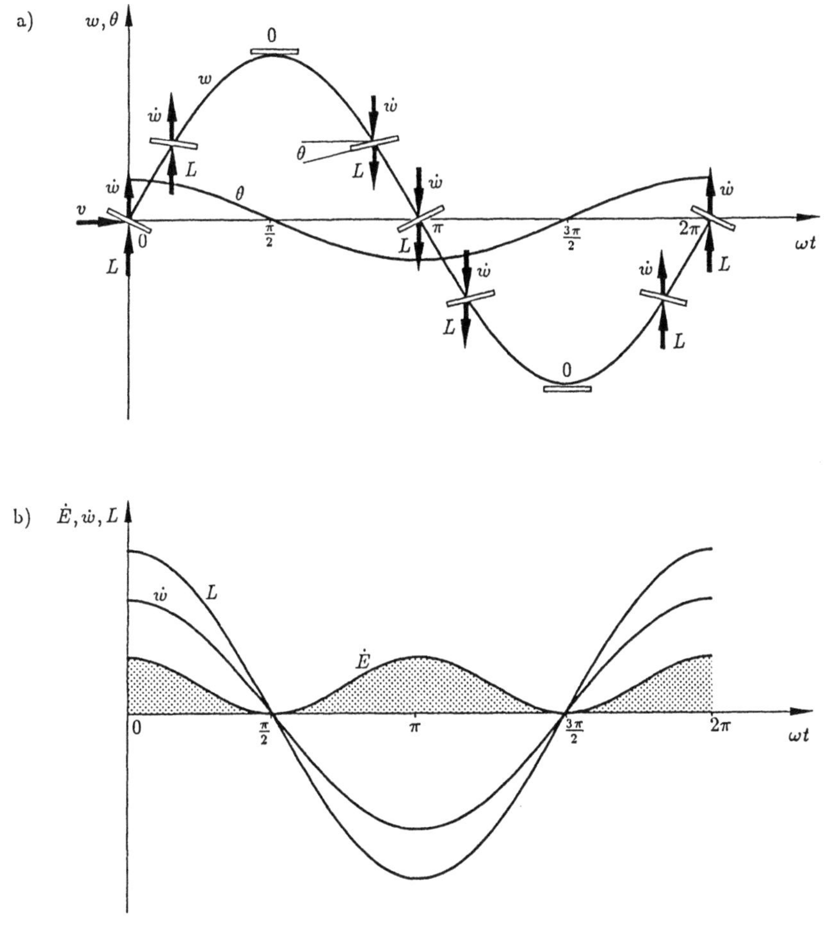

$\theta = \alpha$	=	Drehwinkel
w	=	Biegeausschlag - Amplitude
$\dot{w}$	=	Schlaggeschwindigkeit
L	=	Auftrieb in Phase mit θ

Phasendifferenz 90°
mittlere Energiezufuhr > 0

Leistungszufuhr $\dot{E} \sim L\dot{w}$

Energiezufuhr $E \sim \int L\dot{w}dt$

Abb. 26.2.11 Energiezufuhr aus der Luftströmung bei einem schwingenden System; Biege- und Torsionsschwingung 90° phasenverschoben

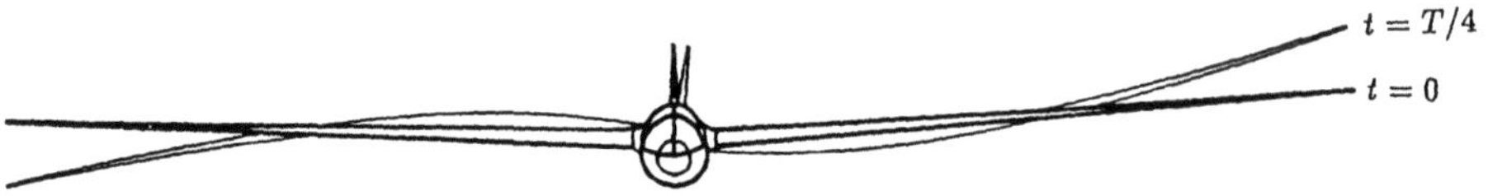

Abb. 26.2.12 Biegeschwingung des Tragflügels bei Querruderflattern

da die Anregung hauptsächlich über das gegenschlagende Ruder erfolgt. Diese Flatterform kann an Höhen-, Seiten- und Querrudern auftreten. Bei der letztgenannten kommt es zu Kopplungen mit einer Rollbewegung des Rumpfes und einer antisymmetrischen Biegeschwingung des Tragwerks (siehe Abb. 26.2.12). Da beim Ruderflattern die Steifigkeit der Ruderdrehung von entscheidender Bedeutung ist, müssen sämtliche Komponenten, welche diese Steifigkeit beeinflussen, mitberücksichtigt werden. Dies sind insbesondere Steuergestänge, hydro- oder elektromechanische Stellglieder (aero-servo-elastisches Flattern) und vorgeschaltete Regelkreise (Autopilot, Stabilitätssystem, aktive Flatterunterdrückung) samt zugehörigen Sensoren. Die hierbei zu lösenden Probleme reichen weit in die Gebiete der Flugmechanik und der Regelungstechnik hinein und können leider nicht eingehend in diesem Kapitel besprochen werden; siehe aber Abschnitt 26.7.

Die erwähnten Flatterformen sind nur eine Auswahl aus den vielen möglichen, die sich bei Kombination der verschiedendsten Eigenschwingungen ergeben können. Bei einer Analyse kommt es entscheidend darauf an, daß alle jene Kombinationen, die angefacht werden können, berücksichtigt werden.

Die zweite Kategorie von Flatterphänomenen beruht, wie bereits erwähnt, auf Ablöseerscheinungen und Wirbelbildung bei Auftriebs- wie auch bei Widerstandsprofilen.

Bei Auftriebssystemen beobachtet man das Abreißflattern für hohe Anstellwinkel, welche in der Nähe des Strömungsabrisses liegen. Durch eine irgenwie angeregte Dreh- oder Biegeschwingung (meist handelt es sich aber um reine Torsionsschwingungen) kann es zum Strömungsabriß an der Profiloberseite kommen, welcher sich zyklisch wiederholt und zu selbsterregten Torsionsschwingungen endlicher Amplitude am Flügel führt. Die zyklische Strömungsablösung hat eine zyklische Variation der Luftkraft sowie ihres Angriffspunkts und damit auch des Torsionsmoments zur Folge. Abreißflattern liegt vor, wenn die Erregerfrequenz mit der beteiligten Torsionsfrequenz übereinstimmt. Die starke Nichtlinearität der beteiligten Luftkräfte und Luftkraftmomente führt je nach Torsionswinkelamplitude zu anderen kritischen Anströmgeschwindigkeiten, die z.Zt. noch fast ausschließlich experimentell bestimmt werden. Einer der vielen möglichen Anregungsmechanismen soll hier kurz skizziert werden. An der Oberseite des Profils erfolgt am sogenannten Umschlagpunkt der Übergang der Grenzschicht vom laminaren in einen turbulenten Zustand. Dieser Umschlagpunkt wandert periodisch in Profiltiefenrichtung hin und her. Dies rührt daher, daß die turbulente Strömung einen größeren Druckabfall und langsamere Strömung zur Folge hat. Langsamere Strömung weist geringere Tendenz zum Umschlag auf, weshalb die Strömung wieder laminar wird. Nun steigt infolge des verzögerten Druckabfalls die Geschwindigkeit und mit ihr die Tendenz zum Umschlag wieder an, weshalb wieder Turbulenz auftritt und der Zyklus von neuem beginnt. Dieses Hin- und Herdriften des Umschlagpunktes hat bei hoch angestellten Profilen

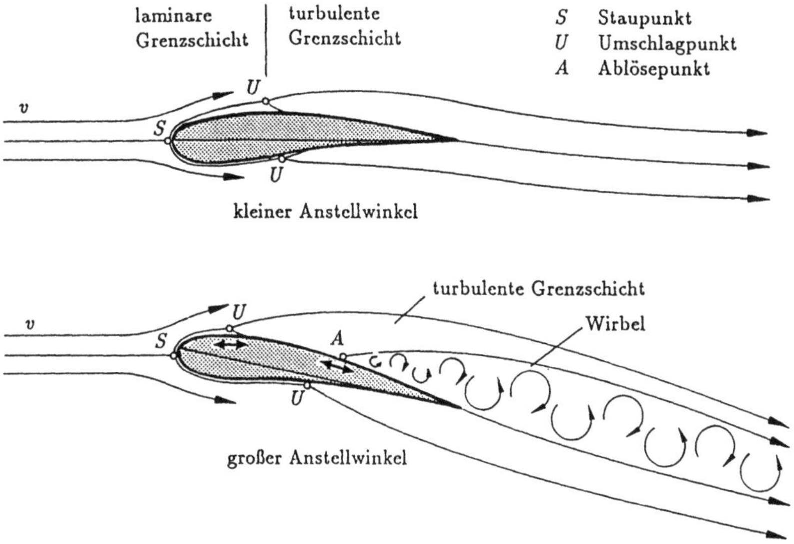

Abb. 26.2.13 Oszillation des Umschlag- und des Ablösepunktes

aufgrund der gleichbleibenden Lauflänge der turbulenten Grenzschicht bis zur Ablösung direkte Auswirkungen auf die Lage des Ablösepunktes (vgl. Abb. 26.2.13). Es kommt so zu periodischen Ablösungserscheinungen, die bei passender Frequenz zum Abreißflattern führen.

Bei Luftfahrzeugen trifft man diese Flatterart hauptsächlich bei Profilen an, die im hohen Anstellwinkelbereich arbeiten, also hauptsächlich bei Propellern, Hubschrauberrotoren, Turbinen- und Verdichterschaufeln, weniger bei Tragflügelprofilen. Als Beispiel wollen wir hier ein Phänomen betrachten, welches oft beim Testlauf von Verstellpropellern beobachtet werden kann. Wird die Drehzahl des Propellers allmählich erhöht, tritt ab einer gewissen Geschwindigkeit ein sehr schnell auf- und abklingendes Geräusch auf. Bei weiterer Steigerung der Drehgeschwindigkeit kommt zu dieser akustischen Wahrnehmung auch eine visuelle: Stellt man sich in die Ebene der Propellerscheibe, so sieht man die Schwingbewegung der Propellerspitzen. Abb. 26.2.14 zeigt schematisch den Naben- und Blattspitzenquerschnitt. Entsprechend der Anströmrichtung hat der innere Querschnitt einen anderen Winkel zur Flugrichtung als der äußere. Aufgrund der Fliehkräfte, die aus der Zeichenebene heraus wirken, wird der Blattspitzenquerschnitt elastisch in die Richtung des Nabenquerschnittes gedreht und sein Anstellwinkel so erhöht, daß der oben beschriebene Effekt auftreten kann.

Bei Hubschrauberrotoren tritt das Problem infolge der Queranströmung beim schnellen Horizontalflug auf, wo das in Flugrichtung drehende Blatt eine größere Anströmgeschwindigkeit hat als das rücklaufende Blatt. Um denselben Auftrieb zu erreichen, wird das rücklaufende Blatt stärker angestellt, wobei es zu mit der Drehfrequenz periodischem Strömungsabriß kommen kann. Es handelt sich also um ein dem Abreißflattern sehr verwandtes Problem, das zu großen Schlagamplituden der Blätter führen kann.

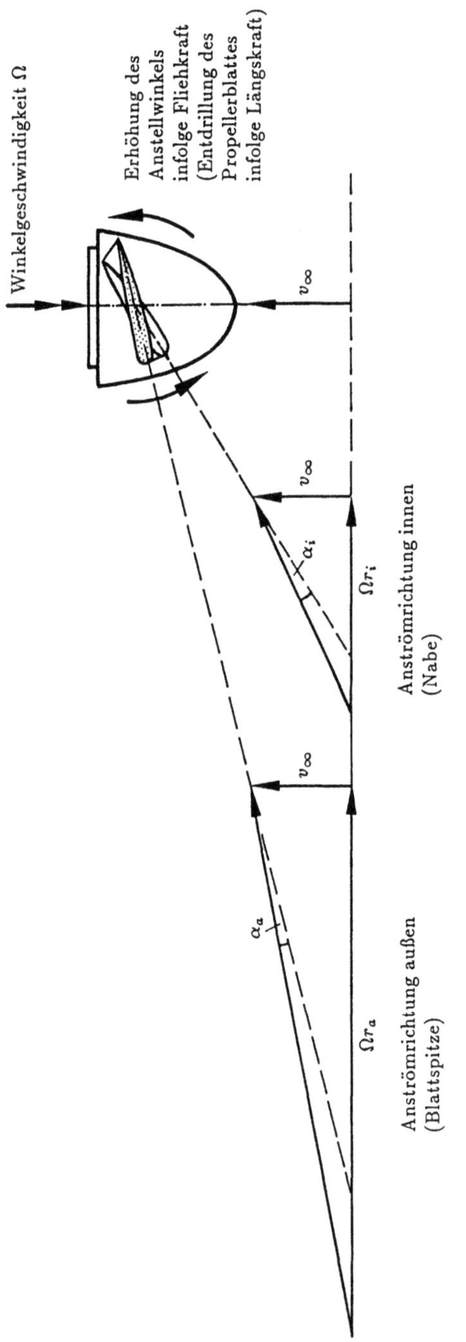

Abb. 26.2.14 Zum Abreißflattern bei Propellern

Bei Rotoren von („stall“-geregelten) Horizontalachsen-Windturbinen wurde bisher noch in keinem Fall Abreißflattern beobachtet. Mit zunehmender Flexibilität der Blätter und der Blattverstelleinrichtungen bei großen Anlagen könnte dieses Problem jedoch relevant werden.

Ein dem Abreißflattern sehr verwandtes Problem, das insbesondere bei Hängekabeln auftreten kann, stellt auch das sogenannte Galloping (Formanregung) dar. Der wesentliche Unterschied besteht darin, daß das querangeströmte Profil in diesem Fall mehr oder minder scharfkantig sein muß und somit klar definierte Abreißkanten besitzt. Solche Profile kommen in der Luftfahrt weniger vor, dafür aber im Brückenbau oder im Hochbau. Durch Vereisung von Überlandleitungen, Seil- oder Hängekabelsystemen (Pardunen) kann ebenfalls eine Galloping-Instabilität hervorgerufen werden. Sie äußert sich darin, daß bei kräftigem Wind das Seil oder das Kabel innerhalb der Spannweite zweier Masten entweder als ganzes oder mit mehreren Schwingungsknotenpunkten senkrecht zur Windrichtung schwingt, je nachdem, welche Eigenfrequenz eines Durchhangs angeregt wird. Das Phänomen tritt nicht immer auf, wenn jedoch gewisse Bedingungen erfüllt sind, kann es lange anhalten. Amplituden von 5–8 m bei Spannweiten von 150 m sind hierbei registriert worden. Die Schwingungen hören sofort auf, wenn das Eis von der Leitung platzt.

Abbildung 26.2.15a zeigt ein von der Seite mit der Geschwindigkeit v angeströmtes Quadratprofil. Durch eine vorangegangene Störung bewegt sich das Profil senkrecht zur Strömungsrichtung mit Geschwindigkeit $\dot{w}$, so daß sich insgesamt eine Schräganströmung mit v_{rel} ergibt. An den scharfen Kanten erfolgt sofort turbulente Ablösung mit einer Druckverteilung im Totwasserbereich, die eine weitere Beschleunigung der bereits bestehenden Bewegung nach sich zieht (Abb. 26.2.15b). Bei einem positiven Anstellwinkel tritt also eine negative Auftriebskraft auf. Die beobachteten Frequenzen sind wesentlich kleiner ($\approx 1/20$) als jene, die nach der sogenannten Strouhal-Zahl eigentlich erwartet werden müßten. Diese charakteristische Zahl ist gewöhnlich durch den dimensionslosen Wert

$$St = \frac{fd}{v} \tag{26.2.5}$$

definiert. Hier ist f die Frequenz der Schwingung, d eine typische Dimension des Körpers, z.B. die Flügeltiefe c, und v die Strömungsgeschwindigkeit. Die Zahl St kann im allgemeinen als eine Funktion der Reynoldsschen Zahl Re betrachtet werden, sie variiert aber relativ langsam mit ihr; typisch für sie ist ein Wert von 0.2. Man schließt daraus, daß bei diesem Phänomen die aerodynamischen Vorgänge als quasi-stationär angenommen und instationäre Effekte vernachlässigt werden können. Zu bemerken ist auch, daß nur ein Freiheitsgrad (Auf- und Abbewegung) für diese Instabilität relevant ist. In Abb. 26.2.15 ist auch der Verlauf der Druckkoeffizienten c_{po} und c_{pu} über der Ober- und Unterkante des quadratischen Profils für die Anstellwinkel $\alpha = 0°, 6°, 12°$ wiedergegeben.

Bei weitgespannten Hängebrücken kann das Galloping-Phänomen gekoppelt mit Torsionsschwingungen des Brückendecks auftreten. Hierbei entstehen die Anstellwinkeländerungen nicht mehr durch Querbewegungen im Luftstrom, sondern durch Verdrehungen des Brückendecks. Meist tritt diese Instabilität jedoch gekoppelt mit dem sogenannten Brückenflattern, bei dem Biege- und Torsionsbewegung beteiligt sind, und dem noch zu

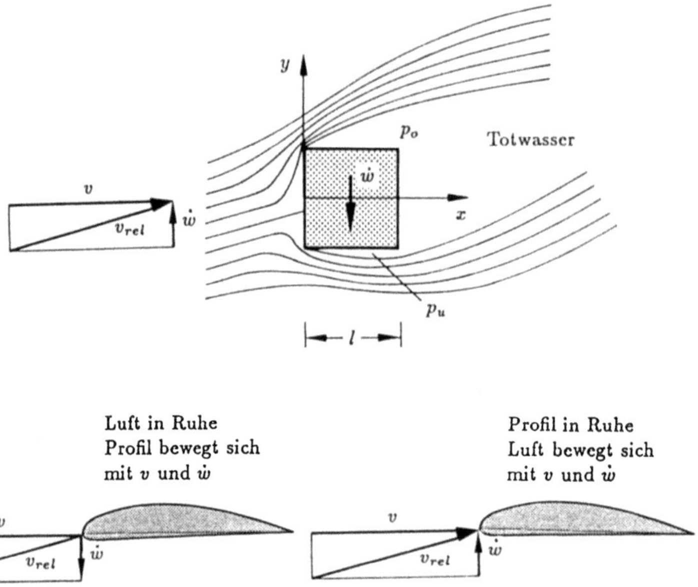

Die Belastungsgeschwindigkeit v_{rel} bei verschiedenen Betrachtungsarten

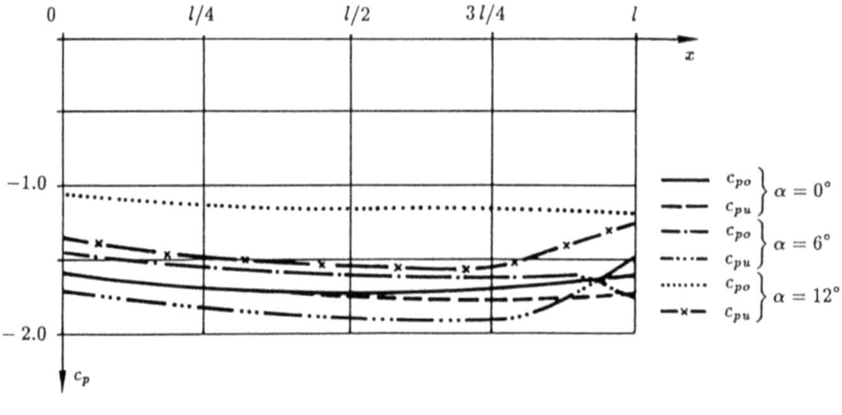

Abb. 26.2.15 Zur Erklärung des Galloping-Phänomens

Abb. 26.2.16 Einsturz der Brücke über die Tacoma Narrows (U.S.A.)

besprechenden Wirbelresonanzflattern auf. Durch Windeinwirkung wurden insbesondere im 19. Jahrhundert zahlreiche Hängebrücken zerstört (siehe [26.12]). Der letzte und spektakulärste Einsturz betraf im Jahre 1940 die Tacoma-Brücke (Abb. 26.2.16), welche infolge heftiger Torsionsschwingung der Fahrbahn versagte.

Die bisher betrachteten Phänomene der zweiten Kategorie beruhen auf dem Abreißen der Strömung bei aerodynamischen Auftriebsprofilen oder scharfkantigen Widerstandsprofilen. Im folgenden wollen wir nun Ablöseerscheinungen hinter stumpfen, vorzugsweise runden Widerstandsprofilen und das darauf beruhende Wirbelresonanzflattern betrachten. Diese Erscheinungen können bei zahlreichen zylindrischen Konstruktionen beobachtet werden. Als Beispiel seien genannt: Singen von Überlandleitungen im Wind, Abspannseile, Fahnen- und Lichtmaste, Stahlblechschornsteine, Türme, Raketen auf der Startplattform, U-Boot-Periskope in der Wasserströmung usw. Sie führen infolge periodischer Wirbelablösung und den damit verbundenen Luftkräften quer zur Strömung für bestimmte Strömungsgeschwindigkeiten zu Resonanzschwingungen. Es ist auch möglich, daß Bauwerke stromab des Wirbelerzeugers von den periodisch auftreffenden Wirbeln angeregt und bis zur Zerstörung aufgeschaukelt werden. Ein spektakuläres Beispiel hierfür stellt der Einsturz von drei Kühltürmen des Kraftwerks Ferrybridge (G.B.) noch während der Bauphase 1966 dar (vgl. Abb. 26.2.17). Die Kühltürme waren versetzt in zwei Reihen zu je vier Türmen angeordnet. Zum Zeitpunkt des Einsturzes befanden sich die drei zerstörten Türme im Nachlauf der Türme der vorderen Reihe und wurden durch die von diesen abgehenden Wirbeln zu Schwingungen mit katastrophalen Folgen angeregt.

Um die Erscheinung der Wirbelanregung bzw. -ablösung besser zu verstehen, müssen wir einen kleinen Exkurs in die Strömungsmechanik vornehmen. Zu diesem Zweck verweisen wir auf die Literatur (z.B. [26.13]) und insbesondere auf die Vorgänge bei der

Abb. 26.2.17
Durch Wirbeleinwirkung zerstörte Kühltürme des Kraftwerks Ferrybridge (Great Britain)

Entstehung einer laminaren bzw. einer turbulenten Grenzschicht. Das Umschlagen von einer Strömungsart in die andere hängt in erster Linie von der Reynoldsschen Zahl

$$Re = \frac{vd}{\nu} \tag{26.2.6}$$

ab. Hier ist v die Strömungsgeschwindigkeit, d eine typische Dimension des eingetauchten Körpers, z.B. der Durchmesser eines Kreiszylinders, und ν die kinematische Zähigkeit. Wir beschränken uns aber hier auf die Beobachtung eines einfachen Experiments: Zieht man einen zylindrischen Stab durch das Wasser, wobei man ihn senkrecht zur Wasseroberfläche festhält, sieht man bei kleinen Geschwindigkeiten keine Unregelmäßigkeiten, der Nachlauf bleibt laminar (Abb. 26.2.18a). Mit zunehmender Strömungsgeschwindigkeit bzw. Reynolds-Zahl kommt es hinter dem Stab zunächst zu zwei stehenden (Abb. 26.2.18b), dann zu regelmäßig und alternierend abgehenden Wirbeln (Abb. 26.2.18c), die zuerst durch v. Kàrmàn potentialtheoretisch beschrieben wurden und als von Kàrmànsche Wirbelstraße in die Wissenschaft eingegangen sind. Bei weiterer Steigerung der *Re*-Zahl werden zuerst die abgehenden Wirbel turbulent (Abb. 26.2.18d), dann die Grenzschicht um den Zylinder (Abb. 26.2.18e), was eine regelmäßige Wirbelablösung unterbindet (überkritischer Bereich). Bei einer nochmaligen Erhöhung der *Re*-Zahl bildet sich wieder eine – etwas schmalere – von Kàrmànsche Wirbelstraße aus (transkritischer Bereich, Abb. 26.2.18f). Bei den Zuständen c) bis f) wirken Querkräfte auf den Stab, die für c), d) und f) periodisch sind und ein Hin- und Herflattern des Stabes verursachen können. Die Bewegungsenergie im Nachlauf steckt zum Teil in den periodisch abgehenden Wirbeln, zum Teil in den Turbulenzen. Je höher die Reynolds-Zahl wird, um so größer

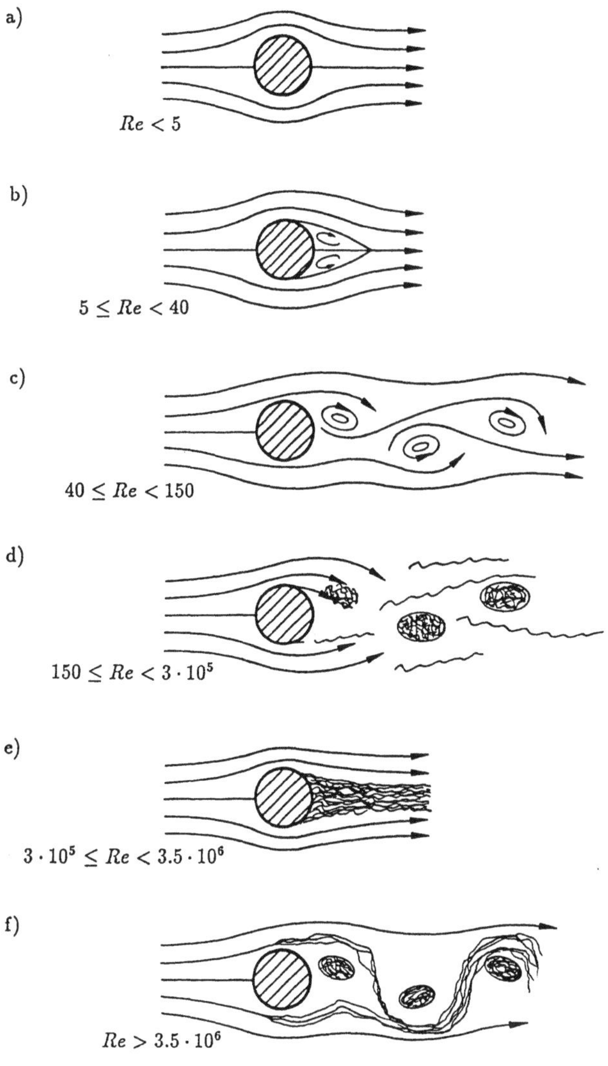

Abb. 26.2.18
Umströmung eines Kreiszylinders in Abhängigkeit von der Reynoldszahl; nach [26.12]

wird der Anteil der Turbulenzen, bis schließlich kein Wirbelmuster mehr zu erkennen ist. Die Frequenz dieser Wirbel hängt von der Geometrie des Körpers und von der Strömungsgeschwindigkeit ab. Liegt diese Frequenz in der Nähe einer Eigenfrequenz des Körpers, treten sofort Resonanzerscheinungen auf, man spricht vom Wirbelresonanzflattern. Die Frequenz des Wirbelausstoßes läßt sich für verschiedene Profile experimentell messen und geht in die vorerwähnte Strouhal-Zahl St (26.2.5) ein. Sie wird üblicherweise als Funktion der Reynoldsschen-Zahl aufgetragen. Ein typischer Verlauf ist [26.12] entnommen und in Abb. 26.2.19 wiedergegeben. Er beruht auf einer Vielzahl von Meßergebnissen. Im überkritischen Bereich $2 \cdot 10^5 < Re < 5 \cdot 10^6$ ist die Strouhal-Zahl eigentlich nicht definiert, da keine vorherrschende Frequenz ω des Wirbelabgangs mehr festgestellt

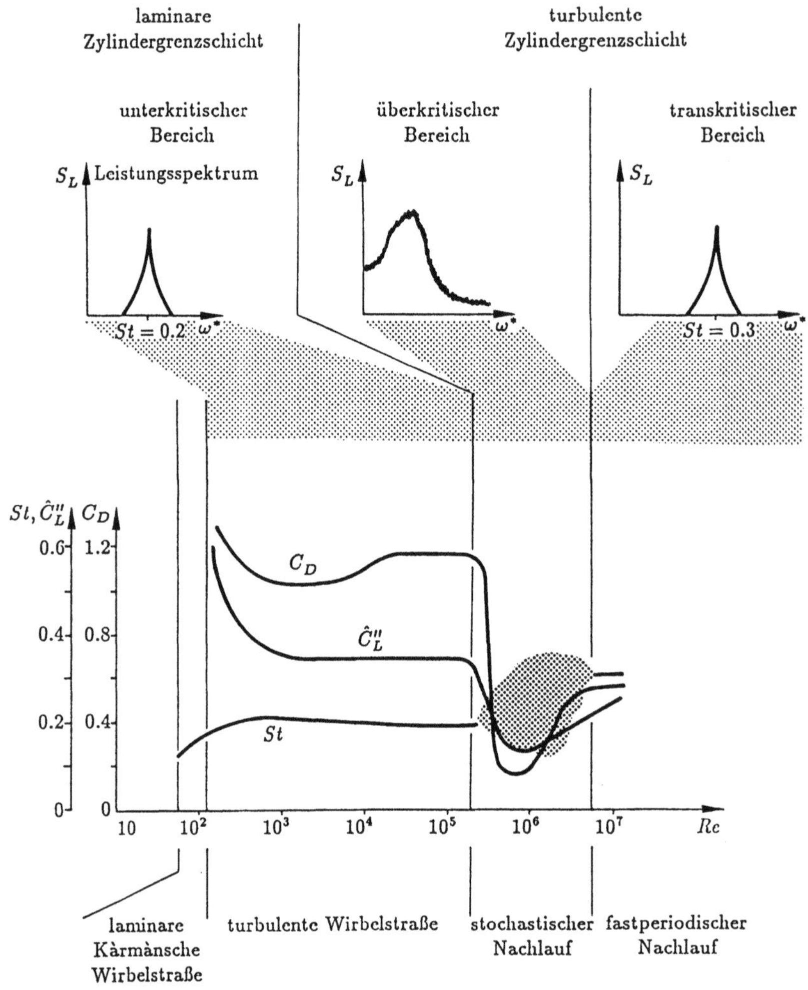

Abb. 26.2.19 Strouhal-Zahl *St*, instationärer aerodynamischer Quertriebsbeiwert $\hat{C}''_L$ und Widerstandsbeiwert C_D des querangeströmten Kreiszylinders in Abhängigkeit von der Reynolds-Zahl *Re*

werden kann. Dies ist aus den Leistungsspektren $S_L(\omega^*)$ der instationären Quertriebskräfte in Abb. 26.2.19 ebenfalls ersichtlich. Hier ist ω^* eine reduzierte Frequenz, wie sie später in Gleichung (26.3.16) definiert ist. Zu ganz ähnlichen Erscheinungen kommt es bei der Umströmung von Profilen mit stumpfer Nase oder Hinterkante.

Ein weiterer, dem oben erwähnten Wirbelresonanzflattern eng verwandter Vertreter der zweiten Kategorie der Flatterphänomene ist das sogenannte *buffeting* (Schütteln). Es handelt sich hierbei um unregelmäßige Schwingungen der Struktur bzw. von Teilen der Struktur in einer Strömung, die durch Turbulenzen und Wirbelbildung angeregt werden.

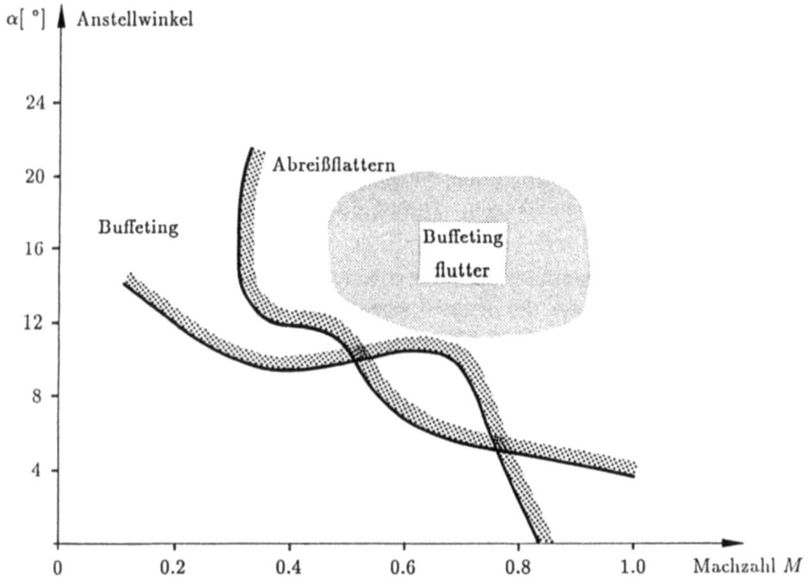

Abb. 26.2.20 Zur Abgrenzung des Buffeting

Bei Flugzeugen sind davon hauptsächlich die Leitwerke betroffen, wenn sie in den Nachlauf des Flügel-Rumpf-Übergangs geraten. Sind diese Übergänge aerodynamisch ungünstig gestaltet, kommt es durch Interferenzen zwischen Rumpf und Flügel zu unregelmäßigen Grenzschichtablösungen. Die Ursache kann aber auch ein Flugverlauf in hohen Anstellwinkelbereichen sein (Langsamflug, Durchfliegen von starken Vertikalböen). Die gefährlichste Form kann beim Flug im Schallgeschwindigkeitsbereich auftreten, wenn die Ablösungen durch die Bildung von Druckwellen im mittleren oder hinteren Bereich der Flügeltiefe beeinflußt werden. Im Überschallbereich setzt sich der Verdichtungsstoß klar definiert an die Vorderkante des Tragflügels; Buffeting ist unter diesen Umständen kein ernsthaftes Problem.

Es ist aber nicht nur das Leitwerk, das vom Buffeting betroffen sein kann. Das Phänomen kann auch bei einem Tragflügel eintreten, der einen turbulenten Nachlauf erzeugt. In diesem Falle wird der Flügel – wie übrigens auch Schaufeln von Turbomaschinen – durch die instationären Luftkräfte zu stochastischen Biegeschwingungen angeregt. Diese Erscheinung liegt also gewissermaßen auf der Grenze zwischen Buffeting – wegen der stochastischen Natur – und Flattern – wegen der Selbsterregung. In der Tat kann die Bewegung stochastisch, periodisch oder eine Mischung aus beiden sein, insbesondere, wenn eine Torsionsschwingung, wie z.B. durch Abreißflattern erzeugt, beteiligt ist. Man spricht dann vom *buffeting flutter* (vgl. Abb. 26.2.20). Je nachdem, ob die Intensität der mehr regelmäßigen Torsionsschwingungen des Abreißflatterns oder die Intensität der stochastischen Buffeting-Biegeschwingungen größer ist, gibt es mehr oder weniger regelmäßige Erscheinungsformen.

Wie wir aus dem bisher Gesagten ersehen, sind die Übergänge zwischen Buffeting, Abreißflattern und Buffeting-Flattern fließend. Der Terminus Buffeting wird für die stochastischen Bewegungsvorgänge, Abreißflattern für die mehr oder weniger regelmäßigen Schwingungen und Buffeting-Flattern für die Mischung aus den beiden vorgenannten verwendet. Bei hohen Überschallgeschwindigkeiten kommt es zur Bildung von kräftigen Verdichtungsstößen, die von Grenzschichtablösungen begleitet sein und eine unregelmäßige Druckpulsation verursachen können. Dieses Phänomen wird auch unter dem Begriff Buffeting geführt.

Eine weitere Möglichkeit des Zusammenspiels der aerodynamischen, der elastischen und der Trägheitskräfte fassen wir unter der Rubrik erregte Schwingungen zusammen. Wir verstehen hierunter vorübergehende schnelle Erregungen von Strukturkomponenten durch aerodynamische Impulse, wie z.B. Böen, oder schnelle Steuerbewegungen. Aber auch Landestöße oder Vogelschlag fallen unter diesen Typ der Schwingungen.

26.2.4 Weitere aeroelastische und verwandte Probleme

In diesem Abschnitt wollen wir aeroelastische Probleme betrachten, welche sich nicht ohne weiteres in die bisher betrachteten Kategorien des Flatterns einordnen lassen. Am Ende wollen wir noch exemplarisch eine Flattererscheinung ohne Aerodynamik ansprechen.

Wir führen zuerst das sogenannte Beplankungsflattern (engl. *panel flutter*) an. Eigentlich könnte man es in die dynamische Aeroelastik einordnen, wenn man davon absehen würde, daß hier der sonst als starr betrachtete (Flügel-)Querschnitt lokale Deformationen erleidet, die sowohl in Strömungsrichtung als auch quer dazu berücksichtigt werden sollten (Abb. 26.2.21). Je nachdem, ob die Beplankung eben oder gekrümmt ist, müssen wir für die Analyse eine Platten- oder Schalentheorie heranziehen. Beplankungsflattern tritt eigentlich nur im Überschallgeschwindigkeitsbereich bei Flugzeugen und Raketen auf, hauptsächlich zwischen den Machzahlen $M = 1.0$ und $M = 1.5$, aber auch bei höheren Machzahlen und gelegentlich im transsonischen Bereich. Die Erscheinung ist von einer Vielzahl von Parametern abhängig, z.B. von der Anzahl und dem Seitenverhältnis der Blechfelder, den Randbedingungen und der Vorspannung der Felder durch Temperatur bzw. Innendruck. Natürlich spielen der Staudruck, die Machzahl, die Reynolds-Zahl und die Grenzschichteffekte ebenfalls eine Rolle. Eine gewisse Ähnlichkeit zum wind-

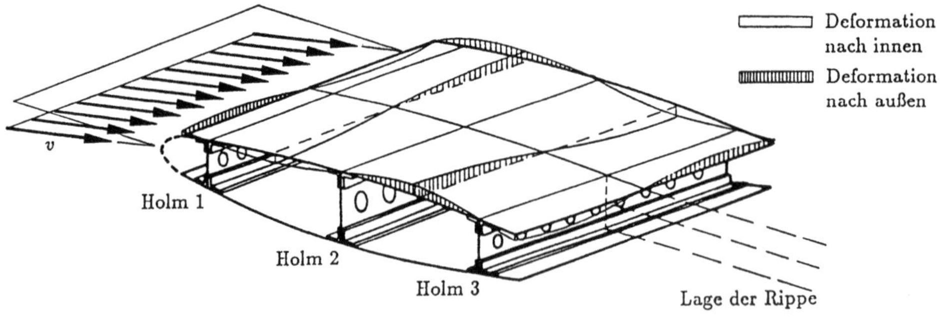

Abb. 26.2.21 Deformation eines Beplankungsausschnitts, der durch Rippe und Holme in vier Felder unterteilt ist

erregten Flattern von Zeltwänden ist vorhanden, besonders bei relativ großen Abständen der Stützholme oder -spante, wo sich Wanderwellen mit zunehmender Amplitude ausbilden können. Ein schneller Bruch ist, wegen der relativ geringen Energieentnahme aus der Luftströmung, nicht wahrscheinlich, dafür aber Rißbildung und Ermüdungsbrüche. Je nachdem, wie starr das unter der Beplankung liegende Rippen-Holmen-Gerüst ausgebildet ist, kann es auch zu sekundären Beuleffekten (Durchschlag usw.) kommen. Die Geschwindigkeit, bei der Beplankungsflattern auftritt, läßt sich steigern, wenn die gefährdeten Partien unter Innendruck oder Vorspannung gesetzt werden. Dies hat eine versteifende Membranspannung zur Folge. Die Phänomene des Panel-Flatterns werden eingehend in den Abschnitten 26.4.7 und 26.9.4 besprochen.

Eine Vielzahl von Problemen läßt sich unter dem Begriff Thermoaeroelastik (engl. *thermoaeroelasticity*) zusammenfassen. Hierbei werden die Temperaturspannungen bzw. -verschiebungen, die durch aerodynamische Aufheizung der Außenpartien eines Flugkörpers entstehen, mit in die Betrachtung einbezogen. Das aeroelastische Kräftedreieck der Abb. 26.2.1 könnte man dann zu einem räumlichen Tetraeder erweitern und in den 4. Eckpunkt die Temperaturkräfte einsetzen. Als Beispiel sei hier wieder die Beplankung herausgegriffen, bei der nur einige wenige Grade Temperaturerhöhung genügen, um ein Feld ausbeulen zu lassen und das Beplankungsflattern anzuregen.

Des weiteren sei noch das transsonische Ruderflattern oder Buzz erwähnt. Dieses Phänomen beruht fast ausschließlich auf aerodynamischen Vorgängen. Auf der Saugseite der Profile entstehen im hohen Unterschallbereich Verdichtungsstöße, die Grenzschichtablösungen und damit Druckschwankungen zur Folge haben. Entscheidend für das Entstehen einer selbst-erregten Ruderschwingung ist die Phasenlage zwischen der Ruderbewegung und dem dadurch induzierten aerodynamischen Rückstellmoment. Ändert sich nämlich das Rückstellmoment, ändert sich die Fluglage, damit die Umströmung und auch der Ort oder die Stärke des Verdichtungsstoßes – eine Schwingung kann sich aufbauen. Je nach Lage der Verdichtungsstöße über die Profiltiefe werden noch verschiedene Buzztypen (A, B und C, Abb. 26.2.22) unterschieden, die typischen Bereichen der Flugmachzahl M_∞ entsprechen. Die lokale Machzahl M am Profil ist vor den Verdichtungsstößen in allen Fällen größer als 1.

Flattererscheinungen an Propellern, Rotoren von Drehflüglern und Windturbinen sind insbesondere hinsichtlich der Berechnung der instationären Luftkräfte noch Gegenstand der aktuellen Forschung. Wegen der Drehung und der durch die Abmessungen bedingten Flexibilität der Blätter kommen von der Strukturseite her zusätzliche Massenkräfte – Zentrifugalkräfte, Corioliskräfte und Kreiselmomente – ins Spiel. Von der aerodynamischen Seite her sind an einem Rotor äußerst komplizierte Strömungsverhältnisse zu berücksichtigen, welche die analytische Bestimmung der Luftkräfte erheblich erschweren. So ist es nicht nur die Rotation im stationären Windfeld mit dem zugehörigen Wirbelsystem, sondern es müssen auch die Schräganströmungen, wie sie z.B. beim Horizontalflug eines Hubschraubers, in der Transitionsphase eines rotorgestützten V/STOL-Flugzeugs oder bei Schräganblasung von Windturbinen auftreten, berücksichtigt werden. Bei großen Windturbinen ist außerdem noch die Änderung der Windgeschwindigkeit mit der Höhe (Bodengrenzschicht) nach Betrag und Richtung zu beachten. Dreidimensionale Strömungseffekte infolge einer Zentrifugalbeschleunigung der Grenzschicht sowie instationäre Luftkraftbeiwerte am Profilschnitt infolge schneller Änderungen des Blatteinstellwinkels

Buzz-Typ A:
$0.75 \leq M_\infty \leq 0.9$

Buzz-Typ B:
$0.9 \leq M_\infty \leq 1$

Buzz-Typ C:
$M_\infty > 1$

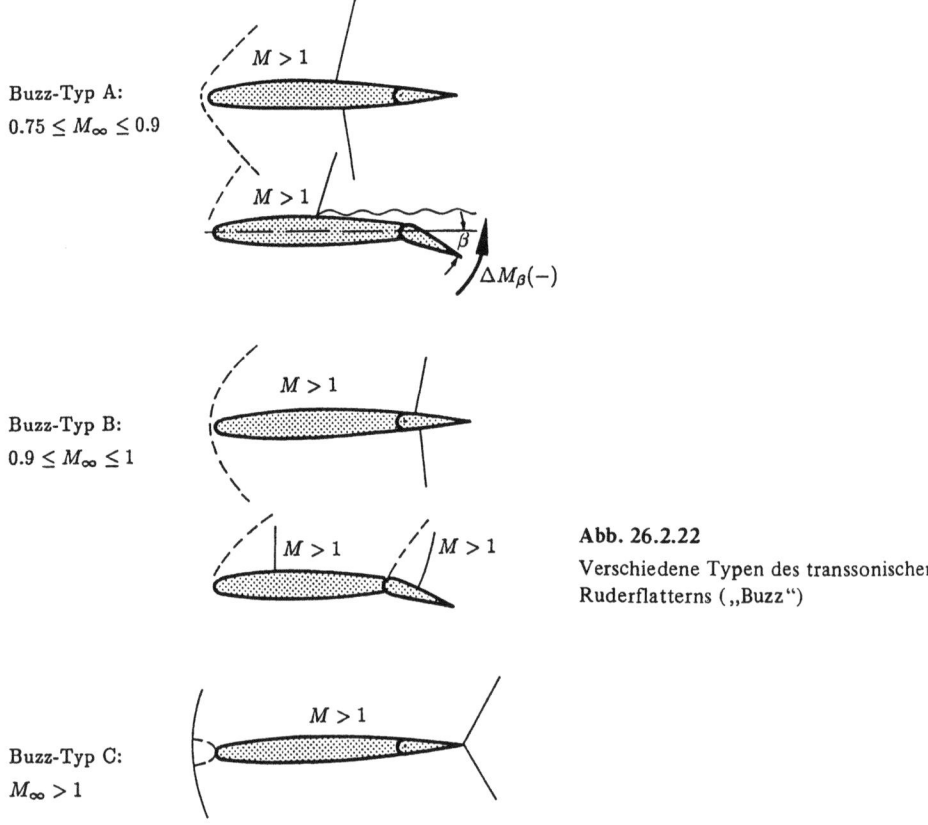

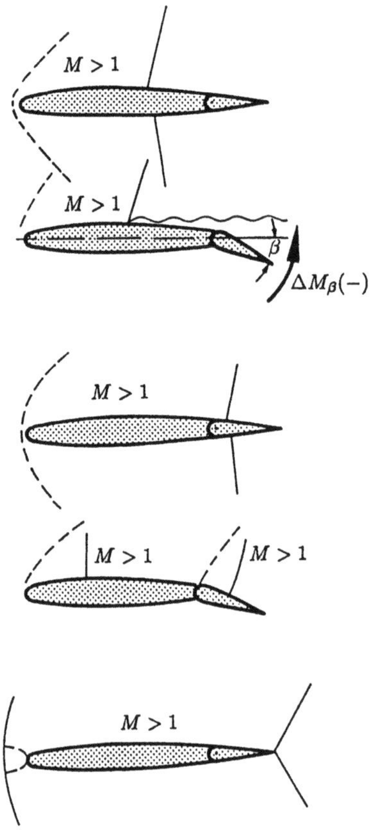

Abb. 26.2.22
Verschiedene Typen des transsonischen Ruderflatterns („Buzz")

(engl. *pitch*) und elastischer Blattverformungen machen es verständlich, daß häufig auf Windkanaluntersuchungen und Flugversuche zurückgegriffen werden muß. All diese Schwierigkeiten treten natürlich auch bei der theoretischen Behandlung des Flatterproblems auf, was seine Lösung zu einer äußerst schwierigen, manchmal noch unlösbaren Aufgabe macht. Selbstverständlich sind auch auf diesem Gebiet die modernen numerischen Methoden der Erfassung instationärer aerodynamischer Kräfte im Vormarsch. Eine leider nur elementare Einführung in das aeroelastische Verhalten eines Turm-Rotor-Systems bietet das Beispiel in Unterabschnitt 26.9.1.

Wir wollen uns hier nur auf eine der möglichen Flatterinstabilitäten beschränken, auf das sogenannte Whirl-Flattern. Der Term „Rotor" möge im folgenden auch den Propeller mit einschließen. Beim Whirl-Flattern kommt es zu Wechselwirkungen zwischen einer Präzessionsbewegung des elastisch gebetteten Rotors und den hierdurch induzierten Luftkräften. Eine elastische Bettung des Rotors ist immer gegeben (Rumpf-, Flügel-, Windturbinenturm-Flexibilität), womit beim Rotor mit horizontaler Achse elastische Nick- und Gierschwingungen möglich sind und durch äußere Anregung (z.B. asymmetrische Böe) auch angeregt werden können. Wir wollen den Vorgang am Beispiel eines starren Rotors einer Horizontalachsen-Windturbine auf elastischem Turm beschreiben (Abb. 26.2.23). Die Bettung des Rotors kann unter anderem Nick- und Gierschwingungen, d.h.

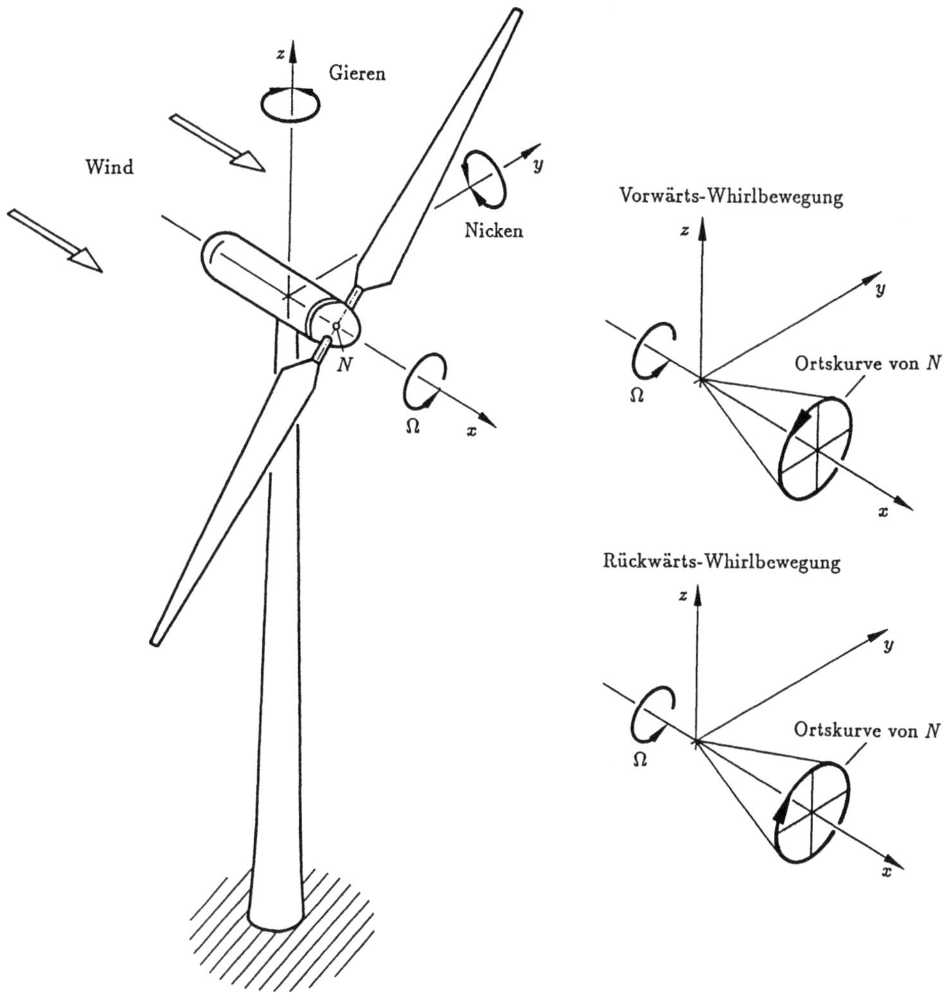

Abb. 26.2.23 Horizontalachsenwindturbine, starrer Rotor auf elastischem Turm

Drehungen um die y-Achse und um die z-Achse, ausführen. Beide Bewegungen sind über die Kreiselmomente des mitbewegten Rotors gekoppelt, so daß der Rotormittelpunkt eine im allgemeinen elliptische Bahn beschreibt, die gleichsinnig (Vorwärts-Whirlbewegung) oder gegensinnig zur Rotordrehung (Rückwärts-Whirlbewegung) durchlaufen werden kann. Die Whirlbewegung des Rotors im Strömungsfeld hat harmonische Anstellwinkeländerungen der Rotorblätter zur Folge, welche periodische Luftkräfte induzieren. Diese können die Whirlbewegung anfachen und zum Whirl-Flattern führen.

26.3 Vorbemerkungen zur numerischen Analyse von aeroelastischen Problemen

26.3.1 Strukturdynamik

Die Grundlagen für die lineare Strukturdynamik wurden in Kapitel 14 bis 23 besprochen. Die entsprechenden Entwicklungen im nichtlinearen Fall erfolgten in Kapitel 23 bis 25. Wir beschränken uns hier auf eine lineare Struktur und entwickeln die Verschiebungen als Linearkombination der Eigenvektoren des ungedämpften elastischen Systems im Vakuum. Wir verweisen etwa auf (17.1.30) und schreiben

$$\boldsymbol{MX} - \boldsymbol{KX\Lambda} = \boldsymbol{O} \tag{26.3.1}$$

wo $\boldsymbol{K}$ und $\boldsymbol{M}$ die Steifigkeits- und Massenmatrix des Systems, $\boldsymbol{X}$ ein Satz von m Eigenvektoren und $\boldsymbol{\Lambda}$ die Diagonalmatrix der zugehörigen Eigenwerte darstellt. Im Normalfall wird $m < n$ sein, wo n die Dimension von, z.B., der Matrix $\boldsymbol{K}$ ist. Die Verschiebungen lassen sich dann ausdrücken als

$$\boldsymbol{r} = \sum_{i=1}^{m} \eta_i \boldsymbol{x}_i = \boldsymbol{X\eta} \tag{26.3.2}$$

Die Eigenvektoren $\boldsymbol{x}_i$ stellen die Basisvektoren für die verallgemeinerten Koordinaten (Verschiebungen) η_i dar. Da $\boldsymbol{X}$ im allgemeinen rechteckig ist, kann die Beziehung (26.3.2) nicht eindeutig invertiert werden. Allerdings kann eine verallgemeinerte Inverse $\boldsymbol{Y}$ gefunden werden, so daß wir schreiben können

$$\boldsymbol{\eta} = \boldsymbol{Yr} \tag{26.3.3}$$

mit

$$\boldsymbol{YX} = \boldsymbol{I} \tag{26.3.4}$$

Im vorliegenden Fall für symmetrisches $\boldsymbol{K}$ und $\boldsymbol{M}$ werden z.B. m $\boldsymbol{K}$-orthonormale Eigenvektoren bestimmt, d.h.

$$\boldsymbol{X}^t\boldsymbol{KX} = \boldsymbol{I} \tag{26.3.5}$$

Eine verallgemeinerte Inverse (Linksinverse) zu $\boldsymbol{X}$ ist also gegeben durch

$$\boldsymbol{Y} = \boldsymbol{X}^t\boldsymbol{K} \tag{26.3.6}$$

Im Fall orthonormaler Eigenvektoren, wie sie sich für das spezielle Eigenwertproblem mit symmetrischer Koeffizientenmatrix ergeben, ist die Linksinverse gegeben durch $\boldsymbol{X}^t$, da ist dann

$$\boldsymbol{X}^t\boldsymbol{X} = \boldsymbol{I} \tag{26.3.7}$$

Der erfahrene Ingenieur fühlt instinktiv, welche Eigenvektoren berücksichtigt werden müssen, um die Verschiebungen hinreichend genau durch die Approximation (26.3.2) ausdrücken zu können. In Abb. 26.3.1 sind für ein stark vereinfachtes Beispiel eines

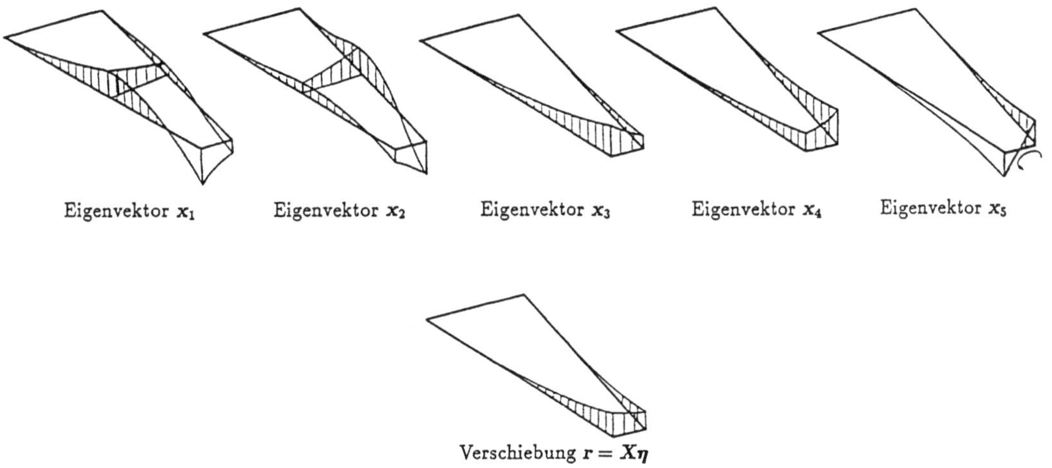

Abb. 26.3.1 Darstellung der Verschiebungsform r als Linearkombination der Eigenschwingungsformen

Tragflügels fünf Eigenformen sowie ihre Superposition zu einer Verschiebungsform gezeigt. In (26.3.2) dürfen die Verschiebungen r bzw. die verallgemeinerten Koordinaten η auch Funktionen der Zeit sein, womit das oben Gesagte gleichermaßen für statische wie für dynamische Vorgänge gilt.

26.3.2 Aerodynamik

Zur Aerodynamik wollen wir nur einige elementare Betrachtungen darlegen, welche in nachfolgenden Abschnitten benötigt werden.

Eine reale Flüssigkeit oder ein reales Gas ist kompressibel und reibungsbehaftet. Solange jedoch die Strömungsgeschwindigkeit weit unter der Schallgeschwindigkeit liegt, bleibt die durch die Strömung um einen Körper verursachte Dichteänderung so klein, daß das Fluid als inkompressibel angesehen werden kann. Bei Wasser oder Luft wirken die Reibungseffekte außerdem nur in einer dünnen Schicht an der Oberfläche des umströmten Körpers (Grenzschicht, engl. *boundary layer*). Außerhalb dieser Grenzschicht kann die Strömung als reibungslos angesehen werden. Aber diese Annäherungen werden seit geraumer Zeit bei gewissen Anwendungen als nicht zweckmäßig angesehen. Nur reibungsfreie Strömungen können wir im allgemeinen analytisch erfassen; die aero- bzw. hydrodynamischen Kräfte und Momente sind hierbei stationär, beim klassischen Flattern instationär, aber wenigstens näherungsweise harmonisch (genau genommen nur bei der kritischen Geschwindigkeit) und können nach den Prinzipien der stationären Aerodynamik bestimmt werden.

Einige der in Abschnitt 26.2 besprochenen aeroelastischen Phänomene haben jedoch in der reibungsbehafteten Grenzschicht ihre Ursachen und müssen mit Hilfe der instationären Aerodynamik analysiert werden. Dies fällt allgemein weit schwerer als im Fall stationärer Aerodynamik. Derartige Phänomene können praktisch nur mit Hilfe von Erfahrungsparametern, wie z.B. der bereits erwähnten Strouhalzahl, einigermaßen eingegrenzt und anschließend numerisch erfaßt werden.

Wie schon erwähnt, müssen wir uns hier auf eine punktuelle Wiedergabe der Theorien der instationären aerodynamischen Kräfte im Unterschall- und Überschallbereich beschränken. Letzten Endes beruht deren praktische Ermittlung immer auf numerischen Methoden. Wir verweisen den Leser auf einige maßgebende Werke [26.1], [26.4], [26.11]. In jedem Fall müssen die induzierten dreidimensionalen stationären und instationären aerodynamischen Druckverteilungen in den zu den generalisierten Verschiebungen η_i korrespondierenden generalisierten Kräften und Momenten H_i ausgedrückt werden. Dabei können, wie schon erwähnt, die Druckverteilungen im allgemeinen nur in numerischer Form angegeben werden, auch sind die zeitlichen Abläufe meist nicht linearisierbar. Damit ist eine explizite mathematische Formulierung und geschlossene Lösung auch aus diesem Grunde praktisch ausgeschlossen. Die allgemeine Bewegungsgleichung wird also sowohl von der strukturellen als auch von der aerodynamischen Seite auf einer diskretisierten Form beruhen müssen.

Für die folgenden einfachen Demonstrationsaufgaben möge es genügen, die klassischen Formeln der Strömungsmechanik zu benützen. Wir schreiben zuerst den Staudruck der ungestörten Strömung in der Form

$$q = \frac{1}{2}\rho v^2 \tag{26.3.8}$$

Hier ist ρ die Dichte und v die Anströmgeschwindigkeit. Der Auftrieb (engl. *lift*) L des Flügels wird gewöhnlich wie folgt ausgedrückt

$$L = C_L q S \tag{26.3.9}$$

wobei C_L der Auftriebsbeiwert (engl. *lift coefficient*) und S die Flügelfläche ist. Mit dem Widerstandsbeiwert (engl. *drag coefficient*) C_D und dem Momentenbeiwert (engl. *moment coefficient*) C_M wird der Widerstand

$$D = C_D q S \tag{26.3.10}$$

und das Luftkraftmoment (positiv bei leitwerkslastiger Ausrichtung)

$$M = C_M q S c \tag{26.3.11}$$

Hier bezeichnet c eine geeignete Flügeltiefe. Die Beiwerte C_L, C_D und C_M können wir in Abhängigkeit vom Anstellwinkel α aus entsprechenden Tabellenwerken entnehmen, wie z.B. [26.3], [26.17]. Abb. 26.3.2 zeigt qualitativ eine solche Abhängigkeit für C_L. Der Verlauf ist in einem weiten Bereich nahezu linear. Um eine grob angenäherte dreidimensionale Behandlung einzuleiten, können wir vereinfachend davon ausgehen, daß der örtliche Auftriebsbeiwert $C_L(y)$ am Querschnitt y entlang der Spannweite proportional dem örtlichen geometrischen Anstellwinkel $\alpha(y)$ ist. Für eine angenommene lokale Verwindung θ, die sowohl geometrischer als auch elastischer Natur sein kann, setzen wir also

$$C_L(y) = \frac{dC_L}{d\alpha}\alpha(y) = \frac{dC_L}{d\alpha}(\alpha_0 + \theta) \tag{26.3.12}$$

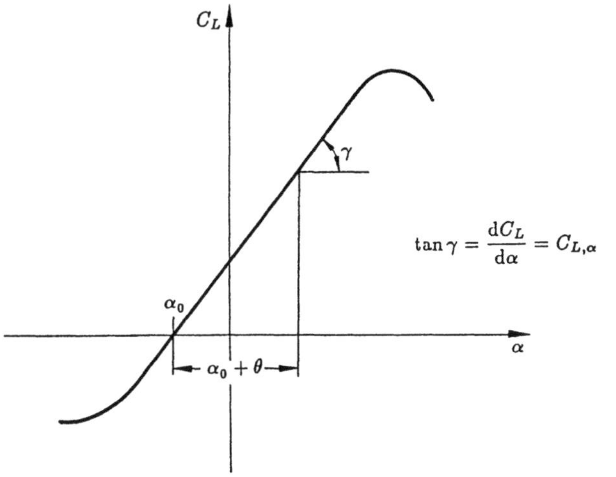

Abb. 26.3.2
Der Auftriebsbeiwert über dem Anstellwinkel

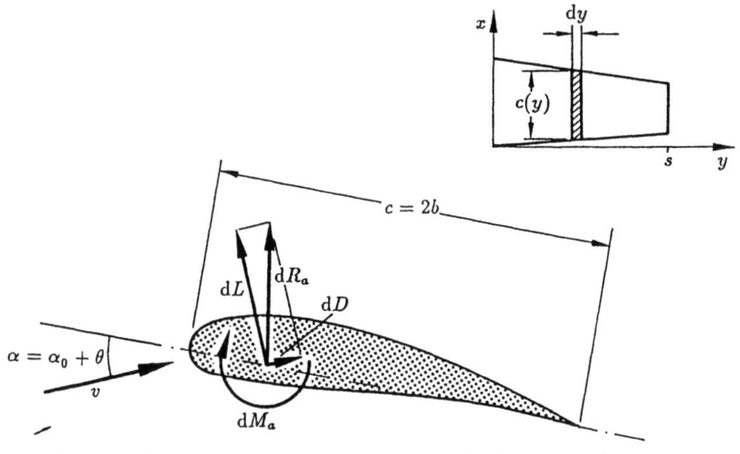

Abb. 26.3.3 Näherungsweise Bestimmung der Luftkraftwerte nach der aerodynamischen Streifentheorie

Bei Annahme einer abschnittsweisen ebenen Strömung und vernachlässigbarer Querströmungseffekte wird der Auftrieb für ein Flügelsegment der Breite dy und der Tiefe $c(y)$ (Abb. 26.3.3)

$$dL(y) = \tfrac{1}{2}\rho v^2 c(y) C_L(y)\,dy \qquad (26.3.13)$$

Um die oben erwähnten instationären aerodynamischen Druckverteilungen bzw. die daraus resultierenden zeitabhängigen generalisierten Kräfte und Momente zu bestimmen, benutzt man in dieser angenäherten Darstellung einen instationären Luftkraftansatz. Wir beschränken uns hier auf die Betrachtung des Auftriebs (für den Widerstand und das Luftkraftmoment könnte man ähnlich vorgehen) und setzen eine harmonische Strukturschwingung voraus. Auch vernachlässigen wir instationäre Sekundäreffekte, die aus der Geschwindigkeit $\dot{w}$ und der Beschleunigung $\ddot{w}$ des Amplitudenausschlags resultieren. Es verbleiben dann als bestimmende Variablen die Schwingungsamplitude w, die charakteristische Geometrie des umströmten Körpers, die Reynolds-Zahl Re und die Strouhal-Zahl St, und der Auftrieb kann in der Form

$$L = \frac{1}{2}\rho v^2 c \hat{C}_L(St, Re, c, w)\mathrm{e}^{i\omega t} \tag{26.3.14}$$

geschrieben werden. Hierbei ist

$$\hat{C}_L = \hat{C}_L' + i\hat{C}_L'' \tag{26.3.15}$$

der sogenannte komplexe instationäre Auftriebsbeiwert, der die zur Amplitude w phasenverschobene Wirkung des Auftriebs zum Ausdruck bringt. Der mit der reellen Komponente $\hat{C}_L'$ gebildete Auftriebsanteil wirkt je nach Vorzeichen in Phase oder Gegenphase zur Schwingungsbewegung und hat daher nur einen im allgemeinen kleinen Einfluß auf die Schwingungsfrequenz des elastischen Systems. Dagegen bringt die imaginäre Komponente $\hat{C}_L''$ bzw. deren Auftriebsanteil je nach Vorzeichen eine aerodynamische Anregung oder Dämpfung zum Ausdruck (siehe Abb. 26.3.4). Ist $\hat{C}_L'$ in Phase mit w und läuft der Imaginärteil vor, sind die instationären Auftriebskräfte schwingungsanregend, läuft er nach, wirken sie dämpfend. Ist $\hat{C}_L'$ in Gegenphase zu w, liegen entgegengesetzte Verhältnisse vor. Später, bei der Behandlung der Bewegungsgleichung, sprechen wir von

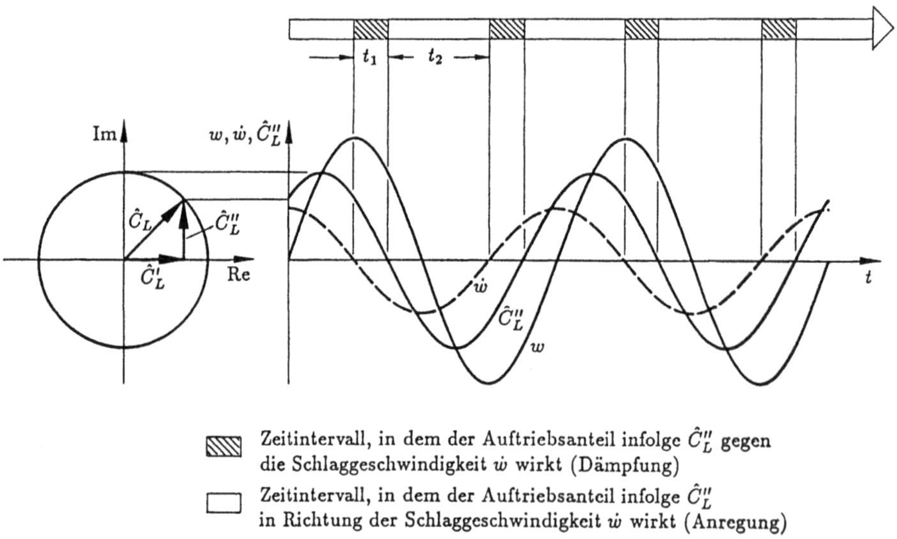

Auftrieb	L	$= \frac{1}{2}\rho v^2 c\hat{C}_L \mathrm{e}^{i\omega t}$
Schlagbewegung	w	$= w_0 \sin\omega t$
komplexer Auftriebsbeiwert	$\hat{C}_L$	$= \hat{C}_L' + i\hat{C}_L''$

Abb. 26.3.4 Anregung der Schwingung durch positiven Imaginärteil der Auftriebskraft

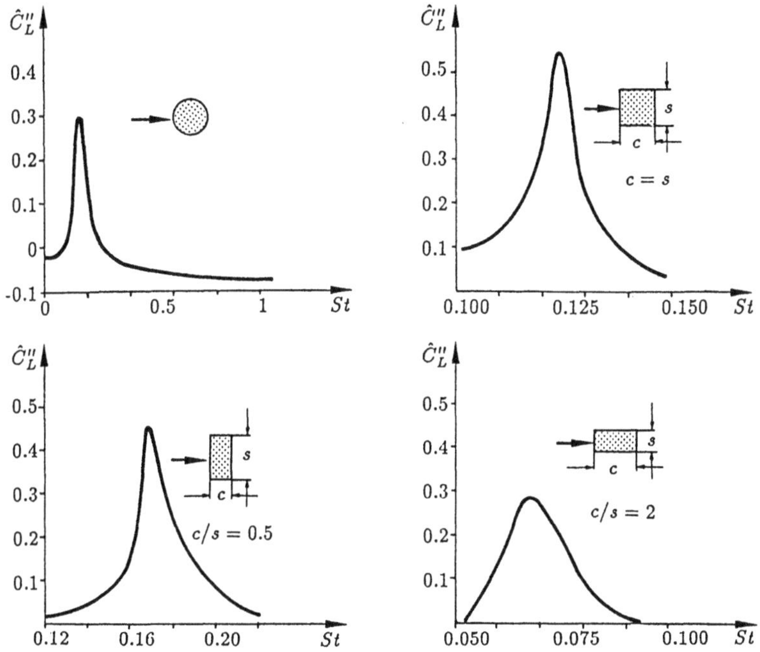

Abb. 26.3.5 Der Imaginärteil $\hat{C}_L''$ des Auftriebsbeiwertes in Abhängigkeit von der Strouhalzahl für einige Konstruktionsprofile

der mit der Auslenkung in Phase laufenden Komponente als der aerodynamischen Steifigkeit, von der um 90° phasenverschobenen Komponente als der aerodynamischen Dämpfung. Die Größe des Imaginärteils $\hat{C}_L''$ sollte für die in Frage kommenden Profile in Abhängigkeit von der dimensionslosen Strouhal-Zahl St (26.2.5) gemessen oder berechnet vorliegen. Für einige einfache, technisch wichtige Profile ist sie in Abb. 26.3.5 wiedergegeben. Sobald mehrere Freiheitsgrade betrachtet werden, sind deren Einflüsse mit zu berücksichtigen (siehe Beispiel Abschnitt 26.5.4).

An dieser Stelle bemerken wir, daß in der Literatur noch eine zweite Definition der Strouhalzahl gebräuchlich ist, wo sie mit der reduzierten Frequenz ω^* gleichgesetzt wird. Es ist leicht zu sehen, daß sich St nach (26.2.5) – und diese Definition wollen wir hier ausschließlich verwenden – und die reduzierte Frequenz ω^* (26.3.16) um den Faktor 2π unterscheiden und daß ω^*, streng genommen, die Dimension [rad] besitzt. In vorliegender Ausführung ist ω^* definiert als das Verhältnis der Kreisfrequenz ω der tatsächlich abgegebenen Wirbel zur Bezugsfrequenz f_B, die die vollständige Wirbelbildung pro geflogener halber Flügeltiefe $b = c/2$ definiert, also

$$\omega^* = \frac{\omega}{f_B} = \frac{\omega}{1/\Delta t} = \frac{\omega}{v/b} = \frac{\omega b}{v} \qquad (26.3.16)$$

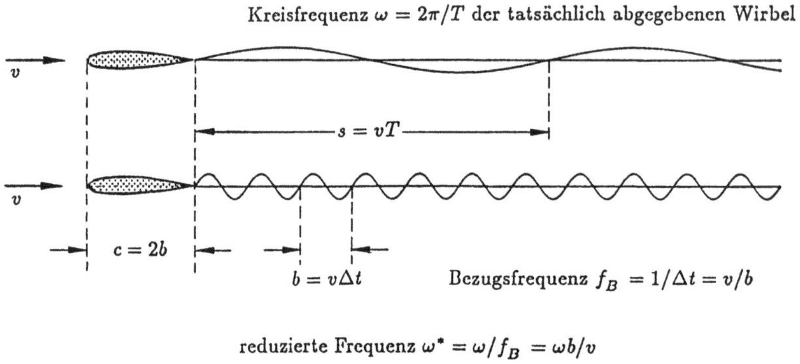

Abb. 26.3.6 Zur Definition der reduzierten Frequenz

Dies zeigt auf, daß sich geometrisch ähnliche Profile bei gleicher Strouhalzahl (reduzierter Frequenz) dynamisch ähnlich verhalten (siehe Abb. 26.3.6). Dynamisch ähnlich heißt, daß die durch eine ähnliche Strukturbewegung eingebrachte Störung in der Strömung bei zwei geometrisch ähnlichen Profilen ähnliche Stromlinienbilder erzeugt. Es genügt deshalb, die instationären Luftkraftbeiwerte für eine einzige Profilgröße in Abhängigkeit von der reduzierten Frequenz anzugeben (zu messen oder zu berechnen). Auf geometrisch ähnliche Profile anderer Größe sind sie dann ebenfalls anwendbar.

26.4 Analyse einiger klassischer aeroelastischer Probleme

In diesem Abschnitt führen wir die mathematische Behandlung typischer klassischer aeroelastischer Probleme vor. Die Darstellung steht exemplarisch für eine Vielzahl von Methoden, die im Laufe der Entwicklung der Aeroelastik zum Einsatz gekommen sind. Es ist nicht Ziel dieses Abschnitts, eine vollständige Liste dieser Methoden zu präsentieren, sondern es soll an Hand einiger der in Abschnitt 26.2 beschriebenen Phänomene das mathematische Vorgehen illustriert werden. Exemplarisch gehen wir in Abschnitt 26.4.7 auf supersonische Flatterphänomene von Flügeln und Panels unter Heranziehung der Piston-Theorie ein.

26.4.1 Torsionskippen eines Flügels oder Leitwerks mit Ruder

Zur einfacheren Beschreibung nehmen wir zuerst an, daß sich der Flügel als elastisch gebetteter Starrkörper bewegt. Zusätzlich treffen wir einige vereinfachende Annahmen:

1. Es liege eine Potentialströmung vor, d.h. es gibt keinen Strömungswiderstand bzw. keine Reibungseinflüsse.
2. Der Flügel sei unendlich lang und alle Querschnitte erfahren dieselbe Deformation, d.h. wir können uns auf die zweidimensionale Betrachtung eines Querschnitts beschränken.
3. Die Strömung sei stationär, d.h. die Kippbewegung verläuft so langsam, daß sie als „quasi-stationär“, also unter Vernachlässigung der Trägheitskräfte, behandelt werden kann.
4. Der Profilquerschnitt ändert seine Form nicht, ist also als starr angenommen.

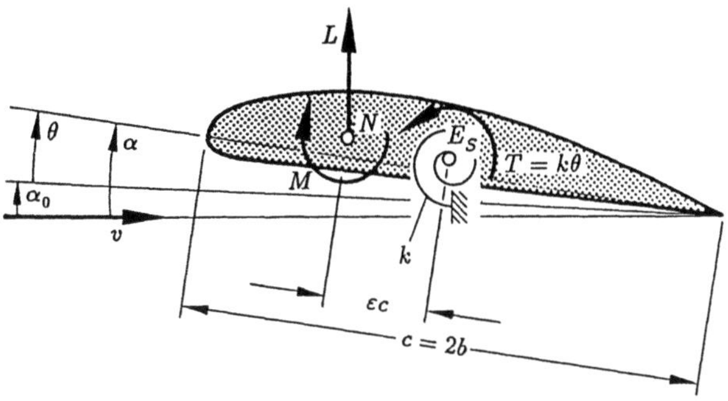

Abb. 26.4.1
Idealisierung des Torsionskippvorgangs

N aerodynamischer Neutralpunkt
E_S Schubmittelpunkt

Das Problem können wir somit, wie in Abb. 26.4.1 gezeigt, als ein mit einer Drehfeder im Schubmittelpunkt E_S aufgehängtes Profil idealisieren. Die Federkonstante sei k, und sie simuliert die Torsionssteifigkeit pro Längeneinheit des Flügels. Am Profil wirken im aerodynamischen Neutralpunkt N der durch die Strömungsgeschwindigkeit v hervorgerufene Auftrieb L und das Luftkraftmoment M. Der Anstellwinkel bei der Geschwindigkeit $v = 0$ sei α_0. Infolge der Luftkräfte wächst er, für eine Fluggeschwindigkeit v, auf

$$\alpha = \alpha_0 + \theta \qquad (26.4.1)$$

an, wobei θ der Drehwinkel des Profils ist.

Das System hat nur einen elastischen Freiheitsgrad θ und das Momentengleichgewicht um E_S schreibt sich mit $\cos\alpha \approx 1.0$

$$M + L\epsilon c - T = 0 \qquad (26.4.2)$$

Substitution von (26.3.9) und (26.3.11) in (26.4.2) ergibt

$$C_M qSc + C_L qS\epsilon c = k\theta \qquad (26.4.3)$$

Hier ist S die Flügelfläche, die wir in diesem zweidimensionalen Fall als $S = 1 \cdot c$ ansetzen können. Weiterhin können wir C_L, das von α und somit von θ abhängt, wie folgt ausdrücken

$$C_L = \frac{\mathrm{d}C_L}{\mathrm{d}\alpha}(\alpha_0 + \theta) = C_{L,\alpha}(\alpha_0 + \theta) \qquad (26.4.4)$$

Aus typographischen Gründen benutzen wir hier und im folgenden durchgehend die prägnante Abkürzung

$$\frac{\partial z(x,y)}{\partial x} = z_{,x} \,, \qquad \frac{\partial z(x,y)}{\partial y} = z_{,y} \qquad (26.4.5)$$

und setzen insbesondere in (26.4.4)

$$\frac{\mathrm{d}C_L}{\mathrm{d}\alpha} = C_{L,\alpha} \qquad (26.4.5a)$$

Damit ergibt sich für (26.4.3)

$$C_M q c^2 + C_{L,\alpha}(\alpha_0 + \theta)\epsilon q c^2 = k\theta \tag{26.4.6}$$

aus der wir den Torsionswinkel θ ableiten können

$$\theta = \frac{C_M + C_{L,\alpha}\alpha_0 \epsilon}{1 - C_{L,\alpha}\varphi} \frac{q c^2}{k} \tag{26.4.7}$$

wobei wir den nichtdimensionalen Parameter φ

$$\varphi = \frac{q c^2}{k} \tag{26.4.8}$$

benutzen. Es folgt, daß der Flügel auskippt, wenn der Nenner Null wird. Der entsprechende Divergenzstaudruck q_D wird

$$q_D = \frac{1}{C_{L,\alpha}} \frac{k}{\epsilon c^2} \tag{26.4.9}$$

und damit die Divergenzgeschwindigkeit

$$v_D = \frac{1}{c}\sqrt{\frac{2k}{\rho\epsilon}}\sqrt{\frac{1}{C_{L,\alpha}}} \tag{26.4.10}$$

Will man diese Auskippgeschwindigkeit erhöhen, empfehlen sich folgende Maßnahmen:

1. Erhöhung der Torsionssteifigkeit k des Flügels
2. Verkleinern des Maßes ϵ zwischen Schubmittelpunkt und aerodynamischem Neutralpunkt
3. Rückwärtspfeilung des Flügels (siehe Abschnitt 26.2.1)

In der nächsthöheren Idealisierungsstufe verlassen wir die Fiktion des starren Flügels und lassen eine Verwindung des Flügels zu, d.h. θ wird eine Funktion von y

$$\theta = \theta(y) \tag{26.4.11}$$

Ein Rechteckflügel ohne Pfeilung habe die halbe Flügelspannweite s und sei bei $y = 0$ fest eingespannt (Abb. 26.4.2). Aufgrund unserer Idealisierung liegen die Verbindungsgeraden durch die aerodynamischen Neutralpunkte und die Schwerpunkte sowie die elastische Achse selbst parallel zur y-Achse. Für die Torsionssteifigkeit k setzen wir

$$k = GJ \tag{26.4.12}$$

wo GJ die übliche St.Venantsche Torsionssteifigkeit des Flügels ist. Weiterhin gilt mit den Vorzeichendefinitionen der Abb. 26.4.2

$$T = -GJ\frac{\mathrm{d}\theta}{\mathrm{d}y} = -GJ\theta' \tag{26.4.13}$$

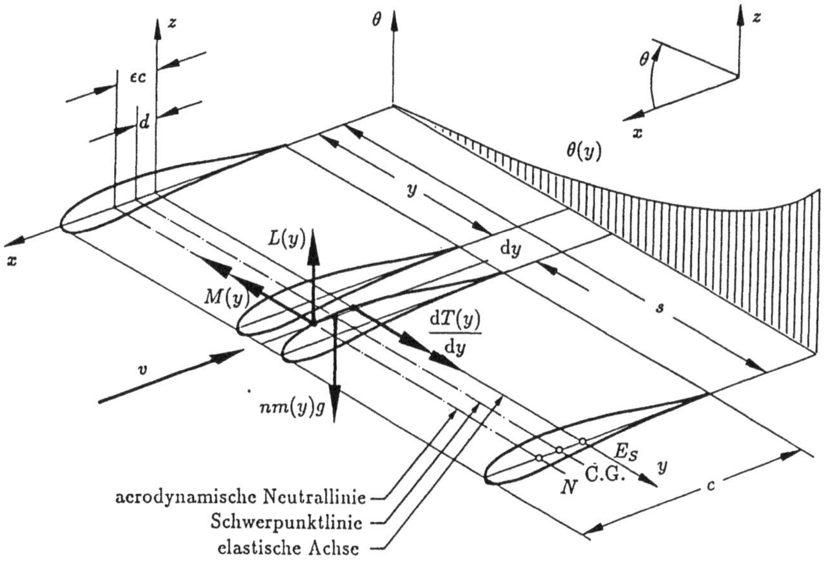

Abb. 26.4.2 Geometrie und Kräfte beim endlichen ungepfeilten Tragflügel

wo T das elastisch am Flügel wirkende Torsionsmoment ist. Betrachten wir nun das Gleichgewicht der Flügelschale der Länge dy, erhalten wir unmittelbar die Beziehung

$$GJ\theta'' - nmgd + C_L q \epsilon c^2 + C_M q c^2 = 0 \tag{26.4.14}$$

wobei n das Lastvielfache normal zur Anströmung ist und wir der Einfachheit halber annehmen, daß das Gewicht mg des Flügels pro Längeneinheit konstant über der Flügelspannweite ist. Berücksichtigen wir nun die einfache aerodynamische Streifentheorie, so haben wir entsprechend zu (26.4.4)

$$C_L = C_{L,\alpha}(\alpha_0 + \theta(y)) \tag{26.4.15}$$

Für unsere Darstellung genügt es auch vorauszusetzen, daß der Momentenbeiwert $C_M(y)$ über den vorliegenden Bereich der Anstellwinkel konstant bleibt. Damit können wir (26.4.14) in der Form

$$GJ\theta'' + C_{L,\alpha} q \epsilon c^2 \theta = - C_{L,\alpha} q \epsilon c^2 \alpha_0 - C_M q c^2 = \text{const.} \tag{26.4.16}$$

setzen. Alternativ schreiben wir nun letztere Gleichung als

$$\frac{d^2\theta}{dy^2} + \lambda^2 \theta = K \tag{26.4.17}$$

Hier ist

$$\lambda^2 = C_{L,\alpha} \frac{\epsilon c^2}{GJ} q \tag{26.4.18}$$

und

$$K = \frac{\text{const.}}{GJ} \qquad (26.4.19)$$

Die allgemeine Lösung von (26.4.17) lautet

$$\theta = \frac{K}{\lambda^2}(A \sin \lambda y + B \cos \lambda y + 1) \qquad (26.4.20)$$

Die Konstanten A und B bestimmen sich aus den Randbedingungen

$$\theta(y = 0) = 0 \qquad (26.4.21)$$

und an der Spitze des Flügels

$$\theta'(y = s) = 0 \qquad (26.4.22)$$

Hier ist s die Halbspannweite des Flügels. Damit wird

$$A = -\tan(\lambda s) \qquad (26.4.23)$$

und

$$B = -1 \qquad (26.4.24)$$

Die spezifische Lösung für θ reduziert sich nach einfachen Umformungen auf

$$\theta = \frac{K}{\lambda^2}\left(1 - \frac{\cos \lambda(s-y)}{\cos \lambda s}\right) \qquad (26.4.25)$$

Divergenz in Torsion findet für $\cos(\lambda s) = 0$ statt, was zuerst für

$$\lambda_D s = \frac{\pi}{2} \qquad (26.4.26)$$

eintritt. Es folgt für den entsprechenden Staudruck

$$q_D = \frac{\pi^2}{4} \frac{GJ}{C_{L,\alpha} \epsilon c^2 s^2} \qquad (26.4.27)$$

und die kritische Fluggeschwindigkeit

$$v_D = \frac{\pi}{2cs}\sqrt{\frac{2GJ}{\rho C_{L,\alpha}\epsilon}} \qquad (26.4.28)$$

Im Vergleich zu (26.4.9) beobachten wir, daß sich bei endlicher Spannweite der kritische Staudruck um den Faktor $\pi^2/4s^2$ verändert.

26.4.2 Ruderwirksamkeit und Ruderumkehr

Wir treffen hier dieselben Vereinfachungen und Annahmen wie beim Torsionskippen in Abschnitt 26.4.1. Hinzu kommt, daß wir den Ruderausschlag als so langsam ausgeführt betrachten, daß wir die quasistationäre Behandlung nicht aufgeben müssen. Das Tragflügel- und Rudergewicht können wir ohne Einschränkung der Allgemeinheit vernachlässigen.

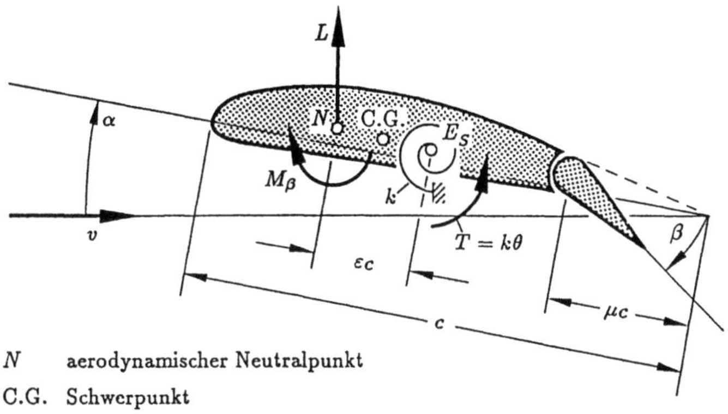

N aerodynamischer Neutralpunkt
C.G. Schwerpunkt
E_S Schubmittelpunkt

Abb. 26.4.3
Der unendlich lange Tragflügel mit Ruder

Betrachten wir wieder einen unendlich langen Tragflügel, so erweitert sich die Profilgeometrie um den Ruderquerschnitt (Abb. 26.4.3). Die Aufhängung und die Belastung durch Kräfte soll im Prinzip dieselbe bleiben wie beim Torsionskippen, nur das aerodynamische Moment soll jetzt die Auswirkung des Ruders mit der Tiefe μc einschließen und wird mit M_β bezeichnet. Der Auftriebsbeiwert C_L ist jetzt nicht nur eine Funktion des Anstellwinkels α, sondern auch des Ruderausschlags β

$$C_L = C_L(\alpha, \beta) \tag{26.4.29}$$

Der Verlauf von C_L über α, parametrisiert mit β, ist für eine anliegende Strömung in Abb. 26.4.4 dargestellt. Für eine Änderung $\mathrm{d}C_L$ ergibt sich

$$\mathrm{d}C_L = C_{L,\alpha}\,\mathrm{d}\alpha + C_{L,\beta}\,\mathrm{d}\beta \tag{26.4.30}$$

und somit gilt, ausgehend von der Nullauftriebsrichtung, für den linearen Bereich der Kurven in Abb. 26.4.4

$$C_L = C_{L,\alpha}(\alpha_0 + \theta) + C_{L,\beta}\beta \tag{26.4.31}$$

Ebenso ist infolge eines Ruderausschlags der Momentenbeiwert eine Funktion von β

$$C_M = C_M(\beta) \tag{26.4.32}$$

und damit

$$\mathrm{d}C_M = C_{M,\beta}\,\mathrm{d}\beta \tag{26.4.32a}$$

Da aber für α_0 und einen Ruderausschlag $\beta = 0$ bereits ein endlicher Momentenbeiwert C_{M0} wirksam ist, wird der gesamte Momentenbeiwert

$$C_M = C_{M0} + C_{M,\beta}\beta \tag{26.4.33}$$

Das Momentengleichgewicht um den Schubmittelpunkt E_S liefert für kleine Winkel α ($\cos\alpha \approx 1$) und $T = k\theta$

$$M_\beta + L\varepsilon c - k\theta = 0 \tag{26.4.34}$$

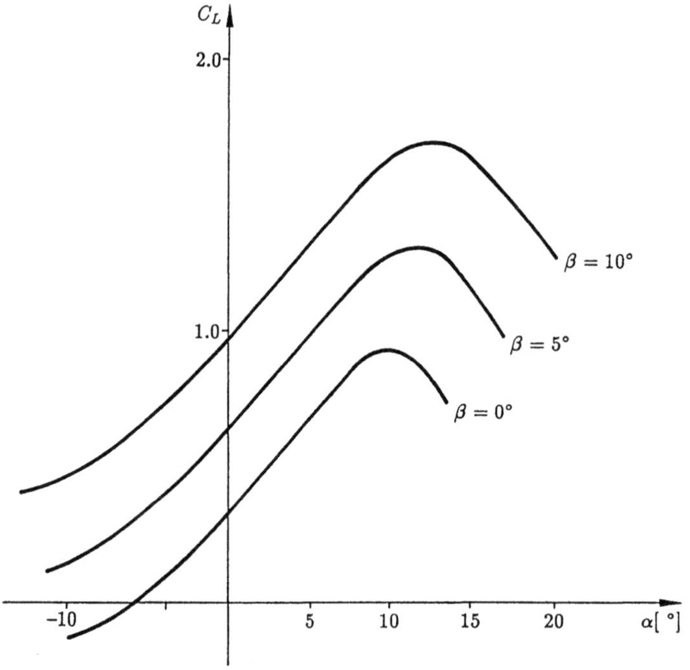

Abb. 26.4.4 Auftriebsbeiwert C_L in Abhängigkeit von Anstellwinkel α und Ruderausschlag β

mit

$$M_\beta = C_M q c^2 \tag{26.4.35}$$

In diesen Ausdrücken beziehen sich alle Kräfte und Momente auf eine Spannweite von $s = 1$.

Der Drehwinkel θ des Profils wird somit

$$\theta = \frac{1}{k}(L\epsilon c + M_\beta) \tag{26.4.36}$$

Substitution dieses Ausdrucks in (26.4.31) ergibt

$$C_L = \frac{L}{qc} = C_{L,\alpha}\left(\alpha_0 + \frac{1}{k}(L\epsilon c + M_\beta)\right) + C_{L,\beta}\beta \tag{26.4.37}$$

Damit wird der Auftrieb

$$L = \frac{C_{L,\alpha}\{\alpha_0 + (C_{M0} + \beta C_{M,\beta})\varphi\} + C_{L,\beta}\beta}{1 - C_{L,\alpha}\epsilon\varphi} qc \tag{26.4.38}$$

der den Einfluß des Ruderausschlags β enthält. Man beachte, daß der Parameter φ durch (26.4.8) gegeben ist. Die Wirksamkeit des Ruders definieren wir nun als Änderung des Auftriebs bezogen auf die Änderung des Ruderausschlags zu

$$\frac{\partial L}{\partial \beta} = L_{,\beta} = \frac{C_{M,\beta} C_{L,\alpha} \varphi + C_{L,\beta}}{1 - C_{L,\alpha} \epsilon \varphi} \, q c \tag{26.4.39}$$

Eine Ruderumkehr auf Grund der elastischen Verformung tritt ein, wenn

$$L_{,\beta} < 0$$

ist, die kritische Geschwindigkeit v_R bzw. der kritische Staudruck q_R wird also für $L_{,\beta} = 0$ erreicht. Aus (26.4.38) ergibt sich dann

$$q_R = \frac{C_{L,\beta}}{-C_{M,\beta} C_{L,\alpha}} \frac{k}{c^2} \tag{26.4.40}$$

Hierbei ist zu beachten, daß das Vorzeichen von $C_{M,\beta}$ negativ ist, so daß der kritische Staudruck physikalisch sinnvoll als positive Größe erscheint. Die Ruderumkehrgeschwindigkeit wird somit

$$v_R = \sqrt{\frac{2k}{\rho c^2}} \sqrt{\frac{C_{L,\beta}}{-C_{M,\beta} C_{L,\alpha}}} \tag{26.4.41}$$

Die Divergenzgeschwindigkeit v_D erhält man formal wie beim Tragflügel ohne Ruder für $\theta \to \infty$. Aus (26.4.36) ergibt sich mit (26.4.31) und (26.4.34)

$$\theta = \frac{(C_{L,\alpha}\alpha_0 + C_{L,\beta}\beta)\epsilon + C_{M0} + C_{M,\beta}\beta}{1 - C_{L,\alpha} \epsilon \varphi} \frac{q c^2}{k} \tag{26.4.42}$$

Wir ersehen aus dem Nenner, daß sich derselbe Divergenzstaudruck wie beim Flügel ohne Ruder einstellt. Für q_D geht $L_{,\beta}$ gegen unendlich, wie man aus (26.4.39) erkennt. Mit den Werten für q_D und q_R läßt sich (26.4.39) mit Hilfe von (26.4.40) und (26.4.9) einfacher schreiben

$$L_{,\beta} = C_{L,\beta} \frac{1 - (q/q_R)}{1 - (q/q_D)} q c \tag{26.4.43}$$

Für einen unendlich steifen Flügel ($k \to \infty$, $\varphi = 0$) reduziert sich nach (26.4.38) die Wirksamkeit des Ruders auf

$$L_{,\beta} = C_{L,\beta} q c \tag{26.4.44}$$

so daß wir für eine elastische Aufhängung eine auf die starre Aufhängung bezogene Ruderwirksamkeit η_R definieren können. Mit den beiden letzten Gleichungen (26.4.43) und (26.4.44) ist diese

$$\eta_R = \frac{(L_{,\beta})_{\text{elastisch}}}{(L_{,\beta})_{\text{starr}}} = \frac{1 - (q/q_R)}{1 - (q/q_D)} = \frac{1 - (q/q_R)}{1 - (q_R/q_D)(q/q_R)} \tag{26.4.45}$$

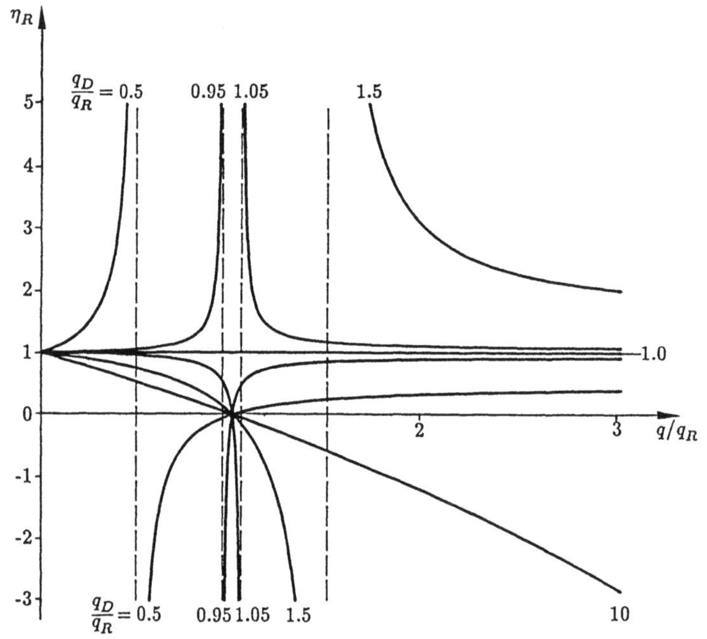

Abb. 26.4.5 Die Ruderwirksamkeit η_R über dem bezogenen Staudruck q/q_R

Der Parameter (q_R/q_D) ist durch das gewählte Profil und die Konstruktion fest vorgegeben und berechnet sich aus (26.4.19) und (26.4.44) zu

$$\frac{q_R}{q_D} = -\frac{C_{L,\beta}}{C_{M,\beta}}\epsilon \qquad (26.4.46)$$

Abb. 26.4.5 zeigt den Verlauf der Ruderwirksamkeit η_R über dem auf den Ruderumkehrstaudruck q_R bezogenen Staudruck.

26.4.3 Über die Wirksamkeit des Höhenleitwerks

Als nächstes wenden wir uns dem Höhenleitwerk zu und betrachten insbesondere die Wirksamkeit des Höhenleitwerkruders. Wenn das Höhenruder einem Ausschlag β_T unterworfen wird, ändert sich das Längs- oder Nickmoment (engl. *pitching moment*) um den Schwerpunkt C.G. des Flugkörpers. Sollte das Flugzeug sich ursprünglich in einem geraden gleichförmigen Flug befinden, so würden sich eine Nickbewegung und eine gestörte Flugbahn ergeben. Um unter diesen Umständen die Wirksamkeit des Höhenruders zu beurteilen, erscheint es in dieser elementaren Darstellung günstiger, das unkompensierte Moment des Höhenleitwerks und Ruders zu betrachten als das dynamische Verhalten des Gesamtflugkörpers zu untersuchen. Zu diesem Zweck halten wir das Flugzeug am C.G. so fest, daß sich keine Störung seiner Bahn ergibt. Unsere Betrachtungsweise

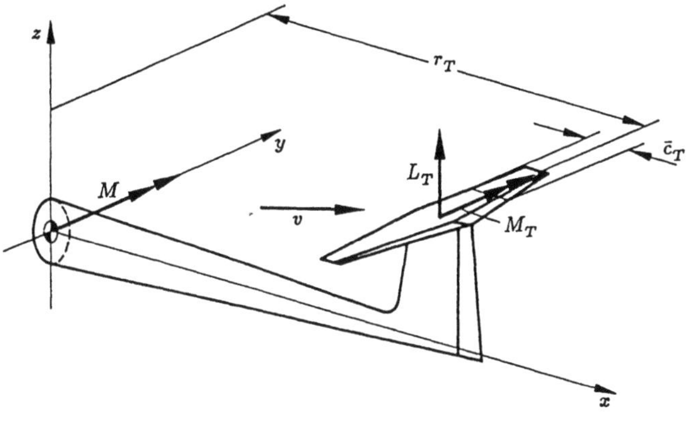

Abb. 26.4.6
Zur Ruderwirksamkeit beim Höhenruder

beinhaltet, daß der Einfluß des Flügels und des vor dem C.G. liegenden Teils des Rumpfes ignoriert wird. In diesem fiktiven Zustand untersuchen wir nun den Einfluß des durch das Höhenleitwerk mit Ruder verursachten aerodynamischen Moments M um den Schwerpunkt C.G. des Flugzeuges. Dieses Moment ergibt sich aus Abb. 26.4.6 zu

$$M = -r_T L_T + M_T \tag{26.4.47}$$

wobei der Index T das Höhenleitwerk (engl. *tail*) bezeichnet. In (26.4.47) ist L_T der Auftrieb des Höhenleitwerks, M_T das Nickmoment um den Neutralpunkt des Höhenleitwerks und r_T der Abstand zwischen Schwerpunkt C.G. des Flugkörpers und Auftrieb L_T. Das Moment wird wie bisher als positiv gewertet, wenn es eine Erhöhung des Anstellwinkels bewirkt. In Gleichung (26.4.47) haben wir vereinfachend angenommen, daß der Auftrieb L_T des Höhenleitwerks senkrecht zur Rumpfachse steht und damit r_T praktisch unabhängig vom Anstellwinkel ist.

Es ist vorteilhaft, das unkompensierte Moment M durch einen Momentenbeiwert C_M, bezogen auf die Flügelfläche S_W und die Flügeltiefe c_W, auszudrücken, wobei der Index W den Flügel (engl. *wing*) bezeichnet. Selbstverständlich verbleibt der Bezug von L_T und M_T auf die Fläche S_T und Profiltiefe c_T sowie die entsprechenden Beiwerte des Höhenleitwerks. Damit schreiben wir

$$M = C_M q S_W \bar{c}_W, \quad L_T = C_{LT} q_T S_T, \quad M_T = C_{MT} q_T S_T \bar{c}_T \tag{26.4.48}$$

Hier bezeichnen die Querstriche mittlere Profiltiefen des Flügels bzw. des Höhenleitwerks. Weiterhin muß man beachten, daß sich der Staudruck q_T am Leitwerk durch aerodynamische Interferenz oder Triebwerkseinfluß vom Staudruck q der freien Anströmung des Tragflügels unterscheidet.

Substitution der sich aus (26.4.48) ergebenden Beiwertausdrücke in (26.4.47) ergibt den auf den Schwerpunkt bezogenen Momentenbeiwert des Höhenleitwerks

$$C_M = \left(-\frac{r_T}{\bar{c}_W} C_{LT} + \frac{\bar{c}_T}{\bar{c}_W} C_{MT} \right) \frac{q_T S_T}{q S_W} \tag{26.4.49}$$

Wir bilden nun die Ableitung von C_M mit Bezug auf einen symmetrischen Ausschlag β_T des Leitwerkruders (positiv, wenn Ausschlag nach unten)

$$\frac{\partial C_M}{\partial \beta_T} = C_{M,\beta T} = \left(-\frac{r_T}{\bar{c}_W} C_{LT,\beta T} + \frac{\bar{c}_T}{\bar{c}_W} C_{MT,\beta T}\right) \frac{q_T S_T}{q S_W} \tag{26.4.50}$$

Infolge der Deformation des Flugkörpers ist die Ableitung $C_{MT,\beta T}$ kleiner als für ein starres System. Wir definieren nun als die elastische Effizienz des Höhenruders das Verhältnis

$$\eta_T = \frac{(C_{M,\beta T})_{\text{elastisch}}}{(C_{M,\beta T})_{\text{starr}}} \tag{26.4.51}$$

Um die Derivativa $C_{LT,\beta T}$ und $C_{MT,\beta T}$ zu bestimmen, müssen wir, wenn auch grob vereinfachend, die Verformungen berücksichtigen. Dies erfolgt durch eine Idealisierung des Flugzeugs als ein Gerippe von Balken. Der Anströmwinkel θ_T der Strömung an das Leitwerk wird an einem noch zu bestimmenden Querschnitt y_T der Halbspannweite s_T des Leitwerks spezifiziert. Wenn die Verteilung des Anströmwinkels entlang s_T mit $\theta_0 f(y)$, wo y wieder den Abstand vom eingespannten Querschnitt bezeichnet, beschrieben wird, so ergibt sich die Koordinate y_T aus dem gewichteten Ausdruck

$$\theta_T = \theta_0 f(y_T) = \frac{\theta_0}{s_T} \int_0^{s_T} f(y) c_T(y) \, \mathrm{d}y \tag{26.4.52}$$

Im allgemeinen liegt y_T zwischen 2/3 und 3/4 der Halbspannweite des Höhenleitwerks.

In unserem grob vereinfachenden Modell definieren wir die Verformungsfähigkeit des Leitwerks und des Rumpfs mit zwei nominellen Steifigkeiten k_1 und k_2. Insbesondere bezeichnet k_1 den totalen Auftrieb am Höhenleitwerk (wobei je $k_1/2$ am Neutralpunkt des jeder Hälfte des Höhenleitwerks zugeordneten Referenzquerschnitts wirken), der eine Verdrehung von einem Radian an den Referenzquerschnitten hervorruft, wobei der Flugkörper am C.G. eingespannt angenommen wird. Weiterhin bezeichnen wir mit k_2 das totale Nickmoment (mit je $k_2/2$ an den vorerwähnten Referenzquerschnitten), das eine Verdrehung von einem Radian an den Referenzquerschnitten verursacht. Infolge der Verformung ergibt sich damit als Veränderung $\Delta\theta_T$ des Anströmwinkels das einfache Maß

$$\Delta\theta_T = k_1^{-1} L_T + k_2^{-1} M_T \tag{26.4.53}$$

Um die Ableitungen in (26.4.50) zu bestimmen, betrachten wir einen unendlich kleinen Höhenruderausschlag $\mathrm{d}\beta_T$ und die entsprechenden Inkremente $\mathrm{d}L_T$, $\mathrm{d}M_T$ und $\mathrm{d}\theta_T$. Wie bisher nehmen wir an, daß die aerodynamische Streifentheorie und ein quasistationärer Zustand bei der Ermittlung der Neigung a_T der Auftriebskurve des Höhenleitwerks und der Ableitungen $C_{LT,\beta T} = a_1$ und $C_{MT,\beta T} = -m$ angewendet werden können. Nehmen wir nun an, daß eine Änderung $\mathrm{d}\beta_T$ des Ausschlagwinkels des Höhenleitwerkruders stattfindet. Die Inkremente des Auftriebs und des aerodynamischen Moments des Höhenleitwerks sind dann sinngemäß

$$\mathrm{d}L_T = (a_T \, \mathrm{d}\theta_T + a_1 \, \mathrm{d}\beta_T) q_T S_T$$

$$\mathrm{d}M_T = -m q_T S_T \bar{c}_T \, \mathrm{d}\beta_T \tag{26.4.54}$$

Hier ist $d\theta_T$ die entsprechende Änderung des Anströmwinkels des Höhenleitwerks und ermittelt sich aus (26.4.53)

$$d\theta_T = k_1^{-1} dL_T + k_2^{-1} dM_T \tag{26.4.55}$$

Die Substitution der Ausdrücke (26.4.54) in (26.4.55) führt auf die Beziehung

$$\frac{\partial \theta_T}{\partial \beta_T} = \frac{k_1^{-1} a_1 - k_2^{-1} m \bar{c}_T}{1 - k_1^{-1} a_T q_T S_T} q_T S_T = \delta \tag{26.4.56}$$

Im Parameter δ spiegelt sich der Einfluß der Deformation des Rumpfes und des Höhenleitwerks wider. Als nächstes benötigen wir die Ableitungen der Beiwerte C_{LT} und C_{MT} mit Bezug auf β_T, unter Berücksichtigung der Elastizität des Flugkörpers. Wir erhalten diese aus der Definition (26.4.48) in Verbindung mit (26.4.54). Es ergibt sich

$$\begin{aligned} C_{LT,\beta T} &= a_T \delta + a_1 \\ C_{MT,\beta T} &= -m \end{aligned} \tag{26.4.57}$$

Damit erhalten wir für $C_{M,\beta T}$ aus (26.4.50)

$$\frac{\partial C_M}{\partial \beta_T} = C_{M,\beta T} = -\left(\frac{r_T}{\bar{c}_W} (a_T \delta + a_1) + \frac{\bar{c}_T}{\bar{c}_W} m \right) \frac{q_T S_T}{q S_W} \tag{26.4.58}$$

Wäre der Flugkörper starr, so gälte $k_1^{-1} = 0$, $k_2^{-1} = 0$ und damit $\delta = 0$. Es folgt für das starre Flugzeug

$$(C_{M,\beta T})_{\text{starr}} = -\left(\frac{r_T}{\bar{c}_W} a_1 + \frac{\bar{c}_T}{\bar{c}_W} m \right) \frac{q_T S_T}{q S_W} \tag{26.4.59}$$

Als Maß der Effizienz des elastischen Höhenruders erhalten wir somit

$$\begin{aligned} \eta_T = \frac{(C_{M,\beta T})_{\text{elastisch}}}{(C_{M,\beta T})_{\text{starr}}} &= 1 + \delta a_T \frac{r_T}{\bar{c}_W} \left(\frac{r_T}{\bar{c}_W} a_1 + \frac{\bar{c}_T}{\bar{c}_W} m \right)^{-1} \\ &\approx 1 + \delta \frac{a_T}{a_1} \qquad (\text{wenn } \bar{c}_T \ll r_T) \end{aligned} \tag{26.4.60}$$

Wir können nun in Analogie zu unserer Analyse der Flügeldivergenz eine kritische Divergenzgeschwindigkeit auch für das Höhenleitwerk definieren. Aus (26.4.56) ergibt sich diese, wenn der Nenner von δ verschwindet. Der entsprechende Staudruck ist dann

$$q_{TD} = \frac{k_1}{a_T S_T} \tag{26.4.61}$$

Parallel zur Divergenzgeschwindigkeit können wir auch eine kritische Ruderumkehrgeschwindigkeit für das Höhenleitwerk ermitteln, bei der eine Änderung des Ruderausschlags kein Nickmoment um das C.G. erzeugt. Dies ist offensichtlich der Fall, wenn die Effizienz η_T des Höhenleitwerkruders verschwindet. Wenden wir den angenäherten Ausdruck in (26.4.60) an, so ergibt sich in diesem Fall

$$\eta_T = 1 + \delta \frac{a_T}{a_1} = 0 \tag{26.4.62}$$

und damit erhalten wir aus (26.4.56) den kritischen Staudruck bei Ruderumkehr

$$q_{TR} = \frac{a_1}{a_T m} \frac{k_2}{S_T \bar{c}_T} \tag{26.4.63}$$

Man beachte, daß dieser Staudruck unabhängig von der Steifigkeit k_1 des Höhenleitwerks ist, weil ja bei der Ruderumkehrgeschwindigkeit der Auftrieb L_T verschwindet. Die Anwendung der Ausdrücke (26.4.61) und (26.4.63) ergibt für die Effizienz des elastischen Höhenleitwerkruders

$$\eta_T = \frac{1-(q_T/q_{TR})}{1-(q_T/q_{TD})} \tag{26.4.64}$$

Dieser Ausdruck kann auch angewendet werden, wenn der Einfluß der Deformation des Rumpfes und des Höhenleitwerks viel genauer mit Hilfe der Finiten Element Methode erfolgt.

26.4.4 Einfluß der Deformabilität des Flugzeugs auf dessen statische Längsstabilität

Wie bereits in Abschnitt 26.2.1 unter dem Stichwort „statische Stabilität" besprochen, wirkt ein positives Differential $\partial C_M/\partial C_L$ destabilisierend. In diesem Abschnitt werden wir nun dieser Frage unter Einschluß der Deformabilität des Flugzeugs nachgehen. Damit liegt wieder ein Problem der statischen Aeroelastizität vor.

Unsere Aufgabe beginnt mit der Aufstellung des gesamten aerodynamischen Moments um den Schwerpunkt C.G. des Flugkörpers. Wir entnehmen unmittelbar aus Abb. 26.4.7

$$M = L_W r_W + M_W - L_T r_T + M_T \tag{26.4.65}$$

Man beachte, daß wir, im Gegensatz dazu, in Abschnitt 26.4.3 und Gleichung (26.4.47) das Moment M auf den Einfluß des Höhenleitwerks beschränkt hatten. Im einzelnen gilt im vorliegenden Fall

$$L_W = C_{LW} q S_W, \qquad M_W = C_{MW} q S_W \bar{c}_W \tag{26.4.66}$$

$$L_T = C_{LT} q_T S_T, \qquad M_T = C_{MT} q_T S_T \bar{c}_T \tag{26.4.67}$$

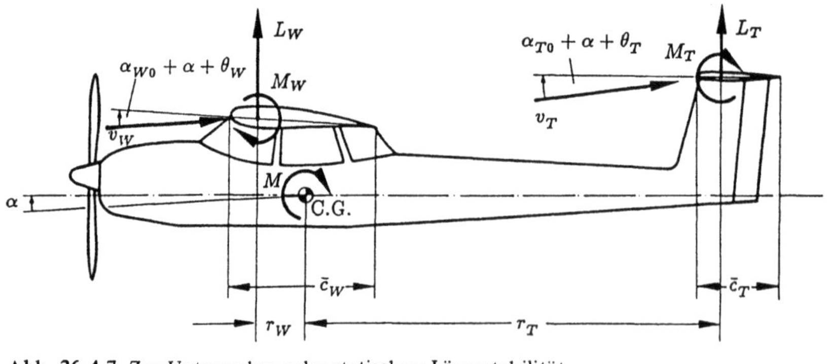

Abb. 26.4.7 Zur Untersuchung der statischen Längsstabilität

und

$$M = C_M q S_W \bar{c}_W \tag{26.4.68}$$

wobei das unkompensierte Moment M, wie in Abschnitt 26.4.3, auf den Flügel bezogen ist. Substitution obiger aerodynamischer Ausdrücke in (26.4.65) ergibt

$$C_M = C_{LW}\frac{r_W}{\bar{c}_W} + C_{MW} - C_{LT}\frac{r_T}{\bar{c}_W}\frac{q_T S_T}{q S_W} + C_{MT}\frac{\bar{c}_T}{\bar{c}_W}\frac{q_T S_T}{q S_W} \tag{26.4.69}$$

Unsere Aufgabe in diesem Abschnitt ist es nun, die Abhängigkeit des Beiwerts C_M vom Beiwert C_L des gesamten Auftriebs unter Berücksichtigung der Deformation des Flugkörpers zu erstellen. Eine sorgfältige Studie dieser Problematik ist weitaus komplizierter, als sie dem Leser aus obiger elementarer Darstellung erscheinen könnte. So müßten wir bei der Ermittlung des Moments M streng genommen auch Triebwerkseinflüsse, genaue aerodynamische Interferenzbetrachtungen sowie den Einfluß der Steuerfunktionen präzise berücksichtigen. Auf diese Feinheiten müssen wir hier notgedrungen verzichten und uns auf die Untersuchung des einfachen Ausdrucks (26.4.69) für C_M beschränken. Die Ermittlung von $\partial C_M/\partial C_L$ ist dann, zumindest für einen starren Flugkörper, eine relativ problemlose Aufgabe. Die Erstellung von $\partial C_M/\partial C_L$ für ein elastisches Flugzeug ist aber aufwendiger, da wir die Biegung des Rumpfs und die Torsion des Flügels sowie des Höhenleitwerks berücksichtigen müssen.

Wir beschränken uns hier auf eine elementare Berücksichtigung der Deformation und idealisieren das Flugzeug durch ein Gerippe von Balken, wie in Abb. 26.4.7 gezeigt, wobei wir voraussetzen, daß Flügel und Höhenleitwerk ungepfeilt und die Ruder eingerastet sind. Um den Einfluß der Deformation des Flügels und Höhenleitwerks auf die einfachste Form zu reduzieren, führen wir, wie in Abschnitt 26.4.3, Referenzquerschnitte in den Auftriebsaggregaten ein. An diesen Referenzquerschnitten ermitteln wir nun die repräsentativen Verdrehungen des Flügels und des Höhenleitwerks, die wir mit θ_W und θ_T bezeichnen. Deren Ermittlung haben wir im Prinzip in Abschnitt 26.4.3 an Hand von θ_T durchgeführt.

Wir wenden uns nun den Anströmwinkeln des Flügels und des Höhenleitwerks zu. Wir bezeichnen mit α_{W0} und α_{T0} die respektiven Anströmwinkel für einen Flugzustand, bei dem der Beiwert des Gesamtauftriebs verschwindet, also $C_L = 0$ ist. Wenn jetzt der Rumpf als Ganzes um den Winkel α um den Schwerpunkt gedreht wird und die durch die Winkel θ_W und θ_T definierten Verwindungen des Flügels und Höhenleitwerks stattfinden, so werden die tatsächlichen Anströmwinkel

$(\alpha_{W0} + \alpha + \theta_W)$ für den Flügel

$(\alpha_{T0} + \alpha + \theta_T)$ für das Höhenleitwerk

Im folgenden nehmen wir an, daß das Höhenleitwerkruder eingerastet ist und damit das gesamte Leitwerk als Ruder operieren kann. Sinngemäß gilt dann in (26.4.57)

$$m = 0, \quad a_1 = a_T, \quad \beta = \alpha + \alpha_{T0} \tag{26.4.70}$$

Man beachte, daß sich im üblichen Anströmwinkelbereich C_{MT} für ein festes Ruder nicht ändert. Die Berücksichtigung der obigen Feststellungen reduziert den Parameter δ in (26.4.56) auf

$$\delta = \frac{k_1^{-1} a_T q_T S_T}{1 - k_1^{-1} a_T q_T S_T} = \frac{(q_T/q_{TD})}{1-(q_T/q_{TD})} \tag{26.4.71}$$

wobei sich der kompakte zweite Ausdruck aus (26.4.61) ergibt.

Als nächstes gehen wir auf die Bestimmung der Winkel θ_T und θ_W ein und demonstrieren an Hand unserer Vorarbeit in Abschnitt 26.4.3 die Ermittlung für θ_T. Dazu können wir (26.4.53) benützen, müssen aber zuerst die für L_T und M_T relevanten Ausdrücke aufstellen. Da wir vom Anfangswinkel α_{T0} für $C_L = 0$ ausgehen, ist es zweckmäßig, das konstante aerodynamische Moment durch M_{T0} und den entsprechenden Beiwert durch C_{M0T} bei Nullauftrieb zu bezeichnen. Damit wird mit den sonstigen Definitionen des Abschnitts 26.4.3

$$\begin{aligned} L_T &= a_T(\alpha + \alpha_{T0} + \theta_T) q_T S_T \\ M_T &= C_{M0T} q_T S_T \bar{c}_T \end{aligned} \tag{26.4.72}$$

Hier ist a_T wie in Abschnitt 26.4.3 der Gradient des Auftriebsbeiwerts des Höhenleitwerks. Die Substitution von (26.4.72) in (26.4.53) führt unter Berücksichtigung des Divergenzstaudruckes q_{TD} in (26.4.61) zu

$$\theta_T = \frac{(q_T/q_{TD})}{1-(q_T/q_{TD})}\left\{(\alpha + \alpha_{T0}) + C_{M0T}\frac{q_{TD} S_T \bar{c}_T}{k_2}\right\} \tag{26.4.73}$$

Ein ähnliches Vorgehen für den Flügel ergibt für den Winkel θ_W den Ausdruck

$$\theta_W = \frac{(q/q_{WD})}{1-(q/q_{WD})}\left\{(\alpha + \alpha_{W0}) + C_{M0W}\frac{q_{WD} S_W \bar{c}_W}{k_3}\right\} \tag{26.4.74}$$

Hier ist k_3 die Steifigkeit, die die Verdrehung des Flügelreferenzquerschnitts mit Bezug auf den festgehaltenen Schwerpunkt C.G. des Flugkörpers bestimmt. Insbesondere ist k_3 das am Flügelreferenzquerschnitt wirkende Torsionsmoment, das eine Änderung des Anströmwinkels am Referenzquerschnitt des Flügels um 1 Radian bewirkt.

Wenn wir den Beitrag des Höhenleitwerks zum Gesamtauftrieb in unserer vereinfachten Darstellung vernachlässigen, so kann der Beiwert des Gesamtauftriebs durch den des Flügels angenähert ersetzt werden, und wir erhalten

$$C_L \approx C_{LW} = a_W(\alpha + \alpha_W + \theta_W) \tag{26.4.75}$$

wo a_W der Gradient des Auftriebsbeiwerts des Flügels ist. Setzen wir nun für θ_W den Ausdruck (26.4.74) ein, so erhalten wir

$$C_L = \frac{a_W}{1-q/q_{WD}}\left\{(\alpha + \alpha_{W0}) + C_{M0W}\frac{q S_W \bar{c}_W}{k_3}\right\} \tag{26.4.76}$$

Wir wenden uns nun dem Auftriebsbeiwert C_{LT} des Höhenleitwerks zu, den wir in Anlehnung an (26.4.75) wie folgt schreiben

$$C_{LT} = a_T(\alpha + \alpha_{T0} + \theta_T) \tag{26.4.77}$$

Den unbekannten Wert der Starrkörperdrehung α des Rumpfes können wir aus (26.4.76) ableiten. Die Substitution in (26.4.77) ergibt

$$C_{LT} = \frac{a_T}{1 - q_T/q_{TD}} \left\{ (\alpha_{T0} - \alpha_{W0}) + \left(1 - \frac{q}{q_{WD}}\right) \frac{C_L}{a_W} - \frac{q S_W \bar{c}_W}{k_3} + \frac{q_T S_T \bar{c}_T}{k_2} \right\} \tag{26.4.78}$$

Setzen wir diesen Wert in (26.4.69) ein und differenzieren nach C_L, erhalten wir

$$\frac{\partial C_M}{\partial C_L} = \frac{r_W}{\bar{c}_W} - \frac{1 - (q/q_{WD})}{1 - (q/q_{TD})} \frac{a_T}{a_W} \frac{q_T S_T}{q S_W} \frac{r_T}{\bar{c}_W} \tag{26.4.79}$$

Für einen starren Flugkörper wird $q_{WD} = q_{TD} = \infty$ und damit

$$\left(\frac{\partial C_M}{\partial C_L}\right)_{\text{starr}} = \frac{r_W}{\bar{c}_W} - \frac{a_T}{a_W} \frac{q_T S_T}{q S_W} \frac{r_T}{\bar{c}_W} \tag{26.4.80a}$$

Für ein elastisches Flugzeug setzen wir

$$\left(\frac{\partial C_M}{\partial C_L}\right)_{\text{elastisch}} = \left(\frac{\partial C_M}{\partial C_L}\right)_{\text{starr}} + \Delta\left(\frac{\partial C_M}{\partial C_L}\right) \tag{26.4.80b}$$

Aus (26.4.79) und (26.4.80b) ergibt sich für den Einfluß der Deformabilität

$$\Delta\left(\frac{\partial C_M}{\partial C_L}\right) = \frac{(q/q_{W0}) - (q_T/q_{TD})}{1 - (q_T/q_{TD})} \frac{a_T}{a_W} \frac{q_T S_T}{q S_W} \frac{r_T}{\bar{c}_W} \tag{26.4.80c}$$

Wir vermerken, daß sich die statische Längsstabilität auf Grund einer Deformabilität des Flugkörpers für $\Delta(\partial C_M / \partial C_L) < 0$ verbessert und für $\Delta(\partial C_M / \partial C_L) > 0$ verschlechtert. Wir ersehen aus (26.4.80c), daß für $(q_{TD}/q_{WD}) < (q_T/q)$ dies zutrifft, solange $q_T < q_{TD}$ ist. Das heißt: ist q_{WD} deutlich größer als q_{TD} und die Torsionsdivergenzgeschwindigkeit noch nicht erreicht, dann hat die Elastizität des Flugkörpers einen stabilisierenden Einfluß auf die Längsstabilität, der um so stärker wird, je näher q_T an q_{TD} rückt. Für $q_{WD} < q_{TD}$ dagegen wird das Flugverhalten (bei festem Ruder) instabiler. Für $q_{TD}/q_{WD} = q_T/q$, also bei etwa gleichen Divergenzgeschwindigkeiten für Tragflügel und Höhenleitwerk, verhalten sich starres und elastisches Flugzeug hinsichtlich ihrer Längsstabilität gleich.

Obige Diskussion dient in erster Linie dazu, das Problem der Längsstabilität des Flugkörpers dem Studenten nahezubringen. Es soll aber nicht suggerieren, daß eine verringerte Längsstabilität infolge Deformabilität oder anderer Einflüße notwendigerweise zu vermeiden ist. Dies würde heutzutage modernen Entwurfskriterien nicht entsprechen. Wir gehen im folgenden kurz auf den Komplex eines Flugzeugs reduzierter Längsstabilität ein.

Unter einem „Flugzeug reduzierter Längsstabilität" versteht man ein Flugzeug, dessen Schwerpunkt weiter hinten liegt, als es konventionell üblich ist, und das daher bei einer Anstellwinkeländerung kleinere rückführende Momente erfährt. Diese Destabilisierung ist nicht Selbstzweck. Vielmehr dient die Rückverschiebung des Schwerpunkts einer Umverteilung des Auftriebs zwischen Flügel und Höhenleitwerk und damit einer Widerstandsreduktion.

Mit der Verringerung der Längsstabilität ergeben sich natürlich Fliegbarkeits- und damit Zulassungsprobleme. Im Sinne abgestuften Risikos kann man folgendes Stufenkonzept definieren:

1. Stufe: Der Schwerpunkt wird möglichst weit an die hintere Grenze des konventionellen Bereichs gelegt. Um dies bei verschiedenen Beladezuständen tun zu können, muß eine „Schwerpunktskontrolle", z.B. durch ein Trimmtanksystem, vorgesehen werden.

2. Stufe: Der Schwerpunkt wird so weit nach hinten geschoben, daß bei Ausfall eines zusätzlich installierten Stabilisierungssystems der Pilot das Flugzeug noch sicher zum Ziel fliegen und landen kann, wenn auch unter erhöhter Belastung; dies wird heute als zertifizierbar angesehen.

3. Stufe: Der Schwerpunkt wird so weit nach hinten verschoben, daß das Flugzeug bei Ausfall des Stabilisierungssystems nicht mehr manuell geflogen werden kann. Der Ausfall des Stabilisierungssystems muß dann extrem unwahrscheinlich sein; ein solches System gilt heute nicht als zertifizierbar.

26.4.5 Die simulierte zweidimensionale Flatterschwingung eines Flügels

Bei der analytischen Lösung eines Flatterproblems wollen wir uns im folgenden auf den harmonisch schwingenden Tragflügel in ebener inkompressibler und reibungsfreier Strömung beschränken. Wir reduzieren dabei unser Problem auf ein zweidimensionales System, bei dem wir nur zwei wesentliche Freiheitsgrade, die Schlagbiegung und die Flügeltorsion, betrachten. Aus der Vielzahl von Lösungsmethoden greifen wir hier das Verfahren von Theodorsen [26.21], das ein Klassiker der Luftfahrtliteratur ist, heraus.

Wie bei den statischen aeroelastischen Problemen der vorhergehenden Abschnitte betrachten wir wieder einen typischen Profilquerschnitt bei ca. 70–80 % der Halbspannweite und legen die dort aus einer gewichteten Mittelung abgeleiteten elastomechanischen Eigenschaften des Flügels oder des Leitwerks zugrunde. In unserer Analyse vernachlässigen wir die Schwerkraft und nehmen an, daß das Profil starr ist und nur kleine Verschiebungen und Verdrehungen im Bettungssystem erleidet. Wir definieren die entsprechenden (positiven) Freiheitsgrade am Schubmittelpunkt E_S als eine Verschiebung in z-Richtung und eine Rechtsdrehung θ. Damit reduziert sich der Verschiebungsvektor auf

$$\boldsymbol{r} = \{w \quad \theta\} \tag{26.4.81}$$

Die instationären aerodynamischen Kräfte auf das Profil fassen wir am Neutralpunkt N in einem Zusatzauftrieb L nach unten und einem rechtsdrehenden Moment M zusammen. Mit diesen Vorzeichenkonventionen wird der instationäre Kraftvektor

$$\boldsymbol{R}_a(t) = \{-L(t) \quad M(t)\} \tag{26.4.82}$$

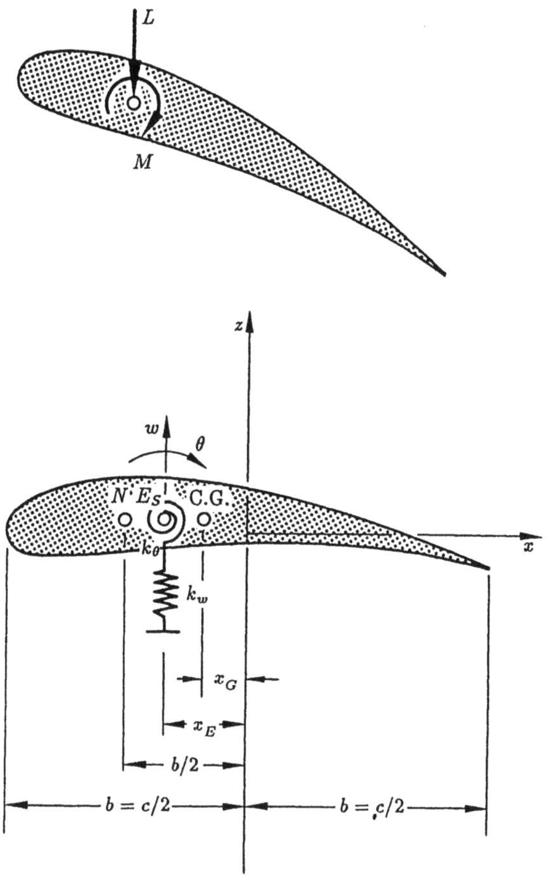

Abb. 26.4.8
Kraft und Moment am Flügel mit zwei Freiheitsgraden in ebener Strömung

Das Profil sei über eine die Biegesteifigkeit des Flügels simulierende Feder k_w und eine die Torsionssteifigkeit des Flügels simulierende Drehfeder k_θ im Schubmittelpunkt E_S gebettet. Die am Neutralpunkt wirkenden aerodynamischen Kräfte, das rechtsdrehende Moment M und der Zusatzauftrieb L nach unten, werden als positiv am Neutralpunkt angesetzt.

Bezugnehmend auf Abb. 26.4.8, führen wir folgende dimensionslose Größen (normiert mit $b = c/2$, der Halbflügeltiefe), wobei x_E und x_G hier von der Flügelmitte aus gemessen werden und deshalb vorzeichenbehaftet sind, ein

$$\begin{aligned} \xi_E &= x_E/b \\ \xi_G &= x_G/b \\ \xi &= \xi_E - \xi_G = (x_E - x_G)/b \end{aligned} \tag{26.4.83}$$

Bei der Aufstellung der elastischen Steifigkeitsmatrix unseres Modells beachten wir, daß auf Grund der Wahl des Schubmittelpunkts E_S als Aufhängepunkt die elastischen Kräfte entkoppelt sind. Dabei erinnern wir aber den Leser an unsere kritischen Bemerkungen über elastische Achsen in Abschnitt 26.2.2.

Es wird also in unserem vereinfachten Modell

$$\boldsymbol{K} = \begin{bmatrix} k_w & 0 \\ 0 & k_\theta \end{bmatrix} \tag{26.4.84}$$

Wegen der Exzentrizität des Schubmittelpunkts bezüglich des Schwerpunkts (C.G. $\neq E_S$) ergeben sich jedoch Trägheitskopplungen. So hat beispielsweise eine Drehbeschleunigung $\ddot{\theta}$ um den Schubmittelpunkt eine am Schwerpunkt des Flügels einsetzende Beschleunigung $\ddot{w}$ zur Folge. Die Massenmatrix schreibt sich damit

$$\boldsymbol{M} = \begin{bmatrix} m & D \\ D & I \end{bmatrix} \tag{26.4.85}$$

wo m die Flügelmasse, D das statische Massenmoment und I die Drehmasse, jeweils um die elastische Achse (E_S), darstellt. Die allgemeinen Bewegungsgleichungen können mit (26.4.81), (26.4.82), (26.4.84) und (26.4.85) wieder in der Form

$$\boldsymbol{M}\ddot{\boldsymbol{r}} + \boldsymbol{K}\boldsymbol{r} = \boldsymbol{R}_a(t) \tag{26.4.86}$$

gesetzt werden. Die Ermittlung der Luftkräfte $\boldsymbol{R}_a(t)$ benötigt einen beträchtlichen analytischen Aufwand. Die erste vollständige Analyse geht auf Theodorsen zurück, der auch einen Ruderausschlag berücksichtigte [26.21]. Wir verweisen den Leser auf diese Arbeit, die potentialtheoretische Kenntnisse voraussetzt. Hier können wir nur die Resultate – ohne Rudereffekt – wiedergeben. So erhält Theodorsen für den Auftrieb

$$L(t) = \rho b^2\pi[v\dot{\theta} + \ddot{w} - \xi_E b\ddot{\theta}] + 2\pi\rho v b\, C(\omega^*)[v\theta + \dot{w} + b(\tfrac{1}{2} - \xi_E)\dot{\theta}] \tag{26.4.87}$$

und für das Luftkraftmoment

$$\begin{aligned} M(t) = {} & \rho b^2\pi[\xi_E b\ddot{w} - vb(\tfrac{1}{2} - \xi_E)\dot{\theta} - b^2(\tfrac{1}{8} + \xi_E^2)\ddot{\theta}] \\ & + 2\pi\rho v b^2(\tfrac{1}{2} + \xi_E)\, C(\omega^*)[\dot{w} + v\theta + b(\tfrac{1}{2} - \xi_E)\dot{\theta}] \end{aligned} \tag{26.4.88}$$

Hierin ist $C(\omega^*)$ die sogenannte Theodorsen-Funktion

$$C(\omega^*) = F(\omega^*) + iG(\omega^*) \tag{26.4.89}$$

deren Real- und Imaginärteile in Abb. 26.4.9 graphisch dargestellt sind. ω^* bezeichnet eine reduzierte Frequenz nach (26.3.16). Den zeitlichen Verlauf der beiden Freiheitsgrade beschreibt Theodorsen am kritischen Flatterpunkt durch den einer harmonischen Schwingung:

$$w = w_0 e^{i\omega t} \tag{26.4.90}$$

$$\theta = \theta_0 e^{i\omega t} \tag{26.4.91}$$

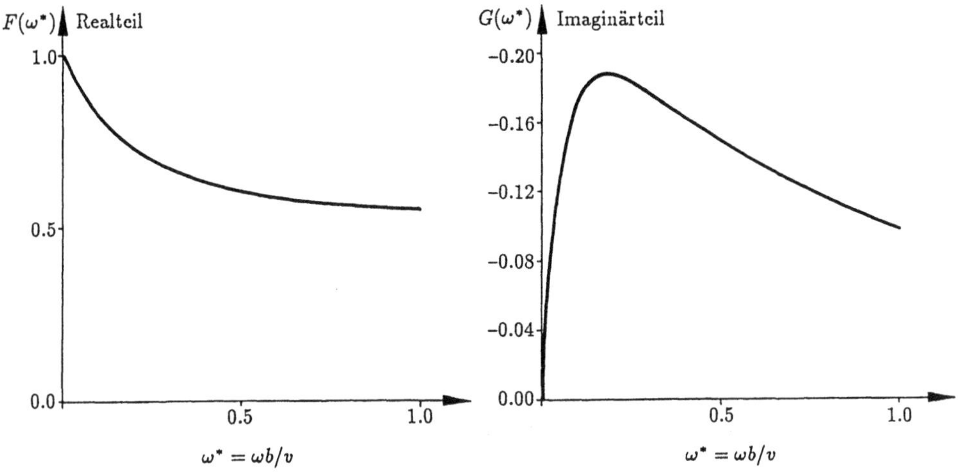

Abb. 26.4.9 Realteil F und Imaginärteil G der komplexen Theodorsen-Funktion $C = F + iG$ in Abhängigkeit von der reduzierten Frequenz ω^*

Der Auftrieb und das Luftkraftmoment können somit in der Form

$$\begin{aligned} L(t) &= \rho b^2 \pi \left[i\omega v \theta_0 - \omega^2 w_0 + \xi_E b\, \omega^2 \theta_0 \right] e^{i\omega t} \\ &\quad + 2\pi \rho v b\, C(\omega^*) \left[v\theta_0 + i\omega w_0 + ib\left(\tfrac{1}{2} - \xi_E\right)\omega \theta_0 \right] e^{i\omega t} \end{aligned} \tag{26.4.92}$$

$$\begin{aligned} M(t) &= \rho b^2 \pi \left[-\xi_E b\, \omega^2 w_0 - vb\left(\tfrac{1}{2} - \xi_E\right) i\omega\theta_0 + b^2\left(\tfrac{1}{8} + \xi_E^2\right)\omega^2\theta_0 \right] e^{i\omega t} \\ &\quad + 2\pi\rho v b^2 \left(\tfrac{1}{2} + \xi_E\right) C(\omega^*) \left[i\omega w_0 + v\theta_0 + b\left(\tfrac{1}{2} - \xi_E\right) i\omega\theta_0 \right] e^{i\omega t} \end{aligned} \tag{26.4.93}$$

angesetzt werden. Durch Umordnung und Einführen der reduzierten Frequenz ω^*, vgl. (26.3.16), erhält man schließlich

$$\begin{aligned} L(t) &= \rho b^3 \pi \omega^2 \left[\left(-1 + 2i \frac{C(\omega^*)}{\omega^*} \right) \frac{w_0}{b} \right. \\ &\quad \left. + \left(\frac{i}{\omega^*} + \xi_E + \frac{2}{\omega^{*2}} C(\omega^*) + i \frac{C(\omega^*)}{\omega^*} - 2i\xi_E \frac{C(\omega^*)}{\omega^*} \right) \theta_0 \right] e^{i\omega t} \end{aligned} \tag{26.4.94}$$

$$\begin{aligned} M(t) &= \rho b^4 \pi \omega^2 \left\{ \left[-\xi_E + \frac{2i}{\omega^*}\left(\tfrac{1}{2} + \xi_E\right) C(\omega^*) \right] \frac{w_0}{b} \right. \\ &\quad \left. + \left[-\frac{i}{\omega^*}\left(\tfrac{1}{2} - \xi_E\right) + \left(\tfrac{1}{8} + \xi_E^2\right) + \left(\frac{2}{\omega^{*2}} + \frac{2i}{\omega^*}\left(\tfrac{1}{2} - \xi_E\right) \right) \left(\tfrac{1}{2} + \xi_E\right) C(\omega^*) \right] \theta_0 \right\} e^{i\omega t} \end{aligned} \tag{26.4.95}$$

Um eine übersichtliche Schreibweise zu erzielen, führen wir folgende Abkürzungen ein:

$$k_a = -1 + i\,\frac{2C(\omega^*)}{\omega^*}$$

$$k_b = \left(\xi_E + \frac{2C(\omega^*)}{\omega^{*2}}\right) + i\left(\frac{1}{\omega^*} + \frac{C(\omega^*)}{\omega^*} - \frac{2C(\omega^*)}{\omega^*}\xi_E\right)$$

$$m_a = -\xi_E + i\,\frac{2}{\omega^*}(\tfrac{1}{2} + \xi_E)\,C(\omega^*)$$

$$m_b = \tfrac{1}{8} + \xi_E^2 + \frac{2}{\omega^{*2}}(\tfrac{1}{2} + \xi_E)\,C(\omega^*) + i\,\frac{1}{\omega^*}\left[2\,(\tfrac{1}{4} - \xi_E^2)\,C(\omega^*) - (\tfrac{1}{2} - \xi_E)\right] \qquad (26.4.96)$$

Damit reduzieren sich (26.4.94) und (26.4.95) auf

$$L(t) = \rho b^3 \pi \omega^2 (k_a \varphi_0 + k_b \theta_0)\mathrm{e}^{i\omega t} \qquad (26.4.97)$$

$$M(t) = \rho b^4 \pi \omega^2 (m_a \varphi_0 + m_b \theta_0)\mathrm{e}^{i\omega t} \qquad (24.4.98)$$

wobei abkürzend

$$\varphi_0 = w_0 / b \qquad (26.4.99)$$

gesetzt ist.

Wir können jetzt mit der Berechnung der Eigenfrequenzen beginnen und lösen zuerst das homogene System. Mit dieser Lösung ist es im allgemeinen möglich, eine zufriedenstellende Approximation bis in die Nähe der Flattergrenze zu erreichen, wobei wir voraussetzen, daß die Luftkräfte in diesem Bereich keine allzu große Veränderung der Bewegung verursachen. Normalerweise liegt die kritische Flattergrenze zwischen den beiden Eigenfrequenzen für $v = 0$.

Der homogene Teil der Gleichung (26.4.86) liefert für die Freiheitsgrade w und θ

$$[-\omega^2 \boldsymbol{M} + \boldsymbol{K}]\boldsymbol{r}_0 = \boldsymbol{o} \qquad (26.4.100)$$

mit $\boldsymbol{M}$ und $\boldsymbol{K}$ wie in (26.4.84) und (26.4.85) definiert.

Als Ansatz für die Lösung des homogenen Problems haben wir gesetzt

$$\boldsymbol{r} = \{w_0 \quad \theta_0\}\mathrm{e}^{i\omega t} = \boldsymbol{r}_0 \mathrm{e}^{i\omega t} \qquad (26.4.101)$$

Für nichttriviale Lösungen $\boldsymbol{r}_0$ muß die Determinante der Koeffizientenmatrix in (26.4.100) verschwinden

$$\begin{vmatrix} k_w - \omega^2 m & -\omega^2 D \\ -\omega^2 D & k_\theta - \omega^2 I \end{vmatrix} = 0 \qquad (26.4.102)$$

Mit der Abkürzung

$$\psi^2 = \frac{D^2}{mI} \qquad (26.4.103)$$

sowie der Biegefrequenz ω_w bei nicht vorhandener Trägheitskopplung ($D = 0$)

$$\omega_w = \sqrt{\frac{k_w}{m}} \tag{26.4.104}$$

und der entsprechenden Torsionseigenfrequenz

$$\omega_\theta = \sqrt{\frac{k_\theta}{I}} \tag{26.4.105}$$

schreibt sich die Lösung für (26.4.102)

$$\omega^2 = \frac{\omega_w^2 + \omega_\theta^2 \pm \left((\omega_w^2 - \omega_\theta^2)^2 + 4\psi^2\omega_w^2\,\omega_\theta^2\right)^{1/2}}{2(1-\psi^2)} \tag{26.4.106}$$

Falls die Steifigkeitseigenschaften des Flügelsegments die Beziehung

$$Ik_w = mk_\theta \tag{26.4.107}$$

erfüllen, so wird

$$\omega_w = \omega_\theta = \overline{\omega} \tag{26.4.108}$$

und (26.4.106) reduziert sich mit (26.4.103) auf

$$\omega^2 = \frac{1 \pm \psi}{1-\psi^2}\,\overline{\omega}^2 \tag{26.4.109}$$

Ist keine Trägheitskopplung vorhanden ($\psi = 0$), so kann praktisch jede Kombination der Biegefrequenz ω_w und der Torsionsfrequenz ω_θ auftreten. Steigt das Verhältnis ψ^2 an, so rücken Schwerpunkt C.G. und Schubmittelpunkt E_S auseinander, und die Trennung der Biege- und Torsionsfrequenzen wird progressiv größer. Um dies zu illustrieren, formulieren wir (26.4.106) in einer entsprechenden Quotientenform. Wir setzen

$$\alpha = \frac{\omega_\theta}{\omega_w} \tag{26.4.110}$$

und erhalten

$$\frac{\omega^2}{\omega_w^2} = \frac{(1+\alpha^2) \pm \left[(1-\alpha^2)^2 + 4\psi^2\alpha^2\right]^{1/2}}{2(1-\psi^2)} \tag{26.4.111}$$

woraus wir die Lösungen $\tilde{\omega}_\theta^2$ und $\tilde{\omega}_w^2$ in Abhängigkeit von α und ψ bestimmen können (siehe Abb. 26.4.10).

Bei der zu $\tilde{\omega}_w^2$ gehörenden Eigenform dominiert die Verschiebung w, bei der zu $\tilde{\omega}_\theta^2$ gehörenden die Drehung θ. Abbildung 26.4.10 illustriert die Abhängigkeit der Frequenzen $\tilde{\omega}_\theta^2$ und $\tilde{\omega}_w^2$ vom Kopplungsparameter ψ für die Werte $\alpha = 0.0,\ 0.7,\ 1.0,\ 1.3,\ \infty$. Man beachte, daß $\tilde{\omega}_\theta^2 < \tilde{\omega}_w^2$ für $\alpha < 1$ und $\tilde{\omega}_\theta^2 > \tilde{\omega}_w^2$ für $\alpha > 1$ ist.

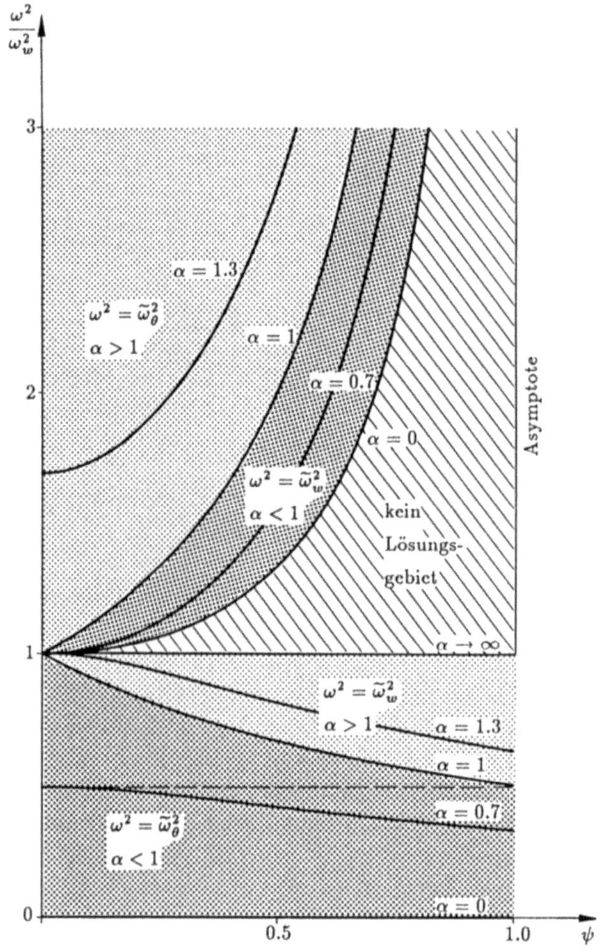

Abb. 26.4.10
Die Torsions- und Biegefrequenzen $\tilde{\omega}_\theta$ und $\tilde{\omega}_W$ in Abhängigkeit von α und der Trägheitskopplung ψ

Nach der Lösung des homogenen Systems betrachten wir nun das inhomogene Problem (26.4.86) und benutzen für die Rechthandseite die Ausdrücke (26.4.97) und (26.4.98). Zugleich gehen wir von der Darstellung (26.4.101) für $\boldsymbol{r}$ aus. Wir erhalten

$$\begin{aligned} \boldsymbol{M}\ddot{\boldsymbol{r}} + \boldsymbol{K}\boldsymbol{r} &= \rho b^2 \pi \omega^2 \begin{bmatrix} -k_a & -k_b b \\ m_a b & m_b b^2 \end{bmatrix} \boldsymbol{r} \\ &= -\omega^2 \boldsymbol{A}\boldsymbol{r} \end{aligned} \tag{26.4.112}$$

Mit der Abkürzung

$$\boldsymbol{A} = -\rho b^2 \pi \begin{bmatrix} -k_a & -k_b b \\ m_a b & m_b b^2 \end{bmatrix} \tag{26.4.113}$$

die eine Art komplexer aerodynamischer Steifigkeitsmatrix darstellt, ergibt sich für die harmonische Schwingung am kritischen Flatterpunkt

$$\left[\boldsymbol{K} - \omega^2 \boldsymbol{M} + \omega^2 \boldsymbol{A}(\omega^*)\right]\boldsymbol{r}_0 = \boldsymbol{o} \tag{26.4.114}$$

ω^* ist die in (26.3.16) definierte reduzierte Frequenz.

Für die Existenz von nichttrivialen Lösungen von (26.4.114) muß die Determinante verschwinden

$$\det\left[\boldsymbol{K} - \omega^2 \boldsymbol{M} + \omega^2 \boldsymbol{A}(\omega^*)\right] = 0 \tag{26.4.115}$$

Wir erhalten wieder Polynome vierten Grades in ω, die aber wegen $\boldsymbol{A}$ komplex sind. Außerdem ist $\boldsymbol{A}$ selbst eine Funktion von ω

$$\boldsymbol{A}(\omega^*) = \boldsymbol{A}(\omega, v, b) \tag{26.4.116}$$

Die Frequenz ω in $\boldsymbol{A}$ stellt, wie wir uns erinnern, die Frequenz der harmonischen Bewegung des Flügelschnitts dar, muß also identisch mit der in der Lösung von (26.4.115) auftretenden Frequenz ω sein. Dies bedeutet, daß eine Lösung nur iterativ zu erreichen ist.

Die Luftkräfte wurden nach Theodorsen nur für den Fall einer *ungedämpften* Schwingung hergeleitet, d.h. ω in (26.4.90) und (26.4.91) ist reell. Diese Annahme bedeutet physikalisch, daß wir den kritischen Schwingungszustand betrachten, bei dem der Übergang von gedämpften auf angefachte Schwingungen erfolgt. Mit dem hier beschriebenen Verfahren können wir also die kritische Geschwindigkeit ermitteln, bekommen aber keinerlei Aussage über das Schwingungsverhalten dicht unterhalb dieser Geschwindigkeit. Für die Lösung von (26.4.115) hat diese Einschränkung jedoch den Vorteil, daß nur reelle ω als Lösung in Betracht kommen. Unter der Annahme reeller Lösungswerte wird die Determinante in (26.4.115) entwickelt und der Real- und Imaginärteil jeweils für sich zu Null gesetzt. Die Lösung muß wegen (26.4.116) iterativ erfolgen und führt für jeden Wert der vorzugebenden Fluggeschwindigkeit v im allgemeinen beim Real- und Imaginärteil zu unterschiedlichen Lösungen $\tilde{\omega}$. Erst wenn beide Lösungen gleich sind, liegt ein Flatterfall vor, da dann (26.4.115) zu Null wird.

Der Lösungsprozeß verläuft wie folgt:

Wir beziehen wieder ω auf die fiktive Biegeeigenfrequenz ω_w (26.4.104) und erhalten als charakteristische Gleichung ein Polynom zweiten Grades in $(\omega/\omega_w)^2$ für den Realteil und ein Polynom zweiten Grades in $(\omega/\omega_w)^2$ für den Imaginärteil.

Beginnend mit einer reduzierten Frequenz, die wir aus der Maximalfluggeschwindigkeit und einem Mittelwert der Lösungen des homogenen Systems (26.4.102) bzw. (26.4.111) bilden, versuchen wir durch Variation von ω^* und wiederholte Lösung des Real- und Imaginärteils von (26.4.115) bzw. der entsprechenden Gleichungen in $(\omega/\omega_w)^2$ die reduzierte Frequenz zu finden, für die (26.4.115) zu Null wird. Das Vorgehen ist qualitativ in Abb. 26.4.11 dargestellt.

Es kann in der graphischen Darstellung vorkommen, daß sich die Kurven zweimal oder überhaupt nicht schneiden. Im ersten Fall ist der niedrigere Wert von $1/\omega^*$ der kritische, im zweiten Fall kommt kein Flattern vor. Die entsprechende Flatterform ermittelt sich aus den mit der Flatterfrequenz korrespondierenden Eigenvektoren.

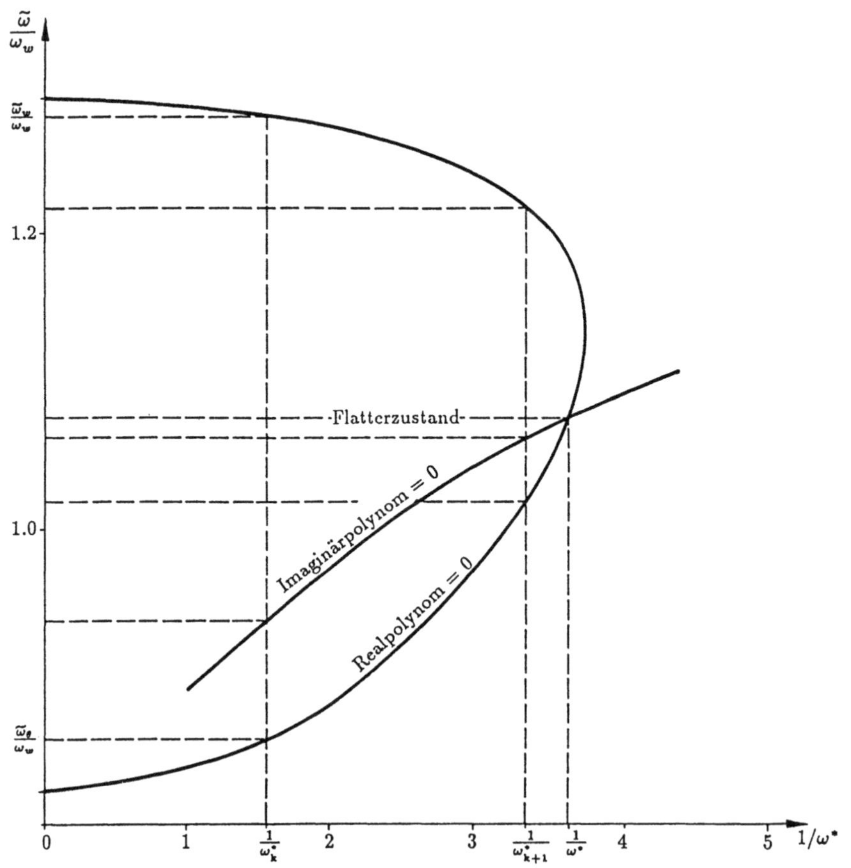

Abb. 26.4.11 Zur Lösung der Flatterdeterminante; der Index k kennzeichnet die k-te Wiederholung des Lösungsprozesses

In diesem Zusammenhang taucht natürlich die Frage auf, ob für das zweidimensionale Ersatzprofil auch Flattern mit nur einem Freiheitsgrad – also reine Biegung oder reine Torsion – möglich ist. Dies kann auf Grund von energetischen Betrachtungen für die reine Schlagschwingung (θ, $\dot{\theta}$ und $\ddot{\theta}$ werden zu Null) verneint werden. Solche Schwingungen werden in inkompressibler Strömung durch den konstanten Luftstrom stets aerodynamisch gedämpft. Diese Feststellung trifft allgemein für den gesamten Geschwindigkeitsbereich zu. Für die reine Drehschwingung ist zu unterscheiden, wo der Schubmittelpunkt bezüglich des aerodynamischen Neutralpunkts liegt. Liegt er vor der $c/4$-Linie und ist ω^* hinreichend klein, kann Torsionsflattern mit einem Freiheitsgrad auftreten (Windfahneneffekt). Diese extremen Steifigkeitseigenschaften sind jedoch bei Tragflügeln im allgemeinen nicht vorhanden. Bei hohen subsonischen und bei niedrigen supersonischen Geschwindigkeiten ist diese reine Torsionsschwingung jedoch häufiger und gefährlicher, weil sich der aerodynamische Neutralpunkt von $c/4$ nach $c/2$ verschiebt.

26.4.6 Wirbelresonanzflattern

Wie bereits in Abschnitt 26.2.3 unter dem Stichwort Wirbelresonanz-Flattern erwähnt, entsteht diese Flatterform bei Umströmung zylindrischer Körper durch die alternierende Ablösung der Grenzschicht (grenzschichtgesteuerte Ablösung) und das Einrollen zu Wirbeln. Betrachten wir z.B. eine Hochspannungsleitung mit einem Kabeldurchmesser d, so ergibt sich nach (26.2.5) für die kritische Schwingungsfrequenz ω auf Grund einer postulierten linearen Abhängigkeit von der Windgeschwindigkeit v (wobei wir einen Bereich der Reynolds-Zahl Re voraussetzen, in dem die Strouhal-Zahl mehr oder minder konstant ist)

$$\omega = \frac{v}{d} St \tag{26.4.117}$$

wobei St diejenige Strouhal-Zahl ist, bei der die größte Quertriebskomponente auftritt. Aus Abb. 26.3.5 finden wir danach

$$1/St \approx 5.5 \tag{26.4.118}$$

Für ein biegeschlaffes Kabel oder Seil, bei dem praktisch jede Eigenfrequenz auf Grund der freien Bewegungsmöglichkeit angeregt werden kann, gilt somit

$$\omega \approx \frac{v}{5.5d} \tag{26.4.119}$$

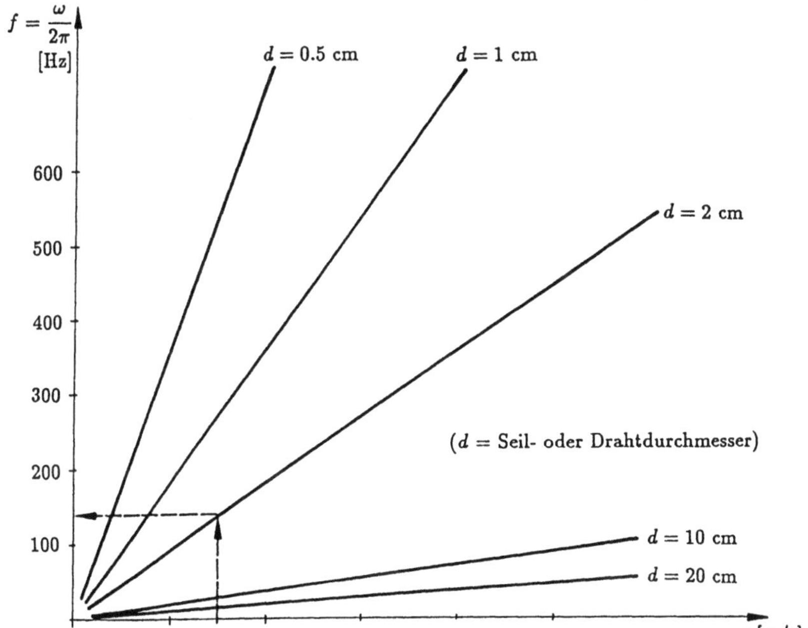

Abb. 26.4.12 Bevorzugt angeregte Eigenfrequenzen von Hochspannungsleitungen in Abhängigkeit von Drahtdicke und Windgeschwindigkeit

(siehe Abb. 26.4.12). Diese Frequenz gibt auch die Höhe des in Abschnitt 26.2.3 erwähnten Summtones der Drähte an.

Bei biegesteifen Strukturen, wie z.B. einem Stahlblechschornstein oder einem Periskoprohr, wird es dagegen eine Anfachung der Schwingungseigenformen nur für solche Wirbelablösefrequenzen geben, die gleichzeitig Eigenfrequenzen der Struktur sind. Wenn wir also fordern, daß ein 50 m hoher Schornstein mit Durchmesser $d = 1.985$ m mindestens eine Windgeschwindigkeit von 60 m/s sicher überstehen soll, muß die zugehörige Wirbelablösefrequenz ω unter der Eigenfrequenz ω_S des Schornsteins liegen. Damit wird

$$\omega_S > \omega = \frac{v\,St}{d} = 5.09 \text{ rad/s} . \qquad (26.4.120)$$

Die hier besprochenen Phänomene sind von besonderer Wichtigkeit im Bauingenieurwesen. Eine eingehende Diskussion der anfallenden Probleme würde aber über den Rahmen dieses Werkes hinausgehen und muß deshalb leider unterbleiben. Jedoch verweisen wir den Leser auf das ausgezeichnete und modern ausgerichtete Textbuch von Earl H. Dowell [26.55], das interessante Beispiele des Bauingenieurbereichs enthält. Erwähnenswert ist noch, daß ein enger Bezug dieser Vorgänge zum Phänomen des Stall-Flatterns in der Luftfahrt besteht. Eine kurze analytische Diskussion dieser Flattererscheinung wird in Abschnitt 26.4.8 gegeben.

26.4.7 Stationäre und instationäre aerodynamische Lasten im Überschallbereich

In diesem Abschnitt besprechen wir eine Reihe von aeroelastischen Problemen, wie sie bei Flügeln und Panels im Überschallbereich auftreten können. Dabei wird die für $M \gg 1$ im allgemeinen zuverlässige und einfach zu handhabende Piston-Theorie eingesetzt, um kinematisch äquivalente Knotenpunktslasten für einen nach der Finiten Element Methode diskretisierten Bereich abzuleiten. Damit können für $M \gg 1$ computergerechte Flatteruntersuchungen für Flügel und Panels durchgeführt werden.

26.4.7.1 Instationäre aerodynamische Lasten im Überschallbereich

Im Anschluß an unsere allzu knappe Übersicht über die instationären Luftkräfte nach Theodorsen bei inkompressibler zweidimensionaler Strömung wollen wir auf instationäre Überschallströmungen eingehen. Letzteres Problem ist im Prinzip noch viel komplizierter, als es bei der inkompressiblen Strömung der Fall ist. Wir lenken die Aufmerksamkeit des Lesers auf unsere Aussage, daß der Haupttenor unseres Abrisses der Aeroelastizität auf das Schwingungsverhalten der Struktur unter der Einwirkung nichtkonservativer aerodynamischer Kräfte gerichtet ist. Aus diesem Grund können wir in diesem Werk nur sehr beschränkt auf spezielle aerodynamische Betrachtungen eingehen.

In diesem Sinne versuchen wir in diesem Unterabschnitt nur, eine vereinfachte – aber sehr fruchtbare – Theorie der instationären Überschallströmung zu umreißen. Diese Theorie ist als die „Piston"-Theorie in der Literatur bekannt und geht in ihrer konsequentesten Gestaltung auf Sir James Lighthill zurück; siehe [26.62] bis [26.66]. Es bestehen auch andere physikalische Modelle, die sich aber bei hohen Machzahlen auf die lineare „Piston"-Theorie reduzieren. Letzten Endes sollte sich der Leser aber vergegenwärtigen, daß die moderne Tendenz in der Aerodynamik auf eine numerische Formulierung hinzielt.

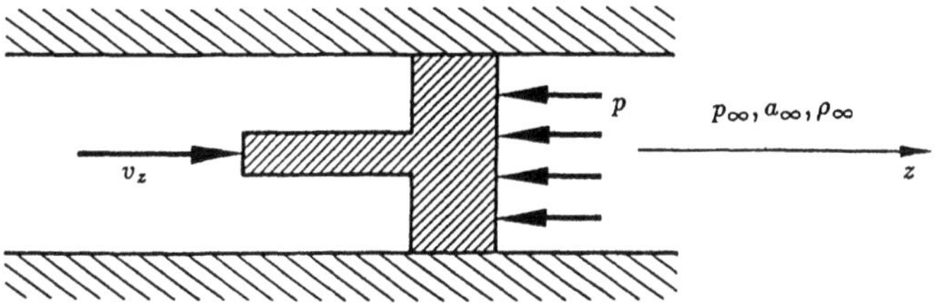

Abb. 26.4.13
Über die Piston-Theorie von Lighthill-Landahl

Beim Studium dieses Unterabschnittes ist zu beachten, daß die Piston-Theorie bei Flügeln endlicher Streckung wie eine Streifentheorie fungiert. Diese radikale Vereinfachung ermöglicht es, an jedem Profilquerschnitt des Flügels nur die Strömungsrichtung entlang der x-Achse betrachten zu müssen.

Untersuchen wir nun einen Kolben, der sich mit der Geschwindigkeit $v_z(t)$ in einem Kanal entlang der z-Richtung bewegt. Die isentrope Lösung für den Druck p auf der Kolbenoberfläche lautet (siehe Abb. 26.4.13)

$$\frac{p}{p_\infty} = \left(1 + \frac{\gamma - 1}{2} \frac{v_z}{a_\infty}\right)^{\frac{2\gamma}{\gamma - 1}} \tag{26.4.121}$$

wobei γ der Adiabatenexponent und ρ_∞, a_∞, p_∞ die Dichte, die Schallgeschwindigkeit und der Druck im ruhenden Gas sind (ρ_∞ in (26.4.122)).

Wenn wir nun eine Taylorentwicklung des Ausdrucks (26.4.121) vornehmen, erhalten wir

$$p - p_\infty = \rho_\infty a_\infty^2 \left[\frac{v_z}{a_\infty} + \frac{\gamma + 1}{4} \left(\frac{v_z}{a_\infty}\right)^2 + \frac{\gamma + 1}{12} \left(\frac{v_z}{a_\infty}\right)^3 + O\left(\left(\frac{v_z}{a_\infty}\right)^4\right)\right] \tag{26.4.122}$$

Um hieraus die Kräfte an einem Profil oder Tragflügel abzuleiten, setzen wir die sich aus Geometrie, Verformungs- und Bewegungszustand ergebenden Geschwindigkeiten normal zur Oberfläche der betrachteten Struktur in obige Gleichung ein.

Als einführendes Beispiel zur Anwendung der Piston-Theorie skizzieren wir das Flatterproblem an einem ebenen Profil. Wie schon in Abschnitt 26.4.5 erwähnt, werden im allgemeinen ebene Flatterprobleme mit drei Freiheitsgraden untersucht; im Falle der Theodorsen-Theorie hatten wir uns zwecks typographischer Ökonomie auf zwei Freiheitsgrade beschränkt. Gemäß Abbildung 26.4.14 sind hier die gewählten Freiheitsgrade die vertikale Verschiebung $w(t)$ an einem Bezugspunkt E_S in der $(-z)$-Richtung, der instationäre Anteil des Anstellwinkels $\theta(t)$ (rechtsdrehend) und der Ruderausschlag $\beta(t)$ (rechtsdrehend). Wie in Abschnitt 26.4.5 interessieren wir uns hier nur für die harmonische Schwingung der kritischen Flattergeschwindigkeit. Damit setzen wir

$$w(t) = w_0 e^{i\omega t}, \quad \theta(t) = \theta_0 e^{i\omega t}, \quad \beta(t) = \beta_0 e^{i\omega t} \tag{26.4.123}$$

Der Leser möge beachten, daß wir die vertikale Verschiebung w an einem Bezugspunkt E_S definiert haben. Nun ist E_S üblicherweise die Bezeichnung für den „Schubmittelpunkt“ des Profils, der aber bei den im Überschallbereich üblichen Flügelgeometrien jeglicher wissenschaftlicher Grundlage entbehrt. In vorliegender Analyse soll E_S deshalb nur ein

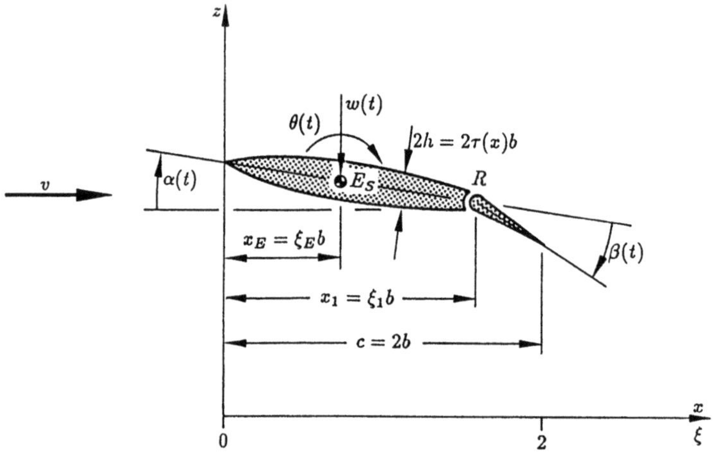

Abb. 26.4.14 Schwingung eines zweidimensionalen Profils mit Ruder

geeigneter Bezugspunkt sein. Die Bezeichnung E_S möge nur dem Leser den Vergleich mit der Darstellung in 26.4.5 erleichtern. Zu beachten ist auch die Bezeichnung der Profildicken mit $2h = 2\tau c$, wo $c = 2b$ die Profiltiefe ist, und die Lage des Ursprungs der ξ-Achse an der Profilnase, abweichend von der Darstellung in Abschnitt 26.4.5.

Als nächstes betrachten wir in Übereinstimmung mit der Piston-Theorie die infolge der Freiheitsgrade w, θ, β auftretende Strömungsgeschwindigkeit v_z in Richtung der *äußeren* Normalen zur Oberfläche des Flügels

$$v_z = \begin{cases} \mp [\dot{w} + \theta v_\infty + \dot{\theta} b(\xi - \xi_E)] + v_\infty \dfrac{d\tau}{d\xi} & , \quad \text{für } \xi < \xi_1 \\ \mp [\dot{w} + \theta v_\infty + \dot{\theta} b(\xi - \xi_E) + \beta v_\infty + \dot{\beta} b(\xi - \xi_1)] + v_\infty \dfrac{d\tau}{d\xi}, & \quad \text{für } \xi \geqslant \xi_1 \end{cases} \tag{26.4.124}$$

Dabei bezieht sich das negative Vorzeichen auf die Profiloberseite und das positive auf die Profilunterseite. Man beachte, daß das Profil symmetrisch angenommen ist.

Mit den Ansätzen (26.4.123) erhalten wir

$$v_z = \begin{cases} \mp \left[i\omega w + \theta \left\{v_\infty + i\omega b(\xi - \xi_E)\right\}\right] + v_\infty \dfrac{d\tau}{d\xi} & , \quad \xi < \xi_1 \\ \mp \left[i\omega w + \theta \left\{v_\infty + i\omega b(\xi - \xi_E)\right\} + \beta \left\{v_\infty + i\omega b(\xi - \xi_1)\right\}\right] + v_\infty \dfrac{d\tau}{d\xi}, & \quad \xi \geqslant \xi_1 \end{cases} \tag{26.4.125}$$

Für den aerodynamischen Druck p führen wir die Näherung 2. Ordnung nach der Piston-Theorie ein

$$p - p_\infty = \rho_\infty a_\infty^2 \left[\frac{v_z}{a_\infty} + \frac{\gamma + 1}{4} \left(\frac{v_z}{a_\infty}\right)^2\right] \tag{26.4.126}$$

Wir bilden nun die Druckdifferenz zwischen Ober- und Unterseite, wobei wir für v_z den Ausdruck (26.4.125) benutzen. Wir finden

$$\Delta p = \left[(p - p_\infty)_o - (p - p_\infty)_u\right]$$
$$= -\rho_\infty a_\infty \left(2 + \frac{\gamma + 1}{2} \frac{v_\infty}{a_\infty} \frac{\mathrm{d}\tau}{\mathrm{d}\xi}\right) \left[i\omega w + \theta \left\{v_\infty + i\omega b(\xi - \xi_1)\right\}\right], \text{für } \xi < \xi_1 \quad (26.4.127)$$

mit einem entsprechenden Ausdruck für $\xi \geqslant \xi_1$.

Als nächstes stellen wir die instationären aerodynamischen Kräfte auf. Wir beschränken uns hier auf die w und θ entsprechenden Kräfte $P(t)$ und $M_\theta(t)$. Der Vollständigkeit halber hätten wir auch das Ruderausschlag-Moment $M_\beta(t)$ um die Drehachse R des Ruders ermitteln müssen, aber dies kann vom Leser in Analogie zur Methodik für M_θ leicht nachvollzogen werden

$$P = b \int_0^2 \Delta p \, \mathrm{d}\xi = -L(t)$$

$$M_\theta = b^2 \int_0^2 \Delta p (\xi - \xi_E) \mathrm{d}\xi \quad (26.4.128)$$

wobei $L(t)$ der übliche instationäre Auftrieb ist. Wir erhalten

$$P = -L = -2\rho_\infty v_\infty^2 \omega^{*2} c \left[\frac{w}{b}(L_1 + iL_2) + \theta(L_3 + iL_4) + \beta(L_5 + iL_6)\right]$$
$$M_\theta = -\rho_\infty v_\infty^2 \omega^{*2} c^2 \left[\frac{w}{b}(M_1 + iM_2) + \theta(M_3 + iM_4) + \beta(M_5 + iM_6)\right] \quad (26.4.129)$$

mit der reduzierten Frequenz

$$\omega^* = \omega \frac{b}{v_\infty} \quad (26.4.130)$$

und $c = 2b$.

Die in (26.4.129) angegebenen Koeffizienten L_i und M_i ergeben sich aus der Piston-Theorie 2. Ordnung zu

$$L_1 = 0, \quad L_2 = \frac{1}{\omega^* M}, \quad L_3 = \frac{1}{\omega^{*2} M}$$
$$L_4 = \frac{1}{\omega^* M_\infty}(1 - \xi_E) - \frac{\gamma + 1}{\omega^*} \frac{A_W}{2c^2}$$
$$L_5 = \frac{1}{\omega^{*2} M_\infty}(1 - \tfrac{1}{2}\xi_1) - \frac{\gamma + 1}{\omega^{*2}} \frac{\tau(\xi_1)}{2}$$
$$L_6 = \frac{1}{\omega^* M_\infty}(1 - \tfrac{1}{2}\xi_1)^2 - \frac{\gamma + 1}{\omega^*} \frac{A_F}{2c^2} \quad (26.4.131)$$

und

$$
\begin{aligned}
M_1 &= 0 \\
M_2 &= \frac{1}{\omega^* M_\infty}(1-\xi_E) - \frac{\gamma+1}{\omega^*}\frac{A_W}{2c^2} \\
M_3 &= \frac{1}{\omega^{*2} M_\infty}(1-\xi_E) - \frac{\gamma+1}{\omega^{*2}}\frac{A_W}{2c^2} \\
M_4 &= \frac{1}{\omega^* M_\infty}\left(\tfrac{4}{3} - 2\xi_E + \xi_E^2\right) + 2\frac{\gamma+1}{\omega^*}\frac{D_W - b\xi_E A_W}{c^3} \\
M_5 &= \frac{1}{\omega^{*2} M_\infty}\left\{\left(1-\tfrac{1}{4}\xi_1^2\right) - \xi_E\left(1-\tfrac{1}{2}\xi_1\right)\right\} - \frac{\gamma+1}{\omega^{*2}}\left\{\tfrac{1}{2}(\xi_1-\xi_E)\tau(\xi_1) + \frac{A_F}{2c^2}\right\} \\
M_6 &= \frac{1}{\omega^* M_\infty}\left\{\tfrac{4}{3}(1-\xi_1^3) - (\xi_1+\xi_E)(1-\tfrac{1}{4}\xi_1^2) + \xi_1\xi_E(1-\tfrac{1}{2}\xi_1)\right\} - \frac{\gamma+1}{\omega^*}\left\{(\xi_1-\xi_E)\frac{A_F}{2c^2} + 2\frac{D_F}{c^3}\right\}
\end{aligned}
\tag{26.4.132}
$$

In obigen Ausdrücken sind A_W und A_F die Querschnittsflächen des Flügelprofils und des Ruders (engl. *flap*) und D_W und D_F deren statische Momente, bezogen auf die entsprechenden Vorderkanten. Für den Leser dürfte es von Interesse sein, daß trotz der nichtlinearen Theorie 2. Ordnung die Ausdrücke (26.4.131) und (26.4.132) wegen gewisser Symmetrien zwischen den Bewegungen der Ober- und Unterseite des Profils zu linearen Termen (in den drei Freiheitsgraden) für die aerodynamischen Ausdrücke führen.

Es wäre jetzt ein leichtes, für ein einfaches, skelettartiges Profil, wie es Abb. 26.4.15 zeigt, die Flattergleichungen aufzustellen. Dies würde aber den selbstgewählten Rahmen dieses Werkes leider sprengen. Der Leser ist aber auf die klassische Arbeit von Garrik

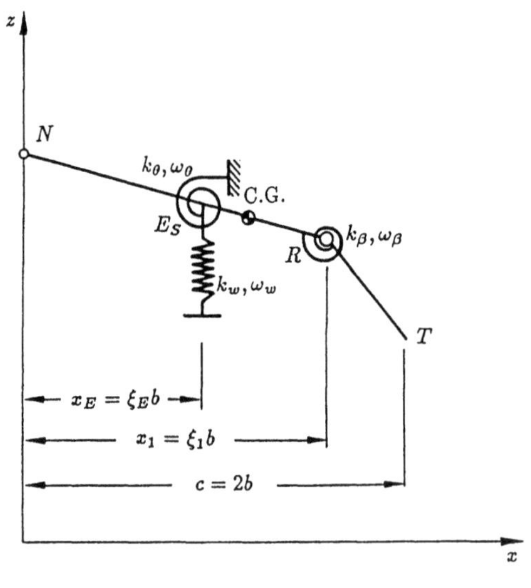

Abb. 26.4.15
Betrachtungen zu einem skelettartigen Profil

und Rubinow [26.67] verwiesen. Es sei hier festgehalten, daß sich relativ einfache implizite bzw. explizite Ausdrücke für die kritische Flattergeschwindigkeit v_{crit} und die reduzierte Frequenz ω^*_{crit} ergeben, die Funktionen der Machschen Zahl M_∞, der Kreisfrequenzen ω_θ, ω_w und ω_β sowie der anderen Parameter des Systems sind. Damit ergeben sich interessanterweise in *dieser* Darstellung der Überschallströmung viel einfachere Formeln für das zweidimensionale Flatterverhalten von Profilen als bei der zweidimensionalen inkompressiblen Strömung, die dem Werk von Theodorsen zugrunde liegt.

Nach dieser einführenden Diskussion über eine zweidimensionale Anwendung der Piston-Theorie wenden wir uns der Bestimmung der auf einen Flügel wirkenden instationären Luftkräfte im Überschallflug zu. Diese benötigen wir z.B., um das Flatterverhalten zu untersuchen. Dabei wird der Flügel in geeigneter Form durch Finite Elemente idealisiert. Selbstverständlich ist die für die statische Analyse benötigte, mehr oder minder feinmaschige Unterteilung der Struktur aus Ökonomiegründen nicht für die dynamische Antwort-Berechnung gerechtfertigt. Die Methodik, wie wir am günstigsten eine geeignete dimensionsbeschränkte Steifigkeitsmatrix aufstellen, wird in Abschnitt 26.5 noch diskutiert werden. Dabei muß eventuell auch berücksichtigt werden, daß aus technischen Gründen die ursprüngliche Idealisierung der Netze für die elastischen und die aerodynamischen Kräfte auf der Haut des Flügels nicht identisch zu sein brauchen. Die Berücksichtigung dieser Feinheiten und die Kondensationsprozesse sowie die eventuelle Umstellung auf neue Freiheitsgrade können in diesem Abriß der Aeroelastizität nicht dargelegt werden. Wir beschränken uns im folgenden darauf, eine einfache Prozedur der Aufstellung der instationären aerodynamischen Kräfte zu beschreiben, und weisen dabei auf eventuelle Korrekturnotwendigkeiten hin.

Als erstes fassen wir die auf der Ober- und Unterseite des Flügels wirkenden Kräfte in einer Kraftgruppe zusammen. Dies ist eine Voraussetzung für die hier angewendete Finite Elemente-Methode. Das Verfahren setzt voraus, daß die Ermittlung der Luftkräfte auf Grund eines für Flügelober- und unterseite gemeinsamen Netzes vorgenommen wird. Besonders geeignet für unsere Darstellung der Vorgänge ist dabei die Wahl eines Netzes von TRIM6-Elementen. Hilfreich ist es, wenn die strukturelle Idealisierung des Flügels sowohl auf der Ober- wie der Unterseite in gleicher oder ähnlicher Weise vorgenommen wird und die oberen und unteren Freiheitsgrade entsprechend gekoppelt werden.

Wir nehmen nun an, daß der Flügel in geeigneter Weise im O_{xyz} Raum eingebettet ist und entlang der x-Achse mit der ungestörten Geschwindigkeit v_∞ angeströmt wird; siehe Abb. 26.4.16. Die aerodynamischen Kräfte werden mit Bezug auf das in der x, y-Ebene liegende Netz erstellt. Auf Grund der Konzeption der Piston-Theorie erfolgt die Anströmung jedes Elements entlang der x-Richtung.

In unserer Methodik gehen wir davon aus, daß die nach außen gerichtete Normale zur Flügeloberfläche und die z-Richtung des globalen Koordinatensystems mit genügender Genauigkeit als übereinstimmend angenommen werden können. Eine Korrektur der Ergebnisse auf numerischer Grundlage könnte aber ohne weiteres erfolgen.

Bevor wir die Analyse der Vorgänge durchführen, müssen wir im Sinne eines Struktur- und Flatterspezialisten eine Umkehrung der positiven Richtung der Verschiebung w und der entsprechenden Druckkraft Δp vornehmen. Der Aerodynamiker, ausgehend vom klassischen Begriff des Abwindes (engl. *downwash*), definiert w positiv entgegen der z-Richtung. Diese etwas kuriose Festlegung kehren wir jetzt um und definieren in üblicher

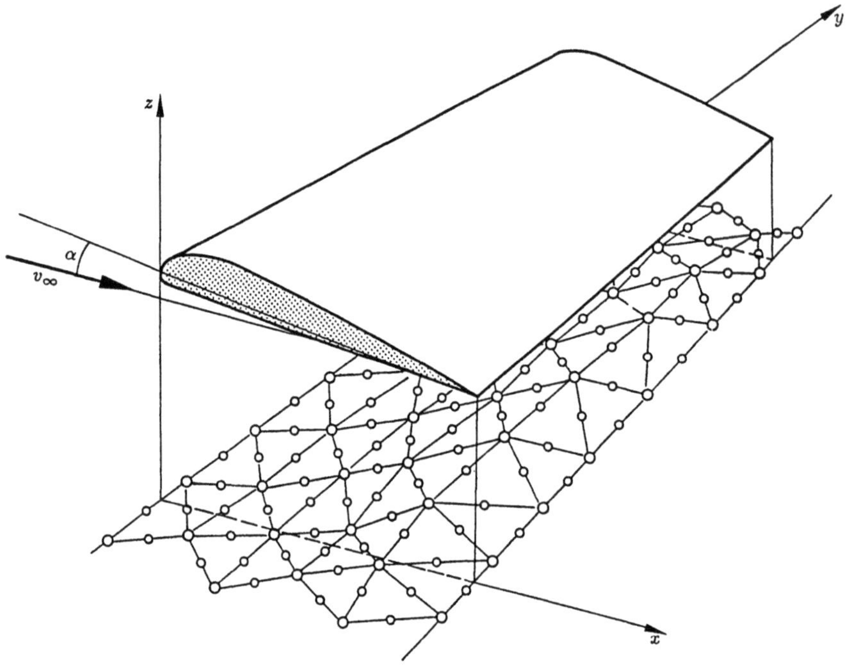

Abb. 26.4.16 Anströmung eines Flügels mit v_∞ in x-Richtung; Diskretisierung in der x,y-Ebene

Weise w und Δp als positiv, wenn sie in die + z-Richtung zeigen. Die Normalgeschwindigkeit v_z schreibt sich dann in der Form

$$v_z = \pm\left(\frac{\partial w}{\partial t} + v_\infty \frac{\partial w}{\partial x}\right) + v_\infty \frac{\partial h}{\partial x} \tag{26.4.132}$$

wobei $2h(x, y)$ die dimensionsbehaftete Dickenverteilung des Flügels ist.

Entsprechend ergibt sich für den Druckunterschied zwischen Ober- und Unterseite

$$\Delta p = p_u - p_o = -\rho_\infty\left[a_\infty + (\gamma + 1)\frac{\partial h}{\partial x}\right]\left(\frac{\partial w}{\partial t} + v_\infty \frac{\partial w}{\partial x}\right) \tag{26.4.133}$$

Wir betrachten nun ein TRIM6-Element, das, wie in Abb. 26.4.17 gezeigt, entlang der x-Richtung angeströmt wird. Als erstes müssen wir die Interpolationsvorschrift für TRIM6 etwas konkreter als in Kapitel 8 von Band I spezifizieren. In diesem Sinne und mit den Bezeichnungen des Hauptwerks setzen wir für die Interpolations-Zeilenmatrix

$$\boldsymbol{\omega} = \begin{bmatrix} \zeta_1^2 & \zeta_2^2 & \zeta_3^2 & \zeta_1\zeta_2 & \zeta_2\zeta_3 & \zeta_3\zeta_1 \end{bmatrix} \tag{26.4.134}$$

und verweisen wieder auf Abb. 26.4.17. Die Interpolation eines beliebigen Skalars, wie $w(x, y, t)$, ist dann durch

$$w(x, y) = w(\zeta_1, \zeta_2, \zeta_3) = \boldsymbol{\omega}\boldsymbol{p}_w \tag{26.4.135}$$

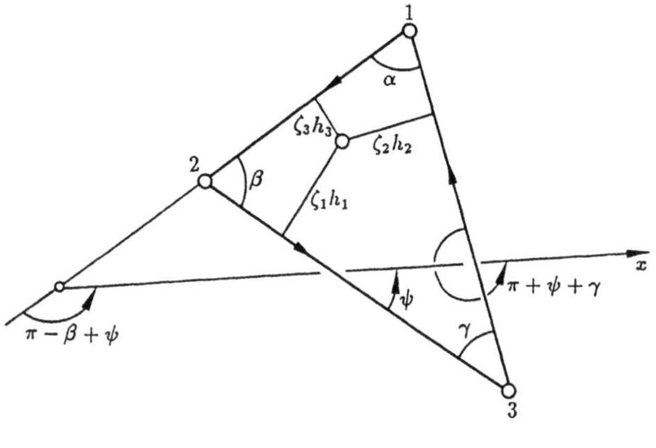

Abb. 26.4.17
Anströmrichtung x mit Bezug auf ein TRIM6-Element

gegeben. Die (6×1)-Spaltenmatrix $\boldsymbol{p}_w$ der Amplituden ist so zu bestimmen, daß w in den Knoten- oder Stützpunkten 1 bis 6 exakt wiedergegeben ist. Bilden wir nun den Stützpunktvektor

$$\boldsymbol{w} = \{w_1 \quad w_2 \quad w_3 \quad w_4 \quad w_5 \quad w_6\} \tag{26.4.136}$$

so erhalten wir mit Hilfe der trivial einfachen ζ_i-Koordinaten an den Stützpunkten und der Transformation (26.4.135) unmittelbar den Ausdruck

$$\boldsymbol{w} = \boldsymbol{G}^{-1}\boldsymbol{p}_w \tag{26.4.137}$$

wobei

$$\boldsymbol{G}^{-1} = \begin{bmatrix} 1 & \cdot & \cdot & \cdot & \cdot & \cdot \\ \cdot & 1 & \cdot & \cdot & \cdot & \cdot \\ \cdot & \cdot & 1 & \cdot & \cdot & \cdot \\ \cdot & 1/4 & 1/4 & \cdot & 1/4 & \cdot \\ 1/4 & \cdot & 1/4 & \cdot & \cdot & 1/4 \\ 1/4 & 1/4 & \cdot & 1/4 & \cdot & \cdot \end{bmatrix} \tag{26.4.138}$$

ist. Die Umkehrung der Beziehung (26.4.137) führt zu

$$\boldsymbol{p}_w = \boldsymbol{G}\boldsymbol{w} \tag{26.4.139}$$

mit

$$\boldsymbol{G} = \begin{bmatrix} 1 & \cdot & \cdot & \cdot & \cdot & \cdot \\ \cdot & 1 & \cdot & \cdot & \cdot & \cdot \\ \cdot & \cdot & 1 & \cdot & \cdot & \cdot \\ -1 & -1 & \cdot & \cdot & \cdot & 4 \\ \cdot & -1 & -1 & 4 & \cdot & \cdot \\ -1 & \cdot & -1 & \cdot & 4 & \cdot \end{bmatrix} \tag{26.4.140}$$

Damit ergibt sich für die Variable w in Abhängigkeit der Stützwerte $\boldsymbol{w}$

$$w = \boldsymbol{\omega G w} = \boldsymbol{w}^{\mathrm{t}} \boldsymbol{G}^{\mathrm{t}} \boldsymbol{\omega}^{\mathrm{t}} \tag{26.4.141}$$

Wir bilden nun die Ableitung in Anströmrichtung

$$\frac{\partial w}{\partial x} = \frac{\partial \boldsymbol{\omega}}{\partial x} \boldsymbol{G w} \tag{26.4.142}$$

Am kritischen Flatterpunkt gilt der harmonische Ansatz

$$\boldsymbol{w}(t) = \boldsymbol{w}_0 \mathrm{e}^{i\omega t} \quad \rightarrow \quad \frac{\partial \boldsymbol{w}}{\partial t} = i\omega \boldsymbol{w} \tag{26.4.143}$$

und wir erhalten so

$$\frac{\partial w}{\partial t} = i\omega \boldsymbol{\omega G w} \tag{26.4.144}$$

Als nächstes bestimmen wir die der aerodynamischen Flächenlast Δp entsprechenden oder äquivalenten Knotenpunktslasten $\mathbf{P}_{\mathrm{g}}$ eines Elementes g. Mit dem bekannten Ansatz der FEM-Theorie

$$\boldsymbol{w}^{\mathrm{t}} \mathbf{P}_{\mathrm{g}} = \int_{\Omega} w \, \Delta p \, \mathrm{d}\Omega = \boldsymbol{w}^{\mathrm{t}} \boldsymbol{G}^{\mathrm{t}} \int_{\Omega} \boldsymbol{\omega}^{\mathrm{t}} \Delta p \, \mathrm{d}\Omega \tag{26.4.144}$$

ergibt sich

$$\mathbf{P}_{\mathrm{g}} = \boldsymbol{G}^{\mathrm{t}} \int_{\Omega} \boldsymbol{\omega}^{\mathrm{t}} \Delta p \, \mathrm{d}\Omega \tag{26.4.145}$$

Eine Auswertung des Integrals führt auf einen Ausdruck für die Auftriebs-Knotenlasten $\mathbf{P}_{\mathrm{g}} = \boldsymbol{l}_{\mathrm{g}}$ des betrachteten Elements g in der Form

$$\mathbf{P}_{\mathrm{g}} = \boldsymbol{l}_{\mathrm{g}} = -\left[2\rho_{\infty} a_{\infty} [v_{\infty} \boldsymbol{A}_{\mathrm{g}} + i\omega \boldsymbol{B}_{\mathrm{g}}] + \rho_{\infty}(\gamma + 1)\, v_{\infty} [v_{\infty} \boldsymbol{C}_{\mathrm{g}} + i\omega \boldsymbol{D}_{\mathrm{g}}]\right] \boldsymbol{w} \tag{26.4.146}$$

wobei die Matrizen $\boldsymbol{A}_{\mathrm{g}}$, $\boldsymbol{B}_{\mathrm{g}}$, $\boldsymbol{C}_{\mathrm{g}}$ und $\boldsymbol{D}_{\mathrm{g}}$ wie folgt definiert sind

$$\boldsymbol{A}_{\mathrm{g}} = \boldsymbol{G}^{\mathrm{t}} \left[\int_{\Omega} \boldsymbol{\omega}^{\mathrm{t}} \boldsymbol{\omega}_{,x} \, \mathrm{d}\Omega \right] \boldsymbol{G}$$

$$\boldsymbol{B}_{\mathrm{g}} = \boldsymbol{G}^{\mathrm{t}} \left[\int_{\Omega} \boldsymbol{\omega}^{\mathrm{t}} \boldsymbol{\omega} \, \mathrm{d}\Omega \right] \boldsymbol{G}$$

$$\boldsymbol{C}_{\mathrm{g}} = \boldsymbol{G}^{\mathrm{t}} \left[\int_{\Omega} h_{,x} \boldsymbol{\omega}^{\mathrm{t}} \boldsymbol{\omega}_{,x} \, \mathrm{d}\Omega \right] \boldsymbol{G}$$

$$\boldsymbol{D}_{\mathrm{g}} = \boldsymbol{G}^{\mathrm{t}} \left[\int_{\Omega} h_{,x} \boldsymbol{\omega}^{\mathrm{t}} \boldsymbol{\omega} \, \mathrm{d}\Omega \right] \boldsymbol{G} \tag{26.4.147}$$

Die Matrizen $\boldsymbol{B}_g$ und $\boldsymbol{D}_g$ ergeben sich offensichtlich aus den mit $\partial w/\partial t = \dot{w}$ verbundenen Termen. Sie stellen also eine Art aerodynamische Dämpfung dar. Die Matrizen $\boldsymbol{A}_g$ und $\boldsymbol{C}_g$ repräsentieren wiederum eine Art aerodynamische Steifigkeit. Im allgemeinen ist nur $\boldsymbol{B}_g$ symmetrisch. In diesen Matrizen verwenden wir die in diesem Werk übliche Abkürzung eines Differentialausdrucks

$$\frac{\partial h}{\partial x} = h_{,x} \quad \text{und} \quad \frac{\partial \boldsymbol{\omega}}{\partial x} = \boldsymbol{\omega}_{,x} \tag{26.4.148}$$

Man beachte, daß die Matrizen $\boldsymbol{C}_g$ und $\boldsymbol{D}_g$ aus dem Term 2. Ordnung der Piston-Theorie resultieren. Sie verschwinden, wenn die Profildicke $2h$ über dem betreffenden Element konstant ist. Variiert $2h$ linear, so bleibt $h_{,x}$ konstant, und $\boldsymbol{C}_g$ und $\boldsymbol{D}_g$ reduzieren sich, respektive, zu skalaren Vielfachen von $\boldsymbol{A}_g$ und $\boldsymbol{B}_g$. Im folgenden werden wir die numerischen Ausdrücke der vier Matrizen aufstellen. Zuerst wollen wir aber unsere Theorie auf den gesamten Flügel erweitern.

Da wir die TRIM6-Elemente in unserem Modell in der x, y-Ebene angesiedelt haben, können wir die Knotenpunktslasten $\boldsymbol{L}$ am Flügel aus einer Booleschen Assemblierung über alle Vektoren $\boldsymbol{l}_g$ der s Elemente des Flügels gewinnen. Es ergibt sich mit dem Vektor der Elementlasten

$$\boldsymbol{l} = \{\boldsymbol{l}_1 \quad \boldsymbol{l}_2 \quad \ldots\ldots \quad \boldsymbol{l}_s\} \tag{26.4.148a}$$

$$\begin{aligned} \boldsymbol{L} &= \mathrm{a}^t \boldsymbol{l} \\ &= -\left[2\rho_\infty a_\infty [v_\infty \boldsymbol{A} + i\omega \boldsymbol{B}] + \rho_\infty (\gamma + 1) v_\infty [v_\infty \boldsymbol{C} + i\omega \boldsymbol{D}]\right] \boldsymbol{w} \end{aligned} \tag{26.4.149}$$

Hier ermitteln sich die aerodynamischen Matrizen $\boldsymbol{A}$, $\boldsymbol{B}$, $\boldsymbol{C}$, $\boldsymbol{D}$ des Flügels aus den Elementmatrizen $\boldsymbol{A}_g$, $\boldsymbol{B}_g$, $\boldsymbol{C}_g$, $\boldsymbol{D}_g$ mit Hilfe der gleichen Booleschen Operation. Weiterhin gilt bei einem harmonischen Ansatz für die entsprechenden Verschiebungen

$$\boldsymbol{w} = \mathbf{a}\boldsymbol{r} = \mathbf{a}\boldsymbol{r}_0 \mathrm{e}^{i\omega t} \tag{26.4.150}$$

Damit wird die Bedingung für eine harmonische Schwingung am kritischen Flatterpunkt

$$\left[\boldsymbol{K} - \omega^2 \boldsymbol{M} - \boldsymbol{L}(\omega^*)\right] \boldsymbol{r}_0 = \boldsymbol{o} \tag{26.4.151}$$

woraus sich im Prinzip die kritische Kreisfrequenz ω_{crit} bzw. ω^*_{crit} und die Geschwindigkeit v_{crit} ableiten lassen; siehe auch (26.4.114). Wir werden in Abschnitt 26.5 und den folgenden Abschnitten auf diesen Aspekt eingehen. In (26.4.151) ist ω^* eine reduzierte Frequenz nach (26.3.16), wobei b eine geeignete halbe Profiltiefe des Flügels ist.

Zum Abschluß unserer Betrachtungen gehen wir noch auf die numerischen Ausdrücke der Integrale $\boldsymbol{A}_g$ und $\boldsymbol{B}_g$ ein. Für die Matrizen $\boldsymbol{C}_g$ und $\boldsymbol{D}_g$ empfiehlt sich bei allgemeiner Variation der Profildicke $2h$ eine numerische Auswertung.

Wir beginnen mit dem Integral

$$\int_\Omega \boldsymbol{\omega}^t \boldsymbol{\omega} \, \mathrm{d}\Omega$$

Um diese (6 × 6)-Matrix auszuwerten, brauchen wir nur auf den Ausdruck (5.3.62) in Band I (Seite 360) zurückzugreifen, den wir der Vollständigkeit halber hier wiedergeben

$$\int_\Omega \zeta_1^p \zeta_2^q \zeta_3^r = \frac{2!\, p!\, q!\, r!}{(2+p+q+r)!}\Omega \tag{26.4.152}$$

Die Anwendung dieses Integrals führt auf die symmetrische Matrix

$$\int_\Omega \boldsymbol{\omega}^t \boldsymbol{\omega} \mathrm{d}\Omega = \frac{\Omega}{180}\begin{bmatrix} 12 & 2 & 2 & 3 & 1 & 3 \\ 2 & 12 & 2 & 3 & 3 & 1 \\ 2 & 2 & 12 & 1 & 3 & 3 \\ 3 & 3 & 1 & 2 & 1 & 1 \\ 1 & 3 & 3 & 1 & 2 & 1 \\ 3 & 1 & 3 & 1 & 1 & 2 \end{bmatrix} \tag{26.4.153}$$

womit $\boldsymbol{B}_g$ bestimmt ist.

Wir untersuchen als nächstes das Integral

$$\int_\Omega \boldsymbol{\omega}^t \boldsymbol{\omega}_{,x} \mathrm{d}\Omega$$

das wir für die Auswertung von $\boldsymbol{A}_g$ benötigen. Wir betrachten zuerst die absolute oder totale Ableitung $\mathrm{d}f/\mathrm{d}x$ einer skalaren Funktion f entlang der Richtung x in einem willkürlich ausgerichteten Element; siehe Abb. 26.4.17. Die Verwendung der natürlichen Koordinaten ζ_1, ζ_2, ζ_3 ergibt für die absolute oder totale Ableitung die Kettenregel

$$\begin{aligned} \frac{\mathrm{d}f}{\mathrm{d}x} &= \frac{\partial f}{\partial \zeta_1}\frac{\partial \zeta_1}{\partial x} + \frac{\partial f}{\partial \zeta_2}\frac{\partial \zeta_2}{\partial x} + \frac{\partial f}{\partial \zeta_3}\frac{\partial \zeta_3}{\partial x} \\ &= \frac{\partial f}{\partial \zeta_1}x_1 + \frac{\partial f}{\partial \zeta_2}x_2 + \frac{\partial f}{\partial \zeta_3}x_3 \\ &= \frac{\partial f}{\partial \boldsymbol{\zeta}}\boldsymbol{x}_0 = \boldsymbol{x}_0^t \frac{\partial f}{\partial \boldsymbol{\zeta}^t} \end{aligned} \tag{26.4.154}$$

Hier ist, wie in Band I,

$$\boldsymbol{\zeta} = \{\zeta_1 \quad \zeta_2 \quad \zeta_3\}$$

und

$$\boldsymbol{x}_0 = \{x_1 \quad x_2 \quad x_3\} = \frac{\partial \boldsymbol{\zeta}}{\partial x} \tag{26.4.155}$$

definiert einen Vektor $\boldsymbol{x}_0$ durch seine drei natürlichen Komponenten $\partial \zeta_i/\partial x$. Die Ausdrücke $\partial \zeta_i/\partial x$ lassen sich unmittelbar aus Abb. 26.4.17 ableiten.

Wir bilden dazu die Diagonalmatrix

$$\boldsymbol{h} = \lceil h_\alpha \quad h_\beta \quad h_\gamma \rfloor \tag{26.4.156}$$

der drei Höhen des Elements. In Abbildung 26.4.17 sind die Winkel, die die Richtung x mit den Dreiecksseiten bildet, eingetragen. Eine einfache geometrische Betrachtung ergibt

$$\frac{\mathrm{d}\boldsymbol{\zeta}}{\mathrm{d}x} = \boldsymbol{h}^{-1}\begin{bmatrix}\cos\psi_\alpha\\ \cos\psi_\beta\\ \cos\psi_\gamma\end{bmatrix} = \boldsymbol{h}^{-1}\begin{bmatrix}\cos\psi\\ -\cos(\psi+\gamma)\\ -\cos(\beta-\psi)\end{bmatrix} = \begin{bmatrix}x_1\\ x_2\\ x_3\end{bmatrix} = \boldsymbol{x}_0 \tag{26.4.157}$$

Damit ist die Kettenregel (26.4.154) vollziehbar.
Die Anwendung auf die Modalfunktionen $\boldsymbol{\omega}$ führt auf

$$\frac{\partial\boldsymbol{\omega}}{\partial x} = [\boldsymbol{\omega}_{,1} \quad \boldsymbol{\omega}_{,2} \quad \boldsymbol{\omega}_{,3}]\begin{bmatrix}x_1\boldsymbol{I}_6\\ x_2\boldsymbol{I}_6\\ x_3\boldsymbol{I}_6\end{bmatrix} \tag{26.4.158}$$

wobei wie üblich

$$\boldsymbol{\omega}_{,\mathrm{i}} = \frac{\partial\boldsymbol{\omega}}{\partial\zeta_\mathrm{i}} \tag{26.4.158a}$$

ist.
Wir erhalten

$$\int_\Omega \boldsymbol{\omega}^\mathrm{t}\boldsymbol{\omega}_{,x}\,\mathrm{d}\Omega = \int_\Omega \boldsymbol{\omega}^\mathrm{t}[\boldsymbol{\omega}_{,1} \quad \boldsymbol{\omega}_{,2} \quad \boldsymbol{\omega}_{,3}]\,\mathrm{d}\Omega\begin{bmatrix}x_1\boldsymbol{I}_6\\ x_2\boldsymbol{I}_6\\ x_3\boldsymbol{I}_6\end{bmatrix} \tag{26.4.159}$$

Es folgt nach trivialen Integrationen die (6×18)-Matrix

$$\boldsymbol{F}_\mathrm{g} = \int_\Omega \boldsymbol{\omega}^\mathrm{t}[\boldsymbol{\omega}_{,1} \quad \boldsymbol{\omega}_{,2} \quad \boldsymbol{\omega}_{,3}]\,\mathrm{d}\Omega$$

$$= \frac{\Omega}{60}\left[\begin{array}{cccccc|cccccc|cccccc}
12 & \cdot & \cdot & 6 & \cdot & 2 & \cdot & 4 & \cdot & 6 & 2 & \cdot & \cdot & \cdot & 4 & \cdot & 2 & 2\\
4 & \cdot & \cdot & 2 & \cdot & 2 & \cdot & 12 & \cdot & 2 & 6 & \cdot & \cdot & \cdot & 4 & \cdot & 6 & 2\\
4 & \cdot & \cdot & 2 & \cdot & 6 & \cdot & 4 & \cdot & 2 & 2 & \cdot & \cdot & \cdot & 12 & \cdot & 2 & 6\\
4 & \cdot & \cdot & 2 & \cdot & 1 & \cdot & 4 & \cdot & 2 & 2 & \cdot & \cdot & \cdot & 2 & \cdot & 2 & 1\\
2 & \cdot & \cdot & 1 & \cdot & 2 & \cdot & 4 & \cdot & 1 & 2 & \cdot & \cdot & \cdot & 4 & \cdot & 2 & 2\\
4 & \cdot & \cdot & 2 & \cdot & 2 & \cdot & 2 & \cdot & 2 & 1 & \cdot & \cdot & \cdot & 4 & \cdot & 1 & 2
\end{array}\right] \tag{26.4.160}$$

was die Aufstellung der Matrix A_g abschließt. Bei der Adoption eines TRIM3-Netzes ergeben sich die analogen Matrizen aus einer offensichtlichen Kondensation der TRIM6-Ergebnisse.

26.4.7.2 Ein stationäres aeroelastisches Problem im Überschallbereich [26.40]

Wir untersuchen als nächstes ein wichtiges aeroelastisches Problem eines Überschallflügels, das stationärer Natur ist. Der notwendige Auftrieb L_R bei einer vorgeschriebenen Machzahl von M_∞ sei gegeben, andererseits ist aber der erforderliche Anstellwinkel α_0 des Flügels anfangs unbekannt. Dabei kann auch eine bekannte Verwindung des Flügels entlang der Spannweite zugelassen werden. In diesem Sinne setzen wir

$$\alpha_0 = \bar{\alpha}_0 \varphi(y) \tag{26.4.161}$$

Hier ist nur die Amplitude $\bar{\alpha}_0$ unbekannt, aber $\varphi(y)$ (eine nichtdimensionale Funktion entlang der Spannweite) vorgeschrieben.

Um $\bar{\alpha}_0$ zu bestimmen, benutzen wir die stationäre Piston-Theorie 2. Ordnung. Unter Berücksichtigung des effektiven Anstellwinkels

$$\alpha_{eff} = \alpha_0 - \frac{\partial w}{\partial x} = \alpha_0 - w_{,x} \tag{26.4.162}$$

wo $w(x, y)$ die unbekannte Deformation des Flügels in der z-Richtung angibt, ermittelt sich der Druckunterschied zwischen Unter- und Oberseite aus

$$\Delta p = p_u - p_o = 2\gamma p_\infty M_\infty (\alpha_0 - w_{,x}) \left(1 + \frac{\gamma + 1}{2} M_\infty h_{,x} \right) \tag{26.4.163}$$

Hier ist x die Anströmrichtung und $2h(x, y)$ die Dicke des Flügels am Punkt (x, y). Die aerodynamische Belastung muß wieder in kinematisch äquivalente Knotenpunktslasten des FEM-Netzes umgesetzt werden. Um aber die für den Entwurf des Flugkörpers maßgebenden Bemessungslasten aufzustellen, müssen von den aerodynamischen Knotenpunktslasten die entsprechenden Massenkräfte infolge Treibstoff, Triebwerken und Tuningmassen richtungsgerecht abgezogen werden.

Da der Anströmwinkel α_0 anfangs unbekannt ist, trifft dies auch für die Bemessungslasten zu. Es ist zweckmäßig, beide iterativ zu gewinnen. Das entsprechende Verfahren wird hier dargelegt und anschließend auf die notwendige FEM-Formulierung übertragen. Als zentrale Ausgangsgleichung unserer Darstellung fungiert der Ausdruck für den Auftrieb L des Flügels,

$$L = 2\gamma p_\infty M_\infty \int_W (\alpha_0 - w_{,x}) \left(1 + \frac{\gamma + 1}{2} M_\infty h_{,x} \right) \mathrm{d}W \tag{26.4.164}$$

der sich unmittelbar aus dem maßgebenden Druckunterschied (26.4.163) ableitet.

Das Iterationsverfahren wird jetzt in Form einer Liste von Instruktionen beschrieben:

a) Ermittle einen Anstellwinkel α_{01} für den als starr angenommenen Flügel (also $w_{,x} = 0$) aus (26.4.164) für $L = L_R$, dem vorgeschriebenen Gesamtauftrieb.

b) Ermittle den für α_{01} und $w_{,x}$ gültigen Druckunterschied aus dem Ausdruck (26.4.163) und setze diesen in Knotenpunktslasten des FEM-Netzes um.

c) Berechne die Bemessungslasten durch Abzug anfallender Massenkräften von den unter b) abgeleiteten aerodynamischen Knotenpunktslasten.

d) Ermittle für diese Bemessungslasten die Durchbiegungen $w_2(x, y)$ des Flügels aus einer statischen FEM-Analyse.

e) Bestimme erneut den Druckunterschied aus

$$\Delta p = 2\gamma p_\infty M_\infty (\alpha_{01} - w_{2,x})\left(1 + \frac{\gamma+1}{2} M_\infty h_{,x}\right) \tag{26.4.165}$$

f) Ermittle den Auftrieb aus (26.4.164) und prüfe die Konvergenz der Auftriebsberechnung an Hand des Kriteriums

$$\left|\frac{L_R - L}{L}\right| \leqslant \epsilon \tag{26.4.166}$$

wo ϵ eine geeignete kleine Zahl ist.

g) Bestimme bei Nichterfüllung des Konvergenzkriteriums einen neuen Anstellwinkel α_{02} aus

$$L_R = 2\gamma p_\infty M_\infty \int_W (\alpha_{02} - w_{2,x})\left(1 + \frac{\gamma+1}{2} M_\infty h_{,x}\right) \mathrm{d}W \tag{26.4.167}$$

h) Wiederhole Schritte a) bis f) für $\alpha_{01} \to \alpha_{02}$ und $w_1 \to w_2$, bis das Konvergenzkriterium (26.4.166) eingehalten wird.

Im Anschluß an diese Instruktionsliste behandeln wir die konsequente FEM-Formulierung des Auftriebs L sowie der zugehörigen statischen Analyse. Dabei können wir uns bei Berücksichtigung des rein statischen Vorganges an die vorausgegangene Entwicklung im instationären Bereich, wie sie sich in den Ausdrücken (26.4.134) bis (26.4.148) widerspiegelt, anlehnen. Zuerst schreiben wir unter Beachtung der Interpolationsvorschrift (26.4.141) den Druckunterschied Δp in (26.4.163) in der evidenten Form

$$\Delta p = 2\gamma p_\infty M_\infty \left(1 + \frac{\gamma+1}{2} M_\infty h_{,x}\right)(\alpha_0 - \boldsymbol{\omega}_{,x} G \boldsymbol{w}) \tag{26.4.168}$$

Wir wenden uns als nächstes (26.4.165) zu und erhalten für die aerodynamischen Knotenpunktslasten eines TRIM6-Elements

$$\mathbf{P} = \boldsymbol{l}_\mathrm{g} = G^\mathrm{t} \int_\Omega \boldsymbol{\omega}^\mathrm{t} \Delta p \,\mathrm{d}\Omega$$

$$= 2\gamma p_\infty M_\infty \left\{\left[\boldsymbol{a}_\mathrm{g} + \frac{\gamma+1}{2} M_\infty \boldsymbol{b}_\mathrm{g}\right]\bar{\alpha}_0 + \left[\boldsymbol{A}_\mathrm{g} + \frac{\gamma+1}{2} M_\infty \boldsymbol{C}_\mathrm{g}\right]\boldsymbol{w}\right\} \tag{26.4.169}$$

Dabei sind $\boldsymbol{a}_g$ und $\boldsymbol{b}_g$ die (6×1)-Spaltenvektoren

$$\boldsymbol{a}_g = G^t \int_\Omega \boldsymbol{\omega}^t \varphi \, d\Omega$$

$$\boldsymbol{b}_g = G^t \int_\Omega \boldsymbol{\omega}^t \varphi h_{,x} \, d\Omega \tag{26.4.170}$$

und die (6×6)-Matrizen $\boldsymbol{A}_g$ und $\boldsymbol{C}_g$ sind wie in (26.4.147) definiert. Bei konstanter oder linear variabler Dicke $2h$ mit $h_{,x} = \eta$ (null oder konstant) und $\varphi = 1$ (Nullverwindung) benötigen wir nur die Spaltenmatrix $\boldsymbol{a}_g$ und die quadratische Matrix $\boldsymbol{A}_g$. Der Ausdruck (26.4.169) reduziert sich auf

$$\boldsymbol{l}_g = 2\gamma p_\infty M_\infty \left(1 + \frac{\gamma+1}{2}\eta M_\infty\right)[\boldsymbol{a}_g + \boldsymbol{A}_g \boldsymbol{w}] \tag{26.4.171}$$

Die Spaltenmatrix $\boldsymbol{a}_g$ ergibt sich sofort zu

$$\boldsymbol{a}_g = \frac{\Omega}{3}\{0 \quad 0 \quad 0 \quad 1 \quad 1 \quad 1\} \tag{26.4.172}$$

Für ein allgemein variables h und $\varphi(y)$ empfehlen sich für $\boldsymbol{a}_g$, $\boldsymbol{b}_g$ und $\boldsymbol{C}_g$ numerische Integrationen, obwohl im Prinzip eine algebraische Approximation von $h_{,x}$ und/oder $\varphi(y)$ zu einer geschlossenen Integration führt.

Als nächstes bilden wir den Hypervektor $\boldsymbol{l}$ der aerodynamischen Lasten an den s TRIM6-Elementen des Netzes

$$\boldsymbol{l} = \{\boldsymbol{l}_1 \quad \boldsymbol{l}_2 \quad \ldots\ldots \quad \boldsymbol{l}_s\} \tag{26.4.173}$$

Der dem Leser bekannte Boolesche Assemblierungsprozeß ergibt nun den Spaltenvektor der aerodynamischen Knotenpunktskräfte am Flügel in der Form

$$\boldsymbol{L} = \mathrm{a}^t \boldsymbol{l} \tag{26.4.174}$$

wobei für p Knotenpunkte des TRIM6-Netzes

$$\boldsymbol{L} = \{L_1 \quad L_2 \quad \ldots\ldots \quad L_p\} \tag{26.4.175}$$

ist. Die Konvergenzbedingung für die Elemente von $\boldsymbol{L}$ lautet

$$\boldsymbol{e}_p^t \boldsymbol{L} = \sum_{j=1}^{p} L_j \to L_R \tag{26.4.176}$$

Die Bemessungslasten $\boldsymbol{R}_{eff}$ des Flügels ergeben sich aus

$$\boldsymbol{R}_{eff} = \boldsymbol{L} - \boldsymbol{R}_m \tag{26.4.177}$$

wobei $\boldsymbol{R}_m$ der $(p\times 1)$-Spaltenvektor der Massenkräfte ist.

Als nächstes wenden wir uns der statischen Analyse zu, um die Durchbiegungen w an den p Knotenpunkten des TRIM6-Netzes zu ermitteln. Die Anwendung der gleichen

Booleschen Matrix **a** wie in (26.4.174) führt bekanntlich von den Knotenpunktsverschiebungen $\boldsymbol{r}$ des Flügels zu den Verschiebungen $\boldsymbol{w}$ an den Elementknotenpunkten

$$\boldsymbol{w} = \boldsymbol{a}\boldsymbol{r} \tag{26.4.178}$$

wobei selbstverständlich die Richtungen von $\boldsymbol{w}$ und $\boldsymbol{r}$ übereinstimmen müssen. Die auf die Freiheitsgrade $\boldsymbol{r}$ kondensierte elastische Steifigkeitsmatrix sei $\boldsymbol{K}_e$. Damit gilt

$$\boldsymbol{K}_e \boldsymbol{r} = \boldsymbol{R}_{eff} \tag{26.4.179}$$

Gleichungen (26.4.168) bis (26.4.179) ermöglichen die Durchführung des Iterationsprozesses innerhalb einer FEM-Formulierung. Eine technische Feinheit sollte noch erwähnt werden. Bei Veränderung des Winkels α_0 im Verlauf des Iterationsprozesses wird die Struktur leicht gedreht. Streng genommen muß wegen Beibehaltung der z-Richtung eine entsprechende kleine Korrektur der $\boldsymbol{K}_e$-Matrix vorgenommen werden. Diese erfolgt, falls notwendig, durch eine einfache kongruente Transformation.

Die Vereinfachungen, die sich bei einem TRIM3-Netz ergeben, leiten sich unmittelbar aus der TRIM6-Formulierung ab.

26.4.7.3 Betrachtungen über Panel-Flattern im Überschallbereich

Wir haben in unserer bisherigen Diskussion der aeroelastischen Phänomene den gesamten Flugkörper bzw. dessen Flügel betrachtet. Nun gibt es, wie wir auch in Abschnitt 26.2 erwähnt haben, noch andere Flattererscheinungen, die von speziellem Interesse für die Luftfahrt sind. Eine davon betrifft das sogenannte Panel-Flattern, in dem ein Feld oder mehrere Felder der Beplankung des Flugzeuges infolge des Luftstroms in induzierte Schwingungen versetzt werden. Wir erinnern aber daran, daß diese Erscheinung nur im supersonischen bzw. transsonischen Bereich auftritt. Wir müssen auch beachten, daß bei Panel-Flattern, im Gegensatz zu Flügel-Flattern, das betrachtete Untersystem – sprich das Panel – nur auf einer seiner Oberflächen den instationären Luftkräften ausgesetzt ist. Weiterhin sollten wir festhalten, daß Panel-Flattern im allgemeinen weniger katastrophal ist als Flügel-Flattern. Aus der dynamischen Theorie linearer Strukturen – wie sie sich z.B. in der modalen aeroelastischen Darstellung von (26.5.52) wiederspiegeln wird –, die bei kleinen Deformationen gültig ist, leiten wir ab, daß bei einer kritischen Fluggeschwindigkeit v_{crit} das Panel in harmonische Schwingungen versetzt wird. Bei einer weiteren Steigerung der Geschwindigkeit schaukeln sich aber die Deformationen auf, was wiederum zu einem Widerspruch zwischen der ursprünglichen linearen Theorie und den finiten Amplituden führt. Damit treten bei der Analyse des Panels nicht zu vernachlässigende nichtlineare geometrische Effekte auf. In diesem Zustand ist das Panel nicht nur lokalen Biegeeffekten, sondern auch instationären Membrankräften ausgesetzt, die nicht mehr mit denen der ursprünglichen statischen Analyse übereinstimmen, da sich die Membranspannungen im überkritischen Bereich infolge der finiten Amplitudenschwankungen des Panels stetig verändern.

Auf einen entscheidenden Unterschied zwischen Zug- und Druckkräften in den Mittelflächen soll noch hingewiesen werden. Zug übt einen stabilisierenden Einfluß auf das Panel aus und verkleinert die Amplituden. Das Umgekehrte trifft für Druck zu, der die Tendenz zum nichtlinearen Flattern intensiviert. Es gibt eine große Anzahl von

Veröffentlichungen über Panel-Flattern, die hauptsächlich wegen der anfallenden Aerodynamik von Interesse sind; siehe z.B. [26.71], [26.73], [26.74], [26.75]. Die untersuchten Panels waren in der Vergangenheit überwiegend rechteckiger Form und damit vom Standpunkt moderner, gepfeilter Flügelgestaltung her nicht sehr aussagefähig. Selbstverständlich ist bei einem rechteckigen Panel eine FEM-Idealisierung nicht notwendig, und es genügt eine über das ganze Feld sich erstreckende Galerkin-Approximation. In diesem Umfeld liegt eine besonders schöne Darstellung über Panel-Flattern von Earl H. Dowell aus dem Jahre 1975 vor [26.69]. Was die grundsätzlichen aerodynamischen Aspekte und die Beschreibung verschiedener Entwicklungen in der Panel-Theorie betrifft, verweisen wir auf das ausgezeichnete Lehrbuch von Dowell [26.5] und eine Übersicht vom gleichen Autor [26.95].

Wie der Leser aus seinem Studium des Kapitels 25 entnehmen kann, besteht bei nichtlinearen Systemen die latente Veranlagung, in einen chaotischen Bewegungszustand zu verfallen. Tatsächlich wurde dies im Bereich des Panel-Flatterns durch Dowell festgestellt [26.92]. Wir haben schon die Ausrichtung der meisten Veröffentlichungen auf rechteckige Panels erwähnt. Wie wir angeführt haben, sind aber schiefe Beplankungsfelder und allgemein geformte Viereck-Panels von besonderem Interesse. Hier ist eine Anwendung der Finiten Element Methode unabdingbar. Wir erwähnen in diesem Zusammenhang den interessanten Beitrag in [26.91], dieser kann aber leider nicht überzeugen, da die angewandte Finite Element Methodik nicht modernen Ansprüchen genügt. Es werden sicherlich zu Recht Dreieck-Platten- und Schalenelemente verwendet, aber diese beruhen auf umständlichen Formulierungen kompatibler Elemente mit der Interpolationsvorschrift 5. Ordnung. Es scheint den Autoren folgender Tatbestand entgangen zu sein: Die schon vor beinahe zwanzig Jahren am ISD/ICA entwickelten Elemente 5. Ordnung, wie TUBA3 und TUBA6 (Platten) sowie SHEBA3 und SHEBA6 (Schalen), die vor ca. 15 Jahren in das Programmsystem ASKA aufgenommen wurden, sind in ihrer natürlichen, kompakten Darstellung sowie ausgetüftelten Effizienz und Eleganz den in [26.91] verwendeten, späteren Entwicklungen weit überlegen. Die lineare TUBA-Theorie ist in Kapitel 8 des Bandes I vollständig entwickelt. Leider wurde aber in Kapitel 13 nicht die entsprechende geometrische Steifigkeit für die TUBA-Familie beigesteuert; diese kann in [26.90] nachgesehen werden und ist am Ende dieses Abschnittes wiedergegeben. Was die lineare SHEBA-Theorie betrifft, so wurde diese nicht explizit in Kapitel 8 abgeleitet, sie kann aber in einer der Originalveröffentlichungen, wie [26.89], vom Leser eingesehen werden. Andererseits haben wir in Kapitel 8 das dafür entsprechende Subelement so weit entwickelt, daß die lineare SHEBA-Theorie ohne größere Schwierigkeiten nachvollzogen werden kann. Betreffend der geometrischen Steifigkeit wird auf [26.89] verwiesen. In jedem Falle scheinen Elemente wie TUBA, für mäßige finite Amplituden, und SHEBA, für große finite Amplituden und akzentuierte Krümmung, ideal für die Analyse des nichtlinearen Flatterns geeignet zu sein.

Wir betrachten nun im folgenden den *modus operandi* bei der strukturellen Idealisierung. Bei kleinen oder mäßig finiten Amplituden wird das betrachtete Panel, wie in Abb. 26.4.18 gezeigt, mit TUBA3 (18 Freiheitsgrade) oder TUBA6 (21 Freiheitsgrade) idealisiert. Verbleiben die Schwingungen klein, so genügt die lineare Theorie ohne den Beitrag der geometrischen Steifigkeit k_g. Wachsen die Amplituden an, verbleiben aber in einem mäßigen Rahmen, so wird das elastische Strukturverhalten nichtlinear, und die geome-

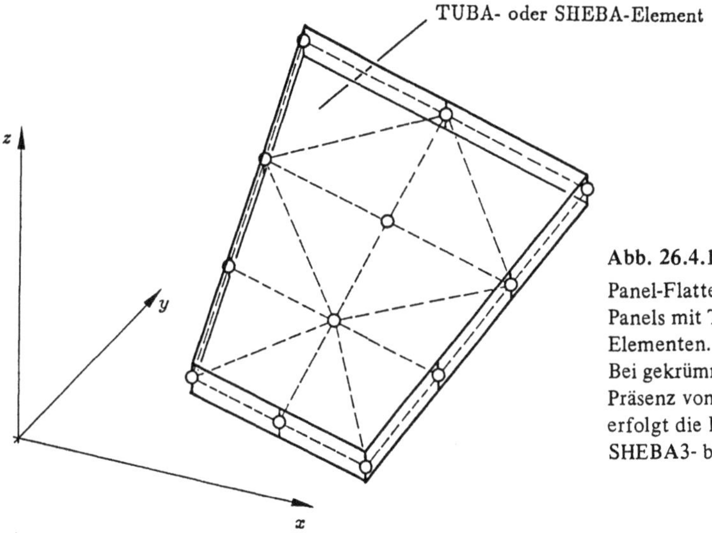

Abb. 26.4.18
Panel-Flattern; Idealisierung eines Panels mit TUBA3- bzw. TUBA6-Elementen.
Bei gekrümmten Panels und in Präsenz von finiten Amplituden erfolgt die Idealisierung mit SHEBA3- bzw. SHEBA6-Elementen

trische Steifigkeit der Platte muß mitberücksichtigt werden. Anfänglich genügt es, für die Aufstellung der $\boldsymbol{k}_g$ die konstanten, aus der vorhergehenden statischen Analyse des Flügels ermittelten Membrankräfte $\boldsymbol{N}$ zu benutzen. Bei einem Anwachsen der Amplituden verändern sich nun aus der Theorie 2. Ordnung diese Membrankräfte. Um diesen Einfluß zu ermitteln, können wir dem TUBA-Netz ein gleichmaschiges Netz mit TRIM6-Elementen überlagern. Die kinematische Kompatibilität ist nicht exakt erfüllt, da die u, v-Verschiebungen in der Membran-Ebene mit einem kubischen Ansatz approximiert werden, während die Biegeamplituden w einem Gesetz 5. Ordnung gehorchen. Der Fehler sollte aber gering sein.

Sollte ein weiteres Anwachsen der Schwingungsamplituden eintreten, so empfiehlt es sich, mit dem SHEBA3 ($3 \times 18 = 54$ Freiheitsgrade) oder dem noch genaueren SHEBA6 ($3 \times 21 = 63$ Freiheitsgrade) von Anfang an zu arbeiten. Einige Vereinfachungen, die sich aus der verhältnismäßig kleinen Verkrümmung der Panels ergeben, können aber adoptiert werden, um die Rechnungen zu vereinfachen. Diese Methodik, die sich grundsätzlich von der Theorie flacher Schalen ableiten läßt, sei hier kurz erläutert. Sie umfaßt folgende Annahmen:

a) Massenkräfte aus Membraneffekten, die sich aus den Verschiebungen u, v ergeben, werden ignoriert. Damit beschränken sich die Massenkräfte auf den Beitrag der Durchbiegung w. Die Massenmatrix eines Elements schreibt sich formal

$$\begin{matrix} & b & m & \\ & \left[\begin{matrix} \boldsymbol{m} & \boldsymbol{O} \\ \boldsymbol{O}^{\mathrm{t}} & \boldsymbol{O} \end{matrix}\right. & \left.\begin{matrix} \\ \\ \end{matrix}\right] & \begin{matrix} b \\ m \end{matrix} \end{matrix} \qquad (26.4.180)$$

Hier bezieht sich b auf Biege- und m auf Membraneffekte (Verschiebungen u, v).

b) In der elastischen Steifigkeitsmatrix $\boldsymbol{k}_e$ eines Elements werden Kopplungsglieder $\boldsymbol{k}_{ebm} = \boldsymbol{k}_{emb}^{\mathrm{t}}$ ignoriert. Damit schreibt sich die Matrix $\boldsymbol{k}_e$ in der diagonalen Form

$$\boldsymbol{k}_e = \overset{\quad b \qquad\quad m}{\begin{bmatrix} \boldsymbol{k}_{ebb} & \boldsymbol{O} \\ \boldsymbol{O}^{\mathrm{t}} & \boldsymbol{k}_{emm} \end{bmatrix}} \begin{matrix} b \\ m \end{matrix} \tag{26.4.181}$$

c) Kinematisch äquivalente aerodynamische Kräfte sowie etwaige Dämpfungsbeiträge aus Struktur und umströmendem Gas werden ausschließlich auf die Biegedeformationen w bezogen. Die geringen Beiträge aus u und v werden ignoriert. Damit schreibt sich der auf einem Element wirkende Luftkraftvektor

$$\boldsymbol{l} = \begin{bmatrix} \boldsymbol{l}_b \\ \boldsymbol{o} \end{bmatrix} \begin{matrix} b \\ m \end{matrix} \tag{26.4.182}$$

Wir werden nach Abschluß unserer Diskussion über den strukturellen Hintergrund der Theorie die Ableitung von $\boldsymbol{l}_b$ für ein TUBA-Element vorführen.

d) Die Berücksichtigung der Kopplung zwischen den b- und m-Freiheitsgraden erfolgt ausschließlich über die geometrische Steifigkeitsmatrix $\boldsymbol{k}_g$, die wir wie folgt setzen

$$\boldsymbol{k}_g = \overset{\quad b \qquad\quad m}{\begin{bmatrix} \boldsymbol{k}_{gbb} & \boldsymbol{k}_{gbm} \\ \boldsymbol{k}_{gmb} & \boldsymbol{k}_{gmm} \end{bmatrix}} \begin{matrix} b \\ m \end{matrix} \tag{26.4.183}$$

mit $\boldsymbol{k}_{gmb} = \boldsymbol{k}_{gbm}^{\mathrm{t}}$.

Der Leser, der die TUBA6-Theorie in Kapitel 8 eingesehen hat, wird sich vergegenwärtigen, daß der (21×1)-Knotenpunktsvektor $\boldsymbol{\rho}$ eines Elements nicht nur Verschiebungen, sondern auch deren erste und zweite Ableitungen umfaßt. Ähnliches gilt für SHEBA6, nur daß der Verschiebungsvektor $\boldsymbol{\rho}$ nun $(3 \cdot 21 \times 1) = (63 \times 1)$ Einträge enthält. Diese Aussagen können unmittelbar auf den Knotenpunkt-Lastvektor $\mathbf{P}$ eines Elements übertragen werden.

Mit diesen Annahmen und der anschließenden Booleschen Assemblierung der Beiträge der Elemente erhalten wir unter Berücksichtigung der kinematischen Randbedingungen formal die Bewegungsgleichungen des gesamten Panels

$$\begin{bmatrix} \boldsymbol{m} & \boldsymbol{O} \\ \boldsymbol{O}^{\mathrm{t}} & \boldsymbol{O} \end{bmatrix} \begin{bmatrix} \ddot{\boldsymbol{r}}_b \\ \ddot{\boldsymbol{r}}_m \end{bmatrix} + \begin{bmatrix} \boldsymbol{K}_{ebb} & \boldsymbol{O} \\ \boldsymbol{O}^{\mathrm{t}} & \boldsymbol{K}_{emm} \end{bmatrix} \begin{bmatrix} \boldsymbol{r}_b \\ \boldsymbol{r}_m \end{bmatrix} + \begin{bmatrix} \boldsymbol{K}_{gbb} & \boldsymbol{K}_{gbm} \\ \boldsymbol{K}_{gmb} & \boldsymbol{K}_{gmm} \end{bmatrix} \begin{bmatrix} \boldsymbol{r}_b \\ \boldsymbol{r}_m \end{bmatrix} = \begin{bmatrix} \boldsymbol{L}_b \\ \boldsymbol{o}_m \end{bmatrix} + \begin{bmatrix} \boldsymbol{P}_b \\ \boldsymbol{o}_m \end{bmatrix} \tag{26.4.184}$$

mit den Booleschen Auswahloperationen

$$\begin{aligned} \boldsymbol{\rho}_b &= \mathrm{a}_b \boldsymbol{r}_b \\ \boldsymbol{\rho}_m &= \mathrm{a}_m \boldsymbol{r}_m \end{aligned} \tag{26.4.184a}$$

Weiterhin beschreibt P_b die kinematisch äquivalenten Knotenpunktslasten auf dem Panel, die sich aus statischen Oberflächenkräften, wie etwa statischem Differentialdruck, ergeben.

Die obige Anordnung der Bewegungsgleichung eines Panels bleibt im Prinzip bei allen bereits diskutierten Idealisierungs-Schemata der Struktur erhalten. Damit ist diese Methodik auch für das vereinfachte Modell aus TUBA6 und TRIM6 anwendbar. Wie wir angeführt haben, impliziert die niedrigste Stufe einer nichtlinearen Untersuchung von Panel-Flattern eine Idealisierung mit TUBA-Elementen unter Berücksichtigung ihrer k_{gbb} Steifigkeit. Eine Steifigkeit k_{gbm} liegt in diesem Falle offensichtlich nicht vor, und die Bewegungsgleichungen in den Freiheitsgraden b sind vollständig von denen infolge Membraneffekten abgekoppelt. Die Koppelung erfolgt erst mit der Kombination TUBA6 und TRIM6 sowie der höherrangigen SHEBA-Idealisierung.

Wir betrachten nun den allgemeinen Fall der Kopplung zwischen den b- und m-Freiheitsgraden. Aus der zweiten Untergruppe des Gleichungssystems (26.4.184) erhalten wir eine Bestimmungsgleichung für r_m

$$K_{emm} r_m + K_{gmm} r_m + K_{gmb} r_b = o$$

und damit

$$r_m = -\left[K_{emm} + K_{gmm}\right]^{-1} K_{gmb} r_b = -K_{mm}^{-1} K_{gmb} r_b \tag{26.4.185}$$

Die Substitution dieses Ausdrucks in die erste Untergruppe von (26.4.184) liefert die kondensierte Bewegungsgleichung für r_b in der Form

$$M\ddot{r}_b + \left[K_{ebb} + K_{gbb} - K_{gbm} K_{mm}^{-1} K_{gmb}\right] r_b = L_b + P_b$$

oder in abgekürzter Schreibweise

$$M\ddot{r}_b + \left[K_{ebb} + K_g^c\right] r_b = L_b + P_b \tag{26.4.186}$$

wobei K_g^c die kondensierte geometrische Steifigkeit

$$K_g^c = K_{gbb} - K_{gmb}^t K_{gmm} K_{gmb} \tag{26.4.187}$$

ist. Bevor wir auf das System (26.4.186) näher eingehen, müssen wir noch die Bestimmung von L_b nachholen.

Gewöhnlich gehen wir bei der Ermittlung des aerodynamischen Druckes Δp_a auf der Panel-Oberfläche von einer quasi-stationären zweidimensionalen aerodynamischen Theorie aus. Letztere ergibt bei einem Staudruck q_∞ der ungestörten Strömung

$$\Delta p_a = -\frac{2q_\infty}{\sqrt{M_\infty^2 - 1}} \left(\frac{\partial w}{\partial x} + \frac{M_\infty^2 - 2}{M_\infty^2 - 1} \frac{1}{v_\infty} \frac{\partial w}{\partial t}\right) \tag{26.4.188}$$

wobei die Bezeichnungen den in Abschnitt 26.4.7.1 angewandten Konventionen folgen. Für $M_\infty \gg 1$ reduziert sich die Formel auf den entsprechenden Ausdruck 1. Ordnung der Piston-Theorie

$$\Delta p_a = -\frac{2q_\infty}{M_\infty} \left(\frac{\partial w}{\partial x} + \frac{1}{v_\infty} \frac{\partial w}{\partial t}\right)$$

Wir benützen im folgenden die Gleichung (26.4.188) in der Form

$$\Delta p_a = -\frac{2q_\infty}{\beta}\left(\frac{\partial w}{\partial x} + \frac{\mu}{v_\infty}\frac{\partial w}{\partial t}\right) \tag{26.4.189}$$

wobei

$$\beta = \sqrt{M_\infty^2 - 1}$$

und

$$\mu = \frac{M_\infty^2 - 2}{M_\infty^2 - 1} \tag{26.4.189a}$$

gesetzt wird.

Unsere nächste Aufgabe ist die Bestimmung der kinematisch äquivalenten aerodynamischen Lasten $\boldsymbol{l}_b$ für ein typisches TUBA-Element g des idealisierten Panels. Wir lehnen uns in unserer Analyse eng an die Darstellung in Kapitel 8 des Bandes I an. Wir beginnen mit der Interpolation 5. Ordnung der Durchbiegungen w und setzen

$$w = \boldsymbol{\omega}_p \boldsymbol{p} \tag{26.4.190}$$

wobei $\boldsymbol{p}$, der (21×1)-Vektor der modalen Amplituden, und die (1×21)-Interpolationsmatrix $\boldsymbol{\omega}_p$ für ein TUBA6-Element in Abb. 8.4.32 definiert ist. Der Vektor $\boldsymbol{p}$ leitet sich gemäß (8.4.166) und (8.4.167) aus

$$\boldsymbol{p} = \boldsymbol{a}_p \boldsymbol{a}_e \boldsymbol{\rho} \tag{26.4.191}$$

ab. Hier ist $\boldsymbol{a}_p$ in Abb. 8.4.38 und $\boldsymbol{a}_e$ in (8.4.178) spezifiziert. Der (21×1)-Vektor $\boldsymbol{\rho}$ der modalen Freiheitsgrade umfaßt, wie in (8.4.176), sowohl modale Verschiebungen w wie deren Ableitungen ersten und zweiten Grades. Aus der Standardbeziehung

$$\boldsymbol{\rho}^t \mathbf{P} = \int_\Omega w \Delta p_a \, d\Omega = \boldsymbol{\rho}^t \boldsymbol{a}_e^t \boldsymbol{a}_p^t \int_\Omega \boldsymbol{\omega}_p^t \Delta p_a \, d\Omega \tag{26.4.192}$$

leiten wir mit (26.4.189) unmittelbar die kinematisch äquivalenten aerodynamischen Kräfte $\mathbf{P}$ ab. Wir finden

$$\mathbf{P} = \boldsymbol{l}_b = -\frac{2q_\infty}{\beta}\boldsymbol{a}_e^t \boldsymbol{a}_p^t \left[\left[\int_\Omega \boldsymbol{\omega}_p^t \boldsymbol{\omega}_{p,x} \, d\Omega\right] \boldsymbol{a}_p \boldsymbol{a}_e \boldsymbol{\rho} + \frac{\mu}{v_\infty}\left[\int_\Omega \boldsymbol{\omega}_p^t \boldsymbol{\omega}_p \, d\Omega\right] \boldsymbol{a}_p \boldsymbol{a}_e \dot{\boldsymbol{\rho}}\right] \tag{26.4.193}$$

Man beachte, daß, entsprechend der Definition von $\boldsymbol{\rho}$, der Vektor $\mathbf{P} = \boldsymbol{l}_b$ nicht nur Kräfte in der z-Richtung, sondern auch Momente usw. umfaßt. Als nächstes bestimmen wir die Integrale über die Interpolationsfunktion $\boldsymbol{\omega}_p$.

Eine wiederholte Anwendung der Formel (26.4.152) führt auf die in Abb. 26.4.19 für TUBA6 wiedergegebene (21×21)-Matrix des Ausdrucks für das g-te Element

$$\int_\Omega \boldsymbol{\omega}_p^t \boldsymbol{\omega}_p \, d\Omega \tag{26.4.194}$$

der sich für TUBA3 auf (18×18) reduziert.

$$\int_\Omega \boldsymbol{\omega}_p^t \boldsymbol{\omega}_p \, d\Omega = \frac{\Omega}{831600} \begin{bmatrix}
138600 & 69300 & 69300 & 13860 & 27720 & 27720 & 0 & -4620 & 4620 & 1980 & 1320 & 1320 & 1320 & 3960 & 3960 & 0 & -495 & 495 & 330 & 495 & 495 \\
69300 & 138600 & 69300 & 27720 & 13860 & 27720 & 4620 & 0 & -4620 & 1320 & 1980 & 1320 & 3960 & 1320 & 3960 & 495 & 0 & -495 & 495 & 330 & 495 \\
69300 & 69300 & 138600 & 27720 & 27720 & 13860 & -4620 & 4620 & 0 & 1320 & 1320 & 1980 & 3960 & 3960 & 1320 & -495 & 495 & 0 & 495 & 495 & 330 \\
13860 & 27720 & 27720 & 9240 & 4620 & 4620 & 0 & 660 & -660 & 330 & 495 & 495 & 1485 & 495 & 495 & 0 & 55 & -55 & 165 & 110 & 110 \\
27720 & 13860 & 27720 & 4620 & 9240 & 4620 & -660 & 0 & 660 & 495 & 330 & 495 & 495 & 1485 & 495 & -55 & 0 & 55 & 110 & 165 & 110 \\
27720 & 27720 & 13860 & 4620 & 4620 & 9240 & 660 & -660 & 0 & 495 & 495 & 330 & 495 & 495 & 1485 & 55 & -55 & 0 & 110 & 110 & 165 \\
0 & 4620 & -4620 & 0 & -660 & 660 & 990 & -330 & -330 & 0 & 55 & -55 & 0 & -110 & 110 & 132 & -33 & -33 & 0 & -11 & 11 \\
-4620 & 0 & 4620 & 660 & 0 & -660 & -330 & 990 & -330 & -55 & 0 & 55 & 110 & 0 & -110 & -33 & 132 & -33 & 11 & 0 & -11 \\
4620 & -4620 & 0 & -660 & 660 & 0 & -330 & -330 & 990 & 55 & -55 & 0 & -110 & 110 & 0 & -33 & -33 & 132 & -11 & 11 & 0 \\
1980 & 1320 & 1320 & 330 & 495 & 495 & 0 & -55 & 55 & 44 & 33 & 33 & 33 & 66 & 66 & 0 & -6 & 6 & 9 & 12 & 12 \\
1320 & 1980 & 1320 & 495 & 330 & 495 & 55 & 0 & -55 & 33 & 44 & 33 & 66 & 33 & 66 & 6 & 0 & -6 & 12 & 9 & 12 \\
1320 & 1320 & 1980 & 495 & 495 & 330 & -55 & 55 & 0 & 33 & 33 & 44 & 66 & 66 & 33 & -6 & 6 & 0 & 12 & 12 & 9 \\
1320 & 3960 & 3960 & 1485 & 495 & 495 & 0 & 110 & -110 & 33 & 66 & 66 & 264 & 44 & 44 & 0 & 8 & -8 & 24 & 12 & 12 \\
3960 & 1320 & 3960 & 495 & 1485 & 495 & -110 & 0 & 110 & 66 & 33 & 66 & 44 & 264 & 44 & -8 & 0 & 8 & 12 & 24 & 12 \\
3960 & 3960 & 1320 & 495 & 495 & 1485 & 110 & -110 & 0 & 66 & 66 & 33 & 44 & 44 & 264 & 8 & -8 & 0 & 12 & 12 & 24 \\
0 & 495 & -495 & 0 & -55 & 55 & 132 & -33 & -33 & 0 & 6 & -6 & 0 & -8 & 8 & 20 & -3 & -3 & 0 & -1 & 1 \\
-495 & 0 & 495 & 55 & 0 & -55 & -33 & 132 & -33 & -6 & 0 & 6 & 8 & 0 & -8 & -3 & 20 & -3 & 1 & 0 & -1 \\
495 & -495 & 0 & -55 & 55 & 0 & -33 & -33 & 132 & 6 & -6 & 0 & -8 & 8 & 0 & -3 & -3 & 20 & -1 & 1 & 0 \\
330 & 495 & 495 & 165 & 110 & 110 & 0 & 11 & -11 & 9 & 12 & 12 & 24 & 12 & 12 & 0 & 1 & -1 & 4 & 3 & 3 \\
495 & 330 & 495 & 110 & 165 & 110 & -11 & 0 & 11 & 12 & 9 & 12 & 12 & 24 & 12 & -1 & 0 & 1 & 3 & 4 & 3 \\
495 & 495 & 330 & 110 & 110 & 165 & 11 & -11 & 0 & 12 & 12 & 9 & 12 & 12 & 24 & 1 & -1 & 0 & 3 & 3 & 4
\end{bmatrix}$$

Abb. 26.4.19 Matrix des Integrals $\int_\Omega \boldsymbol{\omega}_p^t \boldsymbol{\omega}_p \, d\Omega$ für ein TUBA6-Element

$$\int_\Omega \boldsymbol{\omega}_p^t \boldsymbol{\omega}_{p,1} \, d\Omega = \frac{\Omega}{831600} \begin{bmatrix}
277200 & 0 & 0 & 0 & 69300 & 69300 & 0 & -27720 & 27720 & 9240 & 4620 & 4620 & 0 & 18480 & 18480 & 0 & -3960 & 3960 & 1320 & 2640 & 2640 \\
277200 & 0 & 0 & 0 & 69300 & 138600 & 0 & 0 & -27720 & 9240 & 13860 & 9240 & 0 & 9240 & 27720 & 0 & 0 & -3960 & 3960 & 2640 & 3960 \\
277200 & 0 & 0 & 0 & 138600 & 69300 & 0 & 27720 & 0 & 9240 & 9240 & 13860 & 0 & 27720 & 9240 & 0 & 3960 & 0 & 3960 & 3960 & 2640 \\
69300 & 0 & 0 & 0 & 27720 & 27720 & 0 & 4620 & -4620 & 2640 & 3960 & 3960 & 0 & 3960 & 3960 & 0 & 495 & -495 & 1485 & 990 & 990 \\
69300 & 0 & 0 & 0 & 27720 & 13860 & 0 & -4620 & 4620 & 2640 & 1320 & 1980 & 0 & 7920 & 2640 & 0 & -495 & 495 & 495 & 990 & 660 \\
69300 & 0 & 0 & 0 & 13860 & 27720 & 0 & -4620 & 4620 & 2640 & 1980 & 1320 & 0 & 2640 & 7920 & 0 & -495 & 495 & 495 & 660 & 990 \\
0 & 0 & 0 & 0 & -4620 & 4620 & 0 & -2640 & -2640 & 0 & 495 & -495 & 0 & -990 & 990 & 0 & -330 & -330 & 0 & -110 & 110 \\
0 & 0 & 0 & 0 & 4620 & 0 & 0 & 3960 & -1320 & 0 & 165 & 495 & 0 & 990 & -330 & 0 & 880 & -220 & 110 & 110 & 0 \\
0 & 0 & 0 & 0 & 0 & -4620 & 0 & -1320 & 3960 & 0 & -495 & -165 & 0 & 330 & -990 & 0 & -220 & 880 & -110 & 0 & -110 \\
4620 & 0 & 0 & 0 & 1320 & 1320 & 0 & -495 & 495 & 220 & 110 & 110 & 0 & 330 & 330 & 0 & -66 & 66 & 33 & 66 & 66 \\
4620 & 0 & 0 & 0 & 1320 & 1980 & 0 & -165 & 0 & 220 & 220 & 165 & 0 & 220 & 440 & 0 & -11 & -22 & 66 & 66 & 88 \\
4620 & 0 & 0 & 0 & 1980 & 1320 & 0 & 0 & 165 & 220 & 165 & 220 & 0 & 440 & 220 & 0 & 22 & 11 & 66 & 88 & 66 \\
9240 & 0 & 0 & 0 & 3960 & 3960 & 0 & 990 & -990 & 330 & 660 & 660 & 0 & 440 & 440 & 0 & 88 & -88 & 264 & 132 & 132 \\
9240 & 0 & 0 & 0 & 3960 & 1320 & 0 & -990 & 660 & 330 & 110 & 220 & 0 & 1320 & 220 & 0 & -132 & 66 & 44 & 132 & 66 \\
9240 & 0 & 0 & 0 & 1320 & 3960 & 0 & -660 & 990 & 330 & 220 & 110 & 0 & 220 & 1320 & 0 & -66 & 132 & 44 & 66 & 132 \\
0 & 0 & 0 & 0 & -495 & 495 & 0 & -330 & -330 & 0 & 66 & -66 & 0 & -88 & 88 & 0 & -36 & -36 & 0 & -12 & 12 \\
0 & 0 & 0 & 0 & 495 & 0 & 0 & 440 & -110 & 0 & 11 & 44 & 0 & 132 & -22 & 0 & 120 & -18 & 8 & 12 & 0 \\
0 & 0 & 0 & 0 & 0 & -495 & 0 & -110 & 440 & 0 & -44 & -11 & 0 & 22 & -132 & 0 & -18 & 120 & -8 & 0 & -12 \\
1320 & 0 & 0 & 0 & 495 & 495 & 0 & 0 & 0 & 66 & 66 & 66 & 0 & 88 & 88 & 0 & 4 & -4 & 24 & 24 & 24 \\
1320 & 0 & 0 & 0 & 495 & 330 & 0 & -110 & 110 & 66 & 33 & 44 & 0 & 132 & 66 & 0 & -12 & 12 & 12 & 24 & 18 \\
1320 & 0 & 0 & 0 & 330 & 495 & 0 & -110 & 110 & 66 & 44 & 33 & 0 & 66 & 132 & 0 & -12 & 12 & 12 & 18 & 24
\end{bmatrix}$$

Abb. 26.4.20 Matrix des Integrals $\int_\Omega \boldsymbol{\omega}_p^t \boldsymbol{\omega}_{p,1} \, d\Omega$ für ein TUBA6-Element

Weiterhin stellen wir in Abb. 26.4.20, 26.4.21 und 26.4.22 die (21×21)-Matrizen für die Integrale

$$\int_\Omega \boldsymbol{\omega}_p^{\mathrm{t}} \boldsymbol{\omega}_{p,1} \, \mathrm{d}\Omega \,, \quad \int_\Omega \boldsymbol{\omega}_p^{\mathrm{t}} \boldsymbol{\omega}_{p,2} \, \mathrm{d}\Omega \,, \quad \int_\Omega \boldsymbol{\omega}_p^{\mathrm{t}} \boldsymbol{\omega}_{p,3} \, \mathrm{d}\Omega \tag{26.4.195}$$

vor, wobei, wie in (26.4.158a), die Ableitungsabkürzungen bedeuten

$$\boldsymbol{\omega}_{p,\mathrm{i}} = \frac{\partial \boldsymbol{\omega}_p}{\partial \zeta_{\mathrm{i}}} \tag{26.4.195a}$$

Man beachte, daß alle drei Integrale auf das gleiche Grundmuster zurückgeführt werden können.
Um nun das Integral

$$\int_\Omega \boldsymbol{\omega}_p^{\mathrm{t}} \boldsymbol{\omega}_{p,x} \, \mathrm{d}\Omega \tag{26.4.196}$$

zu bestimmen, erweitern wir für das TUBA-Element den Ausdruck (26.4.158) auf

$$\boldsymbol{\omega}_{p,x} = [\boldsymbol{\omega}_{p,1} \quad \boldsymbol{\omega}_{p,2} \quad \boldsymbol{\omega}_{p,3}] \begin{bmatrix} x_1 \boldsymbol{I}_{21} \\ x_2 \boldsymbol{I}_{21} \\ x_3 \boldsymbol{I}_{21} \end{bmatrix} \tag{26.4.197}$$

und ermitteln (26.4.196) aus

$$\int_\Omega \boldsymbol{\omega}_p^{\mathrm{t}} \boldsymbol{\omega}_{p,x} \, \mathrm{d}\Omega = \int_\Omega \boldsymbol{\omega}_p^{\mathrm{t}} [\boldsymbol{\omega}_{p,1} \quad \boldsymbol{\omega}_{p,2} \quad \boldsymbol{\omega}_{p,3}] \mathrm{d}\Omega \begin{bmatrix} x_1 \boldsymbol{I}_{21} \\ x_2 \boldsymbol{I}_{21} \\ x_3 \boldsymbol{I}_{21} \end{bmatrix} \tag{26.4.198}$$

Wir führen nun folgende Bezeichnungen für ein typisches Element g ein

$$\boldsymbol{B}_{\mathrm{g}}^T = \boldsymbol{a}_e^{\mathrm{t}} \boldsymbol{a}_p^{\mathrm{t}} \left[\int_\Omega \boldsymbol{\omega}_p^{\mathrm{t}} \boldsymbol{\omega}_p \, \mathrm{d}\Omega \right] \boldsymbol{a}_p \boldsymbol{a}_e \tag{26.4.199}$$

$$\boldsymbol{A}_{\mathrm{g}}^T = \boldsymbol{a}_e^{\mathrm{t}} \boldsymbol{a}_p^{\mathrm{t}} \left[\int_\Omega \boldsymbol{\omega}_p^{\mathrm{t}} \boldsymbol{\omega}_{p,x} \, \mathrm{d}\Omega \right] \boldsymbol{a}_p \boldsymbol{a}_e \tag{26.4.200}$$

Damit nimmt der instationäre aerodynamische Vektor (26.4.193) auf dem g-ten Element die Form

$$\boldsymbol{l}_b = -\frac{2q_\infty}{\beta} \left[\boldsymbol{A}_{\mathrm{g}}^T \boldsymbol{\rho} + \frac{\mu}{v_\infty} \boldsymbol{B}_{\mathrm{g}}^T \dot{\boldsymbol{\rho}} \right] \tag{26.4.201}$$

$$\int_{\Omega} \boldsymbol{\omega}_p^t \boldsymbol{\omega}_{p,2} \, d\Omega = \frac{\Omega}{831600}$$

0	277200	0	69300	0	138600	0	0	27720	13860	9240	9240	9240	0	27720	0	0	3960	2640	3960	3960
0	277200	0	69300	0	69300	27720	0	-27720	4620	9240	4620	18480	0	18480	3960	0	-3960	2640	1320	2640
0	277200	0	138600	0	69300	-27720	0	0	9240	9240	13860	27720	0	9240	-3960	0	0	3960	3960	2640
0	69300	0	27720	0	13860	4620	0	-4620	1320	2640	1980	7920	0	2640	495	0	-495	990	495	660
0	69300	0	27720	0	27720	-4620	0	4620	3960	2640	3960	3960	0	3960	-495	0	495	990	1485	990
0	69300	0	13860	0	27720	4620	0	-4620	1980	2640	1320	2640	0	7920	495	0	-495	660	495	990
0	0	0	-4620	0	0	3960	0	-1320	-165	0	-495	-990	0	330	880	0	-220	-110	-110	0
0	0	0	4620	0	-4620	-2640	0	-2640	-495	0	495	990	0	-990	-330	0	-330	110	0	-110
0	0	0	0	0	4620	-1320	0	3960	495	0	165	-330	0	990	-220	0	880	0	110	110
0	4620	0	1320	0	1980	165	0	0	220	220	165	220	0	440	11	0	22	66	66	88
0	4620	0	1320	0	1320	495	0	-495	110	220	110	330	0	330	66	0	-66	66	33	66
0	4620	0	1980	0	1320	0	0	-165	165	220	220	440	0	220	-22	0	-11	88	66	66
0	9240	0	3960	0	1320	990	0	-660	110	330	220	1320	0	220	132	0	-66	132	44	66
0	9240	0	3960	0	3960	-990	0	990	660	330	660	440	0	440	-88	0	88	132	264	132
0	9240	0	1320	0	3960	660	0	-990	220	330	110	220	0	1320	66	0	-132	66	44	132
0	0	0	-495	0	0	440	0	-110	-11	0	-44	-132	0	22	120	0	-18	-12	-8	0
0	0	0	495	0	-495	-330	0	-330	-66	0	66	88	0	-88	-36	0	-36	12	0	-12
0	0	0	0	0	495	-110	0	440	44	0	11	-22	0	132	-18	0	120	0	8	12
0	1320	0	495	0	330	110	0	-110	33	66	44	132	0	66	12	0	-12	24	12	18
0	1320	0	495	0	495	0	0	0	66	66	66	88	0	88	-4	0	4	24	24	24
0	1320	0	330	0	495	110	0	-110	44	66	33	66	0	132	12	0	-12	18	12	24

Abb. 26.4.21 Matrix des Integrals $\int_{\Omega} \boldsymbol{\omega}_p^t \boldsymbol{\omega}_{p,2} \, d\Omega$ für ein TUBA6-Element

$$\int_{\Omega} \boldsymbol{\omega}_p^t \boldsymbol{\omega}_{p,3} \, d\Omega = \frac{\Omega}{831600}$$

0	0	277200	69300	138600	0	0	-27720	0	13860	9240	9240	9240	27720	0	0	-3960	0	2640	3960	3960
0	0	277200	138600	69300	0	27720	0	0	9240	13860	9240	27720	9240	0	3960	0	0	3960	2640	3960
0	0	277200	69300	69300	0	-27720	27720	0	4620	4620	9240	18480	18480	0	-3960	3960	0	2640	2640	1320
0	0	69300	27720	13860	0	-4620	4620	0	1320	1980	2640	7920	2640	0	-495	495	0	990	660	495
0	0	69300	13860	27720	0	-4620	4620	0	1980	1320	2640	2640	7920	0	-495	495	0	660	990	495
0	0	69300	27720	27720	0	4620	-4620	0	3960	3960	2640	3960	3960	0	495	-495	0	990	990	1485
0	0	0	4620	0	0	3960	-1320	0	165	495	0	990	-330	0	880	-220	0	110	0	110
0	0	0	0	-4620	0	-1320	3960	0	-495	-165	0	330	-990	0	-220	880	0	0	-110	-110
0	0	0	-4620	4620	0	-2640	-2640	0	495	-495	0	-990	990	0	-330	-330	0	-110	110	0
0	0	4620	1320	1980	0	-165	0	0	220	165	220	220	440	0	-11	-22	0	66	88	66
0	0	4620	1980	1320	0	0	165	0	165	220	220	440	220	0	22	11	0	88	66	66
0	0	4620	1320	1320	0	-495	495	0	110	110	220	330	330	0	-66	66	0	66	66	33
0	0	9240	3960	1320	0	-990	660	0	110	220	330	1320	220	0	-132	66	0	132	66	44
0	0	9240	1320	3960	0	-660	990	0	220	110	330	220	1320	0	-66	132	0	66	132	44
0	0	9240	3960	3960	0	990	-990	0	660	660	330	440	440	0	88	-88	0	132	132	264
0	0	0	495	0	0	440	-110	0	11	44	0	132	-22	0	120	-18	0	12	0	8
0	0	0	0	-495	0	-110	440	0	-44	-11	0	22	-132	0	-18	120	0	0	-12	-8
0	0	0	-495	495	0	-330	-330	0	66	-66	0	-88	88	0	-36	-36	0	-12	12	0
0	0	1320	495	330	0	-110	110	0	33	44	66	132	66	0	-12	12	0	24	18	12
0	0	1320	330	495	0	-110	110	0	44	33	66	66	132	0	-12	12	0	18	24	12
0	0	1320	495	495	0	0	0	0	66	66	66	88	88	0	4	-4	0	24	24	24

Abb. 26.4.22 Matrix des Integrals $\int_{\Omega} \boldsymbol{\omega}_p^t \boldsymbol{\omega}_{p,3} \, d\omega$ für ein TUBA6-Element

an. Der entsprechende Vektor L_b für das gesamte Panel folgt aus der üblichen Booleschen Assemblierung der Elementbeiträge. In diesem Sinne schreiben wir

$$L = -\frac{2q_\infty}{\beta}\left[A^T r + \frac{\mu}{v_\infty} B^T \dot{r}\right] \tag{26.4.202}$$

wobei wir jetzt die redundanten Indizes b unterdrücken können. Man beachte, daß die Matrizen A^T eine Art aerodynamische Steifigkeitsmatrix und B^T eine Art aerodynamische Dämpfungsmatrix des Panels darstellen.

Substitution von (26.4.202) in (26.4.186) liefert die dynamische Gleichung der Biegedeformationen des Panels bei Berücksichtigung der Biege-Membran-Kopplung

$$M\ddot{r} + \left[K_e + K_g^c\right] r + \frac{\rho_\infty v_\infty^2}{\beta}\left[A^T r + \frac{\mu}{v_\infty} B^T \dot{r}\right] = P_s \tag{26.4.203}$$

wobei P_s die Knotenpunktslasten bedeutet, die sich aus einem statischen Druckdifferential ergeben.

Eine Materialdämpfung kann jederzeit berücksichtigt werden. Diese Schwingungsgleichung (26.4.203) ist in struktureller Hinsicht durch den Einfluß von K_g^c nichtlinear. Die notwendige Reduzierung auf einige wenige generalisierte oder modale Koordinaten erfolgt in Abschnitt 26.5. Allgemeine Lösungstechniken zu (26.4.114) und (26.4.203) im kritischen und unter- sowie überkritischen Bereich werden in Abschnitt 26.5 und Abschnitt 26.6 diskutiert.

Bei Hyperschall-Flugkörpern ist noch ein weiterer gravierender Einfluß im Bereich des Panel-Flatterns zu beobachten. Dieser resultiert aus der beträchtlichen Aufheizung der äußeren Schale.

Ergänzung zu 26.4.7.3

***26.4.7.3 Über die geometrische Steifigkeit des TUBA-Elementes**

In dieser Ergänzung soll eine kurze Zusammenfassung der Aufstellung der geometrischen Steifigkeit eines TUBA6-Elementes gegeben werden. Leider konnte diese nicht in Kap. 13 (Band II), wie vorgesehen, aufgenommen werden. Für eine eingehendere Darstellung der Theorie verweisen wir den Leser auf die ursprüngliche Veröffentlichung [26.90].

Die folgende Ableitung beruht auf der natürlichen Methode, und zwar in der Kombination von totalen Dehnungen $\boldsymbol{\epsilon}_t$ und Komponentenspannungen $\boldsymbol{\sigma}_c$. Da die Ableitung einer geometrischen Steifigkeit einer Platte die Berücksichtigung des Einflusses finiter transversaler Verschiebungen w auf die Membrandehnungen $\boldsymbol{\epsilon}_t$ in der Mittelfläche voraussetzt, müssen wir hier zuerst die allgemeine Greensche Formel (13.2.41) spezifisch für große Verschiebungen w interpretieren. Für eine Kantenrichtung μ ($\mu \in \alpha, \beta, \gamma$) erhalten wir z.B.

$$\epsilon_{\mu t} = \frac{1}{l_\mu}\frac{\partial u_{\mu t}}{\partial \eta_{\mu t}} + \frac{1}{2}\frac{1}{l_\mu^2}\frac{\partial^2 w}{\partial \eta_{\mu t}^2} \tag{*26.4.1}$$

Hier ist η_μ die nichtdimensionale Koordinate entlang der Kante μ. Der Index t in $\eta_{\mu t}$ weist darauf hin, daß eine totale Differentiation mit Bezug auf η_μ vorgenommen werden muß. Die Verschiebung $u_{\mu t}$ ist die totale Verschiebung in der Mittelfläche entlang der Kante μ und leitet sich aus $\boldsymbol{c}_{\mu}\boldsymbol{u}$ ab, wie aus (13.2.41) entnommen werden kann. Aus (5.4.55) entnehmen wir die Operationsvorschrift für $\partial/\partial\eta_{\mu t}$. So gilt für $\mu = \alpha$

$$\frac{\partial}{\partial\eta_{\alpha t}} = -\frac{\partial}{\partial\zeta_1} + \frac{\partial}{\partial\zeta_2} \tag{*26.4.1a}$$

mit entsprechenden Formeln für die Kanten β und γ.

Die drei Dehnungen $\epsilon_{\mu t}$ in der Mittelfläche bilden den Vektor

$$\boldsymbol{\epsilon}_t = \{\epsilon_{\alpha t} \quad \epsilon_{\beta t} \quad \epsilon_{\gamma t}\} \tag{*26.4.2}$$

Als nächstes betrachten wir die korrespondierenden natürlichen Spannungen $\sigma_{\mu c}$, die wir hier am zweckmäßigsten in der Form der sogenannten Normalflüsse $N_{\mu c} = \sigma_{\mu c} h$, also Membrankräften pro Längeneinheit, einbeziehen. Diese Komponentenflüsse bilden den Vektor

$$\boldsymbol{N}_c = \{N_{\alpha c} \quad N_{\beta c} \quad N_{\gamma c}\} \tag{*26.4.3}$$

Wenn ursprünglich die Membranflüsse in einem totalen kartesischen Bezugssystem als $\boldsymbol{N}$ definiert sind, so gilt nach (5.3.33)

$$\boldsymbol{N} = \{N_{xx} \quad N_{yy} \quad \sqrt{2}N_{xy}\} = \mathcal{B}\boldsymbol{N}_c$$

oder

$$\boldsymbol{N}_c = \mathcal{B}^{-1}\boldsymbol{N} \tag{*26.4.4}$$

wobei die Transformationsmatrix $\mathcal{B}$ in (5.3.33) gegeben ist. Für die Inverse erhalten wir aus (5.3.40a)

$$\mathcal{B}^{-1} = \mathcal{A}^{-1}\mathcal{B} \tag{*26.4.5}$$

wobei die Matrix $\mathcal{A}$ (5.3.44) entnommen werden kann

$$\mathcal{A} = \begin{bmatrix} 1 & \cos^2\gamma & \cos^2\beta \\ \cos^2\gamma & 1 & \cos^2\alpha \\ \cos^2\beta & \cos^2\alpha & 1 \end{bmatrix} \tag{*26.4.6}$$

Wir betrachten nun ein virtuelles Inkrement $\delta\epsilon_{\mu t}$ der Membrandehnung $\epsilon_{\mu t}$ in der Form

$$\delta\epsilon_{\mu t} = \frac{1}{l_\mu}\frac{\partial\delta u_{\mu t}}{\partial\eta_{\mu t}} + \frac{1}{l_\mu^2}\frac{\partial w}{\partial\eta_{\mu t}}\frac{\partial\delta w}{\partial\eta_{\mu t}} \tag{*26.4.7}$$

Wenn wir aber die $\boldsymbol{N}_c$ als vorgegeben und konstant ansehen, was auch im ersten Entwicklungsstadium der finiten Durchbiegungen w angenommen werden kann, so müssen wir konsequenterweise $\delta u_{\mu t} = 0$ setzen. Damit reduziert sich (*26.4.7) zu

$$\delta\epsilon_{\mu t} = \frac{1}{l_\mu^2}\frac{\partial w}{\partial\eta_{\mu t}}\frac{\partial\delta w}{\partial\eta_{\mu t}} \tag{*26.4.8}$$

Dieser Ausdruck kann nun mit Hilfe der modalen Interpolationsfunktion $\boldsymbol{\omega}_p$ und den vertrauten Abkürzungen

$$\frac{\partial w}{\partial \eta_{\mu t}} = \boldsymbol{\omega}_{p,\mu t}\boldsymbol{p} \quad \text{und} \quad \frac{\partial(\delta w)^{\mathrm{t}}}{\partial \eta_{\mu t}} = \delta \boldsymbol{p}^{\mathrm{t}}\boldsymbol{\omega}^{\mathrm{t}}_{p,\mu t} \tag{*26.4.9}$$

unmittelbar in die Form

$$\delta \epsilon_{\mu t} = \frac{1}{l_\mu^2}\delta \boldsymbol{p}^{\mathrm{t}}\boldsymbol{\omega}^{\mathrm{t}}_{p,\mu t}\boldsymbol{\omega}_{p,\mu t}\boldsymbol{p} \tag{*26.4.10}$$

gesetzt werden. Damit ergibt sich für die kinematisch äquivalenten modalen Knotenpunktskräfte $\mathbf{P}_{pg}$ eines Elements, die ausschließlich auf der *geometrischen* Veränderung der Mittelfläche infolge w beruhen,

$$\delta \boldsymbol{p}^{\mathrm{t}}\delta \mathbf{P}_{pg} = \delta \boldsymbol{p}^{\mathrm{t}}\left[\sum_{\mu=\alpha}^{\gamma}\frac{1}{l_\mu^2}\int_\Omega N_{\mu c}\boldsymbol{\omega}^{\mathrm{t}}_{p,\mu t}\boldsymbol{\omega}_{p,\mu t}\,\mathrm{d}\Omega\right]\boldsymbol{p} \tag{*26.4.11}$$

oder

$$\mathbf{P}_{pg} = \boldsymbol{k}_{pg}\boldsymbol{p} \tag{*26.4.12}$$

wobei $\boldsymbol{k}_{pg}$ die modale, auf $\boldsymbol{p}$ beruhende geometrische Steifigkeit bedeutet

$$\boldsymbol{k}_{pg} = \sum_{\mu=\alpha}^{\gamma}\left[\frac{1}{l_\mu^2}\int_\Omega N_{\mu c}\boldsymbol{\omega}^{\mathrm{t}}_{p,\mu t}\boldsymbol{\omega}_{p,\mu t}\,\mathrm{d}\Omega\right] \tag{*26.4.13}$$

Es ist nun ein leichtes, mit Hilfe der Transformation (26.4.191) die auf Knotenpunktsverschiebungen $\boldsymbol{\rho}$ beruhende geometrische Steifigkeit $\boldsymbol{k}_g$ abzuleiten. Wir finden

$$\boldsymbol{k}_g = \boldsymbol{a}_e^{\mathrm{t}}\boldsymbol{a}_p^{\mathrm{t}}\left[\sum_{\mu=\alpha}^{\gamma}\frac{1}{l_\mu^2}\int_\Omega N_{\mu c}\boldsymbol{\omega}^{\mathrm{t}}_{p,\mu t}\boldsymbol{\omega}_{p,\mu t}\,\mathrm{d}\Omega\right]\boldsymbol{a}_p\boldsymbol{a}_e \tag{*26.4.14}$$

Die gesamte, auf den Panel-Verschiebungen $\boldsymbol{r}$ beruhende geometrische Steifigkeit $\boldsymbol{K}_g$ des Panels folgt aus der üblichen Booleschen Assemblierung

$$\boldsymbol{K}_g = \mathbf{a}^{\mathrm{t}}\boldsymbol{k}_g\mathbf{a} \tag{*26.4.15}$$

In den drei in (*26.4.14) auftretenden Integralen kann $N_{\mu c}$ einer willkürlich vorgeschriebenen Variation über dem Element folgen. Die Auswertung der Integrale wird im allgemeinen eine numerische Auswertung benötigen. In den meisten Fällen genügt es aber, den $N_{\mu c}$-Kraftflüssen eine lineare Verteilung vorzuschreiben. In natürlicher Schreibweise erhalten wir

$$N_c = \zeta_1 N_{c1} + \zeta_2 N_{c2} + \zeta_3 N_{c3} \tag{*26.4.16}$$

wobei $N_{c\mathrm{i}}$ den am Eckpunkt i vorgegebenen Komponentenvektor N_c bestimmt.

$$
S_{\alpha 1} = \frac{1}{415800}
\begin{bmatrix}
0 & 0 & 0 & 0 & 0 & 0 & 0 & 0 & 0 & 0 & 0 & 0 & 0 & 0 & 0 & 0 & 0 & 0 & 0 & 0 & 0 \\
0 & 138600 & -138600 & 0 & -69300 & 69300 & 0 & 13860 & 13860 & 0 & 0 & 0 & 0 & -13860 & 13860 & 0 & 1980 & 1980 & 0 & 0 & 0 \\
0 & -138600 & 138600 & 0 & 69300 & -69300 & 0 & -13860 & -13860 & 0 & 0 & 0 & 0 & 13860 & -13860 & 0 & -1980 & -1980 & 0 & 0 & 0 \\
0 & 0 & 0 & 13860 & 0 & 0 & 0 & -4620 & 4620 & 1980 & 1320 & 1320 & 1320 & -1980 & -1980 & 0 & -495 & 495 & 330 & 495 & 495 \\
0 & -69300 & 69300 & 0 & 41580 & -41580 & 0 & -13860 & -13860 & 0 & 0 & 0 & 0 & 7920 & -7920 & 0 & -1980 & -1980 & 0 & 0 & 0 \\
0 & 69300 & -69300 & 0 & -41580 & 41580 & 0 & 13860 & 13860 & 0 & 0 & 0 & 0 & -7920 & 7920 & 0 & 1980 & 1980 & 0 & 0 & 0 \\
0 & 0 & 0 & 0 & 0 & 0 & 3960 & 0 & 0 & 0 & 495 & -495 & 0 & 0 & 0 & 330 & 165 & 165 & 0 & -165 & 165 \\
0 & 13860 & -13860 & -4620 & -13860 & 13860 & 0 & 11880 & 7920 & -990 & -495 & -495 & -330 & -990 & 2970 & 0 & 1430 & 1210 & -110 & -220 & -220 \\
0 & 13860 & -13860 & 4620 & -13860 & 13860 & 0 & 7920 & 11880 & 990 & 495 & 495 & 330 & -2970 & 990 & 0 & 1210 & 1430 & 110 & 220 & 220 \\
0 & 0 & 0 & 1980 & 0 & 0 & 0 & -990 & 990 & 550 & 220 & 220 & 110 & -550 & -550 & 0 & 0 & 0 & 44 & 110 & 110 \\
0 & 0 & 0 & 1320 & 0 & 0 & 495 & -495 & 495 & 220 & 220 & 55 & 110 & -220 & -220 & 33 & -22 & 88 & 33 & 22 & 88 \\
0 & 0 & 0 & 1320 & 0 & 0 & -495 & -495 & 495 & 220 & 55 & 220 & 110 & -220 & -220 & -33 & -88 & 22 & 33 & 88 & 22 \\
0 & 0 & 0 & 1320 & 0 & 0 & 0 & -330 & 330 & 110 & 110 & 110 & 220 & -110 & -110 & 0 & -55 & 55 & 44 & 33 & 33 \\
0 & -13860 & 13860 & -1980 & 7920 & -7920 & 0 & -990 & -2970 & -550 & -220 & -220 & -110 & 2200 & -1100 & 0 & -330 & -330 & -44 & -110 & -110 \\
0 & 13860 & -13860 & -1980 & -7920 & 7920 & 0 & 2970 & 990 & -550 & -220 & -220 & -110 & -1100 & 2200 & 0 & 330 & 330 & -44 & -110 & -110 \\
0 & 0 & 0 & 0 & 0 & 0 & 330 & 0 & 0 & 0 & 33 & -33 & 0 & 0 & 0 & 48 & 9 & 9 & 0 & -9 & 9 \\
0 & 1980 & -1980 & -495 & -1980 & 1980 & 165 & 1430 & 1210 & 0 & -22 & -88 & -55 & -330 & 330 & 9 & 300 & 150 & -16 & -30 & 0 \\
0 & 1980 & -1980 & 495 & -1980 & 1980 & 165 & 1210 & 1430 & 0 & 88 & 22 & 55 & -330 & 330 & 9 & 150 & 300 & 16 & 0 & 30 \\
0 & 0 & 0 & 330 & 0 & 0 & 0 & -110 & 110 & 44 & 33 & 33 & 44 & -44 & -44 & 0 & -16 & 16 & 12 & 12 & 12 \\
0 & 0 & 0 & 495 & 0 & 0 & -165 & -220 & 220 & 110 & 22 & 88 & 33 & -110 & -110 & -9 & -30 & 0 & 12 & 40 & 10 \\
0 & 0 & 0 & 495 & 0 & 0 & 165 & -220 & 220 & 110 & 88 & 22 & 33 & -110 & -110 & 9 & 0 & 30 & 12 & 10 & 40
\end{bmatrix}
$$

Abb. *26.4.1 Zur Berechnung der geometrischen Steifigkeit $\boldsymbol{k}_g$ eines TUBA6-Elementes: die typische Matrix $S_{\alpha 1} = \frac{1}{\Omega} \int_\Omega \zeta_1 \boldsymbol{\omega}^t_{p,\alpha t} \boldsymbol{\omega}_{p,\alpha t} \, d\Omega$

$$
S_{\gamma 2} = \frac{1}{831600}
\begin{bmatrix}
277200 & -277200 & 0 & -69300 & 69300 & 69300 & -27720 & 0 & 0 & 4620 & 4620 & 4620 & -18480 & 9240 & 9240 & -3960 & 0 & 0 & 1320 & 1320 & 1320 \\
-277200 & 277200 & 0 & 69300 & -69300 & -69300 & 27720 & 0 & 0 & -4620 & -4620 & -4620 & 18480 & -9240 & -9240 & 3960 & 0 & 0 & -1320 & -1320 & -1320 \\
0 & 0 & 0 & 0 & 0 & 0 & 0 & 0 & 0 & 0 & 0 & 0 & 0 & 0 & 0 & 0 & 0 & 0 & 0 & 0 & 0 \\
-69300 & 69300 & 0 & 27720 & -27720 & -13860 & 4620 & -4620 & 0 & -1320 & -1320 & -1980 & 7920 & -3960 & -1320 & 495 & -495 & 0 & -495 & -495 & -330 \\
69300 & -69300 & 0 & -27720 & 27720 & 13860 & -4620 & 4620 & 0 & 1320 & 1320 & 1980 & -7920 & 3960 & 1320 & -495 & 495 & 0 & 495 & 495 & 330 \\
69300 & -69300 & 0 & -13860 & 13860 & 55440 & -13860 & 4620 & -18480 & 1980 & 4620 & 2640 & -5280 & 0 & 7920 & -2475 & 495 & -1980 & 1155 & 495 & 990 \\
-27720 & 27720 & 0 & 4620 & -4620 & -13860 & 7920 & 1320 & 2640 & -825 & -1485 & -990 & 1980 & 0 & -1650 & 1540 & 220 & 220 & -440 & -220 & -330 \\
0 & 0 & 0 & -4620 & 4620 & 4620 & 1320 & 5280 & -2640 & 165 & 825 & 990 & -1980 & 0 & 330 & 330 & 550 & -220 & 330 & 110 & 110 \\
0 & 0 & 0 & 0 & 0 & -18480 & 2640 & -2640 & 23760 & 495 & -2475 & -660 & 660 & 660 & -990 & 770 & -110 & 2640 & -550 & 110 & -110 \\
4620 & -4620 & 0 & -1320 & 1320 & 1980 & -825 & 165 & 495 & 220 & 110 & 165 & -440 & 110 & 330 & -121 & 44 & 44 & 33 & 66 & 66 \\
4620 & -4620 & 0 & -1320 & 1320 & 4620 & -1485 & 825 & -2475 & 110 & 660 & 385 & -660 & -110 & 440 & -330 & 55 & -220 & 198 & 33 & 88 \\
4620 & -4620 & 0 & -1980 & 1980 & 2640 & -990 & 990 & -660 & 165 & 385 & 440 & -880 & 0 & 220 & -154 & 66 & -44 & 154 & 66 & 66 \\
-18480 & 18480 & 0 & 7920 & -7920 & -5280 & 1980 & -1980 & 660 & -440 & -660 & -880 & 2640 & -880 & -440 & 264 & -176 & 44 & -264 & -176 & -132 \\
9240 & -9240 & 0 & -3960 & 3960 & 0 & 0 & 0 & 660 & 110 & -110 & 0 & -880 & 880 & 0 & 44 & 44 & 44 & -44 & 44 & 0 \\
9240 & -9240 & 0 & -1320 & 1320 & 7920 & -1650 & 330 & -990 & 330 & 440 & 220 & -440 & 0 & 1760 & -264 & 66 & -264 & 88 & 66 & 176 \\
-3960 & 3960 & 0 & 495 & -495 & -2475 & 1540 & 330 & 770 & -121 & -330 & -154 & 264 & 44 & -264 & 360 & 48 & 60 & -96 & -28 & -60 \\
0 & 0 & 0 & -495 & 495 & 495 & 220 & 550 & -110 & 44 & 55 & 66 & -176 & 44 & 66 & 48 & 96 & -12 & 16 & 20 & 18 \\
0 & 0 & 0 & 0 & 0 & -1980 & 220 & -220 & 2640 & 44 & -220 & -44 & 44 & 44 & -264 & 60 & -12 & 480 & -40 & 8 & -24 \\
1320 & -1320 & 0 & -495 & 495 & 1155 & -440 & 330 & -550 & 33 & 198 & 154 & -264 & -44 & 88 & -96 & 16 & -40 & 72 & 12 & 24 \\
1320 & -1320 & 0 & -495 & 495 & 495 & -220 & 110 & 110 & 66 & 33 & 66 & -176 & 44 & 66 & -28 & 20 & 8 & 12 & 24 & 18 \\
1320 & -1320 & 0 & -330 & 330 & 990 & -330 & 110 & -110 & 66 & 88 & 66 & -132 & 0 & 176 & -60 & 18 & -24 & 24 & 18 & 32
\end{bmatrix}
$$

Abb. *26.4.2 Zur Berechnung der geometrischen Steifigkeit $\boldsymbol{k}_g$ eines TUBA6-Elementes: die typische Matrix $S_{\gamma 2} = \frac{1}{\Omega} \int_\Omega \zeta_2 \boldsymbol{\omega}^t_{p,\gamma t} \boldsymbol{\omega}_{p,\gamma t} \, d\Omega$

Substitution von (*26.4.16) in (*26.4.15) ergibt

$$\boldsymbol{k}_{pc} = \Omega \sum_{i=1}^{3} \sum_{\mu=\alpha}^{\gamma} \left[\frac{N_{\mu c i}}{l_\mu^2} \boldsymbol{S}_{\mu i} \right] \qquad (*26.4.17)$$

wobei gesetzt wird

$$\boldsymbol{S}_{\mu i} = \frac{1}{\Omega} \int_\Omega \zeta_i \boldsymbol{\omega}^t_{p,\mu t} \boldsymbol{\omega}_{p,\mu t} \, d\Omega \qquad (*26.4.18)$$

Neun verschiedene (21 x 21)-Matrizen $\boldsymbol{S}_{\mu i}$ müssen erstellt werden, aber die integrale Auswertung braucht sich nur auf zwei Grundmuster, z.B. $\boldsymbol{S}_{\alpha 1}$ und $\boldsymbol{S}_{\gamma 2}$, zu erstrecken. Die übrigen Integrale können durch einfache kongruente Boolesche Transformationen bestimmt werden. Die typischen Matrizen $\boldsymbol{S}_{\alpha 1}$ und $\boldsymbol{S}_{\gamma 2}$ sind in Abb. *26.4.1 und *26.4.2 wiedergegeben.

Zum Abschluß unserer Betrachtungen beziehen wir uns auf unsere vorhergehende Feststellung, daß bei steigenden Amplituden die Normalflüsse N_c sich verändern und damit die vorerwähnte Kopplung zwischen Membran- und Biegeeinflüssen zum Tragen kommt. In diesem Zusammenhang haben wir die Möglichkeit des Überlagerns von TRIM6-Membranelementen schon angeführt. Dies bewirkt, daß $\delta \boldsymbol{u}$ *nicht* in (*26.4.7) zu Null gesetzt werden kann und unsere Untersuchung die Kopplung berücksichtigen muß. Alternativ wechseln wir auf die genauere Theorie eines flachen SHEBA-Elements über.

26.4.7.4 Semi-analytische Flatter-Analyse eines Panels im Überschallstrom

Im letzten Unterabschnitt des Abschnittes 26.4.7 weichen wir von unserer Philosophie ab und untersuchen gemäß Dowell [26.69], [26.92], [26.93], [26.94] mit Hilfe der Galerkin-Methode und einer numerischen Zeitintegration das Problem eines Plattenstreifens in einer Überschallströmung mit $M_\infty \gg 1$. Warum wir ein so akademisch ausgerichtetes einfaches System betrachten wollen, liegt in einem wesentlichen Ergebnis der Dowellschen Arbeit, die in [26.92] wohl den ersten Nachweis lieferte, daß bei gewissen Kombinationen von Membran-Druckkräften und Überschallgeschwindigkeiten das Panel in chaotische Bewegungen versetzt werden kann. Damit ist eine bedeutende theoretische Entwicklung, die mit dem Sujet des Kapitels 25 verbunden ist, auch in der Aeroelastizität bestätigt worden.

Wir können hier nur eine knappe Wiedergabe der essentiellen Punkte der Dowellschen Arbeit vorlegen. Zu diesem Zweck betrachten wir einen an den Enden $x = 0$ und $x = a$ gelenkig gelagerten Plattenstreifen mit Breite ‚Eins' und Biegesteifigkeit $D = Eh^3/12(1-\nu^2)$ (siehe Abb. 26.4.23). Die Masse des Streifens sei m pro Längeneinheit und die Strömung sei durch die Parameter ρ_∞, v_∞ und M_∞ beschrieben. Das Panel sei im unverformten Zustand einer Membrankraft N_{x0} (Druck negativ) ausgesetzt. Durch eine Durchbiegung w wird im Panel in erster Annäherung eine zusätzliche Membrankraft in Zugrichtung

$$N_x = \frac{Eh}{2a} \int_0^a w_{,x}^2 \, dx \qquad (26.4.204)$$

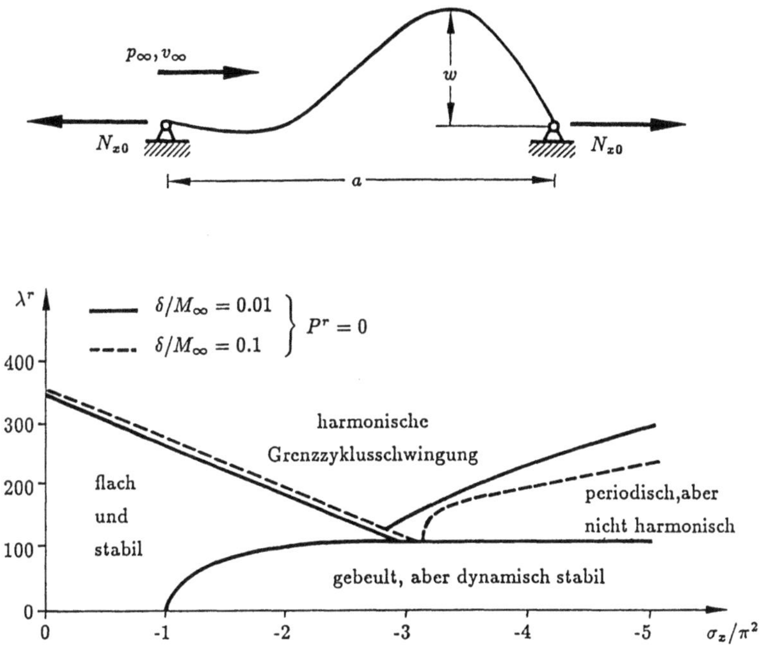

Abb. 26.4.23 Flattern eines zweidimensionalen Plattenstreifens im Überschallstrom; Stabilitätsbereiche

erzeugt. Die partielle Differentialgleichung der Bewegung des Plattenstreifens ist bei Berücksichtigung eines für $M_\infty \gg 1$, $\beta = M_\infty$ und $\mu = 1$ vereinfachten aerodynamischen Druckes Δp_a (siehe (26.4.189))

$$D\frac{\partial^4 w}{\partial x^4} - (N_x + N_{x0})\frac{\partial^2 w}{\partial x^2} + m\frac{\partial^2 w}{\partial t^2} + \frac{\rho_\infty v_\infty^2}{M_\infty}\left[\frac{\partial w}{\partial x} + \frac{1}{v_\infty}\frac{\partial w}{\partial t}\right] = \Delta p_s \qquad (26.4.205)$$

wobei Δp_s das statische Druckdifferential auf dem Panel definiert.

Das partielle Differentialgleichungssystem (26.4.205) wird nun durch den Ansatz

$$w = \sum_{\mathrm{n}} a_{\mathrm{n}}(t)\sin(\mathrm{n}\pi x/a) \qquad (26.4.206)$$

der die kinematischen und statischen Bedingungen an den gelenkig gelagerten Enden erfüllt, und Anwendung der Galerkin-Methode in ein System gewöhnlicher Differentialgleichungen verwandelt. Mit den nichtdimensionalen Variablen und Parametern

$$A_{\mathrm{n}} = a_{\mathrm{n}}/h\,, \quad W = w/h\,, \quad \lambda^r = \rho_\infty v_\infty^2 a^3/M_\infty D\,, \quad \delta = \rho_\infty a/m$$
$$\sigma_x = N_{x0}a^2/D\,, \quad P^r = \Delta p_s a^4/Dh\,, \quad \tau = t(D/ma^4)^{1/2} \qquad (26.4.207)$$

und der Abkürzung

$$(\dot{\ }) = \frac{\partial(\ )}{\partial\tau} \qquad (26.4.207a)$$

ergibt sich

$$A_n \frac{n\pi^4}{2} + 6(1-\nu^2)\left[\sum_r A_r^2 \frac{(r\pi)^2}{2}\right] A_n \frac{n\pi^2}{2} + \sigma_x A_n \frac{n\pi^2}{2} + \tfrac{1}{2}\ddot{A}_n + (\delta \lambda^r M_\infty)^{1/2}\dot{A}_n +$$

$$+ \lambda^r \sum_m [nm/(n^2-m^2)][1-(-1)^{n+m}]A_m = P^r[1-(-1)^n]/n\pi \qquad (26.4.208)$$

Diese Differentialgleichungen können nun numerisch integriert und auf ein System nichtlinearer algebraischer Gleichungen reduziert werden. Alle hier vorgelegten Resultate werden für eine auf vier Modes beschränkte Reihenentwicklung in (26.4.206) erzielt. Kontrollrechnungen wurden in einigen Fällen mit zwei und sechs Modes durchgeführt. – Der Leser beachte Ähnlichkeiten in obiger Analyse mit der Entwicklung der Duffing-Gleichung in Abschnitt 25.5.5; vgl. (26.4.205) mit (25.5.84).

Um das mathematische Modell so transparent als möglich zu gestalten, wollen wir im folgenden die Diskussion nominell auf ein vereinfachtes zwei Modes-System reduzieren. Dieses schreibt sich unter Ignorierung unwesentlicher numerischer Koeffizienten in der kompakten Form

$$\ddot{A}_1 + (\lambda^r)^{1/2}\zeta_1 \dot{A}_1 + (1+\sigma_x)A_1 - \lambda^r A_2 + (A_1^2 + A_2^2)A_1 = P^r$$

$$\ddot{A}_2 + (\lambda^r)^{1/2}\zeta_2 \dot{A}_2 + (1+\sigma_x)A_2 + \lambda^r A_1 + (A_1^2 + A_2^2)A_2 = 0 \qquad (26.4.209)$$

Wir beachten den schiefsymmetrischen Anteil in λ^r, der für die dynamische Instabilität, also Flattern, verantwortlich ist. Andererseits verursachen die von σ_x abhängigen Terme für $\sigma_x < 0$ statische Instabilität, also Beulen. Wenn wir um die triviale Gleichgewichtslage $A_1 = A_2 = 0$ unendlich kleine Schwingungen betrachten, dann nähern sich bei wachsendem λ^r die entsprechenden zwei komplexen Eigenwerte des Systems (26.4.209) – (die *nota bene* für $\lambda^r = 0$ die Eigenfrequenzen des Systems *in vacuo* bilden würden) –, vereinigen sich dann beinahe, um anschließend wieder auseinanderzudriften, wobei einer der Eigenwerte in den unstabilen Bereich der komplexen Frequenz-Ebene wandert. Für dieses Flatter-Phänomen hat sich der Ausdruck koaleszierendes Frequenz-Flattern (engl. *merging frequency flutter*) eingebürgert. Nur diese Art von Flattern ist qualitativ-topologischen Untersuchungen (wie in Kapitel 25) unterworfen worden; siehe [26.98], [26.99].

Im Gegensatz dazu kann auch ein anderer Typ des Flatterns entstehen, den wir als Einzel-Mode-Flattern (engl. *single mode flutter*) bezeichnen. Dieser entsteht im transsonischen Bereich, den wir leider in diesem Abriß nicht behandeln können. Wichtig ist, festzuhalten, daß die zum Zeitpunkt τ wirkenden aerodynamischen Kräfte im allgemeinen von dem vorausgegangenen Bewegungsablauf der Platte abhängen; es liegt also ein „Gedächtnis-Verhalten" der aerodynamischen Kräfte vor. Damit würde sich eine komplizierte Integrodifferentialgleichung ergeben, die das wissenschaftliche Umfeld dieses Bandes übersteigen würde. Für hohe Machzahlen tritt diese Erscheinung nicht auf.

Als nächstes legen wir einige der interessanten Ergebnisse von Dowell [26.92] vor. Diese beziehen sich, falls nicht anders festgelegt, auf die Werte $\delta/M_\infty = 0.01$, $x/a = 0.75$, $\nu = 0.3$. Wir entnehmen aus früheren Untersuchungen dieses Autors, daß die Parameter λ^r und σ_x maßgebend den Typ der auftretenden Bewegung bestimmen. Wir können uns auch auf den Fall $\sigma_x < 0$ beschränken, da dieser wegen der möglichen statischen Instabilität (Beulen) der interessantere ist.

Bei kleinen Werten von λ^r und σ_x verbleibt die Platte flach. Für kleine λ^r, aber steigende σ_x-Werte setzt Flattern mit einer harmonischen Bewegung ein. Wenn λ^r und σ_x beide mäßige Werte erreichen, so entsteht eine kompliziertere Grenzzyklus-Bewegung, also ein periodischer Attraktor. Chaos ergibt sich für genügend hohe σ_x-Werte bei mäßigen bis hohen λ^r-Werten. Eine Übersicht des Verhaltens des Systems (26.4.209) zeigt Abb. 26.4.23.

Wir werden in der mit W, $\dot{W}$ am Punkt $x/a = 0.75$ gebildeten Phasenebene spezifische Resultate vorlegen. Es ist aber von Interesse, zumindest skizzenhaft die hauptsächlichen Bewegungsarten dem Leser vorzuführen. Wir verweisen auf Abb. 26.4.24 und führen der Reihe nach die verschiedenen Fälle vor. Statisches Gleichgewicht wird durch einen Punkt im Ursprung wiedergegeben. Ein Knicken oder ein Beulen des Plattenstreifens wird durch zwei Punkte auf der W-Achse dargestellt. Harmonisches Flattern ergibt eine Ellipse. Das komplizierte Verhalten eines Grenzzyklus-Flatterns enthält jeweils eine Bahn um jeden Knickzustand und eine ausgedehntere Bahn, die die eigentliche Flatterbewegung anzeigt. Chaos läßt sich in dieser Prinzipskizze nicht einleuchtend genug darstellen.

Um die Möglichkeit des Einsetzens von Chaos zu untersuchen, wurden zwei numerische Studien durchgeführt. In der ersten Versuchsreihe wird σ_x konstant bei $-4\pi^2$ gehalten und λ^r über die Sequenz 300, 250, 200, 175, 150, 130, 115, 100 variiert. Bei $\lambda^r = 300$ und 250 beobachtet man in Abb. 26.4.25a die vorerwähnte Ellipse. Bei $\lambda^r = 200$ treten die ersten signifikanten Abweichungen auf, aber der Bahnverlauf bildet mehr oder minder geschlossene Kurven, siehe Abb. 26.4.25b für $\lambda^r = 200$. Für $\lambda^r = 175, 150, 130, 115$ treten drei Schleifen auf. Die größere ist offensichtlich hauptsächlich durch Flattern bedingt, während die zwei kleineren sich aus einem Beulvorgang bzw. der Divergenz ergeben. Bei $\lambda^r = 175$ treten die drei Schleifen besonders klar in Erscheinung. Der chaotische Vorgang setzt bei $\lambda^r = 150$ ein und entwickelt sich mit steigender Intensität über $\lambda^r = 150, 130, 115$. Die Überraschung tritt bei $\lambda^r = 100$ ein, in dem das Phasenporträt auf einen Punkt, der einen Knick- oder Divergenzzustand darstellt, kollabiert.

In der zweiten Versuchsreihe wurde λ^r konstant bei 150 gehalten, aber σ_x über die Sequenz $-2.5\pi^2$, $-3.0\pi^2$, $-3.5\pi^2$, $-4\pi^2$, $-5\pi^2$, $-6\pi^2$ variiert. Bei $\sigma_x = -2\pi^2$ und $-3\pi^2$ bilden sich drei besonders klar definierte Schleifen. Wenn σ_x in der Sequenz von $-3.5\pi^2$ bis $-6\pi^2$ ansteigt, wird die Bewegung progressiv chaotischer; man kann aber noch die letzte Spur der drei Schleifen erahnen. Zu beachten sind Abbildung 26.4.25c und Abbildung 26.4.26a und b.

Um eine weitere Einsicht in die obigen interessanten Phänomene zu gewinnen, wurde auch der Effekt eines statischen Druckdifferentials P^r untersucht. Der Druck P^r hebt das symmetrische Verhalten der Platte auf. Zuerst werden für $\sigma_x = 0$ und $\lambda^r = 400$ verschiedene Druckdifferentiale untersucht. Für $P^r = 0$ flattert das Panel in einer Ellipse, deren Zentrum bei $W = \dot{W} = 0$ liegt. Wenn P^r über die Sequenz 0, 100, 200, 250 erhöht wird, schrumpft die Ellipse, und ihr Zentrum wandert nach rechts. Bei $P^r = 300$ kollabiert die Ellipse auf einen Punkt. Der Zug N_x in der Mittelfläche bewirkt offensichtlich eine derartige Versteifung der Platte, daß Flattern unterdrückt wird. Zu beachten ist, daß für $\sigma_x = 0$ keine Tendenz zu Chaos besteht.

Für das spezifische Paar von Werten $\lambda^r = 150$ und $\sigma_x = -4\pi^2$ wird dann eine Computerrechnung für verschiedene P^r über 0, 12.5, 25, 37.5, 50, 56.25, 62.5, 68.75, 75, 100 bis 200, durchgeführt. Bei $P^r = 68.67$ wird jede Flattertendenz unterdrückt. Für kleine

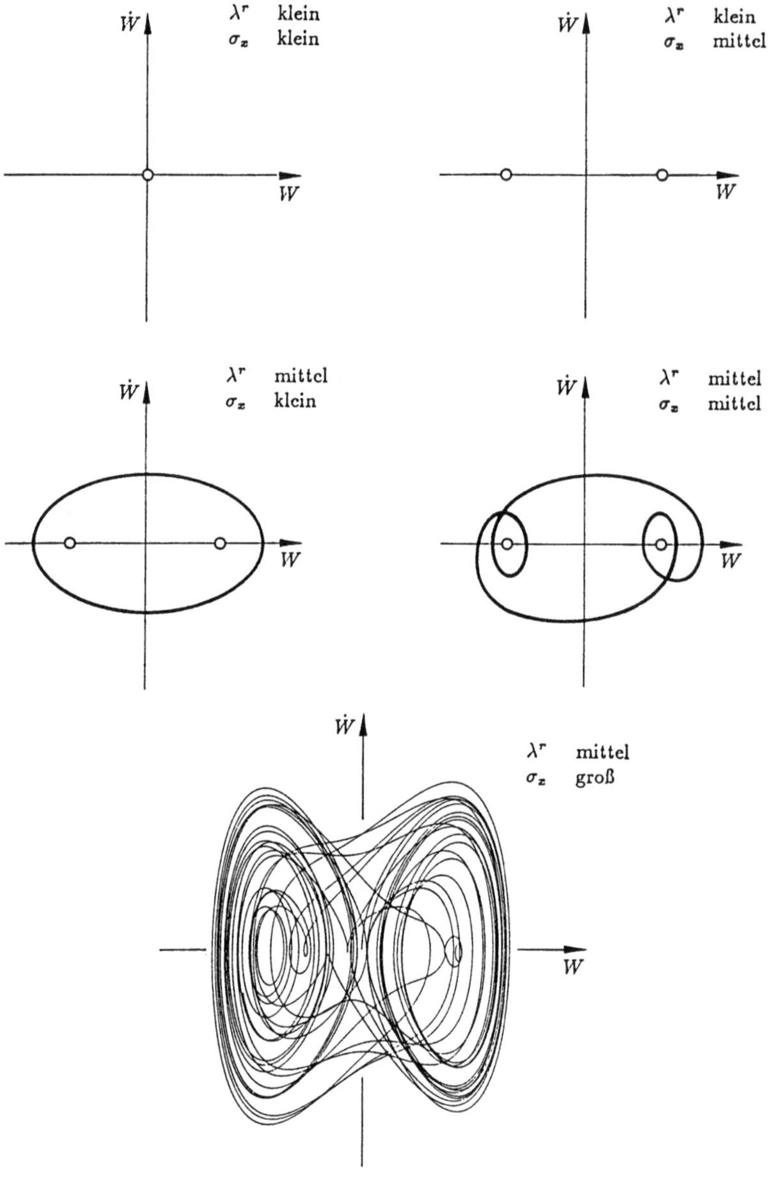

Abb. 26.4.24 Prinzipskizze der Trajektorien in der Phasenebene

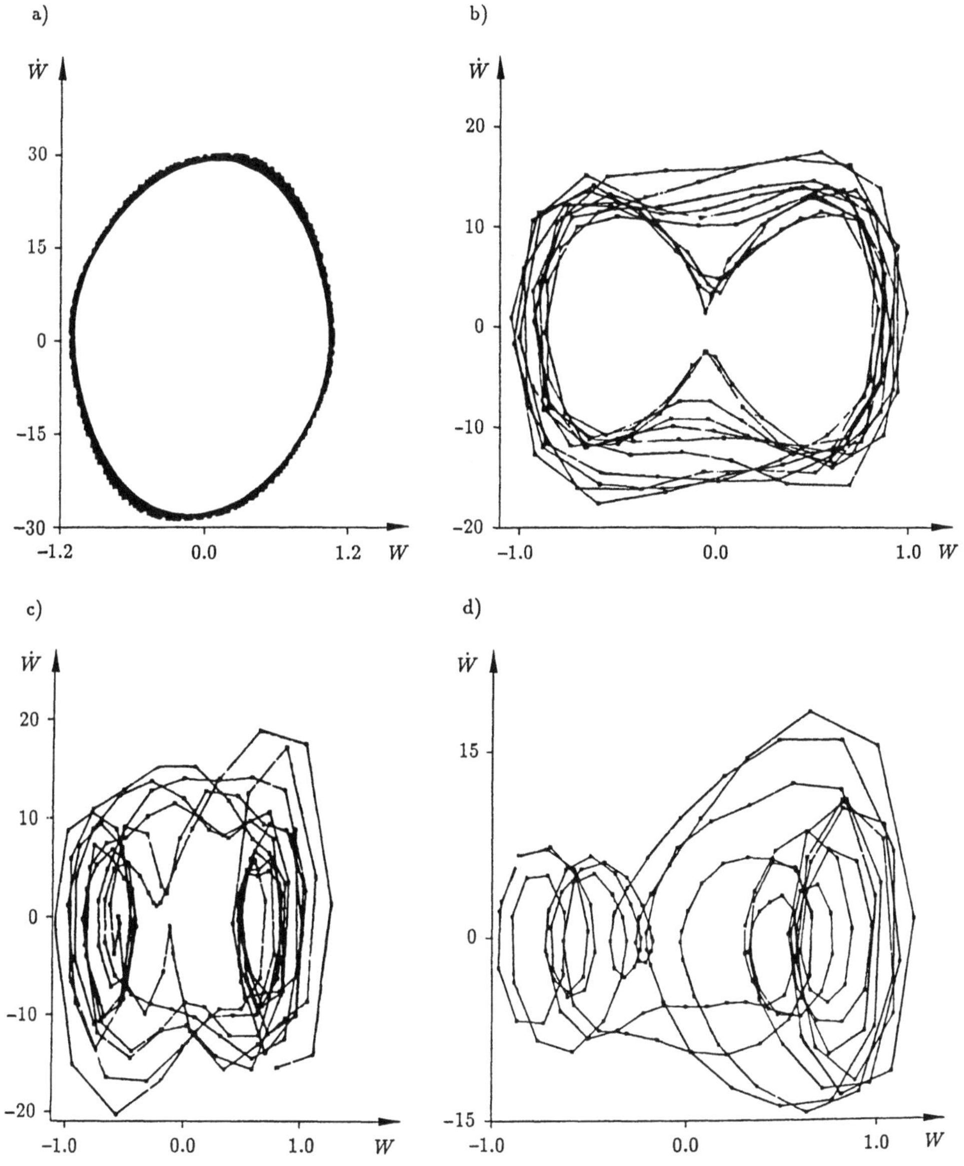

Abb. 26.4.25 Trajektorien in der Phasenebene W, $\dot{W}$ für $\sigma_x = -4\pi^2$, $P^r = 0$
(a) $\lambda^r = 300$ (b) $\lambda^r = 200$ (c) $\lambda^r = 150$ (d) $\lambda^r = 100$

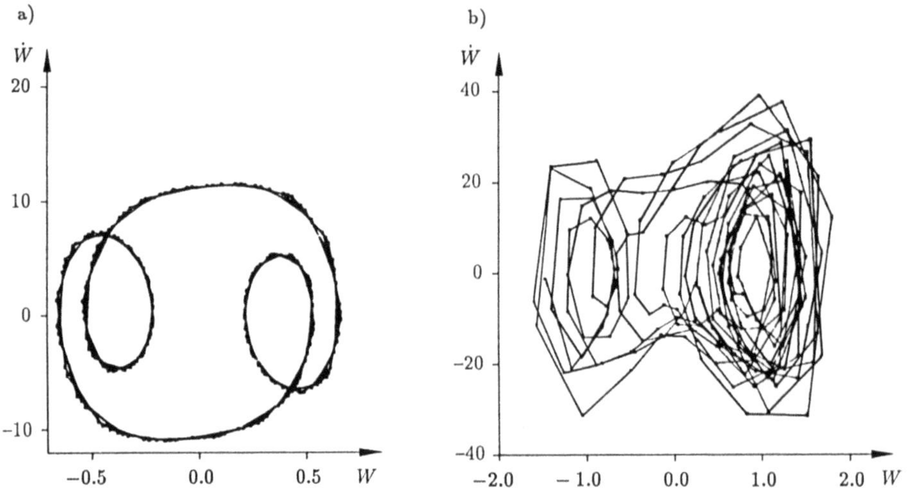

Abb. 26.4.26 Trajektorien in der Phasenebene W, $\dot{W}$ für $\lambda^r = 150$, $P^r = 0$.
(a) $\sigma_x = -3\pi^2$, (b) $\sigma_x = -6\pi^2$

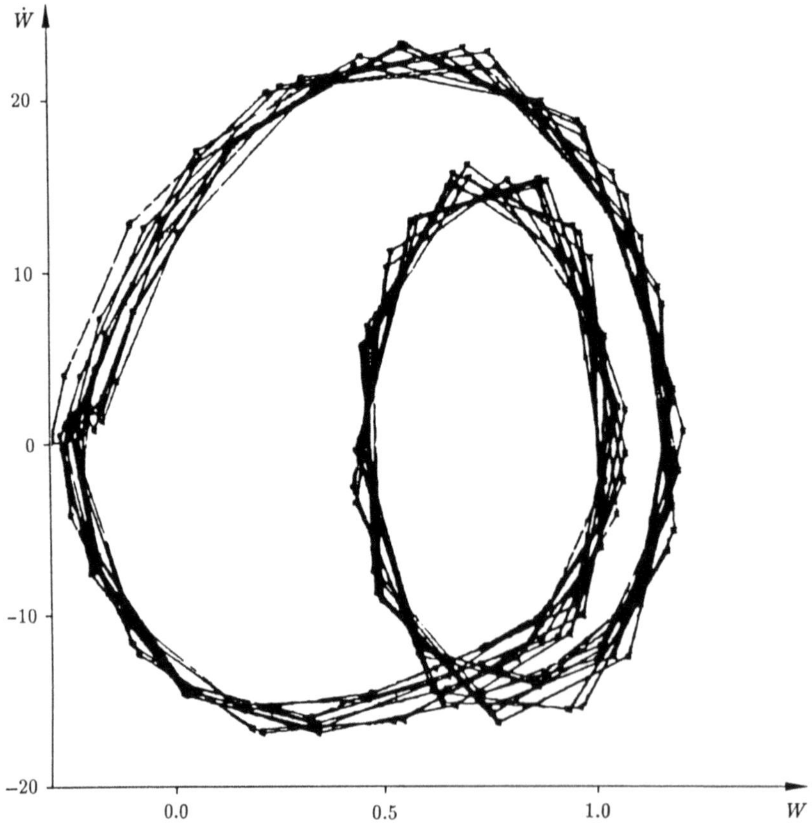

Abb. 26.4.27 Trajektorie in der Phasenebene W, $\dot{W}$ für $\lambda^r = 150$, $\sigma_x = -4\pi^2$, $P^r = 50$

$P^r = 0$, 12.5, 25, 37.5 konnte eine qualitativ vergleichbare Bewegung mit einer leichten Tendenz zu Chaos festgestellt werden. Andererseits erinnern wir uns, daß bei $\sigma_x = -3\pi^2$ (und $P^r = 0$) drei Schleifen auftauchen. Diese Erscheinungsform ist noch immer bemerkbar, wenn auch bei $\sigma_x = -4\pi^2$ etwas diffus. Das interessanteste Ergebnis zeigt sich aber bei $P^r = 50$ und 56.25; siehe Abb. 26.4.27. Hier ergibt sich eine ausgeprägte, nichtchaotische zwei-Schleifen-Bahn. Damit hat das Druckdifferential P^r den chaotischen Charakter der Bewegung ebenso wie eine der drei Schleifen, die bei kleineren P^r auftreten, unterdrückt. Wenn aber P^r den Wert 62.5 erreicht, wird das System wieder in eine chaotische Bewegung versetzt, die wiederum für $P^r = 68.75$ unterdrückt wird, wobei der Grenzzyklus auf einen Punkt schrumpft.

Der Leser beachte das Erscheinungsjahr 1982 der Dowellschen Arbeit; damals war bekanntlich eine erstklassige graphische Wiedergabe der Bahnen noch nicht möglich.

Wie wir Moons interessanter Neuerscheinung [25.65] entnehmen, liegt eine frühe Veröffentlichung von Kobayashi [26.118] vor, in der letzterer auf sogenannte *irreguläre* Schwingungen bei Panel-Flattern schon im Jahre 1962 hingewiesen hat. Eine analytische Erfassung lag aber nicht vor. Entsprechende Experimente bei der damaligen NACA sollen diesen Nachweis schon im Jahre 1958 erbracht haben.

26.4.8 Abreiß-Flattern („Stall"-Flattern)

In dieser letzten Sektion des Abschnitts 26.4 wollen wir versuchen, eine elementare Einführung in das komplizierte Phänomen des Stall- oder Abreiß-Flatterns zu entwickeln. Wie der Name besagt, bedingt Stall-Flattern ein Abreißen der Strömung vom Profil, zumindest über einen Teilbereich eines Schwingungs-Zyklus. Im Gegensatz zum klassischen Flattern, bei dem durchgehend eine an das Profil anliegende Strömung vorliegt, setzt Abreiß-Flattern keine aerodynamische und/oder elastische Kopplung zweier Modes voraus und ist auch nicht auf eine Phasenverschiebung zwischen Bewegung und aerodynamischer Reaktion angewiesen. Letztere Effekte sind bei einer linearen Struktur notwendig, um eine positive Arbeit der Strömung an der Struktur zu erzeugen, also Energie der Struktur zuzuführen. Stall-Flattern ergibt sich andererseits aus der nichtlinearen aerodynamischen Reaktion auf die Bewegung des Profils. Phasenverschiebung und Kopplung von Modes können dabei eine gewisse Veränderung der Resultate bedingen; die essentiellen Eigenschaften und die grundlegende Instabilität des Vorgangs werden dadurch nicht wesentlich beeinflußt, sie beruhen auf dem nichtlinearen Charakter der entsprechenden aerodynamischen Beiwerte [26.116].

26.4.8.1 Erste Informationen zum Vorgang

Das Phänomen des Abreiß-Flatterns tritt bei sehr hohen Anströmwinkeln der Profile auf und wurde des öftern bereits im Ersten Weltkrieg bei scharfen Hochzieh-Manövern der Kampfflieger beobachtet. Die in der Wissenschaft der Aeroelastik noch unerfahrenen Ingenieure mußten zusätzliche versteifende Kreuzverspannungen anbringen, um die Gefahrenherde einzuengen. Auch mußten besonders gefährliche Manöver untersagt werden. Obwohl diese Zeiten des Aufbruchs ins Luftfahrt-Zeitalter längst verklungen sind, liegt auch heute noch eine große Anzahl von Systemen vor, bei denen Abreißvorgänge der Strömung Flattern erzeugen können. Es handelt sich dabei im allgemeinen nicht um „strömungsgerechte" Körper, sondern um sogenannte *bluff bodies*, also plumpe

Körper – wie sie z.B. im Winter durch Eisansetzen bei Übertragungskabeln des elektrischen Energienetzes immer wieder entstehen. Der Schwingungsvorgang wird dann oft als *galloping* bezeichnet. Charakteristisch für diese geometrisch diffusen Systeme ist die Abwesenheit eines klar definierten Anströmwinkels. Wir verweisen im Zusammenhang mit Stall-Flattern auf Hängebrücken (Tacoma), Helikopter, Rotoren und Triebwerksschaufeln. Der interessierte Ingenieur kann aber diese Vorgänge auch bei trivialen Systemen, wie den Blättern einer Fensterjalousie oder den häßlichen Mode-Spoilern an Autos, beobachten.

26.4.8.2 Abreiß-Flattern in Biegung

Die theoretische Untersuchung eines Abreiß-Flatterns ist auch heute noch quantitativ nicht sehr aussagefähig, aber ermöglicht eine physikalisch qualitative Interpretation der Instabilität derartiger Phänomene. Wir betrachten im folgenden zwei wichtige zweidimensionale Flattererscheinungen, die die Fälle von Biege- (Schlag) und Torsionsflattern umfassen. Leider können wir nicht auf Schwenkflattern und Kombinationen aller drei Flatterarten eingehen.

Wir betrachten in diesem Unterabschnitt den Fall des Biege-Abreiß-Flatterns. Abbildung 26.4.28 illustriert die Verhältnisse, die sich aus der Anströmgeschwindigkeit v, dem statischen oder stationären „Anströmwinkel“ α und der harmonischen Schlagbiegebewegung w ergeben. Die dynamische oder instationäre Änderung des Anströmwinkels sei δ; dieser Winkel ermittelt sich unmittelbar aus Abb. 26.4.28 zu

$$\begin{aligned}\delta &= \arctan\left\{\frac{1}{v\cos\alpha}(v\sin\alpha + \dot{w})\right\} - \alpha \\ &= \arctan\left(\tan\alpha + \frac{1}{\cos\alpha}\eta\right) - \alpha \end{aligned} \qquad (26.4.210)$$

wobei mit einer harmonischen Schlagbewegung

$$w = w_0 \cos\omega t \qquad (26.4.211)$$

die Variable η wie folgt definiert ist

$$\eta = \frac{\dot{w}}{v} = -\frac{w_0\,\omega}{v}\sin\omega t = -\,\omega^* \frac{w_0}{b}\sin\omega t \qquad (26.4.212)$$

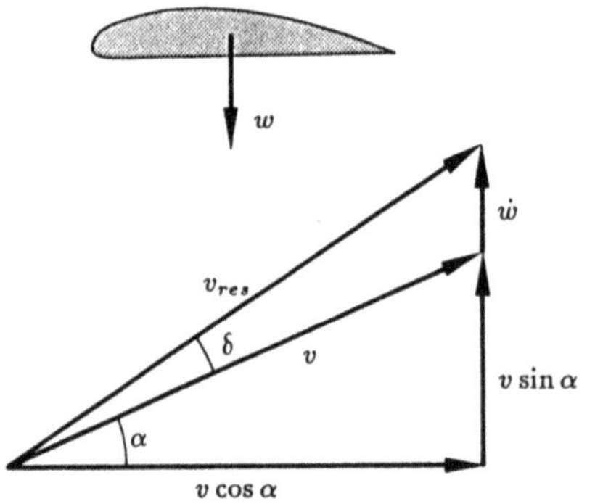

Biege-Schlag-Bewegung des Profils, $w = w_0 \cos\omega t$

Abb. 26.4.28
Anströmung eines Profils bei einer Biege-Schlag-Bewegung

Hier ist $\omega^* = \omega b/v$ die reduzierte Frequenz und $c = 2b$ die Tiefe des Profils. In der Form (26.4.210) ist der Ausdruck für δ unpraktisch, und es empfiehlt sich, ihn in eine Maclaurinsche Reihe zu entwickeln. Wir finden

$$\delta = \cos(\alpha)\eta - \tfrac{1}{2}\sin(2\alpha)\eta^2 - \tfrac{1}{3}\cos(3\alpha)\eta^3 + \tfrac{1}{4}\sin(4\alpha)\eta^4 + \ldots \tag{26.4.213}$$

Es sollte festgehalten werden, daß die Winkel α und δ relativ zu einem mit dem Profil starr verbundenen Koordinatensystem gemessen werden. Führen wir die Profiltiefe $c = 2b$ und die reduzierte Frequenz ω^* ein, so folgt unter Berücksichtigung von (26.4.213)

$$\delta = \cos\alpha\left(-\omega^*\frac{w_0}{b}\right)\sin\omega t - \tfrac{1}{2}\sin 2\alpha\left(-\omega^*\frac{w_0}{b}\right)^2\sin^2\omega t - \tfrac{1}{3}\cos 3\alpha\left(-\omega^*\frac{w_0}{b}\right)^3\sin^3\omega t$$

$$+\tfrac{1}{4}\sin 4\alpha\left(-\omega^*\frac{w_0}{b}\right)^4\sin^4\omega t + \ldots \tag{26.4.214}$$

Nach dieser einführenden Darstellung der geometrischen Verhältnisse in Abb. 26.4.28 wenden wir uns der Bestimmung der instationären aerodynamischen Beiwerte zu. Es handelt sich hier um den senkrecht gerichteten, „auftriebsartigen" Koeffizienten C_n, der durch ein Polynom in der instationären Anströmwinkeländerung δ ausgedrückt wird. Wir schreiben

$$C_n = \sum_{\mathrm{n}=0}^{\nu} a_{\mathrm{n}}(\alpha)\delta^{\mathrm{n}} \tag{26.4.215}$$

und

$$a_0 \equiv C_{ns}(\alpha) \approx C_L(\alpha) \tag{26.4.216}$$

wobei die Koeffizienten a_{n} Funktionen des stationären Mittelwerts α sind und $C_{ns} \approx C_L$ der stationäre Wert des normalen Luftkraftbeiwerts C_n ist. Wir definieren C_n, wie auch die relative Luftbewegung w (relativ zum Profil), als positiv nach oben. Für die Entwicklung (26.4.213) genügen nur wenige Terme.

Wir bemerken beiläufig, daß für ein dünnes, ungewölbtes Profil die stationäre Theorie

$$C_n = \pi\sin 2\alpha \tag{26.4.217}$$

liefert. Damit könnten dann die Koeffizienten a_{n} durch eine Maclaurinsche Reihe gewonnen werden. Im allgemeinen wird C_n als eine empirische Funktion im Stall-Zustand des gewölbten Profils ermittelt. Die Koeffizienten a_{n} sind dann formal durch Ableitungen wie folgt definiert

$$a_{\mathrm{n}} = \frac{1}{\mathrm{n}!}\left.\frac{\mathrm{d}^{\mathrm{n}}C_n}{\mathrm{d}\delta^{\mathrm{n}}}\right|_{\delta=0} \tag{26.4.218}$$

Wir wenden uns nun dem dynamischen Staudruck q_{res} zu, der sich periodisch mit Bezug auf das vorerwähnte Bezugssystem verändert. Wir erhalten aus Abb. 26.4.28

$$q_{res} = \tfrac{1}{2}\rho v_{res}^2 = \tfrac{1}{2}\rho v^2(1 + 2\eta\sin\alpha + \eta^2) \tag{26.4.219}$$

Nehmen wir an, daß die Darstellung (26.4.214) des normalen Beiwerts auch im dynamischen Bereich gültig ist; damit ist die (zweidimensionale) periodische Normalkraft N bei einer Profiltiefe $c = 2b$ durch

$$N = q_{res} c C_n = \tfrac{1}{2}\rho v^2 c(1 + 2\eta \sin\alpha + \eta^2) \sum_{n=0}^{\nu} a_n(\alpha)\delta^n \tag{26.4.220}$$

gegeben, wobei δ durch (26.4.213) bzw. (26.4.214) bestimmt ist.

Die Dynamik des Abreißvorgangs bedingt eventuell die Einführung einer Phasenverschiebung φ in den η- bzw. geschwindigkeitsabhängigen Termen in δ, so wie sie in der Expansion für C_n in (26.4.220) erscheinen. Dies gilt jedoch nicht für den Ausdruck in q_{res}. Es wird vorausgesetzt, daß der Staudruck unmittelbar ohne Phasenverschiebung auf δ bzw. $\dot{w}$ reagiert.

26.4.8.3 Stabilität der Schlagschwingung

Die Frage der möglichen Anfachung oder Dämpfung der Amplitude w_0 der Schlagschwingung kann bei dem vorliegenden Einfreiheitsgrad-System einfach durch die in einem Zyklus von der aerodynamischen Kraft N über $\dot{w}$ geleistete Arbeit beantwortet werden. Damit schreiben wir

$$\text{Arbeit pro Zyklus} = \int_0^T N\dot{w}\,\mathrm{d}t = \frac{1}{\omega}\int_0^{2\pi} N\dot{w}\,\mathrm{d}(\omega t) \tag{26.4.221}$$

Zweckmäßiger ist es, die pro Zeiteinheit erbrachte Leistung (engl. *power*) zu betrachten. Es gilt, unter Heranziehung von (26.4.212),

$$P = \text{Leistung} = \frac{1}{2\pi}\int_0^{2\pi} N\dot{w}\,\mathrm{d}(\omega t)$$

$$= -\frac{v}{2\pi}\frac{w_0}{b}\omega^* \int_0^{2\pi} N \sin\omega t\,\mathrm{d}(\omega t) \tag{26.4.221a}$$

Wir setzen nun für N den Ausdruck (26.4.220) einschließlich des vorerwähnten Beitrags der Phasenverschiebung φ ein und bemerken unmittelbar, daß nur gerade Potenzen von $\sin\omega t$ im Integranden einen Beitrag zur Leistung P liefern. Alle Terme der Form $\sin^n\omega t \cos\omega t$ ergeben für alle Werte von n, einschließlich Null, keinen Beitrag. Die Reihenentwicklung von δ und C_n braucht sich nur so weit zu erstrecken, daß die Leistung Terme bis zur 6. Ordnung enthält. Wir erhalten

$$P = \tfrac{1}{2}\rho v^3 b\,[A(\omega w_0/v)^2 + B(\omega w_0/v)^4 + C(\omega w_0/v)^6 + \ldots] \tag{26.4.222}$$

Hier ist

$$A = -2a_0 \sin\alpha - a_1 \cos\alpha \cos\varphi$$

$$B = -\tfrac{1}{4}a_1[-(\cos\alpha - \cos 3\alpha)(1 + \tfrac{1}{2}\cos 2\varphi) + (3\cos\alpha - \cos 3\alpha)\cos\varphi]$$

$$-\tfrac{1}{4}a_2(\sin\alpha + \sin 3\alpha)(1 - \tfrac{3}{2}\cos\varphi + \tfrac{1}{2}\cos 2\varphi)$$

$$-\tfrac{3}{16}a_3(3\cos\alpha + \cos 3\alpha)\cos\varphi$$

$$C = -\tfrac{1}{16}a_1[(\cos 3\alpha - \cos 5\alpha)(\tfrac{3}{2} + \cos 2\varphi) - \tfrac{1}{16}(3\cos 3\alpha - 2\cos 5\alpha)\cos\varphi - \tfrac{1}{3}\cos 3\alpha \cos 3\varphi] - \ldots \tag{26.4.223}$$

Die in v kubische Abhängigkeit von P ist eine Folge der Dimension der Leistung, die Arbeit pro Zeiteinheit beinhaltet.

Der analytische Ausdruck (26.4.222) mit (26.4.223) für die erbrachte Leistung bei einer Schlagschwingung ist zu kompliziert, als daß er eine einfache physikalische Interpretation ermöglicht. Nichtsdestoweniger ergibt sich bei sehr kleinen Schwingungen, wie sie z.B. durch Turbulenzen im umströmenden Medium oder anderes Rauschen im System ausgelöst sein können, daß das Vorzeichen des Ausdrucks für die Leistung durch den Koeffizienten A von $(\omega w_0/v)^2$ bestimmt ist. Setzen wir einen kleinen bis mäßigen stationären Anstellwinkel α voraus, so ist der Koeffizient a_0 positiv. Ist $\cos\varphi \approx 1$, kann eine positive Leistung nur erbracht werden, wenn a_1 einen genügend hohen negativen Wert hat. Dies bedeutet, daß die Neigung von C_n versus δ für den gewählten stationären Anströmwinkel α negativ sein muß. Genauer gesagt, für $|\varphi| < \pi/2$ und $a_1 < -2a_0 \tan\alpha \sec\varphi$ ergibt sich eine Instabilität der Schwingung bei kleinen Amplituden, was zu einer Energiezufuhr in den Schwingungsvorgang und einem Anfachen der Amplitude führt.

Im allgemeinen Fall sind die Koeffizienten A, B, C komplizierte Funktionen der Winkel α, φ und der Koeffizienten a_n in der Entwicklung des Normalkraftbeiwerts.

Die A, B, C können positiv, Null oder negativ sein. Gewisse Vorzeichenkombinationen sind für die Beschreibung des Biege-Abreiß-Flatterns von besonderem Interesse. Wir fassen im folgenden einige wichtige Fälle zusammen.

I $A < 0$, $B < 0$, $C < 0$:
kein Flattern

II $A > 0$, $B > 0$, $C > 0$:
Die Flatter-Amplitude wächst stetig von Null zu sehr hohen Werten

III $A > 0$, $B < 0$, $C < 0$:
Die Flatter-Amplitude wächst stetig bis zu einer finiten Amplitude, die durch

$$(\omega w_0/v)^2_{\mathrm{III}} = (-|B| + \sqrt{B^2 + 4A|C|})/(2|C|)$$

gegeben ist und einer Null-Leistung entspricht.

IV $A < 0$, $B > 0$, $C > 0$:

Kein Flattern bei kleinen Amplituden. Sollte eine äußere auslösende Störung Flattern über einen kritischen Amplitudenwert

$$(\omega w_0/v)^2_{\mathrm{IV}} = (B + \sqrt{B^2 + 4|A|C})/2C$$

hinausführen, so werden sehr hohe Amplituden generiert. Bei der kritischen Amplitude ist die Leistung wieder Null.

V $A > 0,\ B > 0,\ C < 0$:

Dieser Fall ähnelt dem unter III, wobei aber die kritische finite oder Gleichgewichtsamplitude

$$(\omega w_0/v)^2_{\mathrm{V}} = (B + \sqrt{B^2 + 4A|C|})/2|C|$$

etwas größer sein kann.

VI $A < 0,\ B < 0,\ C > 0$:

Dieser Fall ähnelt dem unter IV, wobei aber die kritische Flatter-Amplitude, bei deren Überschreitung Flattern angefacht werden kann,

$$(\omega w_0/v)^2_{\mathrm{VI}} = (|B| + \sqrt{B^2 + 4|A|C})/2C$$

eventuell größer sein kann.

VII $A > 0,\ B < 0,\ C > 0$:

Dieser Fall ähnelt dem unter II, wenn B sehr klein ist, und dem unter III, wenn C sehr klein ist und sehr große Amplituden in unseren Betrachtungen ausgeschlossen werden.

VIII $A < 0,\ B > 0,\ C < 0$:

Dieser Fall ähnelt dem unter I, wenn B sehr klein ist, und IV, wenn C sehr klein ist und sehr große Amplituden in unseren Betrachtungen ausgeschlossen sind.

26.4.8.4 Eine graphische Darstellung des Schlagbiege-Abreiß-Flatterns

Wir demonstrieren in Abb. 26.4.29 den skizzenhaften Verlauf einiger der am Ende des vorausgegangenen Unterabschnitts diskutierten Fälle des Schlagbiege-Flatter-Prozesses. Betrachten wir zuerst den Fall II, bei dem die Amplitude stetig von Null aus anwächst. Dieser Fall wird durch eine geeignete Kombination von Frequenz ω und Phasenverschiebung φ, stationärem Anströmwinkel α sowie Geschwindigkeit v hervorgerufen. Hierbei wächst die Amplitude w_0 stetig. Dieser Flattervorgang wird in die Kategorie des sogenannten weichen Flatterns (engl. *soft flutter*) eingereiht. Die Fälle III und V sind ebenfalls Beispiele des "*soft flutter*". Sie zeigen ein Anwachsen der Amplitude bis zu einem stationären Höchstwert, der die sogenannte Gleichgewichts-Flatteramplitude darstellt und der nicht mehr überschritten wird. Wenn wir in den angeführten Fällen das Diagramm w gegen $\dot{w}/\omega$ in der Phasenebene zeichnen, so ergibt sich ein spiralförmiger Verlauf vom Ursprung ($t = 0$) bis zu der asymptotischen Einmündung ($t \gg 1$) in einen kreisförmigen Grenzzyklus.

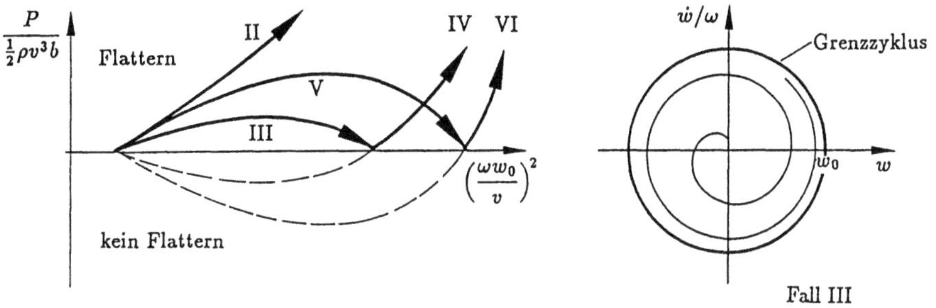

Abb. 26.4.29 Beziehung zwischen Leistung P und Amplitude w_0

Interessant sind auch die Fälle IV und VI. Bei diesen tritt das selbsterhaltende Flatterphänomen erst unmittelbar bei einer großen Amplitude auf. Im aeroelastischen Sprachgebrauch handelt es sich um Manifestationen von hartem Flattern (engl. *hard flutter*). In der mit w und $\dot{w}/\omega$ aufgespannten Phasenebene entfernt sich die Bewegung vom Grenzzyklus weg zu größeren oder kleineren Amplituden. Im Sprachgebrauch des Kapitels 25 ist der Grenzzyklus instabil. Die kleinste Störung von einer ursprünglich kreisförmigen Trajektorie in Richtung eines größeren oder kleineren Radius würde unmittelbar eine monoton sich entfernende, spiralförmige Bewegung auslösen. Im Gegensatz dazu beschreibt der Fall III einen stabilen Grenzzyklus.

Eine eingehende Betrachtung der Fälle VII und VIII weist auf die Präsenz von mehr als zwei ineinandergeschachtelten Grenzzyklen hin. Die nichtlineare Mechanik lehrt uns, daß derartige Grenzzyklen eines Systems abwechselnd stabil und instabil sind.
Damit ist unsere elementare Einführung in das Schlagbiege-Abreiß-Flattern abgeschlossen.

26.4.8.5 Ein Beitrag zum Problem des Torsions-Stall-Flatterns

Als nächstes wenden wir uns dem Phänomen des Torsions-Abreiß-Flatterns zu. Die analytische Formulierung der Bewegung ist viel komplizierter als beim Schlagbiegefall. Dies liegt einfach daran, daß der dynamische Anströmwinkel bei der Torsion durch zwei Effekte beeinflußt wird, nämlich durch die eigentliche momentane Winkelbewegung und durch die abgeleitete momentane Translationsbewegung senkrecht zur Profilsehne. Der erste Beitrag ist unabhängig von dem betrachteten Profilpunkt und der Frequenz. Der zweite Beitrag ist, andererseits, linear abhängig vom Abstand des Punktes von der elastischen Achse und auch von der Frequenz. Beide Komponenten verändern sich selbstverständlich harmonisch mit der Kreisfrequenz ω.

Wir berücksichtigen nun die Konventionen in Abb. 26.4.30 und leiten die infolge der Schlagdrehung auftretende relative vertikale Translationsgeschwindigkeit $\dot{w}$ der Luftströmung gegenüber einem Punkt x des Profils ab

$$\dot{w} = (x - x_E)\dot{\theta} = -(x - x_E)\theta_0\,\omega \sin \omega t \qquad (26.4.224)$$

die wieder positiv definiert ist, wenn sie nach oben gerichtet ist. Die Koordinate x_E bezeichnet, wie bisher, den Abstand der elastischen Achse von der Vorderkante des Profils.

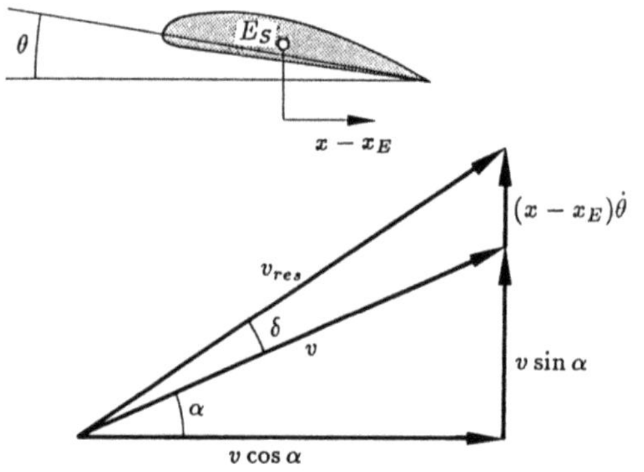

Abb. 26.4.30
Anströmung eines Profils bei einer Dreh-Schlag-Bewegung

Dreh-Schlag-Bewegung des Profils, $\theta = \theta_0 \cos \omega t$

Berücksichtigen wir auch die harmonische Rotationsschwingung $\theta = \theta_0 \cos \omega t$, so ermittelt sich die lokale dynamische Änderung δ des Anströmwinkels aus

$$\delta = \theta_0 \cos \omega t + \arctan\left(\tan\alpha - \frac{x - x_E}{v\cos\alpha}\theta_0\,\omega \sin \omega t\right) - \alpha \tag{26.4.225}$$

Weiterhin leiten wir den dynamischen Staudruck q_{res} der relativen Anströmgeschwindigkeit v_{res} aus

$$\begin{aligned} q_{res} &= \tfrac{1}{2}\rho v_{res}^2 \\ &= \tfrac{1}{2}\rho v^2\left[1 + 2\sin\alpha\frac{(x - x_E)\dot\theta}{v} + \left(\frac{(x - x_E)\dot\theta}{v}\right)^2\right] \end{aligned} \tag{26.4.226}$$

ab. Mit der harmonischen Drehschwingung $\theta = \theta_0 \cos \omega t$ erhalten wir

$$q_{res} = \tfrac{1}{2}\rho v^2\left[1 - 2\sin\alpha\frac{(x - x_E)\theta_0\,\omega}{v}\sin \omega t + \left(\frac{(x - x_E)\theta_0\,\omega}{v}\right)^2 \sin^2 \omega t\right] \tag{26.4.227}$$

Da nun, infolge der Abhängigkeit von der laufenden Koordinate x, der Anströmwinkel $\alpha + \delta$ sich über der Sehne des Profils verändert, erscheint es nicht möglich, das Torsionsproblem ähnlich einfach wie bei der Schlagbiegung zu formulieren, vorausgesetzt, wir legen nicht einen repräsentativen Punkt als typisch für das Verhalten des gesamten Profils fest. Nun entnehmen wir aus der Theorie der inkompressiblen Potentialströmung um ein dünnes Profil, daß der sogenannte 3/4-Punkt diese charakteristische Eigenschaft besitzt – unter der Voraussetzung, daß das Profil parabolisch ist und Abreißen nicht stattfindet. Wenn wir hier diese sicherlich zweifelhafte Festlegung adoptieren, so bedingt dies den Ersatz der Variablen $(x - x_E)$ durch eine konstante Länge ϵb. Hier bezeichnet $c = 2b$ wieder die Tiefe des Profils. Unter diesen Umständen ermitteln wir auf Grund der

Maclaurinschen Reihenentwicklung von (26.4.225) den für das gesamte Profil gültigen zusätzlichen instationären Anströmwinkel δ aus

$$\delta = \theta_0 \cos \omega t - \cos \alpha(\epsilon\omega^* \theta_0) \sin \omega t - \frac{1}{2} \sin 2\alpha(\epsilon\omega^*\theta_0)^2 \sin^2 \omega t + \frac{1}{3} \cos 3\alpha (\epsilon\omega^*\theta_0)^3 \sin^3 \omega t + \frac{1}{4} \cos 4\alpha(\epsilon\omega^*\theta_0)^4 \sin^4 \omega t - \ldots \quad (26.4.228)$$

Als nächstes entwickeln wir den Momentenbeiwert C_M des aerodynamischen Moments M, ähnlich wie den Beiwert C_n der Normalkraft N, in der Reihe

$$C_M = \sum_{\mathrm{n}=0}^{\nu} b_{\mathrm{n}}(\alpha)\delta^{\mathrm{n}} \quad (26.4.229)$$

In diesem Ausdruck können die Koeffizienten b_{n} aus der Steigung und den höheren Ableitungen des empirischen Verlaufs von C_M in der Form

$$b_{\mathrm{n}} = \frac{1}{\mathrm{n}!} \frac{\mathrm{d}^{\mathrm{n}} C_M}{\mathrm{d}\delta^{\mathrm{n}}}\bigg|_{\delta=0} \quad (26.4.230)$$

abgeleitet werden.

Weiterhin ist es notwendig, die Leistung P der Arbeit des aerodynamischen Moments M über die Winkelgeschwindigkeit $\dot{\theta}$ zu ermitteln. In Anlehnung an (26.4.221) finden wir hier

$$P = \frac{1}{2\pi} \int_0^{2\pi} M\dot{\theta}\, \mathrm{d}(\omega t) \quad (26.4.231)$$

Da $M = q_{res}(2b)^2 C_M$ ist, erhalten wir

$$M = \frac{1}{2}\rho v^2 (2b)^2 \left[1 + 2\sin\alpha\left(\frac{\epsilon b\dot{\theta}}{v}\right) + \left(\frac{\epsilon b \dot{\theta}}{v}\right)^2\right] \sum_{\mathrm{n}=0}^{\nu} b_{\mathrm{n}}\delta^{\mathrm{n}} \quad (26.4.232)$$

wobei δ in (26.4.228) definiert ist. Wir setzen (26.4.232) in (26.4.231) ein und leiten nach Integration einen analytischen Ausdruck für P ab; auf Details können wir hier nicht eingehen.

Aus unseren Ausführungen wird ein grundsätzlicher Unterschied bei der Analyse des Torsions-Stall-Flatterns gegenüber der des Biege-Stall-Flatterns ersichtlich. Wir beobachten im Torsions-Fall eine Komponente in C_M, die proportional zu $b_1\theta_0 \cos \omega t$, aber phasenverschoben gegenüber der Winkelgeschwindigkeit $\dot{\theta} = -\omega\theta_0 \sin \omega t$ ist. Da $\dot{\theta}$ als zweiter Faktor im Integranden von P erscheint, folgern wir, daß die Leistung außer ähnlichen Termen wie im Biegefall auch Terme wie

$$b_1\theta_0,\quad b_2\theta_0,\ b_2\theta_0^2,\quad b_3\theta_0,\ b_3\theta_0^2,\ b_3\theta_0^3,\quad \text{usw.}$$

enthalten kann. Die detaillierte Aufzählung dieser Beiträge fördert aber hier nicht das Verständnis.

Jedoch ist der Sonderfall von sehr langsamen Schwingungen von Interesse für eine physikalische Einsicht in den Bereich des Torsions-Stall-Flatterns. Bei einem derartigen Niedrigfrequenz-Vorgang können wir höhere Potenzen der Frequenz ignorieren. Damit nimmt die Leistung P die relativ einfache Form

$$P = -\tfrac{1}{2}\rho v^2 (2b)^2 \frac{\omega\theta_0}{2\pi} \sum_{n=0}^{\nu} b_n \theta_0^n \int_0^{2\pi} \cos^n(\omega t - \varphi) \sin\omega t \, d(\omega t)$$

$$= -\tfrac{1}{2}\rho v^2 (2b)^2 \frac{\omega}{2\pi} \sin\varphi \sum_{n = \text{unger.}}^{\nu} b_n \theta_0^{n+1} \int_0^{2\pi} \cos^{n+1}\Omega \, d\Omega$$

$$= -\tfrac{1}{2}\rho v^3 (4b)\, \omega^* \sin\varphi \sum_{n = \text{unger.}}^{\nu} b_n \theta_0^{n+1} \frac{1 \cdot 3 \cdot 5 \dots n}{2 \cdot 4 \cdot 6 \dots (n+1)} \qquad (26.4.233)$$

an. Aus dem letzten Ausdruck folgt, daß die dem System zugeführte Leistung wiederum proportional zur Summe von geraden Potenzen der Torsionsamplitude θ_0 ist. Dieses Resultat für Stall-Flattern im Niedrigfrequenz-Bereich ist stark von der Phasenverschiebung φ/ω zwischen der harmonischen Schwingung $\theta = \theta_0 \cos\omega t$ und der Response des aerodynamischen Moments abhängig.

Es zeigt sich aus diesen Ausführungen, wieviel komplizierter der Fall des Torsions-Stall-Flatterns ist. Der Vorgang hängt empfindlich von der Zeit-Verzögerung bzw. Phasenverschiebung und der Lage der elastischen Achse (was letztere auch bedeuten mag) ab. Zum Beispiel würde eine künstliche Verlagerung der elastischen Achse in Richtung Profilkante, die zu $\epsilon = 0$ führen würde, die gleiche Wirkung wie obige Beschränkung auf den Niedrigfrequenzbereich verursachen. In beiden Fällen würden die gleichen Terme eliminiert werden. Qualitativ können wir feststellen, daß Torsions-Stall-Flattern bei $\epsilon \neq 0$ ungefähr zwischen dem Verhalten im Niedrigfrequenzbereich (mit einer kritischen Abhängigkeit von $\sin\varphi$) und einem dem Biegefall ähnlichen Stall-Flattern (mit einer kritischen Abhängigkeit vom Gradienten eines dynamischen Beiwertes beim stationären Anströmwinkel α) liegt.

26.4.8.6 Abschließende Bemerkungen

Die nichtlineare Natur des Stall-Flatterns bedingt die eigenartige Fähigkeit der Theorie, die End- oder maximale Amplitude des Schwingungsvorgangs (also eines Grenzzyklus-Zustands) in einer sogenannten Gleichgewichtskonfiguration feststellen zu können. Dies steht im Widerspruch zu klassischen Flatter-Prozessen, bei denen wir gewöhnlich nur Stabilitätsgrenzen ermitteln. Die Bedingung für die maximale finite Amplitude ergibt sich beim Stall-Flattern, wenn wir die momentane Leistung P zu Null setzen. Die sich in erster Näherung ergebende quadratische Gleichung in $(w_0/b)^2$ oder θ_0^2 führt auf die zu erwartenden End-Amplituden. Da alle Koeffizienten a_n oder b_n Funktionen von α sind, ist es naheliegend, die sich ergebenden Werte von $(w_0/b)^2$ bzw. θ_0^2 als Funktionen des stationären Wertes α des Anströmwinkels aufzutragen. Dabei zeigt hartes Flattern einen plötzlichen Sprung zu einer finiten Amplitude bei einem kritischen Wert von α,

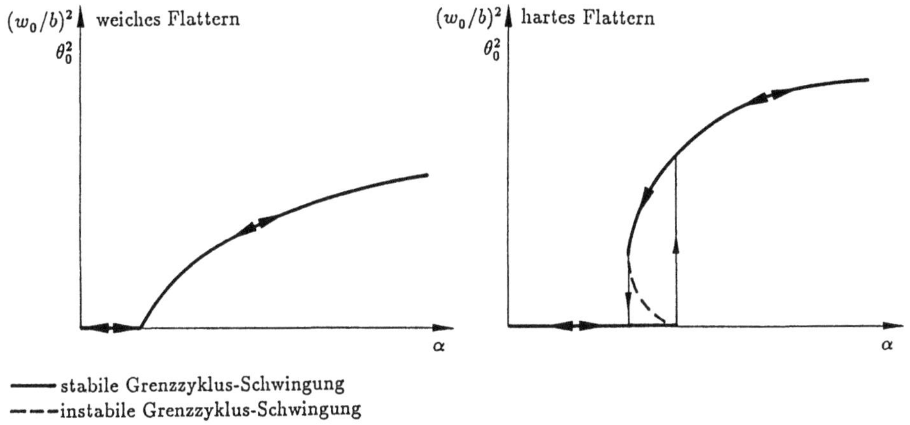

Abb. 26.4.31 Flatteramplitude als Funktion des stationären Anströmwinkels α

aber auch ein entsprechendes Erlöschen des Vorgangs (also einer Unterdrückung der Schwingung) bei einem niedrigeren Wert von α. Der komplizierte Verwandlungsprozeß ist mit Pfeilen in Abb. 26.4.31 aufgezeigt.

Zusammenfassend stellen wir fest, daß das Abreiß-Flattern auf das komplizierte nichtlineare Verhalten der aerodynamischen Beiwerte zurückzuführen ist. Das Phänomen beruht im Prinzip auf der Dynamik eines nichtlinearen Einfreiheitsgrad-Systems, die zu einer Begrenzung der Amplitude der Schwingung auf Grund der aerodynamischen Nichtlinearität führt. Wir sind in unseren Darlegungen nicht auf die Strukturdämpfung eingegangen. Es ist aber offensichtlich, daß eine Dämpfung die Größe der Amplitude nur beschränken kann.

Es läßt sich mutmaßen, daß auch ein dritter Mode in den Vorgang eingreifen kann. So kann im Prinzip eine Schlagschwingung in der Ebene der Profiltiefe postuliert werden, die auf ein ähnliches nichtlineares Verhalten des Widerstandsbeiwerts C_D zurückzuführen wäre. Profile der Luftfahrt sind aber sehr steif in Richtung der Sehne, und der Widerstand/Schwebung-Mechanismus könnte nur bei relativ plumpen Körpern, wie bei Bündeln von Stromleitern, die zwischen Pylonen aufgehängt sind, auftreten. Derartige Stall-Flatter-Phänomene in zwei bzw. drei Freiheitsgraden bedingen eine analytisch sehr komplizierte Formulierung, da gemischte Produkte der Amplituden der Komponenten-Modes auftreten. Für eine Stabilitätsuntersuchung und eine Ableitung der möglichen Endamplituden wären derartige Ausdrücke technisch nicht verwertbar, ohne einen sehr großen und letzten Endes nicht zu verantwortenden numerischen Aufwand.

Aber ein weiteres Defizit zeigt sich in der besprochenen Theorie. Sogar bei einer reinen Biege- oder Torsionsschwingung sind die dynamischen Luftkräfte und -momente frequenzabhängig, und wir müßten die Koeffizienten a_n und b_n streng genommen in der Form

$$a_n = a_n(\alpha, \omega^*) , \quad b_n = b_n(\alpha, \omega^*) \tag{26.4.234}$$

ansetzen. Weiterhin wird im allgemeinen $a_0 \neq C_{ns}$ und $b_0 \neq C_{Ms}$ sein. Die realen Vorgänge sind aber noch komplizierter, da die Koeffizienten tatsächlich zweiwertig sind. Eine charakteristische aerodynamische Größe nimmt dabei für einen gegebenen Winkel α zwei verschiedene Werte an, je nachdem, ob dieser Wert α innerhalb des zeitlichen Verlaufs in einer ansteigenden oder fallenden Phase des Anströmwinkels erreicht wird. Diese hysteretische Eigenschaft ist gewöhnlich bei höheren Frequenzen ω^* noch ausgeprägter.

In Anbetracht dieser Schwierigkeiten verbleibt zur Zeit die praktische Ermittlung von Stall-Flattern ein semi-empirisches Unterfangen. Dabei muß ein Modell in einem Windkanal eingehenden Versuchen mit einer parametrischen Variation der reduzierten Frequenz, des stationären Anströmwinkels α und der Schwingungsamplitude unterzogen werden. Die Beschreibung dieser Technik gehört aber nicht in dieses Lehrbuch.

Ein gewisser Lichtblick in die zukünftige Entwicklung und Anwendung der Theorie des Stall-Flatterns verbleibt aber doch. Wertvolle analytische Untersuchungen von Sisto [26.117] zeigen, wie die Theorie durch präzise Erfassung des Ablösepunktes der Strömung auf der Saugseite des Flügels verfeinert werden kann. Dabei wird vorausgesetzt, daß im Schwingungsvorgang der Ablösepunkt mit der gleichen Frequenz wie die Schwingung selbst entlang des Profils wandert. Insbesondere wird angenommen, daß das Driften des Ablösepunktes innerhalb gegebener Grenzen und Phasenverschiebungen verläuft. Unter diesen Umständen erweist es sich als möglich, eine der Theodorsen-Lösung für anliegende Strömungen entsprechende instationäre analytische Theorie der Strömung mit Ablösung zu verwirklichen. Dabei werden die instationären aerodynamischen Beiwerte für einen wandernden Ablösepunkt bestimmt. Es verbleibt eine empirische Interpretation des Verhaltens des Ablösepunkts als Funktion des stationären Winkels α und des Schwingungsvorgangs. Weitere Entwicklungen der Theorie sind zur Zeit noch im Gange. Das Potential dieser Forschungsrichtung erscheint vielversprechend, da die theoretischen Diagramme des Momentenwertes C_M einen ähnlichen zweiwertigen Verlauf wie im Experiment aufweisen. Nichtsdestoweniger ist der Senior-Autor überzeugt, daß der endgültige Durchbruch nicht durch derartige aufwendige analytische Untersuchungen, sondern durch eine konsequente moderne numerische Erfassung der Strömung erzielt werden wird.

26.5 Die aeroelastische Gleichung und die Berechnung der kritischen Geschwindigkeit

Nach der klassischen, rein analytischen Theorie von Theodorsen in Abschnitt 26.4.5 und den Betrachtungen in Abschnitt 26.4.7 zu Flattern im Überschallbereich geben wir in diesem Abschnitt einen weiterführenden Ausblick in die moderne numerische Methodik der Lösung des Flatterproblems. Diese aeroelastische Betrachtungsweise wird wieder auf den beiden Säulen der statischen und dynamischen aeroelastischen Phänomene, deren Grundlagen wir hier in knapper Form besprechen werden, aufgebaut.

26.5.1 Das statische aeroelastische Problem

Wir beginnen mit der einfachen statischen Prozedur und betrachten die fundamentale elastische Beziehung

$$\boldsymbol{K}_e \boldsymbol{r} = \boldsymbol{R}_a \tag{26.5.1}$$

Hier bezeichnen wir die elastische Steifigkeit der Struktur nicht mehr mit $\boldsymbol{K}$, sondern mit $\boldsymbol{K}_e$, da wir im folgenden auch andere Steifigkeitsmatrizen kennenlernen werden. Der Vektor $\boldsymbol{R}_a$ kennzeichnet die aerodynamischen Kräfte nach Abzug etwaiger passiver Massenkräfte, auf deren Präsenz wir uns hier beschränken. Im vorliegenden Fall sind die aerodynamischen Kräfte nicht von der Zeit, sondern vom Staudruck q und den Luftkraftbeiwerten abhängig. Wie wir wissen, variieren letztere über größere Bereiche des Anstellwinkels linear mit diesem, und damit auch mit den Verschiebungen $\boldsymbol{r}$. Folglich können wir die auf den Flugkörper wirkenden aerodynamischen Kräfte wie folgt schreiben

$$\boldsymbol{R}_a = -\boldsymbol{K}_a(q)\boldsymbol{r} \tag{26.5.2}$$

Hier kann $\boldsymbol{K}_a$ als die stationäre aerodynamische Steifigkeitsmatrix, die vom Staudruck q abhängt, bezeichnet werden. Gleichung (26.5.1) läßt sich somit in

$$\underset{(n\times n)}{[\boldsymbol{K}_e + \boldsymbol{K}_a]}\underset{(n\times 1)}{\boldsymbol{r}} = \boldsymbol{K}\boldsymbol{r} = \boldsymbol{o} \tag{26.5.3}$$

umformen. Wenn nun die Gesamtsteifigkeit $\boldsymbol{K}$ des Systems singulär wird, führt eine kleine Störungskraft zu großen Deformationen und damit zu der uns bekannten Divergenz.

Für die vorliegende Untersuchung genügt es, $\boldsymbol{K}_a$ als allein linear abhängig vom Staudruck q anzunehmen. Wir können so $\boldsymbol{K}_a(q)$ für ein Vielfaches λ des Staudrucks setzen

$$\boldsymbol{K}_a(\lambda q) = \lambda \boldsymbol{K}_a(q) \tag{26.5.4}$$

Es folgt für (26.5.3)

$$[\boldsymbol{K}_e + \lambda \boldsymbol{K}_a(q)]\boldsymbol{r} = \boldsymbol{o} \tag{26.5.5}$$

Wenn für ein Vielfaches $\lambda = \lambda_D$ die Matrix singulär wird, tritt Divergenz auf, und der kritische Staudruck wird $q_D = \lambda_D q$.

26.5.2 Das dynamische aeroelastische Problem

Nach diesen knappen Ausführungen verlassen wir die statische Aeroelastizität und wenden uns dem zweiten Problemkreis, dem der dynamischen Aeroelastizität, zu. Die Untersuchung der letzteren ist weitaus schwieriger als der einfache statische Fall. Ausgangspunkt unserer Betrachtung ist wieder Gleichung (26.5.1), die aber in einer erweiterten Fassung auch die Dämpfungs- und Trägheitskräfte umfaßt

$$\boldsymbol{M}_s \ddot{\boldsymbol{r}} + \boldsymbol{K}_e \boldsymbol{r} = \boldsymbol{R}_a + \boldsymbol{R}_D \tag{26.5.6}$$

Der Leser möge beachten, daß die Luftkräfte hier instationär sind und im allgemeinen zumindest vom Staudruck q, der Machschen Zahl M und der in (26.3.16) eingeführten reduzierten reellen Frequenz ω^* abhängen. Dies gilt auf jeden Fall am Flatterpunkt selbst.

Diese Kräfte sind z.B. maßgebend für eine Untersuchung unmittelbar am Flatterpunkt, während im unterkritischen bzw. überkritischen Bereich streng genommen eine gedämpfte bzw. angefachte Schwingung mit einer komplexen Frequenz $\varpi = \omega + i\mu$ eintritt, die eine entsprechend kompliziertere Formulierung der instationären Luftkräfte erfordert. Praktisch läßt sich dies nur mit modernen numerischen Methoden erzielen.

Gleichung (26.5.6) bildet die Grundlage für unsere weiteren Betrachtungen. Wird die Strömung und die Bewegung des Flugkörpers als harmonisch instationär angenommen, so lassen sich, wenn auch mit bedeutenden Vereinfachungen, analytische Ausdrücke für die Luftkräfte aufstellen.

Wir haben in Abschnitt 26.4.5 für den sehr eingeschränkten Fall einer zweidimensionalen inkompressiblen Strömung eine gestraffte Darstellung der Theorie von Theodorsen für ein abstrahiertes zweidimensionales Profil mit den Freiheitsgraden Torsion und Biegung wiedergegeben. Auch haben wir in Abschnitt 26.4.7 die bei hohen Mach-Zahlen gültige Piston-Theorie auf Flügel- und Panel-Flattern angewendet. Diese und analoge Ausdrücke in komplizierteren Fällen sind transzendente und komplexe Funktionen der reellen Eigenfrequenz ω_i; siehe z.B. (26.4.87) und (26.4.88) für ein System mit zwei Freiheitsgraden. Man berechnet sie deshalb in Abhängigkeit von der Fluggeschwindigkeit v und der reduzierten reellen Frequenz ω^*.

Da nun nicht nur das Schwingungsverhalten im Flatterpunkt interessiert, sondern in dessen weiterer Umgebung, d.h. im unter- und überkritischen Bereich, müssen hierfür gedämpfte bzw. angefachte harmonische Strukturbewegungen angesetzt werden. Dies bedeutet aber, daß die Eigenfrequenz der Struktur komplex ist

$$\varpi = \omega + i\mu \tag{26.5.7}$$

Die zugehörigen Luftkräfte müssen also für gedämpfte bzw. angefachte harmonische Schwingungen hergeleitet werden und können als Funktion einer komplexen Frequenz ϖ^* dargestellt werden. Die Definition von ϖ^* bleibt auch für komplexes ϖ wie im reellen Bereich, (26.3.16), gegeben. Also gilt mit (26.5.7)

$$\varpi^* = \frac{b}{v}\varpi = \frac{b}{v}(\omega + i\mu) = \omega^* + i\mu^* \tag{26.5.8}$$

In der Literatur wird für ϖ^* häufig auch $i\omega^* + \mu^*$ gesetzt, was eine Vertauschung der linken und der rechten Halbebene bei Darstellung in der komplexen Ebene zur Folge hat.

Es tritt somit bei inkompressibler Strömung eine generalisierte Theodorsen-Funktion $C(\varpi^*)$ auf, die in Abhängigkeit von ϖ^* ermittelt werden muß. Mit ihr kann eine gedämpfte bzw. angefachte Schwingung zumindest im zweidimensionalen Fall dargestellt werden. Der entsprechende Realteil bzw. Imaginärteil der Theodorsen-Funktion ist auszugsweise in Abb. 26.5.1 dargestellt. Für $\mu = 0$ erhalten wir die bereits bekannten Diagramme der Abb. 26.4.9. Eine Ableitung dieser Ergebnisse aus dem Geschwindigkeitspotential für inkompressible und kompressible zweidimensionale Strömungen findet der Leser in [26.37].

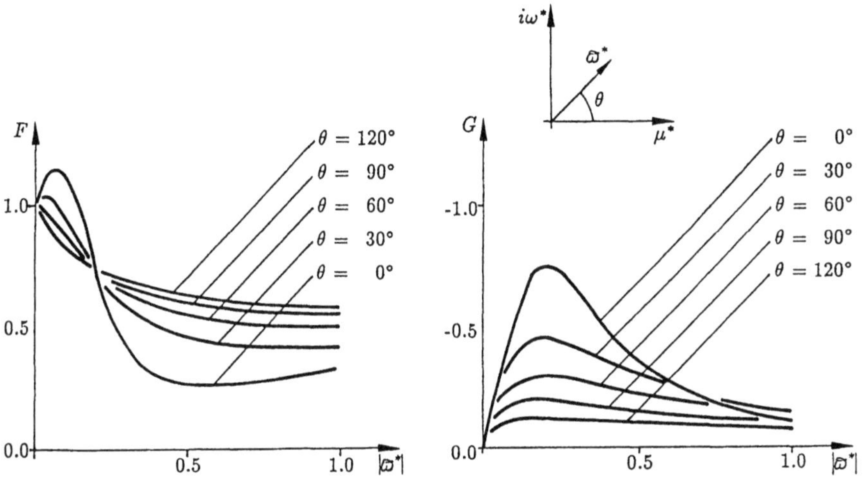

Abb. 26.5.1 Realteil F und Imaginärteil G der verallgemeinerten Theodorsen-Funktion in Abhängigkeit von der reduzierten Frequenz $|\bar{\omega}^*|$

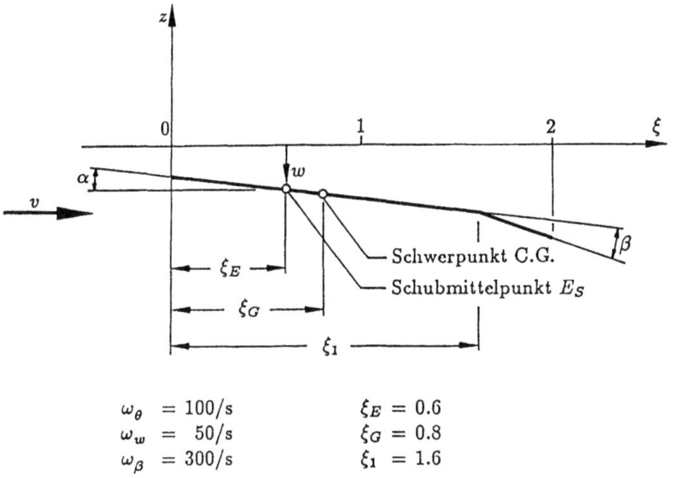

Abb. 26.5.2
Elastische, geometrische und aerodynamische Daten einer einfachen angestellten Platte mit Ruder

$\omega_\theta = 100/s$	$\xi_E = 0.6$
$\omega_w = 50/s$	$\xi_G = 0.8$
$\omega_\beta = 300/s$	$\xi_1 = 1.6$

Zur Illustration zeigen wir ein Ergebnis für das zweidimensionale Beispiel aus Abb. 26.5.2. Es wurde bei inkompressibler Strömung mit der generalisierten Theodorsen-Funktion ermittelt (Abb. 26.5.3). Das Frequenzverhältnis der Biege- zur Torsionsschwingung ist $\omega_w/\omega_\theta = 0.5$, und die natürliche Frequenz des Rudermodes ist dreimal höher als die des Torsionsmodes. Die Lösungen sind für verschiedene Geschwindigkeiten in der bezogenen komplexen Ebene aufgetragen, und man sieht, daß die Lösung für den Biegemode mit ansteigender Fluggeschwindigkeit v die stabile rechte Halbebene bei $v/(b\,\omega_\theta) \approx 3.0$ verläßt.

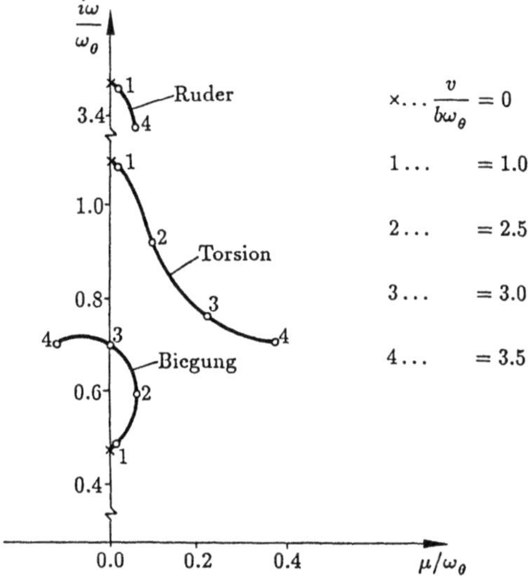

Abb. 26.5.3
Verlauf der Lösungen des Beispiels in Abb. 26.5.2 für verschiedene komplexe ϖ^*-Werte

Will man nun noch beliebige Bewegungen der Steuerflächen berücksichtigen, wie sie bei "active flutter control" und bei Steuerbewegungen zu Böenlastabminderungs-Manövern auftreten, muß man allgemeine instationäre Luftkräfte aufstellen. Diese müssen zumeist auch dreidimensionale Effekte berücksichtigen, da eine Beschränkung auf eine vereinfachte zweidimensionale Darstellung in der modernen Luftfahrttechnik nicht mehr genügt. Abschließend sei vermerkt, daß in Forschung und Praxis heutzutage, im Zeitalter des Computers, numerische Methoden – wie die der Finiten Volumen oder Finiten Elemente – für die Ermittlung der instationären aerodynamischen Kräfte eingesetzt werden. Selbstverständlich kann aber unsere Darstellung der Piston-Theorie in Abschnitt 26.4.7 unmittelbar auf komplexe Frequenzen $\varpi = \omega + i\mu$ erweitert werden.

Wenden wir uns wieder unseren generellen Betrachtungen zu, halten jedoch fest, daß außerhalb eines Flatterpunkts die instationären Luftkräfte korrekt nur über eine komplexe reduzierte Frequenz ϖ^* des Ausdrucks (26.5.8) eingebracht werden können.

Wir formulieren nun die gesamten aerodynamischen Kräfte $\boldsymbol{R}_a$ auf den Flugkörper in der Form

$$\boldsymbol{R}_a = \boldsymbol{R}_{aK} + \boldsymbol{R}_{aD} + \boldsymbol{R}_{aM} \qquad (26.5.9)$$

Hier charakterisiert $\boldsymbol{R}_{aK}$ ein steifigkeitsähnliches Verhalten des umströmenden Mediums, $\boldsymbol{R}_{aD}$ die Dämpfung auf die Struktur und $\boldsymbol{R}_{aM}$ den Einfluß der mitschwingenden Luftmasse. Wenn wir uns auf linearisierte Anteile jeweils proportional zu $\boldsymbol{r}, \dot{\boldsymbol{r}}$ und $\ddot{\boldsymbol{r}}$ beschränken, schreibt sich (26.5.9) in der Form

$$\boldsymbol{R}_a = -\boldsymbol{K}_a \boldsymbol{r} - \boldsymbol{C}_a \dot{\boldsymbol{r}} - \boldsymbol{M}_a \ddot{\boldsymbol{r}} \qquad (26.5.10)$$

wobei wir $\boldsymbol{K}_a$, $\boldsymbol{C}_a$ und $\boldsymbol{M}_a$ als die aerodynamische Steifigkeit, Dämpfung und mitschwingende Masse des umströmenden Mediums bezeichnen. Gemäß (26.3.15) beobachten wir bei den aeroelastischen Kräften in der Präsenz eines einzigen Freiheitsgrads Beiträge in Phase mit den Verschiebungen $\boldsymbol{r}$ (Realteil) und in Phase mit der Geschwindigkeit $\dot{\boldsymbol{r}}$ (Imaginärteil). Bei Mehrfreiheitsgrad-Systemen sind diese Einflüsse jedoch gekoppelt, und wir erhalten für die aerodynamische Steifigkeitsmatrix, die als Proportionalitätsfaktor bei den Verschiebungen $\boldsymbol{r}$ auftritt, die komplexe Darstellung

$$\boldsymbol{K}_a = \boldsymbol{K}_a^{\mathrm{R}}(q, M, \varpi^*) + i\boldsymbol{K}_a^{\mathrm{I}}(q, M, \varpi^*) \tag{26.5.11}$$

Hier sind $\boldsymbol{K}_a^{\mathrm{R}}$ und $\boldsymbol{K}_a^{\mathrm{I}}$ der Real- und Imaginärteil der aerodynamischen Steifigkeit, die bei höheren Geschwindigkeiten auch von der Machschen Zahl M abhängen.

Für die proportional zur Geschwindigkeit $\dot{\boldsymbol{r}}$ auftretenden aerodynamischen Dämpfungsanteile erhalten wir analog

$$\boldsymbol{C}_a = \boldsymbol{C}_a^{\mathrm{R}}(q, M, \varpi^*) + i\boldsymbol{C}_a^{\mathrm{I}}(q, M, \varpi^*) \tag{26.5.12}$$

Weder $\boldsymbol{K}_a$ noch $\boldsymbol{C}_a$ sind im allgemeinen hermitesch (i.e. konjugiert komplex symmetrisch).

Die aerodynamischen Trägheitskräfte hängen nur von der mitschwingenden Masse $\boldsymbol{M}_a$, und damit von der Luftdichte ρ, und der Beschleunigung $\ddot{\boldsymbol{r}}$ ab. Sie können im allgemeinen als so schwach angenommen werden, daß wir sie vernachlässigen dürfen.

Als nächstes wenden wir uns weiteren Strukturkräften, den inneren Reibungskräften $\boldsymbol{R}_D$, zu. Die strukturelle Dämpfung $\boldsymbol{R}_D$ kann, je nach Problem, sehr verschieden ausfallen, wird aber generell in die viskose Dämpfung $\boldsymbol{R}_v$, die innere Materialdämpfung $\boldsymbol{R}_m$ und die Coulombsche Reibung $\boldsymbol{R}_c$ aufgespalten. Damit schreiben wir

$$\boldsymbol{R}_D = \boldsymbol{R}_v + \boldsymbol{R}_m + \boldsymbol{R}_c \tag{26.5.13}$$

$\boldsymbol{R}_v$ entsteht durch viskose Reibung zwischen den Freiheitsgraden der Struktur und ist im allgemeinen sehr klein. Sind jedoch z.B. Stoßdämpfer zwischen einzelne Freiheitsgrade geschaltet, so spielt viskose innere Dämpfung eine Rolle (vgl. Abschnitte 14.2, 20.1). Die äußere viskose Dämpfung, welche durch die Bewegung im umgebenden Fluid hervorgerufen wird, ist schon in der aerodynamischen Matrix $\boldsymbol{C}_a$ berücksichtigt. Wir haben

$$\boldsymbol{R}_v = -\boldsymbol{C}_v\dot{\boldsymbol{r}} \tag{26.5.14}$$

Die innere Materialdämpfung entsteht durch Reibung der Moleküle des Werkstoffs untereinander oder an den Verbindungsstellen der Tragwerkselemente, d.h. die resultierenden Dämpfungskräfte sind eine Funktion der Schubspannungen bzw. der Deformationen $\boldsymbol{r}$. In erster Näherung sind sie für ein System mit nur einem Freiheitsgrad unabhängig von der Frequenz. Sie sind proportional zur Amplitude $\boldsymbol{r}$, jedoch in Phase mit der Geschwindigkeit $\dot{\boldsymbol{r}}$. Bei einem System mit mehreren Freiheitsgraden schreiben wir die Materialdämpfung wegen der existierenden Kopplung zwischen den Freiheitsgraden allgemein in komplexer Form

$$\boldsymbol{R}_m = -\boldsymbol{D}_m\boldsymbol{r} = -\left[\boldsymbol{D}_m^{\mathrm{R}} + i\boldsymbol{D}_m^{\mathrm{I}}\right]\boldsymbol{r} \tag{26.5.15}$$

Für schwache Dämpfung und linear-elastische Strukturen ist $\boldsymbol{D}_m^{\mathrm{I}}$ mit brauchbarer Näherung proportional zur Struktursteifigkeitsmatrix und $\boldsymbol{D}_m^{\mathrm{R}} \approx \boldsymbol{O}$

$$\boldsymbol{D}_m^{\mathrm{I}} = \gamma\boldsymbol{K}_e\,, \qquad \gamma \leqslant 0.05 \tag{26.5.16}$$

wobei der fiktive Strukturdämpfungsfaktor γ bereits in Abschnitt 14.4.1 eingeführt wurde.

Die Coulombsche Reibungsdämpfung $\boldsymbol{R}_c$ schließlich tritt an den Kontaktflächen zwischen Strukturteilen auf und umfaßt auch Lager- bzw. Nietreibung (vgl. Abschnitt 20.2). Die Reibungskraft ist bei Systemen mit einem Freiheitsgrad proportional zum jeweils gültigen Reibungskoeffizienten (μ_H, μ_G) und der vorherrschenden Normalkraft P. Dämpfung bzw. Energieverzehr tritt nur bei Bewegung $\dot{\boldsymbol{r}}$ auf, also dann, wenn der Gleitreibungskoeffizient μ_G gilt. Die Haftreibung μ_H jedoch entscheidet, ob der Gleitvorgang überhaupt eintritt.

Wie in Abschnitt 20.2 bereits erwähnt, ist es für lineare Systeme mit mehreren Freiheitsgraden praktisch unmöglich, die Coulombsche Reibung adäquat zu berücksichtigen. Sie wird meistens durch eine viskose Dämpfung mit äquivalenter Energiedissipation ersetzt. Der Vollständigkeit halber geben wir jedoch den Ausdruck analog zu (26.5.15) für sie an

$$\boldsymbol{R}_c = -\,\boldsymbol{C}_c \operatorname{sign}\dot{\boldsymbol{r}} = -\left[\boldsymbol{C}_c^{\mathrm{R}}(\mu_H, \mu_G, \boldsymbol{r}) + i\boldsymbol{C}_c^{\mathrm{I}}(\mu_H, \mu_G, \boldsymbol{r})\right] \operatorname{sign}\dot{\boldsymbol{r}} \tag{26.5.17}$$

Bilden wir nun die Summe aller am Flügel oder am gesamten Flugkörper angreifenden Kraftvektoren, so ergibt sich für das dynamische Gleichgewicht entsprechend (25.5.6)

$$\boldsymbol{M}_s\ddot{\boldsymbol{r}} + \boldsymbol{K}_e\boldsymbol{r} = \boldsymbol{R}_{aK} + \boldsymbol{R}_{aD} + \boldsymbol{R}_{aM} + \boldsymbol{R}_v + \boldsymbol{R}_m + \boldsymbol{R}_c \tag{26.5.18a}$$

Vernachlässigen wir aus o.g. Gründen $\boldsymbol{R}_c$ bzw. denken wir uns die Coulombschen Reibungseinflüsse in anderer Form bereits berücksichtigt und setzen wir (26.5.8) bis (26.5.15) in (26.5.18a) ein, so ergibt sich

$$\boldsymbol{M}_s\ddot{\boldsymbol{r}} + \boldsymbol{M}_a\ddot{\boldsymbol{r}} + \boldsymbol{C}_v\dot{\boldsymbol{r}} + \boldsymbol{C}_a\dot{\boldsymbol{r}} + \boldsymbol{D}_m\boldsymbol{r} + \boldsymbol{K}_a\boldsymbol{r} + \boldsymbol{K}_e\boldsymbol{r} = \boldsymbol{o} \tag{26.5.18b}$$

wobei die komplexen Matrizen $\boldsymbol{C}_a$, $\boldsymbol{D}_m$ und $\boldsymbol{K}_a$ abkürzend für die Ausdrücke (26.5.11), (26.5.12) und (26.5.15) eingeführt werden.

Wir fassen nun nach den verschiedenen Bewegungsgrößen zusammen

$$\boldsymbol{M}\ddot{\boldsymbol{r}} + \boldsymbol{C}\dot{\boldsymbol{r}} + \boldsymbol{K}\boldsymbol{r} = \boldsymbol{o} \tag{26.5.19}$$

Die einzelnen Matrizen lassen sich also wie folgt darstellen:

$$\boldsymbol{M} = \boldsymbol{M}_s + \boldsymbol{M}_a(\rho) \tag{26.5.20}$$

stellt die Masse dar, die sich aus Strukturmasse und – meist zu vernachlässigender – mitschwingender Masse des umströmenden Mediums zusammensetzt;

$$\boldsymbol{C} = \boldsymbol{C}_v + \boldsymbol{C}_a^{\mathrm{R}}(q, M, \varpi^*) + i\boldsymbol{C}_a^{\mathrm{I}}(q, M, \varpi^*) \tag{26.5.21}$$

beinhaltet die viskosen Dämpfungsmatrizen, die sich aus der Struktur selbst und aus den Luftkräften ergeben, und

$$\boldsymbol{K} = \boldsymbol{K}_e + \boldsymbol{K}_a^{\mathrm{R}}(q, M, \varpi^*) + \boldsymbol{D}_m^{\mathrm{R}} + i\left[\boldsymbol{K}_a^{\mathrm{I}}(q, M, \varpi^*) + \boldsymbol{D}_m^{\mathrm{I}}\right] \tag{26.5.22}$$

schließlich ist die verallgemeinerte Steifigkeitsmatrix, welche die elastische und die aerodynamische Steifigkeit sowie die Strukturdämpfungsmatrix enthält.

Die Lösung der allgemeinen Bewegungsgleichung (26.5.19) ergibt auch für nichtkomplexe Matrizen im allgemeinen komplexe Eigenwerte und Eigenvektoren. Die Lösungsprozedur startet mit einer Umwandlung des (n x n)-Eigenwertproblems des Ausdrucks (26.5.19) in ein erweitertes Eigenwertproblem der Dimension (2n x 2n). Dies geschieht durch Hinzufügen von n Trivialgleichungen

$$\boldsymbol{M}\dot{\boldsymbol{r}} - \boldsymbol{M}\dot{\boldsymbol{r}} = \boldsymbol{o} \tag{26.5.23}$$

Dadurch kann man das System zweiter Ordnung und n-ten Grades in ein System erster Ordnung und 2n-ten Grades überführen

$$\begin{bmatrix} \boldsymbol{O} & \boldsymbol{M} \\ \boldsymbol{M} & \boldsymbol{C} \end{bmatrix} \begin{bmatrix} \ddot{\boldsymbol{r}} \\ \dot{\boldsymbol{r}} \end{bmatrix} + \begin{bmatrix} -\boldsymbol{M} & \boldsymbol{O} \\ \boldsymbol{O}^{\mathrm{t}} & \boldsymbol{K} \end{bmatrix} \begin{bmatrix} \dot{\boldsymbol{r}} \\ \boldsymbol{r} \end{bmatrix} = \boldsymbol{o} \tag{26.5.24}$$

Diese Formulierung führt auf ein allgemeines Eigenwertproblem. Für reguläre (nichtsinguläre) Steifigkeitsmatrizen $\boldsymbol{K}$ läßt es sich in das spezielle Eigenwertproblem

$$\begin{bmatrix} -\boldsymbol{M} & \boldsymbol{O} \\ \boldsymbol{O}^{\mathrm{t}} & \boldsymbol{K} \end{bmatrix}^{-1} \begin{bmatrix} \boldsymbol{O} & \boldsymbol{M} \\ \boldsymbol{M} & \boldsymbol{C} \end{bmatrix} \begin{bmatrix} \ddot{\boldsymbol{r}} \\ \dot{\boldsymbol{r}} \end{bmatrix} + \begin{bmatrix} \dot{\boldsymbol{r}} \\ \boldsymbol{r} \end{bmatrix} = \boldsymbol{o} \tag{26.5.25}$$

umformen, vgl. auch (22.1.45). Sollte die Steifigkeitsmatrix $\boldsymbol{K}$ auf Grund von Starrkörper-Freiheitsgraden singulär sein, so können letztere immer ab initio aus dem System eliminiert werden.

Wir setzen die Lösung von (26.5.25) in der Form

$$\boldsymbol{r} = \boldsymbol{x}_{\mathrm{k}} \mathrm{e}^{i\varpi_{\mathrm{k}} t}, \quad \dot{\boldsymbol{r}} = i\varpi_{\mathrm{k}} \boldsymbol{x}_{\mathrm{k}} \mathrm{e}^{i\varpi_{\mathrm{k}} t}, \quad \ddot{\boldsymbol{r}} = -\varpi_{\mathrm{k}}^2 \boldsymbol{x}_{\mathrm{k}} \mathrm{e}^{i\varpi_{\mathrm{k}} t} \tag{26.5.26}$$

an, wobei

$$\varpi_{\mathrm{k}} = \omega_{\mathrm{k}} + i\mu_{\mathrm{k}} \tag{26.5.27}$$

die k-te komplexe Eigenfrequenz des Systems (26.5.25) ist.

Substitution der Ausdrücke (26.5.26) in (26.5.25) ergibt

$$\begin{bmatrix} \boldsymbol{O} & -\boldsymbol{I} \\ \boldsymbol{K}^{-1}\boldsymbol{M} & \boldsymbol{K}^{-1}\boldsymbol{C} \end{bmatrix} \begin{bmatrix} -\varpi_{\mathrm{k}}^2 \boldsymbol{x}_{\mathrm{k}} \\ i\varpi_{\mathrm{k}} \boldsymbol{x}_{\mathrm{k}} \end{bmatrix} + \begin{bmatrix} i\varpi_{\mathrm{k}} \boldsymbol{x}_{\mathrm{k}} \\ \boldsymbol{x}_{\mathrm{k}} \end{bmatrix} = \boldsymbol{o} \tag{26.5.28}$$

oder

$$\begin{bmatrix} \boldsymbol{O} & \boldsymbol{I} \\ -\boldsymbol{K}^{-1}\boldsymbol{M} & -\boldsymbol{K}^{-1}\boldsymbol{C} \end{bmatrix} \tilde{\boldsymbol{x}}_{\mathrm{k}} - \tilde{\lambda}_{\mathrm{k}} \tilde{\boldsymbol{x}}_{\mathrm{k}} = \boldsymbol{o} \tag{26.5.29}$$

Hierin ist

$$\tilde{\boldsymbol{x}}_{\mathrm{k}} = \{ i\varpi_{\mathrm{k}} \boldsymbol{x}_{\mathrm{k}} \quad \boldsymbol{x}_{\mathrm{k}} \} \tag{26.5.30}$$

der komplexe Eigenvektor, der zu dem Eigenwert $\tilde{\lambda}_{\mathrm{k}}$ gehört, wobei gilt:

$$\tilde{\lambda}_{\mathrm{k}} = -i/\varpi_{\mathrm{k}} = \alpha_{\mathrm{k}} + i\beta_{\mathrm{k}} \tag{26.5.31}$$

Wir schreiben nun (26.5.29) für alle Eigenwerte des Systems in der Form

$$\underset{(2n\times 2n)}{\tilde{L}}\;\underset{(2n\times 2n)}{\tilde{X}} = \underset{(2n\times 2n)}{\tilde{X}}\;\underset{(2n\times 2n)}{\tilde{\Lambda}} \tag{26.5.32}$$

wobei

$$\tilde{L} = \begin{bmatrix} O & I \\ -K^{-1}M & -K^{-1}C \end{bmatrix} \tag{26.5.33}$$

$$\tilde{X} = [\tilde{x}_1 \;\; \tilde{x}_2 \; \dots \; \tilde{x}_k \; \dots \; \tilde{x}_{2n}] \tag{26.5.34}$$

und

$$\tilde{\Lambda} = \lceil \tilde{\lambda}_1 \;\; \tilde{\lambda}_2 \; \dots \; \tilde{\lambda}_k \; \dots \; \tilde{\lambda}_{2n} \rfloor \tag{26.5.35}$$

ist.

Die Eigenwerte (26.5.35) treten für ein *reelles,* nicht defektives System (26.5.25) als eine Anzahl konjugiert komplexer Paare zusammen mit einer geraden Anzahl reeller Eigenwerte auf. Physikalisch sinnvoll sind dann nur diejenigen der komplexen Eigenwerte, die einen negativen Imaginärteil aufweisen. Entsprechend erhält man konjugiert komplexe Eigenvektorpaare bzw. eine gerade Anzahl reeller Vektoren.

Auf Grund der Luftkraftmatrizen ist aber das System (26.5.25) allgemein komplex, was auf ebensolche Eigenwerte und Eigenvektoren führt. Für die Lösung des komplexen Eigenwertproblems steht eine Reihe von Verfahren zur Verfügung.

Erwähnt werden soll hier nur das sogenannte Newton-Verfahren in Verbindung mit der Parameterstörungsmethode [26.19] sowie der Eberlein-Algorithmus zur Lösung des komplexen Eigenwertproblems [26.22], eine Verallgemeinerung des Jacobi-Verfahrens [26.18] auf nicht-normale Matrizen [26.20], dessen Version für das reelle Eigenwertproblem in Abschnitt 22.3 kurz besprochen wurde. Um trotz der komplexen Arithmetik mit ihrem vergrößerten Speicherbedarf im Rechner Systeme mit einer befriedigenden Anzahl von verallgemeinerten Freiheitsgraden behandeln zu können, wurden entsprechende Hypermatrix-Verfahren entwickelt [26.23, 26.24, 26.25]. Die bei der Lösung des Eigenwertproblems auftretenden numerischen Schwierigkeiten und ihre Überwindung können hier nicht diskutiert werden. Wir wenden uns im folgenden der Interpretation der Lösung zu.

Nehmen wir an, daß der Imaginärteil μ_k der betrachteten komplexen Eigenfrequenz $\tilde{\omega}_k$ entsprechend (26.5.27) von Null verschieden ist. Dann liegt für

$\mu_k > 0$ eine gedämpfte harmonische Schwingung

$\mu_k = 0$ eine ungedämpfte harmonische Schwingung

$\mu_k < 0$ eine angefachte harmonische Schwingung

vor (Abb. 26.5.4). Ist die reelle Frequenz ω_k gleich Null, so haben wir für $\mu_k > 0$ einen aperiodisch gedämpften und für $\mu_k < 0$ einen aperiodisch angefachten Bewegungsverlauf (Abb. 26.5.4).

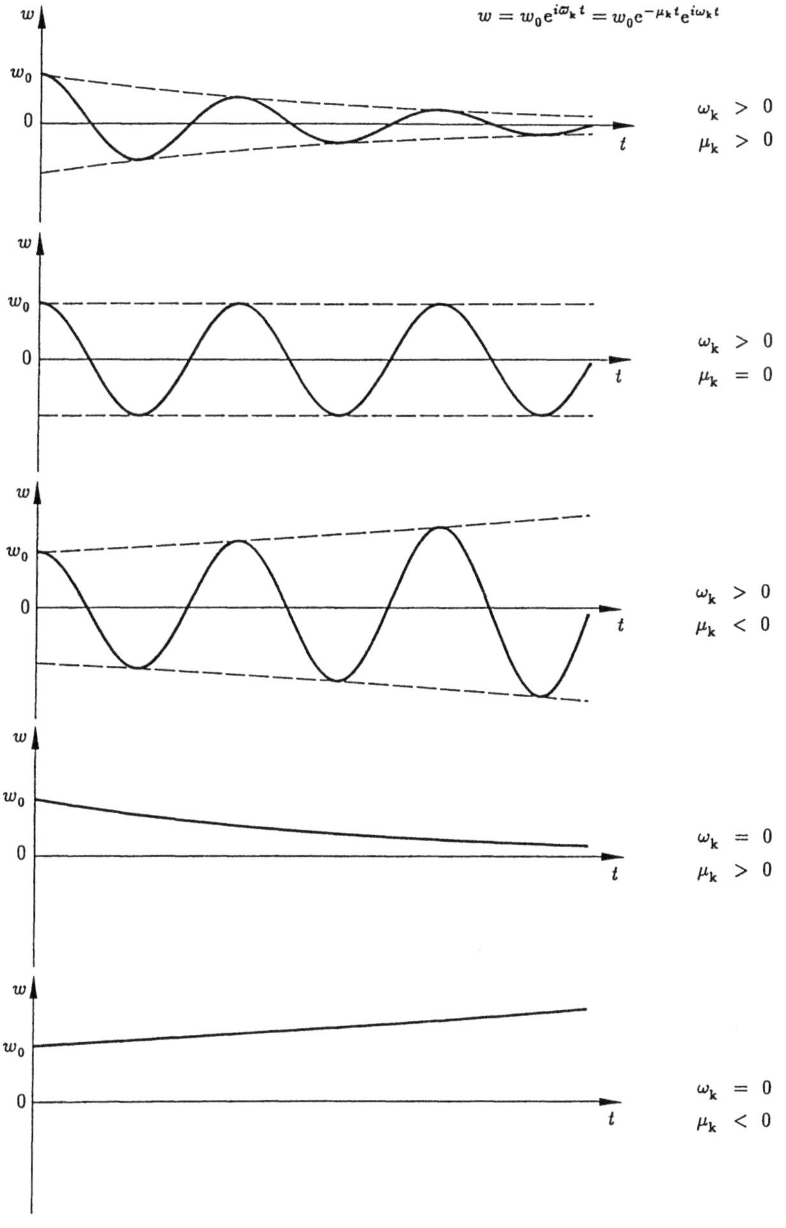

Abb. 26.5.4 Einfluß von Real- und Imaginärteil einer komplexen Eigenfrequenz $\varpi_k = \omega_k + i\mu_k$

Ein Maß für die Dämpfung einer Eigenform k ist das logarithmische Dekrement, das wir schon in (14.3.25) definiert haben. Es gilt

$$\delta_k = \ln\left|\frac{w_i}{w_{i+1}}\right| = \ln\frac{e^{-\mu_k t}}{e^{-\mu_k(t+T_k)}} = \mu_k T_k = 2\pi\frac{\mu_k}{\omega_k}$$

$$= 2\pi\frac{\alpha_k}{\beta_k} \qquad (26.5.36)$$

Oft wird auch das Dämpfungsmaß nach Lehr verwendet

$$D_k = \frac{\operatorname{Im}(\varpi_k)}{|\operatorname{Re}(\varpi_k)|} = \frac{\mu_k}{\omega_k} = \frac{\alpha_k}{\beta_k} \qquad (26.5.37)$$

(zu α_k, β_k: siehe (26.5.31)).

Das erstere wird mehr in der Versuchstechnik und in den angelsächsischen Ländern, das zweite bei theoretischen Abhandlungen in deutschsprachiger Literatur verwendet. Der Zusammenhang zwischen beiden ist durch

$$\delta_k = 2\pi D_k \qquad (26.5.38)$$

gegeben.

Ist δ_k positiv, ist die Eigenform gedämpft. Für negative Werte ergibt sich eine Anfachung, deren Wachstum mit der Zeit aus der Größe des Zahlenwerts abzulesen ist. Liegen uns für die Versagens-Schwingungsform noch irgendwelche Startbedingungen vor, können wir den zeitlichen Verlauf aus dem verallgemeinerten Ansatz (26.5.26)

$$\boldsymbol{r} = \sum_{k=1}^{n} c_k \boldsymbol{x}_k e^{i\varpi_k t} \qquad (26.5.39)$$

berechnen. Die Konstanten c_k lassen sich hierbei aus den Anfangsbedingungen bestimmen. Der Flatteranalyst interessiert sich für die Stabilität der Lösung (26.5.39). Diese ist stabil, wenn die Imaginärteile μ_k aller Eigenfrequenzen ϖ_k positiv sind. Ein ϖ_k mit negativem Imaginärteil kann, je nach Anfangsbedingungen, Instabilität verursachen und verlangt die Änderung der Auslegung der Struktur, um den kritischen Zustand auszuschalten oder auf eine höhere Geschwindigkeit zu verschieben.

Um nun die kritische Fluggeschwindigkeit v_{crit}, die beim klassischen Flattern auftritt, zu ermitteln, müssen wir eine Reihe von Matrizen $\boldsymbol{C}_a$ und $\boldsymbol{K}_a$, für ein selektives Spektrum der komplexen reduzierten Frequenz aufgestellt, haben. Welche Schwierigkeiten sich dabei ergeben, wird im folgenden Abschnitt 26.6 besprochen.

Die Lösung einer vorgegebenen Flattergleichung (26.5.19) wird nicht unmittelbar eine komplexe Kreiseigenfrequenz liefern, die der komplexen reduzierten Frequenz ϖ^*, von der wiederum die Koeffizienten $\boldsymbol{C}_a$ und $\boldsymbol{K}_a$ abhängen, entspricht. Vielmehr wird gelten

$$\varpi_k \neq \frac{\varpi^* v}{b} \qquad (26.5.40)$$

Ein erneuter Rechengang mit den Matrizen $\boldsymbol{C}_a$ und $\boldsymbol{K}_a$, deren ϖ^*-Wert der ermittelten Eigenfrequenz ϖ_k am besten angepaßt ist, wird dann notwendig sein und ergibt einen neuen Wert für ϖ_k. Das iterative Verfahren wird so lange fortgesetzt, bis

$$\omega_\mathrm{k} = \frac{\omega^* v}{b} \tag{26.5.41}$$

erreicht ist.

Auf dem Wege dahin wird es nicht vermeidbar sein, weitere Unterteilungen in den ϖ^*-Sprüngen vorzunehmen und die entsprechenden $\boldsymbol{C}_a$ und $\boldsymbol{K}_a$ neu aufzustellen (Abb. 26.5.5). Auf diese Weise kann der ϖ_k-Verlauf in der komplexen Ebene exakt gefunden werden. Die kritische Fluggeschwindigkeit bezüglich ϖ_k findet man wieder für die ungedämpfte Schwingung, also für den Schnittpunkt der ϖ_k-Kurve mit der imaginären Achse

$$v_{crit\,\mathrm{k}} = \frac{\omega_\mathrm{k} b}{\omega^*}, \qquad \mu_\mathrm{k} = 0 \tag{26.5.42}$$

Diese Prozedur ist für sämtliche in Frage kommenden komplexen Eigenvektoren nacheinander auszuführen, oder der zu untersuchende Geschwindigkeitsbereich ist mit genügend kleinen Schritten in ϖ^* zu durchfahren. Die minimale kritische Fluggeschwindigkeit wird somit

$$v_{crit\,\mathrm{min}} = \min_\mathrm{k}(v_{crit\,\mathrm{k}}), \qquad \mathrm{k} = 1, 2, \ldots, \mathrm{n} \tag{26.5.43}$$

Hält man die Fluggeschwindigkeitsstufen genügend klein, ändern sich die Matrizen $\boldsymbol{C}_a$ und $\boldsymbol{K}_a$ von Stufe zu Stufe nur geringfügig, und man kann die vorausgegangene Lösung für die Eigenvektoren als Startvektoren zur Diagonalisierung wieder einbringen. Eine schnelle Konvergenz und geringer Rechenaufwand belohnen dieses Vorgehen.

Wir wollen nun noch für nachfolgende Abschnitte einige Matrizen bereitstellen, wie sie sich bei der stets notwendigen Reduktion der Problemgröße ergeben. Wir nehmen die Eigenvektoren $\boldsymbol{x}_\mathrm{i}$ des ungedämpften elastischen Systems $(\boldsymbol{K}_e, \boldsymbol{M}_s)$ als Ansatzfunktionen und bilden mit einer selektiven Auswahl $\boldsymbol{X}_\mathrm{m}$ der Dimension $\mathrm{n} \times \mathrm{m}$, wobei $\mathrm{m} < \mathrm{n}$ ist, das Problem in einen Unterraum ab. Diese reduzierte modale Darstellung in den m verallgemeinerten Koordinaten bzw. Amplituden

$$\boldsymbol{\eta} = \{\eta_1 \quad \eta_2 \quad \cdots\cdots \quad \eta_\mathrm{m}\} \tag{26.5.44}$$

schreibt sich in der Form

$$\boldsymbol{r} = \boldsymbol{X}_\mathrm{m}\boldsymbol{\eta}, \quad \dot{\boldsymbol{r}} = \boldsymbol{X}_\mathrm{m}\dot{\boldsymbol{\eta}}, \quad \ddot{\boldsymbol{r}} = \boldsymbol{X}_\mathrm{m}\ddot{\boldsymbol{\eta}} \tag{26.5.45}$$

wobei $\boldsymbol{X}_\mathrm{m}$ so skaliert ist, daß eine $\boldsymbol{K}_e$-orthonormale Transformation bewirkt wird; siehe etwa (17.1.31b). Die assoziierten Matrizen im ungedämpften $(\boldsymbol{K}_e, \boldsymbol{M}_s)$-System reduzieren sich zu

$$\begin{aligned} \boldsymbol{X}_\mathrm{m}^\mathrm{t}\boldsymbol{K}_e\boldsymbol{X}_\mathrm{m} &= \boldsymbol{I}_\mathrm{m} \\ \boldsymbol{X}_\mathrm{m}^\mathrm{t}\boldsymbol{M}_s\boldsymbol{X}_\mathrm{m} &= \boldsymbol{\Lambda}_\mathrm{m} \end{aligned} \tag{26.5.46}$$

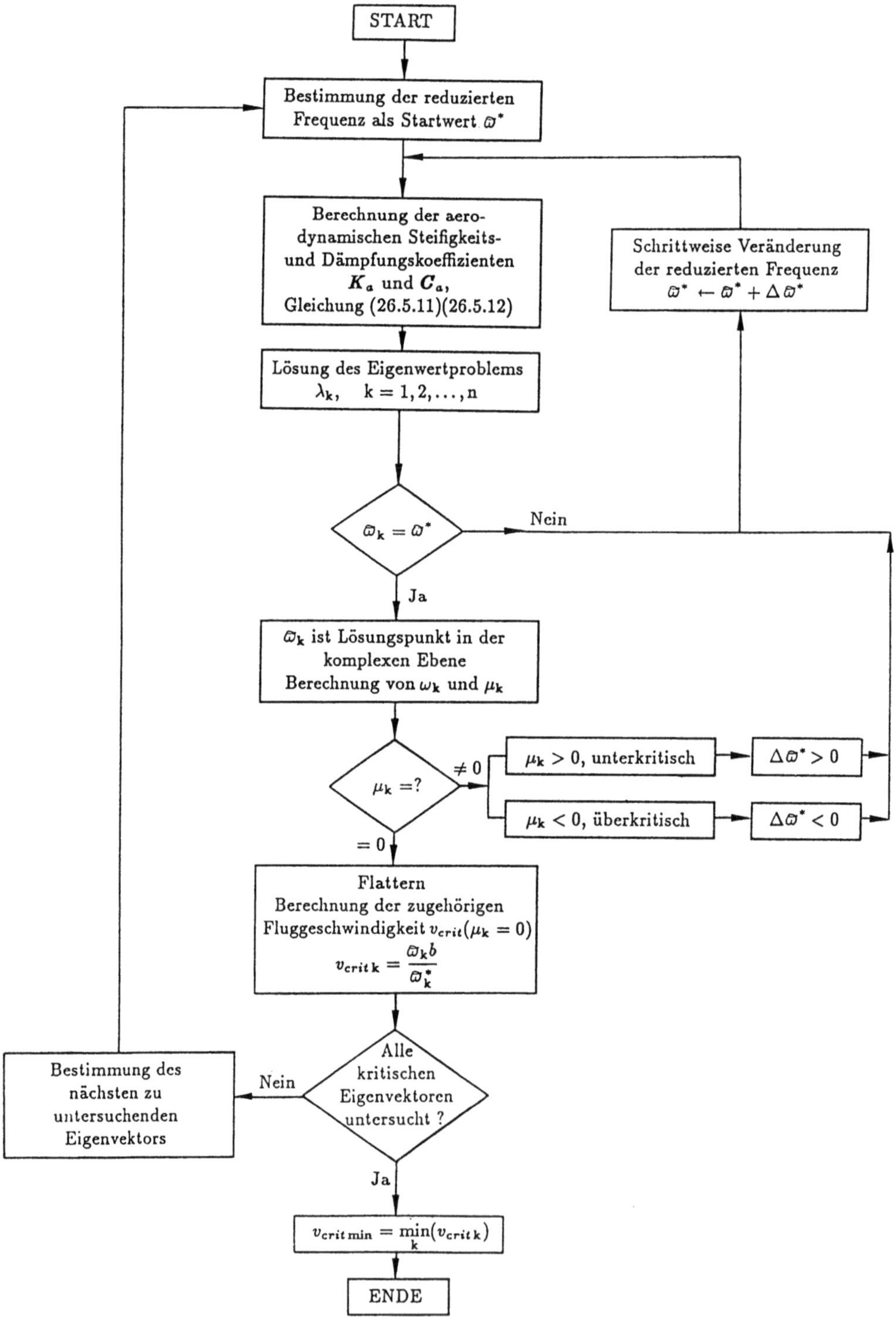

Abb. 26.5.5 Flußdiagramm zur Bestimmung der kritischen Fluggeschwindigkeit v_{crit}

Wir erhalten damit entkoppelte Gleichungen der Form

$$\boldsymbol{\Lambda}_{\mathrm{m}} \ddot{\boldsymbol{\eta}} + \boldsymbol{\eta} = \boldsymbol{o} \tag{26.5.47}$$

wobei die diagonale Matrix

$$\boldsymbol{\Lambda}_{\mathrm{m}} = \lceil \lambda_1 \quad \lambda_2 \quad \ldots\ldots \quad \lambda_{\mathrm{m}} \rfloor \tag{26.5.48}$$

die auf die ersten m Eigenformen reduzierten Eigenwerte darstellt.

Wenn wir nun diese Methode auf die allgemeine Flattergleichung (26.5.18b) anwenden, so ergibt sich in knappster Schreibweise

$$\boldsymbol{M}_{\eta} \ddot{\boldsymbol{\eta}} + \boldsymbol{C}_{\eta} \dot{\boldsymbol{\eta}} + \boldsymbol{K}_{a\eta} \boldsymbol{\eta} + \boldsymbol{\eta} = \boldsymbol{o} \tag{26.5.49}$$

wobei die Matrizen $\boldsymbol{M}_{\eta}$, $\boldsymbol{C}_{\eta}$, $\boldsymbol{K}_{a\eta}$ im allgemeinen voll besetzt sind und wir im einzelnen

$$\begin{aligned} \boldsymbol{M}_{\eta} &= \boldsymbol{X}_{\mathrm{m}}^{\mathrm{t}} \boldsymbol{M} \boldsymbol{X}_{\mathrm{m}} \\ \boldsymbol{C}_{\eta} &= \boldsymbol{X}_{\mathrm{m}}^{\mathrm{t}} \boldsymbol{C} \boldsymbol{X}_{\mathrm{m}} \\ \boldsymbol{K}_{a\eta} &= \boldsymbol{X}_{\mathrm{m}}^{\mathrm{t}} \boldsymbol{K}_{a} \boldsymbol{X}_{\mathrm{m}} \end{aligned} \tag{26.5.50}$$

haben. In (26.5.49) ist die innere Materialdämpfung, die durch die komplexe Matrix $\boldsymbol{D}_{m\eta}$ gekennzeichnet ist, ignoriert. Wenn notwendig, kann aber auch $\boldsymbol{D}_{m\eta}$ in $\boldsymbol{K}_{a\eta}$ aufgenommen werden.

Setzen wir nun die zeitliche Variation eines Modes η_{k} in der bekannten Form

$$\eta_{\mathrm{k}} = \eta_{\mathrm{k}0} \, \mathrm{e}^{i\varpi t} \tag{26.5.51}$$

an oder, zusammengefaßt,

$$\boldsymbol{\eta} = \boldsymbol{\eta}_0 \, \mathrm{e}^{i\varpi t} \tag{26.5.51a}$$

wobei $\boldsymbol{\eta}_0$ den Spaltenvektor $\boldsymbol{\eta}_0 = \{\eta_{10} \quad \eta_{20} \quad \ldots\ldots \quad \eta_{\mathrm{m}0}\}$ bedeutet, so reduziert sich die modale Differentialgleichung (26.5.49) auf

$$[-\varpi^2 \boldsymbol{M}_{\eta} + i\varpi\, \boldsymbol{C}_{\eta} + \boldsymbol{K}_{a\eta} + \boldsymbol{I}]\boldsymbol{\eta}_0 = \boldsymbol{o} \tag{26.5.52}$$

was ein nichtlineares Spektralproblem in der unbekannten komplexen Kreiseigenfrequenz $\varpi = \omega + i\mu$ darstellt. Die Form (26.5.52) ist unseren weiteren Ausführungen zugrunde gelegt.

Gleichung (26.5.52) gilt für alle Flatterphänomene, in denen strukturelle Nichtlinearitäten ignoriert werden können. Dies ist allerdings nicht mehr der Fall, wenn finite Amplituden von Schwingungen in Betracht gezogen werden müssen. Insbesondere haben wir bei der Besprechung des Panel-Flatterns in den Unterabschnitten 26.4.7.3 und 26.4.7.4 sowie in der Ergänzung *26.4.7.3 auf die Wichtigkeit der korrekten Erfassung von Nichtlinearitäten mit Hilfe des Konzepts der geometrischen Steifigkeit im Bereich nichtlinearer Flatterschwingungen finiter Amplituden hingewiesen. Wir leiteten in diesem Zusammenhang die dynamische Gleichung (26.4.203) ab, die wir der Vollständigkeit halber hier wiedergeben

$$M\ddot{r} + [K_e + K_g^c]r + \frac{\rho_\infty v_\infty^2}{\beta}\left[A^T r + \frac{\mu}{v_\infty}B^T\dot{r}\right] = P_s \tag{26.5.53}$$

wobei der Vektor r nur transversale Verschiebungen w und deren erste und zweite räumliche Ableitungen umfaßt und K_g^c die auf r kondensierte geometrische Steifigkeit ist, die sich aus der finiten Durchbiegung ableitet. Der Vektor P_s enthält die sogenannten kinematisch äquivalenten Knotenpunktslasten, die sich aus einem auf dem Panel wirkenden statischen Druckdifferential $\Delta p_s(x, y)$ ergeben.

26.5.3 Einige Bemerkungen zur Analyse des nichtlinearen Panel-Flatterns

Die Methodik der Flatteranalyse der klassischen Gleichung (26.5.52) wird im folgenden Abschnitt 26.6 eingehend besprochen. Im vorliegenden Unterabschnitt wollen wir einige kritische Bemerkungen zur numerischen Untersuchung der nichtlinearen Flattergleichung beisteuern.

Im folgenden benutzen wir Abkürzungen für die sogenannten aerodynamischen Druck- und Dämpfungsparameter:

$$\lambda = \frac{\rho_\infty v_\infty^2}{\beta} \quad \text{und} \quad \alpha = \frac{\rho_\infty v_\infty \mu}{\beta} \tag{26.5.54}$$

und schreiben (26.5.53) in der Form

$$M\ddot{r} + \left[K_e + K_g^c\right]r + \lambda A^T r + \alpha B^T\dot{r} = P_s \tag{26.5.55}$$

Wir wenden nun auf (26.5.55) den modalen Kondensationsprozeß (26.5.45), (26.5.46) an und benutzen die bei homogenen Platten konstanter Dicke und vernachlässigbarer Rotationsträgheit gerechtfertigte Annahme

$$B^T = \frac{1}{m}M \tag{26.5.56}$$

wobei m die Masse der Platte pro Flächeneinheit ist.

Der vorerwähnte Kondensationsprozeß führt zu

$$M_\eta\ddot{\eta} + \frac{\alpha}{m}M_\eta\dot{\eta} + \lambda A_\eta^T\eta + \left[I_{\mathrm{m}} + K_{g\eta}\right]\eta = P_{s\eta} \tag{26.5.57}$$

die gegenüber (26.5.52) um $K_{g\eta}$ und $P_{s\eta}$ erweitert ist, wobei

$$A_\eta^T = X_{\mathrm{m}}^{\mathrm{t}} A^T X_{\mathrm{m}}\,, \qquad K_{g\eta} = X_{\mathrm{m}}^{\mathrm{t}} K_g^c X_{\mathrm{m}}$$

und

$$P_{s\eta} = X_{\mathrm{m}}^{\mathrm{t}} P_s \tag{26.5.58}$$

ist. Man beachte, daß im vorliegenden Fall die aerodynamische Steifigkeitsmatrix $K_{a\eta}$ durch λA_η^T dargestellt ist. Interessante Flatter-Experimente [26.76], [26.96] haben bestätigt, daß das dynamische Verhalten von (26.5.57) in einem Grenzzyklus-Bereich angenähert in einem Sinus-Mode verläuft und höhere sowie niederere harmonische Oszillationen vernachlässigt werden können. Damit scheint es zulässig, für $\boldsymbol{\eta}$ wieder den Ansatz (26.5.51)

$$\boldsymbol{\eta} = \boldsymbol{\eta}_0 e^{i \varpi t} \tag{26.5.59}$$

zu wählen.

Für den Fall, daß $\boldsymbol{P}_{s\eta} = \boldsymbol{o}$ ist, reduziert sich damit (26.5.57) auf

$$\left[-\kappa \boldsymbol{M}_\eta + \lambda \boldsymbol{A}_\eta^T + \boldsymbol{I}_\mathrm{m} + \boldsymbol{K}_{g\eta}\right]\boldsymbol{\eta}_0 = \boldsymbol{o} \tag{26.5.60}$$

wobei κ der komplexe Eigenwert

$$\kappa = \varpi^2 - i\frac{\alpha}{m}\varpi \tag{26.5.61}$$

ist.

Um das nichtlineare Spektralproblem (26.5.60) zu lösen, muß ein iterativer Prozeß benutzt werden. Für einen gegebenen Satz des aerodynamischen Parameters λ, der ursprünglich wirkenden Membrankräfte $\boldsymbol{N}_0$, der modalen Zahl und der größten Amplitude beginnt der Iterationsprozeß mit der Wahl einer initialen modalen Form, die wir aus einer linearen Flatteranalyse gewonnen haben, wobei deren Amplitude entsprechend festgelegt werden muß. Auf Grund dieser initialen Form werden aus den Verschiebungen $\boldsymbol{r}_m$ in (26.4.185) die zusätzlichen Membrankräfte $\boldsymbol{N}$ ermittelt und damit die momentane geometrische Steifigkeit $\boldsymbol{K}_{g\eta}$ bestimmt. Gleichung (26.5.60) liefert nun einen Eigenwert κ und Eigenvektor $\boldsymbol{\eta}_0$. Dieser Eigenvektor wird erneut und folgerichtig maßstäblich vergrößert und der Prozeß wiederholt, bis das Konvergenzkriterium ϵ für κ erreicht ist, wobei

$$\epsilon = \left|\frac{\Delta\kappa_\mathrm{j}}{\kappa}\right| < 10^{-3} \tag{26.5.62}$$

und $\Delta\kappa_\mathrm{j}$ die inkrementale Änderung des Eigenwertes bei dem j-ten Iterationsschnitt bedeutet.

Offensichtlich führt bei $\lambda = 0$ obiger Prozeß auf die Bestimmung der Eigenfrequenzen der bei finiten Amplituden *in vacuo* schwingenden Platte. Wenn nun der aerodynamische Druck λ stetig vergrößert wird, ergibt sich im allgemeinen eine Annäherung zweier dieser Eigenwerte, die anschließend bei $\lambda = \lambda_{crit}$ zusammenfallen und dann in ein konjugiert komplexes Paar

$$\kappa = \kappa_\mathrm{R} \pm i\kappa_\mathrm{I} \tag{26.5.63}$$

für $\lambda > \lambda_{crit}$ übergehen. Der Wert λ_{crit} definiert also den kritischen Wert von λ, für den sich erstmals bei Verschmelzung zweier Eigenwerte für eine spezifische Amplitude der Grenzzyklus eingestellt hat.

Wenn keine aerodynamische Dämpfung vorhanden ist, also bei $\alpha = 0$, ergibt sich für $\lambda = \lambda_{crit}$ die Frequenz ω zu $\omega = \sqrt{\kappa_\mathrm{R}}$. Ist dagegen eine Dämpfung wirksam, können wir bei $M_\infty \gg 1$ α in der Form

$$\alpha = \left(\frac{\delta}{M_\infty}\right)^{1/2}\left(\frac{\lambda m}{L}\right)^{1/2} \tag{26.5.64}$$

schreiben. Hier ist δ das Luft-Panel-Massenverhältnis

$$\delta = \frac{\rho_\infty L}{m} = \frac{\rho_\infty L}{\rho h} \tag{26.5.65}$$

wobei L eine repräsentative Länge des Panels ist; bei einer rechteckigen Platte $(a \times b)$ könnte L zum Beispiel gleich a sein.

Wenn nun $\lambda > \lambda_{crit}$ ist, wird, wie vorerwähnt, κ in (26.5.60) komplex. Der Grenzzyklus, also $\varpi = \omega$, ist erreicht, wenn

$$\frac{\alpha}{m} = \frac{\kappa_I}{\sqrt{\kappa_R}} \tag{26.5.66}$$

gilt. Die Dämpfung μ in ϖ wird negativ, also die Schwingung angefacht, wenn

$$\frac{\alpha}{m} < \frac{\kappa_I}{\sqrt{\kappa_R}} \tag{26.5.67}$$

ist. Wir schließen diese Betrachtungen mit einem kurzen Hinweis auf die Wirkung eines statischen Druckdifferentials $\boldsymbol{P}_{s\eta}$ auf das Panel ab. Es empfiehlt sich dann, die geschwindigkeitsabhängigen Terme $\dot{\boldsymbol{\eta}}$ in (26.5.57) zuerst zu vernachlässigen und eine statische Gleichgewichtslage zu ermitteln. Dabei muß der Einfluß von $\boldsymbol{K}_{g\eta}$ nach der Methodik von Kapitel 13 in Band II berücksichtigt werden. Eine lineare Flatter-Analyse der Platte bei kleinen Schwingungen kann dann um diese Gleichgewichtslage auf Grund der Gleichung (26.5.60) durchgeführt werden. Die Methodik folgt dabei den vorhergehenden Ausführungen. Es ist im Prinzip auch möglich, eine nichtlineare dynamische Untersuchung für finite Amplituden durchzuführen, aber die sollte im allgemeinen nicht notwendig sein.

Wenn wir uns die obige Umständlichkeit der Verfolgung des zeitlichen Ablaufs eines nichtlinearen dynamischen Vorgangs, wie des Panel-Flatterns, vor Augen führen, so zeigt es sich, daß nur eine Schlußfolgerung gezogen werden kann, nämlich, den Diskretisierungsprozeß, wie in Kapitel 23 und 24, auch auf den zeitlichen Ablauf auszudehnen. Damit erreichen wir eine konsequente numerische Auswertung der strukturellen und aerodynamischen Matrizen und eine gedankliche Vereinfachung des Berechnungsprozesses. Wie sich dies für ein spezifisches Problem des nichtlinearen Flatterns einer unter Innendruck stehenden Membranhalle auswirkt, zeigen wir in Abschnitt 26.9.2. Weiterhin verweisen wir auf die Flatteruntersuchung eines Delta-Flügels in 26.9.3. In diesem Abschnitt wird an Stelle der umständlichen Spektraluntersuchung der unbedingt stabile Algorithmus 3. Ordnung von Abschnitt 23.4 für eine direkte Integration der aeroelastischen Bewegungsgleichung verwendet. Aus dem Verschiebungsverlauf kann die kritische Machzahl und die Flatterfrequenz abgeleitet werden.

Die Erklärungen zur Spektralanalyse sind in diesem Unterabschnitt sicherlich zu knapp geraten. Der Leser kann aber in 26.9.4 an Hand der dort vorgeführten Beispiele ein besseres Verständnis des Prozesses gewinnen.

26.6 Zur angenäherten Lösung des klassischen Flatterproblems

Nachdem wir in Abschnitt 26.4 die Grundgedanken einer statischen oder dynamischen Flatterermittlung an Hand einfacher Beispiele vorgeführt und in Abschnitt 26.5 Prinzipien der Behandlung der allgemeinen Flattergleichungen aufgezeigt haben, wenden wir uns im vorliegenden Abschnitt der praktischen Frage zu, wie eine Flattergleichung zumindest approximativ gelöst werden kann.

Die erste große Schwierigkeit tritt bereits bei der Aufstellung der instationären Luftkräfte an einem dreidimensionalen Flügel auf. Diese Komplexität verbleibt sogar, wenn wir uns auf eine inkompressible Strömung und eine harmonische Schwingung beschränken. Um diese Luftkräfte zu bestimmen, muß man eine Integralgleichung lösen, die einen hochgradig singulären Kern besitzt. Diese Integralgleichung wurde bereits 1940 von H.G. Küssner [26.26] für eine inkompressible Strömung aufgestellt. Eine befriedigende numerische Lösung konnte jedoch erst durch den Einsatz elektronischer Computer erzielt werden. Die ersten Lösungen gehen auf die amerikanischen Forscher C.E. Watkins, H. L. Runyan und D. S. Woolston [26.27], [26.28] zurück (1955). Später wurden erfolgreiche Ergebnisse in Schweden von V. J. E. Stark [26.29] und in Deutschland von B. Laschka [26.30] vorgelegt. Erschwerend für die Gesamtlösung des Problems ist, daß diese analytischen instationären aerodynamischen Theorien streng genommen nur für eine rein harmonische Schwingung, aber nicht für gedämpfte oder angefachte Bewegungen gültig sind. Folglich kann man im allgemeinen die Elemente der Matrizen $\boldsymbol{C}_a$ und $\boldsymbol{K}_a$ im analytischen Umfeld nur für reelle Werte von ϖ^*, i.e. für die reduzierte Frequenz ω^*, berechnen.

Um das gedämpfte Schwingungsverhalten allgemein zu beschreiben, ist der Aufwand innerhalb der analytischen Luftkrafttheorien bis heute noch sehr hoch. Zwar bestehen die oben genannten Schwierigkeiten bei modernen diskreten Verfahren nicht, auch nicht für ein reibungsbehaftetes Medium! Der Leser kann Ergebnisse einer schon im Jahre 1983 am ISD/ICA durchgeführten dynamischen Untersuchung einer unter Innendruck stehenden, hoch deformierbaren Membranhalle und einer den Navier-Stokes-Gleichungen gehorchenden Strömung in Abschnitt 26.9.2 einsehen. Im Gegensatz dazu erscheint eine analytische dreidimensionale Berechnung im subkritischen Bereich heute nicht realistisch. Im Hinblick auf den Flugschwingungsversuch ist es jedoch erwünscht, gerade den Dämpfungsverlauf im unterkritischen Bereich ($\mu_k > 0$) genau zu erfassen, weil dieser eine Aussage über die Plötzlichkeit des Flatterbeginns und die Sicherheit gegen Flattern bei jeder Fluggeschwindigkeit erlaubt.

Im folgenden werden wir versuchen, Routine-Flatterrechnungen durch angenäherte Untersuchungsverfahren vorzuführen. Diese Methoden sollen einerseits die Berechnung der instationären Koeffizientenmatrizen $\boldsymbol{C}_a$ und $\boldsymbol{K}_a$ für komplexe reduzierte Frequenzen ϖ^* nicht erforderlich machen und andererseits den Rechenaufwand so gering wie möglich halten.

26.6.1 Historische Verfahren der Nachkriegszeit

Das älteste und immer noch benutzte Verfahren ist die sogenannte *V-g-Methode*; dabei steht „g“ für den in der Flatterpraxis oft verwendeten, aber nicht rational begründbaren Strukturdämpfungsfaktor, auf den wir in Kapitel 14 verwiesen und mit γ bezeichnet haben. Die Prozedur wird nun an der ursprünglichen Flattergleichung (26.5.49) in den modalen Koordinaten η demonstriert. Wir schätzen zuerst für eine angesetzte Fluggeschwindigkeit v die in die Luftkraftmatrizen eingehende reduzierte Frequenz ω^* und ermitteln die entsprechenden Matrizen $\boldsymbol{C}_\eta$ und $\boldsymbol{K}_{a\eta}$. Wir setzen weiterhin

$$\boldsymbol{\eta} = \boldsymbol{\eta}_0 e^{i\varpi t} \tag{26.6.1}$$

wobei $\varpi = \omega + i\mu$ eine noch unbekannte komplexe Frequenz der Struktur sein möge. Da es hier nicht auf die letzten Einzelheiten der Flattergleichung (26.5.52) ankommt, sondern auf die prinzipielle Methodik der Lösung, beschränken wir uns aus Gründen der typographischen Ökonomie auf die zentralen Terme. Wir ignorieren auch den Index k des betrachteten Modes. In diesem Sinne schreiben wir

$$[-\varpi^2 \boldsymbol{\Lambda} + i\varpi \boldsymbol{C}_\eta + \boldsymbol{K}_{a\eta} + \boldsymbol{I}]\boldsymbol{\eta}_0 = \boldsymbol{o} \tag{26.6.2}$$

Unser Ziel ist jetzt, zu einer harmonischen ungedämpften Schwingung der Struktur, also $\varpi = \omega$, zu gelangen. Zu diesem Zweck führen wir den vorerwähnten Strukturdämpfungsfaktor $g \equiv \gamma$ ein und erweitern (26.6.2) auf

$$[-\varpi^2 \boldsymbol{\Lambda} + i\varpi \boldsymbol{C}_\eta + \boldsymbol{K}_{a\eta} + (1 + i\gamma)\boldsymbol{I}]\boldsymbol{\eta}_0 = \boldsymbol{o} \tag{26.6.3}$$

Für einen beliebig gewählten Wert $\gamma^{(0)}$ der Strukturdämpfung wird eine iterative Lösungsprozedur im allgemeinen einen komplexen Wert $\varpi^{(0)}$ der Strukturfrequenz ergeben. Dieser ist aber für uns unannehmbar, da der notwendige Bezug zu ω^*, also

$$\varpi^{(0)} = \omega^* \frac{v}{b} \tag{26.6.4}$$

auf keinen Fall erfüllt sein wird.

Um nun ein reelles ϖ zu erzielen, variieren wir γ in einer Sequenz

$$\gamma^{(0)}, \gamma^{(1)}, \ldots, \gamma^{(r)}$$

mit den entsprechenden Strukturfrequenzen

$$\varpi^{(0)}, \varpi^{(1)}, \ldots, \varpi^{(r)}$$

so lange, bis $\varpi^{(r)} = \omega^{(r)}$ reell ist. Wir erhalten damit die assoziierte Fluggeschwindigkeit v aus (26.6.4)

$$v = \frac{\varpi^{(r)}}{\omega^*} b = \frac{\omega^{(r)}}{\omega^*} b \tag{26.6.5}$$

Unsere Lösung bestimmt aber leider keine kritische Flattergeschwindigkeit v, sondern irgendeinen Punkt im unterkritischen oder überkritischen Bereich des V-μ- (bzw. V-g)-Diagramms, der eine gedämpfte oder angefachte Schwingung darstellt. Der Wert $\gamma^{(r)}$ wird sich dabei im allgemeinen als negativ ergeben. Angenähert können wir dieses Resultat in der Weise re-interpretieren, daß es einer komplexen Frequenz ϖ und einem Strukturdämpfungsfaktor $\gamma = 0$ zugeordnet ist. Zu diesem Zweck dividieren wir den Ausdruck

(26.6.3) durch $(1 + i\gamma)$ und konzentrieren uns, unter Vernachlässigung der kleinen Fehler im ersten und dritten Term, auf den zweiten Term. Wir schreiben das Ergebnis in der Form

$$\frac{\varpi^{(r)}}{1 + i\gamma} = \frac{\omega^{(r)}}{1 + i\gamma} = \varpi$$

Dies ergibt für die komplexe Frequenz ϖ und für $\gamma \ll 1$

$$\varpi = \omega^{(r)}(1 - i\gamma) = \omega^{(r)} + i\mu^{(r)} \tag{26.6.6}$$

wobei die angenäherte Dämpfung μ aus

$$\mu = - \omega^{(r)}\gamma \tag{26.6.6a}$$

bestimmt ist.

Um nun weitere Punkte im V-μ-Diagramm zu ermitteln, stellen wir C_η und $K_{a\eta}$ für andere ω^*-Werte auf. Die kritische Flattergeschwindigkeit v_{crit} gilt als gefunden, wenn für $\gamma = 0$ gleichzeitig $\varpi^{(r)}$ reell wird.

Die V-g-Methode ist numerisch sehr einfach durchzuführen, da die Matrizen C_η und $K_{a\eta}$ nicht und γ nur global iteriert werden müssen. Für den kritischen Wert des Strukturdämpfungsfaktors $\gamma = 0$ stimmen die Ergebnisse mit einer exakten Lösung des ursprünglich formulierten Problems überein, bei unterkritischer Dämpfung ergeben sich jedoch gravierende Abweichungen. Die Methode wird überwiegend in den U.S.A. eingesetzt.

Eine Variante des obigen Verfahrens ist in Frankreich weit verbreitet. Es wird ebenfalls die reduzierte reelle Frequenz ω^* benutzt, aber an Stelle des Strukturdämpfungsfaktors γ eine *komplexe Geschwindigkeit*

$$v_c = v(1 + i\epsilon) \tag{26.6.7}$$

eingeführt. Um einen Bezug zwischen der V-g-Methode und dieser Variante herzustellen, dividieren wir (26.6.3) durch ϖ^2 und bilden den skalaren Faktor der Einheitsmatrix alternativ wie folgt

$$\frac{1 + i\gamma}{\varpi^2} = \frac{1}{\varpi^{*2}} \frac{b^2}{v_c^2} \tag{26.6.8}$$

wobei wir auf der linken Seite ein finites γ, aber eine reelle Geschwindigkeit, und auf der rechten Seite $\gamma = 0$, aber eine komplexe Geschwindigkeit v_c bei der Aufstellung der reduzierten Frequenz voraussetzen.

Wenn wir nun annehmen, daß wir den kritischen Flatterpunkt erreicht haben und damit $\varpi = \omega$ wird, so erhalten wir aus (26.6.8) in erster Näherung

$$\gamma = - 2\epsilon \tag{26.6.9}$$

Selbstverständlich ist die physikalische Deutung einer komplexen Geschwindigkeit bestenfalls dubios. Auch ist die numerische Qualität der Ergebnisse dieser Methode nicht besser als die des V-g-Verfahrens. Andererseits entfällt auch hier die iterative Bestimmung der C_η- und $K_{a\eta}$-Matrizen.

Eine nächste wichtige Gruppe von Flattermethoden beruht ebenfalls auf einer Variation von (26.5.52) und benutzt an Stelle der komplexen reduzierten Frequenz ϖ^* wiederum nur den Realteil ω^*, um die aerodynamischen Matrizen aufzustellen. Physikalisch bedeutet diese Vereinfachung, daß man die Wirbelschleppe hinter dem Flügel, die im allgemeinen eine nichtkonstante Amplitude aufweist, durch eine Schleppe mit konstanter Amplitude ersetzt. Das Vorgehen erscheint bei kleiner Dämpfung μ physikalisch sinnvoll, und die Dämpfungskurven $\mu(v)$ sind für $\mu \neq 0$ um so besser, je näher wir an den kritischen Punkt $\mu = 0$ rücken. Die Güte der Approximation hängt also von der Größe der Dämpfung μ ab. Numerisch besitzt diese angenäherte Betrachtung des Flatterproblems den Nachteil, daß die aerodynamischen Matrizen iterativ über die Bestimmung von ω^* ermittelt werden müssen. In Deutschland wurde diese Methode unter dem Namen „*β-Verfahren*" von H. G. Natke [26.31] und in den U.S.A. unter dem Namen „*pk-Methode*" von H. J. Hassig [26.32] propagiert.

Die β- bzw. *pk*-Methode erscheint optimal, solange man die Luftkräfte nur für harmonische Schwingungen benötigt. Allerdings trifft letzteres heutzutage nicht mehr zu, da man in steigendem Maße auch auf Luftkräfte für gedämpfte Schwingungen angewiesen ist. Neuere Untersuchungen, insbesondere von V. J. E. Stark [26.33], haben ergeben, daß man die Luftkraftbeiwerte als analytische Funktionen von ω^* in den gedämpften Bereich hinein analytisch fortsetzen kann. Stark approximiert zu diesem Zweck bei n Freiheitsgraden jeden der n^2 Luftkraftbeiwerte für harmonische Schwingungen, die für diskrete reelle Werte von ω^* vorgegeben sind, durch eine Gruppe analytischer Funktionen mit Hilfe der Methode der kleinsten Quadrate und erhält so die Luftkraftbeiwerte bei gedämpfter oder angefachter Schwingung und über die Flattergleichung die subkritischen Eigenfrequenzen und Dämpfungsmaße μ.

Damit schließen wir die Darstellung über die seit dem zweiten Weltkrieg entwickelten Verfahren ab und wenden uns der neuesten und genauesten Methode, der von H. Wittmeyer, zu.

26.6.2 Das CT-Verfahren von H. Wittmeyer

Helmut Wittmeyer [26.34] hat die Gedanken von Stark noch einen wesentlichen Schritt weiterentwickelt. Wir werden im folgenden einen kurzen Überblick über die logisch konsequenteste Methode der Lösung der Flattergleichung geben. Zu diesem Zweck führen wir unsere Betrachtung in der sogenannten $(z = i\varpi)$-Ebene vor. Wir setzen voraus, daß auf der imaginären Achse $i\omega$ und in einem kleinen Bereich rechts davon die Luftkraftbeiwerte sich als analytische Funktionen von z darstellen lassen und daß der Dämpfungskoeffizient $\mu/\omega = \zeta$ so klein ist, um die Näherung $(1 - \zeta^2)^{1/2} \approx 1$ zuzulassen. Die Matrizen $\boldsymbol{C}_\eta$ und $\boldsymbol{K}_{a\eta}$ sollen, wie üblich, für eine diskrete Reihe von ω^*-Werten

$$\omega^* = \omega^*_{\min} + r\delta, \qquad r = 0, 1, 2, \ldots \tag{26.6.10}$$

vorliegen, wobei δ problembezogen gewählt wird.

Wir betrachten eine bestimmte Schwingungsform der Struktur mit einer Eigenkreisfrequenz ω_{st}, die wir aus einem Versuch oder einer Rechnung *in vacuo* erhalten haben, und verfolgen, wie sich die komplexe Frequenz ϖ, und damit die Frequenz ω und das Dämpfungsmaß μ, mit der Fluggeschwindigkeit verändern. Insbesondere ermitteln wir

$$\omega^* = \omega^{*(1)} = \omega^*_{\min} + \delta \operatorname{Int}\left[\frac{1}{\delta}\left(\frac{\omega_{st} b}{v} - \omega^*_{\min}\right) + 0.5\right] \tag{26.6.11}$$

Hier bezeichnet „Int“ die Intervalloperation. Mit (26.6.11) bestimmen wir den ω^*-Wert, der $\omega_{st}b/v$ am nächsten ist. Für diesen Wert stehen uns auch die notwendigen Matrizen C_η und $K_{a\eta}$ zur Verfügung, und wir können das komplexe Eigenwertproblem in (26.6.2) lösen und einen komplexen Schätzwert $\varpi^{(1)}$ erhalten. Mit letzterem bestimmen wir einen neuen $\omega^{*(2)}$-Wert aus

$$\omega^{*(2)} = \omega^*_{\min} + \delta\,\mathrm{Int}\left[\frac{1}{\delta}\left(\frac{\mathrm{Re}(\varpi^{(1)})b}{v} - \omega^*_{\min}\right) + 0.5\right] \tag{26.6.12}$$

Die Weiterführung dieses Vorgehens bringt nach wenigen Schritten die erwünschte Konvergenz in der Form

$$|\omega^{*(r)} - \omega^{*(r-1)}| < \delta \tag{26.6.13}$$

Als nächstes setzen wir

$$\omega^*_0 = \omega^{*(r)}, \qquad \varpi_0 = \varpi^{(r)} \tag{26.6.14}$$

Mit ϖ_0 haben wir in diesem Rechengang die optimale reduzierte Frequenz ω^* und komplexe Frequenz ϖ bestimmt, die wir mit den verfügbaren diskreten Werten von ω^* aus (26.6.10) ableiten können. Die komplexe Kreiseigenfrequenz ϖ_0 und das zugehörige ω^*_0 erfüllen jedoch – wegen der komplexen Spezifikation von ϖ_0 – nicht die Bedingung

$$\varpi_0 = \frac{\omega^*_0 v}{b} \tag{26.6.15}$$

Wie oben erwähnt, führt nun der Gedankengang von Wittmeyer dazu, den Wert ϖ als eine analytische Funktion der imaginären Variablen

$$z = i\omega^* \tag{26.6.16}$$

darzustellen. Dies ist sicher in einer Ebene mit den Achsen μ und $i\omega$ in der Nähe der imaginären Achse $i\omega$ und einer vorausgesetzten Abwesenheit von Singularitäten zulässig (Abb. 26.6.1).

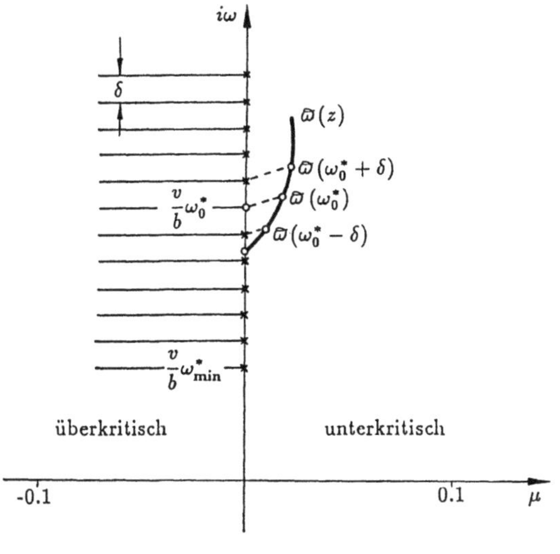

Abb. 26.6.1
Die Funktion $\varpi(z)$ in der komplexen Ebene

Da wir damit annehmen, daß in diesem Bereich $\varpi(z)$ und seine Ableitungen stetig sind, können wir vom Punkt

$$z_0 = i\omega_0^* \tag{26.6.17}$$

aus die Funktion $\varpi(z)$ in eine nach dem dritten Glied abgebrochene komplexe Taylorreihe (*c*omplex *T*aylor, CT) entwickeln. Wir schreiben

$$\varpi(z) = \varpi_0 + (z - z_0)\varpi_{,z}(z_0) + \tfrac{1}{2}(z - z_0)^2 \varpi_{,zz}(z_0) \tag{26.6.18}$$

wobei

$$\varpi_0 = \varpi(z_0) = \varpi(i\omega_0^*) \tag{26.6.19}$$

ist und die Differentiationen von ϖ in Richtung der imaginären Variablen z durchzuführen sind. Da wir jedoch nur die ϖ-Ergebnisse für die diskrete Folge der ω^*-Werte bzw. der entsprechenden $(z = i\omega)$-Werte aus (26.6.10) besitzen, müssen wir die Ableitungen durch Differenzenquotienten approximieren

$$\begin{aligned} \varpi_{,z}(z_0) &= -i\left[\varpi\left(\omega_0^*\frac{v}{b} + \delta\right) - \varpi\left(\omega_0^*\frac{v}{b} - \delta\right)\right]/2\delta = -i\varpi_1 \\ \varpi_{,zz}(z_0) &= -\left[\varpi\left(\omega_0^*\frac{v}{b} - \delta\right) - 2\varpi\left(\omega_0^*\frac{v}{b}\right) + \varpi\left(\omega_0^*\frac{v}{b} + \delta\right)\right]/\delta^2 = -\varpi_2 \end{aligned} \tag{26.6.20}$$

Unsere zu erfüllende Beziehung zwischen ϖ und ω^* lautet in der Variablen $z = i\omega^*$

$$\varpi(z) = -i\frac{zv}{b} \tag{26.6.21}$$

Die Anwendung der Beziehungen (26.6.18) bis (26.6.21) führt auf den Ausdruck

$$\varpi_0 - i(z - z_0)\varpi_1 - \tfrac{1}{2}(z - z_0)^2\varpi_2 = -i\frac{v}{b}z \tag{26.6.22}$$

Als nächstes definieren wir

$$y = -i(z - z_0) = \omega^* - \omega_0^* \tag{26.6.23}$$

und transformieren mit diesem Ausdruck (26.6.22) in eine komplexe quadratische Gleichung in y

$$A + By + Cy^2 = 0 \tag{26.6.24}$$

wobei abkürzend eingeführt wird:

$$\begin{aligned} A &= \varpi_0 - \omega_0^*\frac{v}{b} \\ B &= \varpi_1 - \frac{v}{b} \\ C &= \tfrac{1}{2}\varpi_2 \end{aligned} \tag{26.6.25}$$

Die Lösung von (26.6.24) erfolgt iterativ, indem wir, ausgehend von $y^{(0)} = 0$, die Sequenz der komplexen Werte

$$y^{(r)} = -\frac{1}{B}\left[A + C(y^{(r-1)})^2\right] \tag{26.6.26}$$

bilden. Nach zwei bis drei Iterationsschritten stellt sich

$$|y^{(r)} - y^{(r-1)}| < 0.001\,|y^{(r)}| \tag{26.6.27}$$

ein. Wir können dann $y^{(r)} = y$ schreiben und erhalten aus (26.6.23) und (26.6.17)

$$z = i\omega^*$$

und damit

$$\varpi = \omega^* \frac{v}{b} = (\omega_0^* + y)\frac{v}{b} \tag{26.6.28}$$

Wir erhalten für die Eigenkreisfrequenz ω

$$\omega = \mathrm{Re}(\varpi) \tag{26.6.29}$$

und für das Dämpfungsmaß μ

$$\mu = \mathrm{Im}(\varpi) \tag{26.6.30}$$

Wie genau die erhaltene Lösung ist, kann man dadurch feststellen, daß man die Untersuchung mit einem halbierten δ-Wert nach (26.6.10) wiederholt.

Als Demonstration und Vergleich der drei kurz besprochenen Methoden soll der subkritische Dämpfungsverlauf μ/ω eines Flugkörpers als Funktion der Geschwindigkeit v gezeigt werden (Abb. 26.6.2); siehe [26.35]. Man kann davon ausgehen, daß die CT-Methode den genauesten Verlauf wiedergibt, versucht sie doch, die bei den beiden anderen Methoden nicht berücksichtigten Luftkräfte im gedämpften Bereich wenigstens auf „inverse" Weise mitzunehmen. Alle drei Methoden liefern jedoch für $\mu/\omega = 0$ dieselbe kritische Fluggeschwindigkeit v_{crit}.

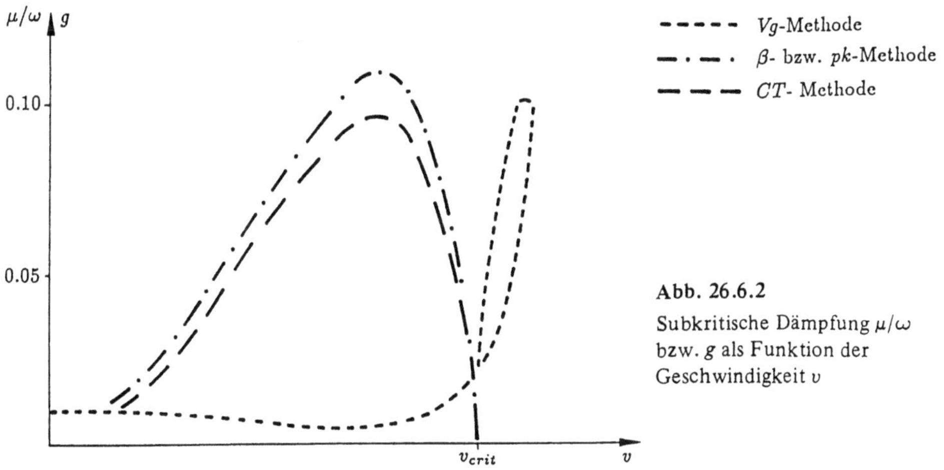

Abb. 26.6.2
Subkritische Dämpfung μ/ω bzw. g als Funktion der Geschwindigkeit v

26.7 Die Flattergleichung bei Berücksichtigung von Servosteuerungen und Flugreglern

26.7.1 Einleitung

Moderne Flugzeuge sind ab einer bestimmten Größe und Komplexität ohne Servosteuerung und Flugregler von den Piloten nicht mehr zu handhaben. Es werden deshalb entweder für alle oder einzelne Ruder Steuerhilfen und entweder für alle oder einzelne Flugphasen automatische Steuerungen, bis hin zum "*predictionner*", vorgesehen. Dadurch kann die Flattersicherheit jedoch erheblich herabgesetzt bzw. auch positiv beeinflußt werden, und dies ist für uns Anlaß, daß wir uns hier mit dieser Problematik befassen.

Normalerweise wird ein Flugregler zunächst so ausgelegt, daß er dem als starr angenommenen Flugzeug die nötigen Steuerungseigenschaften und die nötige Stabilität vermittelt. Man verfügt dabei über zwei mögliche Regelungsprinzipien, die als "*open-loop*"- und "*closed-loop*"-Systeme bekannt und am Beispiel einer Auftrieb erzeugenden Steuerfläche in Abb. 26.7.1 dargestellt sind. Beim "open-loop"-System wird eine Störung direkt vom Sensor selbst gemessen und eine entsprechende Korrektur für die Steuerfläche erarbeitet. Beim "closed-loop"-System wird die Störung nur indirekt über die Flügelbewegung gemessen. Da die Steuerfläche als letztes Glied in der Kette jedoch über den Auftrieb auch wieder Flügelbewegungen hervorruft, kann es zu Rückkopplungen kommen. Würde man die Sensoren an einem geeignet erscheinenden Ort im Flugzeug (z.B. Schwerpunkt oder Schwingungsknoten) unterbringen können, würde man die Messung von unerwünschten Einflüssen zwar bei manchen Schwingungsformen reduzieren, jedoch läßt sich dies nicht für alle Formen und alle Beladungszustände realisieren.

"Open loop" – System:

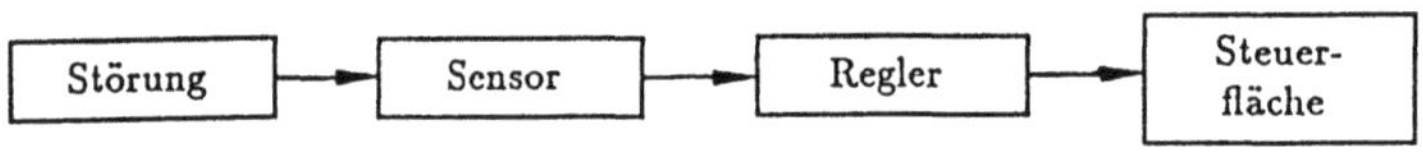

"Closed loop" – System:

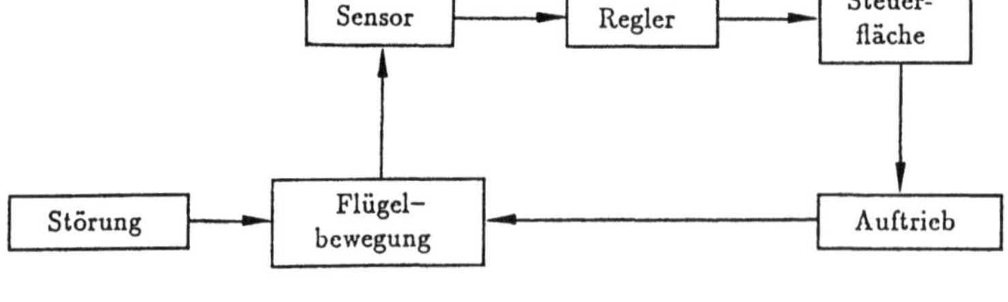

Abb. 26.7.1 Regelungsprinzipien am Beispiel einer Auftrieb erzeugenden Steuerfläche

Beide Systeme haben Vor- und Nachteile, auf die wir hier nicht näher eingehen können. Erwähnt sei jedoch, daß die bei dem "open-loop"-System üblicherweise eingesetzten Sensoren sehr empfindlich auf Umwelteinflüsse reagieren und damit eine Verfälschung der Signale verursachen können. Andererseits bewirkt dieses System, daß in Abwesenheit sekundärer Störungen die Flugeigenschaften nicht negativ beeinflußt werden. Dagegen sind beim "closed-loop"-System die Sensoren robuste und relativ billige Elemente. Damit kann man durch den Einsatz mehrerer Beschleunigungsmesser über der Spannweite auch höhere Biegeformen erfassen. Dies kann im Hinblick auf die Erzielung von Flatterfreiheit wichtig sein und dürfte mit ein Grund sein, weshalb in der Praxis das "closed-loop"-System für einen sehr elastischen Flügel als das besser geeignete System angesehen wird. Der Nachteil dieses Systems ist, daß der Flugregler nur die Information verarbeiten kann, die ihm die in der Zelle an verschiedenen relevanten Positionen eingebauten Beschleunigungssensoren liefern. Er wird ohne Gegenvorkehrungen im allgemeinen eine oder mehrere elastische Eigenschwingungsformen des Flugzeugs zu Schwingungen anregen. Damit das unterbunden wird, müssen geeignete elektrische Filter in den von den Sensoren – z.B. Kreisel- oder Beschleunigungsmessern – zum Flugregler gehenden Signalleitungen eingebaut werden; siehe Abb. 26.7.2. Ihre Aufgabe ist, die von den Beschleunigungsmessern übermittelten Signale so zu verstärken, daß der Flugregler seinerseits als Signalgeber für das Ruderservo so reagiert, daß entweder ein bestehender Flugzustand beibehalten oder ein vorprogrammierter nachgeflogen werden kann. Dabei muß größte Sorgfalt darauf verwendet werden, daß die in der Umgebung von elastischen Frequenzen liegenden Signale nicht mitverstärkt, sondern ausgefiltert werden. Eine typische Filterkennlinie zeigt Abb. 26.7.3, die bis zu einer Frequenz von 4.3 Hz die Verstärkung „1" aufweist. Damit brauchen von der Flatterseite her keine einschränkenden Forderungen an die Verstärkung gestellt zu werden. In der Umgebung der Frequenz 9 Hz liegt in diesem Beispiel jedoch eine Eigenfrequenz mit kritischer Eigenform: das Signal muß auf das 0.06-fache reduziert werden, um mit Sicherheit eine Anfachung dieser Eigenform des Flugzeugs durch den Flugregler auszuschalten. Zur Vermeidung der Anfachung der höheren Eigenschwingungsformen genügt es, zwischen 10 und 100 Hz bei einer mittleren Verstärkung zu bleiben, da dieses Frequenzband für Steueraufgaben im allgemeinen seltener benötigt wird.

Betrachtet man den gesamten Geschwindigkeitsbereich eines Flugzeugs, dann ist dabei interessant, daß nicht etwa hohe Machzahlen die größten Forderungen an die Filter stellen, sondern daß im allgemeinen der Langsamflug in großen Höhen entscheidend ist. Diese Feststellung beruht auf der Tatsache, daß die Verstärkung der Sensorensignale bei höheren Machzahlen automatisch reduziert wird, da die Steuerbewegungen hier aus Gründen der stationären Aerodynamik kleiner sein müssen. Die Untergrenze der „Bandsperre" ist mit der größten Zuladung zu berechnen, da dies den ungünstigsten Fall darstellt (Erhöhung der Masse bedeutet Absenkung der Frequenz). Eine Vielzahl weiterer Einflüsse könnte noch genannt werden, wir wollen hier aber den Einblick in das Wesentliche nicht verlieren. Für uns ist es wichtig, daß die Regelstrecke (engl. *loop*) schließlich und endlich so ausgelegt ist, daß bei den uns interessierenden Fluggeschwindigkeiten und Flughöhen die Antworten, d.h. die Ausschläge der Steuerflächen, so erfolgen, daß keine Anfachung der durch geringe Störungen eingeleiteten Schwingungen erfolgt.

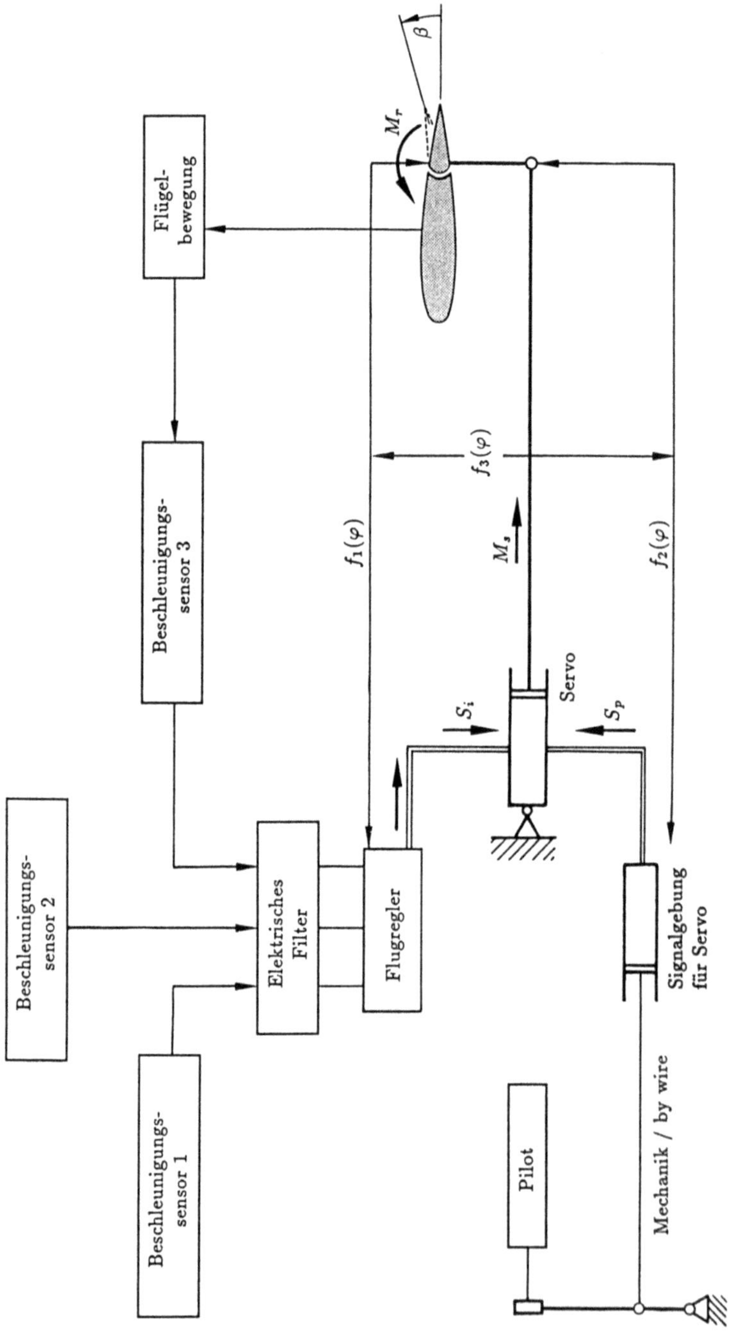

Abb. 26.7.2 Prinzip des „closed loop"-Regelkreises bei Servosteuerungen

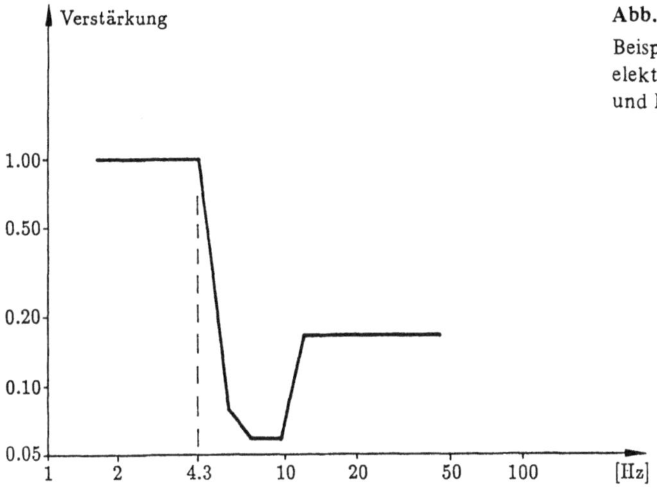

Abb. 26.7.3
Beispiel für die Verstärkung eines elektrischen Filters zwischen Sensor und Flugregler

Unsere Vorgehensweise muß dabei berücksichtigen, daß je nach der Frequenz der eingeleiteten Schwingung die Ruder eine andere Anschlußsteifigkeit besitzen, d.h. diese Anschlußsteifigkeit muß wie eine aerodynamische Steifigkeit behandelt werden. Da es sehr schwierig ist, diese komplizierten Steifigkeitsmerkmale aus den Angaben über die Servokonstruktion, die Servoaufhängung, das Fluid und die Gelenkeigenschaften der mechanischen Steuerkette zu berechnen, werden sie in der Praxis durch umfangreiche Versuche an der Teststruktur gemessen.

Ideal für die Flattersicherheit wäre, wenn bei allen Schwingungsformen die Ruder so mitschwingen würden, daß sich keine Relativbewegungen zur Umgebung des Ruderanschlußes einstellen können. In einem ersten Schritt ermittelt man sich dazu die Steifigkeits- und Massenmatrix der ungedämpft schwingenden Struktur mit an den Drehpunkten lose angeschlossenen Rudern, entweder durch einen Standschwingungsversuch oder durch eine Rechnung mit der simultanen Vektoriterationsmethode am FEM-Modell. Anschließend wird eine Umrechnung der Ergebnisse vorgenommen, um eine starre Verbindung der betreffenden Ruder an die Hauptstruktur zu simulieren. In einem weiteren Schritt erteilt man dann den Rudern wieder eigene Freiheitsgrade, diesmal aber bezogen auf die gemessenen Anschlußsteifigkeiten. Ein solches Vorgehen hat noch den Vorteil, daß man in diesem Schritt die Massen, die den zusätzlichen Freiheitsgraden der Ruder zugeordnet sind, mit besonders genauen Werten einführen kann, die man in Zusatzversuchen oder durch eine Rechnung ermittelt. Dies ist besonders wichtig, da die Schwerpunktslagen und Trägheitsmomente der Ruder einen entscheidenden Einfluß auf die Höhe der kritischen Geschwindigkeit haben.

26.7.2 Steifigkeits- und Massenmatrix bei fest eingerasteten Rudern

Unser Ziel ist, die Flattergleichungen unter Einbeziehung der Ruderausschläge und unter Berücksichtigung eines Flugreglers sowie einer Servosteuerung aufzustellen. Zu diesem Zweck werden wir in diesem Abschnitt eine vorbereitende Untersuchung über die spektraltheoretischen Beziehungen zwischen den Eigenschwingungen eines Flugkörpers mit losen Rudern und denen bei fest eingerasteten Rudern durchführen. Die Darstellung beruht zum Teil auf einer Arbeit von H. Wittmeyer [26.41].

Wir beginnen mit dem Flugkörper mit losen Rudern, so wie er etwa in einem Standschwingversuch experimentell getestet wird. Für die FEM-Berechnung möge die idealisierte Struktur n Freiheitsgrade besitzen. Wir nehmen an, daß wir einen beschränkten Satz $\boldsymbol{X}_\mathrm{m}$ von m Eigenvektoren $\boldsymbol{x}_\mathrm{i}$ und die zugehörigen Kreiseigenfrequenzen ω_i ermittelt haben; man beachte, daß $\mathrm{m} < \mathrm{n}$ ist. Der Einfluß von höheren Modes wird, wie in Abschnitt 26.5.2 ausgeführt, vernachlässigt. In jedem Fall müssen wir in unserer Analyse die Eigenvektoren $\boldsymbol{x}_\mathrm{i}$ bis zu einer so hohen Ordnung m einbeziehen, daß ω_m wesentlich höher liegt als die Frequenzen, für die wir Flatterrechnungen mit Berücksichtigung der Flugregler und Servos durchführen. Außerdem müssen auch die Eigenschwingungsformen beteiligt sein, bei denen sich vorwiegend die Ruder selbst elastisch verformen. Ohne diese würde die Steifigkeit des idealisierten Systems zu hoch ausfallen und damit eine falsch simulierte, zu hohe Rudereffektivität vortäuschen. Dies wiederum würde bewirken, daß die elektrischen Filter falsch ausgelegt werden. Weiterhin muß der Satz $\boldsymbol{X}_\mathrm{m}$ Vektoren berücksichtigen, die sowohl sämtliche Starrkörperformen des Flugkörpers als auch sämtliche starren Drehungen von Rudern, die zunächst als zwangfrei (d.h. ohne eine federnde oder starre Verbindung) an die Hauptstruktur über eine Drehachse angeschlossen betrachtet werden, enthalten.

Wir wenden uns wieder der modalen Darstellung der Verschiebungen mit Hilfe der m generalisierten Koordinaten $\eta_\mathrm{i}(t)$ zu und schreiben

$$\boldsymbol{r}(t) = \boldsymbol{X}_\mathrm{m}\boldsymbol{\eta}(t) \tag{26.7.1}$$

wobei wie in (26.5.46) und (26.5.48)

$$\boldsymbol{X}_\mathrm{m} = [\boldsymbol{x}_1 \quad \boldsymbol{x}_2 \quad \ldots\ldots \quad \boldsymbol{x}_\mathrm{m}] \tag{26.7.2}$$

der gewählte beschränkte Satz der Eigenvektoren der Struktur mit losen Rudern ist und

$$\boldsymbol{\eta} = \{\eta_1 \quad \eta_2 \quad \ldots\ldots \quad \eta_\mathrm{m}\} \tag{26.7.3}$$

die m generalisierten Koordinaten sind.

Für den Flugkörper mit losen Rudern gilt auch

$$\boldsymbol{\Lambda}_\mathrm{m}\ddot{\boldsymbol{\eta}} + \boldsymbol{\eta} = \boldsymbol{o} \tag{26.7.4}$$

wobei

$$\boldsymbol{\Lambda}_\mathrm{m} = \lceil \lambda_1 \quad \lambda_2 \quad \ldots\ldots \quad \lambda_\mathrm{m} \rfloor \tag{26.7.5}$$

der bekannte Satz von m Eigenwerten $\lambda_\mathrm{i} = 1/\omega_\mathrm{i}^2$ von (26.7.4) und $\boldsymbol{\Lambda}_\mathrm{m}$ zugleich die generalisierte Massenmatrix des Systems ist. Bei der Aufstellung der Differentialgleichung (26.7.4) sind wir von der Voraussetzung ausgegangen, daß die $\boldsymbol{x}_\mathrm{i}$-Eigenvektoren so skaliert sind, daß sie $\boldsymbol{K}$-orthonormal sind und daß sich damit die generalisierte Steifigkeitsmatrix in (26.7.4) auf die Einheitsmatrix $\boldsymbol{I}_\mathrm{m}$ reduziert.

Nach diesen vorbereitenden Bemerkungen über den Flugkörper mit losen Rudern wenden wir uns der folgenden Aufgabe zu, die Antwort des Flugkörpers mit festgesetzten (also eingerasteten) Rudern mit Hilfe der Ergebnisse bei losen Rudern zu formulieren. Zu diesem Zweck müssen wir Nebenbedingungen (*constraints*) einführen, um Bewegungen eines Ruders relativ zur Hauptstruktur zu unterbinden. Diese Relativbewegung läßt sich als Linearkombination verallgemeinerter Verschiebungen ausdrücken. Für ein einzelnes Ruder wird diese Relativbewegung durch die Differenz aus der Drehung der Hauptstruktur an der Ruderaufhängung und der Drehung des Ruders selbst beschrieben. Die Nebenbedingung kann wie folgt für ein typisches Ruder g formuliert werden:

$$\boldsymbol{a}_\mathrm{g}^\mathrm{t} \boldsymbol{r} = 0 \tag{26.7.6}$$

wobei $\boldsymbol{a}_\mathrm{g}$ ein einfach zu erstellender, schwach besetzter Spaltenvektor ist, der das Verschwinden der Relativdrehung zwischen der Hauptstruktur und dem Ruder bewirkt. Die Anwendung der Transformation (26.7.1) ergibt

$$\boldsymbol{a}_\mathrm{g}^\mathrm{t} \boldsymbol{X}_\mathrm{m} \boldsymbol{\eta} = 0 \tag{26.7.6a}$$

wobei $\boldsymbol{\eta}$ als ein zunächst unbekannter Zwangsvektor der modalen Verschiebungen fungiert. Wenn wir nun den Zeilenvektor

$$\boldsymbol{c}_\mathrm{g} = \boldsymbol{a}_\mathrm{g}^\mathrm{t} \boldsymbol{X}_\mathrm{m} \tag{26.7.7}$$

einführen, ergibt sich für das Ruder

$$\boldsymbol{c}_\mathrm{g} \boldsymbol{\eta} = 0 \tag{26.7.8}$$

Wäre nun die reine Ruderbewegung ohne weitere Anteile als eine Starrkörperbewegung $\boldsymbol{x}_l$ in den Ansatzfunktionen $\boldsymbol{\eta}(t)$ enthalten, so würde die l-te Komponente η_l in einem die Nebenbedingung (26.7.6) bzw. (26.7.7) erfüllenden Lösungsvektor $\boldsymbol{\eta}$ stets Null sein. Im Ausdruck (26.7.8) kann $\boldsymbol{\eta}$ entweder als die Zeitfunktion $\boldsymbol{\eta}(t)$ oder als der Amplitudenvektor $\boldsymbol{\eta}_0$ erscheinen.

Als nächstes betrachten wir den Fall von k Rudern, für die wir k Gleichungen des Typs (26.7.8) besitzen und die wir in einem Matrizenausdruck zusammenfassen

$$\boldsymbol{C}\boldsymbol{\eta} = \boldsymbol{o} \tag{26.7.9}$$

Hier ist

$$\boldsymbol{C} = \{\boldsymbol{c}_1 \quad \boldsymbol{c}_2 \quad \ldots\ldots \quad \boldsymbol{c}_\mathrm{k}\} \tag{26.7.10}$$

Im folgenden bezeichnen wir den spezifischen Vektor $\boldsymbol{\eta}$, der die Bedingung (26.7.9) erfüllt, mit $\boldsymbol{\eta}_c$, wobei der Index c für "constrained" erscheint. Bei festgesetzten Rudern haben also Gleichungen (26.7.1) und (26.7.9) zugleich zu gelten.

Nun betrachten wir die potentielle und kinetische Energie des Flugkörpers mit festen Rudern, gehen aber in unserer Formulierung vom Flugkörper mit losen Rudern aus. Wir benutzen dazu wieder den beschränkten Satz $\boldsymbol{X}_\mathrm{m}$ der Eigenvektoren und schreiben

$$\boldsymbol{\eta}_c(t) = \mathrm{e}^{i\omega_c t} \boldsymbol{X}_\mathrm{m} \boldsymbol{\eta}_{c0} \tag{26.7.11}$$

Hier ist $\boldsymbol{\eta}_c$ bzw. $\boldsymbol{\eta}_{c0}$ ein spezifischer Zwangsvektor der verallgemeinerten Koordinaten, der die Einhaltung von (26.7.9) garantiert, und der ω_c, einer der noch unbekannten Kreiseigenfrequenzen des Flugkörpers mit festen Rudern, entspricht. Man beachte aber, daß $\boldsymbol{\eta}_c$ *nicht* (26.7.4) befriedigt. Andererseits trägt die Wahl von $\boldsymbol{X}_{\mathrm{m}}$ des Flugkörpers mit losen Rudern dazu bei, daß die generalisierte Steifigkeitsmatrix weiterhin $\boldsymbol{I}_{\mathrm{m}}$ und die generalisierte Massenmatrix $\boldsymbol{\Lambda}_{\mathrm{m}}$ (wie in (26.7.5)) verbleibt. Mit diesen Ausführungen wird die potentielle Energie im Maximalausschlag

$$E_{pot\,\max} = \tfrac{1}{2}\boldsymbol{\eta}_{c0}^{\mathrm{t}}\boldsymbol{I}_{\mathrm{m}}\boldsymbol{\eta}_{c0} = \tfrac{1}{2}\boldsymbol{\eta}_{c0}^{\mathrm{t}}\boldsymbol{\eta}_{c0} \tag{26.7.12}$$

Weiterhin ist die betragsmäßig gleiche kinetische Energie beim Nulldurchgang

$$E_{kin\,\max} = \tfrac{1}{2}\omega_c^2\boldsymbol{\eta}_{c0}^{\mathrm{t}}\boldsymbol{\Lambda}_{\mathrm{m}}\boldsymbol{\eta}_{c0} \tag{26.7.13}$$

Betrachten wir wieder den eingeprägten Zustand (26.7.9), so stellen wir fest, daß jede Zeile g mit einem beliebigen Faktor ρ_{g} multipliziert werden kann, ohne am Ergebnis etwas zu ändern. Diese Faktoren ρ_{g}, die unsere Lagrange-Multiplikatoren bilden, fassen wir im Vektor

$$\boldsymbol{\rho} = \{\rho_1 \quad \rho_2 \quad \dots \quad \rho_{\mathrm{g}} \quad \dots \quad \rho_{\mathrm{m}}\} \tag{26.7.14}$$

zusammen. Unsere Energieaussage für stationäre Schwingungen des Flugkörpers mit *festem* Ruder kann nun durch die Bedingung der Stationärität

$$\delta\,(E_{pot\,\max} + \boldsymbol{\rho}^{\mathrm{t}}\boldsymbol{C}\boldsymbol{\eta}_{c0}) = \delta\,(E_{kin\,\max}) \tag{26.7.15}$$

ausgedrückt werden. Diese schreibt sich mit (26.7.12), (26.7.13) in der Variationsbedingung

$$\delta\,(\boldsymbol{\eta}_{c0}^{\mathrm{t}}[\boldsymbol{I}_{\mathrm{m}} - \omega_c^2\boldsymbol{\Lambda}_{\mathrm{m}}]\boldsymbol{\eta}_{c0} + 2\,\boldsymbol{\rho}^{\mathrm{t}}\boldsymbol{C}\boldsymbol{\eta}_{c0}) = 0 \tag{26.7.16}$$

wobei $\boldsymbol{\eta}_{c0}$ und $\boldsymbol{\rho}$ variiert werden.
Die Anwendung der Variationsvorschrift ergibt die beiden Gleichungen

$$\delta\boldsymbol{\eta}_{c0}^{\mathrm{t}}[\boldsymbol{I}_{\mathrm{m}} - \omega_c^2\boldsymbol{\Lambda}_{\mathrm{m}}]\boldsymbol{\eta}_{c0} + \boldsymbol{\eta}_{c0}^{\mathrm{t}}[\boldsymbol{I}_{\mathrm{m}} - \omega_c^2\boldsymbol{\Lambda}_{\mathrm{m}}]\delta\boldsymbol{\eta}_{c0} + 2\boldsymbol{\rho}^{\mathrm{t}}\boldsymbol{C}\delta\boldsymbol{\eta}_{c0} = 0 \tag{26.7.17}$$

und

$$2\,\delta\boldsymbol{\rho}^{\mathrm{t}}[\boldsymbol{C}\boldsymbol{\eta}_{c0}] = 0 \tag{26.7.18}$$

Aus letzterem Ausdruck folgt sofort die oben angeführte Nebenbedingung (26.7.9)

$$\boldsymbol{C}\boldsymbol{\eta}_{c0} = \boldsymbol{o} \tag{26.7.19}$$

Berücksichtigen wir in (26.7.17) die Diagonalität (Symmetrie) von $[\boldsymbol{I}_{\mathrm{m}} - \omega_c^2\boldsymbol{\Lambda}_{\mathrm{m}}]$, so erhalten wir

$$2\,\delta\boldsymbol{\eta}_{c0}^{\mathrm{t}}\big[[\boldsymbol{I}_{\mathrm{m}} - \omega_c^2\boldsymbol{\Lambda}_{\mathrm{m}}]\boldsymbol{\eta}_{c0} + \boldsymbol{C}^{\mathrm{t}}\boldsymbol{\rho}\big] = 0 \tag{26.7.20}$$

In Verbindung mit (26.7.19) reduziert sich unser Spektralproblem der Bestimmung der Zwangsvektoren $\boldsymbol{\eta}_{c0}$ und $\boldsymbol{\rho}$ sowie der Kreiseigenfrequenzen ω_c auf das lineare homogene Gleichungssystem der Dimension (m + k)

$$\begin{bmatrix} [\boldsymbol{I}_{\mathrm{m}} - \omega_c^2 \boldsymbol{\Lambda}_{\mathrm{m}}] & \boldsymbol{C}^{\mathrm{t}} \\ \boldsymbol{C} & \boldsymbol{O} \end{bmatrix} \begin{bmatrix} \boldsymbol{\eta}_{c0} \\ \boldsymbol{\rho} \end{bmatrix} = \boldsymbol{o} \tag{26.7.21}$$

Um dieses System zu lösen, nehmen wir zuerst eine Variablentransformation

$$\boldsymbol{\eta}_{c0} = \boldsymbol{\Lambda}_{\mathrm{m}}^{-1/2} \boldsymbol{a}\,, \qquad \boldsymbol{\rho} = -\,\omega_c^2 \boldsymbol{d}\boldsymbol{b} \tag{26.7.22}$$

vor. Die neuen Eigenvektoren $\boldsymbol{a}$ und $\boldsymbol{b}$ weisen wiederum die Dimension (m × 1) bzw. (k × 1) auf. Die Matrix $\boldsymbol{d}$ ist diagonal, und ihre Elemente d_{g} bestimmen sich aus der Regel

$$d_{\mathrm{g}} = 1/n_{\mathrm{g\,max}} \tag{26.7.23}$$

wobei $n_{\mathrm{g\,max}}$ das dem Betrag nach größte Element der g-ten Zeile von

$$\boldsymbol{N} = \boldsymbol{C}\boldsymbol{\Lambda}_{\mathrm{m}}^{-1/2} \tag{26.7.24}$$

ist. Definieren wir noch die Transformation

$$\boldsymbol{B} = \boldsymbol{d}\boldsymbol{C}\boldsymbol{\Lambda}_{\mathrm{m}}^{-1/2} \tag{26.7.25}$$

so geht (26.7.21) nach Vormultiplikation der ersten Untermatrizengleichung mit $\boldsymbol{\Lambda}_{\mathrm{m}}^{-1/2}$ und der zweiten mit $\boldsymbol{d}$ in

$$\begin{bmatrix} [\boldsymbol{\Lambda}_{\mathrm{m}}^{-1} - \omega_c^2 \boldsymbol{I}_{\mathrm{m}}] & -\,\omega_c^2 \boldsymbol{B}^{\mathrm{t}} \\ \boldsymbol{B} & \boldsymbol{O} \end{bmatrix} \begin{bmatrix} \boldsymbol{a} \\ \boldsymbol{b} \end{bmatrix} = \boldsymbol{o} \tag{26.7.26}$$

über. Voraussetzungsgemäß sind die Zeilenvektoren $\boldsymbol{c}_{\mathrm{g}}$ linear unabhängig, und diese Eigenschaft läßt sich unmittelbar auf die Matrix $\boldsymbol{B}$ übertragen, da die in (26.7.25) vorgenommene Faktorisierung nur eine Skalierung der Zeilen bzw. Spalten von $\underset{\sim}{C}$ bedeutet.

Der zweiten Untermatrizengleichung von (26.7.26) entnehmen wir die Beziehung

$$\boldsymbol{B}\boldsymbol{a} = \boldsymbol{o} \tag{26.7.27}$$

die an Stelle der ursprünglichen Nebenbedingung $\boldsymbol{C}\boldsymbol{\eta}_{c0}$ tritt.

Wir multiplizieren nun die erste Untermatrizengleichung in (26.7.26) mit $\boldsymbol{B}$, benützen (26.7.27) und reduzieren damit das ursprüngliche System auf die einzige Matrizengleichung

$$\boldsymbol{B}\boldsymbol{\Lambda}_{\mathrm{m}}^{-1}\boldsymbol{a} - \omega_c^2 [\boldsymbol{B}\boldsymbol{B}^{\mathrm{t}}]\boldsymbol{b} = \boldsymbol{o} \tag{26.7.28}$$

Unter nochmaliger Berücksichtigung von (26.7.27) nimmt das unsymmetrische Spektralproblem die Form

$$\begin{bmatrix} \boldsymbol{B} & \boldsymbol{O} \\ \boldsymbol{B}\boldsymbol{\Lambda}_{\mathrm{m}}^{-1} & -\,\omega_c^2 [\boldsymbol{B}\boldsymbol{B}^{\mathrm{t}}] \end{bmatrix} \begin{bmatrix} \boldsymbol{a} \\ \boldsymbol{b} \end{bmatrix} = \boldsymbol{o} \tag{26.7.29}$$

an. Die Spektralanalyse von (26.7.29) liefert die Kreiseigenfrequenzen ω_c und die Eigenvektoren $\{\boldsymbol{a} \quad \boldsymbol{b}\}$ des Flugkörpers mit festen Rudern. Die modalen Formen $\boldsymbol{\eta}_{c0}$ ermitteln sich letztlich aus (26.7.22).

Ein geeignetes Verfahren für die Auflösung des Systems (26.7.29) ist mit dem QR-Algorithmus gegeben, wobei es sich empfiehlt, die Koeffizienten auf die Hessenbergsche Form zu transformieren; siehe z.B. [26.18]. Der Leser sei auch auf die in den Abschnitten 22.2 (Vektoriteration) und 22.3 (Eberlein-Algorithmus) behandelten Verfahren hingewiesen. Wir bemerken, daß alle Eigenlösungen reell sind, sich aber durch die Unterbindung von k Freiheitsgraden am Anschluß der Ruder an die Hauptstruktur k unendliche Eigenwerte $\lambda_{ic} = 1/\omega_{ic}^2$ (also verschwindende Kreiseigenfrequenzen ω_{ic}) für den Flugkörper mit starr angeschlossenen Rudern ergeben. Außerdem kann durch die versteifende Wirkung der starren Einrastung der Ruder kein Eigenwert λ_{ic} kleiner als der ihm bei losen Rudern entsprechende Wert λ_i sein. Letztere Feststellung, die physikalisch einleuchtend ist, kann der mathematisch interessierte Leser mit Hilfe des Maximum-Minimum-Prinzips von Courant [26.36] bestätigen.

Da wir im beschränkten Satz der m Eigenvektoren $\boldsymbol{x}_i$ des Flugkörpers mit losen Rudern alle Starrkörpermoden des frei-frei fliegenden Vehikels unter Einschluß der Starrkörperformen der Ruder berücksichtigt haben müssen, enthält das rücktransformierte System (26.7.21) auch μ Eigenwerte $\lambda_{ic} = 1/\omega_{ic}^2$ mit dem Wert Null und entsprechende Eigenvektoren, die jeweils eine lineare Kombination der erwähnten Starrkörpermoden darstellen. Die Anzahl der sich aus der ursprünglichen Modellierung ergebenden nichtdegenerierten Eigenwerte ω_c und Eigenvektoren $\boldsymbol{\eta}_{c0}$ des Flugkörpers mit festen Rudern reduziert sich damit auf

$$p = m - k - \mu \tag{26.7.30}$$

Nun können die vorerwähnten μ Eigenvektoren orthogonalisiert werden, und wir verfügen schließlich über (m − k) modale Formen des Typs

$$\boldsymbol{\eta}_{ci0} = \{\eta_1 \quad \eta_2 \quad \ldots\ldots \quad \eta_m\}_{ci0} \tag{26.7.31}$$

woraus wir wie bisher (m − k) Verschiebungsformen des Flugkörpers mit festen Rudern aus der bekannten Beziehung

$$\boldsymbol{r}_i = \boldsymbol{X}_m \boldsymbol{\eta}_{ci}(t) = \boldsymbol{X}_m \boldsymbol{\eta}_{ci0}\, e^{i\omega_{ic} t} \tag{26.7.32}$$

gewinnen. Der Leser möge nochmals beachten, daß $\boldsymbol{X}_m$ den verfügbaren Satz von m Eigenvektoren des Flugvehikels mit losen Rudern darstellt.

Zum Abschluß dieses Abschnitts wollen wir noch einige Bemerkungen über die direkte dynamische Spektralanalyse des Flugkörpers mit fest eingerasteten Rudern und deren Beziehung zur vorausgegangenen Untersuchung hinzufügen. Man beachte, daß sich bei dieser Idealisierung die Anzahl der modalen Freiheitsgrade auf (m − k) verringert. Wir beginnen wie gewohnt mit der fundamentalen Beziehung

$$\boldsymbol{M}\ddot{\boldsymbol{r}} + \boldsymbol{K}\boldsymbol{r} = \boldsymbol{o} \tag{26.7.33}$$

wobei aber jetzt $\boldsymbol{K}$ die Steifigkeitsmatrix des Flugkörpers mit fest eingerasteten Rudern darstellt. Mit dem Ansatz im i-ten Mode dieser Struktur

$$\boldsymbol{r}_i = \boldsymbol{y}_i e^{i\omega_{ic} t} \tag{26.7.34}$$

transformieren wir (26.7.33) in das Spektralproblem

$$[\boldsymbol{K} - \omega_{ic}^2 \boldsymbol{M}] \boldsymbol{y}_i = \boldsymbol{o} \tag{26.7.35}$$

wobei $\boldsymbol{y}_i$ die n Eigenvektoren und ω_{ic} die entsprechenden Kreiseigenfrequenzen des Flugkörpers mit festen Rudern wiedergeben.

Wir nehmen wieder an, daß wir einen beschränkten Satz von (m − k) Eigenvektoren und Eigenfrequenzen rechnerisch ermittelt haben. Die Eigenvektoren $\boldsymbol{y}_i$ fassen wir in der n × (m − k)-Matrix

$$\boldsymbol{Y} = [\boldsymbol{y}_1 \quad \boldsymbol{y}_2 \quad \ldots\ldots \quad \boldsymbol{y}_{m-k}] \tag{26.7.36}$$

zusammen. Wir können jetzt in gewohnter Weise eine allgemeine Verschiebungsform $\boldsymbol{r}(t)$ in der Form

$$\boldsymbol{r}(t) = \sum_{i=1}^{m-k} c_i \boldsymbol{y}_i e^{i\omega_{ic} t} \tag{26.7.37}$$

ansetzen. Alternativ können wir (26.7.37) mit Hilfe der verallgemeinerten modalen Koordinaten $\boldsymbol{\zeta}_i(t)$ darstellen. In diesem Fall schreibt sich (26.7.37)

$$\boldsymbol{r}(t) = \boldsymbol{Y}_{m-k} \boldsymbol{\zeta}(t) \tag{26.7.38}$$

das jetzt an Stelle der ursprünglichen Darstellung (26.7.1) tritt.

Letztere Darstellung wenden wir nun in (26.7.37) an und nehmen an, daß die $\boldsymbol{Y}_{m-k}$-Eigenvektoren bezüglich $\boldsymbol{K}$ orthonormiert sind. Wir erhalten das analoge modale Spektralproblem

$$[\boldsymbol{I}_{m-k} - \omega_c^2 \boldsymbol{\Lambda}_\zeta] \boldsymbol{\zeta}_0 = \boldsymbol{o} \tag{26.7.39}$$

Die diagonale Matrix $\boldsymbol{\Lambda}_\zeta$ der Eigenwerte $\lambda_{ic} = 1/\omega_{ic}^2$ ist durch

$$\boldsymbol{\Lambda}_\zeta = \lceil \lambda_{1c} \quad \lambda_{2c} \quad \ldots\ldots \quad \lambda_{(m-k)c} \rfloor \tag{26.7.40}$$

gegeben und stellt auch die generalisierte Massenmatrix des Flugkörpers mit starr eingerasteten Rudern dar. Gleichung (26.7.39) ist das Pendant des Spektralausdrucks

$$[\boldsymbol{I}_m - \omega^2 \boldsymbol{\Lambda}_\eta] \boldsymbol{\eta}_0 = \boldsymbol{o} \tag{26.7.41}$$

der sich aus (26.7.4) ergibt und hier aus Zweckmäßigkeitsgründen mit etwas veränderten Bezeichnungen wiedergegeben ist; man beachte, daß $\boldsymbol{\Lambda}_\eta$ identisch mit $\boldsymbol{\Lambda}_m$ in (26.7.4) ist.

Es ist von Interesse, eine Beziehung zwischen den Eigenwertmatrizen $\boldsymbol{\Lambda}_\eta$ und $\boldsymbol{\Lambda}_\zeta$ aufzustellen. Zu diesem Zweck betrachten wir die maximale kinetische Energie des Flugkörpers mit starren Rudern im i-ten Eigenschwingungszustand und berechnen sie einmal auf Grund der vorermittelten Zwangsvektoren $\boldsymbol{\eta}_{ci0}$ und der generalisierten Massenmatrix $\boldsymbol{\Lambda}_\eta$ des Flugkörpers mit losen Rudern und zum anderen unmittelbar am Flugkörper mit festen Rudern; die Kreiseigenfrequenz ist in beiden Fällen ω_{ic}. Wir erhalten die äquivalenten Ausdrücke

$$E_{kin\,\max} = \frac{1}{2}\,\omega_{ic}^2\,\boldsymbol{\eta}_{ci0}^t\,\boldsymbol{\Lambda}_\eta\,\boldsymbol{\eta}_{ci0} \tag{26.7.42a}$$

bzw.

$$E_{kin\,\max} = \frac{1}{2}\,\omega_{ic}^2\,\lambda_{ic} = \frac{1}{2} \tag{26.7.42b}$$

wobei sich (26.7.42b) aus der Feststellung ableitet, daß der Flugkörper mit festen Rudern in der ihm eigenen i-ten Mode schwingt. Damit erhalten wir die interessante Beziehung

$$\lambda_{ic} = \boldsymbol{\eta}_{ci0}^t\,\boldsymbol{\Lambda}_\eta\,\boldsymbol{\eta}_{ci0} \tag{26.7.43}$$

Es folgt unmittelbar

$$\boldsymbol{\Lambda}_\zeta = \lceil(\lambda_{ic})\rfloor = \lceil(\boldsymbol{\eta}_{ci0}^t\boldsymbol{\Lambda}_\eta\boldsymbol{\eta}_{ci0})\rfloor \tag{26.7.43a}$$

Wir betrachten als letztes die Eigenvektoren $\boldsymbol{y}_i$ des Flugkörpers mit festen Rudern. Alternativ müssen sich diese auch aus der modalen Darstellung mit den Zwangsvektoren $\boldsymbol{\eta}_{ci0}$ am Flugkörper mit losen Rudern ergeben. Somit gilt

$$\boldsymbol{y}_i = \boldsymbol{X}_m\,\boldsymbol{\eta}_{ci0} \tag{26.7.44}$$

Wenn wir für die modalen Freiheitsgrade die erweiterte Matrix der Ordnung $m \times (m-k)$

$$\boldsymbol{\eta}_{c0} = [\boldsymbol{\eta}_{c10} \quad \boldsymbol{\eta}_{c20} \quad \cdots\cdots \quad \boldsymbol{\eta}_{c,\,m-k,0}] \tag{26.7.45}$$

einführen, so nimmt die Beziehung (26.7.44) die Form

$$\boldsymbol{Y}_{m-k} = [\boldsymbol{y}_1 \quad \boldsymbol{y}_2 \quad \cdots\cdots \quad \boldsymbol{y}_{m-k}] = \boldsymbol{X}_m\,\boldsymbol{\eta}_{c0} \tag{26.7.46}$$

an.

26.7.3 Über die experimentelle Ermittlung der Anschlußsteifigkeiten und Flexibilitäten der Ruder bei Berücksichtigung einer Servosteuerung und eines Flugreglers

Wie wir schon erwähnt haben, kann eine Servosteuerung und ein Flugregler die Flattersicherheit eines Flugkörpers herabsetzen. Dieser wichtige Aspekt moderner Luftfahrt ist in der Literatur wiederholt besprochen worden; siehe z.B. [26.11] und [26.43]. Wir werden nun in diesem Abschnitt unter Zugrundelegung zweier wertvoller Arbeiten von H. Wittmeyer versuchen, die Grundlagen für die notwendige experimentelle Ermittlung der in Frage kommenden Steifigkeiten bzw. Flexibilitäten der Ruderanschlüsse an die Hauptstruktur aufzuzeigen; siehe [26.41], [26.42]. Dies erfolgt üblicherweise in einem Standschwingversuch bzw. in geeigneten alternativen Versuchseinrichtungen. Der Leser möge beachten, daß in der Versuchsauswertung eine wichtige Rolle den sogenannten Sensoren, die an Meßeinrichtungen (wie Kreisel, Beschleunigungsmesser) angeschlossen sind und über den Flugregler ihre Signale der Steuerung vermitteln, zufällt; siehe Abb. 26.7.2. In diesem Zusammenhang muß das jeweilig untersuchte Ruder mit einer Reihe verschiedener konstanter (also frequenzunabhängiger) Momente M_r belastet werden, um Belastungen durch Luftkräfte zu simulieren. Es empfiehlt sich dabei, die Momente durch weiche, stark angespannte Federn anzubringen. Wegen der unvermeidlichen Nichtlinearitäten der Anschlüsse und Ruderservos müssen die Versuche für eine Reihe verschiedener Amplituden β_0 der Ruderausschläge durchgeführt werden. Man beachte, daß im Standschwingversuch die Ruder üblicherweise lose an die Hauptstruktur angeschlossen sind.

Um die folgende Darstellung verständlich zu gestalten, müssen wir zuerst die beim Versuch anfallenden physikalischen Meßwerte sorgfältig definieren. Wir nehmen dabei an, daß der Flugkörper in der j-ten (evtl. komplexen) Kreiseigenfrequenz

$$\varpi_j = \omega_j + i\mu_j = -i(i\omega_j - \mu_j) = -i\varphi_j \tag{26.7.47}$$

schwingt. Im Ausdruck (26.7.47) haben wir zusätzlich zu unserer Bezeichnung ϖ_j auch die alternative Kreisfrequenz φ_j eingeführt, da diese üblicherweise in der Regeltechnik benützt wird. Betrachten wir nun den Winkelausschlag β_j^g des g-ten Ruders, so schreibt sich dieser

$$\beta_j^g = \beta_{j0}^g e^{i\varpi_j t} = \beta_{j0}^g e^{\varphi_j t} \tag{26.7.48}$$

wobei die Amplitude β_{j0}^g bei einer Präsenz von Luft- und Dämpfungskräften bzw. deren mechanischer Simulierung komplex ist. Die Amplitude β_{j0}^g des Ruders g wird stets am Anschluß des Ruders an die Steuerung gemessen. Es ist von Interesse, hier auf die generalisierte modale Darstellung (26.7.1) der Verschiebungen zu verweisen und in diesem Sinne

$$\beta_{j0}^g = x_j^g \eta_{j0} \tag{26.7.49}$$

zu schreiben. Dabei ist x_j^g das Element im Eigenvektor $\boldsymbol{x}_j$, das dem Anschluß des g-ten Ruders zugewiesen ist, und η_{j0} ist die Amplitude der j-ten modalen Koordinate η_j des Flugkörpers mit losen Rudern.

Wir wenden uns als nächstes dem Eingangssignal S^g zu, das im allgemeinen vom Flugregler in das g-te Ruderservo eingeht, und bezeichnen dessen Amplitude mit S_0^g. Schwingt das Flugzeug im j-ten Eigenmode, so lauten die entsprechenden Bezeichnungen S_j^g und S_{j0}^g. Zu beachten ist, daß die S^g-Signale in einem geeigneten flugzeugfesten Bezugssystem gemessen werden.

Nehmen wir nun an, daß der Ruderanschluß an die Hauptstruktur ungefedert ist (also ein loses Ruder vorliegt) und der Hydraulikdruck des Servos abgeschaltet ist. Letzteres bewirkt, daß das vom Servo ausgelöste und am g-ten Ruder angreifende Moment M_s^g verschwindet. Übrigens wird im Flugbetrieb das Moment M_s^g durch ein Signal S_p des Piloten an das Servo ausgelöst; siehe z.B. Abb. 26.7.2. Die Amplitude von M_s^g, die auch komplex sein kann, bezeichnen wir mit M_{s0}^g. In den folgenden Ausführungen wird der obere Index ‚g' weggelassen, wenn es die Zusammenhänge erlauben.

Beschränken wir uns auf eine pseudolinearisierte Darstellung, so ist es möglich, eine steifigkeitsanaloge Beziehung zwischen dem bei $M_{s0}^g = 0$ wirkenden Signal S_{j0}, das wir mit $S_{j0}|_{M_s=0}$ bezeichnen, und der modalen Koordinate η_{j0} in der Form

$$S_{j0}|_{M_s=0} = k_j \eta_{j0} \tag{26.7.50}$$

anzusetzen, wobei k_j eine durch Versuch zu bestimmende „Steifigkeit" ist. Die Erfahrung zeigt, daß k_j angenähert aus zwei additiven Beiträgen k_{0j} und $k_{1j}(\varphi)$ aufgebaut werden kann; dabei ist k_{0j} frequenzunabhängig, während k_{1j} von der Frequenz ϖ bzw. φ abhängt. Die Beziehung (26.7.50) schreibt sich damit

$$S_{j0}|_{M_s=0} = [k_{0j} + k_{1j}(\varphi)]\eta_{j0} \tag{26.7.51}$$

Wenn nun der Flugkörper in einer Überlagerung von m Eigenformen j schwingt, so müssen wir (26.7.51) entsprechend verallgemeinern. Dazu führen wir die (m × 1) Spaltenvektoren

$$\begin{aligned} \boldsymbol{k}_0 &= \{k_{01} \quad k_{02} \quad \ldots\ldots \quad k_{0m}\} \\ \boldsymbol{k}_1 &= \{k_{11}(\varphi) \quad k_{12}(\varphi) \quad \ldots\ldots \quad k_{1m}(\varphi)\} \end{aligned} \tag{26.7.52}$$

ein, die dem Vektor $\boldsymbol{\eta}_0$ der modalen Amplituden des Flugkörpers mit losen Rudern

$$\boldsymbol{\eta}_0 = \{\eta_{10} \quad \eta_{20} \quad \ldots\ldots \quad \eta_{m0}\} \tag{26.7.53}$$

zugeordnet sind. Die Beziehung (26.7.51) nimmt nun die generalisierte Form

$$S_0|_{M_s=0} = [\boldsymbol{k}_0^t + \boldsymbol{k}_1^t(\varphi)]\boldsymbol{\eta}_0 \tag{26.7.54}$$

an.

Wir betrachten als nächstes die im allgemeinen komplexe Amplitude β_0 des betreffenden Ruders und wollen annehmen, daß sich diese additiv aus dem unmittelbaren Effekt des Signals $S_0|_{M_s=0}$ bei Nullrudermoment und dem Effekt des Signals S_{p0} des Piloten, der durch die Amplitude des Momentes M_{s0} am Ruder ausgedrückt wird, zusammensetzt. Damit können wir eine flexibilitätsanaloge Beziehung der Form

$$\beta_0 = f_1(\varphi)\, S_0|_{M_s=0} + f_2(\varphi) M_{s0} \tag{26.7.55}$$

schreiben, wobei $f_1(\varphi)$ die „Flexibilität" des Regelsystems und $f_2(\varphi)$ die „Flexibilität" des Steuersystems in Abhängigkeit der Kreisfrequenz ϖ bzw. φ darstellt. Setzen wir (26.7.54) in (26.7.55) ein, so erhalten wir

$$\beta_0 = f_1(\varphi)[\boldsymbol{k}_0^t + \boldsymbol{k}_1^t(\varphi)]\boldsymbol{\eta}_0 + f_2(\varphi) M_{s0} \tag{26.7.56}$$

Wir wenden uns nun der Bestimmung von $f_1(\varphi)$ und $f_2(\varphi)$ zu und beginnen mit letztgenannter Flexibilität. Dazu schalten wir den Flugregler ab, d.h. wir unterdrücken die Signale, die von den Sensoren ausgehen, was sich im Verschwinden der Steifigkeit $\boldsymbol{k}_1(\varphi)$ ausdrückt. Zusätzlich zu $\boldsymbol{k}_1(\varphi) = \boldsymbol{o}$ muß man dafür sorgen, daß bei den folgenden Erregungen der Flugkörper, mit Ausnahme des betreffenden Ruders, keine signifikante Deformation erleidet ($\boldsymbol{\eta}_0 = \boldsymbol{o}$). Um dies zu erreichen, müssen wir vermeiden, das Vehikel in der Nähe von Resonanzfrequenzen zu erregen. Anschließend erregen wir bei eingeschaltetem Hydraulikdruck das Ruder bei verschiedenen Kreisfrequenzen mit einem äußeren, am Ruder wirkenden periodischen Moment M_r. Wir messen nun in Abhängigkeit von $\varpi = -i\varphi$ das von M_r verschiedene Reaktionsmoment M_s (mit der komplexen Amplitude M_{s0}) sowie die komplexen Amplituden β_0 des Ruderausschlags und S_0 des Eingangssignals im Ruderservo. Wichtig ist, die gleiche Vorzeichendefinition für β und M_s zu wählen. Es folgt aus (26.7.56) mit $\eta_0 = o$

$$f_2(\varphi) = \frac{\beta_0(\varphi)}{M_{s0}(\varphi)} \tag{26.7.57}$$

Wir bilden auch in Anlehnung an Abb. 26.7.2

$$f_3(\varphi) = \frac{S_0(\varphi)}{M_{s0}(\varphi)} \tag{26.7.58}$$

Letzterer Ausdruck impliziert damit für das Gesamtsignal S_0

$$S_0 = S_0|_{M_s=0} + f_3(\varphi)M_{s0} \tag{26.7.59}$$

Um $f_1(\varphi)$ zu bestimmen, lösen wir als nächstes am Ruderservoeingang die Verbindung zwischen Flugregler und Ruderservo und erregen bei eingeschaltetem Hydraulikdruck den Eingang des Ruderservos bei variierender Kreisfrequenz φ harmonisch mit der Amplitude S_0. Gemessen werden dabei die zugehörigen komplexen Amplituden β_0 des Ruderausschlags und M_{s0} des Moments. Wir erhalten so aus (26.7.55)

$$f_1(\varphi) = \frac{\beta_0 - f_2(\varphi)M_{s0}}{S_0|_{M_s=0}} \tag{26.7.60}$$

Benützen wir nun für $S_0|_{M_s=0}$ den aus (27.7.59) sich ergebenden Ausdruck, so folgt

$$f_1(\varphi) = \frac{\beta_0 - f_2(\varphi)M_{s0}}{S_0 - f_3(\varphi)M_{s0}} \tag{26.7.61}$$

Es verbleiben als Unbekannte die Spaltenvektoren $\boldsymbol{k}_0$ und $\boldsymbol{k}_1(\varphi)$ in (26.7.52), die wir in einem Standschwingversuch bestimmen können. Der Flugkörper wird dabei elastisch aufgehängt. Weiterhin wird die Verbindung zwischen den Servos und den Rudern und der Hydraulikdruck zu den Servos abgeschaltet. Der Leser beachte, daß jetzt die Ruder lose sind. Der Flugkörper wird nun in *diesem* Zustand in der j-ten Eigenschwingform $\boldsymbol{x}_j$ und der entsprechenden Eigenkreisfrequenz ϖ_j erregt und das sich ergebende Signal S_{j0} gemessen. Letzteres erfolgt für zwei Fälle:

(1) Bei ausgeschaltetem Flugregler messen wir das Eingangssignal S^i_{j0} in den Ruderservos. Dann gilt für den betrachteten Flugkörper mit losen Rudern

$$k_{0j} = S^i_{j0} \tag{26.7.62}$$

(2) Bei eingeschaltetem Flugregler verbinden wir nun den p-ten Sensor (p = 1, 2, ..., t) mit dem Flugregler und messen das Eingangssignal S^p_{j0} in den Ruderservos. Wir bilden die Differenz

$$S^p_{j0} - S^i_{j0} = S^p_{j0} - k_{0j} = S^\Delta_{j0} \tag{26.7.63}$$

Nun bestimmen wir bei nicht schwingendem Flugkörper den sogenannten Frequenzgang $g^p(\varphi)$ der Verbindung zwischen dem p-ten Sensor und dem Servoeingang des Ruders (wir verweisen auf die Beschreibung des Begriffs Frequenzgang in Abschnitt 19.2). Im vorliegenden Fall ist der Frequenzgang gleich der Antwort S_0^e des Ruderservoeingangs auf ein harmonisches Einheitssignal vom p-ten Sensor mit der Kreisfrequenz $\varpi = -i\varphi$. Um $g^p(\varphi) = S_0^e(\varphi)$ zu bestimmen, lösen wir den p-ten Sensor von seiner Befestigung und erregen ihn mit einer Reihe von Kreisfrequenzen. Man kann bei einer elektrischen Übertragung zumindest einen Teil des Frequenzgangs rechnerisch ermitteln. Jetzt läßt sich das gewünschte $k_{1j}(\varphi)$ wie folgt ermitteln

$$k_{1j} = \sum_{p=1}^{t} S_{j0}^{\Delta} \frac{g^p(\varphi)}{g^p(\varphi_j)} \tag{26.7.64}$$

wobei $\varphi_j = i\varpi_j$ ist. Diese Messungen müssen wir für alle Eigenkreisfrequenzen ω_j bis zur höchsten erforderlichen Kreisfrequenz durchführen und erhalten damit die auf den Flugkörper mit losen Rudern bezogenen Spaltenvektoren $\boldsymbol{k}_0$ und $\boldsymbol{k}_1(\varphi)$. Man beachte, daß wir die Beziehungen (26.7.63) und (26.7.64) für alle ungefederten Starrkörperfreiheitsgrade benötigen. Für die Starrkörperfreiheitsgrade des gesamten Flugkörpers gilt $k_{0j} = 0$, während die k_{1j} berechnet werden können. Für die starren Ruderfreiheitsgrade sind sowohl die k_{0j} als auch die $k_{1j}(\varphi)$ gleich Null. Wir verzichten hier auf nähere Einzelheiten und Spezialfälle, für die wir auf die beiden genannten Veröffentlichungen von H. Wittmeyer verweisen [26.41], [26.42].

Die ermittelten Spaltenvektoren $\boldsymbol{k}_0$ und $\boldsymbol{k}_1$ der Ordnung $(m \times 1)$ beziehen sich, wie erwähnt, auf den Flugkörper mit losen Rudern und damit auf den modalen Spaltenvektor $\boldsymbol{\eta}_0$. Als nächstes müssen diese Spaltenvektoren auf den für die Flatterrechnung maßgebenden Fall der starr angeschlossenen Ruder, und damit auf den Spaltenvektor $\boldsymbol{\zeta}_0$, umgerechnet werden. Die Transformation ist einfach und kann analog zur Beziehung (26.7.44) erfolgen. Zu diesem Zweck bilden wir wie in (26.7.45) die Matrix der Ordnung $m \times (m-k)$ mit den $(m-k)$ Zwangsvektoren $\boldsymbol{\eta}_{ci0}$, die wir in Abschnitt 26.7.2 erstellt haben. Wir schreiben, wie in (26.7.45),

$$\boldsymbol{\eta}_{c0} = [\boldsymbol{\eta}_{c10} \quad \boldsymbol{\eta}_{c20} \quad \cdots\cdots \quad \boldsymbol{\eta}_{c,\,m-k,0}]_{m \times (m-k)} \tag{26.7.65}$$

Aus Gründen der Zweckmäßigkeit bezeichnen wir die oben angeführten Spaltenvektoren $\boldsymbol{k}_0$ und $\boldsymbol{k}_1$ jetzt mit $\boldsymbol{k}_{0\eta}$ und $\boldsymbol{k}_{1\eta}$. Wir erhalten nun die auf die $(m-k)$ Freiheitsgrade $\boldsymbol{\zeta}$ des Flugkörpers mit festen Rudern bezogenen Steifigkeiten $\boldsymbol{k}_{0\zeta}$ und $\boldsymbol{k}_{1\zeta}$ aus den Transformationen

$$\begin{aligned} \boldsymbol{k}_{0\zeta}^t &= \underset{(1\times m)(m\times(m-k))}{\boldsymbol{k}_{0\eta}^t \quad \boldsymbol{\eta}_{c0}} \\ \boldsymbol{k}_{1\zeta}^t(\varphi) &= \boldsymbol{k}_{1\eta}^t(\varphi)\boldsymbol{\eta}_{c0} \end{aligned} \tag{26.7.66}$$

Um die finite Anschlußsteifigkeit der Ruder an die Hauptstruktur zu berücksichtigen, müssen wir zuerst die Beziehung (26.7.56) auf die modalen Amplituden $\boldsymbol{\zeta}_0$, die dem starren Ruderanschluß entsprechen, umschreiben. Dies kann sofort mit der Information, die wir in (26.7.66) gewonnen haben, erfolgen. Wir haben

$$\beta_0 = f_1(\varphi)\left[\boldsymbol{k}_{0\zeta}^t + \boldsymbol{k}_{1\zeta}^t(\varphi)\right]\boldsymbol{\zeta}_0 + f_2(\varphi)M_{s0} \tag{26.7.67}$$

Damit haben wir die Grundlagen erarbeitet, die wir für die Formulierung der Flattergleichungen bei Berücksichtigung der Servosteuerung und des Flugreglers benötigen.

26.7.4 Aufstellung der Flattergleichungen bei Berücksichtigung einer Servosteuerung und eines Flugreglers

Das in Abschnitt 26.7.3 entwickelte Schema bietet die notwendige Voraussetzung, die Flattergleichungen bei Berücksichtigung einer Servosteuerung der Ruder und bei Präsenz eines Flugreglers aufzustellen. Um dem Leser das Verständnis für diese ausgesprochen luftfahrtspezifische und nicht einfache Materie zu erleichtern, nehmen wir zuerst an, daß nur ein Ruder – unterstützt von einer Servosteuerung – betätigt wird. Als Grundmodell der Idealisierung wählen wir die in (26.7.39) vorgestellte modale Idealisierung des Flugkörpers mit fest eingerasteten Rudern, die durch die generalisierten Koordinaten $\boldsymbol{\zeta}_0$ ausgedrückt ist. Die entsprechenden (m − k) Freiheitsgrade dieses Systems (siehe Abschnitt 26.7.2) werden aber um die starre Drehung des ausgewählten Ruders um den Winkel ‚Eins' erweitert. Die (komplexe) Amplitude der zugehörigen modalen Koordinate ist durch den Winkel β_0 gegeben. Damit wird der (m − k + 1)-Spaltenvektor der modalen Freiheitsgrade

$$\boldsymbol{\zeta}_{e0} = \begin{bmatrix} \boldsymbol{\zeta}_0 \\ \beta_0 \end{bmatrix}_{(m-k+1)\times 1} \qquad (26.7.68)$$

Die gesuchte Flatterschwingungsform mit der Kreisfrequenz ϖ wird in üblicher Weise als Linearkombination der modalen Freiheitsgrade angesetzt. Wenn wir zuerst die Anschlußsteifigkeit des gewählten Ruders zu Null annehmen, so tritt an die Stelle der in (26.5.52) angegebenen Flattergleichung die Beziehung

$$\left[\boldsymbol{I}_{\overline{m}} - \varpi^2 \boldsymbol{M}_{\zeta e}(\varpi^*) + i\varpi\, \boldsymbol{C}_{\zeta e}(\varpi^*) + \boldsymbol{K}_{a\zeta e}(\varpi^*)\right]\boldsymbol{\zeta}_e = \boldsymbol{o} \qquad (26.7.69)$$

Hier ist die Dimension aller Koeffizientenmatrizen $\overline{m}\times\overline{m}$ mit $\overline{m} = m - k + 1$. In der Ableitung von (26.7.69) ist angenommen, daß die Eigenvektoren des frei schwingenden Systems so skaliert sind, daß sie zu $\boldsymbol{K}_e$ orthonormal sind. Man beachte, daß in den Eigenschwingungsformen auch die Starrkörperbewegungen mit der Eigenfrequenz Null enthalten sind; siehe Abschnitte 26.7.2 und 26.7.3. Die nichtsymmetrische aerodynamische Steifigkeitsmatrix $\boldsymbol{K}_{a\zeta e}$ enthält selbstverständlich auch die der Betätigung des ausgewählten Ruders entsprechenden Luftkraftkoeffizienten.

In der Beziehung (26.7.69) sind die Koeffizientenmatrizen $\boldsymbol{M}_{\zeta e}(\varpi^*)$, $\boldsymbol{C}_{\zeta e}(\varpi^*)$ und $\boldsymbol{K}_{a\zeta e}(\varpi^*)$ in Abhängigkeit von der komplexen Kreisfrequenz ϖ^* gegeben. Damit ist auch der unter- und oberkritische Bereich abgedeckt. Bei der kritischen Flattergeschwindigkeit geht das ϖ^* in das reelle ω^* über. Zur Abrundung der Information zu (26.7.69) führen wir noch den prinzipiellen Aufbau der Matrizen $\boldsymbol{M}_{\zeta e}$, $\boldsymbol{C}_{\zeta e}$ und $\boldsymbol{K}_{a\zeta e}$ vor, den wir, stellvertretend, an Hand einer Matrix $\boldsymbol{L}_{\zeta e}$ exemplarisch darstellen. Wir schreiben

$$\boldsymbol{L}_{\zeta e} = \begin{bmatrix} \boldsymbol{L}_{\zeta\zeta} & \boldsymbol{L}_{\zeta\beta} \\ \boldsymbol{L}_{\beta\zeta} & \boldsymbol{L}_{\beta\beta} \end{bmatrix}_{\overline{m}\times\overline{m}} \qquad (26.7.70)$$

mit

$$\boldsymbol{L}_{\zeta\zeta} = \boldsymbol{Y}^t_{m-k}\boldsymbol{L}\boldsymbol{Y}_{m-k} = \boldsymbol{\eta}^t_{c0}\boldsymbol{L}_\eta\boldsymbol{\eta}_{c0} \qquad (26.7.70a)$$

Hier ist $\boldsymbol{Y}_{\mathrm{m-k}}$ die in (26.7.46) definierte m × (m − k)-Matrix der Eigenvektoren des Flugkörpers mit allen Rudern in fest eingerastetem Zustand und $\boldsymbol{\eta}_{c0}$ die in (27.7.65) definierte m × (m − k)-Matrix der modalen Zwangsvektoren, während $\boldsymbol{L}_{\eta}$ die auf die modalen Freiheitsgrade $\boldsymbol{\eta}_0$ des Flugkörpers mit allen Rudern im losen Anschluß bezogene Grundmatrix ist. Wir verweisen den Leser für das Verständnis aller durchzuführenden Transformationen auf die eingehende Darstellung in Abschnitt 26.7.2. Die Untermatrizen $\boldsymbol{L}_{\zeta\beta}$, $\boldsymbol{L}_{\beta\zeta}$, $\boldsymbol{L}_{\beta\beta}$ können durch Boolesche Befehle aus der Grundmatrix $\boldsymbol{L}_{\eta}$ einfach extrahiert werden.

Wirkt auf das ausgewählte Ruder ein Servomoment der Amplitude M_{s0} mit der Kreisfrequenz ϖ, so erweitert sich die Flattergleichung (26.7.69) zu

$$\left[\boldsymbol{I}_{\overline{\mathrm{m}}} - \varpi^2 \boldsymbol{M}_{\zeta e}(\varpi^*) + i\varpi\, \boldsymbol{C}_{\zeta e}(\varpi^*) + \boldsymbol{K}_{a\zeta e}(\varpi^*)\right] \begin{bmatrix} \boldsymbol{\zeta}_0 \\ \beta_0 \end{bmatrix} = \begin{bmatrix} \boldsymbol{o}_{\mathrm{m-k}} \\ M_{s0} \end{bmatrix} \tag{26.7.71}$$

Diese Erweiterung der Flattergleichung (26.7.69) ist offensichtlich, wenn wir beachten, daß die modalen Freiheitsgrade $\boldsymbol{\zeta}_0$ keinen Ruderausschlag zulassen. Die Amplitude M_{s0} ist durch die Beziehung (26.7.59) definiert.

Wir unterteilen nun die in den eckigen Klammern enthaltene Koeffizientenmatrix auf der linken Seite von (26.7.71) in die Submatrizenform

$$\begin{bmatrix} \underset{(\mathrm{m-k})\times(\mathrm{m-k})}{\boldsymbol{A}_{\zeta\zeta}} & \underset{(\mathrm{m-k})\times 1}{\boldsymbol{A}_{\zeta\beta}} \\ \underset{1\times(\mathrm{m-k})}{\boldsymbol{A}_{\beta\zeta}} & \underset{1\times 1}{A_{\beta\beta}} \end{bmatrix} \begin{bmatrix} \boldsymbol{\zeta}_0 \\ \beta_0 \end{bmatrix} = \begin{bmatrix} \boldsymbol{o} \\ M_{s0} \end{bmatrix} \tag{26.7.71a}$$

Dieser Ausdruck bildet die Grundlage einer Flatteruntersuchung bei Betätigung eines ausgewählten Ruders. Aus der ersten Untermatrizengleichung in (26.7.72) erhalten wir

$$\boldsymbol{A}_{\zeta\zeta}\boldsymbol{\zeta}_0 + \boldsymbol{A}_{\zeta\beta}\beta_0 = \boldsymbol{o}_{\mathrm{m-k}} \tag{26.7.72}$$

Lösen wir nun (26.7.59) für M_{s0}, so ergibt sich

$$M_{s0} = \frac{1}{f_2(\varphi)}\left(\beta_0 - f_1(\varphi)\left[\boldsymbol{k}^{\mathrm{t}}_{0\zeta} + \boldsymbol{k}^{\mathrm{t}}_{1\zeta}(\varphi)\right]\boldsymbol{\zeta}_0\right) \tag{26.7.73}$$

Setzen wir diesen Ausdruck in (26.7.71a) ein, so führt die zweite Untermatrizengleichung auf den Ausdruck

$$\left[\boldsymbol{A}_{\beta\zeta} + \frac{f_1(\varphi)}{f_2(\varphi)}\left[\boldsymbol{k}^{\mathrm{t}}_{0\zeta} + \boldsymbol{k}^{\mathrm{t}}_{1\zeta}(\varphi)\right]\right]\boldsymbol{\zeta}_0 + \left(A_{\beta\beta} - \frac{1}{f_2(\varphi)}\right)\beta_0 = 0 \tag{26.7.74}$$

Die Beziehungen (26.7.72) und (26.7.74) liefern zusammen die Flattergleichung des Flugkörpers bei Berücksichtigung des am ausgewählten Ruder wirkenden Flugreglers und der Servosteuerung. Diese Flattergleichungen können im Prinzip wie in Abschnitt 26.6 angeführt gelöst werden, wobei wir die vom Flugregler und der Servosteuerung herrührenden Koeffizienten wie Luftkraftkoeffizienten betrachten können. Wir werden hierzu noch einige Bemerkungen am Ende dieses Unterabschnitts anfügen.

Es ist jetzt einfach, unsere obigen Ausführungen auf mehrere Ruder zu erweitern. Die formale Darstellung (26.7.71a) kann für k servogesteuerte Ruder in der Form

$$\begin{bmatrix} \underset{(m-k)\times(m-k)}{\boldsymbol{A}_{\zeta\zeta}} & \underset{(m-k)\times k}{\boldsymbol{A}_{\zeta\beta}} \\ \underset{k\times(m-k)}{\boldsymbol{A}_{\beta\zeta}} & \underset{k\times k}{\boldsymbol{A}_{\beta\beta}} \end{bmatrix} \begin{bmatrix} \underset{(m-k)\times 1}{\boldsymbol{\zeta}_0} \\ \underset{k\times 1}{\boldsymbol{\beta}_0} \end{bmatrix} = \begin{bmatrix} \boldsymbol{o} \\ \boldsymbol{M}_{s0} \end{bmatrix} \tag{26.7.75}$$

geschrieben werden. Die Spaltenvektoren $\boldsymbol{\beta}_0$ und $\boldsymbol{M}_{s0}$ sind durch

$$\begin{aligned} \boldsymbol{\beta}_0 &= \{\beta_{01} \quad \beta_{02} \quad \cdots\cdots \quad \beta_{0k}\} \\ \boldsymbol{M}_{s0} &= \{M_{s01} \quad M_{s02} \quad \cdots\cdots \quad M_{s0k}\} \end{aligned} \tag{26.7.76}$$

spezifiziert und umfassen die komplexen Amplituden β_0 der Steuerausschläge und M_{s0} der Rudermomente M_s, die vom Piloten oder durch äußere Einflüße eingebracht werden.

Die auf k Ruder mit Servosteuerung erweiterte Beziehung (26.7.72) nimmt nun die Form

$$\boldsymbol{A}_{\zeta\zeta}\boldsymbol{\zeta}_0 + \boldsymbol{A}_{\zeta\beta}\boldsymbol{\beta}_0 = \boldsymbol{o}_{m-k} \tag{26.7.77}$$

an. Die zweite Untermatrizengleichung (26.7.74) wird entsprechend wie folgt geschrieben

$$\left[\boldsymbol{A}_{\beta\zeta} + \boldsymbol{f}(\varphi)\boldsymbol{k}^{t}\right]\boldsymbol{\zeta}_0 + \left[\boldsymbol{A}_{\beta\beta} - \boldsymbol{f}_2^{-1}(\varphi)\right]\boldsymbol{\beta}_0 = \boldsymbol{o}_k \tag{26.7.78}$$

und umfaßt jetzt k Gleichungen. Die noch zu definierenden Matrizen sind

$$\begin{aligned} \boldsymbol{f}(\varphi) &= \left\lceil (f_1(\varphi)/f_2(\varphi))_g \right\rfloor , && (k\times k) \\ \boldsymbol{f}_2^{-1}(\varphi) &= \left\lceil (1/f_2(\varphi))_g \right\rfloor , && (k\times k) \end{aligned} \tag{26.7.79}$$

und

$$\boldsymbol{k} = \left[[\boldsymbol{k}_0 + \boldsymbol{k}_1(\varphi)]_g \right] , \qquad k\times(m-k)$$

Diese Matrizen erstrecken sich über alle k mit Servosteuerungen angeschlossenen Ruder.

Offenkundig ist, daß wegen der zahlreichen im Flug auftretenden Operationskombinationen der Ruder eine große Anzahl von Lösungsvarianten untersucht werden muß. Es ist hier nicht möglich, eine ausführliche Darstellung der anfallenden Untersuchungen zu geben, ohne den auf das Grundsätzliche ausgerichteten Rahmen dieses Werkes zu sprengen. In jedem Fall muß auch sorgfältigst die Möglichkeit des Versagens einzelner oder aller Servos analysiert werden. Wir dürfen auch nicht vergessen, daß in unserer Theorie jedes Ruder nur einen Servozylinder und eine Rückführung besitzt, die beide praktisch am selben Ruderquerschnitt angeschlossen sein müssen.

Wenn es zulässig ist, die Untersuchung auf ein Ruder zu beschränken, so kann man die Stabilität auch an Hand eines Nyquist-Diagramms [26.1] untersuchen. Zu diesem Zweck betrachten wir in (26.7.72) die Ruderamplitude β_0 als Amplitude S_{i0} eines Eingangssignals eines aufgeschnittenen Regelkreises und berechnen

$$\boldsymbol{\zeta}_0 = -\boldsymbol{A}_{\zeta\zeta}^{-1}\boldsymbol{A}_{\zeta\beta}\beta_0 = -\boldsymbol{A}_{\zeta\zeta}^{-1}\boldsymbol{A}_{\zeta\beta}S_{i0} \tag{26.7.80}$$

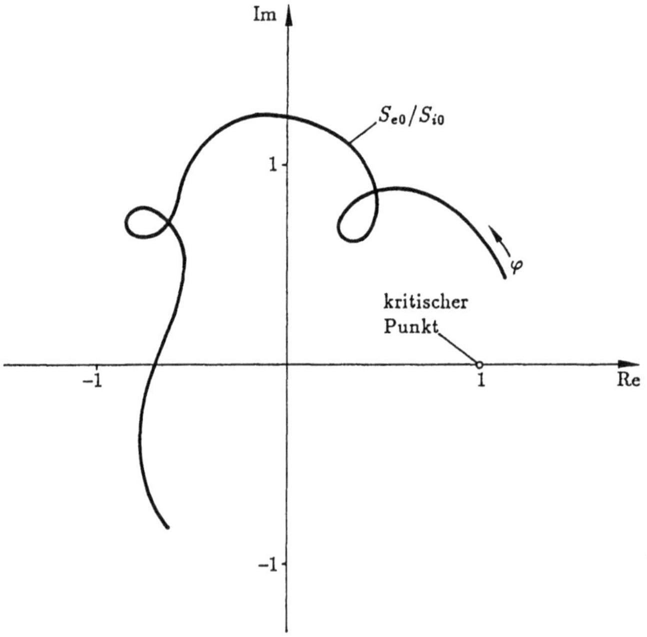

Abb. 26.7.4
Beispiel eines Nyquist-Diagramms

Wir setzen dies in (26.7.74) ein und erhalten die Amplitude $\beta_0 = S_{e0}$ des Ausgangssignals

$$S_{e0} = \frac{1}{1 - f_2(\varphi) A_{\beta\beta}} \left[f_1(\varphi) \left[\boldsymbol{k}^{t}_{0\zeta} + \boldsymbol{k}^{t}_{1\zeta}(\varphi) \right] + f_2(\varphi) \boldsymbol{A}_{\beta\zeta} \right] \boldsymbol{A}^{-1}_{\zeta\zeta} \boldsymbol{A}_{\zeta\beta} S_{i0} \tag{26.7.81}$$

Das Nyquist-Diagramm erhalten wir nun, indem wir S_{e0}/S_{i0} in einer komplexen Zahlenebene mit $\varphi = i\omega$ als Parameter auftragen; siehe Abb. 26.7.4. Ist nun S_{e0} nicht phasenverschoben zu S_{i0}, so ergibt sich eine direkte Kopplung zwischen Störung und Antwort. Als kritischer Punkt liegt $(1, 0i)$ vor. Eine Umschließung dieses Punktes sollte vermieden werden, und dies können wir über die Funktionen $f_1(\varphi)$ und $\boldsymbol{k}_{1\zeta}(\varphi)$ sowie eventuelle Strukturmodifikationen erzielen. Im allgemeinen werden Bandsperrfilter in die Frequenzgänge $k_{1\zeta g}$ eingebaut. Aus Sicherheitsgründen wählt man diese Filter so, daß das System stabil bleibt, solange S_{e0}/S_{i0} den Wert 2 nicht übersteigt.

26.7.5 Aktive Flatter-Vorbeugung

Wie wir in der Einleitung 26.7.1 zu diesem Abschnitt vermerkt haben, setzt eine Servosteuerung und ein Flugregler die Flattersicherheit über Rückkopplungseffekte zunächst herab. Die in 26.7.2 bis 26.7.4 besprochenen Methoden versetzen uns in die Lage, Maßnahmen zu ergreifen, die die Einhaltung einer ursprünglich vorgesehenen kritischen Flattergeschwindigkeit auch in Präsenz eines Flugregler-Servo-Systems ermöglichen. Darüber hinaus kann man aber solche schon vorhandenen Servo- und Regelungssysteme durch Ergänzungen im Regelkreis auch dazu benützen, daß die kritische Fluggeschwindigkeit weiter erhöht wird. Da der Anwendungsbereich der klassischen Regler auf den

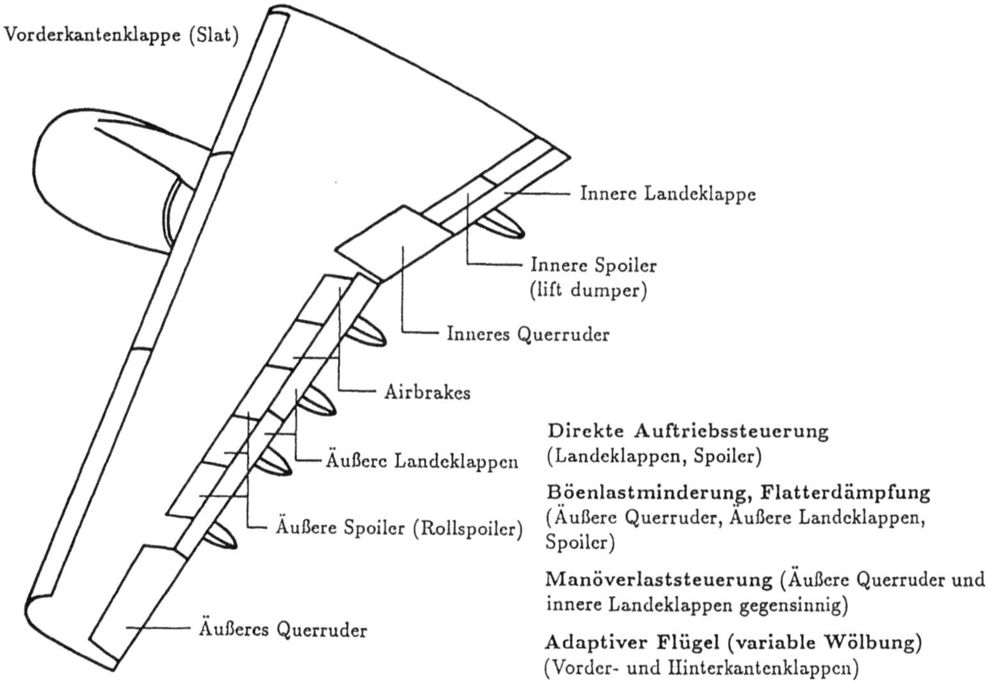

Abb. 26.7.5 Verfügbare Steuerflächen am Airbus-Flügel

Bereich der Flugenveloppe des Entwurfs begrenzt ist, haben nun solche Ergänzungen den Vorteil, daß auch unter Bedingungen geflogen werden kann, die außerhalb der Flugenveloppe liegen oder die keine genaue Simulation der Aerodynamik im Rechner zulassen (z.B. Buffeting-Erscheinungen bei Machzahlen zwischen 0.8 und 1). Außerdem läßt sich ein solches System dazu benützen, eine Böenlastminderung und eine Manöverlaststeuerung durchzuführen. Beides führt zu einer Herabsetzung der Beanspruchung der Zelle und zu einer Erhöhung des Flugkomforts.

Solche "*flutter suppression systems*" (FSS) arbeiten in Kombination mit den konventionellen Rudern, Spoilern und Flaperons. Welche Steuermöglichkeiten hier bei einem modernen Flugzeug vorhanden sind und für welchen Fall sie angewendet werden, zeigt Abb. 26.7.5, siehe auch [26.51].

FS-Systeme werden so ausgelegt, daß die globale Transferfunktion des Regelkreises eine Ruderbewegung auslöst, die im Idealfall eine reine aerodynamische Dämpfungskraft zur Folge hat. Das Regelgesetz wird dabei über die Anwendung der "*optimal control theory*" gefunden. Dies beinhaltet, unter Einhaltung der aeroelastischen Vorgaben, die Minimierung der Ruderausschläge, die durch irgendwelche Störungen notwendig werden. Das Prinzip zeigt die Abb. 26.7.6.

Das vorerwähnte Signal $S_0|_{M_S=0}$, wie es in (26.7.54) definiert ist, wird mit einem im Computer optimierten Signal

$$S_0^*|_{M_S=0} = \boldsymbol{k}_2^t \boldsymbol{\eta}_0 \qquad (26.7.82)$$

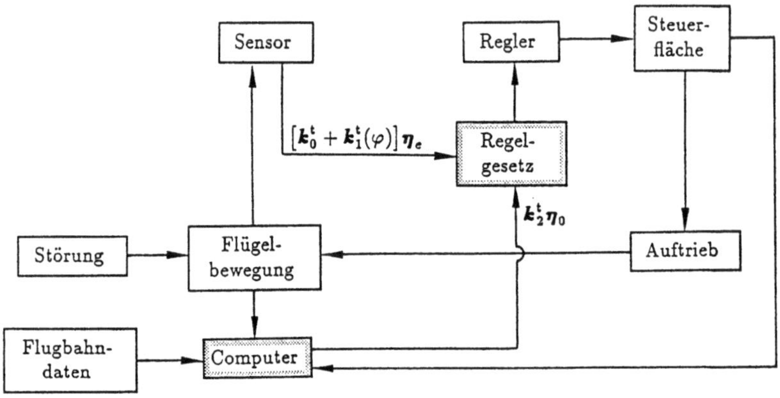

Abb. 26.7.6 Prinzip der Erweiterung eines Regelkreises (Erweiterung gerastert)

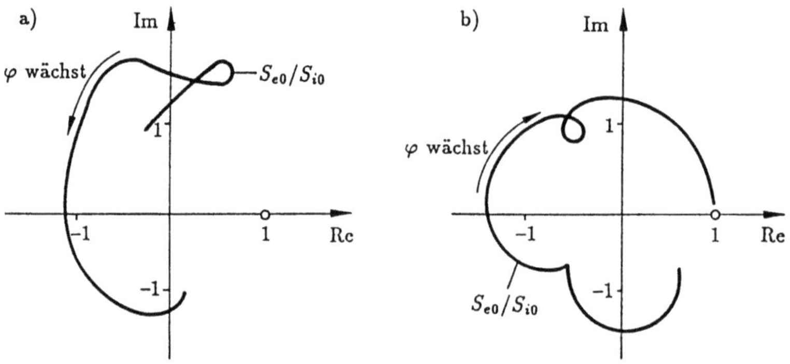

Abb. 26.7.7 Beispiel eines angestrebten (a) und eines zu vermeidenden (b) Nyquist-Diagramms

verglichen und in einem vorgegebenen Zeitintervall angepaßt. Die Steifigkeit k_2^t wird dabei in Größe und Phase in der Weise ermittelt, daß das Signal die oben genannten Forderungen und die aus (26.7.81) entstehende Beziehung so erfüllt, daß ein Nyquist-Diagramm entsteht, in dem mit steigender Frequenz φ eine Vergrößerung der Phasenverschiebung stattfindet, und nicht umgekehrt (siehe Abb. 26.7.7). Die Basis für dieses optimierte Signal bilden die aktuellen Flugbahndaten und die aktuelle Amplitude und Phasenverschiebung eines Ruders bezüglich seiner Anschlußumgebung. Diese letzten Daten liefern die in der Zelle verteilten Beschleunigungsmesser oder Sensoren. Ihre Anzahl richtet sich danach, wieviele Starrkörper- und wieviele elastische Verschiebungsformen des Flugzeugs ausgesteuert werden sollen. Durch gezieltes Ausfiltern (*geometrical filtering*) der Sensorsignale erfaßt man voneinander getrennt Torsions-, Biege- und andere maßgebende Schwingungen. Abbildung 26.7.8 zeigt z.B. die Erfassung einer Biege- und einer Torsionsschwingung.

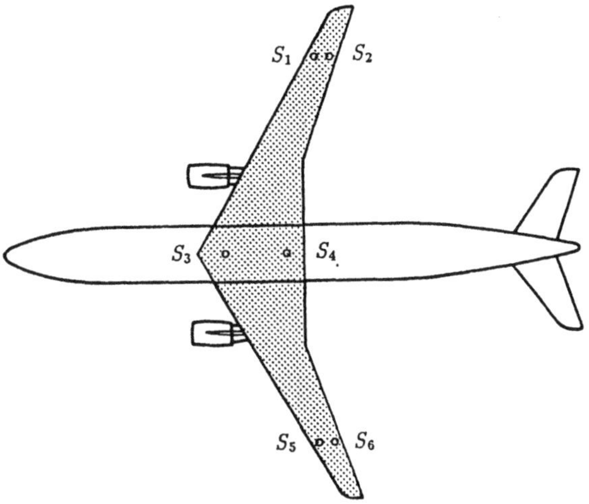

Abb. 26.7.8
Zur Erfassung von Schwingungen mit Sensorsignalen

Biegeschwingung: $S_B = S_1 + S_2 + S_5 + S_6 - 2(S_3 + S_4)$

Torsionsschwingung: $S_T = \frac{1}{2}(S_1 - S_2) - \frac{1}{2}(S_3 - S_4)$

Die Art der Erregung bzw. Störung spielt dabei insofern eine Rolle, als es zur Behebung einer Störung bei den meisten Flugzeugtypen ein dafür prädestiniertes Ruder gibt. So wird z.B. eine Störung, die eine Phygoidenschwingung hervorruft, durch das Höhenruder optimal behoben; eine Schwingung, die durch eine Böe hervorgerufen wird, wird im allgemeinen am besten durch Ausschläge der „spoiler" abgemildert. Gegen klassisches Flattern hilft die Verstellung der Nullpunktslage der Querruder (beim Leitwerksflattern entsprechend die der Leitwerksruder) und bei „buffeting" werden oft Ausschläge der „flaperons" eingesetzt. Einen Eindruck, wie verschieden effektiv die einzelnen Ruder sein können, vermittelt für Spoiler und Höhenruder Abb. 26.7.9 (siehe auch [26.57]).

Zu dieser Problematik sind von verschiedenen Autoren Windkanalmessungen und Messungen an realen Flugkörpern durchgeführt worden, erwähnt seien [26.57], [26.58], [26.59], [26.60]. Wir beschränken uns hier auf die Feststellung einiger wesentlicher Eigenschaften bei den wichtigsten Rudern: Spoiler, Querruder und Flaperon.

Fassen wir zunächst die Vorteile der Spoiler zusammen:

- Sie erlauben eine Verteilung der aerodynamischen Ruderkräfte über die Spannweite, so daß bei der Regelung auch auf die Bedürfnisse bezüglich der Längsstabilität Rücksicht genommen werden kann.
- Es sind nur sehr kleine Ruderausschläge für die Aussteuerung von unerwünschten „Schwingungsformen" notwendig.
- Die stationären aerodynamischen Kräfte verlaufen nahezu linear mit dem statischen Ruderausschlag. Dies ergibt eine konstante Ruderwirksamkeit in allen Bereichen (bei Höhenrudern und Flaperons ist dies nicht der Fall).
- Bessere Wirksamkeit bei der Aussteuerung von Biegeformen verglichen mit Querruder oder Flaperon.
- Nachteilige Effekte der Spoilersteuerung auf das Gesamtsystem sind klein.

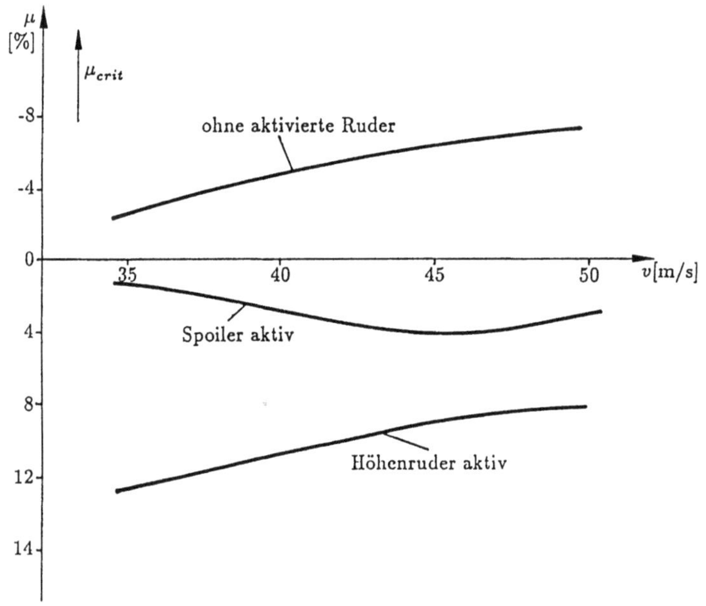

Abb. 26.7.9 Die erzielbare Dämpfung der Phygoidenschwingung über der Fluggeschwindigkeit

Abbildung 26.7.10 zeigt als Beispiel die Aussteuerung einer Starrkörper- und einer elastischen Schwingung im Gegensatz zu einer nicht ausgesteuerten Schwingung. Beide sind durch eine „Eins-minus-Cosinus"Böe im unterkritischen Geschwindigkeitsbereich entstanden. Die Spoiler haben hierbei eine dynamische Amplitude von $\pm 2°$. Zu dem Flatter-Regelgesetz für die Spoiler werden noch zwei weitere optimierte Regelgesetze herangezogen (eines für die Biege- und eines für die Anstellwinkelschwingung), die durch elektrische Filter vollständig voneinander getrennt arbeiten. In der Regel liegt die Frequenz der Starrkörper-Schwingung weit ab von der Frequenz der Biegeschwingung, so daß dies möglich ist. Beiden Schwingungsformen wird durch entsprechende Verstärkung und Phasenverschiebung des Ausschlags Energie entzogen, und beide werden damit gedämpft.

Bei den Querrudern ist folgendes festzustellen:

Den Vergleich der Wirksamkeit der Querruder mit der der Spoiler können wir anhand der an der Flügelwurzel erzeugten Momente bei Biegung und Torsion vollziehen. Abbildung 26.7.11 zeigt die bessere Wirksamkeit der Spoiler bei Biegung, wie bereits oben erwähnt, und im Gegensatz dazu aber die bessere Wirksamkeit der Querruder bei Torsion. Allerdings fällt die Wirksamkeit nicht gravierend ab, so daß die sehr gutmütige Eigenschaft der Spoiler, nämlich ihre konstante Wirkung über dem Ruderausschlag, diesen Nachteil (je nach Flugzeugtyp) überwiegen kann. Werden beide Ruderarten (Querruder und Spoiler) gleichzeitig zur Ausregelung benützt, ändert sich das Ergebnis nicht wesentlich (siehe Abb. 26.7.11).

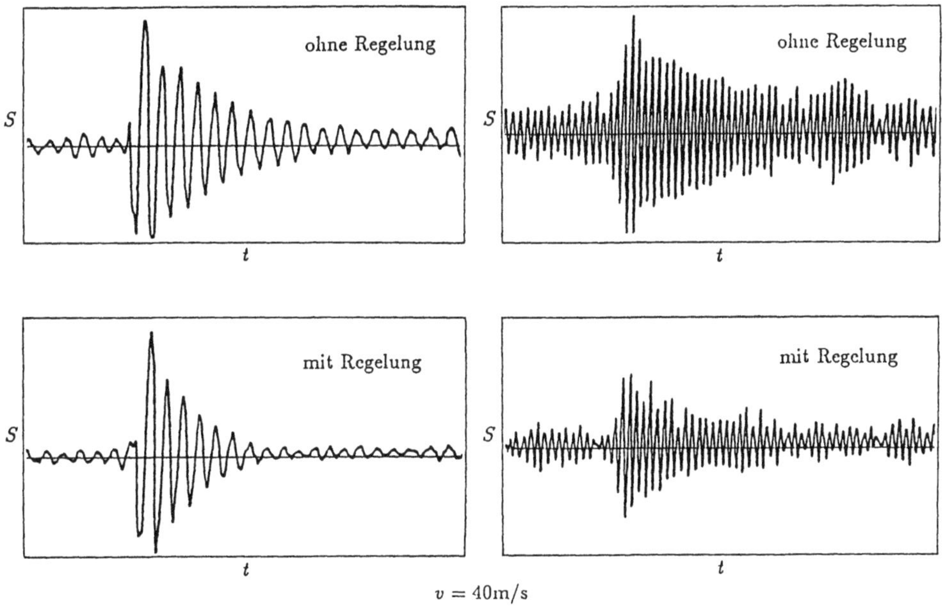

Böenfunktion:

$$B = A\left(1 - \cos\frac{2\pi}{T}t\right), \quad T = 0.45\text{s}$$

Anstellwinkelschwingung

Böenfunktion:

$$B = A\left(1 - \cos\frac{2\pi}{T}t\right), \quad T = 0.15\text{s}$$

Grundbiegung Flügel

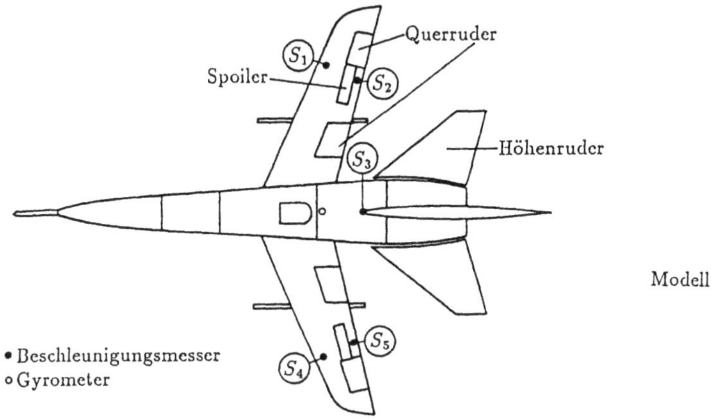

Abb. 26.7.10 Signaleinheiten über der Zeit für eine Starrkörper- und eine elastische Schwingung (Testergebnisse im Windkanal)

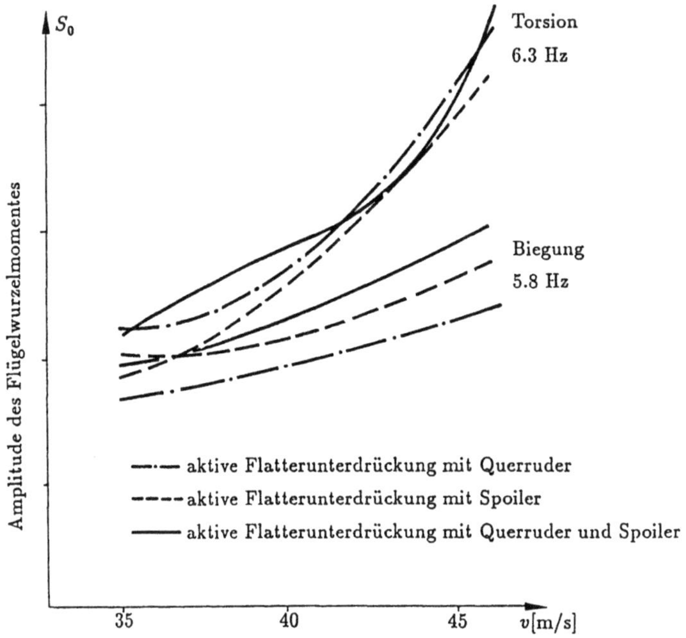

Abb. 26.7.11 Effektivität von Querruder und Spoiler bei der aktiven Flatterunterdrückung; s. auch [26.57]

Das Regelgesetz für das Querruder sollte, will es Biege- und Torsionsformen des Flügels gleichzeitig aussteuern, so ausgelegt werden, daß die kritischen Eigenfrequenzen weiter voneinander getrennt werden. Fallen diese nämlich einmal zusammen, wird die Aussteuerung mit nur einer Ruderart unter Umständen unmöglich. Man verlegt sich dann zweckmäßigerweise auf die Aussteuerung der Biegeschwingung, weil diese ihre Energie auf den Starrkörpermode der Anstellwinkel-Schwingung verschiebt. Dieser wiederum wird auf Grund der mitbewegten großen Massen sehr viel Energie aufnehmen können und damit die Biegeschwingung dämpfen.

Schließlich noch einige Bemerkungen zu den Flaperons:

- Ihre dynamische Wirksamkeit ist bei negativen Ausgangsstellungen (Ruderausschlag β nach oben, also negativ) am größten, aber sie läßt immer mehr nach, je weiter sie stationär positiv ausgefahren werden.
- Je höher die Frequenz der Korrekturausschläge, desto schlechter die Wirksamkeit.
- Ihre Wirksamkeit ist am Innenflügel größer als am Außenflügel.
- Die Aussteuerungen von unerwünschten Schwingungsformen können mit Minimalausschlägen ($\Delta\beta = 1'-25'$) erfolgen.

Die Abbildung 26.7.12 zeigt entsprechende Windkanalmessungen an einem Vorläufermodell des Airbusflügels (siehe auch [26.58]).

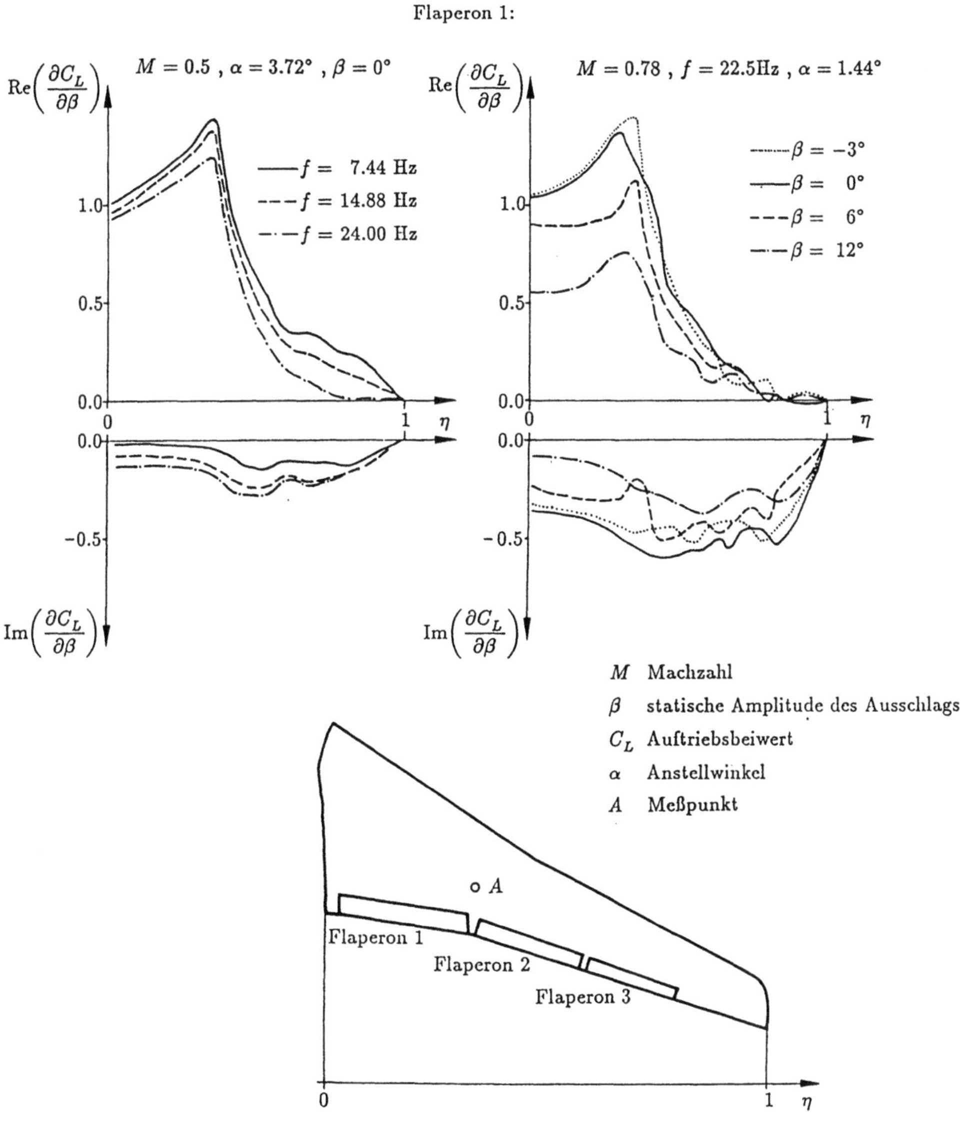

Abb. 26.7.12 Ergebnisse von Windkanalmessungen an Flaperons

Auf Grund der Verteilung der Flaperons fast über die ganze Flügelbreite ist es möglich, mehrere Schwingungsformen gleichzeitig auszusteuern. Entsprechend stellt der Computer (siehe Abb. 26.7.6) mehrere Regelgesetze bereit. Die Verstärkungen und Phasenverschiebungen der Ausschläge werden wieder so optimiert, daß eine maximale Dämpfung erreicht wird (siehe Beispiel in Abb. 26.7.13). Das Ergebnis ist eine Reduzierung der Flügelwurzelbeanspruchung und eine Erhöhung des Flugkomforts. Dies kann man in-

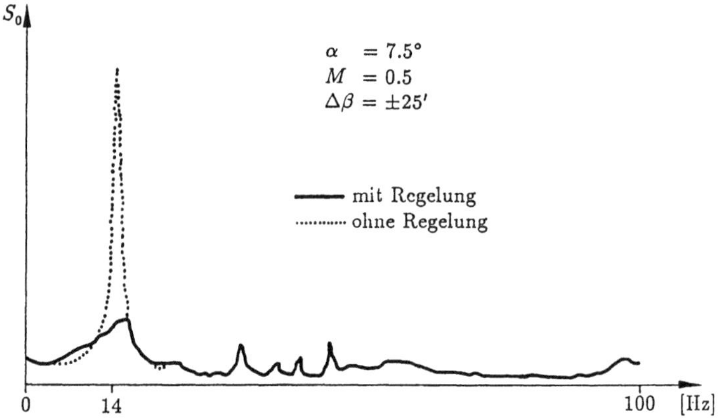

Abb. 26.7.13 Auswirkung der Regelung von Flaperon 1 auf den Meßpunkt A bei der Grundbiegung (Flaperon 1, Meßpunkt A siehe Abb. 26.7.12); s. auch [26.58]

sofern noch anders ausnützen, als man bei höheren Auftriebsbeiwerten C_L eine noch höhere Flughöhe zuläßt oder bei höheren Machzahlen bei gleichem C_L fliegt.

Die Flaperons werden teilweise auch dazu benützt, die dynamischen Auswirkungen des „buffeting" (siehe Unterabschnitt 26.2.3) auf die Zelle abzumildern. Dies gilt insbesondere im sub- und transsonischen Geschwindigkeitsbereich. Wie bereits im Unterabschnitt 26.2.3 beschrieben, kommen hier stochastische oder periodische Schwingungen bzw. eine Mischung von beiden vor. Beim konventionellen Profil zeigen sich diese in Kombination mit der Erscheinung einer starken Stoßwelle und teilweise abgelöster Grenzschicht. Beim sogenannten superkritischen Profil, das gegenüber dem konventionellen im transsonischen Geschwindigkeitsbereich verbesserte aerodynamische Eigenschaften aufweist und eine effizientere Gestaltung vom Gesichtspunkt der Festigkeit her erlaubt, kommen sie in Kombination mit einer schwachen Stoßwelle am Ende des Profils vor (siehe Abb. 26.7.14). Zudem wird beim superkritischen Profil der Angriffspunkt der Druckresultierenden weiter stromab versetzt und eine Druckverteilung erzeugt, die sehr empfindlich auf Anstellwinkeländerungen reagiert. Daraus ergeben sich für die Aeroelastik oft gänzlich andere Eigenschaften.

Außer dem Werkzeug der Schwingungsdämpfung kann man gegen das „buffeting" aus der Empfindlichkeit der Anstellwinkeländerungen heraus noch andere vorbeugende Mittel einsetzen. Zum Beispiel kann man den Anstellwinkel senken und, um denselben Auftrieb wieder zu erhalten, den Auftriebsbeiwert C_L entsprechend durch einen kleinen ständigen Ruderausschlag nach unten erhöhen. Die Folge ist zwar eine geringe Widerstandserhöhung, der Flugkomfort jedoch ist besser. Eine weitere Möglichkeit der Verhinderung oder Abminderung bietet ein eventuell vorhandener Vorflügel oder beim konventionellen Profil auch der Grenzschichtzaun.

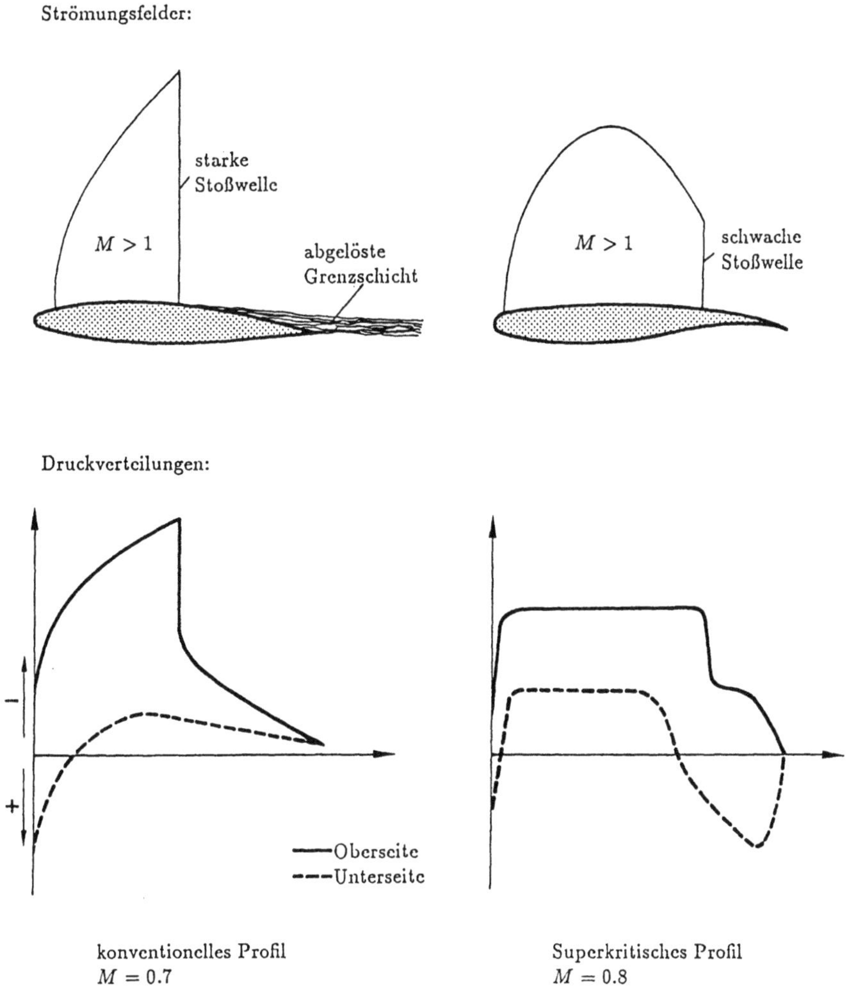

Abb. 26.7.14 Vergleich des Strömungsfeldes und der Druckverteilung von konventionellem und superkritischem Profil (stationär)

26.8 Zur gewichtsoptimalen Auslegung eines Flugkörpers bei Berücksichtigung aeroelastischer Forderungen

In unserer bisherigen Darstellung der elementaren Aeroelastizität haben wir versucht, dem Leser gewisse Prinzipien der Berechnung der kritischen Flattergeschwindigkeit eines *vorgegebenen* Flugkörpers zu vermitteln. Sollte die ermittelte kritische Geschwindigkeit zu niedrig ausfallen, so wären wir gezwungen, strukturelle Modifikationen des Flugsystems bzw. entsprechende Änderungen des Rudersystems vorzunehmen. Nun ist dieses Vorgehen in der Ingenieurpraxis sicherlich nicht effizient und paßt nicht in eine moderne

Entwurfsphilosophie. Andererseits bestehen schon seit ca. 20 Jahren Gewichtsoptimierungsverfahren, die die Flugstruktur nach Festigkeitsforderungen iterativ bis zum gewünschten Optimum verbessern. Allerdings waren die entsprechenden Anwendungen in den sechziger Jahren in Anbetracht des damaligen Entwicklungsstandes der Computer durch zu großen Speicherbedarf und zu hohe Rechenzeiten gehemmt. Damit war es damals unrealistisch, das Optimierungsverfahren um die notwendigerweise noch aufwendigen Flatterrechnungen zu erweitern.

Mit der Verbesserung der Optimierungsalgorithmen und insbesondere den neuen Generationen der Computer ist es aber möglich geworden, das Optimierungsverfahren simultan hinsichtlich Festigkeit, Flattern sowie anderer Versagenskriterien vorzunehmen. Ansätze in dieser Richtung sind z.B. in [26.39] und [26.40] zu finden. Die Veröffentlichungen [26.38] und [26.46] geben Optimierungsstrategien mit reinen Flatterbegrenzungen an. Natürlich können die Regelgrößen der Servos und des Flugreglers, die wir im vorigen Abschnitt besprochen haben, ebenfalls als Entwurfsvariablen betrachtet werden. Die Struktur könnte damit auch in dieser Beziehung noch präziser optimiert werden. Tatsächlich fand die Berücksichtigung dieser Regelgrößen nur zögernd statt. Wahrscheinlich, weil in der Vergangenheit nur wenige Spezialisten der Regeltechnik die Flattertechnik beherrschten und, umgekehrt, Spezialisten der Aeroelastizität nur in Ausnahmefällen der Regeltechnik mächtig waren. Neuerdings schreitet aber die Integrierung dieses kombinierten Wissens in den Optimierungsverfahren unaufhaltsam weiter.

Interessant ist auch die Anwendung der Regeltechnik in ultra-leicht gebauten Weltraumstationen, die durch „closed loop"-Kontrollsysteme gesteuert werden. Wir verweisen hinsichtlich der Gestaltung solcher Systeme bezüglich *„Minimum weight and optimum control design"* auf Veröffentlichungen, wie [26.44] und [26.45]. Hier wollen wir uns jedoch der allgemeinen Vorgehensweise bei Flugkörpern zuwenden.

Wir beschreiben zuerst eine Reihe von theoretischen und praktischen Maßnahmen, die in den letzten zwei Dekaden die Optimierungsverfahren so umgestaltet und entwickelt haben, daß sich auch für die praktischen Belange der Entwurfsingenieure eine genügende Effizienz eingestellt hat.

Das Optimierungsverfahren eines Systems ist heute eine sehr fortgeschrittene mathematische und algorithmische Methode. Es ist in diesem Werk der Grundlagen der Strukturmechanik nicht möglich, den Optimierungsprozeß in aller seiner Vielfalt dem Leser zu vermitteln. Wir müssen hier schon aus Platzgründen voraussetzen, daß sich der Leser die Prinzipien der Methode selbst aneignet. Für eine Einführung empfehlen wir [26.48]. Unsere Aufgabe ist es, den Rahmen um die Erfordernisse der Flatterbeschränkungen des Flugkörpers zu erweitern.

26.8.1 Die generelle Methodik

Wie schon erwähnt, bildeten ursprünglich der mangelnde Speicherplatz und die langen Rechenzeiten der früheren Computergenerationen ein erstes Hemmnis in der praktischen Anwendung der Optimierungsverfahren. Diese Schwierigkeiten wurden einerseits durch immer leistungsfähigere Computer, zum andern aber durch eine sorgfältige Trennung der Diskretisierungs- und Optimierungsmodelle abgebaut. Die Definition eines besonderen Optimierungsmodells bedingt, daß nicht jede mögliche Strukturvariable, wie z.B. die

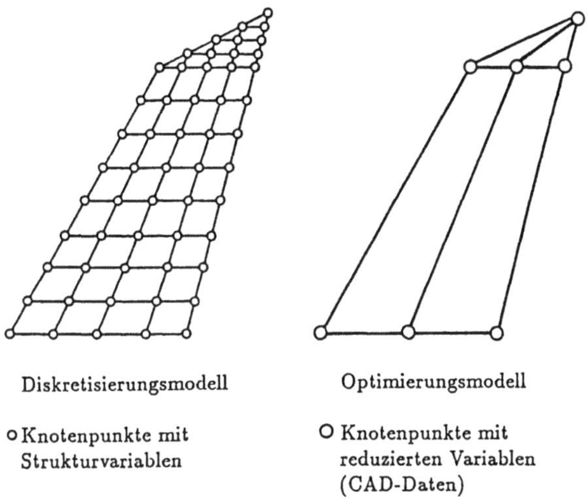

Abb. 26.8.1
Zur Trennung des Optimierungsmodells vom Diskretisierungsmodell

Blechdicken für alle anfallenden Elemente, in den Variablenvektor aufgenommen wird, sondern nur noch einige wenige, die aus Fertigungs- oder Auslegungsgründen wichtig erscheinen (Abb. 26.8.1). Zwischen den damit zu ermittelnden echten Variablen des Optimierungsmodells und dem ursprünglichen, vollständigen Satz der Variablen des Diskretisierungsmodells werden Interpolationsvorschriften eingeführt.

Weiter wird, um den Rechenaufwand zu reduzieren, eine automatische Bestimmung der aktiven Begrenzungen (*constraints*) in den Programmablauf eingebaut. Begrenzungen oder „constraints" bestimmen Beschränkungen in der Variabilität gewisser Variablen, wie z.B. der Fluggeschwindigkeit v. Zudem stellt sich die Erkenntnis ein, daß in einigen Fällen nichtlineare Begrenzungen durch die Einführung von inversen Variablen in wesentlich einfacher zu handhabende lineare Begrenzungen transformiert werden können [26.47]. Weiterhin hat sich bei der Gradientenberechnung für n Variable ein approximiertes Verhaltensmodell durchgesetzt, wobei entweder linear mit $(n + 1)$ Analysen, halbquadratisch mit $(2n + 1)$ Analysen oder vollquadratisch mit $(n^2 + 1)$ Analysen vorgegangen wird. Sind die Begrenzungen näherungsweise lineare Funktionen in den Variablen und ist die Empfindlichkeit des Verhaltensmodells gering, kann das jeweilige Modell über mehrere Iterationen hinweg beibehalten werden und braucht nicht bei jedem Schritt neu aufgestellt zu werden. Dies ist im Falle einer Flatteranalyse besonders wichtig, ist sie doch für sich allein betrachtet schon sehr rechenintensiv. Dies gilt auch dann noch, wenn wir uns im Optimierungsprozeß auf die Bestimmung der kritischen Fluggeschwindigkeit v_{crit} beschränken und keine unterkritischen oder überkritischen aeroelastischen Untersuchungen vornehmen.

Abbildung 26.8.2 zeigt die Ansiedlung der Flatteranalyse in einem generellen Strukturoptimierungssystem: Innerhalb des Optimierungsprozesses sind also erstens die Iterationen für die Flatteranalyse durchzuführen und zweitens müssen, um eine gebrauchstüchtige Struktur zu entwickeln, die Analysen zu Festigkeitsauslegung, Beulversagen (Stabilitätsanalyse) und Dynamik ebenfalls innerhalb des Programms durchgeführt werden. Um den Rechenaufwand, auch auf Unterstrukturebene, in wirtschaftlichen Grenzen zu halten,

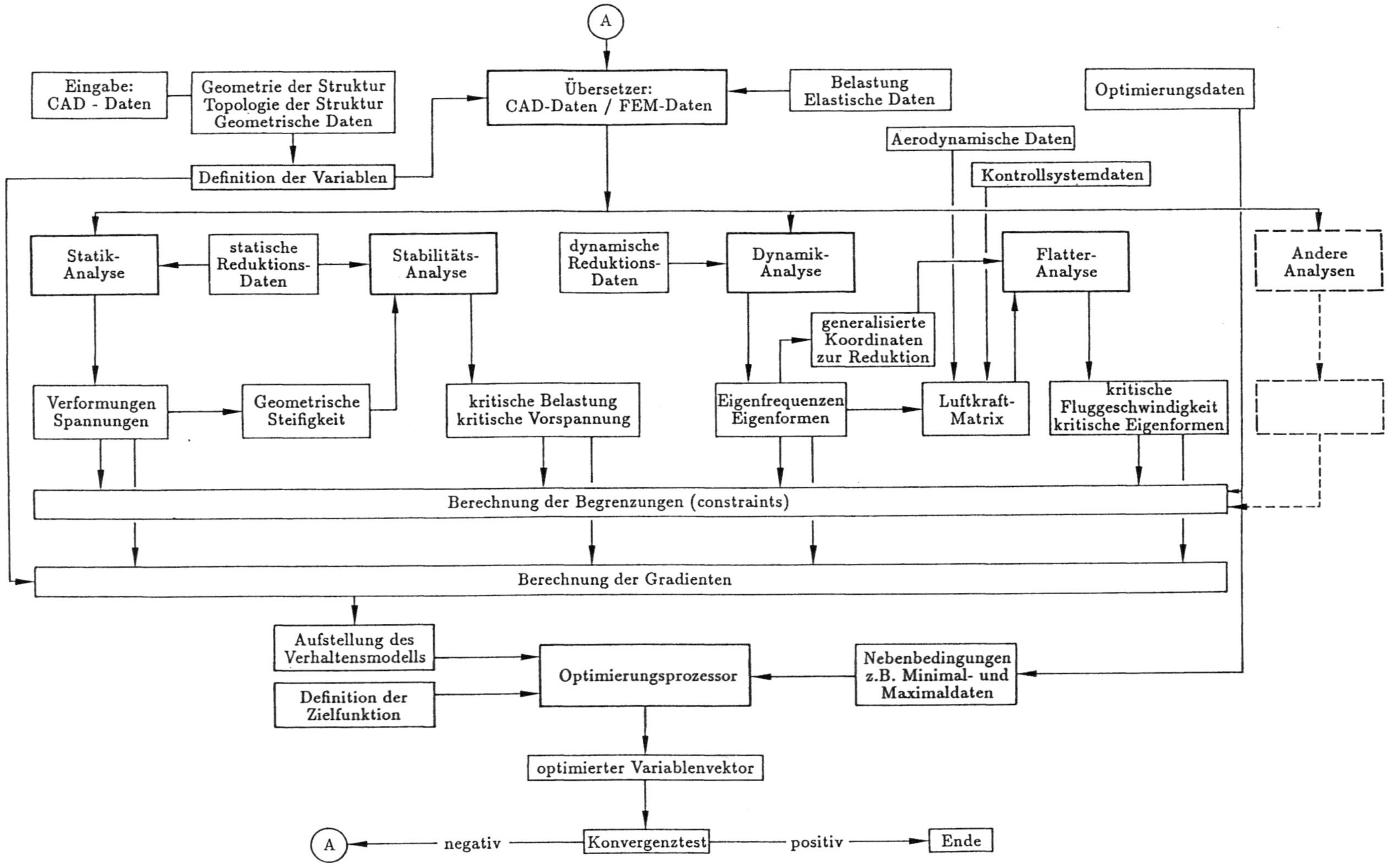

Abb. 26.8.2 Flatteranalyse im allgemeinen Strukturoptimierungsprogramm

werden in allen Fällen Reduktionstechniken benützt. Bei der Statik- und Stabilitätsanalyse erfolgt dies durch eine statische Kondensation (siehe Band I, Abschnitte 3.3 und 6.4), bei der Dynamikanalyse durch die Guyan-Reduktion (siehe Abschnitt 17.4) und bei der Flatteranalyse durch die Einführung von generalisierten oder modalen Koordinaten $\boldsymbol{\eta}_0$ (siehe Abschnitt 26.5.2). Im Optimierungsprozeß kommt den Gradientenmatrizen strukturellen und aerodynamischen Ursprungs eine entscheidende Bedeutung zu. Dabei ist es wichtig, daß der vorerwähnte Reduktionsprozeß auf alle Matrizen dimensionskonform angewendet wird. Wenn eine typische Variable, z.B. eine Blechdicke, mit z_j bezeichnet wird, so schreiben sich die Gradienten der reduzierten Steifigkeits- und Massenmatrizen in der Form

$$\frac{\partial \boldsymbol{K}_\eta}{\partial z_j} = \boldsymbol{X}_m^t \frac{\partial \boldsymbol{K}}{\partial z_j} \boldsymbol{X}_m$$

$$\frac{\partial \boldsymbol{M}_\eta}{\partial z_j} = \boldsymbol{X}_m^t \frac{\partial \boldsymbol{M}}{\partial z_j} \boldsymbol{X}_m \tag{26.8.1}$$

Hier ist $\boldsymbol{X}_m$ der wiederholt angeführte, beschränkte Satz von m Eigenvektoren $\boldsymbol{x}_i$, die sich aus der Spektralanalyse der *in vacuo* frei schwingenden Flugstruktur ergeben. Besondere Vorsicht ist beim Aufbau typischer Matrizen in den Gleichungen (26.8.1) geboten. Die Definition von $\boldsymbol{X}_m$ bezieht sich auf den Erstentwurf, für den $\boldsymbol{K}_\eta = \boldsymbol{I}_m$ und $\boldsymbol{M}_\eta = \boldsymbol{\Lambda}_m$ gilt. Bei dem zweiten und weiteren Entwürfen der Struktur treffen aber letztere Aussagen nicht mehr zu. Bei einer sich anbahnenden Veränderung des Flugkörpers wird es sich eventuell empfehlen, eine erneute *in vacuo* Spektralanalyse des Flugkörpers vorzunehmen und eine entsprechende Neuauswahl von $\boldsymbol{X}_m$ zu vollziehen. Übrigens kann bei sehr großen Systemen die Reduktion der Kennmatrizen auch in zwei Stufen, wie in [26.49] vorgeschlagen, vorgenommen werden.

Wie wir aus Abbildung 26.8.2 ersehen, kommen als entscheidende Aufgaben die Berechnung der Begrenzungen (constraints) von Kenngrößen, wie der Fluggeschwindigkeit, sowie der Gradienten auf uns zu.

Die Spezifizierung der „constraints" g ist im allgemeinen einfach. Zum Beispiel gilt im Falle einer vorgegebenen Fluggeschwindigkeit $\overline{v}_{crit}$, die nicht von der ermittelten Flattergeschwindigkeit v_{crit} unterschritten werden darf,

$$g = 1 - \frac{\overline{v}_{crit}}{v_{crit}} \geqslant 0 \tag{26.8.2}$$

Die Berechnung der Gradienten $\partial v_{crit}/\partial z_j$ ist etwas schwieriger und wird im nächsten Unterabschnitt behandelt. Es besteht aber kein Zweifel, daß, trotz aller spezifischen Eigenheiten einer Flatteranalyse, sich diese nahtlos in einem bestehenden Optimierungs- und Re-Dimensionierungsprozeß einbauen läßt. In der Literatur sind vielfach auch Prozeduren vorgeschlagen, die eine Re-Dimensionierung auf Grund von Optimalitätskriterien auf Energiebasis vorschlagen. Diese werden in Unterabschnitt 26.8.3 kurz beschrieben. Solche Verfahren lassen sich jedoch nicht ohne weiteres in einer simultanen Optimierung mit allen relevanten Constraints, wie sie Abb. 26.8.2 zeigt, realisieren. Sie können deshalb nur zu einer „near-minimum-weight"-Lösung führen.

26.8.2 Zur Berechnung des Gradienten der kritischen Fluggeschwindigkeit

Wir beginnen unsere Betrachtung mit der Definition der kritischen Fluggeschwindigkeit v_{crit}, bei der Flattern einsetzt. Es gilt (26.3.16) in der Form

$$v_{crit} = \frac{\omega b}{\omega^*} \tag{26.8.3}$$

Der Schwingungszustand kann dabei als rein harmonisch vorausgesetzt werden. Sämtliche vorkommenden Variablen sind damit reell. Die Ableitung nach einer typischen Variablen ergibt

$$\frac{\partial v_{crit}}{\partial z_j} = v_{crit}\left(-\frac{1}{\omega^*}\frac{\partial \omega^*}{\partial z_j} + \frac{1}{\omega}\frac{\partial \omega}{\partial z_j}\right) \tag{26.8.4}$$

Da auch der neue, durch Variation der Struktur sich ergebende Schwingungszustand als harmonisch angesehen wird, folgt, daß $\partial\omega^*/\partial z_j$ und $\partial\omega/\partial z_j$ ebenfalls reell sein müssen. Diese Feststellung hilft uns später, beide Terme zu berechnen.

Wir betrachten zunächst nur die Flattergleichung in der Form (26.7.75), wobei wir hier die Rudermomente $\boldsymbol{M}_{s0}$ bereits mit Hilfe der Ruderausschläge $\boldsymbol{\beta}_0$ ausgedrückt haben

$$\begin{bmatrix} \boldsymbol{A}_{\zeta\zeta} & \boldsymbol{A}_{\zeta\beta} \\ \boldsymbol{A}_{\beta\zeta} + \boldsymbol{f}(\varphi)\boldsymbol{k}^t & \boldsymbol{A}_{\beta\beta} - \boldsymbol{f}_2^{-1}(\varphi) \end{bmatrix} \begin{bmatrix} \boldsymbol{\zeta}_0 \\ \boldsymbol{\beta}_0 \end{bmatrix} = \boldsymbol{o} \tag{26.8.5}$$

Der kritische Flatterzustand und Punkt sei bereits gefunden, d.h. es sei

$$\varpi = \omega = -i\varphi \tag{26.8.6}$$

Außerdem stellen wir an Hand des Übergangs von (26.7.71) nach (26.7.71a) bzw. (26.7.75) fest, daß folgende Abhängigkeiten bestehen

$$\begin{aligned} \boldsymbol{A}_{\zeta\zeta} &= \boldsymbol{A}_{\zeta\zeta}(\boldsymbol{z}, \omega(\boldsymbol{z}), \omega^*(\boldsymbol{z})) \\ \boldsymbol{A}_{\zeta\beta} &= \boldsymbol{A}_{\zeta\beta}(i\omega(\boldsymbol{z}), \omega^*(\boldsymbol{z})) \\ \boldsymbol{A}_{\beta\zeta} &= \boldsymbol{A}_{\beta\zeta}(i\omega(\boldsymbol{z}), \omega^*(\boldsymbol{z})) \\ \boldsymbol{A}_{\beta\beta} &= \boldsymbol{A}_{\beta\beta}(\varphi) = \boldsymbol{A}_{\beta\beta}(i\omega(\boldsymbol{z})) \end{aligned} \tag{26.8.7}$$

Weiter ist nach (26.7.64) und (26.8.7)

$$\boldsymbol{k} = \boldsymbol{k}(\varphi) = \boldsymbol{k}(i\omega(\boldsymbol{z})) \tag{26.8.8}$$

In Gleichungen (26.8.7) und (26.8.8) ist $\boldsymbol{z}$ der Variablenvektor, der sowohl Struktur- als auch Kontrollsystemvariable enthält.

Leiten wir (26.8.5) nach der Veränderlichen z_j ab und beachten, daß streng genommen auch

$$\boldsymbol{\zeta}_0 = \boldsymbol{\zeta}_0(\boldsymbol{z}) \quad \text{und} \quad \boldsymbol{\beta}_0 = \boldsymbol{\beta}_0(\boldsymbol{z}) \tag{26.8.9}$$

ist, so ergibt sich

$$\begin{bmatrix} A_{\zeta\zeta,j} + A_{\zeta\zeta,\omega}\omega_{,j} + A_{\zeta\zeta,\omega^*}\omega^*_{,j} & A_{\zeta\beta,\omega}\omega_{,j} + A_{\zeta\beta,\omega^*}\omega^*_{,j} \\ A_{\beta\zeta,\omega}\omega_{,j} + A_{\beta\zeta,\omega^*}\omega^*_{,j} + (\boldsymbol{fk}^{\mathrm{t}})_{,\omega}\omega_{,j} & [A_{\beta\beta,\omega} - (f_2^{-1})_{,\omega}]\omega_{,j} \end{bmatrix} \begin{bmatrix} \boldsymbol{\zeta}_0 \\ \boldsymbol{\beta}_0 \end{bmatrix} + \begin{bmatrix} A_{\zeta\zeta} & A_{\zeta\beta} \\ A_{\beta\zeta} + \boldsymbol{fk}^{\mathrm{t}} & A_{\beta\beta} - f_2^{-1} \end{bmatrix} \begin{bmatrix} \boldsymbol{\zeta}_{0,j} \\ \boldsymbol{\beta}_{0,j} \end{bmatrix} = \boldsymbol{o} \tag{26.8.10}$$

Wie schon mehrfach verwendet, haben wir für die partiellen Ableitungen Abkürzungen eingeführt, und zwar in Form von tiefer gesetzten Indizes, nach denen abgeleitet wird. Zur Unterscheidung von normalen Indizes ist dem „Ableitungs"-Index ein Kommazeichen vorangestellt. Außerdem wird vereinbart, daß der Ableitungs-Index „j" stets die partielle Differentiation nach z_j anzeigt. Es bedeutet also

$$A_{\zeta\zeta,j} = \frac{\partial A_{\zeta\zeta}}{\partial z_j}\,, \qquad A_{\zeta\zeta,\omega} = \frac{\partial A_{\zeta\zeta}}{\partial \omega}$$

$$\omega_{,j} = \frac{\partial \omega}{\partial z_j}\,, \qquad \boldsymbol{\zeta}_{0,j} = \frac{\partial \boldsymbol{\zeta}_0}{\partial z_j} \tag{26.8.10a}$$

$$(\boldsymbol{fk}^{\mathrm{t}})_{,\omega} = \frac{\partial(\boldsymbol{fk}^{\mathrm{t}})}{\partial \omega}\,, \qquad \text{etc.}$$

Existiert ein Rechtseigenvektor $\{\boldsymbol{\zeta}_0 \quad \boldsymbol{\beta}_0\}$ wie in Gleichung (26.8.5), so existiert auch ein Linkseigenvektor $\{{}^L\boldsymbol{\zeta}_0 \quad {}^L\boldsymbol{\beta}_0\}$, so daß gilt

$$[{}^L\boldsymbol{\zeta}_0^{\mathrm{t}} \quad {}^L\boldsymbol{\beta}_0^{\mathrm{t}}] \begin{bmatrix} A_{\zeta\zeta} & A_{\zeta\beta} \\ A_{\beta\zeta} + \boldsymbol{fk}^{\mathrm{t}} & A_{\beta\beta} - f_2^{-1} \end{bmatrix} = \boldsymbol{o}^{\mathrm{t}} \tag{26.8.11}$$

Multiplizieren wir (26.8.10) mit diesem Linkseigenvektor vor, verschwindet der Beitrag des zweiten Matrizenausdrucks in (26.8.10). Übrig bleibt der skalare komplexe Ausdruck

$$\left[{}^L\boldsymbol{\zeta}_0^{\mathrm{t}}[A_{\zeta\zeta,j} + \omega_{,j}A_{\zeta\zeta,\omega} + \omega^*_{,j}A_{\zeta\zeta,\omega^*}] + {}^L\boldsymbol{\beta}_0^{\mathrm{t}}[\omega_{,j}A_{\beta\zeta,\omega} + \omega^*_{,j}A_{\beta\zeta,\omega^*} + \omega_{,j}(\boldsymbol{fk}^{\mathrm{t}})_{,\omega}]\right]\boldsymbol{\zeta}_0 +$$
$$+ \left[{}^L\boldsymbol{\zeta}_0^{\mathrm{t}}[\omega_{,j}A_{\zeta\beta,\omega} + \omega^*_{,j}A_{\zeta\beta,\omega^*}] + \omega_{,j}\,{}^L\boldsymbol{\beta}_0^{\mathrm{t}}[A_{\beta\beta,\omega} - (f_2^{-1})_{,\omega}]\right]\boldsymbol{\beta}_0 = 0 \tag{26.8.12}$$

Wie wir leicht ersehen, läßt sich dieser Ausdruck in komplexe Terme proportional zu $\omega_{,j}$ und $\omega^*_{,j}$ und einer komplexen Konstanten zusammenfassen. Wir erhalten einen Ausdruck der Form

$$(a_j + ib_j)\omega_{,j} + (c_j + id_j)\omega^*_{,j} = e_j + if_j \tag{26.8.13}$$

Da jedoch, wie eingangs erwähnt, $\omega_{,j}$ und $\omega^*_{,j}$ reell sind, muß der Realteil und der Imaginärteil der Gleichung (26.8.13) für sich verschwinden. Es ergeben sich zwei reelle Gleichungen mit zwei Unbekannten

$$a_j\omega_{,j} + c_j\omega^*_{,j} = e_j$$
$$b_j\omega_{,j} + d_j\omega^*_{,j} = f_j \tag{26.8.14}$$

die wir für $\omega_{,j}$ und $\omega^*_{,j}$ lösen. Wir sind somit in der Lage, den Gradienten der kritischen Fluggeschwindigkeit aus (26.8.5) zu ermitteln. Es zeigt sich damit, daß die Flatteranalyse in eine allgemeine Optimierungsprozedur einbezogen werden kann.

26.8.3 Spezielle Verfahren

Die gewichtsoptimale Auslegung von Strukturen ist bei Berücksichtigung von aeroelastischen 'constraints', wie wir gesehen haben, ein sehr rechenintensives Unterfangen, und es ist vielfach versucht worden, mit einfacheren Mitteln zum Ziel zu kommen.

Ein Beispiel hierfür ist das "Flutter and Strength Optimization Program (FASTOP)" von D. George *et al.* [26.39]. Dieses Programmsystem arbeitet ohne Berücksichtigung von Kontrollsystemvariablen und besteht aus zwei Hauptteilen. Jeder Teil ist in der Lage, wiederholt Analysen in einem geschlossenen Lauf durchzuführen. Der erste Teil ist auf die statische Analyse (ohne Beul- oder Dynamikanalyse) ausgerichtet und liefert einen Entwurf nach den "Fully-Stressed-Design"-Kriterien mit Spannungsgrenzen. Ist ein bestimmtes Konvergenzkriterium erreicht, werden automatisch die bis dahin erzielten Daten einer Gewichtsoptimierung bezüglich der Flatterbegrenzungen unterworfen. Der Prozeß wird über Teil 1 und 2 wiederholt, bis globale Konvergenz eintritt.

Die Kopplung zwischen Spannungs- und aeroelastischer Auslegung (die bei simultanen Algorithmen automatisch gegeben ist) versucht man dadurch zu erreichen, daß die bei der Statikauslegung an ihre Grenzen (Spannungen, Dicken, Flächen) gekommenen Elemente bei der Flatterauslegung nicht mehr variiert werden dürfen, und umgekehrt, daß die bei der Flatterauslegung die kritische Geschwindigkeit herabsetzenden Elemente bei der Statikauslegung nicht mehr abgemagert werden dürfen. Nach einer Re-Dimensionierung werden die bereits bestehenden Einteilungen in spannungskritische, dimensionskritische und flatterkritische Elemente wieder neu getroffen. Ein Wechsel von der einen in die andere Kategorie ist möglich und somit der Algorithmus pfadunabhängig.

Die Re-Dimensionierungsstrategie beruht auf der Ermittlung eines angenäherten Gradienten der kritischen Fluggeschwindigkeit. Der Vorteil liegt darin, daß hierzu keine wiederholten Flatteranalysen wie beim Verhaltensmodell notwendig sind. Die ganze Berechnung kann sogar auf Strukturebene erfolgen. Man braucht keine Transformation in das η_0-System. Der Nachteil ist, daß diese Methode bei stärkeren Nichtlinearitäten nicht mehr genau genug ist. Zusammenfassend kann festgestellt werden, daß die Methode relativ einfach ist und auf die Elementebene des Diskretisierungsmodells reduziert werden kann. Allerdings ist die theoretische Begründung, ähnlich wie bei den Optimalitätskriterien der Optimierungsverfahren, nicht überzeugend und kann aus diesem Grund nicht in ein Textbuch aufgenommen werden.

Es gibt weitere vereinfachte Prozeduren, wie z. B. die von H. J. Hassig [26.51], C. S. Rudisill / K. G. Bhatia [26.52], L. B. Gwin / R. F. Taylor [26.53], W. H. Greene / J. Sobieszczanski-Sobieski [26.49] und H. Wittmeyer [26.54], die jedoch keine simultane Formulierung mit Spannungsbegrenzungen oder anderen Begrenzungen beinhalten. Formal kann die Hassigsche Methode auf modale und nichtmodale Flattergleichungen angewendet werden.

26.8.4 Beispiel eines Deltaflügels im Überschallflug (Concorde)

Zum Abschluß dieses Abschnitts soll ein Beispiel weitere Hinweise geben, wie bei einem Optimierungsprozeß vorgegangen wird. Wir betrachten in Anlehnung an [26.40] einen Deltaflügel, der eine grobe Annäherung an das Überschallflugzeug Concorde darstellt. Die nur als Illustration dienende FEM-Idealisierung enthält 54 Knotenpunkte und 190 Elemente (siehe Abb. 26.8.3). Die Optimierungsdaten beschränken sich auf 10 Variable und 30 Begrenzungen. Die Variablenzuordnung ist in Tabelle 26.8.1 spezifiziert, und die vorgeschriebenen Begrenzungen sind in Tabelle 26.8.2 angeführt und gelten für beide in Abb. 26.8.3 angegebenen Flugbahnfälle.

Tabelle 26.8.1 Zuordnung der Variablen

Variable	Spezifikation
z_1	Blechdicke der Beplankung, Innenflügel, oben und unten
z_2	Blechdicke der Beplankung, Außenflügel, oben und unten
z_3	Dicke der Rippenstege
z_4	Dicke der Holmstege
z_5	Flanschquerschnitt in Rippenrichtung
z_6	Flanschquerschnitt in Holmrichtung
$z_7 \div z_{10}$	Tuning-Massen

Tabelle 26.8.2 Begrenzungen im Optimierungsprozeß

Begrenzung	Wert
r_{max}	60.0 in
σ_{max}	60.0 ksi
$\omega_{1,min}$	4.0 rad/s
$\omega_{3,max}$	18.0 rad/s
$\omega_{4,max}$	24.0 rad/s
$z_{m,min}$	0.04 in (m = 1, 2)
$z_{m,min}$	0.10 in (m = 3, 4)
$z_{m,min}$	0.10 in^2 (m = 5, 6)
$z_{m,min}$	1000 lb (m = 7, ..., 10)
$z_{m,max}$	2500 lb (m = 7, ..., 10)

Die Anzahl der Freiheitsgrade beträgt in der Statikanalyse 60, in der Dynamikanalyse 20 und in der Flatteranalyse 4. Die Treibstoffmasse ist volumenanteilig auf die Knotenpunkte verteilt, der Wert der Dichte des Materials ist verdoppelt, um in angenäherter Weise den Effekt von Nieten, Bolzen und Schweißnähten zu simulieren. Die maximale

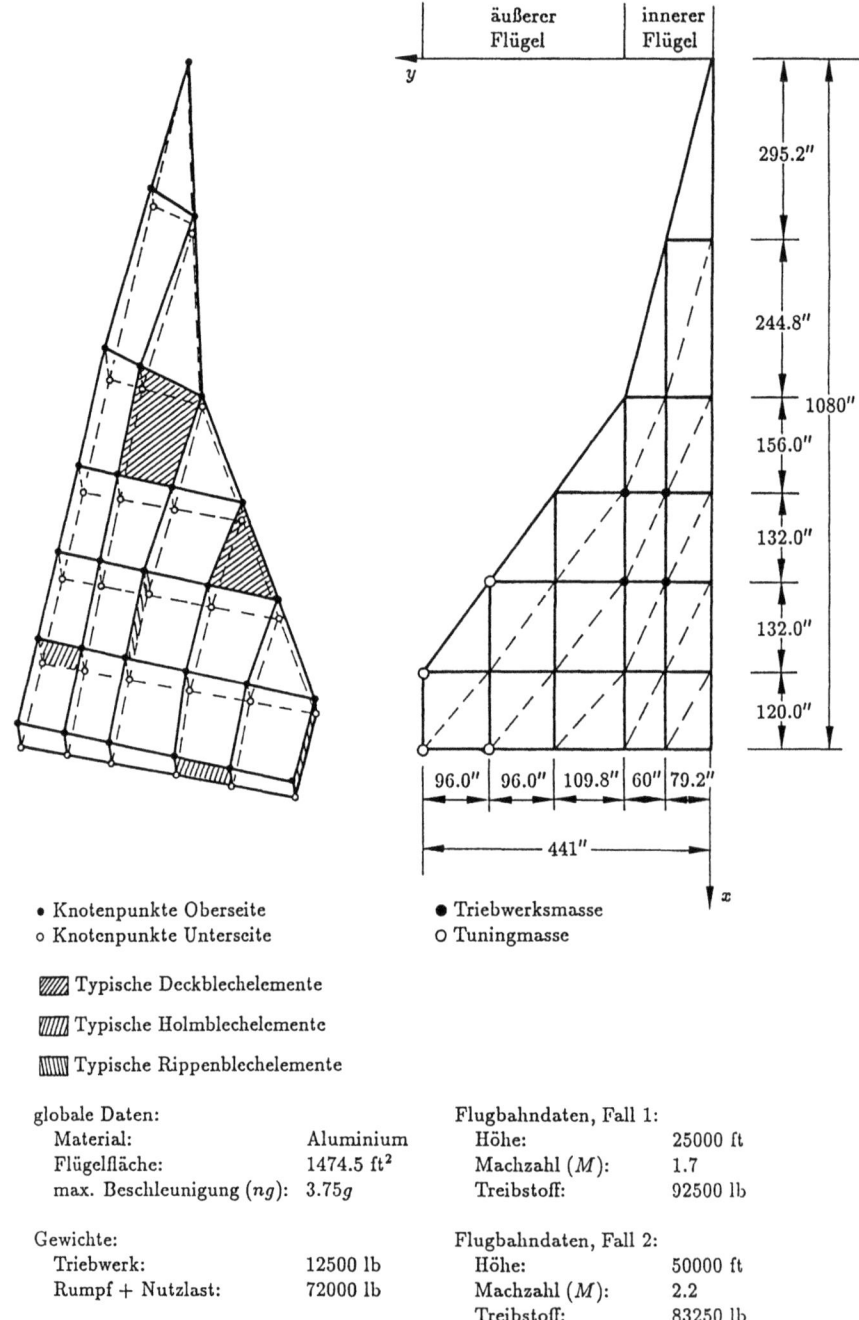

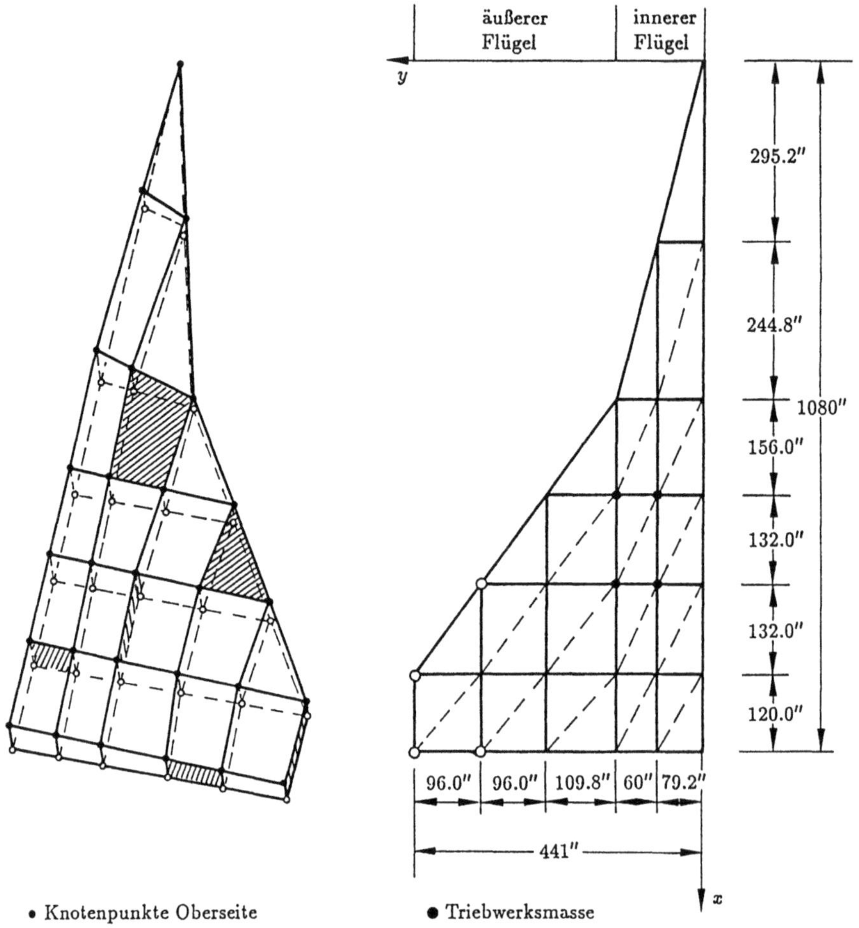

• Knotenpunkte Oberseite
o Knotenpunkte Unterseite

● Triebwerksmasse
O Tuningmasse

▨ Typische Deckblechelemente

▨ Typische Holmblechelemente

▥ Typische Rippenblechelemente

globale Daten:

Material:	Aluminium
Flügelfläche:	1474.5 ft^2
max. Beschleunigung (ng):	$3.75g$

Gewichte:

Triebwerk:	12500 lb
Rumpf + Nutzlast:	72000 lb

max. Sicherheitsfaktor: 1.0

Flugbahndaten, Fall 1:

Höhe:	25000 ft
Machzahl (M):	1.7
Treibstoff:	92500 lb

Flugbahndaten, Fall 2:

Höhe:	50000 ft
Machzahl (M):	2.2
Treibstoff:	83250 lb

Abb. 26.8.3 Zur groben Idealisierung des Concorde-Flügels (man beachte die angelsächsischen Maße)

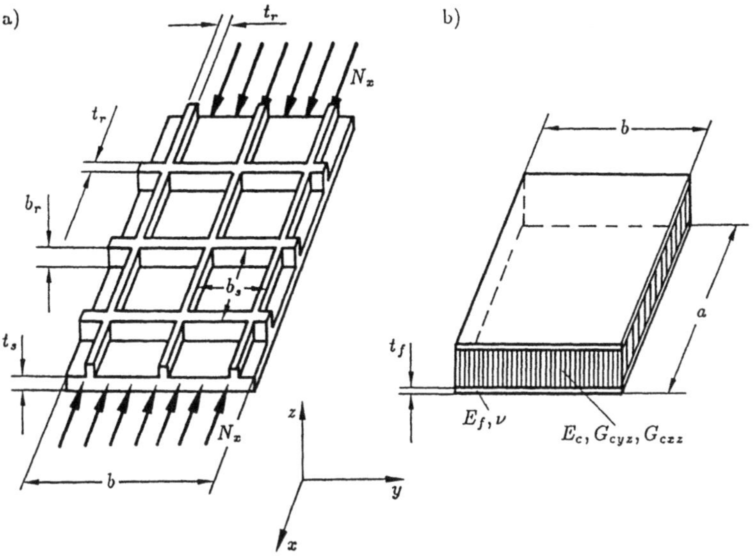

Abb. 26.8.4 Zur Ableitung der maximal zulässigen Beulspannungen der versteiften Platte unter Längsdruck

Verschiebung begrenzt die Verschiebungen an der Flügelspitze, die maximale Spannung σ_{max} die Spannungen an der Flügelwurzel und die aktuelle (sowohl globale wie lokale) Spannung sowie die Knitterspannung der Sandwich-Beplankung (engl. *wrinkling stress*). Sollte an einem Punkt eine Instabilitätsspannung tiefer als σ_{max} liegen, so gilt sie lokal als Grenze.

Bei der in Abb. 26.8.4a gezeigten versteiften Beplankung können wir die vier Parameter b_s, t_s, b_r und t_r so wählen, daß globales und lokales Beulen gleichzeitig stattfindet. Die entsprechende Beulspannung wird

$$\sigma_b = 0.3101 \frac{E}{1-\nu^2}\left(\frac{b_s}{b}\right)^2 \tag{26.8.15}$$

siehe auch [26.56].

Die zulässige Knitterspannung σ_{wr} kann mit Bezug auf die in Abb. 26.8.4 spezifizierten Maße zu

$$\sigma_{wr} = \frac{2}{\pi}\left\{\frac{E_c}{3}(G_{cyz} + \beta^2 G_{cxz})\right\}^{1/2} \frac{a}{\beta t_f} + \pi^2 \frac{E_f}{12(1-\nu^2)}\left(\frac{t_f}{a}\right)^2 (1+\beta^{-2})^2 \tag{26.8.16}$$

mit

$$\beta = b/a \tag{26.8.16a}$$

angesetzt werden. Für den m-ten Bereich erhalten wir somit als zulässige Spannung

$$\boldsymbol{\sigma}_{all\,\mathrm{m}} = \min\{\sigma_{\max},\ \sigma_{b\mathrm{m}},\ \sigma_{wr\mathrm{m}}\} \tag{26.8.17}$$

Das Optimierungsproblem läßt sich dann wie folgt formulieren:

Minimiere die Gewichtsfunktion

$$w(z) = \sum_{m=1}^{p} F_m \rho_m z_m + \sum_{m=1}^{f} l_{m+p} \rho_{m+p} z_{m+p} + \sum_{m=1}^{t} z_{m+p+f} \tag{26.8.18}$$

unter den Bedingungen

$$\begin{aligned} &r_{max} - r_m \geqslant 0 && (m = 1, \ldots, k) \\ &\sigma_{all\,m} - \sigma_m \geqslant 0 && (m = 1, \ldots, l) \\ &\omega_{m,min} \leqslant \omega_m \leqslant \omega_{m,max} && (m = 1, \ldots, s) \\ &M - M_\infty \geqslant 0 && \end{aligned} \tag{26.8.19}$$

sowie den Nebenbedingungen

$$z_{m,min} \leqslant z_m \leqslant z_{m,max} \qquad (m = 1, \ldots, p + f + t) \tag{26.8.20}$$

Hierin ist

p = Anzahl der Plattenelemente
f = Anzahl der Flanschelemente
t = Anzahl der Tuningmassen
k = Anzahl der begrenzten Verschiebungen
l = Anzahl der Spannungsmeßpunkte

Die stationären aerodynamischen Lasten für die Statik- und Beulanalyse werden nach der „Piston"-Theorie 2. Ordnung, die in Unterabschnitt 26.4.7 beschrieben ist, bestimmt. Als maßgebende Lastfälle wählen wir zwei symmetrische Hochzieh-Manöver in verschiedenen Höhen und mit entsprechenden Mach-Zahlen. Andere Lastzustände, wie Lande- und Böenfälle sowie weitere Manöver, werden nicht berücksichtigt. Die Ermittlung der aerodynamischen Lasten für die vorgeschriebenen Manöver beinhaltet, wie in 26.4.7, notwendigerweise einen Iterationsprozeß, da die Druckverteilung, und damit die Deformation des Flügels, anfänglich unbekannt ist.

Wenn wir nun den – aus dem Fluggewicht sich ergebenden – notwendigen Auftrieb mit L_R und den aus der Rechnung für den laufenden Iterationsschritt am gewählten Entwurf abgeleiteten Auftrieb mit L_a bezeichnen, so setzen wir nach dem Iterationsprozeß den Konvergenztest zu

$$\left| \frac{L_R - L_a}{L_R} \right| \leqslant \epsilon \tag{26.8.21}$$

wobei ϵ eine geeignete kleine Zahl ist. Sollte der Konvergenztest nicht erfüllbar sein, muß, wie in Abschnitt 26.4.7 erläutert, ein neuer Iterationsprozeß mit einem alternativen initialen Anstellwinkel α_0 eingeleitet werden. Diese Daten sollten als Hintergrund zur Aufstellung der aerodynamischen Lasten im statischen Bereich genügen.

Die instationären aerodynamischen Lasten für die Flatteranalyse werden, wie in Abschnitt 26.4.7 besprochen, ebenfalls nach der „Piston"-Theorie 2. Ordnung in der modalen η_0-Darstellung aufgestellt. Die in (26.4.149) angegebene Formel für die entsprechenden Matrizen am eigentlichen Flatterpunkt lautet

$$C_{a\eta} + K_{a\eta} = \rho_\infty [2a_\infty v_\infty A + 2a_\infty i\omega B + (1+\gamma)v_\infty^2 C + (1+\gamma)v_\infty i\omega D] \qquad (26.8.22)$$

wo ω die reale Kreisfrequenz am kritischen Punkt ist.

Die im Optimierungsprozeß angegebene Methode richtet sich nach dem in den Unterabschnitten 26.4.1 und 26.4.2 besprochenen Verfahren. Das Ergebnis der Berechnung ist in Tabelle 26.8.3 wiedergegeben.

Tabelle 26.8.3 Optimierungsergebnisse

Begrenzung	Startentwurf Flugbahn 1 (Flugbahn 2)	Optimalentwurf Flugbahn 1 (Flugbahn 2)
max. Flügelspitzenversch. r	35.040 in (53.883 in)	35.850 in (59.669 in)
max. Spannung σ	46.651 ksi (55.719 ksi)	46.295 ksi (56.362 ksi)
Frequenz ω_1	4.258 rad/s (4.408 rad/s)	4.204 rad/s (4.367 rad/s)
Frequenz ω_3	16.448 rad/s (17.114 rad/s)	15.855 rad/s (16.547 rad/s)
Frequenz ω_4	22.238 rad/s (23.104 rad/s)	20.827 rad/s (21.702 rad/s)
kritische Machzahl M	3.393 (11.926)	2.595 (8.836)
Entwurfsvariable z_1, z_2	0.1 in	0.09 in (0.08 in)
Entwurfsvariable z_3, z_4	0.2 in	0.10 in (0.11 in)
Entwurfsvariable z_5, z_6	0.2 in^2	0.10 in^2 (1.32 in^2)
Entwurfsvariable z_7, z_8	2000 lb	1995 lb (1238 lb)
Entwurfsvariable z_9, z_{10}	2000 lb	1026 lb (1121 lb)
Gewichtsfunktion w	19212 lb	14859.5 lb

Die Gewichtseinsparung beträgt 22.7 %. Die dabei erreichte Grenze ist durch die Flügelspitzenverschiebung $r = 59.669$ in der Flugbahn 2 erzielt. Sehr nahe heran an die zulässige Grenze kommt auch die maximal auftretende Spannung in der Flugbahn 2 ($\sigma = 56.362$ ksi); der zugehörige Spannungsmeßpunkt liegt an der Flügelwurzel. Diese Spannung ist nicht durch eine maximal zulässige Beulspannung eingeengt. Die Entwurfsvariablen z_3 (Rippenfelddicke) und z_5 (Flanschquerschnitt in Rippenrichtung) haben ihre unteren Grenzen erreicht, z_9 (vorderste Tuningmasse) liegt sehr nahe an der unteren Grenze. Kräftig aufgedickt wurden die Flansche in Holmrichtung (z_6). Um einigermaßen sicherzugehen, daß das angegebene Optimum kein lokales Optimum ist, wurde eine Kontrollrechnung mit einem zweiten, anders ausgelegten Startentwurf durchgeführt.

Das von uns angeführte Beispiel ist selbstverständlich nach derzeitigen Maßstäben primitiv, letzten Endes soll es aber dem Leser nur das Gefühl für die komplizierte Materie vermitteln.

26.9 Einige am ISD/ICA durchgeführte aeroelastische Untersuchungen

In diesem Abschnitt wollen wir einige praktische Anwendungsbeispiele aus unserem Institut präsentieren, die bereits aufgrund ihrer Komplexität und dem damit verbundenen Rechenaufwand deutlich über akademische Beispiele hinausgehen.

Wir beginnen mit der Untersuchung einer Zweiblatt-Windturbine, die mit einem voll gelenkigen Rotor ausgestattet ist und ein dynamisch sehr sensibles System darstellt. Als zweites werden wir, unter Heranziehung der Methode der finiten Elemente, auf die nichtlineare Antwort einer Traglufthalle bei großen Verschiebungen eingehen, wobei wir in einem zweidimensionalen Ersatzmodell die Windeinwirkung und den Abfall des Innendrucks berücksichtigen. Interessant ist, daß die FEM sowohl auf die Struktur wie auf das strömende Medium angewendet wird, wobei im letzteren Fall von den Navier-Stokes-Gleichungen im inkompressiblen Bereich ausgegangen wird. Im Anschluß wird beim Überschallflug das aeroelastische Verhalten eines Delta-Flügels mit Hilfe der Finite Elemente Methode untersucht werden. Es ist von Interesse, daß sich die ersten beiden Beispiele nicht mit klassischem Flattern, d.h. Potentialflattern, befassen. Der letzte Unterabschnitt 26.9.4 befaßt sich ausführlich mit Beispielen von linearem und nichtlinearem Panel-Flattern in einem Überschallstrom, wobei konsequent die FEM angewendet wird und eventuelle Membranspannungen und statischer Druck berücksichtigt werden.

26.9.1 Aeroelastische Untersuchung einer Windturbine

Moderne Windturbinen mit wenigen schlanken Blättern und hoher Schnellaufzahl sind dynamisch hoch beansprucht, sollen aber dennoch eine Lebensdauer von zwanzig bis dreißig Jahren erreichen. Dies führte in der Vergangenheit dazu, daß das Gros der kleineren Anlagen sehr steif gebaut wurde, um kritische dynamische Probleme zu vermeiden. Große Anlagen hingegen, die für die Energiewirtschaft als einem der wichtigsten potentiellen Kunden längerfristig von besonderem Interesse sind, müssen schon aus Kostengründen unter Ausnutzung des verwendeten Materials genau dimensioniert werden, und sie können auch nicht mehr fast beliebig steif gebaut werden. Damit wird eine dynamische Simulation der Anlage unerläßlich, die unter anderem darüber Aufschluß geben muß, ob die Anlage im gesamten Betriebsbereich stabil ist und welche Spannungen und Verschiebungen in den einzelnen Betriebszuständen zu erwarten sind.

Die dynamische Untersuchung einer modernen Windturbine ist außerordentlich umfangreich. Einen wichtigen Bestandteil stellt bei Windturbinen mit horizontaler Achse die aeroelastische Untersuchung des gekoppelten Systems Turm-Rotor dar. Im hier zur Anwendung kommenden Verfahren werden die Teilsysteme Turm und Rotor einzeln mit Hilfe des FE-Programmsystems ASKA beschrieben, unter Berücksichtigung von Gelenken, Freiheitsgrad-Kopplungen und zusätzlichen konzentrierten Massen, Dämpfern und Steifigkeiten. Die Idealisierung des Rotors erfolgt in einem Relativsystem, das mit konstanter Drehgeschwindigkeit Ω rotiert. Die Koeffizientenmatrizen der isolierten Teilsysteme werden mit ausgewählten Eigenformen des jeweiligen Teilsystems kondensiert und zum Aufbau der Bewegungsgleichungen des gekoppelten Systems Turm-Rotor verwendet. Die aerodynamischen Lasten können für beliebig räumlich und zeitlich veränderliche Windgeschwindigkeiten bestimmt werden, wobei für die Stabilitätsanalyse nur die erstgenannten – z.B. Grenzschicht oder Turmnachlauf – relevant sind. Charakteristisch für die zugehörigen Bewegungsgleichungen ist bei Windturbinen mit ein oder zwei Blättern das Auftreten von periodischen Koeffizienten in den einzelnen Matrizen. Die Stabilitätsuntersuchung muß deshalb mit Hilfe des Verfahrens nach Floquet [26.112] erfolgen. Dazu sei hier erwähnt, daß Systeme mit periodischen Koeffizienten keine eindeutigen Eigenfrequenzen besitzen, sondern jede Lösung des homogenen Systems im allgemeinen Fall unendlich viele Eigenfrequenzen besitzt, die sich durch ganzzahlige Vielfache der zur Periode des Systems gehörenden Drehfrequenz unterscheiden. Das Floquetsche Verfahren liefert lediglich sogenannte Basisfrequenzen, aus denen man dann durch Addition bzw. Subtraktion ganzzahliger Vielfacher der Drehfrequenz die möglichen Frequenzen der jeweiligen Lösung berechnen kann. Eine Bestimmung der tatsächlich mit nennenswerten Anteilen auftretenden Eigenfrequenzen ist über eine Fourieranalyse des periodischen Teils der allgemeinen Lösung des homogenen Systems möglich.

Im folgenden wollen wir in stark geraffter Form den theoretischen Hintergrund einer derartigen Untersuchung beleuchten. Anschließend geben wir die Ergebnisse der numerischen Simulation einer projektierten Versuchs-Windturbine wieder, die mit einem an unserem Institut entwickelten Softwarepaket durchgeführt wurde; für weitere Details verweisen wir auf [26.110].

26.9.1.1 Annahmen und Vereinfachungen

Die Untersuchung zielt auf die niederfrequente Gesamtdynamik von Windturbinen mit horizontaler Achse und unsymmetrischem Rotor ab. Als unsymmetrisch wird der Rotor bezeichnet, wenn er in zwei senkrecht aufeinander stehenden Ebenen, die sich auf der Drehachse schneiden, unterschiedliche Massen-, Steifigkeits- oder Dämpfungswerte besitzt, wie dies für jeden Ein- oder Zweiblattrotor der Fall ist. Für diese Untersuchung wird mit linearisierten Bewegungsgleichungen gearbeitet und, wie bei der Modalanalyse üblich, angenommen, daß die für die Stabilität und die dynamische Antwort des Systems wesentlichen Verformungen durch eine geringe Anzahl von Modalfunktionen, vorzugsweise die Eigenformen der *in vacuo* schwingenden isolierten Teilsysteme Rotor und Turm, hinreichend genau beschrieben werden können. Die Bewegungen des Systems – gegebenenfalls um eine nicht mehr kleine stationäre Auslenkung – werden als genügend klein vorausgesetzt, so daß mit linearisierten Bewegungsgleichungen gearbeitet werden kann. Dies kann *a posteriori* an Hand der dynamischen Antwort überprüft werden.

Die Rotorblätter werden als lang und schlank angenommen, so daß sie mit Hilfe von Balkenelementen idealisiert werden können. Die Beschreibung des Rotors erfolgt in einem Relativsystem, das mit konstanter Drehgeschwindigkeit umläuft, in seinem Ursprung mit einem Punkt des Turmes verknüpft ist und so an den Bewegungen dieses Punktes partizipiert. Kleine Schwankungen der Drehgeschwindigkeit oder des Drehwinkels können als Relativbewegungen behandelt werden.

Eine weitere gravierende Vereinfachung ist die Vernachlässigung der instationären Anteile der Luftkräfte. Als Maß für den Einfluß der instationären Anteile der Strömung dient beim harmonisch schwingenden Tragflügel die reduzierte Frequenz ω^*, die über (vgl. (26.3.16))

$$\omega^* = \frac{\omega c}{2 v_{eff}} \tag{26.9.1}$$

definiert ist. Hierbei ist ω die Kreisfrequenz der harmonischen Schwingung, c die Flügeltiefe und v_{eff} die effektive Anströmgeschwindigkeit. Obwohl die Bewegungen des Rotorblattes nur näherungsweise harmonisch verlaufen, kann die reduzierte Frequenz zur Abschätzung herangezogen werden. Für einen repräsentativen Flügelschnitt bei 70% der Rotorblattlänge erhält man z.B. bei einer Drehgeschwindigkeit des Rotors von $\Omega = 7.5$ rad/s für die schwerkraft- und grenzschichterregte Blattbewegung eine reduzierte Frequenz von $\omega^* = 0.029$. Da nach [26.11] für $\omega^* < 0.05$ mit guter Näherung quasistationär gerechnet werden kann, sind in diesem Fall kaum schwerwiegende Fehler durch Vernachlässigung instationärer Anteile zu erwarten. Die aeroelastische Untersuchung ist also keine klassische Flatteruntersuchung, da sie die durch die Schwingung des Blattes hervorgerufenen Wirbel und deren Rückwirkung – instationäre induzierte Abwinde – auf das Blatt nicht berücksichtigt.

26.9.1.2 Aerodynamische Lasten

Die Berechnung der aerodynamischen Lasten ist der wohl mit den meisten Unsicherheiten behaftete Teil beim Aufbau der Bewegungsgleichungen.

Zum einen ist die Geschwindigkeitsverteilung im natürlichen Wind außerordentlich komplex und nur mit statistischen Methoden einigermaßen genau beschreibbar. Für aeroelastische Stabilitätsuntersuchungen genügen jedoch im allgemeinen typische zeitlich invariante Windgeschwindigkeitsverteilungen über der Rotorfläche. Derartige räumliche Geschwindigkeitsverteilungen, z.B. Scherströmung oder Bodengrenzschicht, führen auch für einen symmetrischen Rotor zu periodischen Koeffizienten.

Zum anderen bildet sich im Abstrom des Rotors ein kompliziertes spiralförmiges Wirbelsystem aus. Die Erfassung der Einflüsse dieses Wirbelsystems auf den Turbinenzustrom bzw. die Bestimmung der induzierten Geschwindigkeiten gestaltet sich äußerst schwierig. Eine Übersicht verschiedener Modelle, die zur Berechnung der Durchströmung von Hubschrauberrotoren entwickelt wurden, ist in [26.113] zu finden. In [26.114] wird eine Windturbine mit horizontaler Achse in instationärer, inkompressibler Potentialströmung betrachtet, wobei das Wirbelsystem durch eine spiralförmige Wirbelschicht mit vorgeschriebener Geometrie behandelt wird. Derartige Modelle konnten wegen ihres außerordentlichen Rechenaufwandes zum damaligen Zeitpunkt für die aeroelastische Untersuchung des Gesamtsystems nicht herangezogen werden. In der hier vorgestellten Untersuchung ermitteln wir die aerodynamischen Lasten mit Hilfe der Streifentheorie bei quasistationärer Aerodynamik, d.h. wir erhalten die Luftkräfte an einem Profilschnitt über die lokale Anströmgeschwindigkeit in diesem Schnitt, in dem zweidimensionale Strömung vorausgesetzt wird, für welche sich die Luftkraftbeiwerte aus den bekannten Beiwerten des jeweils vorhandenen Profils ergeben. Damit kann dann im linearisierten System das Abreißen der Strömung an einem Profilschnitt bei Änderung der Wind- oder Drehgeschwindigkeit behandelt werden, nicht aber das Abreißflattern, ein typisch nichtlineares Phänomen. Außerdem wird inkompressible Strömung vorausgesetzt, da die maximalen Blattspitzengeschwindigkeiten bei ca. 100 m/s liegen. Der instationäre Anteil der induzierten Geschwindigkeiten wird vernachlässigt, da quasistationäre Aerodynamik für die Untersuchung der niederfrequenten Gesamtdynamik, also beispielsweise für die Bodenresonanz- und Whirl-Flatter-Untersuchungen, zu genügen scheint.

Des weiteren betrachten wir nur die Luftkräfte auf den Rotor, wobei wir bei Leeläufern (Rotor stromab vom Turm) die Verringerung der Windgeschwindigkeit im Turm-Windschatten als Negativböe behandeln. Die Luftkräfte auf Gondel und Turm werden vernachlässigt. Bei quasistationärer Streifentheorie hängen die Luftkräfte nur vom momentanen Anströmzustand ab. Für einen Punkt der $t/4$-Linie des Rotorblattes ergibt sich als Vektor der Anströmgeschwindigkeit, dargestellt im Inertialsystem,

$$\boldsymbol{v}_r(\boldsymbol{x}, t) = \boldsymbol{v}_{\infty\, r}(\boldsymbol{x}, t) - \dot{\boldsymbol{p}}_r(\boldsymbol{x}, t) + \boldsymbol{v}_{ind\, r}(\boldsymbol{x}, t) \qquad (26.9.2)$$

d.h. er setzt sich zusammen aus der Geschwindigkeit $\boldsymbol{v}_\infty$ der ungestörten Strömung, der Anströmung infolge Eigenbewegung der Struktur $(-\dot{\boldsymbol{p}}_r)$ und den induzierten Geschwindigkeiten $\boldsymbol{v}_{ind}$. Der Index ‚r' kennzeichnet dabei die Radiusposition des $t/4$-Punktes auf der Profilsehne, $\boldsymbol{x}$ den Ortsvektor für die undeformierte Struktur im Inertialsystem. Die Eigenbewegung $\dot{\boldsymbol{p}}_r$ der Struktur enthält die Anteile aus der Verschiebung des Bettungssystems (z.B. Turmbiegung), der Rotordrehung und der Verschiebung im rotierenden Relativsystem (z.B. Blattbiegung).

Für die Berechnung der induzierten Geschwindigkeiten im stationären Betrieb könnte auf die einfache Strahltheorie zurückgegriffen werden, bei der die Durchflußgeschwindigkeit in der Rotorebene als konstant angenommen und mit dem Impulssatz berechnet wird. Diese Methode scheint auszureichen, wenn eine stark idealisierte Blattgeometrie und Betrieb in der Nähe des Auslegungspunktes zugrunde gelegt werden. Bei realen Blattgeometrien ist eine genauere Bestimmung der induzierten Geschwindigkeiten sinnvoll, da sich dann in bestimmten Betriebsbereichen große Abweichungen von der bei der Strahltheorie vorausgesetzten konstanten Durchflußgeschwindigkeit ergeben. Diese Abweichungen haben zwar, solange die Strömung am Blatt nicht ablöst, nur geringen Einfluß auf die Stabilität des Systems, führen aber bei der Berechnung der aerodynamischen Lastverteilungen, und damit beim Zeit-Antwort-Verhalten der Struktur, zu merklichen Fehlern.

Bei den zahlreichen Arbeiten zur aerodynamischen Auslegung von Windenergiekonvertern mit horizontaler Achse nach der Streifentheorie werden im wesentlichen zwei unterschiedliche Methoden verwendet, nämlich die Strahltheorie für das einzelne Blattelement nach Glauert und die Methode nach Goldstein. Eine Übersicht über diese Methoden und ihre Erweiterungen gibt [26.115]. Bei der Strahltheorie für das Blattelement wird der Rotor mit unendlich vielen Blättern und verschwindender Zirkulation für das Einzelblatt, aber endlicher Zirkulation des Rotors betrachtet. Damit ist die Strömung achsensymmetrisch, und der Impulssatz kann auf die einzelne Stromröhre angewandt werden. Der Einfluß der endlichen Blattzahl – diese führt zu einer Abnahme der Zirkulation zur Blattspitze hin – wird über Abminderungsfaktoren berücksichtigt, die als Funktion von Blattzahl, Radiusposition und Anströmwinkel berechnet werden können. Für den Anströmzustand am Blattelement erhält man die Beziehung

$$\sigma_r C_L (\vartheta - \alpha_{Gs}) = 4F(\vartheta)\, \frac{\cos\vartheta - \lambda_r \sin\vartheta}{\sin\vartheta + \lambda_r \cos\vartheta} \qquad (26.9.3)$$

mit der lokalen Flächendichte

$$\sigma_r = \frac{\mathrm{n}_B\, c}{2\pi r} \qquad (26.9.4)$$

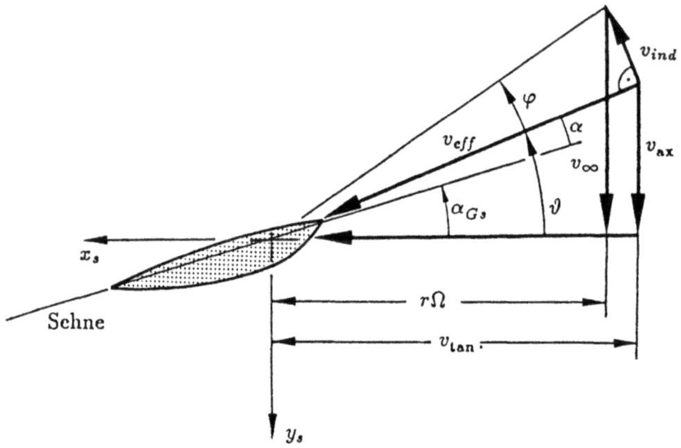

Abb. 26.9.1
Anströmzustand am Profilschnitt

(wo n_B die Blattzahl, c die örtliche Blattiefe und r die Radiusposition darstellt), und mit dem Auftriebsbeiwert C_L, dem Winkel ϑ zwischen der effektiven Anströmgeschwindigkeit und der Drehebene, siehe Abb. 26.9.1, dem Winkel α_{Gs} zwischen Profilsehne und Drehebene und der lokalen Schnellaufzahl

$$\lambda_r = \frac{\Omega r}{v_\infty} \tag{26.9.5}$$

Für den Abminderungsfaktor $F(\vartheta)$ wird die einfache Prandtlsche Näherung verwendet

$$F(\vartheta) = \frac{2}{\pi} \arccos\left\{ \exp\left(- \frac{n_B \left(1 - \frac{r}{r_{\max}}\right)}{2 \frac{r}{r_{\max}} \sin\vartheta} \right) \right\} \tag{26.9.6}$$

Die Abhängigkeit $C_L = C_L(\alpha)$, $\alpha = \vartheta - \alpha_{Gs}$, sei für das verwendete Profil in ebener, stationärer Strömung bekannt. Dann kann aus (26.9.3) zusammen mit (26.9.6) der Winkel ϑ und daraus über

$$\varphi = \arctan\frac{1}{\lambda_r} - \vartheta \tag{26.9.7}$$

der Abwindwinkel φ bestimmt werden. Den axialen Induktionsfaktor a, der über

$$v_{ax} = (1 - a) v_\infty \tag{26.9.8}$$

definiert ist, siehe Abb. 26.9.1, erhält man dann über

$$a = \frac{\tan\varphi}{\tan\vartheta + \tan\varphi} \tag{26.9.9}$$

Eine Anwendung der hier beschriebenen Theorie auf Windturbinen ist allerdings nur für Werte $a \leqslant 0.5$ zulässig, da für $a > 0.5$ im Abstrom der Turbine Rückströmungen auftreten, die von der Theorie her ausgeschlossen sind. Die Turbine gerät dabei in einen speziellen Betriebszustand, der als "*turbulent wake state*" bezeichnet wird, siehe [26.115].

Dieser Fall bleibt in der vorliegenden Untersuchung ausgeschlossen, es wird also stets $a \leqslant 0.5$ vorausgesetzt. Als Komponenten des induzierten Abwindes in axialer Richtung erhält man dann

$$\begin{aligned} v_{ind\ \mathrm{ax}} &= a v_\infty = v_{eff} \tan\varphi \cos\vartheta \\ v_{ind\ \mathrm{tan}} &= v_{eff} \tan\varphi \sin\vartheta \end{aligned} \tag{26.9.10}$$

wobei die Anströmgeschwindigkeit in axialer Richtung verkleinert, die in tangentialer Richtung erhöht wird.

Die nach der hier beschriebenen Theorie berechneten induzierten Geschwindigkeiten hängen außer von der Rotorgeometrie nur von der Geschwindigkeit der ungestörten Strömung, v_∞, parallel zur Drehachse und der Anströmung $r\Omega$ infolge Rotordrehung ab. Die dabei angenommene Rotorgeometrie ist stark vereinfacht, indem die $t/4$-Linien der Blätter als gerade und radial in der Drehebene angeordnet vorausgesetzt werden; weiter wird sie für die Berechnung der induzierten Geschwindigkeit als unverformt angenommen. Mit anderen Worten, die induzierten Geschwindigkeiten am Profilschnitt sind bezüglich der generalisierten Verschiebungen und ihrer Ableitungen nach der Zeit eingefroren und ändern sich nur bei Änderungen der Windgeschwindigkeit oder der Drehzahl des Rotors.

Die aerodynamischen Linienlasten längs des Blattes, $(\mathrm{d}\boldsymbol{R}/\mathrm{d}l)_a$, sind komplizierte Ausdrücke, auf deren Darstellung wir hier verzichten wollen. Sie sind unter anderem von den generalisierten Verschiebungen $\boldsymbol{\eta}$ und deren Ableitung nach der Zeit abhängig

$$\left(\frac{\mathrm{d}\boldsymbol{R}}{\mathrm{d}l}\right)_a = f(\boldsymbol{\eta}, \dot{\boldsymbol{\eta}}, t) \tag{26.9.11}$$

Eine Abhängigkeit von $\ddot{\boldsymbol{\eta}}$ existiert bei den hier verwendeten quasistationären Luftkräften nicht. Zur Linearisierung von (26.9.11) wird der Ausdruck in eine Taylorreihe entwickelt, wobei alle Glieder höherer Ordnung weggelassen werden. Damit gilt für die linearisierten Luftkräfte im Rotorsystem

$$\left(\frac{\mathrm{d}\boldsymbol{R}}{\mathrm{d}l}\right)_a = \left.\left(\frac{\mathrm{d}\boldsymbol{R}}{\mathrm{d}l}\right)_a\right|_0 + \frac{\partial}{\partial\boldsymbol{\eta}}\left.\left(\frac{\mathrm{d}\boldsymbol{R}}{\mathrm{d}l}\right)_a\right|_0 \boldsymbol{\eta} + \frac{\partial}{\partial\dot{\boldsymbol{\eta}}}\left.\left(\frac{\mathrm{d}\boldsymbol{R}}{\mathrm{d}l}\right)_a\right|_0 \dot{\boldsymbol{\eta}} \tag{26.9.12}$$

Der Index 0 bedeutet dabei, daß der entsprechende Wert für $\boldsymbol{\eta} = \dot{\boldsymbol{\eta}} = \ddot{\boldsymbol{\eta}} = \boldsymbol{o}$ berechnet wird. Die Ableitungen der Luftkräfte sind natürlich weiterhin über die Anströmgeschwindigkeit von der Zeit abhängig und im stationären Betrieb bei Bodengrenzschicht, Schräganblasung, Windscherung usw. periodisch. Die Linienlasten (26.9.12) werden unter Verwendung des Prinzips der virtuellen Arbeit in die verallgemeinerten Kräfte für die Bewegungsgleichungen umgewandelt und die Ausdrücke linearisiert.

26.9.1.3 Bewegungs- und Zustandsgleichungen

Die Bewegungsgleichungen des Systems können auf verschiedene Art und Weise aufgestellt werden. Zum Beispiel werden in [26.110] diese Gleichungen aus den „Langrangeschen Gleichungen 2. Art" abgeleitet. Diese Vorschrift kann aus dem d'Alembertschen

Prinzip entwickelt werden und gilt auch dann, wenn kinetische und/oder potentielle Energie explizit von der Zeit abhängen, wie dies im vorliegenden Problem der Fall ist. Selbstverständlich führt eine kluge Anwendung des erweiterten Prinzips der virtuellen Verschiebungen – siehe z.B. Kapitel 15 – immer zum Ziel und entspricht mehr den Vorstellungen des Ingenieurs.

Die Aufstellung der linearisierten Bewegungsgleichungen ist recht kompliziert und mit umfangreichen algebraischen Schritten verbunden. Wir verzichten hier auf ihre Herleitung und verweisen auf [26.110]. Die Bewegungsdifferentialgleichungen für das kondensierte gekoppelte System Turm-Rotor ergeben sich zu

$$\bar{\boldsymbol{M}}(t)\ddot{\boldsymbol{\eta}}(t) + \bar{\boldsymbol{D}}(t)\dot{\boldsymbol{\eta}}(t) + \bar{\boldsymbol{K}}(t)\boldsymbol{\eta}(t) = \bar{\boldsymbol{R}}(t) \tag{26.9.13}$$

mit der Massenmatrix

$$\bar{\boldsymbol{M}} = \begin{bmatrix} \bar{\boldsymbol{M}}_{TT} & \bar{\boldsymbol{M}}_{TR} \\ \bar{\boldsymbol{M}}_{RT} & \bar{\boldsymbol{M}}_{RR} \end{bmatrix} \tag{26.9.14}$$

und deren Untermatrizen

$$\begin{aligned} \bar{\boldsymbol{M}}_{TT} &= \bar{\boldsymbol{X}}_T^{\mathrm{t}}\left[\boldsymbol{M}_{TT} + \boldsymbol{M}_{TTkQ}\right]\bar{\boldsymbol{X}}_T \\ \bar{\boldsymbol{M}}_{TR} &= \bar{\boldsymbol{X}}_T^{\mathrm{t}}\boldsymbol{M}_{TRk}\bar{\boldsymbol{X}}_R \\ \bar{\boldsymbol{M}}_{RT} &= \bar{\boldsymbol{M}}_{TR}^{\mathrm{t}} \\ \bar{\boldsymbol{M}}_{RR} &= \bar{\boldsymbol{X}}_R^{\mathrm{t}}\boldsymbol{M}_{RRk}\bar{\boldsymbol{X}}_R \end{aligned} \tag{26.9.15}$$

wo $\bar{\boldsymbol{X}}_T$ und $\bar{\boldsymbol{X}}_R$ generalisierte Koordinaten zur Kondensation des Turm- bzw. Rotorsystems sind. $\boldsymbol{M}_{TT}$, $\boldsymbol{M}_{RR}$ sind die Massenmatrizen des unkondensierten Turm- und Rotorsystems, $\boldsymbol{M}_{TR}$ die zugehörige Kopplungsmatrix und $\boldsymbol{M}_{TTkQ}$ die im Verknüpfungspunkt Q kondensierte Masse des Rotors (alle Terme werden aus der kinetischen Energie abgeleitet, Index ‚k').

Die Dämpfungsmatrix stellt sich dar als

$$\bar{\boldsymbol{D}} = \begin{bmatrix} \bar{\boldsymbol{D}}_{TT} & \bar{\boldsymbol{D}}_{TR} \\ \bar{\boldsymbol{D}}_{RT} & \bar{\boldsymbol{D}}_{RR} \end{bmatrix} \tag{26.9.16}$$

mit den Untermatrizen

$$\begin{aligned} \bar{\boldsymbol{D}}_{TT} &= \bar{\boldsymbol{X}}_T^{\mathrm{t}}\left[\boldsymbol{D}_{TT} + 2\Omega\boldsymbol{D}_{TTkQ} + \boldsymbol{D}_{TTaQ}\right]\bar{\boldsymbol{X}}_T \\ \bar{\boldsymbol{D}}_{TR} &= \bar{\boldsymbol{X}}_T^{\mathrm{t}}\left[2\Omega\boldsymbol{D}_{TRk} + \boldsymbol{D}_{TRa}\right]\bar{\boldsymbol{X}}_R \\ \bar{\boldsymbol{D}}_{RT} &= \bar{\boldsymbol{X}}_R^{\mathrm{t}}\left[2\Omega\boldsymbol{D}_{RTk} + \boldsymbol{D}_{RTa}\right]\bar{\boldsymbol{X}}_T \\ \bar{\boldsymbol{D}}_{RR} &= \bar{\boldsymbol{X}}_R^{\mathrm{t}}\left[\boldsymbol{D}_{RR} + 2\Omega\boldsymbol{D}_{RRk} + \boldsymbol{D}_{RRa}\right]\bar{\boldsymbol{X}}_R \end{aligned} \tag{26.9.17}$$

Hier gilt das bei der Massenmatrix Gesagte analog, nur daß zwischen der Eigendämpfung (modal, konzentriert viskos) der Struktur (ohne Index), geschwindigkeitsabhängigen Termen (die aus kinetischen Energien abgeleitet werden, Index ‚*k*') und aerodynamischen Termen (Index ‚*a*') unterschieden wird.

Die Steifigkeitsmatrix ergibt sich zu

$$\overline{K} = \begin{bmatrix} \overline{K}_{TT} & \overline{K}_{TR} \\ \overline{K}_{RT} & \overline{K}_{RR} \end{bmatrix} \tag{26.9.18}$$

mit

$$\begin{aligned} \overline{K}_{TT} &= \overline{X}_T^t \left[K_{TT} + K_{TTg} + \Omega^2 K_{TTgz} + \Omega^2 K_{TTkQ} + K_{TTgQ} + K_{TTaQ} \right] \overline{X}_T \\ \overline{K}_{TR} &= \overline{X}_T^t \left[\Omega^2 K_{TRk} + K_{TRg} + K_{TRa} \right] \overline{X}_R \\ \overline{K}_{RT} &= \overline{X}_R^t \left[\Omega^2 K_{RTk} + K_{RTg} + K_{RTa} \right] \overline{X}_T \\ \overline{K}_{RR} &= \overline{X}_R^t \left[K_{RR} + \Omega^2 K_{RRgz} + K_{RRgg} + \Omega^2 K_{RRk} + K_{RRg} + K_{RRa} \right] \overline{X}_R \end{aligned} \tag{26.9.19}$$

wobei Index ‚*g*' geometrische Steifigkeitsterme kennzeichnet, Index ‚*gz*' solche infolge Zentrifugalkraft und Index ‚*gg*' entsprechende infolge Schwerkraft.

Für den Lastvektor gilt analog

$$\overline{R} = \{\overline{R}_T \quad \overline{R}_R\} \tag{26.9.20}$$

mit

$$\begin{aligned} \overline{R}_T &= \overline{X}_T^t \left[R_T + \Omega^2 R_{TkQ} + R_{TgQ} + R_{TaQ} \right] \\ \overline{R}_R &= \overline{X}_R^t \left[\Omega^2 R_{Rk} + R_{Rg} + R_{Ra} \right] \end{aligned} \tag{26.9.21}$$

Die linearisierte Bewegungsdifferentialgleichung 2. Ordnung (26.9.13) enthält also periodische Koeffizientenmatrizen

$$\begin{aligned} \overline{M}(t+T) &= \overline{M}(t) \\ \overline{D}(t+T) &= \overline{D}(t) \\ \overline{K}(t+T) &= \overline{K}(t) \end{aligned} \tag{26.9.22}$$

und kann durch Hinzufügen des trivialen Gleichungssystems

$$-\overline{M}(t)\dot{\eta}(t) + \overline{M}(t)\dot{\eta}(t) = o \tag{26.9.23}$$

in ein System 1. Ordnung der doppelten Dimension überführt werden, wie auch in Abschnitt 26.5 bei nicht-periodischen Koeffizienten vorgeführt wurde. Man erhält dabei

$$\widetilde{M}(t)\dot{\widetilde{\eta}}(t) + \widetilde{K}(t)\widetilde{\eta}(t) = \widetilde{R}(t) \tag{26.9.24}$$

mit dem Zustandsvektor

$$\widetilde{\eta}(t) = \{\dot{\eta}(t) \quad \eta(t)\} \tag{26.9.25}$$

den periodischen Matrizen

$$\widetilde{\boldsymbol{M}}(t+T)=\widetilde{\boldsymbol{M}}(t)=\begin{bmatrix} \boldsymbol{O} & -\overline{\boldsymbol{M}}(t) \\ \overline{\boldsymbol{M}}(t) & \overline{\boldsymbol{D}}(t) \end{bmatrix}$$
$$\widetilde{\boldsymbol{K}}(t+T)=\widetilde{\boldsymbol{K}}(t)=\begin{bmatrix} \overline{\boldsymbol{M}}(t) & \boldsymbol{O} \\ \boldsymbol{O} & \overline{\boldsymbol{K}}(t) \end{bmatrix} \tag{26.9.26}$$

und dem Vektor der äußeren Lasten

$$\widetilde{\boldsymbol{R}}(t)=\{\boldsymbol{o} \quad \overline{\boldsymbol{R}}(t)\} \tag{26.9.27}$$

Durch Vormultiplizieren von (26.9.24) mit $\widetilde{\boldsymbol{M}}^{-1}$ und Umordnen erhält man schließlich die Zustandsgleichung in der Form

$$\dot{\widetilde{\boldsymbol{\eta}}}(t)=\widetilde{\boldsymbol{P}}(t)\widetilde{\boldsymbol{\eta}}(t)+\widetilde{\boldsymbol{F}}(t) \tag{26.9.28}$$

mit der periodischen Systemmatrix

$$\widetilde{\boldsymbol{P}}(t+T)=\widetilde{\boldsymbol{P}}(t)=-\widetilde{\boldsymbol{M}}^{-1}\widetilde{\boldsymbol{K}}=\begin{bmatrix} -\overline{\boldsymbol{M}}^{-1}(t)\overline{\boldsymbol{D}}(t) & -\overline{\boldsymbol{M}}^{-1}(t)\overline{\boldsymbol{K}}(t) \\ \boldsymbol{I} & \boldsymbol{O} \end{bmatrix} \tag{26.9.29}$$

und dem zeitabhängigen Lastvektor

$$\widetilde{\boldsymbol{F}}(t)=\widetilde{\boldsymbol{M}}^{-1}\widetilde{\boldsymbol{R}}=\{\overline{\boldsymbol{M}}^{-1}(t)\,\overline{\boldsymbol{R}}(t) \quad \boldsymbol{o}\} \tag{26.9.30}$$

26.9.1.4 Stabilitätsanalyse des Systems mit periodischer Zustandsmatrix

Die von der Untersuchung der Stabilität linearer Systeme mit konstanten Koeffizienten her bekannten Methoden sind auf Systeme mit periodischen Koeffizienten nicht anwendbar. Neben zahlreichen Näherungslösungen für Systeme mit kleinen periodischen Gliedern existiert als exaktes Verfahren die Methode nach Floquet [26.112].

Die in (26.9.28) angegebene Zustandsgleichung ist ein System inhomogener, linearer Differentialgleichungen 1. Ordnung mit periodischen Koeffizienten. Die vollständige Lösung dieses Systems setzt sich zusammen aus der allgemeinen Lösung des homogenen Systems

$$\dot{\widetilde{\boldsymbol{\eta}}}(t)=\widetilde{\boldsymbol{P}}(t)\widetilde{\boldsymbol{\eta}}(t) \tag{26.9.31}$$

und einer speziellen Lösung des inhomogenen Systems (26.9.28), wobei die Stabilität der vollständigen Lösung durch die Lösung des homogenen Systems bestimmt wird. Letztere ergibt sich für den Zeitpunkt t aus den Anfangsbedingungen $\widetilde{\boldsymbol{\eta}}(0)$ zum Zeitpunkt $t=0$ über die Fundamentalmatrix $\boldsymbol{\Phi}(t, 0)$ nach

$$\widetilde{\boldsymbol{\eta}}(t)=\boldsymbol{\Phi}(t,0)\widetilde{\boldsymbol{\eta}}(0) \tag{26.9.32}$$

Da die Fundamentalmatrix bei linearen Systemen mit zeitabhängigen Koeffizienten außer vom Zeitpunkt t auch vom Anfangszeitpunkt abhängt, der hier der Einfachheit halber mit $t = 0$ festgesetzt wurde, erhält sie zwei Argumente $(t, 0)$. Die Fundamentalmatrix existiert immer; sie ist stets regulär. Sie kann berechnet werden, indem das System (26.9.31) der Dimension $2\overline{\mathrm{m}}$ insgesamt $2\overline{\mathrm{m}}$-mal mit sogenannten Einheitsanfangsbedingungen von $t = 0$ bis t integriert wird, d.h. die Integration mit der j-ten Anfangsbedingung

$$\tilde{\boldsymbol{\eta}}_j(0) = \{\delta_{ij}\} \tag{26.9.33}$$

bei der das j-te Element gleich 1 und alle übrigen Null sind, liefert die j-te Spalte der Fundamentalmatrix $\boldsymbol{\Phi}(t, 0)$.

Nach der Floquet-Theorie gilt für die Fundamentalmatrix

$$\boldsymbol{\Phi}(t, 0) = \boldsymbol{Q}(t)\mathrm{e}^{\mathbf{H}t} \tag{26.9.34}$$

mit der periodischen Matrix $\boldsymbol{Q}(t)$

$$\boldsymbol{Q}(t + T) = \boldsymbol{Q}(t) \tag{26.9.35}$$

und

$$\boldsymbol{Q}(T) = \boldsymbol{Q}(0) = \boldsymbol{I} \tag{26.9.36}$$

und einer konstanten, im allgemeinen komplexen quadratischen Matrix $\mathbf{H}$. Damit gilt auch

$$\boldsymbol{Q}(T, 0) = \mathrm{e}^{\mathbf{H}T} \tag{26.9.37}$$

wobei die Matrizenexponentiation in der üblichen Weise zu

$$\mathrm{e}^{\mathbf{H}} = \boldsymbol{I} + \sum_{n=1}^{\infty} \frac{\mathbf{H}^n}{n!} \tag{26.9.38}$$

definiert ist. Für die allgemeine Lösung von (26.9.31) gilt damit

$$\tilde{\boldsymbol{\eta}}(t) = \boldsymbol{Q}(t)\mathrm{e}^{\mathbf{H}t}\tilde{\boldsymbol{\eta}}(0) \tag{26.9.39}$$

Da $\boldsymbol{Q}(t)$ periodisch und $\tilde{\boldsymbol{\eta}}(0)$ konstant ist, kann die Stabilität der Lösung nur von $\mathbf{H}$ bzw. $\boldsymbol{\Phi}(T, 0)$ in (26.9.37) abhängig sein.

Unter der Annahme einer diagonalähnlichen Matrix $\mathbf{H}$ kann man eine Spektralzerlegung durchführen

$$\mathrm{H} = X_\Phi J X_\Phi^{-1} \tag{26.9.40}$$

mit

$$\boldsymbol{J} = \lceil i\varpi_j \rfloor \tag{26.9.41}$$

wo X_Φ quadratisch und $\boldsymbol{J}$ diagonal ist, wobei ϖ_j wie üblich durch $\omega_j + i\mu_j$ definiert ist. Die Verwendung von ‚Φ' als Index wird weiter unten plausibel erscheinen.

In (26.9.37) eingesetzt und mit (26.9.38), ergibt sich

$$\boldsymbol{\Phi}(T, 0) = X_{\Phi} e^{JT} X_{\Phi}^{-1} \tag{26.9.42}$$

bzw.

$$X_{\Phi}^{-1} \boldsymbol{\Phi}(T, 0) X_{\Phi} = e^{JT} = \boldsymbol{\Lambda}_{\Phi} \tag{26.9.43}$$

wo $\boldsymbol{\Lambda}_{\Phi}$ wegen (26.9.41) und (26.9.38) diagonal ist und die Eigenwerte der Fundamentalmatrix $\boldsymbol{\Phi}(T, 0)$ enthält

$$\lambda_{\Phi j} = e^{i \varpi_j T} \tag{26.9.44}$$

$\lambda_{\Phi j}$ nennt man die charakteristischen Multiplikatoren, während $i\varpi_j$ als die charakteristischen Exponenten bezeichnet werden. $\boldsymbol{\Phi}(T, 0)$ und $\mathbf{H}$ besitzen dieselben Eigenvektoren X_{Φ}. Analog zu (26.9.42) erhält man

$$e^{\mathbf{H}t} = X_{\Phi} e^{Jt} X_{\Phi}^{-1} \tag{26.9.45}$$

womit die allgemeine Lösung des homogenen Systems (26.9.39) in

$$\tilde{\boldsymbol{\eta}}(t) = Q(t) X_{\Phi} e^{Jt} X_{\Phi}^{-1} \tilde{\boldsymbol{\eta}}(0) \tag{26.9.46}$$

umgeformt werden kann. Verantwortlich für die Stabilität sind nun die Elemente $i\varpi_j$ der Diagonalmatrix

$$e^{Jt} = \lceil e^{i\varpi_j t} \rfloor \tag{26.9.47}$$

welche man aber nach (26.9.44) aus den Eigenwerten der Fundamentalmatrix $\boldsymbol{\Phi}(T, 0)$ gewinnt. Die Stabilitätsuntersuchung reduziert sich also auf die Lösung des komplexen Eigenwertproblems (26.9.43).

Zerlegt man $\lambda_{\Phi j}$ und $i\varpi_j$ nach

$$\begin{aligned} \lambda_{\Phi j} &= \alpha_j + i\beta_j \\ \varpi_j &= \omega_j + i\mu_j \end{aligned} \tag{26.9.48}$$

in Real- und Imaginärteil, so erhält man durch Einsetzen in (26.9.44) und Aufspalten in Real- und Imaginärteil die Beziehungen

$$\begin{aligned} \mu_j &= -\frac{1}{2T} \ln(\alpha_j^2 + \beta_j^2) \\ \omega_j &= \frac{1}{T} \arctan \frac{\beta_j}{\alpha_j} \end{aligned} \tag{26.9.49}$$

Die Arcustangens-Funktion ist mehrdeutig; die Eigenfrequenz ω_j kann somit nicht eindeutig bestimmt werden. Deshalb wird die durch die Hauptwerte der Funktion gegebene Frequenz

$$\omega_{Bj} = \frac{1}{T} \arctan \frac{\beta_j}{\alpha_j}, \qquad -\frac{\pi}{T} < \omega_{Bj} \leqslant \frac{\pi}{T} \tag{26.9.50}$$

als Basisfrequenz ausgewählt; die möglichen Werte für ω_j sind dann gegeben durch

$$\omega_j = \omega_{Bj} + n\frac{2\pi}{T}\,, \qquad n = -\infty \ldots, -1, 0, 1, \ldots \infty \tag{26.9.51}$$

wobei n eine beliebige ganze Zahl ist. Wir verwenden als Realteil von ϖ_j die Basisfrequenz und erhalten

$$e^{i\varpi_j t} = e^{-\mu_j}(\cos\omega_{Bj}t + i\sin\omega_{Bj}t) \tag{26.9.52}$$

Die Stabilität der Lösung wird durch den Realteil des charakteristischen Exponenten bestimmt. Gilt für alle Dämpfungswerte μ_j

$$\mu_j > 0\,, \qquad j = 1, 2, \ldots, 2\overline{m} \tag{26.9.53}$$

so ist die Lösung des Systems asymptotisch stabil. Ist mindestens ein Wert $\mu_j = 0$ und sind alle übrigen Werte $\mu_j \geqslant 0$, so ist das System grenzstabil. Ist mindestens ein Wert $\mu_j < 0$, so ist das System instabil und die Schwingung wird angefacht.

Der Vollständigkeit halber sei erwähnt, daß in der Literatur die Stabilität des Systems meist über den Betrag der Eigenwerte $\lambda_{\Phi j}$ bestimmt wird; danach ist das System stabil, wenn alle Eigenwerte $\lambda_{\Phi j}$ der Fundamentalmatrix $\boldsymbol{\Phi}(T, 0)$ dem Betrage nach kleiner oder gleich Eins sind, und instabil, wenn mindestens ein Eigenwert mit dem Betrag $|\lambda_{\Phi j}| > 1$ existiert. Über (26.9.49) sind beide Verfahren miteinander verknüpft.

Modalfunktionen und Frequenzspektren

Bei diagonalähnlicher Matrix $\mathbf{H}$ ist die allgemeine Lösung des homogenen Systems (26.9.31) gegeben durch (26.9.46); sie läßt sich über

$$\tilde{\boldsymbol{\eta}}(t) = \sum_j \tilde{\boldsymbol{\eta}}_j(t) = \sum_j c_j \boldsymbol{a}_j(t) e^{i\varpi_j t} \tag{26.9.54}$$

darstellen als Summe der linear unabhängigen Teillösungen $\tilde{\boldsymbol{\eta}}_j(t)$. Der Vektor $\boldsymbol{a}_j(t)$ enthält dabei die j-te Spalte der periodischen charakteristischen Matrix

$$A(t) = Q(t)X_\Phi = \boldsymbol{\Phi}(t, 0)e^{-\mathbf{H}t}X_\Phi \tag{26.9.55}$$

und ist über

$$\boldsymbol{a}_j(t) = \boldsymbol{\Phi}(t, 0)X_{\Phi j}\, e^{-i\varpi_j t} \tag{26.9.56}$$

gegeben, während man die Konstanten c_j über

$$\boldsymbol{c} = \{c_j\} = X_\Phi^{-1}\,\tilde{\boldsymbol{\eta}}(0) \tag{26.9.57}$$

aus den Anfangsbedingungen $\tilde{\boldsymbol{\eta}}(0)$ erhält. Einsetzen von (26.9.52) in (26.9.54) ergibt dann für die Teillösungen

$$\tilde{\boldsymbol{\eta}}_j(t) = c_j e^{-\mu_j t}\boldsymbol{v}_j(t) \tag{26.9.58}$$

mit

$$\boldsymbol{v}_j(t) = \boldsymbol{a}_j(t)\left(\cos\omega_{Bj}t + i\sin\omega_{Bj}t\right) \tag{26.9.59}$$

Der Vektor $\boldsymbol{v}_j(t)$ wird als Modalfunktionsvektor bezeichnet.

Da die komplexe charakteristische Matrix $\boldsymbol{A}(t)$ periodisch mit T ist, kann sie in eine komplexe Fourierreihe entwickelt werden nach

$$\boldsymbol{A}(t) = \sum_{n=-\infty}^{\infty} \boldsymbol{A}_n e^{in\Omega t} \tag{26.9.60}$$

mit der Drehfrequenz $\Omega = 2\pi/T$. Die konstanten Koeffizientenmatrizen erhält man über

$$\boldsymbol{A}_n = \frac{1}{T}\int_0^T \boldsymbol{A}(t) e^{-in\Omega t} dt \tag{26.9.61}$$

Einsetzen von (26.9.60) in die allgemeine Lösung (26.9.54) führt auf Teillösungen der Form

$$\tilde{\boldsymbol{\eta}}_j(t) = c_j \sum_{n=-\infty}^{\infty} \boldsymbol{a}_{nj} e^{i(\varpi_j + n\Omega)t} \tag{26.9.62}$$

bzw.

$$\tilde{\boldsymbol{\eta}}_j(t) = c_j e^{-\mu_j t} \sum_{n=-\infty}^{\infty} \boldsymbol{a}_{nj} \left(\cos(\omega_{Bj} + n\Omega)t + i \sin(\omega_{Bj} + n\Omega)t\right) \tag{26.9.63}$$

wo $\boldsymbol{a}_{nj}$ die j-te Spalte von $\boldsymbol{A}_n$ ist.

Die Teillösung $\tilde{\boldsymbol{\eta}}_j(t)$ setzt sich zusammen aus harmonischen Bewegungen mit den Frequenzen $\omega_{Bj} + n\Omega$, wobei n ganzzahlig ist, multipliziert mit einem Exponentialausdruck. Welche Frequenzen in der Teillösung enthalten sind, ergibt sich aus den Koeffizientenmatrizen $\boldsymbol{A}_n$ der Fourierreihe. Die Lösungen selbst sind im allgemeinen Fall auch für $\mu_j = 0$ nicht periodisch; periodische Lösungen des homogenen Systems erhält man nur, wenn zusätzlich zu $\mu_j = 0$ die Drehfrequenz Ω ein ganzzahliges Vielfaches der Basisfrequenz ω_{Bj} ist.

Sind $\lambda_{\Phi j}$ und $\lambda_{\Phi j+1}$ ein Paar konjugiert komplexer Eigenwerte der reellen Fundamentalmatrix $\boldsymbol{\Phi}(T, 0)$, so kann man zeigen, daß die Summe der beiden zugehörigen komplexen Teillösungen eine reelle Lösung ergibt. Diese setzt sich wiederum aus zwei reellen Teillösungen zusammen, welche dieselbe Dämpfung und dieselben Frequenzanteile enthalten und sich nur durch deren Phasenlage unterscheiden.

26.9.1.5 Simulation einer Windturbine

Für die numerische Untersuchung des Stabilitäts- und Antwortverhaltens einer flexiblen Zweiblatt-Windturbine mit horizontaler Achse nach dem beschriebenen Verfahren wurde das am ISD/ICA von Bertold Kirchgäßner entwickelte Programmsystem ARLIS (*A*eroelastische Analyse *R*otierender *LI*nearer *S*ysteme) verwendet. Die dabei notwendigen FE-Rechnungen wurden mit dem Programmsystem ASKA in doppelter Genauigkeit, die ARLIS-Rechnungen in einfacher Genauigkeit auf einer UNIVAC 1100/61 (18 bzw. 8 Dezimalstellen) durchgeführt.

Modellbeschreibung

Die Anlage besitzt einen Zweiblattrotor mit horizontaler Achse und 16 m Durchmesser sowie einen fest eingespannten Turm mit 15 m Höhe. Der Schwerpunkt der Topmasse liegt auf der Turmhochachse, wodurch Biege- und Torsionseigenformen des Turmes entkoppelt werden. Es wurde ein „weiches" Turmkonzept gewählt, d.h. die erste Biegeeigenfrequenz von 5 rad/s liegt unter der Nenndrehzahl Ω_N = 7,5 rad/s. Für eine dynamisch möglichst gut entkoppelte Anlage würde man etwa $\Omega_N/3$ wählen; siehe Abb. 26.9.2.

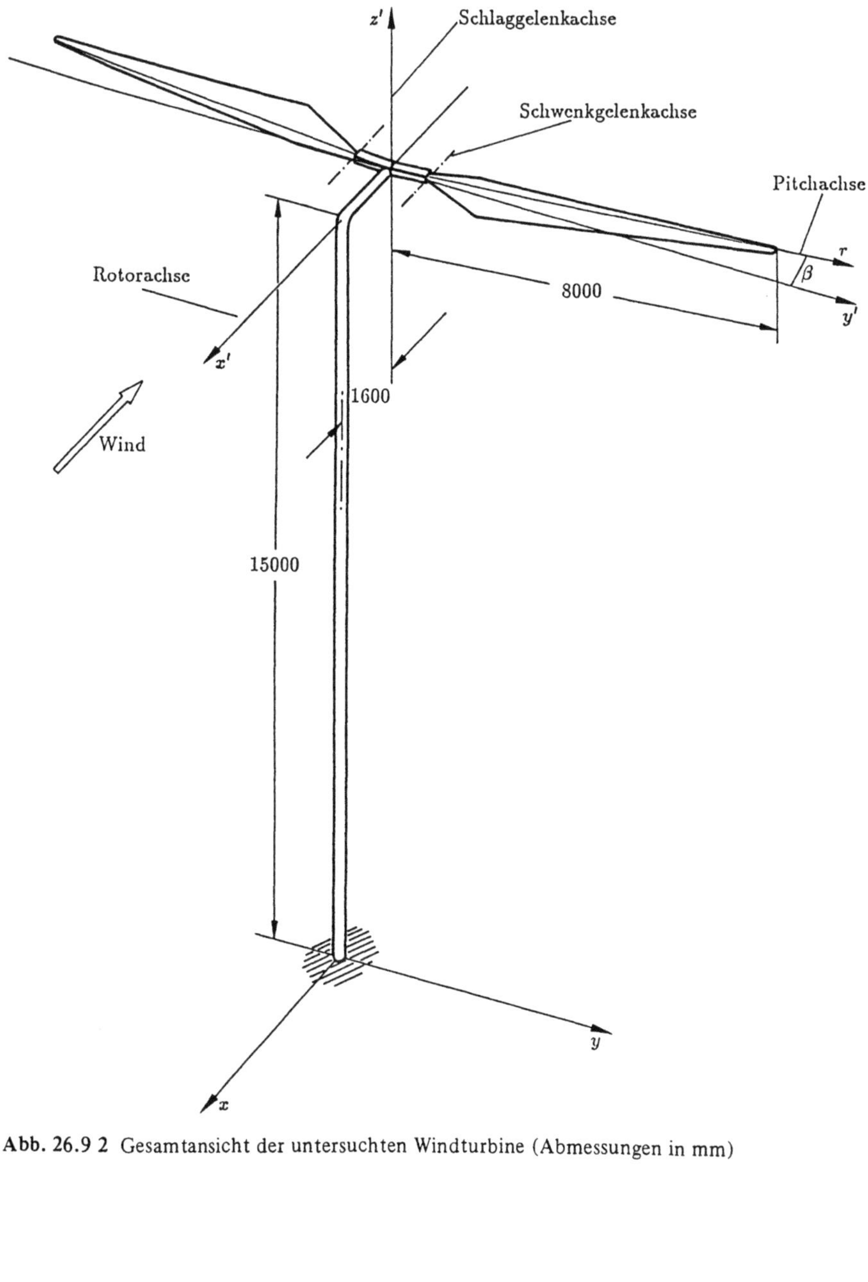

Abb. 26.9 2 Gesamtansicht der untersuchten Windturbine (Abmessungen in mm)

Tabelle 26.9.1 Ansatzfunktionen für Turm und Rotor

Nr.	ω [rad/s]	Eigenform	Abk.
Turm			
1	5.0000	1. Turmbiegung in x-Richtung	$BX1$
2	5.0000	1. Turmbiegung in y-Richtung	$BY1$
3	32.1146	2. Turmbiegung in x-Richtung	$BX2$
4	32.1146	2. Turmbiegung in y-Richtung	$BY2$
5	37.5000	1. Turmtorsion	$T1$
6	78.9667	3. Turmbiegung in x-Richtung	$BX3$
7	78.9667	3. Turmbiegung in y-Richtung	$BY3$
Rotor			
8	–	antisymmetrisches Schwenken (starr)	$SWA1$
9	–	symmetrisches Schwenken (starr)	$SWS1$
10	–	antisymmetrisches Schlagen (starr)	$SLA1$
11	–	symmetrisches Schlagen (starr)	$SLS1$
12	35.8143	1. symmetrische Schlagbiegung	$SLS2$
13	35.8143	1. antisymmetrische Schlagbiegung	$SLA2$
14	77.8528	1. antisymmetrische Schwenkbiegung	$SWA2$
15	77.9387	1. symmetrische Schwenkbiegung	$SWS2$
16	82.2355	2. symmetrische Schlagbiegung	$SLS3$
17	82.2381	2. antisymmetrische Schlagbiegung	$SLA3$

Als Ansatzfunktionen zur Beschreibung der Turmverschiebungen werden die sieben niedrigsten Eigenformen verwendet (vgl. Tabelle 26.9.1). Es wird für sie modale Dämpfung proportional zur Eigenfrequenz angesetzt, beginnend mit 0.5 % kritischer Dämpfung für die niedrigste Frequenz.

Jedes Blatt besitzt ein Schlaggelenk auf der Rotorachse, ein Schwenkgelenk bei $r = 0.8$ m (das entspricht 10 % des Rotorradius) und eine Schlagwinkel-Anstellwinkelkopplung $\Delta\alpha/\Delta\beta = -1$. Eine Schlagwinkelvergrößerung von 1° führt also zu einer Anstellwinkelverkleinerung von ebenfalls 1°. Die Rotorgeometrie ist in Abb. 26.9.2 und ihre FE-Idealisierung in Abb. 26.9.3 dargestellt. Die Idealisierung der Gelenke wird durch entsprechende Kombinationen von Balkenelementen, Stabelementen und Lagerbedingungen erreicht. Der Konuswinkel im quasistatischen Betrieb beträgt 4.77° und ist in der FE-Idealisierung berücksichtigt. Als verallgemeinerte Freiheitsgrade werden vier Starrkörperbewegungen und die ersten sechs Eigenformen des reduzierten elastischen Systems ausgewählt, siehe Tabelle 26.9.1. Für die elastischen Eigenformen wird ebenfalls modale Dämpfung proportional zur Eigenfrequenz vorgesehen, mit 0.5 % kritischer Dämpfung für die erste elastische Eigenform. Da die Starrkörper-Schwenkbewegung über keine modale Dämpfung verfügt und auch aerodynamisch praktisch ungedämpft ist, wird ein viskoser Schwenkdämpfer vorgesehen, der so ausgelegt wird, daß die reine Starrkörper-Schwenkbewegung ohne Luftkräfte bei $\Omega = 7.5$ rad/s eine Dämpfung von 10 % der kritischen Dämpfung aufweist.

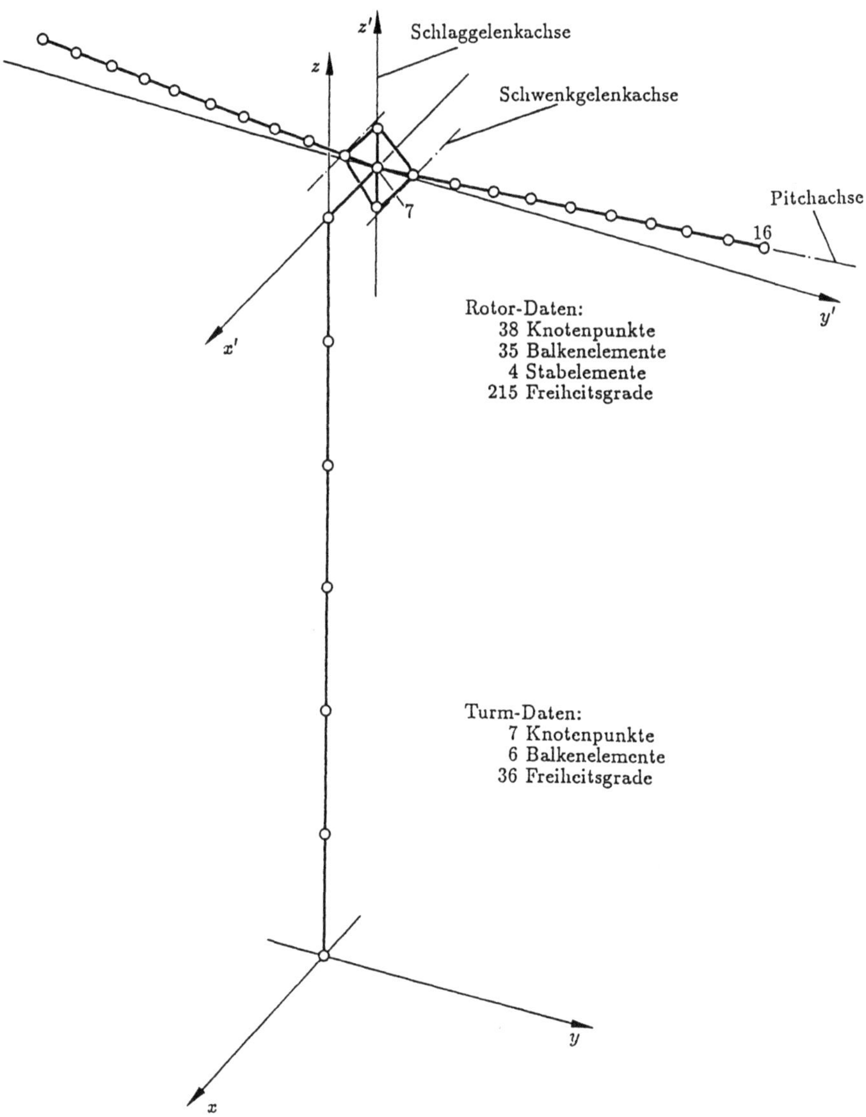

Abb. 26.9.3 Finite Elemente-Idealisierung von Turm und Zweiblattrotor mit Schlag-, Schwenk- und Pitchgelenken (vereinfachte Darstellung)

Das so erstellte „weiche" Konzept läßt einerseits geringe Strukturbeanspruchungen erwarten, ist andererseits jedoch dynamisch sensibel und läßt deshalb Instabilitäten befürchten.

In der Analyse werden, wie bereits erwähnt, linearisierte quasistationäre aerodynamische Kräfte verwendet. Das Bodengrenzschichtprofil wird nach

$$v_\infty(z) = v_\infty|_{z=10}\left(\frac{z}{10}\right)^a$$

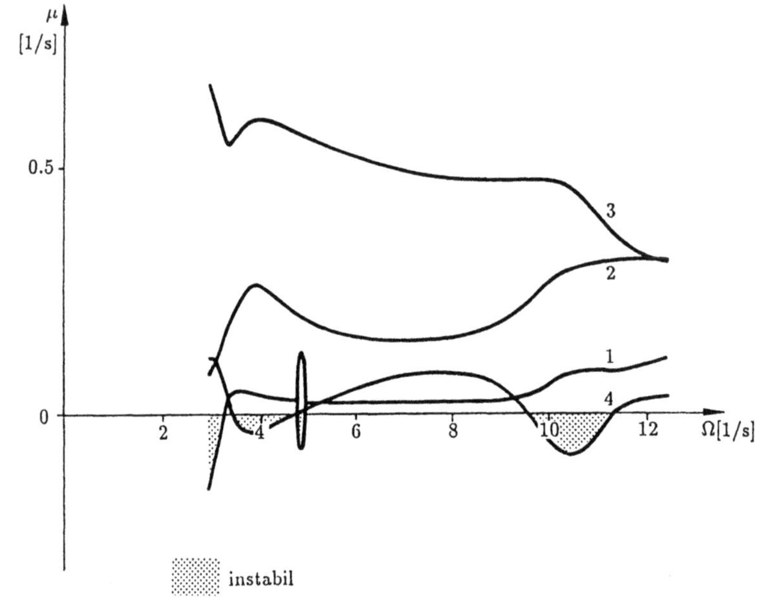

Abb. 26.9.4 Dämpfungswerte an der Stabilitätsgrenze

berücksichtigt, wobei $a = 0.3$ gewählt wird, was einem Gelände mit einzelnen Hindernissen, wie Wäldern, Siedlungen etc., entspricht. Die Windgeschwindigkeit in 10 m Höhe $v_\infty|_{z=10}$ wird stets so in Abhängigkeit von der Drehzahl Ω bestimmt, daß die mit der Windgeschwindigkeit in Nabenhöhe gebildete Schnellaufzahl $\lambda|_{z=15}$ konstant gleich 12 bleibt

$$\lambda|_{z=15} = \frac{\Omega r_{max}}{v_\infty|_{z=15}} = 12 = \text{const.}$$

Unter diesen Bedingungen wird die Stabilität des vollständigen Systems für den Drehgeschwindigkeitsbereich $3.0 \leqslant \Omega \leqslant 12.5$ rad/s untersucht. Das Ergebnis für die ersten vier Eigenschwingungsformen ist in Abb. 26.9.4 dargestellt.

Für die untersuchten diskreten Drehgeschwindigkeiten Ω werden 17 Eigenschwingungsformen (Lösungen des homogenen Systems) einer Fourieranalyse unterzogen, um die in ihnen enthaltenen Frequenzanteile der jeweiligen Ansatzfunktion zu ermitteln.

Als Beispiel ist das Frequenzspektrum der 1. Eigenschwingungsform für $\Omega = 3.0$ rad/s, die nennenswerte Anteile in 10 Ansatzfunktionen enthält, in Abb. 26.9.5 dargestellt. Aus diesen Frequenzspektren erhält man die Eigenfrequenzen des Gesamtsystems, die in Abb. 26.9.6 für das erdfeste Turmsystem und in Abb. 26.9.7 für das mitrotierende Rotorsystem wiedergegeben sind. Die dicken Frequenzlinien sind dabei die sogenannten dominanten Frequenzen, d.h. die Frequenzen, die mit der größten Amplitude in der jeweiligen Eigenschwingungsform enthalten sind. Hierbei ist zu beachten, daß sich die dominanten Frequenzen im erdfesten und im mitrotierenden System meist unterscheiden. Die anderen

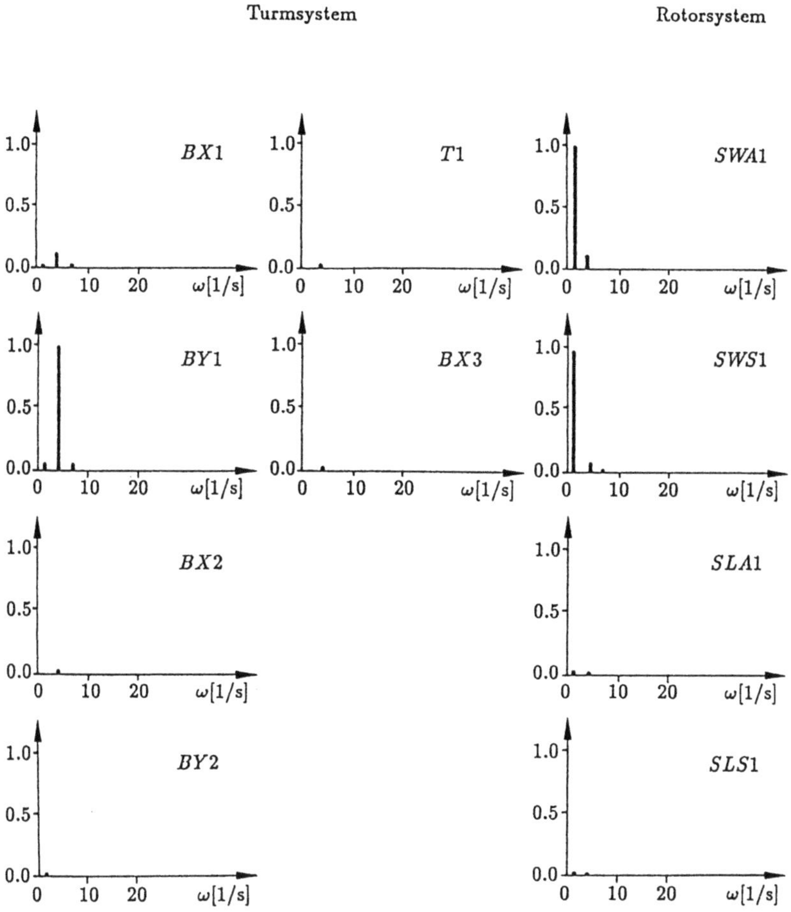

Abb. 26.9.5 Normiertes Frequenzspektrum der Eigenschwingungsform 1; Ω = 3.0 rad/s (Flatterbereich)

Frequenzlinien kennzeichnen die übrigen Frequenzanteile, die in den Eigenschwingungsformen enthalten sind; dabei werden alle Frequenzen vernachlässigt, die mit Amplituden kleiner als 1 % der Amplitude der zugehörigen dominanten Frequenz im jeweiligen Teilsystem vertreten sind. Der Übersichtlichkeit halber sind in Abb. 26.9.6 und Abb. 26.9.7 nur die Frequenzlinien der Eigenschwingungsformen 1 und 4 aufgetragen.

Im betrachteten Betriebsbereich können anhand graphischer Darstellungen wie in Abb. 26.9.4 vier Instabilitätsbereiche festgestellt werden. An diesen Instabilitäten sind nur die aufgetragenen ersten vier Eigenschwingungsformen beteiligt, deren wesentliche Anteile die symmetrische und die antisymmetrische Starrkörper-Schwenkbewegung und die niedrigsten Biegeeigenformen des Turms sind. Der unterste Instabilitätsbereich ist nur teilweise erfaßt und endet bei $\Omega = 3.3$ rad/s. Das zugehörige Frequenzspektrum der Eigenschwingungsform 1 bei $\Omega = 3.0$ rad/s ist in Abb. 26.9.5 dargestellt. Die wesentlichen

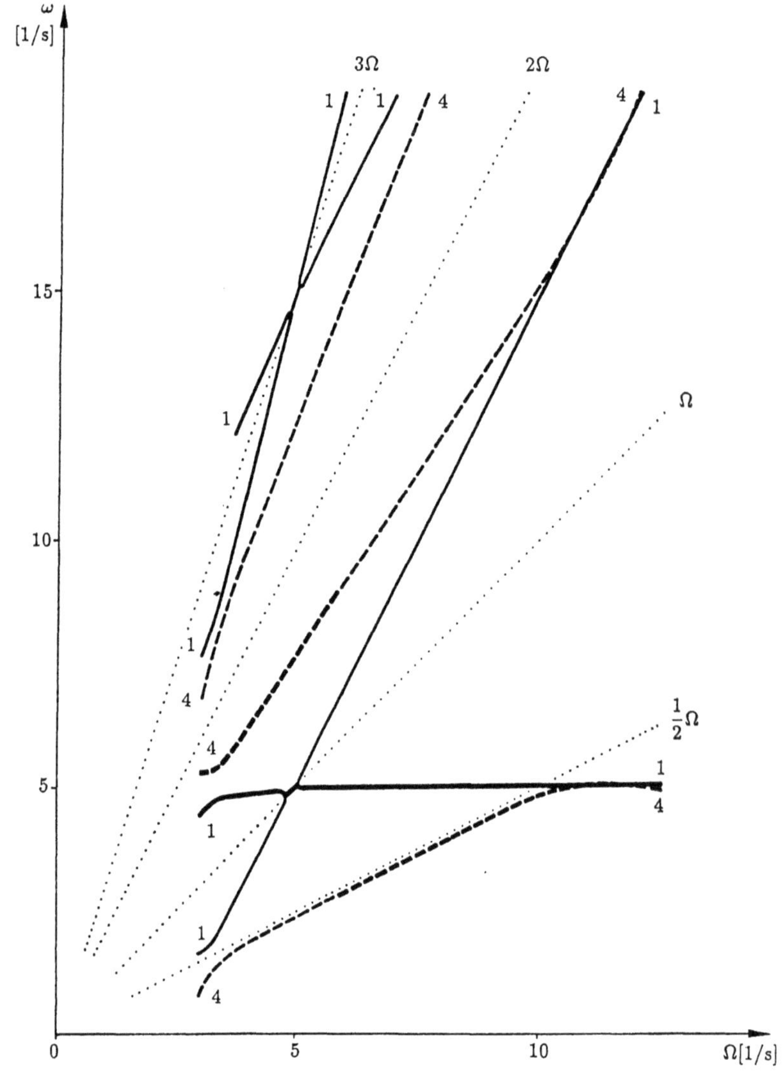

Abb. 26.9 6 Eigenfrequenzen im Turmsystem

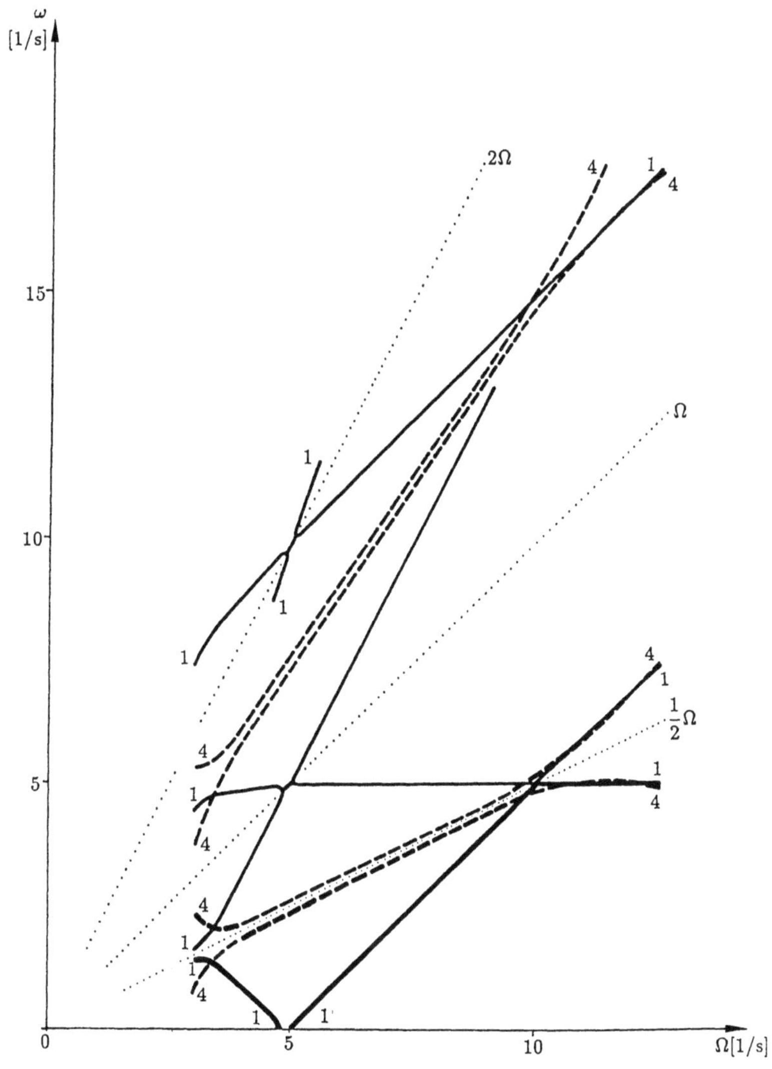

Abb. 26.9.7 Eigenfrequenzen im Rotorsystem

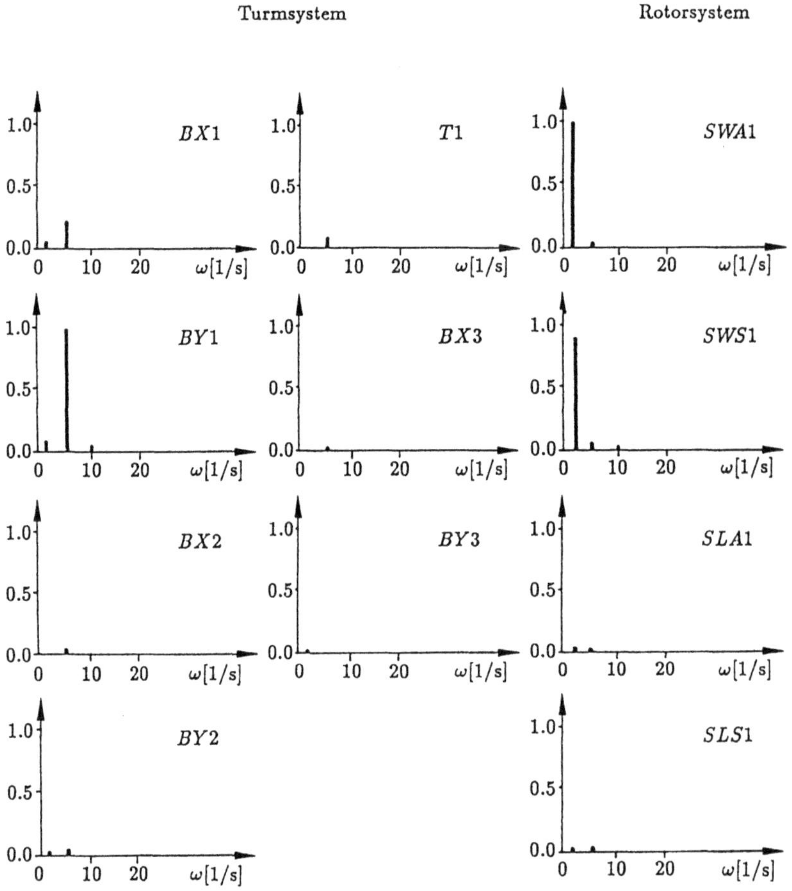

Abb. 26.9.8 Normiertes Frequenzspektrum der Eigenschwingungsform 4; $\Omega = 3.9$ rad/s (Flatterbereich)

Anteile sind im Turmsystem die 1. Turmbiegung quer zur Windrichtung mit $\omega = \omega_B + \Omega$ (ω_B = Basisfrequenz) und im Rotorsystem die antisymmetrische Starrkörper-Schwenkbewegung mit $\omega = \omega_B - \Omega$ und die symmetrische Starrkörper-Schwenkbewegung mit $\omega = \omega_B$. Die Instabilität beruht auf einer Kopplung der Eigenschwingungsformen 1 und 3.

Der nächste Instabilitätsbereich für $3.5 \leqslant \Omega \leqslant 4.75$ rad/s folgt aus einer Kopplung der Eigenschwingungsformen 2 und 4; das zugehörige Frequenzspektrum der Eigenschwingungsform 4 ist in Abb. 26.9.8 dargestellt. Die wesentlichen Anteile sind hier im Turmsystem die beiden niedrigsten Turm-Biegeeigenformen mit jeweils $\omega = \omega_B - 2\Omega$ und im Rotorsystem die antisymmetrische Starrkörper-Schwenkbewegung mit $\omega = \omega_B$ und die symmetrische Starrkörper-Schwenkbewegung mit $\omega = \omega_B - \Omega$.

Der dritte Instabilitätsbereich für $4.85 \leqslant \Omega \leqslant 5.0$ rad/s ist der klassische Divergenzbereich an der Stelle $\omega_{BY1} = \Omega$, d.h. wenn die Drehfrequenz und die Eigenfrequenz

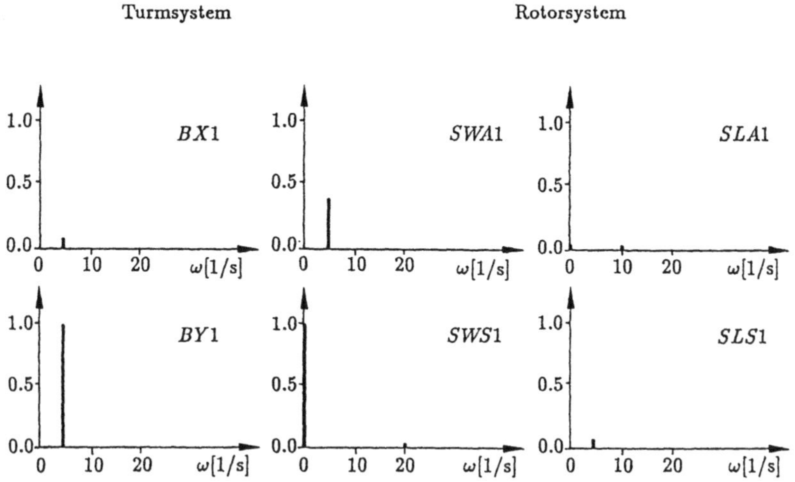

Abb. 26.9.9 Normiertes Frequenzspektrum der Eigenschwingungsform 1; Ω = 5.0 rad/s (Divergenzbereich)

der Turmbiegung übereinstimmen. In Abb. 26.9.9 ist das zugehörige Frequenzspektrum der Eigenschwingungsform 1 dargestellt. Die wesentlichen Anteile sind hier im Turmsystem die erste Turmbiegung quer zur Windrichtung mit $\omega = \Omega$ und im Rotorsystem die symmetrische Starrkörper-Schwenkbewegung mit $\omega = 0$ und die antisymmetrische Starrkörper-Schwenkbewegung mit $\omega = \Omega$.

Der vierte Instabilitätsbereich für $9.7 \leqslant \Omega \leqslant 11.4$ rad/s ergibt sich aus der Kopplung der Eigenschwingungsformen 2 und 4 und beruht auf einer Summenresonanz mit der Bedingung $\omega_{BY} + \omega_{SW} = \Omega$. Das zugehörige Frequenzspektrum der Eigenschwingungsform 4 bei $\Omega = 10.5$ rad/s ist in Abb. 26.9.10 dargestellt. Die wesentlichen Anteile sind im Turmsystem die beiden niedrigsten Turmbiegeeigenformen mit $\omega = \omega_B$ und im Rotorsystem die symmetrische Starrkörper-Schwenkbewegung mit $\omega = \omega_B - \Omega$ und die antisymmetrische Starrkörper-Schwenkbewegung mit $\omega = \omega_B$.

Außer den genannten Schwingungsanteilen treten natürlich auch weitere Anteile in den untersuchten Eigenschwingungsformen auf, allerdings nur mit geringen Amplituden. Dies ist eine Folge davon, daß bei dem vorliegenden System praktisch alle verallgemeinerten Freiheitsgrade miteinander gekoppelt sind. Beispielsweise ist die antisymmetrische Starrkörper-Schwenkbewegung über die Rollbewegung der Gondel mit der Turmbiegung quer zur Windrichtung und über die periodische geometrische Steifigkeit infolge Schwerkraft mit der symmetrischen Starrkörper-Schwenkbewegung gekoppelt und tritt deshalb in instabilen Schwingungsformen auf.

Weiter ist, wie in Abb. 26.9.6 und Abb. 26.9.7 zu sehen, die dominante Frequenz oft keine durchgehende Frequenzlinie mehr, da diese Eigenschaft je nach Bereich unterschiedlichen Frequenzlinien der Eigenschwingungsform zugeordnet ist. Da die Stabilitätsuntersuchung nur für diskrete Werte der Drehgeschwindigkeit Ω durchgeführt wird, besteht im Prinzip die Möglichkeit weiterer Instabilitätsbereiche, die trotz des geringen

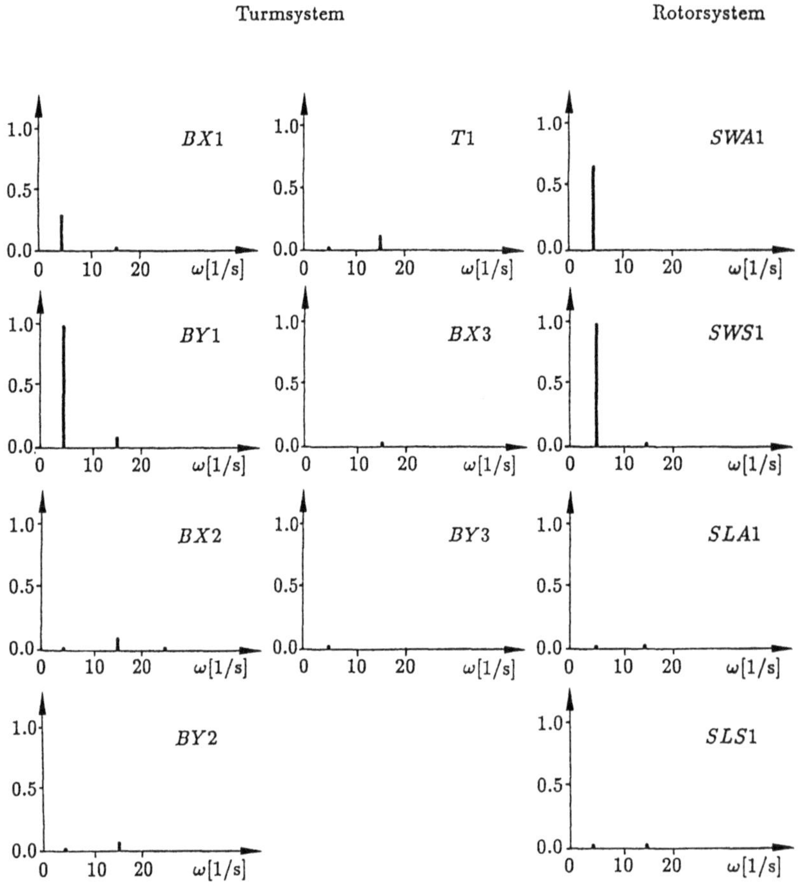

Abb. 26.9.10 Normiertes Frequenzspektrum der Eigenschwingungsform 4; Ω = 10.5 rad/s (Flatterbereich)

Punkteabstandes (für 72 Werte der Drehgeschwindigkeit im Bereich $3.0 \leqslant \Omega \leqslant 12.5$ rad/s wird die Stabilität untersucht) nicht erfaßt werden. Deshalb wird mit Hilfe der Frequenzdiagramme Abb. 26.9.6 und Abb. 26.9.7 nach weiteren Instabilitäten gesucht. Typisch für das Auftreten harmonischer Resonanz ist ein Anteil $\omega = 0$ im mitrotierenden System und gleichzeitig ein Anteil $\omega = \Omega$ im erdfesten System. Dies tritt außer für die Eigenschwingungsform 1 bei $\Omega \approx 5.0$ rad/s (instabiler Divergenzbereich) auch noch für die aus Übersichtlichkeitsgründen nicht dargestellten Eigenschwingungsformen 2 bei $\Omega = 5.0524$ rad/s, 7 bei $\Omega = 10.839547$ rad/s und 8 bei $\Omega = 11.315273$ rad/s auf. In allen drei Fällen konnte ein stabiler Bereich nachgewiesen werden. Für die Eigenschwingungsform 2 ist der entsprechende Bereich in Abb. 26.9.4 erkennbar.

Weder in den Frequenzdiagrammen noch in Abb. 26.9.4 ist ein Hinweis auf weitere Kopplungen oder Divergenzbereiche zu finden. Es ist deshalb anzunehmen, daß keine weiteren Instabilitäten auftreten und möglicherweise vorhandene weitere Bereiche mit reellen Eigenwerten oder mit Kopplungen verschiedener Eigenschwingungsformen ihrer geringen Ausdehnung wegen vollständig im Bereich $\mu > 0$ verbleiben.

Response im stationären Betrieb

Es wird die dynamische Antwort des Systems bei periodischer Erregung im stationären Betrieb ermittelt und in Abb. 26.9.11 in Abhängigkeit von der Drehgeschwindigkeit dargestellt. Die periodische Lösung des Systems wird für den gesamten Bereich $3.0 \leqslant \Omega \leqslant 12.5$ rad/s bestimmt, unabhängig von der Stabilität des Systems. Die instabilen Bereiche sind in Abb. 26.9.11 markiert, in ihnen besitzt die periodische Lösung lediglich theoretische Bedeutung. Der Lastvektor enthält wiederum die Schwerkraft und die periodischen aerodynamischen Lasten in der Bodengrenzschicht. Die Abbildung enthält die Amplitude der Blattspitze in Schlagrichtung u'_{16} und in Schwenkrichtung w'_{16}, gemessen im mitrotierenden Rotorsystem $O_{x'y'z'}$ (siehe Abb. 26.9.2), die Amplituden des Verknüpfungspunktes in Windrichtung, u_7, und quer dazu, v_7, und den Vergleich des Mittelwertes der Verschiebung des Verknüpfungspunktes in Windrichtung, $\bar{u}_7$, die alle im festen O_{xyz}-System gemessen sind (siehe Abb. 26.9.2). Offensichtlich führt die qua-

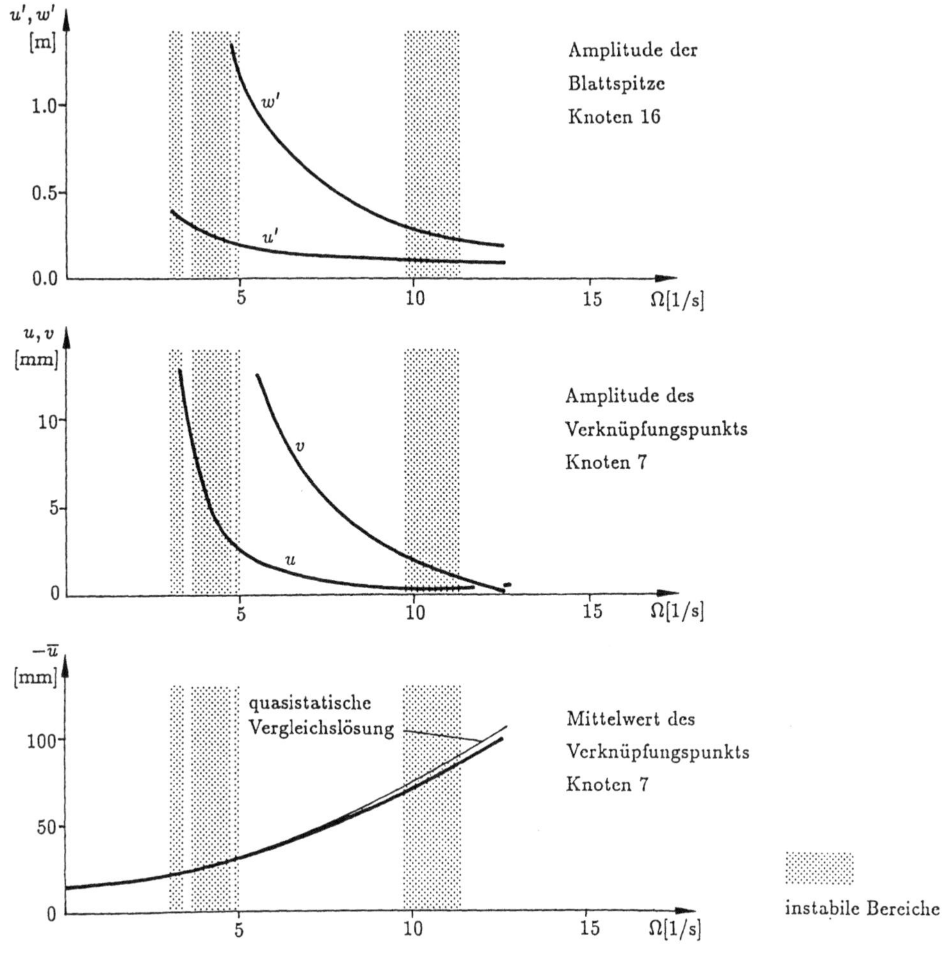

Abb. 26.9.11 Verschiebungen im stationären Betrieb

dratische Abhängigkeit der Zentrifugalsteifigkeit der Rotorblätter von der Drehgeschwindigkeit Ω bei abnehmenden Werten der Drehgeschwindigkeit zu stark anwachsenden Amplituden der Starrkörperbewegungen, vor allem in Schwenkrichtung. Hier erhält man bei $\Omega = 6.0$ rad/s eine Amplitude $w'_{16} = 0.829$ m, was, wenn die geringfügigen elastischen Anteile vernachlässigt werden, einer Schwenkwinkelamplitude von $\varphi' = 6.57°$ entspricht.

Damit kann in diesem Beispiel $\Omega \approx 6.0$ rad/s wohl als Grenze für die Verläßlichkeit der linearen Rechnung angesehen werden; für Drehgeschwindigkeitswerte $\Omega < 6.0$ rad/s haben die Ergebnisse also mehr qualitativen Charakter. Die großen Amplituden der Rotorblätter führen zu vergleichsweise geringen Amplituden der Turmschwingungen, die beispielsweise bei $\Omega = 6.0$ rad/s in Windrichtung 1.5 mm, quer dazu 9.5 mm betragen.

Schließlich ist in Abb. 26.9.11 noch der Vergleich des Mittelwertes mit der quasistatischen Verschiebung infolge Schub und Nabengewicht dargestellt. Die Übereinstimmung ist ziemlich gut, die maximale Abweichung liegt in der Größenordnung von 3 %.

26.9.2 Flexible Membranen im Strömungsfeld

Wir haben in diesem Kapitel wiederholt darauf hingewiesen, daß moderne Aeroelastik wie auch nichtlineare Mechanik beim heutigen Stand und der vorausschaubaren Entwicklung der Computer nur auf einer konsequenten Anwendung numerischer Verfahren – sowohl was die Struktur, das umströmende Medium wie auch die Bestimmung des Bewegungsverlaufs betrifft – beruhen kann. Die in diesem kurzen Abriß nur allzu klar ersichtlichen Schwierigkeiten bei der Spektralanalyse linearer und nichtlinearer Phänomene werden dem erfahrenen Leser unmittelbar die Erkenntnis vermitteln, daß eine derartige Methodik dem Computer-Zeitalter nicht entspricht. Die Anwendung von Zeit-Integrationsverfahren aufgrund moderner Algorithmen bestätigt immer wieder ihre theoretische und praktische Überlegenheit. Wir werden auf diesen Aspekt an Hand des Beispiels in Unterabschnitt 26.9.3 eingehen.

Im vorliegenden Unterabschnitt behandeln wir eine interessante Entwicklung, die schon vor mehr als fünf Jahren am ISD/ICA abgeschlossen wurde. Sie betrifft das nichtlineare Flatterverhalten einer aufblasbaren Membranhalle unter dem Einfluß einer Windströmung. Interessant ist, daß das umströmende inkompressible Medium mit den sogenannten exakten Navier-Stokesschen Gleichungen beschrieben wird. Auch werden sehr große Membran-Verschiebungen zugelassen, was zu einer extremen Nichtlinearität führt. Die Idealisierung der Membrane unter sehr großen Verschiebungen darf allerdings nicht als ein schwieriges Problem betrachtet werden. Konsequent wird auf Struktur und umströmendes Medium die Finite-Element-Methode angewandt, obwohl dies selbstverständlich nicht notwendig ist und eine andere Methode, wie die der Finiten Volumen, für das umströmende Medium benutzt werden könnte. Nichtsdestoweniger scheint die hier dargelegte Methode die genaueste zu sein. Wichtig ist festzustellen, daß drei Arten von Netzen in die Berechnung eingehen. Diese umfassen auf der einen Seite das klassische Lagrange-Netz, das mit der Struktur verbunden und starken Deformationen ausgesetzt ist, und auf der anderen Seite das raumfeste Euler-Netz für das umströmende Medium. Zwischen diesen diametral verschiedenen Netzen wird jedoch als Zwischenschicht ein gemischtes, sich anpassendes Euler-Lagrange-Netz eingebaut, dessen Deformation einem vorgegebenen elastischen Modell gehorcht.

Obwohl das Problem nur zweidimensional ist, umfaßt es alle essentiellen Aspekte einer hochgradig nichtlinearen Aeroelastik.

26.9.2.1 Zur Problematik

Die nachfolgenden Betrachtungen befassen sich mit der Bewegung und Verformung von flexiblen Membranen, die in Wechselwirkung mit strömenden Medien stehen. Beispiele hierzu sind das Flattern einer Fahne im Wind oder die Erregung von weitgespannten Membranhallen durch das Einwirken von Windböen. Diese Thematik wurde in [26.10] aus der Sicht der numerischen Lösungsverfahren behandelt.

Im Gegensatz zu den bisher in diesem Werk untersuchten Problemen zeichnet sich die vorliegende Aufgabe durch die Notwendigkeit aus, die Diskretisierung durch finite Elemente auch über das Strömungsfeld zu erstrecken. Diese Forderung wird besonders deutlich, wenn man an die Vorgänge beim Flattern einer Fahne denkt. Die Bewegung der Fahne wird durch den Wind angeregt und prägt ihrerseits das umgebende Strömungsfeld entscheidend mit.

Bei der Aufstellung der Bewegungsgleichungen für feste, deformierbare Körper haben wir die Bewegung von individuellen materiellen Teilchen (Partikeln) des Körpers durch den Raum betrachtet und verfolgt. Dies wird die Betrachtungsweise nach Lagrange genannt und ist für die Verformungen der Membrane angemessen; siehe auch Kapitel 13, Band II. Für die Beschreibung der Strömung ist dagegen die Bewegung der individuellen Partikel nicht signifikant. Hier interessiert vielmehr der im Verlauf der Zeit an jeder Position des durchströmten Raumes herrschende Bewegungszustand. Entsprechend richtet sich bei der mathematischen Erfassung der Strömung das Augenmerk auf die Raumpunkte, an denen die verschiedenen Partikel des Mediums vorbeiströmen. Diese Betrachtungsweise ist nach Euler benannt. Wir verweisen auch auf unsere einführenden Bemerkungen.

Bei der Behandlung der Umströmung eines flexiblen Körpers wird ein Strömungsgebiet abgegrenzt und analysiert. Hierbei stellt die Körperoberfläche einen bewegten Rand dar, vgl. Abbildung 26.9.12. Da den an der Körperoberfläche haftenden Flüssigkeitsteilchen die Oberflächenbewegung aufgeprägt werden muß, ist dort die Betrachtungsweise nach Lagrange vorteilhaft. Bei den übrigen raumfesten Randbedingungen des Strömungsfeldes ist dagegen die Betrachtungsweise nach Euler angebracht. Daher wird eine gemischte Methodologie nach Euler-Lagrange eingeführt, die den Übergang von der materialgebundenen Lagrangeschen Randbedingung zur raumfesten Eulerschen Randbedingung für das betrachtete Strömungsgebiet ermöglicht. Hierzu wird die Flüssigkeitsströmung auf ein Koordinatensystem bezogen, welches sich unabhängig von den beteiligten physikalischen Vorgängen bewegt.

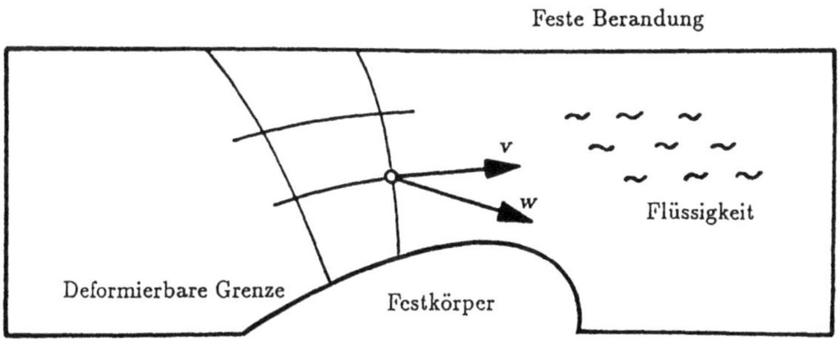

Abb. 26.9.12 Abgrenzung von Festkörper- und Strömungsgebiet

26.9.2.2 Theoretischer Hintergrund

Bevor wir ein konkretes Beispiel angehen, wollen wir im vorliegenden Unterabschnitt einen kurzen Abriß der zugrunde liegenden Theorie geben. Insbesondere müssen wir zunächst die Flüssigkeitsströmung betrachten, die anschließend mit den Deformationen des festen Körpers gekoppelt werden muß.

Es wird eine viskose inkompressible Flüssigkeit angenommen, so daß der Strömungsvorgang durch den Impulssatz, das viskose Verhalten und die Inkompressibilitätsbedingung bestimmt wird. Die erwähnten Ansätze führen auf die bekannten Gleichungen nach Navier-Stokes. Im Hinblick auf die Entwicklung von entsprechenden finiten Elementen wollen wir den Impulssatz durch das Prinzip der virtuellen Leistung für ein endliches Volumen V mit der Oberfläche S ausdrücken. Er lautet

$$\int_V (\rho \underline{\boldsymbol{v}}^t \dot{\boldsymbol{v}} + \underline{\boldsymbol{\delta}}^t \boldsymbol{\sigma})\, dV = \int_V \underline{\boldsymbol{v}}^t \boldsymbol{f}\, dV + \int_S \underline{\boldsymbol{v}}^t \boldsymbol{t}\, dS \qquad (26.9.64)$$

Hier stellt $\underline{\boldsymbol{v}}$ ein virtuelles Geschwindigkeitsfeld und $\underline{\boldsymbol{\delta}} = \dot{\underline{\boldsymbol{\gamma}}}$ die zugehörige Formänderungsgeschwindigkeit in Vektorform dar. Die Flüssigkeitsdichte ist ρ, $\dot{\boldsymbol{v}}$ ist die Teilchenbeschleunigung, $\boldsymbol{f}$ die am Einheitsvolumen angreifende äußere Volumenkraft und $\boldsymbol{t}$ die an der Einheitsfläche wirkende äußere Kraft. Insofern unterscheidet sich in (26.9.64) die Flüssigkeit nicht vom festen Körper.

Bei der Betrachtungsweise nach Euler wird die Teilchengeschwindigkeit $\boldsymbol{v}(t, \boldsymbol{x})$ als eine Funktion der Zeit t und des Ortes $\boldsymbol{x}$ aufgefaßt. Dementsprechend gilt für die Teilchenbeschleunigung

$$\dot{\boldsymbol{v}} = \frac{\partial \boldsymbol{v}}{\partial t} + \frac{\partial \boldsymbol{v}}{\partial \boldsymbol{x}} \boldsymbol{v} \qquad (26.9.65)$$

Der erste Term in (26.9.65) beschreibt den sogenannten lokalen Anteil der Beschleunigung und entsteht durch die zeitliche Änderung der Geschwindigkeit an einem festen Punkt im Strömungsfeld. Der zweite Term stellt den konvektiven Anteil der Beschleunigung dar und ist eine Folge des Ortswechsels des Teilchens im Strömungsfeld.

Für die weitere Betrachtung ist es zweckmäßig, die Spannung $\boldsymbol{\sigma}$ in (26.9.64) in einen deviatorischen und einen hydrostatischen Anteil aufzuspalten. Es ist (vgl. Abschnitt 9.1 in Band II)

$$\boldsymbol{\sigma} = \boldsymbol{\sigma}_D + \boldsymbol{\sigma}_H = \boldsymbol{\sigma}_D + \sigma_H \boldsymbol{e}_{3,3} \qquad (26.9.66)$$

und analog die Formänderungsgeschwindigkeit

$$\boldsymbol{\delta} = \boldsymbol{\delta}_D + \boldsymbol{\delta}_V = \boldsymbol{\delta}_D + \delta_V \boldsymbol{e}_{3,3} \qquad (26.9.67)$$

Bei einer viskosen Flüssigkeit gilt für die deviatorischen Anteile das Stoffgesetz (vgl. auch die Beschreibung des Crashvorgangs in Abschnitt 24.8)

$$\boldsymbol{\sigma}_D = 2\mu \boldsymbol{\delta}_D \qquad (26.9.68)$$

und für die hydrostatischen bzw. volumetrischen Anteile das Gesetz

$$\sigma_H = -p = 3\kappa\,\delta_V \tag{26.9.69}$$

Darin sind μ und κ als der deviatorische bzw. der volumetrische Viskositätskoeffizient bekannt. Der hydrostatische Druck wurde in (26.9.69) mit p bezeichnet.

Für eine inkompressible bzw. volumentreue Flüssigkeit ist

$$\delta_V = 0 \tag{26.9.70}$$

so daß Beziehung (26.9.69) lediglich im Rahmen eines „Straf"-ansatzes (*penalty*-Formulierung) angewandt wird. Hierbei wird die strenge Inkompressibilitätsbedingung (26.9.70) durch die Zulassung einer schwachen Kompressibilität ($\kappa \to \infty$) in (26.9.69) ersetzt, was in manchen Fällen eine Erleichterung des algorithmischen Vorgehens bedingt.

Für eine inkompressible viskose Flüssigkeit nimmt der Ausdruck für die virtuelle Leistung (26.9.64) nun auf Grund der Beziehungen (26.9.66) bis (26.9.69) die Form an

$$\int\limits_V \left(\rho \underline{\boldsymbol{v}}^{\mathrm{t}} \frac{\partial \boldsymbol{v}}{\partial t} + \rho \boldsymbol{v}^{\mathrm{t}} \frac{\partial \boldsymbol{v}}{\partial \boldsymbol{x}} \boldsymbol{v} + 2\mu \underline{\boldsymbol{\delta}}_D^{\mathrm{t}} \boldsymbol{\delta}_D - 3\delta_V p\right) \mathrm{d}V = \int\limits_V \underline{\boldsymbol{v}}^{\mathrm{t}} \boldsymbol{f} \,\mathrm{d}V + \int\limits_S \underline{\boldsymbol{v}}^{\mathrm{t}} \boldsymbol{t} \,\mathrm{d}S \tag{26.9.71}$$

Die Inkompressibilitätsbedingung für das endliche Volumen V lautet

$$\int\limits_V \underline{p}\,\delta_V \,\mathrm{d}V = 0 \tag{26.9.72}$$

worin $\underline{p}$ ein virtuelles Druckfeld bedeutet.

Die Gleichungen (26.9.71), (26.9.72) bestimmen die Bewegung eines endlichen Volumens des strömenden Kontinuums. Für den Übergang auf die Ausdrücke der finiten Elemente müssen die Felder $\boldsymbol{v}$ und p approximiert und durch die Knotenpunktswerte im Element ausgedrückt werden. Die Approximation des Geschwindigkeitsfeldes $\boldsymbol{v}$ liefert dann auch $\boldsymbol{\delta}$ und folglich $\boldsymbol{\delta}_D$, δ_V.

Das Druckfeld p kann unabhängig approximiert werden, kann aber auch entsprechend δ_V angenommen werden, wie in Abschnitt 9.2 von Band II geschehen. Dadurch braucht nur eine Approximation für $\boldsymbol{v}$ angegeben zu werden. Eine Zusammenfassung der individuellen finiten Elemente zum gesamten Strömungsgebiet erfolgt durch Boolesche Befehlsmatrizen und liefert die diskretisierte Form der Strömungsgleichung nach Navier-Stokes

$$\boldsymbol{M}\dot{\boldsymbol{v}} + \boldsymbol{N}\boldsymbol{v} + \boldsymbol{D}\boldsymbol{v} - \boldsymbol{H}\boldsymbol{p} = \boldsymbol{R} \tag{26.9.73}$$

sowie die Inkompressibilitätsbedingung (vgl. (9.2.20) in Band II)

$$\boldsymbol{H}^{\mathrm{t}}\boldsymbol{v} = \boldsymbol{o} \tag{26.9.74}$$

In (26.9.73) bezeichnet $\boldsymbol{M}$ die Massenmatrix, $\boldsymbol{N}$ die Konvektivitätsmatrix, $\boldsymbol{D}$ die Viskositätsmatrix und $\boldsymbol{H}$ die hydrostatische Druckmatrix in der FE-Formulierung.

Der Vektor $\boldsymbol{v}$ enthält die Geschwindigkeiten der Netzknotenpunkte der FE-Diskretisierung, der Vektor $\boldsymbol{p}$ die entsprechenden Druckwerte, $\boldsymbol{R}$ ist der Vektor der äußeren Lasten. Herkunft und Bedeutung der einzelnen Terme in (26.9.73) können leicht einem Vergleich mit (26.9.71) entnommen werden. Analog ist (26.9.74) die diskretisierte Form von (26.9.72), welche dem Geschwindigkeitsfeld in der Flüssigkeit eine Volumenkonstanz aufprägt, so wie (9.2.20) die Volumenkonstanz für die Verschiebungen eines festen Körpers fordert.

Mit Hilfe des erwähnten Strafansatzes für die Inkompressibilitätsbedingung kann der Druck $\boldsymbol{p}$ durch die Geschwindigkeit $\boldsymbol{v}$ ausgedrückt und somit in (26.9.73) eliminiert werden. Dadurch werden die Unbekannten $\boldsymbol{v}$ und $\boldsymbol{p}$ auf $\boldsymbol{v}$ allein reduziert. Die modifizierten Strömungsgleichungen erhalten die Form

$$\boldsymbol{M}\dot{\boldsymbol{v}} + \boldsymbol{N}\boldsymbol{v} + \bar{\boldsymbol{D}}\boldsymbol{v} = \boldsymbol{R} \tag{26.9.75}$$

worin die Viskositätsmatrix $\bar{\boldsymbol{D}}$ nun eine leichte Kompressibilität berücksichtigt, weswegen (26.9.74) nicht mehr in Erscheinung tritt.

Als nächstes wollen wir vom bisherigen raumfesten Bezugssystem nach Euler auf ein bewegliches Bezugssystem übergehen. Theoretische Einzelheiten hierzu sind in [26.10] angegeben. Hier wollen wir uns auf die Auswirkungen dieser sogenannten gemischten Betrachtungsweise nach Euler-Lagrange auf die diskreten Gleichungen für die Flüssigkeitsströmung beschränken. Die Flüssigkeit bewegt sich nun relativ zu einem Netz, dessen Knotenpunkte eine unabhängige Bewegung ausführen können. Die Geschwindigkeiten der Netzknotenpunkte seien im Vektor $\boldsymbol{w}$ zusammengefaßt. Die neuen Strömungsgleichungen lauten nun

$$\boldsymbol{M}\dot{\boldsymbol{v}} + \boldsymbol{N}[\boldsymbol{v} - \boldsymbol{w}] + \bar{\boldsymbol{D}}\boldsymbol{v} = \boldsymbol{R} \tag{26.9.76}$$

woraus folgt, daß die Beschreibung der Strömung nach Euler-Lagrange sich lediglich auf den konvektiven Term auswirkt. Für $\boldsymbol{w} = \boldsymbol{o}$ ist das Bezugsnetz raumfest, und (26.9.76) geht auf die Beschreibung nach Euler gemäß (26.9.75) über. Für $\boldsymbol{w} = \boldsymbol{v}$ folgt das Bezugsnetz der Bewegung $\boldsymbol{v}$ der materiellen Teilchen. Der konvektive Term in (26.9.76) verschwindet, und es verbleibt die Bewegungsgleichung entsprechend der materiellen Beschreibung nach Lagrange (vgl. auch Unterabschnitt 24.8 über Crash).

Den vorhergehenden Ausführungen entsprechend, vereinigt (26.9.76) die Eigenschaften beider Betrachtungsweisen und ist für den Einsatz bei der Umströmung flexibler Festkörper geeignet. Das bewegte Bezugsnetz für die Berechnung muß am Festkörperrand die Geschwindigkeit der Körperoberfläche besitzen, während es in einer gewissen Entfernung räumlich festgehalten wird. Für den Übergang zwischen der bewegten und der festen Berandung wird ein fiktives elastisches Verhalten des Bezugsnetzes angenommen.

Im folgenden widmen wir uns der Behandlung des gekoppelten Systems aus Flüssigkeit (F) und Festkörper (S) und kennzeichnen die eingehenden Größen entsprechend. Somit haben wir für die Flüssigkeitsbewegung gemäß (26.9.76)

$$\boldsymbol{M}_F \dot{\boldsymbol{v}}_F + \boldsymbol{N}_F[\boldsymbol{v}_F - \boldsymbol{w}_F] + \boldsymbol{S}_F = \boldsymbol{R}_F \tag{26.9.77}$$

worin der Vektor

$$S_F = \bar{D}_F v_F \tag{26.9.78}$$

die Spannungsresultierenden an den Netz-Knotenpunkten enthält.

Für die Bewegung bzw. Verformung des flexiblen Festkörpers steht die übliche diskrete Bewegungsgleichung

$$M_S \dot{v}_S + S_S = R_S \tag{26.9.79}$$

zur Verfügung. Der Vektor

$$S_S = S_S(x_S) \tag{26.9.80}$$

der Spannungsresultierenden an den Knotenpunkten des Diskretisierungsnetzes ist über das geltende Materialgesetz mit der verformten Geometrie x_S des Festkörpers verbunden.

Bei der gemeinsamen, gekoppelten Behandlung beider Bereiche werden die Geschwindigkeiten in einem einzigen Vektor v_K zusammengefaßt. Daraus erhält man die Geschwindigkeiten für Flüssigkeit und Festkörper mittels der Booleschen Operationen

$$v_F = a_F v_K \tag{26.9.81}$$

und

$$v_S = a_S v_K \tag{26.9.82}$$

Entsprechend lassen sich die auf die individuellen Bereiche wirkenden Kräfte wie folgt zusammenfassen

$$R_K = a_F^{t} R_F + a_S^{t} R_S \tag{26.9.83}$$

Einsetzen der Ausdrücke (26.9.77) und (26.9.79) für R_F und R_S in (26.9.83) liefert unter Beachtung von (26.9.81) und (26.9.82) die Bewegungsgleichung für das gekoppelte Problem der Bewegung von Flüssigkeit und Festkörper in der Form

$$M_K \dot{v}_K + N_K [v_K - w_K] + S_K = R_K \tag{26.9.84}$$

Darin sind die Matrizen

$$M_K = a_F^{t} M_F a_F + a_S^{t} M_S a_S \tag{26.9.85}$$

$$N_K = a_F^{t} N_F a_F \tag{26.9.86}$$

die Massen- und die Konvektivitätsmatrix des gekoppelten Problems. Die Spannungsresultierenden folgen aus den Beiträgen der Einzelbereiche zu

$$S_K = a_F^{t} S_F + a_S^{t} S_S \tag{26.9.87}$$

Die gekoppelte Bewegungsgleichung (26.9.84) enthält neben der Beschleunigung auch die Geschwindigkeit sowie über $S_S(x_S)$ die Geometrie des verformten Festkörpers als Unbekannte. Eine angenäherte Zeitintegration von der Beschleunigung bis hin zur verformten Geometrie innerhalb eines jeden Zeitschritts reduziert die Anzahl der Unbekannten, so daß die Gleichung (26.9.87) einer algebraischen Lösung zugeführt werden kann. Das Schema der Zeitintegration unterscheidet sich prinzipiell nicht von dem im Zusammenhang mit der reinen Festkörperdynamik bereits eingeführten, vgl. z.B. Kapitel 24. Das resultierende algebraische Gleichungssystem ist nichtlinear und wird in jedem Zeitschritt nach den wiederholt angeführten Mustern iterativ gelöst.

26.9.2.3 Luftumströmte Traglufthalle

Im vorliegenden Beispiel wird die Umströmung einer Traglufthalle (einer flexiblen Membranstruktur) untersucht. Die physikalischen Daten, die Abmessungen sowie die aufgeprägte Geschwindigkeitsverteilung der anströmenden Luft bzw. Windböe über Höhe und Zeit sind in Abb. 26.9.13 angegeben. Die unverformte Traglufthalle hat einen Halbkreisquerschnitt und wird durch einen inneren Überdruck p_i gestützt; es ist $p_i = 0.6\, p_s = 285.0$ Pa, wobei p_s den Staudruck der Luft bei $v_{10} = 28$ m/s darstellt.

Es wird angenommen, daß 200 m stromauf vom Mittelpunkt ungestörte Zuströmung entsprechend der in Abb. 26.9.13 dargestellten Geschwindigkeitsverteilung herrscht. Der zeitliche Verlauf der Referenzgeschwindigkeit in 10 m Höhe, v_{10}, ist ebenfalls dargestellt, wobei die Niveauübergänge als $\sin^2$-Funktion ausgebildet sind. Für die Transparenz der Berechnung wird das tatsächliche Problem durch ein zweidimensionales approximiert, wobei die Strömung im Umkreis von 200 m um den Mittelpunkt der Traglufthalle als unbekannt betrachtet wird. Auf diesem Halbkreis (Strömungsrand) wird angenommen, daß die Vertikalkomponente des gestörten Windfeldes Null ist und die Horizontalkomponente durch das Höhen-Windprofil gegeben ist.

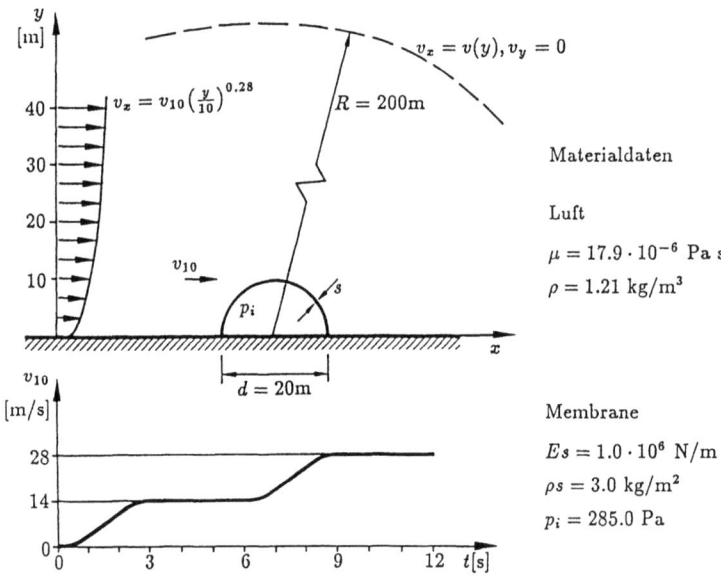

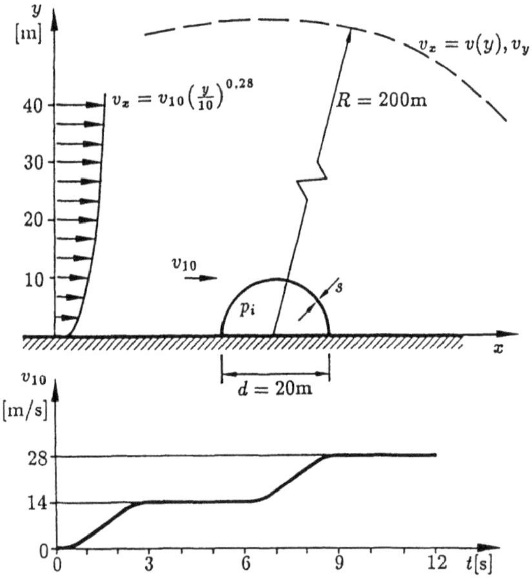

Materialdaten

Luft

$\mu = 17.9 \cdot 10^{-6}$ Pa s

$\rho = 1.21$ kg/m³

Membrane

$Es = 1.0 \cdot 10^6$ N/m

$\rho s = 3.0$ kg/m²

$p_i = 285.0$ Pa

Abb. 26.9.13 Luftumströmte Traglufthalle

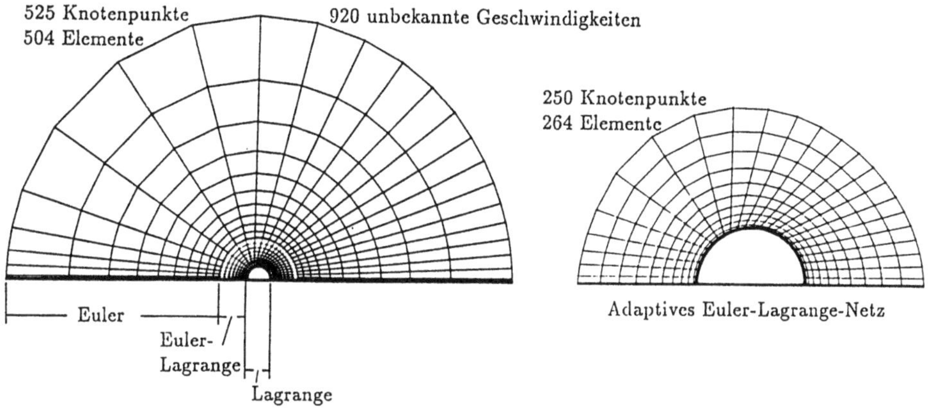

Abb. 26.9.14 FE-Idealisierung der luftumströmten Traglufthalle; Bereichseinteilung

Abbildung 26.9.14 zeigt das verwendete FE-Netz mit seiner Aufteilung in den unbeweglichen Eulerschen Bereich, den beweglichen Lagrangeschen Bereich, der die Membrane darstellt, und den Euler-Lagrangeschen Zwischenbereich, der zusätzlich vergrößert dargestellt wurde. Zur Beschreibung der Strömung werden ebene Viereckselemente QUAM 4 mit vier Knoten, jedoch konstantem Druck, verwendet.

Die Berechnungsmethode für die Bewegung des gekoppelten Problems Flüssigkeit – flexibler Festkörper ist in [26.10] beschrieben. Die Luftmasse innerhalb der Membrane wurde durch eine erhöhte Dichte der Membrane näherungsweise berücksichtigt. Die instationären gekoppelten Strömungs- und Schwingungsvorgänge wurden für die Zeit $0 \leqslant t \leqslant 12$ s mit einer konstanten Schrittweite von 0.01 s berechnet.

In den Abbildungen 26.9.15 bis 26.9.17 sind die Ergebnisse der nichtlinearen transienten Rechnung für ausgewählte Zeitpunkte dargestellt. Abbildung 26.9.15 veranschaulicht die Entwicklung des Geschwindigkeitsfeldes um die sich verformende Membran innerhalb der ersten drei Sekunden, bei einem Anstieg der Windgeschwindigkeit v_{10} von 0 auf 14 m/s. Es wurden die Geschwindigkeitsvektoren aufgetragen. Bei $t_c = 3.0$ s ist das Zurückschwingen der Membrane erkennbar, wobei sich stromab ein Wirbel ausbildet. In den darauffolgenden drei Sekunden mit konstantem v_{10} werden fast stationäre Verhältnisse erreicht. In Abbildung 26.9.16 werden die Verhältnisse bei einem weiteren Anstieg der Windgeschwindigkeit auf $v_{10} = 28$ m/s demonstriert. Die Membrane schwingt erneut nach rechts, und es bildet sich stromab direkt hinter der Membran ein deutlich ausgeprägter Wirbel. Danach bleibt die Windgeschwindigkeit konstant, und es ist eine wiederkehrende Wirbelbildung und Wirbelablösung im Stromschatten der Membrane zu beobachten, welche mit den Schwingungen der Membrane einhergeht (vgl. Abb. 26.9.17).

Die Druckverteilung über der Membrane ist für drei ausgesuchte Zeitpunkte in Abbildung 26.9.18 wiedergegeben. Aus Abbildung 26.9.19 schließlich ist die Verschiebung des fiktiv elastischen Zwischennetzes für drei Zeitpunkte dargestellt. Man beachte, daß in den Abbildungen 26.9.15 bis 26.9.19 die Deformationen der Membrane maßstabgerecht aufgetragen sind. Die ausgeprägte Nichtlinearität des Problems ist damit offensichtlich.

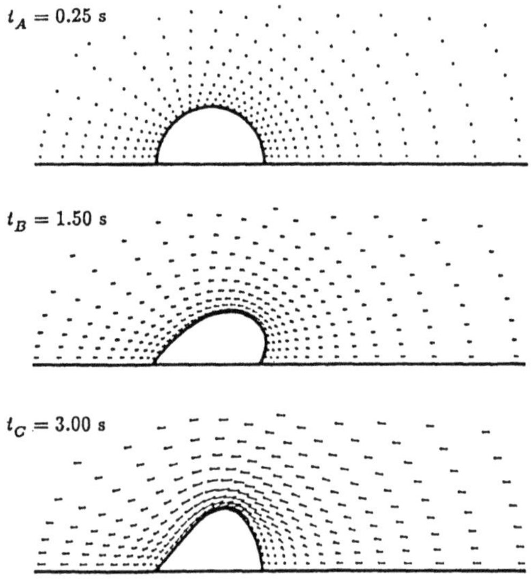

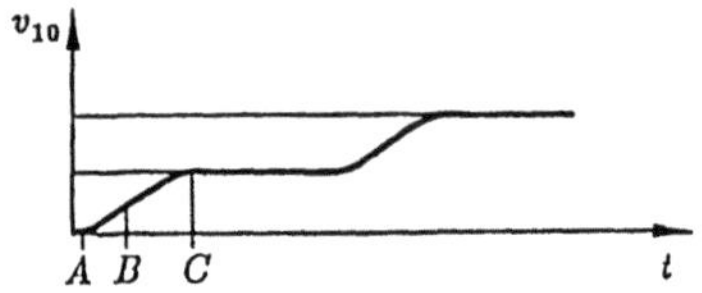

Abb. 26.9.15
Entwicklung des Geschwindigkeitsfeldes während der ersten 3 Sekunden

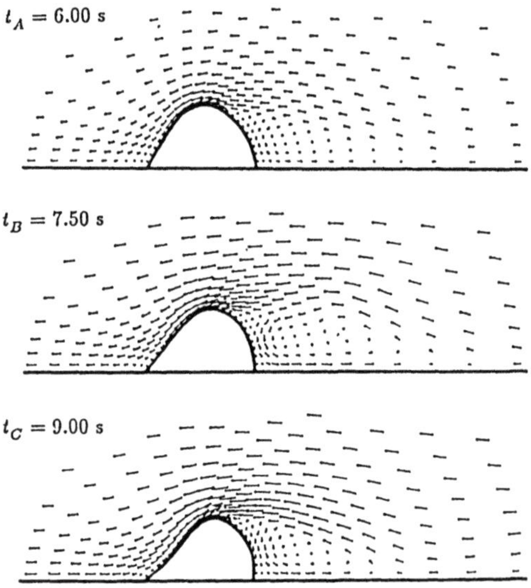

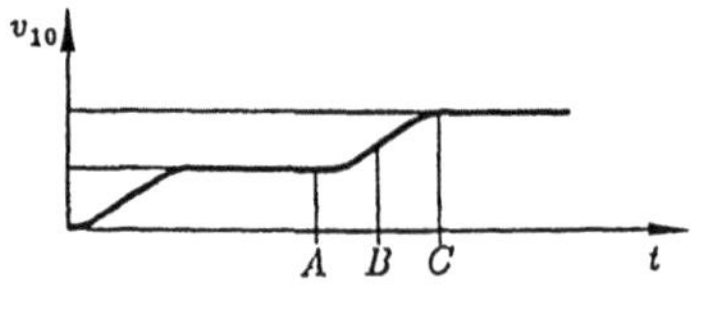

Abb. 26.9.16
Geschwindigkeitsfeld bei weiterer Erhöhung der Anströmgeschwindigkeit

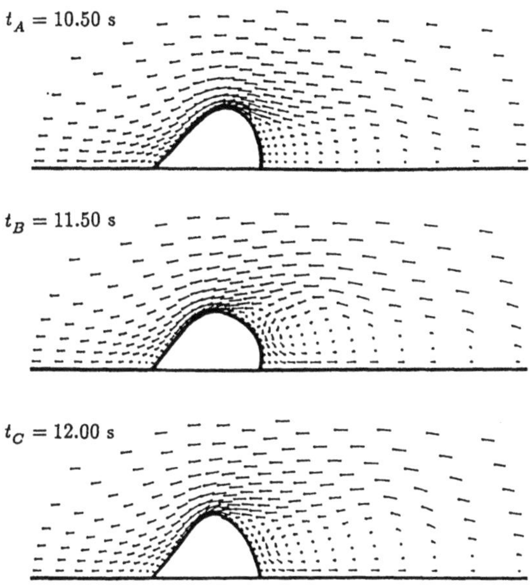

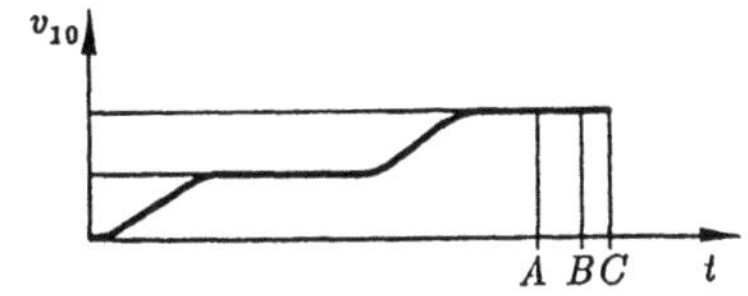

Abb. 26.9.17
Geschwindigkeitsfeld bei konstant gehaltener Anströmgeschwindigkeit

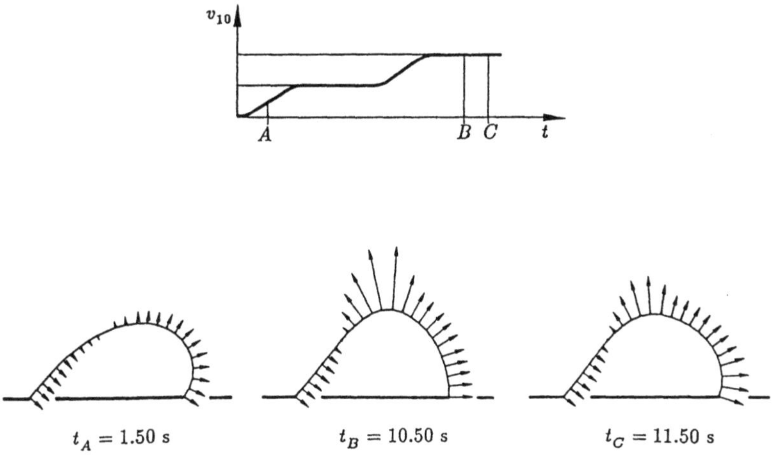

Abb. 26.9.18 Druckverteilung auf der Membranoberfläche

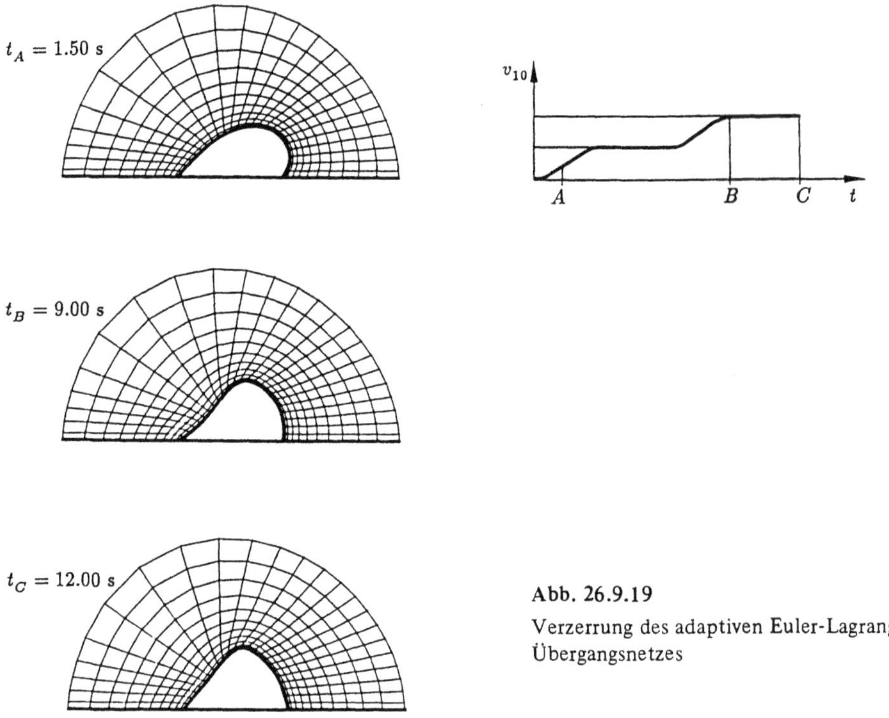

Abb. 26.9.19
Verzerrung des adaptiven Euler-Lagrangeschen Übergangsnetzes

26.9.3 Flattern eines Deltaflügels in einer supersonischen Strömung

Wir demonstrieren in diesem Beispiel die numerische Methodik einer Flatteranalyse an einem Deltaflügel in einer Überschallströmung, wobei wir den Flügel in einer extremen Idealisierung als eine homogene Dreiecksplatte darstellen [26.111]. Da es hier nur um das Prinzip des Verfahrens geht, genügt es, die Platte durch ein einziges TUBA6-Element (siehe Abschnitt 8.4.6) zu modellieren. Wir erinnern den Leser, daß die Verschiebung w eines TUBA6-Elements durch ein vollständiges Polynom 5. Ordnung beschrieben wird. Wichtig ist, festzuhalten, daß die hier angewandte numerische Methode in keiner Weise durch die extreme Vereinfachung der Struktur beeinflußt wird.

Abweichend zu unserer Darstellung der Lösungstechnik der Flattergleichung in den Abschnitten 26.4.7.4, 26.5.3 und 26.6.1, 26.6.2 wird im vorliegenden Beispiel keine lineare oder nichtlineare Spektralanalyse der Flattergleichung durchgeführt, sondern eine direkte numerische Integration der Bewegungsgleichung auf Grund des in Abschnitt 23.4 entwickelten, unbedingt stabilen kubischen (hermiteschen) Algorithmus mit großer Schrittweite vorgenommen. Für eine lineare Struktur – wie im vorliegenden Fall des TUBA6-Elements – ist dieser Algorithmus das geeignetste Werkzeug zur direkten Integration der Bewegungsgleichung.

Die Darstellung der aerodynamischen Kräfte erfolgt über die Piston-Theorie der Abschnitte 26.4.7.1 und 26.4.7.3. Es ergeben sich, wie in Gleichungen (26.4.149) und (26.4.202) gezeigt, aerodynamische Kräfte, die proportional zu den Verschiebungen $\boldsymbol{r}$ bzw. den Geschwindigkeiten $\dot{\boldsymbol{r}}$ sind. Damit wird die Bewegungsgleichung in Abwesenheit einer Störkraft homogen in $\boldsymbol{r}$, $\dot{\boldsymbol{r}}$ und $\ddot{\boldsymbol{r}}$. Um einen Flattervorgang einzuleiten, muß also eine Initialstörung, z.B. eine Anfangsverschiebung oder Anfangsgeschwindigkeit, einem Punkt der Platte zum Zeitpunkt $t = 0$ auferlegt werden. Im vorliegenden Fall erfolgt dies durch eine Verschiebung $r = 10$ cm an der Flügelspitze. Wichtig ist festzustellen, daß die Unsymmetrie der aerodynamischen Matrizen auf das Verfahren keinen Einfluß hat.

Um die kritische Flattergeschwindigkeit oder Machzahl zu bestimmen, wird die mechanische Response des Systems mit dem erwähnten Algorithmus für drei Machzahlen ($M = 2.50$, $M = 2.80$ und $M = 2.85$) ermittelt. Das Verfahren ist insgesamt von einprägsamer Einfachheit und unterliegt nicht gewissen Schwächen der Spektralanalyse. Abbildung 26.9.20 präsentiert die Querverschiebung der Plattenspitze als Funktion der Zeit für die drei Machzahlen. Während bei $M = 2.5$ die aerodynamische Dämpfung die Schwingung allmählich zum Erlöschen bringt und bei $M = 2.85$ die Schwingung aufgeschaukelt wird, beobachten wir bei $M = 2.80$ nach dem Einschwingvorgang einen harmonischen Bewegungsablauf. Damit muß die kritische Machzahl bei $M = 2.80$ liegen. Das Verfahren ist im Gegensatz zur Spektralanalyse sehr benutzerfreundlich, erfordert aber einen ‚regula falsi'-Prozeß. Auch muß die Flatterfrequenz entweder aus dem Bewegungsverlauf herausgelesen oder einer Fourier-Analyse (Spektraldichte) entnommen werden. Um die numerische Stabilität des Algorithmus zu untersuchen, wurden die Berechnungen für verschiedene Zeitschritte durchgeführt. Die aufgetragenen Kurven entsprechen einem Zeitschritt von 1/25 der Flatterperiode. Für einen so großen Schritt wie 1/3 der Periode sind aber die Ergebnisse noch immer verwertbar und lassen die kritische Machzahl von $M = 2.80$ und das divergierende Verhalten bei $M = 2.85$ erkennen. Interessanterweise konnten obige Ergebnisse durch Experimente gut bestätigt werden.

26.9.4 Beispiele von Panel-Flattern in einer Überschallströmung

Im letzten Abschnitt dieses Werkes besprechen wir in geraffter Form Beispiele von Panel-Flattern in einer supersonischen Strömung mit $M \gg 1$. Die Theorie wurde in ihren Grundzügen in den Abschnitten 26.4.7.3, 26.4.7.4 sowie 26.5.3 aufgrund einer im Schwierigkeitsgrad gestaffelten Idealisierung, die bei TUBA-Elementen ohne $\boldsymbol{k}_g$ (lineares Flattern) beginnt und über TUBA mit $\boldsymbol{k}_g$ sowie mit Überlagerung von TRIM6-Membran-Elementen bis zu SHEBA-Elementen für große finite Durchbiegungen (nichtlineares Flattern) führt, entwickelt.

In allen in diesem Abschnitt vorgelegten Flatterbeispielen ist keine Modalreduktion der Freiheitsgrade vorgenommen worden, obwohl diese in jedem Fall sowohl numerisch als auch ökonomisch empfehlenswert wäre. Der Grund für diese Zurückhaltung liegt ausschließlich in dem Wunsch, die Genauigkeitsgrenzen der jeweiligen Idealisierung voll auszuschöpfen.

Die hier diskutierten Beispiele sollen insbesondere die nichtlinearen Verhältnisse bei finiten Amplituden demonstrieren. Für alle Panels haben wir bewußt die einfache rechteckige Form gewählt, und zwar, um Vergleiche mit früheren Ergebnissen zu ermöglichen.

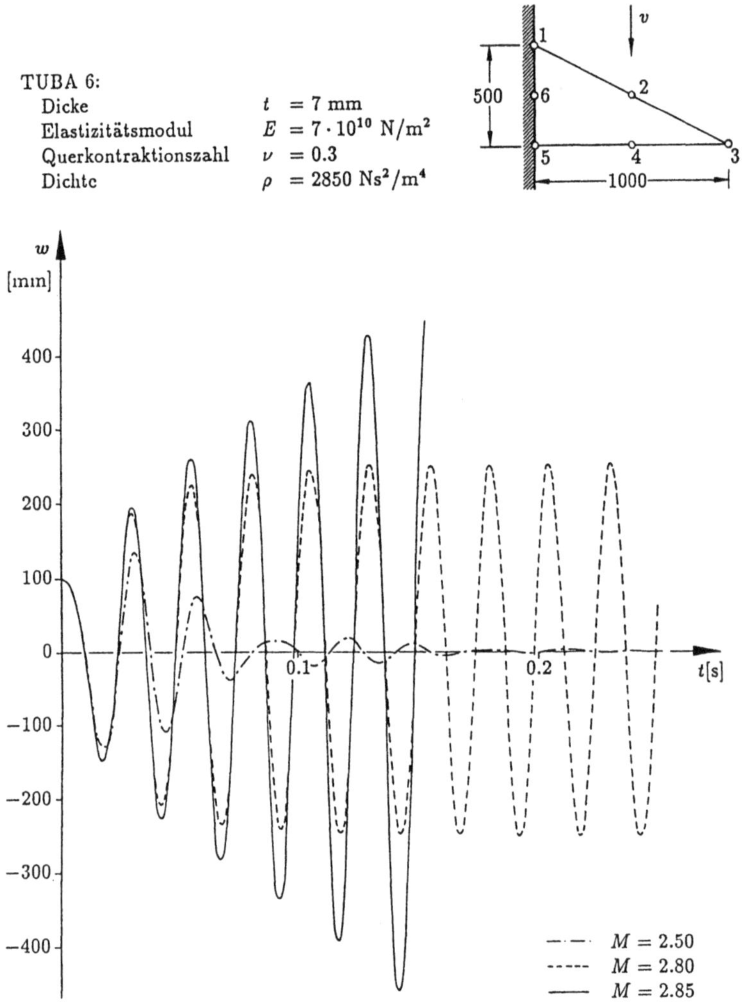

Abb. 26.9.20 Supersonisches Flattern einer Platte. Querverschiebung des Knotens 3 als Funktion der Zeit für verschiedene Machzahlen

Die Methodik im Umgang mit TUBA- bzw. SHEBA-Elementen verbleibt jedoch die gleiche bei Panels von willkürlicher Form.

In der Darstellung der numerischen Ergebnisse empfiehlt es sich – auch um den Vergleich mit den Resultaten anderer Autoren zu erleichtern –, die maßgebenden Parameter in eine dimensionslose Form zu transformieren. Zu diesem Zweck beziehen wir uns auf die Bezeichnungen in Abschnitt 26.5.3, wo wir folgende Abkürzungen für den aerodynamischen (dynamischen) Druck- und den Dämpfungsparameter eingeführt haben (siehe (26.5.54))

$$\lambda = \frac{\rho_\infty v_\infty^2}{\beta} = \frac{2q_\infty}{\sqrt{M_\infty^2 - 1}}$$

bzw.

$$\alpha = \frac{\rho_\infty v_\infty \mu}{\beta} = \rho_\infty v_\infty \frac{M_\infty^2 - 2}{(M_\infty^2 - 1)^{3/2}} \tag{26.9.88}$$

Für die Interpretation der Ergebnisse definieren wir jetzt die dimensionslosen Parameter λ^r und α^r in der Form

$$\lambda^r = \lambda\left(\frac{L^3}{D}\right)$$

$$\alpha^r = \left(\frac{\delta}{M_\infty}\lambda^r\right)^{1/2} = \frac{\alpha}{m}\left(\frac{mL^4}{D}\right)^{1/2} \tag{26.9.89}$$

Hier ist δ das in (26.5.65) eingeführte Luft-Panel-Massenverhältnis $\rho_\infty L/m = \rho_\infty L/\rho h$, L eine repräsentative Längendimension des Panels und $D = Eh^3/12(1-\nu^2)$ die klassische Plattensteifigkeit.

Es ist weiterhin notwendig, eine entsprechende Transformation der in (26.5.61) spezifizierten Eigenwerte κ der Flattergleichung vorzunehmen. Aus der Definition von κ ergibt sich unmittelbar die dimensionslose Formulierung

$$\kappa^r = \kappa\left(\frac{mL^4}{D}\right) \tag{26.9.90}$$

In den nichtlinearen Flatter-Phänomenen spielt die Größe der Amplitude oder Auslenkung w eine wesentliche Rolle. Bei den hier betrachteten rechteckigen Panels wird diese im allgemeinen in dimensionsloser Form w/h bei $x/L = 0.75$ stromabwärts gemessen. Entsprechend (26.5.63) schreibt sich die komplexe Form κ^r

$$\kappa^r = \kappa_R^r + i\kappa_I^r \tag{26.9.91}$$

Alle hier vorgelegten Ergebnisse wurden am ISD im Jahre 1971 mit SHEBA- bzw. TUBA-Elementen erzielt. Wir haben im folgenden unsere Ergebnisse ähnlich wie in [26.91] aufgetragen um einen Vergleich zu ermöglichen. Unsere Berechnungen erweisen sich dabei als etwas genauer, was auf die konsequentere FEM-Idealisierung der Platten zurückzuführen ist.

26.9.4.1 Lineare Flatter-Analyse

Für eine lineare Flatter-Analyse wird die Präsenz einer variierenden geometrischen Steifigkeit $\boldsymbol{k}_g$ ignoriert, und nur transversale Verschiebungen w werden berücksichtigt. Die aerodynamische Dämpfung wird zu Null gesetzt. Damit liegen im vorliegenden Untersuchungsbereich nur reelle Eigenwerte κ_1^r und κ_2^r vor. Von besonderem Interesse ist der Fall, bei dem die beiden Eigenwerte κ_1^r und κ_2^r zusammenfallen. Die diesem Grenzzustand entsprechenden λ^r- und κ^r-Werte werden mit λ_{crit}^r und κ_{crit}^r bezeichnet. Wenn $\lambda^r > \lambda_{crit}^r$ ist, werden die Eigenwerte κ komplex, und Flattern kann ausgelöst werden, wenn eine gewisse aerodynamische Dämpfung vorhanden ist.

Wir beschränken uns in dieser Berechnungsserie auf eine quadratische, einfach gelagerte Platte, die mittig angeströmt wird. Drei alternative Idealisierungen mit je 4, 8 und 16

Element	Platten-Idealisierung	Freiheitsgrade	aerodynamischer Druck λ^r_{crit}	Eigenwert κ^r_{crit}
TUBA3	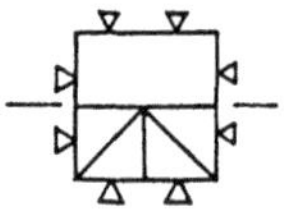	9	513.850	1848.84
	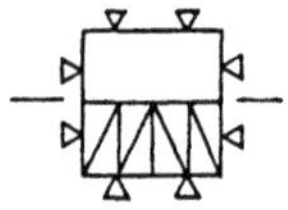	19	513.260	1848.13
	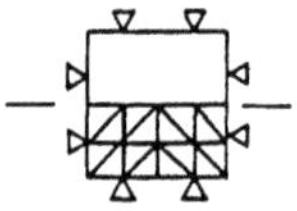	41	512.821	1848.43
"Exakte" Lösung	Olson [26.68]		512.651	1848.21

Abb. 26.9.21 Lineare Flatteranalyse einer einfach gelagerten quadratischen Platte; Eigenwerte κ^r und aerodynamischer Druck λ^r; siehe auch [26.91]

TUBA3-Elementen über der Hälfte der Platte werden untersucht. Man beachte, daß auf Grund der Symmetrie der Struktur nur die Hälfte des Systems berücksichtigt zu werden braucht.

In Abbildung 26.9.21 sind die Ergebnisse λ^r_{crit} und κ^r_{crit} für die alternativen Netze aufgeführt. Es liegt auch ein Vergleich mit der sogenannten „exakten" Lösung von Olson vor [26.68]. Die Genauigkeit der Resultate ist beeindruckend; man vergleiche auch den interessanten Beitrag [26.91].

Die im nächsten Unterabschnitt vorgenommene nichtlineare Flatter-Analyse beruht ausschließlich auf einer einschichtigen Anordnung von 8 TUBA3- bzw. 8 SHEBA3-Elementen. Wie Abbildung 26.9.21 zeigt, führt dieses Netz bei einer linearen Flatter-Analyse bzw. bei einer *in vacuo* freien Schwingung einer einfach gelagerten quadratischen Platte zu sehr guten Ergebnissen.

26.9.4.2 Grenzzyklus-Schwingungen

Als nächstes wenden wir uns nichtlinearen Flatter-Analysen zu. Wir betrachten zuerst ein zweidimensionales Panel, das an den beiden Enden $x = 0$ und $x = a$ einfach gelagert ist. Als Idealisierung wird die vorerwähnte einschichtige Anordnung von 8 SHEBA3-Elementen gewählt. In Abbildung 26.9.22 werden Berechnungen wiedergegeben, und zwar für zwei Verhältnisse der nichtdimensionalen Amplitude, nämlich $w/h = 0$ und $w/h = 0.6$. Um die Ergebnisse besser zu verstehen, sind auch die Eigenwerte κ_1 und κ_2 der bei $w/h = 0$ (lineares Verhalten) und $w/h = 0.6$ (nichtlineares Verhalten) flatternden Platte einschließlich des Grenzzustands $\lambda^r = 0$ (frei schwingende Platte) aufgetragen.

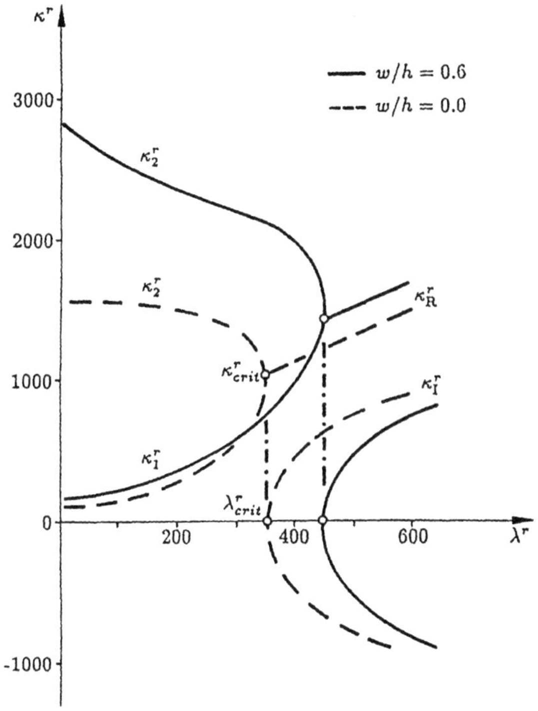

Abb. 26.9.22
Eigenwerte κ^r des einfach gelagerten zweidimensionalen Plattenstreifens in Abhängigkeit vom dynamischen Druck λ^r

Betrachten wir nun zuerst den linearen Flatter-Grenzfall $w/h = 0$, dann erkennen wir das kritische Ineinanderschmelzen bzw. Zusammenfallen der beiden Eigenwerte bei $\lambda^r_{crit} = 343.32$, was den kritischen aerodynamischen Druck bei verschwindender Dämpfung α^r wiedergibt.

Wenn $\lambda^r > \lambda^r_{crit}$ wird, werden, wie im vorhergehenden Unterabschnitt schon dokumentiert, die Eigenwerte komplex, und Flattern kann einsetzen, vorausgesetzt, es wirkt eine gewisse aerodynamische Dämpfung α^r. Der kritische Wert $\lambda^r = \lambda^r_{crit}$ wird durch einen iterativen Prozeß gewonnen, wobei in Anlehnung an Abschnitt 26.5.3 die aerodynamische Dämpfung, spezifiziert durch $\alpha^r = (\lambda\delta/M)^{1/2}$, und der Wert $\kappa^r_I/\sqrt{\kappa^r_R}$ übereinstimmen müssen; siehe auch (26.5.66). Man beachte dabei die Gleichungen (26.5.64) und Abbildung 26.9.22 und vergesse nicht, daß κ^r_R der reelle Teil und κ^r_I der imaginäre Teil des Eigenwerts κ^r sind.

Wenn wir jetzt die finiten Amplituden $w/h = 0.6$ betrachten, so beobachten wir das Zusammenfallen der Eigenwerte für $\lambda^r_{crit} = 438.4$ und den Übergang in komplexe Eigenwerte für $\lambda^r > \lambda^r_{crit}$. Der Wert $\lambda^r_{crit} = 438.4$ beschreibt wieder einen Grenzzyklus, bei dem die aerodynamische Dämpfung α^r verschwindet. In Anwesenheit einer gewissen aerodynamischen Dämpfung findet die Grenzzyklus-Schwingung für größere λ^r-Werte statt. Wiederum müssen wir den vorerwähnten iterativen Prozeß benutzen, bis die Dämpfung α^r mit $\kappa^r_I/\sqrt{\kappa^r_R}$ übereinstimmt.

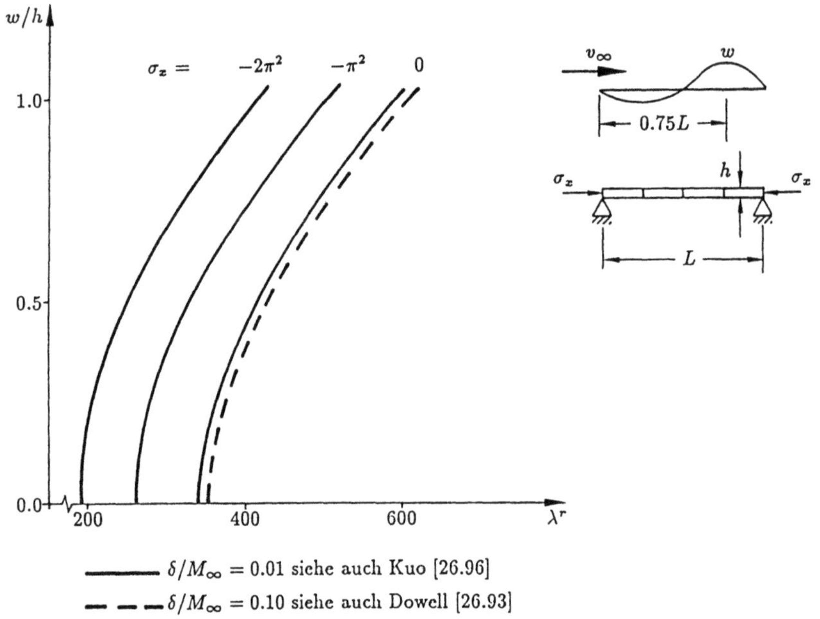

Abb. 26.9.23 Grenzzyklus-Amplitude w/h des einfach gelagerten zweidimensionalen Plattenstreifens in Abhängigkeit vom dynamischen Druck λ^r

In Abbildung 26.9.23 ist die Variation der dimensionslosen Amplitude w/h der in einem Grenzzyklus erfolgenden nichtlinearen Schwingung in Abhängigkeit vom aerodynamischen Druck λ^r für das gleiche Panel aufgetragen. Zwei Werte für das Massenverhältnis, nämlich $\delta/M_\infty = 0.01$ und 0.1, werden dabei gewählt. Zusätzlich wird noch eine axiale Druckkraft σ_x in Höhe von $\sigma_x = 0,\ -\pi^2,\ -2\pi^2$ auf die einfach gelagerte zweidimensionale Platte angesetzt. Dabei ist σ_x der nichtdimensionale Parameter $\sigma_x = N_{x0}\,a^2/D$; siehe (26.4.207). Für jede angenommene Kombination der Amplitude w/h, des Massenverhältnisses δ/M_∞ und der Druckkraft σ_x wird wieder der iterative Prozeß benutzt, bis $\alpha^r = (\lambda\delta/M_\infty)^{1/2} = \kappa_I^r/\sqrt{\kappa_R^r}$ ist. Ein Vergleich mit den Resultaten von Dowell [26.93] für das Massenverhältnis $\delta/M_\infty = 0.1$ weist eine gute Übereinstimmung auf.

Wir betrachten als nächstes in Abbildung 26.9.24 einen an den Enden eingespannten Plattenstreifen, der einer dimensionslosen Längskraft σ_x ausgesetzt ist. Wiedergegeben ist auch für $\sigma_x = 0$ der Sonderfall des Panels mit sich frei in der Mittelfläche bewegenden Rändern. Durch die dabei auftretende unwesentliche Streckung in der Längsrichtung wird der kritische dynamische Druck annähernd unabhängig von der Amplitude w/h, und λ^r_{crit} stimmt mit dem für lineares Flattern praktisch überein.

Das nächste Beispiel dieser Gruppe betrifft eine einfach gelagerte quadratische Platte mit einer an den Rändern festgehaltenen Mittelfläche. Abbildung 26.9.25 zeigt die

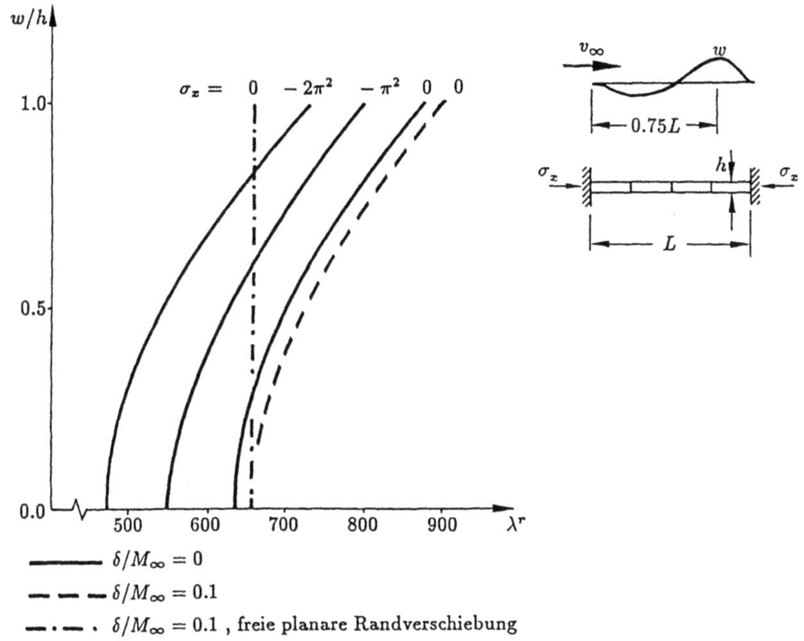

Abb. 26.9.24 Grenzzyklus-Amplitude w/h des zweidimensionalen Plattenstreifens mit eingespannten Lagern

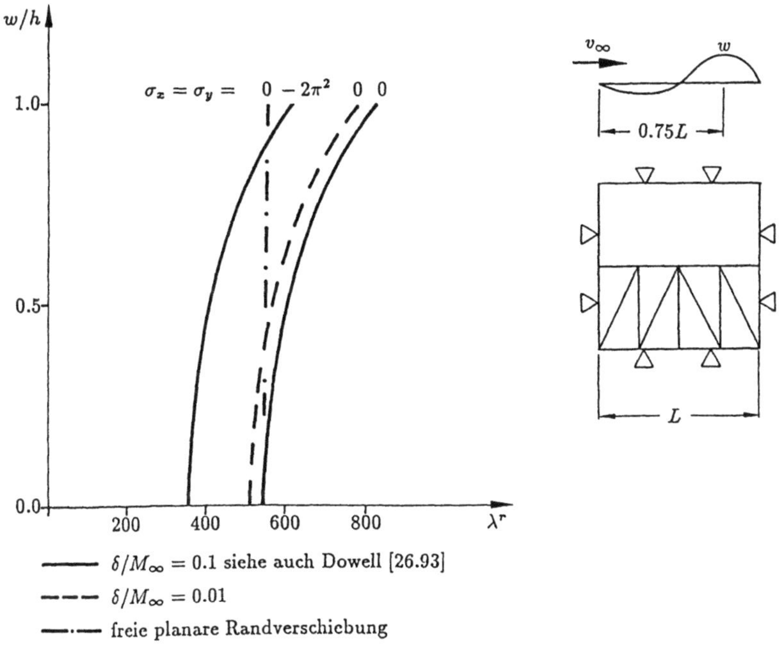

Abb. 26.9.25 Grenzzyklus-Amplitude w/h der einfach gelagerten quadratischen Platte mit unterdrückter planarer Randverschiebung

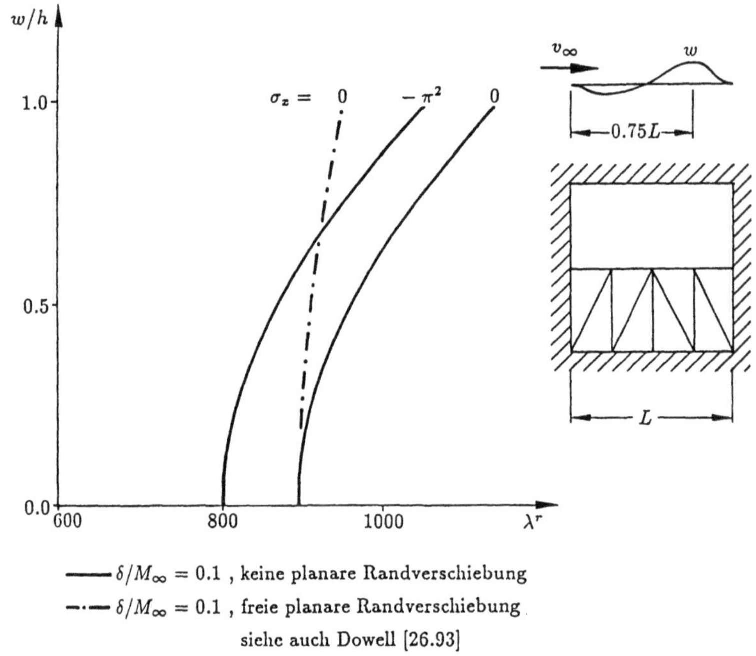

Abb. 26.9.26 Grenzzyklus-Amplitude w/h der quadratischen Platte mit eingespannten Rändern

Idealisierung und die Amplituden w/h als Funktion von λ^r für verschiedene Massenverhältnisse δ/M_∞ und axiale Kräfte σ_x, die in Richtung der Strömung wirken. Der Sonderfall für frei bewegliche Ränder und $\sigma_x = 0$ zeigt, wie zu erwarten, weit größere Amplituden w/h als für die festgehaltenen Ränder.

Wir schließen diesen Unterabschnitt mit der Demonstration einer eingespannten quadratischen Platte, deren Mittelfläche an den Rändern festgehalten ist, ab. Die Ergebnisse sind in Abbildung 26.9.26 aufgetragen und zeigen für $\sigma_x = 0$ auch den Sonderfall der frei an den Rändern beweglichen Mittelfläche. Alle Berechnungen dieses Abschnitts wurden mit SHEBA3 bzw. mit TUBA6 und TRIM6 durchgeführt. Die Unterschiede sind in der graphischen Darstellung nicht erkennbar.

26.9.4.3 Flattern eines Panels unter gleichzeitiger Wirkung eines statischen Differentialdrucks

Als nächstes betrachten wir den Einfluß eines transversalen statischen Druckes Δp_s auf einem zweidimensionalen einfach gelagerten Panelstreifen. Wir zeigen als erstes in Abbildung 26.9.27 die stationäre mittlere Amplitude als Funktion des nichtdimensionalen statischen Differentialdrucks

$$P^r = \Delta p_s \left(\frac{L^4}{Dh} \right) \qquad (26.9.92)$$

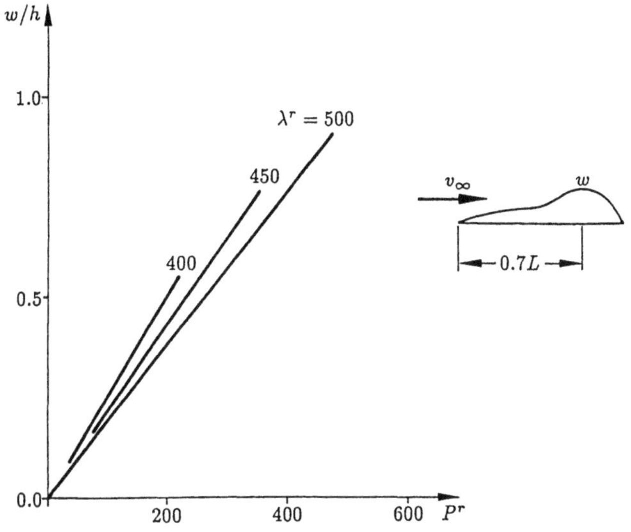

Abb. 26.9.27
Stationäre mittlere Amplitude w/h des einfach gelagerten zweidimensionalen Panelstreifens in Abhängigkeit vom statischen Differentialdruck P^r; s. auch *Dowell* [26.93]

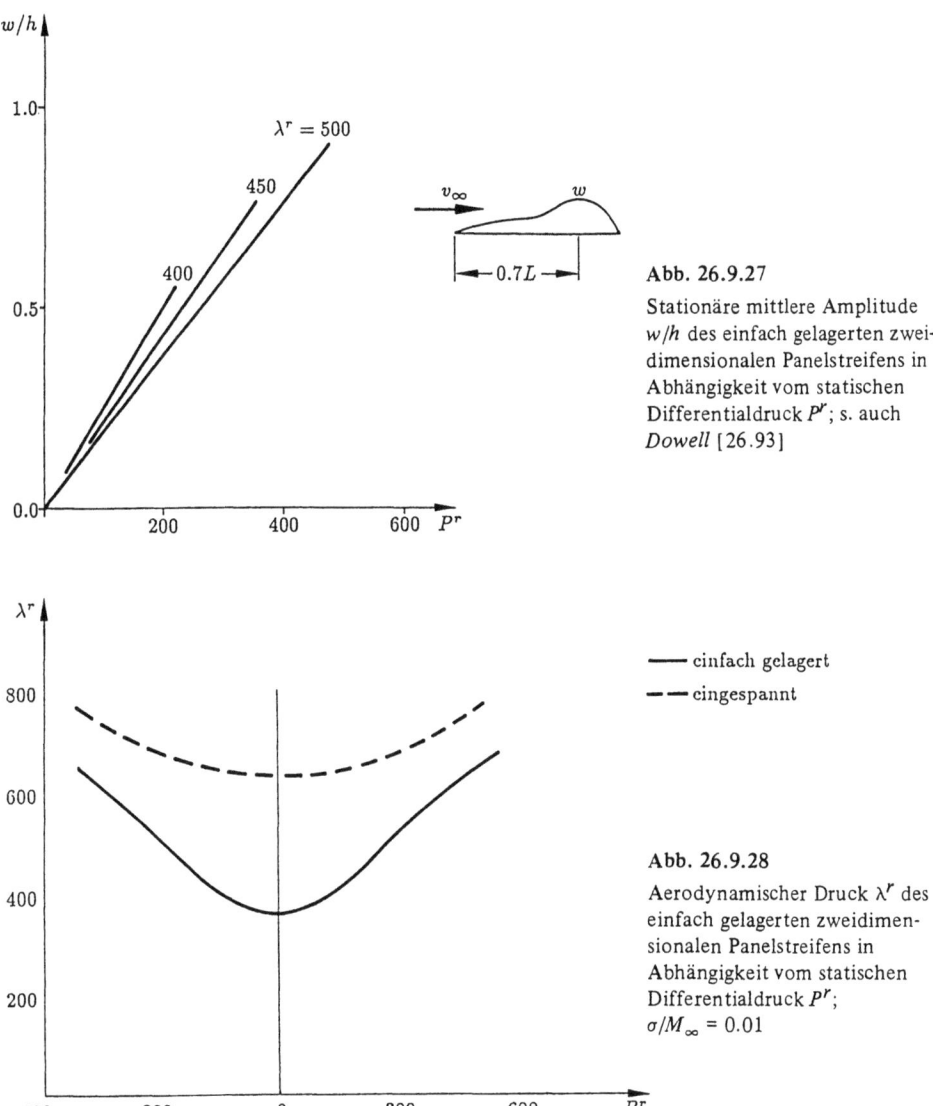

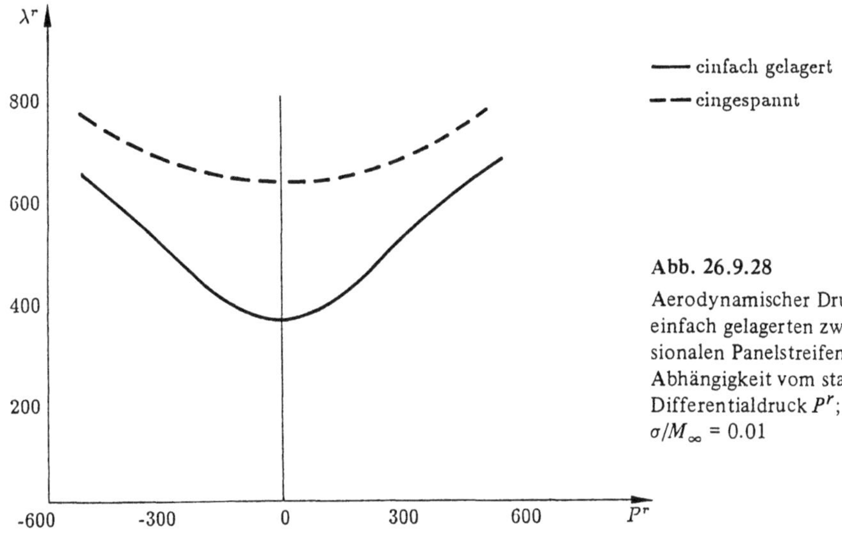

Abb. 26.9.28
Aerodynamischer Druck λ^r des einfach gelagerten zweidimensionalen Panelstreifens in Abhängigkeit vom statischen Differentialdruck P^r; $\sigma/M_\infty = 0.01$

für verschiedene Werte des aerodynamischen Druckes λ^r an. Der Verlauf der Linien ist, wie zu erwarten, praktisch gerade.

Auf der Grundlage eines stationären mittleren Gleichgewichts unter einem Differentialdruck P^r wird jetzt der dynamische Druck λ^r, der einer Flatterkondition entspricht, für das Massenverhältnis $\delta/M_\infty = 0.01$ bestimmt. Wiederum wird ein iterativer Prozeß für die Ermittlung von λ^r benutzt, bis die aerodynamische Dämpfung $\alpha^r = (\lambda^r\delta/M_\infty)^{1/2}$ und der Wert $\kappa_I^r/\sqrt{\kappa_R^r}$ übereinstimmen. In Abbildung 26.9.28 sind die Resultate aufgetragen, die sich mit den Ergebnissen von Dowell [26.93] decken. Eingetragen sind auch die analogen Resultate für einen an beiden Enden eingespannten Plattenstreifen.

In den folgenden Abbildungen 26.9.29, 26.9.30 werden entsprechende Ergebnisse für eine einfach gelagerte quadratische Platte demonstriert.

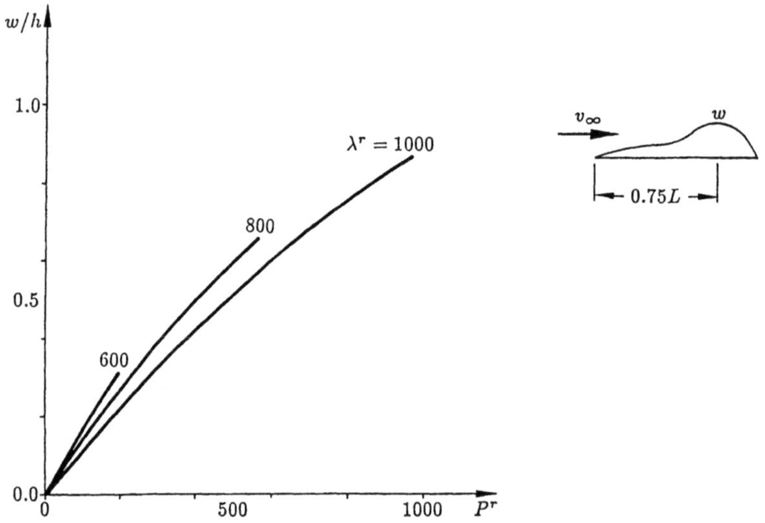

Abb. 26.9.29 Stationäre mittlere Amplitude w/h der einfach gelagerten quadratischen Platte in Abhängigkeit vom statischen Differentialdruck P^r

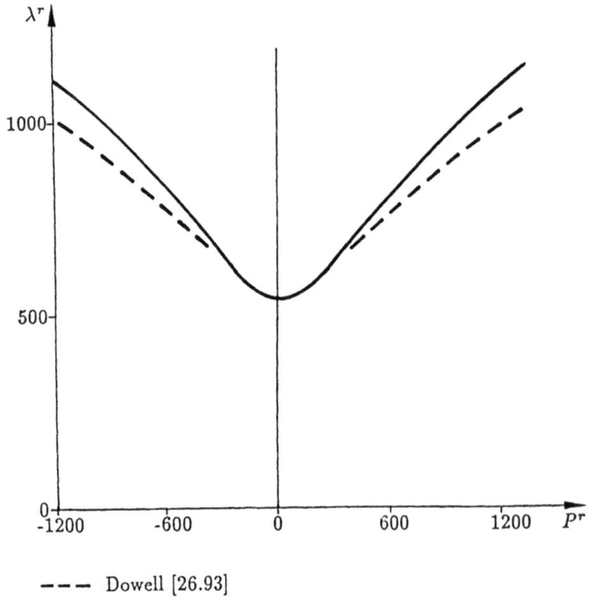

Abb. 26.9.30
Aerodynamischer Druck λ^r der einfach gelagerten quadratischen Platte in Abhängigkeit vom statischen Differentialdruck P^r; $\sigma/M_\infty = 0.1$

26.9.4.4 Flattern eines Panels im Beulzustand

Als letztes betrachten wir die Flatterphänomene einer Platte im Beulzustand. Wir beschränken uns auf eine einfach gelagerte quadratische Platte, die einem biaxialen Druck $\sigma_x = \sigma_y$ ausgesetzt ist; das Massenverhältnis ist $\delta/M_\infty = 0.1$. Für den linearen Flatterbereich führt der biaxiale Druck auf eine Destabilisierung, und der Wert λ^r verringert sich mit wachsendem σ_x, wie aus Abbildung 26.9.31 ersichtlich. Unterhalb dieses Grenzbereichs bleibt das Panel flach und stabil, während oberhalb des Bereichs die Platte finite Amplituden-Schwingungen im Grenzzyklus ausführt.

Für $\lambda^r = 0$ beult die Platte bei $\sigma_x = \sigma_y = -2\pi^2$. Wächst der dynamische Druck λ^r an, so beobachten wir einen stabilisierenden Effekt, der die kritische Beulspannung erhöht. Der sich ergebende weitere Grenzverlauf schneidet die Grenzkurve des linearen Flatterverhaltens und bildet anschließend eine Trennung zwischen den Bereichen für nichtlineare (Grenzzyklus) aeroelastische Schwingungen mit finiten Amplituden w/h und der gebeulten, aber dynamisch stabilen Platte.

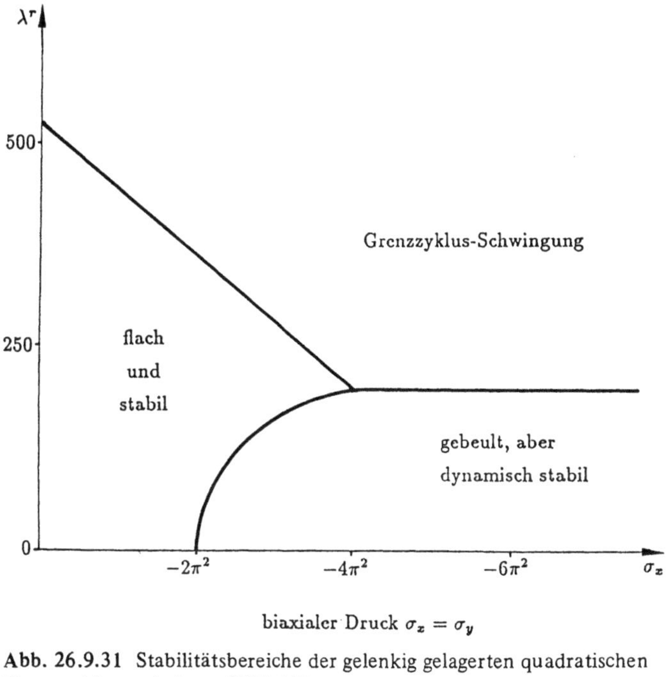

Abb. 26.9.31 Stabilitätsbereiche der gelenkig gelagerten quadratischen Platte; siehe auch *Dowell* [26.93]

Literatur zu Kapitel 26

[26.1] *Y. C. Fung,* The theory of aeroelasticity (John Wiley & Sons, London, 1955).

[26.2] *K. Oswatitsch;* Gasdynamik (Springer-Verlag, 1952).

[26.3] *I. H. Abbott, A. E. Doenhoff;* Theory of wing sections (Dover Publications, New York, 1959).

[26.4] *R. L. Bisplinghoff, H. Ashley;* Principles of aeroelasticity (Dover Publications, New York, 1975).

[26.5] *E. H. Dowell;* A modern course in aeroelasticity (Sijthoff and Noordhoff, Alphen aan den Rijn, 1978).

[26.6] *A. R. Collar;* The expanding domain of aeroelasticity, J. Roy. Aer. Soc. 51 (1949) 613–636.

[26.7] *J. Argyris, P. C. Dunne;* The general theory of cylindrical and conical tubes under torsion and bending loads, single and many-cell tubes of arbitrary cross-section, etc.
a) Parts I–IV. Orthogonal self-equilibrating end load systems. The tube under arbitrary torque. J. Roy. Aer. Soc. 49 (1947) 199–269.
b) Part V. General analysis of arbitrary loading (bending and torsion), J. Roy. Aer. Soc. 49 (1947) 757–784, 884–930.
c) Part VI. Cut-outs. Open tubes with finite or zero St. Venant torsional stiffness. Series of joined tubes, J. Roy. Aer. Soc. 51 (1949) 461–483, 588–620.

[26.8] *W. Just;* Statische Längsstabilität und Längssteuerung (Verlag Flugtechnik, Stuttgart, 1959).

[26.9] *H. Stümke;* Grundzüge der Flugmechanik und Ballistik (Vieweg, Braunschweig, 1969).

[26.10] *J. Argyris, J. St. Doltsinis, H. Fischer, H. Wüstenberg;* Tὰ πάντα ῥεῖ, Fenomech 84, Comp. Meth. Appl. Mech. Eng. 51 (1985) 289–362.

[26.11] *H. W. Försching;* Grundlagen der Aeroelastik (Springer, Berlin, 1974).

[26.12] *H. G. Natke, O. Mahrenholtz;* Aeroelastische Probleme außerhalb der Luft- und Raumfahrt, Mitteilung des Curt-Risch-Institutes der Technischen Universität Hannover, Band I (1978).

[26.13] *H. Schlichting, E. Truckenbrodt;* Aerodynamik des Flugzeugs, Teil I (Springer, Berlin, 1967).

[26.14] *E. G. Broadbent;* The elementary theory of aeroelasticity (Bunhill Publications, Holborn, 1956).

[26.15] *J. S. Przemieniecki;* Theory of structural analysis (McGraw-Hill Book Comp., New York, 1968).

[26.16] *O. C. Zienkiewicz;* The finite element method (third expanded and revised edition) (McGraw-Hill Book Comp., UK, 1977).

[26.17] *D. Althaus, F. X. Wortmann;* Stuttgarter Profilkatalog I, Meßergebnisse aus dem Laminarwindkanal des Instituts für Aerodynamik und Gasdynamik der Universität Stuttgart (Vieweg, Braunschweig, 1981).

[26.18] *J. H. Wilkinson;* The algebraic eigenvalue problem (Clarendon Press, Oxford, 1965).

[26.19] *H. G. Natke, E. Dellinger;* Funktionsanalytische Behandlung der Flattergleichung unter Verwendung des Newton-Verfahrens, Z. Flugwiss. 20 (1972) 300–306.

[26.20] *J. H. Wilkinson, C. Reinsch;* Handbook for automatic computation, Vol. 2: Linear algebra (Springer, Berlin, 1971).

[26.21] *Th. Theodorsen;* General theory of aerodynamic instability and the mechanism of flutter, NACA Report No. 496 (1935).

[26.22] *P. J. Eberlein;* Solution to the complex eigenproblem by a norm reducing Jacobi-type method, Num. Math. 14 (1970) 232–245.

[26.23] *K. A. Braun, et al.;* Some hypermatrix algorithms in linear algebra, Lecture notes in economics and mathematical systems, in: Computing Methods in Applied Sciences and Engineering, 134, Springer, Berlin (1976).

[26.24] *K. A. Braun;* Spektralanalyse großer, linear elastischer, allgemein gedämpfter Schwingungsprobleme, Dissertation, Universität Stuttgart (1979).

[26.25] *K. A. Braun, Th. L. Johnsen;* Hypermatrix generalization of the Jacobi- and Eberlein-method for computing eigenvalues and eigenvectors of Hermitean or non-Hermitean matrices, Comp. Meths. Appl. Mech. Eng. 4 (1974) 1–18.

[26.26] *H. G. Küssner;* Allgemeine Tragflächentheorie, Luftfahrtforschung 17 (1940) 370–378.

[26.27] *C. E. Watkins, H. L. Runyan, D. S. Woolston;* On the kernel function of the integral equation relating the lift and downwash distributions of oscillating wings in subsonic flow, NACA Rep. 1234 (1955).

[26.28] *C. E. Watkins, D. S. Woolston, H. J. Cunningham;* A systematic kernel function procedure for determining aerodynamic forces on oscillating or steady finite wings at subsonic speeds, NASA Rep. R-48 (1959).

[26.29] *V. J. E. Stark;* A method for solving the subsonic problem of the oscillating finite wing with the aid of high-speed digital computers, SAAB Aircraft Company, Linköping, Report TN41 (1958).

[26.30] *B. Laschka;* Zur Theorie der harmonisch schwingenden tragenden Fläche bei Unterschallanströmung, Z. f. Flugwiss. 11 (1963) 265–292.

[26.31] *H. G. Natke;* Bemerkungen zu der angenäherten Lösung des klassischen Flatterproblems, Z. f. Flugwiss. 15 (1967) 425–431.

[26.32] *H. J. Hassig;* An approximate true damping solution of the flutter equation by determinant iteration, J. Aircraft 8 (1971) 885–889.

[26.33] *V. J. E. Stark;* Aerodynamic coefficients for decaying oscillations and for solution of general equations, Saab-Scania Report FKLF-0-82 (1985).

[26.34] *H. Wittmeyer;* Berechnung subkritischer Eigenfrequenzen und Dämpfungen bei einer Flatteruntersuchung, Z. f. Flugwiss. Weltraumforsch. 7 (1983) 331–334.

[26.35] *H. Wittmeyer;* Zum Nachweis der Flattersicherheit von Flugzeugen, Bericht F85/1, CRI-K-2/84 (Forschungs- und Seminarberichte aus dem Bereich der Mechanik der Universität Hannover) (März 1985).

[26.36] *R. Courant, D. Hilbert;* Methoden der mathematischen Physik, Bd. I, 3. Auflage (Springer, Berlin, 1968) 26–29.

[26.37] *J. W. Edwards, H. Ashley, J. V. Breakwell;* Unsteady aerodynamic modelling for arbitrary motions, AIAA Paper 77–451 (1977).

[26.38] *E. E. Simodynes;* Gradient optimization of structural weight for specified flutter speed, J. Aircraft 11 (1974) 143–147.

[26.39] *K. Wilkinson, J. Markowitz, E. Lerner, D. George;* Application of the flutter and strength optimization program (FASTOP) to the sizing of metallic and composite lifting-surface structures, AIAA, ASME, SAE 17th Structures, Structural Dynamics, and Materials Conference, Pennsylvania (May 1976) 463–472.

[26.40] *S. S. Rao;* Optimization of complex structures to satisfy static, dynamic and aeroelastic requirements, Int. J. Num. Meth. Eng. 8 (1973) 249–269.

[26.41] *H. Wittmeyer;* Änderung des Standschwingversuchs beim Erstarrenlassen einiger Freiheitsgrade, Z. f. Flugwiss. 21 (1973) 213–215.

[26.42] *H. Wittmeyer;* Flattergleichungen mit Berücksichtigung einer Servosteuerung und eines Flugreglers, Z. f. Flugwiss. 22 (1974) 37–40.

[26.43] *A. D. N. Smith;* Flutter of powered controls and of all-moving tailplanes, AGARD manual on aeroelasticity 5, Chapter 4.

[26.44] *R. T. Haftka;* Optimum control of structures, NATO/NASA/NSF/USAF, Advanced Study Institute, Computer Aided Optimal Design, I, Troia, Portugal, (1986) 299–311.

[26.45] *N. S. Khot;* Minimum weight and optimal control design of space structures, NATO/NASA/NSF/USAF, Advanced Study Institute, Computer Aided Optimal Design, I, Troia, Portugal, (1986) 355–370.

[26.46] *M. J. Turner;* Optimization of structures to satisfy flutter requirements, AIAA J. 7 (1969) 945–951.

[26.47] *C. Fleury, M. Geradin;* Optimality criteria and mathematical programming in structural weight optimization, Comp. and Struct. 8 (1978) 7–17.

[26.48] *R. H. Gallagher, O. C. Zienkiewicz,* eds.; Optimum structural design, theory and applications (Wiley, New York, 1977).

[26.49] *W. H. Greene, J. Sobieszczanski-Sobieski;* Minimum mass sizing of a large low-aspect ration airframe for flutter-free performance, J. Aircraft 19 (1982) 228–234.

[26.50] *L. Berke;* Convergence behaviour of iterative resizing procedures based on optimality criteria, Air Force Flight Dynamics Laboratory, Technical Memorandum 72-1-FBR, (1971).

[26.51] *R. F. O'Connell, N. A. Radovcich, H. J. Hassig;* Structural optimization with flutter speed constraints using maximized step size, J. Aircraft 14 (1977) 85–89.

[26.52] *C. S. Rudisill, K. G. Bhatia;* Optimization of complex structures to satisfy flutter requirements, AIAA J. 9 (1971) 1487–1491.

[26.53] *L. B. Gwin, R. F. Taylor;* A general method for flutter optimization, AIAA J. 11 (1973) 1613–1617.

[26.54] *H. Wittmeyer;* Influence of changes in the mass and stiffness matrix on the natural frequency and damping rate of an airplane in flight, SAAB-SCANIA-Report 6Cla (1986).

[26.55] *C. S. Ventres, E. H. Dowell;* Comparison of theory and experiment for nonlinear flutter of loaded plates, AIAA J. 8 (1970) 2022–2030.

[26.56] *G. Gerard;* Minimum weight analysis of orthotropic plates under compressive loading, J. Aerospace Sciences 27 (1960) 21–26.

[26.57] *R. Destuynder, H. Hönlinger;* Multi-control system in unsteady aerodynamics using spoilers, AIAA/ASME/ASCE/AHS, 28th Structures, Structural Dynamics and Materials Conference, Monterey (April 1987); also: O.N.E.R.A. T.P. 1987–31.

[26.58] *R. Destuynder;* Active control of the buffeting response on a large modern civil airplane configuration in wind tunnel, 2nd International Symposium on Aeroelasticity and Structural Dynamics, Aachen (April 1985); also: O.N.E.R.A. T.P. 1985–26.

[26.59] *O. Sensburg, H. Hönlinger, T. E. Noll, L. J. Huttsell;* Active flutter suppression on an F-4F aircraft, J. Aircraft 19 (1982) 354–359.

[26.60] *M. G. Farmer, P. W. Hanson;* Comparison of supercritical and conventional wing, AIAA/ASME/SAE 17th Structures, Structural Dynamics, and Materials Conference, Pennsylvania (May 1976) 608–614.

[26.61] *H. G. Klug;* Aktive Steuerelemente am transsonischen Flügel des Airbus A300, 2. BMFT Statusseminar, Hamburg (1980).

[26.62] *W. D. Hayes;* On hypersonic similitude, Quart. Appl. Math. 5 (1947) 105–106.

[26.63] *M. J. Lighthill;* Oscillating airfoils at high Mach number, Journal of the Aeron. Sciences, 20 (1953) 402–406.

[26.64] *A. R. Collar;* Resistance derivatives of flutter theory. Part II: Results for supersonic speeds, Aeronautical Research Council, R. & M. 2139 (1944).

[26.65] *G. Temple, H. A. Jahn;* Flutter at supersonic speeds: Derivative coefficients for a thin aerofoil at zero incidence, Aeronautical Research Council, R. & M. 2140 (1945).

[26.66] *H. Ashley, G. Zartarian;* Piston-theory – A new aerodynamic tool for the aeroelastician, Journal of the Aeron. Sciences, 23 (1956) 1109–1118.

[26.67] *I. E. Garrick, S. L. Rubinow;* Flutter and oscillating Air Force calculations for an airfoil in a two-dimensional supersonic flow, NACA TR 846, (1946).

[26.68] *M. D. Olson;* On applying finite elements to panel flutter, Aero. Rep. LR-476, N.R.C., Ottawa Ca (1967).

[26.69] *E. H. Dowell;* Aeroelasticity of plates and shells (Noordhoff, Leyden, 1975).

[26.70] *M. D. Olson;* Finite elements applied to panel flutter, AIAA J. 5 (1967) 2267–2270.

[26.71] *Kari Appa, B. R. Somashekar;* Application of matrix displacement methods in the study of panel flutter, AIAA J. 7 (1969) 50–53.

[26.72] *L. Morino;* A perturbation method for treating nonlinear panel flutter problems, AIAA J. 7 (1969) 405–411.

[26.73] *M. D. Olson;* Some flutter solutions using finite elements, AIAA J. 8 (1970) 747–752.

[26.74] *Kari Appa, B. R. Somashekar;* Flutter of skew panels by the matrix displacement approach, Aero. J. Roy. Aero. Soc., 74 (1970) 672–675.

[26.75] *Kari Appa, B. R. Somashekar, C. G. Shah;* Discrete element approach to flutter of skew panels with in-plane forces under yawed supersonic flow, AIAA J. 8 (1970) 2017–2022.

[26.76] *F. E. Eastep, S. C. McIntosh Jr.;* Analysis of nonlinear panel flutter and response under random exitation or nonlinear aerodynamic loading, AIAA J. 9 (1971) 411–418.

[26.77] *G. Sander, C. Bon, M. Geradin;* Finite element analysis of supersonic panel flutter, Int. J. Num. Meth. Eng. 7 (1973) 379–394.

[26.78] *J. N. Rosettos, P. Tong;* Finite element analysis of vibration and flutter of cantilever anisotropic plates, J. Appl. Mech. 41 (1974) 1075–1080.

[26.79] *T. Y. Yang;* Flutter of flat finite element panels in a supersonic potential flow, AIAA J., 13 (1975) 1502–1507.

[26.80] *L. Smith, L. Morino;* Stability analysis of nonlinear differential autonomous systems with applications to flutter, AIAA J. 14 (1976) 333–341.

[26.81] *M. N. Bismarck-Nasr;* Finite element method applied to the supersonic flutter of circular cylindrical shells, Int. J. Num. Meth. Eng. 10 (1976) 423–435.

[26.82] *T. Y. Yang, A. D. Han;* Flutter of thermally buckled finite element panels, AIAA J. 14 (1976) 975–977.

[26.83] *M. N. Bismarck-Nasr;* Finite element methods applied to the flutter of two parallel elastically coupled flat plates, Int. J. Num. Meth. Eng. 11 (1977) 1188–1193.

[26.84] *T. Y. Yang, S. H. Sung;* Finite-element panel flutter in three-dimensional supersonic unsteady potential flow, AIAA J. 15 (1977) 1677–1683.

[26.85] *C. Mei;* A finite element approach for nonlinear panel flutter, AIAA J. 15 (1977) 1107–1110.

[26.86] *M. N. Bismarck-Nasr, H. R. Costa Savio;* Finite-element solution of the supersonic flutter of conical shells, AIAA J. 17 (1979) 1148–1150.

[26.87] *K. S. Rao, G. V. Rao;* Large amplitude supersonic flutter of panels with ends elastically restrained against rotation, Comp. and Struct. 11 (1980) 197–201.

[26.88] *T. Y. Yang, A. D. Han;* Buckled plate vibrations and large amplitude vibrations using high-order triangular elements, AIAA J. 21 (1983) 758–766.

[26.89] *J. Argyris, M. Haase, G. A. Malejannakis;* Natural geometry of surfaces with specific reference to the matrix displacement analysis of shells. I, II and III, ISD Rep. No. 134, (1973); also: Proceedings of K. Nederlandse Akademie van Wetenschappen, Series B, No. 5 (1973) 361–410.

[26.90] *J. Argyris, K. E. Buck;* A sequel to technical note 14 on the TUBA family of plate elements, The Aero. J. Roy. Aer. Soc. 72 (1968) 977–983.

[26.91] *A. D. Han, T. Y. Yang;* Nonlinear panel flutter using high-order triangular finite elements, AIAA J. 21 (1983) 1453–1461.

[26.92] *E. H. Dowell;* Flutter of a buckled plate as an example of chaotic motion of a deterministic autonomous system, J. Sound Vibr. 85 (1982) 333–344.

[26.93] *E. H. Dowell;* Nonlinear oscillations of a fluttering plate, part I, AIAA J. 4 (1966) 1267–1275.

[26.94] *E. H. Dowell;* Nonlinear oscillations of a fluttering plate, part II, AIAA J. 5 (1967) 1856–1862.

[26.95] *E. H. Dowell;* Nonlinear aeroelasticity, in: New approaches to nonlinear problems in dynamics, ed. P. J. Holmes, SIAM, Philadelphia, (1980) 147–172b.

[26.96] *C.-C. Kuo, L. Morino, J. Dugundji;* Perturbation and harmonic balance methods for nonlinear panel flutter, AIAA J. 10 (1972) 1479–1484.

[26.97] *G. R. Cowper, E. Kosko, G. M. Lindberg, M. D. Olson;* Static and dynamic applications of a high-precision triangular plate bending element, AIAA J. 7 (1969) 1957–1965.

[26.98] *P. J. Holmes;* Bifurcations to divergence and flutter in flow-induced oscillations: a finite dimensional analysis, J. Sound Vibr. 53 (1977) 471–503.

[26.99] *P. J. Holmes, J. Marsden;* Bifurcations to divergence and flutter in flow-induced oscillations: an infinite dimensional analysis, Automatica 14 (1978) 367–384.

[26.100] *W. P. Rodden, J. P. Giesing, T. P. Kalman;* New developments and applications of the subsonic doublet-lattice method for nonplanar configurations, AGARD Symposium on unsteady aerodynamics for aeroelastic analyses of interfering surfaces, AGARD CP-80-71 (1970).

[26.101] *W. P. Jones, Kari Appa;* Unsteady supersonic aerodynamic theory for interfering surfaces by the method of potential gradient, AIAA J. 15 (1977) 59–65.

[26.102] *R. L. Harder, W. P. Rodden;* Kernel function for nonplanar oscillating surfaces in supersonic flow, J. Aircraft 8 (1971) 677–679.

[26.103] *W. P. Jones;* Supersonic theory for oscillating wings of any planform, British ARC, R. and M. 2655 (1948).

[26.104] *Kari Appa;* A constant pressure panel method for supersonic unsteady airload analysis, J. Aircraft 24 (1987) to be published.

[26.105] *Kari Appa, M. Smith;* Evaluation of the constant pressure panel method (CPM) for unsteady supersonic air load prediction, Northrop Corporation, Aircraft Division, California (1987).

[26.106] *L. Morino;* A general theory of unsteady compressible potential aerodynamics, NASA CR-2464 (1974).

[26.107] *L. Morino, L. Tz. Chen;* Indicial compressible aerodynamics around complex aircraft configurations, in: NASA SP-347 (1975) 1067–1110.

[26.108] *L. Morino;* Steady, oscillatory and unsteady subsonic and supersonic aerodynamics – production version, I Theoretical manual, NASA CR-159130 (1980).

[26.109] *E. Yates Jr., W. Whitlow Jr.;* Development of computational methods for unsteady aerodynamics at the NASA Langley Research Center, AGARD-R-749 (1987).

[26.110] *B. Kirchgäßner;* Linearisierte aeroelastische Analyse einer Windturbine mit Zweiblattrotor, Dissertation, Universität Stuttgart (1986).

[26.111] *J. Argyris, P. C. Dunne, T. Angelopoulos, B. Bichat;* Linear and non-linear oscillations in mechanics, in: Proceedings of the 9th Congress of the International Council of the Aeronautical Sciences (ICAS), Haifa, Israel, II, eds. R. R. Dexter, J. Singer (August 1974) 575–584.

[26.112] *M. Roseau;* Vibrations nonlinéaires et théorie de la stabilité (Springer, Berlin, 1966).

[26.113] *A. Kußmann;* Überblick über verschiedene Modelle zur Berechnung der Rotordurchströmung, DLR-Mitteilung 70–19 (1970).

[26.114] *R. D. Preuss, E. O. Suciu, L. Morino;* Unsteady potential aerodynamics of rotors with applications to horizontal-axis windmills, AIAA J., 18 (1980) 385–393.

[26.115] *O. de Vries;* Fluid dynamic aspects of wind energy conversion, AGARDograph 243 (1979).

[26.116] *F. Sisto;* Stall-flutter in cascades; Journal of the Aeron. Sciences 20 (1953) 598–604.

[26.117] *P. V. K. Perumal, F. Sisto;* Lift and moment prediction for an oscillating airfoil with a moving separation point, J. of Eng. for Power 96 (1974) 372–378.

[26.118] *S. Kobayashi;* Two-dimensional panel flutter, 1. simply supported panel; Trans. Japan Society Aeronautical Space Sciences 5 (1962) 90–102.

Sachwortverzeichnis

MIX
Papier aus verantwortungsvollen Quellen
Paper from responsible sources
FSC® C105338

If you have any concerns about our products,
you can contact us on
ProductSafety@springernature.com

In case Publisher is established outside the EU,
the EU authorized representative is:
Springer Nature Customer Service Center GmbH
Europaplatz 3, 69115 Heidelberg, Germany

Printed by Libri Plureos GmbH
in Hamburg, Germany